UNITEXT – La Matematica per il 3+2

Volume 100

Editor-in-chief

A. Quarteroni

Series editors

L. Ambrosio
P. Biscari
C. Ciliberto
M. Ledoux
W.J. Runggaldier

Alfio Quarteroni

Modellistica Numerica
per Problemi Differenziali

6a edizione

 Springer

Alfio Quarteroni
Ecole Polytechnique Fédérale de Lausanne
Losanna, Svizzera

ISSN versione cartacea: 2038-5722   ISSN versione elettronica: 2038-5757
UNITEXT – La Matematica per il 3+2
ISBN 978-88-470-5780-7   ISBN 978-88-470-5782-1 (eBook)
DOI 10.1007/978-88-470-5782-1

Springer Milan Heidelberg New York Dordrecht London

9 8 7 6 5 4 3 2 1

Layout copertina: Simona Colombo, Giochi di Grafica, Milano, Italia
Immagine di copertina: Risoluzione numerica con Isogeometric Analysis delle equazioni differenziali del
quarto ordine di Cahn-Hilliard su una sfera: riportata è l'evoluzione temporale di due fasi (contraddistinte
dai colori rosso e blu che ne indicano le concentrazioni). Al tempo iniziale le due fasi sono perfettamente
mescolate, a meno di una perturbazione, e per tempi successivi si separano minimizzando l'energia libera e
conservando le rispettive masse. (A cura di Andrea Bartezzaghi di CMCS-EPFL.)
Impaginazione: CompoMat srl, Configni (RI), Italia
Stampa: Grafiche Porpora, Segrate (MI), Italia

Questa edizione è pubblicata da SpringerNature
La società registrata è Springer-Verlag Italia Srl

A Fulvia, Silvia e Marzia

Prefazione

Queste note sono tratte dalle lezioni di "Metodi Numerici per l'Ingegneria" tenute presso il Politecnico di Milano e da quelle di "Analyse Numérique des Équations aux Dérivées Partielles" svolte presso l'EPFL (École Polytechnique Fédérale de Lausanne).

Esse costituiscono una introduzione elementare alla modellistica numerica di problemi differenziali alle derivate parziali, sia stazionari che evolutivi. L'enfasi è posta soprattutto su problemi lineari, ellittici, parabolici e iperbolici. Tuttavia si considerano anche alcuni problemi non lineari, quali le leggi di conservazione e le equazioni di Navier-Stokes per la meccanica dei fluidi. Numerosi esempi di interesse fisico motivano i modelli differenziali che vengono illustrati. Di ognuna delle classi di problemi considerati si illustrano le principali proprietà matematiche e se ne fornisce la cosiddetta *formulazione debole*, o integrale, che sta alla base del metodo di Galerkin. Indi, come caso notevole del metodo di Galerkin, si introduce il metodo degli elementi finiti, dapprima per problemi ai limiti monodimensionali, quindi nel caso multidimensionale. Se ne analizzano le proprietà di stabilità e di convergenza, si illustrano gli aspetti algoritmici e quelli relativi alla implementazione su calcolatore. Altri metodi, quali le differenze finite ed i metodi spettrali, vengono pure considerati, nell'ambito della risoluzione numerica di problemi specifici. Numerosi esercizi corredano i diversi capitoli allo scopo di fornire al lettore la possibilità di acquisire maggiore consapevolezza sui principali argomenti trattati.

Il testo è diviso in Capitoli, Sezioni e Sottosezioni. Il Capitolo 1 è dedicato ad un breve richiamo delle equazioni alle derivate parziali ed alla loro classificazione. Nel Capitolo 2 vengono introdotte le equazioni ellittiche (quali i problemi di Laplace e Poisson) e la loro formulazione integrale per condizioni al bordo di tipo generale, dapprima nel caso monodimensionale, poi in quello multidimensionale. Il Capitolo 3 è dedicato al metodo di approssimazione di Galerkin in generale ed al metodo degli elementi finiti in particolare. Nel Capitolo 4 si illustrano i metodi spettrali, ovvero metodi di Galerkin con sottospazi di polinomi globali, e la loro generalizzazione ai metodi pseudo-spettrali (o di collocazione) da un lato ed al metodo degli elementi-spettrali dall'altro. Durante la lettura di questi capitoli il lettore troverà numerosi rinvii alle Appendici. In particolare, nell'Appendice 2 si introducono alcuni elementari concetti di analisi funzionale, di teoria delle distribuzioni e di spazi di Sobolev, necessari per una corretta comprensione della formulazione debole (o integrale) dei problemi ai limiti. Nell'Appendice 7 si richiamano invece alcuni fra gli algoritmi più frequentemente utilizzati per la risoluzione di sistemi lineari generati dalla discretizzazione di problemi alle derivate parziali. Nel Capitolo 5 si introducono i problemi di diffusione e trasporto, si illustrano le difficoltà che derivano dalla presenza di strati limite nella soluzione e si discutono metodi di stabilizzazione, basati su differenze finite ed elementi finiti con opportuna viscosità numerica. Il Capitolo 6 è dedicato ai problemi parabolici, descriventi processi di diffusione, per i quali si usano metodi di discretizzazione spaziale con elementi finiti e temporale con differenze finite. I Capitoli 7, 8 e 9 riguardano i problemi iperbolici, inerenti fenomeni di propagazione di onde. Ci concentreremo soprattutto sul caso dei problemi monodimensionali, al fine di analizzare in dettaglio le proprietà di dissipazione e di dispersione dei diversi schemi numerici che vengono considerati. Il Capitolo 10 è dedicato all'approssimazione delle equazioni di Navier-Stokes e ad una breve analisi dei problemi inerenti il soddisfacimento del vincolo di incompribilità. Infine nei Capitoli 8 e 6 (scritti in collaborazione con F. Saleri e L. Formaggia) si illustrano gli aspetti relativi alla programmazione del metodo degli elementi finiti.

Questo testo è stato scritto per gli studenti di discipline scientifiche, interessati alla modellistica per la risoluzione numerica di problemi differenziali, ma può essere utile anche a ricercatori e studiosi desiderosi di avvicinarsi a questo interessante ramo della matematica applicata.

Milano e Losanna, marzo 2000   Alfio Quarteroni

In questa seconda edizione tutti i Capitoli sono stati riveduti e ampliati. In particolare, al Capitolo 3 è stata aggiunta una Sezione sulla *analisi a posteriori* del metodo di Galerkin per problemi ellittici, mentre il precedente Capitolo 7 sulle equazioni iperboliche è stato notevolmente arricchito, per quanto riguarda l'analisi di problemi lineari e non lineari, dando origine a tre Capitoli. Inoltre, l'Indice Analitico è stato riorganizzato e arricchito di nuove voci.

Per la preparazione di queste note hanno dato un contributo determinante diversi miei colleghi e collaboratori. In particolare, Fausto Saleri, Luca Formaggia, Simona Perotto e Alessandro Veneziani, ma anche Marco Discacciati, Paolo Corna, Lorella Fatone, Paolo Zunino e Anna Zaretti. Ad essi va la mia riconoscenza ed il mio ringraziamento.

Milano e Losanna, novembre 2002   Alfio Quarteroni

In questa terza edizione sono stati riveduti ed ampliati tutti i Capitoli, ed in modo particolare il quarto dedicato ai metodi spettrali, il sesto per ciò che concerne l'analisi di problemi parabolici, l'ottavo relativamente all'approssimazione spettrale di problemi iperbolici, ed infine i Capitoli 11 e 12 concernenti gli aspetti implementativi del metodo agli elementi finiti. In particolare, il Capitolo 11 è scritto in collaborazione con A. Veneziani e L. Formaggia e riporta esempi di programmazione in C++ (un linguaggio orientato agli oggetti). Si è inoltre aggiunto un breve Capitolo, il 13, sull'introduzione al metodo dei volumi finiti.

Negli ultimi due anni sono usciti in questa stessa serie due monografie che possono essere considerate un importante compendio a questo testo: *"Equazioni a derivate parziali. Metodi, modelli e applicazioni"* di S. Salsa, in cui si introducono ed analizzano i problemi differenziali che vengono qui trattati, e *"Applicazioni ed esercizi di modellistica numerica per problemi differenziali"* di L. Formaggia, F. Saleri e A. Veneziani, che a tutti gli effetti può considerarsi di supporto a questo testo per ciò che concerne la risoluzione di problemi ed esercizi nonché per l'approfondimento delle tecniche qui presentate. Segnaliamo anche il testo *"Elementi di fluidodinamica"* di G. Riccardi e D. Durante che, illustrando i modelli differenziali basilari della dinamica dei fluidi, può essere considerato come complementare ai Capitoli 9 e 10 inerenti la fluidodinamica numerica.

Vorrei ringraziare in modo particolare Simona Perotto per il suo contributo davvero determinante, ma anche Alessandro Veneziani, Nicola Parolini e Paola Gervasio. Infine, ringrazio Francesca Bonadei di Springer per il costante aiuto e gli innumerevoli consigli finalizzati a migliorare questa nuova edizione.

Milano e Losanna, 9 luglio 2006   Alfio Quarteroni

In questa quarta edizione sono stati aggiunti due nuovi capitoli, il Capitolo 14 sul metodo di decomposizione dei domini e il Capitolo 15 sui problemi di controllo per equazioni alle derivate parziali.

Ringrazio Luca Dedè, Marco Discacciati, Nicola Parolini, Simona Perotto, Christoph Winkelmann e, in modo particolare, Luca Paglieri e Francesca Bonadei.

Milano e Losanna, agosto 2008   Alfio Quarteroni

In questa quinta edizione si è proceduto ad un riordino dei Capitoli. Nella nuova versione, dopo aver introdotto i concetti teorici di base (Capitoli 1-3), i Capitoli 4-8 sono dedicati all'introduzione, analisi e programmazione del metodo degli elementi finiti per problemi lineari ellittici e parabolici. Nei Capitoli 9 e 10 si introducono ed analizzano due metodi di approssimazione alternativi agli elementi finiti: i volumi finiti e i metodi spettrali. I Capitoli centrali 12-16 sono dedicati all'approssimazione di equazioni di base nella meccanica dei fluidi (le equazioni di trasporto-diffusione-reazione, quelle iperboliche, le leggi di conservazione non lineari, le equazioni di Navier-Stokes). Gli ultimi Capitoli sono dedicati ad argomenti più avanzati e specialistici. Tutti i Capitoli sono stati rivisti ed integrati, anche con nuovi risultati numerici. In particolare, è stato modificato ed ampliato il Capitolo 12 relativo alla soluzione di problemi di diffusione-trasporto. Abbiamo inoltre aggiunto un nuovo Capitolo (il Capitolo 11) contenente una presentazione organica (con relativa analisi) dei metodi di approssimazione discontinui, sia di tipo *discontinuous Galerkin*, sia di tipo *mortar*, sia nella versione agli elementi finiti che in quella agli elementi spettrali.

Ringrazio Paola Antonietti e Paola Gervasio per le loro preziose consulenze scientifiche, e Luca Paglieri e Francesca Bonadei per il loro fondamentale aiuto nella realizzazione editoriale di questa edizione.

Milano e Losanna, settembre 2012   Alfio Quarteroni

La sesta edizione ricalca in modo sostanziale la quinta, con diversi miglioramenti stilistici e con l'aggiunta di nuovi esempi e simulazioni numeriche.

Abbiamo inoltre aggiunto un nuovo capitolo, il Capitolo 19, dedicato al metodo delle Basi Ridotte per la risoluzione numerica di equazioni differenziali alle derivate parziali parametrizzate.

Ringrazio Andrea Manzoni per aver contribuito alla scrittura del Capitolo 19, nonché Francesca Bonadei e Francesca Ferrari di Springer per il loro prezioso aiuto nella realizzazione di questa nuova edizione.

Losanna, marzo 2016   Alfio Quarteroni

Indice

Capitolo 1
Richiami sulle equazioni alle derivate parziali

Scopo di questo capitolo è di richiamare i concetti di base relativi alle equazioni alle derivate parziali (in breve EDP). Per una più ampia trattazione si vedano [PS91], [RR04], [Pro94], [Col76], [Joh82], [Sal08].

1.1 Definizioni ed esempi

Le *equazioni alle derivate parziali* sono equazioni differenziali contenenti derivate della funzione incognita rispetto a più variabili (temporali o spaziali). In particolare, indicata con u la funzione incognita nelle $d+1$ variabili indipendenti $\mathbf{x} = (x_1, \ldots, x_d)^T$ e t, denoteremo con

$$\mathcal{P}(u,g) = F\left(\mathbf{x}, t, u, \frac{\partial u}{\partial t}, \frac{\partial u}{\partial x_1}, \ldots, \frac{\partial u}{\partial x_d}, \ldots, \frac{\partial^{p_1+\cdots+p_d+p_t} u}{\partial x_1^{p_1} \ldots \partial x_d^{p_d} \partial t^{p_t}}, g\right) = 0 \quad (1.1)$$

una generica EDP, essendo g l'insieme dei dati dai quali dipenderà la EDP, mentre $p_1, \ldots, p_d, p_t \in \mathbb{N}$.

Diremo che la (1.1) è di *ordine* q, se q è l'ordine massimo delle derivate parziali che vi compaiono, ovvero il massimo valore assunto da $p_1 + p_2 + \ldots + p_d + p_t$.
Se la (1.1) dipende linearmente dall'incognita u e dalle sue derivate, l'equazione verrà detta *lineare*. Nel caso particolare in cui le derivate di ordine massimo compaiano solo linearmente (con coefficienti che possono dipendere da derivate di ordine inferiore), l'equazione si dirà *quasi-lineare*. Si dirà *semi-lineare* se è quasi-lineare ed i coefficienti delle derivate di ordine massimo dipendono solo da $\mathbf{x}$ e t, ma non dalla soluzione u. Infine se nell'equazione non compaiono termini indipendenti dalla funzione incognita u, la EDP si dice *omogenea*.

Elenchiamo nel seguito alcuni esempi di EDP che si incontrano frequentemente nelle scienze applicate.

Esempio 1.1 Un'equazione lineare del prim'ordine è l'*equazione di trasporto* (o *di convezione*)

$$\frac{\partial u}{\partial t} + \nabla \cdot (\boldsymbol{\beta} u) = 0, \quad (1.2)$$

© Springer-Verlag Italia 2016
A. Quarteroni, *Modellistica Numerica per Problemi Differenziali*, 6a edizione,
UNITEXT - La Matematica per il 3+2 100, DOI 10.1007/978-88-470-5782-1_1

avendo indicato con

$$\nabla \cdot \mathbf{v} = \text{div}(\mathbf{v}) = \sum_{i=1}^{d} \frac{\partial v_i}{\partial x_i}, \quad \mathbf{v} = (v_1, \ldots, v_d)^T,$$

l'*operatore divergenza*. La (1.2), integrata su una regione $\Omega \subset \mathbb{R}^d$, esprime la conservazione della massa di un sistema materiale che occupa la regione Ω. La variabile u è la densità del sistema, mentre $\boldsymbol{\beta}(\mathbf{x}, t)$ è la velocità posseduta da una particella del sistema che all'istante t occupa la posizione $\mathbf{x}$. ∎

Esempio 1.2 Equazioni lineari del second'ordine sono l'*equazione del potenziale*

$$-\Delta u = f, \tag{1.3}$$

che descrive ad esempio la diffusione di un fluido in una regione $\Omega \subset \mathbb{R}^d$ omogenea ed isotropa, ma anche lo spostamento verticale di una membrana elastica, l'*equazione del calore* (o di diffusione)

$$\frac{\partial u}{\partial t} - \Delta u = f \tag{1.4}$$

e l'*equazione delle onde*

$$\frac{\partial^2 u}{\partial t^2} - \Delta u = 0. \tag{1.5}$$

Abbiamo denotato con

$$\Delta u = \sum_{i=1}^{d} \frac{\partial^2 u}{\partial x_i^2} \tag{1.6}$$

l'*operatore di Laplace* (o *laplaciano*). ∎

Esempio 1.3 Un esempio di equazione quasi-lineare del prim'ordine è dato dall'*equazione di Burgers*

$$\frac{\partial u}{\partial t} + u \frac{\partial u}{\partial x_1} = 0,$$

mentre la sua variante ottenuta aggiungendo una perturbazione del second'ordine

$$\frac{\partial u}{\partial t} + u \frac{\partial u}{\partial x_1} = \epsilon \frac{\partial^2 u}{\partial x_1^2}, \quad \epsilon > 0,$$

fornisce un esempio di equazione semi-lineare.

Un'equazione non lineare, sempre del second'ordine, è

$$\left(\frac{\partial^2 u}{\partial x_1^2} \right)^2 + \left(\frac{\partial^2 u}{\partial x_2^2} \right)^2 = f.$$

∎

Una funzione $u = u(x_1, \ldots, x_d, t)$ è una *soluzione* od un *integrale particolare* della (1.1), se, sostituita nella (1.1) assieme con tutte le sue derivate, rende la (1.1) una identità. L'insieme di tutte le soluzioni della (1.1) si chiama l'*integrale generale*.

Esempio 1.4 L'equazione del trasporto nel caso monodimensionale,

$$\frac{\partial u}{\partial t} - \frac{\partial u}{\partial x_1} = 0, \tag{1.7}$$

ammette un integrale generale della forma $u = w(x_1 + t)$, essendo w una funzione arbitraria sufficientemente regolare (si veda l'Esercizio 2). Analogamente, l'equazione delle onde monodimensionale

$$\frac{\partial^2 u}{\partial t^2} - \frac{\partial^2 u}{\partial x_1^2} = 0 \tag{1.8}$$

ammette come integrale generale

$$u(x_1, t) = w_1(x_1 + t) + w_2(x_1 - t),$$

essendo w_1 e w_2 due funzioni arbitrarie sufficientemente regolari (si veda l'Esercizio 3). ■

Esempio 1.5 Consideriamo l'equazione del calore monodimensionale

$$\frac{\partial u}{\partial t} - \frac{\partial^2 u}{\partial x_1^2} = 0,$$

per $0 < x < 1$ e $t > 0$, con condizioni al contorno

$$u(0, t) = u(1, t) = 0, \quad t > 0$$

e la condizione iniziale $u|_{t=0} = u_0$. La soluzione è

$$u(x_1, t) = \sum_{j=1}^{\infty} u_{0,j} e^{-(j\pi)^2 t} \sin(j\pi x_1),$$

dove $u_0 = u|_{t=0}$ è il dato iniziale e

$$u_{0,j} = 2 \int_0^1 u_0(x_1) \sin(j\pi x_1) \, dx_1, \qquad j = 1, 2, \ldots$$

■

1.2 Necessità della risoluzione numerica

In generale, non è possibile ottenere per via analitica una soluzione della (1.1). In effetti, i metodi di integrazione analitica disponibili (come la tecnica di separazione delle variabili) sono di limitata applicabilità. Peraltro, anche nel caso in cui si conosca un integrale generale, non è poi detto che si riesca a determinare un integrale particolare. Per ottenere quest'ultimo bisognerà infatti assegnare opportune condizioni su u (e/o sulle sue derivate) alla frontiera del dominio Ω.

Dagli esempi forniti appare d'altra parte evidente che l'integrale generale dipende da alcune *funzioni arbitrarie* (e non da *costanti* arbitrarie, come accade per le equazioni differenziali ordinarie), di modo che l'imposizione delle condizioni comporterà la risoluzione di problemi matematici, in generale, estremamente complicati. Di conseguenza, da un punto di vista teorico, ci si deve spesso accontentare di studiare solo l'*esistenza* e l'*unicità* della soluzione di una EDP.

Da ciò segue l'importanza di disporre di *metodi numerici* che permettano di costruire un'approssimazione u_N della soluzione esatta u e di stimare (in una qualche norma) l'errore $u_N - u$ che si commette sostituendo alla soluzione esatta u la soluzione approssimata u_N. L'intero positivo N denota la dimensione (finita) del problema approssimato. Schematicamente, otterremo la situazione seguente:

$$\mathcal{P}(u, g) = 0 \qquad \text{EDP esatta}$$

$$\downarrow \qquad \text{[metodi numerici]}$$

$$\mathcal{P}_N(u_N, g_N) = 0 \quad \text{EDP approssimata}$$

avendo indicato con g_N una approssimazione dell'insieme dei dati g dai quali dipende la EDP, e con $\mathcal{P}_N$ la nuova relazione funzionale che caratterizza il problema approssimato. Nel caso i due problemi ammettano entrambi una unica soluzione, si può porre: $u = u(g)$, $u_N = u_N(g_N)$.

Presenteremo diversi metodi numerici a partire dal Cap. 4. Ci limitiamo qui a ricordarne le principali caratteristiche. Un metodo numerico è *convergente* se

$$\|u - u_N\| \to 0 \ \text{ per } N \to \infty$$

in una norma opportuna. Più precisamente si ha convergenza se e solo se

$$\forall \varepsilon > 0 \ \exists N_0(\varepsilon) > 0, \ \exists \delta(N_0, \varepsilon) : \ \forall N > N_0(\varepsilon), \ \forall g_N \text{ t.c. } \|g - g_N\| < \delta(N_0, \varepsilon),$$

$$\|u(g) - u_N(g_N)\| \le \varepsilon.$$

(La norma usata per i dati non è necessariamente la stessa usata per le soluzioni.) Verificare direttamente la convergenza di un metodo numerico può non essere agevole. Conviene piuttosto passare ad una verifica delle proprietà di consistenza e di stabilità.

Un metodo numerico si dice *consistente* se

$$\mathcal{P}_N(u, g) \to 0 \text{ per } N \to \infty, \tag{1.9}$$

e *fortemente consistente* se

$$\mathcal{P}_N(u, g) = 0 \ \forall N. \tag{1.10}$$

Si noti che (1.9) si può formulare in modo equivalente come

$$\mathcal{P}_N(u, g) - \mathcal{P}(u, g) \to 0 \text{ per } N \to \infty.$$

Ciò esprime la proprietà che $\mathcal{P}_N$ (la EDP approssimata) "tende" a $\mathcal{P}$ (quella esatta) per $N \to \infty$. Diciamo invece che un metodo numerico è *stabile* se a piccole perturbazioni sui dati corrispondono piccole variazioni sulla soluzione, ovvero

$$\forall \varepsilon > 0 \ \exists \delta = \delta(\varepsilon) > 0 : \ \forall \delta g_N : \ \|\delta g_N\| < \delta \Rightarrow \|\delta u_N\| \leq \varepsilon, \ \forall N,$$

essendo $u_N + \delta u_N$ la soluzione del problema perturbato

$$\mathcal{P}_N(u_N + \delta u_N, g_N + \delta g_N) = 0.$$

(Si veda [QSS08, Cap. 2] per approfondimenti.)

Il seguente risultato, noto come *teorema di equivalenza* di Lax-Ritchmyer, assume una fondamentale importanza.

Teorema 1.1 *Se un metodo è consistente, allora è convergente se e solo se è stabile.*

Nella scelta di un metodo numerico saranno ovviamente rilevanti anche altre caratteristiche, quali ad esempio la *velocità di convergenza* (ovvero l'ordine rispetto ad $1/N$ con cui l'errore tende a zero) ed il *costo computazionale*, ovvero il tempo di calcolo e la memoria richiesta per l'implementazione del metodo stesso su calcolatore.

1.3 Classificazione delle EDP

Le equazioni differenziali possono essere classificate in base alla loro formulazione matematica in tre famiglie diverse: equazioni *ellittiche*, *paraboliche* ed *iperboliche*, per ognuna delle quali si considerano metodi numerici specifici. Limitiamoci al caso di EDP del second'ordine lineari, a coefficienti costanti, della forma

$$Lu = A\frac{\partial^2 u}{\partial x_1^2} + B\frac{\partial^2 u}{\partial x_1 \partial x_2} + C\frac{\partial^2 u}{\partial x_2^2} + D\frac{\partial u}{\partial x_1} + E\frac{\partial u}{\partial x_2} + Fu = G, \quad (1.11)$$

con G funzione assegnata e $A, B, C, D, E, F \in \mathbb{R}$. (Si noti che una qualunque delle variabili x_i potrebbe rappresentare la variabile temporale.) In tal caso, la classificazione si effettua in base al segno del cosiddetto *discriminante*, $\triangle = B^2 - 4AC$. In particolare:

se $\triangle < 0$ l'equazione si dice *ellittica*,
se $\triangle = 0$ l'equazione si dice *parabolica*,
se $\triangle > 0$ l'equazione si dice *iperbolica*.

Esempio 1.6 L'equazione delle onde (1.8) è iperbolica, mentre l'equazione del potenziale (1.3) è ellittica. Un esempio di problema parabolico è dato dall'equazione del calore (1.4), ma anche dalla seguente equazione di diffusione-trasporto

$$\frac{\partial u}{\partial t} - \mu \Delta u + \nabla \cdot (\beta u) = 0$$

in cui la costante $\mu > 0$ e il campo vettoriale β sono assegnati. ∎

Il criterio introdotto fa dipendere la classificazione dai soli coefficienti delle derivate di ordine massimo e si giustifica con il seguente argomento. Come si ricorderà, l'equazione algebrica quadratica

$$Ax_1^2 + Bx_1x_2 + Cx_2^2 + Dx_1 + Ex_2 + F = G,$$

rappresenta nel piano cartesiano (x_1, x_2) un'iperbole, una parabola od un'ellisse a seconda che $\triangle$ sia positivo, nullo o negativo. Questo parallelo con le coniche motiva il nome attribuito alle tre classi di operatori alle derivate parziali.

Indaghiamo più attentamente le differenze tra le tre classi. Supponiamo, senza che ciò sia restrittivo, che D, E, F e G siano nulli. Cerchiamo un cambio di variabili della forma

$$\xi = \alpha x_2 + \beta x_1, \, \eta = \gamma x_2 + \delta x_1, \tag{1.12}$$

con α, β, γ e δ da scegliersi in modo che Lu diventi multiplo di $\partial^2 u / \partial \xi \partial \eta$. Essendo

$$\begin{aligned}
Lu = (A\beta^2 + B\alpha\beta + C\alpha^2)\frac{\partial^2 u}{\partial \xi^2} \\
+(2A\beta\delta + B(\alpha\delta + \beta\gamma) + 2C\alpha\gamma)\frac{\partial^2 u}{\partial \xi \partial \eta} + (A\delta^2 + B\gamma\delta + C\gamma^2)\frac{\partial^2 u}{\partial \eta^2},
\end{aligned} \tag{1.13}$$

si dovrà richiedere che

$$A\beta^2 + B\alpha\beta + C\alpha^2 = 0, \, A\delta^2 + B\gamma\delta + C\gamma^2 = 0. \tag{1.14}$$

Se $A = C = 0$, la trasformazione banale $\xi = x_2$, $\eta = x_1$ (ad esempio) fornisce Lu nella forma desiderata.

Supponiamo allora che A o C siano non nulli. Non è restrittivo supporre $A \neq 0$. Allora se $\alpha \neq 0$ e $\gamma \neq 0$, possiamo dividere la prima equazione della (1.14) per α^2 e la seconda per γ^2. Troviamo due equazioni quadratiche identiche per le frazioni β/α e δ/γ. Risolvendole, si ha

$$\frac{\beta}{\alpha} = \frac{1}{2A}\left[-B \pm \sqrt{\triangle}\right], \, \frac{\delta}{\gamma} = \frac{1}{2A}\left[-B \pm \sqrt{\triangle}\right].$$

Affinché la trasformazione (1.12) sia non singolare, i quozienti β/α e δ/γ devono essere diversi. Dobbiamo pertanto prendere il segno positivo in un caso, quello negativo nell'altro. Inoltre dobbiamo assumere $\triangle > 0$. Se $\triangle$ fosse nullo infatti le due frazioni sarebbero ancora coincidenti, mentre se $\triangle$ fosse negativo nessuna delle due frazioni potrebbe essere reale. In conclusione, possiamo prendere come coefficienti della trasformazione (1.12) i valori seguenti:

$$\alpha = \gamma = 2A, \quad \beta = -B + \sqrt{\triangle}, \quad \delta = -B - \sqrt{\triangle}.$$

Corrispondentemente, la (1.12) diventa

$$\xi = 2Ax_2 + \left[-B + \sqrt{\triangle}\right]x_1, \eta = 2Ax_2 + \left[-B - \sqrt{\triangle}\right]x_1,$$

ed il problema differenziale originario $Lu = 0$ trasformato diventa

$$Lu = -4A\triangle \frac{\partial^2 u}{\partial \xi \partial \eta} = 0. \tag{1.15}$$

Il caso $A = 0$ e $C \neq 0$ può essere trattato in modo analogo prendendo $\xi = x_1$, $\eta = x_2 - (C/B)x_1$.

Concludendo, Lu può diventare un multiplo di $\partial^2 u / \partial \xi \partial \eta$ secondo la trasformazione (1.12) se e solo se $\triangle > 0$ ed in tal caso, come abbiamo anticipato, il problema è detto *iperbolico*. È facile verificare che la soluzione generale del problema (1.15) è

$$u = p(\xi) + q(\eta),$$

essendo p e q funzioni differenziabili di una variabile, arbitrarie. Le linee $\xi = costante$ e $\eta = costante$ sono dette le *caratteristiche* di L e sono caratterizzate dal fatto che su di esse le funzioni p e q, rispettivamente, si mantengono costanti. In particolare, eventuali discontinuità della soluzione u si propagano lungo le caratteristiche (lo si vedrà più in dettaglio nel Cap. 13). In effetti, se $A \neq 0$, identificando x_1 con t e x_2 con x, la trasformazione

$$x' = x - \frac{B}{2A}t, \, t' = t,$$

trasforma l'operatore iperbolico

$$Lu = A\frac{\partial^2 u}{\partial t^2} + B\frac{\partial^2 u}{\partial t \partial x} + C\frac{\partial^2 u}{\partial x^2}$$

in un multiplo dell'operatore delle onde

$$Lu = \frac{\partial^2 u}{\partial t^2} - c^2 \frac{\partial^2 u}{\partial x^2}, \, \text{con } c^2 = \triangle/4A^2.$$

Dunque L è l'operatore delle onde in un sistema di coordinate che si muove con velocità $-B/2A$. Le caratteristiche dell'operatore delle onde sono le linee che verificano

$$\left(\frac{dt}{dx}\right)^2 = \frac{1}{c^2},$$

ovvero

$$\frac{dt}{dx} = \frac{1}{c} \text{ e } \frac{dt}{dx} = -\frac{1}{c}.$$

Se invece $\triangle = 0$, come detto, L è *parabolico*. In tal caso esiste un solo valore di β/α in corrispondenza del quale il coefficiente di $\partial^2 u/\partial \xi^2$ in (1.13) si annulla. Precisamente, $\beta/\alpha = -B/(2A)$. Peraltro, essendo $B/(2A) = 2C/B$, questa scelta comporta anche che il coefficiente di $\partial^2 u/\partial \xi \partial \eta$ si annulli. Di conseguenza, la trasformazione

$$\xi = 2Ax_2 - Bx_1, \, \eta = x_1,$$

trasforma il problema originario $Lu = 0$ nel seguente

$$Lu = A\frac{\partial^2 u}{\partial \eta^2} = 0,$$

la cui soluzione generale ha la forma

$$u = p(\xi) + \eta q(\xi).$$

Un operatore parabolico ha dunque solo una famiglia di caratteristiche, precisamente $\xi = costante$. Le discontinuità nelle derivate di u si propagano lungo tali caratteristiche.

Infine, se $\triangle < 0$ (operatori *ellittici*) non esiste alcuna scelta di β/α o δ/γ che renda nulli i coefficienti $\partial^2 u/\partial \xi^2$ e $\partial^2 u/\partial \eta^2$. Tuttavia, la trasformazione

$$\xi = \frac{2Ax_2 - Bx_1}{\sqrt{-\triangle}}, \eta = x_1,$$

trasforma $Lu = 0$ in

$$Lu = A\left(\frac{\partial^2 u}{\partial \xi^2} + \frac{\partial^2 u}{\partial \eta^2}\right) = 0,$$

ossia in un multiplo dell'equazione del potenziale. Essa non ha perciò alcuna famiglia di caratteristiche.

1.3.1 Forma quadratica associata ad una EDP

All'equazione (1.11) si può associare il cosiddetto simbolo principale S^p definito da

$$S^p(\mathbf{x}, \mathbf{q}) = -A(\mathbf{x})q_1^2 - B(\mathbf{x})q_1q_2 - C(\mathbf{x})q_2^2.$$

Questa forma quadratica si può rappresentare in forma matriciale come segue:

$$S^p(\mathbf{x}, \mathbf{q}) = \mathbf{q}^T \begin{bmatrix} -A(\mathbf{x}) & -\frac{1}{2}B(\mathbf{x}) \\ -\frac{1}{2}B(\mathbf{x}) & -C(\mathbf{x}) \end{bmatrix} \mathbf{q}. \tag{1.16}$$

Una forma quadratica è detta *definita* se la matrice associata ha autovalori tutti dello stesso segno (positivi o negativi); è *indefinita* se la matrice ha autovalori di entrambi i segni; è *degenere* se la matrice è singolare.

Si può allora dire che l'equazione (1.11) è ellittica se la forma quadratica (1.16) è definita (positiva o negativa), iperbolica se è indefinita, parabolica se è degenere.

Le matrici associate all'equazione del potenziale (1.3), del calore (1.4) (in una dimensione) e delle onde (1.5) sono date rispettivamente da

$$\begin{bmatrix} 1 & 0 \\ 0 & 1 \end{bmatrix}, \begin{bmatrix} 0 & 0 \\ 0 & 1 \end{bmatrix} \text{ e } \begin{bmatrix} -1 & 0 \\ 0 & 1 \end{bmatrix}$$

e sono definita positiva nel primo caso, singolare nel secondo, indefinita nel terzo.

1.4 Esercizi

1. Si classifichino, in base all'ordine ed alla linearità, le seguenti equazioni:

   (a) $\left[1 + \left(\dfrac{\partial u}{\partial x_1}\right)^2\right] \dfrac{\partial^2 u}{\partial x_2^2} - 2\dfrac{\partial u}{\partial x_1}\dfrac{\partial u}{\partial x_2}\dfrac{\partial^2 u}{\partial x_1 \partial x_2} + \left[1 + \left(\dfrac{\partial u}{\partial x_2}\right)^2\right]\dfrac{\partial^2 u}{\partial x_1^2} = 0,$

   (b) $\rho\dfrac{\partial^2 u}{\partial t^2} + K\dfrac{\partial^4 u}{\partial x_1^4} = f,$

   (c) $\left(\dfrac{\partial u}{\partial x_1}\right)^2 + \left(\dfrac{\partial u}{\partial x_2}\right)^2 = f.$

   [*Soluzione*: (a) quasi-lineare, del second'ordine; si tratta dell'equazione di Plateau che regola, sotto opportune ipotesi, il moto piano di un fluido. La u che compare è il cosiddetto *potenziale cinetico*; (b) lineare, del quart'ordine. È l'equazione della *verga vibrante*, ρ è la densità della verga, mentre K è una quantità positiva che dipende dalle caratteristiche geometriche della verga stessa; (c) non lineare, del prim'ordine.]

2. Si riduca l'equazione del trasporto monodimensionale (1.7) ad una equazione della forma $\partial w/\partial y = 0$, avendo posto $y = x_1 - t$ e si ricavi che $u = w(x_1 + t)$ è soluzione dell'equazione di partenza.
   [*Soluzione*: si effettui il cambio di variabili $z = x_1 + t$, $y = x_1 - t$, $u(x_1, t) = w(y, z)$. In tal modo $\partial u/\partial x_1 = \partial w/\partial z + \partial w/\partial y$, mentre $\partial u/\partial t = \partial w/\partial z - \partial w/\partial y$, e dunque, $-2\partial w/\partial y = 0$. Si osservi a questo punto che l'equazione così ottenuta ammette una soluzione $w(y, z)$ che non dipende da y e dunque, usando le variabili originarie, $u = w(x_1 + t)$.]

3. Si dimostri che l'equazione delle onde

   $$\dfrac{\partial^2 u}{\partial t^2} - c^2\dfrac{\partial^2 u}{\partial x_1^2} = 0,$$

   con c costante, ammette come soluzione $u(x_1, t) = w_1(x_1 + ct) + w_2(x_1 - ct)$, con w_1, w_2 due funzioni arbitrarie sufficientemente regolari.
   [*Soluzione*: si proceda come nell'Esercizio 2, impiegando il cambio di variabili $y = x_1 + ct$, $z = x_1 - ct$ e ponendo $u(x_1, t) = w(y, z)$.]

4. Si verifichi che l'equazione di Korteveg-de-Vries

   $$\dfrac{\partial u}{\partial t} + \beta\dfrac{\partial u}{\partial x_1} + \alpha\dfrac{\partial^3 u}{\partial x_1^3} = 0$$

   ammette l'integrale generale della forma $u = a\cos(kx_1 - \omega t)$ con ω opportuno da determinarsi, a, β ed α costanti assegnate. Questa equazione descrive la posizione u di un fluido rispetto ad una posizione di riferimento, in presenza di propagazione di onde lunghe.
   [*Soluzione*: la u data soddisfa l'equazione solo se $\omega = k\beta - \alpha k^3$.]

5. Si consideri l'equazione

$$x_1^2 \frac{\partial^2 u}{\partial x_1^2} - x_2^2 \frac{\partial^2 u}{\partial x_2^2} = 0$$

con $x_1 x_2 \neq 0$. La si classifichi e si determino le linee caratteristiche.

6. Si consideri la generica equazione differenziale semi-lineare del second'ordine

$$a(x_1, x_2) \frac{\partial^2 u}{\partial x_1^2} + 2b(x_1, x_2) \frac{\partial^2 u}{\partial x_1 \partial x_2} + c(x_1, x_2) \frac{\partial^2 u}{\partial x_2^2} + f(u, \nabla u) = 0,$$

essendo $\nabla u = \left(\dfrac{\partial u}{\partial x_1}, \dfrac{\partial u}{\partial x_2} \right)^T$ il gradiente di u. Si scriva l'equazione delle linee caratteristiche e si deduca da essa la classificazione dell'equazione proposta, commentando le varie situazioni.

7. Si ponga $r(\mathbf{x}) = |\mathbf{x}| = (x_1^2 + x_2^2)^{1/2}$ e si definisca $u(\mathbf{x}) = \ln(r(\mathbf{x}))$, $\mathbf{x} \in \mathbb{R}^2 \backslash \{\mathbf{0}\}$. Si verifichi che

$$\Delta u(\mathbf{x}) = 0, \ \mathbf{x} \in \Omega,$$

dove Ω è un qualunque insieme aperto tale che $\bar{\Omega} \subset \mathbb{R}^2 \backslash \{\mathbf{0}\}$.
[*Soluzione*: si osservi che

$$\frac{\partial^2 u}{\partial x_i^2} = \frac{1}{r^2} \left(1 - \frac{2x_i^2}{r^2} \right), \quad i = 1, 2.]$$

Capitolo 2
Richiami di analisi funzionale

In questo capitolo richiamiamo alcuni concetti usati estensivamente nel testo: funzionali e forme bilineari, distribuzioni, spazi di Sobolev, spazi L^p. Per una lettura più approfondita il lettore può riferirsi ad esempio a [Sal08],[Yos74], [Bre86], [LM68], [Ada75], [AF03].

2.1 Funzionali e forme bilineari

Definizione 2.1 *Dato uno spazio funzionale* V *si dice* funzionale *su* V *un operatore che associa ad ogni elemento di* V *un numero reale:*

$$F : V \mapsto \mathbb{R}.$$

Spesso il funzionale si indica con la notazione $F(v) = \langle F, v \rangle$, detta *crochet*.
Un funzionale si dice *lineare* se è lineare rispetto all'argomento, ossia se

$$F(\lambda v + \mu w) = \lambda F(v) + \mu F(w) \ \forall \lambda, \mu \in \mathbb{R}, \ \forall v, w \in V.$$

Un funzionale lineare è *limitato* se $\exists C > 0$ tale che

$$|F(v)| \leq C\|v\|_V \ \forall v \in V. \tag{2.1}$$

Un funzionale lineare e limitato su uno spazio di Banach (ovvero uno spazio normato e completo) è anche continuo. Definiamo quindi lo spazio V', detto *duale* di V, come l'insieme dei funzionali lineari e limitati su V ovvero

$$V' = \{F : V \mapsto \mathbb{R} \text{ t.c. } F \text{ è lineare e limitato }\}$$

e lo muniamo della norma $\|\cdot\|_{V'}$ definita come

$$\|F\|_{V'} = \sup_{v \in V \setminus \{0\}} \frac{|F(v)|}{\|v\|_V}. \tag{2.2}$$

© Springer-Verlag Italia 2016
A. Quarteroni, *Modellistica Numerica per Problemi Differenziali*, 6a edizione,
UNITEXT - La Matematica per il 3+2 100, DOI 10.1007/978-88-470-5782-1_2

È evidente che la costante C che compare in (2.1) è maggiore o uguale a $\|F\|_{V'}$.
Vale il seguente teorema, detto di identificazione o di rappresentazione ([Yos74]).

Teorema 2.1 (di rappresentazione di Riesz) *Sia H uno spazio di Hilbert munito di un prodotto scalare $(\cdot, \cdot)_H$. Per ogni funzionale lineare e limitato f su H esiste un unico elemento $x_f \in H$ tale che*

$$f(y) = (y, x_f)_H \quad \forall y \in H \quad e \quad \|f\|_{H'} = \|x_f\|_H. \tag{2.3}$$

Reciprocamente, ogni elemento $x \in H$ identifica un funzionale lineare e limitato f_x su H tale che

$$f_x(y) = (y, x)_H \quad \forall y \in H \quad e \quad \|f_x\|_{H'} = \|x\|_H. \tag{2.4}$$

Se H è uno spazio di Hilbert, la totalità H' dei funzionali lineari e limitati su H costituisce anch'esso uno spazio di Hilbert. Inoltre, grazie al Teorema 2.1, esiste una trasformazione biiettiva ed isometrica (ovvero che preserva la norma) $f \leftrightarrow x_f$ tra H' e H grazie alla quale H' e H possono essere identificati. Possiamo indicare questa trasformazione come segue:

$$\begin{aligned} \Lambda_H : H \to H', \quad & x \to f_x = \Lambda_H x \\ \Lambda_H^{-1} : H' \to H, \quad & f \to x_f = \Lambda_H^{-1} x. \end{aligned} \tag{2.5}$$

Introduciamo ora la nozione di forma bilineare.

Definizione 2.2 *Dato uno spazio funzionale normato V si dice* forma *un'applicazione a che associa ad ogni coppia di elementi di V un numero reale*

$$a : V \times V \mapsto \mathbb{R}.$$

Una forma si dice:

bilineare se è lineare rispetto ad entrambi i suoi argomenti, ovvero se:

$$a(\lambda u + \mu w, v) = \lambda a(u, v) + \mu a(w, v) \ \forall \lambda, \mu \in \mathbb{R}, \forall u, v, w \in V,$$

$$a(u, \lambda w + \mu v) = \lambda a(u, v) + \mu a(u, w) \ \forall \lambda, \mu \in \mathbb{R}, \forall u, v, w \in V;$$

continua se $\exists M > 0$ tale che

$$|a(u, v)| \le M \|u\|_V \|v\|_V \ \forall u, v \in V; \tag{2.6}$$

simmetrica se

$$a(u, v) = a(v, u) \ \forall u, v \in V; \tag{2.7}$$

positiva se

$$a(v, v) > 0 \ \forall v \in V; \tag{2.8}$$

coerciva se $\exists \alpha > 0$ tale che

$$a(v, v) \geq \alpha \|v\|_V^2 \ \forall v \in V. \tag{2.9}$$

Definizione 2.3 *Siano $\mathcal{X}$ e $\mathcal{Y}$ due spazi di* Hilbert. *Si dice che $\mathcal{X}$ è contenuto in $\mathcal{Y}$ con* iniezione continua *se esiste una costante C tale che $\|w\|_{\mathcal{Y}} \leq C\|w\|_{\mathcal{X}}$, $\forall w \in \mathcal{X}$. Inoltre $\mathcal{X}$ è* denso *in $\mathcal{Y}$ se ogni elemento appartenente a $\mathcal{Y}$ può essere ottenuto come limite, nella norma $\| \cdot \|_{\mathcal{Y}}$, di una successione di elementi di $\mathcal{X}$.*

Siano dati due spazi di Hilbert V e $\mathcal{H}$ tali che $V \subset \mathcal{H}$, l'iniezione di V in $\mathcal{H}$ sia continua ed inoltre V sia denso in $\mathcal{H}$. Allora $\mathcal{H}$ è sottospazio di V', il duale di V, e vale

$$V \subset \mathcal{H} \simeq \mathcal{H}' \subset V'. \tag{2.10}$$

Per problemi ellittici, tipicamente gli spazi V e $\mathcal{H}$ saranno scelti rispettivamente come $H^1(\Omega)$ (o un suo sottospazio, $H_0^1(\Omega)$ o $H_{\Gamma_D}^1(\Omega)$) e $L^2(\Omega)$. Si veda il Cap. 3.

Definizione 2.4 *Un operatore lineare e limitato (dunque continuo) $\mathcal{T}$ tra due spazi funzionali $\mathcal{X}$ e $\mathcal{Y}$, si dice* isomorfo *se mette in corrispondenza biunivoca gli elementi degli spazi $\mathcal{X}$ e $\mathcal{Y}$ ed in più esiste il suo inverso $\mathcal{T}^{-1}$. Se vale anche $\mathcal{X} \subset \mathcal{Y}$, tale isomorfismo si dice* canonico.

Definizione 2.5 *Una forma $n : V \times V \to \mathbb{R}$ si dice* simmetrica definita positiva *se valgono le seguenti proprietà:*

- $n(\phi, \psi) = n(\psi, \phi) \quad \forall \phi, \psi \in V,$
- $n(\phi, \phi) > 0 \quad \forall \phi \in V.$

2.2 Differenziazione in spazi lineari

In questa sezione sono brevemente riportati i concetti di differenziabilità e derivazione per applicazioni su spazi funzionali lineari; per approfondimenti in materia, così come per l'estensione dei concetti a casi più generali, si veda [KF89].

Si inizi considerando la nozione di *differenziale forte* o di *Fréchet*:

Definizione 2.6 (differenziale di Fréchet) *Siano X e Y due spazi normati e F un'applicazione di X in Y, definita su un insieme aperto $E \subset X$; tale applicazione si dice* differenziabile *in $x \in E$ se esiste un operatore lineare e limitato $L_x \colon X \to Y$ tale per cui*

$$\forall \varepsilon > 0, \ \exists \delta > 0 \ : \ ||F(x{+}h){-}F(x){-}L_x h||_Y \leq \varepsilon \, ||h||_X \ \forall h \in X \ con \ ||h||_X < \delta.$$

L'espressione $L_x h$ (oppure $L_x[h]$), che genera un elemento in Y per ogni $h \in X$, si dice differenziale forte *(o di Fréchet) dell'applicazione F in $x \in E$; l'operatore L_x si dice* derivata forte *dell'applicazione F in x e viene indicata in genere come $F'(x)$.*

Dalla definizione si deduce che un'applicazione differenziabile in x è anche continua in x. Qui di seguito sono riportate alcune proprietà che derivano da questa definizione:

- se $F(x) = y_0 = costante$, allora $F'(x)$ è l'operatore nullo, ovvero $L_x[h] = 0 \ \forall h \in X$;
- la derivata forte di un'applicazione lineare continua $F(x)$ è l'applicazione stessa, ovvero $F'(x) = F(x)$;
- date due applicazioni continue F e G di X in Y, se queste sono differenziabili in x_0 lo sono anche le applicazioni $F + G$ e αF, con $\alpha \in \mathbb{R}$, e si ha:

$$(F + G)'(x_0) = F'(x_0) + G'(x_0),$$

$$(\alpha F)'(x_0) = \alpha F'(x_0).$$

Si consideri ora la seguente definizione di *differenziale debole* (o di *Gâteaux*):

Definizione 2.7 (differenziale di Gâteaux) *Sia F un'applicazione di X in Y; si dice* differenziale debole *(o di Gâteaux) dell'applicazione F in x il limite*

$$DF(x, h) = \lim_{t \to 0} \frac{F(x + th) - F(x)}{t} \qquad \forall h \in X,$$

dove $t \in \mathbb{R}$ e la convergenza del limite va intesa rispetto alla norma dello spazio Y. Se il differenziale debole $DF(x, h)$ è lineare (in generale non lo è) lo si può esprimere come

$$DF(x, h) = F'_G(x)h \qquad \forall h \in X.$$

L'operatore lineare e limitato $F'_G(x)$ si dice derivata debole *(o di Gâteaux) di F.*

Vale inoltre

$$F(x + th) - F(x) = tF'_G(x)h + o(t) \qquad \forall h \in X,$$

che implica

$$\|F(x + th) - F(x) - tF'_G(x)h\| = o(t) \qquad \forall h \in X.$$

Si osservi che se un'applicazione F ha derivata forte, allora questa ammette deriva-ta debole, coincidente con quella forte; il viceversa invece non è vero in generale. Tuttavia vale il seguente teorema (si veda [KF89]):

Teorema 2.2 *Se in un intorno $U(x_0)$ di x_0 esiste la derivata debole $F'_G(x)$ del-l'applicazione F ed in tale intorno essa è una funzione di x, continua in x_0, allora esiste in x_0 la derivata forte $F'(x_0)$ e questa coincide con quella debole, $F'(x_0) = F'_G(x_0)$.*

2.3 Richiami sulle distribuzioni

In questa sezione vogliamo richiamare le principali definizioni relative alla teoria delle distribuzioni e agli spazi di Sobolev, utili per una migliore comprensione degli argo-menti introdotti nel testo. Per un approfondimento si vedano le monografie [Bre86], [Ada75], [AF03] e [LM68].
Sia Ω un insieme aperto di $\mathbb{R}^n$ e $f : \Omega \mapsto \mathbb{R}$.

Definizione 2.8 *Per* supporto *di una funzione f si intende la chiusura dell'insieme in cui la funzione stessa assume valori diversi da zero, ovvero*

$$\operatorname{supp} f = \overline{\{\mathbf{x} : f(\mathbf{x}) \neq 0\}}.$$

Una funzione $f : \Omega \mapsto \mathbb{R}$ si dirà a *supporto compatto* in Ω se esiste un insieme compatto[1] $K \subset \Omega$ tale che $\operatorname{supp} f \subset K$.
    Possiamo a questo punto dare la seguente definizione:

Definizione 2.9 *$\mathcal{D}(\Omega)$ è lo spazio delle funzioni infinitamente derivabili ed a supporto compatto in Ω, ovvero*

$$\mathcal{D}(\Omega) = \{f \in C^\infty(\Omega) : \exists K \subset \Omega, \ compatto : \ \operatorname{supp} f \subset K\}.$$

---

[1] Essendo $\Omega \subset \mathbb{R}^n$, un compatto è un insieme chiuso e limitato.

Introduciamo la notazione a multi-indice per le derivate. Sia $\boldsymbol{\alpha} = (\alpha_1, \alpha_2, \ldots, \alpha_n)$ una ennupla di numeri interi non negativi (detta *multi-indice*) e sia $f : \Omega \mapsto \mathbb{R}$, con $\Omega \subset \mathbb{R}^n$, una funzione. Ne indicheremo le derivate con la notazione

$$D^{\boldsymbol{\alpha}} f(\mathbf{x}) = \frac{\partial^{|\alpha|} f(\mathbf{x})}{\partial x_1^{\alpha_1} \partial x_2^{\alpha_2} \ldots \partial x_n^{\alpha_n}},$$

essendo $|\boldsymbol{\alpha}| = \alpha_1 + \alpha_2 + \ldots + \alpha_n$ la lunghezza del multi-indice (essa coincide con l'ordine di derivazione).

Nello spazio $\mathcal{D}(\Omega)$ si può introdurre la seguente nozione di convergenza:

Definizione 2.10 *Data una successione $\{\phi_k\}$ di funzioni di $\mathcal{D}(\Omega)$ diremo che esse convergono in $\mathcal{D}(\Omega)$ ad una funzione ϕ e scriveremo $\phi_k \xrightarrow[\mathcal{D}(\Omega)]{} \phi$ se:*

1. *i supporti delle funzioni ϕ_k sono tutti contenuti in un compatto fissato K di Ω;*
2. *si ha convergenza uniforme delle derivate di tutti gli ordini, cioè*

$$D^{\boldsymbol{\alpha}} \phi_k \longrightarrow D^{\boldsymbol{\alpha}} \phi \ \forall \alpha \in \mathbb{N}^n.$$

Siamo ora in grado di definire lo spazio delle distribuzioni su Ω:

Definizione 2.11 *Sia T una trasformazione lineare da $\mathcal{D}(\Omega)$ in $\mathbb{R}$ e denotiamo con $\langle T, \varphi \rangle$ il valore assunto da T sull'elemento $\varphi \in \mathcal{D}(\Omega)$. Diciamo che T è continua se*

$$\lim_{k \to \infty} \langle T, \varphi_k \rangle = \langle T, \varphi \rangle,$$

dove $\{\varphi_k\}_{k=1}^{\infty}$, è una successione arbitraria di $\mathcal{D}(\Omega)$ che converge verso $\varphi \in \mathcal{D}(\Omega)$. Si chiama distribuzione su Ω una qualunque trasformazione T da $\mathcal{D}(\Omega)$ in $\mathbb{R}$ lineare e continua. Lo spazio delle distribuzioni su Ω è quindi dato dallo spazio $\mathcal{D}'(\Omega)$, duale di $\mathcal{D}(\Omega)$.

L'azione di una distribuzione $T \in \mathcal{D}'(\Omega)$ su una funzione $\phi \in \mathcal{D}(\Omega)$ verrà sempre indicata attraverso la notazione del *crochet*: $\langle T, \phi \rangle$.

Esempio 2.1 Sia $\mathbf{a}$ un punto dell'insieme Ω. La *delta di Dirac* relativa al punto $\mathbf{a}$ e denotata con $\delta_{\mathbf{a}}$, è la distribuzione definita dalla relazione seguente

$$\langle \delta_{\mathbf{a}}, \phi \rangle = \phi(\mathbf{a}) \ \forall \phi \in \mathcal{D}(\Omega).$$

∎

Per un altro significativo esempio si veda l'Esercizio 4. Anche in $\mathcal{D}'(\Omega)$ si introduce una nozione di convergenza:

Definizione 2.12 *Una successione di distribuzioni* $\{T_n\}$ *converge in* $\mathcal{D}'(\Omega)$ *ad una distribuzione* T *se risulta:*

$$\lim_{n \to \infty} \langle T_n, \phi \rangle = \langle T, \phi \rangle \qquad \forall \phi \in \mathcal{D}(\Omega).$$

2.3.1 Le funzioni a quadrato sommabile

Consideriamo lo spazio delle funzioni a quadrato sommabile su $\Omega \subset \mathbb{R}^n$,

$$L^2(\Omega) = \{ f : \Omega \mapsto \mathbb{R} \text{ t.c. } \int_\Omega f(\mathbf{x})^2 \, d\Omega < +\infty \}.$$

Esso è uno spazio di Hilbert, il cui prodotto scalare è

$$(f, g)_{L^2(\Omega)} = \int_\Omega f(\mathbf{x}) g(\mathbf{x}) \, d\Omega.$$

La norma in $L^2(\Omega)$ è quella associata al prodotto scalare ovvero

$$\|f\|_{L^2(\Omega)} = \sqrt{(f, f)_{L^2(\Omega)}}.$$

Ad ogni funzione $f \in L^2(\Omega)$ si associa una distribuzione $T_f \in \mathcal{D}'(\Omega)$ definita da:

$$\langle T_f, \phi \rangle = \int_\Omega f(\mathbf{x}) \phi(\mathbf{x}) \, d\Omega \qquad \forall \phi \in \mathcal{D}(\Omega).$$

Vale il seguente risultato:

Lemma 2.1 *Lo spazio* $\mathcal{D}(\Omega)$ *è denso in* $L^2(\Omega)$.

Grazie ad esso è possibile dimostrare che la corrispondenza fra f e T_f è iniettiva, e dunque si può identificare $L^2(\Omega)$ con un sottoinsieme di $\mathcal{D}'(\Omega)$, scrivendo

$$L^2(\Omega) \subset \mathcal{D}'(\Omega).$$

Esempio 2.2 Sia $\Omega = \mathbb{R}$ e si indichi con $\chi_{[a,b]}(x)$ la *funzione caratteristica* dell'intervallo $[a, b]$, così definita:

$$\chi_{[a,b]}(x) = \begin{cases} 1 & \text{se } x \in [a, b], \\ 0 & \text{altrimenti.} \end{cases}$$

Si consideri poi la successione di funzioni $f_n(x) = \frac{n}{2} \chi_{[-1/n, 1/n]}(x)$ (si veda la Fig. 2.1).

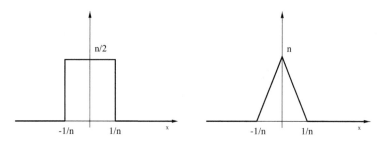

Figura 2.1. La funzione caratteristica dell'intervallo $[-1/n, 1/n]$ (a sinistra) e la funzione triangolare f_n (a destra)

Vogliamo verificare che la successione $\{T_{f_n}\}$ delle distribuzioni ad esse associate converge alla distribuzione δ_0, ovvero la δ di Dirac relativa all'origine. Infatti, per ogni funzione $\phi \in \mathcal{D}(\Omega)$, si ha:

$$\langle T_{f_n}, \phi \rangle = \int_{\mathbb{R}} f_n(x)\phi(x)\, dx = \frac{n}{2} \int_{-1/n}^{1/n} \phi(x)\, dx = \frac{n}{2}[\Phi(1/n) - \Phi(-1/n)],$$

essendo Φ una primitiva di ϕ. Se ora poniamo $h = 1/n$, possiamo scrivere

$$\langle T_{f_n}, \phi \rangle = \frac{\Phi(h) - \Phi(-h)}{2h}.$$

Quando $n \to \infty$, $h \to 0$ e quindi, per definizione di derivata, si ha

$$\frac{\Phi(h) - \Phi(-h)}{2h} \to \Phi'(0).$$

Per costruzione $\Phi' = \phi$ e perciò

$$\langle T_{f_n}, \phi \rangle \to \phi(0) = \langle \delta_0, \phi \rangle,$$

avendo usato la definizione di δ_0 (si veda l'Esempio 2.1).

Lo stesso limite si ottiene prendendo una successione di funzioni triangolari (si veda la Fig. 2.1) o gaussiane, anziché rettangolari (purché siano sempre ad area unitaria).

Facciamo infine notare come nelle metriche usuali tali successioni convergano invece ad una funzione quasi ovunque nulla. ■

2.3.2 Derivazione nel senso delle distribuzioni

Sia $T \in \mathcal{D}'(\Omega)$ dove $\Omega \subset \mathbb{R}^n$. Le sue derivate nel *senso delle distribuzioni* sono definite nel modo seguente

$$\langle \frac{\partial T}{\partial x_i}, \phi \rangle = -\langle T, \frac{\partial \phi}{\partial x_i} \rangle \qquad \forall \phi \in \mathcal{D}(\Omega), \quad i = 1, \dots, n.$$

In maniera analoga si definiscono le derivate successive. Precisamente, per ogni multi-indice $\boldsymbol{\alpha} = (\alpha_1, \alpha_2, \dots, \alpha_n)$, si ha:

$$\langle D^{\boldsymbol{\alpha}} T, \phi \rangle = (-1)^{|\boldsymbol{\alpha}|} \langle T, D^{\boldsymbol{\alpha}} \phi \rangle \qquad \forall \phi \in \mathcal{D}(\Omega).$$

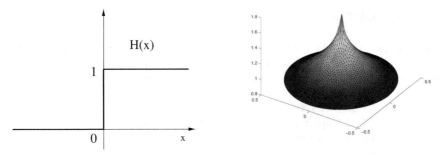

Figura 2.2. La funzione di Heaviside a sinistra. A destra, la funzione dell'Esempio 2.6 con $k = 1/3$. Si noti il punto all'infinito nell'origine

Esempio 2.3 La *funzione di Heaviside* su $\mathbb{R}$ (si veda la Fig. 2.2) è definita come

$$H(x) = \begin{cases} 1 \text{ se } x > 0, \\ 0 \text{ se } x \leq 0. \end{cases}$$

La derivata della distribuzione ad essa associata è la distribuzione delta di Dirac relativa all'origine (si veda l'Esempio 2.1); identificando la funzione H con la distribuzione T_H ad essa associata scriveremo dunque

$$\frac{dH}{dx} = \delta_0.$$

∎

La derivazione nell'ambito delle distribuzioni gode di alcune proprietà importanti che non risultano valide nell'ambito più ristretto della derivazione in senso classico per le funzioni.

Proprietà 2.1 *L'insieme* $\mathcal{D}'(\Omega)$ *è chiuso rispetto all'operazione di derivazione (nel senso delle distribuzioni), cioè ogni distribuzione è infinitamente derivabile.*

Proprietà 2.2 *La derivazione in* $\mathcal{D}'(\Omega)$ *è un'operazione continua, nel senso che se* $T_n \underset{\mathcal{D}'(\Omega)}{\longrightarrow} T$, *per* $n \to \infty$, *allora risulta anche* $D^\alpha T_n \underset{\mathcal{D}'(\Omega)}{\longrightarrow} D^\alpha T$, *per* $n \to \infty$, *per ogni multi-indice* α.

Notiamo infine come la derivazione nel senso delle distribuzioni sia un'estensione della derivazione classica per le funzioni, in quanto se la funzione f è derivabile con continuità (in senso classico) su Ω, allora la derivata della distribuzione T_f ad essa associata coincide con la distribuzione $T_{f'}$ corrispondente alla derivata classica (si veda l'Esercizio 7).

In queste note identificheremo le funzioni f di $L^2(\Omega)$ con le corrispondenti distribuzioni T_f di $\mathcal{D}'(\Omega)$, scrivendo ancora f in luogo di T_f. Similmente quando parleremo di derivate ci riferiremo sempre alle derivate nel senso delle distribuzioni.

2.4 Gli spazi di Sobolev

Nel paragrafo 2.3.1 abbiamo notato che le funzioni di $L^2(\Omega)$ sono particolari distribuzioni. Non è detto, però, che anche le loro derivate (nel senso delle distribuzioni) siano ancora delle funzioni di $L^2(\Omega)$, come mostra il seguente esempio.

Esempio 2.4 Sia $\Omega \subset \mathbb{R}$ e sia $[a, b] \subset \Omega$. Allora la *funzione caratteristica* dell'intervallo $[a, b]$ (si veda l'Esempio 2.2) appartiene a $L^2(\Omega)$, mentre la sua derivata $d\chi_{[a,b]}/dx = \delta_a - \delta_b$ (si veda l'Esempio 2.3) non vi appartiene. ■

È, quindi, ragionevole introdurre gli spazi seguenti:

Definizione 2.13 *Sia Ω un aperto di $\mathbb{R}^n$ e k un intero positivo. Si chiama spazio di Sobolev di ordine k su Ω lo spazio formato dalla totalità delle funzioni di $L^2(\Omega)$ aventi tutte le derivate (distribuzionali) fino all'ordine k appartenenti ad $L^2(\Omega)$:*

$$H^k(\Omega) = \{ f \in L^2(\Omega) : D^\alpha f \in L^2(\Omega) \ \forall \boldsymbol{\alpha} \ : \ |\boldsymbol{\alpha}| \le k \}.$$

Risulta, ovviamente, $H^{k+1}(\Omega) \subset H^k(\Omega)$ per ogni $k \ge 0$ e questa immersione è continua. Lo spazio $L^2(\Omega)$ viene talvolta indicato come $H^0(\Omega)$.

Gli spazi di Sobolev $H^k(\Omega)$ risultano essere spazi di Hilbert rispetto al prodotto scalare seguente:

$$(f, g)_k = \sum_{|\boldsymbol{\alpha}| \le k} \int_\Omega (D^\alpha f)(D^\alpha g) \, d\Omega,$$

da cui discendono le norme

$$\|f\|_k = \|f\|_{H^k(\Omega)} = \sqrt{(f, f)_k} = \sqrt{\sum_{|\boldsymbol{\alpha}| \le k} \int_\Omega (D^\alpha f)^2 \, d\Omega}. \tag{2.11}$$

Si definiscono infine le seminorme

$$|f|_k = |f|_{H^k(\Omega)} = \sqrt{\sum_{|\boldsymbol{\alpha}| = k} \int_\Omega (D^\alpha f)^2 \, d\Omega},$$

di modo che la (2.11) diventa

$$\|f\|_{H^k(\Omega)} = \sqrt{\sum_{m=0}^{k} |f|_{H^m(\Omega)}^2}.$$

Esempio 2.5 Per $k = 1$ si ha:

$$(f, g)_1 = (f, g)_{\mathrm{H}^1(\Omega)} = \int_\Omega fg \, d\Omega + \int_\Omega f'g' \, d\Omega;$$

$$\|f\|_1 = \|f\|_{\mathrm{H}^1(\Omega)} = \sqrt{\int_\Omega f^2 \, d\Omega + \int_\Omega f'^2 \, d\Omega} = \sqrt{\|f\|^2_{\mathrm{L}^2(\Omega)} + \|f'\|^2_{\mathrm{L}^2(\Omega)}};$$

$$|f|_1 = |f|_{\mathrm{H}^1(\Omega)} = \sqrt{\int_\Omega f'^2 \, d\Omega} = \|f'\|_{\mathrm{L}^2(\Omega)}.$$

■

2.4.1 Regolarità degli spazi $\mathrm{H}^k(\Omega)$

Vogliamo ora porre in relazione l'appartenenza di una funzione ad uno spazio $\mathrm{H}^k(\Omega)$ con le sue proprietà di continuità.

Esempio 2.6 Sia $\Omega \subset \mathbb{R}^2$ un cerchio centrato nell'origine e di raggio $r = 1$. Allora la funzione seguente definita su $\Omega \backslash \{0\}$, rappresentata in Fig. 2.2 a destra,

$$f(x_1, x_2) = \left| \ln \frac{1}{\sqrt{x_1^2 + x_2^2}} \right|^k \tag{2.12}$$

con $0 < k < 1/2$ appartiene ad $\mathrm{H}^1(\Omega)$, ma presenta una singolarità nell'origine e dunque non è continua. ■

Non tutte le funzioni di $\mathrm{H}^1(\Omega)$ sono dunque continue se Ω è un insieme aperto di $\mathbb{R}^2$. In generale, vale il seguente risultato:

Proprietà 2.3 *Se Ω è un aperto di $\mathbb{R}^n$ dotato di una frontiera "sufficientemente regolare", allora*

$$\mathrm{H}^k(\Omega) \subset C^m(\overline{\Omega}) \text{ se } k > m + \frac{n}{2}.$$

In particolare, in una dimensione spaziale ($n = 1$) le funzioni di $\mathrm{H}^1(\Omega)$ sono continue (esse sono in effetti *assolutamente continue*, si vedano [Sal08] e [Bre86]), mentre in due o tre dimensioni non lo sono necessariamente. Lo sono invece quelle di $\mathrm{H}^2(\Omega)$.

2.4.2 Lo spazio $\mathrm{H}_0^1(\Omega)$

Se Ω è limitato, lo spazio $\mathcal{D}(\Omega)$ non è denso in $\mathrm{H}^1(\Omega)$. Si può allora dare la seguente definizione:

Definizione 2.14 *Si indica con* $H_0^1(\Omega)$ *la chiusura di* $\mathcal{D}(\Omega)$ *nella topologia di* $H^1(\Omega)$.

Le funzioni di $H_0^1(\Omega)$ godono della seguente proprietà:

Proprietà 2.4 (Disuguaglianza di Poincaré) *Sia* Ω *un insieme* limitato *di* $\mathbb{R}^n$; *allora esiste una costante* C_Ω *tale che*

$$\|v\|_{L^2(\Omega)} \leq C_\Omega |v|_{H^1(\Omega)} \qquad \forall v \in H_0^1(\Omega). \tag{2.13}$$

Dimostrazione. Essendo Ω limitato possiamo sempre trovare una sfera $S_D = \{\mathbf{x} : |\mathbf{x} - \mathbf{g}| < D\}$ di centro $\mathbf{g}$ e raggio $D > 0$, contenente Ω. Dato che $\mathcal{D}(\Omega)$ è denso in $H_0^1(\Omega)$ basta dimostrare la disuguaglianza per una funzione $u \in \mathcal{D}(\Omega)$. Integrando per parti e sfruttando il fatto che $\operatorname{div}(\mathbf{x} - \mathbf{g}) = n$

$$\|u\|_{L^2(\Omega)}^2 = n^{-1} \int_\Omega n \cdot |u(\mathbf{x})|^2 \, d\Omega = -n^{-1} \int_\Omega (\mathbf{x} - \mathbf{g}) \cdot \nabla(|u(\mathbf{x})|^2) \, d\Omega$$

$$= -2n^{-1} \int_\Omega (\mathbf{x} - \mathbf{g}) \cdot [u(\mathbf{x})\nabla u(\mathbf{x})] \, d\Omega \leq 2n^{-1} \|\mathbf{x} - \mathbf{g}\|_{L^\infty(\Omega)} \|u\|_{L^2(\Omega)} \|u\|_{H^1(\Omega)}$$

$$\leq 2n^{-1} D \|u\|_{L^2(\Omega)} \|u\|_{H^1(\Omega)}.$$

Nel caso generale in cui $v \in H_0^1(\Omega)$ basterà costruire una successione $u_i \in \mathcal{D}(\Omega)$, $i = 1, 2, \ldots$ convergente a v nella norma di $H^1(\Omega)$, applicare la disuguaglianza ai membri della successione e passare al limite.   ◇

Come conseguenza immediata si ha che:

Proprietà 2.5 *Sullo spazio* $H_0^1(\Omega)$ *la seminorma* $|v|_{H^1(\Omega)}$ *è una norma che risulta essere equivalente alla norma* $\|v\|_{H^1(\Omega)}$.

Dimostrazione. Ricordiamo che due norme, $\|\cdot\|$ e $\|\|\cdot\|\|$, si dicono *equivalenti* se esistono due costanti positive c_1 e c_2, tali che

$$c_1 \|\|v\|\| \leq \|v\| \leq c_2 \|\|v\|\| \quad \forall v \in V.$$

Poiché $\|v\|_1 = \sqrt{|v|_1^2 + \|v\|_0^2}$ è evidente che $|v|_1 \leq \|v\|_1$.
Viceversa, sfruttando la proprietà 2.4,

$$\|v\|_1 = \sqrt{|v|_1^2 + \|v\|_0^2} \leq \sqrt{|v|_1^2 + C_\Omega^2 |v|_1^2} \leq C_\Omega^* |v|_1,$$

da cui si deduce l'equivalenza delle due norme.   ◇

In maniera del tutto analoga si definiscono gli spazi $H_0^k(\Omega)$ come la chiusura di $\mathcal{D}(\Omega)$ nella topologia di $H^k(\Omega)$.

2.4.3 Gli operatori di traccia

Sia $v \in \mathrm{H}^1(\Omega)$: le considerazioni svolte nella Sez. 2.4.1 mostrano che non si può necessariamente definire il "valore" di v sul bordo di Ω, in senso classico. Possiamo invece introdurre il concetto di *traccia* di v su $\partial\Omega$ attraverso il seguente risultato.

Teorema 2.3 (di traccia) *Sia Ω un aperto limitato di $\mathbb{R}^n$ dotato di una frontiera $\partial\Omega$ "sufficientemente regolare" e $k \geq 1$. Esiste una e una sola applicazione lineare e continua*

$$\gamma_0 : \mathrm{H}^k(\Omega) \mapsto \mathrm{L}^2(\partial\Omega)$$

tale per cui $\gamma_0 v = v|_{\partial\Omega} \ \forall v \in H^k \cap C^0(\overline{\Omega})$; $\gamma_0 v$ è detta traccia *di v su $\partial\Omega$. La continuità di γ_0 implica che esista una costante $C > 0$ tale che*

$$\|\gamma_0 v\|_{\mathrm{L}^2(\Gamma)} \leq C \|v\|_{\mathrm{H}^k(\Omega)}.$$

Il risultato è ancora valido se si considera l'operatore di traccia $\gamma_\Gamma : \mathrm{H}^k(\Omega) \mapsto \mathrm{L}^2(\Gamma)$ dove Γ è una porzione sufficientemente regolare ed a misura non nulla della frontiera di Ω.

Questo risultato permette di dare un senso alle condizioni al contorno di Dirichlet quando si ricerchino soluzioni v in $\mathrm{H}^k(\Omega)$, con $k \geq 1$, purché si interpreti il valore al bordo nel senso della traccia.

Osservazione 2.1 L' operatore di traccia γ_Γ non è suriettivo su $\mathrm{L}^2(\Gamma)$. In particolare, l'insieme delle funzioni di $\mathrm{L}^2(\Gamma)$ che sono tracce di funzioni di $\mathrm{H}^1(\Omega)$ costituisce un sottospazio di $\mathrm{L}^2(\Gamma)$ denotato con $\mathrm{H}^{1/2}(\Gamma)$ che risulta caratterizzato da proprietà di regolarità intermedie tra quelle di $\mathrm{L}^2(\Gamma)$ e quelle di $\mathrm{H}^1(\Gamma)$. Più in generale, per ogni $k \geq 1$ esiste un'unica applicazione lineare e continua $\gamma_0 : \mathrm{H}^k(\Omega) \mapsto \mathrm{H}^{k-1/2}(\Gamma)$ tale che $\gamma_0 v = v|_\Gamma$ per ogni $v \in \mathrm{H}^k(\Omega) \cap C^0(\overline{\Omega})$. •

Gli operatori di traccia consentono di fornire un'interessante caratterizzazione dello spazio $\mathrm{H}_0^1(\Omega)$ definito precedentemente, in virtù della proprietà seguente:

Proprietà 2.6 *Sia Ω un aperto limitato di $\mathbb{R}^n$ dotato di una frontiera $\partial\Omega$ sufficientemente regolare e sia γ_0 l'operatore di traccia da $\mathrm{H}^1(\Omega)$ in $\mathrm{L}^2(\partial\Omega)$. Si ha allora*

$$\mathrm{H}_0^1(\Omega) = \mathrm{Ker}(\gamma_0) = \{v \in \mathrm{H}^1(\Omega) : \gamma_0 v = 0\}.$$

In altre parole, $\mathrm{H}_0^1(\Omega)$ è formato dalle funzioni di $\mathrm{H}^1(\Omega)$ aventi traccia nulla sul bordo. Analogamente definiamo $\mathrm{H}_0^2(\Omega)$ come il sottospazio delle funzioni di $\mathrm{H}^2(\Omega)$ la cui traccia, insieme con la traccia della derivata normale, è nulla al bordo.

2.5 Lo spazio $L^\infty(\Omega)$ e gli spazi $L^p(\Omega)$ con $1 \le p < \infty$

Lo spazio $L^2(\Omega)$ può essere generalizzato nel modo seguente: per ogni numero reale p con $1 \le p < \infty$ si possono definire gli spazi

$$L^p(\Omega) = \{v : \Omega \mapsto \mathbb{R} \text{ t.c. } \int_\Omega |v(\mathbf{x})|^p \, d\Omega < \infty\}.$$

Essi sono spazi di Banach con norma data da

$$\|v\|_{L^p(\Omega)} = \left(\int_\Omega |v(\mathbf{x})|^p d\Omega\right)^{1/p}.$$

Più precisamente, $L^p(\Omega)$ è lo spazio di *classi di equivalenza* di funzioni misurabili, essendo la relazione di equivalenza da intendersi nel senso seguente: v è equivalente a w se e solo se v e w sono uguali quasi ovunque ovvero differiscono al più su di un sottoinsieme di Ω di misura nulla. Ricordiamo che la notazione "quasi ovunque in Ω" (in breve, q.o. in Ω) significa esattamente "per tutti gli $\mathbf{x} \in \Omega$, salvo al più un insieme di punti di misura nulla".

Definiamo inoltre lo spazio

$$L^1_{loc}(\Omega) = \{f : \Omega \to \mathbb{R}, \ f|_K \in L^1(K) \text{ per ogni compatto } K \subset \Omega\}.$$

Se $1 \le p < \infty$, allora $\mathcal{D}(\Omega)$ è denso in $L^p(\Omega)$.

Nel caso in cui $p = \infty$, si definisce $L^\infty(\Omega)$ lo spazio delle funzioni che sono limitate q.o. in Ω. La sua norma si definisce come segue

$$\begin{aligned}
\|v\|_{L^\infty(\Omega)} &= \inf\{C \in \mathbb{R} : |v(x)| \le C, \text{ q.o. in } \Omega\} \\
&= \sup\{|v(x)|, \text{ q.o. in } \Omega\}.
\end{aligned} \tag{2.14}$$

Per $1 \le p \le \infty$, gli spazi $L^p(\Omega)$, muniti della norma $\|\cdot\|_{L^p(\Omega)}$, sono spazi di Banach (ovvero spazi vettoriali normati e completi).

Ricordiamo la *disuguaglianza di Hölder*: date $v \in L^p(\Omega)$ e $w \in L^{p'}(\Omega)$ con $1 \le p \le \infty$ e $\frac{1}{p} + \frac{1}{p'} = 1$, allora $vw \in L^1(\Omega)$ e

$$\int_\Omega |v(\mathbf{x}) \ w(\mathbf{x})| d\Omega \le \|v\|_{L^p(\Omega)} \|w\|_{L^{p'}(\Omega)}. \tag{2.15}$$

L'indice p' si chiama coniugato di p.

Se $1 < p < \infty$, allora $L^p(\Omega)$ è uno spazio riflessivo: una forma lineare e continua $\varphi : L^p(\Omega) \to \mathbb{R}$ può essere identificata ad un elemento di $L^{p'}(\Omega)$, ovvero esiste un unico $g \in L^{p'}(\Omega)$ tale che

$$\varphi(f) = \int_\Omega f(\mathbf{x}) g(\mathbf{x}) \, d\Omega \quad \forall f \in L^p(\Omega).$$

Se $p = 2$, allora $p' = 2$. Pertanto $L^2(\Omega)$ è uno spazio di Hilbert (ovvero uno spazio di Banach munito di prodotto scalare $\int_\Omega f(\mathbf{x})g(\mathbf{x})d\Omega$). In particolare la disuguaglianza di Hölder diventa:

$$(v, w)_{L^2(\Omega)} \leq \|v\|_{L^2(\Omega)} \|w\|_{L^2(\Omega)} \quad \forall\, v,\, w \in L^2(\Omega) \tag{2.16}$$

ed è nota come disuguaglianza di Cauchy-Schwarz. Vale inoltre la disuguaglianza

$$\|vw\|_{L^2(\Omega)} \leq \|v\|_{L^4(\Omega)} \|w\|_{L^4(\Omega)} \quad \forall v, w \in L^4(\Omega). \tag{2.17}$$

Se $\Omega \subset \mathbb{R}^n$ è un dominio limitato, se $1 \leq p \leq q \leq \infty$

$$L^q(\Omega) \subset L^p(\Omega) \subset L^1(\Omega) \subset L^1_{loc}(\Omega)\,.$$

Se Ω non è limitato, si ha sempre

$$L^p(\Omega) \subset L^1_{loc}(\Omega) \quad \forall\, p \geq 1\,.$$

Infine, se $\Omega \subset \mathbb{R}^n$ e, se $n > 1$, il bordo $\partial\Omega$ è "poligonale" (più in generale, a continuità lipschitziana), abbiamo:

se $0 < 2s < n$ allora $H^s(\Omega) \subset L^q(\Omega) \,\forall q$ t.c. $1 \leq q \leq q^*$ con $q^* = 2n/(n - 2s)$;

se $2s = n$ allora $H^s(\Omega) \subset L^q(\Omega) \,\forall q$ t.c. $1 \leq q < \infty$;

se $2s > n$ allora $H^s(\Omega) \subset C^0(\overline{\Omega})$.

$$\tag{2.18}$$

Tali inclusioni sono continue.

2.6 Operatori aggiunti di un operatore lineare

Siano X e Y due spazi di Banach e $\mathcal{L}(X, Y)$ lo spazio degli operatori lineari e limitati fra X e Y. Dato $L \in \mathcal{L}(X, Y)$, l'*operatore aggiunto* (o *coniugato*) di L è un operatore $L' : Y' \to X'$ definito attraverso la formula

$$_{X'}\langle L'f, x\rangle_X = {}_{Y'}\langle f, Lx\rangle_Y \quad \forall f \in Y', x \in X. \tag{2.19}$$

Esso è un operatore lineare e limitato fra Y' e X', ovvero $L' \in \mathcal{L}(Y', X')$, ed inoltre $\|L'\|_{\mathcal{L}(Y', X')} = \|L\|_{\mathcal{L}(X, Y)}$, dove abbiamo posto

$$\|L\|_{\mathcal{L}(X, Y)} = \sup_{\substack{x \in X \\ x \neq 0}} \frac{\|Lx\|_Y}{\|x\|_X}\,. \tag{2.20}$$

Nel caso in cui X e Y siano due spazi di Hilbert si può introdurre anche un altro operatore aggiunto, $L^T : Y \to X$, detto *trasposto* di L, definito dalla formula

$$(L^T y, x)_X = (y, Lx)_Y \quad \forall x \in X, y \in Y. \tag{2.21}$$

Si è indicato con $(\cdot,\cdot)_X$ il prodotto scalare di X, con $(\cdot,\cdot)_Y$ quello di Y. Questa definizione può essere spiegata come segue: per ogni arbitrario elemento $y \in Y$, la funzione a valori reali $x \to (y, Lx)_Y$ è lineare e continua, pertanto definisce un elemento di X'. Allora, grazie al teorema di Riesz (2.1) esiste un elemento x di X che denotiamo $L^T y$ soddisfacente la (2.21). Tale operatore appartiene a $\mathcal{L}(Y, X)$ (ovvero è lineare e continuo da Y in X) ed inoltre

$$\|L^T\|_{\mathcal{L}(Y,X)} = \|L\|_{\mathcal{L}(X,Y)}. \tag{2.22}$$

Nel caso in cui X e Y siano due spazi di Hilbert si hanno pertanto due nozioni di operatore aggiunto, L' e L^T. La relazione fra le due definizioni è la seguente

$$\Lambda_X L^T = L' \Lambda_Y \tag{2.23}$$

essendo Λ_X e Λ_Y gli isomorfismi canonici di Riesz da X in X' e da Y in Y', rispettivamente (si veda la (2.5)). Infatti,

$$\begin{aligned}_{X'}\langle \Lambda_X L^T y, x\rangle_X {}_Y &= (L^T y, x)_X = (y, Lx)_Y = {}_{Y'}\langle \Lambda_Y y, Lx\rangle_Y \\ &= {}_{X'}\langle L' \Lambda_Y y, x\rangle_X \qquad \forall x \in X, y \in Y.\end{aligned}$$

L'identità (2.23) si esprime in termini equivalenti dicendo che il diagramma di Fig. (2.3) è commutativo.

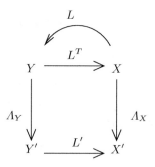

Figura 2.3. Gli operatori aggiunti L' e L^T sopra definiti

2.7 Spazi di funzioni dipendenti dal tempo

Quando si considerano funzioni spazio-temporali $v(\mathbf{x}, t)$, $\mathbf{x} \in \Omega \subset \mathbb{R}^n$, $n \geq 1$, $t \in (0, T)$, $T > 0$, è naturale introdurre lo spazio funzionale

$$
L^q(0, T; W^{k,p}(\Omega)) =
$$
$$
\left\{ v : (0, T) \to W^{k,p}(\Omega) \text{ t.c. } v \text{ è misurabile e } \int_0^T \|v(t)\|_{W^{k,p}(\Omega)}^q dt < \infty \right\}, \quad (2.24)
$$

dove $k \geq 0$ è un intero non negativo, $1 \leq q < \infty$, $1 \leq p \leq \infty$, provvisto della norma

$$
\|v\|_{L^q(0,T;W^{k,p}(\Omega))} = \left(\int_0^T \|v(t)\|_{W^{k,p}(\Omega)}^q dt \right)^{1/q}. \quad (2.25)
$$

Per ogni $t \in (0, T)$ abbiamo usato la notazione breve $v(t)$ per indicare la funzione:

$$
v(t) : \Omega \to \mathbb{R}, \quad v(t)(\mathbf{x}) = v(\mathbf{x}, t) \quad \forall \mathbf{x} \in \Omega. \quad (2.26)
$$

Gli spazi $L^\infty(0, T : W^{k,p}(\Omega))$ e $C^0([0, T]; W^{k,p}(\Omega))$ sono definiti in modo simile.

Quando si tratta con problemi dipendenti dal tempo a valori iniziali e al contorno, il seguente risultato può essere utile per derivare stime a priori e disuguaglianze di stabilità.

Lemma 2.2 (Gronwall) *Sia $A \in L^1(t_0, T)$ una funzione non negativa, φ una funzione continua su $[t_0, T]$.*

i) *Se g è non decrescente e φ è tale che*

$$
\varphi(t) \leq g(t) + \int_{t_0}^t A(\tau)\varphi(\tau)d\tau \qquad \forall t \in [t_0, T], \quad (2.27)
$$

allora

$$
\varphi(t) \leq g(t) exp \left(\int_{t_0}^t A(\tau)d\tau \right) \qquad \forall t \in [t_0, T]. \quad (2.28)
$$

ii) *Se g è una costante non negativa e φ una funzione non negativa tale che*

$$
\varphi^2(t) \leq g + \int_{t_0}^t A(\tau)\varphi(\tau)d\tau \qquad \forall t \in [t_0, T], \quad (2.29)
$$

allora

$$
\varphi(t) \leq \sqrt{g} + \frac{1}{2} \int_{t_0}^t A(\tau)d\tau \qquad \forall t \in [t_0, T]. \quad (2.30)
$$

Una versione discreta di questo lemma, utile quando si trattino approssimazioni completamente discrete (in spazio e tempo) dei problemi a valori iniziali e al contorno, è la seguente:

Lemma 2.3 (lemma di Gronwall discreto) *Sia k_n una successione non negativa, e sia φ_n una successione soddisfacente le disuguaglianze:*

$$\varphi_0 \le g_0, \quad \varphi_n \le g_0 + \sum_{m=0}^{n-1} p_m + \sum_{m=0}^{n-1} k_m \varphi_m, \ n \ge 1. \tag{2.31}$$

Se $g_0 \ge 0$ e $p_m \ge 0$ per $m \ge 0$, allora

$$\varphi_n \le (g_0 + \sum_{m=0}^{n-1} p_m) \, exp(\sum_{m=0}^{n-1} k_m), \ n \ge 1. \tag{2.32}$$

Per la dimostrazione di questi due lemmi, si veda, ad es., [QV94, Chap. 1].

2.8 Esercizi

1. Sia $\Omega = (0,1)$ e, per $\alpha > 0$, $f(x) = x^{-\alpha}$. Per quale α si ha $f \in L^p(\Omega)$, $1 \le p < \infty$? Esiste un $\alpha > 0$ per cui $f \in L^\infty(\Omega)$?
2. Sia $\Omega = (0, \frac{1}{2})$ e $f(x) = \dfrac{1}{x(\ln x)^2}$. Mostrare che $f \in L^1(\Omega)$.
3. Si dimostri per quali $\alpha \in \mathbb{R}$ si ha che $f \in L^1_{loc}(0,1)$, essendo $f(x) = x^{-\alpha}$.
4. Sia $u \in L^1_{loc}(\Omega)$. Si definisca $T_u \in \mathcal{D}'(\Omega)$ come segue:

$$\langle T_u, \varphi \rangle = \int_\Omega \varphi(\mathbf{x}) u(\mathbf{x}) \, d\Omega.$$

   Si verifichi che T_u è effettivamente una distribuzione e che l'applicazione $u \to T_u$ è iniettiva. Si può dunque identificare u con T_u e concludere osservando che $L^1_{loc}(\Omega) \subset \mathcal{D}'(\Omega)$.
5. Mostrare che la funzione definita come segue:

$$f(x) = e^{1/(x^2-1)} \text{ se } x \in (-1,1)$$
$$f(x) = 0 \text{ se } x \in]-\infty, -1] \cup [1, +\infty[$$

   appartiene a $\mathcal{D}(\mathbb{R})$.
6. Si dimostri che per la funzione f definita in (2.12) si ha

$$\|f\|^2_{\mathrm{H}^1(\Omega)} = 2\pi \int_0^r |\log s|^{2k} s \, ds + 2\pi^2 k^2 \int_0^r \frac{1}{s} |\log s|^{2k-2} \, ds$$

e che dunque sta in $H^1(\Omega)$ purché $0 < k < \frac{1}{2}$.

7. Sia $\varphi \in C^1(-1,1)$. Si mostri che la derivata $\dfrac{d\varphi}{dx}$ fatta in senso classico è uguale a $\dfrac{d\varphi}{dx}$ nel senso delle distribuzioni, dopo aver osservato che $C^0(-1,1) \subset L^1_{loc}(-1,1) \subset \mathcal{D}'(-1,1)$.

8. Si dimostri che, se $\Omega = (a,b)$, la disuguaglianza di Poincaré (2.13) è vera con $C_\Omega = \dfrac{(b-a)}{\sqrt{2}}$.

[*Soluzione*: osservare che grazie alla disuguaglianza di Cauchy-Schwarz si ha

$$v(x) = \int_a^x v'(t)dt \le \left(\int_a^x [v'(t)]^2 dt \right)^{1/2} \left(\int_a^x 1 dt \right)^{1/2} \le \sqrt{x-a}\,\|v'\|_{L^2(a,b)}.]$$

Capitolo 3
Equazioni di tipo ellittico

Questo capitolo è dedicato all'introduzione di problemi ellittici ed alla loro formulazione debole. Pur essendo la nostra trattazione alquanto elementare, prima di affrontarne la lettura, il lettore che fosse completamente a digiuno di conoscenze di Analisi Funzionale è invitato a consultare il Cap. 2.

3.1 Un esempio di problema ellittico: l'equazione di Poisson

Si consideri un dominio (ovvero un insieme aperto) $\Omega \subset \mathbb{R}^2$ limitato e connesso e sia $\partial\Omega$ la sua frontiera. Denoteremo con $\mathbf{x}$ la coppia di variabili spaziali (x_1, x_2). Il problema oggetto del nostro esame è

$$-\Delta u = f \text{ in } \Omega, \tag{3.1}$$

dove $f = f(\mathbf{x})$ è una funzione assegnata e il simbolo Δ denota l'operatore laplaciano (1.6) in due dimensioni. La (3.1) è un'equazione ellittica del second'ordine, lineare, non omogenea (se $f \neq 0$). Chiameremo la (3.1) la *formulazione forte* dell'equazione di Poisson. Ricordiamo inoltre che, nel caso in cui $f = 0$, l'equazione (3.1) è nota come equazione di Laplace.

Fisicamente u può rappresentare lo spostamento verticale di una membrana elastica (che in condizioni di riposo occupa la regione Ω) dovuto all'applicazione di una forza di intensità pari ad f, oppure la distribuzione di potenziale elettrico dovuta ad una densità di carica elettrica f.

Per avere un'unica soluzione, alla (3.1) vanno aggiunte delle opportune condizioni al contorno, occorrono cioè delle informazioni relative al comportamento della soluzione u sulla frontiera $\partial\Omega$ del dominio Ω. Si può ad esempio assegnare il valore dello spostamento u sul bordo

$$u = g \text{ su } \partial\Omega, \tag{3.2}$$

dove g è una funzione data, ottenendo un *problema di Dirichlet*. Il caso $g = 0$ si dice *omogeneo*.

© Springer-Verlag Italia 2016
A. Quarteroni, *Modellistica Numerica per Problemi Differenziali*, 6a edizione,
UNITEXT - La Matematica per il 3+2 100, DOI 10.1007/978-88-470-5782-1_3

In alternativa si può imporre il valore della *derivata normale* di u

$$\nabla u \cdot \mathbf{n} = \frac{\partial u}{\partial n} = h \text{ su } \partial\Omega,$$

essendo $\mathbf{n}$ la normale uscente ad Ω e h una funzione assegnata. Il problema associato si dice *problema di Neumann* e, nel caso del problema della membrana, corrisponde ad aver imposto la trazione al bordo della membrana stessa. Anche stavolta il caso $h = 0$ si dirà *omogeneo*.

Si possono infine assegnare su porzioni diverse del bordo del dominio computazionale Ω condizioni di tipo diverso. Ad esempio, supponendo che $\partial\Omega = \Gamma_D \cup \Gamma_N$ con $\overset{\circ}{\Gamma}_D \cap \overset{\circ}{\Gamma}_N = \emptyset$, si possono imporre le condizioni

$$\begin{cases} u = g & \text{su } \Gamma_D, \\ \dfrac{\partial u}{\partial n} = h & \text{su } \Gamma_N. \end{cases}$$

Si è utilizzata la notazione $\overset{\circ}{\Gamma}$ per indicare l'interno di Γ. Si dice in tal caso che il problema associato è di tipo *misto*.

Anche nel caso di Dirichlet omogeneo in cui f sia una funzione continua in $\overline{\Omega}$ (la chiusura di Ω), non è detto che il problema (3.1), (3.2) ammetta soluzione regolare. Ad esempio, se $\Omega = (0,1) \times (0,1)$ e $f = 1$, u non potrebbe appartenere allo spazio $C^2(\overline{\Omega})$. Infatti, se così fosse, avremmo

$$-\Delta u(0,0) = -\frac{\partial^2 u}{\partial x_1^2}(0,0) - \frac{\partial^2 u}{\partial x_2^2}(0,0) = 0$$

in quanto le condizioni al bordo imporrebbero $u(x_1,0) = u(0,x_2) = 0$ per ogni $x_1, x_2 \in [0,1]$. Dunque u non potrebbe verificare l'equazione (3.1), ovvero

$$-\Delta u = 1 \quad \text{in } (0,1) \times (0,1).$$

In conclusione, anche se $f \in C^0(\overline{\Omega})$, non ha senso in generale cercare una soluzione $u \in C^2(\overline{\Omega})$ del problema (3.1), (3.2), mentre si hanno maggiori probabilità di trovare una soluzione $u \in C^2(\Omega) \cap C^0(\overline{\Omega})$ (uno spazio più grande di $C^2(\overline{\Omega})$!).

Siamo pertanto interessati a trovare una formulazione alternativa a quella forte anche perché, come vedremo nella prossima sezione, essa non consente di trattare alcuni casi fisicamente significativi. Ad esempio, non è detto che, in presenza di dati poco regolari, la soluzione fisica stia nello spazio $C^2(\Omega) \cap C^0(\overline{\Omega})$, e nemmeno in $C^1(\Omega) \cap C^0(\overline{\Omega})$.

3.2 Il problema di Poisson nel caso monodimensionale

Al fine di introdurre la forma debole di un problema differenziale, iniziamo ad occuparci di un problema ai limiti in una dimensione.

3.2.1 Problema di Dirichlet omogeneo

Consideriamo il problema di Dirichlet omogeneo nel caso monodimensionale:

$$\begin{cases} -u''(x) = f(x), \, 0 < x < 1, \\ u(0) = 0, \qquad u(1) = 0. \end{cases} \tag{3.3}$$

In tal caso Ω è l'intervallo $(0, 1)$. Questo problema governa, ad esempio, la configurazione di equilibrio di un filo elastico con tensione pari ad uno, fissato agli estremi, in regime di piccoli spostamenti e soggetto ad una forza trasversale di intensità f. La forza complessiva agente sul tratto $(0, x)$ del filo è

$$F(x) = \int_0^x f(t)dt.$$

La funzione u descrive lo spostamento verticale del filo rispetto alla posizione di riposo $u = 0$.

La formulazione forte (3.3) non è in generale adeguata. Se si considera, ad esempio, il caso in cui il filo elastico sia sottoposto ad un carico concentrato in uno o più punti (in tal caso f è rappresentabile attraverso delle distribuzioni delta di Dirac), la soluzione fisica esiste ed è continua, ma non derivabile. Si vedano i grafici di Fig. 3.1,

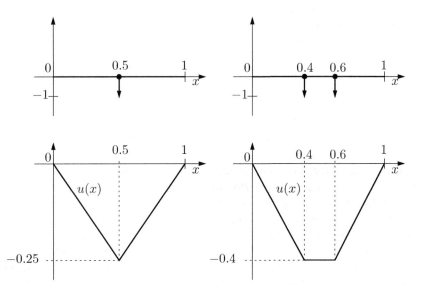

Figura 3.1. A sinistra viene riportata la configurazione di equilibrio del filo corrispondente al carico unitario concentrato in $x = 0.5$, rappresentato nella parte superiore della figura. A destra quella relativa a due carichi unitari concentrati in $x = 0.4$ e $x = 0.6$, rappresentati sempre nella parte superiore

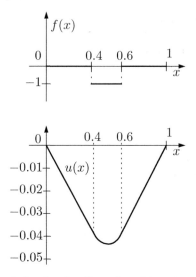

Figura 3.2. Spostamento relativo al carico discontinuo rappresentato nella parte superiore della figura

dove è considerato il caso di un carico unitario concentrato nel solo punto $x = 0.5$ (a sinistra) e nei due punti $x = 0.4$ e $x = 0.6$ (a destra). Queste funzioni non possono essere soluzioni della (3.3), in quanto quest'ultima richiederebbe alla soluzione di essere dotata di derivata seconda continua. Analoghe considerazioni valgono nel caso in cui f sia una funzione costante a tratti. Ad esempio, nel caso rappresentato in Fig. 3.2 di un carico nullo fuorché nell'intervallo $[0.4, 0.6]$ in cui esso vale -1, la soluzione esatta è solo di classe $C^1([0,1])$, essendo data da

$$
u(x) = \begin{cases}
-\dfrac{1}{10}x & \text{per } x \in [0, 0.4], \\[2mm]
\dfrac{1}{2}x^2 - \dfrac{1}{2}x + \dfrac{2}{25} & \text{per } x \in [0.4, 0.6], \\[2mm]
-\dfrac{1}{10}(1 - x) & \text{per } x \in [0.6, 1].
\end{cases}
$$

Serve dunque una formulazione del problema alternativa a quella forte che consenta di ridurre l'ordine di derivazione richiesto sulla soluzione incognita u. Passeremo da un problema differenziale del secondo ordine ad uno in forma integrale del primo ordine la cosiddetta *formulazione debole* del problema differenziale.

Operiamo a tale scopo alcuni passaggi formali nella (3.3), senza preoccuparci a questo stadio del fatto che tutte le operazioni che in essi compariranno siano lecite. Moltiplichiamo innanzitutto l'equazione (3.3) per una *funzione test v* (per ora arbitraria) ed integriamo sull'intervallo $(0, 1)$,

$$
-u''v = fv \Rightarrow -\int_0^1 u''v\, dx = \int_0^1 fv\, dx.
$$

Applichiamo la formula di integrazione per parti al primo integrale, con lo scopo di eliminare la derivata seconda, in modo da poter richiedere alla soluzione una minore regolarità. Si trova

$$-\int_0^1 u''v \, dx = \int_0^1 u'v' \, dx - [u'v]_0^1.$$

Essendo u nota al bordo possiamo considerare solo funzioni test che si annullano agli estremi dell'intervallo, annullando così il contributo dei termini di bordo. In tal modo l'equazione diviene

$$\int_0^1 u'v' \, dx = \int_0^1 fv \, dx. \tag{3.4}$$

Lo spazio delle funzioni test V dovrà pertanto essere tale che

$$\text{se } v \in V \text{ allora } v(0) = v(1) = 0.$$

Si osservi che la soluzione u, essendo nulla al bordo ed avendo gli stessi requisiti di regolarità delle funzioni test, verrà cercata anch'essa nello stesso spazio V.

Restano ora da precisare i requisiti di regolarità cui deve soddisfare lo spazio V, in modo che tutte le operazioni introdotte abbiano senso. Evidentemente se u e v appartenessero a $C^1([0,1])$, avremmo $u', v' \in C^0([0,1])$ e quindi l'integrale che compare a primo membro della (3.4) avrebbe senso. Gli esempi di Fig. 3.1 ci dicono però che le soluzioni fisiche potrebbero non essere derivabili con continuità: dobbiamo quindi richiedere una regolarità inferiore. Inoltre, anche quando $f \in C^0([0,1])$, non vi è certezza che il problema ammetta soluzioni nello spazio

$$V = \{v \in C^1([0,1]) : v(0) = v(1) = 0\}. \tag{3.5}$$

Ciò è imputabile al fatto che tale spazio vettoriale, munito del prodotto scalare

$$[u,v]_1 = \int_0^1 u'v'dx, \tag{3.6}$$

non è completo, ovvero non tutte le successioni di Cauchy a valori in V convergono ad un elemento di V. (Si verifichi per esercizio che (3.6) è effettivamente un prodotto scalare.)

Procediamo allora come segue. Ricordiamo la definizione degli spazi L^p delle funzioni a potenza p-esima integrabile secondo Lebesgue (si veda il Cap. 2). Per $1 \leq p < \infty$

$$L^p(0,1) = \{v : (0,1) \mapsto \mathbb{R} \text{ t.c. } \|v\|_{L^p(0,1)} = \left(\int_0^1 |v(x)|^p \, dx\right)^{1/p} < +\infty\}.$$

Dato che si vuole che l'integrale $\int_0^1 u'v' \, dx$ sia ben definito, la richiesta minima su u' e v' è che il prodotto $u'v'$ stia in $L^1(0,1)$. A questo proposito, vale la seguente proprietà:

Proprietà 3.1 *Date due funzioni φ, $\psi : (0,1) \to \mathbb{R}$, se*

$$\varphi^2, \ \psi^2 \text{ sono integrabili allora } \varphi\psi \text{ è integrabile}$$

ossia

$$\varphi, \ \psi \in L^2(0,1) \implies \varphi\psi \in L^1(0,1).$$

Questo risultato è conseguenza diretta della *disuguaglianza di Cauchy-Schwarz* (2.16):

$$\left| \int_0^1 \varphi(x)\psi(x) \, dx \right| \le \|\varphi\|_{L^2(0,1)} \|\psi\|_{L^2(0,1)}, \tag{3.7}$$

dove

$$\|\varphi\|_{L^2(0,1)} = \sqrt{\int_\Omega |\varphi(x)|^2 dx} \tag{3.8}$$

è la norma di φ in $L^2(0,1)$. Poiché $\|\varphi\|_{L^2(0,1)}, \|\psi\|_{L^2(0,1)} < \infty$ per ipotesi, ciò prova che esiste (finito) anche l'integrale di $\varphi\psi$.

Per dare un significato agli integrali che compaiono nella (3.4) bastano dunque funzioni a quadrato integrabile con derivate a quadrato integrabile. Definiamo pertanto lo *spazio di Sobolev*

$$H^1(0,1) = \{ v \in L^2(0,1) : v' \in L^2(0,1) \}.$$

La derivata è da intendere nel senso delle distribuzioni (si veda il Cap. 2). Scegliamo dunque come spazio V il seguente sottospazio di $H^1(0,1)$,

$$H_0^1(0,1) = \{ v \in H^1(0,1) : v(0) = v(1) = 0 \},$$

costituito dalle funzioni di $H^1(0,1)$ che sono nulle agli estremi dell'intervallo. Se supponiamo $f \in L^2(0,1)$ anche l'integrale a secondo membro della (3.4) ha senso. Il problema (3.3) viene dunque ricondotto al seguente problema integrale,

$$\text{trovare } u \in V : \int_0^1 u'v' \, dx = \int_0^1 fv \, dx \ \forall v \in V, \tag{3.9}$$

con $V = H_0^1(0,1)$.

Osservazione 3.1 Lo spazio $H_0^1(0, 1)$ risulta essere la chiusura, rispetto al prodotto scalare (3.6), dello spazio definito nella (3.5).

Le funzioni di $H^1(0, 1)$ non sono necessariamente derivabili in senso classico, cioè $H^1(0, 1) \not\subset C^1([0, 1])$. Ad esempio, funzioni continue a tratti con raccordi a spigolo appartengono ad $H^1(0, 1)$ ma non a $C^1([0, 1])$. Sono dunque contemplate anche le soluzioni continue, ma non derivabili, degli esempi precedenti.   •

Il problema debole (3.9) risulta equivalente ad un *problema variazionale*, in virtù del seguente risultato:

Teorema 3.1 *Il problema:*

$$
\text{trovare } u \in V : \begin{cases} J(u) = \min_{v \in V} J(v) & \text{con} \\ J(v) = \dfrac{1}{2} \int\limits_0^1 (v')^2 \, dx - \int\limits_0^1 fv \, dx, \end{cases} \tag{3.10}
$$

è equivalente al problema (3.9), nel senso che u è soluzione di (3.9) se e solo se u è soluzione di (3.10).

Dimostrazione. Si supponga che u sia soluzione del problema variazionale (3.10). Allora il differenziale di Gâteaux del funzionale J si annulla in u, ovvero (si veda la Definizione 2.7)

$$
DJ(u, w) = \lim_{\delta \to 0} \frac{J(u + \delta w) - J(u)}{\delta} = 0 \ \forall w \in V. \tag{3.11}
$$

Consideriamo il termine $J(u + \delta w)$:

$$
\begin{aligned}
J(u + \delta w) &= \frac{1}{2} \int\limits_0^1 [(u + \delta w)']^2 \, dx - \int\limits_0^1 f(u + \delta w) \, dx \\
&= \frac{1}{2} \int\limits_0^1 [u'^2 + \delta^2 w'^2 + 2\delta u' w'] \, dx - \int\limits_0^1 fu \, dx - \int\limits_0^1 f \delta w \, dx \\
&= J(u) + \frac{1}{2} \int\limits_0^1 [\delta^2 w'^2 + 2\delta u' w'] \, dx - \int\limits_0^1 f \delta w \, dx.
\end{aligned}
$$

Di conseguenza,

$$
\frac{J(u + \delta w) - J(u)}{\delta} = \frac{1}{2} \int\limits_0^1 [\delta w'^2 + 2u' w'] \, dx - \int\limits_0^1 fw \, dx.
$$

Passando al limite per $\delta \to 0$ ed imponendo che esso si annulli, si ottiene

$$\int_0^1 u'w'\,dx - \int_0^1 fw\,dx = 0 \;\forall w \in V,$$

ovvero u soddisfa il problema debole (3.9).

Viceversa, se u è soluzione di (3.9), ponendo $v = \delta w$, si ha in particolare che

$$\int_0^1 u'\delta w'\,dx - \int_0^1 f\delta w\,dx = 0$$

e quindi

$$\begin{aligned}
J(u + \delta w) &= \frac{1}{2}\int_0^1 [(u+\delta w)']^2\,dx - \int_0^1 f(u+\delta w)\,dx \\
&= \frac{1}{2}\int_0^1 u'^2\,dx - \int_0^1 fu\,dx + \int_0^1 u'\delta w'\,dx - \int_0^1 f\delta w\,dx + \frac{1}{2}\int_0^1 \delta^2 w'^2\,dx \\
&= J(u) + \frac{1}{2}\int_0^1 \delta^2 w'^2\,dx.
\end{aligned}$$

Poiché

$$\frac{1}{2}\int_0^1 \delta^2 w'^2\,dx \geq 0 \;\forall\, w \in V,\; \forall \delta \in \mathbb{R},$$

si deduce che

$$J(u) \leq J(v) \;\forall v \in V,$$

ovvero la u soddisfa anche il problema variazionale (3.10).   ◇

Osservazione 3.2 Possiamo ottenere l'equazione (3.11) anche senza ricorrere al differenziale di Gâteaux, osservando che, se u è soluzione del problema di minimo (3.10), allora, ponendo $v = u + \delta w$, con $\delta \in \mathbb{R}$, si ha che

$$J(u) \leq J(u + \delta w) \quad \forall w \in V.$$

La funzione $\psi(\delta) = J(u + \delta w)$ è una funzione quadratica in δ con minimo raggiunto per $\delta = 0$. Pertanto

$$\psi'(\delta)\Big|_{\delta=0} = 0,$$

da cui segue la (3.11).

•

Osservazione 3.3 (Principio dei lavori virtuali) Consideriamo nuovamente il problema di studiare la configurazione assunta da un filo di lunghezza unitaria, vincolato agli estremi e soggetto ad un termine forzante di intensità f, descritto dalle equazioni (3.3). Indichiamo con v uno spostamento ammissibile del filo dalla posizione di equilibrio u (cioè uno spostamento nullo agli estremi). L'equazione (3.9), esprimendo l'uguaglianza del lavoro fatto dalle forze interne e dalle forze esterne in corrispondenza allo spostamento v, traduce il *principio dei lavori virtuali* della Meccanica. Inoltre, poiché nel nostro caso esiste un potenziale ($J(w)$ definito in (3.10) esprime infatti l'*energia potenziale* globale corrispondente alla configurazione w del sistema), il principio dei lavori virtuali stabilisce che qualsiasi spostamento ammissibile dalla configurazione di equilibrio causa un incremento dell'energia potenziale del sistema. In questo senso, il Teorema 3.1 afferma che la soluzione debole è anche quella che minimizza l'energia potenziale.   •

3.2.2 Problema di Dirichlet non omogeneo

Nel caso non omogeneo le condizioni al bordo in (3.3) sono sostituite da

$$u(0) = g_0, \ u(1) = g_1,$$

essendo g_0 e g_1 due valori assegnati. Ci si può ricondurre al caso omogeneo notando che se u è soluzione del problema non omogeneo allora la funzione $\overset{\circ}{u} = u - [(1 - x)g_0 + xg_1]$ è soluzione del corrispondente problema omogeneo (3.3). La funzione $R_g = (1 - x)g_0 + xg_1$ è detta *rilevamento* del dato di bordo.

3.2.3 Problema di Neumann

Consideriamo ora il seguente problema di Neumann

$$\begin{cases} -u'' + \sigma u = f, \ 0 < x < 1, \\ u'(0) = h_0, \qquad u'(1) = h_1, \end{cases}$$

essendo σ una funzione positiva e h_0, h_1 due numeri reali. Osserviamo che nel caso in cui $\sigma = 0$ l'eventuale soluzione di questo problema non sarebbe unica, essendo definita a meno di una costante additiva. Applicando lo stesso procedimento seguito nel caso del problema di Dirichlet, ovvero moltiplicando l'equazione per una funzione test v, integrando sull'intervallo $(0, 1)$ ed applicando la formula di integrazione per parti si perviene all'equazione

$$\int_0^1 u'v' \, dx + \int_0^1 \sigma uv \, dx - [u'v]_0^1 = \int_0^1 fv \, dx.$$

Supponiamo $f \in L^2(0, 1)$ e $\sigma \in L^\infty(0, 1)$ ossia che σ sia una funzione limitata quasi ovunque (q.o.) su $(0, 1)$ (si veda la (2.14)). Il termine di bordo è noto grazie alle condizioni di Neumann. D'altra parte l'incognita u in questo caso non è nota al bordo, pertanto non si deve richiedere che v si annulli al bordo. La formulazione debole del problema di Neumann è quindi: trovare $u \in H^1(0,1)$ tale che

$$\int_0^1 u'v' \, dx + \int_0^1 \sigma uv \, dx = \int_0^1 fv \, dx + h_1 v(1) - h_0 v(0) \quad \forall v \in H^1(0,1). \tag{3.12}$$

Nel caso omogeneo $h_0 = h_1 = 0$ il problema debole è caratterizzato dalla stessa equazione del caso di Dirichlet, ma lo spazio V delle funzioni test è ora $H^1(0,1)$ anziché $H^1_0(0,1)$.

3.2.4 Problema misto omogeneo

Considerazioni analoghe valgono per il problema misto omogeneo, in cui cioè si abbia una condizione di Dirichlet omogenea in un estremo ed una condizione di Neumann omogenea nell'altro:

$$\begin{cases} -u'' + \sigma u = f, \, 0 < x < 1, \\ u(0) = 0, \qquad u'(1) = 0. \end{cases} \tag{3.13}$$

In tal caso si deve chiedere che le funzioni test siano nulle in $x = 0$. Ponendo $\Gamma_D = \{0\}$ e definendo

$$H^1_{\Gamma_D}(0,1) = \{v \in H^1(0,1) : \ v(0) = 0\},$$

la formulazione debole del problema (3.13) è: trovare $u \in H^1_{\Gamma_D}(0,1)$ tale che

$$\int_0^1 u'v' \, dx + \int_0^1 \sigma uv \, dx = \int_0^1 fv \, dx \quad \forall v \in H^1_{\Gamma_D}(0,1),$$

con $f \in L^2(0,1)$ e $\sigma \in L^\infty(0,1)$. La sola differenza rispetto al caso del problema di Dirichlet omogeneo, è che cambia lo spazio in cui si cerca la soluzione.

3.2.5 Condizioni al bordo miste (o di Robin)

Si consideri infine il seguente problema

$$\begin{cases} -u'' + \sigma u = f, \, 0 < x < 1, \\ u(0) = 0, \qquad u'(1) + \gamma u(1) = r, \end{cases}$$

dove $\gamma > 0$ e r sono valori assegnati.

Anche in questo caso si utilizzeranno funzioni test nulle in $x = 0$, essendo ivi noto il valore di u. Il termine di bordo per $x = 1$, derivante dall'integrazione per parti, non fornisce più, a differenza del caso di Neumann, una quantità nota, ma un termine proporzionale all'incognita u. Infatti si ha

$$-[u'v]_0^1 = -rv(1) + \gamma u(1)v(1).$$

La formulazione debole è: trovare $u \in \mathrm{H}^1_{\Gamma_D}(0,1)$ tale che

$$\int_0^1 u'v'\,dx + \int_0^1 \sigma uv\,dx + \gamma u(1)v(1) = \int_0^1 fv\,dx + rv(1) \quad \forall v \in \mathrm{H}^1_{\Gamma_D}(0,1).$$

Una condizione al bordo che sia una combinazione lineare tra il valore di u e quello della sua derivata prima è detta *condizione di Robin* (o di Newton, o del terzo tipo).

3.3 Il problema di Poisson nel caso bidimensionale

Consideriamo in questa sezione i problemi ai limiti associati all'equazione di Poisson nel caso bidimensionale.

3.3.1 Il problema di Dirichlet omogeneo

Il problema consiste nel trovare u tale che

$$\begin{cases} -\Delta u = f \text{ in } \Omega, \\ u = 0 \quad \text{su } \partial\Omega, \end{cases} \tag{3.14}$$

dove $\Omega \subset \mathbb{R}^2$ è un dominio limitato con frontiera $\partial\Omega$. Si procede in maniera analoga al caso monodimensionale. Moltiplicando l'equazione differenziale della (3.14) per una funzione arbitraria v e integrando su Ω, troviamo

$$-\int_\Omega \Delta uv\,d\Omega = \int_\Omega fv\,d\Omega.$$

A questo punto occorre applicare un analogo multidimensionale della formula di integrazione per parti monodimensionale. Essa può essere ottenuta impiegando il teorema della divergenza secondo il quale

$$\int_\Omega \operatorname{div}(\mathbf{a})\,d\Omega = \int_{\partial\Omega} \mathbf{a} \cdot \mathbf{n}\,d\gamma, \tag{3.15}$$

essendo $\mathbf{a}(\mathbf{x}) = (a_1(\mathbf{x}), a_2(\mathbf{x}))^T$ una funzione vettoriale sufficientemente regolare, $\mathbf{n}(\mathbf{x}) = (n_1(\mathbf{x}), n_2(\mathbf{x}))^T$ il versore normale uscente a Ω ed avendo denotato con $\mathbf{x} = (x_1, x_2)^T$ il vettore delle coordinate spaziali. Se si applica la (3.15) prima alla funzione $\mathbf{a} = (\varphi\psi, 0)^T$ e successivamente ad $\mathbf{a} = (0, \varphi\psi)^T$, si perviene alle relazioni

$$\int_\Omega \frac{\partial\varphi}{\partial x_i}\psi\,d\Omega = -\int_\Omega \varphi\frac{\partial\psi}{\partial x_i}\,d\Omega + \int_{\partial\Omega} \varphi\psi n_i\,d\gamma, \; i = 1, 2. \tag{3.16}$$

Sfruttiamo le (3.16) tenendo conto del fatto che $\Delta u = \mathrm{div}\nabla u = \sum_{i=1}^{2} \dfrac{\partial}{\partial x_i}\left(\dfrac{\partial u}{\partial x_i}\right)$.
Supponendo che tutti gli integrali che compaiono abbiano senso, si trova

$$-\int_{\Omega} \Delta u v\, d\Omega = -\sum_{i=1}^{2}\int_{\Omega} \frac{\partial}{\partial x_i}\left(\frac{\partial u}{\partial x_i}\right) v\, d\Omega$$

$$= \sum_{i=1}^{2}\int_{\Omega} \frac{\partial u}{\partial x_i}\frac{\partial v}{\partial x_i}\, d\Omega - \sum_{i=1}^{2}\int_{\partial\Omega} \frac{\partial u}{\partial x_i} v n_i\, d\gamma$$

$$= \int_{\Omega} \sum_{i=1}^{2}\frac{\partial u}{\partial x_i}\frac{\partial v}{\partial x_i}\, d\Omega - \int_{\partial\Omega} \left(\sum_{i=1}^{2}\frac{\partial u}{\partial x_i} n_i\right) v\, d\gamma.$$

Si perviene alla relazione seguente, detta *formula di Green* per il laplaciano

$$-\int_{\Omega} \Delta u v\, d\Omega = \int_{\Omega} \nabla u \cdot \nabla v\, d\Omega - \int_{\partial\Omega} \frac{\partial u}{\partial n} v\, d\gamma. \tag{3.17}$$

Analogamente al caso monodimensionale, il problema di Dirichlet omogeneo ci porterà a scegliere funzioni test nulle al bordo e, conseguentemente, il termine al contorno che compare nella (3.17) sarà a sua volta nullo.

Tenendo conto di questo fatto, giungiamo alla seguente formulazione debole per il problema (3.14):

$$\text{trovare } u \in \mathrm{H}_0^1(\Omega) : \int_{\Omega} \nabla u \cdot \nabla v\, d\Omega = \int_{\Omega} fv\, d\Omega \ \forall v \in \mathrm{H}_0^1(\Omega), \tag{3.18}$$

essendo $f \in \mathrm{L}^2(\Omega)$ ed avendo posto

$$\mathrm{H}^1(\Omega) = \{v : \Omega \to \mathbb{R} \text{ t.c. } v \in \mathrm{L}^2(\Omega), \frac{\partial v}{\partial x_i} \in \mathrm{L}^2(\Omega), \ i = 1, 2\},$$

$$\mathrm{H}_0^1(\Omega) = \{v \in \mathrm{H}^1(\Omega) : \ v = 0 \text{ su } \partial\Omega\}.$$

Le derivate vanno intese nel senso delle distribuzioni e la condizione $v = 0$ su $\partial\Omega$ nel senso delle tracce (si veda il Cap. 2).

In particolare, osserviamo che se $u, v \in \mathrm{H}_0^1(\Omega)$, allora $\nabla u, \nabla v \in [\mathrm{L}^2(\Omega)]^2$ e quindi $\nabla u \cdot \nabla v \in \mathrm{L}^1(\Omega)$. Quest'ultima proprietà si ottiene applicando la seguente disuguaglianza

$$\left|\int_{\Omega} \nabla u \cdot \nabla v\, d\Omega\right| \le \|\nabla u\|_{\mathrm{L}^2(\Omega)} \|\nabla v\|_{\mathrm{L}^2(\Omega)}$$

conseguenza diretta della disuguaglianza di Cauchy-Schwarz (2.16).

Dunque l'integrale che compare a sinistra della (3.18) ha perfettamente senso così come quello che compare a destra.

Analogamente al caso monodimensionale, anche nel caso bidimensionale si dimostra che il problema (3.18) è equivalente al seguente *problema variazionale*:

$$\text{trovare } u \in V : \begin{cases} J(u) = \inf_{v \in V} J(v), \text{ essendo} \\ J(v) = \dfrac{1}{2} \int_\Omega |\nabla v|^2 \, d\Omega - \int_\Omega fv \, d\Omega, \end{cases}$$

avendo posto $V = \mathrm{H}_0^1(\Omega)$.

Possiamo riscrivere la formulazione debole (3.18) in un modo più compatto introducendo la seguente forma

$$a : V \times V \to \mathbb{R}, \; a(u,v) = \int_\Omega \nabla u \cdot \nabla v \, d\Omega \tag{3.19}$$

ed il seguente funzionale

$$F : V \to \mathbb{R}, \; F(v) = \int_\Omega fv \, d\Omega$$

(funzionali e forme sono introdotti nel Cap. 2).

Il problema (3.18) diventa allora:

$$\text{trovare } u \in V : a(u,v) = F(v) \; \forall v \in V. \tag{3.20}$$

Notiamo che $a(\cdot, \cdot)$ è una forma bilineare (ovvero lineare rispetto ad entrambi i suoi argomenti), mentre F è un funzionale lineare. Allora

$$|F(v)| \le \|f\|_{\mathrm{L}^2(\Omega)} \|v\|_{\mathrm{L}^2(\Omega)} \le \|f\|_{\mathrm{L}^2(\Omega)} \|v\|_{\mathrm{H}^1(\Omega)}.$$

Di conseguenza, F è anche limitato. Grazie alla definizione (2.2) del Cap. 2 si può concludere che $\|F\|_{V'} \le \|f\|_{\mathrm{L}^2(\Omega)}$. Essendo F lineare e limitato, F appartiene a V', lo spazio duale di V (si veda la Sez. 2.1).

3.3.2 Equivalenza, nel senso delle distribuzioni, tra la forma debole e la forma forte del problema di Dirichlet

Vogliamo dimostrare che le equazioni del problema (3.14) vengono realmente soddisfatte dalla soluzione debole, anche se solo nel senso delle distribuzioni.

A tal fine riprendiamo la formulazione debole (3.18). Sia ora $\mathcal{D}(\Omega)$ lo spazio delle funzioni infinitamente derivabili ed a supporto compatto in Ω (si veda il Cap. 2). Ricordiamo che $\mathcal{D}(\Omega) \subset \mathrm{H}_0^1(\Omega)$. Scegliendo allora $v = \varphi \in \mathcal{D}(\Omega)$ nella (3.18), avremo

$$\int_\Omega \nabla u \cdot \nabla \varphi \, d\Omega = \int_\Omega f\varphi \, d\Omega \; \forall \varphi \in \mathcal{D}(\Omega). \tag{3.21}$$

Applicando la formula di Green (3.17) al primo membro della (3.21), troviamo

$$-\int_{\Omega} \Delta u \varphi \, d\Omega + \int_{\partial\Omega} \frac{\partial u}{\partial n} \varphi \, d\gamma = \int_{\Omega} f\varphi \, d\Omega \ \forall \varphi \in \mathcal{D}(\Omega),$$

dove gli integrali vanno intesi nel senso delle dualità, ovvero:

$$-\int_{\Omega} \Delta u \varphi \, d\Omega = {}_{\mathcal{D}'(\Omega)}\langle -\Delta u, \varphi \rangle_{\mathcal{D}(\Omega)},$$

$$\int_{\partial\Omega} \frac{\partial u}{\partial n} \varphi \, d\gamma = {}_{\mathcal{D}'(\partial\Omega)}\langle \frac{\partial u}{\partial n}, \varphi \rangle_{\mathcal{D}(\partial\Omega)}.$$

Essendo $\varphi \in \mathcal{D}(\Omega)$, l'integrale di bordo è nullo, di modo che

$${}_{\mathcal{D}'(\Omega)}\langle -\Delta u - f, \varphi \rangle_{\mathcal{D}(\Omega)} = 0 \ \forall \varphi \in \mathcal{D}(\Omega),$$

il che corrisponde a dire che $-\Delta u - f$ è la distribuzione nulla, ovvero

$$-\Delta u = f \ \text{in } \mathcal{D}'(\Omega).$$

L'equazione differenziale (3.14) è dunque verificata, pur di intendere le derivate nel senso delle distribuzioni e di interpretare l'uguaglianza fra $-\Delta u$ e f non in senso puntuale, ma nel senso delle distribuzioni (e quindi quasi ovunque in Ω). Infine, l'annullamento di u sul bordo (nel senso delle tracce) è conseguenza immediata dell'appartenenza di u a $\mathrm{H}_0^1(\Omega)$.

3.3.3 Il problema con condizioni miste non omogenee

Il problema che vogliamo risolvere è ora il seguente:

$$\begin{cases} -\Delta u = f & \text{in } \Omega, \\ u = g & \text{su } \Gamma_D, \\ \dfrac{\partial u}{\partial n} = \phi & \text{su } \Gamma_N, \end{cases} \tag{3.22}$$

dove Γ_D e Γ_N realizzano una partizione di $\partial\Omega$, ovvero $\Gamma_D \cup \Gamma_N = \partial\Omega$, $\overset{\circ}{\Gamma}_D \cap \overset{\circ}{\Gamma}_N = \emptyset$ (si veda la Fig. 3.3).

Nel caso del problema di Neumann, in cui $\Gamma_D = \emptyset$, i dati f e ϕ dovranno verificare la seguente *condizione di compatibilità*

$$-\int_{\partial\Omega} \phi \, d\gamma = \int_{\Omega} f \, d\Omega \tag{3.23}$$

affinché il problema possa avere soluzione. La (3.23) si deduce integrando l'equazione differenziale in (3.22) ed applicando il teorema della divergenza (3.15)

$$-\int_{\Omega} \Delta u \, d\Omega = -\int_{\Omega} \mathrm{div}(\nabla u) \, d\Omega = -\int_{\partial\Omega} \frac{\partial u}{\partial n} \, d\gamma.$$

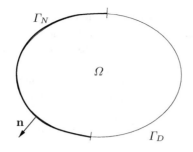

Figura 3.3. Il dominio computazionale Ω

Osserviamo inoltre che, sempre nel caso del problema di Neumann, la soluzione sarà definita solo a meno di una costante additiva. Per avere unicità basterà, ad esempio, trovare una funzione che sia a media nulla in Ω.

Supponiamo ora che $\Gamma_D \neq \emptyset$ in modo da assicurare unicità della soluzione del problema forte senza condizioni di compatibilità sui dati. Supponiamo inoltre che $f \in L^2(\Omega)$, $g \in H^{1/2}(\Gamma_D)$ e $\phi \in L^2(\Gamma_N)$, avendo indicato con $H^{1/2}(\Gamma_D)$ lo spazio delle funzioni di $L^2(\Gamma_D)$ che sono tracce di funzioni di $H^1(\Omega)$ (si veda la Sez. 2.4.3).

Grazie alla formula di Green (3.17), dalla (3.22) otteniamo

$$\int_\Omega \nabla u \cdot \nabla v \, d\Omega - \int_{\partial\Omega} \frac{\partial u}{\partial n} v \, d\gamma = \int_\Omega fv \, d\Omega. \tag{3.24}$$

Ricordando che $\partial u/\partial n = \phi$ su Γ_N e sfruttando l'additività degli integrali, la (3.24) diventa

$$\int_\Omega \nabla u \cdot \nabla v \, d\Omega - \int_{\Gamma_D} \frac{\partial u}{\partial n} v \, d\gamma - \int_{\Gamma_N} \phi \, v \, d\gamma = \int_\Omega fv \, d\Omega. \tag{3.25}$$

Imponendo che la funzione test v sia nulla su Γ_D, il primo integrale al bordo che compare nella (3.25) si annulla. Il problema misto ammette perciò la seguente formulazione debole

$$\text{trovare } u \in V_g : \int_\Omega \nabla u \cdot \nabla v \, d\Omega = \int_\Omega fv \, d\Omega + \int_{\Gamma_N} \phi \, v \, d\gamma \; \forall v \in V, \tag{3.26}$$

avendo denotato con V lo spazio

$$V = H^1_{\Gamma_D}(\Omega) = \{v \in H^1(\Omega) : v|_{\Gamma_D} = 0\}, \tag{3.27}$$

ed avendo posto

$$V_g = \{v \in H^1(\Omega) : v|_{\Gamma_D} = g\}.$$

La formulazione (3.26) non è soddisfacente, non solo perché la scelta degli spazi non è "simmetrica" ($v \in V$, mentre $u \in V_g$), ma soprattutto perché V_g è una varietà affine, ma non è un sottospazio di $H^1(\Omega)$ (infatti non è vero che combinazioni lineari di elementi di V_g siano ancora elementi di V_g).

Procediamo allora in modo analogo a quanto visto nella Sez. 3.2.2. Supponiamo di conoscere una funzione R_g, detta *rilevamento del dato al bordo*, tale che

$$R_g \in H^1(\Omega), \ R_g|_{\Gamma_D} = g.$$

Supponiamo inoltre che tale rilevamento sia limitato, ovvero che

$$\exists C > 0 : \|R_g\|_{H^1(\Omega)} \le C\|g\|_{H^{1/2}(\Gamma_D)} \forall g \in H^{1/2}(\Gamma_D).$$

Poniamo $\overset{\circ}{u} = u - R_g$ e iniziamo con l'osservare che $\overset{\circ}{u}|_{\Gamma_D} = u|_{\Gamma_D} - R_g|_{\Gamma_D}=0$, cioè $\overset{\circ}{u} \in H^1_{\Gamma_D}(\Omega)$. Inoltre, essendo $\nabla u = \nabla\overset{\circ}{u} + \nabla R_g$, il problema (3.26) diventa

$$\text{trovare } \overset{\circ}{u} \in H^1_{\Gamma_D}(\Omega) : a(\overset{\circ}{u}, v) = F(v) \ \forall v \in H^1_{\Gamma_D}(\Omega), \qquad (3.28)$$

avendo definito la forma bilineare $a(\cdot, \cdot)$ come nella (3.19), mentre il funzionale lineare F assume ora la forma

$$F(v) = \int_{\Omega} fv \, d\Omega + \int_{\Gamma_N} \phi \, v \, d\gamma - \int_{\Omega} \nabla R_g \cdot \nabla v \, d\Omega.$$

Il problema ora è simmetrico essendo lo spazio in cui si cerca la (nuova) soluzione incognita coincidente con lo spazio delle funzioni test.

Le condizioni di Dirichlet sono dette *essenziali* in quanto vengono imposte in maniera esplicita nella determinazione dello spazio funzionale in cui il problema è posto.

Le condizioni di Neumann, invece, sono dette *naturali*, in quanto vengono soddisfatte implicitamente dalla soluzione del problema (si veda a questo proposito la Sez. 3.3.4). Questa differenza di trattamento avrà importanti ripercussioni sui problemi approssimati.

Osservazione 3.4 La riduzione del problema a forma "simmetrica" consentirà di ottenere in fase di risoluzione numerica (ad esempio con il metodo degli elementi finiti) un sistema lineare con matrice simmetrica. ●

Osservazione 3.5 Costruire un rilevamento R_g di una funzione al bordo di forma arbitraria può risultare assai problematico. Tale compito è più agevole nell'ambito dell'approssimazione numerica, dove in genere viene costruito un rilevamento di un'approssimazione della funzione g (si veda il Cap. 4). ●

3.3.4 Equivalenza, nel senso delle distribuzioni, tra la forma debole e la forma forte per il problema di Neumann

Consideriamo il problema di Neumann non omogeneo

$$\begin{cases} -\Delta u + \sigma u = f & \text{in } \Omega, \\ \dfrac{\partial u}{\partial n} = \phi & \text{su } \partial\Omega, \end{cases} \tag{3.29}$$

dove σ è una costante positiva o, più in generale, una funzione $\sigma \in L^\infty(\Omega)$ tale che $\sigma(\mathbf{x}) \geq \alpha_0$ q.o. in Ω, per un'opportuna costante $\alpha_0 > 0$. Supponiamo inoltre che $f \in L^2(\Omega)$ e che $\phi \in L^2(\partial\Omega)$. Procedendo come fatto nella Sez. 3.3.3, si può derivare la seguente formulazione debole:

trovare $u \in H^1(\Omega)$:

$$\int_\Omega \nabla u \cdot \nabla v \, d\Omega + \int_\Omega \sigma u v \, d\Omega = \int_\Omega f v \, d\Omega + \int_{\partial\Omega} \phi v \, d\gamma \qquad \forall v \in H^1(\Omega). \tag{3.30}$$

Prendendo $v = \varphi \in \mathcal{D}(\Omega)$ e controintegrando per parti, si ottiene

$$_{\mathcal{D}'(\Omega)}\langle -\Delta u + \sigma u - f, \varphi \rangle_{\mathcal{D}(\Omega)} = 0 \; \forall \varphi \in \mathcal{D}(\Omega).$$

Pertanto

$$-\Delta u + \sigma u = f \text{ in } \mathcal{D}'(\Omega)$$

ovvero

$$-\Delta u + \sigma u - f = 0 \text{ q. o. in } \Omega. \tag{3.31}$$

Nel caso in cui $u \in C^2(\Omega)$ l'applicazione della formula di Green (3.17) in (3.30) conduce a

$$\int_\Omega (-\Delta u + \sigma u - f) v \, d\Omega + \int_{\partial\Omega} \left(\frac{\partial u}{\partial n} - \phi \right) v = 0 \quad \forall v \in H^1(\Omega),$$

e quindi, grazie a (3.31),

$$\frac{\partial u}{\partial n} = \phi \quad \text{su } \partial\Omega.$$

Nel caso in cui la soluzione u di (3.30) sia solo in $H^1(\Omega)$ si può utilizzare la formula di Green generalizzata secondo cui esiste un unico funzionale lineare e continuo $g \in (H^{1/2}(\partial\Omega))'$ (detto derivata normale generalizzata), operante sullo spazio $H^{1/2}(\partial\Omega)$ che soddisfa

$$\int_\Omega \nabla u \cdot \nabla v \, d\Omega = \langle -\Delta u, v \rangle + \ll g, v \gg \quad \forall v \in H^1(\Omega).$$

Abbiamo indicato con $< \cdot, \cdot >$ la dualità fra $H^1(\Omega)$ e il suo duale, e con $\ll \cdot, \cdot \gg$ quella fra $H^{1/2}(\partial\Omega)$ e il suo duale. Chiaramente g coincide con la classica derivata normale di u se u ha sufficiente regolarità. Per semplicità useremo nel seguito la notazione $\partial u/\partial n$ nel senso di derivata normale generalizzata. Si ottiene dunque che per $v \in H^1(\Omega)$

$$\langle -\Delta u + \sigma u - f, v \rangle + \ll \partial u/\partial n - \phi, v \gg = 0;$$

grazie a (3.31), si conclude allora che

$$\ll \partial u/\partial n - \phi, v \gg = 0 \quad \forall v \in H^1(\Omega)$$

e quindi che $\partial u/\partial n = \phi$ q. o. su $\partial\Omega$.

3.4 Problemi ellittici più generali

Consideriamo ora il problema

$$\begin{cases} -\text{div}(\mu\nabla u) + \sigma u = f & \text{in } \Omega, \\ u = g & \text{su } \Gamma_D, \\ \mu\dfrac{\partial u}{\partial n} = \phi & \text{su } \Gamma_N, \end{cases} \tag{3.32}$$

dove $\Gamma_D \cup \Gamma_N = \partial\Omega$ con $\overset{\circ}{\Gamma}_D \cap \overset{\circ}{\Gamma}_N = \emptyset$. Supporremo $f \in L^2(\Omega)$, $\mu, \sigma \in L^\infty(\Omega)$. Supponiamo inoltre che $\exists \mu_0 > 0$ tale che $\mu(\mathbf{x}) \geq \mu_0$ e $\sigma(\mathbf{x}) \geq 0$ q. o. in Ω. Nel solo caso in cui $\sigma = 0$ richiederemo che Γ_D sia non vuoto onde evitare che la soluzione perda di unicità. Supporremo infine che g e ϕ siano funzioni sufficientemente regolari su $\partial\Omega$, ad esempio $g \in H^{1/2}(\Gamma_D)$ e $\phi \in L^2(\Gamma_N)$.

Anche in questo caso procediamo moltiplicando l'equazione per una funzione test v ed integrando (ancora formalmente) sul dominio Ω:

$$\int_\Omega [-\text{div}(\mu\nabla u) + \sigma u] \, v \, d\Omega = \int_\Omega f v \, d\Omega.$$

Applicando la formula di Green si ottiene

$$\int_\Omega \mu\nabla u \cdot \nabla v \, d\Omega + \int_\Omega \sigma u v \, d\Omega - \int_{\partial\Omega} \mu\frac{\partial u}{\partial n} v \, d\gamma = \int_\Omega f v \, d\Omega,$$

che possiamo anche riscrivere come

$$\int_\Omega \mu\nabla u \cdot \nabla v \, d\Omega + \int_\Omega \sigma u v \, d\Omega - \int_{\Gamma_D} \mu\frac{\partial u}{\partial n} v \, d\gamma = \int_\Omega f v \, d\Omega + \int_{\Gamma_N} \mu\frac{\partial u}{\partial n} v \, d\gamma.$$

La funzione $\mu \partial u / \partial n$ è detta *derivata conormale* di u associata all'operatore $-\text{div}(\mu \nabla u)$. Su Γ_D imponiamo che la funzione test v sia nulla, mentre su Γ_N imponiamo che la derivata conormale valga ϕ. Otteniamo

$$\int_\Omega \mu \nabla u \cdot \nabla v \, d\Omega + \int_\Omega \sigma \, u \, v \, d\Omega = \int_\Omega f v \, d\Omega + \int_{\Gamma_N} \phi v \, d\gamma.$$

Indicato con R_g un rilevamento di g, poniamo $\overset{\circ}{u} = u - R_g$. La formulazione debole del problema (3.32) è allora

trovare $\overset{\circ}{u} \in \text{H}^1_{\Gamma_D}(\Omega)$:

$$\int_\Omega \mu \nabla \overset{\circ}{u} \cdot \nabla v \, d\Omega + \int_\Omega \sigma \overset{\circ}{u} v \, d\Omega = \int_\Omega f v \, d\Omega +$$

$$- \int_\Omega \mu \nabla R_g \cdot \nabla v \, d\Omega - \int_\Omega \sigma R_g v \, d\Omega + \int_{\Gamma_N} \phi v \, d\gamma \qquad \forall v \in \text{H}^1_{\Gamma_D}(\Omega).$$

Definiamo la forma bilineare

$$a : V \times V \to \mathbb{R}, \ a(u,v) = \int_\Omega \mu \nabla u \cdot \nabla v \, d\Omega + \int_\Omega \sigma \, u \, v \, d\Omega$$

ed il funzionale lineare e limitato

$$F : V \to \mathbb{R}, \ F(v) = -a(R_g, v) + \int_\Omega f v \, d\Omega + \int_{\Gamma_N} \phi v \, d\gamma. \qquad (3.33)$$

Il problema precedente si può allora riscrivere come:

trovare $\overset{\circ}{u} \in \text{H}^1_{\Gamma_D}(\Omega) : a(\overset{\circ}{u}, v) = F(v) \ \forall v \in \text{H}^1_{\Gamma_D}(\Omega). \qquad (3.34)$

Un problema ancora più generale di (3.32) è il seguente:

$$\begin{cases} Lu = f & \text{in } \Omega, \\ u = g & \text{su } \Gamma_D, \\ \dfrac{\partial u}{\partial n_L} = \phi & \text{su } \Gamma_N, \end{cases}$$

essendo $\Omega \subset \mathbb{R}^2$, $\Gamma_D \cup \Gamma_N = \partial\Omega$ con $\overset{\circ}{\Gamma}_D \cap \overset{\circ}{\Gamma}_N = \emptyset$, ed avendo definito

$$Lu = -\sum_{i,j=1}^{2} \frac{\partial}{\partial x_i}\left(a_{ij} \frac{\partial u}{\partial x_j} \right) + \sigma u,$$

dove i coefficienti a_{ij} sono in generale delle funzioni definite in Ω. La derivata

$$\frac{\partial u}{\partial n_L} = \sum_{i,j=1}^{2} a_{ij} \frac{\partial u}{\partial x_j} n_i \qquad (3.35)$$

è detta *derivata conormale* di u associata all'operatore L (essa coincide con la derivata normale quando $Lu = -\Delta u$).

Supponiamo che $\sigma(\mathbf{x}) \in L^\infty(\Omega)$ e che $\exists \alpha_0 > 0$ tale che $\sigma(\mathbf{x}) \geq \alpha_0$ q.o. in Ω. Inoltre, supponiamo che i coefficienti $a_{ij} : \bar{\Omega} \to \mathbb{R}$ siano funzioni continue $\forall i, j = 1, 2$ e che esista una costante α positiva tale che

$$\forall \boldsymbol{\xi} = (\xi_1, \xi_2)^T \in \mathbb{R}^2 \quad \sum_{i,j=1}^{2} a_{ij}(\mathbf{x}) \xi_i \xi_j \geq \alpha \sum_{i=1}^{2} \xi_i^2 \quad \text{q.o. in } \Omega. \tag{3.36}$$

In tal caso la formulazione debole è ancora la stessa di (3.34), il funzionale F è ancora quello introdotto in (3.33), mentre

$$a(u, v) = \int_\Omega \left(\sum_{i,j=1}^{2} a_{ij} \frac{\partial u}{\partial x_j} \frac{\partial v}{\partial x_i} + \sigma u v \right) d\Omega. \tag{3.37}$$

Si può dimostrare (si veda l'Esercizio 2) che sotto l'ipotesi (3.36), detta *ipotesi di ellitticità dei coefficienti*, questa nuova forma bilineare è continua e coerciva, nel senso delle definizioni (2.6) e (2.9). Queste proprietà saranno sfruttate nell'analisi di buona posizione del problema (3.34) (si veda la Sez. 3.4.1).

Problemi ellittici per operatori del quarto ordine sono proposti negli Esercizi 4 e 6, mentre un problema ellittico derivante dalla teoria dell'elasticità lineare è affrontato nell'Esercizio 7.

Osservazione 3.6 (condizioni di Robin) Consideriamo di nuovo il problema di Poisson (3.22) nel caso in cui vengano imposte sull'intero contorno condizioni di Robin, ossia del tipo

$$\mu \frac{\partial u}{\partial n} + \gamma u = 0 \quad \text{su } \partial \Omega,$$

In tal caso la formulazione debole del problema è

$$\text{trovare } u \in H^1(\Omega) : a(u, v) = \int_\Omega f v d\Omega \quad \forall v \in H^1(\Omega),$$

dove $a(u, v) = \int_\Omega \mu \nabla u \cdot \nabla v d\Omega + \int_\Omega \gamma u v d\Omega$. Questa forma bilineare non è coerciva se $\gamma < 0$. L'analisi di questo problema può essere svolta ad esempio per mezzo del Lemma di Peetre-Tartar, si veda [EG04].

                                                                         •

3.4.1 Teorema di esistenza e unicità

Vale il seguente fondamentale risultato (per le definizioni si rimanda alla Sez. 2.1):

Lemma 3.1 (di Lax-Milgram) *Sia V uno spazio di Hilbert, $a(\cdot,\cdot) : V \times V \to \mathbb{R}$ una forma bilineare continua e coerciva, $F(\cdot) : V \to \mathbb{R}$ un funzionale lineare e limitato. Allora esiste unica la soluzione del problema:*

$$\text{trovare } u \in V : a(u,v) = F(v) \;\; \forall v \in V. \tag{3.38}$$

Dimostrazione. Si basa su due classici risultati di Analisi Funzionale: il teorema di rappresentazione di Riesz, ed il teorema dell'immagine chiusa di Banach. Il lettore interessato può consultare, ad esempio, [QV94, Cap. 5]. ◇

Il Lemma di Lax-Milgram assicura dunque che la formulazione debole di un problema ellittico è ben posta, pur di verificare le ipotesi sulla forma $a(\cdot,\cdot)$ e sul funzionale $F(\cdot)$. Da questo Lemma discendono varie conseguenze. Riportiamo una della più importanti nel seguente Corollario.

Corollario 3.1 *La soluzione di (3.38) è limitata in funzione dei dati, ovvero*

$$\|u\|_V \leq \frac{1}{\alpha}\|F\|_{V'},$$

dove α è la costante di coercività associata alla forma bilineare $a(\cdot,\cdot)$, mentre $\|F\|_{V'}$ è la norma del funzionale F.

Dimostrazione. È sufficiente scegliere $v = u$ nella (3.38) ed usare quindi la coercività della forma bilineare $a(\cdot,\cdot)$. Infatti, si ha che

$$\alpha\|u\|_V^2 \leq a(u,u) = F(u).$$

D'altra parte

$$F(u) \leq \|F\|_{V'}\|u\|_V$$

dal che segue la tesi. ◇

Osservazione 3.7 Se la forma bilineare $a(\cdot,\cdot)$ è anche *simmetrica*, ovvero se

$$a(u,v) = a(v,u) \;\; \forall u,v \in V,$$

allora il problema (3.38) è equivalente al seguente problema variazionale (si veda l'Esercizio 1),

$$\begin{cases} \text{trovare } u \in V : \quad J(u) = \min_{v \in V} J(v), \\ \text{con } J(v) = \dfrac{1}{2}a(v,v) - F(v). \end{cases} \tag{3.39}$$

•

3.5 Operatore aggiunto e problema aggiunto

In questa sezione introduciamo il concetto di *operatore aggiunto* di un operatore in spazi di Hilbert, seguito dal concetto di *problema aggiunto* (o *duale*) di un problema ai limiti. Quest'ultimo gioca un ruolo fondamentale, ad esempio, nell'ambito della derivazione di stimatori dell'errore, sia a priori che a posteriori (si vedano le Sez. 4.5.4 e 4.6.4-4.6.5, rispettivamente), ma anche nella risoluzione di problemi di controllo ottimale, come vedremo nel Cap. 17.

Obiettivo di questa sezione è quello di indicare un metodo per ricavare l'aggiunto di un dato operatore differenziale assieme alle condizioni al bordo del problema aggiunto (o duale), note quelle del problema di partenza (primale).

Sia V uno spazio di Hilbert con prodotto scalare $(\cdot, \cdot)_V$ e norma $\|\cdot\|_V$, V' il suo spazio duale. Sia $a : V \times V \to \mathbb{R}$ una forma bilineare, continua e coerciva e sia $A : V \to V'$ l'operatore ellittico ad essa associato, ovvero $A \in \mathcal{L}(V, V')$,

$$_{V'}\langle Av, w \rangle_V = a(v, w) \quad \forall v, w \in V. \tag{3.40}$$

Sia $a^* : V \times V \to \mathbb{R}$ la forma bilineare definita da

$$a^*(w, v) = a(v, w) \quad \forall v, w \in V. \tag{3.41}$$

Definiamo *operatore aggiunto* di A l'operatore $A^* : V \to V'$ associato alla forma $a^*(\cdot, \cdot)$, ovvero

$$_{V'}\langle A^* w, v \rangle_V = a^*(w, v) \quad \forall v, w \in V. \tag{3.42}$$

Grazie alla (3.41) abbiamo la seguente relazione, nota come *identità di Lagrange*

$$_{V'}\langle A^* w, v \rangle_V = {}_{V'}\langle Av, w \rangle_V \quad \forall v, w \in V. \tag{3.43}$$

Si noti che questa è esattamente l'equazione alla base della definizione (2.19) dell'aggiunto di un operatore A che operi fra uno spazio di Hilbert e il suo duale. Per coerenza con (2.19) avremmo dovuto denotare questo operatore con A', tuttavia preferiamo usare A^* in quanto quest'ultima notazione è quella più frequente nel contesto dei problemi ai limiti ellittici.

Se $a(\cdot, \cdot)$ è una forma simmetrica, $a^*(\cdot, \cdot)$ coincide con $a(\cdot, \cdot)$ e dunque A^* con A. In tal caso A è detto *autoaggiunto*. A è invece detto *normale* se $AA^* = A^*A$.

Naturalmente l'operatore identità I è autoaggiunto ($I = I^*$), mentre se un operatore è autoaggiunto, allora è anche normale.

Qui di seguito sono elencate alcune proprietà dell'operatore aggiunto, che sono conseguenza della definizione precedente:

- essendo A lineare e continuo, lo è anche A^*, ovvero $A^* \in \mathcal{L}(V, V')$;
- $\|A^*\|_{\mathcal{L}(V, V')} = \|A\|_{\mathcal{L}(V, V')}$ (la norma duale è definita in (2.2), Cap. 2);
- $(A + B)^* = A^* + B^*$;
- $(AB)^* = B^* A^*$;
- $(A^*)^* = A$;
- $(A^{-1})^* = (A^*)^{-1}$;

- $(\alpha A)^* = \alpha A^*$ $\forall \alpha \in \mathbb{R}$.

Quando dobbiamo trovare il problema aggiunto (o duale) di un problema (primale) dato, useremo l'identità di Lagrange per caratterizzare l'equazione differenziale del problema duale ed anche le condizioni al bordo ad esso associate.

Forniamo un esempio di tale procedura, partendo da un semplice problema differenziale di diffusione-trasporto monodimensionale, completato da condizioni al bordo miste di tipo Robin-Dirichlet omogenee:

$$\begin{cases} Av = -v'' + v' = f, \, x \in I = (0,1), \\ v'(0) + \beta v(0) = 0, \quad v(1) = 0, \end{cases} \tag{3.44}$$

essendo β una costante. Si osservi che la forma debole di questo problema è: trovare $u \in V = \{v \in H^1(0,1) : v(1) = 0\}$ t.c.

$$a(u,v) = \int_0^1 fv \, dx \quad \forall v \in V, \tag{3.45}$$

essendo

$$a : V \times V \to \mathbb{R}, \quad a(u,v) = \int_0^1 (u' - u)v' \, dx - (\beta + 1)u(0)v(0).$$

Grazie alla (3.41) otteniamo $\forall v, w \in V$

$$a^*(w,v) = a(v,w) = \int_0^1 (v' - v)w' \, dx - (\beta + 1)v(0)w(0)$$

$$= -\int_0^1 v(w'' + w') \, dx + [vw']_0^1 - (\beta + 1)v(0)w(0)$$

$$= \int_0^1 (-w'' - w')v \, dx - [w'(0) + (\beta + 1)w(0)]v(0).$$

Dovendo valere la definizione (3.42), avremo

$$A^* w = -w'' - w' \quad in \,\, \mathcal{D}'(0,1).$$

Inoltre, grazie all'arbitrarietà di $v(0)$, w dovrà soddisfare le condizioni al contorno

$$[w' + (\beta + 1)w](0) = 0, \quad w(1) = 0.$$

Osserviamo che il campo di trasporto del problema duale ha direzione opposta rispetto a quello del problema primale. Inoltre a condizioni al bordo di tipo Robin-Dirichlet

Tabella 3.1. Operatori differenziali e condizioni al bordo (C.B.) per il problema primale e corrispondenti operatori duali (con condizioni al bordo associate)

Operatore primale	C.B. primali	Operatore duale	C.B. duali
$-\Delta u$	$u = 0$ su Γ $\frac{\partial u}{\partial n} = 0$ su $\partial\Omega\setminus\Gamma$	$-\Delta w$	$w = 0$ su Γ, $\frac{\partial w}{\partial n} = 0$ su $\partial\Omega\setminus\Gamma$
$-\Delta u + \sigma u$	$u = 0$ su Γ, $\frac{\partial u}{\partial n} + \gamma u = 0$ su $\partial\Omega\setminus\Gamma$	$-\Delta w + \sigma w$	$w = 0$ su Γ, $\frac{\partial w}{\partial n} + \gamma w = 0$ su $\partial\Omega\setminus\Gamma$
$-\Delta u + \mathbf{b}\cdot\nabla u + \sigma u,$ $\nabla\cdot\mathbf{b} = 0$	$u = 0$ su Γ, $\frac{\partial u}{\partial n} + \gamma u = 0$ su $\partial\Omega\setminus\Gamma$	$-\Delta w - \mathbf{b}\cdot\nabla w + \sigma w,$ $\nabla\cdot\mathbf{b} = 0$	$w = 0$ su Γ, $\frac{\partial w}{\partial n} + (\mathbf{b}\cdot\mathbf{n}+\gamma)w = 0$ su $\partial\Omega\setminus\Gamma$
$-\Delta u + \mathbf{b}\cdot\nabla u + \sigma u,$ $\nabla\cdot\mathbf{b} = 0$	$u = 0$ su Γ, $\frac{\partial u}{\partial n} - \mathbf{b}\cdot\mathbf{n}u = 0$ su $\partial\Omega\setminus\Gamma$	$-\Delta w - \mathbf{b}\cdot\nabla w + \sigma w,$ $\nabla\cdot\mathbf{b} = 0$	$w = 0$ su Γ, $\frac{\partial w}{\partial n} + \mathbf{b}\cdot\mathbf{n}w = 0$ su $\partial\Omega\setminus\Gamma$
$-\mathrm{div}(\mu\nabla u) + \mathrm{div}(\mathbf{b}u) + \sigma u$	$u = 0$ su Γ, $\mu\frac{\partial u}{\partial n} - \mathbf{b}\cdot\mathbf{n}u = 0$ su $\partial\Omega\setminus\Gamma$	$-\mathrm{div}(\mu\nabla w) - \mathbf{b}\cdot\nabla w + \sigma w$	$w = 0$ su Γ, $\mu\frac{\partial w}{\partial n} = 0$ su $\partial\Omega\setminus\Gamma$
$-\mathrm{div}(\mu\nabla u) + \mathbf{b}\cdot\nabla u + \sigma u,$ $\nabla\cdot\mathbf{b} = 0$	$u = 0$ su Γ, $\mu\frac{\partial u}{\partial n} = 0$ su $\partial\Omega\setminus\Gamma$	$-\mathrm{div}(\mu\nabla w) - \mathrm{div}(\mathbf{b}w) + \sigma w,$ $\nabla\cdot\mathbf{b} = 0$	$w = 0$ su Γ, $\mu\frac{\partial w}{\partial n} + \mathbf{b}\cdot\mathbf{n}w = 0$ su $\partial\Omega\setminus\Gamma$

omogenee per il problema primale (3.44) corrispondono condizioni esattamente della stessa natura per il problema duale (o aggiunto).

La procedura illustrata per il problema (3.44) può chiaramente essere estesa al caso multidimensionale. In Tabella 3.3 forniamo un elenco di operatori differenziali con relative condizioni al bordo e dei corrispondenti operatori aggiunti e condizioni al bordo duali ad essi associate (sulle funzioni che compaiono in Tabella, si assume tutta la regolarità che serve per la buona definizione degli operatori differenziali considerati). Osserviamo, in particolare, che non necessariamente a condizioni primali di un tipo corrispondono condizioni duali dello stesso tipo e che ad una formulazione conservativa (rispettivamente, non conservativa) del problema primale corrisponde una formulazione non conservativa (rispettivamente, conservativa) di quello duale.

3.5.1 Il caso non lineare

L'estensione dell'analisi della sezione precedente al caso non lineare non è così immediata. Per semplicità consideriamo il problema monodimensionale

$$
\begin{cases}
A(v)v = -v'' + vv' = f, \ x \in I = (0,1), \\
v(0) = v(1) = 0,
\end{cases}
\tag{3.46}
$$

avendo denotato con $A(v)$ l'operatore

$$
A(v) \cdot = -\frac{d^2 \cdot}{dx^2} + v\frac{d \cdot}{dx}.
\tag{3.47}
$$

L'identità di Lagrange (3.5) viene ora così generalizzata

$$
{}_{V'}\langle A(v)u, w \rangle_V = {}_V\langle u, A^*(v)w \rangle_{V'},
\tag{3.48}
$$

per ogni $u \in D(A)$ e $w \in D(A^*)$, essendo $D(A)$ il dominio di A, ovvero l'insieme delle funzioni continue, derivabili con continuità due volte e identicamente nulle in $x = 0$ e $x = 1$, e $D(A^*)$ il dominio dell'operatore aggiunto (o duale) A^* le cui proprietà verranno identificate imponendo il soddisfacimento della (3.48).

Partendo da tale identità ricaviamo l'operatore aggiunto A^* e le condizioni al bordo duali per il problema (3.46). Integrando per parti due volte il termine diffusivo e una volta il termine di ordine uno, otteniamo

$$
\begin{aligned}
{}_{V'}\langle A(v)u, w \rangle_V &= -\int_0^1 u'' w \, dx + \int_0^1 vu' w \, dx \\
&= \int_0^1 u' w' \, dx - u'w \Big|_0^1 - \int_0^1 (v\,w)'u \, dx + v\,u\,w \Big|_0^1 \\
&= -\int_0^1 u\,w'' \, dx + u\,w' \Big|_0^1 - u'\,w \Big|_0^1 - \int_0^1 (v\,w)'u \, dx + v\,u\,w \Big|_0^1.
\end{aligned}
\tag{3.49}
$$

Analizziamo a parte i termini di bordo, esplicitando i contributi ai due estremi. Per garantire la (3.48), si dovrà avere

$$u(1)\,w'(1) - u(0)\,w'(0) - u'(1)\,w(1) + u'(0)\,w(0) + v(1)\,u(1)\,w(1) - v(0)\,u(0)\,w(0) = 0$$

per ogni u e $v \in D(A)$. Osserviamo che l'appartenenza di u a $D(A)$ ci permette di annullare immediatamente i primi due e gli ultimi due termini, riducendoci così ad avere

$$-u'(1)\,w(1) + u'(0)\,w(0) = 0.$$

Dovendo tale relazione valere per ogni $u \in D(A)$, dobbiamo scegliere condizioni di Dirichlet omogenee per l'operatore duale, ovvero

$$w(0) = w(1) = 0. \tag{3.50}$$

Tornando alla (3.49), si ha quindi

$$
\begin{aligned}
{}_{V'}\langle A(v)u, w\rangle_V &= -\int_0^1 u''\,w\,dx + \int_0^1 vu'\,w\,dx \\
&= -\int_0^1 u\,w''\,dx - \int_0^1 (v\,w)'u\,dx = {}_V\langle u, A^*(v)w\rangle_{V'}.
\end{aligned}
$$

L'operatore duale o aggiunto A^* dell'operatore primale A definito in (3.47) risulta dunque

$$A^*(v)\cdot = -\frac{d^2\cdot}{dx^2} + \frac{d}{dx}v\cdot$$

mentre le condizioni al bordo duali sono fornite dalla (3.50). Osserviamo infine che il problema duale è sempre lineare, pur essendo il problema primale non lineare.

Per maggiori dettagli sulla derivazione e sull'analisi dei problemi aggiunti rimandiamo il lettore, ad esempio, a [Mar95].

3.6 Esercizi

1. Si dimostri che il problema debole (3.38) è equivalente al problema variazionale (3.39) se la forma bilineare è coerciva e simmetrica.
   [*Soluzione:* sia $u \in V$ la soluzione del problema debole e sia w un generico elemento di V. Grazie alla bilinearità ed alla simmetria della forma, si trova

$$
\begin{aligned}
J(u+w) &= \frac{1}{2}[a(u,u) + 2a(u,w) + a(w,w)] - [F(u) + F(w)] \\
&= J(u) + [a(u,w) - F(w)] + \frac{1}{2}a(w,w) = J(u) + \frac{1}{2}a(w,w).
\end{aligned}
$$

Grazie alla coercività si ricava allora che $J(u+w) \geq J(u) + (\alpha/2)\|w\|_V^2$, ovvero che $\forall v \in V$ con $v \neq u$, $J(v) > J(u)$. Viceversa, se u è punto di minimo per J, allora scrivendo la condizione di estremalità $\lim_{\delta \to 0} (J(u + \delta v) - J(u)) /\delta = 0$ si trova la (3.38).]

2. Si dimostri che la forma bilineare (3.37) sotto le ipotesi indicate nel testo sui coefficienti, è continua e coerciva.
   [*Soluzione:* la forma bilineare è ovviamente continua. Grazie all'ipotesi (3.36) ed al fatto che $\sigma \in L^\infty(\Omega)$ è positiva q.o. in Ω, è anche coerciva in quanto

$$a(v,v) \geq \alpha|v|_{H^1(\Omega)}^2 + \alpha_0\|v\|_{L^2(\Omega)}^2 \geq \min(\alpha, \alpha_0)\|v\|_V^2 \; \forall v \in V.$$

   Facciamo notare che se $V = H^1(\Omega)$ allora la condizione $\alpha_0 > 0$ è necessaria affinché la forma bilineare sia coerciva. Nel caso in cui $V = H_0^1(\Omega)$, è sufficiente che $\alpha_0 > -\alpha/C_\Omega^2$, essendo C_Ω la costante di Poincaré (si veda (2.13)). In tal caso si può sfruttare infatti l'equivalenza fra $\|\cdot\|_{H^1(\Omega)}$ e $|\cdot|_{H^1(\Omega)}$ (si veda la proprietà 2.5 del Cap. 2).]

3. Siano $V = H_0^1(0,1)$, $a: V \times V \to \mathbb{R}$ e $F: V \to \mathbb{R}$ definiti nel modo seguente:

$$F(v) = \int_0^1 (-1 - 4x)v(x)\,dx, \; a(u,v) = \int_0^1 (1+x)u'(x)v'(x)\,dx.$$

   Si dimostri che il problema: trovare $u \in V$ t.c. $a(u,v) = F(v) \; \forall v \in V$, ammette un'unica soluzione. Si verifichi inoltre che essa coincide con $u(x) = x^2 - x$.
   [*Soluzione:* si dimostra facilmente che la forma bilineare è continua e coerciva in V. Allora, essendo F un funzionale lineare e limitato, grazie al Lemma di Lax-Milgram, si può concludere che la soluzione esiste unica in V. Verifichiamo che è proprio $u(x) = x^2 - x$. Quest'ultima funzione appartiene sicuramente a V (essendo continua e derivabile e tale che $u(0) = u(1) = 0$).
   Inoltre, dalla relazione

$$\int_0^1 (1+x)u'(x)v'(x)\,dx = -\int_0^1 ((1+x)u'(x))'v(x)\,dx = \int_0^1 (-1-4x)v(x)\,dx,$$

   $\forall v \in V$, si deduce che affinché u sia soluzione si deve avere $((1+x)u'(x))' = 1 + 4x$ quasi ovunque in $(0,1)$. Tale proprietà è vera per la u proposta.]

4. Si trovi la formulazione debole del problema

$$\begin{cases} \Delta^2 u = f & \text{in } \Omega, \\ u = 0 & \text{su } \partial\Omega, \\ \dfrac{\partial u}{\partial n} = 0 & \text{su } \partial\Omega, \end{cases}$$

essendo $\Omega \subset \mathbb{R}^2$ un aperto limitato di frontiera $\partial\Omega$ regolare, $\Delta^2 \cdot = \Delta\Delta\cdot$ l'operatore *bilaplaciano* e $f \in L^2(\Omega)$ una funzione assegnata.

[*Soluzione:* la formulazione debole, ottenuta applicando due volte la formula di Green all'operatore bilaplaciano, è

$$\text{trovare } u \in H_0^2(\Omega) : \int_\Omega \Delta u \Delta v \, d\Omega = \int_\Omega f v \, d\Omega \ \forall v \in H_0^2(\Omega), \qquad (3.51)$$

dove $H_0^2(\Omega) = \{v \in H^2(\Omega) : v = 0, \ \partial v / \partial n = 0 \text{ su } \partial \Omega\}$.]

5. Per ogni funzione v dello spazio di Hilbert $H_0^2(\Omega)$, definito nell'Esercizio 4, si può dimostrare che la seminorma $|\cdot|_{H^2(\Omega)}$ definita come $|v|_{H^2(\Omega)} = (\int_\Omega |\Delta v|^2 \, d\Omega)^{1/2}$, è di fatto equivalente alla norma $\|\cdot\|_{H^2(\Omega)}$. Utilizzando tale proprietà, si dimostri che il problema (3.51) ammette un'unica soluzione.
[*Soluzione:* poniamo $V = H_0^2(\Omega)$. Allora,

$$a(u, v) = \int_\Omega \Delta u \Delta v \, d\Omega \ \text{ e } \ F(v) = \int_\Omega f v \, d\Omega,$$

sono rispettivamente una forma bilineare da $V \times V \to \mathbb{R}$ ed un funzionale lineare e limitato. Per dimostrare esistenza ed unicità basta invocare il Lemma di Lax-Milgram in quanto la forma bilineare è coerciva e continua. In effetti, grazie all'equivalenza tra norma e seminorma, esistono due costanti positive α e M tali che

$$a(u, u) = |u|_V^2 \ge \alpha \|u\|_V^2, \ |a(u, v)| \le M \|u\|_V \|v\|_V.]$$

6. Si scriva la formulazione debole del problema del quart'ordine:

$$\begin{cases} \Delta^2 u - \nabla \cdot (\mu \nabla u) + \sigma u = 0 & \text{in } \Omega, \\ u = 0 & \text{su } \partial \Omega, \\ \dfrac{\partial u}{\partial n} = 0 & \text{su } \partial \Omega, \end{cases}$$

introducendo opportuni spazi funzionali, sapendo che $\Omega \subset \mathbb{R}^2$ è un aperto limitato con bordo $\partial \Omega$ regolare e che $\mu(\mathbf{x})$ e $\sigma(\mathbf{x})$ sono funzioni note definite su Ω.
[*Soluzione:* si procede come nei due esercizi precedenti supponendo che i coefficienti μ e σ stiano in $L^\infty(\Omega)$.]

7. Sia $\Omega \subset \mathbb{R}^2$ con frontiera $\partial \Omega = \Gamma_D \cup \Gamma_N$ regolare e $\overset{\circ}{\Gamma}_D \cap \overset{\circ}{\Gamma}_N = \emptyset$. Introducendo opportuni spazi funzionali, si trovi la formulazione debole del seguente *problema dell'elasticità lineare*:

$$\begin{cases} -\displaystyle\sum_{j=1}^2 \dfrac{\partial}{\partial x_j} \sigma_{ij}(\mathbf{u}) = f_i \text{ in } \Omega, & i = 1, 2, \\ u_i = 0 & \text{su } \Gamma_D, \ i = 1, 2, \\ \displaystyle\sum_{j=1}^2 \sigma_{ij}(\mathbf{u}) n_j = g_i & \text{su } \Gamma_N, \ i = 1, 2, \end{cases} \qquad (3.52)$$

avendo indicato come di consueto con $\mathbf{n} = (n_1, n_2)^T$ il vettore normale uscente a Ω, $\mathbf{u} = (u_1, u_2)^T$ il vettore delle incognite, $\mathbf{f} = (f_1, f_2)^T$ e $\mathbf{g} = (g_1, g_2)^T$ due funzioni assegnate. Inoltre si è posto per $i, j = 1, 2$,

$$\sigma_{ij}(\mathbf{u}) = \lambda \text{div}(\mathbf{u})\delta_{ij} + 2\mu\epsilon_{ij}(\mathbf{u}), \quad \epsilon_{ij}(\mathbf{u}) = \frac{1}{2}\left(\frac{\partial u_i}{\partial x_j} + \frac{\partial u_j}{\partial x_i}\right),$$

essendo λ e μ due costanti positive e δ_{ij} il simbolo di Kronecker. Il sistema (3.52) consente di descrivere lo spostamento $\mathbf{u}$ di un corpo elastico, omogeneo ed isotropo, che nella sua posizione di equilibrio occupa la regione Ω, sotto l'azione di una forza esterna per unità di volume $\mathbf{f}$ e di un carico distribuito su Γ_N di intensità $\mathbf{g}$ (si veda la Fig. 3.4).

[*Soluzione*: la formulazione debole di (3.52) si trova osservando che $\sigma_{ij} = \sigma_{ji}$ e utilizzando la seguente formula di Green

$$\sum_{i,j=1}^{2}\int_\Omega \sigma_{ij}(\mathbf{u})\epsilon_{ij}(\mathbf{v})\,d\Omega = \sum_{i,j=1}^{2}\int_{\partial\Omega}\sigma_{ij}(\mathbf{u})n_j v_i\,d\gamma$$
$$-\sum_{i,j=1}^{2}\int_\Omega\frac{\partial\sigma_{ij}(\mathbf{u})}{\partial x_j}v_i\,d\Omega. \tag{3.53}$$

Assumendo $\mathbf{v} \in V = (\mathrm{H}^1_{\Gamma_D}(\Omega))^2$ (lo spazio delle funzioni vettoriali che hanno componenti $v_i \in \mathrm{H}^1_{\Gamma_D}(\Omega)$ per $i = 1, 2$), si trova la seguente formulazione debole

$$\text{trovare } \mathbf{u} \in V \text{ tale che } a(\mathbf{u}, \mathbf{v}) = F(\mathbf{v})\ \forall \mathbf{v} \in V,$$

con

$$a(\mathbf{u}, \mathbf{v}) = \int_\Omega \lambda \text{div}(\mathbf{u})\text{div}(\mathbf{v})\,d\Omega + 2\mu\sum_{i,j=1}^{2}\int_\Omega\epsilon_{ij}(\mathbf{u})\epsilon_{ij}(\mathbf{v})\,d\Omega,$$
$$F(\mathbf{v}) = \int_\Omega \mathbf{f}\cdot\mathbf{v}\,d\Omega + \int_{\Gamma_N}\mathbf{g}\cdot\mathbf{v}\,d\gamma.$$

Sarà sufficiente supporre $\mathbf{f} \in (\mathrm{L}^2(\Omega))^2$ e $\mathbf{g} \in (\mathrm{L}^2(\Gamma_N))^2$.]

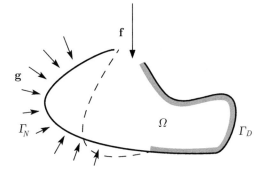

Figura 3.4. Un corpo elastico parzialmente vincolato e soggetto all'azione di un carico esterno

8. Si dimostri, attraverso l'applicazione del Lemma di Lax-Milgram, che la soluzione della formulazione debole (3.53) esiste ed è unica sotto opportune condizioni sulla regolarità dei dati e sapendo che vale la seguente *disuguaglianza di Korn*

$$\exists C_0 > 0 \ : \ \sum_{i,j=1}^{2} \int_{\Omega} \epsilon_{ij}(\mathbf{v})\epsilon_{ij}(\mathbf{v}) \, d\Omega \geq C_0 \|\mathbf{v}\|_V^2 \ \forall \mathbf{v} \in V.$$

[*Soluzione:* si consideri la formulazione debole introdotta nella soluzione dell'esercizio precedente. La forma bilineare definita nella (3.53) è continua ed è anche coerciva grazie alla disuguaglianza di Korn. F è un funzionale lineare e limitato e quindi, per il Lemma di Lax-Milgram, la soluzione esiste ed è unica.]

Capitolo 4
Il metodo di Galerkin-elementi finiti per problemi ellittici

Affrontiamo in questo capitolo la risoluzione numerica dei problemi ai limiti ellittici considerati nel Cap. 3 introducendo il metodo di Galerkin. Illustreremo poi, come caso particolare, il metodo degli elementi finiti. Esso verrà ulteriormente sviluppato nei capitoli seguenti.

4.1 Approssimazione con il metodo di Galerkin

Come visto nel Cap. 3 la formulazione debole di un generico problema ellittico posto su un dominio $\Omega \subset \mathbb{R}^d$ si può scrivere nel modo seguente

$$\text{trovare } u \in V : a(u,v) = F(v) \ \forall v \in V, \tag{4.1}$$

essendo V un opportuno spazio di Hilbert, sottospazio di $H^1(\Omega)$, $a(\cdot, \cdot)$ una forma bilineare continua e coerciva da $V \times V$ in $\mathbb{R}$, $F(\cdot)$ un funzionale lineare e limitato da V in $\mathbb{R}$. Sotto tali ipotesi il Lemma 3.1 (di Lax-Milgram) assicura esistenza ed unicità della soluzione.

Sia V_h una famiglia di spazi dipendente da un parametro positivo h, tali che

$$V_h \subset V, \ \dim V_h = N_h < \infty \ \forall h > 0.$$

Il problema approssimato assume allora la forma

$$\text{trovare } u_h \in V_h : a(u_h, v_h) = F(v_h) \ \forall v_h \in V_h \tag{4.2}$$

e viene detto *problema di Galerkin*. Indicando con $\{\varphi_j, j = 1, 2, \ldots, N_h\}$ una base di V_h, basta che la (4.2) sia verificata per ogni funzione della base, in quanto tutte le funzioni dello spazio V_h sono una combinazione lineare delle φ_j. Richiederemo allora che

$$a(u_h, \varphi_i) = F(\varphi_i), \ i = 1, 2, \ldots, N_h. \tag{4.3}$$

© Springer-Verlag Italia 2016

A. Quarteroni, *Modellistica Numerica per Problemi Differenziali*, 6a edizione, UNITEXT - La Matematica per il 3+2 100, DOI 10.1007/978-88-470-5782-1_4

Naturalmente, poiché $u_h \in V_h$,

$$u_h(\mathbf{x}) = \sum_{j=1}^{N_h} u_j\, \varphi_j(\mathbf{x}),$$

essendo gli $u_j, j = 1, \ldots, N_h$, dei coefficienti incogniti. Le equazioni (4.3) diventano allora

$$\sum_{j=1}^{N_h} u_j\, a(\varphi_j, \varphi_i) = F(\varphi_i),\ i = 1, 2, \ldots, N_h. \tag{4.4}$$

Denotiamo con A la matrice (detta di *rigidezza* o di *stiffness*) di elementi

$$a_{ij} = a(\varphi_j, \varphi_i)$$

e con $\mathbf{f}$ il vettore di componenti $f_i = F(\varphi_i)$. Se si indica con $\mathbf{u}$ il vettore che ha come componenti i coefficienti incogniti u_j, le (4.4) sono equivalenti al sistema lineare

$$A\mathbf{u} = \mathbf{f}. \tag{4.5}$$

Evidenziamo alcune caratteristiche della matrice di rigidezza che sono indipendenti dalla base scelta per V_h, ma che dipendono esclusivamente dalle caratteristiche del problema debole che si sta approssimando. Altre, come il numero di condizionamento o la struttura di sparsità, dipenderanno invece dalla base considerata e verranno pertanto riportate nelle sezioni dedicate ai singoli metodi numerici. Ad esempio, basi formate da funzioni con supporto piccolo saranno preferibili in quanto tutti gli elementi a_{ij} i cui indici sono relativi a funzioni di base che hanno supporti con intersezione nulla risulteranno nulli. Da un punto di vista computazionale verranno privilegiate quelle scelte di V_h che richiedono uno sforzo computazionale modesto per il calcolo degli elementi della matrice, nonché del termine noto $\mathbf{f}$.

Teorema 4.1 *La matrice A associata alla discretizzazione del problema ellittico (4.1) con forma bilineare $a(\cdot, \cdot)$ coerciva con il metodo di Galerkin è definita positiva.*

Dimostrazione. Ricordiamo che una matrice $B \in \mathbb{R}^{n \times n}$ si dice definita positiva se

$$\mathbf{v}^T B \mathbf{v} \geq 0 \quad \forall \mathbf{v} \in \mathbb{R}^n \text{ ed inoltre } \mathbf{v}^T B \mathbf{v} = 0 \Leftrightarrow \mathbf{v} = \mathbf{0}. \tag{4.6}$$

La corrispondenza

$$\mathbf{v} = (v_i) \in \mathbb{R}^{N_h} \leftrightarrow v_h(x) = \sum_{j=1}^{N_h} v_j \phi_j \in V_h \tag{4.7}$$

definisce una biiettività fra gli spazi $\mathbb{R}^{N_h}$ e V_h . Per un generico vettore $\mathbf{v} = (v_i)$ di $\mathbb{R}^{N_h}$, grazie alla bilinearità ed alla coercività della forma $a(\cdot, \cdot)$, otteniamo

$$
\begin{aligned}
\mathbf{v}^T \mathbf{A} \mathbf{v} &= \sum_{j=1}^{N_h} \sum_{i=1}^{N_h} v_i a_{ij} v_j = \sum_{j=1}^{N_h} \sum_{i=1}^{N_h} v_i a(\varphi_j, \varphi_i) v_j \\
&= \sum_{j=1}^{N_h} \sum_{i=1}^{N_h} a(v_j \varphi_j, v_i \varphi_i) = a \left(\sum_{j=1}^{N_h} v_j \varphi_j, \sum_{i=1}^{N_h} v_i \varphi_i \right) \\
&= a(v_h, v_h) \geq \alpha \|v_h\|_V^2 \geq 0.
\end{aligned}
$$

Inoltre, se $\mathbf{v}^T \mathbf{A} \mathbf{v} = 0$ allora, per quanto appena ricavato, anche $\|v_h\|_V^2 = 0$ ovvero $v_h = 0$ e quindi $\mathbf{v} = \mathbf{0}$. Di conseguenza la tesi è dimostrata essendo soddisfatte le due condizioni (4.6).   ◇

Si può inoltre dimostrare la seguente proprietà (si veda l'Esercizio 4):

Proprietà 4.1 *La matrice* A *è simmetrica se e solo se la forma bilineare* $a(\cdot, \cdot)$ *è simmetrica.*

Ad esempio, nel caso del problema di Poisson con condizioni al bordo di Dirichlet (3.18) o miste (3.28), la matrice A è simmetrica e definita positiva. La risoluzione numerica di un sistema di questo tipo potrà essere effettuata in modo efficiente sia usando metodi diretti, come la fattorizzazione di Cholesky, sia usando metodi iterativi come il metodo del gradiente coniugato (si veda il Cap. 7 e, ad esempio, [QSS08, Cap. 4]).

4.2 Analisi del metodo di Galerkin

Ci proponiamo in questa sezione di studiare le caratteristiche del metodo di Galerkin, in particolare di verificarne tre fondamentali proprietà:

– *esistenza* ed *unicità* della soluzione discreta u_h;
– *stabilità* della soluzione discreta u_h;
– *convergenza* di u_h alla soluzione esatta u del problema (4.1), per $h \to 0$.

4.2.1 Esistenza e unicità

Il Lemma di Lax-Milgram, enunciato nel Cap. 3, vale per ogni spazio di Hilbert e quindi, in particolare, per lo spazio V_h, essendo quest'ultimo un sottospazio chiuso dello spazio di Hilbert V.
Inoltre la forma bilineare $a(\cdot, \cdot)$ e il funzionale $F(\cdot)$ sono i medesimi del problema variazionale (4.1). Sono dunque soddisfatte le ipotesi richieste dal Lemma. Discende allora il seguente risultato:

Corollario 4.1 *La soluzione del problema di Galerkin (4.2) esiste ed è unica.*

È tuttavia istruttivo fornire di questo Corollario una dimostrazione senza utilizzare il Lemma di Lax-Milgram. Come abbiamo visto, il problema di Galerkin (4.2) è equivalente al sistema lineare (4.5). Dimostrando l'esistenza e l'unicità per l'uno è automaticamente dimostrata anche l'esistenza e l'unicità per l'altro. Concentriamo dunque la nostra attenzione sul sistema lineare (4.5).

La matrice A è invertibile in quanto l'unica soluzione del sistema $A\mathbf{u} = \mathbf{0}$ è la soluzione identicamente nulla. Questo discende immediatamente dal fatto che A è definita positiva. Di conseguenza, il sistema lineare (4.5) ammette un'unica soluzione e quindi, anche il problema di Galerkin, ad esso equivalente, ammette un'unica soluzione.

4.2.2 Stabilità

Il Corollario 3.1 ci permette di fornire il seguente risultato di stabilità.

Corollario 4.2 *Il metodo di Galerkin è stabile, uniformemente rispetto ad h, in quanto vale la seguente maggiorazione della soluzione*

$$\|u_h\|_V \leq \frac{1}{\alpha}\|F\|_{V'}.$$

La stabilità del metodo garantisce che la norma $\|u_h\|_V$ della soluzione discreta rimane limitata al tendere di h a zero, uniformemente rispetto ad h. Equivalentemente, garantisce che $\|u_h - w_h\|_V \leq \frac{1}{\alpha}\|F - G\|_{V'}$, essendo u_h e w_h soluzioni numeriche corrispondenti a due dati diversi F e G.

4.2.3 Convergenza

Vogliamo ora dimostrare che la soluzione del problema di Galerkin converge alla soluzione del problema debole (4.1) quando h tende a zero. Di conseguenza, a patto di prendere h sufficientemente piccolo, si potrà approssimare bene quanto si vuole la soluzione esatta u con la soluzione di Galerkin u_h.

Dimostriamo innanzitutto la seguente proprietà di consistenza.

Lemma 4.1 (ortogonalità di Galerkin) *La soluzione u_h del metodo di Galerkin soddisfa la proprietà*

$$a(u - u_h, v_h) = 0 \ \forall v_h \in V_h. \tag{4.8}$$

Dimostrazione. Essendo $V_h \subset V$, la soluzione esatta u soddisfa il problema debole (4.1) per ogni elemento $v = v_h \in V_h$, e quindi si ha

$$a(u, v_h) = F(v_h) \ \forall v_h \in V_h. \tag{4.9}$$

Sottraendo membro a membro la (4.2) dalla (4.9), si ottiene

$$a(u, v_h) - a(u_h, v_h) = 0 \ \forall v_h \in V_h,$$

dalla quale, grazie alla bilinearità della forma $a(\cdot, \cdot)$, segue la tesi. ◇

Facciamo notare che la (4.9) coincide con la definizione di consistenza forte data nella (1.10).

La proprietà (4.8) esprime il fatto che il metodo di Galerkin è un metodo di *proiezione ortogonale*. Infatti, se $a(\cdot, \cdot)$ fosse il prodotto scalare euclideo, u e u_h dei vettori e V_h un sottospazio dello spazio euclideo V, la (4.8) esprimerebbe l'ortogonalità dell'errore $u - u_h$ rispetto al sottospazio V_h.

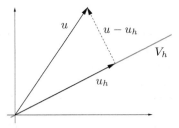

Figura 4.1. Interpretazione geometrica della proprietà di ortogonalità di Galerkin

Se $a(\cdot, \cdot)$ è simmetrica, essa definisce un prodotto scalare in V. Allora la proprietà di consistenza si interpreta come l'ortogonalità, rispetto al prodotto scalare $a(\cdot, \cdot)$, tra l'errore di approssimazione, $u - u_h$, e il sottospazio V_h. In questo senso, analogamente al caso euclideo, si può dire che la soluzione u_h del metodo di Galerkin è la proiezione su V_h della soluzione esatta u e quindi è, tra tutti gli elementi di V_h, quella che minimizza la distanza dalla soluzione esatta u nella *norma dell'energia*, vale a dire nella seguente norma indotta dal prodotto scalare $a(\cdot, \cdot)$

$$\|u - u_h\|_a = \sqrt{a(u - u_h, u - u_h)}.$$

Osservazione 4.1 L'interpretazione geometrica del metodo di Galerkin ha senso nel solo caso in cui la forma $a(\cdot, \cdot)$ sia simmetrica. Tuttavia ciò non lede la generalità del metodo o la sua proprietà di forte consistenza (4.8) nel caso in cui la forma bilineare sia non simmetrica. ●

Consideriamo ora il valore che la forma bilineare assume quando entrambi i suoi argomenti sono pari a $u - u_h$. Se v_h è un arbitrario elemento di V_h si ottiene

$$a(u - u_h, u - u_h) = a(u - u_h, u - v_h) + a(u - u_h, v_h - u_h).$$

L'ultimo termine è nullo grazie alla (4.8), essendo $v_h - u_h \in V_h$. Inoltre

$$|a(u - u_h, u - v_h)| \leq M \|u - u_h\|_V \|u - v_h\|_V,$$

avendo sfruttato la continuità della forma bilineare. D'altra parte, per la coercività di $a(\cdot, \cdot)$, deve essere

$$a(u - u_h, u - u_h) \geq \alpha \|u - u_h\|_V^2$$

per cui si ha

$$\|u - u_h\|_V \leq \frac{M}{\alpha} \|u - v_h\|_V \; \forall v_h \in V_h.$$

Tale disuguaglianza vale per tutte le funzioni $v_h \in V_h$ e dunque varrà anche prendendone l'estremo inferiore. Si trova perciò

$$\|u - u_h\|_V \leq \frac{M}{\alpha} \inf_{w_h \in V_h} \|u - w_h\|_V, \tag{4.10}$$

risultato che è anche noto come *Lemma di Céa*.
È allora evidente che affinché il metodo converga basterà richiedere che, al tendere a zero di h, lo spazio V_h tenda a saturare l'intero spazio V. Precisamente, deve risultare

$$\lim_{h \to 0} \inf_{v_h \in V_h} \|v - v_h\|_V = 0 \; \forall v \in V. \tag{4.11}$$

In tal caso, il metodo di Galerkin è convergente e si potrà scrivere

$$\lim_{h \to 0} \|u - u_h\|_V = 0.$$

Lo spazio V_h andrà quindi scelto opportunamente in modo da garantire la proprietà di saturazione (4.11). Una volta che questo requisito sia soddisfatto, la convergenza sarà comunque verificata indipendentemente da come è fatta u; viceversa, dalla scelta di V_h e dalla regolarità di u, dipenderà, in generale, la velocità con cui la soluzione discreta converge alla soluzione esatta, ovvero l'ordine di infinitesimo dell'errore rispetto a h (si veda il Teorema 4.3).

Osservazione 4.2 Naturalmente, $\inf_{v_h \in V_h} \|u - v_h\|_V \leq \|u - u_h\|_V$. Di conseguenza, per la (4.10), se $\frac{M}{\alpha}$ è dell'ordine dell'unità, l'errore dovuto al metodo di Galerkin è identificabile con l'errore di migliore approssimazione per u in V_h. In ogni caso, i due errori hanno lo stesso ordine di infinitesimo rispetto ad h. •

Osservazione 4.3 Nel caso in cui $a(\cdot,\cdot)$ sia una forma bilineare simmetrica, oltre che continua e coerciva, allora la (4.10) si può migliorare come segue (si veda l'Esercizio 5)

$$\|u - u_h\|_V \le \sqrt{\frac{M}{\alpha}} \inf_{w_h \in V_h} \|u - w_h\|_V. \tag{4.12}$$

•

4.3 Il metodo degli elementi finiti nel caso monodimensionale

Supponiamo che Ω sia l'intervallo (a, b) della retta reale. L'obiettivo di questa sezione è costruire approssimazioni dello spazio $H^1(a, b)$, dipendenti da un parametro h. A tale scopo introduciamo una partizione $\mathcal{T}_h$ di (a, b) in $N + 1$ sottointervalli $K_j = (x_{j-1}, x_j)$ di ampiezza $h_j = x_j - x_{j-1}$ con

$$a = x_0 < x_1 < \ldots < x_N < x_{N+1} = b, \tag{4.13}$$

e poniamo $h = \max_j h_j$.

Poiché le funzioni di $H^1(a, b)$ sono continue su $[a, b]$, possiamo costruire la seguente famiglia di spazi

$$X_h^r = \left\{ v_h \in C^0\left(\overline{\Omega}\right) : v_h|_{K_j} \in \mathbb{P}_r, \quad \text{per ogni} \quad K_j \in \mathcal{T}_h \right\}, \, r = 1, 2, \ldots \tag{4.14}$$

avendo denotato con $\mathbb{P}_r$ lo spazio dei polinomi di grado minore od uguale a r nella variabile x. Gli spazi X_h^r sono tutti sottospazi di $H^1(a, b)$ essendo costituiti da funzioni derivabili tranne che al più in un numero finito di punti (i "vertici" x_i della triangolazione $\mathcal{T}_h$). Essi forniscono scelte possibili dello spazio V_h, pur di incorporare opportunamente le condizioni al bordo. Il fatto che le funzioni di X_h^r siano localmente dei polinomi renderà gli elementi della matrice di rigidezza facili da calcolare.

Dobbiamo a questo punto scegliere una base $\{\varphi_i\}$ per lo spazio X_h^r. Conviene, per quanto esposto nella Sez. 4.1, che il supporto della generica funzione di base φ_i abbia intersezione non vuota con quello di un numero esiguo di altre funzioni della base. In tal modo, molti elementi della matrice di rigidezza saranno nulli. Conviene inoltre che la base sia *lagrangiana*: in tal caso i coefficienti dello sviluppo di una generica funzione $v_h \in X_h^r$ sulla base stessa saranno i valori assunti da v_h in opportuni punti, che chiamiamo *nodi* e che, come vedremo, formano generalmente un sovrainsieme dei vertici di $\mathcal{T}_h$. Ciò non impedisce l'uso di basi non lagrangiane, in special modo nella loro versione gerarchica (come vedremo nel seguito).

Forniamo ora alcuni esempi di basi per gli spazi X_h^1 e X_h^2.

4.3.1 Lo spazio X_h^1

È costituito dalle funzioni continue e lineari a tratti su una partizione $\mathcal{T}_h$ di (a, b) della forma (4.13). Poiché per due punti distinti passa un'unica retta ed essendo le funzioni di X_h^1 continue, i *gradi di libertà* delle funzioni di questo spazio, ovvero i valori che bisogna assegnare per individuare univocamente le stesse funzioni, saranno pari al numero $N + 2$ di vertici della partizione stessa. In questo caso, dunque, nodi e vertici coincidono. Di conseguenza, una volta assegnate $N + 2$ funzioni di base φ_i, $i = 0, \ldots, N + 1$, l'intero spazio X_h^1 verrà completamente descritto. La base lagrangiana è caratterizzata dalla proprietà seguente:

$$\varphi_i \in X_h^1 \text{ tale che } \varphi_i(x_j) = \delta_{ij}, \, i, j = 0, 1, \ldots, N + 1,$$

essendo δ_{ij} il delta di Kronecker. La funzione φ_i è dunque lineare a tratti e vale uno in x_i e zero in tutti gli altri nodi della partizione (si veda la Fig. 4.2). La sua espressione è data da:

$$\varphi_i(x) = \begin{cases} \dfrac{x - x_{i-1}}{x_i - x_{i-1}} & \text{per } x_{i-1} \leq x \leq x_i, \\[2mm] \dfrac{x_{i+1} - x}{x_{i+1} - x_i} & \text{per } x_i \leq x \leq x_{i+1}, \\[2mm] 0 & \text{altrimenti.} \end{cases} \tag{4.15}$$

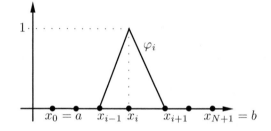

Figura 4.2. La funzione di base di X_h^1 relativa al nodo x_i

Evidentemente φ_i ha come supporto l'unione dei soli intervalli $[x_{i-1}, x_i]$ e $[x_i, x_{i+1}]$, se $i \neq 0$ o $i \neq N + 1$ (per $i = 0$ o $i = N + 1$ il supporto sarà limitato all'intervallo $[x_0, x_1]$ o $[x_N, x_{N+1}]$, rispettivamente). Di conseguenza, soltanto le funzioni di base φ_{i-1} e φ_{i+1} hanno supporto con intersezione non vuota con quello di φ_i e quindi la matrice di rigidezza è tridiagonale in quanto $a_{ij} = 0$ se $j \notin \{i - 1, i, i + 1\}$.

Come si vede dall'espressione (4.15) le due funzioni di base φ_i e φ_{i+1} definite su ogni intervallo $[x_i, x_{i+1}]$, si ripetono sostanzialmente immutate, a meno di un fattore di scalatura legato alla lunghezza dell'intervallo stesso. Nella pratica si possono ottenere le due funzioni di base φ_i e φ_{i+1} trasformando due funzioni di base $\widehat{\varphi}_0$ e $\widehat{\varphi}_1$ costruite una volta per tutte su un intervallo di riferimento, tipicamente l'intervallo $[0, 1]$.

A tal fine basta sfruttare il fatto che il generico intervallo $[x_i, x_{i+1}]$ della decomposizione di (a, b) può essere ottenuto a partire dall'intervallo $[0, 1]$ tramite la trasformazione lineare $\phi : [0,1] \rightarrow [x_i, x_{i+1}]$ definita come

$$x = \phi(\xi) = x_i + \xi(x_{i+1} - x_i). \tag{4.16}$$

Se definiamo le due funzioni di base $\widehat{\varphi}_0$ e $\widehat{\varphi}_1$ su $[0,1]$ come

$$\widehat{\varphi}_0(\xi) = 1 - \xi, \; \widehat{\varphi}_1(\xi) = \xi,$$

le funzioni di base φ_i e φ_{i+1} su $[x_i, x_{i+1}]$ saranno semplicemente date da

$$\varphi_i(x) = \widehat{\varphi}_0(\xi(x)), \; \varphi_{i+1}(x) = \widehat{\varphi}_1(\xi(x))$$

essendo $\xi(x) = (x - x_i)/(x_{i+1} - x_i)$ (si vedano le Figg. 4.3 e 4.4).

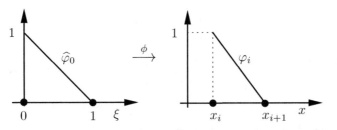

Figura 4.3. La funzione di base φ_i in $[x_i, x_{i+1}]$ e la corrispondente funzione di base $\widehat{\varphi}_0$ sull'elemento di riferimento

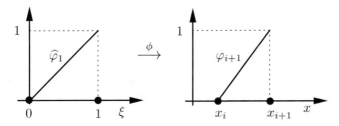

Figura 4.4. La funzione base φ_{i+1} in $[x_i, x_{i+1}]$ e la corrispondente funzione di base $\widehat{\varphi}_1$ sull'elemento di riferimento

Questo modo di procedere (definire la base su un elemento di riferimento e poi trasformarla su uno specifico elemento) risulterà di fondamentale importanza quando si considereranno problemi in più dimensioni.

4.3.2 Lo spazio X_h^2

Le funzioni di X_h^2 sono polinomi compositi, di grado 2 su ciascun intervallo di $\mathcal{T}_h$ e, di conseguenza, sono univocamente individuate quando siano assegnati i valori da esse assunti in tre punti distinti di ogni intervallo K_j. Per garantire la continuità delle funzioni di X_h^2 due di questi punti saranno gli estremi del generico intervallo di $\mathcal{T}_h$, il terzo sarà il punto medio dello stesso. I gradi di libertà dello spazio X_h^2 sono perciò i valori di v_h assunti agli estremi degli intervalli componenti la partizione $\mathcal{T}_h$ e nei punti medi degli stessi. Ordiniamo i nodi a partire da $x_0 = a$ fino a $x_{2N+2} = b$; in tal modo i punti medi corrisponderanno ai nodi di indice dispari, gli estremi degli intervalli a quelli di indice pari (per altre numerazioni si veda l'Esercizio 6).

Esattamente come nel caso precedente la base lagrangiana per X_h^2 è quella formata dalle funzioni

$$\varphi_i \in X_h^2 \text{ tali che } \varphi_i(x_j) = \delta_{ij}, \, i,j = 0,1,\ldots,2N+2.$$

Sono quindi funzioni quadratiche a tratti che assumono valore 1 nel nodo a cui sono associate e sono nulle nei restanti nodi. Riportiamo l'espressione esplicita della generica funzione di base associata agli estremi degli intervalli della partizione:

$$(i \text{ pari}) \; \varphi_i(x) = \begin{cases} \dfrac{(x - x_{i-1})(x - x_{i-2})}{(x_i - x_{i-1})(x_i - x_{i-2})} & \text{se } x_{i-2} \leq x \leq x_i, \\[3mm] \dfrac{(x_{i+1} - x)(x_{i+2} - x)}{(x_{i+1} - x_i)(x_{i+2} - x_i)} & \text{se } x_i \leq x \leq x_{i+2}, \\[3mm] 0 & \text{altrimenti.} \end{cases}$$

Per i punti medi degli intervalli si ha invece

$$(i \text{ dispari}) \; \varphi_i(x) = \begin{cases} \dfrac{(x_{i+1} - x)(x - x_{i-1})}{(x_{i+1} - x_i)(x_i - x_{i-1})} & \text{se } x_{i-1} \leq x \leq x_{i+1}, \\[3mm] 0 & \text{altrimenti.} \end{cases}$$

Si veda la Fig. 4.5 per un esempio.

Come nel caso degli elementi finiti lineari, per descrivere la base è sufficiente fornire l'espressione delle funzioni di base sull'intervallo di riferimento $[0,1]$ e poi trasformare queste ultime tramite la (4.16). Abbiamo

$$\widehat{\varphi}_0(\xi) = (1 - \xi)(1 - 2\xi), \; \widehat{\varphi}_1(\xi) = 4(1 - \xi)\xi, \; \widehat{\varphi}_2(\xi) = \xi(2\xi - 1).$$

Di queste funzioni riportiamo una rappresentazione in Fig. 4.5. Si noti come la generica funzione di base φ_{2i+1} relativa al nodo x_{2i+1} abbia un supporto che coincide con l'elemento cui il punto medio appartiene. Per la sua forma particolare è nota come *funzione a bolla*.

Possiamo anche introdurre altre basi di tipo non lagrangiano. Una particolarmente interessante è quella costituita (localmente) dalle tre funzioni

$$\widehat{\psi}_0(\xi) = 1 - \xi, \; \widehat{\psi}_1(\xi) = \xi, \; \widehat{\psi}_2(\xi) = (1 - \xi)\xi.$$

Una base di questo genere è detta *gerarchica* in quanto, per costruire la base per X_h^2, si sfruttano le funzioni di base dello spazio di dimensione immediatamente inferiore, X_h^1. Essa è conveniente da un punto di vista computazionale se si decide, durante

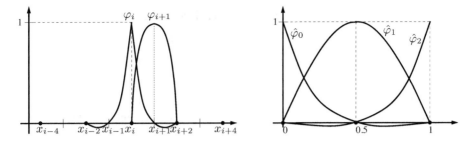

Figura 4.5. Funzioni di base di X_h^2 (a sinistra) e loro corrispondenti sull'intervallo di riferimento (a destra)

l'approssimazione di un problema, di aumentare solo localmente, cioè solo in alcuni elementi, il grado di interpolazione (ovvero se si intendesse effettuare quella che chiameremo adattività in grado od *adattività di tipo p*).

I polinomi di Lagrange sono linearmente indipendenti per costruzione. In generale però tale proprietà andrà verificata per assicurarci che l'insieme dei polinomi scelti sia effettivamente una base. Nel caso delle funzioni $\widehat{\psi}_0$, $\widehat{\psi}_1$ e $\widehat{\psi}_2$ dobbiamo verificare che

$$\text{se } \alpha_0\widehat{\psi}_0(\xi) + \alpha_1\widehat{\psi}_1(\xi) + \alpha_2\widehat{\psi}_2(\xi) = 0 \ \forall\xi, \text{ allora } \alpha_0 = \alpha_1 = \alpha_2 = 0.$$

In effetti l'equazione

$$\alpha_0\widehat{\psi}_0(\xi) + \alpha_1\widehat{\psi}_1(\xi) + \alpha_2\widehat{\psi}_2(\xi) = \alpha_0 + \xi(\alpha_1 - \alpha_0 + \alpha_2) - \alpha_2\xi^2 = 0$$

implica $\alpha_0 = 0$, $\alpha_2 = 0$ e quindi $\alpha_1 = 0$. Osserviamo che la matrice di rigidezza nel caso di elementi finiti di grado 2 sarà pentadiagonale.

Procedendo nello stesso modo si potranno generare basi per X_h^r con r arbitrario: facciamo però notare che al crescere del grado polinomiale aumenta il numero di gradi di libertà e dunque il costo computazionale per risolvere il sistema lineare (4.5). Inoltre, come ben noto dalla teoria dell'interpolazione polinomiale, l'uso di gradi elevati combinato con distribuzioni equispaziate dei nodi, conduce ad approssimazioni sempre meno stabili, a discapito dell'aumento teorico di accuratezza. Un rimedio brillante è fornito dall'approssimazione agli elementi spettrali che, facendo uso di nodi opportuni (quelli delle formule di quadratura di Gauss), consente di generare approssimazioni di accuratezza arbitrariamente elevata. Si veda al proposito il Cap. 10.

4.3.3 L'approssimazione con elementi finiti lineari

Vediamo ora come approssimare il seguente problema:

$$\begin{cases} -u'' + \sigma u = f, \ a < x < b, \\ u(a) = 0, \qquad u(b) = 0, \end{cases}$$

la cui formulazione debole, come abbiamo visto nel capitolo precedente, è

$$\text{trovare } u \in H_0^1(a,b) : \int_a^b u'v' \, dx + \int_a^b \sigma u v \, dx = \int_a^b f v \, dx \ \forall v \in H_0^1(a,b).$$

Come fatto in (4.13), introduciamo una decomposizione $\mathcal{T}_h$ di $(0,1)$ in $N+1$ sottointervalli K_j e utilizziamo elementi finiti lineari. Introduciamo dunque lo spazio

$$V_h = \{v_h \in X_h^1 : v_h(a) = v_h(b) = 0\} \tag{4.17}$$

delle funzioni lineari a tratti, nulle al bordo (in Fig. 4.6 è stata rappresentata una funzione di tale spazio). Esso è un sottospazio di $H_0^1(a,b)$.

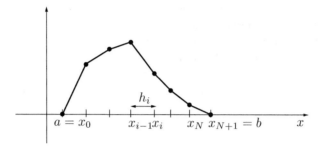

Figura 4.6. Esempio di una funzione di V_h

Il corrispondente problema ad elementi finiti è allora dato da

$$\text{trovare } u_h \in V_h : \int_a^b u_h' v_h' \, dx + \int_a^b \sigma u_h v_h \, dx = \int_a^b f v_h \, dx \ \ \forall v_h \in V_h. \tag{4.18}$$

Utilizziamo come base di X_h^1 l'insieme delle funzioni a capanna definite in (4.15) con l'accorgimento di considerare i soli indici $1 \le i \le N$. Esprimendo u_h come combinazione lineare di tali funzioni $u_h(x) = \sum_{i=1}^N u_i \varphi_i(x)$, ed imponendo che la (4.18) sia soddisfatta per ogni elemento della base di V_h, si ottiene un sistema di N equazioni nelle N incognite u_i

$$A\mathbf{u} = \mathbf{f}, \tag{4.19}$$

dove:

$$A = [a_{ij}], \ a_{ij} = \int_a^b \varphi_j' \varphi_i' \, dx + \int_a^b \sigma \varphi_j \varphi_i \, dx \, ;$$

$$\mathbf{u} = [u_i]; \ \ \mathbf{f} = [f_i], \ \ f_i = \int_a^b f \varphi_i \, dx.$$

Si osservi che $u_i = u_h(x_i)$, $1 \le i \le N$, ovvero le incognite non sono altro che i valori nodali della soluzione u_h.

Per trovare la soluzione numerica u_h basta ora risolvere il sistema lineare (4.19).

Nel caso di elementi finiti lineari, la matrice di rigidezza A non solo è sparsa, ma risulta essere anche tridiagonale. Per calcolarne gli elementi non è necessario operare direttamente con le funzioni di base sui singoli intervalli, ma è sufficiente riferirsi a quelle definite sull'intervallo di riferimento: basterà poi trasformare opportunamente gli integrali che compaiono all'interno dei coefficienti di A. Un generico elemento non nullo della matrice di rigidezza è dato da

$$a_{ij} = \int_a^b (\varphi_i' \varphi_j' + \sigma \varphi_i \varphi_j) dx = \int_{x_{i-1}}^{x_i} (\varphi_i' \varphi_j' + \sigma \varphi_i \varphi_j) dx + \int_{x_i}^{x_{i+1}} (\varphi_i' \varphi_j' + \sigma \varphi_i \varphi_j) dx.$$

Consideriamo il primo addendo supponendo $j = i - 1$. Evidentemente, tramite la trasformazione di coordinate (4.16), possiamo riscriverlo come

$$\int_{x_{i-1}}^{x_i} (\varphi_i' \varphi_{i-1}' + \sigma \varphi_i \varphi_{i-1}) dx =$$

$$\int_0^1 [\varphi_i'(x(\xi)) \varphi_{i-1}'(x(\xi)) + \sigma(x(\xi)) \varphi_i(x(\xi)) \varphi_{i-1}(x(\xi))] h_i \, d\xi,$$

avendo osservato che $dx = d(x_{i-1} + \xi h_i) = h_i d\xi$. D'altra parte $\varphi_i(x(\xi)) = \widehat{\varphi}_1(\xi)$ e $\varphi_{i-1}(x(\xi)) = \widehat{\varphi}_0(\xi)$. Osserviamo inoltre che

$$\frac{d}{dx} \varphi_i(x(\xi)) = \frac{d\xi}{dx} \widehat{\varphi}_1'(\xi) = \frac{1}{h_i} \widehat{\varphi}_1'(\xi).$$

Analogamente si trova che $\varphi_{i-1}'(x(\xi)) = (1/h_i) \widehat{\varphi}_0'(\xi)$. Dunque, l'espressione dell'elemento $a_{i,i-1}$ diventa

$$a_{i,i-1} = \int_0^1 \left(\frac{1}{h_i} \widehat{\varphi}_1'(\xi) \widehat{\varphi}_0'(\xi) + \sigma \widehat{\varphi}_1(\xi) \widehat{\varphi}_0(\xi) h_i \right) d\xi.$$

Nel caso di coefficienti costanti tutti gli integrali che compaiono nella definizione della matrice A possono essere calcolati una volta per tutte. Vedremo come questo modo di procedere mantenga la sua importanza anche nel caso di coefficienti variabili, anche nel caso multidimensionale.

4.3.4 Interpolazione e stima dell'errore di interpolazione

Poniamo $I = (a, b)$. Per ogni $v \in C^0(\overline{I})$, definiamo *interpolante* di v nello spazio di X_h^1, determinato dalla partizione $\mathcal{T}_h$, la funzione $\Pi_h^1 v$ tale che:

$$\Pi_h^1 v(x_i) = v(x_i) \; \forall x_i, \text{ nodo della partizione}, i = 0, \ldots, N + 1.$$

Utilizzando la base lagrangiana $\{\varphi_i\}$ dello spazio X_h^1, l'interpolante può essere espresso nel seguente modo

$$\Pi_h^1 v(x) = \sum_{i=0}^{N+1} v(x_i)\varphi_i(x).$$

L'operatore $\Pi_h^1 : C^0(\overline{I}) \mapsto X_h^1$ che associa ad una funzione v la sua funzione interpolante $\Pi_h^1 v$ è detto *operatore di interpolazione*.

Analogamente possiamo definire gli operatori $\Pi_h^r : C^0(\overline{I}) \mapsto X_h^r$, per $r \geq 1$. Indicato con $\Pi_{K_j}^r$ l'operatore di interpolazione locale che associa ad una funzione v il polinomio $\Pi_{K_j}^r v \in \mathbb{P}_r(K_j)$, interpolante v negli $r + 1$ nodi dell'elemento $K_j \in \mathcal{T}_h$, definiamo

$$\Pi_h^r v \in X_h^r : \quad \Pi_h^r v\big|_{K_j} = \Pi_{K_j}^r v \qquad \forall K_j \in \mathcal{T}_h. \tag{4.20}$$

Teorema 4.2 *Sia $v \in H^{r+1}(I)$, per $r \geq 1$, e sia $\Pi_h^r v \in X_h^r$ la sua funzione interpolante definita nella (4.20). Vale la seguente stima dell'errore di interpolazione*

$$|v - \Pi_h^r v|_{H^k(I)} \leq C_{k,r} h^{r+1-k} |v|_{H^{r+1}(I)} \qquad per\; k = 0, 1. \tag{4.21}$$

Le costanti $C_{k,r}$ sono indipendenti da v ed h.

Dimostrazione. Ricordiamo che $H^0(I) = L^2(I)$ e che $|\cdot|_{H^0(I)} = \|\cdot\|_{L^2(I)}$. Dimostriamo (4.21) per il caso $r = 1$, rimandando a [QV94, Cap. 3] o a [Cia78] per il caso più generale. Incominciamo con l'osservare che se $v \in H^{r+1}(I)$ allora $v \in C^r(I)$. In particolare, per $r = 1$, $v \in C^1(I)$. Poniamo $e = v - \Pi_h^1 v$. Dato che $e(x_j) = 0$ per ogni nodo x_j, grazie al teorema di Rolle esistono dei punti $\xi_j \in K_j = (x_{j-1}, x_j)$, con $j = 1, \ldots, N + 1$, per i quali si ha $e'(\xi_j) = 0$.

Essendo $\Pi_h^1 v$ una funzione lineare in ciascun intervallo K_j, otteniamo

$$e'(x) = \int_{\xi_j}^x e''(s)ds = \int_{\xi_j}^x v''(s)ds \qquad per\, x \in K_j$$

da cui deduciamo che

$$|e'(x)| \leq \int_{x_{j-1}}^{x_j} |v''(s)|ds \qquad per\; x \in K_j.$$

Utilizzando ora la disuguaglianza di Cauchy-Schwarz otteniamo

$$|e'(x)| \leq \left(\int_{x_{j-1}}^{x_j} 1^2 ds\right)^{1/2} \left(\int_{x_{j-1}}^{x_j} |v''(s)|^2 ds\right)^{1/2} \leq h^{1/2} \left(\int_{x_{j-1}}^{x_j} |v''(s)|^2 ds\right)^{1/2}. \tag{4.22}$$

Pertanto,

$$\int_{x_{j-1}}^{x_j} |e'(x)|^2 dx \le h^2 \int_{x_{j-1}}^{x_j} |v''(s)|^2 ds. \tag{4.23}$$

Per poter maggiorare $e(x)$ basta notare che, per ogni $x \in K_j$, $e(x) = \int_{x_{j-1}}^{x} e'(s) ds$ e quindi, applicando la disuguaglianza (4.22), si ottiene

$$|e(x)| \le \int_{x_{j-1}}^{x_j} |e'(s)| ds \le h^{3/2} \left(\int_{x_{j-1}}^{x_j} |v''(s)|^2 ds \right)^{1/2}.$$

Dunque,

$$\int_{x_{j-1}}^{x_j} |e(x)|^2 dx \le h^4 \int_{x_{j-1}}^{x_j} |v''(s)|^2 ds. \tag{4.24}$$

Sommando sugli indici j da 1 a $N+1$ in (4.23) e (4.24) si ottengono, rispettivamente le disuguaglianze

$$\left(\int_a^b |e'(x)|^2 dx \right)^{1/2} \le h \left(\int_a^b |v''(x)|^2 dx \right)^{1/2},$$

e

$$\left(\int_a^b |e(x)|^2 dx \right)^{1/2} \le h^2 \left(\int_a^b |v''(x)|^2 dx \right)^{1/2}$$

che corrispondono alla stima desiderata (4.21) per $r = 1$, con $C_{k,1} = 1$ e $k = 0, 1$. $\diamond$

4.3.5 Stima dell'errore nella norma H^1

Grazie al risultato (4.21) possiamo ottenere una stima per l'errore di approssimazione del metodo degli elementi finiti.

Teorema 4.3 *Sia $u \in V$ la soluzione esatta del problema variazionale (4.1) (nel caso in esame $\Omega = I = (a, b)$) ed u_h la sua soluzione approssimata con il metodo ad elementi finiti di grado r, ovvero la soluzione del problema (4.2) in cui $V_h = X_h^r \cap V$. Sia inoltre $u \in H^{p+1}(I)$, per un opportuno p tale che $r \le p$. Allora vale la seguente disuguaglianza, detta anche stima a priori dell'errore*

$$\|u - u_h\|_V \le \frac{M}{\alpha} C h^r |u|_{H^{r+1}(I)}, \tag{4.25}$$

essendo C una costante indipendente da u e da h.

Dimostrazione. Dalla (4.10), ponendo $w_h = \Pi_h^r u$ si ottiene

$$\|u - u_h\|_V \leq \frac{M}{\alpha}\|u - \Pi_h^r u\|_V.$$

Ora il membro di destra può essere maggiorato con la stima dell'errore di interpolazione (4.21) per $k = 1$, da cui segue la tesi.   ◇

Da quest'ultimo teorema segue che, per aumentare l'accuratezza, ovvero ridurre l'errore, si possono seguire due strategie differenti: diminuire h, ossia raffinare la griglia, oppure aumentare r, cioè utilizzare elementi finiti di grado più elevato. Quest'ultima strada ha senso però solo se la soluzione u è sufficientemente regolare: infatti, dalla (4.25) si ricava immediatamente che, se $u \in V \cap \mathrm{H}^{p+1}(I)$, il massimo valore di r che ha senso prendere è $r = p$. Valori maggiori di r non assicurano un miglioramento dell'approssimazione: dunque se la soluzione non è molto regolare non conviene usare elementi finiti di grado elevato, in quanto il maggior costo computazionale non è ripagato da una corrispondente riduzione dell'errore. Un caso interessante è quello in cui la soluzione possiede solo la regolarità minima ($p = 0$). Dalle relazioni (4.10) e (4.11) si ricava che si ha comunque convergenza, ma la stima (4.25) non è più valida. Non si sa quindi dire come la norma V dell'errore tenda a zero al decrescere di h. Nella Tabella 4.1 vengono riassunte queste situazioni.

Tabella 4.1. Ordine di convergenza rispetto a h per il metodo degli elementi finiti al variare della regolarità della soluzione e del grado r degli elementi finiti. Su ogni colonna abbiamo evidenziato il risultato corrispondente alla scelta "ottimale" del grado polinomiale

r		$u \in \mathrm{H}^1(I)$	$u \in \mathrm{H}^2(I)$	$u \in \mathrm{H}^3(I)$	$u \in \mathrm{H}^4(I)$	$u \in \mathrm{H}^5(I)$
1	converge	$\boxed{h^1}$	h^1	h^1	h^1
2	converge	h^1	$\boxed{h^2}$	h^2	h^2
3	converge	h^1	h^2	$\boxed{h^3}$	h^3
4	converge	h^1	h^2	h^3	$\boxed{h^4}$

In generale, possiamo affermare che: se $u \in \mathrm{H}^{p+1}(I)$, per un $p > 0$, allora esiste una costante C indipendente da u e da h tale che

$$\|u - u_h\|_{\mathrm{H}^1(I)} \leq Ch^s|u|_{\mathrm{H}^{s+1}(I)}, \quad s = \min\{r, p\}. \tag{4.26}$$

4.4 Elementi finiti, simplessi e coordinate baricentriche

Prima di introdurre gli spazi di elementi finiti in domini 2D e 3D, proviamo a fornire una definizione formale di *elemento finito*.

4.4.1 Una definizione di elemento finito nel caso Lagrangiano

Dagli esempi visti si può dedurre che tre sono gli ingredienti che consentono di caratterizzare in modo univoco un elemento finito nel caso generale, ovvero indipendentemente dalla dimensione:

- il dominio di definizione K dell'elemento. Nel caso monodimensionale è un intervallo, nel caso bidimensionale può essere un triangolo o un quadrilatero; nel caso tridimensionale può essere un tetraedro, un esaedro o un prisma;
- lo spazio dei polinomi $\mathbb{P}_r$ definito su di esso ed una base $\{\varphi_j\}_{j=1}^{N_r}$ di $\mathbb{P}_r$. Nel caso monodimensionale, $\mathbb{P}_r$ è stato introdotto nella Sez. 4.3 e $N_r = r + 1$. Per il caso multidimensionale si veda la Sez. 4.4.2;
- un insieme di funzionali su $\mathbb{P}_r$, $\Sigma = \{\gamma_i : \mathbb{P}_r \to \mathbb{R}\}_{i=1}^{N_r}$ che soddisfino $\gamma_i(\varphi_j) = \delta_{ij}$, essendo δ_{ij} il delta di Kronecker. Essi permettono di identificare univocamente i coefficienti $\{\alpha_j\}_{j=1}^{N_r}$ dello sviluppo di un polinomio $p \in \mathbb{P}_r$ rispetto alla base scelta, $p(x) = \sum_{j=1}^{N_r} \alpha_j \varphi_j(x)$. Infatti si ha $\alpha_i = \gamma_i(p)$, $i = 1, \ldots, N_r$. Tali coefficienti sono detti *gradi di libertà* dell'elemento finito.

Nel caso di *elementi finiti di Lagrange* la base scelta è fornita dai polinomi di Lagrange e il grado di libertà α_i è eguale al valore assunto dal polinomio p in un punto $\mathbf{a}_i$ di K, detto *nodo*, cioè si ha $\alpha_i = p(\mathbf{a}_i)$, $i = 1, \ldots, N_r$. Si può quindi porre, con un piccolo abuso di notazione, $\Sigma = \{\mathbf{a}_j\}_{j=1}^{N_r}$, in quanto la conoscenza della posizione dei nodi ci permette di trovare i gradi di libertà (si noti tuttavia che questo non è vero in generale, si pensi solo al caso della base gerarchica precedentemente introdotta). Nel seguito faremo riferimento esclusivamente al caso di elementi finiti di Lagrange.

Nella costruzione di un elemento finito di Lagrange la scelta dei nodi non è arbitraria. Infatti il problema dell'interpolazione su un certo insieme K potrebbe non essere ben posto. Per questo motivo risulta utile la seguente definizione:

Definizione 4.1 *Un insieme $\Sigma = \{\mathbf{a}_j\}_{j=1}^{N_r}$ di punti di K è detto unisolvente su $\mathbb{P}_r$ se, dati N_r scalari arbitrari α_j, $j = 1, \ldots, N_r$, esiste un'unica funzione $p \in \mathbb{P}_r$ tale che*

$$p(\mathbf{a}_j) = \alpha_j, \, j = 1, \ldots, N_r.$$

In tal caso, la terna $(K, \Sigma, \mathbb{P}_r)$ viene chiamata *elemento finito di Lagrange*. Nel caso di elementi finiti lagrangiani si richiama solitamente l'elemento citando il solo spazio dei polinomi: così gli elementi finiti lineari introdotti in precedenza sono detti $\mathbb{P}_1$, quelli quadratici $\mathbb{P}_2$, e così via.

Come abbiamo visto, per gli elementi finiti $\mathbb{P}_1$ e $\mathbb{P}_2$ è conveniente definire l'elemento finito a partire da un elemento di riferimento $\widehat{K}$; tipicamente si tratta dell'intervallo $(0, 1)$ nel caso monodimensionale, e del triangolo rettangolo di vertici $(0, 0)$, $(1, 0)$ e $(0, 1)$ in quello bidimensionale (a elementi triangolari). Si veda tuttavia la

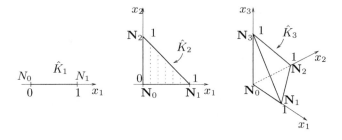

Figura 4.7. Il simplesso unitario in $\mathbb{R}^d, d = 1, 2, 3$

prossima Sez. 4.4.2 nel caso della dimensione arbitraria. Indi, tramite una trasformazione ϕ, si passa all'elemento finito definito su K. La trasformazione riguarda perciò l'elemento finito nella sua interezza. Più precisamente, si osserva che se $(\widehat{K}, \widehat{\Sigma}, \widehat{\mathbb{P}}_r)$ è un elemento finito di Lagrange e se $\phi : \widehat{K} \to \mathbb{R}^d$ è una applicazione continua e iniettiva, allora (K, Σ, P_r) si dice ancora elemento finito di Lagrange con

$$K = \phi(\widehat{K}), \quad P_r = \{p : K \to \mathbb{R} : p \circ \phi \in \widehat{\mathbb{P}}_r\}, \ \Sigma = \phi(\widehat{\Sigma}).$$

La definizione dello spazio dei polinomi $\mathbb{P}_r$ definiti sui triangoli sarà introdotta nella prossima sezione.

4.4.2 Simplessi

Se $\{\mathbf{N}_0, \ldots, \mathbf{N}_d\}$ sono $d + 1$ punti in $\mathbb{R}^d$, $d \geq 1$, e i vettori $\{\mathbf{N}_1 - \mathbf{N}_0, \ldots, \mathbf{N}_d - \mathbf{N}_0\}$ sono linearmente indipendenti, allora l'inviluppo convesso di $\{\mathbf{N}_0, \ldots, \mathbf{N}_d\}$ è chiamato *simplesso*, $\{\mathbf{N}_0, \ldots, \mathbf{N}_d\}$ sono detti i *vertici* del simplesso. Il *simplesso unitario* di $\mathbb{R}^d$ è l'insieme

$$\widehat{K}_d = \{\mathbf{x} \in \mathbb{R}^d : x_i \geq 0, \ 1 \leq i \leq d, \ \sum_{i=1}^{d} x_i \leq 1\} \tag{4.27}$$

ed è un intervallo unitario in $\mathbb{R}^1$, un triangolo unitario in $\mathbb{R}^2$, un tetraedro unitario in $\mathbb{R}^d$ (si veda la Fig. 4.7). I suoi vertici sono ordinati in modo che le coordinate cartesiane di $\mathbf{N}_i$ siano tutte nulle ad eccezione della i-esima che è uguale a 1. In un simplesso d-dimensionale, lo spazio dei polinomi $\mathbb{P}_r$ è definito come segue

$$\mathbb{P}_r = \{p(\mathbf{x}) = \sum_{\substack{0 \leq i_1, \ldots, i_d \\ i_1 + \cdots + i_d \leq d}} a_{i_1 \ldots i_d} x_1^{i_1} \ldots x_d^{i_d}, \quad a_{i_1 \ldots i_d} \in \mathbb{R}\}. \tag{4.28}$$

Quindi

$$N_r = \dim \mathbb{P}_r = \binom{r + d}{r} = \frac{1}{d!} \prod_{k=1}^{d} (r + k). \tag{4.29}$$

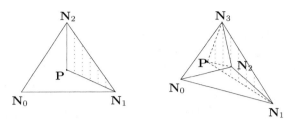

Figura 4.8. La coordinata baricentrica λ_i del punto **P** è il rapporto $\frac{|K_i|}{|K|}$ fra la misura del simplesso K_i (i cui vertici sono **P** e $\{\mathbf{N}_j, j \neq i\}$) e quella del simplesso dato K (un triangolo a sinistra, un tetraedro a destra). Il simplesso tratteggiato è K_0

4.4.3 Coordinate baricentriche

Per un dato simplesso K in $\mathbb{R}^d$ (si veda Sez. 4.5.1) può essere conveniente considerare un sistema di riferimento alternativo a quello cartesiano, quello delle *coordinate baricentriche*. Queste sono $d + 1$ funzioni, $\{\lambda_0, \ldots, \lambda_d\}$, definite come segue

$$\lambda_i : \mathbb{R}^d \to \mathbb{R}, \; \lambda_i(\mathbf{x}) = 1 - \frac{(\mathbf{x} - \mathbf{N}_i) \cdot \mathbf{n}_i}{(\mathbf{N}_j - \mathbf{N}_i) \cdot \mathbf{n}_i}, \quad 0 \leq i \leq d. \tag{4.30}$$

Per ogni $i = 0, \ldots, d$, F_i denota la *faccia* di K opposta a $\mathbf{N}_i$; F_i è in effetti un vertice se $d = 1$, uno spigolo se $d = 2$, un triangolo se $d = 3$. In (4.30), $\mathbf{n}_i$ denota la normale esterna a F_i, mentre $\mathbf{N}_j$ è un vertice arbitrario appartenente a F_i. La definizione di λ_i è comunque indipendente dalla scelta del vertice di F_i.

Le coordinate baricentriche hanno un significato geometrico: per ogni punto **P** che appartiene a K, la sua coordinata baricentrica λ_i, $0 \leq i \leq d$, rappresenta il rapporto fra la misura del simplesso K_i i cui vertici sono **P** e i vertici di K situati sulla faccia F_i opposta al vertice $\mathbf{N}_i$, e la misura di K. Si veda la Fig. 4.8.

Osservazione 4.4 Consideriamo il simplesso unitario $\hat{K}_d$ i cui vertici $\{\hat{\mathbf{N}}_0, \ldots, \hat{\mathbf{N}}_d\}$ siano ordinati in modo che $\hat{\mathbf{N}}_0$ sia l'origine del sistema di riferimento e che tutte le coordinate cartesiane di $\hat{\mathbf{N}}_i$ (per $i = 1, \ldots, d$) siano nulle ad eccezione di x_i, quest'ultima componente essendo uguale a uno. Allora

$$\lambda_i(\mathbf{x}) = x_i, \quad 1 \leq i \leq d, \quad \lambda_0(\mathbf{x}) = 1 - \sum_{i=1}^{d} \lambda_i(\mathbf{x}). \tag{4.31}$$

La coordinata baricentrica λ_i è quindi una funzione affine che vale 1 in $\mathbf{N}_i$ e si annulla sulla faccia F_i opposta a $\mathbf{N}_i$.

In un simplesso generico K in $\mathbb{R}^d$ è soddisfatta la seguente proprietà di *partizione dell'unità*

$$0 \leq \lambda_i(x) \leq 1, \quad \sum_{i=0}^{d} \lambda_i(\mathbf{x}) = 1 \quad \forall \mathbf{x} \in K. \tag{4.32}$$

•

Un punto **P** che appartiene all'interno di K ha quindi tutte le sue coordinate baricentriche positive. Questa proprietà è utile quando si deve controllare a quale triangolo, in 2D, o tetraedro, in 3D, appartiene un dato punto, una situazione che si presenta quando si usano le derivate Lagrangiane (si veda la Sez. 16.7.2) o si calcolano determinati valori (flussi, linee di flusso, etc.) nel *post-processing* di un calcolo a elementi finiti.

Una proprietà notevole è che il centro di gravità di K ha tutte le sue coordinate baricentriche uguali a $(d+1)^{-1}$. Un'altra proprietà degna di nota è che

$$\varphi_i = \lambda_i, \quad 0 \le i \le d, \tag{4.33}$$

dove $\{\varphi_i, 0 \le i \le d\}$ sono le funzioni Lagrangiane caratteristiche sul simplesso K di grado $r = 1$, ovvero

$$\varphi_i \in \mathbb{P}_1(K), \quad \varphi_i(\mathbf{N}_j) = \delta_{ij}, \quad 0 \le j \le d. \tag{4.34}$$

(Si veda la Fig. 4.10, a sinistra, per i nodi.)
Per $r = 2$ la precedente identità (4.33) non è più valida, però le funzioni Lagrangiane caratteristiche $\{\varphi_i\}$ possono sempre essere espresse in termini delle coordinate baricentriche $\{\lambda_i\}$ nel seguente modo:

$$\begin{cases} \varphi_i = \lambda_i(2\lambda_i - 1), & 0 \le i \le d, \\ \varphi_{d+i+j} = 4\lambda_i\lambda_j, & 0 \le i < j \le d. \end{cases} \tag{4.35}$$

Per $0 \le i \le d$, φ_i è la funzione Lagrangiana caratteristica associata al vertice $\mathbf{N}_i$, mentre per $0 \le i < j \le d$, φ_{d+i+j} è la funzione Lagrangiana caratteristica associata al punto medio dello spigolo i cui estremi sono i vertici $\mathbf{N}_i$ e $\mathbf{N}_j$ (si veda la Fig. 4.10, al centro).

Le precedenti identità giustificano il nome di "coordinate" utilizzato per le λ_i. In effetti, se **P** è un generico punto del simplesso K, le sue coordinate cartesiane $\{x_j^{(P)}, 1 \le j \le d\}$ possono essere espresse in termini delle coordinate baricentriche $\{\lambda_i^{(P)}, 0 \le i \le d\}$ nel modo seguente

$$x_j^{(P)} = \sum_{i=0}^{d} \lambda_i^{(P)} x_j^{(i)}, \, 1 \le j \le d, \tag{4.36}$$

dove $\{x_j^{(i)}, 1 \le j \le d\}$ denotano le coordinate cartesiane dell'i-esimo vertice $\mathbf{N}_i$ del simplesso K.

4.5 Il metodo degli elementi finiti nel caso multidimensionale

In questa sezione estendiamo al caso di problemi ai limiti in regioni bidimensionali il metodo degli elementi finiti introdotto precedentemente per problemi in una dimensione. Faremo inoltre specifico riferimento al caso di elementi finiti triangolari. Molti dei risultati presentati sono comunque immediatamente estendibili ad elementi finiti più generali (si veda, per esempio, [QV94]).

Per semplicità di trattazione, considereremo solo domini $\Omega \subset \mathbb{R}^2$ di forma poligonale e triangolazioni $\mathcal{T}_h$ che ne rappresentino il ricoprimento con triangoli non sovrapposti. Si rimanda al Cap. 6 per una descrizione più dettagliata delle caratteristiche essenziali di una generica triangolazione $\mathcal{T}_h$.

In questo modo il dominio discretizzato

$$\Omega_h = int\left(\bigcup_{K \in \mathcal{T}_h} K \right)$$

rappresentato dalla parte interna dell'unione dei triangoli di $\mathcal{T}_h$ coincide esattamente con Ω. Ricordiamo che con $int(A)$ indichiamo la parte interna dell'insieme A, ovvero la regione che si ottiene privando A della sua frontiera. Non analizzeremo l'errore indotto dall'approssimazione di un dominio non poligonale con una triangolazione ad elementi finiti (vedi Fig. 4.9). Il lettore interessato può consultare, per esempio, [Cia78] o [SF73]. Pertanto, utilizzeremo nel seguito il simbolo Ω per indicare indistintamente sia il dominio computazionale che la sua (eventuale) approssimazione.

Anche nel caso multidimensionale, il parametro h è legato alla spaziatura della griglia. Posto $h_K = \mathrm{diam}(K)$, per ogni $K \in \mathcal{T}_h$, dove $\mathrm{diam}(K) = \max_{x,y \in K} |x - y|$ è il *diametro* dell'elemento K, definiamo $h = \max_{K \in \mathcal{T}_h} h_K$. Inoltre, imporremo che la griglia soddisfi la seguente condizione di *regolarità*. Sia ρ_K il diametro del cerchio inscritto al triangolo K (detto anche *sfericità* di K); una famiglia di triangolazioni $\{\mathcal{T}_h, h > 0\}$ è detta *regolare* se, per un opportuno $\delta > 0$, è verificata la condizione

$$\frac{h_K}{\rho_K} \leq \delta \quad \forall K \in \mathcal{T}_h. \tag{4.37}$$

Osserviamo che la condizione (4.37) esclude automaticamente tutti i triangoli molto deformati (cioè allungati), ovvero la possibilità di utilizzare griglie computazionali *anisotrope*. Peraltro, griglie anisotrope sono spesso usate nell'ambito di problemi di fluidodinamica in presenza di strati limite. Si veda l'Osservazione 4.6, e, soprattutto, le referenze ([AFG$^+$00, DV02, FMP04]).

Maggiori dettagli sulla generazione di griglie su domini bidimensionali sono forniti nel Cap. 6.

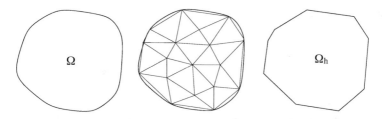

Figura 4.9. Esempio di triangolazione di un dominio non poligonale. La triangolazione induce una approssimazione Ω_h del dominio Ω tale che $\lim_{h \to 0} \mathrm{mis}(\Omega - \Omega_h) = 0$

Indichiamo con $\mathbb{P}_r$ lo spazio dei polinomi di grado globale minore o uguale a r, per $r = 1, 2, \ldots$:

$$\mathbb{P}_1 = \{p(x_1, x_2) = a + bx_1 + cx_2, \text{con } a, b, c \in \mathbb{R}\},$$
$$\mathbb{P}_2 = \{p(x_1, x_2) = a + bx_1 + cx_2 + dx_1x_2 + ex_1^2 + fx_2^2, \text{con } a, b, c, d, e, f \in \mathbb{R}\},$$

$$\vdots$$

$$\mathbb{P}_r = \{p(x_1, x_2) = \sum_{\substack{i, j \geq 0 \\ i + j \leq r}} a_{ij}x_1^i x_2^j, \text{con } a_{ij} \in \mathbb{R}\}.$$

Si verifica che gli spazi $\mathbb{P}_r$ hanno dimensione pari a

$$\dim \mathbb{P}_r = \frac{(r+1)(r+2)}{2}.$$

Pertanto $\dim \mathbb{P}_1 = 3$, $\dim \mathbb{P}_2 = 6$ e $\dim \mathbb{P}_3 = 10$, quindi su ogni elemento della triangolazione $\mathcal{T}_h$ la generica funzione v_h è ben definita qualora se ne conosca il valore, rispettivamente, in 3, 6 e 10 nodi opportunamente scelti che garantiscono la proprietà di unisolvenza (si veda la Fig. 4.10).

4.5.1 Risoluzione del problema di Poisson con elementi finiti

Introduciamo lo spazio degli elementi finiti

$$X_h^r = \left\{v_h \in C^0(\overline{\Omega}) : v_h|_K \in \mathbb{P}_r, \forall K \in \mathcal{T}_h\right\}, \qquad r = 1, 2, \ldots \qquad (4.38)$$

ossia lo spazio delle funzioni globalmente continue che sono polinomiali di grado r sui singoli triangoli (elementi) della triangolazione $\mathcal{T}_h$.

Definiamo inoltre

$$\overset{\circ}{X}_h^r = \{v_h \in X_h^r : v_h|_{\partial\Omega} = 0\}. \qquad (4.39)$$

Gli spazi X_h^r e $\overset{\circ}{X}_h^r$ sono idonei ad approssimare rispettivamente $H^1(\Omega)$ e $H_0^1(\Omega)$, in virtù della seguente proprietà:

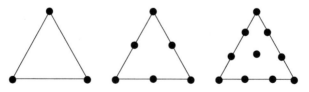

Figura 4.10. Nodi per polinomi lineari ($r = 1$, a sinistra), quadratici ($r = 2$, al centro) e cubici ($r = 3$, a destra). Tali insiemi di nodi sono unisolventi

Proprietà 4.2 *Condizione sufficiente perché una funzione v appartenga a $H^1(\Omega)$ è che $v \in C^0(\overline{\Omega})$ ed inoltre v appartenga a $H^1(K)\ \forall K \in \mathcal{T}_h$.*

Posto $V_h = \overset{\circ}{X}_h^r$, si può introdurre il seguente problema a elementi finiti per l'approssimazione del problema di Poisson (3.1) con dato al bordo di Dirichlet (3.2), nel caso omogeneo (cioè con $g = 0$)

$$\text{trovare } u_h \in V_h : \int_\Omega \nabla u_h \cdot \nabla v_h \, d\Omega = \int_\Omega f v_h \, d\Omega \quad \forall\, v_h \in V_h. \tag{4.40}$$

Come nel caso monodimensionale, ogni funzione $v_h \in V_h$ è caratterizzata, in modo univoco, dai valori che essa assume nei nodi $\mathbf{N}_i$, con $i = 1, \dots, N_h$, della triangolazione $\mathcal{T}_h$ (escludendo i nodi di bordo dove $v_h = 0$); ne consegue che una base dello spazio V_h può essere l'insieme delle $\varphi_j \in V_h$, $j = 1, \dots, N_h$, tali che

$$\varphi_j(\mathbf{N}_i) = \delta_{ij} = \begin{cases} 0 & i \neq j, \\ 1 & i = j, \end{cases} \quad i, j = 1, \dots, N_h.$$

In particolare se $r = 1$, i nodi sono i vertici degli elementi, esclusi i vertici appartenenti al bordo di Ω, mentre la generica funzione φ_j è lineare su ogni triangolo ed assume il valore 1 nel nodo $\mathbf{N}_j$ e 0 in tutti gli altri nodi della reticolazione (si veda la Fig. 4.11).

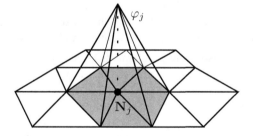

Figura 4.11. La funzione di base φ_j dello spazio X_h^1 ed il suo supporto

Una generica funzione $v_h \in V_h$ può essere espressa attraverso una combinazione lineare delle funzioni della base di V_h nel seguente modo

$$v_h(\mathbf{x}) = \sum_{i=1}^{N_h} v_i \varphi_i(\mathbf{x}) \quad \forall\, \mathbf{x} \in \Omega, \text{ con } v_i = v_h(\mathbf{N}_i). \tag{4.41}$$

Esprimendo allora la soluzione discreta u_h in termini della base $\{\varphi_j\}$ tramite la (4.41), $u_h(\mathbf{x}) = \sum_{j=1}^{N_h} u_j \varphi_j(\mathbf{x})$, con $u_j = u_h(\mathbf{N}_j)$, ed imponendo che essa verifichi la (4.40) per ogni funzione della base stessa, si trova il seguente sistema lineare di N_h equazioni nelle N_h incognite u_j, equivalente al problema (4.40),

$$\sum_{j=1}^{N_h} u_j \int_\Omega \nabla \varphi_j \cdot \nabla \varphi_i \, d\Omega = \int_\Omega f \varphi_i \, d\Omega, \quad i = 1, \dots, N_h. \tag{4.42}$$

La matrice di rigidezza ha dimensioni $N_h \times N_h$ ed è definita come

$$A = [a_{ij}] \quad \text{con} \quad a_{ij} = \int_\Omega \nabla \varphi_j \cdot \nabla \varphi_i \, d\Omega. \tag{4.43}$$

Inoltre, introduciamo i vettori

$$\mathbf{u} = [u_j] \quad \text{con} \quad u_j = u_h(\mathbf{N}_j), \qquad \mathbf{f} = [f_i] \quad \text{con} \quad f_i = \int_\Omega f \varphi_i \, d\Omega. \tag{4.44}$$

Il sistema lineare (4.42) si può allora scrivere come

$$A\mathbf{u} = \mathbf{f}. \tag{4.45}$$

Come per il caso monodimensionale, le incognite sono ancora rappresentate dai valori nodali della soluzione u_h.

È evidente che, essendo il *supporto* della generica funzione di base φ_i formato dai soli triangoli aventi in comune il nodo $\mathbf{N}_i$, A è una matrice sparsa. In particolare il numero degli elementi di A non nulli è dell'ordine di N_h in quanto a_{ij} è diverso da zero solo se $\mathbf{N}_j$ e $\mathbf{N}_i$ sono nodi dello stesso triangolo. Non è invece detto che A abbia una struttura definita (a banda, per esempio), dipenderà da come i nodi sono stati numerati.

Consideriamo ora il caso di un problema di Dirichlet *non omogeneo* rappresentato dalle equazioni (3.1)-(3.2). Abbiamo visto nel capitolo precedente che ci si può comunque ricondurre al caso omogeneo attraverso un rilevamento del dato di bordo. Nel corrispondente problema discreto si costruirà un rilevamento di una opportuna approssimazione del dato di bordo, procedendo nel seguente modo.

Indichiamo con N_h i nodi interni della triangolazione $\mathcal{T}_h$ e con N_h^t il numero totale, inclusi quindi i nodi di bordo, che, per comodità, supporremo numerati per ultimi. L'insieme dei nodi di bordo sarà dunque formato da $\{\mathbf{N}_i, \ i = N_h + 1, \dots, N_h^t\}$. Una possibile approssimazione g_h del dato al bordo g può essere ottenuta interpolando g sullo spazio formato dalle tracce su $\partial \Omega$ di funzioni di X_h^r. Essa può essere scritta come combinazione lineare delle tracce delle funzioni di base di X_h^r associate ai nodi di bordo

$$g_h(\mathbf{x}) = \sum_{i=N_h+1}^{N_h^t} g(\mathbf{N}_i) \varphi_i(\mathbf{x}) \ \forall \mathbf{x} \in \partial \Omega. \tag{4.46}$$

Il suo rilevamento $R_{g_h} \in X_h^r$ è costruito come segue

$$R_{g_h}(\mathbf{x}) = \sum_{i=N_h+1}^{N_h^t} g(\mathbf{N}_i) \varphi_i(\mathbf{x}) \ \forall \mathbf{x} \in \Omega. \tag{4.47}$$

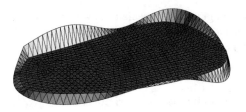

Figura 4.12. Esempio di rilevamento di un dato al bordo di Dirichlet non omogeneo $u = g$, con g variabile

In Fig. 4.12 viene fornito un esempio di un possibile rilevamento del dato al bordo di Dirichlet non omogeneo (3.2), nel caso in cui g abbia valore non costante.

La formulazione ad elementi finiti del problema di Poisson diventa quindi:

trovare $\overset{\circ}{u}_h \in V_h$ t. c.

$$\int_\Omega \nabla \overset{\circ}{u}_h \cdot \nabla v_h \, d\Omega = \int_\Omega f v_h \, d\Omega - \int_\Omega \nabla R_{g_h} \cdot \nabla v_h \, d\Omega \quad \forall \, v_h \in V_h. \qquad (4.48)$$

La soluzione approssimata sarà poi fornita da $u_h = \overset{\circ}{u}_h + R_{g_h}$.

Si noti che, grazie al particolare rilevamento adottato, si può dare il seguente significato algebrico alla (4.48)

$$\mathrm{A}\mathbf{u} = \mathbf{f} - \mathrm{B}\mathbf{g}$$

dove A e f sono definiti come in (4.43) e (4.44), essendo ora $u_j = \overset{\circ}{u}_h \, (\mathbf{N}_j)$. Posto $N_h^b = N_h^t - N_h$ (è il numero di nodi di bordo), il vettore $\mathbf{g} \in \mathbb{R}^{N_h^b}$ e la matrice $\mathrm{B} \in \mathbb{R}^{N_h \times N_h^b}$ hanno componenti, rispettivamente

$$g_i = g(\mathbf{N}_{i+N_h}), \quad i = 1, \dots, N_h^b,$$

$$b_{ij} = \int_\Omega \nabla \varphi_{j+N_h} \cdot \nabla \varphi_i \, d\Omega, \quad i = 1, \dots, N_h, \, j = 1, \dots, N_h^b.$$

Osservazione 4.5 Le matrici A e B sono entrambe sparse. Un efficace programma memorizzerà esclusivamente gli elementi non nulli. (Si veda, per esempio, [Saa96] per una descrizione di possibili formati di memorizzazione per matrici sparse, ed anche il Cap. 8). In particolare, grazie allo speciale rilevamento adottato, la matrice B avrà nulle tutte le righe corrispondenti a nodi non adiacenti ad un nodo di bordo (si ricorda che due nodi di griglia si dicono adiacenti se esiste un elemento $K \in \mathcal{T}_h$ a cui entrambi appartengono). •

4.5.2 Condizionamento della matrice di rigidezza

Abbiamo visto che la matrice di rigidezza $A = [a(\varphi_j, \varphi_i)]$ associata al problema di Galerkin e quindi, in particolare, al metodo degli elementi finiti, è definita positiva; inoltre A è simmetrica se la forma bilineare $a(\cdot, \cdot)$ è simmetrica.

Per una matrice simmetrica e definita positiva, il numero di condizionamento rispetto alla norma 2 è dato da

$$K_2(A) = \frac{\lambda_{max}(A)}{\lambda_{min}(A)},$$

essendo $\lambda_{max}(A)$ e $\lambda_{min}(A)$ gli autovalori massimo e minimo, rispettivamente, di A. Sia nel caso monodimensionale che in quello multidimensionale, per la matrice di rigidezza vale la seguente relazione

$$K_2(A) = Ch^{-2}, \qquad (4.49)$$

dove C è una costante indipendente dal parametro h, ma dipendente dal grado degli elementi finiti utilizzati.

Per dimostrare la (4.49), ricordiamo che gli autovalori della matrice A verificano la relazione

$$A\mathbf{v} = \lambda_h \mathbf{v},$$

essendo $\mathbf{v}$ l'autovettore associato all'autovalore λ_h. Sia v_h l'unico elemento dello spazio V_h i cui valori nodali sono le componenti v_i di $\mathbf{v}$, ovvero la funzione data dalla (4.41). Supponiamo $a(\cdot, \cdot)$ simmetrica, dunque A è simmetrica e i suoi autovalori sono reali e positivi. Abbiamo allora

$$\lambda_h = \frac{(A\mathbf{v}, \mathbf{v})}{|\mathbf{v}|^2} = \frac{a(v_h, v_h)}{|\mathbf{v}|^2} \qquad (4.50)$$

essendo $|\cdot|$ la norma vettoriale euclidea. Supponiamo che la famiglia di triangolazioni $\{\mathcal{T}_h, h > 0\}$ sia regolare (ovvero soddisfi la (4.37)). Supporremo inoltre che le triangolazioni siano *quasi-uniformi*, ovvero tali per cui esista una costante $\tau > 0$ t.c.

$$\min_{K \in \mathcal{T}_h} h_K \geq \tau h \qquad \forall h > 0.$$

Osserviamo ora che, nelle ipotesi fatte su $\mathcal{T}_h$, vale la seguente *disuguaglianza inversa* (per la dimostrazione rimandiamo a [QV94])

$$\exists C_I > 0 \quad : \quad \forall v_h \in V_h, \quad \|\nabla v_h\|_{L^2(\Omega)} \leq C_I h^{-1} \|v_h\|_{L^2(\Omega)}, \qquad (4.51)$$

la costante C_I essendo indipendente da h.

Possiamo ora dimostrare che esistono due costanti C_1, $C_2 > 0$ tali che, per ogni $v_h \in V_h$ come in (4.7), si ha

$$C_1 h^d |\mathbf{v}|^2 \leq \|v_h\|_{L^2(\Omega)}^2 \leq C_2 h^d |\mathbf{v}|^2 \tag{4.52}$$

essendo d la dimensione spaziale, $d = 1, 2, 3$. Per la dimostrazione nel caso di d generica rimandiamo a [QV94], Proposizione 6.3.1. Qui ci limitiamo a verificare la seconda disuguaglianza nel caso monodimensionale ($d = 1$) e per elementi finiti lineari. In effetti, su ogni elemento $K_i = [x_{i-1}, x_i]$, abbiamo:

$$\int_{K_i} v_h^2(x)\, dx = \int_{K_i} \left(v_{i-1}\varphi_{i-1}(x) + v_i\varphi_i(x) \right)^2 dx,$$

con φ_{i-1} e φ_i definite secondo la (4.15). Allora, un calcolo diretto mostra che

$$\int_{K_i} v_h^2(x)\, dx \leq 2 \left(v_{i-1}^2 \int_{K_i} \varphi_{i-1}^2(x)\, dx + v_i^2 \int_{K_i} \varphi_i^2(x)\, dx \right) = \frac{2}{3} h_i \left(v_{i-1}^2 + v_i^2 \right)$$

con $h_i = x_i - x_{i-1}$. La disuguaglianza

$$\|v_h\|_{L^2(\Omega)}^2 \leq C\, h\, |\mathbf{v}|^2$$

con $C = 4/3$, si trova semplicemente sommando sugli intervalli K ed osservando che ogni contributo nodale v_i è contato due volte.

D'altro canto, dalla (4.50), otteniamo, grazie alla continuità e alla coercività della forma bilineare $a(\cdot, \cdot)$,

$$\alpha \frac{\|v_h\|_{H^1(\Omega)}^2}{|\mathbf{v}|^2} \leq \lambda_h \leq M \frac{\|v_h\|_{H^1(\Omega)}^2}{|\mathbf{v}|^2},$$

essendo M ed α le costanti di continuità e di coercività, rispettivamente. Ora, per definizione di norma in $H^1(\Omega)$ e grazie alla (4.51),

$$\|v_h\|_{L^2(\Omega)} \leq \|v_h\|_{H^1(\Omega)} \leq C_3\, h^{-1} \|v_h\|_{L^2(\Omega)}$$

per un'opportuna costante $C_3 > 0$.
Usando allora le disuguaglianze (4.52), otteniamo

$$\alpha C_1 h^d \leq \lambda_h \leq M C_3^2 C_2 h^{-2} h^d.$$

Abbiamo pertanto

$$\frac{\lambda_{max}(A)}{\lambda_{min}(A)} \leq \frac{M C_3^2 C_2}{\alpha C_1} h^{-2}$$

ovvero la (4.49).

La (4.49) mostra che al diminuire del passo h il numero di condizionamento della matrice di rigidezza aumenta e quindi il sistema ad essa associato diventa sempre più mal condizionato.

In particolare, se il dato $\mathbf{f}$ del sistema lineare (4.45) subisce una perturbazione $\delta\mathbf{f}$ (ovvero è affetto da errore), questa si ripercuote sulla soluzione con una perturbazione $\delta\mathbf{u}$ per la quale vale la stima seguente

$$\frac{|\delta\mathbf{u}|}{|\mathbf{u}|} \leq K_2(A)\frac{|\delta\mathbf{f}|}{|\mathbf{f}|}.$$

È evidente che tanto più il numero di condizionamento è elevato tanto più la soluzione può risentire della perturbazione sui dati. (Del resto, si noti che si è sempre in presenza di perturbazioni sui dati a causa degli inevitabili errori di arrotondamento introdotti dal calcolatore.)

Come ulteriore esempio si può studiare come il condizionamento si ripercuota sul metodo di risoluzione. Ad esempio, risolvendo il sistema lineare (4.45) con il metodo del gradiente coniugato (si veda il Cap. 7), viene costruita, in modo iterativo, una successione di soluzioni approssimate $\mathbf{u}^{(k)}$ che converge alla soluzione esatta $\mathbf{u}$. In particolare si ha

$$\|\mathbf{u}^{(k)} - \mathbf{u}\|_A \leq 2 \left(\frac{\sqrt{K_2(A)} - 1}{\sqrt{K_2(A)} + 1}\right)^k \|\mathbf{u}^{(0)} - \mathbf{u}\|_A,$$

avendo indicato con $\|\mathbf{v}\|_A = \sqrt{\mathbf{v}^T A\mathbf{v}}$ la cosiddetta "norma A" di un generico vettore $\mathbf{v} \in \mathbb{R}^{N_h}$. Se definiamo

$$\rho = \frac{\sqrt{K_2(A)} - 1}{\sqrt{K_2(A)} + 1},$$

tale quantità fornisce una stima della velocità di convergenza del metodo: tanto più ρ è vicino a 0 tanto più velocemente il metodo converge, tanto più ρ è vicino ad 1 tanto più lenta sarà la convergenza. Peraltro, per via della (4.49), tanto più si vuole essere accurati, diminuendo h, tanto più il sistema sarà mal condizionato, e quindi tanto più "problematica" ne risulterà la sua risoluzione.

Nel caso si usi un metodo iterativo, occorrerà trovare una matrice invertibile P, detta *precondizionatore*, tale che

$$K_2(P^{-1}A) \ll K_2(A),$$

quindi applicare il metodo iterativo al sistema precondizionato $P^{-1}Ax = P^{-1}b$ (si veda il Cap. 7).

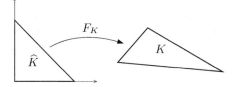

Figura 4.13. Mappa F_K tra il triangolo di riferimento $\widehat{K}$ e il generico triangolo K

4.5.3 Stima dell'errore di approssimazione nella norma dell'energia

Analogamente al caso monodimensionale, per ogni $v \in C^0(\overline{\Omega})$ definiamo *interpolante* di v nello spazio X_h^1 determinato da una triangolazione $\mathcal{T}_h$ la funzione $\Pi_h^1 v$ tale che

$$\Pi_h^1 v(\mathbf{N}_i) = v(\mathbf{N}_i) \text{ per ogni nodo } \mathbf{N}_i \text{ di } \mathcal{T}_h, \ i = 1, \ldots, N_h.$$

È evidente che, se $\{\varphi_i\}$ è la base lagrangiana dello spazio X_h^1, l'interpolante può essere espressa nel seguente modo

$$\Pi_h^1 v(\mathbf{x}) = \sum_{i=1}^{N_h} v(\mathbf{N}_i)\varphi_i(\mathbf{x}).$$

Quindi, una volta nota v e la base di X_h^1, esso è facilmente calcolabile. Come nel caso monodimensionale (Sez. 4.3.4), l'operatore $\Pi_h^1 : C^0(\overline{\Omega}) \to X_h^1$ che associa ad una funzione continua v la sua interpolante $\Pi_h^1 v$ è detto *operatore di interpolazione*.

Analogamente possiamo definire un operatore $\Pi_h^r : C^0(\overline{\Omega}) \to X_h^r$, per ogni intero $r \geq 1$. Indicato con Π_K^r l'operatore di interpolazione locale che associa ad una funzione continua v il polinomio $\Pi_K^r v \in \mathbb{P}_r(K)$, interpolante v nei gradi di libertà dell'elemento $K \in \mathcal{T}_h$, definiamo

$$\Pi_h^r v \in X_h^r : \quad \Pi_h^r v\big|_K = \Pi_K^r v \qquad \forall K \in \mathcal{T}_h. \tag{4.53}$$

Per ricavare una stima per l'errore di approssimazione $\|u - u_h\|_V$ seguiamo una procedura analoga a quella utilizzata nel Teorema 4.3 per il caso monodimensionale. Il primo obiettivo è dunque quello di derivare una opportuna stima per l'errore di interpolazione. A tal fine ricaveremo informazioni utili a partire dai parametri geometrici di ciascun triangolo K, ovvero dal diametro h_K e dalla sfericità ρ_K di K. Sfrutteremo inoltre la trasformazione affine ed invertibile $F_K : \widehat{K} \to K$ tra il triangolo di riferimento $\widehat{K}$ e il generico triangolo K (si veda la Fig. 4.13). Tale mappa è definita da $F_K(\hat{\mathbf{x}}) = B_K \hat{\mathbf{x}} + \mathbf{b}_K$, con $B_K \in \mathbb{R}^{2 \times 2}$ e $\mathbf{b}_K \in \mathbb{R}^2$, e soddisfa la relazione $F_K(\widehat{K}) = K$. Si ricorda che la scelta del triangolo di riferimento $\widehat{K}$ non è univoca. Avremo bisogno di alcuni risultati preliminari.

Lemma 4.2 (Trasformazione delle seminorme) *Per ogni intero $m \geq 0$ e ogni $v \in \mathrm{H}^m(K)$, sia $\hat{v} : \widehat{K} \to \mathbb{R}$ la funzione definita da $\hat{v} = v \circ F_K$. Allora $\hat{v} \in \mathrm{H}^m(\widehat{K})$. Inoltre, esiste una costante $C = C(m) > 0$ tale che:*

$$|\hat{v}|_{\mathrm{H}^m(\widehat{K})} \leq C \, \|B_K\|^m \, |\det B_K|^{-\frac{1}{2}} \, |v|_{\mathrm{H}^m(K)}, \tag{4.54}$$

$$|v|_{\mathrm{H}^m(K)} \leq C \, \|B_K^{-1}\|^m \, |\det B_K|^{\frac{1}{2}} \, |\hat{v}|_{\mathrm{H}^m(\widehat{K})}, \tag{4.55}$$

essendo $\| \cdot \|$ la norma matriciale associata alla norma vettoriale euclidea $| \cdot |$, ovvero

$$\|B_K\| = \sup_{\boldsymbol{\xi} \in \mathbb{R}^2, \boldsymbol{\xi} \neq \mathbf{0}} \frac{|B_K \boldsymbol{\xi}|}{|\boldsymbol{\xi}|}. \tag{4.56}$$

Dimostrazione. Dal momento che $C^m(K) \subset \mathrm{H}^m(K)$ con inclusione densa, per ogni $m \geq 0$, possiamo limitarci a dimostrare le due disuguaglianze precedenti per le funzioni di $C^m(K)$, estendendo poi, per densità, il risultato alle funzioni di $\mathrm{H}^m(K)$. Le derivate nel seguito saranno dunque da intendersi in senso classico. Ricordiamo che

$$|\hat{v}|_{\mathrm{H}^m(\widehat{K})} = \Big(\sum_{|\boldsymbol{\alpha}|=m} \int_{\widehat{K}} |D^{\boldsymbol{\alpha}} \hat{v}|^2 \, d\hat{\mathbf{x}} \Big)^{1/2},$$

rimandando alla Sez. 2.3 per la definizione della derivata $D^{\boldsymbol{\alpha}}$. Utilizzando la regola di derivazione per una funzione composta otteniamo

$$\|D^{\boldsymbol{\alpha}} \hat{v}\|_{\mathrm{L}^2(\widehat{K})} \leq C \|B_K\|^m \sum_{|\boldsymbol{\beta}|=m} \|(D^{\boldsymbol{\beta}} v) \circ F_K\|_{\mathrm{L}^2(\widehat{K})}.$$

Trasformando la norma $\| \cdot \|_{\mathrm{L}^2(\widehat{K})}$ in $\| \cdot \|_{\mathrm{L}^2(K)}$ otteniamo

$$\|D^{\boldsymbol{\alpha}} \hat{v}\|_{\mathrm{L}^2(\widehat{K})} \leq C \|B_K\|^m |\det B_K|^{-\frac{1}{2}} \|D^{\boldsymbol{\alpha}} v\|_{\mathrm{L}^2(K)}.$$

La disuguaglianza (4.54) segue dopo aver sommato sul multi-indice $\boldsymbol{\alpha}$, per $|\boldsymbol{\alpha}| = m$. Il risultato (4.55) può essere dimostrato procedendo in modo del tutto analogo.   ⋄

Lemma 4.3 (Stime per le norme $\|B_K\|$ e $\|B_K^{-1}\|$) *Si hanno le seguenti maggiorazioni:*

$$\|B_K\| \leq \frac{h_K}{\hat{\rho}}, \tag{4.57}$$

$$\|B_K^{-1}\| \leq \frac{\hat{h}}{\rho_K}, \tag{4.58}$$

essendo $\hat{h}$ e $\hat{\rho}$ il diametro e la sfericità del triangolo di riferimento $\widehat{K}$.

Dimostrazione. Grazie alla (4.56) abbiamo

$$\|B_K\| = \frac{1}{\hat{\rho}} \sup_{\boldsymbol{\xi} \in \mathbb{R}^2, |\boldsymbol{\xi}| = \hat{\rho}} |B_K\boldsymbol{\xi}|.$$

Per ogni $\boldsymbol{\xi}$, con $|\boldsymbol{\xi}| = \hat{\rho}$, possiamo trovare due punti $\hat{\mathbf{x}}$ e $\hat{\mathbf{y}} \in \widehat{K}$ tali che $\hat{\mathbf{x}} - \hat{\mathbf{y}} = \boldsymbol{\xi}$. Poiché $B_K\boldsymbol{\xi} = F_K(\hat{\mathbf{x}}) - F_K(\hat{\mathbf{y}})$, abbiamo che $|B_K\boldsymbol{\xi}| \leq h_K$, ovvero la (4.57). Procedura del tutto analoga porta al risultato (4.58).   ◇

Quello di cui abbiamo bisogno ora è una stima in $\mathrm{H}^m(\widehat{K})$ della seminorma di $(v - \Pi_K^r v) \circ F_K$, per ogni funzione v di $\mathrm{H}^m(K)$. Denotiamo nel seguito l'interpolato $\Pi_K^r v \circ F_K$ con $[\Pi_K^r v]\widehat{}$. I nodi di K sono $\mathbf{N}_i^K = F_K(\widehat{\mathbf{N}}_i)$, essendo $\widehat{\mathbf{N}}_i$ i nodi di $\widehat{K}$, e, analogamente, le funzioni di base $\hat{\varphi}_i$ definite su $\widehat{K}$ sono identificate dalla relazione $\hat{\varphi}_i = \varphi_i^K \circ F_K$, avendo indicato con φ_i^K le funzioni di base associate all'elemento K. Pertanto

$$[\Pi_K^r v]\widehat{} = \Pi_K^r v \circ F_K = \sum_{i=1}^{M_K} v(\mathbf{N}_i^K)\varphi_i^K \circ F_K = \sum_{i=1}^{M_K} v(F_K(\widehat{\mathbf{N}}_i))\hat{\varphi}_i = \Pi_{\widehat{K}}^r \hat{v},$$

essendo M_K il numero dei nodi su K relativi al grado r. Pertanto

$$|(v - \Pi_K^r v) \circ F_K|_{\mathrm{H}^m(\widehat{K})} = |\hat{v} - \Pi_{\widehat{K}}^r \hat{v}|_{\mathrm{H}^m(\widehat{K})}. \tag{4.59}$$

Al fine di stimare il secondo membro dell'uguaglianza precedente, iniziamo a dimostrare il seguente risultato:

Lemma 4.4 (Lemma di Bramble-Hilbert) *Sia $\widehat{L} : \mathrm{H}^{r+1}(\widehat{K}) \to \mathrm{H}^m(\widehat{K})$, con $m \geq 0$ e $r \geq 0$, una trasformazione lineare e continua tale che*

$$\widehat{L}(\hat{p}) = 0 \qquad \forall \hat{p} \in \mathbb{P}_r(\widehat{K}). \tag{4.60}$$

Allora, per ogni $\hat{v} \in \mathrm{H}^{r+1}(\widehat{K})$, si ha

$$|\widehat{L}(\hat{v})|_{\mathrm{H}^m(\widehat{K})} \leq \|\widehat{L}\|_{\mathcal{L}(\mathrm{H}^{r+1}(\widehat{K}), \mathrm{H}^m(\widehat{K}))} \inf_{\hat{p} \in \mathbb{P}_r(\widehat{K})} \|\hat{v} + \hat{p}\|_{\mathrm{H}^{r+1}(\widehat{K})}, \tag{4.61}$$

dove $\mathcal{L}(\mathrm{H}^{r+1}(\widehat{K}), \mathrm{H}^m(\widehat{K}))$ indica lo spazio delle trasformazioni lineari e continue $l : \mathrm{H}^{r+1}(\widehat{K}) \to \mathrm{H}^m(\widehat{K})$ la cui norma è

$$\|l\|_{\mathcal{L}(\mathrm{H}^{r+1}(\widehat{K}), \mathrm{H}^m(\widehat{K}))} = \sup_{v \in \mathrm{H}^{r+1}(\widehat{K}), v \neq 0} \frac{\|l(v)\|_{\mathrm{H}^m(\widehat{K}))}}{\|v\|_{\mathrm{H}^{r+1}(\widehat{K})}}. \tag{4.62}$$

Dimostrazione. Sia $\hat{v} \in \mathrm{H}^{r+1}(\widehat{K})$. Per ogni $\hat{p} \in \mathbb{P}_r(\widehat{K})$, grazie alla (4.60) e alla definizione di norma (4.62), si ottiene

$$|\widehat{L}(\hat{v})|_{\mathrm{H}^m(\widehat{K})} = |\widehat{L}(\hat{v} + \hat{p})|_{\mathrm{H}^m(\widehat{K})} \leq \|\widehat{L}\|_{\mathcal{L}(\mathrm{H}^{r+1}(\widehat{K}), \mathrm{H}^m(\widehat{K}))} \|\hat{v} + \hat{p}\|_{\mathrm{H}^{r+1}(\widehat{K})}.$$

Si deduce il risultato (4.61) grazie all'arbitrarietà di $\hat{p}$.   ◇

Il risultato seguente (per la cui dimostrazione rimandiamo a [QV94, Cap. 3]) fornisce l'ultimo strumento necessario per ottenere la stima per l'errore di interpolazione che stiamo cercando.

Lemma 4.5 (Lemma di Deny-Lions) *Per ogni $r \geq 0$ esiste una costante $C = C(r, \widehat{K})$ tale che*

$$\inf_{\hat{p} \in \mathbb{P}_r} \|\hat{v} + \hat{p}\|_{\mathrm{H}^{r+1}(\widehat{K})} \leq C \, |\hat{v}|_{\mathrm{H}^{r+1}(\widehat{K})} \qquad \forall \hat{v} \in \mathrm{H}^{r+1}(\widehat{K}). \qquad (4.63)$$

Come conseguenza dei due precedenti Lemmi, possiamo fornire il seguente

Corollario 4.3 *Sia $\widehat{L} : \mathrm{H}^{r+1}(\widehat{K}) \to \mathrm{H}^m(\widehat{K})$, con $m \geq 0$ e $r \geq 0$, una trasformazione lineare e continua tale che $\widehat{L}(\hat{p}) = 0$ per ogni $\hat{p} \in \mathbb{P}_r(\widehat{K})$. Allora esiste una costante $C = C(r, \widehat{K})$ tale che, per ogni $\hat{v} \in \mathrm{H}^{r+1}(\widehat{K})$, si ha*

$$|\widehat{L}(\hat{v})|_{\mathrm{H}^m(\widehat{K})} \leq C \, \|\widehat{L}\|_{\mathcal{L}(\mathrm{H}^{r+1}(\widehat{K}), \mathrm{H}^m(\widehat{K}))} \, |\hat{v}|_{\mathrm{H}^{r+1}(\widehat{K})}. \qquad (4.64)$$

Siamo ora in grado di dimostrare la stima di interpolazione cercata.

Teorema 4.4 (Stima locale dell'errore d'interpolazione) *Sia $r \geq 1$ e $0 \leq m \leq r + 1$. Allora esiste una costante $C = C(r, m, \widehat{K}) > 0$ tale che*

$$|v - \Pi_K^r v|_{\mathrm{H}^m(K)} \leq C \, \frac{h_K^{r+1}}{\rho_K^m} \, |v|_{\mathrm{H}^{r+1}(K)} \qquad \forall v \in \mathrm{H}^{r+1}(K). \qquad (4.65)$$

Dimostrazione. Dalla Proprietà 2.3 ricaviamo innanzitutto che $\mathrm{H}^{r+1}(K) \subset C^0(K)$, per $r \geq 1$. L'operatore d'interpolazione Π_K^r risulta dunque ben definito in $\mathrm{H}^{r+1}(K)$. Utilizzando, nell'ordine, i risultati (4.55), (4.59), (4.58) e (4.64), abbiamo

$$|v - \Pi_K^r v|_{\mathrm{H}^m(K)} \leq C_1 \|B_K^{-1}\|^m |\det B_K|^{\frac{1}{2}} |\hat{v} - \Pi_{\widehat{K}}^r \hat{v}|_{\mathrm{H}^m(\widehat{K})}$$

$$\leq C_1 \frac{\hat{h}^m}{\rho_K^m} |\det B_K|^{\frac{1}{2}} |\hat{v} - \Pi_{\widehat{K}}^r \hat{v}|_{\mathrm{H}^m(\widehat{K})}$$

$$\leq C_2 \frac{\hat{h}^m}{\rho_K^m} |\det B_K|^{\frac{1}{2}} \|\widehat{L}\|_{\mathcal{L}(\mathrm{H}^{r+1}(\widehat{K}), \mathrm{H}^m(\widehat{K}))} |\hat{v}|_{\mathrm{H}^{r+1}(\widehat{K})}$$

$$= C_3 \frac{1}{\rho_K^m} |\det B_K|^{\frac{1}{2}} |\hat{v}|_{\mathrm{H}^{r+1}(\widehat{K})},$$

essendo $C_1 = C_1(m)$, $C_2 = C_2(r, m, \widehat{K})$ e $C_3 = C_3(r, m, \widehat{K})$ costanti opportune, tutte indipendenti da h. Osserviamo che il risultato (4.64) è stato applicato identificando $\widehat{L}$ con l'operatore $I - \Pi_{\widehat{K}}^r$, essendo $(I - \Pi_{\widehat{K}}^r)\hat{p} = 0$, per ogni $\hat{p} \in \mathbb{P}_r(\widehat{K})$. Inoltre la quantità $\hat{h}^m$ e la norma dell'operatore $\widehat{L}$ sono state incluse nella costante C_3. Applicando a questo punto (4.54) e (4.57) otteniamo il risultato (4.65), ovvero

$$|v - \Pi_K^r v|_{\mathrm{H}^m(K)} \leq C_4 \frac{1}{\rho_K^m} \|B_K\|^{r+1} |v|_{\mathrm{H}^{r+1}(K)} \leq C_5 \frac{h_K^{r+1}}{\rho_K^m} |v|_{\mathrm{H}^{r+1}(K)}, \quad (4.66)$$

essendo $C_4 = C_4(r, m, \widehat{K})$ e $C_5 = C_5(r, m, \widehat{K})$ due opportune costanti. La quantità $\hat{\rho}^{r+1}$ generata dalla (4.57) e legata alla sfericità dell'elemento di riferimento è stata direttamente inglobata nella costante C_5.   ◇

Possiamo infine dimostrare la stima globale per l'errore d'interpolazione:

Teorema 4.5 (Stima globale per l'errore d'interpolazione) *Sia* $\{\mathcal{T}_h\}_{h>0}$ *una famiglia di triangolazioni regolari del dominio* Ω *e sia* $m = 0, 1$ *e* $r \geq 1$. *Allora esiste una costante* $C = C(r, m, \widehat{K}) > 0$ *tale che*

$$|v - \Pi_h^r v|_{\mathrm{H}^m(\Omega)} \leq C \left(\sum_{K \in \mathcal{T}_h} h_K^{2(r+1-m)} |v|^2_{\mathrm{H}^{r+1}(K)} \right)^{1/2} \qquad \forall v \in \mathrm{H}^{r+1}(\Omega).$$

$$(4.67)$$

In particolare otteniamo

$$|v - \Pi_h^r v|_{\mathrm{H}^m(\Omega)} \leq C\, h^{r+1-m} |v|_{\mathrm{H}^{r+1}(\Omega)} \qquad \forall v \in \mathrm{H}^{r+1}(\Omega). \qquad (4.68)$$

Dimostrazione. Grazie alla (4.65) e alla condizione di regolarità (4.37), abbiamo

$$|v - \Pi_h^r v|^2_{\mathrm{H}^m(\Omega)} = \sum_{K \in \mathcal{T}_h} |v - \Pi_K^r v|^2_{\mathrm{H}^m(K)}$$

$$\leq C_1 \sum_{K \in \mathcal{T}_h} \left(\frac{h_K^{r+1}}{\rho_K^m} \right)^2 |v|^2_{\mathrm{H}^{r+1}(K)}$$

$$= C_1 \sum_{K \in \mathcal{T}_h} \left(\frac{h_K}{\rho_K} \right)^{2m} h_K^{2(r+1-m)} |v|^2_{\mathrm{H}^{r+1}(K)}$$

$$\leq C_1 \delta^{2m} \sum_{K \in \mathcal{T}_h} h_K^{2(r+1-m)} |v|^2_{\mathrm{H}^{r+1}(K)},$$

ovvero la (4.67), essendo $C_1 = C_1(r, m, \widehat{K})$ e $C = C_1 \delta^{2m}$. La (4.68) segue grazie al fatto che $h_K \leq h$, per ogni $K \in \mathcal{T}_h$, e che per ogni intero $p \geq 0$

$$|v|_{\mathrm{H}^p(\Omega)} = \left(\sum_{K \in \mathcal{T}_h} |v|^2_{\mathrm{H}^p(K)} \right)^{1/2}.$$

◇

Nel caso $m = 0$ la regolarità della griglia non è necessaria per ottenere la stima (4.68). Ciò non è più vero per $m = 1$. Infatti, dato un triangolo K e una funzione $v \in \mathrm{H}^{r+1}(K)$, con $r \geq 1$, vale la seguente disuguaglianza [QV94],

$$|v - \Pi_h^r v|_{\mathrm{H}^m(K)} \leq \tilde{C} \frac{h_K^{r+1}}{\rho_K^m} |v|_{\mathrm{H}^{r+1}(K)}, \quad m = 0, 1,$$

con $\tilde{C}$ indipendente da v e da $\mathcal{T}_h$. Quindi, nel caso $m = 1$ per una famiglia di griglie regolari otteniamo la (4.68) ponendo $C = \delta \tilde{C}$, essendo δ la costante che appare in (4.37). D'altra parte, la necessità della condizione di regolarità può essere dimostrata considerando un caso particolare per cui, per ogni $C > 0$, si può costruire una mesh (non regolare) per la quale la disuguaglianza (4.68) non è vera, come ci accingiamo a dimostrare nel seguente esempio, relativo al caso $r = 1$.

Esempio 4.1 Si consideri il triangolo K_l illustrato in Fig. 4.14, di vertici $(0,0)$, $(1,0)$, $(0.5, l)$, con $l \leq \frac{\sqrt{3}}{2}$, e la funzione $v(x_1, x_2) = x_1^2$. Chiaramente $v \in \mathrm{H}^2(K_l)$ e la sua interpolante lineare su K_l è data da $\Pi_h^1 v(x_1, x_2) = x_1 - (4l)^{-1} x_2$. Essendo in questo caso $h_{K_l} = 1$, la disuguaglianza (4.68), applicata al singolo triangolo K_l, fornirebbe

$$|v - \Pi_h^1 v|_{\mathrm{H}^1(K_l)} \leq C |v|_{\mathrm{H}^2(K_l)}. \tag{4.69}$$

Consideriamo ora il comportamento del rapporto

$$\eta_l = \frac{|v - \Pi_h^1 v|_{\mathrm{H}^1(K_l)}}{|v|_{\mathrm{H}^2(K_l)}}$$

quando l tende a zero, ovvero quando il triangolo si schiaccia. Osserviamo che consentire a l di tendere a zero equivale a violare la condizione di regolarità (4.37) in quanto, per l sufficientemente piccoli, $h_{K_l} = 1$, mentre, indicando con p_{K_l} il perimetro di K_l,

$$\rho_{K_l} = \frac{4|K_l|}{p_{K_l}} = \frac{2l}{1 + \sqrt{1 + 4l^2}}$$

tende a zero, dove con $|K_l|$ si è indicata l'area dell'elemento K_l. Si ha

$$\eta_l \geq \frac{\|\partial_{x_2}(v - \Pi_h^1 v)\|_{\mathrm{L}^2(K_l)}}{|v|_{\mathrm{H}^2(K_l)}} = \left(\frac{\int_{K_l} \left(\frac{1}{4l}\right)^2 dx}{2l} \right)^{\frac{1}{2}} = \frac{1}{8l}.$$

Quindi $\lim_{l \to 0} \eta_l = +\infty$ (si veda la Fig. 4.14). Di conseguenza, non può esistere una costante C, indipendente da $\mathcal{T}_h$, per cui valga la (4.69).   ∎

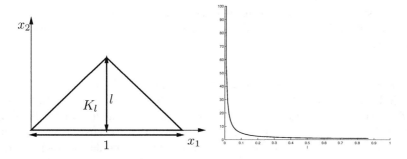

Figura 4.14. Il triangolo K_l (a sinistra) e l'andamento, in funzione di l, del rapporto $|v - \Pi_h^1 v|_{H^1(K_l)}/|v|_{H^2(K_l)}$ (a destra)

Il teorema sulla stima dell'errore di interpolazione ci fornisce immediatamente una stima dell'errore di approssimazione del metodo di Galerkin. La dimostrazione è del tutto analoga a quella del Teorema 4.3 per il caso monodimensionale. In effetti, basta applicare la (4.10) ed il Teorema 4.5 (per $m = 1$) per ottenere la seguente stima dell'errore:

Teorema 4.6 *Sia* $\{\mathcal{T}_h\}_{h>0}$ *una famiglia di triangolazioni regolari del dominio* Ω. *Sia* $u \in V$ *la soluzione esatta del problema variazionale* (4.1) *ed* u_h *la sua soluzione approssimata con il metodo agli elementi finiti di grado* r. *Se* $u \in$ $H^{r+1}(\Omega)$, *allora valgono le seguenti stime* a priori *dell'errore:*

$$\|u - u_h\|_{H^1(\Omega)} \leq \frac{M}{\alpha} C \left(\sum_{K \in \mathcal{T}_h} h_K^{2r} |u|_{H^{r+1}(K)}^2 \right)^{1/2}, \qquad (4.70)$$

$$\|u - u_h\|_{H^1(\Omega)} \leq \frac{M}{\alpha} C h^r |u|_{H^{r+1}(\Omega)}, \qquad (4.71)$$

essendo C *una costante indipendente da* h *e da* u.

Anche nel caso multidimensionale per aumentare l'accuratezza si possono seguire dunque due strategie differenti:

1. diminuire h, ossia raffinare la griglia;
2. aumentare r, cioè utilizzare elementi finiti di grado più elevato.

Quest'ultima strada è percorribile però solo se la soluzione u è abbastanza regolare. In generale, possiamo affermare che, se $u \in C^0(\bar{\Omega}) \cap H^{p+1}(\Omega)$ per qualche $p > 0$, allora

$$\|u - u_h\|_{H^1(\Omega)} \leq C h^s |u|_{H^{s+1}(\Omega)}, \quad s = \min\{r, p\}, \qquad (4.72)$$

come già visto nel caso monodimensionale (si veda la (4.26)). Si noti che una condizione sufficiente affinché u sia continua è che $p > \frac{d}{2} - 1$ (d essendo la dimensione spaziale del problema, $d = 1, 2, 3$).

Osservazione 4.6 (Caso di griglie anisotrope) La stima dell'errore d'interpolazione (4.65) (e la conseguente stima dell'errore di discretizzazione) può essere generalizzata al caso di *griglie anisotrope*. In tal caso tuttavia il termine di destra della (4.65) assume un'espressione più complicata: queste stime, infatti, a causa della loro natura *direzionale*, devono tener conto delle informazioni provenienti da direzioni caratteristiche associate ai singoli triangoli che rimpiazzano l'informazione "globale" concentrata nella seminorma $|v|_{H^{r+1}(K)}$. Il lettore interessato può consultare [Ape99, FP01]. Rimandiamo inoltre alle Figg. 4.17 e 12.23 per alcuni esempi di griglie anisotrope. •

4.5.4 Stima dell'errore di approssimazione in norma L^2

La (4.71) fornisce una stima dell'errore di approssimazione nella norma dell'energia. Analogamente può essere ricavata una stima dell'errore nella norma L^2. Essendo quest'ultima norma meno forte della precedente, ci si deve aspettare una più elevata velocità di convergenza rispetto ad h.

Lemma 4.6 (Regolarità ellittica) *Si consideri il problema di Dirichlet omogeneo*

$$\begin{cases} -\Delta w = g \text{ in } \Omega, \\ w = 0 \quad \text{ su } \partial\Omega, \end{cases}$$

con $g \in L^2(\Omega)$. Se $\partial\Omega$ è sufficientemente regolare (ad esempio, è sufficiente che $\partial\Omega$ sia una curva di classe C^2, oppure che Ω sia un poligono convesso), allora $w \in H^2(\Omega)$ e inoltre esiste una costante $C > 0$ tale che

$$\|w\|_{H^2(\Omega)} \le C \|g\|_{L^2(\Omega)}. \tag{4.73}$$

Per la dimostrazione si veda, ad esempio, [Bre86, Gri11].

Teorema 4.7 *Sia $u \in V$ la soluzione esatta del problema variazionale (4.1) ed u_h la sua soluzione approssimata ottenuta con il metodo agli elementi finiti di grado r. Sia inoltre $u \in C^0(\bar{\Omega}) \cap H^{p+1}(\Omega)$ per un opportuno $p > 0$. Allora vale la seguente stima* a priori *dell'errore nella norma $L^2(\Omega)$*

$$\|u - u_h\|_{L^2(\Omega)} \le C h^{s+1} |u|_{H^{s+1}(\Omega)}, \quad s = \min\{r, p\}, \tag{4.74}$$

essendo C una costante indipendente da h e da u.

Dimostrazione. Ci limiteremo a dimostrare questo risultato per il problema di Poisson (3.14), la cui formulazione debole è data in (3.18). Sia $e_h = u - u_h$ l'errore di approssimazione e si consideri il seguente problema di Poisson ausiliario (detto *problema aggiunto*, si veda la Sez. 3.5) con termine noto pari all'errore e_h:

$$\begin{cases} -\Delta\phi = e_h & \text{in } \Omega, \\ \phi = 0 & \text{su } \partial\Omega, \end{cases} \qquad (4.75)$$

la cui formulazione debole è

$$\text{trovare } \phi \in V : \quad a(\phi, v) = \int_\Omega e_h v \, d\Omega \qquad \forall v \in V, \qquad (4.76)$$

con $V = H_0^1(\Omega)$. Prendendo $v = e_h$ ($\in V$), si ha

$$\|e_h\|_{L^2(\Omega)}^2 = a(\phi, e_h).$$

Essendo la forma bilineare simmetrica, per l'ortogonalità di Galerkin (4.8) si ha

$$a(e_h, \phi_h) = a(\phi_h, e_h) = 0 \qquad \forall \phi_h \in V_h.$$

Ne segue che

$$\|e_h\|_{L^2(\Omega)}^2 = a(\phi, e_h) = a(\phi - \phi_h, e_h). \qquad (4.77)$$

Prendendo ora $\phi_h = \Pi_h^1 \phi$, applicando la disuguaglianza di Cauchy-Schwarz alla forma bilineare $a(\cdot, \cdot)$ e la stima dell'errore di interpolazione (4.68) si ottiene

$$\|e_h\|_{L^2(\Omega)}^2 \le |e_h|_{H^1(\Omega)} |\phi - \phi_h|_{H^1(\Omega)} \le |e_h|_{H^1(\Omega)} Ch|\phi|_{H^2(\Omega)}. \qquad (4.78)$$

Si noti che si può applicare l'operatore di interpolazione Π_h^1 a ϕ poiché, grazie al Lemma 4.6, $\phi \in H^2(\Omega)$ e quindi, in particolare, $\phi \in C^0(\overline{\Omega})$, grazie alla proprietà 2.3 del Cap. 2.

Applicando il Lemma 4.6 al problema aggiunto (4.75) si ottiene la disuguaglianza

$$|\phi|_{H^2(\Omega)} \le C\|e_h\|_{L^2(\Omega)}, \qquad (4.79)$$

che, applicata alla (4.78), fornisce infine

$$\|e_h\|_{L^2(\Omega)} \le Ch|e_h|_{H^1(\Omega)},$$

dove C ingloba tutte le costanti apparse fino ad ora. Sfruttando ora la stima dell'errore nella norma dell'energia (4.72) si ottiene la (4.74).   ◇

Generalizziamo il risultato appena dimostrato per il problema di Poisson al caso di un generico problema ai limiti ellittico approssimato con elementi finiti e per il quale valga una stima dell'errore di approssimazione nella norma dell'energia come la (4.71) ed una proprietà di regolarità ellittica analoga a quella enunciata nel Lemma 4.6.

In particolare, consideriamo il caso in cui la forma bilineare $a(\cdot, \cdot)$ non sia necessariamente simmetrica. Sia u la soluzione esatta del problema

$$\text{trovare } u \in V : a(u, v) = (f, v) \ \forall v \in V, \tag{4.80}$$

e u_h la soluzione del problema di Galerkin

$$\text{trovare } u_h \in V_h : a(u_h, v_h) = (f, v_h) \ \forall v_h \in V_h.$$

Si supponga infine che valga la stima dell'errore (4.71) e consideriamo il seguente *problema aggiunto* (o *duale*) di (4.80) (si veda la Sez. 3.5)): per ogni $g \in L^2(\Omega)$,

$$\text{trovare } \phi = \phi(g) \in V : a^*(\phi, v) = (g, v) \ \forall v \in V, \tag{4.81}$$

avendo definito la forma bilineare $a^* : V \times V \to \mathbb{R}$ come in (3.41).

Naturalmente se $a(\cdot, \cdot)$ è simmetrica, allora le due forme bilineari coincidono, come peraltro si è visto nel caso del precedente problema (4.76).

Supponiamo che per la soluzione u del problema primale (4.80) valga un risultato di regolarità ellittica; si può verificare che allora lo stesso risultato è valido per il problema duale (o aggiunto) (4.81), ovvero che

$$\exists\, C > 0 : \qquad \|\phi(g)\|_{H^2(\Omega)} \le C \|g\|_{L^2(\Omega)} \quad \forall g \in L^2(\Omega).$$

In particolare, ciò è vero per un generico problema ellittico con dati di Dirichlet o di Neumann (ma non misti) su di un dominio Ω poligonale e convesso [Gri11]. Scegliamo ora $g = e_h$ ed indichiamo, per semplicità, $\phi = \phi(e_h)$. Scelto inoltre $v = e_h$, si ha

$$\|e_h\|^2_{L^2(\Omega)} = a(e_h, \phi).$$

Grazie alla regolarità ellittica del problema aggiunto si ha $\phi \in H^2(\Omega)$ e $\|\phi\|_{H^2(\Omega)} \le C\|e_h\|_{L^2(\Omega)}$. Usando l'ortogonalità di Galerkin, si ottiene allora

$$\begin{aligned}
\|e_h\|^2_{L^2(\Omega)} &= a(e_h, \phi) = a(e_h, \phi - \Pi_h^1 \phi) \\
&\le C_1 \|e_h\|_{H^1(\Omega)} \|\phi - \Pi_h^1 \phi\|_{H^1(\Omega)} \\
&\le C_2 \|e_h\|_{H^1(\Omega)} \, h \, \|\phi\|_{H^2(\Omega)} \\
&\le C_3 \|e_h\|_{H^1(\Omega)} \, h \, \|e_h\|_{L^2(\Omega)},
\end{aligned}$$

dove abbiamo sfruttato la continuità della forma $a(\cdot, \cdot)$ e la stima (4.71). Quindi

$$\|e_h\|_{L^2(\Omega)} \le C_3 h \|e_h\|_{H^1(\Omega)},$$

da cui segue la (4.74), utilizzando la stima (4.72) dell'errore in $H^1(\Omega)$.

Osservazione 4.7 La tecnica sopra illustrata, basata sull'uso del problema aggiunto per la stima della norma L^2 dell'errore di discretizzazione, è nota in letteratura come *trucco di Aubin-Nitsche* [Aub67, Nit68]. Diversi esempi di come costruire l'aggiunto di un problema dato sono stati presentati nella Sez. 3.5.   ●

Esempio 4.2 Consideriamo il problema modello $-\Delta u + u = f$ in $\Omega = (0,1)^2$ con $u = g$ su $\partial\Omega$. Si supponga di scegliere il termine noto f e la funzione g in modo tale che la soluzione esatta del problema sia $u(x, y) = \sin(2\pi x)\cos(2\pi y)$. Risolviamo tale problema con il metodo di Galerkin-elementi finiti di grado 1 e 2 su una griglia uniforme di passo h. Nel grafico di Fig. 4.15 viene mostrato l'andamento dell'errore al decrescere del passo h sia nella norma di $L^2(\Omega)$, sia in quella di $H^1(\Omega)$. Come si può osservare dalla pendenza delle rette in figura, l'errore si riduce, rispetto alla norma L^2 (linee con le crocette), in modo quadratico se si utilizzano elementi finiti lineari (linea continua) e in modo cubico quando vengano utilizzati elementi finiti quadratici (linea tratteggiata). Rispetto alla norma H^1 (linee senza le crocette) invece si ha una riduzione dell'errore lineare rispetto agli elementi finiti lineari (linea continua), quadratica qualora vengano utilizzati elementi finiti quadratici (linea tratteggiata). Nella Fig. 4.16 vengono mostrate le soluzioni sulla griglia di passo 1/8 ottenute con elementi finiti lineari (a sinistra) e quadratici (a destra). ∎

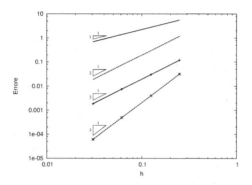

Figura 4.15. Andamento rispetto ad h dell'errore in norma $H^1(\Omega)$ (linee senza crocette) ed in norma $L^2(\Omega)$ (linee con le crocette) per elementi finiti lineari (linee continue) e quadratici (linee tratteggiate) per la risoluzione del problema riportato nell'Esempio 4.2

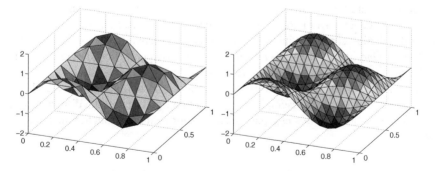

Figura 4.16. Soluzioni calcolate con elementi finiti lineari (a sinistra) e quadratici (a destra) su una griglia uniforme di passo 1/8

4.6 Il problema dell'adattività della griglia

Nella sezione precedente abbiamo derivato, grazie ai Teoremi 4.6 e 4.7, delle stime a priori dell'errore di approssimazione per il metodo degli elementi finiti.

Essendo il parametro h la lunghezza massima dei lati della triangolazione, se facessimo riferimento alla (4.71) saremmo indotti a raffinare la reticolazione ovunque nella speranza di ridurre l'errore $\|u - u_h\|_{H^1(\Omega)}$. Conviene piuttosto fare riferimento alla (4.70) in cui la maggiorazione dell'errore tiene conto del comportamento locale della soluzione, attraverso la seminorma $|u|_{H^{r+1}(K)}$ su ogni elemento e il parametro geometrico locale h_K della triangolazione.

In effetti, al fine di avere una griglia efficiente, che ottimizzi il numero di elementi necessari per ottenere una accuratezza desiderata, si può cercare di *equidistribuire* l'errore su ogni elemento $K \in \mathcal{T}_h$. In particolare, vorremmo ottenere

$$h_K^r |u|_{H^{r+1}(K)} \simeq \eta \qquad \forall K \in \mathcal{T}_h,$$

dove η è un'opportuna costante che dipende solo dall'accuratezza richiesta all'approssimazione u_h e dal numero di elementi della griglia.

È evidente che un maggior contributo di $|u|_{H^{r+1}(K)}$ (dovuto ad una più pronunciata variabilità di $u|_K$) dovrà essere controbilanciato o da un passo reticolare locale h_K più piccolo o da un grado polinomiale r più elevato. Nel primo caso si parla di *h-adattività* della griglia, nel secondo caso di *p-adattività* (dove p sta per "polinomiale"). Nel seguito ci occuperemo solo della prima tecnica. Tuttavia facciamo riferimento al Cap. 10 per l'analisi di stime dell'errore che risultano più convenienti da utilizzarsi in vista di un'adattività di tipo polinomiale.

Le osservazioni fatte fino ad ora, seppur corrette, risultano in realtà poco utili dato che la soluzione u non è nota. Si può allora operare seguendo diverse strategie.

Un primo modo è quello di utilizzare la stima a priori dell'errore (4.70) sostituendo la soluzione esatta u con una sua approssimazione opportuna, facilmente calcolabile su ogni singolo elemento. Si parla in tal caso di *adattività a priori*.

Un secondo approccio è invece basato sull'uso di una *stima a posteriori* dell'errore in grado di legare l'errore di approssimazione all'andamento della soluzione approssimata u_h, nota dopo aver risolto numericamente il problema. In tal caso la griglia ottimale di calcolo verrà costruita tramite un processo iterativo in cui *risoluzione, stima dell'errore* e *modifica della griglia di calcolo* vengono ripetute fino al raggiungimento dell'accuratezza richiesta. Si parla in tal caso di *adattività a posteriori*.

Le strategie di adattività a priori e a posteriori non sono mutuamente esclusive, ma possono coesistere. Ad esempio, generata una griglia opportuna di partenza tramite un'adattività a priori, questa può essere ulteriormente raffinata tramite l'analisi a posteriori.

4.6.1 Adattività a priori basata sulla ricostruzione delle derivate

Una tecnica di adattività a priori si basa sulla stima (4.70) in cui si approssimano opportunamente le derivate di u su ogni elemento, al fine di stimare le seminorme locali di u. Per far ciò si utilizza la soluzione approssimata u_{h^*} calcolata su una griglia di tentativo di passo h^*, con h^* abbastanza grande in modo che il calcolo sia computazionalmente economico, ma non eccessivamente grande da generare un errore troppo elevato nell'approssimazione delle derivate, cosa che potrebbe compromettere l'efficacia dell'intera procedura.

Esemplifichiamo l'algoritmo per elementi finiti lineari, nel qual caso la (4.70) assume la forma

$$\|u - u_h\|_{H^1(\Omega)} \leq C \left(\sum_{K \in \mathcal{T}_h} h_K^2 |u|_{H^2(K)}^2 \right)^{\frac{1}{2}} \qquad (4.82)$$

(C tiene ora conto anche delle costanti di continuità e di coercività della forma bilineare). Puntiamo a generare una triangolazione $\mathcal{T}_h$ tale da garantirci che il termine di destra della (4.82) sia inferiore ad una tolleranza $\epsilon > 0$ prestabilita. Supponiamo dunque di aver calcolato u_{h^*} su una griglia triangolare $\mathcal{T}_{h^*}$ con N^* triangoli. Utilizziamo u_{h^*} per approssimare le derivate seconde di u che intervengono nella definizione della seminorma $|u|_{H^2(K)}$. Poiché u_{h^*} non possiede derivate seconde continue in Ω, occorre procedere con un'adeguata *tecnica di ricostruzione*. Una di queste è basata sull'applicazione di una proiezione locale di tipo H^1. Per ogni nodo $\mathbf{N}_i$ della griglia si considera l'insieme $K_{\mathbf{N}_i}$ degli elementi che hanno $\mathbf{N}_i$ come nodo (ovvero degli elementi che formano il supporto di φ_i, si veda la Fig. 4.11). Si trovano quindi i piani $\pi_i^j(\mathbf{x}) = \mathbf{a}_i^j \cdot \mathbf{x} + b_i^j$ che minimizzano

$$\int_{K_{\mathbf{N}_i}} \left| \pi_i^j(\mathbf{x}) - \frac{\partial u_{h^*}}{\partial x_j}(\mathbf{x}) \right|^2 d\mathbf{x}, \qquad j = 1, 2, \qquad (4.83)$$

risolvendo un sistema a due equazioni per i coefficienti $\mathbf{a}_i^j$ e b_i^j. Questa è la fase di proiezione locale. Si costruisce così un'approssimazione lineare a tratti $\mathbf{g}_{h^*} \in (X_{h^*}^1)^2$ del gradiente ∇u_{h^*} definita come

$$[\mathbf{g}_{h^*}(\mathbf{x})]^j = \sum_i \pi_i^j(\mathbf{x}_i)\varphi_i(\mathbf{x}), \qquad j = 1, 2, \qquad (4.84)$$

dove la somma si estende su tutti i nodi $\mathbf{N}_i$ della griglia. Una volta ricostruito il gradiente si può procedere in due modi differenti, a seconda del tipo di ricostruzione che si vuole ottenere per le derivate seconde. Ricordiamo innanzitutto che la matrice Hessiana associata ad u è definita da $\mathbf{D}^2(u) = \nabla(\nabla u)$, ovvero

$$\left[\mathbf{D}^2(u) \right]_{i,j} = \frac{\partial^2 u}{\partial x_i \partial x_j}, \qquad i,j = 1, 2 \,.$$

Una sua approssimazione, *costante a tratti*, si ottiene ponendo, per ogni $K^* \in \mathcal{T}_{h^*}$,

$$\mathbf{D}_h^2 \big|_{K^*} = \frac{1}{2} \left(\nabla \mathbf{g}_{h^*} + (\nabla \mathbf{g}_{h^*})^T \right) \big|_{K^*}. \qquad (4.85)$$

Si noti l'uso della forma simmetrica del gradiente, necessaria per avere la simmetria dell'Hessiano.

Un'alternativa computazionalmente più onerosa, nel caso in cui si sia interessati ad una ricostruzione lineare a tratti dell'Hessiano, consiste nell'applicare la stessa tecnica di proiezione locale individuata dalle (4.83) e (4.84) direttamente al ricostruito g_{h^*}, simmetrizzando poi la matrice così ottenuta tramite la (4.85).

In ogni caso, siamo ora in grado di calcolare una approssimazione di $|u|_{H^2(K)}$ su un generico triangolo K^* di $\mathcal{T}_{h^*}$, approssimazione che sarà ovviamente legata al ricostruito D_h^2. Dalla (4.82) si deduce che, per ottenere la soluzione approssimata u_h con un errore inferiore o eguale ad una tolleranza prefissata ϵ, si deve costruire una nuova griglia $\mathcal{T}_h^{new}$ tale per cui

$$\sum_{K \in \mathcal{T}_h^{new}} h_K^2 |u|_{H^2(K)}^2 \simeq \sum_{K \in \mathcal{T}_h^{new}} h_K^2 \sum_{i,j=1}^{2} \|[D_h^2]_{ij}\|_{L^2(K)}^2 \leq \left(\frac{\epsilon}{C}\right)^2.$$

Idealmente, si desidera inoltre che l'errore sia equidistribuito, cioè che ogni elemento della sommatoria sia all'incirca lo stesso su ciascun elemento K della nuova griglia.

Una possibile procedura di adattazione consiste allora nel generare la nuova griglia suddividendo opportunamente tutti gli N^* triangoli K^* di $\mathcal{T}_{h^*}$ per i quali si abbia

$$\eta_{K^*}^2 = h_{K^*}^2 \sum_{i,j=1}^{2} \|[D_h^2]_{ij}\|_{L^2(K^*)}^2 > \frac{1}{N^*} \left(\frac{\epsilon}{C}\right)^2. \tag{4.86}$$

Questo metodo è detto *di raffinamento* poiché prevede solo di creare una griglia *più fine* rispetto a quella di partenza, ma chiaramente non permette di soddisfare pienamente la condizione di equidistribuzione.

Algoritmi più sofisticati permettono anche di *deraffinare* la griglia in corrispondenza dei triangoli per cui la disuguaglianza (4.86) è verificata con segno $\ll$ al posto di $>$. Le procedure di deraffinamento però sono di più difficile implementazione di quelle di raffinamento. Dunque, spesso si preferisce costruire la nuova griglia "da zero" (procedura detta di *remeshing*). A tale scopo si introduce, sulla base della stima dell'errore, la seguente *funzione di spaziatura H*, costante in ogni elemento

$$H|_{K^*} = \frac{\epsilon}{C\sqrt{N^*} \left(\sum_{i,j=1}^{2} \|[D_h^2]_{ij}\|_{L^2(K)}^2\right)^{1/2} |u_{h^*}|_{H^2(K^*)}} \qquad \forall K^* \in \mathcal{T}_{h^*} \tag{4.87}$$

e la si utilizza per costruire la griglia adattata applicando uno degli algoritmi di generazione illustrati nel Cap. 6. Spesso l'algoritmo di adattazione richiede che la funzione H sia continua e lineare su ciascun triangolo. In tal caso possiamo di nuovo ricorrere ad una proiezione locale, usando la procedura già vista.

L'adattazione può essere quindi ripetuta per la soluzione calcolata sulla nuova griglia, sino a che tutti gli elementi soddisfino la disuguaglianza inversa alla (4.86).

Osservazione 4.8 La costante C che compare nella disuguaglianza (4.82) può essere stimata applicando la stessa disuguaglianza a funzioni note (e di cui quindi è possibile calcolare l'errore esatto). Un'alternativa che non richiede la conoscenza esplicita di C

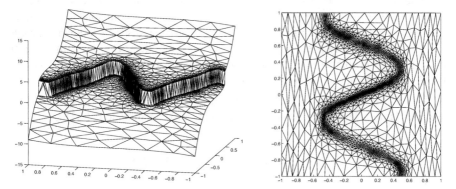

Figura 4.17. Funzione u (a sinistra) e terza griglia adattata (a destra) per l'Esempio 4.3

consiste nel realizzare la griglia che equi-distribuisce l'errore per un numero N^* di elementi fissato a priori. In questo caso il valore di H calcolato ponendo ϵ e C pari a uno in (4.87) viene riscalato, moltiplicandolo per una costante, in modo che la nuova griglia abbia il numero di elementi prefissato.   •

Esempio 4.3 Consideriamo la funzione $u(x_1, x_2) = 10x_1^3 + x_2^3 + \tan^{-1}(10^{-4}/(\sin(5x_2) - 2x_1))$ sul dominio $\Omega = (-1, 1)^2$. Tale funzione è caratterizzata da una brusca variazione di valori in corrispondenza della curva $x_1 = 0.5\sin(5x_2)$, come si può osservare dalla Fig. 4.17 di sinistra. Partendo da una griglia iniziale strutturata costituita da 50 triangoli ed utilizzando una procedura adattiva guidata dall'Hessiano di u, si ottiene, dopo 3 iterazioni, la griglia in Fig. 4.17 (a destra), costituita da 3843 elementi. Come si può osservare la maggior parte dei triangoli si concentra in corrispondenza del salto della funzione: se infatti pochi triangoli di area medio-grande sono sufficienti per descrivere u in modo soddisfacente nelle regioni a monte e a valle del salto, la brusca variazione di u in corrispondenza della discontinuità richiede l'uso di piccoli triangoli, ovvero di un ridotto passo di discretizzazione. Osserviamo inoltre la natura anisotropa della griglia in Fig. 4.17, testimoniata dalla presenza di elementi la cui forma è molto allungata rispetto a quella di un triangolo equilatero (tipico di una griglia isotropa). Tale griglia è stata infatti generata utilizzando la generalizzazione dello stimatore (4.86) al caso anisotropo. L'idea è essenzialmente quella di sfruttare *separatamente* le informazioni fornite dalle componenti $[\mathbf{D}_h^2]_{ij}$ anziché "mescolarle" attraverso la norma $L^2(K^*)$. Utilizzando la stessa procedura adattiva nel caso isotropo (ovvero lo stimatore in (4.86)) si sarebbe ottenuta dopo 3 iterazioni una griglia adattata costituita da 10535 elementi.   ■

4.6.2 Adattività a posteriori

Le procedure descritte nella sezione precedente possono risultare tuttavia insoddisfacenti in quanto la ricostruzione delle derivate di u a partire da u_{h^*} è spesso soggetta ad errori non facilmente quantificabili.

Un'alternativa radicale consiste nell'adottare *stime a posteriori* dell'errore. Queste ultime non utilizzano la stima a priori (4.70) (e conseguentemente approssimazioni delle derivate della soluzione incognita u), ma sono ottenute in funzione di quantità *calcolabili*, normalmente basate sul cosiddetto *residuo* della soluzione approssimata. Quest'ultimo fornisce una misura di quanto la soluzione discreta soddisfi il problema differenziale su ogni elemento della triangolazione data. Consideriamo, a titolo di esempio, il problema di Poisson (3.14). La sua formulazione debole è data dalla (3.18), mentre la sua approssimazione agli elementi finiti è descritta dalla (4.40), dove V_h è lo spazio $\overset{\circ}{X}{}_h^{r}$ definito in (4.39). Per ogni $v \in \mathrm{H}_0^1(\Omega)$ e per ogni $v_h \in V_h$, si ha, grazie alla proprietà di ortogonalità di Galerkin (4.8) e sfruttando la (3.18),

$$
\begin{aligned}
\int_\Omega \nabla(u - u_h) \cdot \nabla v \, d\Omega &= \int_\Omega \nabla(u - u_h) \cdot \nabla(v - v_h) \, d\Omega \\
&= \int_\Omega f(v - v_h) \, d\Omega - \int_\Omega \nabla u_h \cdot \nabla(v - v_h) \, d\Omega \\
&= \int_\Omega f(v - v_h) \, d\Omega + \sum_{K \in \mathcal{T}_h} \int_K \Delta u_h(v - v_h) \, d\Omega - \sum_{K \in \mathcal{T}_h} \int_{\partial K} \frac{\partial u_h}{\partial n}(v - v_h) \, d\gamma \\
&= \sum_{K \in \mathcal{T}_h} \int_K (f + \Delta u_h)(v - v_h) \, d\Omega - \sum_{K \in \mathcal{T}_h} \int_{\partial K} \frac{\partial u_h}{\partial n}(v - v_h) \, d\gamma.
\end{aligned}
\tag{4.88}
$$

Osserviamo che gli integrali su Ω sono stati spezzati sui singoli triangoli al fine di garantire la buona definizione degli integrali stessi.

Indicato con e un lato del generico triangolo K, definiamo *salto* della derivata normale di u_h attraverso il lato e la quantità

$$
\left[\frac{\partial u_h}{\partial n} \right]_e = \nabla u_h\big|_{K_1} \cdot \mathbf{n}_1 + \nabla u_h\big|_{K_2} \cdot \mathbf{n}_2 = \left(\nabla u_h\big|_{K_1} - \nabla u_h\big|_{K_2} \right) \cdot \mathbf{n}_1,
\tag{4.89}
$$

dove K_1 e K_2 sono i due triangoli che condividono il lato e, i cui versori normali uscenti sono dati da $\mathbf{n}_1$ e $\mathbf{n}_2$ rispettivamente, con $\mathbf{n}_1 = -\mathbf{n}_2$ (si veda la Fig. 4.18). La definizione (4.89) implicitamente sottointende che e non sia un lato di bordo. Al fine di estendere tale definizione anche ai lati di bordo, introduciamo il cosiddetto *salto*

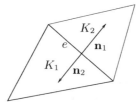

Figura 4.18. Triangoli coinvolti nella definizione del salto della derivata normale di u_h attraverso il lato e

generalizzato, dato da

$$
\left[\frac{\partial u_h}{\partial n}\right] = \begin{cases} \left[\dfrac{\partial u_h}{\partial n}\right]_e & \text{per } e \in \mathcal{E}_h, \\[2ex] 0 & \text{per } e \in \partial\Omega, \end{cases} \tag{4.90}
$$

dove $\mathcal{E}_h$ indica l'insieme dei lati interni della griglia. Notiamo che, nel caso di elementi finiti lineari, la (4.90) identifica una funzione costante a pezzi definita su tutti i lati della griglia $\mathcal{T}_h$. Inoltre la definizione (4.90) può essere opportunamente modificata nel caso in cui il problema (3.14) sia completato con condizioni al bordo non necessariamente di Dirichlet.

Grazie alla (4.90) possiamo dunque scrivere

$$
-\sum_{K\in\mathcal{T}_h}\int_{\partial K}\frac{\partial u_h}{\partial n}(v-v_h)\,d\gamma = -\sum_{K\in\mathcal{T}_h}\sum_{e\in\partial K}\int_e\frac{\partial u_h}{\partial n}(v-v_h)\,d\gamma
$$
$$
= -\sum_{K\in\mathcal{T}_h}\sum_{e\in\partial K}\frac{1}{2}\int_e\left[\frac{\partial u_h}{\partial n}\right](v-v_h)\,d\gamma = -\frac{1}{2}\sum_{K\in\mathcal{T}_h}\int_{\partial K}\left[\frac{\partial u_h}{\partial n}\right](v-v_h)\,d\gamma, \tag{4.91}
$$

dove il fattore $1/2$ tiene conto del fatto che ogni lato interno e della triangolazione è condiviso da due elementi. Inoltre, dal momento che $v-v_h=0$ sul bordo, in (4.90) si potrebbe assegnare un qualsiasi valore diverso da zero in corrispondenza di $e \in \partial\Omega$ in quanto i termini della (4.91) associati ai lati di bordo sarebbero comunque nulli. Inserendo ora la (4.91) nella (4.88) ed applicando la disuguaglianza di Cauchy-Schwarz, otteniamo

$$
\left|\int_\Omega\nabla(u-u_h)\cdot\nabla v\,d\Omega\right| \le \sum_{K\in\mathcal{T}_h}\Bigg\{\|f+\Delta u_h\|_{\mathrm{L}^2(K)}\|v-v_h\|_{\mathrm{L}^2(K)}
$$
$$
+\frac{1}{2}\left\|\left[\frac{\partial u_h}{\partial n}\right]\right\|_{\mathrm{L}^2(\partial K)}\|v-v_h\|_{\mathrm{L}^2(\partial K)}\Bigg\}. \tag{4.92}
$$

Occorre ora trovare un particolare $v_h \in V_h$ che permetta di esprimere le norme di $v-v_h$ in funzione di una norma opportuna di v. Si desidera inoltre che questa norma sia "locale", cioè calcolata su una regione $\widetilde{K}$ contenente K che sia la meno estesa possibile. Se v fosse continua si potrebbe prendere come v_h l'interpolante Lagrangiana di v e utilizzare le già citate stime dell'errore di interpolazione su K. Purtroppo, nel nostro caso $v \in \mathrm{H}^1(\Omega)$ e quindi non è necessariamente continua. Tuttavia, se $\mathcal{T}_h$ è una griglia regolare, si può introdurre un opportuno operatore di interpolazione $\mathcal{R}_h : \mathrm{H}^1(\Omega) \to V_h$, detto *di Clément*, definito, nel caso di elementi finiti lineari, come

$$
\mathcal{R}_h v(\mathbf{x}) = \sum_{\mathbf{N}_j}(P_j v)(\mathbf{N}_j)\varphi_j(\mathbf{x}) \qquad \forall v \in \mathrm{H}^1(\Omega), \tag{4.93}
$$

dove $P_j v$ denota il piano definito sul *patch* $K_{\mathbf{N}_j}$ degli elementi della griglia che condividono il nodo $\mathbf{N}_j$ (si veda la Fig. 4.19), individuato dalle relazioni

$$\int\limits_{K_{\mathbf{N}_j}} (P_j v - v)\psi \, d\mathbf{x} = 0 \quad \text{per } \psi = 1, x_1, x_2$$

e dove le φ_j sono le funzioni base di Lagrange dello spazio ad elementi finiti considerato. Si può dimostrare che, per ogni $v \in \mathrm{H}^1(\Omega)$ e per ogni $K \in \mathcal{T}_h$, valgono le seguenti disuguaglianze:

$$\|v - \mathcal{R}_h v\|_{\mathrm{L}^2(K)} \le C_1 h_K \, |v|_{\mathrm{H}^1(\widetilde{K})},$$

$$\|v - \mathcal{R}_h v\|_{\mathrm{L}^2(\partial K)} \le C_2 h_K^{\frac{1}{2}} \, \|v\|_{\mathrm{H}^1(\widetilde{K})},$$

dove C_1 e C_2 sono due costanti positive che dipendono dal minimo angolo degli elementi della triangolazione, mentre $\widetilde{K} = \{K_j \in \mathcal{T}_h : K_j \cap K \neq \emptyset\}$ rappresenta l'unione di K con tutti i triangoli che con esso condividono o un lato o un vertice (si veda la Fig. 4.19). Il lettore interessato a maggiori dettagli può, per esempio, consultare [BG98, BS94, Clé75]. (Come alternativa all'interpolatore di Clément si potrebbe usare l'interpolatore di Scott e Zhang, si veda [BS94].)

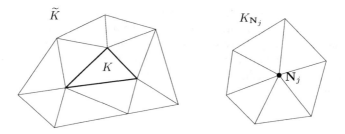

Figura 4.19. L'insieme $\widetilde{K}$ di elementi che hanno in comune con K almeno un nodo di griglia (a sinistra) e l'insieme $K_{\mathbf{N}_j}$ degli elementi che condividono il nodo $\mathbf{N}_j$ (a destra)

Scegliendo dunque in (4.92) $v_h = \mathcal{R}_h v$, ponendo $C = \max(C_1, C_2)$ ed utilizzando la disuguaglianza di Cauchy-Schwarz discreta, si ottiene

$$\left| \int\limits_{\Omega} \nabla(u - u_h) \cdot \nabla v \, d\Omega \right| \le C \sum_{K \in \mathcal{T}_h} \rho_K(u_h) \|v\|_{\mathrm{H}^1(\widetilde{K})}$$

$$\le C \left(\sum_{K \in \mathcal{T}_h} [\rho_K(u_h)]^2 \right)^{\frac{1}{2}} \left(\sum_{K \in \mathcal{T}_h} \|v\|_{\mathrm{H}^1(\widetilde{K})}^2 \right)^{\frac{1}{2}}.$$

Abbiamo indicato con

$$\rho_K(u_h) = h_K \, \|f + \Delta u_h\|_{\mathrm{L}^2(K)} + \frac{1}{2} h_K^{\frac{1}{2}} \left\| \left[\frac{\partial u_h}{\partial n} \right] \right\|_{\mathrm{L}^2(\partial K)} \qquad (4.94)$$

il cosiddetto *residuo locale*, costituito dal residuo interno $\|f + \Delta u_h\|_{L^2(K)}$ e dal residuo di bordo $\left\|\left[\frac{\partial u_h}{\partial n}\right]\right\|_{L^2(\partial K)}$.

Osserviamo ora che, essendo $\mathcal{T}_h$ regolare, il numero di elementi in $\widetilde{K}$ è necessariamente limitato da un intero positivo indipendente da h, che indichiamo con n. Pertanto

$$\left(\sum_{K \in \mathcal{T}_h} \|v\|_{H^1(\widetilde{K})}^2\right)^{\frac{1}{2}} \leq \sqrt{n}\|v\|_{H^1(\Omega)}.$$

Scelto infine $v = u - u_h$ e applicando la disuguaglianza di Poincaré, troviamo

$$\|u - u_h\|_{H^1(\Omega)} \leq C\sqrt{n}\left(\sum_{K \in \mathcal{T}_h}[\rho_K(u_h)]^2\right)^{\frac{1}{2}}, \qquad (4.95)$$

dove ora la costante C include anche il contributo della costante di Poincaré.

Si noti che $\rho_K(u_h)$ è una quantità effettivamente calcolabile essendo funzione del dato f, del parametro geometrico h_K e della soluzione calcolata u_h. Il punto più delicato di questa analisi è la stima, non sempre immediata, delle costanti C ed n.

La stima a posteriori (4.95) può essere, ad esempio, usata al fine di garantire che

$$\frac{1}{2}\epsilon \leq \frac{\|u - u_h\|_{H^1(\Omega)}}{\|u_h\|_{H^1(\Omega)}} \leq \frac{3}{2}\epsilon, \qquad (4.96)$$

essendo $\epsilon > 0$ una tolleranza prestabilita. A tale scopo, mediante un'opportuna procedura iterativa schematizzata in Fig. 4.20, si può raffinare e deraffinare localmente la griglia $\mathcal{T}_h$ in modo tale che, per ogni K, siano soddisfatte le disuguaglianze *locali* seguenti

$$\frac{1}{4}\frac{\epsilon^2}{N}\|u_h\|_{H^1(\Omega)}^2 \leq [\rho_K(u_h)]^2 \leq \frac{9}{4}\frac{\epsilon^2}{N}\|u_h\|_{H^1(\Omega)}^2, \qquad (4.97)$$

avendo indicato con N il numero di elementi della griglia $\mathcal{T}_h$. Ciò assicura che siano soddisfatte le disuguaglianze *globali* (4.96), a meno del contributo della costante $C\sqrt{n}$. Alternativamente, si può costruire una funzione di spaziatura di griglia H appropriata, analogamente a quanto detto nel paragrafo 4.6.1. Naturalmente il diagramma di flusso riportato in Fig. 4.20 si può usare anche per problemi ai limiti diversi da (4.40).

4.6.3 Esempi numerici di adattività

Illustriamo il concetto di adattività della griglia computazionale su due semplici problemi differenziali. A tal fine adottiamo la procedura iterativa schematizzata in Fig. 4.20, limitandoci però alla sola fase di raffinamento. Il procedimento di deraffinamento risulta infatti di più difficile implementazione, tanto è vero che molti dei software di uso comune prevedono il solo raffinamento della griglia iniziale, che converrà dunque scegliere opportunamente lasca.

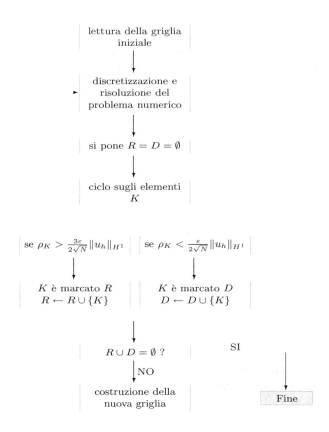

Figura 4.20. Esempio di procedura iterativa per l'adattazione della griglia

Infine, per entrambi gli esempi sotto riportati, lo stimatore di riferimento per l'errore di discretizzazione è rappresentato dal termine di destra della (4.95).

Primo esempio

Consideriamo il problema $-\Delta u = f$ in $\Omega = (-1,1)^2$, supponendo di assegnare condizioni di Dirichlet omogenee su tutto il bordo $\partial\Omega$. Scegliamo inoltre un termine forzante f tale che la soluzione esatta sia $u(x_1, x_2) = \sin(\pi x_1)\sin(\pi x_2)\exp(10x_1)$. Avviamo la procedura adattiva partendo da una griglia iniziale uniforme, costituita da 324 elementi, e da una tolleranza $\epsilon = 0.2$. La procedura converge dopo 7 iterazioni. Riportiamo in Fig. 4.21 la griglia iniziale assieme a tre delle griglie adattate così ottenute, mentre in Tabella 4.2 sono riassunti il numero $\mathcal{N}_h$ degli elementi della griglia $\mathcal{T}_h$, l'errore relativo $\|u - u_h\|_{\mathrm{H}^1(\Omega)}/\|u_h\|_{\mathrm{H}^1(\Omega)}$ e lo stimatore normalizzato $\eta/\|u_h\|_{\mathrm{H}^1(\Omega)}$ sulla griglia iniziale e sulle prime sei griglie adattate.

Le griglie in Fig. 4.21 forniscono un riscontro qualitativo per l'affidabilità della procedura adattiva seguita: come ci si aspetta, i triangoli infatti si addensano in corrispon-

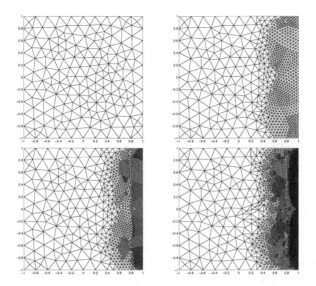

Figura 4.21. Griglia iniziale (in alto a sinistra) e tre griglie adattate seguendo la procedura adattiva di Fig. 4.20, alla seconda iterazione (in alto a destra), alla terza (in basso a sinistra) e alla quinta (in basso a destra)

denza delle regioni di massimo e di minimo della funzione u. D'altro canto i valori in Tabella 4.2 permettono anche di effettuare un'analisi di tipo quantitativo: sia l'errore relativo che lo stimatore normalizzato si riducono progressivamente, all'aumentare delle iterate. Si può tuttavia notare una sovrastima media, rispetto alla tolleranza ϵ fissata, di circa 10-11 volte. Questo fatto non è così inusuale e trova una sua giustificazione, essenzialmente, nell'avere trascurato (ovvero posto uguale ad 1) la costante $C\sqrt{n}$ nelle disuguaglianze (4.96) e (4.97). È chiaro che tale negligenza porta a richiedere in realtà una tolleranza $\widetilde{\epsilon} = \epsilon/(C\sqrt{n})$, che coinciderà dunque con l'originale ϵ nel solo caso in cui si abbia effettivamente $C\sqrt{n} \sim 1$. Procedure più precise, che tengano conto della costante $C\sqrt{n}$, sono comunque possibili partendo, ad esempio, dall'analisi (teorica e numerica) fornita in [BDR92, EJ88].

Tabella 4.2. Cardinalità, errore relativo e stimatore normalizzato associati alla griglia iniziale e alle prime sei griglie adattate

iterata	$\mathcal{N}_h$	$\|u - u_h\|_{\mathrm{H}^1(\Omega)}/\|u_h\|_{\mathrm{H}^1(\Omega)}$	$\eta/\|u_h\|_{\mathrm{H}^1(\Omega)}$
0	324	0.7395	5.8333
1	645	0.3229	3.2467
2	1540	0.1538	1.8093
3	3228	0.0771	0.9782
4	7711	0.0400	0.5188
5	17753	0.0232	0.2888
6	35850	0.0163	0.1955

Secondo esempio

Consideriamo il problema $-\Delta u = 0$ su $\Omega = \{\mathbf{x} = r(\cos\theta, \sin\theta)^T, r \in (0,1),$ $\theta \in (0, \frac{3}{4}\pi)\}$, con u assegnata opportunamente sul bordo di Ω in modo che $u(r,\theta) = r^{4/3}\sin(\frac{4}{3}\theta)$ sia la soluzione esatta. Tale funzione risulta poco regolare in un intorno dell'origine. Supponiamo di approssimare questo problema con il metodo di Galerkin a elementi finiti lineari sulla griglia quasi uniforme riportata in Fig. 4.22 a sinistra, costituita da 138 triangoli. Come si può notare dalla distorsione delle isolinee di u_h nella Fig. 4.23 di sinistra, la soluzione così ottenuta risulta poco accurata in prossimità dell'origine. Utilizziamo ora lo stimatore (4.95) per generare una griglia adattata che meglio si presti all'approssimazione di u. Seguendo una procedura adattiva come quella schematizzata in Fig. 4.20 otteniamo dopo 20 passi la griglia riportata in Fig. 4.22 a destra, costituita da 859 triangoli. Come si può osservare dalla Fig. 4.23 di destra le isolinee associate alla corrispondente soluzione discreta presentano una maggiore regolarità a testimonianza del miglioramento della qualità della soluzione. Per confronto, per ottenere una soluzione caratterizzata dalla stessa accuratezza ϵ rispetto alla norma H^1 dell'errore (richiesta pari a 0.01) su di una griglia uniforme sono necessari 2208 triangoli.

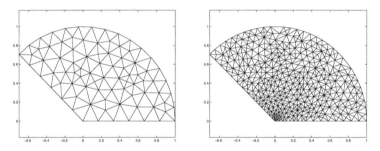

Figura 4.22. Griglia iniziale (a sinistra) e ventesima griglia adattata (a destra)

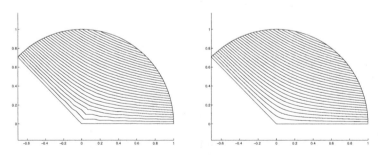

Figura 4.23. Isolinee della soluzione ad elementi finiti lineari sulla griglia di partenza (a sinistra), e sulla ventesima griglia adattata (a destra)

4.6.4 Stime a posteriori dell'errore nella norma L²

Oltre alla (4.95) è possibile derivare una stima a posteriori dell'errore in norma L^2. A tal fine ricorreremo nuovamente alla tecnica di dualità di Aubin-Nitsche usata nella Sez. 4.5.4, ed in particolare considereremo il problema aggiunto (4.75) associato al problema di Poisson (3.14). Supporremo inoltre che il dominio Ω sia sufficientemente regolare (ad esempio sia un poligono convesso) in modo da garantire che il risultato di regolarità ellittica (4.73) enunciato nel Lemma 4.6 sia vero.

Ci serviremo inoltre delle seguenti stime locali per l'errore d'interpolazione associato all'operatore Π_h^r applicato a funzioni $v \in H^2(\Omega)$

$$\|v - \Pi_h^r v\|_{L^2(\partial K)} \leq \widetilde{C}_1 \, h_K^{\frac{3}{2}} \, |v|_{H^2(K)} \tag{4.98}$$

(si veda [BS94] o [Cia78]), e

$$\|v - \Pi_h^r v\|_{L^2(K)} \leq \widetilde{C}_2 \, h_K^2 \, |v|_{H^2(K)}. \tag{4.99}$$

Quest'ultima disuguaglianza si ottiene dalla (4.66).
Partendo dal problema aggiunto (4.75) e sfruttando l'ortogonalità di Galerkin (4.8), abbiamo, per ogni $\phi_h \in V_h$,

$$\|e_h\|_{L^2(\Omega)}^2 = \sum_{K \in \mathcal{T}_h} \int_K f \, (\phi - \phi_h) \, d\Omega - \sum_{K \in \mathcal{T}_h} \int_K \nabla u_h \cdot \nabla(\phi - \phi_h) \, d\Omega.$$

Controintegrando per parti si ottiene

$$\|e_h\|_{L^2(\Omega)}^2 = \sum_{K \in \mathcal{T}_h} \int_K (f + \Delta u_h) \, (\phi - \phi_h) \, d\Omega - \sum_{K \in \mathcal{T}_h} \int_{\partial K} \frac{\partial u_h}{\partial n} \, (\phi - \phi_h) \, d\gamma.$$

Utilizzando la definizione (4.90) di salto generalizzato della derivata normale di u_h attraverso i lati dei triangoli e ponendo $\phi_h = \Pi_h^r \phi$, abbiamo

$$\begin{aligned}
\|e_h\|_{L^2(\Omega)}^2 = \sum_{K \in \mathcal{T}_h} \Bigg[& \int_K (f + \Delta u_h) \, (\phi - \Pi_h^r \phi) \, d\Omega \\
& - \frac{1}{2} \int_{\partial K} \left[\frac{\partial u_h}{\partial n} \right] (\phi - \Pi_h^r \phi) \, d\gamma \Bigg].
\end{aligned} \tag{4.100}$$

Stimiamo separatamente i due termini a secondo membro. Utilizzando la disuguaglianza di Cauchy-Schwarz e la (4.99) segue che

$$\begin{aligned}
\left| \int_K (f + \Delta u_h) \, (\phi - \Pi_h^r \phi) \, d\Omega \right| &\leq \|f + \Delta u_h\|_{L^2(K)} \|\phi - \Pi_h^r \phi\|_{L^2(K)} \\
&\leq \widetilde{C}_2 \, h_K^2 \, \|f + \Delta u_h\|_{L^2(K)} |\phi|_{H^2(K)}.
\end{aligned} \tag{4.101}$$

Inoltre, grazie alla (4.98) otteniamo

$$
\left| \int_{\partial K} \left[\frac{\partial u_h}{\partial n} \right] (\phi - \Pi_h^r \phi) \, d\gamma \right| \leq \left\| \left[\frac{\partial u_h}{\partial n} \right] \right\|_{L^2(\partial K)} \| \phi - \Pi_h^r \phi \|_{L^2(\partial K)}
$$
$$
\leq \widetilde{C}_1 \, h_K^{\frac{3}{2}} \left\| \left[\frac{\partial u_h}{\partial n} \right] \right\|_{L^2(\partial K)} |\phi|_{H^2(K)}. \tag{4.102}
$$

Inserendo ora la (4.101) e la (4.102) in (4.100) ed applicando la disuguaglianza di Cauchy-Schwarz discreta abbiamo

$$
\| e_h \|_{L^2(\Omega)}^2 \leq C \sum_{K \in \mathcal{T}_h} h_K \rho_K(u_h) |\phi|_{H^2(K)} \leq C \sqrt{\sum_{K \in \mathcal{T}_h} [h_K \rho_K(u_h)]^2} |\phi|_{H^2(\Omega)}
$$
$$
\leq C \sqrt{\sum_{K \in \mathcal{T}_h} [h_K \rho_K(u_h)]^2} \, \| e_h \|_{L^2(\Omega)},
$$

con $C = \max(\widetilde{C}_1, \widetilde{C}_2)$, avendo introdotto la notazione (4.94) ed avendo sfruttato, nell'ultimo passaggio, la disuguaglianza (4.79). Possiamo quindi concludere che

$$
\| u - u_h \|_{L^2(\Omega)} \leq C \left(\sum_{K \in \mathcal{T}_h} h_K^2 [\rho_K(u_h)]^2 \right)^{\frac{1}{2}}, \tag{4.103}
$$

essendo $C > 0$ una costante indipendente dalla triangolazione.

Osservazione 4.9 Lo stimatore a posteriori probabilmente più usato nell'ambito ingegneristico per la sua semplicità ed efficienza computazionale è quello proposto da Zienkiewicz e Zhu nel contesto di un'approssimazione ad elementi finiti di problemi di elasticità lineare [CZ87]. L'idea alla base di questo stimatore è molto semplice. Supponiamo di volere controllare la norma $\left(\int_\Omega |\nabla u - \nabla u_h|^2 \, d\Omega \right)^{1/2}$ dell'errore di discretizzazione associato ad un'approssimazione ad elementi finiti del problema modello (3.14). Questo stimatore sostituisce in tale norma il gradiente esatto ∇u con una corrispondente ricostruzione ottenuta tramite un opportuno post-processing della soluzione discreta u_h. Nel corso degli anni sono state proposte in letteratura svariate ricette per la ricostruzione del gradiente ∇u (si vedano, ad esempio, [ZZ92, Rod94, PWY90, LW94, NZ04, BMMP06]). La stessa procedura illustrata in Sez. 4.6.1 che porta al ricostruito g_{h^*} definito nella (4.84) può essere utilizzata a tale fine. Scelta dunque una ricostruzione, diciamo $G_R(u_h)$, di ∇u, lo stimatore alla Zienkiewicz e Zhu è rappresentato dalla quantità $\eta = \left(\int_\Omega |G_R(u_h) - \nabla u_h|^2 \, d\Omega \right)^{1/2}$. Chiaramente ad ogni nuova definizione di $G_R(u_h)$ corrisponde un nuovo stimatore dell'errore. Per questo motivo stimatori a posteriori dell'errore con tale struttura sono comunemente chiamati di tipo *"recovery-based"*.   ●

4.6.5 Stime a posteriori di un funzionale dell'errore

Nella sezione precedente, il problema aggiunto (4.75) è stato utilizzato in modo puramente formale, in quanto l'errore e_h che ne rappresenta il termine forzante non è conosciuto.

Esiste un'altra famiglia di stimatori a posteriori dell'errore, ancora basati sul problema aggiunto, che, al contrario, utilizzano esplicitamente le informazioni fornite da quest'ultimo (si veda, ad esempio, [Ran99]). In questo caso viene solitamente fornita una stima per un opportuno funzionale J dell'errore e_h, anziché per una opportuna norma di e_h. Questa prerogativa si rivela particolarmente utile nel momento in cui si vogliano fornire stime dell'errore significative per quantità di interesse fisico quali, ad esempio, resistenza o portanza nel caso di corpi immersi in un fluido, oppure valori medi di concentrazioni, sforzi, deformazioni, flussi, valori puntuali, ecc. A tal fine sarà sufficiente fare una scelta opportuna per il funzionale J. Questo tipo di adattività si dice di tipo *goal-oriented*. Illustriamo questo approccio riferendoci ancora, per semplicità, al problema di Poisson (3.14) e supponendo di voler controllare l'errore di un certo funzionale $J : H_0^1(\Omega) \to \mathbb{R}$ della soluzione u. Consideriamo la seguente formulazione debole del corrispondente problema aggiunto

$$\text{trovare } \phi \in V : \quad \int_\Omega \nabla\phi \cdot \nabla w \, d\Omega = J(w) \qquad \forall\, w \in V, \tag{4.104}$$

con $V = H_0^1(\Omega)$. Utilizzando l'ortogonalità di Galerkin e procedendo come fatto nella sezione precedente, troviamo

$$J(e_h) = \int_\Omega \nabla e_h \cdot \nabla\phi \, d\Omega = \sum_{K \in \mathcal{T}_h} \left[\int_K (f + \Delta u_h)(\phi - \phi_h) \, d\Omega \right.$$
$$\left. - \frac{1}{2} \int_{\partial K} \left[\frac{\partial u_h}{\partial n} \right] (\phi - \phi_h) \, d\gamma \right], \tag{4.105}$$

dove $\phi_h \in V_h$ è solitamente un interpolante di ϕ da scegliersi opportunamente in base alla regolarità di ϕ. Utilizzando la disuguaglianza di Cauchy-Schwarz su ogni elemento K, otteniamo

$$|J(e_h)| = \left| \int_\Omega \nabla e_h \cdot \nabla\phi \, d\Omega \right| \leq \sum_{K \in \mathcal{T}_h} \left(\|f + \Delta u_h\|_{L^2(K)} \|\phi - \phi_h\|_{L^2(K)} \right.$$
$$+ \frac{1}{2} \left\| \left[\frac{\partial u_h}{\partial n} \right] \right\|_{L^2(\partial K)} \|\phi - \phi_h\|_{L^2(\partial K)} \right)$$
$$\leq \sum_{K \in \mathcal{T}_h} \left[\rho_K(u_h) \max \left(\frac{1}{h_K} \|\phi - \phi_h\|_{L^2(K)}, \frac{1}{h_K^{1/2}} \|\phi - \phi_h\|_{L^2(\partial K)} \right) \right],$$

essendo $\rho_K(u_h)$ definito secondo la (4.94). Introducendo i cosiddetti *pesi locali*

$$\omega_K(\phi) = \max \left(\frac{1}{h_K} \|\phi - \phi_h\|_{L^2(K)}, \frac{1}{h_K^{1/2}} \|\phi - \phi_h\|_{L^2(\partial K)} \right) \tag{4.106}$$

otteniamo

$$|J(e_h)| \leq \sum_{K \in \mathcal{T}_h} \rho_K(u_h)\omega_K(\phi). \tag{4.107}$$

Possiamo osservare che, a differenza delle stime di tipo residuale introdotte nelle Sez. 4.6.2 e 4.6.4, la stima (4.107) dipende non solo dalla soluzione discreta u_h ma anche dalla soluzione ϕ del problema duale. In particolare, considerato lo stimatore locale $\rho_K(u_h)\omega_K(\phi)$, possiamo affermare che, mentre il residuo $\rho_K(u_h)$ misura come la soluzione discreta approssima il problema differenziale in esame, il peso $\omega_K(\phi)$ tiene conto di come questa informazione si propaga nel dominio per effetto del funzionale scelto. Pertanto le griglie ottenute per scelte differenti del funzionale J, ovvero del termine forzante del problema aggiunto (4.104), saranno diverse pur partendo dallo stesso problema differenziale (per maggiori dettagli, rimandiamo all'Esempio 12.12). Per rendere efficace la stima (4.107), si procede sostituendo le norme $\|\phi - \phi_h\|_{L^2(K)}$ e $\|\phi - \phi_h\|_{L^2(\partial K)}$ in (4.106) con opportune stime per l'errore di interpolazione, dopo aver scelto ϕ_h come un opportuno interpolante della soluzione duale ϕ. Segnaliamo due casi particolari. Scegliendo $J(w) = \int_\Omega w\, e_h\, d\Omega$ in (4.104) ritroveremo la stima (4.103) per la norma L^2 dell'errore di discretizzazione, a patto ovviamente di poter garantire che il risultato di regolarità ellittica (4.73), enunciato nel Lemma 4.6, sia vero. Se invece siamo interessati a controllare e_h in corrispondenza di un punto $\mathbf{x}$ di Ω, sarà infatti sufficiente definire J come $J(w) = {}_{W'}\langle \delta_\mathbf{x}, w \rangle_W$, essendo $W = H_0^1(\Omega) \cap C^0(\overline{\Omega})$ e $\delta_\mathbf{x}$ la delta di Dirac relativa al punto $\mathbf{x}$. (Si veda la Sez. 2.3 del Cap. 2.)

Osservazione 4.10 L'analisi a posteriori di questa sezione, così come quella delle sezioni precedenti 4.6.2 e 4.6.4, può essere estesa al caso di problemi differenziali più complessi e più significativi, quali ad esempio i problemi di trasporto e diffusione, del semplice problema di Poisson, e di condizioni al bordo più generali (si veda l'Esempio 12.12). La procedura rimane essenzialmente invariata. Ciò che cambia è la definizione del residuo locale (4.94) e del salto generalizzato (4.90). Mentre infatti $\rho_K(u_h)$ dipende direttamente dalla formulazione differenziale del problema in esame, $[\partial u_h/\partial n]$ dovrà tenere opportunamente conto delle condizioni assegnate al bordo.   ●

Per una descrizione più approfondita delle tecniche di adattività fin qui fornite e per una presentazione di altre possibili metodologie di adattazione rinviamo il lettore a [AO00, Ran99, Ver96, BR03].

4.7 Esercizi

1. *Trasferimento di calore in una verga sottile.*
   Consideriamo una verga sottile di lunghezza L, posta all'estremo $x = 0$ alla temperatura t_0 ed isolata al secondo estremo $x = L$. Supponiamo che la sezione trasversale della verga abbia area costante pari ad A e che il perimetro di A sia p.

La temperatura t della verga in un generico punto $x \in (0, L)$ soddisfa allora al seguente problema misto:

$$\begin{cases} -kAt'' + \sigma pt = 0, \ x \in (0, L), \\ t(0) = t_0, \qquad\quad t'(L) = 0, \end{cases} \qquad (4.108)$$

avendo indicato con k il coefficiente di conducibilità termica e con σ il coefficiente di trasferimento convettivo.

Si verifichi che la soluzione esatta di questo problema è

$$t(x) = t_0 \, \frac{\cosh[m(L - x)]}{\cosh(mL)},$$

con $m = \sqrt{\sigma p/kA}$. Si scriva la formulazione debole di (4.108), indi la sua approssimazione di Galerkin-elementi finiti. Si mostri come l'errore di approssimazione nella norma $H_0^1(0, L)$ dipende dai parametri k, σ, p e t_0.

Infine, si risolva questo problema utilizzando elementi finiti lineari e quadratici su griglie uniformi, valutando l'errore di approssimazione.

2. *Temperatura di un fluido tra due piastre parallele.*

Consideriamo un fluido viscoso posto tra due piastre orizzontali, parallele e distanti $2H$. Supponiamo che la piastra superiore, posta ad una temperatura t_{sup}, scorra con velocità U rispetto alla piastra inferiore, posta ad una temperatura t_{inf}. In tal caso la temperatura $t : (0, 2H) \to \mathbb{R}$ del fluido tra le due piastre soddisfa al problema di Dirichlet seguente:

$$\begin{cases} -\dfrac{d^2 t}{dy^2} = \alpha(H - y)^2, \ y \in (0, 2H), \\ t(0) = t_{inf}, \qquad\quad t(2H) = t_{sup}, \end{cases}$$

dove $\alpha = \dfrac{4U^2 \mu}{H^4 k}$, essendo k il coefficiente di conducibilità termica e μ la viscosità del fluido. Si trovi la soluzione esatta $t(y)$, indi si scriva la formulazione debole e la formulazione Galerkin-elementi finiti.

[*Soluzione*: la soluzione esatta è

$$t(y) = -\frac{\alpha}{12}(H - y)^4 + \frac{t_{inf} - t_{sup}}{2H}(H - y) + \frac{t_{inf} + t_{sup}}{2} + \frac{\alpha H^4}{12}.]$$

3. *Flessione di una fune.*

Consideriamo una fune di tensione T e di lunghezza unitaria, fissata agli estremi. La funzione $u(x)$ che misura lo spostamento verticale del cavo quando soggetto ad un carico trasversale di intensità w per unità di lunghezza, soddisfa al seguente problema di Dirichlet:

$$\begin{cases} -u'' + \dfrac{k}{T}u = \dfrac{w}{T} \ \text{in } (0, 1), \\ u(0) = 0, \qquad\quad u(1) = 0, \end{cases}$$

avendo indicato con k il coefficiente di elasticità della fune. Si scriva la formulazione debole e la formulazione Galerkin-elementi finiti.

4. Si dimostri la Proprietà 4.1.

[*Soluzione:* basta osservare che $a_{ij} = a(\varphi_j, \varphi_i) \; \forall i, j$.]

5. Si dimostri la (4.12).

[*Soluzione:* essendo la forma simmetrica si può ripetere il ragionamento contenuto nella osservazione 3.3, notando che la soluzione u_h soddisfa il problema $a(u_h, v_h) = a(u, v_h)$ per ogni $v_h \in V_h$. Si deduce quindi che u_h minimizza $J(v_h) = a(v_h, v_h) - 2a(u, v_h)$ e quindi minimizza anche $J^*(v_h) = J(v_h) + a(u, u) = a(u - v_h, u - v_h)$ (l'ultimo passaggio è reso possibile dalla simmetria della forma bilineare). D'altra parte,

$$\sqrt{\alpha}\|u - v_h\|_V \le \sqrt{a(u - v_h, u - v_h)} \le \sqrt{M}\|u - v_h\|_V,$$

da cui il risultato cercato.]

6. Data una partizione di un intervallo (a, b) in $N + 1$ intervalli, si supponga di numerare prima gli estremi dei singoli intervalli e successivamente i punti medi di ciascun intervallo. Questa numerazione è più o meno conveniente di quella introdotta nella Sez. 4.3 per la discretizzazione del problema di Poisson con elementi finiti in X_h^2? Si supponga di risolvere il sistema lineare di Galerkin con un metodo di fattorizzazione.

[*Soluzione:* la matrice che si ottiene ha ancora solo cinque diagonali diverse da zero come quella ottenuta usando la numerazione proposta nella Sez. 4.3. Presenta però una larghezza di banda maggiore. Di conseguenza, nel caso in cui venga fattorizzata, è soggetta ad un riempimento maggiore come mostrato nella Fig. 4.24.]

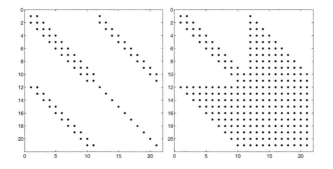

Figura 4.24. A sinistra, la trama di sparsità della matrice di Galerkin associata ad una discretizzazione con 10 elementi del problema di Poisson mono-dimensionale con elementi finiti quadratici. La numerazione delle incognite è quella riportata nell'Esercizio 6. A destra, la trama dei fattori L ed U associati alla fattorizzazione di A. Si noti che, a causa del riempimento, il numero di elementi non nulli è passato da 81 nella matrice a 141 nei fattori

7. Si consideri il seguente problema ai limiti monodimensionale:

$$\begin{cases} -(\alpha u')' + \gamma u = f, \, 0 < x < 1, \\ u = 0 \qquad\qquad \text{in } x = 0, \\ \alpha u' + \delta u = 0 \qquad \text{in } x = 1, \end{cases}$$

dove $\alpha = \alpha(x)$, $\gamma = \gamma(x)$, $f = f(x)$ sono funzioni assegnate con $0 \le \gamma(x) \le \gamma_1$ e $0 < \alpha_0 \le \alpha(x) \le \alpha_1$ $\forall x \in [0,1]$, mentre $\delta \in \mathbb{R}$. Si suppone inoltre che $f \in \mathrm{L}^2(0,1)$.

Se ne scriva la formulazione debole precisando gli opportuni spazi funzionali e le ipotesi sui dati che garantiscono esistenza ed unicità della soluzione. Si supponga di trovare una soluzione approssimata u_h utilizzando il metodo agli elementi finiti lineari. Cosa si può dire sull'esistenza, la stabilità e l'accuratezza di u_h?

[*Soluzione*: cerchiamo $u \in V = \{v \in \mathrm{H}^1(0,1) : v(0) = 0\}$ tale che $a(u,v) = F(v)$ $\forall v \in V$ dove

$$a(u,v) = \int_0^1 \alpha u' v' \, dx + \int_0^1 \gamma u v \, dx + \delta u(1) v(1), \quad F(v) = \int_0^1 f v \, dx.$$

L'esistenza e l'unicità della soluzione del problema debole sono garantite se valgono le ipotesi del Lemma di Lax-Milgram. La forma $a(\cdot,\cdot)$ è continua in quanto si ha

$$|a(u,v)| \le 2\max(\alpha_1, \gamma_1)\|u\|_V \|v\|_V + |\delta|\, |v(1)|\, |u(1)|,$$

da cui, tenendo conto che $u(1) = \int_0^1 u' \, dx$, si ricava

$$|a(u,v)| \le M\|u\|_V \|v\|_V \text{ con } M = 3\max(\alpha_1, \gamma_1, |\delta|).$$

La coercività si ha se $\delta \ge 0$ in quanto si trova in tal caso

$$a(u,u) \ge \alpha_0 \|u'\|^2_{\mathrm{L}^2(0,1)} + u^2(1)\delta \ge \alpha_0 \|u'\|^2_{\mathrm{L}^2(0,1)}.$$

Per trovare la disuguaglianza in $\|\cdot\|_V$ invocando la disuguaglianza di Poincaré (Proprietà 2.4 del Cap. 2), basta dimostrare che

$$\frac{1}{1 + C_\Omega^2} \|u\|^2_V \le \|u'\|^2_{\mathrm{L}^2(0,1)},$$

e quindi concludere che

$$a(u,u) \ge \alpha^* \|u\|^2_V \text{ con } \alpha^* = \frac{\alpha_0}{1 + C_\Omega^2}.$$

Il fatto che F sia un funzionale lineare e continuo è di immediata verifica. Il metodo agli elementi finiti è un metodo di Galerkin con $V_h = \{v_h \in X_h^1 : v_h(0) = 0\}$. Di conseguenza, in virtù dei Corollari 4.1, 4.2 si deduce che la soluzione u_h esiste ed è unica. Dalla stima (4.71) si deduce inoltre che, essendo $r = 1$, l'errore in norma V tenderà a zero linearmente rispetto ad h.]

8. Si consideri il seguente problema ai limiti bidimensionale:

$$\begin{cases} -\text{div}(\alpha\nabla u) + \gamma u = f & \text{in } \Omega \subset \mathbb{R}^2, \\[2mm] u = 0 & \text{su } \Gamma_D, \\[2mm] \alpha\nabla u \cdot \mathbf{n} = 0 & \text{su } \Gamma_N, \end{cases}$$

essendo Ω un dominio aperto limitato di bordo regolare $\partial\Omega = \Gamma_D \cup \Gamma_N$, $\overset{\circ}{\Gamma}_D \cap \overset{\circ}{\Gamma}_N = \emptyset$ con normale uscente $\mathbf{n}$, $\alpha \in L^\infty(\Omega)$, $\gamma \in L^\infty(\Omega)$, $f \in L^2(\Omega)$ funzioni assegnate con $\gamma(\mathbf{x}) \geq 0$ e $0 < \alpha_0 \leq \alpha(\mathbf{x})$ q.o. in Ω.

Si studi l'esistenza e l'unicità della soluzione debole e la stabilità della soluzione ottenuta con il metodo di Galerkin-elementi finiti. Si supponga che $u \in H^4(\Omega)$. Qual è il grado polinomiale massimo che conviene utilizzare?

[*Soluzione*: il problema debole consiste nel trovare $u \in V = H^1_{\Gamma_D}$ tale che $a(u,v) = F(v)$ $\forall v \in V$ dove

$$a(u,v) = \int_\Omega \alpha\nabla u\nabla v \, d\Omega + \int_\Omega \gamma uv \, d\Omega, \quad F(v) = \int_\Omega fv \, d\Omega.$$

La forma bilineare è continua in quanto

$$\begin{aligned} |a(u,v)| &\leq \int_\Omega \alpha|\nabla u||\nabla v| \, d\Omega + \int_\Omega |\gamma||u|\,|v| \, d\Omega \\ &\leq \|\alpha\|_{L^\infty(\Omega)}\|\nabla u\|_{L^2(\Omega)}\|\nabla v\|_{L^2(\Omega)} + \|\gamma\|_{L^\infty(\Omega)}\|u\|_{L^2(\Omega)}\|v\|_{L^2(\Omega)} \\ &\leq M\|u\|_V\|v\|_V, \end{aligned}$$

avendo preso $M = 2\max\{\|\alpha\|_{L^\infty(\Omega)}, \|\gamma\|_{L^\infty(\Omega)}\}$. Inoltre è coerciva (si veda la soluzione dell'Esercizio 7) con costante di coercività data da $\alpha^* = \dfrac{\alpha_0}{1 + C_\Omega^2}$.

Essendo F un funzionale lineare e continuo, per il Lemma di Lax-Milgram la soluzione debole esiste ed è unica. Per quanto riguarda l'approssimazione con il metodo di Galerkin, introduciamo uno spazio V_h di dimensione finita, sottospazio di V. Allora il problema di Galerkin: trovare $u_h \in V_h$ t. c. $a(u_h, v_h) = F(v_h)$ $\forall v_h \in V_h$ ammette una unica soluzione. Inoltre, per il Corollario 4.2 si ha la stabilità. Per quanto riguarda la scelta del grado polinomiale r ottimale, essendo l'esponente s che compare nella (4.26) pari al minimo fra r e $p = 3$, converrà utilizzare elementi di grado 3.]

9. I passi fondamentali di un codice ad elementi finiti possono essere così sintetizzati:

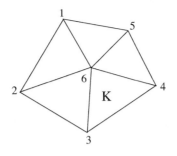

Figura 4.25. Insieme di elementi per l'assemblaggio della matrice globale A

(a) Input dei dati.
(b) Costruzione della triangolazione $\mathcal{T}_h = \{K\}$.
(c) Costruzione delle matrici locali A_K e degli elementi f_K del termine noto.
(d) Assemblaggio della matrice globale A e del termine noto $\mathbf{f}$.
(e) Soluzione del sistema lineare $A\mathbf{u} = \mathbf{f}$.
(f) Post-processing dei risultati.

Supponiamo di utilizzare elementi finiti lineari e si consideri l'insieme di elementi in Fig. 4.25.

a) Facendo riferimento ai punti (c) e (d) scrivere esplicitamente la matrice T_K che permette di passare dalla matrice locale A_K alla matrice globale A secondo una trasformazione del tipo $T_K^T A_K T_K$. Quale dimensione ha T_K?

b) Quale struttura di sparsità caratterizza la matrice A associata all'insieme di elementi di Fig. 4.25?

c) Scrivere esplicitamente gli elementi della matrice A in funzione degli elementi delle matrici locali A_K.

d) Nel caso di una griglia generale $\mathcal{T}_h$ con N_V vertici e N_T triangoli, quale dimensione ha la matrice globale A nel caso di elementi finiti lineari e quadratici, rispettivamente?

Per una trattazione più esaustiva di questa tematica, rimandiamo al Cap. 11.

10. Si dimostrino i risultati riassunti in Tabella 3.3 utilizzando l'identità di Lagrange (3.5).

Capitolo 5
Equazioni paraboliche

In questo capitolo consideriamo equazioni della forma

$$\frac{\partial u}{\partial t} + Lu = f, \qquad \mathbf{x} \in \Omega, \, t > 0, \tag{5.1}$$

dove Ω è un dominio di $\mathbb{R}^d$, $d = 1, 2, 3$, $f = f(\mathbf{x}, t)$ è una funzione assegnata, $L = L(\mathbf{x})$ è un generico operatore ellittico agente sull'incognita $u = u(\mathbf{x}, t)$; sotto queste ipotesi la (5.1) è un'equazione parabolica. In molti casi si è interessati a risolverla solo per un intervallo temporale finito, diciamo per $0 < t < T$. In tal caso la regione $Q_T = \Omega \times (0, T)$ è detta *cilindro* nello spazio $\mathbb{R}^d \times \mathbb{R}^+$ (si veda la Fig. 5.1). Nel caso in cui $T = +\infty$, $Q = \{(\mathbf{x}, t) : \mathbf{x} \in \Omega, t > 0\}$ sarà un cilindro infinito.
L'equazione (5.1) va completata assegnando una condizione iniziale

$$u(\mathbf{x}, 0) = u_0(\mathbf{x}), \qquad \mathbf{x} \in \Omega, \tag{5.2}$$

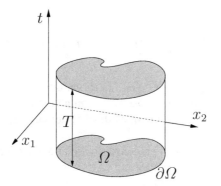

Figura 5.1. Il cilindro $Q_T = \Omega \times (0, T)$, $\Omega \subset \mathbb{R}^2$

© Springer-Verlag Italia 2016
A. Quarteroni, *Modellistica Numerica per Problemi Differenziali*, 6a edizione,
UNITEXT - La Matematica per il 3+2 100, DOI 10.1007/978-88-470-5782-1_5

unitamente a condizioni al contorno, che possono assumere la forma seguente:

$$u(\mathbf{x}, t) = \varphi(\mathbf{x}, t), \qquad \mathbf{x} \in \Gamma_D \text{ e } t > 0,$$

$$\frac{\partial u(\mathbf{x}, t)}{\partial n} = \psi(\mathbf{x}, t), \qquad \mathbf{x} \in \Gamma_N \text{ e } t > 0,$$

(5.3)

dove u_0, φ e ψ sono funzioni assegnate e $\Gamma_D \cup \Gamma_N = \partial\Omega$, $\overset{\circ}{\Gamma}_D \cap \overset{\circ}{\Gamma}_N = \emptyset$. Con ovvio significato Γ_D è detta frontiera di Dirichlet e Γ_N frontiera di Neumann.
Nel caso monodimensionale, il problema:

$$\frac{\partial u}{\partial t} - \nu \frac{\partial^2 u}{\partial x^2} = f, \quad 0 < x < d, \quad t > 0,$$

$$u(x, 0) = u_0(x), \quad 0 < x < d,$$

$$u(0, t) = u(d, t) = 0, \quad t > 0,$$

(5.4)

descrive ad esempio l'evoluzione della temperatura $u(x, t)$ nel punto x ed al tempo t di una barra metallica di lunghezza d che occupa l'intervallo $[0, d]$, la cui conducibilità termica è ν e i cui estremi sono tenuti ad una temperatura costante di zero gradi. La funzione u_0 descrive la temperatura iniziale, mentre f rappresenta la produzione calorica (per unità di lunghezza) fornita alla barra. Per tale ragione la (5.4) è chiamata *equazione del calore*. Per un caso particolare, si veda l'Esempio 1.5 del Cap. 1.

5.1 Formulazione debole e sua approssimazione

Per risolvere numericamente il problema (5.1)-(5.3) ripartiremo da quanto fatto per la trattazione dei problemi ellittici.
Procediamo in modo formale, moltiplicando l'equazione differenziale per ogni $t > 0$ per una funzione test $v = v(\mathbf{x})$ ed integrando su Ω. Poniamo $V = \mathrm{H}^1_{\Gamma_D}(\Omega)$ e per ogni $t > 0$ cerchiamo $u(t) \in V$ t.c.

$$\int_\Omega \frac{\partial u(t)}{\partial t} v \, d\Omega + a(u(t), v) = F(v) \qquad \forall v \in V,$$

(5.5)

con $u(0) = u_0$, dove $a(\cdot, \cdot)$ e $F(\cdot)$ sono la forma bilineare e il funzionale associati rispettivamente all'operatore ellittico L e al termine noto f e dove si è supposto per semplicità $\varphi = 0$ e $\psi = 0$. La modifica di (5.5) nel caso in cui $\varphi \neq 0$ e $\psi \neq 0$ è lasciata al lettore.
Una condizione sufficiente per l'esistenza e unicità della soluzione per il problema (5.5) è che valgano le seguenti ipotesi:
la forma bilineare $a(\cdot, \cdot)$ è continua e *debolmente coerciva*, ovvero

$$\exists \lambda \geq 0, \ \exists \alpha > 0 : \quad a(v, v) + \lambda \|v\|^2_{\mathrm{L}^2(\Omega)} \geq \alpha \|v\|^2_V \quad \forall v \in V,$$

ritrovando per $\lambda = 0$ la definizione usuale di coercività; inoltre, chiediamo $u_0 \in L^2(\Omega)$ e $f \in L^2(Q)$. Allora il problema (5.5) ammette un'unica soluzione $u \in L^2(\mathbb{R}^+; V) \cap C^0(\mathbb{R}^+; L^2(\Omega))$, e $\partial u / \partial t \in L^2(\mathbb{R}^+; V')$, essendo V' il duale di V (ricordiamo che $V' = H^{-1}(\Omega)$ se $V = H_0^1(\Omega)$).
Per ogni spazio di Hilbert W con norma $\| \cdot \|_W$ abbiamo definito

$$L^2(\mathbb{R}^+; W) = \{v : \mathbb{R}^+ \to W : t \to v(t) \text{ è misurabile e} \int_0^{+\infty} \|v(t)\|_W^2 dt < +\infty\},$$

mentre

$$C^0(\mathbb{R}^+; W) = \{v : \mathbb{R}^+ \to W : t \to v(t) \text{ è continua e } \forall t \geq 0 \; \|v(t)\|_W < +\infty\}.$$

Valgono inoltre delle stime a priori per la soluzione u, che verranno fornite nella prossima sezione.

Consideriamo ora l'approssimazione di Galerkin del problema (5.5):
per ogni $t > 0$, trovare $u_h(t) \in V_h$ t.c.

$$\int_\Omega \frac{\partial u_h(t)}{\partial t} v_h \, d\Omega + a(u_h(t), v_h) = F(v_h) \; \forall v_h \in V_h \tag{5.6}$$

con $u_h(0) = u_{0h}$, dove $V_h \subset V$ è un opportuno spazio a dimensione finita e u_{0h} è una conveniente approssimazione di u_0 nello spazio V_h. Tale problema è detto *semi-discretizzazione* di (5.5), in quanto rappresenta una discretizzazione nelle sole variabili spaziali.
Per fornire un'interpretazione algebrica di (5.6) introduciamo una base $\{\varphi_j\}$ per V_h (come fatto nei capitoli precedenti), e osserviamo che basta che la (5.6) sia verificata per le funzioni della base affinché risulti soddisfatta da tutte le funzioni del sottospazio. Inoltre, poiché per ogni $t > 0$ anche la soluzione del problema di Galerkin appartiene al sottospazio, avremo

$$u_h(\mathbf{x}, t) = \sum_{j=1}^{N_h} u_j(t) \varphi_j(\mathbf{x}),$$

dove i coefficienti $\{u_j(t)\}$ rappresentano le incognite del problema (5.6).
Indicando con $\dot{u}_j(t)$ la derivata della funzione $u_j(t)$ rispetto al tempo, la (5.6) diviene

$$\int_\Omega \sum_{j=1}^{N_h} \dot{u}_j(t) \varphi_j \varphi_i \, d\Omega + a\left(\sum_{j=1}^{N_h} u_j(t) \varphi_j, \varphi_i\right) = F(\varphi_i), \qquad i = 1, 2, \ldots, N_h,$$

ossia

$$\sum_{j=1}^{N_h} \dot{u}_j(t) \underbrace{\int_\Omega \varphi_j \varphi_i \, d\Omega}_{m_{ij}} + \sum_{j=1}^{N_h} u_j(t) \underbrace{a(\varphi_j, \varphi_i)}_{a_{ij}} = \underbrace{F(\varphi_i)}_{f_i(t)}, \qquad i = 1, 2, \ldots, N_h. \tag{5.7}$$

Definendo il vettore delle incognite $\mathbf{u} = (u_1(t),\ u_2(t),\ \ldots, u_{N_h}(t))^T$, la *matrice di massa* $\mathrm{M} = [m_{ij}]$, la matrice di rigidezza $\mathrm{A} = [a_{ij}]$ ed il vettore dei termini noti $\mathbf{f} = (f_1(t),\ f_2(t), \ldots, f_{N_h}(t))^T$, il sistema (5.7) può essere riscritto in forma matriciale

$$\mathrm{M}\dot{\mathbf{u}}(t) + \mathrm{A}\mathbf{u}(t) = \mathbf{f}(t).$$

Per risolverlo si può usare, ad esempio, il θ-metodo, che discretizza la derivata temporale con un semplice rapporto incrementale e sostituisce gli altri termini con una combinazione lineare, dipendente dal parametro reale θ ($0 \leq \theta \leq 1$), del valore al tempo t^k e di quello al tempo t^{k+1}

$$\mathrm{M}\frac{\mathbf{u}^{k+1} - \mathbf{u}^k}{\Delta t} + \mathrm{A}[\theta\mathbf{u}^{k+1} + (1 - \theta)\mathbf{u}^k] = \theta\mathbf{f}^{k+1} + (1 - \theta)\mathbf{f}^k. \tag{5.8}$$

Come d'abitudine, il parametro reale positivo $\Delta t = t^{k+1} - t^k$, $k = 0, 1, \ldots$, indica il passo di discretizzazione temporale (qui supposto costante), mentre il soprindice k sta a significare che la quantità in questione è riferita al tempo t^k. Vediamo alcuni casi particolari della (5.8):

- per $\theta = 0$ si ottiene il metodo di *Eulero in avanti* (o Eulero *esplicito*)

$$\mathrm{M}\frac{\mathbf{u}^{k+1} - \mathbf{u}^k}{\Delta t} + \mathrm{A}\mathbf{u}^k = \mathbf{f}^k$$

  che è accurato al primo ordine rispetto a Δt;
- per $\theta = 1$ si ha il metodo di *Eulero all'indietro* (o Eulero *implicito*)

$$\mathrm{M}\frac{\mathbf{u}^{k+1} - \mathbf{u}^k}{\Delta t} + \mathrm{A}\mathbf{u}^{k+1} = \mathbf{f}^{k+1}$$

  che è anch'esso del prim'ordine rispetto a Δt;
- per $\theta = 1/2$ si ha il metodo di *Crank-Nicolson* (o dei *trapezi*)

$$\mathrm{M}\frac{\mathbf{u}^{k+1} - \mathbf{u}^k}{\Delta t} + \frac{1}{2}\mathrm{A}\left(\mathbf{u}^{k+1} + \mathbf{u}^k\right) = \frac{1}{2}\left(\mathbf{f}^{k+1} + \mathbf{f}^k\right)$$

  che è accurato al second'ordine rispetto a Δt. (Più precisamente, $\theta = 1/2$ è l'unico valore per cui si ottiene un metodo del second'ordine).

Consideriamo i due casi estremi $\theta = 0$ e $\theta = 1$. Per entrambi si ottiene un sistema di equazioni lineari: se $\theta = 0$ il sistema da risolvere ha matrice $\frac{\mathrm{M}}{\Delta t}$, nel secondo caso ha matrice $\frac{\mathrm{M}}{\Delta t} + A$. Osserviamo che la matrice M è invertibile, essendo definita positiva (si veda l'Esercizio 1).

Nel caso $\theta = 0$ se si rende diagonale la matrice M in realtà si disaccoppiano le equazioni del sistema. Questa operazione viene fatta eseguendo il cosiddetto *lumping* della matrice di massa (si veda la Sez. 12.5). Per contro lo schema esplicito non è incondizionatamente stabile (si veda la Sez. 5.4) e, nel caso in cui V_h sia un sottospazio di elementi finiti, si ha una condizione di stabilità del tipo

$$\exists c > 0 \ : \ \Delta t \leq ch^2 \qquad \forall h > 0,$$

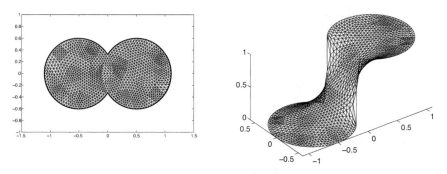

Figura 5.2. Soluzione dell'equazione del calore per il problema dell'Esempio 5.1

la quale non permette una scelta arbitraria di Δt rispetto ad h.

Nel caso $\theta > 0$, il sistema avrà la forma $K\mathbf{u}^{k+1} = \mathbf{g}$, dove $\mathbf{g}$ è il termine noto e $K = \frac{M}{\Delta t} + \theta A$. Tale matrice è però invariante nel tempo (essendo l'operatore L, e quindi la matrice A, indipendente dal tempo); se la triangolazione spaziale non cambia, può essere quindi fattorizzata una volta per tutte all'inizio del processo. Dato che M è simmetrica, se A è simmetrica anche la matrice K associata al sistema sarà simmetrica. Può essere quindi usata, ad esempio, la fattorizzazione di Cholesky, K=H H^T con H triangolare inferiore. Ad ogni passo temporale andranno quindi risolti due sistemi triangolari sparsi in N_h incognite:

$$\begin{aligned} H\mathbf{y} &= \mathbf{g}, \\ H^T\mathbf{u}^{k+1} &= \mathbf{y}, \end{aligned}$$

che richiedono circa N_h^2 operazioni (si veda il Cap. 7 ed anche [QSS08, Cap. 3]).

Esempio 5.1 Supponiamo di risolvere l'equazione del calore $\frac{\partial u}{\partial t} - 0.1\Delta u = 0$ sul dominio $\Omega \subset \mathbb{R}^2$ di Fig. 5.2, a sinistra (che è l'unione di due cerchi di raggio 0.5 e centro $(-0.5, 0)$ e $(0.5, 0)$, rispettivamente). Assegnamo condizioni di Dirichlet su tutto il contorno prendendo $u(\mathbf{x}, t) = 1$ per i punti in $\partial\Omega$ per cui $x_1 \geq \varepsilon$ e $u(\mathbf{x}, t) = 0$ se $x_1 < -\varepsilon$, per ε piccolo e positivo, con raccordo regolare fra i due valori per $-\varepsilon \leq x \leq \varepsilon$. La condizione iniziale è $u(\mathbf{x}, 0) = 1$ per $x_1 > \varepsilon$, $u(\mathbf{x}, 0) = 0$ per $x < -\epsilon$, con raccordo continuo fra i due valori. In Fig. 5.2 viene riportata la soluzione ottenuta al tempo $t = 1$. Sono stati usati elementi finiti lineari in spazio ed il metodo di Eulero implicito in tempo con $\Delta t = 0.01$. Come si vede il problema del calore ha un effetto regolarizzante. ∎

5.2 Stime a priori

Consideriamo il problema (5.5); dato che le equazioni corrispondenti devono valere per ogni $v \in V$, sarà lecito porre $v = u(t)$ (per t fissato), soluzione del problema stesso

$$\int_\Omega \frac{\partial u(t)}{\partial t} u(t) \, d\Omega + a(u(t), u(t)) = F(u(t)) \qquad \forall t > 0. \tag{5.9}$$

Considerando i singoli termini, si ha

$$\int_\Omega \frac{\partial u(t)}{\partial t} u(t) \, d\Omega = \frac{1}{2} \frac{\partial}{\partial t} \int_\Omega |u(t)|^2 d\Omega; \tag{5.10}$$

per la coercività della forma bilineare otteniamo

$$a(u(t), u(t)) \geq \alpha \|u(t)\|_V^2,$$

mentre grazie alla disuguaglianza di Cauchy-Schwarz abbiamo

$$F(u(t)) = (f(t), u(t)) \leq \|f(t)\|_{L^2(\Omega)} \|u(t)\|_{L^2(\Omega)}. \tag{5.11}$$

Supponiamo per ora $f = 0$. Utilizzando allora le prime due relazioni e il fatto che $F(v) = 0$, si ottiene

$$\frac{\partial}{\partial t} \|u(t)\|_{L^2(\Omega)}^2 + 2\alpha \|u(t)\|_V^2 \leq 0 \qquad \forall t > 0.$$

Dato che quest'ultima equazione vale per ogni $t > 0$ possiamo integrarla rispetto al tempo sull'intervallo $(0, t)$, ottenendo

$$\|u(t)\|_{L^2(\Omega)}^2 + 2\alpha \int_0^t \|u(s)\|_V^2 ds \leq \|u_0\|_{L^2(\Omega)}^2 \qquad \forall t > 0; \tag{5.12}$$

in particolare si ha

$$\|u(t)\|_{L^2(\Omega)} < \|u_0\|_{L^2(\Omega)} \qquad \forall t > 0.$$

Quest'ultima relazione assicura che l'energia cinetica del sistema si riduce nel tempo, in accordo con il fatto che l'equazione parabolica (5.1) rappresenta un sistema dissipativo, essendo l'operatore L ellittico.

Nel caso si abbia un termine di sorgente f quanto detto non sarà più vero. Ci si aspetta tuttavia una disuguaglianza analoga che tenga conto di tale termine. In effetti, dalle (5.9), (5.10) e (5.11), invece della (5.12) troviamo

$$\|u(t)\|_{L^2(\Omega)}^2 + 2\alpha \int_0^t \|u(s)\|_V^2 ds \leq \|u_0\|_{L^2(\Omega)}^2 + 2 \int_0^t \|f(s)\|_{L^2(\Omega)} \|u(s)\|_{L^2(\Omega)} ds. \tag{5.13}$$

Indicata con $\varphi(t)$ la funzione il cui quadrato è il termine di sinistra, posto $A(t) = 2\|f(t)\|_{L^2(\Omega)}$ e $g = \|u_0\|_{L^2(\Omega)}^2$, applicando il Lemma 2.2 di Gronwall nella versione *ii)*, troviamo grazie alla (2.30)

$$\left\{ \|u(t)\|^2_{L^2(\Omega)} + 2\alpha \int_0^t \|u(s)\|^2_V ds \right\}^{1/2} \leq \|u_0\|_{L^2(\Omega)} + \int_0^t \|f(s)\|_{L^2(\Omega)} ds \qquad \forall t > 0.$$

$$(5.14)$$

Questo in particolare assicura che u appartiene allo spazio

$$L^2(\mathbb{R}^+; V) \cap C^0(\mathbb{R}^+; L^2(\Omega)). \qquad (5.15)$$

Abbiamo visto che possiamo formulare il problema di Galerkin (5.6) per il problema (5.5) e che esso, sotto opportune ipotesi, ammette soluzione unica. Analogamente a quanto fatto nel caso del problema (5.5) per dimostrare la disuguaglianza (5.14), possiamo dimostrare la seguente disuguaglianza per la soluzione del problema (5.6)

$$\left\{ \|u_h(t)\|^2_{L^2(\Omega)} + 2\alpha \int_0^t \|u_h(s)\|^2_V ds \right\}^{1/2}$$

$$\leq \|u_{0h}\|_{L^2(\Omega)} + \int_0^t \|f(s)\|_{L^2(\Omega)} ds \qquad \forall t > 0. \qquad (5.16)$$

Si tratta in questo caso di una proprietà di stabilità.

5.3 Analisi di convergenza del problema semi-discreto

Consideriamo il problema (5.5) e la sua approssimazione (5.6). Vogliamo dimostrare la convergenza di u_h a u in norme opportune.
Per l'ipotesi di coercività possiamo scrivere:

$$\begin{aligned}
\alpha \|(u - u_h)(t)\|^2_{H^1(\Omega)} &\leq a((u - u_h)(t), (u - u_h)(t)) \\
&= a((u - u_h)(t), (u - v_h)(t)) + \\
&\quad a((u - u_h)(t), (v_h - u_h)(t)) \quad \forall v_h : v_h(t) \in V_h, \forall t > 0.
\end{aligned}$$

Sottintendiamo la dipendenza da t (per brevità di notazione). Sottraendo l'equazione (5.6) dall'equazione (5.5) e ponendo $w_h = v_h - u_h$ si ha

$$\left(\frac{\partial(u - u_h)}{\partial t}, w_h \right) + a(u - u_h, w_h) = 0$$

e quindi

$$\alpha \|u - u_h\|^2_{H^1(\Omega)} \leq a(u - u_h, u - v_h) - \left(\frac{\partial(u - u_h)}{\partial t}, w_h \right). \qquad (5.17)$$

Analizziamo separatamente i due termini a secondo membro:

- usando la continuità della forma $a(\cdot, \cdot)$ e la disuguaglianza di Young si ottiene

$$
\begin{aligned}
a(u - u_h, u - v_h) &\leq M \|u - u_h\|_{\mathrm{H}^1(\Omega)} \|u - v_h\|_{\mathrm{H}^1(\Omega)} \\
&\leq \frac{\alpha}{2} \|u - u_h\|_{\mathrm{H}^1(\Omega)}^2 + \frac{M^2}{2\alpha} \|u - v_h\|_{\mathrm{H}^1(\Omega)}^2;
\end{aligned}
$$

- scrivendo w_h nella forma $w_h = (v_h - u) + (u - u_h)$ si ottiene

$$
-\left(\frac{\partial(u - u_h)}{\partial t}, w_h \right) = \left(\frac{\partial(u - u_h)}{\partial t}, u - v_h \right) - \frac{1}{2} \frac{d}{dt} \|u - u_h\|_{\mathrm{L}^2(\Omega)}^2. \quad (5.18)
$$

Sostituendo questi due risultati nella (5.17) otteniamo

$$
\begin{aligned}
&\frac{1}{2} \frac{d}{dt} \|u - u_h\|_{\mathrm{L}^2(\Omega)}^2 + \frac{\alpha}{2} \|u - u_h\|_{\mathrm{H}^1(\Omega)}^2 \\
&\leq \frac{M^2}{2\alpha} \|u - v_h\|_{\mathrm{H}^1(\Omega)}^2 + \left(\frac{\partial(u - u_h)}{\partial t}, u - v_h \right).
\end{aligned}
$$

Moltiplicando per 2 ambo i membri ed integrando in tempo tra 0 e t troviamo

$$
\|(u - u_h)(t)\|_{\mathrm{L}^2(\Omega)}^2 + \alpha \int_0^t \|(u - u_h)(s)\|_{\mathrm{H}^1(\Omega)}^2 \, ds \leq \|(u - u_h)(0)\|_{\mathrm{L}^2(\Omega)}^2
$$

$$
(5.19)
$$

$$
+ \frac{M^2}{\alpha} \int_0^t \|(u - v_h)(s)\|_{\mathrm{H}^1(\Omega)}^2 \, ds + 2 \int_0^t \left(\frac{\partial}{\partial s}(u - u_h)(s), (u - v_h)(s) \right) \, ds.
$$

Integriamo per parti l'ultimo termine rispetto alla variabile temporale. Utilizzando la disuguaglianza di Young si ottiene:

$$
\int_0^t \left(\frac{\partial}{\partial s}(u - u_h)(s), (u - v_h)(s) \right) \, ds = -\int_0^t \left((u - u_h)(s), \frac{\partial}{\partial s}((u - v_h)(s)) \right) \, ds
$$

$$
+ ((u - u_h)(t), (u - v_h)(t)) - ((u - u_h)(0), (u - v_h)(0))
$$

$$
\leq \int_0^t \|(u - u_h)(s)\|_{\mathrm{L}^2(\Omega)} \left\| \frac{\partial((u - v_h)(s))}{\partial s} \right\|_{\mathrm{L}^2(\Omega)} \, ds + \frac{1}{4} \|(u - u_h)(t)\|_{\mathrm{L}^2(\Omega)}^2
$$

$$
+ \|(u - v_h)(t)\|_{\mathrm{L}^2(\Omega)}^2 + \frac{1}{2} \|(u - u_h)(0)\|_{\mathrm{L}^2(\Omega)}^2 + \frac{1}{2} \|u(0) - v_h^{(0)}\|_{\mathrm{L}^2(\Omega)}^2.
$$

Dalla (5.19) otteniamo pertanto

$$
\frac{1}{2}\|(u - u_h)(t)\|_{L^2(\Omega)}^2 + \alpha \int_0^t \|(u - u_h)(s)\|_{H^1(\Omega)}^2 \, ds
$$

$$
\leq 2\|(u - u_h)(0)\|_{L^2(\Omega)}^2 + \frac{M^2}{\alpha} \int_0^t \|(u - v_h)(s)\|_{H^1(\Omega)}^2 \, ds \tag{5.20}
$$

$$
+ 2 \int_0^t \|(u - u_h)(s)\|_{L^2(\Omega)} \|\frac{\partial((u - v_h)(s))}{\partial s}\|_{L^2(\Omega)} \, ds
$$

$$
+ 2\|(u - v_h)(t)\|_{L^2(\Omega)}^2 + \|u(0) - v_h\|_{L^2(\Omega)}^2.
$$

Supponiamo ora che V_h sia lo spazio degli elementi finiti di grado r, più precisamente $V_h = \{v_h \in X_h^r : v_h|_{\Gamma_D} = 0\}$, e scegliamo, ad ogni t, $v_h(t) = \Pi_h^r u(t)$, l'interpolante di $u(t)$ in V_h (si veda la (4.20)). Grazie alla (4.68) abbiamo, nell'ipotesi che u sia sufficientemente regolare,

$$
h\|u(t) - \Pi_h^r u(t)\|_{H^1(\Omega)} + \|u(t) - \Pi_h^r u(t)\|_{L^2(\Omega)} \leq C_2 h^{r+1} |u(t)|_{H^{r+1}(\Omega)}.
$$

Consideriamo (e maggioriamo) alcuni addendi che compaiono nel termine di destra della disuguaglianza (5.20):

$$
E_1 = 2\|(u - u_h)(0)\|_{L^2(\Omega)}^2 \leq C_1 h^{2r} |u(0)|_{H^r(\Omega)}^2,
$$

$$
E_2 = \frac{M^2}{\alpha} \int_0^t \|u(s) - v_h\|_{H^1(\Omega)}^2 \, ds \leq C_2 h^{2r} \int_0^t |u(s)|_{H^{r+1}(\Omega)}^2 \, ds,
$$

$$
E_3 = 2\|u(t) - v_h\|_{L^2(\Omega)}^2 \leq C_3 h^{2r} |u(t)|_{H^r(\Omega)}^2,
$$

$$
E_4 = \|u(0) - v_h\|_{L^2(\Omega)}^2 \leq C_4 h^{2r} |u(0)|_{H^r(\Omega)}^2.
$$

Di conseguenza

$$
E_1 + E_2 + E_3 + E_4 \leq C h^{2r} N(u),
$$

dove $N(u)$ è una funzione opportuna dipendente da u e da $\dfrac{\partial u}{\partial t}$ e C una opportuna costante positiva. Infine,

$$
\|\frac{\partial(u(s) - v_h(s))}{\partial s}\|_{L^2(\Omega)} \leq C_5 h^r \left|\frac{\partial u(s)}{\partial s}\right|_{H^r(\Omega)}.
$$

In questo modo, dalla (5.20) si ottiene la disuguaglianza

$$
\|(u - u_h)(t)\|_{L^2(\Omega)}^2 + 2\alpha \int_0^t \|(u - u_h)(s)\|_{H^1(\Omega)}^2 \, ds
$$

$$
\leq C h^{2r} N(u) + 4 C_5 h^r \int_0^t \left|\frac{\partial u(s)}{\partial s}\right|_{H^r(\Omega)} \|(u - u_h)(s)\|_{L^2(\Omega)} ds.
$$

Infine, applicando il Lemma di Gronwall (Lemma 2.2 nella forma $ii)$) otteniamo la stima a priori dell'errore $\forall t > 0$

$$\left\{ \|(u - u_h)(t)\|_{L^2(\Omega)}^2 + 2\alpha \int_0^t \|(u - u_h)(s)\|_{H^1(\Omega)}^2 ds \right\}^{1/2} \leq \bar{C}h^r M\left(u, \frac{\partial u}{\partial t}\right),$$

per una opportuna costante positiva $\bar{C}$ e M una oppurtuna funzione dipendente da u e $\frac{\partial u}{\partial t}$ e dalle loro seminorme di Sobolev come precedentemente indicato.

Abbiamo dunque dimostrato che u_h converge a u con ordine r rispetto ad h nella norma dello spazio (5.15).

5.4 Analisi di stabilità del θ-metodo

Analizziamo ora la stabilità del problema totalmente discretizzato.

Applicando il θ-metodo al problema di Galerkin (5.6) si ottiene

$$\left(\frac{u_h^{k+1} - u_h^k}{\Delta t}, v_h\right) + a\left(\theta u_h^{k+1} + (1 - \theta)u_h^k, v_h\right)$$

$$= \theta F^{k+1}(v_h) + (1 - \theta)F^k(v_h) \qquad \forall v_h \in V_h, \tag{5.21}$$

per ogni $k \geq 0$, con $u_h^0 = u_{0h}$; la notazione F^k sta a significare che il funzionale è valutato al tempo t^k.

Ci limiteremo al caso in cui $F = 0$ ed inizieremo a considerare il caso del metodo di Eulero implicito in cui $\theta = 1$, ovvero

$$\left(\frac{u_h^{k+1} - u_h^k}{\Delta t}, v_h\right) + a\left(u_h^{k+1}, v_h\right) = 0 \qquad \forall v_h \in V_h.$$

Scelto $v_h = u_h^{k+1}$, si ottiene

$$(u_h^{k+1}, u_h^{k+1}) + \Delta t\, a\left(u_h^{k+1}, u_h^{k+1}\right) = (u_h^k, u_h^{k+1}).$$

Sfruttando ora le seguenti disuguaglianze

$$a(u_h^{k+1}, u_h^{k+1}) \geq \alpha\|u_h^{k+1}\|_V^2, \qquad (u_h^k, u_h^{k+1}) \leq \frac{1}{2}\|u_h^k\|_{L^2(\Omega)}^2 + \frac{1}{2}\|u_h^{k+1}\|_{L^2(\Omega)}^2,$$

derivanti la prima dalla coercività della forma bilineare $a(\cdot, \cdot)$ e la seconda dalle disuguaglianze di Cauchy-Schwarz e di Young, otteniamo

$$\|u_h^{k+1}\|_{L^2(\Omega)}^2 + 2\alpha\Delta t\|u_h^{k+1}\|_V^2 \leq \|u_h^k\|_{L^2(\Omega)}^2. \tag{5.22}$$

Sommando sull'indice k da 0 a $n - 1$ deduciamo che

$$\|u_h^n\|_{L^2(\Omega)}^2 + 2\alpha\Delta t\sum_{k=0}^{n-1}\|u_h^{k+1}\|_V^2 \leq \|u_{0h}\|_{L^2(\Omega)}^2.$$

Osservando che $\|u_h^{k+1}\|_V \geq \|u_h^{k+1}\|_{L^2(\Omega)}$, si deduce dalla (5.22) che, per ogni $\Delta t > 0$ fissato,

$$\lim_{k\to\infty} \|u_h^k\|_{L^2(\Omega)} = 0,$$

ovvero il metodo di Eulero all'indietro è assolutamente stabile senza che si debba fare alcuna ipotesi limitativa sul passo Δt.

Nel caso in cui $f \neq 0$, utilizzando il Lemma di Gronwall discreto (Lemma 2.3) si può dimostrare in maniera analoga che

$$\|u_h^n\|_{L^2(\Omega)}^2 + 2\alpha\Delta t\sum_{k=1}^{n}\|u_h^k\|_V^2 \leq C(t^n)\left(\|u_{0h}\|_{L^2(\Omega)}^2 + \sum_{k=1}^{n}\Delta t\|f^k\|_{L^2(\Omega)}^2\right). \quad (5.23)$$

Questa relazione è molto simile alla (5.16), pur di sostituire gli integrali $\int_0^t \cdot\, ds$ con una formula di integrazione numerica composita con passo Δt [QSS08].

Prima di analizzare il caso generale in cui θ è un parametro arbitrario compreso tra 0 e 1, introduciamo la seguente definizione.

Diremo che il numero λ è un *autovalore della forma bilineare* $a(\cdot,\cdot) : V \times V \mapsto \mathbb{R}$ e che $w \in V$ ne è l'*autofunzione* associata se risulta

$$a(w,v) = \lambda(w,v) \qquad \forall v \in V.$$

Se la forma bilineare $a(\cdot,\cdot)$ è simmetrica e coerciva essa ha infiniti autovalori reali positivi i quali formano una successione non limitata; inoltre le sue autofunzioni formano una base dello spazio V.

Nel discreto gli autovalori e le autofunzioni di $a(\cdot,\cdot)$ possono essere approssimate cercando le coppie $\lambda_h \in \mathbb{R}$ e $w_h \in V_h$ legate dalla relazione

$$a(w_h,v_h) = \lambda_h(w_h,v_h) \quad \forall v_h \in V_h. \qquad (5.24)$$

Dal punto di vista algebrico il problema (5.24) si formula nel modo seguente

$$A\mathbf{w} = \lambda_h M\mathbf{w},$$

dove A è la matrice di rigidezza e M la matrice di massa. Trattasi pertanto di un *problema generalizzato agli autovalori*.

Tali autovalori sono tutti positivi ed in numero pari ad N_h (essendo, al solito, N_h la dimensione del sottospazio V_h); il piu grande, $\lambda_h^{N_h}$, verifica

$$\lambda_h^{N_h} \to \infty \qquad \text{per } N_h \to \infty.$$

Inoltre le corrispondenti autofunzioni formano una base per il sottospazio V_h e possono essere scelte in modo da essere *ortonormali* rispetto al prodotto scalare di $L^2(\Omega)$. Ciò significa che, indicando con w_h^i l'autofunzione corrispondente all'autovalore λ_h^i, si ha $(w_h^i, w_h^j) = \delta_{ij}$ $\forall i,j = 1,\ldots,N_h$. Pertanto ogni funzione $v_h \in V_h$ può essere rappresentata nel modo seguente

$$v_h(\mathbf{x}) = \sum_{j=1}^{N_h} v_j w_h^j(\mathbf{x})$$

e, grazie all'ortonormalità delle autofunzioni,

$$\|v_h\|_{L^2(\Omega)}^2 = \sum_{j=1}^{N_h} v_j^2. \tag{5.25}$$

Consideriamo ora $\theta \in [0, 1]$ arbitrario e limitiamoci al caso in cui la forma bilineare $a(\cdot, \cdot)$ sia simmetrica (in realtà il risultato finale di stabilità vale in generale, ma la dimostrazione che segue non sarebbe applicabile, in quanto le autofunzioni non formerebbero necessariamente una base). Poiché $u_h^k \in V_h$, possiamo scrivere

$$u_h^k(\mathbf{x}) = \sum_{j=1}^{N_h} u_j^k w_h^j(\mathbf{x}).$$

Osserviamo che in questo sviluppo di tipo modale gli u_j^k non rappresentano più i valori nodali di u_h^k. Se ora nella (5.21) poniamo $F = 0$ e prendiamo $v_h = w_h^i$, troviamo

$$\frac{1}{\Delta t} \sum_{j=1}^{N_h} [u_j^{k+1} - u_j^k] \left(w_h^j, w_h^i \right) + \sum_{j=1}^{N_h} [\theta u_j^{k+1} + (1 - \theta) u_j^k] a(w_h^j, w_h^i) = 0,$$

per ogni $i = 1, \dots, N_h$. Per ogni coppia $i, j = 1, \dots, N_h$ si ha

$$a(w_h^j, w_h^i) = \lambda_h^j(w_h^j, w_h^i) = \lambda_h^j \delta_{ij} = \lambda_h^i,$$

e quindi, per ogni $i = 1, \dots, N_h$,

$$\frac{u_i^{k+1} - u_i^k}{\Delta t} + [\theta u_i^{k+1} + (1 - \theta) u_i^k] \lambda_h^i = 0.$$

Risolvendo ora rispetto a u_i^{k+1} si trova

$$u_i^{k+1} = u_i^k \frac{1 - (1 - \theta) \lambda_h^i \Delta t}{1 + \theta \lambda_h^i \Delta t}.$$

Ricordando la (5.25) possiamo concludere che affinché il metodo sia assolutamente stabile deve essere soddisfatta la disuguaglianza

$$\left| \frac{1 - (1 - \theta) \lambda_h^i \Delta t}{1 + \theta \lambda_h^i \Delta t} \right| < 1,$$

ovvero

$$-1 - \theta \lambda_h^i \Delta t < 1 - (1 - \theta) \lambda_h^i \Delta t < 1 + \theta \lambda_h^i \Delta t.$$

Pertanto,

$$-\frac{2}{\lambda_h^i \Delta t} - \theta < \theta - 1 < \theta.$$

La seconda disuguaglianza è sempre verificata, mentre la prima si può riscrivere come

$$2\theta - 1 > -\frac{2}{\lambda_h^i \Delta t}.$$

Se $\theta \geq 1/2$, il primo membro è non negativo, mentre il secondo membro è negativo, per cui la disuguaglianza risulta verificata per ogni Δt. Se invece $\theta < 1/2$, la disuguaglianza è soddisfatta e dunque il metodo è stabile solo se

$$\Delta t < \frac{2}{(1 - 2\theta)\lambda_h^i}.$$

Poiché tale relazione deve valere per tutti gli autovalori λ_h^i della forma bilineare, basterà chiedere che valga per il massimo di essi, che abbiamo supposto essere $\lambda_h^{N_h}$. In definitiva si ha:

- *se $\theta \geq 1/2$, il θ-metodo è incondizionatamente assolutamente stabile, ovvero assolutamente stabile per ogni Δt;*
- *se $\theta < 1/2$, il θ-metodo è assolutamente stabile solo per $\Delta t \leq \dfrac{2}{(1 - 2\theta)\lambda_h^{N_h}}.$*

Grazie alla definizione di autovalore (5.24) e alla proprietà di continuità di $a(\cdot, \cdot)$, si deduce

$$\lambda_h^{N_h} = \frac{a(w_{N_h}, w_{N_h})}{\|w_{N_h}\|_{L^2(\Omega)}^2} \leq \frac{M\|w_{N_h}\|_V^2}{\|w_{N_h}\|_{L^2(\Omega)}^2} \leq M(1 + C^2 h^{-2}).$$

La costante $C > 0$ che appare nell'ultimo passaggio deriva dalla seguente *disuguaglianza inversa*:

$$\exists C > 0 \; : \; \|\nabla v_h\|_{L^2(\Omega)} \leq Ch^{-1}\|v_h\|_{L^2(\Omega)} \qquad \forall v_h \in V_h,$$

per la cui dimostrazione si rinvia a [QV94, Cap. 3].
Pertanto, per h sufficientemente piccolo, $\lambda_h^{N_h} \leq Ch^{-2}$. In realtà si può mostrare che $\lambda_h^{N_h}$ è effettivamente dell'ordine di h^{-2}, ovvero

$$\lambda_h^{N_h} = max_i \lambda_h^i \simeq ch^{-2}.$$

Tenendo conto di questo fatto si ottiene che per $\theta < 1/2$ il metodo è assolutamente stabile solo se

$$\Delta t \leq C(\theta)h^2, \tag{5.26}$$

dove $C(\theta)$ indica una costante positiva dipendente da θ. Quest'ultima relazione implica che, per $\theta < 1/2$, Δt non può essere scelto arbitrariamente ma è limitato dalla scelta di h.

5.5 Analisi di convergenza del θ-metodo

Per confronto fra la soluzione del problema totalmente discretizzato (5.21) e quella del problema semidiscreto, utilizzando opportunamente il risultato di stabilità (5.23), nonché l'errore di troncamento della discretizzazione in tempo, si può dimostrare il seguente teorema.

Teorema 5.1 *Nell'ipotesi che u_0, f e la soluzione esatta siano sufficientemente regolari, vale la seguente stima a priori dell'errore:* $\forall n \geq 1$,

$$\|u(t^n) - u_h^n\|_{L^2(\Omega)}^2 + 2\alpha \Delta t \sum_{k=1}^{n} \|u(t^k) - u_h^k\|_V^2 \leq C(u_0, f, u)(\Delta t^{p(\theta)} + h^{2r}),$$

dove $p(\theta) = 2$ *se* $\theta \neq 1/2$, $p(1/2) = 4$ *e* C *è una costante che dipende opportunamente dai suoi argomenti.*

Dimostrazione. Per semplicità, ci limiteremo a considerare il metodo di Eulero all'indietro (corrispondente a $\theta = 1$)

$$\frac{1}{\Delta t}(u_h^{k+1} - u_h^k, v_h) + a(u_h^{k+1}, v_h) = (f^{k+1}, v_h) \qquad \forall v_h \in V_h. \tag{5.27}$$

Rimandiamo il lettore a [QV94], Sez. 11.3.1, per la dimostrazione nel caso generale. Supponiamo inoltre, per semplicità, che $a(\cdot, \cdot)$ sia simmetrica, e definiamo l'operatore di proiezione ortogonale

$$\Pi_{1,h}^r : V \to V_h \; : \; \forall w \in V, \, a(\Pi_{1,h}^r w - w, v_h) = 0 \qquad \forall v_h \in V_h. \tag{5.28}$$

Utilizzando i risultati visti nel Cap. 3, si può facilmente dimostrare che esiste una costante $C > 0$ t.c., $\forall w \in V \cap H^{r+1}(\Omega)$,

$$\|\Pi_{1,h}^r w - w\|_{H^1(\Omega)} + h^{-1}\|\Pi_{1,h}^r w - w\|_{L^2(\Omega)} \leq Ch^r |w|_{H^{r+1}(\Omega)}. \tag{5.29}$$

Osserviamo che

$$\|u(t^k) - u_h^k\|_{L^2(\Omega)} \leq \|u(t^k) - \Pi_{1,h}^r u(t^k)\|_{L^2(\Omega)} + \|\Pi_{1,h}^r u(t^k) - u_h^k\|_{L^2(\Omega)}. \tag{5.30}$$

Il primo termine può essere stimato ricorrendo alla (5.29). Per analizzare il secondo termine, posto $\varepsilon_h^k = u_h^k - \Pi_{1,h}^r u(t^k)$, otteniamo

$$\frac{1}{\Delta t}(\varepsilon_h^{k+1} - \varepsilon_h^k, v_h) + a(\varepsilon_h^{k+1}, v_h) = (\delta^{k+1}, v_h) \qquad \forall v_h \in V_h, \tag{5.31}$$

avendo posto

$$(\delta^{k+1}, v_h) = (f^{k+1}, v_h) - \frac{1}{\Delta t}(\Pi_{1,h}^r(u(t^{k+1}) - u(t^k)), v_h) - a(u(t^{k+1}), v_h) \tag{5.32}$$

ed avendo sfruttato sull'ultimo addendo l'ortogonalità (5.28) dell'operatore $\Pi_{1,h}^r$. La successione $\{\varepsilon_h^k, \ k = 0, 1 \ldots\}$ soddisfa il problema (5.31) che è del tutto simile a (5.27) (pur di prendere δ^{k+1} al posto di f^{k+1}). Adattando la stima di stabilità (5.23), si ottiene, per ogni $n \geq 1$,

$$\|\varepsilon_h^n\|_{L^2(\Omega)}^2 + 2\alpha\Delta t \sum_{k=1}^{n} \|\varepsilon_h^k\|_V^2 \leq C(t^n) \left(\|\varepsilon_h^0\|_{L^2(\Omega)}^2 + \sum_{k=1}^{n} \Delta t \|\delta^k\|_{L^2(\Omega)}^2 \right). \quad (5.33)$$

La norma associata all'istante iniziale può essere facilmente stimata; se, ad esempio, $u_{0h} = \Pi_h^r u_0$ è l'interpolato ad elementi finiti di u_0, utilizzando opportunamente le stime (4.68) e (5.29) otteniamo

$$\|\varepsilon_h^0\|_{L^2(\Omega)} = \|u_{0h} - \Pi_{1,h}^r u_0\|_{L^2(\Omega)}$$

$$\leq \|\Pi_h^r u_0 - u_0\|_{L^2(\Omega)} + \|u_0 - \Pi_{1,h}^r u_0\|_{L^2(\Omega)} \leq C h^r |u_0|_{H^r(\Omega)}. \quad (5.34)$$

Concentriamoci ora sulla stima della norma $\|\delta^k\|_{L^2(\Omega)}$. Grazie alla (5.5),

$$(f^{k+1}, v_h) - a(u(t^{k+1}), v_h) = \left(\frac{\partial u(t^{k+1})}{\partial t}, v_h \right).$$

Questo ci permette di riscrivere la (5.32) come

$$(\delta^{k+1}, v_h) = \left(\frac{\partial u(t^{k+1})}{\partial t}, v_h \right) - \frac{1}{\Delta t}(\Pi_{1,h}^r(u(t^{k+1}) - u(t^k)), v_h)$$

$$= \left(\frac{\partial u(t^{k+1})}{\partial t} - \frac{u(t^{k+1}) - u(t^k)}{\Delta t}, v_h \right) + \left(\left(I - \Pi_{1,h}^r\right)\left(\frac{u(t^{k+1}) - u(t^k)}{\Delta t}\right), v_h \right). \quad (5.35)$$

Usando la formula di Taylor con resto in forma integrale, otteniamo

$$\frac{\partial u(t^{k+1})}{\partial t} - \frac{u(t^{k+1}) - u(t^k)}{\Delta t} = \frac{1}{\Delta t} \int_{t^k}^{t^{k+1}} (t - t^k)\frac{\partial^2 u}{\partial t^2}(t)\, dt, \quad (5.36)$$

fatte le opportune richieste di regolarità sulla funzione u rispetto alla variabile temporale. Usando ora il teorema fondamentale del calcolo integrale e sfruttando la commutatività tra l'operatore di proiezione $\Pi_{1,h}^r$ e la derivata temporale, otteniamo

$$\left(I - \Pi_{1,h}^r\right)\left(u(t^{k+1}) - u(t^k)\right) = \int_{t^k}^{t^{k+1}} \left(I - \Pi_{1,h}^r\right)\left(\frac{\partial u}{\partial t}\right)(t)\, dt. \quad (5.37)$$

Scelto ora $v_h = \delta^{k+1}$ in (5.35), grazie alle relazioni (5.36) e (5.37), possiamo dedurre la seguente maggiorazione

$$\|\delta^{k+1}\|_{\mathrm{L}^2(\Omega)}$$

$$\leq \left\|\frac{1}{\Delta t}\int_{t^k}^{t^{k+1}}(t-t^k)\frac{\partial^2 u}{\partial t^2}(t)\,dt\right\|_{\mathrm{L}^2(\Omega)} + \left\|\frac{1}{\Delta t}\int_{t^k}^{t^{k+1}}\left(I-\Pi_{1,h}^r\right)\left(\frac{\partial u}{\partial t}\right)(t)\,dt\right\|_{\mathrm{L}^2(\Omega)}$$

$$\leq \int_{t^k}^{t^{k+1}}\left\|\frac{\partial^2 u}{\partial t^2}(t)\right\|_{\mathrm{L}^2(\Omega)}dt + \frac{1}{\Delta t}\int_{t^k}^{t^{k+1}}\left\|\left(I-\Pi_{1,h}^r\right)\left(\frac{\partial u}{\partial t}\right)(t)\right\|_{\mathrm{L}^2(\Omega)}dt.$$

$$(5.38)$$

Ritornando alla stima di stabilità (5.33) e sfruttando la (5.34) e la stima (5.38) con gli indici opportunamente scalati, si ha

$$\|\varepsilon_h^n\|^2_{\mathrm{L}^2(\Omega)} \leq C(t^n)\left(h^{2r}|u_0|^2_{\mathrm{H}^r(\Omega)} + \sum_{k=1}^{n}\Delta t\left[\left(\int_{t^{k-1}}^{t^k}\left\|\frac{\partial^2 u}{\partial t^2}(t)\right\|_{\mathrm{L}^2(\Omega)}dt\right)^2\right.\right.$$

$$\left.\left.+ \frac{1}{\Delta t^2}\left(\int_{t^{k-1}}^{t^k}\left\|\left(I-\Pi_{1,h}^r\right)\left(\frac{\partial u}{\partial t}\right)(t)\right\|_{\mathrm{L}^2(\Omega)}dt\right)^2\right]\right),$$

ovvero, utilizzando la disuguaglianza di Cauchy-Schwarz e la stima (5.29) per l'operatore di proiezione $\Pi_{1,h}^r$,

$$\|\varepsilon_h^n\|^2_{\mathrm{L}^2(\Omega)} \leq C(t^n)\left(h^{2r}|u_0|^2_{\mathrm{H}^r(\Omega)} + \sum_{k=1}^{n}\Delta t\left[\Delta t\int_{t^{k-1}}^{t^k}\left\|\frac{\partial^2 u}{\partial t^2}(t)\right\|^2_{\mathrm{L}^2(\Omega)}dt\right.\right.$$

$$\left.\left.+ \frac{1}{\Delta t^2}\left(\int_{t^{k-1}}^{t^k}h^r\left|\frac{\partial u}{\partial t}(t)\right|_{\mathrm{H}^r(\Omega)}dt\right)^2\right]\right)$$

$$\leq C(t^n)\left(h^{2r}|u_0|^2_{\mathrm{H}^r(\Omega)} + \Delta t^2\sum_{k=1}^{n}\int_{t^{k-1}}^{t^k}\left\|\frac{\partial^2 u}{\partial t^2}(t)\right\|^2_{\mathrm{L}^2(\Omega)}dt\right.$$

$$\left.+ \frac{1}{\Delta t}h^{2r}\sum_{k=1}^{n}\Delta t\int_{t^{k-1}}^{t^k}\left|\frac{\partial u}{\partial t}(t)\right|^2_{\mathrm{H}^r(\Omega)}dt\right).$$

Questo permette di maggiorare il secondo termine in (5.30) nel seguente modo

$$\|\varepsilon_h^n\|_{\mathrm{L}^2(\Omega)} \leq C^*(t^n)\left(h^r|u_0|_{\mathrm{H}^r(\Omega)} + \Delta t\left\|\frac{\partial^2 u}{\partial t^2}\right\|_{\mathrm{L}^2(0,t^n;\mathrm{L}^2(\Omega))}\right.$$

$$\left.+ h^r\left\|\frac{\partial u}{\partial t}\right\|_{\mathrm{L}^2(0,t_n;\mathrm{H}^r(\Omega))}\right).$$

Combinando tale risultato con la stima (5.29) per la maggiorazione del primo termine in (5.30), otteniamo, per ogni $n \geq 0$,

$$\|u(t^n) - u_h^n\|_{L^2(\Omega)} \leq \tilde{C}(t^n)\left[h^r\left(|u_0|_{H^r(\Omega)} + \left\|\frac{\partial u}{\partial t}\right\|_{L^2(0,t_n;H^r(\Omega))}\right.\right.$$

$$\left.\left. + |u(t^n)|_{H^r(\Omega)}\right) + \Delta t\left\|\frac{\partial^2 u}{\partial t^2}\right\|_{L^2(0,t^n;L^2(\Omega))}\right].$$

◇

5.6 Il caso dell'approssimazione spettrale G-NI

Consideriamo ora un'approssimazione spaziale basata sul metodo spettrale G-NI che verrà discusso nelle Sez. 10.3 e 10.4. Il θ-metodo applicato alla discretizzazione spaziale G-NI del problema di Dirichlet omogeneo (5.4), definito sull'intervallo spaziale $-1 < x < 1$, si formula come segue:
per ogni $k \geq 0$, trovare $u_N^k \in V_N = \{v_N \in \mathbb{P}_N : v_N(-1) = v_N(1) = 0\}$ t.c.

$$\left(\frac{u_N^{k+1} - u_N^k}{\Delta t}, v_N\right)_N + a_N(\theta u_N^{k+1} + (1-\theta)u_N^k, v_N)$$

$$= \theta\left(f^{k+1}, v_N\right)_N + (1-\theta)\left(f^k, v_N\right)_N \qquad \forall v_N \in V_N,$$

essendo $u_N^0 = u_{0,N} \in V_N$ una conveniente approssimazione di u_0 (ad esempio l'interpolante $\Pi_N^{GLL}u_0$ introdotto in (10.14)). Vedremo che $(\cdot, \cdot)_N$ denota il prodotto scalare discreto ottenuto usando la formula di integrazione numerica di Gauss-Legendre-Lobatto (GLL), mentre $a_N(\cdot, \cdot)$ è l'approssimazione della forma bilineare $a(\cdot, \cdot)$ ottenuta sostituendo gli integrali esatti con la suddetta formula di integrazione numerica.

Si può dimostrare che il θ−metodo è anche in questo caso incondizionatamente assolutamente stabile se $\theta \geq \frac{1}{2}$, mentre per $\theta < \frac{1}{2}$ si ha la assoluta stabilità se

$$\Delta t \leq C(\theta)N^{-4}. \tag{5.39}$$

In effetti, la dimostrazione si può fare ripetendo le stesse tappe percorse in precedenza nel caso dell'approssimazione agli elementi finiti. In particolare, definiamo le coppie autovalore-autofunzione (λ_j, w_N^j) della forma bilineare $a_N(\cdot, \cdot)$, per ogni $j = 1, \ldots, N - 1$, attraverso la relazione

$$w_N^j \in V_N : a_N(w_N^j, v_N) = \lambda_j\left(w_N^j, v_N\right) \qquad \forall v_N \in V_N.$$

Pertanto

$$\lambda_j = \frac{a_N(w_N^j, w_N^j)}{\|w_N^j\|_N^2}.$$

Usando la continuità della forma bilineare $a_N(\cdot, \cdot)$, troviamo

$$\lambda_j \leq \frac{M\|w_N^j\|_{H^1(-1,1)}^2}{\|w_N^j\|_N^2}.$$

Ricordiamo ora la seguente disuguaglianza inversa per polinomi algebrici ([CHQZ06])

$$\exists\, C_I > 0 \,:\, \|v'_N\|_{L^2(-1,1)} \le C_I \, N^2 \|v_N\|_{L^2(-1,1)} \qquad \forall v_N \in \mathbb{P}_N.$$

Allora

$$\lambda_j \le \frac{C_I^2 M N^4 \, \|w_N^j\|_{L^2(-1,1)}^2}{\|w_N^j\|_N^2}.$$

Usando la proprietà di equivalenza (10.52), concludiamo che

$$\lambda_j \le 3 C_I^2 M N^4 \qquad \forall j = 1, \dots, N-1.$$

Si ha inoltre la seguente stima di convergenza

$$\|u(t^n) - u_N^n\|_{L^2(\Omega)} \le \widetilde{C}(t^n)\bigg[N^{-r}\bigg(|u_0|_{H^r(\Omega)} + \int\limits_0^{t^n} \bigg|\frac{\partial u}{\partial t}(t)\bigg|_{H^r(\Omega)}\, dt$$
$$+\, |u(t^n)|_{H^r(\Omega)}\bigg) + \Delta t \int\limits_0^{t^n} \bigg\|\frac{\partial^2 u}{\partial t^2}(t)\bigg\|_{L^2(\Omega)}\, dt\bigg].$$

Per la dimostrazione si veda [CHQZ06], Cap. 7.

5.7 Esercizi

1. Si verifichi che la matrice di massa M introdotta nella (5.7) è definita positiva.
2. Si dimostri la condizione di stabilità (5.39) nel caso dell'approssimazione pseudo-spettrale dell'equazione (5.4) (sostituendo l'intervallo $(0,1)$ con $(-1,1)$).
   [*Soluzione*: si proceda in modo analogo a quanto fatto nella Sez. 5.4 per la soluzione ad elementi finiti e si invochino le proprietà riportate nei Lemmi 10.2 e 10.3.]
3. Si consideri il problema:

$$\begin{cases} \dfrac{\partial u}{\partial t} - \dfrac{\partial}{\partial x}\left(\alpha \dfrac{\partial u}{\partial x}\right) - \beta u = 0 & \text{in } Q_T = (0,1) \times (0,\infty), \\[2mm] u = u_0 & \text{per } x \in (0,1),\ t = 0, \\[2mm] u = \eta & \text{per } x = 0,\ t > 0, \\[2mm] \alpha \dfrac{\partial u}{\partial x} + \gamma u = 0 & \text{per } x = 1,\ t > 0, \end{cases}$$

dove $\alpha = \alpha(x)$, $u_0 = u_0(x)$ sono funzioni assegnate e β, γ, $\eta \in \mathbb{R}$ (con β positivo).

a) Si provino esistenza ed unicità della soluzione debole al variare di γ, fornendo opportune limitazioni sui coefficienti ed opportune ipotesi di regolarità sulle funzioni α e u_0.

b) Si introduca la semidiscretizzazione spaziale del problema con il metodo di Galerkin-elementi finiti, e se ne faccia l'analisi di stabilità e di convergenza.

c) Nel caso in cui $\gamma = 0$, si approssimi lo stesso problema con il metodo di Eulero esplicito in tempo e se ne faccia l'analisi di stabilità.

4. Si consideri il problema seguente: trovare $u(x,t)$, $0 \le x \le 1$, $t \ge 0$, tale che

$$\begin{cases} \dfrac{\partial u}{\partial t} + \dfrac{\partial v}{\partial x} = 0, & 0 < x < 1,\, t > 0, \\[2mm] v + \alpha(x)\dfrac{\partial u}{\partial x} - \gamma(x)u = 0, & 0 < x < 1,\, t > 0, \\[2mm] v(1,t) = \beta(t),\ u(0,t) = 0,\, t > 0, \\[2mm] u(x,0) = u_0(x), & 0 < x < 1, \end{cases}$$

dove α, γ, β, u_0 sono funzioni assegnate.

a) Se ne faccia una approssimazione basata su elementi finiti di grado due nella x ed il metodo di Eulero implicito nel tempo e se ne provi la stabilità.

b) Come si comporterà l'errore in funzione dei parametri h e Δt?

c) Si indichi un modo per fornire una approssimazione per v a partire da quella di u e se ne indichi l'errore di approssimazione.

5. Si consideri il seguente problema (di diffusione-trasporto-reazione) ai valori iniziali e al contorno:
trovare $u : (0,1) \times (0,T) \to \mathbb{R}$ tale che

$$\begin{cases} \dfrac{\partial u}{\partial t} - \dfrac{\partial}{\partial x}\left(\alpha\dfrac{\partial u}{\partial x}\right) + \dfrac{\partial}{\partial x}(\beta u) + \gamma u = 0, & 0 < x < 1,\, 0 < t < T, \\[2mm] u = 0 & \text{per } x = 0,\, 0 < t < T, \\[2mm] \alpha\dfrac{\partial u}{\partial x} + \delta u = 0 & \text{per } x = 1,\, 0 < t < T, \\[2mm] u(x,0) = u_0(x), & 0 < x < 1,\, t = 0, \end{cases}$$

ove $\alpha = \alpha(x)$, $\beta = \beta(x)$, $\gamma = \gamma(x)$, $\delta = \delta(x)$, $u_0 = u_0(x)$, $x \in [0,1]$ sono funzioni assegnate.

a) Se ne scriva la formulazione debole.

b) Nelle ipotesi in cui

   a. $\exists \beta_0,\ \alpha_0,\ \alpha_1 > 0 : \forall x \in (0,1)\ \alpha_1 \ge \alpha(x) \ge \alpha_0;\ \beta(x) \le \beta_0;$

   b. $\frac{1}{2}\beta'(x) + \gamma(x) \ge 0 \quad \forall x \in (0,1),$

si forniscano eventuali ulteriori ipotesi sui dati affinché il problema sia ben posto. Si dia inoltre una stima a priori della soluzione. Si tratti lo stesso problema con $u = g$ per $x = 0$ e $0 < t < T$.

c) Si consideri una semidiscretizzazione basata sul metodo degli elementi finiti lineari e se ne provi la stabilità.

d) Infine, si fornisca una discretizzazione globale in cui la derivata temporale è approssimata con lo schema di Eulero implicito e se ne provi la stabilità.

6. Considerata l'equazione parabolica del calore

$$\begin{cases} \dfrac{\partial u}{\partial t} - \dfrac{\partial^2 u}{\partial x^2} = 0, & -1 < x < 1, t > 0, \\[2mm] u(x,0) = u_0(x), & -1 < x < 1, \\[2mm] u(-1,t) = u(1,t) = 0, & t > 0, \end{cases}$$

la si approssimi con il metodo G-NI in spazio e con il metodo di Eulero implicito in tempo e se ne faccia l'analisi di stabilità.

7. Si consideri il seguente problema ai valori iniziali e al contorno del quart'ordine: trovare $u : \Omega \times (0,T) \to \mathbb{R}$ tale che

$$\begin{cases} \dfrac{\partial u}{\partial t} - \operatorname{div}(\mu \nabla u) + \Delta^2 u + \sigma u = 0 & \text{in } \Omega \times (0,T), \\[2mm] u(\mathbf{x},0) = u_0 & \text{in } \Omega, \\[2mm] \dfrac{\partial u}{\partial n} = u = 0 & \text{su } \Sigma_T = \partial\Omega \times (0,T), \end{cases}$$

dove $\Omega \subset \mathbb{R}^2$ è un aperto limitato con bordo $\partial\Omega$ "regolare", $\Delta^2 = \Delta\Delta$ è l'operatore biarmonico, $\mu(\mathbf{x})$, $\sigma(\mathbf{x})$ e $u_0(\mathbf{x})$ sono funzioni note definite in Ω. È noto che

$$\sqrt{\int_\Omega |\Delta u|^2 \mathrm{d}\Omega} \simeq \|u\|_{H^2(\Omega)} \qquad \forall\, u \in H_0^2(\Omega) ,$$

ovvero le due norme $\|u\|_{H^2(\Omega)}$ e $\|\Delta u\|_{L^2(\Omega)}$ sono equivalenti, sullo spazio

$$H_0^2(\Omega) = \{u \in H^2(\Omega) : u = \partial u/\partial n = 0 \text{ su } \partial\Omega\}. \tag{5.40}$$

a) Se ne scriva la formulazione debole e si verifichi che la soluzione esiste ed è unica, facendo opportune ipotesi di regolarità sui dati.

b) Si consideri una semidiscretizzazione basata sul metodo degli elementi finiti triangolari e si indichi il minimo grado che tali elementi devono avere per risolvere adeguatamente il problema dato. Si usi il seguente risultato ([QV94]): se $\mathcal{T}_h$ è una triangolazione regolare di Ω e $v_{h|K}$ è un polinomio per ogni $K \in \mathcal{T}_h$, allora $v_h \in H^2(\Omega)$ se e solo se $v_h \in C^1(\overline{\Omega})$, ovvero v_h e le sue derivate prime sono continue attraverso le interfacce degli elementi di $\mathcal{T}_h$.

Capitolo 6
Generazione di griglie in 1D e 2D

Come abbiamo visto, i metodi numerici per la risoluzione di equazioni differenziali alle derivate parziali richiedono una "reticolazione" del dominio computazionale, ossia una partizione del dominio stesso in unità geometriche più semplici (ad esempio, triangoli o quadrilateri in due dimensioni, tetraedri, prismi o esaedri in tre dimensioni) che verifichino determinate condizioni. La loro unione definirà la cosiddetta griglia di calcolo.

In questo capitolo, per semplicità, ci occupiamo delle principali tecniche di reticolazione per domini mono e bidimensionali, senza alcuna pretesa di esaustività. Si rimanderà il lettore, dove opportuno, alla letteratura specializzata. Le tecniche esposte per il caso 2D possono però essere estese a domini tridimensionali. Inoltre, non affronteremo la complessa tematica relativa all'approssimazione della frontiera di domini di forma non poligonale. Il lettore interessato può consultare [Cia78], [BS94]. Supporremo dunque nel seguito che la frontiera della triangolazione coincida con quella del dominio.

6.1 La generazione di griglia in 1D

Supponiamo che il dominio computazionale Ω sia un intervallo (a, b). La più elementare partizione in sotto-intervalli è quella in cui il passo h sia costante. Scelto il numero di elementi, diciamo N, si pone $h = \dfrac{b-a}{N}$ e si costruiscono i punti $x_i = x_0 + ih$, con $x_0 = a$ e $i = 0, \ldots, N$. Tali punti $\{x_i\}$ vengono chiamati "vertici", per analogia con il caso bidimensionale in cui saranno effettivamente i vertici dei triangoli la cui unione ricopre il dominio Ω. La partizione così ottenuta viene detta griglia. Essa è *uniforme* essendo costituita da elementi della stessa lunghezza.

Nel caso più generale, si useranno griglie non uniformi, possibilmente generate secondo una legge assegnata. Fra le diverse procedure possibili, ne illustriamo una alquanto generale. Sia data una funzione strettamente positiva $\mathcal{H} : [a, b] \to \mathbb{R}^+$, detta

© Springer-Verlag Italia 2016
A. Quarteroni, *Modellistica Numerica per Problemi Differenziali*, 6a edizione,
UNITEXT - La Matematica per il 3+2 100, DOI 10.1007/978-88-470-5782-1_6

funzione di spaziatura e ci si ponga il problema di generare una partizione dell'intervallo $[a, b]$ in $N + 1$ vertici x_i. Il valore $\mathcal{H}(x)$ rappresenta la spaziatura desiderata in corrispondenza del punto x.

Ad esempio, se $\mathcal{H} = h$ (costante), con $h = (b - a)/M$ per un qualche intero M, si ricade esattamente nel caso precedente della griglia uniforme, con $N = M$. Più in generale, si calcola $\mathcal{N} = \int_a^b \mathcal{H}^{-1}(x)\, dx$ e si pone $N = \max(1, [\mathcal{N}])$, dove $[\mathcal{N}]$ indica la parte intera di $\mathcal{N}$, ovvero il numero intero positivo più vicino a $\mathcal{N}$. Si osservi che la griglia risultante avrà almeno un elemento. Si pone quindi $\kappa = \frac{N}{\mathcal{N}}$ e si cercano i punti x_i tali per cui

$$\kappa \int_a^{x_i} \mathcal{H}^{-1}(x)\, dx = i,$$

per $i = 0, \dots, N$. La costante κ è un fattore positivo di correzione, con valore il più possibile vicino a 1, e serve a garantire che N sia effettivamente un numero intero. Facciamo infatti notare che, per una data $\mathcal{H}$, il numero degli elementi N è esso stesso una incognita del problema. La funzione $\mathcal{H}^{-1}$ definisce invece una funzione densità: a valori maggiori di $\mathcal{H}^{-1}$ corrispondono nodi più addensati e, viceversa, a valori più piccoli di $\mathcal{H}^{-1}$ sono associati nodi più radi. Naturalmente, se si desiderasse costruire una griglia con un prefissato numero N di elementi, oltre che con una certa variazione su $[a, b]$, basterebbe rinormalizzare la funzione spaziatura in modo che l'integrale su (a, b) della corrispondente densità sia proprio pari a N. In ogni caso, per calcolare i punti x_i, è utile introdurre il seguente problema di Cauchy

$$y'(x) = \kappa \mathcal{H}^{-1}(x),\ x \in (a, b),\ \text{con } y(a) = 0.$$

I punti x_i risulteranno infatti definiti dalla relazione $y(x_i) = i$, per $i = 1, \dots, N - 1$. Automaticamente sarà poi assicurato che $x_0 = a$ e $x_N = b$. Si potrà quindi utilizzare un metodo di risoluzione numerica per trovare le radici delle funzioni $f_j(x) = y(x) - j$, per ciascun valore di $j \in \{1, \dots, N - 1\}$ (si veda, per esempio, [QSS08]).

Oltre ad essere alquanto generale, questa procedura può essere facilmente estesa alla generazione di vertici lungo le curve che definiscono il bordo di un dominio bidimensionale, come vedremo nella Sez. 6.4.2.

Nel caso in cui $\mathcal{H}$ non presenti variazioni eccessive nell'intervallo (a, b), si può anche usare una procedura semplificata che consiste nel calcolare i punti "di primo tentativo" $\tilde{x}_i$, per $i = 0, \dots, N$, così definiti:

1. porre $\tilde{x}_0 = a$ e definire $\tilde{x}_i = \tilde{x}_{i-1} + \mathcal{H}(\tilde{x}_{i-1})$, $i = 1, 2, \dots$, fino a trovare il valore M tale per cui $\tilde{x}_M \geq b$ e $\tilde{x}_{M-1} < b$;
2. se $\tilde{x}_M - b \leq b - \tilde{x}_{M-1}$ porre $N = M$, altrimenti definire $N = M - 1$.

I valori finali dei vertici si ottengono ponendo

$$x_i = x_{i-1} + k\,\mathcal{H}(\tilde{x}_{i-1}), i = 1, \dots, N,$$

con $x_0 = a$ e $k = (b - x_{N-1})/(x_N - x_{N-1})$.

Il Programma in linguaggio MATLAB **mesh_1d** consente di costruire una griglia su un intervallo di estremi a e b con passo precisato nella macro H, utilizzando l'algoritmo semplificato. Ad esempio, con i seguenti comandi MATLAB:

```
a = 0; b = 1; H = '0.1';
coord = mesh_1d(a,b,H);
```

si crea una griglia uniforme su $[0, 1]$ di 10 sotto-intervalli con passo $h = 0.1$.
Ponendo $H =' 1/(\exp(4 * x) + 2)'$ si ottiene invece una griglia che si infittisce avvicinandosi al secondo estremo dell'intervallo, mentre per $H =' .1 * (x < .3) + .05 * (x > .5) + .05'$ si ottiene una griglia con un passo che varia in maniera discontinua (si veda la Fig. 6.1).

Programma 1 - mesh_1d: Costruisce una griglia monodimensionale su un intervallo [a, b] secondo la funzione spaziatura H

```
function coord = mesh_1d(a,b,H)

coord = a;
while coord(end) < b
  x = coord(end);
  xnew = x + eval(H);
  coord = [coord, xnew];
end
if (coord(end) - b) > (b - coord(end-1))
  coord = coord(1:end-1);
end
coord_old = coord;
kappa = (b - coord(end-1))/(coord(end) - coord(end-1));
coord = a;
for i = 1:length(coord_old)-1
  x = coord_old(i);
  coord(i+1) = x + kappa*eval(H);
end
```

Facciamo notare sin d'ora che nel momento in cui $\mathcal{H}$ fosse determinata da una qualche stima dell'errore, il Programma 1 consentirà di realizzare l'adattività della griglia.

Affrontiamo ora il problema della costruzione della griglia per domini bidimensionali.

6.2 Reticolazione di un dominio poligonale

Dato un dominio poligonale Ω limitato in $\mathbb{R}^2$, possiamo associare ad esso una griglia (o partizione) $\mathcal{T}_h$ di Ω in poligoni K tali che

$$\overline{\Omega} = \bigcup_{K \in \mathcal{T}_h} K,$$

dove $\overline{\Omega}$ è la chiusura di Ω, e

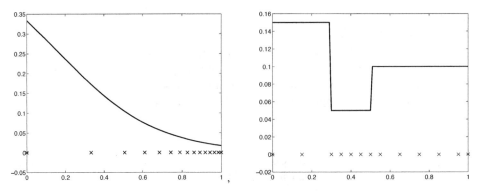

Figura 6.1. A sinistra, l'andamento del passo di griglia (sulle ordinate) associato alla funzione H = '1/(exp(4*x)+2)', a destra quello relativo alla funzione H = '.1*(x<3) + .05*(x>5) + .05'. Nel grafico vengono anche riportate le corrispondenti distribuzioni dei vertici

- $\overset{\circ}{K} \neq \emptyset, \forall K \in \mathcal{T}_h$;
- $\overset{\circ}{K_1} \cap \overset{\circ}{K_2} = \emptyset$ per ogni $K_1, K_2 \in \mathcal{T}_h$ con $K_1 \neq K_2$;
- se $F = K_1 \cap K_2 \neq \emptyset$ con $K_1, K_2 \in \mathcal{T}_h$ e $K_1 \neq K_2$, allora F è o un intero lato o un vertice della griglia;
- indicato con h_K il diametro di K, per ogni $K \in \mathcal{T}_h$, definiamo $h = \max_{K \in \mathcal{T}_h} h_K$.

Abbiamo denotato con $\overset{\circ}{K} = K \setminus \partial K$ l'interno di K. La griglia $\mathcal{T}_h$ viene anche detta *reticolazione*, o talvolta *triangolazione* (in senso lato) di $\overline{\Omega}$.

I vincoli imposti alla griglia dalle prime due condizioni sono ovvi: in particolare, la seconda richiede che per due elementi distinti le parti interne non si sovrappongano. La terza condizione limita le triangolazioni ammissibili a quelle cosiddette *conformi*. Per esemplificare il concetto, riportiamo in Fig. 6.2 una triangolazione conforme (a sinistra) ed una non conforme (a destra). Considereremo nel seguito solo triangolazioni conformi. Esistono tuttavia delle approssimazioni agli elementi finiti molto particolari, non esaminate in questo libro, che utilizzano griglie non conformi, cioè che non rispettano la terza condizione. Tali metodi sono pertanto più flessibili, almeno per quanto concerne la scelta della griglia computazionale, consentendo, tra l'altro,

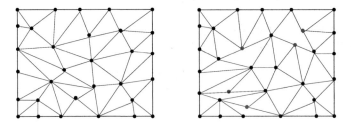

Figura 6.2. Esempio di griglia conforme (a sinistra) e non conforme (a destra)

l'accoppiamento fra griglie anche costituite da elementi di natura diversa, ad esempio triangoli, quadrilateri e, più in generale, poligoni. È questo, ad esempio, il caso dei cosiddetti *virtual elements*, [Bre15], o *differenze finite mimetiche* [BLM14]. La quarta condizione lega il parametro h al massimo diametro degli elementi di $\mathcal{T}_h$.

Per ragioni legate alla teoria dell'errore di interpolazione ricordata nel Cap. 4, considereremo solo triangolazioni $\mathcal{T}_h$ *regolari*, per le quali cioè, per ogni elemento $K \in \mathcal{T}_h$, il rapporto tra il diametro h_K e la sfericità ρ_K (diametro del cerchio inscritto) sia minore di una certa costante prefissata. Più precisamente, le griglie soddisfano la proprietà (4.37). La Fig. 6.3 illustra il significato di diametro e di sfericità per un elemento di forma triangolare e per un quadrilatero.

Nelle applicazioni, si suole distinguere le griglie in *strutturate* e *non strutturate*. Le griglie strutturate utilizzano essenzialmente elementi quadrangolari e sono caratterizzate dal fatto che l'accesso ai vertici adiacenti a un dato nodo (o agli elementi adiacenti a un dato elemento) è immediato. Infatti è possibile stabilire una relazione biunivoca tra i vertici della griglia e le coppie di numeri interi $(i, j), i = 1, \ldots, N_i, \quad j = 1, \ldots, N_j$ tale per cui, dato il nodo di indici (i, j), i quattro vertici adiacenti sono in corrispondenza con gli indici $(i - 1, j)$, $(i + 1, j)$, $(i, j - 1)$ e $(i, j + 1)$. Il numero totale di vertici è dunque $N_i N_j$. Un'analoga associazione può essere istituita tra gli elementi della griglia e le coppie (I, J), $I = 1, \ldots, N_i - 1, \quad J = 1, \ldots, N_j - 1$. Inoltre è possibile identificare direttamente i vertici corrispondenti a ciascun elemento, senza dover memorizzare esplicitamente la matrice delle connettività. La Fig. 6.4 illustra questa situazione.

Tipicamente, in un codice di calcolo, le coppie di indici sono in genere sostituite da una numerazione formata da un singolo numero intero che è biunivocamente associato agli indici sopra descritti. Ad esempio, per la numerazione dei vertici si può scegliere di associare a ciascuna coppia (i, j) il numero intero $k = i + (j - 1)N_i$ e, viceversa, al vertice k sono univocamente associati gli indici $i = ((k - 1) \mod N_i) + 1$ e $j = ((k - 1) \operatorname{div} N_i) + 1$, ove mod e div indicano il resto e il quoziente della divisione intera.

Nelle griglie non strutturate, invece, l'associazione tra un elemento della griglia ed i suoi vertici deve essere esplicitamente memorizzata nella cosiddetta matrice delle connettività, la quale, per ciascun elemento, fornisce la numerazione dei suoi vertici.

Un codice sviluppato per griglie strutturate si potrà avvantaggiare della "struttura" della griglia e, a parità, di elementi, produrrà normalmente un algoritmo più efficiente,

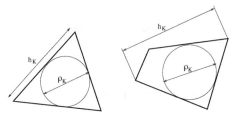

Figura 6.3. Diametro e sfericità per un elemento triangolare (a sinistra) e per un quadrilatero (a destra)

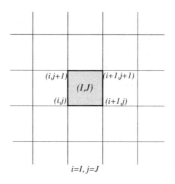

Figura 6.4. Localizzazione della numerazione dei vertici appartenenti ad un elemento di indici (I, J)

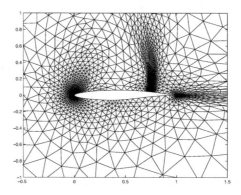

Figura 6.5. Esempio di mesh non strutturata, ad elementi triangolari. Particolare di una griglia in una regione esterna ad un profilo alare. La mesh è stata adattata per migliorare l'accuratezza della soluzione numerica per una data condizione di flusso

sia in termini di memoria che di tempi di calcolo, rispetto ad uno schema analogo su di una griglia non strutturata. Per contro, le griglie non strutturate offrono una maggiore flessibilità, sia dal punto di vista della triangolazione di domini di forma complessa sia per la possibilità di raffinare/deraffinare localmente la griglia. La Fig. 6.5 mostra un esempio di griglia non strutturata la cui spaziatura è stata adattata allo specifico problema in esame. Tali raffinamenti localizzati sono più difficili da ottenere con una griglia di tipo strutturato.

Griglie non strutturate bidimensionali sono in genere formate da triangoli, anche se è possibile avere griglie non strutturate quadrangolari.

6.3 Generazione di griglie strutturate

L'idea più elementare per generare una griglia strutturata su un dominio di forma qualunque Ω consiste nel trovare una mappa regolare ed invertibile $\mathcal{M}$ tra il quadrato

$\widehat{\Omega} = [0,1] \times [0,1]$ (che chiameremo quadrato di riferimento) e $\overline{\Omega}$. Si noti che la regolarità della mappa deve poter estendersi anche alla frontiera (richiesta che può in qualche caso essere parzialmente rilassata). Si procede quindi generando una reticolazione, ad esempio uniforme, nel quadrato di riferimento e si utilizza poi la mappa $\mathcal{M}$ per trasformare le coordinate dei vertici in $\widehat{\Omega}$ nelle corrispondenti in $\overline{\Omega}$.

Vi sono diversi aspetti di questa procedura che devono essere considerati con la dovuta attenzione.

1. La ricerca della mappa $\mathcal{M}$ è spesso non semplice. Inoltre tale mappa non è unica. In generale è opportuno che sia la più regolare possibile.

2. Una reticolazione uniforme del quadrato di riferimento non fornisce in genere una griglia ottimale in Ω. Infatti, normalmente, si vuole controllare la distribuzione dei vertici in Ω e questo, in generale, può essere realizzato solo generando delle griglie non uniformi sul quadrato di riferimento, la cui spaziatura dipenderà sia dalla spaziatura desiderata in Ω che dalla mappa $\mathcal{M}$ scelta.

3. Anche se la mappa è regolare (per esempio di classe C^1) non è garantito che gli elementi della griglia prodotta in Ω siano ammissibili (ovvero abbiano area positiva), in quanto essi non sono l'immagine tramite $\mathcal{M}$ degli elementi corrispondenti in $\widehat{\Omega}$. Basti solo pensare che, se si desiderano elementi $\mathbb{Q}_1$ in Ω, essi dovranno avere lati paralleli agli assi cartesiani mentre l'immagine di una reticolazione $\mathbb{Q}_1$ sul quadrato di riferimento produce, se la mappa non è lineare, lati curvi in Ω. In altre parole, la mappa viene fatta agire solamente sui vertici della griglia di $\widehat{\Omega}$ e non sugli spigoli.

Una possibilità per costruire la mappa $\mathcal{M}$ consiste nell'utilizzare l'interpolazione transfinita (10.3) illustrata nel Cap. 10. Tale metodologia non è tuttavia sempre facilmente applicabile. Illustreremo dunque nel seguito una metodologia più generale, che applicheremo ad un esempio specifico, rimandando alla letteratura specializzata [TWM85, TSW99] per ulteriori ragguagli e approfondimenti.

Supponiamo di avere un dominio Ω e di poter partizionare il suo contorno in quattro parti $\Gamma_1, \ldots, \Gamma_4$ consecutive, come illustrato in Fig. 6.6 per un dominio particolarmente semplice. Supponiamo inoltre di poter descrivere tali porzioni di $\partial\Omega$ tramite quattro curve parametriche $\mathbf{g}_1, \ldots, \mathbf{g}_4$ orientate come in figura, dove il parametro s varia tra 0 e 1 su ciascuna curva. Questa costruzione ci permette di creare una mappa biiettiva tra i lati del quadrato di riferimento e il contorno del dominio. Assoceremo infatti ciascuna curva al corrispondente lato del quadrato, come esemplificato in Fig. 6.6. Si tratta ora di capire come estendere la mappa a tutto $\widehat{\Omega}$.

Osservazione 6.1 Si noti che le curve $\mathbf{g}_i \; i = 1, \ldots, 4$ non sono, in generale, differenziabili in tutto $(0,1)$, ma possono presentare un numero finito di "spigoli" dove $\frac{d\mathbf{g}_i}{ds}$ non è definita. In Fig. 6.6, per esempio, la curva $\mathbf{g}_2$ non è derivabile in corrispondenza dello "spigolo" marcato da un piccolo quadrato nero. $\bullet$

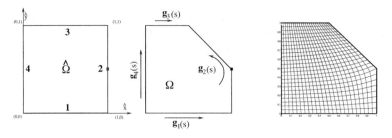

Figura 6.6. Costruzione di una griglia strutturata: a sinistra, identificazione della mappa sulla frontiera; a destra, griglia corrispondente ad una partizione uniforme del quadrato di riferimento in 24×24 elementi

Una possibilità per costruire la mappa $\mathcal{M} : \widehat{\mathbf{x}} = (\widehat{x}, \widehat{y}) \mapsto \mathbf{x} = (x, y)$ consiste nel risolvere il seguente problema ellittico vettoriale su $\widehat{\Omega}$:

$$-\frac{\partial^2 \mathbf{x}}{\partial \widehat{x}^2} - \frac{\partial^2 \mathbf{x}}{\partial \widehat{y}^2} = 0 \quad \text{in } \widehat{\Omega} = (0, 1)^2, \tag{6.1}$$

con condizioni al bordo

$$\mathbf{x}(\widehat{x}, 0) = \mathbf{g}_1(\widehat{x}), \ \mathbf{x}(\widehat{x}, 1) = \mathbf{g}_3(\widehat{x}), \ \widehat{x} \in (0, 1),$$
$$\mathbf{x}(1, \widehat{y}) = \mathbf{g}_2(\widehat{y}), \ \mathbf{x}(0, \widehat{y}) = \mathbf{g}_4(\widehat{y}), \ \widehat{y} \in (0, 1).$$

I vertici di una griglia nel quadrato di riferimento potranno poi essere trasformati nei vertici di una griglia in Ω. Si noti che la soluzione del problema (6.1) dovrà, in generale, essere trovata utilizzando un metodo numerico, per esempio tramite uno schema alle differenze finite (o agli elementi finiti). Inoltre, per rispettare adeguatamente la geometria della frontiera di Ω è necessario assicurarsi che un vertice venga generato in corrispondenza di ogni "spigolo". In Fig. 6.6 (a destra) illustriamo il risultato dell'applicazione di questa metodologia al dominio di Fig. 6.6 (a sinistra).

Si può notare come la griglia corrispondente ad una suddivisione regolare del quadrato di riferimento non sia particolarmente soddisfacente se si volesse, per esempio, avere un addensamento dei vertici in corrispondenza dello spigolo.

Inoltre, la metodologia così descritta non è applicabile a domini non convessi. Consideriamo infatti la Fig. 6.7 dove si mostra un dominio a forma di L, con la relativa suddivisione della frontiera, e la griglia ottenuta risolvendo il problema (6.1) partendo da una suddivisione regolare del dominio di riferimento. È evidente che la griglia non è accettabile.

Per risolvere tali problemi si può procedere in diversi modi (non mutuamente escludentisi):

– si utilizza su $\widehat{\Omega}$ una griglia non uniforme, in modo da tenere conto delle caratteristiche geometriche di Ω;

– si utilizza una mappa $\mathcal{M}$ differente, ottenuta, per esempio risolvendo al posto di
(6.1) il seguente nuovo problema differenziale:

$$-\alpha \frac{\partial^2 \mathbf{x}}{\partial \widehat{x}^2} - \beta \frac{\partial^2 \mathbf{x}}{\partial \widehat{y}^2} + \gamma \mathbf{x} = \mathbf{f} \quad \text{in } \widehat{\Omega}, \tag{6.2}$$

dove $\alpha > 0$, $\beta > 0$, $\gamma \geq 0$ e $\mathbf{f}$ sono funzioni di $\widehat{x}$ e $\widehat{y}$ opportune, scelte in modo
da controllare la distribuzione dei vertici. Chiaramente esse dipenderanno dalla
geometria di Ω;
– si suddivide Ω in sotto-domini che vengono triangolati separatamente. Questa
tecnica è normalmente conosciuta come *generazione strutturata a blocchi*. Se si
vuole che la griglia globale sia conforme, occorre prestare particolare attenzione
a come si distribuisce il numero di vertici sui bordi delle interfacce tra i vari sotto-
domini. Il problema può divenire estremamente complesso quando il numero di
sotto-domini è elevato.

Per i dettagli si rimanda il lettore interessato alla letteratura specializzata già citata.

Metodi di generazione del tipo illustrato vengono chiamati *schemi ellittici di generazione di griglia*, poiché si basano sulla risoluzione di equazioni ellittiche, quali
(6.1) e (6.2).

6.4 Generazione di griglie non strutturate

Considereremo qui la generazione di griglie non strutturate ad elementi triangolari. I
due algoritmi principali utilizzati per tale scopo sono

- la *triangolazione di Delaunay*;
- la tecnica di *avanzamento del fronte*.

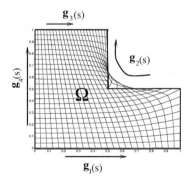

Figura 6.7. Triangolazione di un dominio non convesso. Identificazione della mappa alla
frontiera e mesh ottenuta risolvendo il problema ellittico (6.1)

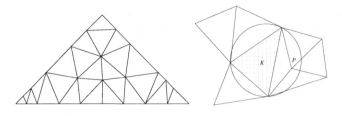

Figura 6.8. A sinistra, un esempio di griglia di Delaunay su un dominio convesso di forma triangolare. Si può facilmente verificare che il cerchio circoscritto a ciascun triangolo non contiene al proprio interno nessun vertice della griglia. A destra, invece, un particolare di una griglia non soddisfacente la condizione di Delaunay: il vertice P cade infatti all'interno del cerchio circoscritto al triangolo K

6.4.1 Triangolazione di Delaunay

Una triangolazione di n punti di $\mathbb{R}^2$ si dice di Delaunay se il cerchio circoscritto a ciascun triangolo non contiene alcun vertice al proprio interno (si veda la Fig. 6.8).

Essa gode delle seguenti proprietà:

1. dato un insieme di punti, la triangolazione di Delaunay è unica, a meno di situazioni particolari in cui M punti (con $M > 3$) giacciono su una circonferenza;
2. tra tutte le triangolazioni possibili, la triangolazione di Delaunay è quella che massimizza il minimo angolo dei triangoli della griglia (proprietà di regolarità max-min);
3. l'insieme formato dall'unione dei triangoli è la figura convessa di area minima che racchiude l'insieme di punti dato (detto anche inviluppo convesso).

La terza proprietà rende l'algoritmo di Delaunay inapplicabile a domini non convessi, almeno nella sua forma originaria. Ne esiste però una variante, chiamata *algoritmo di Delaunay vincolato* (in inglese, *Constrained Delaunay Triangulation* (CDT)), che permette di fissare a-priori un insieme di lati della griglia da generare: la griglia risultante associa cioè necessariamente tali lati a qualche triangolo. In particolare, si possono quindi imporre i lati che definiscono la frontiera della griglia.

Per meglio precisare il concetto di triangolazione di Delaunay vincolata, premettiamo la seguente definizione: dati due punti P_1 e P_2, diremo che essi sono reciprocamente *visibili* se il segmento $P_1 P_2$ non attraversa nessuno dei lati di frontiera (o, in generale, i lati che si vogliono fissare). Una triangolazione di Delaunay vincolata soddisfa la proprietà: l'interno del cerchio circoscritto a ciascun triangolo K non contiene alcun vertice che sia visibile da un punto interno a K.

Si può ancora dimostrare che tale triangolazione è unica e soddisfa la proprietà max-min. La triangolazione di Delaunay vincolata non è quindi propriamente una triangolazione di Delaunay poiché alcuni dei suoi triangoli potrebbero contenere vertici appartenenti all'insieme iniziale. Comunque, i vertici sono solo e soltanto quelli originali specificati nell'insieme, e non ne sono aggiunti altri. Sono però possibili due varianti: la triangolazione di *Delaunay conforme* (o *Conforming Delaunay Trian-*

gulation) e la triangolazione di *Delaunay vincolata conforme* (o *Conforming CDT* (CCDT)). La prima è una triangolazione in cui ogni triangolo è di Delaunay ma ove ogni lato da fissare può essere ulteriormente suddiviso in sotto-segmenti; in tal caso nuovi vertici sono aggiunti per ottenere dei segmenti più corti. I vertici aggiunti sono spesso necessari per garantire il soddisfacimento della proprietà di Delaunay e al tempo stesso assicurare che ogni lato prescritto venga correttamente rappresentato. La seconda variante rappresenta invece una triangolazione in cui i triangoli sono di tipo Delaunay vincolato. Anche in questo caso possono essere inseriti nuovi vertici, e i lati da fissare possono essere suddivisi in segmenti più piccoli. In quest'ultimo caso però, lo scopo non è di garantire che i lati siano rispettati ma quello di migliorare la qualità dei triangoli.

Tra i molteplici software disponibili per la generazione di griglie Delaunay, o di loro varianti, prendiamo in considerazione nel seguito `Triangle` [She]. Esso consente di generare triangolazioni di Delaunay, conformi o non, con la possibilità di modulare la regolarità delle griglie risultanti in termini di angoli massimi e minimi dei triangoli. La geometria viene passata in ingresso a `Triangle` sotto forma di un grafo, denominato *Planar Straight Line Graph* (PSLG). Tale codifica viene scritta in un file di input con suffisso `.poly`: esso contiene sostanzialmente una lista di vertici e lati, ma può anche includere informazioni su cavità e concavità presenti nella geometria.

Un esempio di file `.poly` è riportato nel seguito.

```
# Una scatola con otto vertici in 2D, nessun attributo, un marker di bordo
8 2 0 1
# Vertici della scatola esterna
1  0 0  0
2  0 3  0
3  3 0  0
4  3 3  0
# Vertici della scatola interna
5  1 1  0
6  1 2  0
7  2 1  0
8  2 2  0
# Cinque lati con un marker di bordo
5 1
1  1 2  5  # Lato sinistro della scatola esterna
# Lati della cavita' quadrata
2  5 7  0
3  7 8  0
4  8 6 10
5  6 5  0
# Un foro nel centro della scatola interna
1
1  1.5 1.5
```

L'esempio illustra una geometria rappresentante un quadrato con un foro quadrato al proprio interno. La prima parte del file elenca i vertici mentre la seconda definisce i lati da fissare. La prima riga dichiara che seguiranno otto vertici, che la dimensione spaziale della griglia è due (siamo in $\mathbb{R}^2$), che nessun attributo è associato ai vertici e che un marker di bordo è definito per ciascun punto. Gli attributi rappresentano eventuali proprietà fisiche pertinenti ai nodi della mesh, come ad esempio dei valori di conducibilità, viscosità, etc. I marker di bordo sono invece dei flag a valori interi che possono essere utilizzati all'interno di un codice di calcolo per assegnare opportune condizioni al bordo sui diversi vertici. Le righe seguenti riportano ordinatamente gli otto vertici, con le loro ascisse e ordinate, seguite dal valore del marker di bordo, zero in questo caso. Nella prima riga della seconda parte si dichiara che i lati che seguiranno sono cinque e che per ciascuno verrà specificato il valore di un marker di bordo. Si succedono quindi i cinque lati, specificati in base ai vertici estremi di ciascuno, e il valore del marker di bordo. Nell'ultima sezione del file si definisce un foro specificandone le coordinate del centro, nell'ultima linea, precedute dalla numerazione progressiva (in questo caso limitata a 1) dei fori.

La griglia di Delaunay vincolata associata a questa geometria, diciamo box.poly, si ottiene con il comando

```
triangle -pc box
```

Il parametro −p dichiara che il file di input è un .poly, mentre l'opzione −c previene la rimozione delle concavità, che altrimenti verrebbero eliminate automaticamente. Di fatto questa opzione forza la triangolazione dell'inviluppo convesso del grafo PSLG. Il risultato sarà la creazione di tre file, box.1.poly, box.1.node e box.1.ele. Il primo contiene la descrizione dei lati della triangolazione prodotta, il secondo quella dei nodi e l'ultimo definisce le connettività degli elementi generati. Per brevità non descriviamo dettagliatamente il formato di questi tre file. Osserviamo infine che il valore numerico, 1 in questo esempio, che separa il nome di questi tre file da quello dei rispettivi suffissi, gioca il ruolo di un contatore di iterazioni: Triangle può infatti successivamente raffinare o modificare le triangolazioni di volta in volta prodotte. La triangolazione risultante è raffigurata in Fig. 6.9. Un software allegato a Triangle,

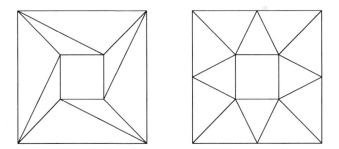

Figura 6.9. Triangolazione di Delaunay di un quadrato con foro quadrato: CDT a sinistra, CCDT a destra

denominato Show Me, consente di visualizzare gli output di Triangle. La Fig 6.9 a sinistra si ottiene ad esempio tramite il comando

```
showme box
```

Per ottenere una triangolazione vincolata conforme si deve specificare il comando triangle con altri parametri, quali -q, -a o -u. Il primo impone un vincolo di qualità sul minimo angolo, il secondo fissa un valore massimo per l'area dei triangoli, mentre il terzo forza la dimensione dei triangoli, tipicamente tramite una function esterna che l'utente deve fornire. A titolo di esempio, tramite il comando

triangle -pcq20 box

si ottiene la triangolazione di Delaunay vincolata conforme riportata in Fig. 6.9 a destra, caratterizzata da un angolo minimo di 20°. Infine, la triangolazione di Delaunay conforme si ottiene specificando ulteriormente l'opzione -D. Un esempio più complesso è rappresentato in Fig. 6.10. Il comando utilizzato

triangle -pca0.001q30 mox

fissa l'angolo minimo a 30° e l'area massima dei triangoli generati pari a 0.001. Il file PSLG iniziale mox.poly descrive la geometria mediante 474 vertici, altrettanti lati e una cavità. La mesh finale consta di 1595 vertici, 2708 elementi e 4303 lati totali di cui 482 sul bordo.

Figura 6.10. Triangolazione di Delaunay di un dominio di forma complessa

Rimandiamo all'ampia documentazione on-line e al dettagliato help di Triangle per le ulteriori molteplici possibilità di utilizzo del software.

Tornando alle proprietà delle griglie di Delaunay, la triangolazione di Delaunay non permette di controllare l'aspetto di forma dell'elemento generato, proprio per la proprietà di max-min sopra citata. D'altra parte, in certe situazioni, può essere utile generare triangoli "allungati" in una certa direzione, per esempio per ben rappresentare uno strato limite (come in Fig. 6.5). A tale scopo, è stato sviluppato l'algoritmo detto di *triangolazione di Delaunay generalizzata*, in cui la condizione sul cerchio circoscritto viene sostituita da una condizione analoga sull'ellisse circoscritta al triangolo in esame. In questo modo, regolando opportunamente la lunghezza e le direzioni degli assi di tale ellisse si possono generare elementi allungati nella direzione voluta.

Gli algoritmi di generazione di griglie di Delaunay utilizzati più correntemente sono di tipo incrementale, cioè generano una successione di griglie di Delaunay aggiungendo un vertice alla volta. Bisogna quindi trovare delle procedure che forniscano i nuovi vertici in accordo con la spaziatura di griglia desiderata, riuscendo ad arrestare tale procedura nel momento in cui la griglia così generata risulti soddisfacente.

Per ulteriori dettagli si può consultare, per esempio, [GB98] e [TSW99, Cap. 16]. Una descrizione dettagliata delle proprietà geometriche della triangolazione di Delaunay vincolata, sia per domini di $\mathbb{R}^2$ che di $\mathbb{R}^3$, si può trovare in [BE92].

6.4.2 Tecnica di avanzamento del fronte

Descriviamo a grandi linee un'altra fra le tecniche più comunemente usate per la generazione di griglie non strutturate, quella di *avanzamento del fronte*. Un ingrediente necessario è la conoscenza della spaziatura desiderata per gli elementi della griglia che dovrà essere generata. Supponiamo allora che su $\overline{\Omega}$ sia definita una funzione $\mathcal{H}$, detta di spaziatura, che fornisca per ciascun punto P di $\overline{\Omega}$ le dimensioni della griglia ivi desiderata, ad esempio, tramite il diametro h_K degli elementi che devono essere generati in un intorno di P. Se si volesse controllare anche l'aspetto di forma degli elementi generati, $\mathcal{H}$ avrà una forma più complessa. Di fatto sarà un tensore simmetrico definito positivo, cioè $\mathcal{H} : \Omega \rightarrow \mathbb{R}^{2\times 2}$ tale per cui, per ogni punto P del dominio, gli autovettori (perpendicolari) di $\mathcal{H}$ individuano la direzione di massimo e minino allungamento dei triangoli che dovranno essere generati nell'intorno di P, mentre gli autovalori (più precisamente le radici quadrate degli inversi degli autovalori) caratterizzano le due corrispondenti spaziature (si veda [GB98]). Nel seguito considereremo solo il caso in cui $\mathcal{H}$ è una funzione scalare.

La prima operazione da compiere è quella di generare i vertici lungo la frontiera del dominio. Supponiamo che $\partial\Omega$ sia descritta come l'unione di curve parametriche $\mathbf{g}_i(s)$, $i = 1, \dots N$, per esempio splines o spezzate poligonali. Per semplicità si assume che, per tutte le curve, il parametro s vari tra 0 e 1. Se si desiderano generare $N_i + 1$ vertici lungo la curva $\mathbf{g}_i$ è sufficiente creare un vertice per tutti i valori di s per cui la funzione

$$f_i(s) = \int_0^s \mathcal{H}^{-1}(\mathbf{g}_i(\tau)) \left| \frac{d\mathbf{g}_i}{ds}(\tau) \right| d\tau$$

assume valori interi. Più precisamente, le coordinate curvilinee $s_i^{(j)}$ dei nodi da generare lungo la curva $\mathbf{g}_i$ soddisfano le relazioni

$$f_i(s_i^{(j)}) = j, \quad j = 0, \cdots, N_i \text{ con i vincoli } s_i^{(0)} = 0, s_i^{(N_i)} = 1.$$

La procedura è analoga a quella descritta nella Sez. 6.1. Si osservi che il termine $\left| \frac{d\mathbf{g}_i}{ds} \right|$ tiene conto della metrica intrinseca della curva.

Fatto questo, può avere inizio il processo di avanzamento del fronte. Esso è descritto da una struttura dati che contiene la lista dei lati che definiscono la frontiera tra la porzione di Ω già triangolata e quella ancora da triangolare. All'inizio del processo il fronte contiene i lati di frontiera.

Durante il processo di generazione della griglia, ogni lato del fronte è disponibile per creare un nuovo elemento, che viene costruito connettendo il lato scelto o con un vertice della griglia già esistente o con un nuovo vertice. La scelta se utilizzare un vertice esistente o crearne uno nuovo dipende da diversi fattori, tra cui la compatibilità

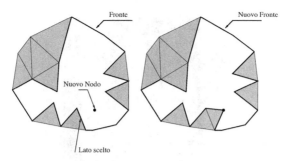

Figura 6.11. Avanzamento del fronte. La parte di dominio già triangolata è stata ombreggiata

tra la dimensione e la forma dell'elemento che verrebbe generato con quelle fornite dalla funzione di spaziatura $\mathcal{H}$. Inoltre, il nuovo elemento non deve intersecare alcun lato del fronte.

Una volta generato il nuovo elemento, i suoi lati nuovi verranno "aggiunti" al fronte in modo che quest'ultimo descriva la nuova frontiera tra la parte triangolata e non, mentre il lato di partenza viene rimosso dalla lista dati. In questo modo, durante il processo di generazione, il fronte avanzerà dalle zone già triangolate verso la zona ancora da triangolare (si veda la Fig. 6.11).

L'algoritmo generale di avanzamento del fronte consta quindi dei seguenti passi:

1. definire la frontiera del dominio che deve essere triangolato;
2. inizializzare il fronte come una curva lineare a tratti conforme al bordo;
3. scegliere il lato che deve essere eliminato dal fronte in base a qualche criterio (tipicamente la scelta di quello di minor lunghezza produce mesh di buona qualità);
4. per il lato, diciamo AB, così scelto:
   a) selezionare il vertice "potenziale" C, cioè quel punto all'interno del dominio distante da AB secondo quanto definito dalla funzione spaziatura $\mathcal{H}$ desiderata;
   b) cercare un eventuale punto C' già esistente nel fronte in un intorno opportuno di C. Se la ricerca ha successo, C' diventa il nuovo punto potenziale C. Continuare la ricerca;
   c) stabilire se il triangolo ABC interseca qualche altro lato del fronte. In caso positivo, selezionare un nuovo punto potenziale dal fronte e ripartite dal punto 4.b);
5. aggiungere il nuovo punto C, i nuovi lati e il nuovo triangolo ABC alle corrispondenti liste;
6. cancellare il lato AB dal fronte e aggiungere i nuovi lati;
7. se il fronte è non vuoto, continuare dal punto 3.

È ovvio che se si desidera avere un costo computazionale lineare in funzione del numero di elementi generati, bisognerà rendere le operazioni sopra descritte il più possibile indipendenti dalle dimensioni della griglia che si sta generando e, in particolare, dalle dimensioni del fronte avanzante. Un tale obiettivo è tutt'altro che banale

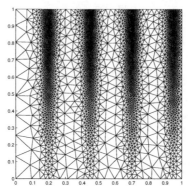

Figura 6.12. Tecnica di avanzamento del fronte. Esempio di spaziatura non uniforme

soprattutto se si pensa che operazioni come il controllo dell'intersezione di un nuovo triangolo o la ricerca dei vertici del fronte vicini a un generico punto scorrono, a priori, tutto il fronte. Si rimanda per questi aspetti alla letteratura specializzata, e in particolare ai Cap. 14 e 17 di [TSW99].

Come già accennato nella descrizione dell'algoritmo, la qualità della griglia generata dipende dalla procedura di scelta del lato del fronte su cui generare il nuovo triangolo. In particolare, come già anticipato, una tecnica frequentemente adottata consiste nello scegliere il lato di lunghezza inferiore: intuitivamente, questo permette di soddisfare requisiti di spaziatura non uniformi, senza correre il rischio che le zone ove è richiesto un maggior addensamento di nodi vengano sovrascritte da triangoli associati a zone a spaziatura più lasca. Un esempio di mesh ottenuta mediante tale tecnica, in corrispondenza della scelta $\mathcal{H}(x_1, x_2) = e^{4\sin(8\pi x_1)}e^{-2x_2}$, è rappresentato in Fig. 6.12.

Implementando gli opportuni accorgimenti e strutture dati adeguate, l'algoritmo di avanzamento fornisce una griglia la cui spaziatura è coerente con quella richiesta, con tempi di generazione pressoché proporzionali al numero di elementi generati. In particolare, la griglia attorno al profilo alare di Fig. 6.5 è stata ottenuta usando un algoritmo di avanzamento del fronte, accoppiata a una tecnica di stima dell'errore a posteriori.

La tecnica di avanzamento del fronte può essere anche utilizzata per la generazione di griglie ad elementi quadrangolari.

6.5 Tecniche di regolarizzazione

Una volta generata la griglia, può rendersi necessario un *post-processing* in grado di aumentarne la regolarità mediante operazioni che migliorano la forma dei triangoli. In particolare prenderemo in considerazione tecniche di regolarizzazione che modificano le caratteristiche topologiche della griglia (scambio delle diagonali) e altre che ne modificano le caratteristiche geometriche (spostamento dei nodi).

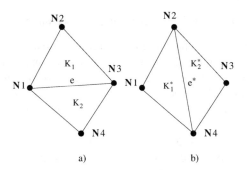

Figura 6.13. Le due configurazioni ottenute tramite lo scambio della diagonale nel quadrilatero convesso formato da due elementi adiacenti. Le due configurazioni vengono confrontate sulla base di un criterio di ottimalità

6.5.1 Scambio delle diagonali

Lo scambio delle diagonali è una tecnica che consente di modificare la topologia della griglia senza cambiare la posizione e il numero dei suoi vertici. Essa si basa sul fatto che un quadrilatero, costituito da due triangoli aventi un lato in comune, può essere suddiviso in una coppia di triangoli in due modi diversi (si veda la Fig. 6.13).
In genere lo scambio delle diagonali viene utilizzato per migliorare la qualità delle griglie non strutturate seguendo un criterio di ottimalità prefissato. Se l'obiettivo, per esempio, è quello di evitare angoli troppo grandi, un criterio possibile è quello di effettuare lo scambio nel caso in cui la somma degli angoli opposti alla diagonale sia maggiore di π.
Uno schema generale per un possibile algoritmo di scambio delle diagonali si ottiene definendo il criterio di ottimalità a livello di elemento, sotto forma di un'appropriata funzione non negativa $S : K \to \mathbb{R}^+ \cup \{0\}$ che assume il valore nullo nel caso in cui l'elemento K abbia la forma e la dimensione "ottimale". Per esempio, si può usare

$$S(K) = \left| \frac{|K|}{\sum_{i=1}^{3} |e_i^K|^2} - \frac{\sqrt{3}}{12} \right|, \tag{6.3}$$

dove $|K|$ indica la misura di K, e_i^K rappresenta un generico lato di K e $|e_i^K|$ ne è la sua lunghezza. Utilizzando questa funzione si privilegiano i triangoli "vicini" al triangolo equilatero, per il quale $S(K) = 0$. Si otterrà quindi, in generale, una griglia la più possibile regolare, che non tiene conto però della spaziatura. Con riferimento alla Fig. 6.13, l'algoritmo procederà quindi come segue:

1. *ciclo 0:* mettere a zero il contatore di lati scambiati: $swap = 0$;
2. percorrere tutti i lati e interni della mesh corrente;
3. se i due triangoli adiacenti a e formano un quadrilatero convesso:
   a) calcolare $G = S^2(K_1) + S^2(K_2) - \left[S^2(K_1^*) + S^2(K_2^*)\right]$;
   b) se $G \geq \tau$, con $\tau > 0$ tolleranza prefissata, allora eseguire lo scambio della diagonale (e quindi modificare la griglia corrente) e porre $swap = swap + 1$;

4. se $swap > 0$ ripartire da *Ciclo 0*. Altrimenti la procedura termina.

Si può verificare facilmente che questo algoritmo termina necessariamente in un numero finito di passi perché, ad ogni scambio di diagonale, la quantità positiva $\sum_K S^2(K)$, dove la somma si estende a tutti i triangoli della griglia corrente, si riduce della quantità finita G (si noti che, sebbene la griglia venga modificata, ad ogni scambio di diagonale il numero di elementi e di lati rimane invariato).

Osservazione 6.2 Non sempre è opportuno costruire la funzione di ottimalità S a livello di elemento. In funzione della strutture dati a disposizione, per esempio, S può anche essere associata ai nodi o ai lati della griglia.   •

La tecnica di scambio delle diagonali è anche alla base di un algoritmo molto utilizzato per la triangolazione di Delaunay (l'algoritmo di Lawson). Si può infatti dimostrare che, a partire da *qualunque* triangolazione di un dominio convesso, si può ottenere la corrispondente triangolazione di Delaunay (che, ricordiamo, è unica) attraverso un numero finito di scambi di diagonale. Inoltre, il numero massimo di scambi necessari a tale scopo è determinabile a priori ed è funzione del numero dei vertici della griglia. La tecnica (e i risultati di convergenza) è estendibile a triangolazioni di Delaunay vincolate, attraverso una opportuna modifica dell'algoritmo. Si rimanda alla letteratura specializzata, per esempio [GB98], per i dettagli.

6.5.2 Spostamento dei nodi

Un altro metodo per migliorare la qualità della griglia consiste nello spostare i punti della stessa senza modificarne la topologia. Consideriamo un vertice interno P e il poligono $\mathcal{K}_P$ costituito dall'unione degli elementi della griglia che lo contengono. L'insieme $\mathcal{K}_P$ è spesso chiamato *patch* di elementi associato a P ed è già stato considerato nella Sez. 4.6 (si veda per esempio la Fig. 4.19, a destra). Una tecnica di regolarizzazione, detta *regolarizzazione laplaciana*, o *baricentrizzazione*, consiste nello spostare P nel baricentro di $\mathcal{K}_P$, cioè nel calcolarne la nuova posizione $\mathbf{x}_P$ nel modo seguente:

$$\mathbf{x}_P = |\mathcal{K}_P|^{-1} \int_{\mathcal{K}_P} \mathbf{x}\, d\mathbf{x}$$

(si veda la Fig. 6.14). Tale procedimento andrà ovviamente reiterato su tutti i vertici interni della reticolazione e ripetuto diverse volte. A convergenza, la griglia finale è quella che minimizza la quantità

$$\sum_P \int_{\mathcal{K}_P} (\mathbf{x}_P - \mathbf{x})^2 d\mathbf{x}, \tag{6.4}$$

dove la somma si estende a tutti i vertici interni della griglia. Il nome di tale procedura deriva dalla nota proprietà delle funzioni armoniche (aventi Laplaciano nullo) di assumere in un punto del dominio un valore pari a quello della media su una curva chiusa contenente il punto.

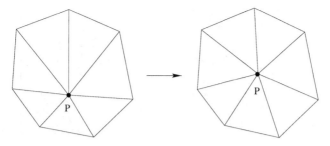

Figura 6.14. Spostamento di un punto nel baricentro del poligono convesso formato dagli elementi ad esso adiacenti

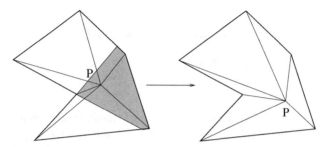

Figura 6.15. Modifica dell'algoritmo di regolarizzazione laplaciana per patch concavi. A sinistra il "patch" iniziale ed a destra la modifica dovuta alla regolarizzazione. Si è indicato con ombreggiatura il poligono concavo $\mathcal{C}_P$

La griglia finale, in generale, dipenderà dal modo in cui i vertici vengono percorsi. Si noti inoltre che tale procedura può fornire una griglia inaccettabile se $\mathcal{K}_P$ è un poligono concavo in quanto $\mathbf{x}_P$ può cadere fuori dal poligono. Presentiamo quindi un'estensione della procedura per patch generici. Consideriamo la Fig. 6.15 che mostra un patch $\mathcal{K}_P$ concavo. Definiamo $\mathcal{C}_P$ il luogo dei punti di $\mathcal{K}_P$ "visibili" da tutta la frontiera di $\mathcal{K}_P$, cioè $\mathcal{C}_P = \{A \in \mathcal{K}_P : AB \subset \mathcal{K}_P, \forall B \in \partial\mathcal{K}_P\}$; esso è sempre convesso. La modifica dell'algoritmo di regolarizzazione consiste nel collocare P non nel baricentro di $\mathcal{K}_P$ ma in quello di $\mathcal{C}_P$, come illustrato in Fig. 6.15. Chiaramente, nel caso di patch convessi, si ha $\mathcal{C}_P = \mathcal{K}_P$. La costruzione di $\mathcal{C}_P$ può essere eseguita in maniera computazionale efficiente usando opportuni algoritmi, la cui descrizione esula dallo scopo di questo libro.

Un'altra possibilità consiste nello spostare il vertice nel baricentro del bordo di $\mathcal{K}_P$ (o di $\mathcal{C}_P$ nel caso di patch concavi), cioè di porre

$$\mathbf{x}_P = |\partial\mathcal{K}_P|^{-1} \int_{\partial\mathcal{K}_P} \mathbf{x}\,d\mathbf{x}.$$

Ciò equivale a minimizzare il quadrato della distanza del vertice P dai lati che formano il bordo del patch.

Un'ulteriore tecnica, che si trova sovente in letteratura, consiste nello spostare ciascun vertice interno nel baricentro dei vertici appartenenti al patch associato, cioè

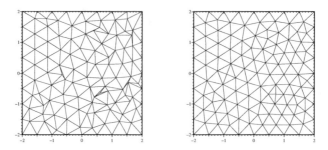

Figura 6.16. Esempio di regolarizzazione attraverso scambio delle diagonali e spostamento dei nodi

di calcolare la nuova posizione di ciascun vertice interno P tramite

$$\mathbf{x}_P = \Big(\sum_{\substack{N \in \mathcal{K}_P \\ N \neq P}} \mathbf{x}_N \Big) \Big/ \Big(\sum_{\substack{N \in \mathcal{K}_P \\ N \neq P}} 1 \Big),$$

dove la somma si estende a tutti i vertici N appartenenti al patch. Nonostante questa sia la metodologia più semplice, essa spesso non dà buoni risultati, in particolare se la distribuzione dei vertici all'interno del patch è molto irregolare. Inoltre è più difficile estenderla a patch concavi. Sono quindi da preferirsi le due procedure descritte in precedenza. In Fig. 6.16 è presentato un esempio di applicazione successiva di entrambe le tecniche di regolarizzazione appena descritte. Si osservi che gli algoritmi di regolarizzazione qui presentati tendono ad uniformare la griglia e quindi a neutralizzare infittimenti o diradamenti dovuti ad esempio a procedure di adattività di griglia come quelle descritte nel Cap. 4. È tuttavia possibile modificarli per tenere conto di una spaziatura non uniforme. Per esempio, si può utilizzare una baricentrizzazione pesata, cioè porre

$$\mathbf{x}_P = \Big(\int_{\mathcal{K}_P} \mu(\mathbf{x}) \, d\mathbf{x} \Big)^{-1} \int_{\mathcal{K}_P} \mu(\mathbf{x}) \mathbf{x} \, d\mathbf{x},$$

dove la funzione peso μ è una funzione strettamente positiva che dipende dalla funzione di spaziatura della griglia. Nel caso di spaziatura non uniforme, μ assumerà valori più elevati nelle zone dove la griglia deve essere più fitta. Scegliendo ad esempio $\mu = \mathcal{H}^{-1}$ la griglia risultante minimizza (in modo approssimato)

$$\sum_P \int_{\mathcal{K}_P} \big[\mathcal{H}^{-1}(\mathbf{x})(\mathbf{x}_P - \mathbf{x}) \big]^2 \, d\mathbf{x},$$

dove la somma si estende ai vertici interni.

Anche per quanto riguarda la procedura di scambio delle diagonali si può tenere conto della spaziatura nella valutazione della configurazione "ottimale", per esempio cambiando opportunamente la definizione della funzione $S(K)$ in (6.3).

Una recente ed esaustiva tecnica di adattazione della griglia basata sullo spostamento dei nodi si può trovare in [HR11].

Capitolo 7
Algoritmi di risoluzione di sistemi lineari

Un sistema di m equazioni lineari in n incognite è un insieme di relazioni algebriche della forma

$$\sum_{j=1}^{n} a_{ij} x_j = b_i, \; i = 1, \ldots, m \tag{7.1}$$

essendo x_j le incognite, a_{ij} i coefficienti del sistema e b_i i termini noti. Il sistema (7.1) verrà più comunemente scritto nella forma matriciale

$$\mathbf{A}\mathbf{x} = \mathbf{b}, \tag{7.2}$$

avendo indicato con $\mathbf{A} = (a_{ij}) \in \mathbb{R}^{m \times n}$ la matrice dei coefficienti, con $\mathbf{b} = (b_i) \in \mathbb{R}^m$ il vettore termine noto e con $\mathbf{x} = (x_i) \in \mathbb{R}^n$ il vettore incognito. Si dice *soluzione* di (7.2) una qualsiasi n-upla di valori x_i che verifichi la (7.1).

Nelle prossime sezioni richiamiamo alcune tecniche numeriche per la risoluzione di (7.2) nel caso in cui $m = n$; supporremo ovviamente che $\mathbf{A}$ sia non-singolare, cioè che $\det(\mathbf{A}) \neq 0$. Rimandiamo per ulteriori approfondimenti a [QSS08], Cap. 3 e 4, e a [Saa96]. Facciamo presente che risolvere un sistema lineare con la regola di Cramer richiede un costo computazionale dell'ordine di $(n+1)!$ operazioni, del tutto inaccettabile anche su calcolatori in grado di effettuare 10^9-10^{12} operazioni aritmetiche (nel seguito indicate con *flops*, floating point operations) al secondo.

Per questo motivo sono stati sviluppati metodi numerici alternativi alla regola di Cramer, che vengono detti *diretti* se conducono alla soluzione del sistema con un numero finito di operazioni, od *iterativi* se ne richiedono (teoricamente) un numero infinito.

7.1 Metodi diretti

La risoluzione di un sistema lineare può essere effettuata tramite il metodo di eliminazione di Gauss (MEG) nel quale il sistema di partenza, $\mathbf{A}\mathbf{x}=\mathbf{b}$, viene ricondotto in n passi ad un sistema equivalente (avente cioè la stessa soluzione) della forma

© Springer-Verlag Italia 2016

A. Quarteroni, *Modellistica Numerica per Problemi Differenziali*, 6a edizione,
UNITEXT - La Matematica per il 3+2 100, DOI 10.1007/978-88-470-5782-1_7

$A^{(n)}x = b^{(n)}$ dove $A^{(n)} = U$ è una matrice triangolare superiore non singolare e $b^{(n)}$ è un nuovo termine noto. Quest'ultimo sistema potrà essere risolto, con un costo computazionale dell'ordine di n^2 operazioni, con il seguente algoritmo delle sostituzioni all'indietro:

$$x_n = \frac{b_n^{(n)}}{u_{nn}},$$
$$x_i = \frac{1}{u_{ii}} \left(b_i^{(n)} - \sum_{j=i+1}^{n} u_{ij}x_j \right), i = n-1, \ldots, 1. \tag{7.3}$$

Indicando con $A^{(1)}x = b^{(1)}$ il sistema originario, nel MEG il passaggio dalla matrice $A^{(k)}$ alla matrice $A^{(k+1)}$ si ottiene tramite le seguenti formule:

$$m_{ik} = \frac{a_{ik}^{(k)}}{a_{kk}^{(k)}}, \qquad i = k+1, \ldots, n,$$
$$a_{ij}^{(k+1)} = a_{ij}^{(k)} - m_{ik}a_{kj}^{(k)}, \, i, j = k+1, \ldots, n \tag{7.4}$$
$$b_i^{(k+1)} = b_i^{(k)} - m_{ik}b_k^{(k)}, \quad i = k+1, \ldots, n.$$

Facciamo notare che in questo modo gli elementi $a_{ij}^{(k+1)}$ con $i = k$ e $j = k+1, \ldots, n$ risultano nulli. La matrice $A^{(k+1)}$ ha pertanto l'aspetto indicato in Fig. 7.1. Gli elementi m_{ik} sono detti i *moltiplicatori*, mentre i denominatori $a_{kk}^{(k)}$ sono gli *elementi pivotali*. Ovviamente il MEG può essere condotto a buon fine solo se gli elementi pivotali risultano tutti non nulli. Matrici per le quali ciò avviene sono, ad esempio, quelle simmetriche definite positive e le matrici a dominanza diagonale stretta. In generale occorrerà ricorrere alla tecnica di *pivotazione* (*pivoting*), ovvero allo scambio di righe (e/o colonne) di $A^{(k)}$, in modo da assicurare che l'elemento pivotale $a_{kk}^{(k)}$ sia non nullo.

Per portare a termine l'eliminazione di Gauss servono $2(n-1)n(n+1)/3 + n(n-1)$ *flops*, cui vanno aggiunti n^2 *flops* per risolvere il sistema triangolare $U x = b^{(n)}$ con il metodo delle sostituzioni all'indietro. Servono dunque circa $(2n^3/3 + 2n^2)$ *flops* per risolvere il sistema lineare attraverso il MEG. Più semplicemente, trascurando i termini di ordine inferiore rispetto a n, si può dire che il processo di eliminazione gaussiana richiede $2n^3/3$ *flops*.

Il MEG equivale a fattorizzare la matrice A ossia a scrivere A come il prodotto LU di due matrici. La matrice U, triangolare superiore, coincide con la matrice $A^{(n)}$ ottenuta al termine del processo di eliminazione. La matrice L è triangolare inferiore, i suoi elementi diagonali sono pari a 1 mentre sono uguali ai moltiplicatori nella restante porzione triangolare inferiore.

Una volta note le matrici L ed U, la risoluzione del sistema lineare di partenza comporta semplicemente la risoluzione (in sequenza) dei due sistemi triangolari

$$Ly = b, \; Ux = y.$$

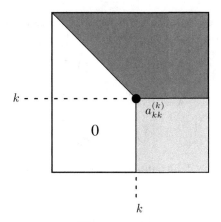

Figura 7.1. La matrice $A^{(k)}$ nel metodo di eliminazione di Gauss

Ovviamente il costo computazionale del processo di fattorizzazione è lo stesso di quello richiesto dal MEG. I vantaggi di questa reinterpretazione sono palesi: poiché L ed U dipendono dalla sola A e non dal termine noto, la stessa fattorizzazione può essere utilizzata per risolvere diversi sistemi lineari sempre di matrice A, ma con termine noto **b** variabile (si pensi ad esempio alla discretizzazione di un problema parabolico lineare nel quale ad ogni passo temporale è necessario risolvere un sistema sempre con la stessa matrice, ma diverso termine noto). Di conseguenza, essendo il costo computazionale concentrato nella procedura di eliminazione, si ha in questo modo una considerevole riduzione del numero di operazioni qualora si vogliano risolvere più sistemi lineari aventi la stessa matrice.

Se A è una matrice *simmetrica definita positiva*, la fattorizzazione LU può essere convenientemente specializzata. Esiste infatti un'unica matrice triangolare superiore H con elementi positivi sulla diagonale tale che

$$A = H^{T}H. \tag{7.5}$$

La (7.5) è la cosiddetta fattorizzazione di Cholesky. Gli elementi h_{ij} di H^{T} sono dati dalle formule seguenti: $h_{11} = \sqrt{a_{11}}$ e, per $i = 2, \ldots, n$:

$$h_{ij} = \left(a_{ij} - \sum_{k=1}^{j-1} h_{ik}h_{jk} \right) / h_{jj}, \, j = 1, \ldots, i - 1,$$

$$h_{ii} = \left(a_{ii} - \sum_{k=1}^{i-1} h_{ik}^{2} \right)^{1/2}.$$

Questo algoritmo richiede circa $n^{3}/3$ *flops* con un risparmio, rispetto alla fattorizzazione LU, di un fattore 2 nel tempo di calcolo, e circa metà della memoria.

Consideriamo ora il caso particolare di un sistema lineare con matrice *tridiagonale* non singolare A della forma

$$A = \begin{bmatrix} a_1 & c_1 & & \mathbf{0} \\ b_2 & a_2 & \ddots & \\ & \ddots & & c_{n-1} \\ \mathbf{0} & & b_n & a_n \end{bmatrix}.$$

In tal caso le matrici L ed U della fattorizzazione LU di A sono due matrici bidiagonali del tipo

$$L = \begin{bmatrix} 1 & & & \mathbf{0} \\ \beta_2 & 1 & & \\ & \ddots & \ddots & \\ \mathbf{0} & & \beta_n & 1 \end{bmatrix}, \; U = \begin{bmatrix} \alpha_1 & c_1 & & \mathbf{0} \\ & \alpha_2 & \ddots & \\ & & \ddots & c_{n-1} \\ \mathbf{0} & & & \alpha_n \end{bmatrix}.$$

I coefficienti α_i e β_i incogniti, possono essere calcolati facilmente tramite le seguenti equazioni:

$$\alpha_1 = a_1, \; \beta_i = \frac{b_i}{\alpha_{i-1}}, \; \alpha_i = a_i - \beta_i c_{i-1}, \; i = 2, \ldots, n.$$

Questo algoritmo prende il nome di *algoritmo di Thomas* e può essere visto come una particolare forma della fattorizzazione LU senza pivotazione.

7.2 Metodi iterativi

I metodi iterativi mirano a costruire la soluzione **x** di un sistema lineare come limite di una successione $\{\mathbf{x}^{(n)}\}$ di vettori. Per ottenere il singolo elemento della successione è richiesto il calcolo del residuo $\mathbf{r}^{(n)} = \mathbf{b} - A\mathbf{x}^{(n)}$ del sistema. Nel caso in cui la matrice sia piena e di ordine n, il costo computazionale di un metodo iterativo è dunque dell'ordine di n^2 operazioni per ogni iterazione, costo che deve essere confrontato con le $2n^3/3$ operazioni richieste approssimativamente da un metodo diretto. Di conseguenza, i metodi iterativi sono competitivi con i metodi diretti soltanto se il numero di iterazioni necessario per raggiungere la convergenza (nell'ambito di una tolleranza fissata) è indipendente da n o dipende da n in modo sublineare.

Altre considerazioni nella scelta tra un metodo iterativo ed un metodo diretto entrano in gioco non appena la matrice è sparsa.

Una strategia generale per costruire metodi iterativi è basata su una decomposizione additiva, detta *splitting*, della matrice A della forma A=P−N, dove P e N sono due matrici opportune e P è non singolare. Per ragioni che risulteranno evidenti nel seguito, P è detta anche *matrice di precondizionamento* o *precondizionatore*.

Precisamente, assegnato $\mathbf{x}^{(0)}$, si ottiene $\mathbf{x}^{(k)}$ per $k \geq 1$ risolvendo i nuovi sistemi

$$P\mathbf{x}^{(k+1)} = N\mathbf{x}^{(k)} + \mathbf{b}, \quad k \geq 0 \tag{7.6}$$

o, equivalentemente,

$$\mathbf{x}^{(k+1)} = B\mathbf{x}^{(k)} + P^{-1}\mathbf{b}, \quad k \geq 0 \tag{7.7}$$

avendo indicato con $B = P^{-1}N$ la *matrice di iterazione*.

Siamo interessati a metodi iterativi *convergenti* ossia tali che $\lim_{k \to \infty} \mathbf{e}^{(k)} = \mathbf{0}$ per ogni scelta del *vettore iniziale* $\mathbf{x}^{(0)}$, avendo indicato con $\mathbf{e}^{(k)} = \mathbf{x}^{(k)} - \mathbf{x}$ l'errore. Poiché con un argomento ricorsivo si trova

$$\mathbf{e}^{(k)} = B^k\mathbf{e}^{(0)}, \quad \forall k = 0, 1, \ldots \tag{7.8}$$

si può concludere che un metodo iterativo della forma (7.6) è convergente se e solo se $\rho(B) < 1$, essendo $\rho(B)$ il raggio spettrale della matrice di iterazione B, ovvero il massimo modulo degli autovalori di B.

La (7.6) può anche essere posta nella forma

$$\mathbf{x}^{(k+1)} = \mathbf{x}^{(k)} + P^{-1}\mathbf{r}^{(k)}, \tag{7.9}$$

avendo indicato con

$$\mathbf{r}^{(k)} = \mathbf{b} - A\mathbf{x}^{(k)} \tag{7.10}$$

il vettore *residuo* al passo k. La (7.9) esprime dunque il fatto che per aggiornare la soluzione al passo $k+1$, è necessario risolvere un sistema lineare di matrice P. Dunque P, oltre ad essere non singolare, dovrà essere invertibile con un basso costo computazionale se non si vuole che il costo complessivo dello schema aumenti eccessivamente (evidentemente, nel caso limite in cui P fosse uguale ad A e N=0, il metodo (7.9) convergerebbe in una sola iterazione, ma col costo di un metodo diretto).

Vediamo ora come accelerare la convergenza dei metodi iterativi (7.6) sfruttando l'ultima forma introdotta. Indichiamo con

$$R_P = I - P^{-1}A$$

la matrice di iterazione associata al metodo (7.9). La (7.9) può essere generalizzata introducendo un opportuno parametro di rilassamento (o di accelerazione) α. Si ottengono in tal modo i *metodi di Richardson stazionari* (detti più semplicemente *di Richardson*), della forma

$$\mathbf{x}^{(k+1)} = \mathbf{x}^{(k)} + \alpha P^{-1}\mathbf{r}^{(k)}, \quad k \geq 0. \tag{7.11}$$

Più in generale, supponendo α dipendente dall'indice di iterazione, si ottengono i *metodi di Richardson non stazionari* dati da

$$\mathbf{x}^{(k+1)} = \mathbf{x}^{(k)} + \alpha_k P^{-1}\mathbf{r}^{(k)}, \quad k \geq 0. \tag{7.12}$$

La matrice di iterazione al passo k-esimo per tali metodi è data da

$$R(\alpha_k) = I - \alpha_k P^{-1}A,$$

(si noti che essa dipende da k). Nel caso in cui P=I, i metodi in esame si diranno *non precondizionati*.

Possiamo riscrivere la (7.12) (e quindi anche la (7.11)) in modo più efficiente. Posto infatti $\mathbf{z}^{(k)} = P^{-1}\mathbf{r}^{(k)}$ (il cosiddetto *residuo precondizionato*), si ha che $\mathbf{x}^{(k+1)} = \mathbf{x}^{(k)} + \alpha_k \mathbf{z}^{(k)}$ e $\mathbf{r}^{(k+1)} = \mathbf{b} - A\mathbf{x}^{(k+1)} = \mathbf{r}^{(k)} - \alpha_k A\mathbf{z}^{(k)}$. Riassumendo, un metodo di Richardson non stazionario al passo $k + 1$-esimo richiede le seguenti operazioni:

$$\begin{aligned}
&\text{risolvere il sistema lineare } P\mathbf{z}^{(k)} = \mathbf{r}^{(k)}, \\
&\text{calcolare il parametro di accelerazione } \alpha_k, \\
&\text{aggiornare la soluzione } \mathbf{x}^{(k+1)} = \mathbf{x}^{(k)} + \alpha_k \mathbf{z}^{(k)}, \\
&\text{aggiornare il residuo } \mathbf{r}^{(k+1)} = \mathbf{r}^{(k)} - \alpha_k A\mathbf{z}^{(k)}.
\end{aligned} \qquad (7.13)$$

Per quanto riguarda la convergenza per il metodo di Richardson stazionario (per il quale $\alpha_k = \alpha$, per ogni $k \geq 0$) vale il seguente risultato:

Proprietà 7.1 *Se* P *è una matrice non singolare, il metodo di Richardson stazionario* (7.11) *è convergente se e solo se*

$$\frac{2\text{Re}\lambda_i}{\alpha|\lambda_i|^2} > 1 \; \forall i = 1, \ldots, n, \qquad (7.14)$$

essendo λ_i *gli autovalori di* $P^{-1}A$.
Se inoltre si suppone che $P^{-1}A$ *abbia autovalori reali positivi, ordinati in modo che* $\lambda_1 \geq \lambda_2 \geq \ldots \geq \lambda_n > 0$, *allora, il metodo stazionario di Richardson* (7.11) *converge se e solo se* $0 < \alpha < 2/\lambda_1$. *Posto*

$$\alpha_{opt} = \frac{2}{\lambda_1 + \lambda_n} \qquad (7.15)$$

il raggio spettrale della matrice di iterazione R_α *è minimo se* $\alpha = \alpha_{opt}$, *con*

$$\rho_{opt} = \min_\alpha [\rho(R_\alpha)] = \frac{\lambda_1 - \lambda_n}{\lambda_1 + \lambda_n}. \qquad (7.16)$$

Se $P^{-1}A$ è simmetrica definita positiva, si può dimostrare che la convergenza del metodo di Richardson è monotona rispetto alle norme vettoriali $\|\cdot\|_2$ e $\|\cdot\|_A$. Ricordiamo che $\|\mathbf{v}\|_2 = (\sum_{i=1}^n v_i^2)^{1/2}$ e $\|\mathbf{v}\|_A = (\sum_{i,j=1}^n v_i a_{ij} v_j)^{1/2}$.

In tal caso, grazie alla (7.16), possiamo mettere in relazione ρ_{opt} con il numero di condizionamento introdotto nella Sez. 4.5.2 nel modo seguente:

$$\rho_{opt} = \frac{K_2(\mathrm{P}^{-1}\mathrm{A}) - 1}{K_2(\mathrm{P}^{-1}\mathrm{A}) + 1}, \quad \alpha_{opt} = \frac{2\|\mathrm{A}^{-1}\mathrm{P}\|_2}{K_2(\mathrm{P}^{-1}\mathrm{A}) + 1}. \tag{7.17}$$

Si comprende dunque quanto sia importante la scelta del precondizionatore P in un metodo di Richardson. Rimandiamo al Cap. 4 di [QSS08] per alcuni esempi di precondizionatori.

L'espressione ottimale del parametro di accelerazione α, indicata in (7.15), risulta di scarsa utilità pratica, richiedendo la conoscenza degli autovalori massimo e minimo della matrice $\mathrm{P}^{-1}\mathrm{A}$. Nel caso particolare di matrici simmetriche definite positive, è tuttavia possibile valutare il parametro di accelerazione ottimale in modo *dinamico*, ossia in funzione di quantità calcolate dal metodo stesso al passo k, come indichiamo nel seguito.

Osserviamo anzitutto che, nel caso in cui A sia una matrice simmetrica definita positiva, la risoluzione del sistema (7.2) è equivalente a trovare il punto di minimo $\mathbf{x} \in \mathbb{R}^n$ della forma quadratica

$$\Phi(\mathbf{y}) = \frac{1}{2}\mathbf{y}^T\mathrm{A}\mathbf{y} - \mathbf{y}^T\mathbf{b},$$

detta *energia del sistema* (7.2).

Il problema è dunque ricondotto a determinare il punto di minimo $\mathbf{x}$ di Φ partendo da un punto $\mathbf{x}^{(0)} \in \mathbb{R}^n$ e, conseguentemente, scegliere opportune direzioni lungo le quali muoversi per avvicinarsi, il più rapidamente possibile, alla soluzione $\mathbf{x}$. La direzione ottimale, congiungente $\mathbf{x}^{(0)}$ ed $\mathbf{x}$, non è ovviamente nota a priori: dovremo dunque muoverci a partire da $\mathbf{x}^{(0)}$ lungo un'altra direzione $\mathbf{d}^{(0)}$ e su questa fissare un nuovo punto $\mathbf{x}^{(1)}$ dal quale ripetere il procedimento fino a convergenza.

Al generico passo k determineremo dunque $\mathbf{x}^{(k+1)}$ come

$$\mathbf{x}^{(k+1)} = \mathbf{x}^{(k)} + \alpha_k\mathbf{d}^{(k)}, \tag{7.18}$$

essendo α_k il valore che fissa la lunghezza del passo lungo $\mathbf{d}^{(k)}$. L'idea più naturale, che consiste nel prendere come direzione di discesa quella di massima pendenza per Φ, data da $\mathbf{r}^{(k)} = -\nabla\Phi(\mathbf{x}^{(k)})$, conduce al *metodo del gradiente*. Esso dà luogo al seguente algoritmo: dato $\mathbf{x}^{(0)} \in \mathbb{R}^n$, posto $\mathbf{r}^{(0)} = \mathbf{b} - \mathrm{A}\mathbf{x}^{(0)}$, per $k = 0, 1, \ldots$ fino a convergenza, si calcola

$$\alpha_k = \frac{\mathbf{r}^{(k)^T}\mathbf{r}^{(k)}}{\mathbf{r}^{(k)^T}\mathrm{A}\mathbf{r}^{(k)}},$$

$$\mathbf{x}^{(k+1)} = \mathbf{x}^{(k)} + \alpha_k\mathbf{r}^{(k)},$$

$$\mathbf{r}^{(k+1)} = \mathbf{r}^{(k)} - \alpha_k\mathrm{A}\mathbf{r}^{(k)}.$$

La sua versione precondizionata assume la forma seguente: dato $\mathbf{x}^{(0)} \in \mathbb{R}^n$, posto $\mathbf{r}^{(0)} = b - A\mathbf{x}^{(0)}$, $\mathbf{z}^{(0)} = P^{-1}\mathbf{r}^{(0)}$, per $k = 0, 1, \ldots$ fino a convergenza si calcola

$$
\alpha_k = \frac{\mathbf{z}^{(k)^T}\mathbf{r}^{(k)}}{\mathbf{z}^{(k)^T}A\mathbf{z}^{(k)}},
$$
$$
\mathbf{x}^{(k+1)} = \mathbf{x}^{(k)} + \alpha_k \mathbf{z}^{(k)},
$$
$$
\mathbf{r}^{(k+1)} = \mathbf{r}^{(k)} - \alpha_k A\mathbf{z}^{(k)}, \quad P\mathbf{z}^{(k+1)} = \mathbf{r}^{(k+1)}.
$$

Per quanto riguarda le proprietà di convergenza del metodo del gradiente, vale il seguente risultato:

Teorema 7.1 *Sia A simmetrica definita positiva; il metodo del gradiente converge per ogni valore del dato iniziale* $\mathbf{x}^{(0)}$ *e*

$$
\|\mathbf{e}^{(k+1)}\|_A \leq \frac{K_2(A) - 1}{K_2(A) + 1} \|\mathbf{e}^{(k)}\|_A, \qquad k = 0, 1, \ldots \tag{7.19}
$$

dove $\| \cdot \|_A$ *è la norma dell'energia precedentemente definita.*

Analogo risultato, con $K_2(A)$ sostituito da $K_2(P^{-1}A)$, vale anche nel caso del metodo del gradiente precondizionato, pur di assumere che anche P sia simmetrica definita positiva.

Un'alternativa ancora più efficace consiste nell'utilizzare il *metodo del gradiente coniugato* nel quale le direzioni di discesa non coincidono più con quelle del residuo. In particolare, posto $\mathbf{p}^{(0)} = \mathbf{r}^{(0)}$, si cercano direzioni della forma

$$
\mathbf{p}^{(k+1)} = \mathbf{r}^{(k+1)} - \beta_k \mathbf{p}^{(k)}, \, k = 0, 1, \ldots \tag{7.20}
$$

dove i parametri $\beta_k \in \mathbb{R}$ sono da determinarsi in modo che

$$
(A\mathbf{p}^{(j)})^T \mathbf{p}^{(k+1)} = 0, \, j = 0, 1, \ldots, k. \tag{7.21}
$$

Direzioni di questo tipo si dicono A-ortogonali (o A-coniugate). Il metodo nel caso precondizionato assume allora la forma: dato $\mathbf{x}^{(0)} \in \mathbb{R}^n$, posto $\mathbf{r}^{(0)} = \mathbf{b} - A\mathbf{x}^{(0)}$, $\mathbf{z}^{(0)} = P^{-1}\mathbf{r}^{(0)}$ e $\mathbf{p}^{(0)} = \mathbf{z}^{(0)}$, la k-esima iterazione, con $k = 0, 1 \ldots, $ è

$$
\alpha_k = \frac{\mathbf{p}^{(k)^T}\mathbf{r}^{(k)}}{(A\mathbf{p}^{(k)})^T\mathbf{p}^{(k)}},
$$
$$
\mathbf{x}^{(k+1)} = \mathbf{x}^{(k)} + \alpha_k \mathbf{p}^{(k)},
$$
$$
\mathbf{r}^{(k+1)} = \mathbf{r}^{(k)} - \alpha_k A\mathbf{p}^{(k)},
$$
$$
P\mathbf{z}^{(k+1)} = \mathbf{r}^{(k+1)},
$$
$$
\beta_k = \frac{(A\mathbf{p}^{(k)})^T\mathbf{z}^{(k+1)}}{\mathbf{p}^{(k)^T}A\mathbf{p}^{(k)}},
$$
$$
\mathbf{p}^{(k+1)} = \mathbf{z}^{(k+1)} - \beta_k \mathbf{p}^{(k)}.
$$

Il parametro α_k è scelto in modo tale da garantire che l'errore $\|\mathbf{e}^{(k+1)}\|_A$ sia mini-
mizzato lungo la direzione di discesa $\mathbf{p}^{(k)}$. Il parametro β_k, invece, viene scelto in mo-
do che la nuova direzione $\mathbf{p}^{(k+1)}$ sia A-coniugata con $\mathbf{p}^{(k)}$ ovvero $(A\mathbf{p}^{(k)})^T\mathbf{p}^{(k+1)} = 0$. In effetti, si può dimostrare (grazie al principio di induzione) che se quest'ultima relazione è verificata, allora lo sono anche tutte quelle in (7.21) relative a $j = 0, ..., k-1$.
Per una completa derivazione del metodo, si veda ad esempio [QSS08, Cap. 4] o
[Saa96].
Si può dimostrare che il metodo del gradiente coniugato converge in aritmetica esatta
al più in n passi e che

$$\|\mathbf{e}^{(k)}\|_A \leq \frac{2c^k}{1+c^{2k}}\|\mathbf{e}^{(0)}\|_A, \qquad (7.22)$$

con

$$c = \frac{\sqrt{K_2(P^{-1}A)} - 1}{\sqrt{K_2(P^{-1}A)} + 1}. \qquad (7.23)$$

Di conseguenza, in assenza di errori di arrotondamento, esso può essere visto come
un metodo diretto in quanto termina dopo un numero finito di operazioni.
D'altra parte, per matrici di grande dimensione, viene usualmente impiegato come
un metodo iterativo ed arrestato alla prima iterazione in cui uno stimatore dell'errore
(come ad esempio il residuo relativo) è minore di una tolleranza assegnata.
Grazie alla (7.23), la dipendenza del fattore di riduzione dell'errore dal numero di
condizionamento della matrice è più favorevole di quella del metodo del gradiente
(per la presenza della radice quadrata di $K_2(P^{-1}A)$).

Generalizzazioni del metodo del gradiente nel caso in cui la matrice A non sia
simmetrica conducono ai cosiddetti metodi di Krylov (fra i quali esempi notevoli sono
costituiti dal metodo GMRES e dal metodo del bigradiente coniugato, BiCG, e alla sua versione stabilizzata, il metodo BiCGSTAB). Rinviamo il lettore interessato a
[Com95], [QSS08, Cap. 4], [QV99, Cap. 3], [Saa96] e [vdV03].

Capitolo 8
Cenni di programmazione degli elementi finiti

In questo capitolo approfondiamo alcuni aspetti relativi alla traduzione in codici di calcolo del metodo degli elementi finiti. Questa operazione di *implementazione* può nascondere alcune insidie. La necessità di avere un'implementazione ad alta efficienza computazionale, oltre alle esigenze sintattiche di un qualsiasi linguaggio di programmazione, richiede una codifica che non è in genere l'immediata traduzione di quanto visto in sede di presentazione teorica. L'efficienza dipende da tanti fattori, compresi il linguaggio usato e l'architettura su cui si lavora. L'esperienza personale può giocare un ruolo fondamentale tanto quanto l'apprendimento da un testo. Anche se talvolta passare tanto tempo alla ricerca di un errore in un codice o di una struttura dati più efficiente può sembrare tempo perso, non lo è (quasi) mai. Per questo, l'auspicio è che il presente capitolo sia una sorta di "canovaccio" per prove che il lettore possa fare autonomamente più che un capitolo da studiare in senso tradizionale.

Un'ultima osservazione riguarda il taglio del capitolo: l'approccio seguito qui è quello di fornire indicazioni di carattere *generale*: ovviamente ogni problema ha specificità che possono essere sfruttate in modo mirato per una implementazione ancor più efficiente.

8.1 Fasi operative di un codice a elementi finiti

Nell'esecuzione di un calcolo a elementi finiti possiamo distinguere quattro fasi che rappresentano altrettante fasi di codifica (Fig. 8.1).

1. *Pre-processing.* Questa fase consiste nella impostazione del problema e nella codifica del dominio di calcolo che, come visto nel Cap. 4, richiede la costruzione della *reticolazione*. In generale, a parte i casi banali (ad esempio in dimensione 1), la costruzione di una mesh adeguata è un problema numerico di rilevante interesse, per il quale sono state sviluppate tecniche ad hoc. In genere, questa operazione è svolta da programmi a parte o da moduli appositi all'interno di un solutore, nei quali di recente molta cura è stata rivolta alla parte di interfaccia grafica e di in-

© Springer-Verlag Italia 2016

A. Quarteroni, *Modellistica Numerica per Problemi Differenziali*, 6a edizione,
UNITEXT - La Matematica per il 3+2 100, DOI 10.1007/978-88-470-5782-1_8

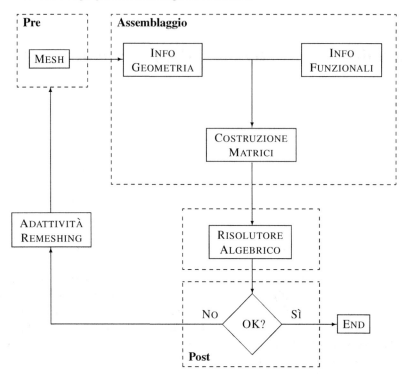

Figura 8.1. Fasi operative di un codice a elementi finiti

terfacciamento con programmi di CAD (*Computer Aided Design*). Alle tecniche di base per la generazione di griglia è dedicato il Cap. 6.

2. *Assemblaggio.* In questa fase vengono costruite le strutture dati "funzionali", a partire da quelle "geometriche" ricavate dalla mesh e dalle scelte dell'utente circa il tipo di elementi finiti che si vuole usare. Inoltre, in base al problema che si vuol risolvere e alle sue condizioni al bordo, viene calcolata la matrice di rigidezza associata alla discretizzazione (si vedano i Cap. 4 e 12). Questa operazione può essere eventualmente inserita all'interno di un ciclo di avanzamento temporale se si stanno trattando problemi tempo-dipendenti (come fatto nei Cap. 5-16) e può essere il frutto anche di un'operazione di linearizzazione nel caso si stiano trattando problemi non lineari. In senso stretto, il termine "assemblaggio" si riferisce alla costruzione della matrice del sistema lineare, passando dal calcolo locale svolto sull'elemento di riferimento a quello globale che concorre alla determinazione della matrice associata al problema discretizzato.

La Fig. 8.2 riassume le diverse operazioni durante la fase di assemblaggio per la preparazione del sistema algebrico.

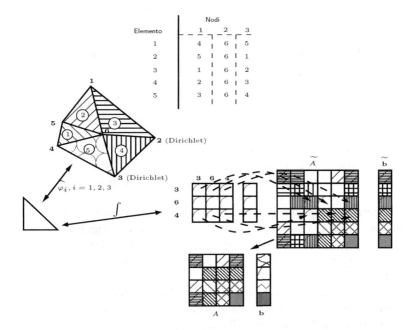

Figura 8.2. Schematizzazione dell'assemblaggio. Le informazioni geometriche e topologiche (tabella in alto), opportunamente memorizzate descrivono la griglia. Mediante la mappatura sull'elemento di riferimento, si effettua il calcolo della matrice di discretizzazione $\widetilde{A}$ e del termine noto $\widetilde{b}$, procedendo prima elemento per elemento (calcolo locale) e poi, sfruttando l'additività dell'operazione di integrazione, formando la matrice globale. I simboli che rappresentano ogni elemento della matrice sono ottenuti dalla sovrapposizione dei simboli usati per definire ogni elemento della mesh. Alla fine, si impongono le condizioni al bordo; ciò comporta l'eliminazione dei gradi di libertà associati alle condizioni di Dirichlet, e si perviene alla matrice finale A e al termine noto b. Come vedremo, l'operazione viene spesso implementata diversamente

3. *Risoluzione del sistema algebrico.* Il nocciolo risolutivo di base di ogni calcolo ad elementi finiti è rappresentato dalla soluzione di un sistema lineare. Come detto, questo potrà essere eventualmente parte di un ciclo temporale (basato su un metodo di discretizzazione implicito) o di un ciclo iterativo dovuto alla linearizzazione di un problema non lineare. La scelta del metodo risolutivo è in genere affidata all'utente. Per questo motivo è molto importante che l'utente sappia unire alle conoscenze del problema in esame, che come visto nel Cap. 4 si riflettono sulla struttura della matrice (ad esempio la simmetria, la positività) una buona conoscenza dei metodi a disposizioni per poter fare una scelta ottimale (la quale raramente è quella di *default*). Per questo motivo, nel Cap. 7 vengono richiamate le principali caratteristiche dei metodi per la risoluzione di sistemi lineari.

Oggi vi sono molte librerie di calcolo molto efficienti per la risoluzione di sistemi lineari di diverso tipo, per cui l'orientamento in fase di codifica è in genere quello di includere tali librerie piuttosto che implementarle *ex-novo*. Ad esempio, negli esempi che seguiranno la parte di risoluzione dei sistemi lineari è affidata a Aztec Versione 2.1, libreria sviluppata presso i Sandia Laboratories di Albuqerque, New Mexico, USA (si veda [AZT]). Vi sono tuttavia molte altre librerie dedicate a questo scopo, fra le quali ricordiamo PetSC (si veda [Pet]) e UMFPACK [UMF], TriLinos [Tri].

4. *Post-processing*. La mole di dati numerici generati da un codice agli elementi finiti è spesso enorme. Occorre elaborare questa informazione in modo da presentare risultati sintetici ed in una forma utilizzabile per gli scopi dell'analisi. La sintesi mediante immagini o il calcolo di grandezze derivate può non essere una fase banale. In particolare, il calcolo di grandezze derivate, se non viene effettuato con i dovuti accorgimenti può introdurre inaccettabili errori aggiuntivi.

Presenteremo le tecniche di generazione di griglia nel prossimo capitolo. Pertanto, l'oggetto principale di questo capitolo sarà la fase di Assemblaggio (Sez. 8.4), nella quale la codifica efficiente del metodo degli elementi finiti non è la semplice traduzione in un linguaggio di programmazione di quanto visto nella teoria, ma sono richiesti accorgimenti opportuni.

Prima di affrontare l'argomento, nella Sez. 8.2 ci occuperemo della codifica di formule di quadratura per il calcolo numerico degli integrali, mentre la codifica delle matrici in formato sparso è trattata nella Sez. 8.3.

Per quanto riguarda la fase di *post-processing*, rimandiamo alla letteratura specifica, osservando che alcune tecniche usate sono state già introdotte nel Cap.4 per il calcolo di stimatori a posteriori.

La Sez. 8.6 riporta infine un esempio completo.

8.1.1 Un breve cenno al codice utilizzato

Vi sono molti linguaggi e ambienti di programmazione disponibili oggi, caratterizzati da filosofie e obiettivi disparati. Nel momento in cui si affronta l'implementazione di un metodo numerico, occorre fare una scelta motivata in questo panorama, per poter concretizzare le spiegazioni attraverso porzioni di codice. Tra gli ambienti di programmazione molto utili per la costruzione di prototipi, Matlab è sicuramente uno strumento validissimo sotto molti punti di vista, anche se, come per tutti i linguaggi interpretati, difetta sotto il profilo della efficienza computazionale. Un altro ambiente orientato alla soluzione di problemi differenziali in 2D mediante il metodo degli elementi finiti è FreeFem++ (si veda www.freefem.org). Questo ambiente comprende in un unico pacchetto (gratuito e usabile sotto diversi sistemi operativi) tutte le quattro fasi indicate sopra, con una sintassi particolarmente accattivante, che riduce la distanza fra codifica e formulazione teorica, e in particolare avvicinando significativamente la prima alla seconda. Questa operazione ha un indubbio valore "didattico", di effettuare simulazioni anche di problemi non banali rapidamente. Tuttavia, i costi computazionali e la difficoltà ad implementare nuove strategie che richiedano estensioni della sintassi possono risultare penalizzanti in casi di interesse reale.

Tradizionalmente, tra i linguaggi di programmazione compilati, il Fortran (in particolare il Fortran 77) è quello cha ha avuto maggior successo in ambito numerico, grazie al fatto di generare codici eseguibili molto efficienti. Più di recente, la filosofia di programmazione *orientata agli oggetti* è sembrata avere caratteristiche di astrazione molto adatte per problemi matematico-numerici. L'*astrazione* insita nella *trasversalità* degli strumenti matematici sembra trovare un ottimo corrispettivo nell'astrazione propria della programmazione a oggetti, basata sulla progettazione di tipi di dato da parte dell'utente (più che su operazioni da svolgere, come nella programmazione procedurale) e sul loro uso polimorfico (si veda ad es. [LL00, CP00, Str00]). Tuttavia, il costo computazionale di questa astrazione ha talvolta ridotto l'interesse per una programmazione filosoficamente interessante, ma sovente operativamente perdente per problemi di tipo scientifico, dove l'efficienza computazionale è (quasi) sempre cruciale. Questo ha richiesto lo sviluppo di tecniche di programmazione più sofisticate (ad esempio gli Expression Templates), che consentissero di evitare che i costi della interpretazione di oggetti astratti diventassero troppo pesanti dutrante l'esecuzione del codice (si vedano ad es. [Vel95, Fur97, Pru06, DV08]). Accanto al Fortran, pertanto, oggi sono sempre più diffusi anche in ambito scientifico linguaggi come il C++, nato come un miglioramento del linguaggio C orientato agli oggetti: fra gli altri, ricordiamo Diffpack e FoamCFD. A questo linguaggio faremo pertanto riferimento nelle parti di codice presentati nel seguito. In particolare, queste porzioni di codice sono parte di un'ampia libreria, LifeV (Life 5), sviluppata presso i centri CMCS del Politecnico di Losanna, l'INRIA di Rocquencourt, Parigi, il MOX del Politecnico di Milano e la Emory University di Atlanta. Questa libreria, liberamente scaricabile da www.lifev.org sotto le condizioni generali di licenza LGPL, si configura come un codice aperto a nuovi contributi in diversi contesti applicativi (principalmente in 3D) per l'applicazione di metodi numerici recenti in un contesto di programmazione avanzata orientata agli oggetti.

La lettura accurata del codice (che d'ora in avanti chiameremo "Programmi" per semplicità) richiede alcune conoscenze di base di C++ per le quali rinviamo a [LL00]. Volendo tuttavia usare il presente capitolo come base per fare prove autonome (e con il proprio linguaggio di programmazione preferito) non è essenziale, per la comprensione del testo, la conoscenza completa della sintassi del C++, ma è sufficiente avere dimestichezza con i construtti sintattici di base.

8.2 Calcolo numerico degli integrali

Il calcolo numerico effettivo degli integrali richiesti nella formulazione a Elementi Finiti viene tipicamente eseguito mediante l'applicazione di *formule di quadratura*. Per una introduzione completa all'argomento della quadratura numerica, rimandiamo a testi di Analisi Numerica di base (ad esempio [QSS08]). In questa sede, basta ricordare che una formula di quadratura generica ha la forma:

$$\int_K f(\mathbf{x})d\mathbf{x} \approx \sum_{q=1}^{nqn} f(\mathbf{x}_q)w_q$$

ove K indica la regione su cui si integra (tipicamente un elemento della griglia), nqn è il numero di nodi di quadratura per la formula scelta, $\mathbf{x}_q$ sono le coordinate dei *nodi di quadratura* e w_q sono i *pesi*. Tipicamente, l'accuratezza della formula nonché il costo computazionale crescono con il numero di nodi di quadratura. Come visto nel Cap. 10, Sez. 10.2.2 e 10.2.3, le formule che, a parità di numero di nodi, garantiscono la migliore accuratezza sono quelle *gaussiane*.

Il calcolo dell'integrale viene in genere svolto sull'elemento di riferimento, sul quale è nota l'espressione delle funzioni di base, mediante un opportuno cambio di variabile (Sez. 4.3).

Indichiamo rispettivamente con $\hat{x}_i$ e x_i (per $i = 1, \ldots, d$) le coordinate sull'elemento di riferimento $\hat{K}$ e sull'elemento generico K. L'integrazione nello spazio di riferimento richiederà la conoscenza delle matrici Jacobiane $J_K(\hat{\mathbf{x}})$ delle trasformazioni geometriche $\mathbf{F}_K$ che mappano l'elemento di riferimento $\hat{K}$ sugli elementi K (si veda la Fig. 4.13). Per un elemento generico K, sia $\mathbf{F}_K : \hat{K} \to K$ una trasformazione invertibile tale che $\mathbf{x} = \mathbf{F}_K(\hat{\mathbf{x}})$ e

$$J_K(\hat{\mathbf{x}}) = \left[\frac{\partial x_i}{\partial \hat{x}_j}(\hat{\mathbf{x}}) \right]_{i,j=1}^d$$

la sua matrice Jacobiana. Allora,

$$\int_K f(\mathbf{x})d\mathbf{x} = \int_{\hat{K}} \hat{f}(\hat{\mathbf{x}})|\det J_K(\hat{\mathbf{x}})|d\hat{\mathbf{x}} \approx \sum_q \hat{f}(\hat{\mathbf{x}}_q)|\det J_K(\hat{\mathbf{x}}_q)|\hat{w}_q, \qquad (8.1)$$

dove $\hat{f} = f \circ \mathbf{F}_K$ e $\hat{w}_q$ sono i pesi sull'elemento di riferimento. Nel caso di operatori dove interviene la derivata spaziale, occorre applicare le regole di derivazione delle funzioni composte, per cui denotando con $\widehat{J}_K(\mathbf{x})$ la matrice Jacobiana associata a $\mathbf{F}_K^{-1}$, cioè

$$\widehat{J}_K(\mathbf{x}) = \left[\frac{\partial \hat{x}_i}{\partial x_j}(\mathbf{x}) \right]_{i,j=1}^d,$$

si ha, per $j = 1, \ldots, d$,

$$\frac{\partial f}{\partial x_i}(\mathbf{x}) = \sum_{j=1}^d \frac{\partial \hat{f}}{\partial \hat{x}_j}(\hat{\mathbf{x}}) \frac{\partial \hat{x}_j}{\partial x_i}(\mathbf{x}), \quad \nabla_x f(\mathbf{x}) = \left[\widehat{J}_K(\mathbf{x}) \right]^T \nabla_{\hat{x}} \hat{f}(\hat{\mathbf{x}}).$$

Si può dimostrare che

$$\left[\widehat{J}_K(\mathbf{x}) \right]^T = \frac{1}{\det J_K(\hat{\mathbf{x}})} J_K^{cof}(\hat{\mathbf{x}}),$$

essendo $J_K^{cof}(\hat{\mathbf{x}})$ la matrice dei cofattori degli elementi di $J_K(\hat{\mathbf{x}})$, ovvero (nel caso bidimensionale)

$$J_K^{cof}(\hat{\mathbf{x}}) = \begin{bmatrix} \dfrac{\partial x_2}{\partial \hat{x}_2}(\hat{\mathbf{x}}) & -\dfrac{\partial x_2}{\partial \hat{x}_1}(\hat{\mathbf{x}}) \\ -\dfrac{\partial x_1}{\partial \hat{x}_2}(\hat{\mathbf{x}}) & \dfrac{\partial x_1}{\partial \hat{x}_1}(\hat{\mathbf{x}}) \end{bmatrix}.$$

Pertanto il gradiente della funzione f può essere espresso in termini delle sole variabili nello spazio di riferimento come

$$\nabla_x f(\mathbf{x}) = \frac{1}{\det J_K(\hat{\mathbf{x}})} J_K^{cof}(\hat{\mathbf{x}}) \nabla_{\hat{x}} \hat{f}(\hat{\mathbf{x}}).$$

Denotando con α e β gli indici di due generiche funzioni di base, il calcolo dell'elemento generico della matrice di rigidezza sarà così effettuato:

$$\int_K \nabla_x \varphi_\alpha(\mathbf{x}) \nabla_x \varphi_\beta(\mathbf{x}) d\mathbf{x} =$$

$$\int_{\hat{K}} \left(J_K^{cof}(\hat{\mathbf{x}}) \nabla_{\hat{x}} \hat{\varphi}_\alpha(\hat{\mathbf{x}}) \right) \left(J_K^{cof}(\hat{\mathbf{x}}) \nabla_{\hat{x}} \hat{\varphi}_\beta(\hat{\mathbf{x}}) \right) \frac{1}{|\det J_K(\hat{\mathbf{x}})|} d\hat{\mathbf{x}} \simeq$$

$$\sum_q \left[\frac{\hat{w}_q}{|\det J_K(\hat{\mathbf{x}}_q)|} \sum_{j=1}^d \left(\sum_{l=1}^d \left[J_K^{cof}(\hat{\mathbf{x}}_q) \right]_{jl} \frac{\partial \hat{\varphi}_\alpha}{\partial \hat{x}_l}(\hat{\mathbf{x}}_q) \right) \left(\sum_{m=1}^d \left[J_K^{cof}(\hat{\mathbf{x}}_q) \right]_{jm} \frac{\partial \hat{\varphi}_\beta}{\partial \hat{x}_m}(\hat{\mathbf{x}}_q) \right) \right].$$
$$(8.2)$$

Osserviamo che le matrici J_K, e di conseguenza anche le J_K^{cof}, sono costanti sull'elemento K qualora esso sia un triangolo o un rettangolo in 2D (oppure un tetraedro o un parallelepipedo in 3D) senza bordi curvi.

La classe che codifica una formula di quadratura memorizza pertanto nodi di quadratura e pesi associati. Nel calcolo effettivo degli integrali, verranno poi ottenute le informazioni sulla mappatura necessarie per il calcolo vero e proprio, dipendenti dalla geometria di K.

Nel Programma 2 si riporta la codifica di una formula di quadratura a 5 punti per tetraedri:

$$\hat{\mathbf{x}}_1 = \left(\frac{1}{6}, \frac{1}{6}, \frac{1}{6} \right), \qquad \hat{w}_1 = \frac{9}{20} \frac{1}{6}$$

$$\hat{\mathbf{x}}_2 = \left(\frac{1}{6}, \frac{1}{6}, \frac{1}{2} \right), \qquad \hat{w}_2 = \frac{9}{20} \frac{1}{6}$$

$$\hat{\mathbf{x}}_3 = \left(\frac{1}{6}, \frac{1}{2}, \frac{1}{6} \right), \qquad \hat{w}_3 = \frac{9}{20} \frac{1}{6}$$

$$\hat{\mathbf{x}}_4 = \left(\frac{1}{2}, \frac{1}{6}, \frac{1}{6} \right), \qquad \hat{w}_4 = \frac{9}{20} \frac{1}{6}$$

$$\hat{\mathbf{x}}_5 = \left(\frac{1}{4}, \frac{1}{4}, \frac{1}{4} \right), \qquad \hat{w}_5 = -\frac{16}{20} \frac{1}{6}.$$

Il fattore $1/6$ che compare nell'espressione dei pesi $\hat{w}_q$ rappresenta il volume del tetraedro di riferimento. Sovente, i pesi tabulati nei libri non tengono conto esplicitamente di questo fattore, per cui, nel nostro caso, si trovano i valori $9/20$ e $-16/20$, ma la misura dell'elemento di riferimento non va dimenticata!

Programma 2 - pt-tetra-5pt: Formula di quadratura a cinque nodi su tetraedro: la classe QuadPoint definisce il singolo nodo di quadratura con il peso associato. La formula di quadratura sarà definita da un array di oggetti QuadPoint

```
class QuadPoint {
  Real _coor[ 3 ];
  Real _weight;
  public: QuadPoint(Real x, Real y, Real z, Real weight )
  { _coor[ 0 ] = x;
    _coor[ 1 ] = y;
    _coor[ 2 ] = z;
    _weight = weight;
  }
}
```

```
//Integrazione su Tetraedro con una formula a 5 nodi
const Real   tet5ptx1 = 1. / 6. , tet5ptx2 = 1. / 2., tet5ptx3 = 1. / 4.;
```

```
static const QuadPoint pt_tetra_5pt[ 5 ] =
{ QuadPoint( tet5ptx1,tet5ptx1, tet5ptx1, 9. / 120. ),
  QuadPoint( tet5ptx1,tet5ptx1, tet5ptx2, 9. / 120. ),
  QuadPoint( tet5ptx1, tet5ptx2, tet5ptx1, 9. / 120. ),
  QuadPoint( tet5ptx2, tet5ptx1, tet5ptx1, 9. / 120. ),
  QuadPoint( tet5ptx3, tet5ptx3, tet5ptx3, -16. / 120. )
};
```

La scelta di una formula di quadratura risponde a due esigenze (di tipo conflittuale):

1. da un lato, maggiore è l'accuratezza e meglio è controllato l'errore generato dal calcolo degli integrali; per problemi a coefficienti costanti o polinomiali, facendo leva sul concetto di *grado di esattezza* di una formula di quadratura, si può addirittura annullare completamente l'errore di integrazione numerica;
2. dall'altro lato, l'aumento dell'accuratezza si accompagna spesso ad un aumento del numero di nodi nqn.

La giusta sintesi fra le due esigenze, evidentemente, dipende dai requisiti del problema che si vuole risolvere, nonché dalle specifiche di accuratezza e velocità per il calcolo da eseguire.

8.2.1 Le coordinate baricentriche

La valutazione numerica degli integrali sui simplessi (intervalli in 1D, triangoli in 2D, tetraedri in 3D) può avvantaggiarsi dall'uso delle coordinate baricentriche che sono state introdotte della Sez. 4.4.3. Per iniziare, osserviamo che valgono le seguenti formule esatte di integrazione (si veda, ad es. [Aki94, Cap. 9] o [Hug00, Cap. 3]):

in 1D

$$\int_{\widehat{K}_1} \lambda_0^a \lambda_1^b d\omega = \frac{a!b!}{(a+b+1)!} \text{Lunghezza}(\widehat{K}_1),$$

in 2D

$$\int_{\widehat{K}_2} \lambda_0^a \lambda_1^b \lambda_2^c d\omega = \frac{a!b!c!}{(a+b+c+2)!} 2\text{Area}(\widehat{K}_2),$$

in 3D

$$\int_{\widehat{K}_3} \lambda_0^a \lambda_1^b \lambda_2^c \lambda_3^d d\omega = \frac{a!b!c!d!}{(a+b+c+d+3)!} 6\mathrm{Vol}(\widehat{K}_3).$$

Più in generale,

$$\int_{\widehat{K}_d} \prod_{i=0}^{d} \lambda_i^{n_i} d\omega = \frac{\prod_{i=0}^{d} n_i!}{(\sum_{i=0}^{d} n_i + d)!} d! |\widehat{K}_d| \tag{8.3}$$

dove $\widehat{K}_d$ è un simplesso unitario d-dimensionale, $|\widehat{K}_d|$ denota la sua misura, $\{n_i, 0 \leq i \leq d\}$ è un insieme di interi non negativi.

Queste formule sono utili quando si ha a che fare con l'approssimazione a elementi finiti di problemi ai limiti per il calcolo esatto degli integrali di polinomi espressi attraverso il prodotto delle funzioni di base caratteristiche lagrangiane o loro derivate.

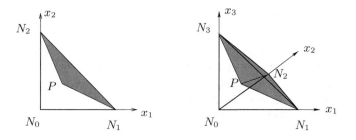

Figura 8.3. La coordinata baricentrica λ_i del punto P rappresenta il rapporto fra il volume del tetraedro che ha come vertici lo stesso P e i vertici della faccia opposta a N_i (in figura, a destra, abbiamo indicato in grigio il tetraedro opposto a N_0 con vertici P, N_1, N_2, N_3) e il volume totale del tetraedro

A titolo di esempio, la Tabella 8.1 riporta i pesi e i nodi per alcune formule di quadratura assai comuni in 2D. La Tabella 8.2 riporta alcune formule per tetraedri. Le formule sono simmetriche: bisogna pertanto considerare tutte le possibili permutazioni delle coordinate baricentriche per avere la lista completa dei nodi.

Per comodità si riporta, oltre al numero totale di nodi nqn, la molteplicità m di ciascun nodo di quadratura, cioè il numero di nodi generati dalle permutazioni. Si fornisce anche il grado di esattezza r.

Vediamo due semplici esempi. Supponiamo di voler calcolare:

$$I = \int_K f(\mathbf{x}) d\mathbf{x} = \int_{\widehat{K}} \widehat{f}(\hat{\mathbf{x}}) |\det J_K(\hat{\mathbf{x}})| d\hat{\mathbf{x}} \simeq \sum_q \widehat{f}(\hat{\mathbf{x}}_q) |\det J_K(\hat{\mathbf{x}})| \hat{w}_q.$$

Usando i pesi e nodi della prima riga della tabella si ottiene

$$I \simeq \frac{1}{2}\widehat{f}\left(\frac{1}{3},\frac{1}{3}\right)\left|\det J_K\left(\frac{1}{3},\frac{1}{3}\right)\right| = \text{Area}(K)f(\overline{\mathbf{x}}),$$

dove il coefficiente $1/2$ rappresenta l'area dell'elemento di riferimento, $\overline{\mathbf{x}}$ è il nodo di coordinate baricentriche $\lambda_1 = \lambda_2 = \lambda_3 = 1/3$ e corrisponde al baricentro del triangolo. La corrispondente formula è la ben nota *formula del punto medio composita*.

Per usare la formula della seconda riga notiamo che $m = 3$ e dunque abbiamo di fatto 3 nodi di quadratura le cui coordinate baricentriche si ottengono per permutazione ciclica:

$$(\lambda_1 = 1, \lambda_2 = 0, \lambda_3 = 0), \ (\lambda_1 = 0, \lambda_2 = 1, \lambda_3 = 0), \ (\lambda_1 = 0, \lambda_2 = 0, \lambda_3 = 1).$$

Quindi per ogni triangolo K otteniamo

$$\int_K f(\mathbf{x})d\mathbf{x} \simeq \frac{1}{2}\frac{1}{3}\left[\widehat{f}(0,0)|\det J_K(0,0)| + \widehat{f}(1,0)|\det J_K(1,0)|+\right.$$

$$\left.+ \widehat{f}(0,1)|\det J_K(0,1)|\right] = \frac{\text{Area}(K)}{3}\sum_{i=0}^{2}f(\mathbf{N}_i),$$

essendo $\mathbf{N}_0, \mathbf{N}_1, \mathbf{N}_2$, i vertici del triangolo K, corrispondenti alle coordinate baricentriche $(0,0),(1,0)$ e $(0,1)$ rispettivamente. La corrispondente formula è pertanto la *formula del trapezio composita*. Entrambe le formule hanno grado di esattezza 1.

Altre formule di quadratura per il calcolo di integrali per diversi elementi finiti si trovano in [Com95], [Hug00], [Str71], [FSV05].

Osservazione 8.1 Qualora si faccia uso di elementi quadrilateri o prismatici, nodi e pesi delle formule di quadratura si possono ottenere come prodotto tensoriale delle formule di quadratura di Gauss per il caso monodimensionale, come visto nel Cap. 10 (si veda anche [CHQZ06]). •

Tabella 8.1. Nodi $\hat{\mathbf{x}}_q$ e pesi $\hat{w}_q = w_q/2$ per formule di quadratura su triangoli. I nodi sono espressi mediante le loro coordinate baricentriche. I pesi w_q non tengono conto della misura dell'elemento di riferimento (che vale $1/2$ nel caso in esame)

nqn		$(\lambda_1, \lambda_2, \lambda_3)$		m	w_q	r
1	1/3	1/3	1/3	1	1	1
3	1	0	0	3	1/3	1
3	2/3	1/6	1/6	3	1/3	2
4	1/3	1/3	1/3	1	-9/16	3
	0.6	0.2	0.2	3	25/48	
6	0.65902762237	0.23193336855	0.10903900907	6	1/6	3
6	0.81684757298	0.09157621351	0.09157621351	3	0.10995174366	4
	0.10810301817	0.44594849092	0.44594849092	3	0.22338158968	

Tabella 8.2. Nodi $\hat{\mathbf{x}}_q$ e pesi $\hat{w}_q = w_q/6$ su tetraedri. I nodi sono espressi mediante le loro coordinate baricentriche. I pesi non tengono conto della misura dell'elemento di riferimento (che vale 1/6 in questo caso)

nqn		$(\lambda_1, \lambda_2, \lambda_3, \lambda_4)$			m	$\hat{w}_q$	r
1	1/4	1/4	1/4	1/4	1	1	1
4	0.58541020	0.13819660	0.13819660	0.13819660	4	1/4	2
5	1/4	1/4	1/4	1/4	1	$-16/20$	3
	1/2	1/6	1/6	1/6	4	9/20	

8.3 Memorizzazione di matrici sparse

Come visto nel Cap. 4, le matrici degli elementi finiti sono sparse. La distribuzione degli elementi non nulli viene indicata dal cosiddetto *pattern* di sparsità (detto anche *grafo*) della matrice. Il *pattern* dipende dalla griglia computazionale adottata, dal tipo di elemento finito scelto e dalla numerazione dei nodi. La memorizzazione efficiente di una matrice consiste pertanto nella memorizzazione dei soli elementi non nulli, secondo il posizionamento indicato dal *pattern*. La discretizzazione di problemi differenziali diversi, ma sulla stessa griglia computazionale e con lo stesso tipo di elementi finiti, porta a matrici con lo stesso grafo. Per questo motivo può capitare di dover gestire più matrici, ma tutte con lo stesso *pattern*. Pertanto, in una logica di programmazione a oggetti, può essere utile separare la memorizzazione del grafo (che può diventare un "tipo di dato" definito dall'utente, ossia una classe) dalla memorizzazione dei valori di ogni matrice. In tal modo, una matrice si può vedere come una struttura dati per la memorizzazione dei suoi valori, unita a un puntatore al grafo ad essa associato. Il puntatore, infatti, memorizza solo la locazione di memoria ove il *pattern* viene memorizzato e quindi, di per sé, ha una occupazione di memoria minima. Più matrici potranno pertanto condividere lo stesso grafo, senza inutili duplicazioni di memorizzazione del *pattern* (si vedano i codici 3 e 4).

All'atto pratico, vi sono diverse tecniche per memorizzare in modo efficiente matrici sparse, ossia la posizione e il valore dei loro elementi non nulli. E' bene osservare che, in questo contesto, l'aggettivo "efficiente" non si riferisce soltanto alla minor occupazione di memoria che si possa realizzare, ma anche alla rapidità di accesso in memoria di ogni elemento. Un formato di memorizzazione che richieda il minimo dispendio di memoria possibile è verosimilmente più lento nell'accedere a un valore desiderato. Infatti, la maggior compattezza di memorizzazione tipicamente si ottiene introducendo forme indirette di indirizzamento, in base alle quali il valore di un elemento si ottiene dopo aver ricavato la sua posizione nella memoria dell'elaboratore accedendo alle strutture dati che memorizzano il grafo. Più passaggi intermedi sono necessari, più il tempo di accesso all'elemento desiderato sarà lungo. Proprio per la necessità di trovare il giusto compromesso, diverse tecniche di memorizzazione sono state proposte in letteratura, con diverse prerogative. Una rassegna commentata si trova ad esempio in [FSV05], Appendice B. Qui ci limitiamo a ricordare un formato molto usato per la memorizzazione di matrici sparse quadrate, ossia il formato MSR (*Modified Sparse Row*). Il grafo di sparsità di una matrice quadrata generata dalla discretizzazione di un problema mediante elementi finiti possiede la proprietà che gli elementi diagonali sono sempre compresi a priori fra gli elementi non nulli, per il motivo banale che il supporto di una funzione di base ha intersezione non vuota con se stesso. Il formato MSR si basa su questa considerazione per memorizzare solo il *pattern* della parte extra-diagonale, utilizzando poi un altro vettore per memorizzare i valori della diagonale principale, ordinati secondo la riga di appartenenza.

Nella pratica, per memorizzare la matrice, si usano due vettori, che chiameremo value (valori) e bindx (connessione delle righe). A questo, (si veda [FSV05]) si propone di aggiungere un terzo vettore che chiamiamo bindy (connessione delle colonne). Indichiamo con n la dimensione della matrice da memorizzare e nz il numero dei suoi elementi non nulli.

Per illustrare il formato MSR ci serviamo di un esempio (vedi Fig. 8.4) in cui $n = 5$ e $nz = 17$:

$$
A = \begin{array}{c} \begin{array}{ccccc} 0 & 1 & 2 & 3 & 4 \end{array} \\ \left[\begin{array}{ccccc} a & 0 & f & 0 & g \\ 0 & b & k & m & 0 \\ h & l & c & 0 & r \\ 0 & n & 0 & d & p \\ i & 0 & s & q & e \end{array}\right] \begin{array}{c} 0 \\ 1 \\ 2 \\ 3 \\ 4 \end{array} \end{array}
$$

Facciamo notare che la numerazione di righe e colonne in matrici e vettori parte da 0, secondo la sintassi del C++. I vettori che caratterizzano il formato MSR sono:

$$
\text{value} = \begin{bmatrix} a \\ b \\ c \\ d \\ e \\ * \\ f \\ g \\ k \\ m \\ h \\ l \\ r \\ n \\ p \\ i \\ s \\ q \end{bmatrix} \begin{matrix} 0 \\ 1 \\ 2 \\ 3 \\ 4 \\ 5 \\ 6 \\ 7 \\ 8 \\ 9 \\ 10 \\ 11 \\ 12 \\ 13 \\ 14 \\ 15 \\ 16 \\ 17 \end{matrix} \quad \text{bindx} = \begin{bmatrix} 6 \\ 8 \\ 10 \\ 13 \\ 15 \\ 18 \\ 2 \\ 4 \\ 2 \\ 3 \\ 0 \\ 1 \\ 4 \\ 1 \\ 4 \\ 0 \\ 2 \\ 3 \end{bmatrix}
$$

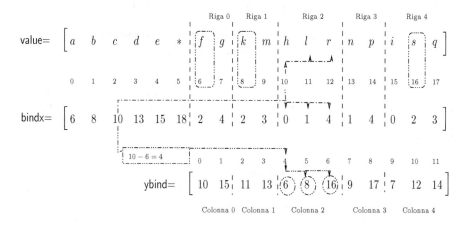

Figura 8.4. Illustrazione delle strutture del formato MSR: le frecce indicano il percorso per la determinazione degli elementi della terza riga e della terza colonna

Il vettore bindy è:

$$
\text{bindy} =
\begin{bmatrix}
10 & 0 \\
15 & 1 \\
11 & 2 \\
13 & 3 \\
6 & 4 \\
8 & 5 \\
16 & 6 \\
9 & 7 \\
17 & 8 \\
7 & 9 \\
12 & 10 \\
14 & 11
\end{bmatrix}
$$

Vediamo come sono strutturati questi vettori. Nelle prime n posizioni di value (indicizzate da 0 a $4 = n - 1$) vengono memorizzati i valori diagonali della matrice. La posizione di indice n viene lasciata vuota, mentre dalla posizione di indice $n + 1$ in avanti vengono memorizzati i valori degli elementi extradiagonali, ordinati riga per riga. La dimensione complessiva di value sarà pertanto $nz + 1$. Il vettore bindx ha pure $nz + 1$ elementi. Gli elementi di posizione $n + 1$ fino a $nz + 1$ contengono gli indici di colonna dei rispettivi elementi il cui valore è memorizzato in value nella stessa posizione. Le prime $n + 1$ posizioni di bindx puntano a dove iniziano le righe nelle posizioni di indice da $n + 1$ a $nz + 1$.

Se ad esempio si volesse accedere agli elementi della terza riga (vedi Fig. 8.4), si ha che:

a) l'elemento diagonale è in value(2);

b) gli elementi extra-diagonali sono compresi nelle posizioni indicate da bindx(2) e
   bindx(3)-1, ossia:
   1. i valori sono in value(bindx(2)), bindx(2)+1), . . ., value(bindx(3)-1);
   2. gli indici di colonna sono in bindx(bindx(2)), bindx(bindx(2)+1), . . .,
      bindx(bindx(3)-1).

L'elemento bindx(n) punta a una ipotetica riga successiva all'ultima. In questo modo, il numero di elementi non nulli della riga i-esima (per $1 \leq i \leq n$) è dato senza eccezioni (che significa senza la necessità di introdurre salti condizionati) dalla
differenza bindx(i+1)-bindx(i).

Se la matrice fosse memorizzata solo tramite questi due vettori, avremmo un accesso agevole per righe (ossia è facile estrarne una riga), mentre l'accesso per colonne
richiederebbe numerosi confronti, a scapito dell'efficienza. Un modo per rendere più
agevole questa operazione è quello di arricchire il formato MSR di bindy, sfruttando la
caratteristica delle matrici degli elementi finiti di avere un *pattern* simmetrico. Infatti,
la proprietà che due funzioni di base abbiano supporto non disgiunto è evidentemente
"simmetrica". Questo significa che, se percorriamo gli elementi extra-diagonali della
riga di indice k e troviamo che il coefficiente a_{kl} è presente nel *pattern* (cioè è non
nullo), sarà presente nel *pattern* anche a_{lk}, che si ottiene percorrendo la riga di indice
l. Se la posizione in bindx (e value) dell'elemento a_{lk} è memorizzata in un vettore "ge-
mello" della porzione di bindx che va dagli indici $n + 1$ a nz, abbiamo una struttura
che restituisce gli elementi di una colonna desiderata. Tale vettore è bindy: ad esempio, per estrarre la colonna di indice 2 dalla matrice basta leggere gli elementi di bindy
compresi fra le posizioni bindx(2)-(n+1) e bindx(3)-1-(n+1) (la sottrazione di indice $n+1$
serve solo come *shift* fra gli indici cui punta bindx in value e quelli cui deve puntare in
bindy). Questi elementi puntano alle posizioni di bindx e value ove si possono trovare,
rispettivamente, gli indici di riga corrispondenti e i valori della matrice.

Il formato MSR essendo uno dei formati più "compatti" per matrici sparse consente economia di memoria ed è pertanto utilizzato in alcune librerie di algebra lineare per
problemi di grandi dimensioni, come Aztec (si veda [AZT]). Ha tuttavia il difetto di
essere utilizzabile solo per matrici quadrate. Per maggiori dettagli si vedano [FSV05],
[Saa96].

Nei Programmi 3 e 4 riportiamo la struttura dati (ossia i membri private) delle
classi MSRPatt e MSRMatr.

Programma 3 - BasePattern: Struttura di base per memorizzare il *pattern* di matrice
in formato MSR

```
eclass BasePattern : public PatternDefs

public:
...
protected:
...
    UInt _nnz;
    UInt _nrows;
    UInt _ncols;
```

```
;

class MSRPatt : public BasePattern

public:
...
    const Container& bindx() const  return _bindx; ;
    const Container& bindy() const  return _bindy; ;
;
```

Programma 4 - MSRMatr: Matrici in formato MSR

```
template <typename DataType>
class MSRMatr

public:
...
private:
    std::vector<DataType> _value;
    const MSRPatt *_Patt;
;
```

8.4 La fase di assemblaggio

Per fase di assemblaggio intendiamo in realtà l'articolazione di diverse operazioni che portano alla costruzione della matrice associata al problema discretizzato. Per questo scopo, occorrono due tipi di informazioni:

1. *geometriche*, tipicamente contenute nel file della mesh;
2. *funzionali*, relative alla rappresentazione della soluzione mediante elementi finiti.

Le informazioni di carattere funzionale sono tanto più ampie quanti più tipi di elementi diversi sono codificati. In LifeV sono trattati elementi finiti Lagrangiani e non, continui e discontinui. In particolare, per gli elementi Lagrangiani continui, si hanno:

1. elementi finiti Lagrangiani in 1D di grado 1 e 2;
2. elementi finiti Lagrangiani in 2D;
   a) triangolari con funzioni lineari e quadratiche;
   b) quadrilateri con funzioni bilineari e biquadratiche;
3. elementi finiti Lagrangiani in 3D;
   a) tetraedrici con funzioni lineari e quadratiche;
   b) prismatici con funzioni bilineari e biquadratiche.

In Fig. 8.5 sono riportate le principali geometrie di riferimento considerate nel codice con la numerazione locale dei vertici. I tetraedri rappresentano l'estensione in 3D degli elementi triangolari considerati nel Cap. 4. Gli elementi prismatici estendono in

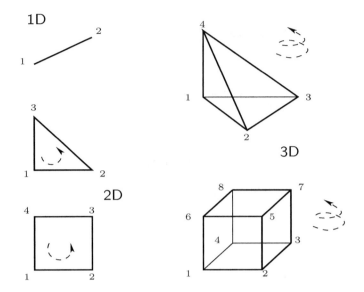

Figura 8.5. Illustrazione di alcuni elementi di riferimento presenti in LifeV con la numerazione locale (convenzionale) dei nodi

3D gli elementi geometrici quadrilateri in 2D introdotti nel Cap. 10. Una descrizione completa della costruzione di questi elementi si può trovare in [Hug00], Cap. 3.

Le informazioni geometriche e funzionali, opportunamente codificate, vengono poi utilizzate per la costruzione della matrice del problema discretizzato. Contrariamente a quanto sembrerebbe naturale nella definizione di elementi finiti Lagrangiani, la costruzione della matrice avviene effettuando un ciclo sugli elementi anziché sui nodi. Il motivo di questo approccio *element-oriented*, piuttosto che di quello *node-oriented*, è essenzialmente legato a questioni di efficienza computazionale. L'espressione analitica di una funzione di base associata ad un nodo varia su ogni elemento afferente a quel nodo. Effettuando un ciclo su nodi si renderebbe necessario, prima di effettuare il calcolo degli integrali individuare l'espressione analitica della funzione di base appropriata per ogni elemento afferente. In termini di codice questo significa che il corpo del ciclo va riempito di *salti condizionati*, ossia istruzioni di tipo if...then...elseif...then...else... all'interno del ciclo di assemblaggio. I salti condizionati sono istruzioni "costose" in termini computazionali, tanto più se sono all'interno di un ciclo (e vengono quindi effettuati numerose volte). Per rendersene conto, è sufficiente osservare il numero di micro-istruzioni assembler richieste in fase di compilazione per espandere un salto condizionato, rispetto a una qualsiasi altra istruzione, si veda ad esempio [HVZ97]. Come vedremo, l'approccio *element-oriented*, sfruttando l'additività dell' operazione di integrazione, permette di aggirare brillantemente l'ostacolo.

In particolare, come già evidenziato nel Cap. 3, la costruzione della matrice del problema può avvenire concettualmente in due passi, all'interno di un ciclo sugli elementi della griglia:

1. costruzione della matrice e del termine noto che discretizzano l'operatore differenziale sull' elemento considerato (matrice e vettore *locali*);
2. aggiornamento della matrice e del termine noto *globali*, sfruttando l'additività dell'operazione di integrazione.

Vi sono anche approcci diversi al problema: in alcuni casi, la matrice non viene costruita, ma si calcolano direttamente i suoi effetti nella moltiplicazione per un vettore; per ragioni di spazio qui ci occupiamo dell'approcio più standard.

Come detto, la costruzione della matrice locale viene effettuata operando l'integrazione sull'elemento di riferimento $\widehat{K}$, usando opportune formule di quadratura. A costruzione effettuata di matrice e termine noto, vengono imposte le condizioni al bordo; in particolare, la prescrizione delle condizioni di Dirichlet non usa necessariamente la tecnica vista nelle Sez 3.2.2 e 4.5, che consiste nella eliminazione dei gradi di libertà associati a tali condizioni dopo la costruzione del rilevamento.

Come si vede, l'assemblaggio è una fase articolata. Nei paragrafi seguenti tratteremo gli aspetti menzionati, senza tuttavia approfondirli, per ragioni di spazio. Verranno prima trattate le strutture dati per la codifica delle informazioni geometriche (Sez. 8.4.1) e funzionali (Sez. 8.4.2). Il calcolo della mappatura geometrica tra elemento di riferimento e elemento corrente fornisce l'occasione per introdurre gli *elementi isoparametrici* (Sez. 8.4.3). Il calcolo effettivo di matrice e termine noto locali e il loro uso nella costruzione del sistema globale è trattato nella Sez. 8.4.4. Infine, nella Sez. 8.4.5 accenniamo ad alcune tecniche implementative per l'imposizione delle condizioni al bordo.

8.4.1 Codifica delle informazioni geometriche

In termini di strutture dati, la *mesh* può essere vista come una collezione di elementi geometrici e di informazioni topologiche. Le prime possono essere costruite aggregando classi per la definizione di punti (ossia di elementi geometrici zero dimensionali), di spigoli (elementi geometrici 1D), di facce (2D) e infine volumi (3D). Una possibile interfaccia per la codifica di queste entità geometriche, limitatamente al caso di punti e volumi, è fornita nel Programma 5.

Programma 5 - GeoElements: Classi elementari e aggregate per la costruzione degli enti geometrici

```
//! Classe per Punti e Vertici
class GeoElement0D

public:
  GeoElement0D();

  GeoElement0D( ID id, Real x, Real y, Real z, bool boundary = false );
  GeoElement0D & operator = ( GeoElement0D const & g );
```

```
;

// Classe per Elementi 3D
template<typename GEOSHAPE>
class GeoElement3D

public:

  GeoElement3D( ID id = 0 );

  typedef GeoElement1D<EdgeShape, MC> EdgeType;
  typedef GeoElement2D<FaceShape, MC> FaceType;
  typedef GeoElement0D PointType;
  typedef FaceType GeoBElement;
  //! Numero di Vertici per elemento
  static const UInt numLocalVertices;
  //! Numero di Facce per elemento
  static const UInt numLocalFaces;
  //! Numero di spigoli per elemento (regola di Eulero)
  static const UInt numLocalEdges;
;
```

La classe per la definizione delle entità geometriche, che qui viene presentata in una forma significativamente semplificata rispetto a quella di LifeV, fornisce metodi (che non riportiamo per ragioni di spazio) che consentano di interrogare (*query*) la struttura per ricavare informazioni di interesse, quali l'identificatore all'interno di una lista o gli identificatori di entità geometriche adiacenti. Questo è molto importante nel definire la connessione della *mesh* e, dunque, il *pattern* della matrice.

La definizione di tipi standard per le entità geometriche (indicate con il termine di GEOSHAPE nel codice precedente) può essere fatta mediante l'introduzione di opportune classi che indichino la struttura geometrica di cui si compongono i volumi della *mesh*. Ad esempio, nel Programma 6 indichiamo la classe per i tetraedri.

Programma 6 - Tetra: Classe per la codifica di elementi tetraedrici

```
class Tetra

public:
  static const ReferenceShapes Shape = TETRA;
  static const ReferenceGeometry Geometry = VOLUME;
  static const UInt nDim = 3;
  static const UInt numVertices = 4;
  static const UInt numFaces = 4;
  static const UInt numEdges = numFaces + numVertices - 2;
;
```

Partendo da queste classi di base, una *mesh* sarà una classe per collezionare gli elementi. In realtà, alla struttura geometrica è giocoforza aggiungere:

1. informazioni topologiche che permettano la caratterizzazione degli elementi nella griglia, ossia la connettività fra i nodi, rispetto ad una numerazione convenzionale degli stessi. La convenzione per i possibili elementi presente in LifeV è data in Fig. 8.5; per poter "visitare" in modo efficiente gli elementi di una griglia, si possono aggiungere anche informazioni sugli elementi adiacenti ad ogni elemento;
2. informazioni specifiche che permettono la localizzazione dei gradi di libertà che sono sul bordo; questo semplifica le gestione della prescrizione delle condizioni di bordo; osserviamo che tipicamente si associa ad ogni elemento geometrico di bordo un indicatore che poi verrà associato ad una specifica condizione al bordo.

A partire dalla classe di riferimento geometrica, si codificano poi gli elementi geometrici correnti, secondo le possibili mappature trattate nella Sez. 8.4.3. Ad esempio, se la mappatura è di tipo affine, si ottengono tetraedri lineari, indicati nel Programma 7

Programma 7 - LinearTetra: Classe per la codifica di tetraedri ottenuti per trasformazione geometrica affine dell'elemento di riferimento

```
class LinearTetra:
public Tetra

public:
    typedef Tetra BasRefSha;
    typedef LinearTriangle GeoBShape;
    static const UInt numPoints = 4;
    static const UInt nbPtsPerVertex = 1;
    static const UInt nbPtsPerEdge = 0;
    static const UInt nbPtsPerFace = 0;
    static const UInt nbPtsPerVolume = 0;
;
```

A questo punto, il codice con parte della classe che identifica la mesh è nel Programma 8

Programma 8 - RegionMesh3D: Classe per la memorizzazione di una mesh 3D

```
template<typename GEOSHAPE>
class RegionMesh3D

public:
    explicit RegionMesh3D();

    //Definizione dei profili di base
    typedef GEOSHAPE VolumeShape;
    typedef typename GEOSHAPE::GeoBShape FaceShape;
    typedef typename FaceShape::GeoBShape EdgeShape;

    // Enti geometrici
    typedef GeoElement3D<GEOSHAPE> VolumeType;
    typedef GeoElement2D<FaceShape> FaceType;
```

```
typedef GeoElement1D<EdgeShape> EdgeType;
typedef GeoElement0D PointType;

//Vettore dei punti
typedef SimpleVect<PointType> Points;
//Vettore dei volumi
typedef SimpleVect<VolumeType > Volumes;
//Vettore delle facce di bordo
typedef SimpleVect<FaceType> Faces;
//Vettore degli spigoli
typedef SimpleVect<EdgeType> Edges;

typedef GEOSHAPE ElementShape;
typedef typename GEOSHAPE::GeoBShape BElementShape;
typedef GeoElement3D<GEOSHAPE> ElementType;
typedef GeoElement2D<FaceShape> BElementType;

typedef SimpleVect<VolumeType > Elements;

Points _pointList;
Volumes volumeList;
Faces faceList;
Edges edgeList;

UInt numLocalVertices() const; //Numero di vertici per elemento
UInt numLocalFaces() const; //Numero di facce per elemento
UInt numLocalEdges() const;  //Numero di spigoli per elemento
UInt numLocalEdgesOfFace() const; //Numero di spigoli per faccia

UInt numElements() const; //Numero totale di volumi
UInt & numElements();
UInt numBElements() const; //Numero di elementi al bordo (=facce)
UInt & numBElements();
ElementType & element( ID const & i );
ElementType const & element( ID const & i ) const;
BElementType & bElement( ID const & i );
BElementType const & bElement( ID const & i ) const;
;
```

Il vettore di elementi geometrici di tipo "volume" dichiarato in Volumes volumeList conterrà ad esempio la lista dei vertici che definiscono ogni tetraedro della mesh, nell'ordine convenzionale stabilito e indicato in Fig. 8.5.

La costruzione di un contenitore per una mesh di tetraedri affini verrà effettuata mediante l'istruzione

```
RegionMesh3D<LinearTetra> aMesh;
```

cui seguirà la lettura della Mesh per riempire effettivamente i vettori di volumi, facce, spigoli e punti previsti in RegionMesh3D.

Per quanto riguarda i formati di un file di mesh, non esiste uno standard accettato universalmente. Tipicamente, ci si aspetta che un tale file contenga le coordinate dei vertici, la connettività che associa i vertici agli elementi geometrici e la lista degli elementi di bordo con relativo indicatore da usare per la definizione delle condizioni di bordo. I valori delle condizioni al bordo, invece, sono generalmente assegnati separatamente.

Osservazione 8.2 I problemi multi-fisica o multi-modello stanno diventando una componente rilevante del calcolo scientifico: si pensi ad esempio ai problemi di interazione fluido-struttura o di accoppiamento (talvolta in chiave adattiva) di problemi nei quali il modello differenziale completo (e computazionalmente più costoso) venga usato solo in una regione di specifico interesse, accoppiandolo con modelli più semplici nelle rimanenti regioni. Queste applicazioni e, più in generale, la necessità di sviluppare algoritmi di calcolo di tipo parallelo, hanno motivato lo sviluppo di tecniche di risoluzione dei problemi differenziali mediante *decomposizione dei domini*. In questo caso, la *mesh* risultante è la collezione delle *mesh* dei sottodomini, unitamente alle informazioni topologiche circa le interfacce fra sottodomini. Questo argomento sarà l'oggetto del Cap. 18. ●

8.4.2 Codifica delle informazioni funzionali

Come visto nel Cap. 3, la definizione delle funzioni di base viene effettuata su un elemento di riferimento. Ad esempio, per i tetraedri, questo elemento coincide con il simplesso unitario (vedi Fig. 8.5). La codifica di un elemento di riferimento avrà essenzialmente puntatori a funzioni per la determinazione delle funzioni di base e delle loro derivate. Inoltre, potrà essere arricchita da un puntatore alla formula di quadratura usata nel calcolo degli integrali (vedi Sez. 8.2), come nel Programma 9.

Programma 9 - RefEle: Classe per la memorizzazione delle informazioni funzionali sull'elemento di riferimento

```
class RefEle

protected:
    const Fct* _phi; //Puntatore alle funzioni di base
    const Fct* _dPhi;//Puntatore alle derivate delle funzioni di base
    const Fct* _d2Phi;////Puntatore allee derivate seconde delle funzioni di base
    const Real* _refCoor; //Coord di Riferimento: xi_1,eta_1,zeta_1,xi_2,eta_2,zeta_2,...
    const SetOfQuadRule* _sqr; //Puntatore all'insieme di formule di quadratura
public:
    const std::string name; //Nome dell'elemento di riferimento
    const ReferenceShapes shape; //Forma geometrica dell'elemento
    const int nbDof;   //Numero totale di gradi di libertà
    const int nbCoor;  //Numero di coordinate locali
;
```

Nel codice 10 riportiamo le funzioni per la definizione di elementi finiti lineari su tetraedro. Per ragioni di spazio riportiamo solo la codifica di alcune delle derivate prime.

Programma 10 - fctP13D: Funzioni di base per un elemento tetraedrico lineare

```
Real fct1_P1_3D( cRRef x, cRRef y, cRRef z )return 1 -x - y - z;
Real fct2_P1_3D( cRRef x, cRRef, cRRef )return x;
Real fct3_P1_3D( cRRef, cRRef y, cRRef )return y;
Real fct4_P1_3D( cRRef, cRRef, cRRef z )return z;

Real derfct1_1_P1_3D( cRRef, cRRef, cRRef )return -1;
Real derfct1_2_P1_3D( cRRef, cRRef, cRRef )return -1;
...
```

Una volta instanziato l'elemento di riferimento, le informazioni funzionali saranno disponibili sia per la rappresentazione della soluzione che per la definizione della mappatura geometrica fra elemento di riferimento e elemento corrente, come vediamo nella sezione che segue.

Avendo definito l'elemento geometrico e il tipo di elementi finiti che vogliamo usare, siamo ora in grado di costruire i *gradi di libertà* del problema. Ciò significa assegnare ad ogni elemento della *mesh* la numerazione dei gradi di libertà che giacciono sull'elemento e il *pattern* della matrice locale; quest'ultima è generalmente piena, anche se può comunque contenere elementi nulli.

Un grado di libertà può avere bisogno di informazioni aggiuntive quali, nel caso di elementi finiti Lagrangiani, le coordinate del nodo corrispondente sull'elemento di riferimento.

8.4.3 Mappatura tra elemento di riferimento e elemento fisico

Nel Cap. 4 si è visto come sia vantaggioso scrivere le funzioni di base, le formule di quadratura e, dunque, svolgere il calcolo degli integrali ripetto a un elemento di riferimento. Può essere pertanto interessante esaminare alcuni metodi pratici per la costruzione e la codifica di tale cambio di coordinate. Per maggiori dettagli, rimandiamo a [Hug00]. Limitiamoci per ora a considerare il caso di elementi triangolari e tetraedrici.

Un primo tipo di trasformazione di coordinate è quello *affine*. In sostanza, la mappatura fra $\hat{\mathbf{x}}$ e $\mathbf{x}$ è esprimibile tramite una matrice B e un vettore $\mathbf{c}$ (vedi Sez.4.5.3 e Fig. 8.6):

$$\mathbf{x} = B\hat{\mathbf{x}} + \mathbf{c}. \tag{8.4}$$

In questo modo, si ha banalmente che $J = B$ (costante su ciascun elemento). Se la distribuzione di nodi generata dal reticolatore è corretta, il determinante di J è sempre positivo, il che garantisce che non vi siano casi degeneri (ad esempio quattro vertici di un tetraedro complanari) e che non vi sono permutazioni scorrette nei nodi corrispondenti nella mappatura. L'espressione di B e $\mathbf{c}$ si ricava dall'espressione delle coordinate dei nodi. Supponiamo infatti che i nodi numerati *localmente* 1,2,3,4 del tetraedro di riferimento corrispondano rispettivamente ai nodi della mesh numerati con i, k, l, m. Si ha allora:

$$\begin{cases} x_i = c_1 & y_i = c_2 & z_i = c_3 \\ x_k = b_{11} + x_i & y_k = b_{12} + y_i & z_k = b_{13} + z_i \\ x_l = b_{21} + x_i & y_l = b_{22} + y_i & z_l = b_{23} + z_i \\ x_m = b_{31} + x_i & y_m = b_{32} + y_i & z_m = b_{33} + z_i \end{cases} \tag{8.5}$$

da cui ri ricavano le espressioni di B e $\mathbf{c}$.

Esiste, tuttavia, un modo più efficace di rappresentare la trasformazione: essendo lineare elemento per elemento, essa può essere rappresentata tramite le funzioni di base degli elementi finiti Lagrangiani lineari. Infatti, si può scrivere:

$$x = \sum_{j=0}^{3} X_j \widehat{\varphi}_j(\widehat{x}, \widehat{y}, \widehat{z}), y = \sum_{j=0}^{3} Y_j \widehat{\varphi}_j(\widehat{x}, \widehat{y}, \widehat{z}), z = \sum_{j=0}^{3} Z_j \widehat{\varphi}_j(\widehat{x}, \widehat{y}, \widehat{z}). \tag{8.6}$$

Gli elementi della matrice Jacobiana della trasformazione si calcolano immediatamente:

$$J = \begin{bmatrix} \sum_{j=1}^{4} X_j \dfrac{\partial \widehat{\varphi}_j}{\partial \widehat{x}} & \sum_{j=1}^{4} X_j \dfrac{\partial \widehat{\varphi}_j}{\partial \widehat{y}} & \sum_{j=1}^{4} X_j \dfrac{\partial \widehat{\varphi}_j}{\partial \widehat{z}} \\ \sum_{j=1}^{4} Y_j \dfrac{\partial \widehat{\varphi}_j}{\partial \widehat{x}} & \sum_{j=1}^{4} Y_j \dfrac{\partial \widehat{\varphi}_j}{\partial \widehat{y}} & \sum_{j=1}^{4} Y_j \dfrac{\partial \widehat{\varphi}_j}{\partial \widehat{z}} \\ \sum_{j=1}^{4} Z_j \dfrac{\partial \widehat{\varphi}_j}{\partial \widehat{x}} & \sum_{j=1}^{4} Z_j \dfrac{\partial \widehat{\varphi}_j}{\partial \widehat{y}} & \sum_{j=1}^{4} Z_j \dfrac{\partial \widehat{\varphi}_j}{\partial \widehat{z}} \end{bmatrix}. \tag{8.7}$$

Quando in un elemento finito Lagrangiano le stesse funzioni di base vengono usate per la definizione della mappa geometrica, si parla di elementi *iso-parametrici* (vedi

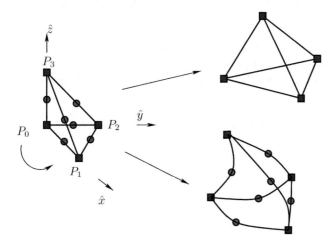

Figura 8.6. Mappatura fra il tetraedro di riferimento e quello corrente. A destra in alto, una mappatura di tipo affine; a destra in basso, una mappatura di tipo quadratico

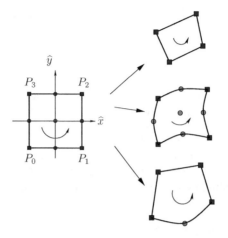

Figura 8.7. Mappatura fra il quadrilatero di riferimento e l'elemento corrente: affine (in alto), isoparametrico (in centro), ibrido (in basso). Quest'ultimo viene costruito con 5 nodi, in modo da poter avere una trasformazione biquadratica per i nodi di un solo lato

Fig. 8.6 e 8.7). Ovviamente, la coincidenza vale per il fatto di avere scelto elementi finiti lineari e trasformazioni geometriche affini. Quando si prendono in considerazione elementi finiti di grado maggiore di 1, possiamo considerare due tipi di mappature:

- elementi finiti affini: in questo caso, la trasformazione geometrica è descritta ancora dalle trasformazioni affini (8.6), anche se l'informazione funzionale relativa alla soluzione è descritta da funzioni quadratiche o di grado più elevato; il bordo del dominio discretizzato Ω_h, in questo caso, è sempre poligonale (poliedrico);
- elementi finiti isoparametrici: la trasformazione geometrica è descritta dalle stesse funzioni di base usate per rappresentare la soluzione; pertanto gli elementi nello spazio fisico $Oxyz$ avranno in generale lati curvi.

La definizione di una mappatura quadratica a partire dall'elemento di riferimento tetraedrico, consente ad esempio la creazione di elementi geometrici quadratici tetraedrici, codificati nella classe QuadraticTetra riportata nel Programma 11.

Programma 11 - QuadraticTetra: Classe per la definzione di elementi tetraedrici quadratici

```
class QuadraticTetra: public Tetra

public:
    typedef Tetra BasRefSha;
    typedef QuadraticTriangle GeoBShape;
    static const UInt numPoints = 10;
    static const UInt nbPtsPerVertex = 1;
    static const UInt nbPtsPerEdge = 1;
```

```
    static const UInt nbPtsPerFace = 0;
    static const UInt nbPtsPerVolume = 0;
;
```

Stabilito il tipo di elemento di riferimento e le mappature geometriche, è possibile costruire la collezione degli elementi "correnti". L'elemento corrente può essere codificato come nel Programma 12.

Programma 12 – CurrentFE. Classe per la definizione dell'elemento corrente

```
class CurrentFE

private:
    void _comp_jacobian();
    void _comp_jacobian_and_det();
    void _comp_inv_jacobian_and_det();
    void _comp_quad_point_coor();

    template <class GEOELE>
    void _update_point( const GEOELE& geoele );

    //! compute phiDer
    void _comp_phiDer();
    //! compute the second derivative phiDer2
    void _comp_phiDer2();
    //! compute phiDer and phiDer2
    void _comp_phiDerDer2();


    UInt _currentId;
public:
    CurrentFE( const RefFE& _refFE, const GeoMap& _geoMap, const QuadRule& _qr );
    const int nbGeoNode;
    const int nbNode;
    const int nbCoor;
    const int nbQuadPt;
    const int nbDiag;
    const int nbUpper;
    const int nbPattern;
    const RefFE& refFE;
    const GeoMap& geoMap;
    const QuadRule& qr;

;
```

La classe contiene, come si vede, le informazioni relative all'elemento di riferimento, alla mappatura geometrica che lo genera e alla formula di quadratura che verrà ultilizzata per il calcolo degli integrali.

In particolare, la (8.7) si rivela molto efficace in fase di codifica, che riportiamo nel Codice 13. Va notato come il calcolo dello jacobiano venga effettuato nei nodi di quadratura richiesti per il calcolo degli integrali (Sez. 8.2).

Programma 13 - comp-jacobian: Membro della classe che memorizza gli elementi correnti che calcola lo jacobiano della trasformazione fra elemento corrente e di riferimento

```
void CurrentFE::_comp_jacobian()

    Real fctDer;
    // derivate dei GeoMap:
    for ( int ig = 0;ig < nbQuadPt;ig++ )

        for ( int icoor = 0;icoor < nbCoor;icoor++ )

            for ( int jcoor = 0;jcoor < nbCoor;jcoor++ )

                fctDer = 0.;
                for ( int j = 0;j < nbGeoNode;j++ )

                    fctDer += point( j, icoor ) * dPhiGeo( j, jcoor, ig );

                jacobian( icoor, jcoor, ig ) = fctDer;
```

Nel caso di elementi quadrilateri e prismatici, molti concetti visti possono essere estesi, facendo riferimento ad esempio a mappe bilineari o biquadratiche. Risulta tuttavia più complesso garantire l'invertibilità della mappatura: per maggiori dettagli, si veda [FSV05].

Vi sono casi in cui può essere utile usare elementi finiti che siano di grado diverso rispetto a diverse coordinate. Questo è possibile in particolare con griglie quadrilatere strutturate, in cui si può costruire un elemento in cui su uno dei lati si abbia un polinomio biquadratico, mentre sugli altri lati si hanno polinomi bilineari. Nel caso di una codifica isoparametrica della mappatura geometrica, questo porta ad avere, ad esempio, elementi quadrilateri con tre lati diritti e uno curvo. A questo proposito, segnaliamo che in [Hug00], Cap. 4 viene riportata l'implementazione "incrementale" di un elemento quadrilatero che, a partire da una base bilineare a 4 nodi, viene arricchito di altri gradi di libertà fino all'elemento biquadratico a 9 nodi.

8.4.4 La costruzione dei sistemi locali e di quello globale

Questa fase è il cuore della costruzione della discretizzazione degli operatori differenziali. Prendiamo come esempio il codice in Programma 14, che costruisce la discretizzazione dell'equazione differenziale $-\mu\triangle u + \sigma u = f$.

L'operazione complessiva si articola in un ciclo sugli elementi della mesh aMesh. Dopo l'azzeramento della matrice e del vettore elementari, queste strutture vengono riempite in modo incrementale, prima con la discretizzazione dell'operatore di *stiffness* (diffusione) e poi con quello di massa (reazione). La subroutine source si occupa del vettore termine noto locale. Successivamente, le subroutine assemb si occupano di aggiornare il calcolo nella matrice globale, come già indicato in Fig. 8.2.

In questa fase, per non dover verificare se un grado di libertà è di bordo mediante salti condizionati all'interno del ciclo, non si tiene conto delle condizioni al bordo.

Programma 14 - assemble: Codice per l'assemblaggio della discretizzazione di un problema di diffusione e reazione $\mu \triangle u + \sigma u = f$, dove f è indicata da sourceFct

```
Real mu=1., sigma=0.5;
ElemMat elmat(fe.nbNode,1,1);
ElemVec elvec(fe.nbNode,1);
for(UInt i = 1; i<=aMesh.numVolumes(); i++)
    fe.updateFirstDerivQuadPt(aMesh.volumeList(i));
        //<- calcola le informazioni necessarie per l'integrazione numerica

    elmat.zero();
    elvec.zero();
    stiff(mu,elmat,fe);
    mass(sigma,elmat,fe);
    source(sourceFct,elvec,fe,0);
    assemb_mat(A,elmat,fe,dof,0,0);
    assemb_vec(F,elvec,fe,dof,0);
```

Vediamo in dettaglio separatamente la possibile implementazione del calcolo locale e dell'aggiornamento globale.

Il calcolo delle matrici locali. Il programma 15 riporta le implementazioni del calcolo della matrice locale dell'operatore di diffusione e del termine noto.

In particolare, si assemblano dapprima i contributi diagonali e poi quella extra-diagonali della matrice locale, effettuando un ciclo sui nodi di quadratura. L'operazione "nucleo" del ciclo sarà:

```
s += fe.phiDer( iloc, icoor, ig ) * fe.phiDer( jloc, icoor, ig )
        * fe.weightDet( ig )*coef;
```

L'istruzione

```
mat( iloc, jloc ) += s;
```

aggiorna il termine i, j della matrice locale in modo incrementale: alla chiamata della successiva subroutine mass(), il contributo dell'operatore di reazione si sommerà a quello già calcolato.

In modo simile si agisce in source per il calcolo del vettore locale dei termini noti.

Programma 15 - stiff-source: Subroutines per il calcolo dell'operatore di derivata seconda e del termine noto a livello locale

```
void stiff( Real coef,
        ElemMat& elmat, const CurrentFE& fe,
        const Dof& dof,
        const ScalUnknown<Vector>& U,Real t)
```

```
int iblock=0,jblock=0;
ElemMat::matrix_view mat = elmat.block( 0,0 ); //inizializzazione matrice locale
int iloc, jloc, i, icoor, ig, iu;
double s, coef_s, x, y, z;
ID eleId=fe.currentId();

// Elementi diagonali
for ( i = 0;i < fe.nbDiag;i++ )

  iloc = fe.patternFirst( i );s = 0;
  for ( ig = 0;ig < fe.nbQuadPt;ig++ ) // integrazione numerica

    fe.coorQuadPt(x,y,z,ig);// definizione della formula di quadratura
    for ( icoor = 0;icoor < fe.nbCoor;icoor++ ) // "core" dell'assemblaggio
    s += fe.phiDer( iloc, icoor, ig ) * fe.phiDer( iloc, icoor, ig )
              * fe.weightDet( ig )*coef(t,x,y,z,uPt);

    mat( iloc, iloc ) += s;

// Elementi extra-diagonali
for ( i = fe.nbDiag;i < fe.nbDiag + fe.nbUpper;i++ )

  iloc = fe.patternFirst( i );
  jloc = fe.patternSecond( i );s = 0;
  for ( ig = 0;ig < fe.nbQuadPt;ig++ )

    fe.coorQuadPt(x,y,z,ig);
    for ( icoor = 0;icoor < fe.nbCoor;icoor++ )
        s += fe.phiDer( iloc, icoor, ig ) * fe.phiDer( jloc, icoor, ig ) *
          fe.weightDet( ig )*coef;

  coef_s = s;
  mat( iloc, jloc ) += coef_s; //aggiornamento matrice locale
  mat( jloc, iloc ) += coef_s; // in modo incrementale
  // si ricordi che l'operatore in oggetto e' SIMMETRICO!


void source( Real (*fct)(Real,Real,Real,Real,Real),
        ElemVec& elvec, const CurrentFE& fe,
        const Dof& dof,
        const ScalUnknown<Vector>& U,Real t)

int iblock=0;
int i, ig;
ElemVec::vector_view vec = elvec.block( iblock );
Real s;
ID eleId=fe.currentId();
int iu;
```

```
for ( i = 0;i < fe.nbNode;i++ )

  s = 0.0;
  for ( ig = 0;ig < fe.nbQuadPt;ig++ )

    s += fe.phi( i, ig ) *
        fct(t, fe.quadPt( ig, 0 ),fe.quadPt( ig, 1 ),fe.quadPt( ig, 2 )) *
            fe.weightDet( ig );

  vec( i ) += s; //calcolo del termine noto
```

L'aggiornamento della matrice globale. Il Programma 16 contiene l'aggiornamento della matrice globale a partire da quelle locali. Il punto cruciale è l'identificazione della posizione dei nodi che fanno parte dell'elemento corrente sul quale è appena stata calcolata la matrice locale nell'ambito della matrice globale. Questa operazione viene fatta consultando le Tabelle dof.localToGlobal che contengono questo tipo di informazione.

Per l'aggiornamento del termine noto si effettua un'operazione simile. Ovviamente, l'additività dell'integrale richiede che l'operazione venga effettuata, aggiungendo via via i vari contributi: questo spiega il += nell'aggiornamento del vettore (che corrisponde a V[ig]=V[ig]+ vec(i) e all'analogo in M.setmatinc che sta per *set matrix incrementally*.

Programma 16 - assemb: Assemblaggio della matrice globale e del termine noto

```
template <typename Matrix, typename DOF>
void
assemb_mat( Matrix& M, ElemMat& elmat, const CurrentFE& fe, const DOF& dof)

  ElemMat::matrix_view mat = elmat.block(0,0);
  UInt totdof = dof.numTotalDof();
  int i, j, k;
  UInt ig, jg;
  UInt eleId = fe.currentId();
  for ( k = 0 ; k < fe.nbPattern ; k++ )

    i = fe.patternFirst( k );
    j = fe.patternSecond( k );
    ig = dof.localToGlobal( eleId, i + 1 ) - 1;
    jg = dof.localToGlobal( eleId, j + 1 ) - 1;
    M.set_mat_inc( ig, jg, mat( i, j ) );

template <typename DOF, typename Vector, typename ElemVec>
void
assemb_vec( Vector& V, ElemVec& elvec, const CurrentFE& fe, const DOF& dof)

  UInt totdof = dof.numTotalDof();
  typename ElemVec::vector_view vec = elvec.block( iblock );
```

```
int i;
UInt ig;
UInt eleId = fe.currentId();
for ( i = 0 ; i < fe.nbNode ; i++ )

    ig = dof.localToGlobal( eleId, i + 1 ) - 1;
    V[ ig ] += vec( i );
```

8.4.5 La prescrizione delle condizioni al bordo

La necessità di memorizzare in modo efficiente matrici sparse deve essere conciliata con la necessità di accedere e manipolare la matrice stessa, come abbiamo già avuto modo di osservare per il formato MSR modificato, ad esempio nella fase di imposizione delle condizioni al bordo. In un codice ad elementi finiti la matrice viene tipicamente assemblata ignorando le condizioni al bordo, per non dover introdurre salti condizionati all'interno del ciclo di assemblaggio. Le condizioni al bordo vengono poi introdotte modificando il sistema algebrico. L'imposizione di condizioni di tipo Neumann e Robin si traduce essenzialmente nel calcolo di opportuni integrali di bordo (o, nei casi monodimensionali, di valori valutati al bordo). Ad esempio, il Programma 17 implementa il calcolo degli integrali su superficie per le condizioni di tipo Neumann specificate dalla funzione Bcb. L'integrale comporta l'uso di una formula di quadratura opportuna che consente l'aggiornamento del termine noto b. La struttura bdLocalToGlobal consente di trasferire l'informazione per ogni elemento di bordo che abbia gradi di libertà di Neumann al termine noto globale.

Programma 17 - BcNaturalManage: Subroutine per la gestione di condizioni al bordo di Neumann

```
template <typename VectorType, typename MeshType, typename DataType>
void bcNaturalManage( VectorType& b, const MeshType& mesh, const Dof& dof, const BC-
Base& BCb, CurrentBdFE& bdfem, const DataType& t )

UInt nDofF = bdfem.nbNode;
UInt totalDof = dof.numTotalDof();
UInt nComp = BCb.numberOfComponents();

const IdentifierNatural* pId;
ID ibF, idDof, icDof, gDof;
Real sum;

DataType x, y, z;
// Ciclo sui tipi di condizioni al bordo
for ( ID i = 1; i <= BCb.list_size(); ++i )

    pId = static_cast< const IdentifierNatural* >( BCb( i ) );
```

```
// Numero della faccia di bordo corrente
ibF = pId->id();
// definizione delle informazioni sulla faccia
bdfem.updateMeas( mesh.boundaryFace( ibF ) );
// Ciclo sui gradi di liberta per faccia
for ( ID idofF = 1; idofF <= nDofF; ++idofF )

    // Ciclo sulle componenti della incognita coinvolte
    for ( ID j = 1; j <= nComp; ++j )

        //Dof globale
        idDof = pId->bdLocalToGlobal( idofF ) + ( BCb.component( j ) - 1 ) * totalDof;
        // Ciclo sui nodi di quadratura
        for ( int l = 0; l < bdfem.nbQuadPt; ++l )

            bdfem.coorQuadPt( x, y, z, l ); // quadrature point coordinates
            // Contributo nel termine noto
            b[ idDof - 1 ] += bdfem.phi( int( idofF - 1 ), l ) * BCb( t, x, y, z, BCb.component( j ) ) *
            bdfem.weightMeas( l );
```

Più complessa è la gestione delle condizioni al bordo di tipo Dirichlet o essenziale (vedi Fig. 8.2). Vi sono varie strategie per questa operazione, alcune delle quali sono trattate in [FSV05]. L'approccio più coerente a quanto indicato dalla teoria consiste nella eliminazione dal sistema ottenuto in assemblaggio delle righe e colonne relative a nodi associati a condizioni al bordo di Dirichlet, correggendo il termine noto usando i valori del dato di Dirichlet che si vuole imporre. Di fatto, questo coincide con l'operazione di rilevamento del dato al bordo mediante una funzione polinomiale a pezzi del grado scelto per gli elementi finiti con cui si approssima il problema e il cui supporto è limitato al solo strato di elementi della triangolazione che si affacciano sul bordo (si veda la Fig. 4.12 del Cap. 8.4).

Questo modo di procedere ha il vantaggio di ridurre la dimensione del problema al numero effettivo dei gradi di libertà, tuttavia la sua implemenazione pratica è problematica. Infatti, mentre per problemi $1D$ l'ordinamento naturale dei gradi di libertà fa sì che le righe e colonne eventualmente da eliminare siano sempre e solo la prima e l'ultima, per problemi in più dimensioni si tratta di eliminare righe e colonne la cui numerazione può essere arbitraria, operazione non facile da gestire in modo efficiente. Va anche osservato che questa operazione modifica in modo sostanziale il *pattern* della matrice e questo può essere sconveniente se lo si volesse condividere tra più matrici al fine di risparmiare memoria. Per questo motivo, si preferisce considerare la condizione di Dirichlet da imporre nel generico nodo k_D come un'equazione della forma $u_{k_D} = g_{k_D}$ da sostituire alla k_D-esima riga del sistema originario. Per evitare di modificare il *pattern* della matrice questa sostituzione viene eseguita ponendo a zero gli elementi extra-diagonali della riga, tranne quello diagonale, che viene posto uguale a 1 e il termine noto viene posto pari a g_{k_D}.

Questa operazione richiede un accesso alla matrice solo per righe, per cui value e bindx basterebbero. Tuttavia, così facendo si compromette l'eventuale simmetria della

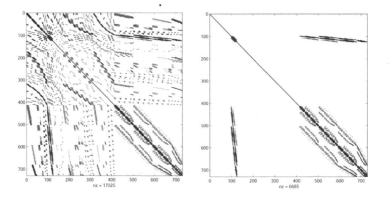

Figura 8.8. Effetti del trattamento delle condizioni di Dirichlet su un caso reale di una griglia 3D mediante azzeramento degli elementi extra-diagonali di righe e colonne associate a gradi di libertà di Dirichlet: a sinistra prima dell'imposizione delle condizioni al bordo, a destra dopo

matrice. Per conservarla (al fine ad esempio di poter utilizzare il gradiente coniugato come metodo iterativo di soluzione, o poter eseguire una decomposizione di Cholesky) occorre modificare anche le colonne della matrice e il termine noto.

A tal fine, si può pensare di modificare anche la k_D-esima colonna ponendone a zero gli elementi (escluso quello diagonale) ed aggiornando il termine noto in modo appropriato. Da un punto di vista implementativo, in sostanza l'"eliminazione" dei gradi di libertà di Dirichlet viene sostituita da una alterazione dei coefficienti della matrice che ne lascia però inalterato il *pattern*. Per essere effettuata, richiede un accesso agevole alle matrici anche per colonne che, come si è visto, viene consentito dal vettore bindy.

Gli effetti della imposizione delle condizioni al bordo mediante questo approccio sono evidenti in Fig. 8.8. Una possibile implementazione di questa tecnica è riportata nel Programma 18.

Programma 18 - diagonalize: Trattamento delle condizioni al bordo di Dirichlet mediante annullamento dei coefficienti extra-diagonali di righe e colonne associati a condizioni di Dirichlet

```
template <typename DataType>
void
MSRMatr<DataType>::diagonalize( UInt const r, std::vector<DataType> &b,
            DataType datum )

  _value[r] = 1.;

  UInt istart = *( _Patt->give_bindx().begin() + r);
  UInt iend = *( _Patt->give_bindx().begin() + r + 1);
```

```
typename std::vector<DataType>::iterator start = _value.begin() + istart;
typename std::vector<DataType>::iterator end = _value.begin() + iend;
UInt disp = _Patt->nRows() + 1;
UInt row, col;

transform( start, end, start, zero );

for ( UInt i = istart;i < iend;++i )

    row = _Patt->give_bindx() [ i ];
    col = _Patt->give_bindy() [ i - disp ];
    b[ row ] -= _value[ col ] * datum;
    _value[ col ] = 0.;


b[ r ] = datum;

return ;
```

8.5 L'integrazione in tempo

Fra i tanti metodi per effettuare l'integrazione in tempo, nei Capitoli precedenti si è analizzato il θ metodo, ma si è fatto cenno anche a numerosi altri metodi, in particolare ai BDF (*Backward Difference Formulas*) implementati in LifeV. Una loro introduzione si trova in [QSS08]. Qui ne richiamiamo brevemente gli aspetti di base.

Dato il sistema di equazioni differenziali ordinarie:

$$M\frac{d\mathbf{u}}{dt} = \mathbf{f} - A\mathbf{u}$$

e il dato iniziale associato $\mathbf{u}(t = 0) = \mathbf{u}_0$, un metodo BDF è un metodo multistep implicito nella forma:

$$\frac{\alpha_0}{\Delta t}M\mathbf{U}^{n+1} + A\mathbf{U}^{n+1} = \mathbf{f}^{n+1} + \sum_{j=1}^{p}\frac{\alpha_j}{\Delta t}\mathbf{U}^{n+1-j}, \qquad (8.8)$$

per opportuni $p \geq 1$, ove i coefficienti sono determinati in modo che

$$\frac{\partial \mathbf{U}}{\partial t}\Big|_{t=t^{n+1}} = \frac{\alpha_0}{\Delta t}\mathbf{U}^{n+1} - \sum_{j=1}^{p}\frac{\alpha_j}{\Delta t}\mathbf{U}^{n+1-j} + \mathcal{O}(\Delta t^p).$$

Nella Tabella 8.3 (a sinistra) vengono riportati i coefficienti per $p = 1$ (metodo di Eulero implicito), $p = 2, 3$.

Nel caso in cui la matrice A sia funzione di $\mathbf{u}$, ossia nel caso in cui il problema (8.8) sia non lineare, i metodi BDF, essendo impliciti, possono risultare molto costosi,

Tabella 8.3. Coefficienti α_i per i metodi BDF ($p = 1, 2, 3$) e coefficienti β_i per l'estrapolazione in tempo

p	α_0	α_1	α_2	α_3	β_0	β_1	β_2
1	1	1	-	-	1	-	-
2	3/2	2	$-1/2$	-	2	-1	-
3	11/6	3	$-3/2$	1/3	3	-3	1

richiedendo ad ogni basso temporale la risoluzione del sistema algebrico non lineare in $\mathbf{U}^{n+1}$

$$\frac{\alpha_0}{\Delta t} M \mathbf{U}^{n+1} + A(\mathbf{U}^{n+1})\mathbf{U}^{n+1} = \mathbf{f}^{n+1} + \sum_{j=1}^{p} \frac{\alpha_j}{\Delta t} \mathbf{U}^{n+1-j}.$$

Una possibile soluzione di compromesso che riduce significativamente i costi computazionali, senza tuttavia passare a un metodo completamente esplicito (le cui proprietà di stabilità in generale possono essere insoddisfacenti) è quello di risolvere il sistema lineare

$$\frac{\alpha_0}{\Delta t} M \mathbf{U}^{n+1} + A(\mathbf{U}^*)\mathbf{U}^{n+1} = \mathbf{f}^{n+1} + \sum_{j=1}^{p} \frac{\alpha_j}{\Delta t} \mathbf{U}^{n+1-j}$$

ove $\mathbf{U}^*$ approssima $\mathbf{U}^{n+1}$ usando le soluzioni note dai passi precedenti. In sostanza si pone

$$\mathbf{U}^* = \sum_{j=0}^{p} \beta_j \mathbf{U}^{n-j} = \mathbf{U}^{n+1} + \mathcal{O}(\Delta t^p),$$

per opportuni coefficienti di "estrapolazione" β_j. L'obiettivo è quello di ridurre i costi computazionali senza ridurre in modo drammatico la regione di assoluta stabilità dello schema implicito né l'accuratezza complessiva dello schema di avanzamento in tempo. La Tabella 8.3 riporta a destra i coefficienti β_j.

La codifica di un integratore in tempo di tipo BDF a questo punto può essere dunque effettuata mediante una opportuna classe, riportata nel Programma 19, i cui membri sono:

1. l'indicatore dell'ordine p che dimensiona anche i vettori $\boldsymbol{\alpha}$ e $\boldsymbol{\beta}$;
2. i vettori $\boldsymbol{\alpha}$ e $\boldsymbol{\beta}$;
3. la matrice unknowns data dall'accostamento dei vettori $\mathbf{U}^n, \mathbf{U}^{n-1}, \dots \mathbf{U}^{n+1-p}$.
   La dimensione di ciscun vettore, ossia il numero di righe di questa matrice (che ha p colonne) viene memorizzata in un indice size.

Una volta assemblate le matrici A e M, l'avanzamento in tempo verrà effettuato calcolando la matrice $\frac{\alpha_0}{\Delta t} M + A$, il termine noto $\mathbf{f}^{n+1} + \sum_{j=1}^{p} \frac{\alpha_j}{\Delta t} \mathbf{U}^{n+1-j}$ e risolvendo il sistema (8.8). In particolare, nella implementazione presentata nel codice 19, la funzione time_der calcola il termine $\sum_{j=1}^{p} \frac{\alpha_j}{\Delta t} \mathbf{U}^{n+1-j}$ accedendo al vettore α e alla matrice unknowns. Nel caso in cui il problema sia non lineare si può ricorrere al vettore β tramite la funzione extrap().

Dopo aver calcolata la soluzione al nuovo passo temporale, la matrice unknowns deve "farle posto", spostando a destra tutte le sue colonne, in modo che la prima colonna sia la soluzione appena calcolata. Questa operazione è gestita dalla funzione shift_right, che sostanzialmente copia la penultima colonna di unknowns nell'ultima, la terzultima nella penultima e così via fino a liberare la prima colonna per memorizzarvi la soluzione appena calcolata.

Programma 19 - Bdf: Classe di base per la costruzione di metodi di integrazione in tempo di tipo Bdf

```
class Bdf

public:
    Bdf( const UInt p );
    ~Bdf();
    void initialize_unk( Vector u0 );
    void shift_right( Vector const& u_curr );

    Vector time_der( Real dt ) const;
    Vector extrap() const;
    double coeff_der( UInt i ) const;
    double coeff_ext( UInt i ) const;
    const std::vector<Vector>& unk() const;
    void showMe() const;

private:
    UInt _M_order;
    UInt _M_size;
    Vector _M_alpha;
    Vector _M_beta;
    std::vector<Vector> _M_unknowns;
;


Bdf::Bdf( const UInt p )
    :
    _M_order( p ),
    _M_size( 0 ),
    _M_alpha( p + 1 ),
```

```
_M_beta( p )

if ( n <= 0 || n > BDF_MAX_ORDER )

// Gestione dell'errore per aver richiesto un ordine sbagliato
// o non implementato

switch ( p )

case 1:
    _M_alpha[ 0 ] = 1.; // Eulero implicito
    _M_alpha[ 1 ] = 1.;
    _M_beta[ 0 ] = 1.; // u al tempo n+1 approssimato da u al tempo n
    break;
case 2:
    _M_alpha[ 0 ] = 3. / 2.;
    _M_alpha[ 1 ] = 2.;
    _M_alpha[ 2 ] = -1. / 2.;
    _M_beta[ 0 ] = 2.;
    _M_beta[ 1 ] = -1.;
    break;
case 3:
    _M_alpha[ 0 ] = 11. / 6.;
    _M_alpha[ 1 ] = 3.;
    _M_alpha[ 2 ] = -3. / 2.;
    _M_alpha[ 3 ] = 1. / 3.;
    _M_beta[ 0 ] = 3.;
    _M_beta[ 1 ] = -3.;
    _M_beta[ 2 ] = 1.;
    break;

_M_unknowns.resize( p ); //numero di colonne della matrice _M_unknowns
```

8.6 Un esempio completo

Concludiamo questo capitolo con il listato di un programma scritto con LifeV per la risoluzione del problema parabolico di diffusione-reazione:

$$\begin{cases} \dfrac{\partial u}{\partial t} - \mu(t)\triangle u + \sigma(t)u = f, \, \mathbf{x} \in \Omega, \quad 0 < t \le 10, \\ u = g_1, & \mathbf{x} \in \Gamma_{10} \cup \Gamma_{11}, \quad 0 < t \le 10, \\ u = g_2, & \mathbf{x} \in \Gamma_{20} \cup \Gamma_{21}, \quad 0 < t \le 10, \\ \nabla u \cdot \mathbf{n} = 0, & \mathbf{x} \in \Gamma_{50}, \quad 0 < t \le 10, \\ u = u_0, & \mathbf{x} \in \Omega, \quad t = 0, \end{cases}$$

dove Ω è un dominio cubico e $\partial\Omega = \Gamma_{10} \cup \Gamma_{11} \cup \Gamma_{20} \cup \Gamma_{21} \cup \Gamma_{50}$.

Precisamente, i codici numerici sulle porzioni di bordo sono:

$\Gamma_{20} : x = 0,\ 0 < y < 1,\ 0 < z < 1;$
$\Gamma_{21} : x = 0,\ (y = 0,\ 0 < z < 1) \cup (y = 1,\ 0 < z < 1)$
$\qquad\qquad \cup (z = 0,\ 0 < y < 1) \cup (z = 0,\ 0 < y < 1);$
$\Gamma_{10} : x = 1,\ 0 < y < 1,\ 0 < z < 1;$
$\Gamma_{11} : x = 1,\ (y = 0,\ 0 < z < 1) \cup (y = 1,\ 0 < z < 1)$
$\qquad\qquad \cup (z = 0,\ 0 < y < 1) \cup (z = 0,\ 0 < y < 1);$
$\Gamma_{50} : \partial\Omega \setminus \{\Gamma_{20} \cup \Gamma_{21} \cup \Gamma_{10} \cup \Gamma_{11}\}.$

In particolare, $\mu(t) = t^2$, $\sigma(t) = 2$, $g_1(x,y,z,t) = g_2(x,y,z,t) = t^2 + x^2$, $u_0(x,y,z) = 0$, $f = 2t + 2x^2$. La soluzione esatta è proprio $t^2 + x^2$ e il test viene proposto su una griglia cubica di 6007 elementi con tetraedri affini quadratici, per un totale di 9247 gradi di libertà. Il passo temporale scelto è $\Delta t = 0.5$, l'ordine dello schema BDF scelto è 3.

Il listato 20 contiene il programma principale per questo esempio ed è stato arricchito di commenti che aiutino la lettura, anche se, ovviamente, non tutto sarà immediatamente comprensibile dopo la sola lettura dei paragrafi precedenti. Coerentemente con lo spirito con cui questo capitolo è stato concepito, invitiamo il lettore a provare a lanciare il codice, modificandolo opportunamente per una piena comprensione della sua struttura. Scaricando LifeV da www.lifev.org si ottengono altri casi da provare sotto la directory testsuite.

Per la visualizzazione dei risultati, in questo listato si fa riferimento al programma Medit, gratuitamente scaricabile da www.inria.fr. Le Figg. 8.9 riportano il *pattern* della matrice prima e dopo la prescrizione delle condizioni di bordo, passando da 244171 a 214087 elementi non nulli.

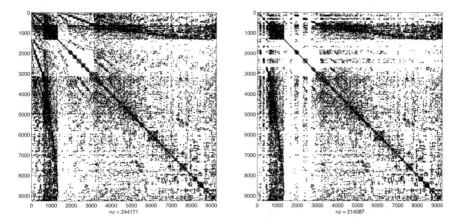

Figura 8.9. Pattern della matrice del caso test proposto prima (sinistra) e dopo (destra) l'applicazione delle condizioni al bordo

Programma 20 - main.cpp: Risoluzione di un problema parabolico su dominio cubico

```cpp
// INCLUSIONI PRELIMINARI DI PARTI DELLA LIBRERIA
#include <life/lifecore/GetPot.hpp>
#include "main.hpp"
#include "ud_functions.hpp"
#include <life/lifefem/bcManage.hpp>
#include <life/lifearray/elemMat.hpp>
#include <life/lifefem/elemOper.hpp>
#include <life/lifefem/bdf.hpp>
#include <life/lifefilters/medit_wrtrs.hpp>
#include <life/lifefilters/gmv_wrtrs.hpp>
#include <life/lifefem/sobolevNorms.hpp>
#define P2 // Useremo elementi Lagrangiani affini quadratici

int main()
    using namespace LifeV;
    using namespace std;

        Chrono chrono; // Utility per il calcolo dei tempi di esecuzione

        // =====================================================
        // Definizione delle condizioni al bordo (vedere main.hpp)
        // =====================================================

        BCFunctionBase gv1(g1); // Funzione g1
        BCFunctionBase gv2(g2); // Funzione g2
        BCHandler BCh(2); // Due condizioni al bordo vengono imposte
        // Alle due condizioni si associano i codici numerici 10 e 20
        // contenuti nella griglia si calcolo
        BCh.addBC("Dirichlet1", 10, Essential, Scalar, gv1);
        BCh.addBC("Dirichlet2", 20, Essential, Scalar, gv2);

        // =====================================================
        // Informazioni sulla mappatura geometrica e l'integrazione numerica
        // =====================================================
        const GeoMap& geoMap = geoLinearTetra;
        const QuadRule& qr    = quadRuleTetra64pt;

        const GeoMap& geoMapBd = geoLinearTria;
        const QuadRule& qrBd   = quadRuleTria3pt;

        //P2 elements
        const RefFE& refFE    = feTetraP2;
        const RefFE& refBdFE  = feTriaP2;

        // ==============================
        // Struttura della mesh
        // ==============================
```

```
RegionMesh3D<LinearTetra> aMesh;

GetPot datafile( "data" ); // le informazioni su quale sia il file della mesh
// e altro sono contenute in un file chiamato "data"
long int  m=1;
std::string mesh_type = datafile( "mesh_type", "INRIA" );
string mesh_dir = datafile( "mesh_dir", "." );
string fname=mesh_dir+datafile( "mesh_file", "cube_6007.mesh" );

 readMppFile(aMesh,fname,m); // lettura della griglia

aMesh.updateElementEdges();
aMesh.updateElementFaces();
aMesh.showMe();

// ========================================
// Definizione dell'elemento finito corrente, munito di
// mappa geometrica e regola di quadratura
// ========================================

CurrentFE fe(refFE,geoMap,qr);
CurrentBdFE feBd(refBdFE,geoMapBd,qrBd);

// ========================================
// Definizione dei gradi di liberta' (DOF) per il problema
// e per le condizioni al bordo specifiche
// ========================================

Dof dof(refFE);
dof.update(aMesh);
BCh.bdUpdate( aMesh,  feBd, dof );
UInt dim = dof.numTotalDof();
dof.showMe();

// ===============================
// Inizializzazione dei vettori delle incognite
// U e del termine noto F
// ===============================
ScalUnknown<Vector> U(dim), F(dim);
U=ZeroVector( dim );
F=ZeroVector( dim );

// =============================================
// Definizione dei parametri per l'integrazione in tempo
// Vengono sempre specificati in "data" e letti da li
// =============================================
Real Tfin = datafile( "bdf/endtime", 10.0 );
Real delta_t = datafile( "bdf/timestep", 0.5 );
Real t0 = 0.;
```

```
UInt ord_bdf = datafile( "bdf/order", 3 );;
Bdf bdf(ord_bdf);
Real coeff=bdf.coeff_der(0)/delta_t;

bdf.showMe();

// =========================================================
// Costruzione del pattern e delle matrici indipendenti dal tempo
// =========================================================
// pattern for stiff operator
MSRPatt pattA(dof);

MSRMatr<double> A(pattA);
MSRMatr<double> M(pattA);
M.zeros();

cout << "*** Matrix computation        : "<<endl;
chrono.start();
//
SourceFct sourceFct;
ElemMat elmat(fe.nbNode,1,1);
ElemVec elvec(fe.nbNode,1);
for(UInt i = 1; i<=aMesh.numVolumes(); i++)
   fe.updateJacQuadPt(aMesh.volumeList(i));
   elmat.zero();
   mass(1.,elmat,fe);
   assemb_mat(M,elmat,fe,dof,0,0); // Matrice di massa M


// ================================================
// Definizione dei parametri per il solutore del sistema lineare
// Viene usato AZTEC
// ================================================
int    proc_config[AZ_PROC_SIZE];
                // Informazioni sul processore (seriale o parallelo)
int    options[AZ_OPTIONS_SIZE];
                // Vettore del tipo di solutore usato
double params[AZ_PARAMS_SIZE];
                // Parametri del solutore usato
int    *data_org;
                // Vettore di servizio
double status[AZ_STATUS_SIZE];
                // Vettore di ritrono dalla chiamata di AZTEC
        // indica se la soluzione e' avvenuta con successo
// altre dichiarazioni per AZTEC
int    *update,*external;
int    *update_index;
int    *extern_index;
int    N_update;
```

```
//
cout << "*** Linear System Solving (AZTEC)" << endl;
AZ_set_proc_config(proc_config, AZ_NOT_MPI );
AZ_read_update(&N_update, &update, proc_config, U.size(), 1, AZ_linear);

AZ_defaults(options,params);

AZ_transform(proc_config, &external,
        (int *)pattA.giveRaw_bindx(), A.giveRaw_value(),
        update, &update_index,
        &extern_index, &data_org, N_update, NULL, NULL, NULL, NULL,
        AZ_MSR_MATRIX);

chrono.start();
init_options(options,params);


// =====================================
// TIME LOOP
// =====================================

int count=0;
bdf.initialize_unk(u0,aMesh,refFE,fe,dof,t0,delta_t,1);

for (Real t=t0+delta_t;t<=Tfin;t+=delta_t)

   A.zeros();
   F=ZeroVector( F.size() );
   // =====================================
   // Assemblaggio e
   // Aggiornamento del termine noto con
   // la soluzione dei passi precedenti
   // =====================================

   Real visc=nu(t);// mu e sigma dipendono dal tempo
   Real s=sigma(t);
   for(UInt i = 1; i<=aMesh.numVolumes(); i++)
      fe.updateFirstDerivQuadPt(aMesh.volumeList(i));
      elmat.zero();
      elvec.zero();
      mass(coeff+s,elmat,fe);
      stiff(visc,elmat,fe);
      source(sourceFct,elvec,fe,t,0);
      assemb_mat(A,elmat,fe,dof,0,0);
      assemb_vec(F,elvec,fe,dof,0);


   // Handling of the right hand side
   F += M*bdf.time_der(delta_t);
```

```
// =========================================
// Prescrizione delle condizioni al bordo
// =========================================


chrono.start();
A.spy("test.m");
bcManage(A,F,aMesh,dof,BCh,feBd,1.,t);
A.spy("test_bc.m");

chrono.stop();
chrono.start();
AZ_solve(U.giveVec(), F.giveVec(), options, params, NULL,
        (int *)pattA.giveRaw_bindx(), NULL, NULL, NULL,
        A.giveRaw_value(), data_org,
        status, proc_config);
chrono.stop();

// =====================================
// Scrittura su file di post-processing
// =====================================
count++;
index << count;
wr_medit_ascii_scalar( "U" + index.str() + ".bb", U.giveVec(), dim );
wr_medit_ascii( "U" + index.str() + ".mesh", aMesh);


// =================================================
// In questo caso test conosciamo la soluzione
// analitica (specificata in main.hpp)
// e vogliamo calcolare gli errori in diverse norme
// =================================================
AnalyticalSol analyticSol;

Real normL2=0., normL2diff=0., normL2sol=0.;
Real normH1=0., normH1diff=0., normH1sol=0.;

for(UInt i=1; i<=aMesh.numVolumes(); ++i)
  fe.updateFirstDeriv(aMesh.volumeList(i));

normL2    += elem_L2_2(U,fe,dof);
normL2sol += elem_L2_2(analyticSol,fe,t,( UInt )U.nbcomp());
normL2diff += elem_L2_diff_2(U,analyticSol,fe, dof, t,( UInt )U.nbcomp());

normH1    += elem_H1_2(U,fe,dof);
normH1sol += elem_H1_2(analyticSol,fe,t,U.nbcomp());
normH1diff += elem_H1_diff_2(U,analyticSol,fe,dof,t,U.nbcomp());
```

```
    normL2    = sqrt(normL2);
    normL2sol = sqrt(normL2sol);
    normL2diff = sqrt(normL2diff);

    normH1    = sqrt(normH1);
    normH1sol = sqrt(normH1sol);
    normH1diff = sqrt(normH1diff);

    bdf.shift_right(U);


// END OF TIME LOOP

return EXIT_SUCCESS;
```

Quello che segue è una parte dell'output a video ottenuto lanciando il codice:

```
Boundary Conditions Handler ====>
Number of BC stored 5
List =>
*********************************
BC Name: Wall
Flag: 50
Type: 1
Mode: 0
Number of components: 1
List of components: 1
Number of stored ID's: 0
*********************************


...


<=============================>
Reading INRIA mesh file
Linear Tetra Mesh
#Vertices =    1322 #BVertices    =    599
#Points   =    1322 #Boundary Points =   599
#Volumes  =    6007
**************************************************
**************************************************
          RegionMesh3D
**************************************************
**************************************************
ID: 0 Marker Flag:1
*************** COUNTERS ********************
NumPoints=1322  numBPoints=599
NumVertices=1322  numBVerices=599
NumVolumes=6007  numFaces=12611
```

NumBFaces=1194 numEdges=7925
NumBEdges=1791
****

************ACTUALLY STORED ********************
Points=1322 Edges= 1791
Faces= 1194 Volumes=6007
****

...

*** BDF Time discretization of order 3 ***
   Coefficients:
     alpha(0) = 1.83333
     alpha(1) = 3
     alpha(2) = -1.5
     alpha(3) = 0.333333
     beta (0) = 3
     beta (1) = -3
     beta (2) = 1
   3 unknown vectors of length 0
dim   = 9247

Now we are at time 0.5
A has been constructed
16.93s.
*** BC Management:
1.44s.

                 ****
                 ***** Preconditioned GMRES solution
                 ***** ILUT(fill-in = 5.000e+00, drop = 1.000e-04)
                 ***** without overlap
                 ***** No scaling
                 ***** NOTE: convergence VARIES when the total number of
                 *****   processors is changed.
                 ****

                 iter: 0   residual = 1.000000e+00

                 ****
                 ***** ilut: The ilut factors require 3.914e+00 times
                 *****   the memory of the overlapped subdomain matrix.
                 ****

                 iter: 1   residual = 9.674996e-04
                 iter: 2   residual = 1.262096e-04
                 iter: 3   residual = 9.806253e-06
                 iter: 4   residual = 5.693536e-07
                 iter: 5   residual = 4.168325e-08

```
iter:   6      residual = 3.028269e-09
iter:   7      residual = 1.919715e-10
iter:   8      residual = 1.371272e-11


        Solution time: 1.160000 (sec.)
        total iterations: 8
        Flops not available for options[AZ_precond] = 14
*** Solution computed in 1.17s.
|| U    ||_{L^2}           = 0.655108
|| sol  ||_{L^2}           = 0.655108
|| U - sol ||_{L^2}         = 1.49398e-09
|| U - sol ||_{L^2} / || sol ||_{L^2} = 2.28051e-09
|| U    ||_{H^1}           = 1.32759
|| sol  ||_{H^1}           = 1.32759
|| U - sol ||_{H^1}         = 8.09782e-09
|| U - sol ||_{H^1} / || sol ||_{H^1} = 6.09963e-09
Now we are at time 1
A has been constructed
28.77s.
*** BC Management:
1.43s.
```

Si noti come gli errori siano da imputare solo alla risoluzione del sistema lineare: infatti, dal momento che la soluzione esatta è una funzione parabolica in tempo e in spazio, la scelta degli elementi finiti di grado 2 e dello schema di avanzamento BDF di ordine 3 garantisce che gli errori di discretizzazione siano nulli. Le Fig. 8.10 illustrano i risultati visualizzati da Medit.

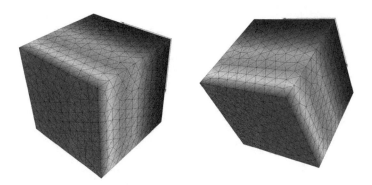

Figura 8.10. Risultati della simulazione dopo 5 passi temporali (a sinistra) e 20 (a destra)

Capitolo 9
Il metodo dei volumi finiti

Il metodo dei *volumi finiti* è assai popolare per la discretizzazione di problemi differenziali in forma conservativa. Per una sua presentazione consigliamo le monografie [LeV02a], [Wes01] e [Tor99].

Come paradigma per descrivere il metodo ed illustrarne le principali caratteristiche consideriamo la seguente equazione evolutiva

$$\partial_t u + \operatorname{div}(\mathbf{F}(u)) = s(u), \quad \mathbf{x} \in \Omega,\ t > 0 \qquad (9.1)$$

dove $u : (\mathbf{x}, t) \to \mathbb{R}$ denota l'incognita, $\mathbf{x} \in \Omega \subset \mathbb{R}^d$ ($d = 1, 2, 3$), ∂_t indica la derivata parziale rispetto a t, $\mathbf{F}$ è una funzione vettoriale assegnata, lineare o non-lineare, detta flusso, s è una funzione assegnata detta termine di sorgente. Se il flusso $\mathbf{F}$ contiene termini dipendenti dalle derivate prime di u, il problema differenziale è del second'ordine. L'equazione differenziale (9.1) deve essere completata dalla condizione iniziale $u(\mathbf{x}, 0) = u_0(\mathbf{x})$, $\mathbf{x} \in \Omega$ per $t = 0$, nonché da opportune condizioni al contorno, su tutta la frontiera $\partial\Omega$ nel caso il problema (9.1) sia del second'ordine, oppure solo su un sotto-insieme $\partial\Omega^{in}$ di $\partial\Omega$ (la frontiera di *inflow*) nel caso di problemi del prim'ordine. Abbiamo già visto nei capitoli precedenti che equazioni differenziali di questo tipo sono dette *leggi di conservazione*.

Le equazioni di diffusione-trasporto-reazione che verranno studiate nel Cap. 12, quelle di puro trasporto dei Capp. 13-15, quelle paraboliche esaminate nel Cap. 5, possono tutte essere considerate come casi particolari di (9.1). In effetti tutte le equazioni differenziali alle derivate parziali che derivano da leggi fisiche di conservazione possono essere messe in forma conservativa.

Il metodo ai volumi finiti opera su equazioni scritte in forma conservativa come la (9.1).

Con qualche sforzo supplementare possiamo naturalmente considerare il caso vettoriale, in cui l'incognita $\mathbf{u}$ è una funzione vettoriale a p componenti, così come il termine di sorgente $\mathbf{s}$, mentre il flusso $\mathbf{F}$ è ora un tensore di dimensione $p \times d$. In particolare, anche le equazioni di Navier-Stokes per fluidi comprimibili che verranno considerate nella Sez. 15.4 possono essere riscritte in forma conservativa.

© Springer-Verlag Italia 2016
A. Quarteroni, *Modellistica Numerica per Problemi Differenziali*, 6a edizione,
UNITEXT - La Matematica per il 3+2 100, DOI 10.1007/978-88-470-5782-1_9

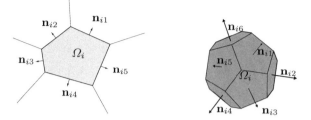

Figura 9.1. Volumi di controllo in 2D (a sinistra) e in 3D (a destra)

9.1 Alcuni principi elementari

Il passo preliminare per una discretizzazione ai volumi finiti di (9.1) consiste nell'i-
dentificare un insieme di poliedri $\Omega_i \subset \Omega$ di diametro inferiore ad h, detti *volumi* (o
celle) *di controllo*, $i = 1, \ldots, M$, tali che $\cup_i \overline{\Omega}_i = \overline{\Omega}$ (assumeremo qui per semplicità
che il dominio Ω sia poligonale, in caso contrario $\cup_i \overline{\Omega}_i$ ne sarà una approssimazione). Si veda la Fig. 9.1 per un esempio di volume di controllo. Ipotizzeremo inoltre che
le celle siano a due a due disgiunte, essendo questo il caso più comunemente usato,
anche se questa restrizione non è in principio richiesta dal metodo.

L'equazione (9.1) viene integrata su ogni Ω_i, fornendo il sistema di equazioni

$$\partial_t \int_{\Omega_i} u \, d\Omega + \int_{\partial \Omega_i} \mathbf{F}(u) \cdot \mathbf{n}_i \, d\gamma = \int_{\Omega_i} s(u) \, d\Omega, \quad i = 1, \ldots, M. \tag{9.2}$$

Abbiamo indicato con $\mathbf{n}_i$ il versore normale esterno a $\partial \Omega_i$. In due dimensioni, se
indichiamo con $\mathbf{n}_{ij}$, $j = 1, \ldots, L_i$, il versore normale esterno costante al lato l_{ij} di
$\partial \Omega_i$ (e L_i il numero di tali lati: in Fig. 9.1 $L_i = 5$), la (9.2) si può riscrivere

$$\partial_t \int_{\Omega_i} u \, d\Omega + \sum_{j=1}^{L_i} \int_{l_{ij}} \mathbf{F}(u) \cdot \mathbf{n}_{ij} \, d\gamma = \int_{\Omega_i} s(u) \, d\Omega, \quad i = 1, \ldots, M. \tag{9.3}$$

In generale, un metodo ai volumi finiti si caratterizza per la forma geometrica dei suoi
volumi di controllo, per la scelta dei gradi di libertà, ovvero per come rappresentiamo
l'incognita u in ogni volume di controllo, per come approssimiamo gli integrali (di
volume e di superficie), e infine per come rappresentiamo il flusso $\mathbf{F}(u)$ su ogni lato
in funzione dei valori dell'incognita u sui volumi di controllo adiacenti al lato.

Per la costruzione dei volumi di controllo si parte usualmente da una triangolazione $\mathcal{T}_h$
del dominio in elementi dello stesso genere, tipicamente triangoli o quadrilateri in 2D,
tetraedri o cubi in 3D, come succede ad esempio quando si usino gli elementi finiti.
La griglia può essere strutturata, strutturata a blocchi (con blocchi disgiunti oppure
sovrapponentisi), o non strutturata. Le griglie strutturate sono in genere limitate a
domini di forma relativamente semplice, in modo che l'intero dominio, o ogni blocco
in cui sia stato suddiviso, possa essere mappato in un rettangolo o in un cubo. In Fig.
9.2 riportiamo un esempio di griglia strutturata a blocchi.

Una volta triangolato il dominio si possono seguire due strade.

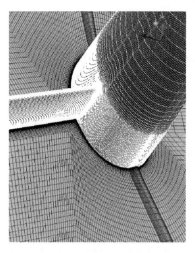

Figura 9.2. Esempio di griglia strutturata a blocchi

Nei metodi detti *cell-centered*, gli elementi della griglia $\mathcal{T}_h$ fungono direttamente da volumi di controllo. Conseguentemente, le incognite sono collocate in un punto interno a ciascun elemento, tipicamente il baricentro, che chiamiamo *nodo*. Questa scelta apparentemente naturale dei volumi di controllo presenta però uno svantaggio: non essendovi nodi che giacciono sul bordo di Ω, l'imposizione delle condizioni al bordo essenziali richiederà degli accorgimenti particolari, che esamineremo in seguito. Per ovviare a tale inconveniente si possono costruire i volumi di controllo attorno ai vertici di $\mathcal{T}_h$, dove verranno quindi collocate le incognite. Questo dà luogo ai cosidetti schemi *vertex-centered*.

Talvolta, in problemi a più campi che coinvolgono più variabili, entrambe le tecniche sono usate contemporaneamente per collocare le diverse incognite in nodi diversi. Si dirà in questo caso che si hanno metodi su griglie *sfalsate* o *staggered*; ne accenneremo nella Sez. 16.11 dedicata alla discretizzazione delle equazioni di Navier-Stokes.

Un esempio elementare su griglia strutturata quadrangolare è riportato in Fig. 9.3, dove sono indicati anche i volumi di controllo per schemi *cell-centered* e *vertex-centered*. Questi ultimi sono definiti dai quadrati

$$\Omega_i^V = \{\mathbf{x} \in \Omega \, : \, \|\mathbf{x} - \mathbf{x}_i\|_\infty < h/2\}, \quad \Omega_i = \Omega_i^V \cap \Omega,$$

essendo $\{\mathbf{x}_i\}$ i vertici dei quadrati $\{K\}$ della griglia di partenza $\mathcal{T}_h$, che coincidono in questo caso con i nodi dei volumi di controllo.

Queste due scelte non esauriscono le possibilità che si incontrano in pratica. Talvolta le variabili sono collocate su ciascun lato (o faccia in 3D) della griglia $\mathcal{T}_h$ e il volume di controllo corrispondente è formato dagli elementi di $\mathcal{T}_h$ adiacenti al lato (o alla faccia).

In generale, un approccio a volumi finiti è semplice da implementare (e le celle della discretizzazione possono essere scelte di forma assai generale), la soluzione è

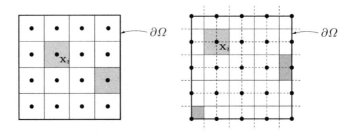

Figura 9.3. Volumi di controllo (indicati in grigio) generati da una partizione di un dominio Ω quadrato con elementi quadrati di lato h. Nella figura di sinistra si riporta il caso *cell-centered*, in quella di destra il caso *vertex-centered*

tipicamente considerata come una funzione costante in ogni volume di controllo, le condizioni al contorno di Neumann si impongono in modo naturale, e la formulazione stessa del problema esprime la conservazione locale della quantità $\int_{\Omega_i} u \, d\Omega$. Lo svantaggio potenziale è l'oggettiva difficoltà a disegnare schemi di ordine elevato, la necessità di dover trattare le condizioni al bordo essenziali in modo particolare per i metodi *cell-centered*; infine, l'analisi matematica è meno semplice che nel caso dei metodi di Galerkin non potendosi applicare direttamente le tecniche variazionali come si fa per i metodi di Galerkin.

Va tuttavia osservato che alcuni esempi di approssimazioni basate sul metodo dei volumi finiti possono essere ottenute da opportune riformulazioni del metodo degli elementi finiti discontinui che introdurremo nel Cap. 11. Si veda [EGH00], [Riv08].

9.2 La costruzione dei volumi di controllo per schemi *vertex-centered*

Nel caso di griglie non strutturate triangolari in 2D o tetraedriche in 3D, la costruzione dei volumi di controllo attorno ai vertici di $\mathcal{T}_h$ non è ovvia. In teoria si potrebbe scegliere come volume di controllo Ω_i l'insieme di tutti gli elementi che contengono il vertice $\mathbf{x}_i$. Questo però genererebbe dei volumi di controllo a intersezione non nulla, una situazione che, per quanto ammissibile, non è desiderabile.

Ci si può allora avvalere di alcuni concetti geometrici. Consideriamo a titolo di esempio un dominio bidimensionale $\Omega \subset \mathbb{R}^2$, limitato, con frontiera poligonale, e sia $\{\mathbf{x}_i\}_{i \in \mathcal{P}}$ un insieme di punti, che chiameremo nodi, di $\overline{\Omega}$. Tipicamente questi punti sono quelli in cui si intende fornire un'approssimazione della soluzione u. Qui $\mathcal{P}$ indica un insieme di indici. A ciascun nodo associamo il poligono

$$\Omega_i^V = \{\mathbf{x} \in \mathbb{R}^2 \; : \; |\mathbf{x} - \mathbf{x}_i| < |\mathbf{x} - \mathbf{x}_j| \; \forall j \neq i\}, \tag{9.4}$$

con $i \in \mathcal{P}$. L'insieme $\{\Omega_i^V, i \in \mathcal{P}\}$ è detto *diagramma*, o anche *tassellazione*, *di Voronoi* associato all'insieme di punti $\{\mathbf{x}_i\}_{i \in \mathcal{P}}$; Ω_i^V è chiamato i-esimo *poligono di Voronoi*. Per un esempio si veda la Fig. 9.4. I poligoni così ottenuti sono convessi, ma non necessariamente limitati (si considerino ad esempio quelli adiacenti la frontiera). I loro vertici sono detti *vertici di Voronoi*, e sono detti *regolari* quando sono punto d'incontro di tre poligoni di Voronoi, degeneri se ve ne convergono almeno quattro. Una tassellazione di Voronoi con tutti i vertici regolari è detta a sua volta *regolare*.

A questo punto possiamo definire i volumi di controllo Ω_i introdotti nella precedente sezione come

$$\Omega_i = \Omega_i^V \cap \Omega, \quad i \in \mathcal{P}. \tag{9.5}$$

Per ogni $i \in \mathcal{P}$, indichiamo con $\mathcal{P}_i$ l'insieme degli indici dei nodi adiacenti a $\mathbf{x}_i$, ovvero

$$\mathcal{P}_i = \{j \in \mathcal{P}\backslash\{i\} \;:\; \partial\Omega_i \cap \partial\Omega_j \neq \emptyset\}.$$

Indichiamo inoltre con $l_{ij} = \partial\Omega_i \cap \partial\Omega_j$, $j \in \mathcal{P}_i$, un lato della frontiera di Ω_i condiviso da un volume di controllo adiacente, e con m_{ij} la sua lunghezza.

Se il diagramma di Voronoi è regolare si ha che $m_{ij} > 0$. In questo caso, se congiungiamo ciascun nodo $\mathbf{x}_i$ con i nodi di $\mathcal{P}_i$ otteniamo una triangolazione di Ω che coincide con la triangolazione di Delaunay (si veda la Sez. 6.4.1) dell'inviluppo convesso dei nodi. Nel caso ci siano dei vertici degeneri nella tassellazione di Voronoi, da questa procedura si ottiene ancora una triangolazione di Delaunay operando una triangolazione opportuna dei poligoni Ω_i costruiti intorno ai vertici degeneri. Chiaramente, se Ω è convesso il procedimento sopra descritto ne fornisce direttamente una triangolazione di Delaunay. Si veda per un esempio la Fig. 9.5. Il procedimento inverso è pure possibile, notando che i vertici del diagramma di Voronoi corrispondono ai centri dei cerchi circoscritti ai triangoli (circocentri) della triangolazione di Delaunay corrispondente. Gli assi dei triangoli formano quindi i lati della tassellazione. Quest'ultima rappresenta quindi un possibile insieme di volumi di controllo associato ad una assegnata triangolazione di Delaunay (si veda per un esempio la Fig. 9.6).

Il diagramma di Voronoi e la triangolazione di Delaunay stanno in effetti in una relazione di dualità: ad ogni vertice della tassellazione di Voronoi corrisponde biunivocamente un elemento (triangolo) della triangolazione di Delaunay e ogni vertice della triangolazione di Delaunay è in corrispondenza biunivoca con un poligono della tassellazione e quindi con un nodo.

Vi sono due interessanti proprietà che vale la pena di sottolineare. La prima è che il centro del cerchio circoscritto ad un triangolo non ottuso K sta all'interno della chiusura di K. Pertanto se una triangolazione di Delaunay ha tutti gli angoli non ottusi, i

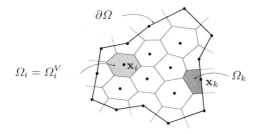

Figura 9.4. Un diagramma di Voronoi

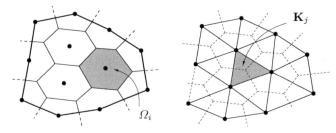

Figura 9.5. Triangolazione di Delaunay (a destra) ottenuta a partire da diagramma di Voronoi (a sinistra). I pallini indicano i nodi $\{\mathbf{x}_i\}_{i \in \mathcal{P}}$

vertici del diagramma di Voronoi corrispondente sono tutti contenuti in $\overline{\Omega}$. La seconda è che, se indichiamo con $\mathbf{v}_i$, $i = 1, 2, 3$, i vertici del triangolo non ottuso K, e con $\Omega_{i,K} = \Omega_i \cap K$ la porzione del volume di controllo Ω_i inclusa in K, allora si hanno le seguenti disuguaglianze tra le misure di K e $\Omega_{i,K}$

$$\frac{1}{4}\,|K| \le |\Omega_{i,K}| \le \frac{1}{2}\,|K|, \quad i = 1, 2, 3. \tag{9.6}$$

Un'alternativa alla costruzione basata sul diagramma di Voronoi che non necessita di una triangolazione di Delaunay consiste nel partire da una triangolazione $\mathcal{T}_h$ di Ω formata da triangoli qualunque, anche ottusi. Se K è il generico triangolo di $\mathcal{T}_h$ di vertici $\mathbf{v}_i$, $i = 1, 2, 3$, definiamo ora

$$\Omega_{i,K} = \{\mathbf{x} \in K \ : \ \lambda_j(\mathbf{x}) < \lambda_i(\mathbf{x}), \ j \neq i\}$$

dove λ_j sono le coordinate baricentriche rispetto a K (si veda la Sez. 12.8.9 e il Cap. 6 per la loro definizione). Un esempio è riportato in Fig. 9.7. A questo punto i volumi di controllo possono essere definiti nel modo seguente:

$$\Omega_i = \mathrm{int}\bigg(\bigcup_{\{K \ : \ \mathbf{v}_i \in \partial K\}} \overline{\Omega}_{i,K} \bigg), \quad i \in \mathcal{P},$$

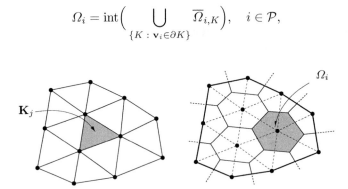

Figura 9.6. Diagramma di Voronoi (a destra) ottenuto a partire da una triangolazione di Delaunay (a sinistra)

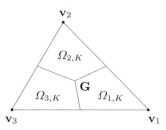

Figura 9.7. Un triangolo K, il suo baricentro $\mathbf{G} = \frac{1}{3}(\mathbf{v}_1 + \mathbf{v}_2 + \mathbf{v}_3)$, e i poligoni $\Omega_{i,K}$

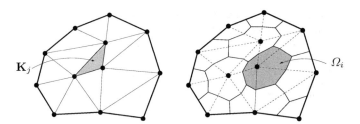

Figura 9.8. Triangolazione del dominio (a sinistra) e *median dual grid*, o diagramma di Donald (a destra)

dove int($\mathcal{D}$) denota l'interno dell'insieme chiuso $\mathcal{D}$. La famiglia $\{\Omega_i,\ i \in \mathcal{P}\}$ definisce la cosiddetta *"median dual grid"* (più raramente detta *diagramma di Donald*). Si veda la Fig. 9.8 per un esempio. Conseguentemente si possono definire le quantità l_{ij}, m_{ij} e $\mathcal{P}_i$ come fatto per il diagramma di Voronoi. Gli elementi l_{ij} non sono necessariamente segmenti rettilinei.

9.3 Discretizzazione di un problema di diffusione-trasporto-reazione

Consideriamo a titolo d'esempio l'equazione (9.1) in cui

$$\mathbf{F}(u) = -\mu\nabla u + \mathbf{b}\,u, \quad s(u) = f - \sigma\,u. \tag{9.7}$$

Si tratta di un problema evolutivo di tipo diffusione-trasporto-reazione scritto in forma conservativa, simile a quello descritto all'inizio del Cap. 12. Le funzioni f, μ, σ e $\mathbf{b}$ sono assegnate; per esse si faranno le ipotesi previste all'inizio del Cap. 12. Come nel caso del problema (12.1), anche qui si supporrà per semplicità che u soddisfi una condizione al bordo di tipo Dirichlet omogeneo, $u = 0$ su $\partial\Omega$. Supponiamo che Ω sia partizionato da un diagramma di Voronoi e si consideri la corrispondente triangolazione di Delaunay (come indicato ad esempio in Fig. 9.5). Quanto segue è in realtà estendibile anche ad altre tipologie di volumi finiti. Sarà sufficiente considerare l'insieme dei soli indici interni, $\mathcal{P}_{int} = \{i \in \mathcal{P} :\ \mathbf{x}_i \in \Omega\}$, essendo u nulla al bordo.

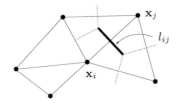

Figura 9.9. Il segmento l_{ij}

Integrando l'equazione assegnata sul volume di controllo Ω_i come fatto in (9.3) ed usando il teorema della divergenza, troviamo

$$\partial_t \int_{\Omega_i} u \, d\Omega + \sum_{j=1}^{L_i} \int_{l_{ij}} \left(-\mu \frac{\partial u}{\partial \mathbf{n}_{ij}} + \mathbf{b} \cdot \mathbf{n}_{ij} \, u \right) d\gamma = \int_{\Omega_i} \left(f - \sigma u \right) d\Omega, \quad i = 1, \ldots, \overset{\circ}{M},$$

(9.8)

avendo indicato con $\overset{\circ}{M}$ l'insieme degli indici di $\mathcal{P}_{int}$. Al fine di approssimare gli integrali di linea, una strategia usuale consiste nell'approssimare le funzioni μ e $\mathbf{b} \cdot \mathbf{n}_{ij}$ con costanti a tratti, precisamente

$$\mu\big|_{l_{ij}} \simeq \mu_{ij} = \text{cost} > 0, \quad \mathbf{b} \cdot \mathbf{n}_{ij}\big|_{l_{ij}} \simeq b_{ij} = \text{cost}. \tag{9.9}$$

Tali costanti possono rappresentare il valore della corrispondente funzione nel punto medio del segmento l_{ij}, oppure il valor medio sullo stesso lato, ovvero

$$\mu_{ij} = \frac{1}{m_{ij}} \int_{l_{ij}} \mu \, d\gamma, \quad b_{ij} = \frac{1}{m_{ij}} \int_{l_{ij}} \mathbf{b} \cdot \mathbf{n}_{ij} \, d\gamma.$$

Per quanto riguarda le derivate normali, una possibilità consiste nell'approssimarle con rapporti incrementali del tipo

$$\frac{\partial u}{\partial \mathbf{n}_{ij}} \simeq \frac{u(\mathbf{x}_j) - u(\mathbf{x}_i)}{\delta_{ij}}$$

essendo $\delta_{ij} = |\mathbf{x}_j - \mathbf{x}_i|$ la distanza di $\mathbf{x}_j$ da $\mathbf{x}_i$ (si veda per un esempio la Fig. 9.9). Naturalmente questa formula è esatta se u è lineare sul segmento congiungente $\mathbf{x}_i$ e $\mathbf{x}_j$. Infine, per quanto concerne l'approssimazione dell'integrale di u su l_{ij}, si sostituisce $u\big|_{l_{ij}}$ con una costante ottenuta per combinazione lineare convessa, ovvero

$$u\big|_{l_{ij}} \simeq \rho_{ij} \, u(\mathbf{x}_i) + (1 - \rho_{ij}) \, u(\mathbf{x}_j),$$

essendo $\rho_{ij} \in [0, 1]$ un parametro da definire. Operando le approssimazioni precedentemente introdotte ed indicando con u_i l'approssimazione del valore $u(\mathbf{x}_i)$

dell'incognita, possiamo derivare dalla (9.8) le seguenti equazioni approssimate:

$$
m_i \frac{du_i}{dt} + \sum_{j=1}^{L_i} m_{ij} \left\{ -\mu_{ij} \frac{u_j - u_i}{\delta_{ij}} + b_{ij} \left[\rho_{ij} u_i + (1 - \rho_{ij}) u_j \right] \right\}
$$
$$
+ m_i \sigma_i u_i = m_i f_i, \quad i = 1, \dots, \overset{\circ}{M}, \tag{9.10}
$$

avendo indicato con m_i la misura di Ω_i e con σ_i e f_i i valori di σ e f in $\mathbf{x}_i$. Si noti che la (9.10) può essere scritta nella forma

$$
m_i \frac{du_i}{dt} + \sum_{j=1}^{L_i} m_{ij} H_{ij}(u_i, u_j) + m_i \sigma_i u_i = m_i f_i, \tag{9.11}
$$

dove H_{ij} è il cosiddetto *flusso numerico* che rappresenta il contributo dell'approssimazione del flusso attraverso il lato l_{ij}. Il concetto di flusso numerico verrà introdotto nei Cap. 13 (Sez. 13.3) e 15 (Sez. 15.3), nel contesto di schemi alle differenze finite per equazioni iperboliche. Come si vedrà in tali capitoli, alcune caratteristiche del flusso numerico si traducono in proprietà dello schema. Per esempio, per avere uno schema conservativo sarà necessario che $H_{ij}(u_i, u_j) = -H_{ji}(u_j, u_i)$ per ogni i, j.

9.4 Analisi dell'approssimazione ai volumi finiti (cenno)

Il sistema di equazioni (9.10) si può riscrivere nella forma di un problema variazionale discreto procedendo nel modo seguente. Per ogni $i = 1, \dots, \overset{\circ}{M}$, si moltiplica l'equazione i-esima per un numero reale v_i, quindi si somma sull'indice i, ottenendo

$$
\sum_{i=1}^{\overset{\circ}{M}} m_i v_i \frac{du_i}{dt} + \sum_{i=1}^{\overset{\circ}{M}} v_i \sum_{j=1}^{L_i} m_{ij} \left\{ -\mu_{ij} \frac{u_j - u_i}{\delta_{ij}} + b_{ij} \left[\rho_{ij} u_i + (1 - \rho_{ij}) u_j \right] \right\}
$$
$$
+ \sum_{i=1}^{\overset{\circ}{M}} m_i \sigma_i v_i u_i = \sum_{i=1}^{\overset{\circ}{M}} m_i v_i f_i. \tag{9.12}
$$

Si indichi ora con V_h lo spazio delle funzioni continue lineari a pezzi rispetto alla triangolazione $\mathcal{T}_h$ di Delaunay, che si annullano al bordo (si veda la (4.17)). Da un insieme di valori v_i possiamo ricostruire in modo univoco una funzione $v_h \in V_h$ che interpola tali valori nei nodi $\mathbf{x}_i$, ovvero (si veda (4.7))

$$
v_h \in V_h : v_h(\mathbf{x}_i) = v_i, \quad i = 1, \dots, \overset{\circ}{M}.
$$

In modo analogo, sia $u_h \in V_h$ la funzione interpolante i valori u_i in $\mathbf{x}_i$. Allora la (9.12) si riscrive equivalentemente nella seguente forma "variazionale" discreta: per ogni $t > 0$, trovare $u_h = u_h(t) \in V_h$ t.c.

$$
(\partial_t u_h, v_h)_h + a_h(u_h, v_h) = (f, v_h)_h \quad \forall v_h \in V_h, \tag{9.13}
$$

avendo introdotto il prodotto scalare discreto $(w_h, v_h)_h = \sum_{i=1}^{\overset{\circ}{M}} m_i\, v_i\, w_i$ ed avendo indicato con $a_h(u_h, v_h)$ la forma bilineare che compare al primo membro della (9.12). Si è dunque interpretata l'approssimazione ai volumi finiti come un *metodo di Galerkin generalizzato* per il problema assegnato (si veda la Sez. 10.4.1, in particolare (10.46)). Per quanto concerne la scelta dei coefficienti ρ_{ij} della combinazione lineare, una possibilità è di usare $\rho_{ij} = 1/2$, il che corrisponde ad usare una differenza finita di tipo centrato per il termine convettivo. Come vedremo diffusamente nel Cap. 12, questa strategia è adeguata quando il cosiddetto numero di Péclet locale, che qui assume l'espressione

$$\mathbb{Pe}_{ij} = \frac{b_{ij}\delta_{ij}}{\mu_{ij}}$$

(si veda (12.22)) è inferiore a 1 per ogni coppia di indici i, j. In caso contrario, si impone una scelta più oculata dei coefficienti ρ_{ij} della combinazione convessa. In generale, $\rho_{ij} = \varphi(\mathbb{Pe}_{ij})$, dove φ è una funzione del numero di Péclet locale a valori in $[0, 1]$ che può essere scelta come segue: se $\varphi(z) = 1/2\,[\mathrm{sign}(z) + 1]$ avremo una stabilizzazione di tipo *upwind*, mentre scegliendo $\varphi(z) = 1 - (1 - z/(e^z - 1))/z$ si avrà una stabilizzazione di tipo fitting-esponenziale. Si confronti la Sez. 12.6 per un'analogia nell'ambito delle approssimazioni con differenze finite dello stesso tipo di equazioni.

Con questa scelta si può mostrare che $a_h(\cdot, \cdot)$ è una forma bilineare e V_h-ellittica, uniformemente rispetto a h, nella consueta ipotesi che i coefficienti del problema soddisfino la condizione di positività $1/2\,\mathrm{div}(\mathbf{b}) + \sigma \geq \beta_0 = \mathrm{cost} \geq 0$. Precisamente, supponendo $\mu \geq \mu_0 = \mathrm{cost} > 0$,

$$a_h(v_h, v_h) \geq \mu_0\, |v_h|_{\mathrm{H}^1(\Omega)}^2 + \beta_0\, (v_h, v_h)_h.$$

Essendo inoltre $(v_h, v_h)_h$ uniformemente equivalente al prodotto scalare esatto (v_h, v_h) per funzioni di V_h, la disuguaglianza precedente assicura la stabilità del problema (9.13). Infine, il metodo è convergente, linearmente rispetto ad h. Precisamente

$$\|u - u_h\|_{\mathrm{H}^1(\Omega)} \leq C\, h\, \left(\|u\|_{\mathrm{H}^2(\Omega)} + |\nabla f|_{\mathrm{L}^\infty(\Omega)}\right)$$

nell'ipotesi che le norme a secondo membro siano limitate. Per la dimostrazione si veda, ad esempio, [KA00]. Rinviamo alla stessa referenza anche per l'analisi di altre proprietà del metodo, quali la monotonia e le proprietà di conservazione.

9.5 Implementazione delle condizioni al bordo

Come detto il problema differenziale considerato va completato con condizioni al bordo opportune. Per un problema scritto in forma conservativa le condizioni al bordo naturali consistono nell'imporre i flussi, ovvero

$$\mathbf{F}(u) \cdot \mathbf{n} = h \quad \text{su } \Gamma_N \subset \partial\Omega.$$

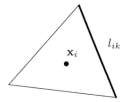

Figura 9.10. Il flusso numerico sul lato l_{ik} appartenete al bordo di Dirichlet viene calcolato in modo da implementare la condizione al bordo

La loro implementazione nel contesto dei volumi finiti è immediata. Basta agire sul flusso numerico relativo ai lati di bordo, imponendo

$$H_{ik} = H(u_i, u_k) = h(\mathbf{x}_{ik}) \quad \text{se } l_{ik} \subset \Gamma_N,$$

dove $\mathbf{x}_{ik}$ è un punto opportuno contenuto in l_{ik}, tipicamente il punto medio.

Per quanto riguarda le condizioni di tipo essenziale, o di Dirichlet, della forma

$$u = g \quad \text{su } \Gamma_D \subset \partial\Omega,$$

la loro applicazione è immediata nel contesto di schemi *vertex-centered* in quanto basta aggiungere l'equazione corrispondente per i nodi giacenti su Γ_D.

Come già osservato, la questione è più delicata per schemi *cell-centered*, non essendoci in questo caso nodi sul bordo. Una possibilità è quella di imporre le condizioni *debolmente*, in modo analogo a quanto illustreremo, in un contesto diverso, nella Sez. 14.3.1. Si tratta di modificare opportunamente i flussi numerici sui lati imponendo

$$H_{ik} = H(u_i, g(\mathbf{x}_{ik})) \quad \text{se } l_{ik} \subset \Gamma_D .$$

La Fig. 9.10 illustra la situazione per un volume di controllo *cell-centered* adiacente al bordo.

Spesso tuttavia, nella pratica, la condizione al bordo di Dirichlet per i volumi finiti *cell-centered* viene implementata utilizzando i cosidetti *nodi fantasma*. In pratica per ogni lato l_{ik} sul bordo si generano dei nodi addizionali, esterni al dominio, a cui vengono attribuiti i valori al bordo corrispondenti. In questo modo il calcolo dei flussi numerici è formalmente identico anche per i lati al bordo.

Capitolo 10
I metodi spettrali

Come abbiamo visto nel capitolo precedente, quando si approssimano problemi ai limiti con il metodo degli elementi finiti, l'ordine di convergenza è comunque limitato dal grado dei polinomi usati, anche nel caso in cui le soluzioni siano molto regolari. In questo capitolo introdurremo i *metodi spettrali*, per i quali la velocità di convergenza è limitata dalla sola regolarità della soluzione del problema (ed è di tipo esponenziale per soluzioni analitiche). Per un'analisi dettagliata rinviamo a [CHQZ06, CHQZ07, Fun92, BM92].

10.1 Il metodo di Galerkin spettrale per problemi ellittici

La principale caratteristica che differenzia gli elementi finiti dai metodi spettrali propriamente detti, nella loro versione classica "monodominio", è che questi ultimi utilizzano polinomi globali sul dominio computazionale Ω, anziché polinomi a tratti. Questa differenza è tuttavia compensata nel caso degli elementi spettrali.

Per ogni intero positivo N, denotiamo con $\mathbb{Q}_N$ lo spazio dei polinomi a coefficienti reali di grado minore o eguale ad N rispetto *a ciascuna* delle variabili. Così in una dimensione indicheremo con

$$\mathbb{Q}_N(I) = \left\{ v(x) = \sum_{k=0}^{N} a_k x^k, \quad a_k \in \mathbb{R} \right\} \tag{10.1}$$

lo spazio dei polinomi di grado $\leq N$ sull'intervallo $I \subset \mathbb{R}$, mentre, in due dimensioni,

$$\mathbb{Q}_N(\Omega) = \left\{ v(\mathbf{x}) = \sum_{k,m=0}^{N} a_{km} \, x_1^k x_2^m, \quad a_{km} \in \mathbb{R} \right\} \tag{10.2}$$

denoterà il medesimo spazio, ma sull'insieme aperto $\Omega \subset \mathbb{R}^2$. Notiamo che, mentre in una dimensione $\mathbb{Q}_N = \mathbb{P}_N$, in più dimensioni ciò non accade. In particolare, $\dim \mathbb{Q}_N = (N+1)^2$, mentre, come già visto nel capitolo precedente, $\dim \mathbb{P}_N = (N+1)(N+2)/2$.

© Springer-Verlag Italia 2016
A. Quarteroni, *Modellistica Numerica per Problemi Differenziali*, 6a edizione,
UNITEXT - La Matematica per il 3+2 100, DOI 10.1007/978-88-470-5782-1_10

Supponiamo di voler approssimare la soluzione u di un problema ellittico che ammette la formulazione variazionale (4.1). Con un metodo di Galerkin spettrale (MS), lo spazio V verrà approssimato con uno spazio $V_N \subset \mathbb{Q}_N$ e la soluzione approssimata verrà conseguentemente indicata con u_N. In particolare, se supponiamo che V sia lo spazio $H^1_{\Gamma_D}(\Omega)$ (definito in (3.27)), V_N denoterà l'insieme dei polinomi di $\mathbb{Q}_N$ che si annullano sulla porzione di frontiera Γ_D su cui si ha una condizione di tipo Dirichlet, ovvero

$$V_N = \{v_N \in \mathbb{Q}_N : \quad v_N|_{\Gamma_D} = 0\}.$$

È evidente che $V_N \subset V$. Il metodo di Galerkin MS verrà dunque formulato sul sottospazio V_N. Nella definizione di V_N è però insita una difficoltà: nel caso multidimensionale non è infatti possibile (in generale) richiedere che un polinomio v_N si annulli soltanto su una parte arbitraria del bordo di Ω. Ad esempio, se Ω è il quadrato $(-1,1)^2$, non è possibile costruire un polinomio che sia nullo solo su una parte di un lato del quadrato senza che esso sia nullo su tutto quel lato (si veda la Fig. 10.1). Ciò non toglie che un polinomio possa annullarsi su tutto un lato del quadrato o su tutti i lati senza essere necessariamente nullo in tutto Ω (ad esempio, $v_2(\mathbf{x}) = (1-x_1^2)(1-x_2^2)$ è nullo solo sul bordo di Ω).

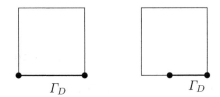

Figura 10.1. Bordi di Dirichlet ammissibili (a sinistra) e non (a destra) per il metodo spettrale

Per questo motivo, nel caso bidimensionale restringiamo la nostra attenzione a domini quadrati (o riconducibili, tramite opportune trasformazioni, ad un quadrato di riferimento $\widehat{\Omega} = (-1,1)^2$) e supponiamo che la porzione di frontiera Γ_D sia formata dall'unione di uno o più lati del dominio.

Il metodo spettrale può tuttavia essere esteso al caso di un dominio Ω costituito dall'unione di quadrilateri Ω_k, ciascuno dei quali riconducibile al quadrato di riferimento $\widehat{\Omega}$ mediante una trasformazione invertibile $\boldsymbol{\varphi}_k : \widehat{\Omega} \to \Omega_k$ (si veda la Fig. 10.2).

Parleremo in tal caso di *metodo agli elementi spettrali (MES)* [CHQZ07]. È evidente che in tale ambito si potrà imporre che la soluzione si annulli su porzioni di frontiera date dall'unione di lati dei quadrilateri, ma naturalmente non da porzioni di lati (si veda la Fig. 10.2). Lo spazio discreto ha ora la forma seguente

$$V_N^C = \{v_N \in C^0(\overline{\Omega}) : \quad v_N|_{\Omega_k} \circ \boldsymbol{\varphi}_k \in \mathbb{Q}_N(\widehat{\Omega})\}.$$

Esempio 10.1 Una mappa bidimensionale particolarmente importante è quella costituita dall'*interpolazione transfinita* (detta *trasformazione di Gordon-Hall* o anche *Coons patch*). La mappa $\boldsymbol{\varphi}_k$, in questo caso, viene espressa in funzione delle mappe invertibili $\boldsymbol{\pi}_k^{(i)} : (-1,1) \to \Gamma_i$ (per

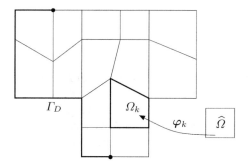

Figura 10.2. Scomposizione del dominio di risoluzione e condizioni al bordo ammissibili per il MES

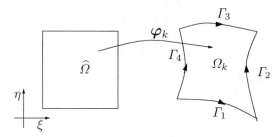

Figura 10.3. La trasformazione φ_k nel caso dell'interpolazione transfinita

$i = 1, \ldots, 4$) che definiscono i quattro lati del dominio computazionale Ω_k (si veda la Fig. 10.3). La trasformazione assume la forma seguente

$$
\begin{aligned}
\varphi_k(\xi, \eta) &= \frac{1-\eta}{2} \pi_k^{(1)}(\xi) + \frac{1+\eta}{2} \pi_k^{(3)}(\xi) \\
&+ \frac{1-\xi}{2} [\pi_k^{(4)}(\eta) - \frac{1+\eta}{2} \pi_k^{(4)}(1) - \frac{1-\eta}{2} \pi_k^{(4)}(-1)] \\
&+ \frac{1+\xi}{2} [\pi_k^{(2)}(\eta) - \frac{1+\eta}{2} \pi_k^{(2)}(1) - \frac{1-\eta}{2} \pi_k^{(2)}(-1)].
\end{aligned}
\tag{10.3}
$$

L'interpolazione transfinita consente dunque di passare a considerare domini computazionali Ω caratterizzati da bordi curvi. Per altri esempi di trasformazioni si veda [CHQZ07].   ■

L'approssimazione del problema (4.1) con il metodo spettrale di Galerkin (MS) è la seguente

$$\text{trovare } u_N \in V_N : a(u_N, v_N) = F(v_N) \ \forall v_N \in V_N,$$

mentre quella ad elementi spettrali (MES) sarà

$$\text{trovare } u_N \in V_N^C : a_C(u_N, v_N) = F_C(v_N) \ \forall v_N \in V_N^C, \tag{10.4}$$

dove

$$a_C(u_N, v_N) = \sum_k a_{\Omega_k}(u_N, v_N), \qquad F_C(v_N) = \sum_k F_{\Omega_k}(v_N),$$

essendo $a_{\Omega_k}(\cdot, \cdot)$ e $F_{\Omega_k}(\cdot)$ le restrizioni di $a(\cdot, \cdot)$ e di $F(\cdot)$ a Ω_k.

Poiché questi metodi rappresentano un caso particolare del metodo di Galerkin (4.2), l'analisi fatta nella Sez. 4.2 continua a valere e quindi, in particolare, si possono applicare i risultati di esistenza, unicità, stabilità e convergenza.

Si può inoltre dimostrare che, per i metodi spettrali MS e MES, valgono le seguenti *stime a priori dell'errore*.

Teorema 10.1 *Sia $u \in V$ la soluzione esatta del problema variazionale (4.1) e si supponga che $u \in H^{s+1}(\Omega)$, per qualche $s \geq 0$. Se u_N è la corrispondente soluzione approssimata ottenuta con il metodo MS, vale la seguente stima*

$$\|u - u_N\|_{H^1(\Omega)} \leq C_s N^{-s} \|u\|_{H^{s+1}(\Omega)}$$

essendo N il grado dei polinomi approssimanti e C_s una costante che non dipende da N, ma può dipendere da s. Se u_N è invece la soluzione ottenuta con il metodo MES, allora si ha

$$\|u - u_N\|_{H^1(\Omega)} \leq C_s H^{\min(N,s)} N^{-s} \|u\|_{H^{s+1}(\Omega)},$$

essendo H la massima lunghezza dei lati dei macroelementi Ω_k.

È pertanto evidente che, diversamente da quanto avviene nel metodo ad elementi finiti, una maggior regolarità della soluzione si ripercuote in un aumento della velocità di convergenza pur supponendo di aver fissato il grado polinomiale N. In particolare, se u è analitica l'ordine di convergenza del metodo spettrale diventa più che algebrico, ovvero esponenziale; più precisamente,

$$\exists \gamma > 0 : \quad \|u - u_N\|_{H^1(\Omega)} \leq C \exp(-\gamma N).$$

Anche nel caso in cui u abbia regolarità finita, si riesce comunque ad ottenere dal metodo spettrale la massima velocità di convergenza consentita dalla regolarità della soluzione esatta: questo è un indiscutibile vantaggio dei metodi spettrali rispetto agli elementi finiti.

Il limite principale dei metodi spettrali classici è che riescono a trattare solo geometrie semplici: ad esempio, in due dimensioni, rettangoli o quadrilateri mappabili in un quadrato tramite una trasformazione invertibile. Tuttavia, come già accennato, si possono estendere, attraverso il MES, al caso in cui il dominio sia dato dall'unione di quadrilateri, eventualmente anche con lati curvi.

Un ulteriore svantaggio dei metodi spettrali classici sta nel fatto che la matrice di rigidezza A ad essi associata è piena (nel caso monodimensionale) o comunque molto meno sparsa di quella degli elementi finiti (in più dimensioni), a causa del fatto che le funzioni di base di tale metodo hanno supporto globale (e non locale). Il sistema di equazioni ad essa associato risulta quindi in generale più difficile e più costoso da risolvere.

Non è infine da sottovalutare lo sforzo computazionale richiesto per calcolare gli elementi della matrice di rigidezza e del termine noto, in quanto si ha a che fare con polinomi di grado elevato. Quest'ultimo inconveniente viene superato grazie all'uso di opportune formule di integrazione numerica di tipo gaussiano, oggetto della prossima sezione.

Osservazione 10.1 Nel corso della Sez. 10.5 alla fine di questo capitolo verrà fornita la formulazione algebrica del metodo MES per un problema monodimensionale. In particolare verranno introdotte le funzioni di base per lo spazio V_N^C dei polinomi compositi.   ●

Osservazione 10.2 L'approccio MES ha una formulazione non molto diversa dalla versione p del metodo degli elementi finiti. In entrambi i casi, il numero dei sotto-domini Ω_k è fissato mentre il grado locale dei polinomi (N nel caso del MES, p per lo schema ad elementi finiti) viene aumentato localmente al fine di migliorare l'accuratezza dell'approssimazione numerica. La differenza principale caratterizzante tali schemi sta essenzialmente nella diversa scelta delle funzioni di base e, conseguentemente, nella diversa struttura assunta dalla matrice di rigidezza. Per ulteriori dettagli rimandiamo il lettore interessato a [CHQZ07, Sch98].   ●

10.2 Polinomi ortogonali e integrazione numerica gaussiana

In questa sezione introduciamo gli ingredienti matematici che consentono di costruire formule di integrazione numerica di tipo Gaussiano. Come anticipato, tali formule saranno alla base dei metodi pseudo-spettrali, ma anche dei metodi agli elementi spettrali che facciano uso di formule di integrazione numerica.

10.2.1 Polinomi ortogonali di Legendre

Consideriamo una funzione $f : (-1, 1) \to \mathbb{R}$. Ricordiamo che lo spazio $L^2(-1, 1)$ è definito da (si veda la Sez. 2.3.1)

$$L^2(-1, 1) = \left\{ f : (-1, 1) \to \mathbb{R} : \|f\|_{L^2(-1,1)} = \left(\int_{-1}^{1} f^2(x)\, dx \right)^{1/2} < \infty \right\}.$$

Il suo prodotto scalare è dato da

$$(f, g) = \int_{-1}^{1} f(x)g(x)dx,$$

e per esso vale la disuguaglianza di Cauchy-Schwarz (3.7). I *polinomi ortogonali di Legendre* $L_k \in \mathbb{P}_k$, per $k = 0, 1, \ldots$, costituiscono una successione per cui è soddisfatta la seguente relazione di ortogonalità

$$(L_k, L_m) = \begin{cases} 0 & \text{se } m \neq k, \\ (k + \frac{1}{2})^{-1} & \text{se } m = k. \end{cases}$$

Essi sono linearmente indipendenti e formano una base per $L^2(-1, 1)$. Conseguentemente ogni funzione $f \in L^2(-1, 1)$ può essere espressa tramite uno sviluppo in serie della forma

$$f(x) = \sum_{k=0}^{\infty} \widehat{f}_k L_k(x) \tag{10.5}$$

noto come *serie di Legendre*. I coefficienti di Legendre $\widehat{f}_k$ possono essere facilmente calcolati sfruttando l'ortogonalità dei polinomi di Legendre. Infatti abbiamo

$$(f, L_k) = \int_{-1}^{1} f(x) L_k(x) \, dx = \int_{-1}^{1} \left(\sum_{i=0}^{\infty} \widehat{f}_i L_i(x) L_k(x) \right) dx$$

$$= \sum_{i=0}^{\infty} \left(\int_{-1}^{1} L_i(x) L_k(x) \, dx \right) \widehat{f}_i = \widehat{f}_k \| L_k \|_{L^2(-1,1)}^2.$$

Pertanto,

$$\widehat{f}_k = (f, L_k) / \| L_k \|_{L^2(-1,1)}^2 = \left(k + \frac{1}{2}\right) \int_{-1}^{1} f(x) L_k(x) dx \tag{10.6}$$

da cui discende immediatamente la cosiddetta *identità di Parseval*

$$\| f \|_{L^2(-1,1)}^2 = \sum_{k=0}^{\infty} (\widehat{f}_k)^2 \| L_k \|_{L^2(-1,1)}^2.$$

Osserviamo che lo sviluppo (10.5), le cui incognite coincidono con i coefficienti $\widehat{f}_k$ definiti nella (10.6), è detto *modale*.

È possibile calcolare, in maniera ricorsiva, i polinomi di Legendre tramite la seguente relazione a tre termini:

$$L_0 = 1, \qquad L_1 = x,$$

$$L_{k+1} = \frac{2k+1}{k+1} \, x \, L_k - \frac{k}{k+1} L_{k-1}, \qquad k = 1, 2, \ldots$$

In Fig. 10.4 vengono riportati i grafici dei polinomi L_k, per $k = 2, \ldots, 5$. Possiamo dimostrare che, per ogni $f \in L^2(-1, 1)$, la sua serie di Legendre converge a f nella norma di $L^2(-1, 1)$. Indicando con

$$f_N(x) = \sum_{k=0}^{N} \widehat{f}_k L_k(x)$$

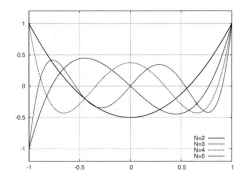

Figura 10.4. I polinomi di Legendre di grado $k = 2, 3, 4, 5$

la *troncata N-esima della serie di Legendre* di f, ciò significa che

$$\lim_{N \to \infty} \|f - f_N\|_{L^2(-1,1)} = 0, \qquad (10.7)$$

ovvero

$$\lim_{N \to \infty} \left\| \sum_{k=N+1}^{\infty} \widehat{f}_k L_k \right\|_{L^2(-1,1)} = 0.$$

Grazie all'identità di Parseval si ha che

$$\|f - f_N\|_{L^2(-1,1)}^2 = \sum_{k=N+1}^{\infty} (\widehat{f}_k)^2 \|L_k\|_{L^2(-1,1)}^2 = \sum_{k=N+1}^{\infty} \frac{(\widehat{f}_k)^2}{k + \frac{1}{2}},$$

e dunque la condizione (10.7) equivale a

$$\lim_{N \to \infty} \sum_{k=N+1}^{\infty} \frac{(\widehat{f}_k)^2}{k + \frac{1}{2}} = 0.$$

Inoltre si può dimostrare che, se $f \in H^s(-1, 1)$, per qualche $s \geq 1$, allora è possibile trovare una opportuna costante $C_s > 0$, indipendente da N, tale che

$$\|f - f_N\|_{L^2(-1,1)} \leq C_s \left(\frac{1}{N} \right)^s \|f^{(s)}\|_{L^2(-1,1)},$$

ossia si ha convergenza di ordine s, per $s \geq 1$, rispetto a $1/N$.

Possiamo a questo punto dimostrare che f_N è la proiezione ortogonale di f su $\mathbb{Q}_N$ rispetto al prodotto scalare di $L^2(-1, 1)$, ovvero che

$$(f - f_N, p) = 0 \quad \forall\, p \in \mathbb{Q}_N. \qquad (10.8)$$

Infatti

$$(f - f_N, L_m) = \left(\sum_{k=N+1}^{\infty} \hat{f}_k L_k, L_m \right) = \sum_{k=N+1}^{\infty} \hat{f}_k (L_k, L_m).$$

I polinomi L_k, con $0 \le k \le N$, formano una base per lo spazio $\mathbb{Q}_N$. Inoltre, per $m \le N$, $(L_k, L_m) = 0$ $\forall k \ge N+1$ per via dell'ortogonalità, da cui segue la (10.8). In particolare dalla (10.8) discende anche che f_N è la funzione che rende minima la distanza di f da $\mathbb{Q}_N$, ovvero

$$\|f - f_N\|_{L^2(-1,1)} \le \|f - p\|_{L^2(-1,1)} \quad \forall p \in \mathbb{Q}_N. \tag{10.9}$$

A tal fine cominciamo con l'osservare che

$$\|f - f_N\|^2_{L^2(-1,1)} = (f - f_N, f - f_N) = (f - f_N, f - p) + (f - f_N, p - f_N)$$

per ogni $p \in \mathbb{Q}_N$ e che $(f - f_N, p - f_N) = 0$ per la proprietà di ortogonalità (10.8). Di conseguenza

$$\|f - f_N\|^2_{L^2(-1,1)} = (f - f_N, f - p) \quad \forall p \in \mathbb{Q}_N,$$

da cui, applicando la disuguaglianza di Cauchy-Schwarz, si ottiene

$$\|f - f_N\|^2_{L^2(-1,1)} \le \|f - f_N\|_{L^2(-1,1)} \|f - p\|_{L^2(-1,1)} \quad \forall p \in \mathbb{Q}_N,$$

ossia la (10.9).

10.2.2 Integrazione gaussiana

Le formule di quadratura gaussiane sono quelle che, fissato il numero dei nodi di quadratura, consentono di ottenere grado di precisione massimo (si veda [QSS08]). Inizieremo con l'introdurre tali formule sull'intervallo $(-1, 1)$ per poi estenderle al caso di un intervallo generico.

Indichiamo con N il numero dei nodi. Chiamiamo nodi di quadratura di Gauss-Legendre gli *zeri* $\{\bar{x}_1, \dots, \bar{x}_N\}$ *del polinomio di Legendre* L_N. In corrispondenza di tale insieme di nodi considereremo la seguente formula di quadratura (detta interpolatoria, di Gauss-Legendre)

$$I_{N-1}^{GL} f = \int_{-1}^{1} \Pi_{N-1}^{GL} f(x) \, dx, \tag{10.10}$$

essendo $\Pi_{N-1}^{GL} f$ il polinomio di grado $N - 1$ interpolante f nei nodi $\bar{x}_1, \dots, \bar{x}_N$. Indichiamo con $\overline{\psi}_k \in \mathbb{Q}_{N-1}$, $k = 1, \dots, N$, i polinomi caratteristici di Lagrange associati ai nodi di Gauss-Legendre, ovvero tali che

$$\overline{\psi}_k(\bar{x}_j) = \delta_{kj}, \quad j = 1, \dots, N.$$

La formula di quadratura (10.10) assume allora la seguente espressione

$$\int_{-1}^{1} f(x)\, dx \simeq I_{N-1}^{GL} f = \sum_{k=1}^{N} \bar{\alpha}_k f(\bar{x}_k), \;\; \text{con } \bar{\alpha}_k = \int_{-1}^{1} \overline{\psi}_k(x) dx,$$

e viene detta formula di quadratura di Gauss-Legendre (GL).

Per trovare i nodi $\bar{t}_k$ ed i pesi $\bar{\delta}_k$ caratterizzanti tale formula su un generico intervallo $[a, b]$, basterà ricorrere per i primi alla relazione

$$\bar{t}_k = \frac{b-a}{2}\, \bar{x}_k + \frac{a+b}{2},$$

mentre, per i secondi, si verifica facilmente che

$$\bar{\delta}_k = \frac{b-a}{2}\, \bar{\alpha}_k.$$

Il grado di esattezza di queste formule è pari a $2N - 1$ (ed è il massimo possibile per formule a $N - 1$ nodi). Ciò significa che

$$\int_{a}^{b} f(x) dx = \sum_{k=1}^{N} \bar{\delta}_k f(\bar{t}_k) \quad \forall f \in \mathbb{Q}_{2N-1}.$$

10.2.3 Le formule di Gauss-Legendre-Lobatto

Una caratteristica delle formule di integrazione di Gauss-Legendre è di avere tutti i nodi di quadratura interni all'intervallo di integrazione. Nel caso di problemi differenziali ciò rende problematica l'imposizione delle condizioni al bordo nei punti estremi dell'intervallo.

Per superare tale difficoltà vengono introdotte le cosiddette formule di Gauss-Lobatto, in particolare le formule di Gauss-Legendre-Lobatto (GLL) i cui nodi, relativamente all'intervallo $(-1, 1)$, sono rappresentati dagli estremi stessi dell'intervallo, e dai punti di massimo e di minimo del polinomio di Legendre di grado N, ossia dagli zeri della derivata prima del polinomio L_N.

Denotiamo tali nodi con $\{x_0 = -1, x_1, \ldots, x_{N-1}, x_N = 1\}$. Si ha pertanto

$$L'_N(x_i) = 0, \text{ per } i = 1, \ldots, N - 1. \tag{10.11}$$

Siano ψ_i i corrispondenti polinomi caratteristici, ovvero

$$\psi_i \in \mathbb{Q}_N \; : \; \psi_i(x_j) = \delta_{ij}, \, 0 \le i, j \le N, \tag{10.12}$$

la cui espressione analitica è data da

$$\psi_i(x) = \frac{-1}{N(N+1)} \frac{(1-x^2)L'_N(x)}{(x-x_i)L_N(x_i)}, \quad i = 0, \ldots, N \tag{10.13}$$

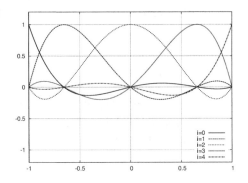

Figura 10.5. I polinomi caratteristici ψ_i, $i = 0, \ldots, 4$ di grado 4 relativi ai nodi di Gauss-Legendre-Lobatto

(si veda la Fig. 10.5 in cui vengono riportati i grafici dei polinomi caratteristici ψ_i, per $i = 0, \ldots, 4$ nel caso in cui $N = 4$). Osserviamo che le funzioni $\psi_i(x)$ sono la controparte delle funzioni di base lagrangiane $\{\varphi_i\}$ degli elementi finiti introdotte nella Sez. 4.3. Per ogni funzione $f \in C^0([-1, 1])$, il suo polinomio d'interpolazione $\Pi_N^{GLL} f \in \mathbb{Q}_N$ nei nodi GLL è identificato dalla relazione

$$\Pi_N^{GLL} f(x_i) = f(x_i), \quad 0 \leq i \leq N . \tag{10.14}$$

Esso ha la seguente espressione

$$\Pi_N^{GLL} f(x) = \sum_{i=0}^{N} f(x_i)\psi_i(x). \tag{10.15}$$

Si può dimostrare che, grazie alla distribuzione non uniforme dei nodi $\{x_i\}$, $\Pi_N^{GLL} f$ converge verso f quando $N \to \infty$. Inoltre è soddisfatta la seguente stima dell'errore: se $f \in H^s(-1, 1)$, per qualche $s \geq 1$,

$$\|f - \Pi_N^{GLL} f\|_{L^2(-1,1)} \leq C_s \left(\frac{1}{N}\right)^s \|f^{(s)}\|_{L^2(-1,1)}, \tag{10.16}$$

dove C_s è una costante dipendente da s ma non da N. Più in generale (si veda [CHQZ06]),

$$\|f - \Pi_N^{GLL} f\|_{H^k(-1,1)} \leq C_s \left(\frac{1}{N}\right)^{s-k} \|f\|_{H^s(-1,1)}, \ s \geq 1, \ k = 0, 1. \tag{10.17}$$

In Fig. 10.6 (a sinistra) riportiamo le curve di convergenza dell'errore d'interpolazione per due diverse funzioni.

In alternativa alla (10.10) possiamo introdurre la seguente formula di quadratura di Gauss-Legendre-Lobatto,

$$I_N^{GLL} f = \int_{-1}^{1} \Pi_N^{GLL} f(x)dx = \sum_{k=0}^{N} \alpha_k f(x_k) \tag{10.18}$$

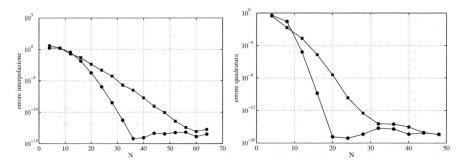

Figura 10.6. Comportamento dell'errore di interpolazione (a sinistra) e di integrazione (a destra) nei nodi GLL in funzione del grado N per le due funzioni $f_1(x) = \cos(4\pi x)$ (•) e $f_2(x) = 4\cos(4x)\exp(\sin(4x))$ (■) sull'intervallo $(-1, 1)$

i cui pesi sono $\alpha_i = \displaystyle\int_{-1}^{1} \psi_i(x)\, dx$ ed assumono la seguente espressione

$$\alpha_i = \frac{2}{N(N+1)} \frac{1}{L_N^2(x_i)}. \tag{10.19}$$

La formula di quadratura GLL ha *grado di esattezza* pari a $2N - 1$, ovvero integra esattamente tutti i polinomi di grado $\leq 2N - 1$,

$$\int_{-1}^{1} f(x)dx = I_N^{GLL} f \quad \forall f \in \mathbb{Q}_{2N-1}. \tag{10.20}$$

Questo è il massimo grado ottenibile quando si usano $N + 1$ nodi, di cui 2 assegnati a priori. Si dimostra inoltre, usando la stima di interpolazione (10.16), la seguente stima per l'errore di integrazione se $f \in \mathrm{H}^s(-1, 1)$, con $s \geq 1$,

$$\left| \int_{-1}^{1} f(x)\, dx - I_N^{GLL} f \right| \leq C_s \left(\frac{1}{N} \right)^s \|f^{(s)}\|_{\mathrm{L}^2(-1,1)},$$

dove C_s è indipendente da N ma può dipendere, in generale, da s. Ciò significa che tanto più la funzione f è regolare, tanto più elevato è l'ordine di convergenza della formula di quadratura. In Fig. 10.6 (a destra) riportiamo l'errore d'integrazione per due diverse funzioni (le stesse considerate nel grafico di sinistra).

Se ora si considera, invece di $(-1, 1)$, un generico intervallo (a, b), nodi e pesi in (a, b) assumono la seguente espressione

$$t_k = \frac{b - a}{2} x_k + \frac{a + b}{2}, \quad \delta_k = \frac{b - a}{2} \alpha_k.$$

La formula (10.18) si generalizza come segue

$$\int_a^b f(x)dx \simeq \sum_{k=0}^N \delta_k f(t_k).$$

(10.21)

Le sue proprietà di precisione restano invariate.

10.3 Metodi G-NI in una dimensione

Consideriamo il seguente problema ellittico monodimensionale, con dati di Dirichlet omogenei

$$\begin{cases} Lu = -(\mu u')' + \sigma u = f, & -1 < x < 1, \\ u(-1) = 0, & u(1) = 0, \end{cases}$$

(10.22)

con $\mu(x) \geq \mu_0 > 0$ e $\sigma(x) \geq 0$, al fine di avere una forma bilineare associata che sia coerciva in $H_0^1(-1,1)$.
Il metodo di Galerkin spettrale si scrive

$$\text{trovare } u_N \in V_N : \int_{-1}^1 \mu u'_N v'_N \, dx + \int_{-1}^1 \sigma u_N v_N \, dx = \int_{-1}^1 f v_N \, dx \quad \forall v_N \in V_N,$$

(10.23)

con

$$V_N = \{v_N \in \mathbb{Q}_N : v_N(-1) = v_N(1) = 0\}.$$

(10.24)

Il metodo G-NI (*Galerkin with Numerical Integration*) si ottiene approssimando gli integrali in (10.23) con le formule di integrazione GLL. Ciò equivale a sostituire al prodotto scalare (f, g) in $L^2(-1,1)$ il *prodotto scalare discreto* di GLL (per funzioni continue)

$$(f, g)_N = \sum_{i=0}^N \alpha_i f(x_i) g(x_i),$$

(10.25)

dove gli x_i e gli α_i sono definiti secondo la (10.11) e la (10.19). Dunque il metodo G-NI si scrive

$$\text{trovare } u_N^* \in V_N : (\mu u_N^{*\prime}, v'_N)_N + (\sigma u_N^*, v_N)_N = (f, v_N)_N \quad \forall v_N \in V_N.$$

(10.26)

A causa dell'integrazione numerica, in generale sarà $u_N^* \neq u_N$, cioè le soluzioni del metodo spettrale e di quello G-NI non coincidono.

Tuttavia, osserviamo che, grazie alla proprietà di esattezza (10.20), si avrà

$$(f, g)_N = (f, g) \quad \forall f, g \text{ t.c. } fg \in \mathbb{Q}_{2N-1}.$$

(10.27)

Se consideriamo il caso particolare in cui in (10.22) μ è costante e $\sigma = 0$, il problema G-NI diviene

$$\mu(u_N^{*\prime}, v'_N)_N = (f, v_N)_N.$$

(10.28)

In alcuni casi molto particolari si può riscontrare coincidenza tra il metodo spettrale e quello G-NI. È questo ad esempio il caso della (10.28) in cui f sia un polinomio di grado al massimo uguale a $N - 1$. È semplice verificare che i due metodi coincidono grazie alla relazione di esattezza (10.27).

Generalizzando al caso di formulazioni differenziali più complesse e di condizioni al bordo differenti (di Neumann, o miste), il problema G-NI si scrive

$$\text{trovare } u_N^* \in V_N : \quad a_N(u_N^*, v_N) = F_N(v_N) \quad \forall \, v_N \in V_N, \tag{10.29}$$

dove $a_N(\cdot, \cdot)$ e $F_N(\cdot)$ si ottengono a partire dalla forma bilineare $a(\cdot, \cdot)$ e dal termine noto $F(\cdot)$ del problema di Galerkin spettrale, sostituendo gli integrali esatti con le formule di quadratura GLL, essendo V_N lo spazio dei polinomi di grado N che si annullano su quei tratti di bordo (ammesso che ve ne siano) su cui siano assegnate condizioni di Dirichlet.

Si osservi che, a causa del fatto che la forma bilineare $a_N(\cdot, \cdot)$ e il funzionale $F_N(\cdot)$ non sono più quelli associati al problema di partenza, quello che si ottiene non è più un metodo di approssimazione di Galerkin e pertanto non sono più applicabili i risultati teorici ad esso relativi (in particolare, il Lemma di Céa).

In generale, un metodo derivato da un metodo di Galerkin, di tipo spettrale o agli elementi finiti, previa sostituzione degli integrali esatti con quelli numerici verrà detto *metodo di Galerkin generalizzato (GG)*. Per la corrispondente analisi si farà ricorso al Lemma di Strang (si veda la Sez. 10.4.1 e anche [Cia78, QV94]).

10.3.1 Interpretazione algebrica del metodo G-NI

Le funzioni ψ_i, con $i = 1, 2, \ldots, N - 1$, introdotte nella Sez. 10.2.3 costituiscono una base per lo spazio V_N, in quanto sono tutte nulle in corrispondenza di $x_0 = -1$ e di $x_N = 1$. Possiamo dunque fornire per la soluzione u_N^* del problema G-NI (10.29) la rappresentazione *nodale*

$$u_N^*(x) = \sum_{i=1}^{N-1} u_N^*(x_i) \psi_i(x),$$

ovvero, in analogia con il metodo degli elementi finiti, identificare le incognite del nostro problema con i valori assunti da u_N^* in corrispondenza dei nodi x_i (ora coincidenti con quelli di Gauss-Legendre-Lobatto). Inoltre, affinché il problema (10.29) risulti verificato per ogni $v_N \in V_N$, basterà che lo sia per ogni funzione di base ψ_i. Avremo perciò

$$\sum_{j=1}^{N-1} u_N^*(x_j) \, a_N(\psi_j, \psi_i) = F_N(\psi_i), \qquad i = 1, 2, \ldots, N - 1,$$

che possiamo riscrivere

$$\sum_{j=1}^{N-1} a_{ij} u_N^*(x_j) = f_i, \qquad i = 1, 2, \ldots, N - 1,$$

ovvero, in forma matriciale

$$\mathbf{A}\mathbf{u}_N^* = \mathbf{f} \tag{10.30}$$

dove

$$A = (a_{ij}) \quad \text{con} \quad a_{ij} = a_N(\psi_j, \psi_i), \quad \mathbf{f} = (f_i) \quad \text{con} \quad f_i = F_N(\psi_i),$$

e dove $\mathbf{u}_N^*$ denota il vettore dei coefficienti incogniti $u_N^*(x_j)$, per $j = 1, \ldots, N-1$. Nel caso particolare del problema (10.26), si otterrebbe

$$a_{ij} = (\mu\psi_j', \psi_i')_N + \alpha_i\sigma(x_i)\delta_{ij}, \quad f_i = (f, \psi_i)_N = \alpha_i f(x_i),$$

per ogni $i, j = 1, \ldots, N-1$. La matrice in 1D è piena a causa della presenza del termine diffusivo. Il termine reattivo dà invece un contributo solo alla diagonale. In più dimensioni la matrice A ha una struttura a blocchi, e i blocchi diagonali sono pieni. Si veda la Fig. 10.7 in cui è riportato il *pattern* di sparsità relativo alla matrice A in 2D e 3D. Osserviamo infine che il numero di condizionamento della matrice a cui si perverrebbe in assenza di integrazione numerica risulta, in generale, ancora più grande, essendo $O(N^4)$. La matrice A risulta inoltre mal condizionata, con un numero di condizionamento che risulta dell'ordine di $O(N^3)$. Per la risoluzione del sistema (10.30) è dunque conveniente ricorrere, specialmente in 2D e 3D, ad un metodo iterativo opportunamente precondizionato. Scegliendo come precondizionatore la matrice degli elementi finiti lineari associati alla stessa forma bilineare $a(\cdot, \cdot)$ e ai nodi GLL, si ottiene una matrice precondizionata il cui condizionamento è indipendente da N ([CHQZ06]). Nella Fig. 10.8, in alto, riportiamo il numero di condizionamento (in funzione di N) della matrice A e della matrice ottenuta precondizionando A con diverse matrici di precondizionamento: la matrice diagonale di A, quella ottenuta da A attraverso la fattorizzazione incompleta di Cholesky, quella con elementi finiti lineari approssimando gli integrali con la formula dei trapezi composita, e infine quella esatta degli elementi finiti. Nella stessa figura, in basso, riportiamo invece il numero di iterazioni che servono nei vari casi a far convergere il metodo del gradiente coniugato.

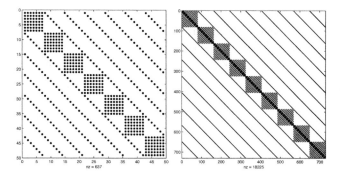

Figura 10.7. *Pattern* di sparsità della matrice A del metodo G-NI per il caso 2D (a sinistra) e 3D (a destra): nz indica il numero degli elementi non nulli della matrice

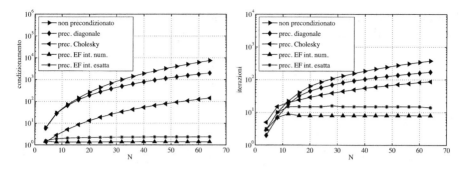

Figura 10.8. Numero di condizionamento (a sinistra) e numero di iterazioni (a destra), per diversi tipi di precondizionamento

10.3.2 Condizionamento della matrice di rigidezza del metodo G-NI

Cerchiamo delle stime per gli autovalori λ^N della matrice di rigidezza A del metodo G-NI

$$A\mathbf{u} = \lambda^N \mathbf{u}$$

nel caso del semplice operatore di derivata seconda. Ricordiamo che $A = (a_{ij})$, con $a_{ij} = (\psi'_j, \psi'_i)_N = (\psi'_j, \psi'_i)$, ψ_j essendo la j-esima funzione caratteristica di Lagrange associata al nodo x_j. Allora

$$\lambda^N = \frac{\mathbf{u}^T A \mathbf{u}}{\mathbf{u}^T \mathbf{u}} = \frac{\|u_x^N\|^2_{L^2(-1,1)}}{\mathbf{u}^T \mathbf{u}}, \tag{10.31}$$

essendo $u^N \in V_N$ l'unico polinomio dello spazio V_N definito in (10.24) soddisfacente $u^N(x_j) = u_j$, per $j = 1, \ldots, N - 1$, dove $\mathbf{u} = (u_j)$.

Per ogni j, $u_j = \displaystyle\int_{-1}^{x_j} u_x^N(s)\,ds$, dunque, grazie alla disuguaglianza di Cauchy-Schwarz,

$$|u_j| \leq \left(\int_{-1}^{x_j} |u_x^N(s)|^2\,ds \right)^{1/2} \left(\int_{-1}^{x_j} ds \right)^{1/2} \leq \sqrt{2}\, \|u_x^N\|_{L^2(-1,1)}.$$

Pertanto

$$\mathbf{u}^T \mathbf{u} = \sum_{j=1}^{N-1} u_j^2 \leq 2(N-1) \|u_x^N\|^2_{L^2(-1,1)},$$

il che, grazie alla (10.31), fornisce la minorazione

$$\lambda^N \geq \frac{1}{2(N-1)}. \tag{10.32}$$

Una maggiorazione per λ^N si ottiene ricorrendo alla *disuguaglianza inversa* per i polinomi algebrici, secondo la quale (si veda [CHQZ06], Sez. 5.4.1)

$$\forall \, p \in V_N, \quad \|p_x\|_{L^2(-1,1)} \leq \sqrt{2} \, N \left(\int\limits_{-1}^{1} \frac{p^2(x)}{1 - x^2} \, dx \right)^{1/2}. \tag{10.33}$$

Allora

$$\|u_x^N\|_{L^2(-1,1)}^2 \leq 2 \, N^2 \int\limits_{-1}^{1} \frac{[u^N(x)]^2}{1 - x^2} \, dx = 2 \, N^2 \sum_{j=1}^{N-1} \frac{[u^N(x_j)]^2}{1 - x_j^2} \, \alpha_j, \tag{10.34}$$

dove si è usata l'esattezza della formula di quadratura GLL (si veda la (10.20)), essendo $[u^N]^2/(1 - x^2) \in \mathbb{P}_{2N-2}$. Poiché per il coefficiente α_j vale la stima asintotica: $\alpha_j/(1 - x_j^2) \leq C$, per un'opportuna costante C indipendente da N, possiamo concludere, grazie alla (10.31) e alla (10.34), che

$$\lambda^N \leq 2 \, C \, N^2. \tag{10.35}$$

Si può infine dimostrare che entrambe le stime (10.32) e (10.35) sono ottimali per quanto attiene al comportamente asintotico rispetto a N.

10.3.3 Equivalenza tra il metodo G-NI e un metodo di collocazione

Vogliamo mostrare che il metodo G-NI può essere re-interpretato come *metodo di collocazione*, ovvero un metodo che impone il soddisfacimento dell'equazione differenziale solo in alcuni punti selezionati dell'intervallo di definizione. Consideriamo ancora il problema di Dirichlet omogeneo (10.22), il cui problema G-NI associato si scrive nella forma (10.26).

Vorremmo controintegrare per parti l'equazione (10.26), ma, per poterlo fare, dobbiamo prima riscrivere i prodotti scalari discreti sotto forma di integrali. Sia Π_N^{GLL} : $C^0([-1,1]) \mapsto \mathbb{Q}_N$ l'operatore di interpolazione introdotto nella Sez. 10.2.3 che associa ad una funzione continua il corrispondente polinomio interpolante tale funzione nei nodi di Gauss-Legendre-Lobatto.

Poiché la formula di quadratura GLL usa i valori della funzione nei soli nodi di quadratura e poiché ivi la funzione e il suo interpolato G-NI coincidono, si ha

$$\sum_{i=0}^{N} \alpha_i f(x_i) = \sum_{i=0}^{N} \alpha_i \Pi_N^{GLL} f(x_i) = \int\limits_{-1}^{1} \Pi_N^{GLL} f(x) dx,$$

dove l'ultima uguaglianza discende dalla (10.20) in quanto $\Pi_N^{GLL} f$ viene integrato esattamente, essendo un polinomio di grado N.

Il prodotto scalare discreto può essere così ricondotto ad un prodotto scalare in $L^2(-1,1)$, nel caso in cui una delle due funzioni sia un polinomio di grado strettamente minore di N, ovvero

$$(f,g)_N = (\Pi_N^{GLL} f, g)_N = (\Pi_N^{GLL} f, g) \quad \forall \, g \in \mathbb{Q}_{N-1}. \tag{10.36}$$

In tal caso, infatti, $(\Pi_N^{GLL}f)g \in \mathbb{Q}_{2N-1}$ e quindi l'integrale viene calcolato esattamente. Integrando per parti gli integrali esatti, si ottiene[1]

$$
\begin{aligned}
(\mu u'_N, v'_N)_N &= (\Pi_N^{GLL}(\mu u'_N), v'_N)_N = (\Pi_N^{GLL}(\mu u'_N), v'_N) \\
&= -([\Pi_N^{GLL}(\mu u'_N)]', v_N) + [\Pi_N^{GLL}(\mu u'_N)\, v_N]_{-1}^{1} \\
&= -([\Pi_N^{GLL}(\mu u'_N)]', v_N)_N,
\end{aligned}
$$

dove l'ultimo passaggio si giustifica poiché v_N si annulla al bordo ed i termini nel prodotto scalare danno luogo ad un polinomio il cui grado totale è pari a $2N - 1$. A questo punto possiamo riscrivere il problema G-NI come segue

$$
\text{trovare } u_N \in V_N : \quad (L_N u_N, v_N)_N = (f, v_N)_N \quad \forall\, v_N \in V_N, \tag{10.37}
$$

dove si è definito

$$
L_N u_N = -[\Pi_N^{GLL}(\mu u'_N)]' + \sigma u_N. \tag{10.38}
$$

Imponendo ora che la (10.37) valga per ogni funzione di base ψ_i, si ottiene

$$
(L_N u_N, \psi_i)_N = (f, \psi_i)_N, \quad i = 1, 2, \ldots, N - 1.
$$

Esaminiamo ora come è fatta la i-esima equazione. Il primo termine, a meno del segno, vale

$$
([\Pi_N^{GLL}(\mu u'_N)]', \psi_i)_N = \sum_{j=0}^{N} \alpha_j [\Pi_N^{GLL}(\mu u'_N)]'(x_j)\psi_i(x_j) = \alpha_i [\Pi_N^{GLL}(\mu u'_N)]'(x_i),
$$

grazie al fatto che $\psi_i(x_j) = \delta_{ij}$. Analogamente, per il secondo termine, si ha

$$
(\sigma u_N, \psi_i)_N = \sum_{j=0}^{N} \alpha_j \sigma(x_j) u_N(x_j)\psi_i(x_j) = \alpha_i \sigma(x_i) u_N(x_i).
$$

Infine, il secondo membro diviene

$$
(f, \psi_i)_N = \sum_{j=0}^{N} \alpha_j f(x_j)\psi_i(x_j) = \alpha_i f(x_i).
$$

Dividendo per α_i l'equazione così trovata, si ottiene, in definitiva, il seguente problema equivalente al problema G-NI

$$
\begin{cases}
L_N u_N(x_i) = f(x_i), \ i = 1, 2, \ldots, N - 1, \\
u_N(x_0) = 0, \qquad u_N(x_N) = 0.
\end{cases} \tag{10.39}
$$

---

[1] D'ora in poi, per semplicità di notazione, indicheremo la soluzione G-NI con u_N (anziché u_N^*), non essendoci più rischio di confusione con la soluzione spettrale.

Questo problema si dice di *collocazione* perché equivale a *collocare* nei nodi interni x_i l'equazione differenziale assegnata (previa approssimazione dell'operatore differenziale L con l'operatore L_N), nonché a soddisfare le condizioni al contorno nei nodi di bordo.

Introduciamo ora il concetto di *derivata di interpolazione*, $D_N(\Phi)$, di una funzione continua Φ, identificandola con la derivata del polinomio interpolatore $\Pi_N^{GLL}\Phi$ definito secondo la (10.14), ovvero

$$D_N(\Phi)=D[\Pi_N^{GLL}\Phi], \qquad (10.40)$$

essendo D il simbolo di derivazione esatta. Se ora consideriamo l'operatore differenziale L e sostituiamo a tutte le derivate le corrispondenti derivate di interpolazione, otteniamo un nuovo operatore, detto *operatore pseudo-spettrale L_N*, che coincide esattamente con quello definito nella (10.38). Ne consegue che il metodo G-NI, qui introdotto come metodo di Galerkin generalizzato, può essere interpretato anche come un metodo di collocazione che opera direttamente sulla forma forte del problema, in analogia a quanto avviene, ad esempio, nel caso delle differenze finite. In questo senso le differenze finite possono essere considerate come una versione meno accurata del metodo G-NI in quanto le derivate sono approssimate con formule che fanno uso di un numero ridotto di valori nodali.

Se l'operatore di partenza fosse stato

$$Lu = (-\mu u')' + (bu)' + \sigma u$$

il corrispondente operatore pseudo-spettrale sarebbe stato

$$L_N u_N = -D_N(\mu u_N') + D_N(bu_N) + \sigma u_N. \qquad (10.41)$$

Nel caso le condizioni al contorno per il problema (10.22) fossero di tipo Neumann,

$$\big(\mu u'\big)(-1) = g_-, \quad \big(\mu u'\big)(1) = g_+,$$

il metodo di Galerkin spettrale si formulerebbe come segue

$$\text{trovare } u_N \in \mathbb{Q}_N \ : \ \int_{-1}^{1} \mu u_N' v_N' \, dx + \int_{-1}^{1} \sigma u_N v_N \, dx =$$
$$\int_{-1}^{1} f v_N \, dx + g_+ v_N(1) - g_- v_N(-1) \quad \forall v_N \in \mathbb{Q}_N,$$

mentre il metodo G-NI diventerebbe

$$\text{trovare } u_N \in \mathbb{Q}_N \ : \ (\mu u_N', v_N')_N + (\sigma u_N, v_N)_N =$$
$$(f, v_N)_N + g_+ v_N(1) - g_- v_N(-1) \quad \forall v_N \in \mathbb{Q}_N.$$

La sua interpretazione come metodo di collocazione diventa: trovare $u_N \in \mathbb{Q}_N$ t.c.

$$L_N u_N(x_i) = f(x_i), \quad i = 1, \ldots, N-1,$$

$$\left(L_N u_N(x_0) - f(x_0)\right) - \frac{1}{\alpha_0}\left((\mu\, u'_N)(-1) - g_-\right) = 0,$$

$$\left(L_N u_N(x_N) - f(x_N)\right) + \frac{1}{\alpha_N}\left((\mu\, u'_N)(1) - g_+\right) = 0,$$

dove L_N è definito in (10.38). Si noti che nei nodi di bordo viene soddisfatta la condizione di Neumann a meno del residuo $L_N u_N - f$ moltiplicato per il coefficiente della formula GLL che è un infinitesimo di ordine 2 rispetto a $1/N$.

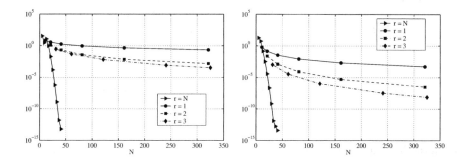

Figura 10.9. Errore in $H^1(-1, 1)$ (a sinistra) ed errore sul dato di Neumann (a destra) al variare di N

In Fig. 10.9 riportiamo l'errore nella norma $H^1(-1, 1)$ (a sinistra) ed il valore assoluto della differenza $(\mu\, u'_N)(\pm 1) - g_\pm$ (a destra) per diversi valori di N. Entrambi gli errori decadono esponenzialmente al crescere di N. Riportiamo inoltre gli errori ottenuti usando le approssimazioni di Galerkin ad elementi finiti di grado $r = 1, 2, 3$. Infine, è utile osservare che la derivata di interpolazione (10.40) si può rappresentare attraverso una matrice $D \in \mathbb{R}^{(N+1)\times(N+1)}$, detta *matrice della derivata di interpolazione*, la quale associa ad un qualunque vettore $\mathbf{v} \in \mathbb{R}^{N+1}$ di valori nodali $v_i = \Phi(x_i)$, $i = 0, \ldots, N$, il vettore $\mathbf{w} = D\mathbf{v}$ le cui componenti sono i valori nodali del polinomio $D_N(\Phi)$, ovvero $w_i = (D_N(\Phi))(x_i)$, $i = 0, \ldots, N$. La matrice D ha per elementi i valori

$$D_{ij} = \psi'_j(x_i), \; i, j = 0, \ldots, N.$$

Tali valori sono dati da (si veda [CHQZ06])

$$
D_{ij} = \begin{cases}
\dfrac{L_N(x_i)}{L_N(x_j)} \dfrac{1}{x_i - x_j}, & i \neq j, \\[2mm]
-\dfrac{(N+1)N}{4}, & i = j = 0, \\[2mm]
\dfrac{(N+1)N}{4}, & i = j = N, \\[2mm]
0 & \text{altrimenti},
\end{cases}
$$

dove $d_0 = d_N = 2$ e $d_j = 1$ per $j = 1, \ldots, N-1$.

10.4 Generalizzazione al caso bidimensionale

Consideriamo come dominio il quadrato unitario $\Omega = (-1, 1)^2$. Essendo Ω il prodotto tensoriale dell'intervallo monodimensionale $(-1, 1)$, è naturale scegliere come nodi $\mathbf{x}_{ij}$ i prodotti cartesiani dei nodi GLL monodimensionali,

$$
\mathbf{x}_{ij} = (x_i, x_j), \; i, j = 0, \ldots, N,
$$

mentre come pesi prendiamo il prodotto dei corrispondenti pesi monodimensionali

$$
\alpha_{ij} = \alpha_i \alpha_j, \; i, j = 0, \ldots, N.
$$

La formula di quadratura di Gauss-Legendre-Lobatto (GLL) in due dimensioni è dunque definita da

$$
\int_\Omega f(\mathbf{x}) \, d\Omega \simeq \sum_{i,j=0}^{N} \alpha_{ij} f(\mathbf{x}_{ij}),
$$

mentre il prodotto scalare discreto è dato da

$$
(f, g)_N = \sum_{i,j=0}^{N} \alpha_{ij} f(\mathbf{x}_{ij}) g(\mathbf{x}_{ij}). \tag{10.42}
$$

Analogamente al caso monodimesionale si dimostra che la formula di quadratura (10.42) è esatta ogniqualvolta la funzione integranda sia un polinomio di grado al più $2N - 1$. In particolare, ciò implica che (come in (10.27))

$$
(f, g)_N = (f, g) \qquad \forall \, f, g \text{ t.c. } fg \in \mathbb{Q}_{2N-1}.
$$

In questa sezione, per ogni N, $\mathbb{Q}_N$ indica lo spazio dei polinomi di grado minore o uguale ad N rispetto ad ognuna delle variabili, introdotto in (10.2).

Consideriamo ora a titolo di esempio il problema

$$\begin{cases} Lu = -\operatorname{div}(\mu \nabla u) + \sigma u = f \text{ in } \Omega = (-1, 1)^2, \\ u = 0 \qquad\qquad\qquad\qquad \text{su } \partial\Omega. \end{cases}$$

Nell'ipotesi che $\mu(\mathbf{x}) \geq \mu_0 > 0$ e $\sigma(\mathbf{x}) \geq 0$, la forma bilineare associata è coerciva in $H_0^1(\Omega)$.
La sua approssimazione G-NI è data da

$$\text{trovare } u_N \in V_N : \qquad a_N(u_N, v_N) = F_N(v_N) \qquad \forall\, v_N \in V_N,$$

dove

$$V_N = \{v \in \mathbb{Q}_N : v|_{\partial\Omega} = 0\},$$

$$a_N(u, v) = (\mu \nabla u, \nabla v)_N + (\sigma u, v)_N$$

e

$$F_N(v_N) = (f, v_N)_N.$$

Come mostrato nel caso monodimensionale, anche in più dimensioni si può verificare che la formulazione G-NI equivale ad un metodo di collocazione in cui l'operatore L sia sostituito da L_N, l'operatore pseudo-spettrale che si ottiene approssimando ogni derivata con una derivata di interpolazione (10.40).
Nel caso di metodi ad elementi spettrali avremo bisogno di generalizzare la formula di integrazione numerica GLL su ogni elemento Ω_k. Questo si può fare grazie alla trasformazione $\varphi_k : \widehat{\Omega} \to \Omega_k$ (si veda la Fig. 10.2). In effetti, possiamo innanzitutto generare i nodi GLL sul generico elemento Ω_k, ponendo

$$\mathbf{x}_{ij}^{(k)} = \varphi_k(\mathbf{x}_{ij}), \quad i, j = 0, \ldots, N,$$

quindi definendo i corrispondenti pesi

$$\alpha_{ij}^{(k)} = \alpha_{ij} |\det J_k| = \alpha_{ij} \frac{|\Omega_k|}{4}, \quad i, j = 0, \ldots, N,$$

avendo indicato con J_k lo Jacobiano della trasformazione φ_k e con $|\Omega_k|$ la misura di Ω_k. La formula GLL su Ω_k diventa dunque

$$\int_{\Omega_k} f(x) \, d\mathbf{x} \simeq I_{N,k}^{GLL}(f) = \sum_{i,j=0}^{N} \alpha_{ij}^{(k)} f(\mathbf{x}_{ij}^{(k)}). \tag{10.43}$$

La formulazione agli elementi spettrali con integrazione numerica gaussiana, che indicheremo con l'acronimo MES-NI, diventa allora

$$\text{trovare } u_N \in V_N^C : \qquad a_{C,N}(u_N, v_N) = F_{C,N}(v_N) \quad \forall\, v_N \in V_N^C. \tag{10.44}$$

Abbiamo posto

$$a_{C,N}(u_N, v_N) = \sum_k a_{\Omega_k, N}(u_N, v_N)$$

dove $a_{\Omega_k, N}(u_N, v_N)$ è l'approssimazione di $a_{\Omega_k}(u_N, v_N)$ ottenuta approssimando ogni integrale su Ω_k che compare nella forma bilineare attraverso la formula di integrazione numerica GLL in Ω_k (10.43). Il termine $F_{C,N}$ si definisce in modo simile, precisamente $F_{C,N}(v_N) = \sum_k F_{\Omega_k, N}(v_N)$, dove $F_{\Omega_k, N}$ è ottenuto, a sua volta, sostituendo $\int_{\Omega_k} f v_N \, d\mathbf{x}$ con la formula $I_{N,k}^{GLL}(f v_N)$ per ogni k.

Osservazione 10.3 La Fig. 10.10 riassume in modo assai schematico la genesi dei diversi schemi di approssimazione sino ad ora evocati. Nel caso delle differenze finite si è indicato con L_Δ la discretizzazione dell'operatore attraverso schemi alle differenze finite applicati alle derivate che appaiono nella definizione di L.   •

10.4.1 Convergenza del metodo G-NI

Come osservato nel caso monodimensionale, il metodo G-NI si può considerare come un metodo di Galerkin generalizzato. Per quest'ultimo, l'analisi di convergenza si basa sul seguente risultato generale:

Lemma 10.1 (di Strang) *Si consideri il problema*

$$\text{trovare } u \in V : \quad a(u, v) = F(v) \quad \forall v \in V, \tag{10.45}$$

in cui V sia uno spazio di Hilbert con norma $\|\cdot\|_V$, $F \in V'$ un funzionale lineare e limitato su V ed $a(\cdot, \cdot) : V \times V \to \mathbb{R}$ una forma bilineare, continua e coerciva su V (valgano, cioè, le ipotesi del Lemma di Lax-Milgram). Sia data, inoltre, un'approssimazione di (10.45) formulabile attraverso il seguente problema di Galerkin generalizzato

$$\text{trovare } u_h \in V_h : \quad a_h(u_h, v_h) = F_h(v_h) \quad \forall v_h \in V_h, \tag{10.46}$$

essendo $\{V_h, \ h > 0\}$ una famiglia di sottospazi di dimensione finita di V. Supponiamo che la forma bilineare discreta $a_h(\cdot, \cdot)$ sia continua su $V_h \times V_h$, e sia uniformemente coerciva su V_h, cioè

$$\exists \alpha^* > 0 \text{ indipendente da } h \text{ t.c. } a_h(v_h, v_h) \geq \alpha^* \|v_h\|_V^2 \quad \forall \, v_h \in V_h.$$

Supponiamo inoltre che F_h sia un funzionale lineare e continuo su V_h. Allora:

1. esiste una ed una sola soluzione u_h del problema (10.46);
2. tale soluzione dipende con continuità dai dati, ovvero si ha

$$\|u_h\|_V \leq \frac{1}{\alpha^*} \sup_{v_h \in V_h \setminus \{0\}} \frac{F_h(v_h)}{\|v_h\|_V};$$

3. vale infine la seguente stima a priori dell'errore

$$\|u - u_h\|_V \leq \inf_{w_h \in V_h} \left\{ \left(1 + \frac{M}{\alpha^*}\right) \|u - w_h\|_V \right.$$

$$+ \frac{1}{\alpha^*} \sup_{v_h \in V_h \setminus \{0\}} \frac{|a(w_h, v_h) - a_h(w_h, v_h)|}{\|v_h\|_V} \right\} \qquad (10.47)$$

$$+ \frac{1}{\alpha^*} \sup_{v_h \in V_h \setminus \{0\}} \frac{|F(v_h) - F_h(v_h)|}{\|v_h\|_V},$$

essendo M la costante di continuità della forma bilineare $a(\cdot, \cdot)$.

Dimostrazione. Essendo soddisfatte le ipotesi del Lemma di Lax-Milgram per il problema (10.46), la soluzione di tale problema esiste ed è unica. Inoltre

$$\|u_h\|_V \leq \frac{1}{\alpha^*} \|F_h\|_{V_h'},$$

essendo $\|F_h\|_{V_h'} = \sup_{v_h \in V_h \setminus \{0\}} \dfrac{F_h(v_h)}{\|v_h\|_V}$ la norma nello spazio duale V_h' di V_h.

Accingiamoci ora a dimostrare la (10.47). Sia w_h una qualunque funzione del sottospazio V_h. Ponendo $\sigma_h = u_h - w_h \in V_h$, abbiamo

$$\alpha^* \|\sigma_h\|_V^2 \leq a_h(\sigma_h, \sigma_h) \quad \text{[per la coercività di } a_h\text{]}$$

$$= a_h(u_h, \sigma_h) - a_h(w_h, \sigma_h)$$

$$= F_h(\sigma_h) - a_h(w_h, \sigma_h) \quad \text{[grazie a (10.46)]}$$

$$= F_h(\sigma_h) - F(\sigma_h) + F(\sigma_h) - a_h(w_h, \sigma_h)$$

$$= [F_h(\sigma_h) - F(\sigma_h)] + a(u, \sigma_h) - a_h(w_h, \sigma_h) \quad \text{[grazie a (10.45)]}$$

$$= [F_h(\sigma_h) - F(\sigma_h)] + a(u - w_h, \sigma_h)$$

$$+ [a(w_h, \sigma_h) - a_h(w_h, \sigma_h)].$$

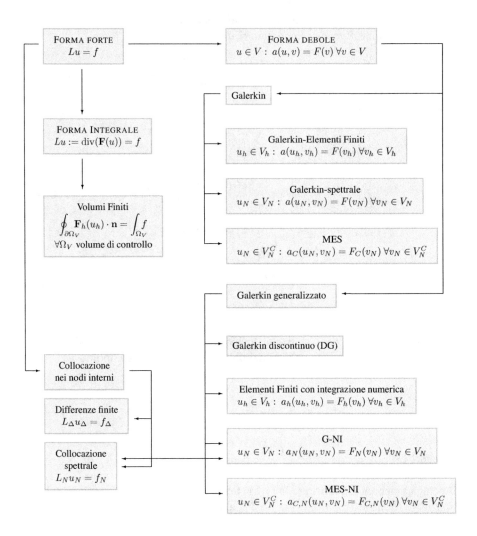

Figura 10.10. Quadro di riferimento per i principali metodi numerici considerati in questo libro

Se $\sigma_h \neq 0$ si può dividere la disequazione precedente per $\alpha^* \|\sigma_h\|_V$, ottenendo

$$\|\sigma_h\|_V \leq \frac{1}{\alpha^*} \left\{ \frac{|a(u - w_h, \sigma_h)|}{\|\sigma_h\|_V} + \frac{|a(w_h, \sigma_h) - a_h(w_h, \sigma_h)|}{\|\sigma_h\|_V} \right.$$

$$\left. + \frac{|F_h(\sigma_h) - F(\sigma_h)|}{\|\sigma_h\|_V} \right\}$$

$$\leq \frac{1}{\alpha^*} \left\{ M\|u - w_h\|_V + \sup_{v_h \in V_h \setminus \{0\}} \frac{|a(w_h, v_h) - a_h(w_h, v_h)|}{\|v_h\|_V} \right.$$

$$+ \sup_{v_h \in V_h \setminus \{0\}} \frac{|F_h(v_h) - F(v_h)|}{\|v_h\|_V} \Bigg\} \quad \text{[per la continuità di } a\text{]}.$$

Osserviamo che se $\sigma_h = 0$ tale disuguaglianza è ancora valida (in quanto afferma che 0 è minore di una somma di termini positivi), pur non essendo più valido il procedimento con cui essa è stata ricavata.

Possiamo ora stimare l'errore fra la soluzione u di (10.45) e la soluzione u_h di (10.46). Essendo $u - u_h = (u - w_h) - \sigma_h$, otteniamo

$$\|u - u_h\|_V \leq \|u - w_h\|_V + \|\sigma_h\|_V \leq \|u - w_h\|_V$$

$$+ \frac{1}{\alpha^*} \Bigg\{ M\|u - w_h\|_V + \sup_{v_h \in V_h \setminus \{0\}} \frac{|a(w_h, v_h) - a_h(w_h, v_h)|}{\|v_h\|_V}$$

$$+ \sup_{v_h \in V_h \setminus \{0\}} \frac{|F_h(v_h) - F(v_h)|}{\|v_h\|_V} \Bigg\}$$

$$= \left(1 + \frac{M}{\alpha^*}\right) \|u - w_h\|_V + \frac{1}{\alpha^*} \sup_{v_h \in V_h \setminus \{0\}} \frac{|a(w_h, v_h) - a_h(w_h, v_h)|}{\|v_h\|_V}$$

$$+ \frac{1}{\alpha^*} \sup_{v_h \in V_h \setminus \{0\}} \frac{|F_h(v_h) - F(v_h)|}{\|v_h\|_V}.$$

Se la disuguaglianza precedente vale $\forall w_h \in V_h$, essa vale anche per l'estremo inferiore al variare di w_h in V_h. Pertanto si ottiene la (10.47). ◇

Osservando il termine di destra della disuguaglianza (10.47), possiamo riconoscere tre diversi contributi all'errore d'approssimazione $u - u_h$: l'errore di miglior approssimazione $\inf_{w_h \in V_h} \|u - w_h\|_V$, l'errore $|a(w_h, v_h) - a_h(w_h, v_h)|$ derivante dall'approssimazione della forma bilineare $a(\cdot, \cdot)$ con la forma bilineare discreta $a_h(\cdot, \cdot)$, e l'errore $|F(v_h) - F_h(v_h)|$ derivante dall'approssimazione del funzionale lineare $F(\cdot)$ con il funzionale lineare discreto $F_h(\cdot)$.

Osservazione 10.4 Si noti che se si sceglie in (10.4.1) $w_h = u_h^*$, essendo u_h^* la soluzione del problema di Galerkin

$$u_h^* \in V_h : a(u_h^*, v_h) = F(v_h) \quad \forall \, v_h \in V_h,$$

allora il termine $a(u - w_h, \sigma_h)$ nella (10.4.1) è nullo grazie alla (10.45). Si può pertanto ottenere la seguente stima, alternativa alla (10.47):

$$\|u - u_h\|_V \leq \|u - u_h^*\|_V$$

$$+ \frac{1}{\alpha^*} \sup_{v_h \in V_h \setminus \{0\}} \frac{|a(u_h^*, v_h) - a_h(u_h^*, v_h)|}{\|v_h\|_V}$$

$$+ \frac{1}{\alpha^*} \sup_{v_h \in V_h \setminus \{0\}} \frac{|F(v_h) - F_h(v_h)|}{\|v_h\|_V}.$$

Essa ben mette in evidenza che l'errore dovuto al metodo di Galerkin generalizzato è maggiorabile con quello del metodo di Galerkin più gli errori indotti dall'uso dell'integrazione numerica per il calcolo di $a(\cdot, \cdot)$ e di $F(\cdot)$.   ●

Vogliamo ora applicare il Lemma di Strang al metodo G-NI, per verificarne la convergenza, limitandoci, per semplicità, al caso monodimensionale. Naturalmente V_h sarà sostituito da V_N, u_h da u_N, v_h da v_N e w_h da w_N.
Cominciamo, innanzitutto, col calcolare l'errore di quadratura GLL

$$E(g, v_N) = (g, v_N) - (g, v_N)_N,$$

essendo g e v_N, rispettivamente, una generica funzione continua ed un generico polinomio di $\mathbb{Q}_N$. Introducendo il polinomio d'interpolazione $\Pi_N^{GLL} g$ definito secondo la (10.14), otteniamo

$$
\begin{aligned}
E(g, v_N) &= (g, v_N) - (\Pi_N^{GLL} g, v_N)_N \\
&= (g, v_N) - (\Pi_{N-1}^{GLL} g, v_N) + (\overbrace{\Pi_{N-1}^{GLL} g}^{\in \mathbb{Q}_{N-1}}, \overbrace{v_N}^{\in \mathbb{Q}_N}) - (\Pi_N^{GLL} g, v_N)_N \\
&\qquad\qquad\qquad\qquad \underbrace{\phantom{(\Pi_{N-1}^{GLL} g, v_N)}}_{\in \mathbb{Q}_{2N-1}} \\
&= (g, v_N) - (\Pi_{N-1}^{GLL} g, v_N) \\
&\quad + (\Pi_{N-1}^{GLL} g, v_N)_N - (\Pi_N^{GLL} g, v_N)_N \ [\text{ per la (10.27)}] \\
&= (g - \Pi_{N-1}^{GLL} g, v_N) + (\Pi_{N-1}^{GLL} g - \Pi_N^{GLL} g, v_N)_N.
\end{aligned}
$$
(10.48)

Il primo addendo del termine di destra si può maggiorare usando la disuguaglianza di Cauchy-Schwarz

$$|(g - \Pi_{N-1}^{GLL} g, v_N)| \leq \|g - \Pi_{N-1}^{GLL} g\|_{L^2(-1,1)} \|v_N\|_{L^2(-1,1)}.$$
(10.49)

Per maggiorare il secondo addendo dobbiamo innanzitutto introdurre i due seguenti lemmi, per la cui dimostrazione rinviamo a [CHQZ06]:

Lemma 10.2 *Il prodotto scalare discreto* $(\cdot, \cdot)_N$ *definito in* (10.25) *è un prodotto scalare su* $\mathbb{Q}_N$ *e, come tale, soddisfa la disuguaglianza di Cauchy-Schwarz*

$$|(\varphi, \psi)_N| \leq \|\varphi\|_N \|\psi\|_N, \qquad (10.50)$$

dove la norma discreta $\| \cdot \|_N$ *è data da*

$$\|\varphi\|_N = \sqrt{(\varphi, \varphi)_N} \quad \forall \, \varphi \in \mathbb{Q}_N. \qquad (10.51)$$

Lemma 10.3 *La norma "continua" di* $L^2(-1, 1)$ *e la norma "discreta"* $\| \cdot \|_N$ *definita in* (10.51) *verificano le disuguaglianze*

$$\|v_N\|_{L^2(-1,1)} \leq \|v_N\|_N \leq \sqrt{3} \|v_N\|_{L^2(-1,1)} \quad \forall \, v_N \in \mathbb{Q}_N, \qquad (10.52)$$

pertanto esse sono uniformemente equivalenti *su* $\mathbb{Q}_N$.

In base a tali lemmi, possiamo maggiorare il termine $(\Pi_{N-1}^{GLL} g - \Pi_N^{GLL} g, v_N)_N$, come segue

$$|(\Pi_{N-1}^{GLL} g - \Pi_N^{GLL} g, v_N)_N|$$

$$\leq \|\Pi_{N-1}^{GLL} g - \Pi_N^{GLL} g\|_N \, \|v_N\|_N \qquad \text{[grazie al Lemma 10.2]}$$

$$\leq 3 \left[\|\Pi_{N-1}^{GLL} g - g\|_{L^2(-1,1)} + \|\Pi_N^{GLL} g - g\|_{L^2(-1,1)} \right] \|v_N\|_{L^2(-1,1)}$$

[grazie al Lemma 10.3].

Usando tale disuguaglianza e la (10.49), dalla (10.48) si può ottenere la seguente maggiorazione

$$|E(g, v_N)| \leq \left[4\|\Pi_{N-1}^{GLL} g - g\|_{L^2(-1,1)} + 3\|\Pi_N^{GLL} g - g\|_{L^2(-1,1)} \right] \|v_N\|_{L^2(-1,1)}.$$

Usando la stima d'interpolazione (10.17), se $g \in H^s(-1, 1)$, per qualche $s \geq 1$, abbiamo

$$|E(g, v_N)| \leq C \left[\left(\frac{1}{N-1} \right)^s + \left(\frac{1}{N} \right)^s \right] \|g\|_{H^s(-1,1)} \|v_N\|_{L^2(-1,1)}.$$

In definitiva, essendo, per ogni $N \geq 2$, $1/(N-1) \leq 2/N$, l'errore di quadratura di Gauss-Legendre-Lobatto risulta maggiorabile come

$$|E(g, v_N)| \leq C \left(\frac{1}{N} \right)^s \|g\|_{H^s(-1,1)} \|v_N\|_{L^2(-1,1)}, \qquad (10.53)$$

per ogni $g \in H^s(-1, 1)$ e per ogni polinomio $v_N \in \mathbb{Q}_N$.

A questo punto siamo pronti a valutare i vari contributi che intervengono nella (10.47). Anticipiamo che quest'analisi verrà fatta nel caso in cui siano introdotte opportune ipotesi semplificatrici sul problema differenziale in esame. Iniziamo dal termine più semplice, ovvero quello associato al funzionale F, supponendo di considerare un problema con condizioni al bordo di Dirichlet omogenee, in modo che risulti $F(v_N) = (f, v_N)$ e $F_N(v_N) = (f, v_N)_N$. Si ha allora, purché $f \in H^s(-1, 1)$, per un opportuno $s \geq 1$,

$$
\begin{aligned}
\sup_{v_N \in V_N \setminus \{0\}} \frac{|F(v_N) - F_N(v_N)|}{\|v_N\|_V} &= \sup_{v_N \in V_N \setminus \{0\}} \frac{|(f, v_N) - (f, v_N)_N|}{\|v_N\|_V} \\
&= \sup_{v_N \in V_N \setminus \{0\}} \frac{|E(f, v_N)|}{\|v_N\|_V} \leq \sup_{v_N \in V_N \setminus \{0\}} \frac{C\left(\dfrac{1}{N}\right)^s \|f\|_{H^s(-1,1)} \|v_N\|_{L^2(-1,1)}}{\|v_N\|_V} \\
&\leq C\left(\frac{1}{N}\right)^s \|f\|_{H^s(-1,1)},
\end{aligned}
\tag{10.54}
$$

essendosi sfruttata la relazione (10.53) ed avendo maggiorato la norma in $L^2(-1, 1)$ con quella in $H^s(-1, 1)$.

Per quanto riguarda il contributo

$$
\sup_{v_N \in V_N \setminus \{0\}} \frac{|a(w_N, v_N) - a_N(w_N, v_N)|}{\|v_N\|_V}
$$

dovuto alla forma bilineare, non possiamo valutarlo esplicitamente senza riferirci ad un particolare problema differenziale. Scegliamo quindi, a titolo d'esempio, il problema di diffusione-reazione monodimensionale (10.22), supponendo inoltre μ e σ costanti. Per inciso tale problema soddisfa condizioni al bordo di Dirichlet omogenee, in accordo con quanto richiesto per la derivazione della stima (10.54). In tal caso la forma bilineare associata è

$$
a(u, v) = (\mu u', v') + (\sigma u, v),
$$

mentre la sua approssimazione G-NI è data da

$$
a_N(u, v) = (\mu u', v')_N + (\sigma u, v)_N.
$$

Dobbiamo quindi valutare

$$
a(w_N, v_N) - a_N(w_N, v_N) = (\mu w_N', v_N') - (\mu w_N', v_N')_N + (\sigma w_N, v_N) - (\sigma w_N, v_N)_N.
$$

Trattandosi di polinomi algebrici monodimensionali, $w_N, v_N \in \mathbb{Q}_N$, quindi $w_N' v_N' \in \mathbb{Q}_{2N-2}$. Se supponiamo che μ sia costante, il prodotto $w_N' v_N'$ viene integrato esattamente dalla formula di quadratura GLL. In particolare si deduce che $(\mu w_N', v_N') - (\mu w_N', v_N')_N = 0$. Resta quindi da valutare il contributo

$$
(\sigma w_N, v_N) - (\sigma w_N, v_N)_N.
$$

Osserviamo che

$$(\sigma w_N, v_N) - (\sigma w_N, v_N)_N = E(\sigma w_N, v_N) = E(\sigma(w_N - u), v_N) + E(\sigma u, v_N),$$

e quindi, usando la (10.53), si ottiene

$$|E(\sigma(w_N - u), v_N)| \leq C\left(\frac{1}{N}\right) \|\sigma(w_N - u)\|_{H^1(-1,1)} \|v_N\|_{L^2(-1,1)},$$

$$|E(\sigma u, v_N)| \leq C\left(\frac{1}{N}\right)^s \|\sigma u\|_{H^s(-1,1)} \|v_N\|_{L^2(-1,1)}.$$

D'altra parte, essendo anche σ costante, posto $w_N = \Pi_N^{GLL} u$ ed utilizzando la (10.17), si ottiene

$$\|\sigma(w_N - u)\|_{H^1(-1,1)} \leq C\|u - \Pi_N^{GLL} u\|_{H^1(-1,1)} \leq C\left(\frac{1}{N}\right)^{s-1} \|u\|_{H^s(-1,1)}.$$

Pertanto

$$\sup_{v_N \in V_N \setminus \{0\}} \frac{|a(w_N, v_N) - a_N(w_N, v_N)|}{\|v_N\|_V} \leq C^*\left(\frac{1}{N}\right)^s \|u\|_{H^s(-1,1)}. \qquad (10.55)$$

Resta ancora da stimare il primo addendo della (10.47). Avendo scelto $w_N = \Pi_N^{GLL} u$ e sfruttando ancora la (10.17), otteniamo che

$$\|u - w_N\|_V = \|u - \Pi_N^{GLL} u\|_{H^1(-1,1)} \leq C\left(\frac{1}{N}\right)^s \|u\|_{H^{s+1}(-1,1)} \qquad (10.56)$$

purché $u \in H^{s+1}(-1, 1)$, per un opportuno $s \geq 1$. In conclusione, grazie alle (10.54), (10.55) e (10.56), dalla (10.47) applicata all'approssimazione G-NI del problema (10.22), sotto le ipotesi precedentemente fatte, troviamo la seguente stima dell'errore

$$\|u - u_N\|_{H^1(-1,1)} \leq C\left(\frac{1}{N}\right)^s \left(\|f\|_{H^s(-1,1)} + \|u\|_{H^{s+1}(-1,1)}\right).$$

L'analisi di convergenza appena fatta per il problema modello (10.22) può essere generalizzata (con qualche piccola difficoltà tecnica) al caso di problemi differenziali più complessi e di condizioni al bordo differenti.

Esempio 10.2 (Problema con regolarità dipendente da un parametro) Consideriamo il seguente problema (banale ma istruttivo)

$$\begin{cases} -u'' = 0, & x \in (0, 1], \\ -u'' = -\alpha(\alpha - 1)(x - 1)^{\alpha - 2}, & x \in (1, 2), \\ u(0) = 0, & u(2) = 1, \end{cases}$$

con $\alpha \in \mathbb{N}$. La soluzione esatta è nulla su $(0, 1)$ e vale $(x - 1)^\alpha$ per $x \in (1, 2)$. Essa appartiene a $H^\alpha(0, 2)$, ma non a $H^{\alpha+1}(0, 2)$. Riportiamo in Tabella 10.1 l'andamento dell'errore in norma

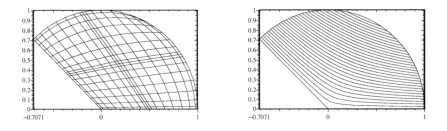

Figura 10.11. La griglia (a sinistra) e le isolinee della soluzione ottenuta (a destra) con il metodo degli elementi spettrali per il problema dell'Esempio 10.3

$H^1(0,2)$ rispetto a N utilizzando un metodo G-NI per tre diversi valori di α. Come si vede, all'aumentare della regolarità, cresce anche l'ordine di convergenza del metodo spettrale rispetto a N, come previsto dalla teoria. Nella stessa Tabella si riportano i risultati ottenuti usando elementi finiti lineari (questa volta N indica il numero di elementi). L'ordine di convergenza del metodo degli elementi finiti si mantiene lineare in ogni caso. ■

Esempio 10.3 Riprendiamo il secondo esempio della Sez. 4.6.3 utilizzando, questa volta, il metodo degli elementi spettrali. Consideriamo una partizione del dominio in 4 elementi spettrali di grado 8 come mostrato in Fig. 10.11, a sinistra. La soluzione ottenuta (Fig. 10.11, a destra) non presenta alcuna inaccuratezza in prossimità dell'origine, contrariamente alla soluzione ottenuta con gli elementi finiti in assenza di adattività di griglia (si confronti con la Fig. 4.23, a sinistra). ■

10.5 Metodo G-NI e MES-NI per un problema modello monodimensionale

Consideriamo il problema di diffusione-reazione monodimensionale

$$-[(1+x^2)\,u'(x)]' + \cos(x^2)\,u(x) = f(x), \quad x \in (-1,1), \qquad (10.57)$$

Tabella 10.1. Andamento dell'errore del metodo spettrale G-NI al variare del grado polinomiale N e dell'indice di regolarità della soluzione (a sinistra). Andamento dell'errore del metodo degli elementi finiti lineari al variare del numero di intervalli N e dell'indice di regolarità della soluzione (a destra)

N	$\alpha = 2$	$\alpha = 3$	$\alpha = 4$	N	$\alpha = 2$	$\alpha = 3$
4	0.5931	0.2502	0.2041	4	0.4673	0.5768
8	0.3064	0.0609	0.0090	8	0.2456	0.3023
16	0.1566	0.0154	$7.5529 \cdot 10^{-4}$	16	0.1312	0.1467
32	0.0792	0.0039	$6.7934 \cdot 10^{-5}$	32	0.0745	0.0801

completato con condizioni al bordo di tipo misto

$$u(-1) = 0, \quad u'(1) = 1.$$

Obiettivo di questa sezione è di discutere in dettaglio come formulare le approssimazioni G-NI e MES-NI. Per la prima forniremo anche la corrispondente formulazione matriciale ed un'analisi di stabilità.

10.5.1 Il metodo G-NI

La formulazione debole del problema (10.57) è

$$\text{trovare} \quad u \in V : a(u, v) = F(v) \quad \forall v \in V$$

essendo $V = \{v \in H^1(-1, 1) \ : \ v(-1) = 0\}$, $a : V \times V \longrightarrow \mathbb{R}$ e $F : V \longrightarrow \mathbb{R}$ la forma bilineare e il funzionale lineare definiti, rispettivamente, da

$$a(u, v) = \int_{-1}^{1} (1 + x^2) \, u'(x) \, v'(x) \, dx + \int_{-1}^{1} \cos(x^2) \, u(x) \, v(x) \, dx,$$

$$F(v) = \int_{-1}^{1} f(x) \, v(x) \, dx + 2 \, v(1).$$

La formulazione Galerkin-spettrale (MS) assume la seguente forma

$$\text{trovare} \quad u_N \in V_N \quad \text{t.c.} \quad a(u_N, v_N) = F(v_N) \quad \forall v_N \in V_N, \tag{10.58}$$

essendo

$$V_N = \{v_N \in \mathbb{Q}_N \ : \ v_N(-1) = 0\} \subset V. \tag{10.59}$$

Per ottenere la corrispondente formulazione G-NI è sufficiente approssimare in (10.58) tutti i prodotti scalari su $L^2(-1, 1)$ con il prodotto scalare discreto GLL definito in (10.25). Abbiamo dunque

$$\text{trovare} \quad u_N^* \in V_N : a_N(u_N^*, v_N) = F_N(v_N) \quad \forall v_N \in V_N, \tag{10.60}$$

avendo posto

$$a_N(u, v) = \left((1 + x^2) \, u', v'\right)_N + \left(\cos(x^2) \, u, v\right)_N$$

$$= \sum_{i=0}^{N} (1 + x_i^2) \, u'(x_i) \, v'(x_i) \, \alpha_i + \sum_{i=1}^{N} \cos(x_i^2) \, u(x_i) \, v(x_i) \, \alpha_i \tag{10.61}$$

e

$$F_N(v) = (f, v)_N + 2 \, v(1) = \sum_{i=1}^{N} f(x_i) \, v(x_i) \, \alpha_i + 2 \, v(1). \tag{10.62}$$

Osserviamo che l'indice dell'ultima sommatoria in (10.61) e della sommatoria in (10.62) parte da 1, anziché da 0, essendo $v(x_0) = v(-1) = 0$.

Inoltre, le formulazioni MS (10.58) e G-NI (10.60) non coincidono mai. Si consideri, ad esempio, il termine diffusivo $(1 + x^2)(u_N^*)' v_N'$: esso è un polinomio di grado $2N$. Poiché la formula di quadratura GLL ha grado di esattezza $2N - 1$, il prodotto scalare discreto (10.25) non restituirà il valore esatto del corrispondente prodotto scalare continuo $((1 + x^2)(u_N^*)', v_N')$.

Per ottenere la formulazione matriciale dell'approssimazione G-NI, indichiamo con ψ_i, per $i = 1, \dots, N$, i polinomi caratteristici associati a tutti i nodi GLL tranne a quello, $x_0 = -1$, in cui è assegnata una condizione al bordo di Dirichlet. Tali polinomi costituiscono una base per lo spazio V_N introdotto in (10.59). Questo ci permette, in primo luogo, di scrivere la soluzione u_N^* della formulazione G-NI come

$$u_N^*(x) = \sum_{j=1}^{N} u_N^*(x_j)\, \psi_j(x).$$

In secondo luogo possiamo scegliere nella (10.60) $v_N = \psi_i$, $i = 1, \dots, N$, ottenendo

$$a_N(u_N^*, \psi_i) = F_N(\psi_i), \quad i = 1, \dots, N,$$

ovvero

$$\sum_{j=1}^{N} u_N^*(x_j)\, a_N(\psi_j, \psi_i) = F_N(\psi_i), \quad i = 1, \dots, N.$$

In forma matriciale,

$$A\, \mathbf{u}_N^* = \mathbf{f},$$

essendo $\mathbf{u}_N^* = (u_N^*(x_i))$, $A = (a_{ij})$, con

$$a_{ij} = a_N(\psi_j, \psi_i) = \sum_{k=0}^{N} (1 + x_k^2)\, \psi_j'(x_k)\, \psi_i'(x_k)\, \alpha_k$$

$$+ \sum_{k=1}^{N} \cos(x_k^2)\, \psi_j(x_k)\, \psi_i(x_k)\, \alpha_k$$

$$= \sum_{k=0}^{N} (1 + x_k^2)\, \psi_j'(x_k)\, \psi_i'(x_k)\, \alpha_k + \cos(x_i^2)\, \alpha_i\, \delta_{ij},$$

e

$$\mathbf{f} = (f_i), \quad \text{con } f_i = F_N(\psi_i) = (f, \psi_i)_N + 2\, \psi_i(1)$$

$$= \sum_{k=1}^{N} f(x_k)\, \psi_i(x_k)\, \alpha_k + 2\, \psi_i(1)$$

$$= \begin{cases} \alpha_i\, f(x_i) & \text{per } i = 1, \dots, N - 1, \\[2mm] \alpha_N\, f(1) + 2 & \text{per } i = N. \end{cases}$$

Ricordiamo che la matrice A è, oltre che mal condizionata, piena per via della presenza del termine diffusivo.

Possiamo da ultimo verificare che il metodo G-NI (10.60) può essere riformulato come un opportuno metodo di collocazione. A tal fine, si vorrebbe riscrivere la formulazione discreta (10.60) in forma continua in modo da poter controintegrare per parti, ovvero ricondursi all'operatore differenziale di partenza. Per poter far ciò ricorreremo all'operatore d'interpolazione Π_N^{GLL} definito in (10.15), ricordando inoltre che il prodotto scalare discreto (10.25) coincide con quello continuo su $L^2(-1,1)$ se il prodotto delle due funzioni integrande è un polinomio di grado $\leq 2N-1$ (si veda la (10.36)). Riscriviamo dunque opportunamente il primo addendo di $a_N(u_N^*, v_N)$, tralasciando, per semplificare le notazioni, l'apice $*$. Grazie alla (10.36) ed integrando per parti, abbiamo

$$
\big((1+x^2)\, u_N',\, v_N'\big)_N
$$

$$
= \big(\Pi_N^{GLL}\big((1+x^2)\, u_N'\big),\, v_N'\big)_N = \big(\Pi_N^{GLL}\big((1+x^2)\, u_N'\big),\, v_N'\big)
$$

$$
= -\big(\big[\Pi_N^{GLL}\big((1+x^2)\, u_N'\big)\big]',\, v_N\big) + \Pi_N^{GLL}\big((1+x^2)\, u_N'\big)(1)\, v_N(1)
$$

$$
= -\big(\big[\Pi_N^{GLL}\big((1+x^2)\, u_N'\big)\big]',\, v_N\big)_N + \Pi_N^{GLL}\big((1+x^2)\, u_N'\big)(1)\, v_N(1).
$$

Possiamo così riformulare la (10.60) come

$$
\text{trovare} \quad u_N \in V_N \;:\; \big(L_N u_N, v_N\big)_N = (f, v_N)_N
$$

$$
+ \big(2 - \Pi_N^{GLL}\big((1+x^2)\, u_N'\big)(1)\big)\, v_N(1) \quad \forall v_N \in V_N, \tag{10.63}
$$

con

$$
L_N u_N = -\big[\Pi_N^{GLL}\big((1+x^2)\, u_N'\big)\big]' + \cos(x^2)\, u_N = -D_N\big((1+x^2)\, u_N'\big) + \cos(x^2)\, u_N,
$$

essendo D_N la derivata d'interpolazione introdotta in (10.40). Scegliamo ora in (10.63) $v_N = \psi_i$. Per $i = 1, \ldots, N-1$, abbiamo

$$
\big(L_N u_N, \psi_i\big)_N = \big(-\big[\Pi_N^{GLL}\big((1+x^2)\, u_N'\big)\big]',\, \psi_i\big)_N + \big(\cos(x^2)\, u_N, \psi_i\big)_N
$$

$$
= -\sum_{j=1}^{N-1} \alpha_j \big[\Pi_N^{GLL}\big((1+x^2)\, u_N'\big)\big]'(x_j)\, \psi_i(x_j) + \sum_{j=1}^{N-1} \alpha_j \cos(x_j^2)\, u_N(x_j)\, \psi_i(x_j)
$$

$$
= -\alpha_i \big[\Pi_N^{GLL}\big((1+x^2)\, u_N'\big)\big]'(x_i) + \alpha_i \cos(x_i^2)\, u_N(x_i) = (f, \psi_i)_N
$$

$$
= \sum_{j=1}^{N-1} \alpha_j\, f(x_j)\, \psi_i(x_j) = \alpha_i\, f(x_i),
$$

ovvero, sfruttando la definizione dell'operatore L_N e dividendo tutto per α_i,

$$
L_N u_N(x_i) = f(x_i), \qquad i = 1, \ldots, N-1. \tag{10.64}
$$

Posto $v_N = \psi_N$ in (10.63), otteniamo invece

$$\left(L_N u_N, \psi_N\right)_N = -\alpha_N \left[\Pi_N^{GLL}\left((1+x^2)\,u_N'\right)\right]'(x_N) + \alpha_N \,\cos(x_N^2)\,u_N(x_N)$$

$$= (f, \psi_N)_N + 2 - \Pi_N^{GLL}\left((1+x^2)\,u_N'\right)(1)$$

$$= \alpha_N\,f(x_N) + 2 - \Pi_N^{GLL}\left((1+x^2)\,u_N'\right)(1),$$

ovvero, dividendo tutto per α_N,

$$L_N u_N(x_N) = f(x_N) + \frac{1}{\alpha_N}\left(2 - \Pi_N^{GLL}\left((1+x^2)\,u_N'\right)(1)\right). \qquad (10.65)$$

Le equazioni (10.64) e (10.65) mostrano come il problema differenziale assegnato, previa l'approssimazione dell'operatore differenziale L con l'operatore L_N, sia stato collocato in tutti i nodi (tranne quelli eventuali di bordo in cui siano assegnate condizioni di Dirichlet).

Studiamo, da ultimo, la stabilità della formulazione (10.60). Trattandosi di un metodo di Galerkin generalizzato, dovremo ricorrere al Lemma 10.1 di Strang il quale ci garantisce che, per la soluzione u_N^* di (10.60), vale la stima

$$\|u_N^*\|_V \le \frac{1}{\alpha^*}\,\sup_{v_N \in V_N \setminus \{0\}}\,\frac{|F_N(v_N)|}{\|v_N\|_V}, \qquad (10.66)$$

essendo α^* la costante di coercività (uniforme) associata alla forma bilineare discreta $a_N(\cdot, \cdot)$. Particolarizziamo tale risultato al problema (10.57), calcolando innanzitutto α^*. Sfruttando la definizione (10.51) della norma discreta $\|\cdot\|_N$ e la relazione di equivalenza (10.52), si ha

$$a_N(u_N, u_N) = \left((1+x^2)\,u_N', u_N'\right)_N + \left(\cos(x^2)\,u_N, u_N\right)_N$$

$$\ge \left(u_N', u_N'\right)_N + \cos(1)\left(u_N, u_N\right)_N = \|u_N'\|_N^2 + \cos(1)\,\|u_N\|_N^2$$

$$\ge \|u_N'\|_{L^2(-1,1)}^2 + \cos(1)\,\|u_N\|_{L^2(-1,1)}^2 \ge \cos(1)\,\|u_N\|_V^2,$$

avendo inoltre sfruttato le relazioni

$$\min_j(1 + x_j^2) \ge \min_{x \in [-1,1]}(1 + x^2) = 1,$$

$$\min_j \cos(x_j^2) \ge \min_{x \in [-1,1]}\cos(x^2) = \cos(1).$$

Questo ci permette di identificare α^* con il valore $\cos(1)$. Possiamo a questo punto valutare il quoziente $|F_N(v_N)|/\|v_N\|_V$ in (10.66). Abbiamo infatti

$$|F_N(v_N)| = |(f, v_N)_N + 2\,v_N(1)| \le \|f\|_N\,\|v_N\|_N + 2\,|v_N(1)|$$

$$\le \sqrt{3}\,\|f\|_N\,\|v_N\|_V + 2\left|\int_{-1}^{1} v_N'(x)\,dx\right| \le \sqrt{3}\,\|f\|_N\,\|v_N\|_V + 2\sqrt{2}\,\|v_N\|_V,$$

avendo ancora utilizzato la proprietà di equivalenza (10.52) unitamente alla disuguaglianza di Cauchy-Schwarz nella sua versione discreta (10.50) e continua (3.7). Possiamo così concludere che

$$\frac{|F_N(v_N)|}{\|v_N\|_V} \le \sqrt{3}\,\|f\|_N + 2\,\sqrt{2} \le 3\,\|\Pi_N^{GLL}f\|_{L^2(-1,1)} + 2\,\sqrt{2},$$

ovvero, ritornando alla stima di stabilità (10.66),

$$\|u_N^*\|_V \le \frac{1}{\cos(1)}\left[\,3\,\|f\|_{L^2(-1,1)} + 2\,\sqrt{2}\,\right].$$

10.5.2 Il metodo MES-NI

Partendo dal problema (10.57) vogliamo ora considerarne la formulazione MES-NI, ovvero una formulazione agli elementi spettrali con l'uso delle formule di integrazione di tipo GLL in ogni elemento. Ci proponiamo inoltre di fornire una base per lo spazio in cui verrà ambientata tale formulazione.

Introduciamo, innanzitutto, una partizione dell'intervallo $(-1, 1)$ in M (≥ 2) sottointervalli disgiunti $\Omega_m = (\overline{x}_{m-1}, \overline{x}_m)$, con $m = 1, \ldots, M$, indicando con $h_m = \overline{x}_m - \overline{x}_{m-1}$ l'ampiezza dell'm-esimo intervallo, e ponendo $h = \max_m h_m$. La formulazione MES del problema (10.57) assume la forma

$$\text{trovare} \quad u_N \in V_N^C : a(u_N, v_N) = F(v_N) \quad \forall v_N \in V_N^C, \tag{10.67}$$

essendo

$$V_N^C = \{v_N \in C^0([-1,1]) \;:\; v_N|_{\Omega_m} \in \mathbb{Q}_N, \, \forall m = 1, \ldots, M, \, v_N(-1) = 0\}.$$

Notiamo che lo spazio funzionale V_N^C dell'approccio MES perde la natura "globale" propria invece di una formulazione MS. Analogamente a quanto avviene nel caso di approssimazioni agli elementi finiti, si hanno ora nuovamente delle funzioni di tipo polinomiale a tratti. Sfruttando la partizione $\{\Omega_m\}$ possiamo riscrivere la formulazione (10.67) nel seguente modo

$$\text{trovare} \quad u_N \in V_N^C : \sum_{m=1}^{M} a_{\Omega_m}(u_N, v_N) = \sum_{m=1}^{M} F_{\Omega_m}(v_N) \quad \forall v_N \in V_N^C, \tag{10.68}$$

dove

$$a_{\Omega_m}(u_N, v_N) = a(u_N, v_N)\big|_{\Omega_m}$$

$$= \int_{\overline{x}_{m-1}}^{\overline{x}_m} (1 + x^2)\, u_N'(x)\, v_N'(x)\, dx + \int_{\overline{x}_{m-1}}^{\overline{x}_m} \cos(x^2)\, u_N(x)\, v_N(x)\, dx,$$

mentre

$$F_{\Omega_m}(v_N) = F(v_N)\big|_{\Omega_m} = \int_{\overline{x}_{m-1}}^{\overline{x}_m} f(x)v_N(x)\, dx + 2v_N(1)\delta_{mM}.$$

La formulazione MES-NI a questo punto si ottiene approssimando nella (10.68) i prodotti scalari continui con il prodotto scalare discreto GLL (10.25)

$$\text{trovare} \quad u_N^* \in V_N^C : \sum_{m=1}^{M} a_{N,\Omega_m}(u_N^*, v_N) = \sum_{m=1}^{M} F_{N,\Omega_m}(v_N) \quad \forall v_N \in V_N^C,$$

dove

$$a_{N,\Omega_m}(u,v) = \left((1+x^2)\,u', v'\right)_{N,\Omega_m} + \left(\cos(x^2)\,u, v\right)_{N,\Omega_m},$$

$$F_{N,\Omega_m}(v) = (f,v)_{N,\Omega_m} + 2v(1)\delta_{mM},$$

$$(u,v)_{N,\Omega_m} = \sum_{i=0}^{N} u(x_i^{(m)})\,v(x_i^{(m)})\,\alpha_i^{(m)},$$

essendo $x_i^{(m)}$ l'i-esimo nodo GLL del sotto-intervallo Ω_m e $\alpha_i^{(m)}$ il corrispondente peso di quadratura.

Partendo dall'elemento di riferimento $\widehat{\Omega} = (-1, 1)$, (che, nel caso in esame, coincide con il dominio Ω del problema (10.57)) e indicata con

$$\varphi_m(\xi) = \frac{h_m}{2}\,\xi + \frac{\overline{x}_m + \overline{x}_{m-1}}{2}, \quad \xi \in [-1, 1],$$

la trasformazione affine che mappa $\widehat{\Omega}$ in Ω_m, per $m = 1, \ldots, M$, avremo

$$x_i^{(m)} = \varphi_m(x_i), \qquad \alpha_i^{(m)} = \frac{h_m}{2}\alpha_i, \quad i = 0, \ldots, N \tag{10.69}$$

ovvero $x_i^{(m)}$ è l'immagine, attraverso la mappa φ_m, dell'i-esimo nodo GLL di $\widehat{\Omega}$.

Introduciamo, su ogni Ω_m, l'insieme $\{\psi_i^{(m)}\}_{i=0}^{N}$ delle funzioni di base, tali che

$$\psi_i^{(m)}(x) = \psi_i(\varphi_m^{-1}(x)) \quad \forall x \in \Omega_m,$$

essendo ψ_i il polinomio caratteristico introdotto in (10.12) e (10.13) associato al nodo x_i di GLL in $\widehat{\Omega}$. Avendo ora una base per ogni sotto-intervallo Ω_m, possiamo scrivere la soluzione u_N del MES su ogni Ω_m come

$$u_N(x) = \sum_{i=0}^{N} u_i^{(m)}\,\psi_i^{(m)}(x) \quad \forall x \in \Omega_m, \tag{10.70}$$

essendo $u_i^{(m)} = u_N(x_i^{(m)})$.

Volendo definire una base globale per lo spazio V_N^C, iniziamo a definire le funzioni di base associate ai nodi interni di Ω_m, per $m = 1, \ldots, M$. Per questo sarà sufficiente estendere a zero, fuori da Ω_m, ogni funzione di base $\psi_i^{(m)}$:

$$\widetilde{\psi}_i^{(m)}(x) = \begin{cases} \psi_i^{(m)}(x), \ x \in \Omega_m \\ 0, \qquad\qquad \text{altrimenti.} \end{cases}$$

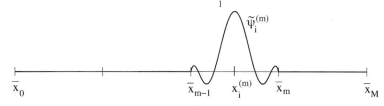

Figura 10.12. Funzione di base $\widetilde{\psi}_i^{(m)}$ associata al nodo interno $x_i^{(m)}$

Queste funzioni sono in totale $(N-1)M$ e assumono andamento analogo a quello in Fig. 10.12. Per ogni nodo estremo $\overline{x}_m$ dei sottodomini Ω_m , con $m = 1, \ldots, M-1$, definiamo invece la funzione di base

$$\psi_m^*(x) = \begin{cases} \psi_N^{(m)}(x), & x \in \Omega_m \\ \psi_0^{(m+1)}(x), & x \in \Omega_{m+1} \\ 0, & \text{altrimenti,} \end{cases}$$

ottenuta "incollando" le funzioni $\psi_N^{(m)}$ e $\psi_0^{(m+1)}$ (si veda la Fig. 10.13). In particolare, osserviamo che la funzione ψ_0^* non è definita essendo assegnata in $\overline{x}_0 = -1$ una condizione di Dirichlet omogenea. Esiste invece la funzione ψ_M^* che coincide con $\psi_N^{(M)}$. Per la scelta fatta delle condizioni al bordo, esistono dunque M funzioni di base associate ai nodi estremi dei sotto-intervalli Ω_m. (Se fossero state assegnate condizioni di Dirichlet in corrispondenza di entrambi gli estremi di Ω avremmo avuto le $(M-1)$ funzioni ψ_m^*, $m = 1, ..., M-1$.)
In tutto dunque abbiamo $n = (N-1)M + M$ funzioni di base per lo spazio V_N^C. Ogni funzione $u_N \in V_N^C$ può dunque essere espressa nel seguente modo

$$u_N(x) = \sum_{m=1}^{M} u_m^\Gamma \, \psi_m^*(x) + \sum_{m=1}^{M} \sum_{i=1}^{N-1} u_i^{(m)} \, \widetilde{\psi}_i^{(m)}(x),$$

essendo $u_m^\Gamma = u_N(\overline{x}_m)$ e $u_i^{(m)}$ definito come nella (10.70). La condizione al bordo di Dirichlet è in tal modo rispettata.

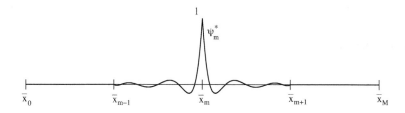

Figura 10.13. Funzione di base ψ_m^* associata al nodo estremo $\overline{x}_m$

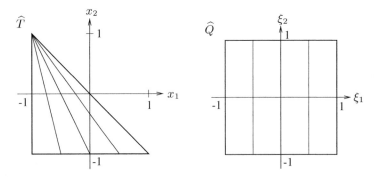

Figura 10.14. Trasformazione del triangolo di riferimento $\widehat{T}$ sul quadrato di riferimento $\widehat{Q}$. I segmenti obliqui sono trasformati in segmenti verticali

10.6 Metodi spettrali su triangoli e tetraedri

Come abbiamo visto, l'uso di metodi spettrali su quadrilateri in due dimensioni (o parallelepipedi in tre dimensioni) è reso possibile attraverso prodotti tensoriali di funzioni di base monodimensionali (sull'intervallo di riferimento $[-1, 1]$) e delle formule di integrazione numerica Gaussiane monodimensionali. Da alcuni anni, tuttavia, si assiste ad una crescita di interesse verso l'uso di metodi di tipo spettrale anche su geometrie che non abbiano struttura di prodotto tensoriale, come, ad esempio, triangoli in 2D e tetraedri, prismi o piramidi in 3D.

Descriviamo brevemente l'idea (pionieristica) di Dubiner [Dub91] di introdurre basi polinomiali di grado elevato su triangoli, estesa in seguito in [KS05] al caso tridimensionale.

Consideriamo il triangolo di riferimento

$$\widehat{T} = \{(x_1, x_2) \in \mathbb{R}^2 : -1 < x_1, x_2 ; x_1 + x_2 < 0\}$$

ed il quadrato di riferimento

$$\widehat{Q} = \{(\xi_1, \xi_2) \in \mathbb{R}^2 : -1 < \xi_1, \xi_2 < 1\}.$$

La trasformazione

$$(x_1, x_2) \to (\xi_1, \xi_2), \quad \xi_1 = 2\frac{1 + x_1}{1 - x_2} - 1, \quad \xi_2 = x_2 \tag{10.71}$$

è una biezione tra $\widehat{T}$ e $\widehat{Q}$. La sua inversa è data da

$$(\xi_1, \xi_2) \to (x_1, x_2), \quad x_1 = \frac{1}{2}(1 + \xi_1)(1 - \xi_2) - 1, \quad x_2 = \xi_2.$$

Come evidenziato in Fig. 10.14, la mappa $(x_1, x_2) \to (\xi_1, \xi_2)$ invia il raggio in $\widehat{T}$ uscente dal vertice $(-1, 1)$ e passante per il punto $(x_1, -1)$ nel segmento verticale di

$\widehat{Q}$ di equazione $\xi_1 = x_1$. Essa diventa pertanto singolare in $(-1, 1)$. Per tale ragione chiamiamo (ξ_1, ξ_2) le *coordinate cartesiane collassate* del punto del triangolo di coordinate (x_1, x_2).

Indichiamo con $\{J_k^{(\alpha,\beta)}(\xi), \ k \geq 0\}$ la famiglia dei polinomi di Jacobi ortogonali rispetto al peso $w(\xi) = (1 - \xi)^{\alpha}(1 + \xi)^{\beta}$, per $\alpha, \beta \geq 0$. Pertanto,

$$\forall k \geq 0, \quad J_k^{(\alpha,\beta)} \in \mathbb{P}_k \quad \text{e} \quad \int_{-1}^{1} J_k^{(\alpha,\beta)}(\xi)\, J_m^{(\alpha,\beta)}(\xi)\, w(\xi)\, d\xi = 0 \quad \forall\, m \neq k.$$
$$(10.72)$$

Osserviamo che per $\alpha = \beta = 0$, $J_k^{(0,0)}$ coincide con il k-esimo polinomio di Legendre L_k. Per ogni coppia di interi $\mathbf{k} = (k_1, k_2)$ definiamo la cosiddetta base *prodotto tensoriale warped* su $\widehat{Q}$

$$\Phi_{\mathbf{k}}(\xi_1, \xi_2) = \Psi_{k_1}(\xi_1)\, \Psi_{k_1,k_2}(\xi_2), \tag{10.73}$$

essendo $\Psi_{k_1}(\xi_1) = J_{k_1}^{(0,0)}(\xi_1)$ e $\Psi_{k_1,k_2}(\xi_2) = (1-\xi_2)^{k_1} J_{k_2}^{(2k_1+1,0)}(\xi_2)$. Si osservi che $\Phi_{\mathbf{k}}$ è un polinomio di grado k_1 in ξ_1 e $k_1 + k_2$ in ξ_2.

Applicando ora la mappa (10.71) troviamo la seguente funzione definita su $\widehat{T}$

$$\varphi_{\mathbf{k}}(x_1, x_2) = \Phi_{\mathbf{k}}(\xi_1, \xi_2) = J_{k_1}^{(0,0)}\left(2\frac{1 + x_1}{1 - x_2} - 1\right)(1 - x_2)^{k_1} J_{k_2}^{(2k_1+1,0)}(x_2). \tag{10.74}$$

Essa è un polinomio di grado totale $k_1 + k_2$ nelle variabili x_1, x_2, ovvero $\varphi_{\mathbf{k}} \in \mathbb{P}_{k_1+k_2}(\widehat{T})$. Si può inoltre dimostrare che grazie all'ortogonalità dei polinomi di Jacobi (10.72), per ogni $m \neq k$,

$$\int_{\widehat{T}} \varphi_{\mathbf{k}}(x_1, x_2)\varphi_{\mathbf{m}}(x_1, x_2)\, dx_1\, dx_2 = \frac{1}{2}\left(\int_{-1}^{1} J_{k_1}^{(0,0)}(\xi_1)\, J_{m_1}^{(0,0)}(\xi_1)\, d\xi_1 \right) \cdot$$
$$\tag{10.75}$$
$$\left(\int_{-1}^{1} J_{k_2}^{(2k_1+1,0)}(\xi_2)\, J_{m_2}^{(2m_1+1,0)}(\xi_2)\, (1 - \xi_2)^{k_1+m_1+1}\, d\xi_2 \right) = 0.$$

Pertanto, $\{\varphi_{\mathbf{k}} : 0 \leq k_1, k_2, \ k_1 + k_2 \leq N\}$ costituisce una *base (modale) ortogonale* dello spazio di polinomi $\mathbb{P}_N(\widehat{T})$, di dimensione $\frac{1}{2}(N + 1)(N + 2)$.

La proprietà di ortogonalità indubbiamente è conveniente in quanto consente di diagonalizzare la matrice di massa, si veda il Cap. 6. Tuttavia, con la base modale sopra descritta non risulta agevole l'imposizione delle condizioni al bordo (nel caso si consideri il dominio computazionale triangolare $\widehat{T}$) né il soddisfacimento delle condizioni di continuità agli interelementi nel caso si usino metodi agli elementi spettrali con elementi triangolari. Un possibile rimedio consiste nell'*adattare* questa base, generandone una nuova, che indicheremo con $\{\varphi_{\mathbf{k}}^{ba}\}$; *ba* sta per *boundary adapted*. Per ottenerla iniziamo con il sostituire la base uni-dimensionale di Jacobi $J_k^{(\alpha,0)}(\xi)$ (con $\alpha = 0$ o $2k + 1$) con la base adattata costituita da:

- due funzioni di bordo : $\frac{1+\xi}{2}$ e $\frac{1-\xi}{2}$;
- $(N-1)$ funzioni bolla : $\left(\frac{1+\xi}{2}\right)\left(\frac{1-\xi}{2}\right)J_{k-2}^{(\alpha,\beta)}(\xi)$, $k = 2,\ldots,N$, per opportuni $\alpha,\beta \geq 1$, fissati.

Queste basi mono-dimensionali vengono poi usate come fatto in (10.73) al posto dei polinomi di Jacobi non adattati. In questo modo si trovano funzioni di tipo-vertice, di tipo-lato, e di tipo bolla. Precisamente:

- funzioni tipo-vertice:

$$\Phi^{V_1}(\xi_1,\xi_2) = \left(\frac{1-\xi_1}{2}\right)\left(\frac{1-\xi_2}{2}\right) \quad \text{(vertice } V_1 = (-1,-1)),$$

$$\Phi^{V_2}(\xi_1,\xi_2) = \left(\frac{1+\xi_1}{2}\right)\left(\frac{1-\xi_2}{2}\right) \quad \text{(vertice } V_2 = (1,-1)),$$

$$\Phi^{V_3}(\xi_1,\xi_2) = \frac{1+\xi_2}{2} \quad \text{(vertice } V_3 = (-1,1));$$

- funzioni tipo-lato:

$$\Phi_{K_1}^{V_1 V_2}(\xi_1,\xi_2) = \left(\frac{1-\xi_1}{2}\right)\left(\frac{1+\xi_1}{2}\right)J_{k_1-2}^{(\beta,\beta)}(\xi_1)\left(\frac{1-\xi_2}{2}\right)^{k_1}, \; 2 \leq k_1 \leq N,$$

$$\Phi_{K_2}^{V_1 V_3}(\xi_1,\xi_2) = \left(\frac{1-\xi_1}{2}\right)\left(\frac{1-\xi_2}{2}\right)\left(\frac{1+\xi_2}{2}\right)J_{k_2-2}^{(\beta,\beta)}(\xi_2), \quad 2 \leq k_2 \leq N,$$

$$\Phi_{K_2}^{V_2 V_3}(\xi_1,\xi_2) = \left(\frac{1+\xi_1}{2}\right)\left(\frac{1-\xi_2}{2}\right)\left(\frac{1+\xi_2}{2}\right)J_{k_2-2}^{(\beta,\beta)}(\xi_2), \quad 2 \leq k_2 \leq N;$$

- funzioni tipo-bolla:

$$\Phi_{k_1,k_2}^{\beta}(\xi_1,\xi_2) = \left(\frac{1-\xi_1}{2}\right)\left(\frac{1+\xi_1}{2}\right)J_{k_1-2}^{(\beta,\beta)}(\xi_1)\cdot$$

$$\left(\frac{1-\xi_2}{2}\right)^{k_1}\left(\frac{1+\xi_2}{2}\right)J_{k_2-2}^{(2k_1-1+\delta,\beta)}(\xi_2),$$

$2 \leq k_1, k_2, \, k_1 + k_2 \leq N$.

Nonostante la scelta $\beta = \delta = 2$ assicuri l'ortogonalità delle funzioni-bolla, in genere si preferisce la scelta $\beta = 1$, $\delta = 0$ in quanto garantisce una buona sparsità delle matrici di massa e di rigidezza e un numero di condizionamento accettabile per la matrice di rigidezza per operatori differenziali del secondo ordine.

In Fig. 10.15 riportiamo alcuni esempi di basi su triangoli corrispondenti a diverse scelte di β e δ e per diversi valori del grado N.

Con queste basi modali si può ora impostare un'approssimazione di Galerkin spettrale per un problema ai limiti posto sul triangolo $\widehat{T}$, oppure un metodo di tipo MES su un dominio Ω partizionato in elementi triangolari. Rinviamo il lettore interessato a [CHQZ06], [CHQZ07], [KS05].

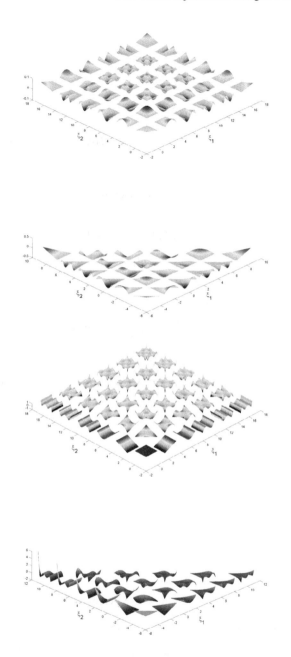

Figura 10.15. Funzioni di base di grado $N = 5$: basi *boundary-adapted* sul quadrato (prima dall'alto) e sul triangolo (seconda dall'alto) associate ai valori $\beta = 1$ e $\delta = 0$; base di Jacobi $J_k^{(\alpha,\beta)}$ sul quadrato (seconda dal basso) corrispondente ai valori $\alpha = \beta = 0$ (caso di Legendre); funzioni di base di Dubiner $\{\Phi_{\mathbf{k}}\}$ sul triangolo (prima dal basso)

10.7 Esercizi

1. Si dimostri la disuguaglianza (10.50).
2. Si dimostri la proprietà (10.52).
3. Si scriva la formulazione debole del problema

$$\begin{cases} -((1+x)u'(x))' + u(x) = f(x), & 0 < x < 1, \\ u(0) = \alpha, \qquad u(1) = \beta, \end{cases}$$

   ed il sistema lineare risultante dalla sua discretizzazione con il metodo G-NI.
4. Si approssimi il problema

$$\begin{cases} -u''(x) + u'(x) = x^2, & -1 < x < 1, \\ u(-1) = 1, \qquad u'(1) = 0, \end{cases}$$

   con il metodo G-NI e se ne studi la stabilità e la convergenza.
5. Si scriva l'approssimazione G-NI del problema

$$\begin{cases} Lu(x) = -(\mu(x)u'(x))' + (b(x)u(x))' + \sigma(x)u(x) = f(x), & -1 < x < 1, \\ \mu(\pm 1)u'(\pm 1) = 0. \end{cases}$$

   Si dimostri sotto quali condizioni sui dati l'approssimazione pseudo-spettrale è stabile. Si verifichi inoltre che valgono le seguenti relazioni:

$$L_N u_N(x_j) = f(x_j), \quad j = 1, \ldots, N - 1,$$

$$\mu(1)\, u_N'(1) = \alpha_N (f - L_N u_N)(1),$$

$$\mu(-1)\, u_N'(-1) = -\alpha_0 (f - L_N u_N)(-1),$$

   essendo L_N l'operatore pseudo-spettrale definito nella (10.41).
6. Si consideri il problema

$$\begin{cases} -\mu \Delta u + \mathbf{b} \cdot \nabla u - \sigma u = f & \text{in } \Omega = (-1, 1)^2, \\ u(\mathbf{x}) = u_0 & \text{per } x_1 = -1, \\ u(\mathbf{x}) = u_1 & \text{per } x_1 = 1, \\ \nabla u(\mathbf{x}) \cdot \mathbf{n}(\mathbf{x}) = 0 & \text{per } x_2 = -1 \text{ e } x_2 = 1, \end{cases}$$

   dove $\mathbf{x} = (x_1, x_2)^T$, $\mathbf{n}$ è la normale uscente ad Ω, $\mu = \mu(\mathbf{x})$, $\mathbf{b} = \mathbf{b}(\mathbf{x})$, $\sigma = \sigma(\mathbf{x})$, $f = f(\mathbf{x})$ sono funzioni assegnate, e u_0 ed u_1 sono delle costanti assegnate. Si forniscano condizioni sui dati sufficienti a garantire l'esistenza e l'unicità della soluzione debole, e si dia una stima a priori. Si approssimi poi il problema debole con il metodo G-NI, fornendone un'analisi di stabilità e convergenza.

Capitolo 11
Metodi con elementi discontinui

Fino ad ora abbiamo considerato metodi di Galerkin con sottospazi di funzioni polinomiali continue, sia nell'ambito del metodo degli elementi finiti (Cap. 3), sia in quello
degli elementi spettrali (Cap. 10). In questo capitolo consideriamo metodi di approssimazione basati su sottospazi di funzioni polinomiali discontinue fra un elemento e
l'altro. In particolare introdurremo il cosiddetto metodo di Galerkin discontinuo (DG
come *Discontinuous Galerkin* in inglese) e il cosiddetto metodo *mortar*. Lo faremo
dapprima per il problema di Poisson, indi generalizzeremo al caso di problemi di diffusione e trasporto (si veda il Cap. 12). Per rendere la nostra presentazione generale,
considereremo una partizione del dominio computazionale in sottodomini disgiunti
che potranno essere sia elementi finiti, sia elementi spettrali.

11.1 Il metodo di Galerkin discontinuo (DG) per il problema di Poisson

Consideriamo il problema di Poisson con condizioni al contorno omogenee di Diri-
chlet (3.14) in un dominio $\Omega \subset \mathbb{R}^2$ partizionato nell'unione di M elementi disgiunti
$\Omega_m, m = 1, \ldots, M$. Deriviamo una formulazione debole alternativa a quella tradizionale, che sarà poi alla base del metodo DG. Per semplicità espositiva supponiamo che
la soluzione esatta sia sufficientemente regolare, ad esempio $u \in H_0^1(\Omega) \cap H^2(\Omega)$, in
modo che le operazioni che indicheremo nel seguito abbiano senso. Introduciamo lo
spazio

$$W^0 = \{v \in W \ : \ v|_{\partial\Omega} = 0\}, \tag{11.1}$$

dove

$$W = \{v \in L^2(\Omega) \ : \ v|_{\Omega_m} \in H^1(\Omega_m), \ m = 1, \ldots, M\}. \tag{11.2}$$

Grazie alla formula di Green abbiamo, per ogni $v \in W^0$,

$$\sum_{m=1}^{M} (-\triangle u, v)_{\Omega_m} = \sum_{m=1}^{M} \left((\nabla u, \nabla v)_{\Omega_m} - \int_{\partial\Omega_m} v \nabla u \cdot \mathbf{n}_m \right), \tag{11.3}$$

© Springer-Verlag Italia 2016
A. Quarteroni, *Modellistica Numerica per Problemi Differenziali*, 6a edizione,
UNITEXT - La Matematica per il 3+2 100, DOI 10.1007/978-88-470-5782-1_11

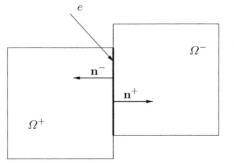

Figura 11.1. Uno "spigolo" e che separa due sottomini (o elementi) uniti

dove $\mathbf{n}_m$ denota la normale unitaria esterna a $\partial\Omega_m$ e $(\cdot,\cdot)_{\Omega_m}$ indica il prodotto scalare di $L^2(\Omega_m)$. Indicando con $\mathcal{E}_\delta$ l'unione di tutti i lati interni, ossia le interfacce fra i sottodomini (i lati sul bordo esterno possono essere trascurati in quanto v si annulla su essi), possiamo riordinare i termini e ottenere

$$-\sum_{m=1}^{M}\int_{\partial\Omega_m} v\nabla u \cdot \mathbf{n}_m = -\sum_{e\in\mathcal{E}_\delta}\int_e (v^+\nabla u^+ \cdot \mathbf{n}^+ + v^-\nabla u^- \cdot \mathbf{n}^-)|_e \, , \quad (11.4)$$

in cui i segni "+" e "−" denotano informazioni provenienti dai due differenti versi normali al lato in esame (si veda, ad esempio, Fig. 11.1).

Facciamo uso delle seguenti notazioni per rappresentare rispettivamente le medie e i salti sui lati degli elementi:

$$\{v\} = \frac{v^+ + v^-}{2} \, , \qquad\qquad [v] = v^+\mathbf{n}^+ + v^-\mathbf{n}^- \, ,$$

$$\{\!\{\nabla w\}\!\} = \frac{(\nabla w)^+ + (\nabla w)^-}{2} \, , \qquad [\![\nabla w]\!] = (\nabla w)^+ \cdot \mathbf{n}^+ + (\nabla w)^- \cdot \mathbf{n}^- \, .$$

Osserviamo che la precedente definizione garantisce che la definizione dell'operatore di salto sia indipendente dalla numerazione dei sottodomini (o elementi). Con un po' di manipolazione algebrica, otteniamo

$$
\begin{aligned}
v^+\nabla u^+ \cdot \mathbf{n}^+ + v^-\nabla u^- \cdot \mathbf{n}^- &= 2[v]\cdot\{\!\{\nabla u\}\!\} - (v^+\nabla u^- \cdot \mathbf{n}^+ + v^-\nabla u^+ \cdot \mathbf{n}^-)\\
&= 2[v]\cdot\{\!\{\nabla u\}\!\} + 2[\![\nabla u]\!]\{v\}\\
&\quad - (v^+\nabla u^+ \cdot \mathbf{n}^+ + v^-\nabla u^- \cdot \mathbf{n}^-)
\end{aligned}
$$

e quindi

$$v^+\nabla u^+ \cdot \mathbf{n}^+ + v^-\nabla u^- \cdot \mathbf{n}^- = [v]\cdot\{\!\{\nabla u\}\!\} + [\![\nabla u]\!]\{v\} \, . \quad (11.5)$$

Usando (11.4) e (11.5), dalla (11.3) otteniamo che la soluzione del problema di Poisson (3.14) verifica: $u \in W^0$ t.c.

$$\sum_{m=1}^{M}(\nabla u, \nabla v)_{\Omega_m} - \sum_{e\in\mathcal{E}_\delta}\int_e ([v]\cdot\{\!\{\nabla u\}\!\} + [\![\nabla u]\!]\{v\}) = \sum_{m=1}^{M}(f,v)_{\Omega_m} \quad \forall v \in W^0.$$

Introduciamo a questo punto lo spazio discreto W_δ definito come

$$W_\delta = \{v_\delta \in W : v_\delta|_{\Omega_m} \in \mathbf{P}_r(\Omega_m), m = 1, ..., M\},$$

essendo $\mathbf{P}_r(\Omega_m)$ uno spazio "di polinomi" su Ω_m. Precisamente, $\mathbf{P}_r(\Omega_m) = \mathbb{P}_r$ se Ω_m è un simplesso (triangolo in 2D o tetraedro in 3D), mentre $\mathbf{P}_r(\Omega_m) = \mathbb{Q}_r \circ F_m(\Omega_m)$ se Ω_m è un elemento spettrale, ovvero un quadrilatero in 2D, un parallelepipedo in 3D, si veda la Sez. 10.1. Qui F_m indica la mappa che trasforma Ω_m nel cubo unitario $\hat{\Omega} = [-1, 1]^d$ ($d = 2, 3$). F_m è pertanto l'inversa di φ_m, la trasformazione rappresentata in Fig. 10.3. Introduciamo infine il sottospazio W_δ^0 di W_δ definito come

$$W_\delta^0 = \{v_\delta \in W_\delta : v_\delta|_{\delta\Omega} = 0\}.$$

L'espressione (11.1), unita all'osservazione che il termine $[\![\nabla u]\!]\{v\}$ in (11.5) è nullo poiché se $u \in H_0^1(\Omega) \cap H^2(\Omega)$ allora $[\![\nabla u]\!] = 0$ su ogni lato $e \in \mathcal{E}_\delta$, motiva la seguente approssimazione DG per il problema (3.14):
trovare $u_\delta \in W_\delta^0$ che soddisfi

$$\sum_{m=1}^{M} (\nabla u_\delta, \nabla v_\delta)_{\Omega_m} - \sum_{e \in \mathcal{E}_\delta} \int_e [v_\delta] \cdot \{\!\{\nabla u_\delta\}\!\} - \tau \sum_{e \in \mathcal{E}_\delta} \int_e [u_\delta] \cdot \{\!\{\nabla v_\delta\}\!\}$$

$$+ \sum_{e \in \mathcal{E}_\delta} \gamma |e|^{-1} \int_e [u_\delta] \cdot [v_\delta] = \sum_{m=1}^{M} (f, v_\delta)_{\Omega_m} \quad \forall v_\delta \in W_\delta^0, \quad (11.6)$$

dove $\gamma = \gamma(r)$ è un'opportuna costante positiva (che dipende dal grado di approssimazione), $|e|$ denota la lunghezza del lato $e \in \mathcal{E}_\delta$ e τ è un'opportuna costante. I nuovi termini che abbiamo aggiunto $\tau[u_\delta] \cdot \{\!\{\nabla v_\delta\}\!\}$ e $\gamma |e|^{-1}[u_\delta] \cdot [v_\delta]$ non compromettono la consistenza forte (poiché $[u] = 0$ se u è la soluzione esatta del problema di Poisson) e garantiscono maggior generalità e migliori proprietà di stabilità.

La formulazione (11.6), introdotta alla fine degli anni settanta, è detta della *penalizzazione interna* (*Interior Penalty*, IP) ([Whe78, Arn82]). Osserviamo che, se $\tau = 1$, il metodo conserva la simmetria e la formulazione risultante è nota come metodo SIPG (*Symmetric Interior Penalty Galerkin*) [Whe78, Arn82]. Per $\tau \neq 1$ la forma bilineare non è simmetrica, e le scelte $\tau = -1$ e $\tau = 0$ danno luogo rispettivamente ai metodi NIPG (*Non-symmetric Interior Penalty Galerkin*) [RWG99] e IIPG (*Incomplete Interior Penalty Galerkin*) [DSW04]. Il metodo NIPG è stabile per ogni scelta di $\gamma > 0$, mentre per i metodi SIPG e IIPG, affinché la formulazione risultante sia stabile, è necessario scegliere il parametro di penalizzazione γ sufficientemente grande.

Diverse varianti della formulazione (11.6) sono state proposte nel contesto dell'approssimazione ad elementi finiti. Diamo qui solo una breve descrizione dei casi più classici, facendo riferimento all'articolo di Arnold, Brezzi, Cockburn e Marini [ABCM02] sia per una rassegna generale che per un'analisi dettagliata di stabilità e convergenza.

Una prima variante consiste nel sostituire l'ultimo termine del membro di sinistra di (11.6) con il seguente termine di stabilizzazione

$$\sum_{e \in \mathcal{E}_\delta} \gamma \int_e r_e([u_\delta]) \cdot r_e([v_\delta]), \tag{11.7}$$

in cui $r_e(\cdot)$ è un opportuno operatore di estensione (o rilevamento), che a partire dal salto di una funzione $[v_\delta]$ attraverso $e \in \mathcal{E}_\delta$ genera una funzione $r_e([v_\delta])$ a supporto non nullo sugli elementi che condividono il lato e. Si veda [BRM+97] e [ABCM02] per ulteriori dettagli.

Un'ulteriore variante (si veda [Ste98]) consiste nel sostituire le medie $\{\!\{\nabla w\}\!\}$ in (11.6) con le medie *rilassate*

$$\{\!\{\nabla w\}\!\}_\theta = \theta \nabla w^+ + (1 - \theta)\nabla w^-, \qquad 0 \le \theta \le 1.$$

Si noti che, sino ad ora, abbiamo imposto la condizione omogenea di Dirichlet in maniera "forte". Per imporre le condizioni al contorno, diciamo $u = g$ su $\partial\Omega$, in forma debole (alla "Nitsche" [Nit71]), come è più naturale nel caso di approssimazioni di tipo DG, scriviamo la formulazione discreta (11.6) nello spazio W_δ, invece che in W_δ^0, e aggiungiamo a sinistra i seguenti contributi relativi ai lati di bordo $e \subseteq \partial\Omega$

$$-\sum_{e \subseteq \partial\Omega} \int_e v_\delta \nabla u_\delta \cdot \mathbf{n} - \tau \sum_{e \subseteq \partial\Omega} \int_e (u_\delta - g_\delta)\nabla v_\delta \cdot \mathbf{n}$$
$$+ \sum_{e \subseteq \partial\Omega} \gamma|e|^{-1} \int_e (u_\delta - g_\delta)v_\delta, \qquad u_\delta, v_\delta \in W_\delta,$$

dove $\gamma = \gamma(r)$ è un'opportuna costante positiva (la stessa usata in (11.6)) e g_δ è una conveniente approssimazione di g. Il primo termine, che segue naturalmente dall'integrazione per parti, garantisce che il metodo sia fortemente consistente, mentre il secondo termine rende la formulazione simmetrica se $\tau = 1$ e non-simmetrica se $\tau = -1, 0$. Infine, l'ultimo termine penalizza la traccia della soluzione discreta u_δ in modo che si "avvicini" al dato di Dirichlet. Osserviamo ancora una volta che l'aggiunta di questi termini non altera la consistenza forte del metodo.

La formulazione DG con trattamento debole delle condizioni al bordo diventa pertanto: trovare $u_\delta \in W_\delta$ tale che

$$\sum_{m=1}^M (\nabla u_\delta, \nabla v_\delta)_{\Omega_m} - \sum_{e \in \mathcal{E}_\delta} \int_e [v_\delta] \cdot \{\!\{\nabla u_\delta\}\!\} - \tau \sum_{e \in \mathcal{E}_\delta} \int_e [u_\delta] \cdot \{\!\{\nabla v_\delta\}\!\}$$
$$- \sum_{e \subseteq \partial\Omega} \int_e v_\delta \nabla u_\delta \cdot \mathbf{n} - \tau \sum_{e \subseteq \partial\Omega} \int_e u_\delta \nabla v_\delta \cdot \mathbf{n} + \sum_{e \subseteq \partial\Omega} \gamma|e|^{-1} \int_e u_\delta v_\delta$$
$$= \sum_{m=1}^M (f, v_\delta)_{\Omega_m} - \tau \sum_{e \subseteq \partial\Omega} \int_e g_\delta \nabla v_\delta \cdot n + \sum_{e \subseteq \partial\Omega} \gamma|e|^{-1} \int_e g_\delta v_\delta \qquad \forall v_\delta \in W_\delta. \tag{11.8}$$

Faremo riferimento a quest'ultima formulazione come metodo DG-N (N = Nitsche). Naturalmente, se, il dato di Dirichlet g è nullo gli ultimi due termini a destra non saranno presenti.

Per quanto concerne l'accuratezza del metodo (11.8) per la discretizzazione del problema di Poisson (3.14) con condizioni al contorno di Dirichlet omogenee, introduciamo la cosiddetta norma dell'energia

$$
\|u_\delta\| = \left(\sum_{m=1}^{M} \int_{\Omega_m} |\nabla u_\delta|^2 + \sum_{e \in \mathcal{E}_\delta} \gamma |e|^{-1} \int_e [u_\delta]^2 + \sum_{e \subseteq \partial\Omega} \gamma |e|^{-1} \int_e |u_\delta|^2 \right)^{1/2}.
$$
(11.9)

Osserviamo che, nel caso si consideri la formulazione (11.6) in cui le condizioni al bordo sono imposte in forma forte, l'ultimo termine non è presente. È possibile dimostrare che, se la soluzione esatta è sufficientemente regolare, il metodo SIPG ($\tau = 1$) converge con ordine di convergenza ottimale sia nella norma $L^2(\Omega)$ che nella norma (11.9), purché il parametro di penalizzazione γ sia scelto sufficientemente grande. Più precisamente, nel caso di elementi finiti di grado r, si ha

$$
h\|u - u_\delta\| + \|u - u_\delta\|_{L^2(\Omega)} \leq Ch^{r+1}|u|_{H^{r+1}(\Omega)},
$$
(11.10)

dove C è una opportuna costante positiva che dipende da r (per la dimostrazione si veda, ad esempio, [ABCM02]). Come sempre, r indica il grado polinomiale usato su ogni elemento Ω_m. Nel caso dei metodi non-simmetrici NIPG e IIPG, poiché questi schemi non sono fortemente consistenti rispetto al problema aggiunto, non è possibile ottenere stime ottimali nella norma L^2. Ciononostante, in molti casi entrambi i metodi esibiscono ordini di convergenza ottimali quando il grado di approssimazione è dispari e le griglie sono sufficientemente regolari (si veda, ad esempio, [OBB98]).

Per tutte le varianti del metodo DG-N considerate è inoltre possibile dimostrare che se $u \in H^{s+1}(\Omega)$, $s \geq 1$, e il grado polinomiale r soddisfa $r \geq s$, vale la seguente stima dell'errore nella norma dell'energia (11.9)

$$
\|u - u_\delta\| \leq C \left(\frac{h}{r} \right)^s r^{1/2}|u|_{H^{s+1}(\Omega)},
$$
(11.11)

dove C è una opportuna costante positiva indipendente da r. Per i metodi SIPG ($\tau = 1$) e IIPG ($\tau = 0$) la stima (11.11) è valida purché il parametro di penalizzazione γ sia scelto sufficientemente grande. La (11.11) garantisce, in particolare, che la convergenza in r è esponenziale se la soluzione esatta u è analitica. Osserviamo infine che, confrontando i risultati noti nel caso di elementi spettrali, la stima (11.11) è subottimale rispetto al grado di approssimazione r per via della presenza del fattore $r^{1/2}$. Per ulteriori dettagli si veda [RWG99, RWG01, HSS02, PS03], ad esempio.

In alcuni casi particolari è possibile dimostrare delle stime ottimali rispetto al grado di approssimazione r. Ad esempio, nel caso bidimensionale con griglie di quadrilateri, in [GS05] sono dimostrate delle stime ottimali nella norma dell'energia purché la soluzione appartenga localmente ad un opportuno spazio di Sobolev arricchito, mentre in [SW10] sono dimostrate stime ottimali senza alcuna ipotesi di regolarità aggiuntiva, purché si considerino condizioni al contorno di Dirichlet omogenee.

Concludiamo la sezione osservando che in alcuni casi la formulazione (11.8) è stabile anche senza aggiungere il termine di penalizzazione dei salti, cioè scegliendo $\gamma = 0$

sia per i lati interni che per quelli di bordo. Nel lavoro di Rivière, Wheeler e Girault [RWG99] è dimostrato che la versione non simmetrica ($\tau = -1$), nota in letteratura come metodo di Baumann-Oden [OBB98], è stabile e fornisce stime ottimali dell'errore (nella norma dell'energia) se il grado di approssimazione r soddisfa $r \geq 2$. In questo caso, si utilizza un operatore di interpolazione particolare, u_I, detto di Morley, per cui si abbia $\{\!\!\{\nabla_h(u-u^I)\}\!\!\} = 0$ su ogni lato. Nel lavoro di Brezzi e Marini [BM06] (si veda anche [BS08]) è dimostrato che il metodo di Baumann-Oden (nella versione non simmetrica con $\tau = -1$) in 2 dimensioni e con griglie di triangolari è stabile se si aggiunge allo spazio dei polinomi lineari una bolla per ogni elemento . In [ABM09] è dimostrato (sempre in 2 dimensioni) che il metodo di Baumann-Oden è stabile purché si aggiungano allo spazio dei polinomi lineari $n-2$ bolle per elemento, per decomposizioni con elementi poligonali con n lati. Infine, Burman *et al* [BEMS07] hanno dimostrato che in una dimensione la variante simmetrica ($\tau = 1$) non ha bisogno di essere stabilizzata se $r \geq 2$.

Per approfondimenti sui metodi di tipo DG si veda, ad esempio, [Riv08], [HW08], [ABCM02], [Woh01].

Mostriamo ora alcuni risultati numerici ottenuti applicando il metodo di Galerkin discontinuo al problema di Dirichlet omogeneo (3.14) su $\Omega = (0,1)^2$ dove f è stata scelta in modo che la soluzione esatta sia $u(x_1, x_2) = (x_1 - x_1^2)\exp(3x_1)\sin(2\pi x_2)$. Abbiamo considerato il metodo (11.6) con $\tau = 1$ e in cui la costante di penalizzazione sia $\gamma = 10r^2$. Tale scelta garantisce che il metodo SIPG sia ben posto. In questo caso gli $\{\Omega_m\}$ altro non sono che gli elementi finiti (triangoli) e r indica il grado polinomiale su ogni triangolo. Nella seguente serie di esperimenti numerici, $\mathcal{E}_\delta$ risulta pertanto essere l'unione di tutti i lati interni della griglia. Gli errori sono stati calcolati nella norma $L^2(\Omega)$ e nella norma dell'energia (11.9). In Fig. 11.2 (a sinistra) riportiamo gli errori (normalizzati) calcolati su una sequenza di griglie triangolari strutturate con elementi lineari ($r = 1$). Osserviamo che, come previsto in (11.10), l'errore tende a zero linearmente nella norma dell'energia e quadraticamente nella norma $L^2(\Omega)$. In Fig. 11.2 (a destra) riportiamo gli errori nella norma dell'energia (normalizzati) calco-

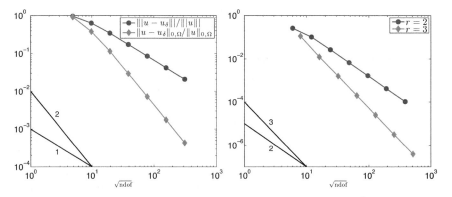

Figura 11.2. Analisi di convergenza per il metodo (11.6) ($\tau = 1$, $\gamma = 10r^2$). A sinistra sono rappresentati gli errori nella norma dell'energia (11.9) e nella norma di $L^2(\Omega)$ ($r = 1$, griglie triangolari strutturate). A destra sono riportati gli errori nella norma dell'energia ottenuti con elementi biquadratici e bicubici su una sequenza di griglie cartesiane

lati su una sequenza di griglie cartesiane con elementi biquadratici ($r = 2$) e bicubici ($r = 3$). Osserviamo che l'errore di approssimazione nella norma (11.9) tende a zero se $h \to 0$ e che l'ordine di convergenza è pari a r.

Nell'ambito dei metodi agli elementi spettrali, una formulazione DG-SEM si può ottenere partendo da una partizione di Ω in quadrilateri, indi usando la formulazione (11.8) sostituendo gli integrali di volume $(\cdot, \cdot)_{\Omega_m}$ con formule di quadratura GLL locali e procedendo in modo simile per gli integrali estesi ai lati degli elementi spettrali.

11.2 Il metodo mortar

Una tecnica alternativa a quella DG si basa sul cosiddetto metodo mortar, originariamente proposto nell'ambiente dei metodi agli elementi spettrali (MES).

Consideriamo di nuovo il problema di Poisson (3.14) in un dominio $\Omega \subset \mathbb{R}^2$ con condizioni al bordo di Dirichlet omogenee.

Definiamo su Ω una partizione in sottoregioni $\Omega_i \subset \Omega$ con $i = 1, \ldots, M$ tali che gli Ω_i siano tutti aperti non vuoti, disgiunti due a due e tali che $\overline{\Omega} = \cup_{i=1}^{M} \overline{\Omega}_i$. Quindi definiamo le interfacce $\Gamma_{ij} = \Gamma_{ji} = \partial \Omega_i \cap \partial \Omega_j$ tra i domini Ω_i e Ω_j, per $1 \le i \ne j \le M$, e l'interfaccia globale $\Gamma = \cup_{ij} \Gamma_{ij}$ (si veda la Fig. 11.3).

Risolvere (3.14) con un metodo mortar significa cercare una soluzione discreta u_δ che sia continua e polinomiale (globale o locale) all'interno di ogni sottoregione Ω_i della partizione e che soddisfi una condizione di continuità sull'interfaccia Γ detta *debole* o *integrale*, cioè tale che per ogni i, j con $1 \le i \ne j \le M$ si abbia

$$\int_{\Gamma_{ij}} (u_\delta|_{\Omega_i} - u_\delta|_{\Omega_j}) \psi = 0 \qquad \forall \psi \in \tilde{\Lambda}, \tag{11.12}$$

dove $\tilde{\Lambda}$ è un opportuno spazio di dimensione finita che dipende dalla discretizzazione scelta nelle sottoregioni Ω_i. Ai vincoli (11.12) sono poi aggiunte delle condizioni di continuità forte in alcuni punti che giacciono sull'interfaccia Γ.

Osserviamo che le condizioni (11.12) non impongono che il salto della soluzione sia identicamente nullo sull'interfaccia, ma che lo sia la sua proiezione sullo spazio

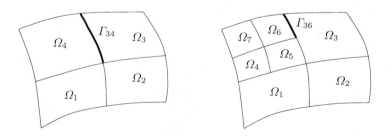

Figura 11.3. Due possibili partizioni del dominio Ω in cui è stata evidenziata una sola interfaccia Γ_{ij}

$\tilde{\Lambda}$. Di conseguenza, diversamente da quanto accade con una approssimazione di tipo Galerkin (si vedano i Capp. 4 e 10), e come nel caso della soluzione DG, in generale $u_\delta \notin H_0^1(\Omega)$, ma piuttosto $u_\delta \in W$ (si veda (11.2)).

Per semplificare l'esposizione consideriamo una partizione di Ω in $M = 2$ sottoregioni Ω_1 e Ω_2 e denotiamo con Γ l'interfaccia tra di essi, quindi $\Gamma = \Gamma_{12} = \Gamma_{21}$. In Ω_i, per $i = 1, 2$, definiamo una ulteriore partizione $\mathcal{T}_i = \cup_k T_{i,k}$ in triangoli o quadrilateri $T_{i,k}$ come è descritto nella Sez. 6.2.

Nel caso in cui gli elementi $T_{i,k}$ siano dei quadrilateri chiediamo che ogni $T_{i,k}$ sia l'immagine dell'elemento di riferimento $\widehat{T} = (-1,1)^2$ attraverso una mappa biunivoca e differenziabile $\varphi_{i,k}$ come è descritto nella Sez. 10.1. Quindi, fissati i gradi di interpolazione polinomiale $N_i \geq 1$ in ogni sottoregione Ω_i, definiamo gli spazi

$$V_{N_i}(T_{i,k}) = \{v \in C^0(\overline{T_{i,k}}) : v \circ \varphi_{i,k} \in \mathbb{Q}_{N_i}(\widehat{T})\}$$

dove $\mathbb{Q}_N(\widehat{T})$ è lo spazio dei polinomi di grado N rispetto a ciascuna variabile sull'elemento di riferimento $\widehat{T}$ (si veda la definizione (10.2)).

Su una partizione di triangoli consideriamo invece gli spazi di elementi finiti introdotti nella Sez. 4.5 e, per $i = 1, 2$ e per ogni $T_{i,k} \in \mathcal{T}_i$, definiamo

$$X_{\delta_i}(T_{i,k}) = \begin{cases} \mathbb{P}_{r_i}(T_{i,k}) & \text{per elementi finiti di grado } r_i \text{ su triangoli,} \\ V_{N_i}(T_{i,k}) & \text{per elementi spettrali di grado } N_i \text{ su quadrilateri.} \end{cases} \tag{11.13}$$

Il parametro δ_i sottointende una dipendenza sia dal grado polinomiale (r_i o N_i) sia dal massimo diametro h degli elementi di $\mathcal{T}_i$.

Gli spazi di dimensione finita indotti dalle discretizzazioni locali in Ω_i, per $i = 1, 2$, sono allora

$$V_{i,\delta_i} = \{v_\delta \in C^0(\overline{\Omega}_i) : v_\delta|_{T_{i,k}} \in X_{\delta_i}(T_{i,k}), \forall T_{i,k} \in \mathcal{T}_i\}, \tag{11.14}$$

e la soluzione discreta u_δ è cercata nello spazio

$$Y_\delta = \{v_\delta \in L^2(\Omega) : v_\delta^{(i)} = v_{\delta|\Omega_i} \in V_{i,\delta_i}, \text{ per } i = 1, 2\}.$$

Poiché lo spazio Y_δ non contiene le informazioni su come raccordare le funzioni $v_\delta^{(i)}$ all'interfaccia, dobbiamo introdurre un sottospazio $V_\delta \subset Y_\delta$ di funzioni che soddisfano le condizioni (11.12) e cercare la soluzione mortar u_δ nello spazio V_δ.

Osserviamo anzitutto che la scelta della mesh e del grado polinomiale in un sottominio è del tutto indipendente dalla scelta effettuata nell'altro, come si può vedere in Fig. 11.4. A sinistra di Fig. 11.4 è rappresentata una discretizzazione ad elementi spettrali in entrambi gli Ω_i in cui i lati degli elementi di $\overline{\Omega}_1 \cap \Gamma$ e di $\overline{\Omega}_2 \cap \Gamma$ coincidono, ma sono diversi i gradi polinomiali N_1 e N_2 (e di conseguenza i nodi di interpolazione e di quadratura). In casi di questo genere diremo che si ha una non conformità polinomiale.

Al centro di Fig 11.4 è riportata invece una discretizzazione (sempre ad elementi spettrali in entrambi gli Ω_i) in cui si ha lo stesso grado polinomiale in ogni elemento

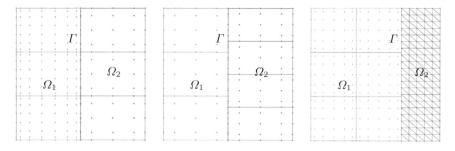

Figura 11.4. A sinistra una discretizzazione con elementi spettrali quadrilateri con non conformità di tipo polinomiale, in centro una non conformità di tipo geometrico sempre con elementi spettrali, a destra una discretizzazione con elementi spettrali ed elementi finiti

spettrale di Ω_1 ed Ω_2, ma questa volta i lati degli elementi spettrali di $\overline{\Omega}_1 \cap \Gamma$ e di $\overline{\Omega}_2 \cap \Gamma$ non coincidono. Diremo in tal caso che si ha una non conformità geometrica. A destra di Fig. 11.4 è riportata una discretizzazione con elementi spettrali nel dominio Ω_1 ed elementi finiti triangolari in Ω_2.

Denotiamo con $\mathcal{M}_i$ l'insieme dei nodi indotti dalla discretizzazione scelta in Ω_i. Nel caso spettrale tali nodi sono le immagini su ogni $T_{i,k}$ dei punti di Legendre Gauss Lobatto definiti in $\hat{T}$ (si veda la Sez. 10.2.3). Le medesime discretizzazioni inducono due insiemi distinti (non necessariamente disgiunti) di nodi su Γ che denotiamo con $\mathcal{M}_i^\Gamma = \mathcal{M}_i \cap \Gamma$, e due insiemi $\mathcal{U}_i^\Gamma$ di gradi di libertà su Γ, i cui elementi sono i valori delle funzioni $u_\delta^{(i)}$ nei nodi di $\mathcal{M}_i^\Gamma$. Tra i due insiemi di gradi di libertà su Γ, uno, detto *mortar* o *master*, viene scelto a svolgere un ruolo attivo nella formulazione del problema, nel senso che i suoi gradi di libertà sono incognite primali del problema. L'altro invece, detto *non-mortar* o *slave*, caratterizza lo spazio $\tilde{\Lambda}$ su cui si proietta la condizione di continuità. I gradi di libertà degli insiemi $\mathcal{U}_1^\Gamma$ e $\mathcal{U}_2^\Gamma$ risulteranno dipendenti gli uni dagli altri attraverso una relazione lineare dettata dalle condizioni integrali (11.12).

Introduciamo ora gli indici $m, s \in \{1, 2\}$ che indicano rispettivamente il ruolo dell'insieme *master* $\mathcal{U}_m^\Gamma$ e di quello *slave* $\mathcal{U}_s^\Gamma$ e indichiamo con $\mathcal{N}_{master}$ ed $\mathcal{N}_{slave}$ le rispettive cardinalità. Gli indici m e s vengono estesi con lo stesso significato ai sottodomini, ai gradi di interpolazione ed alle altre grandezze in gioco, così avremo Ω_m, N_m, ecc. per il dominio *master* e Ω_s, N_s, ecc. per lo *slave*. Nei nostri esempi grafici l'insieme $\mathcal{U}_1^\Gamma$ svolge il ruolo di *master* e $\mathcal{U}_2^\Gamma$ di *slave*.

La scelta di elementi finiti o di elementi spettrali per la discretizzazione del problema richiede ora di differenziare il discorso in alcuni punti. Supponiamo per il momento di utilizzare solo elementi spettrali o solo elementi finiti in entrambi i domini Ω_1 e Ω_2, vedremo nella Sez. 11.8 come affrontare l'accoppiamento di elementi spettrali con elementi finiti.

11.2.1 Caratterizzazione dello spazio dei vincoli per elementi spettrali (MES)

Denotiamo con $\mathcal{E}_s^\Gamma$ l'insieme dei lati degli elementi spettrali del dominio *slave* Ω_s che giacciono su Γ e definiamo gli spazi

$$\widetilde{\Lambda}_\delta = \text{span}\{\psi \in L^2(\Gamma) : \ \psi|_e \in \mathbb{P}_{N_s-2} \quad \forall e \in \mathcal{E}_s^\Gamma\} \tag{11.15}$$

e

$$P_\delta = \{\mathbf{p} \in \mathcal{M}_s^\Gamma : \ \mathbf{p} \text{ è estremo di almeno un lato } e \in \mathcal{E}_s^\Gamma\}. \tag{11.16}$$

Affinché la definizione di $\widetilde{\Lambda}_\delta$ abbia senso dobbiamo prendere $N_s \geq 2$. (Il caso $N_s = 1$ può essere ricondotto alla formulazione ad elementi finiti di tipo $\mathbb{Q}_1$.)

Caratterizziamo lo spazio $\widetilde{\Lambda}_\delta$ in termini di una base le cui funzioni in $L^2(\Gamma)$ hanno supporto limitato ad un solo lato $e \in \mathcal{E}_s^\Gamma$ e su questo lato coincidono con i polinomi caratteristici di Lagrange di grado $N_s - 2$ associati agli $N_s - 1$ nodi di quadratura di Legendre-Gauss su e (si veda [CHQZ06, formula (2.3.10)]). A sinistra di Fig. 11.5 è rappresentata una funzione ψ_l della base di $\widetilde{\Lambda}_\delta$, avente supporto sul secondo lato di $\mathcal{E}_s^\Gamma$ e associata al primo nodo di Legendre-Gauss in e.

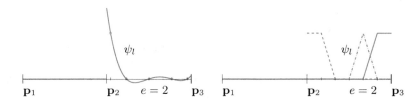

Figura 11.5. A sinistra una funzione dello spazio $\widetilde{\Lambda}_\delta$ nel caso di discretizzazione con elementi spettrali, a destra alcune funzioni di $\widetilde{\Lambda}_\delta$ nel caso di discretizzazione con elementi finiti

È immediato vedere che la dimensione di $\widetilde{\Lambda}_\delta$ è pari al prodotto tra $(N_s - 1)$ e la cardinalità di $\mathcal{E}_s^\Gamma$ e che $\dim(\widetilde{\Lambda}_\delta) + \dim(P_\delta) = \mathcal{N}_{slave}$. Nell'esempio di Fig. 11.6, abbiamo fissato $N_s = 4$ e si ha $\dim(P_\delta) = 3$, $\dim(\widetilde{\Lambda}_\delta) = 6$ e $\mathcal{N}_{slave} = 9$.

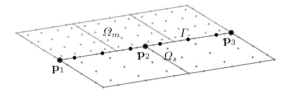

Figura 11.6. I pallini neri su Γ rappresentano i nodi dell'insieme *slave* $\mathcal{M}_s^\Gamma$

11.2.2 Caratterizzazione dello spazio dei vincoli per elementi finiti

In questo caso denotiamo con $\mathcal{E}_s^\Gamma$ l'insieme dei lati di Ω_s che giacciono su Γ, come è rappresentato a sinistra di Fig. 11.7 e con $\mathcal{E}_{s,\delta}^\Gamma$ l'insieme dei lati dei triangoli $T_{s,k}$ del dominio *slave* che giacciono su Γ (si veda la Fig. 11.7, destra).

L'insieme P_δ è definito come in (11.16), mentre lo spazio su cui si proietta il salto della soluzione è ora

$$\widetilde{\Lambda}_\delta = \text{span}\big\{\psi \in L^2(\Gamma): \ \psi|_e \in \mathbb{P}_{r_s}(e) \quad \forall e \in \mathcal{E}_{s,\delta}^\Gamma \ \text{t.c.} \ \overline{e} \cap P_\delta = \emptyset,$$
$$\psi|_e \in \mathbb{P}_{r_s-1}(e) \quad \forall e \in \mathcal{E}_{s,\delta}^\Gamma \ \text{t.c.} \ \overline{e} \cap P_\delta \neq \emptyset\big\}, \tag{11.17}$$

essendo $\mathbb{P}_r(e)$ lo spazio dei polinomi di grado r in una variabile sull'intervallo e.

A destra di Fig. 11.7 è rappresentata una generica funzione dello spazio $\widetilde{\Lambda}_\delta$ definito in (11.17) su una rettificazione dell'interfaccia Γ.

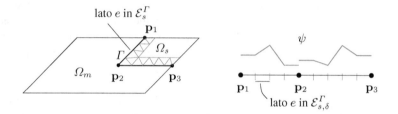

Figura 11.7. A sinistra una decomposizione di Ω con discretizzazione ad elementi finiti, a destra una funzione dello spazio (11.17) rappresentata su una rettificazione dell'interfaccia Γ

Per caratterizzare una base dello spazio (11.17) nel caso di elementi finiti $\mathbb{P}_1$, denotiamo con $\mathbf{x}_j^e$ (per $j = 1, \ldots, N_s + 1$) i nodi che appartengono a $\mathcal{M}_s^\Gamma \cap \overline{e}$, dove e è un lato di $\mathcal{E}_s^\Gamma$ (si veda a sinistra di Fig. 11.7). Le funzioni di base di $\widetilde{\Lambda}_\delta$ sono funzioni di $L^2(\Gamma)$ che hanno supporto limitato ad un solo lato $e \in \mathcal{E}_s^\Gamma$, sono associate ai nodi interni di e e, per $j = 3, \ldots, N_s - 1$ coincidono con le funzioni lineari a tratti della base Lagrangiana associata ai nodi $\mathbf{x}_j^e$, mentre quando $j = 2$ (risp., $j = N_s$) ψ_j vale 1 sul segmento $[\mathbf{x}_1^e, \mathbf{x}_2^e]$ (risp., $[\mathbf{x}_{N_e}^e, \mathbf{x}_{N_e+1}^e]$) e coincide con la funzione caratteristica di Lagrange lineare a tratti associata al nodo $\mathbf{x}_2^e$ (risp., $\mathbf{x}_{N_s}^e$) nel resto del lato e.

A destra di Fig. 11.5 sono rappresentate alcune funzioni ψ_l della base di $\widetilde{\Lambda}_\delta$ definito in (11.17) aventi supporto nel secondo lato di $\mathcal{E}_s^\Gamma$.

11.3 Formulazione mortar del problema di Poisson

A questo punto siamo in grado di caratterizzare lo spazio V_δ all'interno del quale cercare la soluzione mortar del problema (3.14). Diciamo che una funzione $v_\delta \in Y_\delta$

soddisfa le condizioni mortar se:

$$\begin{cases} \int_\Gamma (v_\delta^{(m)} - v_\delta^{(s)})\psi = 0 \ \forall \psi \in \tilde{\Lambda}_\delta, \\ v_\delta^{(m)}(\mathbf{p}) = v_\delta^{(s)}(\mathbf{p}) \qquad \forall \mathbf{p} \in P_\delta \end{cases} \tag{11.18}$$

e definiamo

$$V_\delta = \{v_\delta \in Y_\delta : v_\delta \text{ soddisfa le condizioni (11.18) e } v_\delta = 0 \text{ su } \partial\Omega\}. \tag{11.19}$$

La formulazione mortar di (3.14) è allora

$$\text{trovare } u_\delta \in V_\delta : \qquad \sum_{i=1}^{2} a_i(u_\delta^{(i)}, v_\delta^{(i)}) = \sum_{i=1}^{2} \int_{\Omega_i} f v_\delta^{(i)} \qquad \forall v_\delta \in V_\delta, \tag{11.20}$$

dove $a_i(u_\delta^{(i)}, v_\delta^{(i)})$ denota la restrizione a Ω_i della forma bilineare $a(u_\delta, v_\delta)$ o di una sua discretizzazione con formule di quadratura di tipo gaussiano qualora si adotti una sua discretizzazione con formule di quadratura di tipo gaussiano qualora si adotti una formulazione di Galerkin con integrazione numerica (G-NI, si veda il Cap. 10).

La soluzione mortar soddisfa quindi una condizione di continuità debole su ogni lato *slave* ($e \in \mathcal{E}_s^\Gamma$) dell'interfaccia Γ e una condizione di raccordo puntuale negli estremi ($\mathbf{p} \in P_\delta$) dei lati *slave*. In [Bel99, BM94] è stata proposta una formulazione mortar alternativa in cui le condizioni $(11.18)_2$ non vengono imposte. Questa formulazione risulta molto vantaggiosa dal punto di vista computazionale nel caso di domini in $\mathbb{R}^3$.

Nel caso di approssimazione spettrale, se le partizioni in Ω_m e Ω_s sono geometricamente conformi su Γ e il grado di interpolazione spettrale N_m nel dominio *master* è minore o uguale al grado N_s nel dominio *slave*, le condizioni (11.18) implicano la continuità forte su tutto Γ. Solo quando $N_m > N_s$ la soluzione u_δ è discontinua all'interfaccia. In letteratura si classifica come approssimazione mortar o non conforme solo quest'ultima situazione, per cui la soluzione discreta u_δ non appartiene allo spazio funzionale della soluzione continua.

Nel caso di approssimazione con elementi finiti, anche a parità di gradi di interpolazione in Ω_m e Ω_s, si ha non conformità ogni qualvolta gli insiemi $\mathcal{M}_m^\Gamma$ e $\mathcal{M}_s^\Gamma$ non coincidono.

Qualora si adotti la discretizzazione con elementi spettrali si può dimostrare che ([BMP94]) se la soluzione u del problema continuo (3.14) e la funzione f sono sufficientemente regolari in ogni sottodominio Ω_i, cioè $u_{|\Omega_i} \in H^{\sigma_i}(\Omega_i)$ con $\sigma_i > \frac{3}{2}$ e $f_{|\Omega_i} \in H^{\rho_i}(\Omega_i)$ con $\rho_i > 1$ per $i = 1, \ldots, M$, allora

$$\|u - u_\delta\| \le C \left(\sum_{i=1}^{M} N_i^{1-\sigma_i} \|u_{|\Omega_i}\|_{H^{\sigma_i}(\Omega_i)} + N_i^{-\rho_i} \|f_{|\Omega_i}\|_{H^{\rho_i}(\Omega_i)} \right), \tag{11.21}$$

dove $\|v\|$ rappresenta ora la cosiddetta *broken-norm* H^1, ovvero

$$\|v\| = \left(\sum_{i=1}^{M} \|v_{|\Omega_i}\|_{H^1(\Omega_i)}^2 \right)^{1/2}.$$

Nel caso degli elementi finiti, denotando con h_i il massimo dei diametri dei triangoli $T_{i,k}$, si dimostra che se $u_{|\Omega_i} \in H^{\sigma_i}(\Omega_i)$ con $\sigma_i > \frac{3}{2}$, allora

$$\|u - u_\delta\| \le C \sum_{i=1}^{M} h_i^{\min\{\sigma_i, r_i+1\}-1} \|u_{|\Omega_i}\|_{H^{\sigma_i}(\Omega_i)}. \qquad (11.22)$$

11.4 Scelta delle funzioni di base

Vediamo ora come risolvere il problema (11.20), ovvero come definire le funzioni di base $v_\delta \in V_\delta$. Denotiamo con:

- $\varphi_{k'}^{(m)}$, per $k' = 1, \ldots, \mathcal{N}_{\Omega_m}$, le funzioni caratteristiche di Lagrange in Ω_m associate ai nodi di $\mathcal{M}_m \setminus \mathcal{M}_m^\Gamma$; queste funzioni appartengono allo spazio V_{m,δ_m} e sono identicamente nulle su Γ;
- $\varphi_{k''}^{(s)}$, per $k'' = 1, \ldots, \mathcal{N}_{\Omega_s}$, le funzioni caratteristiche di Lagrange in Ω_s associate ai nodi di $\mathcal{M}_s \setminus \mathcal{M}_s^\Gamma$; queste funzioni appartengono allo spazio V_{s,δ_s} e sono identicamente nulle su Γ;
- $\mu_k^{(m)}$, per $k = 1, \ldots, \mathcal{N}_{master}$, le funzioni caratteristiche di Lagrange in Ω_m associate ai nodi di $\mathcal{M}_m^\Gamma$; queste funzioni appartengono allo spazio V_{m,δ_m} e si annullano nei nodi di $\mathcal{M}_m \setminus \mathcal{M}_m^\Gamma$;
- $\mu_j^{(s)}$, per $j = 1, \ldots, \mathcal{N}_{slave}$, le funzioni caratteristiche di Lagrange in Ω_s associate ai nodi di $\mathcal{M}_s^\Gamma$; queste funzioni appartengono allo spazio V_{s,δ_s} e si annullano nei nodi di $\mathcal{M}_s \setminus \mathcal{M}_s^\Gamma$;
- μ_k, per $k = 1, \ldots, \mathcal{N}_{master}$, le funzioni di base associate ai nodi attivi (o *master*) di Γ, così definite

$$\mu_k = \begin{cases} \mu_k^{(m)} \in V_{m,\delta_m} & \text{t.c. } \mu_k^{(m)}(\mathbf{x}) = 0 \quad \forall \mathbf{x} \in \mathcal{M}_m \setminus \mathcal{M}_m^\Gamma \\ \tilde{\mu}_k^{(s)} \in V_{s,\delta_s} & \text{t.c. } \tilde{\mu}_k^{(s)}(\mathbf{x}) = 0 \quad \forall \mathbf{x} \in \mathcal{M}_s \setminus \mathcal{M}_s^\Gamma, \end{cases} \qquad (11.23)$$

dove $\tilde{\mu}_k^{(s)}$ sono $\mathcal{N}_{master}$ funzioni in V_{s,δ_s} che possiamo esprimere come combinazione lineare delle funzioni $\mu_j^{(s)}$ attraverso una matrice rettangolare $\Xi = [\xi_{jk}]$,

$$\tilde{\mu}_k^{(s)} = \sum_{j=1}^{\mathcal{N}_{slave}} \xi_{jk} \mu_j^{(s)}, \qquad \text{per } k = 1, \ldots, \mathcal{N}_{master}. \qquad (11.24)$$

Si verifica che

$$V_\delta = \text{span}\{\varphi_{k'}^{(m)}, \varphi_{k''}^{(s)}, \mu_k\}. \qquad (11.25)$$

In Fig. 11.8 sono rappresentate le restrizioni a Γ di tre diverse funzioni μ_k nel caso di discretizzazione con elementi spettrali. A sinistra (risp. a destra) la funzione μ_k associata ad un nodo che appartiene a $\mathcal{M}_m^\Gamma$ ma non a $\mathcal{M}_s^\Gamma$ per una partizione geometricamente non conforme (risp. conforme); in centro la funzione μ_k associata ad un nodo che appartiene a $\mathcal{M}_m^\Gamma \cap \mathcal{M}_s^\Gamma$.

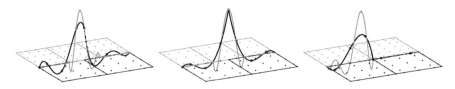

Figura 11.8. Restrizione all'interfaccia di tre differenti funzioni μ_k nel caso di approssimazione con elementi spettrali. In grigio la traccia associata ai gradi di libertà *master* e in nero la traccia *slave*

Mentre possiamo eliminare le funzioni $\varphi_{k'}^{(m)}$ e $\varphi_{k''}^{(s)}$ associate ai nodi di $\partial\Omega$ per via delle condizioni di Dirichlet, manteniamo tutte le $\mu_k^{(m)}$, $\mu_j^{(s)}$ e μ_k, in quanto le funzioni $\tilde{\mu}_k^{(s)}$ dipendono anche dalle $\mu_j^{(s)}$ associate ai nodi di $\partial\Omega \cap \partial\Gamma$ nel caso di condizioni di Dirichlet non omogenee.

Poiché le funzioni $\varphi_{k'}^{(m)}$ e $\varphi_{k''}^{(s)}$ sono identicamente nulle su Γ, chiedere che $v_\delta \in V_\delta$, cioè che soddisfi le condizioni mortar (11.18), equivale a chiedere che per $k = 1, \ldots, \mathcal{N}_{master}$ valgano

$$\begin{cases} \int_\Gamma (\mu_k^{(m)} - \tilde{\mu}_k^{(s)})\psi_\ell = 0 \ \forall \psi_\ell \in \tilde{\Lambda}_\delta \\ \mu_k^{(m)}(\mathbf{p}) = \tilde{\mu}_k^{(s)}(\mathbf{p}) \qquad \forall \mathbf{p} \in P_\delta, \end{cases} \tag{11.26}$$

o, grazie alla (11.24), che

$$\begin{cases} \sum_{j=1}^{\mathcal{N}_{slave}} \xi_{jk} \int_\Gamma \mu_j^{(s)}\psi_\ell = \int_\Gamma \mu_k^{(m)}\psi_\ell \ \forall \psi_\ell \in \tilde{\Lambda}_\delta \\ \sum_{j=1}^{\mathcal{N}_{slave}} \xi_{jk}\mu_j^{(s)}(\mathbf{p}) = \mu_k^{(m)}(\mathbf{p}) \qquad \forall \mathbf{p} \in P_\delta, \end{cases} \tag{11.27}$$

sempre per $k = 1, \ldots, \mathcal{N}_{master}$.

Il sistema (11.27) può essere riscritto nella forma matriciale

$$\sum_{j=1}^{\mathcal{N}_{slave}} \xi_{jk}P_{\ell j} = \Phi_{\ell k} \tag{11.28}$$

dove P è una matrice quadrata di dimensione $\mathcal{N}_{slave}$ e Φ è una matrice rettangolare di $\mathcal{N}_{slave}$ righe e $\mathcal{N}_{master}$ colonne i cui elementi sono costruiti a partire dalle relazioni in (11.27).

La matrice P è non singolare essendo verificata una condizione inf-sup sulla coppia di spazi $\mathbb{P}_{N-2} - \mathbb{P}_N$ nel caso di approssimazione con elementi spettrali (si veda [BM92]), e una condizione inf-sup sugli spazi $\tilde{\Lambda}_\delta - \mathbb{P}_1$ nel caso di elementi finiti ([Bel99]). Di conseguenza, la matrice Ξ può essere determinata risolvendo il sistema lineare

$$P\Xi = \Phi. \tag{11.29}$$

Il calcolo degli elementi $P_{\ell j} = \int_\Gamma \mu_j^{(s)} \psi_\ell$ e $\Phi_{\ell k} = \int_\Gamma \mu_k^{(m)} \psi_\ell$ con formule di quadratura adeguatamente accurate è cruciale per garantire che valga una stima dell'errore ottimale (si vedano (11.21) e (11.22)).

11.5 Scelta delle formule di quadratura per elementi spettrali

Gli elementi $P_{\ell j}$ dipendono solo dalla discretizzazione nel dominio *slave*, quindi possiamo riscrivere

$$P_{\ell j} = \int_\Gamma \mu_j^{(s)} \psi_\ell = \sum_{e \in \mathcal{E}_s^\Gamma} \int_e \mu_j^{(s)} \psi_\ell$$

ed utilizzare formule di quadratura di GLL con $N_s + 1$ nodi su ogni lato $e \in \mathcal{E}_s^\Gamma$. Tali formule hanno grado di esattezza $2N_s - 1$ e, poiché $\mu_j^{(s)}|_e \in \mathbb{P}_{N_s}$, e $\psi_\ell|_e \in \mathbb{P}_{N_s - 2}$, esse calcolano esattamente i termini $P_{\ell j}$.

Per il calcolo degli elementi $\Phi_{\ell k}$ dobbiamo specificare se si ha o meno conformità geometrica su Γ. Nel caso di conformità geometrica, l'insieme $\mathcal{E}_m^\Gamma$ (dei lati degli elementi di Ω_m che giacciono su Γ) coincide con $\mathcal{E}_s^\Gamma$ e possiamo scrivere

$$\Phi_{\ell k} = \int_\Gamma \mu_k^{(m)} \psi_\ell = \sum_{e \in \mathcal{E}_s^\Gamma} \int_e \mu_k^{(m)} \psi_\ell.$$

Poiché $\mu_k^{(m)}|_e \in \mathbb{P}_{N_m}$ e $\psi_\ell|_e \in \mathbb{P}_{N_s - 2}$ su ogni lato $e \in \mathcal{E}_s^\Gamma$, per calcolare esattamente gli integrali su ogni $e \in \mathcal{E}_s^\Gamma$ possiamo utilizzare formule di quadratura di Legendre-Gauss su $N_q + 1$ nodi con $N_q = \max\{N_s, N_m\}$, in quanto esse hanno grado di esattezza $2N_q + 1$.

Nel caso di non conformità geometrica, $\mathcal{E}_s^\Gamma$ e $\mathcal{E}_m^\Gamma$ non coincidono e l'integrazione composta sui lati di $\mathcal{E}_s^\Gamma$ (o di $\mathcal{E}_m^\Gamma$) induce sempre un errore di quadratura alto. Infatti, supponiamo di scegliere la partizione associata a $\mathcal{E}_m^\Gamma$ per calcolare gli integrali $\Phi_{\ell k}$, per ogni $e \in \mathcal{E}_m^\Gamma$ abbiamo che $\mu_k^{(m)}|_e \in \mathbb{P}_{N_m}$, ma non è detto che $\psi_\ell|_e \in \mathbb{P}_{N_s - 2}$, anzi, ψ_ℓ può risultare anche discontinua in $e \in \mathcal{E}_m^\Gamma$ (si veda la Fig. 11.9). Discorso analogo vale se consideriamo la partizione di $\mathcal{E}_s^\Gamma$ invece di quella di $\mathcal{E}_m^\Gamma$.

Allora costruiamo una nuova partizione $\mathcal{E}_f^\Gamma$ più fine di entrambe $\mathcal{E}_m^\Gamma$ e $\mathcal{E}_s^\Gamma$ tale che ogni lato $\tilde{e} \in \mathcal{E}_f^\Gamma$ sia contenuto in un solo lato di $\mathcal{E}_m^\Gamma$ ed in un solo lato di $\mathcal{E}_s^\Gamma$ (si veda la Fig. 11.9). Di conseguenza possiamo scrivere

$$\Phi_{\ell k} = \int_\Gamma \mu_k^{(m)} \psi_\ell = \sum_{\tilde{e} \in \mathcal{E}_f^\Gamma} \int_{\tilde{e}} \mu_k^{(m)} \psi_\ell$$

e, poiché $\mu_k^{(m)}|_{\tilde{e}} \in \mathbb{P}_{N_m}$ e $\psi_\ell|_{\tilde{e}} \in \mathbb{P}_{N_s - 2}$ su ogni $\tilde{e} \in \mathcal{E}_f^\Gamma$, possiamo utilizzare su ogni lato $\tilde{e}$ una formula di quadratura di Gauss-Legendre (si veda [CHQZ06]) su $N_q + 1$ nodi con $N_q = \max\{N_s, N_m\}$ e calcolare esattamente i termini $\Phi_{\ell k}$.

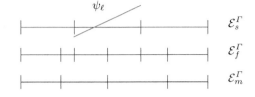

Figura 11.9. Le partizioni $\mathcal{E}_s^\Gamma$, $\mathcal{E}_m^\Gamma$, $\mathcal{E}_f^\Gamma$ su Γ e una funzione $\psi_\ell|_e$ nel caso di approssimazione ad elementi spettrali con $N_s = 3$

11.6 Scelta delle formule di quadratura per elementi finiti

Consideriamo il caso di elementi finiti $\mathbb{P}_1$ e ricordiamo che in questo contesto $\mathcal{E}_s^\Gamma$ denota l'insieme dei lati di Γ, mentre $\mathcal{E}_{s,\delta}^\Gamma$ l'insieme di tutti i lati dei triangoli $T_{s,k} \in \mathcal{T}_s$ che giacciono su Γ (si veda la Fig. 11.7).

Gli elementi $P_{\ell j}$, che dipendono solo dalla discretizzazione nel dominio *slave*, sono in questo caso

$$P_{\ell j} = \int_\Gamma \mu_j^{(s)} \psi_\ell = \sum_{e \in \mathcal{E}_{s,\delta}^\Gamma} \int_e \mu_j^{(s)} \psi_\ell$$

e, poiché su ogni lato $e \in \mathcal{E}_{s,\delta}^\Gamma$ il prodotto $\mu_j^{(s)} \psi_\ell$ è un polinomio di grado ≤ 2, possiamo integrare esattamente su ogni lato $e \in \mathcal{E}_{s,\delta}^\Gamma$ con la formula di Simpson ([QSS08]).

Per il calcolo degli elementi $\Phi_{\ell k}$ procediamo in maniera analoga a come abbiamo fatto nel caso spettrale in assenza di conformità geometrica su Γ.

Costruiamo una nuova partizione $\mathcal{E}_f^\Gamma$ più fine di $\mathcal{E}_m^\Gamma$ e di $\mathcal{E}_{s,\delta}^\Gamma$ tale che ogni lato $\tilde{e} \in \mathcal{E}_f^\Gamma$ sia contenuto in un solo lato di $\mathcal{E}_m^\Gamma$ ed in un solo lato di $\mathcal{E}_{s,\delta}^\Gamma$ cosicché

$$\Phi_{\ell k} = \int_\Gamma \mu_k^{(m)} \psi_\ell = \sum_{\tilde{e} \in \mathcal{E}_f^\Gamma} \int_{\tilde{e}} \mu_k^{(m)} \psi_\ell.$$

Ora, sia $\mu_k^{(m)}|_{\tilde{e}}$ che $\psi_\ell|_{\tilde{e}}$ hanno al più grado 1 su ogni $\tilde{e} \in \mathcal{E}_f^\Gamma$, e possiamo integrare esattamente su ogni lato $\tilde{e}$ con la formula di Simpson.

Nel caso di elementi finiti di grado più elevato il procedimento sarà analogo, a patto di sostituire la formula di Simpson con una formula più accurata, come ad esempio una formula di Gauss-Legendre.

Il caso con elementi finiti quadrilateri di tipo $\mathbb{Q}_1$ è trattato alla stregua di elementi finiti $\mathbb{P}_1$ in quanto le tracce su Γ delle funzioni di base lagrangiane $\mathbb{Q}_1$ e $\mathbb{P}_1$ coincidono e lo spazio $\tilde{\Lambda}_\delta$ è definito allo stesso modo per entrambi gli elementi.

11.7 Risoluzione del sistema lineare del metodo mortar

I coefficienti ξ_{ij} calcolati mediante la risoluzione del sistema (11.29) garantiscono che le funzioni μ_k definite in (11.23)–(11.24) soddisfano i vincoli dello spazio V_δ e, una volta noti i gradi di libertà *master* $\lambda_k^{(m)} \in \mathcal{U}_m$ è possibile calcolare i gradi di libertà *slave* $\lambda_j^{(s)} \in \mathcal{U}_s$ mediante la relazione

$$\boldsymbol{\lambda}^{(s)} = \varXi \boldsymbol{\lambda}^{(m)} \qquad (11.30)$$

dove $\boldsymbol{\lambda}^{(s)} = [\lambda_j^{(s)}]_{j=1}^{\mathcal{N}_{slave}}$ e $\boldsymbol{\lambda}^{(m)} = [\lambda_k^{(m)}]_{k=1}^{\mathcal{N}_{master}}$.

Osserviamo che quando la discretizzazione è conforme su Γ, la matrice $\varXi$ coincide con la matrice identità di dimensione $\mathcal{N}_{master} = \mathcal{N}_{slave}$.

Grazie alla (11.25) ogni funzione di V_δ può essere scritta nella forma

$$v_\delta(\mathbf{x}) = \sum_{k'=1}^{\mathcal{N}_1} u_{k'}^{(m)} \varphi_{k'}^{(m)}(\mathbf{x}) + \sum_{k''=1}^{\mathcal{N}_2} u_{k''}^{(s)} \varphi_{k''}^{(s)}(\mathbf{x}) + \sum_{k=1}^{\mathcal{N}_{master}} \lambda_k^{(m)} \mu_k(\mathbf{x}).$$

Facendo variare $v_\delta \in \text{span}\{\varphi_{k'}^{(m)}, \varphi_{k''}^{(s)}, \mu_k\}$ e definendo i vettori $\mathbf{u}^{(m)} = [u_{k'}^{(m)}]^T$, $\mathbf{u}^{(s)} = [u_{k''}^{(s)}]^T$, il sistema mortar (11.20) diventa

$$\begin{bmatrix} A_{mm} & 0 & A_{m,\Gamma_m} \\ 0 & A_{ss} & A_{s,\Gamma_s}\varXi \\ A_{\Gamma_m,m} & \varXi^T A_{\Gamma_s,s} & A_{\Gamma_m,\Gamma_m} + \varXi^T A_{\Gamma_s,\Gamma_s}\varXi \end{bmatrix} \begin{bmatrix} \mathbf{u}^{(m)} \\ \mathbf{u}^{(s)} \\ \boldsymbol{\lambda}^{(m)} \end{bmatrix} = \begin{bmatrix} \mathbf{f}_m \\ \mathbf{f}_s \\ \mathbf{f}_{\Gamma_m} + \varXi^T \mathbf{f}_{\Gamma_s} \end{bmatrix} (11.31)$$

dove, per $i \in \{m, s\}$ abbiamo definito le matrici $(A_{ii})_{jk} = a_i(\varphi_k^{(i)}, \varphi_j^{(i)})$, $(A_{i,\Gamma_i})_{jk} = a_i(\mu_k^{(i)}, \varphi_j^{(i)})$, $(A_{\Gamma_i,i})_{kj} = a_i(\varphi_j^{(i)}, \mu_k^{(i)})$, $(A_{\Gamma_i,\Gamma_i})_{k\ell} = a_i(\mu_\ell^{(i)}, \mu_k^{(i)})$ ed i vettori $(\mathbf{f}_i)_j = \int_{\Omega_i} f\varphi_j^{(i)}$, $(\mathbf{f}_{\Gamma_i})_\ell = \int_{\Omega_i} f\mu_\ell^{(i)}$, per le funzioni di base associate ai nodi di Ω_i che non stanno sul bordo $\partial\Omega$.

La matrice $\varXi$ dipende solamente dalla discretizzazione scelta e viene costruita una volta che sono stati definiti i parametri della discretizzazione stessa.

Il sistema (11.31) può essere risolto con uno dei metodi diretti o iterativi visti nel Cap. 7. Invece di risolvere il sistema globale (11.31) è possibile risolvere il suo complemento di Schur rispetto al vettore $\boldsymbol{\lambda}^{(m)}$, il che consiste nell'eliminare le incognite $\mathbf{u}^{(m)}$ e $\mathbf{u}^{(s)}$ dal sistema stesso (si veda la Sez. 18.3.1 per una descrizione dettagliata). Dopo aver definito le matrici (dette complementi di Schur locali)

$$\varSigma_i = A_{\Gamma_i,\Gamma_i} - A_{\Gamma_i,i} A_{ii}^{-1} A_{i,\Gamma_i}, \qquad \text{per } i = m, s, \qquad (11.32)$$

e posto

$$\varSigma = \varSigma_m + \varXi^T \varSigma_s \varXi, \qquad \chi = (\mathbf{f}_{\Gamma_m} - A_{mm}^{-1}\mathbf{f}_m) + \varXi^T(\mathbf{f}_{\Gamma_s} - A_{ss}^{-1}\mathbf{f}_s),$$

svolgiamo i seguenti passi: calcoliamo i gradi di libertà *master* su Γ risolvendo il sistema

$$\varSigma \boldsymbol{\lambda}^{(m)} = \chi; \qquad (11.33)$$

determiniamo i gradi di libertà *slave* su Γ attraverso la relazione lineare (11.30); risolviamo indipendentemente i problemi $A_{ii}\mathbf{u}^{(i)} = \mathbf{f}_i - A_{i,\Gamma_i}\boldsymbol{\lambda}^{(i)}$ per $i = 1, 2$. Ciò equivale a risolvere due problemi di Dirichlet con traccia assegnata su Γ.

L'equazione (11.33) è la controparte discreta dell'equazione di Steklov-Poincaré (18.27) (si veda il Cap. 18) con la quale è imposta la continuità dei flussi all'interfaccia, continuità forte se la discretizzazione su Γ è conforme, continuità debole se invece la formulazione su Γ è di tipo mortar.

Il sistema (11.33) viene solitamente risolto con metodi iterativi (ad esempio Gradiente Coniugato, Bi-CGStab o GMRES) in quanto i complementi di Schur locali Σ_i non vengono assemblati esplicitamente per via della presenza delle matrici A_{ii}^{-1}.

Vari precondizionatori sono stati proposti per il sistema algebrico derivante dalla formulazione mortar, ad esempio quello in [AMW99] si basa sulla decomposizione dello spazio delle tracce mortar nella somma diretta di sottospazi associati alle tracce sulle varie interfacce (nel caso di molti sottodomini) e sull'uso di uno spazio coarse che permette di abbattere le frequenze più basse dell'errore. In questa sede, avendo due soli sottodomini ed una interfaccia abbiamo precondizionato il sistema (11.33) con la matrice Σ_m definita in (11.32). Nell'ambito della discretizzazione ad elementi spettrali esso risulta ottimale al variare dei gradi di interpolazione N_i (con $i = m, s$) nei domini *master* e *slave*, nel senso che il numero di iterazioni richieste dal metodo iterativo per risolvere (11.33) con una tolleranza fissata risulta indipendente dai gradi N_i (si veda la Fig. 11.13). Nel caso di approssimazione con elementi finiti, il precondizionatore Σ_m abbatte il numero di iterazioni per arrivare a convergenza, ma non indipendentemente dal parametro di discretizzazione h, come possiamo vedere dai risultati riportati in Fig. 11.14.

11.8 Il metodo mortar per l'accoppiamento di elementi finiti ed elementi spettrali

Finora abbiamo considerato il caso in cui gli spazi X_{i,δ_i} (per $i = m, s$) definiti in (11.13) sono dello stesso tipo in entrambi i domini Ω_m e Ω_s, ovvero entrambi di tipo spettrale o di tipo elementi finiti.

Ora consideriamo il caso in cui si scelga X_{m,δ_m} del tipo elementi finiti e X_{s,δ_s} del tipo elementi spettrali o viceversa.

Anzitutto osserviamo che la definizione dello spazio V_{i,δ_i}, per $i = m, s$ eredita in maniera naturale quella dello spazio X_{i,δ_i}. La definizione dello spazio dei vincoli $\widetilde{\Lambda}_\delta$ è strettamente connessa con la discretizzazione che viene adottata sullo spazio *slave*, per cui $\widetilde{\Lambda}_\delta$ sarà definito come in (11.15) se la discretizzazione in Ω_s è di tipo spettrale, oppure come in (11.17) se la discretizzazione in Ω_s è di tipo elementi finiti. Le corrispondenti funzioni di base ψ_l seguiranno le definizioni date nelle Sez. 11.2.1 o 11.2.2, rispettivamente.

Fatte queste scelte, si tratta ora di calcolare in maniera accurata gli integrali che compaiono in (11.27) e che definiscono gli elementi delle matrici P e Φ. Il calcolo degli elementi $P_{\ell j}$ dipende esclusivamente dalla discretizzazione scelta nel dominio *sla-*

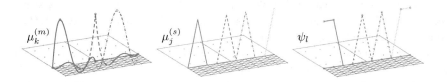

Figura 11.10. Le restrizioni a Γ di alcune funzioni $\mu_k^{(m)}$ e $\mu_j^{(s)}$ e le funzioni ψ_l per il caso *master* spettrale e *slave* elementi finiti

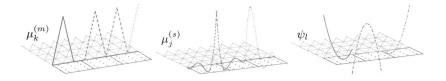

Figura 11.11. Le restrizioni a Γ di alcune funzioni $\mu_k^{(m)}$ e $\mu_j^{(s)}$ e le funzioni ψ_l per il caso *master* elementi finiti e *slave* spettrale

ve e quindi è svolto esattamente come descritto nella Sez. 11.5 (se adottiamo elementi spettrali in Ω_s) o nella Sez. 11.6 (se adottiamo elementi finiti in Ω_s).

Il calcolo degli elementi $\Phi_{\ell k}$ richiede invece maggior attenzione in quanto coinvolge entrambe le discretizzazioni in Ω_s (attraverso le funzioni ψ_l) e in Ω_m (mediante le funzioni $\mu_k^{(m)}$. Distinguiamo due casi e limitiamoci a considerare elementi finiti di tipo $\mathbb{P}_1$.

Caso 1: *master spettrale / slave elementi finiti*.
Le restrizioni delle funzioni $\mu_k^{(m)}$ ai lati e di $\mathcal{E}_m^\Gamma$ sono polinomi di grado N_m, mentre le restrizioni delle funzioni ψ_l ai lati di $\mathcal{E}_{s,\delta}^\Gamma$ sono al più polinomi di grado 1 (si veda la Fig. 11.10). Generiamo una partizione $\mathcal{E}_f^\Gamma$ più fine sia di $\mathcal{E}_m^\Gamma$ che di $\mathcal{E}_{s,\delta}^\Gamma$ in modo che su ogni $\tilde{e} \in \mathcal{E}_f^\Gamma$ le restrizioni di $\mu_k^{(m)}$ e ψ_l siano polinomi. Il grado del prodotto $\mu_k^{(m)} \psi_l$ è al più $N_m + 1$ e per calcolare esattamente ogni integrale $\int_{\tilde{e}} \mu_k^{(m)} \psi_l$ possiamo utilizzare formule di quadratura di Gauss-Legendre su $N_q + 1$ nodi di quadratura in $\tilde{e}$, con $N_q = N_m/2$ se N_m è pari e $N_q = (N_m + 1)/2$ se N_m è dispari.

Caso 2: *master elementi finiti / slave spettrale*.
Le restrizioni delle funzioni $\mu_k^{(m)}$ ai lati e di $\mathcal{E}_{m,\delta}^\Gamma$ (che è l'insieme di tutti i lati dei triangoli $T_{m,k}$ che giacciono su Γ) sono polinomi di grado al più pari a uno, mentre le restrizioni delle funzioni ψ_l ai lati di $\mathcal{E}_s^\Gamma$ sono polinomi di grado $N_s - 2$ (si veda la Fig. 11.11). Generiamo una partizione $\mathcal{E}_f^\Gamma$ più fine sia di $\mathcal{E}_{m,\delta}^\Gamma$ che di $\mathcal{E}_s^\Gamma$ in modo che su ogni $\tilde{e} \in \mathcal{E}_f^\Gamma$ le restrizioni di $\mu_k^{(m)}$ e ψ_l siano polinomi. Il grado del prodotto $\mu_k^{(m)} \psi_l$ è al più $N_s + 1$ e per calcolare esattamente ogni integrale $\int_{\tilde{e}} \mu_k^{(m)} \psi_l$ possiamo utilizzare formule di quadratura di Gauss-Legendre con $N_q + 1$ nodi di quadratura in $\tilde{e}$, con $N_q = N_s/2$ se N_s è pari e $N_q = (N_s + 1)/2$ se N_s è dispari.

Una volta che le matrici P e Φ sono state calcolate mediante (11.29), si procede al calcolo della matrice $\varXi$ ed alla risoluzione del sistema lineare (11.31) (o equivalentemente (11.33) come abbiamo descritto nella Sez. 11.7).

Per quanto concerne l'analisi dell'errore di approssimazione si ha un risultato di convergenza ottimale ([BMP94]) che generalizza le stime (11.21) e (11.22). Tra i domini Ω_i (con $i = 1, \ldots, M$) distinguiamo quelli con discretizzazione spettrale Ω_i^{es}, per $i = 1, \ldots, M^{es}$, da quelli con discretizzazione elementi finiti Ω_i^{ef}, per $i = 1, \ldots, M^{ef}$.

Se la soluzione u del problema continuo (3.14) e la funzione f sono sufficientemente regolari in ogni sottodominio Ω_i, cioè $u_{|\Omega_i} \in H^{\sigma_i}(\Omega_i)$ con $\sigma_i > \frac{3}{2}$ e $f_{|\Omega_i^{es}} \in H^{\rho_i}(\Omega_i^{es})$ con $\rho_i > 1$ per $i = 1, \ldots, M^{es}$, allora

$$
\|u - u_\delta\| \leq C \bigg(\sum_{i=1}^{M^{es}} N_i^{1-\sigma_i} \|u_{|\Omega_i}\|_{H^{\sigma_i}(\Omega_i^{es})} + N_i^{-\rho_i} \|f_{|\Omega_i}\|_{H^{\rho_i}(\Omega_i^{es})}
$$

$$
+ \sum_{i=1}^{M^{ef}} h_i^{\min\{\sigma_i, r_i+1\}-1} \|u_{|\Omega_i}\|_{H^{\sigma_i}(\Omega_i^{ef})} \bigg).
$$

(11.34)

11.9 Generalizzazione del metodo mortar a decomposizioni con più domini

Supponiamo ora di decomporre il dominio Ω in più di due sottodomini. L'analisi fatta nelle sezioni precedenti per una sola interfaccia deve essere ora ripetuta su tutte le interfacce della decomposizione, per cui per ogni interfaccia Γ_{ij} si deve scegliere quale tra i domini Ω_i e Ω_j svolge il ruolo di *master* e quale quello di *slave*, dopodiché si impone che sia soddisfatto il sistema di equazioni (11.26) su Γ_{ij}.

Per ogni interfaccia Γ_{ij} abbiamo quindi uno spazio dei vincoli $\widetilde{\Lambda}_\delta$ "locale" che dipende dal dominio *slave* scelto su Γ_{ij}, mentre lo spazio dei vincoli globale sarà ottenuto come prodotto cartesiano degli spazi locali. Nei vertici dei sottodomini Ω_i che giacciono sulla chiusura dell'interfaccia Γ si impone una condizione di continuità, analogamente a quanto fatto in $(11.26)_2$.

Osserviamo che un dominio potrebbe essere *master* relativamente ad una interfaccia e *slave* relativamente ad un'altra, ad esempio se ci riferiamo al disegno di Fig. 11.3 destra, Ω_3 potrebbe essere dominio *master* per l'interfaccia Γ_{36} e *slave* per le interfacce Γ_{35} e Γ_{32}.

Le difficoltà associate ad una decomposizione varia e articolata si riscontrano di fatto nel processo di costruzione delle matrici P e Φ, nella risoluzione efficiente del sistema $P\varXi = \Phi$ e nella scelta di un buon precondizionatore per il sistema algebrico finale. È preferibile quindi utilizzare una formulazione mortar su un numero ristretto di interfacce, ed essenzialmente dove è necessario.

11.10 Risultati numerici per il metodo mortar

Consideriamo il problema di Poisson

$$\begin{cases} -\Delta u = f & \text{in } \Omega = (0,2)^2 \\ u = g & \text{su } \partial\Omega, \end{cases} \tag{11.35}$$

dove f e g sono scelti in modo che la soluzione esatta sia $u(x_1, x_2) = \sin(\pi x_1 x_2) + 1$. Suddividiamo Ω in due sottodomini $\Omega_1 = (0,1) \times (0,2)$ e $\Omega_2 = (1,2) \times (0,2)$ ed in ognuno definiamo una ulteriore partizione uniforme in rettangoli e discretizziamo con elementi spettrali.

In Fig. 11.12 riportiamo gli errori nella *broken-norm* tra la soluzione mortar e quella esatta dopo aver scelto il dominio Ω_1 a svolgere il ruolo di *master*. A sinistra di Fig. 11.12 viene fissato il grado $N_s = N_2 = 14$ nel dominio *slave* e fatto variare il grado spettrale $N_m = N_1$ nel dominio *master*, mentre a destra di Fig. 11.12 è fissato il grado $N_1 = 14$ nel dominio *master* e fatto variare il grado nel dominio *slave*. Le due curve fanno riferimento a due partizioni diverse nei sottodomini: la prima geometricamente conforme con 2×2 elementi spettrali in ogni Ω_i, la seconda con 2×3 elementi spettrali in Ω_s e 2×2 in Ω_m. In entrambi i casi l'errore converge esponenzialmente fino a che non prevale l'errore sul dominio in cui il grado spettrale è stato fissato.

In Fig. 11.13 è riportato il numero di iterazioni necessarie al metodo Bi-CGStab precondizionato per convergere alla soluzione del sistema (11.33), usando come precondizionatore Σ_m e avendo fissato una tolleranza $\epsilon = 10^{-12}$ sul test d'arresto. Osserviamo che nel caso di discretizzazione conforme, la convergenza è raggiunta in una iterazione, mentre nel caso non conforme è richiesto un numero di iterazioni maggiore, ma comunque indipendente dai gradi polinomiali N_m e N_s.

In Fig. 11.14 sono riportati i risultati numerici per un'approssimazione del problema (11.35) con elementi finiti $\mathbb{P}_1$ sia nel dominio *master* Ω_1 che nel dominio *slave* Ω_2. Le funzioni f e g e i sottodomini sono scelti come nel caso precedente. In entrambi i sottodomini Ω_i sono state considerate triangolazioni uniformi di $2n_i \times 2n_i$ triangoli, con $n_m \neq n_s$, precisamente con $n_m = 2k$ e $n_s = 3(k+2)$ con $k = 5, 10, 20, 40$.

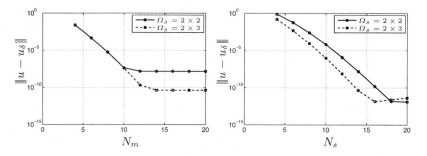

Figura 11.12. Errori nella *broken-norm* per la risoluzione del problema (11.35). $\Omega_m = 2 \times 2$ elementi spettrali. A sinistra è fissato il grado $N_s = 14$ sul dominio *slave* Ω_s, a destra il grado $N_m = 14$ sul dominio *master* Ω_m

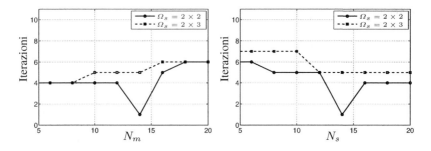

Figura 11.13. Iterazioni del Bi-CGstab precondizionato per la risoluzione del problema (11.35). $\Omega_m = 2 \times 2$ elementi spettrali. A sinistra è fissato il grado sul dominio *slave* Ω_s, a destra il grado sul dominio *master* Ω_m

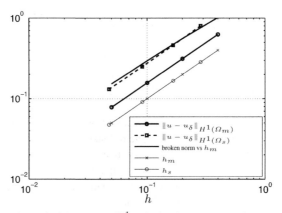

Figura 11.14. Errori assoluti in norma H^1 e in *broken-norm* per l'approssimazione mortar *master*-elementi finiti/*slave*-elementi finiti

In Fig. 11.14 sono mostrati gli errori assoluti in norma $H^1(\Omega_i)$ tra la soluzione esatta e la soluzione mortar al variare della *mesh-size* h_i, essi decrescono linearmente rispetto ad h_i in accordo con la stima dell'errore (11.22). Il numero di iterazioni richieste dal metodo Bi-CGStab precondizionato, sempre con precondizionatore uguale a Σ_m, fissata una tolleranza $\epsilon = 10^{-12}$ sul test d'arresto, è indipendente da h_i e risulta ≤ 6.

In Fig. 11.15 sono riportati gli errori assoluti in norma $H^1(\Omega_i)$ tra la soluzione esatta e la soluzione mortar al variare della *mesh-size* h_s in Ω_s per l'approssimazione del problema (11.35) con elementi spettrali nel dominio *master* ed elementi finiti ($\mathbb{P}_1$ o $\mathbb{Q}_2$) nel dominio *slave*. Le funzioni f e g ed i sottodomini sono definiti come nei casi precedenti.

Gli errori a sinistra si riferiscono ad una partizione di Ω_m in 3×3 elementi spettrali con grado $N_m = 6$, e di Ω_s in $2n_s \times 2n_s$ triangoli uguali, con $n_s = 20, 40, 80, 160$ ($h_s = 2/n_s$). Gli errori a destra si riferiscono ad una partizione di Ω_m in 3×3 elementi spettrali con grado $N_m = 8$, e di Ω_s in $n_s \times n_s$ quadrilateri uguali, con $n_s = 10, 20, 40, 80$ ($h_s = 2/n_s$).

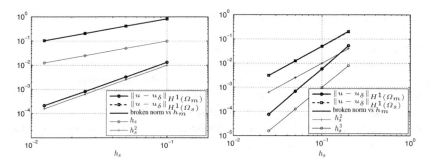

Figura 11.15. Errori assoluti in norma H^1 e in *broken-norm* per l'approssimazione mortar *master*-spettrale/*slave*-elementi finiti. A sinistra $\mathbb{Q}_6 - \mathbb{P}_1$, a destra $\mathbb{Q}_8 - \mathbb{Q}_2$. In entrambi i casi la linea dell'errore in *broken-norm* è praticamente sovrapposta a quella dell'errore in norma $H^1(\Omega_s)$

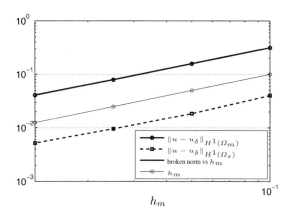

Figura 11.16. Errori assoluti in norma H^1 e in *broken-norm* per l'approssimazione mortar master-elementi finiti/slave-spettrale

Osserviamo che l'errore nel dominio *slave* degli elementi finiti decresce come $h_s^{r_s}$ (essendo r_s il grado polinomiale degli elementi finiti), mentre l'errore nel dominio *master* non raggiunge l'accuratezza spettrale poiché risente della peggior accuratezza sul dominio *slave*. Tuttavia esso decresce come $h_s^{r_s+1}$ e l'errore in *broken-norm* è in accordo con la stima (11.22).

Il numero di iterazioni richieste dal Bi-CGStab precondizionato con precondizionatore uguale a Σ_m, fissata una tolleranza $\epsilon = 10^{-12}$ sul test d'arresto, decresce leggermente con h_s in entrambi i test e va da un valore di 8 iterazioni per $h_s = 1/10$ a 5 iterazioni per $h_s = 1/40$.

In Fig. 11.16 sono riportati i risultati numerici per l'approssimazione del problema (11.35) con elementi finiti $\mathbb{P}_1$ nel dominio *master* ed elementi spettrali nel dominio *slave*. Le funzioni f e g ed i sottodomini sono definiti come nei casi precedenti. Il dominio Ω_s è stato partizionato in 4×4 elementi spettrali con grado $N_s = 6$, mentre in Ω_m sono state considerate triangolazioni uniformi di $2n_m \times 2n_m$ triangoli, con $n_m = 20, 40, 80, 160$.

In particolare sono mostrati gli errori assoluti in norma $H^1(\Omega_i)$ e l'errore nella *broken-norm* tra la soluzione esatta e la soluzione mortar al variare della *mesh-size* h_s in Ω_s. In questo caso, con approssimazione mortar sul dominio *master* e spettrale sul dominio *slave*, entrambi gli errori in Ω_m e Ω_s decrescono linearmente con h_m. Anche in questo caso il numero di iterazioni richieste dal Bi-CGStab precondizionato con precondizionatore uguale a Σ_m, fissata una tolleranza $\epsilon = 10^{-12}$ sul test d'arresto, è indipendente da h_i e ≤ 8 in tutti i test.

Capitolo 12
Equazioni di diffusione-trasporto-reazione

In questo capitolo consideriamo problemi della forma seguente:

$$\begin{cases} -\mathrm{div}(\mu\nabla u) + \mathbf{b}\cdot\nabla u + \sigma u = f & \text{in } \Omega, \\ u = 0 & \text{su } \partial\Omega, \end{cases} \tag{12.1}$$

dove μ, σ, f e $\mathbf{b}$ sono funzioni (o costanti) assegnate. Nel caso più generale supporremo che $\mu \in \mathrm{L}^\infty(\Omega)$, con $\mu(\mathbf{x}) \geq \mu_0 > 0$, $\sigma \in \mathrm{L}^2(\Omega)$ con $\sigma(\mathbf{x}) \geq 0$ q.o. in Ω, $\mathbf{b} \in [\mathrm{L}^\infty(\Omega)]^2$, con $\mathrm{div}(\mathbf{b}) \in \mathrm{L}^2(\Omega)$, e $f \in \mathrm{L}^2(\Omega)$. Problemi come (12.1) modellano i processi fisici di diffusione, trasporto e reazione.

Per una derivazione di questi modelli, e per cogliere l'analogia con processi di camminata aleatoria (*random walk*), si veda [Sal08], Cap. 2.

In molte applicazioni pratiche il termine di *diffusione* $-\mathrm{div}(\mu\nabla u)$ è dominato dal termine *convettivo* $\mathbf{b}\cdot\nabla u$ (detto anche di *trasporto*) o da quello *reattivo* σu (detto anche di *assorbimento* quando si faccia l'ipotesi di non negatività di σ). In questi casi, come vedremo, la soluzione può dar luogo a *strati limite*, ovvero a regioni, generalmente in prossimità della frontiera di Ω, in cui la soluzione è caratterizzata da forti gradienti.

In questo capitolo ci proponiamo di analizzare le condizioni che assicurano l'esistenza e l'unicità della soluzione del problema (12.1). Considereremo poi il metodo di Galerkin, ne illustreremo le difficoltà a fornire soluzioni stabili in presenza di strati limite, quindi proporremo metodi di discretizzazione alternativi per l'approssimazione di (12.1).

12.1 Formulazione debole del problema

Sia $V = \mathrm{H}_0^1(\Omega)$. Introducendo la forma bilineare $a : V \times V \mapsto \mathbb{R}$,

$$a(u,v) = \int_\Omega \mu\nabla u \cdot \nabla v \, d\Omega + \int_\Omega v\mathbf{b}\cdot\nabla u \, d\Omega + \int_\Omega \sigma uv \, d\Omega \qquad \forall u,v \in V, \tag{12.2}$$

la formulazione debole del problema (12.1) diviene

$$\text{trovare } u \in V: \qquad a(u,v) = (f,v) \qquad \forall v \in V. \tag{12.3}$$

© Springer-Verlag Italia 2016
A. Quarteroni, *Modellistica Numerica per Problemi Differenziali*, 6a edizione,
UNITEXT - La Matematica per il 3+2 100, DOI 10.1007/978-88-470-5782-1_12

Al fine di dimostrare l'esistenza e l'unicità della soluzione di (12.3) vogliamo porci nelle condizioni di applicare il Lemma di Lax-Milgram.

Per verificare la coercività della forma bilineare $a(\cdot, \cdot)$, operiamo separatamente sui singoli termini che compongono la (12.2).

Per il primo termine abbiamo

$$\int_\Omega \mu \nabla v \cdot \nabla v \, d\Omega \geq \mu_0 \|\nabla v\|^2_{\mathrm{L}^2(\Omega)}. \tag{12.4}$$

Poiché $v \in \mathrm{H}^1_0(\Omega)$, vale la disuguaglianza di Poincaré (2.13), grazie alla quale si ottiene

$$\|v\|^2_{\mathrm{H}^1(\Omega)} = \|v\|^2_{\mathrm{L}^2(\Omega)} + \|\nabla v\|^2_{\mathrm{L}^2(\Omega)} \leq (1 + C^2_\Omega)\|\nabla v\|^2_{\mathrm{L}^2(\Omega)}$$

e, quindi, dalla (12.4), segue

$$\int_\Omega \mu \nabla v \cdot \nabla v \, d\Omega \geq \frac{\mu_0}{1 + C^2_\Omega} \|v\|^2_{\mathrm{H}^1(\Omega)}.$$

Passiamo ora a considerare il termine convettivo:

$$\int_\Omega v \mathbf{b} \cdot \nabla v \, d\Omega = \frac{1}{2} \int_\Omega \mathbf{b} \cdot \nabla(v^2) \, d\Omega = -\frac{1}{2} \int_\Omega v^2 \mathrm{div}(\mathbf{b}) \, d\Omega + \frac{1}{2} \int_{\partial\Omega} \mathbf{b} \cdot \mathbf{n} v^2 \, d\gamma$$

$$= -\frac{1}{2} \int_\Omega v^2 \mathrm{div}(\mathbf{b}) \, d\Omega,$$

essendo $v = 0$ su $\partial\Omega$. Se ora sommiamo a questo termine quello relativo al termine di ordine zero, otteniamo

$$\int_\Omega v \mathbf{b} \cdot \nabla v \, d\Omega + \int_\Omega \sigma v^2 \, d\Omega = \int_\Omega v^2 (-\frac{1}{2} \mathrm{div}(\mathbf{b}) + \sigma) \, d\Omega$$

e tale integrale è sicuramente positivo se si suppone che

$$-\frac{1}{2} \mathrm{div}(\mathbf{b}) + \sigma \geq 0 \quad \text{q.o. in } \Omega. \tag{12.5}$$

In definitiva, se vale la (12.5), la forma bilineare $a(\cdot, \cdot)$ risulta coerciva essendo

$$a(v, v) \geq \alpha \|v\|^2_{\mathrm{H}^1(\Omega)} \quad \forall v \in V, \quad \text{con} \quad \alpha = \frac{\mu_0}{1 + C^2_\Omega}. \tag{12.6}$$

Affinché la forma bilineare $a(\cdot, \cdot)$ sia continua deve soddisfare la proprietà (2.6).

A tal fine, iniziamo a considerare il primo termine al secondo membro della (12.2). Esso può essere maggiorato come segue

$$\left| \int_\Omega \mu \nabla u \cdot \nabla v \, d\Omega \right| \leq \|\mu\|_{\mathrm{L}^\infty(\Omega)} \|\nabla u\|_{\mathrm{L}^2(\Omega)} \|\nabla v\|_{\mathrm{L}^2(\Omega)} \tag{12.7}$$

$$\leq \|\mu\|_{\mathrm{L}^\infty(\Omega)} \|u\|_{\mathrm{H}^1(\Omega)} \|v\|_{\mathrm{H}^1(\Omega)},$$

dove sono state usate le disuguaglianze di Hölder (si veda l'Appendice 2.5) e di Cauchy-Schwarz e si è tenuto conto del fatto che $\|\nabla w\|_{\mathrm{L}^2(\Omega)} \leq \|w\|_{\mathrm{H}^1(\Omega)}$ per ogni $w \in H^1(\Omega)$. Per il secondo termine, procedendo in modo analogo si trova

$$\left| \int_\Omega v\mathbf{b} \cdot \nabla u \, d\Omega \right| \leq \|\mathbf{b}\|_{\mathrm{L}^\infty(\Omega)} \|v\|_{\mathrm{L}^2(\Omega)} \|\nabla u\|_{\mathrm{L}^2(\Omega)} \tag{12.8}$$

$$\leq \|\mathbf{b}\|_{\mathrm{L}^\infty(\Omega)} \|v\|_{\mathrm{H}^1(\Omega)} \|u\|_{\mathrm{H}^1(\Omega)}.$$

Infine, per il terzo termine abbiamo, grazie alla disuguaglianza di Cauchy-Schwarz,

$$\left| \int_\Omega \sigma u v \, d\Omega \right| \leq \|\sigma\|_{\mathrm{L}^2(\Omega)} \|uv\|_{\mathrm{L}^2(\Omega)}.$$

Peraltro, $\|uv\|_{\mathrm{L}^2(\Omega)} \leq \|u\|_{\mathrm{L}^4(\Omega)} \|v\|_{\mathrm{L}^4(\Omega)} \leq C^2 \|u\|_{\mathrm{H}^1(\Omega)} \|v\|_{\mathrm{H}^1(\Omega)}$, avendo applicato la disuguaglianza (2.17) e sfruttato le immersioni (2.18) (C essendo la costante di immersione). Dunque

$$\left| \int_\Omega \sigma u v \, d\Omega \right| \leq C^2 \|\sigma\|_{\mathrm{L}^2(\Omega)} \|u\|_{\mathrm{H}^1(\Omega)} \|v\|_{\mathrm{H}^1(\Omega)}. \tag{12.9}$$

Sommando membro a membro la (12.7), la (12.8) e la (12.9), si dimostra così la continuità della forma bilineare $a(\cdot, \cdot)$, ovvero la (2.6), pur di prendere

$$M = \|\mu\|_{\mathrm{L}^\infty(\Omega)} + \|\mathbf{b}\|_{\mathrm{L}^\infty(\Omega)} + C^2 \|\sigma\|_{\mathrm{L}^2(\Omega)}. \tag{12.10}$$

Peraltro il termine di destra della (12.3) definisce un funzionale lineare e limitato grazie alla disuguaglianza di Cauchy-Schwarz e alla (2.13).
Essendo verificate le ipotesi del Lemma di Lax-Milgram segue che la soluzione del problema debole (12.3) esiste ed è unica. Valgono inoltre le seguenti stime a priori:

$$\|u\|_{\mathrm{H}^1(\Omega)} \leq \frac{1}{\alpha} \|f\|_{\mathrm{L}^2(\Omega)}, \ \|\nabla u\|_{\mathrm{L}^2(\Omega)} \leq \frac{C_\Omega}{\mu_0} \|f\|_{\mathrm{L}^2(\Omega)},$$

conseguenze di (12.4), (12.6) e (2.13). La prima è una conseguenza immediata del Lemma di Lax-Milgram, la seconda si può facilmente dimostrare partendo dall'equazione $a(u, u) = (f, u)$ ed utilizzando le disuguaglianze di Cauchy-Schwarz, di Poincaré e le disuguaglianze (12.4) e (12.5).

L'approssimazione di Galerkin del problema (12.3) è

$$\text{trovare } u_h \in V_h : \qquad a(u_h, v_h) = (f, v_h) \qquad \forall v_h \in V_h, \qquad (12.11)$$

dove $\{V_h, h > 0\}$ è una famiglia opportuna di sottospazi di dimensione finita di $H_0^1(\Omega)$. Replicando la dimostrazione a cui si è accennato poco sopra nel caso del problema continuo, si possono dimostrare le seguenti stime:

$$\|u_h\|_{H^1(\Omega)} \leq \frac{1}{\alpha}\|f\|_{L^2(\Omega)}, \qquad \|\nabla u_h\|_{L^2(\Omega)} \leq \frac{C_\Omega}{\mu_0}\|f\|_{L^2(\Omega)}.$$

Esse mostrano, in particolare, che il gradiente della soluzione discreta (così come quello della soluzione debole u) potrebbe essere tanto più grande quanto più μ_0 è piccola.

Inoltre, grazie al Lemma di Céa, si ottiene la seguente stima dell'errore

$$\|u - u_h\|_V \leq \frac{M}{\alpha} \inf_{v_h \in V_h} \|u - v_h\|_V. \qquad (12.12)$$

In virtù delle definizioni di α e M (si vedano (12.6) e (12.10)), la costante di maggiorazione M/α diventa tanto più grande (ovvero la stima (12.12) tanto meno significativa) quanto più cresce il rapporto $\|\mathbf{b}\|_{L^\infty(\Omega)}/\|\mu\|_{L^\infty(\Omega)}$ (oppure il rapporto $\|\sigma\|_{L^2(\Omega)}/\|\mu\|_{L^\infty(\Omega)}$), ossia quando il termine convettivo (oppure reattivo) domina su quello diffusivo.

In tali casi il metodo di Galerkin può dar luogo a soluzioni poco accurate, a meno di non usare, come vedremo, un passo di discretizzazione h estremamente piccolo.

Osservazione 12.1 Il problema (12.1) è la cosiddetta forma non conservativa del problema di diffusione-trasporto(-reazione), mentre la forma conservativa è:

$$\begin{cases} \text{div}(-\mu\nabla u + \mathbf{b}u) + \sigma u = f & \text{in } \Omega \\ u = 0 & \text{su } \partial\Omega. \end{cases} \qquad (12.13)$$

Se $\mathbf{b}$ è costante le due forme (12.1) e (12.13) sono equivalenti, in caso contrario non lo sono.

La forma bilineare associata a (12.13) è

$$a(u, v) = \int_\Omega (\mu\nabla u - \mathbf{b}u) \cdot \nabla v \, d\Omega + \int_\Omega \sigma uv \, d\Omega \qquad \forall u, v \in V. \qquad (12.14)$$

Si può facilmente verificare che la condizione che assicura la coercività di questa forma bilineare è

$$\frac{1}{2}\text{div}(\mathbf{b}) + \sigma \geq 0 \qquad \text{q.o. in } \Omega. \qquad (12.15)$$

Sotto queste ipotesi, tutte le conclusioni ottenute nel caso del problema (12.1) (e per le sue approssimazioni) valgono anche per il problema (12.13).

Al fine di valutare più precisamente il comportamento della soluzione numerica fornita dal metodo di Galerkin analizziamo un problema monodimensionale.

12.2 Analisi di un problema di diffusione-trasporto monodimensionale

Consideriamo il seguente problema di diffusione-trasporto unidimensionale:

$$\begin{cases} -\mu u'' + bu' = 0, \ 0 < x < 1, \\ u(0) = 0, \qquad u(1) = 1, \end{cases} \tag{12.16}$$

con μ e b costanti positive.

La sua formulazione debole è

$$\text{trovare } u \in \mathrm{H}^1(0,1): \quad a(u,v) = 0 \quad \forall v \in \mathrm{H}_0^1(0,1), \tag{12.17}$$

con $u(0) = 0$ e $u(1) = 1$, essendo $a(u,v) = \int_0^1 (\mu u'v' + bu'v)dx$. Seguendo quanto indicato nella Sez. 3.2.2, possiamo riformulare (12.17) introducendo un opportuno rilevamento dei dati al bordo. In questo caso particolare, possiamo scegliere $R_g = x$. Posto allora $\overset{\circ}{u} = u - R_g = u - x$, possiamo riformulare (12.17) nel modo seguente

$$\text{trovare } \overset{\circ}{u} \in \mathrm{H}_0^1(0,1): \quad a(\overset{\circ}{u},v) = F(v) \quad \forall v \in \mathrm{H}_0^1(0,1), \tag{12.18}$$

essendo $F(v) = -a(x,v) = -\int_0^1 bv \, dx$ il contributo dovuto al rilevamento dei dati. Definiamo *numero di Péclet globale* il rapporto

$$\mathbb{P}e_g = \frac{bL}{2\mu}, \tag{12.19}$$

essendo L la dimensione lineare del dominio (1 nel nostro caso). (Nel caso in cui b sia negativo, la definizione precedente si modifica sostituendo b con $|b|$). Esso fornisce una misura di quanto il termine convettivo domini quello diffusivo, ed ha pertanto lo stesso ruolo del numero di Reynolds nelle equazioni di Navier-Stokes che vedremo nel Cap. 16.

Calcoliamo, innanzitutto, la soluzione esatta di tale problema. L'equazione caratteristica ad esso associata è

$$-\mu\lambda^2 + b\lambda = 0$$

ed ha, come radici, i valori $\lambda_1 = 0$ e $\lambda_2 = b/\mu$. La soluzione generale è quindi

$$u(x) = C_1 e^{\lambda_1 x} + C_2 e^{\lambda_2 x} = C_1 + C_2 e^{\frac{b}{\mu}x}.$$

Imponendo le condizioni al bordo si trovano le costanti C_1 e C_2, e, di conseguenza, la soluzione

$$u(x) = \frac{\exp(\frac{b}{\mu}x) - 1}{\exp(\frac{b}{\mu}) - 1}.$$

Se $b/\mu \ll 1$, possiamo sviluppare in serie gli esponenziali ed arrestarci al secondo termine ottenendo così

$$u(x) = \frac{1 + \frac{b}{\mu}x + \cdots - 1}{1 + \frac{b}{\mu} + \cdots - 1} \simeq \frac{\frac{b}{\mu}x}{\frac{b}{\mu}} = x.$$

Pertanto la soluzione è prossima alla retta interpolante i dati al bordo (che è la soluzione corrispondente al caso $b = 0$).

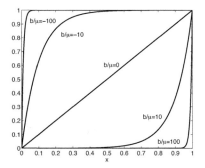

Figura 12.1. Andamento della soluzione del problema (12.16) al variare del rapporto b/μ. Per completezza sono evidenziate anche le soluzioni relative al caso in cui b sia negativo

Se, viceversa, $b/\mu \gg 1$, gli esponenziali sono molto grandi, per cui

$$u(x) \simeq \frac{\exp(\frac{b}{\mu}x)}{\exp(\frac{b}{\mu})} = \exp\left(-\frac{b}{\mu}(1 - x)\right).$$

Pertanto la soluzione è prossima a zero in quasi tutto l'intervallo, tranne che in un intorno del punto $x = 1$, dove si raccorda ad 1 con un andamento esponenziale. Tale intorno ha un'ampiezza dell'ordine di μ/b ed è quindi molto piccolo: la soluzione presenta uno *strato limite* di bordo (*boundary layer* in inglese) di ampiezza $\mathcal{O}(\frac{\mu}{b})$ in corrispondenza di $x = 1$ (si veda la Fig. 12.1), in cui la derivata si comporta come b/μ, ed è pertanto illimitata se $\mu \to 0$.

Supponiamo ora di usare il metodo di Galerkin con elementi finiti lineari per approssimare (12.17): trovare $u_h \in X_h^1$ t.c.

$$\begin{cases} a(u_h, v_h) = 0 & \forall v_h \in \overset{\circ}{X}{}_h^1 \\ u_h(0) = 0, \ u_h(1) = 1, \end{cases} \qquad (12.20)$$

dove, indicando con x_i, per $i = 0, \ldots M$, i vertici della partizione introdotta su $(0, 1)$, abbiamo posto, coerentemente con (4.14),

$$X_h^r = \{v_h \in C^0([0,1]) : v_h\big|_{[x_{i-1}, x_i]} \in \mathbb{P}_r, \; i = 1, \ldots, M\},$$

$$\mathring{X}_h^r = \{v_h \in X_h^r : v_h(0) = v_h(1) = 0\},$$

per $r \geq 1$. Scelto, per ogni $i = 1, \ldots, M - 1$, $v_h = \varphi_i$ (l'i-esima funzione di base di X_h^1), si ha

$$\int_0^1 \mu u_h' \varphi_i' \, dx + \int_0^1 b u_h' \varphi_i \, dx = 0,$$

ovvero, essendo *supp* $(\varphi_i) = [x_{i-1}, x_{i+1}]$ e potendo scrivere $u_h = \sum_{j=1}^{M-1} u_j \varphi_j(x)$,

$$\mu \left[u_{i-1} \int_{x_{i-1}}^{x_i} \varphi_{i-1}' \varphi_i' \, dx + u_i \int_{x_{i-1}}^{x_{i+1}} (\varphi_i')^2 \, dx + u_{i+1} \int_{x_i}^{x_{i+1}} \varphi_{i+1}' \varphi_i' \, dx \right]$$

$$+ b \left[u_{i-1} \int_{x_{i-1}}^{x_i} \varphi_{i-1}' \varphi_i \, dx + u_i \int_{x_{i-1}}^{x_{i+1}} \varphi_i' \varphi_i \, dx + u_{i+1} \int_{x_i}^{x_{i+1}} \varphi_{i+1}' \varphi_i \, dx \right] = 0,$$

$\forall i = 1, \ldots, M - 1$. Se la partizione è uniforme, ovvero se $x_0 = 0$ e $x_i = x_{i-1} + h$, con $i = 1, \ldots, M$, osservando che $\varphi_i'(x) = \dfrac{1}{h}$ se $x_{i-1} < x < x_i$, $\varphi_i'(x) = -\dfrac{1}{h}$ se $x_i < x < x_{i+1}$, per $i = 1, \ldots, M - 1$, si ottiene

$$\mu \left(-u_{i-1} \frac{1}{h} + u_i \frac{2}{h} - u_{i+1} \frac{1}{h} \right) + b \left(-u_{i-1} \frac{1}{h} \frac{h}{2} + u_{i+1} \frac{1}{h} \frac{h}{2} \right) = 0,$$

cioè

$$\frac{\mu}{h}(-u_{i-1} + 2u_i - u_{i+1}) + \frac{1}{2}b(u_{i+1} - u_{i-1}) = 0, \quad i = 1, \ldots, M - 1. \quad (12.21)$$

Riordinando i termini troviamo

$$\left(\frac{b}{2} - \frac{\mu}{h} \right) u_{i+1} + \frac{2\mu}{h} u_i - \left(\frac{b}{2} + \frac{\mu}{h} \right) u_{i-1} = 0, \quad i = 1, \ldots, M - 1.$$

Dividendo per μ/h e definendo il *numero di Péclet locale* (o "di griglia")

$$\mathbb{Pe} = \frac{|b|h}{2\mu}, \quad (12.22)$$

si ha infine

$$(\mathbb{Pe} - 1)u_{i+1} + 2u_i - (\mathbb{Pe} + 1)u_{i-1} = 0, \quad i = 1, \ldots, M - 1. \quad (12.23)$$

Questa è un'equazione alle differenze di tipo lineare che ammette soluzioni di tipo esponenziale, ovvero della forma $u_i = \rho^i$ (si veda [QSS08]). Sostituendo tale espressione nella (12.23), otteniamo

$$(\mathbb{Pe} - 1)\rho^2 + 2\rho - (\mathbb{Pe} + 1) = 0,$$

dalla quale ricaviamo le due radici

$$\rho_{1,2} = \frac{-1 \pm \sqrt{1 + \mathbb{Pe}^2} - 1}{\mathbb{Pe} - 1} = \begin{cases} (1 + \mathbb{Pe})/(1 - \mathbb{Pe}), \\ 1. \end{cases}$$

Grazie alla linearità della (12.23), la soluzione generale di tale equazione è

$$u_i = A_1 \rho_1^i + A_2 \rho_2^i,$$

essendo A_1 e A_2 costanti arbitrarie. Imponendo le condizioni al bordo $u_0 = 0$ e $u_M = 1$ si trova

$$A_1 = -A_2 \ \ e \ \ A_2 = \left(1 - \left(\frac{1 + \mathbb{Pe}}{1 - \mathbb{Pe}} \right)^M \right)^{-1}.$$

In conclusione, la soluzione del problema (12.20) ha i seguenti valori nodali

$$u_i = \frac{1 - \left(\dfrac{1 + \mathbb{Pe}}{1 - \mathbb{Pe}} \right)^i}{1 - \left(\dfrac{1 + \mathbb{Pe}}{1 - \mathbb{Pe}} \right)^M}, \qquad \text{per } i = 0, \dots, M.$$

Osserviamo che, se $\mathbb{Pe} > 1$, al numeratore compare una potenza con base negativa e quindi la soluzione approssimata diviene oscillante, diversamente dalla soluzione esatta che è monotona! Questo fenomeno è esemplificato in Fig. 12.2 dove la soluzione della (12.23) per valori differenti del numero di Péclet locale è confrontata con la soluzione esatta per un caso in cui il numero di Péclet globale è pari a 50. Come si può osservare, più il numero di Péclet locale aumenta, più l'andamento della soluzione approssimata si discosta da quello della soluzione esatta, presentando oscillazioni che diventano sempre più marcate in corrispondenza dello strato limite.

Il rimedio più ovvio è quello di scegliere il passo h della mesh sufficientemente piccolo, in modo da garantire $\mathbb{Pe} < 1$. Tuttavia questa soluzione non è sempre conveniente: ad esempio, se $b = 1$ e $\mu = 1/5000$, bisognerebbe prendere $h < 1/2500$, ossia introdurre sull'intervallo $(0, 1)$ almeno 2500 intervalli! In particolare, tale strategia può rivelarsi assolutamente impraticabile per problemi ai limiti in più dimensioni. Una ragionevole soluzione alternativa è rappresentata da una strategia di raffinamento adattivo che infittisca la griglia solo in corrispondenza dello strato limite. Diverse strategie si possono seguire a questo scopo. Fra le più note citiamo le cosiddette griglie di tipo B (da Bakhvâlov) o di tipo S (da Shishkin). Si veda ad esempio [GRS07].

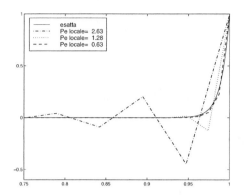

Figura 12.2. Soluzione agli elementi finiti del problema di diffusione trasporto (12.16) con $\mathbb{Pe}_g = 50$ per diversi valori del numero di Péclet locale

12.3 Analisi di un problema di diffusione-reazione monodimensionale

Consideriamo ora un problema monodimensionale di diffusione-reazione

$$\begin{cases} -\mu u'' + \sigma u = 0, \ 0 < x < 1, \\ u(0) = 0, \qquad u(1) = 1, \end{cases} \tag{12.24}$$

con μ e σ costanti positive, la cui soluzione è

$$u(x) = \frac{\sinh(\alpha x)}{\sinh(\alpha)} = \frac{e^{\alpha x} - e^{-\alpha x}}{e^{\alpha} - e^{-\alpha}}, \ \text{con } \alpha = \sqrt{\sigma/\mu}.$$

Anche in questo caso, se $\sigma/\mu \gg 1$, vi è uno strato limite per $x \to 1$ con uno spessore dell'ordine di $\sqrt{\mu/\sigma}$ in cui la derivata prima diventa illimitata per $\mu \to 0$ (si osservi, ad esempio, la soluzione esatta per il caso riportato in Fig. 12.3). È interessante definire anche in questo caso un numero di Péclet globale, che prende la forma

$$\mathbb{Pe}_g = \frac{\sigma L^2}{6\mu},$$

essendo ancora L la dimensione lineare del dominio (1 nel nostro caso).
L'approssimazione con il metodo di Galerkin di (12.24) è

$$\text{trovare } u_h \in X_h^r \text{ t.c. } a(u_h, v_h) = 0 \quad \forall v_h \in \overset{\circ}{X}_h^r, \tag{12.25}$$

per $r \geq 1$, con $u_h(0) = 0$ e $u_h(1) = 1$ e $a(u_h, v_h) = \int_0^1 (\mu u_h' v_h' + \sigma u_h v_h)dx$.
Equivalentemente, ponendo $\overset{\circ}{u}_h = u_h - x$, e $F(v_h) = -a(x, v_h) = -\int_0^1 \sigma x v_h dx$, otteniamo

$$\text{trovare } \overset{\circ}{u}_h \in V_h \text{ t.c. } a(\overset{\circ}{u}_h, v_h) = F(v_h) \quad \forall v_h \in V_h, \tag{12.26}$$

con $V_h = \overset{\circ}{X}{}^r_h$. Per semplicità, consideriamo il problema (12.25) con elementi finiti lineari (ovvero $r = 1$) su una partizione uniforme. L'equazione relativa alla generica funzione di base φ_i, $i = 1, \dots, M - 1$, è

$$\int_0^1 \mu u'_h \varphi'_i \, dx + \int_0^1 \sigma u_h \varphi_i \, dx = 0.$$

Sviluppando i calcoli in maniera analoga a quanto fatto nel paragrafo precedente, ed osservando che

$$\int_{x_{i-1}}^{x_i} \varphi_{i-1} \, \varphi_i \, dx = \frac{h}{6}, \qquad \int_{x_{i-1}}^{x_{i+1}} \varphi_i^2 \, dx = \frac{2}{3}h, \qquad \int_{x_i}^{x_{i+1}} \varphi_i \, \varphi_{i+1} \, dx = \frac{h}{6},$$

si ottiene

$$\mu \left(-u_{i-1}\frac{1}{h} + u_i\frac{2}{h} - u_{i+1}\frac{1}{h} \right) + \sigma \left(u_{i-1}\frac{h}{6} + u_i\frac{2}{3}h + u_{i+1}\frac{h}{6} \right) = 0, \qquad (12.27)$$

ossia

$$\left(\frac{h}{6}\sigma - \frac{\mu}{h} \right) u_{i+1} + \left(\frac{2}{3}\sigma h + \frac{2\mu}{h} \right) u_i + \left(\frac{h}{6}\sigma - \frac{\mu}{h} \right) u_{i-1} = 0.$$

Dividendo per μ/h e definendo il seguente numero di Péclet locale

$$\mathbb{P}\mathrm{e} = \frac{\sigma h^2}{6\mu}, \qquad (12.28)$$

si ha infine

$$(\mathbb{P}\mathrm{e} - 1)u_{i+1} + 2(1 + 2\mathbb{P}\mathrm{e})u_i + (\mathbb{P}\mathrm{e} - 1)u_{i-1} = 0, \qquad i = 1, \dots, M - 1.$$

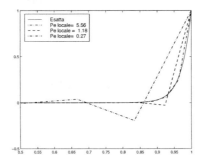

Figura 12.3. Confronto tra soluzione numerica e soluzione esatta del problema di diffusione-reazione (12.24) con $\mathbb{P}\mathrm{e}_g = 200$. La soluzione numerica è stata ottenuta utilizzando il metodo di Galerkin-elementi finiti lineari su griglie uniformi

Tale equazione alle differenze ammette come soluzione, per ogni $i = 0, \ldots, M$

$$u_i = \frac{\left[\dfrac{1 + 2\mathbb{P}e + \sqrt{3\mathbb{P}e(\mathbb{P}e + 2)}}{1 - \mathbb{P}e}\right]^i - \left[\dfrac{1 + 2\mathbb{P}e - \sqrt{3\mathbb{P}e(\mathbb{P}e + 2)}}{1 - \mathbb{P}e}\right]^i}{\left[\dfrac{1 + 2\mathbb{P}e + \sqrt{3\mathbb{P}e(\mathbb{P}e + 2)}}{1 - \mathbb{P}e}\right]^M - \left[\dfrac{1 + 2\mathbb{P}e - \sqrt{3\mathbb{P}e(\mathbb{P}e + 2)}}{1 - \mathbb{P}e}\right]^M},$$

che, ancora una volta, risulta oscillante quando $\mathbb{P}e > 1$.

Il problema è dunque critico quando $\frac{\sigma}{\mu} \gg 1$, ovvero quando il coefficiente di diffusione è molto piccolo rispetto a quello di reazione e lo diventa sempre più all'aumentare del rapporto $\frac{\sigma}{\mu}$ (si veda l'esempio riportato in Fig. 12.3).

12.4 Relazioni tra elementi finiti e differenze finite

Vogliamo analizzare il comportamento del metodo delle Differenze Finite (DF, per brevità) applicato alla risoluzione di problemi di diffusione-trasporto e di diffusione-reazione, ed evidenziarne analogie e differenze con il metodo agli Elementi Finiti (EF, per brevità). Ci limiteremo al caso *monodimensionale* e considereremo una *mesh uniforme*.

Consideriamo ancora il problema (12.16) e approssimiamolo mediante differenze finite. Allo scopo di avere un errore di discretizzazione locale dello stesso ordine di grandezza per entrambi i termini, si approssimeranno le derivate utilizzando i rapporti incrementali centrati seguenti:

$$u'(x_i) = \frac{u(x_{i+1}) - u(x_{i-1})}{2h} + \mathcal{O}(h^2), \qquad i = 1, \ldots, M - 1, \qquad (12.29)$$

$$u''(x_i) = \frac{u(x_{i+1}) - 2u(x_i) + u(x_{i-1})}{h^2} + \mathcal{O}(h^2), \quad i = 1, \ldots, M - 1. \quad (12.30)$$

In entrambi i casi, come evidenziato, il resto è un infinitesimo rispetto al passo reticolare h, come si può facilmente provare invocando gli sviluppi troncati di Taylor (si veda, ad esempio, [QSS08]). Sostituendo in (12.16) le derivate esatte con i rapporti incrementali (trascurando dunque l'errore infinitesimo), troviamo lo schema seguente

$$\begin{cases} -\mu \dfrac{u_{i+1} - 2u_i + u_{i-1}}{h^2} + b \dfrac{u_{i+1} - u_{i-1}}{2h} = 0, \quad i = 1, \ldots, M - 1, \\ u_0 = 0, \quad u_M = 1. \end{cases} \qquad (12.31)$$

Per ogni i, l'incognita u_i fornisce un'approssimazione per il valore nodale $u(x_i)$. Moltiplicando per h otteniamo la stessa equazione (12.21) del metodo degli elementi finiti lineari sulla stessa griglia uniforme.

Consideriamo ora il problema di diffusione e reazione (12.24). Procedendo in modo analogo, la sua approssimazione con le differenze finite fornisce

$$\begin{cases} -\mu \dfrac{u_{i+1} - 2u_i + u_{i-1}}{h^2} + \sigma u_i = 0, & i = 1, \ldots, M-1, \\ u_0 = 0, & u_M = 1. \end{cases} \qquad (12.32)$$

Tale equazione risulta diversa dalla (12.27) ottenuta con elementi finiti lineari in quanto il termine di reazione, che in (12.32) compare con il contributo diagonale σu_i, nella (12.27) dà luogo alla somma di tre contributi differenti

$$\sigma \left(u_{i-1} \frac{h}{6} + u_i \frac{2}{3} h + u_{i+1} \frac{h}{6} \right).$$

Dunque i due metodi EF e DF *non* sono in questo caso equivalenti. Osserviamo che la soluzione ottenuta con lo schema alle DF (12.32) non presenta oscillazioni, qualunque sia il valore scelto per il passo h di discretizzazione. Infatti la soluzione di (12.32) è

$$u_i = (\rho_+^M - \rho_-^M)^{-1}(\rho_+^i - \rho_-^i),$$

con

$$\rho_\pm = \frac{\gamma}{2} \pm \left(\frac{\gamma^2}{4} - 1 \right)^{\frac{1}{2}} \text{ e } \gamma = 2 + \frac{\sigma h^2}{\mu}.$$

Le potenze i-esime ora hanno una base positiva, garantendo un andamento monotono della successione $\{u_i\}$. Ciò differisce da quanto visto in Sez. 12.3 per gli EF, per i quali occorre garantire che il numero di Péclet locale (12.28) sia minore di 1, ovvero scegliere $h \le \sqrt{\frac{6\mu}{\sigma}}$. Si veda l'esempio riportato in Fig. 12.4 per avere un confronto tra un'approssimazione ad elementi finiti ed una alle differenze finite.

12.5 Diagonalizzazione della matrice di massa (*mass-lumping*)

Nel caso del problema di reazione-diffusione, si può ottenere usando elementi finiti lineari lo stesso risultato delle differenze finite, pur di far ricorso alla cosiddetta tecnica del *mass-lumping* grazie alla quale la *matrice di massa*

$$M = (m_{ij}), \qquad m_{ij} = \int_0^1 \varphi_j \varphi_i \, dx,$$

che è tridiagonale, viene approssimata con una matrice diagonale M_L, detta *matrice condensata*, o *lumped*.

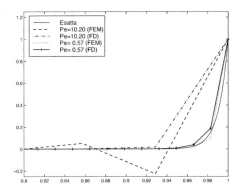

Figura 12.4. Confronto tra soluzioni numeriche dell'equazione di diffusione-reazione monodimensionale (12.24) con $\mathbb{P}e_g = 2000$ ottenute utilizzando il metodo di Galerkin-elementi finiti lineari (FEM) ed il metodo alle differenze finite (FD), per diversi valori del numero di Péclet locale

A tale scopo si utilizza la seguente formula di quadratura dei trapezi su ciascun intervallo (x_i, x_{i+1}), per ogni $i = 0, \ldots, M - 1$

$$\int\limits_{x_i}^{x_{i+1}} f(x) \, dx \simeq \frac{h}{2}(f(x_i) + f(x_{i+1})).$$

Grazie alle proprietà delle funzioni di base degli elementi finiti lineari, si trova allora:

$$\int_{x_{i-1}}^{x_i} \varphi_{i-1}\varphi_i \, dx \simeq \frac{h}{2}\left[\varphi_{i-1}(x_{i-1})\varphi_i(x_{i-1}) + \varphi_{i-1}(x_i)\varphi_i(x_i)\right] = 0,$$

$$\int_{x_{i-1}}^{x_{i+1}} \varphi_i^2 \, dx = 2\int_{x_{i-1}}^{x_i} \varphi_i^2 \, dx \simeq 2\frac{h}{2}\left[\varphi_i^2(x_{i-1}) + \varphi_i^2(x_i)\right] = h,$$

$$\int_{x_i}^{x_{i+1}} \varphi_i\varphi_{i+1} \, dx \simeq \frac{h}{2}\left[\varphi_i(x_i)\varphi_{i+1}(x_i) + \varphi_i(x_{i+1})\varphi_{i+1}(x_{i+1})\right] = 0.$$

Usando le formule precedenti per calcolare in modo approssimato gli elementi della matrice di massa, si perviene alla seguente matrice diagonale M_L avente per elementi le somme degli elementi di ogni riga della matrice M, ovvero

$$M_L = \text{diag}(\tilde{m}_{ii}), \quad \text{con} \quad \tilde{m}_{ii} = \sum_{j=i-1}^{i+1} m_{ij}. \tag{12.33}$$

Si noti che, grazie alla seguente proprietà di *partizione dell'unità* delle funzioni di base

$$\sum_{j=0}^{M} \varphi_j(x) = 1 \quad \forall x \in [0,1], \tag{12.34}$$

gli elementi della matrice M_L assumono la seguente espressione sull'intervallo $[0, 1]$

$$\tilde{m}_{ii} = \int_0^1 \varphi_i \, dx, \qquad i = 0, \dots, M.$$

I loro valori sono riportati nell'Esercizio 3 per elementi finiti di grado $1, 2, 3$.
Il problema agli elementi finiti in cui si sostituiscano i termini di ordine zero nel seguente modo

$$\int_0^1 \sigma \, u_h \, \varphi_i \, dx = \sigma \sum_{j=1}^{M-1} u_j \int_0^1 \varphi_j \, \varphi_i \, dx = \sigma \sum_{j=1}^{M-1} m_{ij} \, u_j \simeq \sigma \, \tilde{m}_{ii} \, u_i,$$

produce soluzioni coincidenti con quelle delle differenze finite, dunque monotone per ogni valore di h. Inoltre, la sostituzione di M con M_L non riduce l'ordine di accuratezza del metodo.

Il procedimento di *mass-lumping* (12.33) è generalizzabile al caso bidimensionale nel caso si usino elementi lineari. Per elementi finiti quadratici, invece, la procedura di somma per righe precedentemente descritta genererebbe una matrice di massa M_L singolare (si veda l'Esempio 12.1). Una strategia di diagonalizzazione alternativa alla precedente consiste nell'utilizzare la matrice $\widehat{M} = \text{diag}(\widehat{m}_{ii})$ con elementi dati da

$$\widehat{m}_{ii} = \frac{m_{ii}}{\sum_j m_{jj}}.$$

Nel caso monodimensionale, per elementi finiti lineari e quadratici, le matrici $\widehat{M}$ e M_L coincidono, mentre differiscono per elementi cubici (si veda l'Esercizio 3). La matrice $\widehat{M}$ è non singolare anche per elementi finiti lagrangiani di ordine elevato, mentre può risultare singolare se si utilizzano elementi finiti non lagrangiani, per esempio se si usano basi gerarchiche. In quest'ultimo caso, si ricorre a procedure di *mass-lumping* più sofisticate. Sono state infatti elaborate diverse nuove tecniche di diagonalizzazione anche per elementi finiti di grado elevato, e in grado di generare matrici non-singolari. Si veda ad esempio [CJRT01].

Esempio 12.1 La matrice di massa per i $\mathbb{P}_2$, sull'elemento di riferimento di vertici $(0, 0)$, $(1, 0)$ e $(0, 1)$, è data da

$$M = \frac{1}{180} \begin{bmatrix} 6 & -1 & -1 & 0 & -4 & 0 \\ -1 & 6 & -1 & 0 & 0 & -4 \\ -1 & -1 & 6 & -4 & 0 & 0 \\ 0 & 0 & -4 & 32 & 16 & 16 \\ -4 & 0 & 0 & 16 & 32 & 16 \\ 0 & -4 & 0 & 16 & 16 & 32 \end{bmatrix},$$

mentre le matrici di massa condensate sono date da

$$M_L = \frac{1}{180} \text{diag}(0 \; 0 \; 0 \; 60 \; 60 \; 60),$$

$$\widehat{M} = \frac{1}{114} \text{diag}(6 \; 6 \; 6 \; 32 \; 32 \; 32).$$

Come si vede la matrice M_L è singolare. ∎

La tecnica del mass-lumping verrà utilizzata anche in altri contesti, ad esempio nella risoluzione di problemi parabolici (si veda il Cap. 5) quando si utilizzano discretizzazioni spaziali agli elementi finiti e discretizzazioni temporali esplicite alle differenze finite (come il metodo di Eulero in avanti). In tal caso, ricorrendo al *lumping* della matrice di massa derivante dalla discretizzazione della derivata temporale, ci si riconduce alla soluzione di un sistema diagonale con conseguente riduzione del corrispondente costo computazionale.

12.6 Schemi decentrati e diffusione artificiale

Il confronto con le differenze finite ci ha permesso di trovare una strada per risolvere i problemi degli schemi ad elementi finiti nel caso di un problema di diffusione-reazione. Vogliamo ora trovare un rimedio anche per il caso del problema di diffusione-trasporto (12.16).

Mettiamoci nell'ambito delle differenze finite. Le oscillazioni nella soluzione numerica nascono dal fatto che si è utilizzato uno schema alle differenze finite centrate (DFC) per la discretizzazione del termine di trasporto. Un'idea che deriva dal significato fisico del termine di trasporto suggerisce di discretizzare la derivata prima in un punto x_i con un rapporto incrementale decentrato nel quale intervenga il valore in x_{i-1} se il campo è positivo, e in x_{i+1} in caso contrario.

Questa tecnica è detta di *upwinding* e lo schema risultante, denominato *schema upwind* (in breve DFUP) si scrive, nel caso $b > 0$, come

$$-\mu \frac{u_{i+1} - 2u_i + u_{i-1}}{h^2} + b \frac{u_i - u_{i-1}}{h} = 0, \qquad i = 1, \ldots, M - 1 . \qquad (12.35)$$

(Si veda la Fig. 12.5 per un esempio di applicazione dello schema *upwind*). Il prezzo da pagare è una riduzione dell'ordine di convergenza in quanto il rapporto incrementale decentrato introduce un errore di discretizzazione locale che è $\mathcal{O}(h)$ e non $\mathcal{O}(h^2)$ (si veda (12.30)) come nel caso delle DFC.

Osserviamo ora che

$$\frac{u_i - u_{i-1}}{h} = \frac{u_{i+1} - u_{i-1}}{2h} - \frac{h}{2} \frac{u_{i+1} - 2u_i + u_{i-1}}{h^2},$$

ovvero il rapporto incrementale decentrato si può scrivere come la somma di un rapporto incrementale centrato per approssimare la derivata prima e di un termine proporzionale alla discretizzazione della derivata seconda discretizzata ancora con un rapporto incrementale centrato. Pertanto, lo schema *upwind* si può reinterpretare come uno schema alle differenze finite centrate in cui è stato aggiunto un termine di *diffusione artificiale* proporzionale ad h. In effetti, la (12.35) è equivalente a

$$-\mu_h \frac{u_{i+1} - 2u_i + u_{i-1}}{h^2} + b \frac{u_{i+1} - u_{i-1}}{2h} = 0, \qquad i = 1, \ldots, M - 1, \qquad (12.36)$$

dove $\mu_h = \mu(1 + \mathbb{Pe})$, essendo $\mathbb{Pe}$ il numero di Péclet locale introdotto in (12.22). Lo schema (12.36) corrisponde alla discretizzazione con uno schema DFC del *problema*

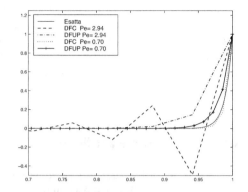

Figura 12.5. Soluzione ottenuta utilizzando lo schema delle differenze finite centrate (DFC) e *upwind* (DFUP) per l'equazione di diffusione-trasporto monodimensionale (12.16) con $\mathbb{Pe}_g = 50$. Anche ad alti numeri di Péclet locale si può notare l'effetto stabilizzante della diffusione artificiale introdotta dallo schema upwind, accompagnata, inevitabilmente, da una perdita di accuratezza

perturbato

$$-\mu_h u'' + bu' = 0. \tag{12.37}$$

La "correzione" della viscosità $\mu_h - \mu = \mu\mathbb{Pe} = \dfrac{bh}{2}$ è detta *viscosità numerica* o anche *viscosità artificiale*. Il nuovo numero di Péclet locale, associato allo schema (12.36), è

$$\mathbb{Pe}^* = \frac{bh}{2\mu_h} = \frac{\mathbb{Pe}}{(1 + \mathbb{Pe})},$$

e pertanto esso verifica $\mathbb{Pe}^* < 1$ per ogni valore possibile di $h > 0$. Come vedremo nella prossima sezione, questa interpretazione consente di estendere la tecnica *upwind* agli elementi finiti ed anche al caso bidimensionale, dove il concetto di decentramento della derivata non è peraltro così ovvio.

Più in generale, possiamo utilizzare in uno schema DFC della forma (12.36) il seguente coefficiente di viscosità numerica

$$\mu_h = \mu(1 + \phi(\mathbb{Pe})), \tag{12.38}$$

dove ϕ è una funzione opportuna del numero di Péclet locale che deve soddisfare la proprietà $\lim\limits_{t\to 0+} \phi(t) = 0$. È facile osservare che se $\phi = 0$ si ottiene il metodo DFC (12.31), mentre se $\phi(t) = t$, si ottiene il metodo DFUP (o *upwind*) (12.35) (o (12.36)). Altre scelte di ϕ danno luogo a schemi diversi. Ad esempio, ponendo

$$\phi(t) = t - 1 + B(2t),$$

dove B è la cosiddetta *funzione di Bernoulli* definita come

$$B(t) = \frac{t}{e^t - 1} \quad \text{se } t > 0, \quad \text{e} \quad B(0) = 1,$$

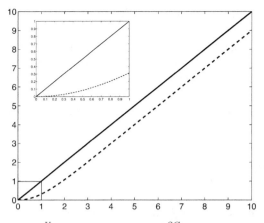

Figura 12.6. Le funzioni ϕ^U (in linea continua) e ϕ^{SG} (in linea tratteggiata) al variare del numero di Péclet

si ottiene lo schema comunemente chiamato di Scharfetter e Gummel, detto anche di Iljin o del *fitting esponenziale* (in realtà tale schema è stato originariamente introdotto da Allen e Southwell [AS55]).

Indicati con ϕ^U e ϕ^{SG} rispettivamente le due funzioni individuate dalle scelte $\phi(t) = t$ e $\phi(t) = t - 1 - B(2t)$, si osserva che $\phi^{SG} \simeq \phi^U$ se $\mathbb{Pe} \to +\infty$, mentre $\phi^{SG} = \mathcal{O}(\mathbb{Pe}^2)$ e $\phi^U = \mathcal{O}(\mathbb{Pe})$ se $\mathbb{Pe} \to 0^+$ (si veda la Fig. 12.6).

Si può verificare che per ogni μ e b fissati, lo schema di Scharfetter e Gummel è del secondo ordine (rispetto ad h) e, per tale ragione, è anche detto schema *upwind* con viscosità ottimale. In realtà, si può verificare anche che, nel caso in cui f sia costante (o, più in generale, è sufficiente che sia costante in ogni intervallo $[x_i, x_{i+1}]$), la soluzione numerica prodotta da questo schema coincide esattamente con la soluzione u nei nodi di discretizzazione x_i interni all'intervallo $(0, 1)$, ovvero si ha che

$$u_i = u(x_i) \quad \text{per } i = 1, \dots, M - 1,$$

indipendentemente dalla scelta fatta per h (si veda la Fig. 12.7).

Osserviamo che il corrispondente numero di Péclet locale è

$$\mathbb{Pe}^* = \frac{bh}{2\mu_h} = \frac{\mathbb{Pe}}{(1 + \phi(\mathbb{Pe}))},$$

pertanto esso è sempre minore di 1, per ogni valore di h.

Osservazione 12.2 La matrice associata agli schemi *upwind* e del *fitting esponenziale* è una M-matrice *indipendentemente dal* valore di h; pertanto la soluzione numerica ha un andamento monotono (si veda [QSS08, Cap. 1]).   ●

12.7 Autovalori del problema di diffusione-trasporto

Consideriamo l'operatore $Lu = -\mu u'' + bu'$ associato al problema (12.16) in un generico intervallo (α, β), e studiamo il comportamento degli autovalori λ ad esso associati. Essi verificano il problema $Lu = \lambda u$, $\alpha < x < \beta$, $u(\alpha) = u(\beta) = 0$, u essendo un'autofunzione. Tali autovalori saranno, in generale, complessi per via della presenza del termine bu' di ordine 1. Supponendo $\mu > 0$ costante (e b a priori variabile), abbiamo

$$\int_{\alpha}^{\beta} |u|^2 \, dx \, \mathrm{Re}(\lambda) = \int_{\alpha}^{\beta} Lu \, \overline{u} \, dx = \mu \int_{\alpha}^{\beta} |u'|^2 \, dx - \frac{1}{2} \int_{\alpha}^{\beta} b' |u|^2 \, dx. \tag{12.39}$$

Si evince che se μ è piccolo e b' è strettamente positivo la parte reale di λ non è necessariamente positiva. Grazie alla disuguaglianza di Poincaré (2.13) abbiamo

$$\int_{\alpha}^{\beta} |u'|^2 \, dx \geq C_{\alpha,\beta} \int_{\alpha}^{\beta} |u|^2 \, dx, \tag{12.40}$$

essendo $C_{\alpha,\beta}$ una costante positiva che dipende da $\beta - \alpha$. Pertanto

$$\mathrm{Re}(\lambda) \geq C_{\alpha,\beta} \, \mu - \frac{1}{2} b'_{max}$$

essendo $b'_{max} = \max_{\alpha \leq s \leq \beta} b'(s)$. In particolare, osserviamo che

$$\mathrm{Re}(\lambda) > 0 \quad \text{se } b \text{ è costante o} \quad b'(x) \leq 0 \quad \forall x \in [\alpha, \beta].$$

Lo stesso tipo di limitazione inferiore si ottiene per gli autovalori associati all'approssimazione di Galerkin-elementi finiti. Questi ultimi sono la soluzione del

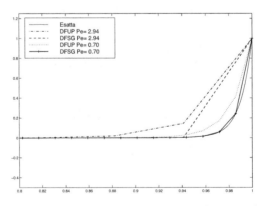

Figura 12.7. Confronto fra la soluzione con viscosità numerica *upwind* (DFUP) e quella di Scharfetter e Gummel (DFSG) nel caso in cui $\mathbb{P}e_g = 50$

problema:

trovare $\lambda_h \in \mathbb{C}$, $u_h \in V_h$:

$$\int_\alpha^\beta \mu u'_h v'_h \, dx + \int_\alpha^\beta b u'_h v_h \, dx = \lambda_h \int_\alpha^\beta u_h v_h \, dx \quad \forall v_h \in V_h, \tag{12.41}$$

dove $V_h = \{v_h \in X_h^r : v_h(\alpha) = v_h(\beta) = 0\}$. Per dimostrarlo basta prendere ancora $v_h = \bar{u}_h$ in (12.41) ed operare come in precedenza.

Possiamo invece ottenere una limitazione dall'alto scegliendo ancora $v_h = \bar{u}_h$ in (12.41) e prendendo il modulo in entrambi i membri:

$$|\lambda_h| \leq \frac{\mu \|u'_h\|^2_{L^2(\alpha,\beta)} + \|b\|_{L^\infty(\alpha,\beta)} \|u'_h\|_{L^2(\alpha,\beta)} \|u_h\|_{L^2(\alpha,\beta)}}{\|u_h\|^2_{L^2(\alpha,\beta)}}.$$

Usando ora la *disuguaglianza inversa* (4.51) nel caso monodimensionale

$$\exists\, C_I = C_I(r) > 0 : \forall v_h \in X_h^r, \quad \|v'_h\|_{L^2(\alpha,\beta)} \leq C_I\, h^{-1} \|v_h\|_{L^2(\alpha,\beta)}, \tag{12.42}$$

troviamo facilmente che

$$|\lambda_h| \leq \mu\, C_I^2\, h^{-2} + \|b\|_{L^\infty(\alpha,\beta)}\, C_I\, h^{-1}.$$

Nel caso di un'approssimazione spettrale di Legendre G-NI sul consueto intervallo di riferimento $(-1, 1)$, il problema agli autovalori assumerebbe la forma seguente:

trovare $\lambda^N \in \mathbb{C}$, $u_N \in \mathbb{P}_N^0$:

$$\left(\mu u'_N, v'_N\right)_N + \left(b u'_N, v_N\right)_N = \lambda^N \left(u_N, v_N\right)_N \quad \forall v_N \in \mathbb{P}_N^0, \tag{12.43}$$

essendo ora $\mathbb{P}_N^0$ lo spazio dei polinomi algebrici di grado N che si annullano in $x = \pm 1$ e $(\cdot, \cdot)_N$ il prodotto scalare discreto di GLL definito in (10.25). Supporremo, per semplicità, che anche b sia costante. Prendendo $v_N = \bar{u}_N$, otteniamo

$$\mathrm{Re}(\lambda^N) = \frac{\mu \|u'_N\|^2_{L^2(-1,1)}}{\|u_N\|^2_N},$$

pertanto $\mathrm{Re}(\lambda^N) > 0$. Grazie alla disuguaglianza di Poincaré (12.40) (che nell'intervallo $(-1, 1)$ vale con costante $C_{\alpha,\beta} = \pi^2/4$), otteniamo la stima dal basso

$$\mathrm{Re}(\lambda^N) > \mu\, \frac{\pi^2}{4}\, \frac{\|u_N\|^2_{L^2(-1,1)}}{\|u_N\|^2_N}.$$

Essendo u_N un polinomio di grado al più N, grazie alla (10.52) otteniamo

$$\mathrm{Re}(\lambda^N) > \mu\, \frac{\pi^2}{12}.$$

Usando invece la seguente disuguaglianza inversa per i polinomi algebrici

$$\exists\, C > 0 \,:\, \forall v_N \in \mathbb{P}_N, \quad \|v_N'\|_{L^2(-1,1)} \leq C\, N^2\, \|v_N\|_{L^2(-1,1)} \qquad (12.44)$$

(si veda [CHQZ06]) e ancora una volta la (10.52), si trova

$$\mathrm{Re}(\lambda^N) < C\,\mu\,N^4.$$

In realtà, se $N > 1/\mu$, si può provare che i moduli degli autovalori del problema di diffusione-trasporto (12.43) si comportano come quelli del problema di pura diffusione, ovvero (si veda Sez. 10.3.2)

$$C_1\, N^{-1} \leq |\lambda^N| \leq C_2\, N^2.$$

Per le dimostrazioni e per maggiori dettagli si veda [CHQZ06, Sez. 4.3.3].

12.8 Metodi di stabilizzazione

Il metodo di Galerkin introdotto nelle sezioni precedenti fornisce un'approssimazione centrata del termine di trasporto. Un modo possibile per decentrare o dissimmetrizzare tale approssimazione consiste nello scegliere le funzioni test v_h in uno spazio diverso da quello a cui appartiene u_h: si ottiene così un metodo detto *di Petrov-Galerkin*, per il quale non vale più l'analisi basata sul Lemma di Céa. Analizzeremo più nel dettaglio questo approccio nella Sez. 12.8.2. In questa sezione ci occuperemo invece di un altro metodo, detto *degli elementi finiti stabilizzati*. Peraltro, come vedremo, gli schemi così prodotti si possono reinterpretare come particolari metodi di Petrov-Galerkin. L'approssimazione del problema (12.18) con il metodo di Galerkin è

$$\text{trovare } \overset{\circ}{u}_h \in V_h \,:\, a(\overset{\circ}{u}_h, v_h) = F(v_h) \quad \forall v_h \in V_h, \qquad (12.45)$$

essendo $V_h = \overset{\circ}{X}{}_h^r, r \geq 1$. Consideriamo invece il metodo di Galerkin generalizzato

$$\text{trovare } \overset{\circ}{u}_h \in V_h \,:\, a_h(\overset{\circ}{u}_h, v_h) = F_h(v_h) \quad \forall v_h \in V_h, \qquad (12.46)$$

in cui per ogni $u_h, v_h \in V_h$,

$$a_h(u_h, v_h) = a(u_h, v_h) + b_h(u_h, v_h) \ \text{ e } \ F_h(v_h) = F(v_h) + G_h(v_h). \qquad (12.47)$$

I termini aggiuntivi $b_h(u_h, v_h)$ e $G_h(v_h)$ hanno lo scopo di eliminare (o quanto meno di ridurre) le oscillazioni numeriche prodotte dal metodo di Galerkin e sono pertanto denominati *termini di stabilizzazione*. Essi dipendono parametricamente da h.

Osservazione 12.3 Si vuole far notare che il termine "*stabilizzazione*" è in realtà improprio. Il metodo di Galerkin è infatti già stabile, nel senso della continuità della soluzione rispetto ai dati del problema (si veda quanto dimostrato, ad esempio, nella Sez. 12.1 per il problema (12.1)). Stabilizzazione va intesa, in questo caso, nel senso di ridurre (idealmente di eliminare) le oscillazioni presenti nella soluzione numerica quando $\mathbb{Pe} > 1$. •

Vediamo ora vari modi con cui scegliere i termini di stabilizzazione.

12.8.1 Diffusione artificiale e schemi decentrati agli elementi finiti

Basandoci su quanto visto per le differenze finite e riferendoci, per semplicità, al caso monodimensionale, applichiamo il metodo di Galerkin al problema (12.16) sostituendo al coefficiente di viscosità μ un coefficiente $\mu_h = \mu(1 + \phi(\mathbb{Pe}))$. In tal modo si aggiunge di fatto al termine originale di viscosità μ una *viscosità artificiale* (o *numerica*) pari a $\mu\phi(\mathbb{Pe})$, dipendente dal passo di discretizzazione h attraverso il numero di Péclet locale $\mathbb{Pe}$. Ciò corrisponde a scegliere in (12.47)

$$b_h(u_h, v_h) = \mu\phi(\mathbb{Pe}) \int_0^1 u_h' v_h' \, dx, \qquad G_h(v_h) = 0. \qquad (12.48)$$

Essendo

$$a_h(\overset{\circ}{u}_h, \overset{\circ}{u}_h) \geq \mu_h |\overset{\circ}{u}_h|^2_{\mathrm{H}^1(\Omega)}$$

e $\mu_h \geq \mu$, possiamo affermare che il problema (12.46)-(12.47) è "più coercivo" (ovvero ha una costante di coercività più grande) del problema discreto ottenuto con il metodo di Galerkin standard, che ritroviamo prendendo $a_h = a$ in (12.45).

Il seguente risultato fornisce una stima a priori dell'errore.

Teorema 12.1 *Nell'ipotesi che $u \in \mathrm{H}^{r+1}(\Omega)$, l'errore fra la soluzione del problema (12.18) e quella del problema approssimato (12.46) con diffusione artificiale si può maggiorare come segue*

$$\| \overset{\circ}{u} - \overset{\circ}{u}_h \|_{\mathrm{H}^1(\Omega)} \leq$$
$$C \frac{h^r}{\mu(1 + \phi(\mathbb{Pe}))} \| \overset{\circ}{u} \|_{\mathrm{H}^{r+1}(\Omega)} + \frac{\phi(\mathbb{Pe})}{1 + \phi(\mathbb{Pe})} \| \overset{\circ}{u} \|_{\mathrm{H}^1(\Omega)}, \qquad (12.49)$$

essendo C un'opportuna costante positiva indipendente da h e da μ.

Dimostrazione. Ci possiamo avvalere del *Lemma di Strang*, già illustrato nella Sez. 10.4.1, grazie al quale otteniamo

$$\| \overset{\circ}{u} - \overset{\circ}{u}_h \|_{\mathrm{H}^1(\Omega)} \leq \inf_{w_h \in V_h} \left\{ \left(1 + \frac{M}{\mu_h}\right) \| \overset{\circ}{u} - w_h \|_{\mathrm{H}^1(\Omega)} \right.$$
$$\left. + \frac{1}{\mu_h} \sup_{v_h \in V_h, v_h \neq 0} \frac{|a(w_h, v_h) - a_h(w_h, v_h)|}{\|v_h\|_{\mathrm{H}^1(\Omega)}} \right\}. \qquad (12.50)$$

Scegliamo $w_h = P_h^r \overset{\circ}{u}$; quest'ultima è la proiezione ortogonale di $\overset{\circ}{u}$ su V_h rispetto al prodotto scalare $\int_0^1 u'v'\,dx$ di $H_0^1(\Omega)$, ovvero

$$P_h^r \overset{\circ}{u} \in V_h : \quad \int_0^1 (P_h^r \overset{\circ}{u} - \overset{\circ}{u})'v_h'\,dx = 0 \quad \forall v_h \in V_h.$$

Si può dimostrare che (si veda [QV94, Cap. 3])

$$\|(P_h^r \overset{\circ}{u})'\|_{L^2(\Omega)} \leq \|(\overset{\circ}{u})'\|_{L^2(\Omega)} \quad e \quad \|P_h^r \overset{\circ}{u} - \overset{\circ}{u}\|_{H^1(\Omega)} \leq Ch^r \|\overset{\circ}{u}\|_{H^{r+1}(\Omega)},$$

essendo C una costante indipendente da h. Possiamo così maggiorare il primo addendo del termine di destra nella (12.50) con la quantità $(C/\mu_h)h^r \|\overset{\circ}{u}\|_{H^{r+1}(\Omega)}$.
Ora, grazie alla (12.48), otteniamo

$$\frac{1}{\mu_h} \frac{|a(w_h,v_h) - a_h(w_h,v_h)|}{\|v_h\|_{H^1(\Omega)}} \leq \frac{\mu}{\mu_h}\phi(\mathbb{Pe}) \frac{1}{\|v_h\|_{H^1(\Omega)}} \left| \int_0^1 w_h'v_h'\,dx \right|.$$

Usando la disuguaglianza di Cauchy-Schwarz, ed osservando che

$$\|v_h'\|_{L^2(\Omega)} \leq \|v_h\|_{H^1(\Omega)}, \qquad \|(P_h^r \overset{\circ}{u})'\|_{L^2(\Omega)} \leq \|P_h^r \overset{\circ}{u}\|_{H^1(\Omega)} \leq \|\overset{\circ}{u}\|_{H^1(\Omega)},$$

otteniamo

$$\frac{1}{\mu_h} \sup_{v_h \in V_h, v_h \neq 0} \frac{\left| a(P_h^r \overset{\circ}{u}, v_h) - a_h(P_h^r \overset{\circ}{u}, v_h) \right|}{\|v_h\|_{H^1(\Omega)}} \leq \frac{\phi(\mathbb{Pe})}{1+\phi(\mathbb{Pe})} \|\overset{\circ}{u}\|_{H^1(\Omega)}.$$

La disuguaglianza (12.49) è pertanto dimostrata.   ◇

Corollario 12.1 *Per μ fissato e h tendente a 0, si ha*

$$\|\overset{\circ}{u} - \overset{\circ}{u}_h\|_{H^1(\Omega)} \leq C_1 \left[h^r \|\overset{\circ}{u}\|_{H^{r+1}(\Omega)} + \phi(\mathbb{Pe})\|\overset{\circ}{u}\|_{H^1(\Omega)} \right], \quad (12.51)$$

dove C_1 è una costante positiva, indipendente da h, mentre, per h fissato e μ che tende a 0, si ha

$$\|\overset{\circ}{u} - \overset{\circ}{u}_h\|_{H^1(\Omega)} \leq C_2 \left[h^{r-1}\|\overset{\circ}{u}\|_{H^{r+1}(\Omega)} + \|\overset{\circ}{u}\|_{H^1(\Omega)} \right], \quad (12.52)$$

dove C_2 è una costante positiva indipendente da h e da μ.

Dimostrazione. La (12.51) si ottiene dalla (12.49) ricordando che $\phi(\mathbb{P}e) \to 0$ per μ fissato e $h \to 0$. Per ottenere la (12.52) basta ora osservare che, nel caso dell'*upwind*, $\phi^U(\mathbb{P}e) = \mathbb{P}e$, pertanto

$$\mu(1 + \phi(\mathbb{P}e)) = \mu + \frac{b}{2}h \qquad e \qquad \frac{\phi(\mathbb{P}e)}{1 + \phi(\mathbb{P}e)} = \frac{h}{h + 2\mu/b}$$

e che, nel caso dello schema di Scharfetter-Gummel, $\phi^{SG}(\mathbb{P}e) \simeq \phi^U(\mathbb{P}e)$ per h fissato e μ tendente a 0. In particolare, per μ fissato, il metodo stabilizzato genera un errore lineare rispetto ad h (indipendentemente dal grado r) se si usa la viscosità *upwind*, mentre con viscosità artificiale di tipo Scharfetter e Gummel la convergenza diviene quadratica se $r \geq 2$. Questo risultato segue dalla stima (12.51) ricordando che $\phi^U(\mathbb{P}e) = \mathcal{O}(h)$ mentre $\phi^{SG}(\mathbb{P}e) = \mathcal{O}(h^2)$ per μ fissato e $h \to 0$.   ◊

12.8.2 Il metodo di Petrov-Galerkin

Un modo equivalente di scrivere il problema di Galerkin generalizzato (12.46) con viscosità numerica è di riformularlo come metodo di Petrov-Galerkin, ovvero un metodo in cui lo spazio delle funzioni test è diverso da quello in cui si cerca la soluzione. Precisamente, l'approssimazione assume la forma seguente

$$\text{trovare } \overset{\circ}{u}_h \in V_h : \quad a(\overset{\circ}{u}_h, v_h) = F(v_h) \quad \forall v_h \in W_h, \tag{12.53}$$

dove $W_h \neq V_h$, mentre la forma bilineare $a(\cdot, \cdot)$ è la stessa del problema di partenza. Si può verificare che, nel caso di elementi finiti lineari, ovvero per $r = 1$, il problema (12.46) con diffusione artificiale si può riscrivere nella forma (12.53) in cui W_h è lo spazio generato dalle funzioni $\psi_i(x) = \varphi_i(x) + B_i^\alpha$ (si veda la Fig. 12.8, a destra), dove le $B_i^\alpha = \alpha B_i(x)$ sono le cosiddette *funzioni a bolla*, con

$$B_i(x) = \begin{cases} g\left(1 - \frac{x - x_{i-1}}{h}\right), & x_{i-1} \leq x \leq x_i, \\ -g\left(\frac{x - x_i}{h}\right), & x_i \leq x \leq x_{i+1}, \\ 0 & \text{altrimenti,} \end{cases}$$

e $g(\xi) = 3\xi(1 - \xi)$, con $0 \leq \xi \leq 1$ (si veda la Fig. 12.8, a sinistra) [ZT00]. Nel caso delle differenze finite *upwind* si ha $\alpha = 1$, mentre nel caso dello schema di Scharfetter e Gummel si ha $\alpha = \coth(\mathbb{P}e) - 1/\mathbb{P}e$. Si noti che le funzioni test si dissimmetrizzano (rispetto alle usuali funzioni di base lineari a tratti) sotto l'azione del campo convettivo.

12.8.3 Il metodo della diffusione artificiale e della *streamline-diffusion* nel caso bidimensionale

Il metodo della viscosità artificiale *upwind* si può generalizzare al caso in cui si consideri un problema bidimensionale o tridimensionale del tipo (12.1). In tal caso basterà

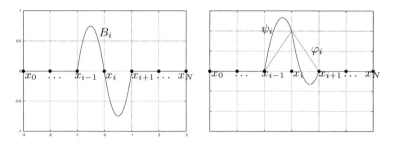

Figura 12.8. Esempio di funzione bolla B_i e di una funzione di base ψ_i dello spazio W_h

modificare l'approssimazione di Galerkin (12.11) aggiungendo alla forma bilineare (12.2) un termine di tipo

$$Qh\int_\Omega \nabla u_h \cdot \nabla v_h \, d\Omega \quad \text{per un opportuno } Q > 0, \tag{12.54}$$

corrispondente ad aggiungere il termine di diffusione artificiale $-Qh\Delta u$ al problema di partenza (12.1). Il metodo corrispondente si chiama metodo della *diffusione artificiale upwind*. In tal modo si introduce una diffusione addizionale, nella direzione del campo **b**, come è giusto che sia se l'obiettivo è quello di stabilizzare le oscillazioni generate dal metodo di Galerkin, ma anche in quella ad esso ortogonale il che, invece, non è affatto necessario. Se, ad esempio, considerassimo il problema bidimensionale

$$-\mu\Delta u + \frac{\partial u}{\partial x} = f \quad \text{in } \Omega, \, u = 0 \quad \text{su } \partial\Omega,$$

in cui il campo di trasporto è dato dal vettore $\mathbf{b} = [1,0]^T$, il termine di diffusione artificiale che vorremmo aggiungere sarebbe

$$-Qh\frac{\partial^2 u}{\partial x^2} \quad \text{e non} \quad -Qh\Delta u = -Qh\left(\frac{\partial^2 u}{\partial x^2} + \frac{\partial^2 u}{\partial y^2}\right).$$

Più in generale, si può aggiungere il seguente termine di stabilizzazione

$$-Qh\text{div}\left[(\mathbf{b}\cdot\nabla u)\,\mathbf{b}\right] = -Qh\text{div}\left(\frac{\partial u}{\partial \mathbf{b}}\,\mathbf{b}\right), \text{ con } Q = |\mathbf{b}|^{-1}.$$

Nel problema di Galerkin esso dà luogo al seguente termine

$$b_h(u_h, v_h) = Qh(\mathbf{b}\cdot\nabla u_h, \mathbf{b}\cdot\nabla v_h) = Qh\left(\frac{\partial u_h}{\partial \mathbf{b}}, \frac{\partial v_h}{\partial \mathbf{b}}\right). \tag{12.55}$$

Il problema discreto che si ottiene è quindi una modifica del problema di Galerkin (12.11), detto *streamline-diffusion* e diventa

$$\text{trovare } u_h \in V_h : \quad a_h(u_h, v_h) = (f, v_h) \quad \forall v_h \in V_h,$$

dove

$$a_h(u_h, v_h) = a(u_h, v_h) + b_h(u_h, v_h).$$

In sostanza, stiamo aggiungendo un termine proporzionale alla derivata seconda nella direzione del campo b (in inglese *streamline*). Si noti che, in questo caso, il coefficiente di viscosità artificiale è un *tensore*. Infatti il termine di stabilizzazione $b_h(\cdot, \cdot)$ può essere pensato come la forma bilineare associata all'operatore $-\text{div}(\boldsymbol{\mu}_a \nabla u)$ con $[\boldsymbol{\mu}_a]_{ij} = Qhb_i b_j$, essendo b_i la i-esima componente di b.

Nonostante il termine (12.55) sia meno diffusivo di (12.54), anche per il metodo della *streamline-diffusion* l'accuratezza è solamente $\mathcal{O}(h)$. Metodi di stabilizzazione più accurati sono descritti nelle Sez. (12.8.6), (12.8.8) e (12.8.9). Per introdurli abbiamo bisogno di alcune definizioni che anticiperemo nelle Sez. (12.8.4) e (12.8.5).

12.8.4 Consistenza ed errore di troncamento per i metodi di Galerkin e di Galerkin generalizzato

Per il problema di Galerkin generalizzato (12.46) si consideri la differenza tra il primo ed il secondo membro quando si sostituisca la soluzione esatta u a quella approssimata u_h, ovvero

$$\tau_h(u; v_h) = a_h(u, v_h) - F_h(v_h). \tag{12.56}$$

Esso è un funzionale della variabile v_h. La sua norma

$$\tau_h(u) = \sup_{v_h \in V_h, v_h \neq 0} \frac{|\tau_h(u; v_h)|}{\|v_h\|_V} \tag{12.57}$$

definisce l'*errore di troncamento* associato al metodo (12.46).

Coerentemente con le definizioni date nella Sez. 1.2, diremo che il metodo di Galerkin generalizzato in esame è *consistente* se $\lim_{h \to 0} \tau_h(u) = 0$.

Diremo inoltre che è *fortemente* (o *completamente*) *consistente* se l'errore di troncamento (12.57) risulta nullo per ogni valore di h. Il metodo standard di Galerkin, ad esempio, è fortemente consistente, come visto nel Cap. 4, in quanto,

$$\tau_h(u; v_h) = a(u, v_h) - F(v_h) = 0 \quad \forall v_h \in V_h.$$

Il metodo di Galerkin generalizzato, invece, è in generale solo consistente, come discende dal Lemma di Strang, purché $a_h - a$ e $F_h - F$ "tendano a zero" quando h tende a zero.

Per quanto riguarda i metodi di diffusione artificiale di tipo *upwind* e *streamline-diffusion* si ha

$$\tau_h(u; v_h) = a_h(u, v_h) - F(v_h)$$

$$= a_h(u, v_h) - a(u, v_h) = \begin{cases} Qh(\nabla u, \nabla v_h) & \text{(\textit{Upwind})}, \\ Qh(\frac{\partial u}{\partial \mathbf{b}}, \frac{\partial v_h}{\partial \mathbf{b}}) & \text{(\textit{Streamline-Diffusion})}. \end{cases}$$

Pertanto entrambi sono metodi consistenti, ma *non* fortemente consistenti. Metodi fortemente consistenti verranno introdotti nella Sez. 12.8.6.

12.8.5 Parte simmetrica e antisimmetrica di un operatore

Sia V uno spazio di Hilbert e V' il suo duale. Diremo che un operatore $L : V \to V'$ è *simmetrico* (o *autoaggiunto*) se (si veda (3.42))

$$_{V'}\langle Lu, v \rangle_V = {}_V\langle u, Lv \rangle_{V'} \qquad \forall u, v \in V,$$

ovvero se L coincide con il suo operatore aggiunto/duale L^*. Avremo invece che L è *antisimmetrico* quando

$$_{V'}\langle Lu, v \rangle_V = - {}_V\langle u, Lv \rangle_{V'} \qquad \forall u, v \in V.$$

Un operatore può sempre essere scomposto nella somma di una parte simmetrica L_S e di una parte antisimmetrica L_{SS}, ovvero

$$Lu = L_S u + L_{SS} u.$$

Consideriamo, ad esempio, il seguente operatore di diffusione-trasporto-reazione

$$Lu = -\mu \Delta u + \mathrm{div}(\mathbf{b}u) + \sigma u, \qquad \mathbf{x} \in \Omega \subset \mathbb{R}^d, d \geq 2, \qquad (12.58)$$

operante sullo spazio $V = H_0^1(\Omega)$. Poiché

$$\mathrm{div}(\mathbf{b}u) = \tfrac{1}{2}\mathrm{div}(\mathbf{b}u) + \tfrac{1}{2}\mathrm{div}(\mathbf{b}u)$$

$$= \tfrac{1}{2}\mathrm{div}(\mathbf{b}u) + \tfrac{1}{2}u\,\mathrm{div}(\mathbf{b}) + \tfrac{1}{2}\mathbf{b} \cdot \nabla u,$$

possiamo scomporlo nel modo seguente

$$Lu = \underbrace{-\mu \Delta u + \left[\sigma + \frac{1}{2}\mathrm{div}(\mathbf{b})\right]u}_{L_S u} + \underbrace{\frac{1}{2}[\mathrm{div}(\mathbf{b}u) + \mathbf{b} \cdot \nabla u]}_{L_{SS} u}.$$

Si noti che il coefficiente di reazione è diventato $\sigma^* = \sigma + \frac{1}{2}\mathrm{div}(\mathbf{b})$. Verifichiamo che le due parti in cui è stato diviso l'operatore sono rispettivamente simmetrica e antisimmetrica. In effetti, integrando due volte per parti, si ottiene $\forall u, v \in V$

$$_{V'}\langle L_S u, v \rangle_V = \mu(\nabla u, \nabla v) + (\sigma^* u, v)$$

$$= -\mu\, {}_V\langle u, \Delta v \rangle_{V'} + (u, \sigma^* v)$$

$$= {}_V\langle u, L_S v \rangle_{V'},$$

$$_{V'}\langle L_{SS} u, v \rangle_V = \frac{1}{2}(\mathrm{div}(\mathbf{b}u), v) + \frac{1}{2}(\mathbf{b} \cdot \nabla u, v)$$

$$= -\frac{1}{2}(\mathbf{b}u, \nabla v) + \frac{1}{2}(\nabla u, \mathbf{b}v)$$

$$= -\frac{1}{2}(u, \mathbf{b} \cdot \nabla v) - \frac{1}{2}(u, \mathrm{div}(\mathbf{b}v))$$

$$= - {}_V\langle u, L_{SS} v \rangle_{V'}.$$

Osservazione 12.4 Ricordiamo che ogni matrice A si può scomporre nella somma

$$A = A_S + A_{SS},$$

dove

$$A_S = \frac{1}{2}(A + A^T)$$

è una matrice simmetrica, detta *parte simmetrica* di A e

$$A_{SS} = \frac{1}{2}(A - A^T)$$

è una matrice antisimmetrica, detta *parte antisimmetrica* di A.   ●

12.8.6 Metodi fortemente consistenti (GLS, SUPG)

Consideriamo un problema di diffusione-trasporto-reazione che scriviamo nella forma astratta $Lu = f$ in Ω, con $u = 0$ su $\partial\Omega$. Consideriamo la corrispondente formulazione debole data da

$$\text{trovare } u \in V = H_0^1(\Omega) : \quad a(u, v) = (f, v) \quad \forall v \in V,$$

essendo $a(\cdot, \cdot)$ la forma bilineare associata ad L. Un metodo stabilizzato e fortemente consistente si può ottenere aggiungendo alla sua approssimazione di Galerkin (12.45) un ulteriore termine, ovvero considerando il problema

$$\text{trovare } u_h \in V_h : \quad a(u_h, v_h) + \mathcal{L}_h(u_h, f; v_h) = (f, v_h) \quad \forall v_h \in V_h, \qquad (12.59)$$

per un'opportuna forma $\mathcal{L}_h$ soddisfacente

$$\mathcal{L}_h(u, f; v_h) = 0 \quad \forall v_h \in V_h. \qquad (12.60)$$

Osserviamo che $\mathcal{L}_h$ in (12.59) dipende sia dalla soluzione approssimata u_h che dal termine forzante f. Una scelta possibile che verifichi la (12.60) è la seguente

$$\mathcal{L}_h(u_h, f; v_h) = \mathcal{L}_h^{(\rho)}(u_h, f; v_h) = \sum_{K \in \mathcal{T}_h} (Lu_h - f, \tau_K \, \mathcal{S}^{(\rho)}(v_h))_{L^2(K)},$$

dove ρ e τ_K sono un parametro e una funzione da assegnare. Inoltre si è posto

$$\mathcal{S}^{(\rho)}(v_h) = L_{SS}v_h + \rho L_S v_h,$$

essendo L_S e L_{SS} rispettivamente la parte simmetrica e antisimmetrica dell'operatore L considerato.
Una scelta possibile per τ_K è data da

$$\tau_K(\mathbf{x}) = \delta \, \frac{h_K}{|\mathbf{b}(\mathbf{x})|} \quad \forall \mathbf{x} \in K, \quad \forall K \in \mathcal{T}_h, \qquad (12.61)$$

dove h_K è il diametro del generico elemento K, **b** è il campo di moto, e δ è un parametro da assegnare.

Per verificare la consistenza di (12.59) poniamo

$$a_h(w, v) = a(w, v) + \mathcal{L}_h^{(\rho)}(w, f; v) \qquad \forall w, w \in V.$$

Grazie alla definizione (12.56) otteniamo

$$\tau_h(u; v_h) = a_h(u, v_h) - (f, v_h) = a(u, v_h) + \mathcal{L}_h^{(\rho)}(u, f; v_h) - (f, v_h)$$
$$= \mathcal{L}_h^{(\rho)}(u, f; v_h) = 0.$$

L'ultima uguaglianza discende dal fatto che $Lu - f = 0$. Pertanto $\tau_h(u) = 0$ e dunque la proprietà (12.60) assicura che il metodo (12.59) è fortemente consistente. Vediamo ora alcuni casi particolari associati a diverse possibili scelte del parametro ρ:

- se $\rho = 1$ si ottiene il metodo detto *Galerkin Least-Squares* (GLS) nel quale

$$\mathcal{S}^{(1)}(v_h) = L v_h.$$

Se prendiamo $v_h = u_h$ si vede che, su ogni triangolo, è stato aggiunto alla forma bilineare un termine proporzionale a $\int_K (L u_h)^2 \, dK$;

- se $\rho = 0$ si ottiene il metodo denominato *Streamline Upwind Petrov-Galerkin* (SUPG) in cui

$$\mathcal{S}^{(0)}(v_h) = L_{SS} v_h;$$

- se $\rho = -1$ si ottiene il metodo detto di Douglas-Wang (DW) nel quale:

$$\mathcal{S}^{(-1)}(v_h) = (L_{SS} - L_S) v_h.$$

Notiamo, tra l'altro, che nel caso in cui $\text{div}\,\mathbf{b} = 0$ e $\sigma = 0$ e si usino elementi finiti $\mathbb{P}_1$, i tre metodi precedenti sono tutti coincidenti, in quanto $-\Delta u_h|_K = 0 \quad \forall K \in \mathcal{T}_h$.

Limitiamoci ora ai due casi più classici, GLS ($\rho = 1$) e SUPG ($\rho = 0$) e al caso del problema scritto in forma conservativa (12.58). Definiamo la "norma ρ"

$$\|v\|_{(\rho)} = \left\{ \mu \|\nabla v\|_{L^2(\Omega)}^2 + \|\sqrt{\gamma} v\|_{L^2(\Omega)}^2 + \sum_{K \in \mathcal{T}_h} \left((L_{SS} + \rho L_S) v, \tau_K \mathcal{S}^{(\rho)}(v) \right)_{L^2(K)} \right\}^{\frac{1}{2}},$$

dove γ è una costante positiva tale che $-\frac{1}{2}\text{div}\,\mathbf{b} + \sigma \geq \gamma > 0$ (oppure $\frac{1}{2}\text{div}\,\mathbf{b} + \sigma \geq \gamma > 0$ nel caso di forma conservativa). Vale la seguente disuguaglianza (di stabilità): $\exists \alpha^*$, dipendente da γ e dalla costante α di coercività di $a(\cdot, \cdot)$, tale che

$$\|u_h\|_{(\rho)} \leq \frac{C}{\alpha^*} \|f\|_{L^2(\Omega)}, \tag{12.62}$$

essendo C una opportuna costante (per un esempio si veda la (12.79)). Vale inoltre la seguente stima dell'errore (sotto opportune ipotesi, come vedremo in Sez. 12.8.8)

$$\|u - u_h\|_{(\rho)} \leq C h^{r+1/2} |u|_{H^{r+1}(\Omega)}, \tag{12.63}$$

pertanto l'ordine di accuratezza del metodo cresce all'aumentare del grado r dei polinomi usati, come succede nel metodo standard di Galerkin. Le dimostrazioni di (12.62) e (12.63) per il caso $\rho = 1$ verranno fornite nella Sez. 12.8.8.

Di fondamentale importanza pratica è poi la scelta del parametro di stabilizzazione δ, che misura quanta viscosità artificiale si sta introducendo. A questo proposito si riportano in Tabella 12.1 gli intervalli dei valori ammissibili per tale parametro in funzione dello schema stabilizzato scelto. In tale tabella C_0 è la costante della seguente *disuguaglianza inversa*

$$\sum_{K \in \mathcal{T}_h} h_K^2 \int_K |\Delta v_h|^2 dK \leq C_0 \|\nabla v_h\|_{L^2(\Omega)}^2 \quad \forall v_h \in X_h^r. \tag{12.64}$$

Naturalmente, $C_0 = C_0(r)$. Si noti che per elementi finiti lineari $C_0 = 0$. In tal caso, nella Tabella 12.1 la costante δ *non* va soggetta ad alcuna limitazione superiore. Nel caso generale invece in cui si sia interessati a polinomi di grado più elevato, $r \geq 2$, allora

$$C_0(r) = \bar{C}_0 r^{-4}. \tag{12.65}$$

Per un'analisi più approfondita di questi metodi e per le dimostrazioni dei casi qui menzionati rinviamo a [QV94], Cap. 8, ed a [RST96]. Segnaliamo anche [Fun97] relativamente al caso di un'approssimazione con elementi spettrali.

Tabella 12.1. Valori ammissibili per il parametro di stabilizzazione δ utilizzato nella (12.61)

SUPG	$0 < \delta < 1/C_0$
GLS	$0 < \delta$
DW	$0 < \delta < 1/(2C_0)$

12.8.7 Sulla scelta del parametro di stabilizzazione

Nel caso di elementi finiti lineari ($r = 1$), una scelta alternativa della funzione di stabilizzazione τ_K rispetto a quella proposta in (12.61) è data da:

$$\tau_K(\mathbf{x}) = \frac{h_K}{2|\mathbf{b}(\mathbf{x})|} \xi(\mathbb{P}e_K) \quad \forall \mathbf{x} \in K, \quad \forall K \in \mathcal{T}_h, \tag{12.66}$$

dove

$$\mathbb{P}e_K(\mathbf{x}) = \frac{|\mathbf{b}(\mathbf{x})| h_K}{2 \mu(\mathbf{x})} \quad \forall \mathbf{x} \in K, \quad \forall K \in \mathcal{T}_h, \tag{12.67}$$

indica il numero di Péclet locale (in analogia con la definizione 12.22 del caso unidimensionale) e dove la funzione di *upwind* $\xi(\cdot)$ può essere scelta, ad esempio, come

$$\xi(\theta) = \coth(\theta) - 1/\theta, \quad \theta > 0. \tag{12.68}$$

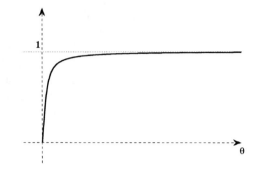

Figura 12.9. Funzione di *upwind* ξ definita in (12.68)

Osserviamo che, poiché $\lim_{\theta \to +\infty} \xi(\theta) = 1$ (cf. Fig. 12.9), se $\mathbb{P}\mathrm{e}_K(\mathbf{x}) \gg 1$, la (12.66) si riduce, al limite, alla definizione (12.61) con $\delta = 1/2$. Inoltre, poiché per $\theta \to 0$ si ha $\xi(\theta) = \theta/3 + o(\theta)$, segue che $\tau_K(\mathbf{x}) \to 0$ se $\mathbb{P}\mathrm{e}_K(\mathbf{x}) \ll 1$ (e infatti non è necessaria alcuna stabilizzazione se il problema è a diffusione dominante). Esistono in letteratura altre scelte possibili per la funzione di stabilizzazione τ_K. Ad esempio, in (12.66)-(12.67), h_K può essere sostituito con il diametro dell'elemento K in direzione di $\mathbf{b}$, oppure la funzione di *upwind* $\xi(\cdot)$ può essere alternativamente scelta come $\xi(\theta) = \max\{0, 1 - 1/\theta\}$ oppure $\xi(\theta) = \min\{1, \theta/3\}$ (si veda [JK07] per ulteriori dettagli).

Forniamo ora una spiegazione euristica della scelta (12.66) della funzione di stabilizzazione τ_K. A tal fine, consideriamo la formulazione variazionale (12.18) del problema di diffusione-trasporto monodimensionale (12.16). Data una partizione uniforme $\mathcal{T}_h$ di $\Omega = (0, 1)$ in N intervalli di ampiezza $h = 1/N$, consideriamo il metodo SUPG per la discretizzazione di (12.18):

$$\text{trovare } \overset{\circ}{u}_h \in V_h \text{ tale che } \quad a_h(\overset{\circ}{u}_h, v_h) = F_h(v_h) \quad \forall v_h \in V_h,$$

dove $V_h \subset H_0^1(0, 1)$ è lo spazio dei polinomi continui e lineari a tratti su $\mathcal{T}_h$ e dove

$$a_h(u, v) = \int_0^1 (\mu u' v' + b u' v) \, dx + \tau \int_0^1 |b|^2 u' v' \, dx \qquad \forall u, v \in V_h,$$

$$F_h(v) = -\int_0^1 bv \, dx \qquad\qquad\qquad \forall v \in V_h.$$

Definendo $\mu_h = \mu(1 + \tau|b|^2/\mu)$, la forma bilineare $a_h(\cdot, \cdot)$ può essere riscritta equivalentemente come

$$a_h(u, v) = \int_0^1 \mu_h u' v' \, dx + \int_0^1 b u' v \, dx \qquad \forall u, v \in V_h.$$

Si scelga il parametro τ come segue

$$\tau = \frac{h}{2|b|} \left[\coth(\mathbb{P}\mathrm{e}) - \frac{1}{\mathbb{P}\mathrm{e}} \right], \tag{12.69}$$

dove $\mathbb{Pe} = \frac{|b|h}{2\mu}$ è il numero di Péclet locale. Grazie a queste definizioni, otteniamo

$$
\begin{aligned}
\tau\frac{|b|^2}{\mu} &= \mathbb{Pe}\left[\coth(\mathbb{Pe}) - \frac{1}{\mathbb{Pe}}\right] \\
&= \mathbb{Pe}\coth(\mathbb{Pe}) - 1 \\
&= \mathbb{Pe} - 1 + \mathbb{Pe}(\coth(\mathbb{Pe}) - 1) \\
&= \mathbb{Pe} - 1 + B(2\mathbb{Pe}).
\end{aligned}
$$

Nell'ultima uguaglianza si è utilizzata la seguente identità che segue dalla definizione di $\coth(\cdot)$

$$
\begin{aligned}
t(\coth(t) - 1) &= t\left[\frac{e^t + e^{-t}}{e^t - e^{-t}} - 1\right] = 2t\left[\frac{e^{-t}}{e^t - e^{-t}}\right] \\
&= \frac{2t}{e^{2t} - 1} = B(2t), \qquad\qquad t > 0,
\end{aligned}
$$

essendo $B(\cdot)$ la funzione di Bernoulli (cf. Sez. 12.6). Concludendo, μ_h può essere riscritto come

$$
\mu_h = \mu\left(1 + \tau\frac{|b|^2}{\mu}\right) = \mu\left(1 + \phi(\mathbb{Pe})\right),
$$

avendo posto

$$
\phi(\mathbb{Pe}) = \mathbb{Pe} - 1 + B(2\mathbb{Pe}).
$$

Quindi, in questo caso particolare, il metodo SUPG con la scelta di τ data in (12.69) coincide con il metodo di Scharfetter e Gummel considerato nella Sez. 12.6, l'unico in grado di garantire una soluzione numerica nodalmente esatta nel caso di un problema a coefficienti costanti (e termine noto costante).

Osservazione 12.5 Nel caso si usino polinomi di grado elevato (come nella formulazione hp, oppure negli elementi spettrali), una definizione più coerente del numero di Péclet locale è

$$
\mathbb{Pe}_K^r = \frac{|\mathbf{b}(\mathbf{x})|h_K}{2\mu(\mathbf{x})r}.
$$

Conseguentemente, la funzione di stabilizzazione (12.66) viene riformulata come segue

$$
\tau_K(\mathbf{x}) = \frac{h_K}{2|\mathbf{b}|r}\xi(\mathbb{Pe}_K^r),
$$

(si veda [GaAML04]).   •

12.8.8 Analisi del metodo GLS

In questa sezione vogliamo dimostrare le proprietà di stabilità (12.62) e convergenza (12.63) nel caso del metodo GLS (dunque per $\rho = 1$).

Supponiamo che l'operatore differenziale L abbia la forma (12.58), con $\mu > 0$ e $\sigma \geq 0$ costanti, $\mathbf{b}$ una funzione vettoriale con componenti continue (ad esempio costanti), essendo assegnate condizioni al bordo di Dirichlet omogenee. La forma bilineare $a(\cdot, \cdot) : V \times V \to \mathbb{R}$ associata all'operatore L è dunque

$$a(u, v) = \mu \int_\Omega \nabla u \cdot \nabla v \, d\Omega + \int_\Omega \operatorname{div}(\mathbf{b}u) \, v \, d\Omega + \int_\Omega \sigma u \, v \, d\Omega,$$

essendo $V = \mathrm{H}_0^1(\Omega)$. Per semplicità supponiamo nel seguito che esistano due costanti γ_0 e γ_1 tali che

$$0 < \gamma_0 \le \gamma(\mathbf{x}) = \frac{1}{2}\operatorname{div}(\mathbf{b}(\mathbf{x})) + \sigma \le \gamma_1 \quad \forall \, \mathbf{x} \in \Omega. \tag{12.70}$$

Seguendo quanto fatto nella Sez. 12.8.5, possiamo scrivere la parte simmetrica e antisimmetrica associate a L, rispettivamente, come

$$L_S u = -\mu \Delta u + \gamma u, \quad L_{SS} u = \frac{1}{2}\Big(\operatorname{div}(\mathbf{b}u) + \mathbf{b} \cdot \nabla u\Big).$$

Riscriviamo inoltre la formulazione stabilizzata (12.59) usando la scelta (12.61) per τ_K e scomponendo $\mathcal{L}_h^{(1)}(u_h, f; v_h)$ in due termini, uno contenente u_h, l'altro f,

$$\text{trovare } u_h \in V_h : \quad a_h^{(1)}(u_h, v_h) = f_h^{(1)}(v_h) \quad \forall v_h \in V_h, \tag{12.71}$$

essendo

$$a_h^{(1)}(u_h, v_h) = a(u_h, v_h) + \sum_{K \in \mathcal{T}_h} \delta \left(L u_h, \frac{h_K}{|\mathbf{b}|} L v_h \right)_{L^2(K)} \tag{12.72}$$

e

$$f_h^{(1)}(v_h) = (f, v_h) + \sum_{K \in \mathcal{T}_h} \delta \left(f, \frac{h_K}{|\mathbf{b}|} L v_h \right)_{L^2(K)}. \tag{12.73}$$

Osserviamo che, utilizzando queste nuove notazioni, la proprietà di consistenza forte (12.60) si esprime attraverso l'uguaglianza

$$a_h^{(1)}(u, v_h) = f_h^{(1)}(v_h) \quad \forall v_h \in V_h. \tag{12.74}$$

Possiamo a questo punto dimostrare il seguente risultato preliminare.

Lemma 12.1 *La forma bilineare $a_h^{(1)}(\cdot, \cdot)$ definita in (12.72) soddisfa la seguente relazione*

$$a_h^{(1)}(v_h, v_h) = \mu \|\nabla v_h\|_{\mathrm{L}^2(\Omega)}^2 + \|\sqrt{\gamma}\, v_h\|_{\mathrm{L}^2(\Omega)}^2$$

$$+ \sum_{K \in \mathcal{T}_h} \delta \left(\frac{h_K}{|\mathbf{b}|} L v_h, L v_h \right)_{L^2(K)} \quad \forall \, v_h \in V_h. \tag{12.75}$$

Questa identità segue dalla definizione (12.72) (scelto $v_h = u_h$) e dalla (12.70). Nel caso in esame la norma $\| \cdot \|_{(1)}$, che qui indicheremo per convenienza con il simbolo $\| \cdot \|_{GLS}$, diventa

$$\|v_h\|_{GLS}^2 = \mu \|\nabla v_h\|_{L^2(\Omega)}^2 + \|\sqrt{\gamma}\, v_h\|_{L^2(\Omega)}^2 + \sum_{K \in \mathcal{T}_h} \delta \left(\frac{h_K}{|\mathbf{b}|} L v_h, L v_h \right)_{L^2(K)}. \tag{12.76}$$

Possiamo dimostrare il seguente risultato di stabilità.

Lemma 12.2 *Sia u_h la soluzione fornita dallo schema GLS. Allora, per ogni $\delta > 0$ esiste una costante $C > 0$, indipendente da h, tale che*

$$\|u_h\|_{GLS} \leq C \, \|f\|_{L^2(\Omega)}.$$

Dimostrazione. Scegliamo $v_h = u_h$ in (12.71). Sfruttando il Lemma 12.1 e la definizione (12.76), possiamo innanzitutto scrivere che

$$\|u_h\|_{GLS}^2 = a_h^{(1)}(u_h, u_h) = f_h^{(1)}(u_h) = (f, u_h) + \sum_{K \in \mathcal{T}_h} \delta \left(f, \frac{h_K}{|\mathbf{b}|} L u_h \right)_{L^2(K)}. \tag{12.77}$$

Nel seguito useremo spesso la seguente *disuguaglianza di Young*

$$\forall a, b \in \mathbb{R}, \qquad ab \leq \varepsilon a^2 + \frac{1}{4\varepsilon} b^2 \qquad \forall \varepsilon > 0, \tag{12.78}$$

la quale discende dalla disuguaglianza elementare

$$\left(\sqrt{\varepsilon}\, a - \frac{1}{2\sqrt{\varepsilon}}\, b \right)^2 \geq 0.$$

Maggioriamo separatamente i due termini di destra della (12.77), utilizzando opportunamente le disuguaglianze di Cauchy-Schwarz e di Young. Otteniamo così

$$(f, u_h) = \left(\frac{1}{\sqrt{\gamma}} f, \sqrt{\gamma}\, u_h \right)_{L^2(\Omega)} \leq \left\| \frac{1}{\sqrt{\gamma}} f \right\|_{L^2(\Omega)} \|\sqrt{\gamma}\, u_h\|_{L^2(\Omega)}$$

$$\leq \frac{1}{4} \|\sqrt{\gamma}\, u_h\|_{L^2(\Omega)}^2 + \left\| \frac{1}{\sqrt{\gamma}} f \right\|_{L^2(\Omega)}^2,$$

$$\sum_{K \in \mathcal{T}_h} \delta \left(f, \frac{h_K}{|\mathbf{b}|} L u_h \right)_{L^2(K)} = \sum_{K \in \mathcal{T}_h} \left(\sqrt{\delta \frac{h_K}{|\mathbf{b}|}}\, f, \sqrt{\delta \frac{h_K}{|\mathbf{b}|}}\, L u_h \right)_{L^2(K)}$$

$$\leq \sum_{K \in \mathcal{T}_h} \left\| \sqrt{\delta \frac{h_K}{|\mathbf{b}|}}\, f \right\|_{L^2(K)} \left\| \sqrt{\delta \frac{h_K}{|\mathbf{b}|}}\, L u_h \right\|_{L^2(K)}$$

$$\leq \sum_{K \in \mathcal{T}_h} \delta \left(\frac{h_K}{|\mathbf{b}|} f, f \right)_{L^2(K)} + \frac{1}{4} \sum_{K \in \mathcal{T}_h} \delta \left(\frac{h_K}{|\mathbf{b}|} L u_h, L u_h \right)_{L^2(K)}.$$

Sommando le due precedenti maggiorazioni e sfruttando ancora la definizione (12.76), abbiamo

$$\|u_h\|_{GLS}^2 \le \left\|\frac{1}{\sqrt{\gamma}}\,f\right\|_{L^2(\Omega)}^2 + \sum_{K \in \mathcal{T}_h} \delta \left(\frac{h_K}{|\mathbf{b}|}\,f, f\right)_{L^2(K)} + \frac{1}{4}\,\|u_h\|_{GLS}^2,$$

ovvero, ricordando che $h_K \le h$,

$$\|u_h\|_{GLS}^2 \le \frac{4}{3}\left[\left\|\frac{1}{\sqrt{\gamma}}\,f\right\|_{L^2(\Omega)}^2 + \sum_{K \in \mathcal{T}_h} \delta \left(\frac{h_K}{|\mathbf{b}|}\,f, f\right)_{L^2(K)}\right] \le C^2\,\|f\|_{L^2(\Omega)}^2,$$

avendo posto

$$C = \left(\frac{4}{3}\,\max_{\mathbf{x} \in \Omega}\left(\frac{1}{\gamma} + \delta\frac{h}{|\mathbf{b}|}\right)\right)^{1/2}. \tag{12.79}$$

◇

Osserviamo che il risultato precedente è valido con la sola restrizione che il parametro di stabilizzazione δ sia positivo. Peraltro tale parametro potrebbe anche variare su ogni elemento K. In tal caso avremmo δ_K invece di δ nelle (12.72) e (12.73), mentre la costante δ in (12.79) avrebbe il significato di $\max_{K \in \mathcal{T}_h} \delta_K$.

Procediamo ora all'analisi di convergenza del metodo GLS, sempre usando la scelta (12.61) per τ_K.

Teorema 12.2 *Supponiamo innanzitutto che lo spazio V_h soddisfi la seguente proprietà d'approssimazione locale: per ogni $v \in V \cap H^{r+1}(\Omega)$, esiste una funzione $\hat{v}_h \in V_h$ tale che*

$$\|v - \hat{v}_h\|_{L^2(K)} + h_K|v - \hat{v}_h|_{H^1(K)} + h_K^2|v - \hat{v}_h|_{H^2(K)} \le Ch_K^{r+1}|v|_{H^{r+1}(K)} \tag{12.80}$$

per ogni $K \in \mathcal{T}_h$. Supponiamo inoltre che per il numero di Péclet locale su K valga la seguente disuguaglianza

$$\mathbb{P}e_K(\mathbf{x}) = \frac{|\mathbf{b}(\mathbf{x})|\,h_K}{2\mu} > 1 \quad \forall \mathbf{x} \in K. \tag{12.81}$$

Infine supponiamo che valga la disuguaglianza inversa (12.64) e che il parametro di stabilizzazione soddisfi la relazione $0 < \delta \leq 2C_0^{-1}$. Allora per l'errore associato allo schema GLS vale la seguente stima

$$\|u_h - u\|_{GLS} \leq Ch^{r+1/2}|u|_{H^{r+1}(\Omega)}, \qquad (12.82)$$

a patto che $u \in H^{r+1}(\Omega)$.

Dimostrazione. Innanzitutto riscriviamo l'errore

$$e_h = u_h - u = \sigma_h - \eta, \qquad (12.83)$$

con $\sigma_h = u_h - \hat{u}_h$, $\eta = u - \hat{u}_h$, dove $\hat{u}_h \in V_h$ è una funzione che dipende da u e che soddisfa la proprietà (12.80). Se, ad esempio, $V_h = X_h^r \cap H_0^1(\Omega)$, possiamo scegliere $\hat{u}_h = \Pi_h^r u$, ovvero l'interpolata ad elementi finiti di u.

Incominciamo a stimare la norma $\|\sigma_h\|_{GLS}$. Sfruttando la consistenza forte dello schema GLS data dalla (12.74), grazie alla (12.71) otteniamo

$$\|\sigma_h\|_{GLS}^2 = a_h^{(1)}(\sigma_h, \sigma_h) = a_h^{(1)}(u_h - u + \eta, \sigma_h) = a_h^{(1)}(\eta, \sigma_h).$$

Ora dalla definizione (12.72) segue (grazie alle condizioni di annullamento al bordo)

$$a_h^{(1)}(\eta, \sigma_h) = \mu \int_\Omega \nabla\eta \cdot \nabla\sigma_h \, d\Omega - \int_\Omega \eta \, \mathbf{b} \cdot \nabla\sigma_h \, d\Omega + \int_\Omega \sigma \, \eta \, \sigma_h \, d\Omega$$

$$+ \sum_{K \in \mathcal{T}_h} \delta\left(L\eta, \frac{h_K}{|\mathbf{b}|} L\sigma_h\right)_{L^2(K)} = \underbrace{\mu(\nabla\eta, \nabla\sigma_h)}_{(I)} - \underbrace{\sum_{K \in \mathcal{T}_h}(\eta, L\sigma_h)_{L^2(K)}}_{(II)} + \underbrace{2(\gamma\,\eta, \sigma_h)_{L^2(\Omega)}}_{(III)}$$

$$+ \underbrace{\sum_{K \in \mathcal{T}_h}(\eta, -\mu\Delta\sigma_h)_{L^2(K)}}_{(IV)} + \underbrace{\sum_{K \in \mathcal{T}_h} \delta\left(L\eta, \frac{h_K}{|\mathbf{b}|} L\sigma_h\right)_{L^2(K)}}_{(V)}.$$

Maggioriamo ora separatamente i termini (I)-(V). Utilizzando opportunamente le disuguaglianze di Cauchy-Schwarz e di Young, otteniamo

$$(I) = \mu(\nabla\eta, \nabla\sigma_h)_{L^2(\Omega)} \leq \frac{\mu}{4}\|\nabla\sigma_h\|_{L^2(\Omega)}^2 + \mu\|\nabla\eta\|_{L^2(\Omega)}^2,$$

$$(II) = -\sum_{K \in \mathcal{T}_h}(\eta, L\sigma_h)_{L^2(K)} = -\sum_{K \in \mathcal{T}_h}\left(\sqrt{\frac{|\mathbf{b}|}{\delta\,h_K}}\,\eta, \sqrt{\frac{\delta\,h_K}{|\mathbf{b}|}}\,L\sigma_h\right)_{L^2(K)}$$

$$\leq \frac{1}{4}\sum_{K \in \mathcal{T}_h}\delta\left(\frac{h_K}{|\mathbf{b}|}L\sigma_h, L\sigma_h\right)_{L^2(K)} + \sum_{K \in \mathcal{T}_h}\left(\frac{|\mathbf{b}|}{\delta\,h_K}\eta, \eta\right)_{L^2(K)},$$

$$(III) = 2(\gamma\eta, \sigma_h)_{L^2(\Omega)} = 2(\sqrt{\gamma}\eta, \sqrt{\gamma}\,\sigma_h)_{L^2(\Omega)} \leq \frac{1}{2}\|\sqrt{\gamma}\,\sigma_h\|_{L^2(\Omega)}^2 + 2\|\sqrt{\gamma}\eta\|_{L^2(\Omega)}^2.$$

Per il termine (IV), grazie ancora alle disuguaglianze di Cauchy-Schwarz e di Young e in virtù dell'ipotesi (12.81) e della disuguaglianza inversa (12.64), otteniamo

$$
(IV) = \sum_{K \in \mathcal{T}_h} (\eta, -\mu \Delta \sigma_h)_{L^2(K)}
$$

$$
\leq \frac{1}{4} \sum_{K \in \mathcal{T}_h} \delta \mu^2 \left(\frac{h_K}{|\mathbf{b}|} \Delta \sigma_h, \Delta \sigma_h \right)_{L^2(K)} + \sum_{K \in \mathcal{T}_h} \left(\frac{|\mathbf{b}|}{\delta h_K} \eta, \eta \right)_{L^2(K)}
$$

$$
\leq \frac{1}{8} \delta \mu \sum_{K \in \mathcal{T}_h} h_K^2 \, (\Delta \sigma_h, \Delta \sigma_h)_{L^2(K)} + \sum_{K \in \mathcal{T}_h} \left(\frac{|\mathbf{b}|}{\delta h_K} \eta, \eta \right)_{L^2(K)}
$$

$$
\leq \frac{\delta C_0 \mu}{8} \|\nabla \sigma_h\|_{L^2(\Omega)}^2 + \sum_{K \in \mathcal{T}_h} \left(\frac{|\mathbf{b}|}{\delta h_K} \eta, \eta \right)_{L^2(K)}.
$$

Il termine (V) può infine essere maggiorato ancora grazie alle due disuguaglianze di Cauchy-Schwarz e Young come segue

$$
(V) = \sum_{K \in \mathcal{T}_h} \delta \left(L\eta, \frac{h_K}{|\mathbf{b}|} L\sigma_h \right)_{L^2(K)}
$$

$$
\leq \frac{1}{4} \sum_{K \in \mathcal{T}_h} \delta \left(\frac{h_K}{|\mathbf{b}|} L\sigma_h, L\sigma_h \right)_{L^2(K)} + \sum_{K \in \mathcal{T}_h} \delta \left(\frac{h_K}{|\mathbf{b}|} L\eta, L\eta \right)_{L^2(K)}.
$$

Grazie a queste maggiorazioni e sfruttando ancora la definizione (12.76) di norma GLS, otteniamo la seguente stima

$$
\|\sigma_h\|_{GLS}^2 = a_h^{(1)}(\eta, \sigma_h) \leq \frac{1}{4} \|\sigma_h\|_{GLS}^2
$$

$$
+ \frac{1}{4} \left(\|\sqrt{\gamma}\sigma_h\|_{L^2(\Omega)}^2 + \sum_{K \in \mathcal{T}_h} \delta \left(\frac{h_K}{|\mathbf{b}|} L\sigma_h, L\sigma_h \right)_{L^2(K)} \right) + \frac{\delta C_0 \mu}{8} \|\nabla \sigma_h\|_{L^2(\Omega)}^2
$$

$$
\underbrace{+ \mu \|\nabla \eta\|_{L^2(\Omega)}^2 + 2 \sum_{K \in \mathcal{T}_h} \left(\frac{|\mathbf{b}|}{\delta h_K} \eta, \eta \right)_{L^2(K)} + 2 \|\sqrt{\gamma}\eta\|_{L^2(\Omega)}^2 + \sum_{K \in \mathcal{T}_h} \delta \left(\frac{h_K}{|\mathbf{b}|} L\eta, L\eta \right)_{L^2(K)}}_{\mathcal{E}(\eta)}
$$

$$
\leq \frac{1}{2} \|\sigma_h\|_{GLS}^2 + \mathcal{E}(\eta),
$$

avendo sfruttato, nell'ultimo passaggio, l'ipotesi che $\delta \leq 2C_0^{-1}$. Possiamo quindi, per il momento, affermare che

$$
\|\sigma_h\|_{GLS}^2 \leq 2\,\mathcal{E}(\eta).
$$

Stimiamo ora il termine $\mathcal{E}(\eta)$, maggiorando separatamente ciascuno dei suoi addendi. A tal fine utilizzeremo essenzialmente la proprietà d'approssimazione locale (12.80) e la richiesta fatta in (12.81) sul numero di Péclet locale $\mathbb{Pe}_K$. Osserviamo inoltre che le costanti C, introdotte nel seguito, non dipendono né da h né da $\mathbb{Pe}_K$, ma possono dipendere da altre quantità, come la costante γ_1 in (12.70), la costante di reazione σ, la norma $\|\mathbf{b}\|_{L^\infty(\Omega)}$, il parametro di stabilizzazione δ. Abbiamo quindi

$$\mu \|\nabla\eta\|^2_{\mathrm{L}^2(\Omega)} \le C\,\mu\,h^{2r}\,|u|^2_{\mathrm{H}^{r+1}(\Omega)}$$

$$\le C\,\frac{\|\mathbf{b}\|_{L^\infty(\Omega)}\,h}{2}\,h^{2r}\,|u|^2_{\mathrm{H}^{r+1}(\Omega)} \le C\,h^{2r+1}\,|u|^2_{\mathrm{H}^{r+1}(\Omega)}, \tag{12.84}$$

$$2\sum_{K\in\mathcal{T}_h}\left(\frac{|\mathbf{b}|}{\delta\,h_K}\eta,\eta\right)_{\mathrm{L}^2(K)} \le C\,\frac{\|\mathbf{b}\|_{L^\infty(\Omega)}}{\delta}\sum_{K\in\mathcal{T}_h}\frac{1}{h_K}\,h_K^{2(r+1)}\,|u|^2_{\mathrm{H}^{r+1}(K)}$$

$$\le C\,h^{2r+1}\,|u|^2_{\mathrm{H}^{r+1}(\Omega)},$$

$$2\|\sqrt{\gamma}\,\eta\|^2_{\mathrm{L}^2(\Omega)} \le 2\,\gamma_1\,\|\eta\|^2_{\mathrm{L}^2(\Omega)} \le C\,h^{2(r+1)}\,|u|^2_{\mathrm{H}^{r+1}(\Omega)}, \tag{12.85}$$

avendo sfruttato, per il controllo del terzo addendo, l'ipotesi (12.70). La maggiorazione del quarto addendo di $\mathcal{E}(\eta)$ risulta un po' più laboriosa: esplicitando intanto il termine $L\eta$, abbiamo

$$\sum_{K\in\mathcal{T}_h}\delta\left(\frac{h_K}{|\mathbf{b}|}L\eta,L\eta\right)_{\mathrm{L}^2(K)} = \sum_{K\in\mathcal{T}_h}\delta\left\|\sqrt{\frac{h_K}{|\mathbf{b}|}}\,L\eta\right\|^2_{\mathrm{L}^2(K)}$$

$$= \sum_{K\in\mathcal{T}_h}\delta\left\|-\mu\sqrt{\frac{h_K}{|\mathbf{b}|}}\,\Delta\eta + \sqrt{\frac{h_K}{|\mathbf{b}|}}\,\mathrm{div}(\mathbf{b}\eta) + \sigma\sqrt{\frac{h_K}{|\mathbf{b}|}}\,\eta\right\|^2_{\mathrm{L}^2(K)}$$

$$\le C\sum_{K\in\mathcal{T}_h}\delta\left(\left\|\mu\sqrt{\frac{h_K}{|\mathbf{b}|}}\,\Delta\eta\right\|^2_{\mathrm{L}^2(K)} + \left\|\sqrt{\frac{h_K}{|\mathbf{b}|}}\,\mathrm{div}(\mathbf{b}\eta)\right\|^2_{\mathrm{L}^2(K)} + \left\|\sigma\sqrt{\frac{h_K}{|\mathbf{b}|}}\,\eta\right\|^2_{\mathrm{L}^2(K)}\right). \tag{12.86}$$

Ora, con conti analoghi a quelli seguiti per ottenere le stime (12.84) e (12.85), è facile dimostrare che il secondo e il terzo addendo del termine di destra della (12.86) sono maggiorabili con un termine della forma $C\,h^{2r+1}\,|u|^2_{\mathrm{H}^{r+1}(\Omega)}$, per un'opportuna scelta della costante C. Per il primo addendo invece si ha

$$\sum_{K\in\mathcal{T}_h}\delta\left\|\mu\sqrt{\frac{h_K}{|\mathbf{b}|}}\,\Delta\eta\right\|^2_{\mathrm{L}^2(K)} \le \sum_{K\in\mathcal{T}_h}\delta\,\frac{h_K^2\,\mu}{2}\,\|\Delta\eta\|^2_{\mathrm{L}^2(K)}$$

$$\le C\,\delta\,\|\mathbf{b}\|_{L^\infty(\Omega)}\sum_{K\in\mathcal{T}_h}h_K^3\,\|\Delta\eta\|^2_{\mathrm{L}^2(K)} \le C\,h^{2r+1}\,|u|^2_{\mathrm{H}^{r+1}(\Omega)},$$

avendo ancora sfruttato le condizioni (12.80) e (12.81). Quest'ultima maggiorazione ci permette di concludere che

$$\mathcal{E}(\eta) \le C\,h^{2r+1}\,|u|^2_{\mathrm{H}^{r+1}(\Omega)},$$

ovvero che

$$\|\sigma_h\|_{GLS} \le C\,h^{r+1/2}\,|u|_{\mathrm{H}^{r+1}(\Omega)}. \tag{12.87}$$

Ritornando alla (12.83), per ottenere la stima desiderata per la norma $\|u_h - u\|_{GLS}$, dovremmo ancora stimare $\|\eta\|_{GLS}$. Questo porta nuovamente alla stima di tre contributi come in (12.84), (12.85) e (12.86), rispettivamente, ovvero alla stima

$$\|\eta\|_{GLS} \leq C\, h^{r+1/2}\, |u|_{H^{r+1}(\Omega)}.$$

Combinando questo risultato con la (12.87), ne segue la stima desiderata (12.82).   ◇

12.8.9 Stabilizzazione tramite funzioni a bolla

Al fine di ottenere una soluzione numerica stabile in alternativa all'*arricchimento* della forma bilineare $a(\cdot, \cdot)$ proposto dal metodo di Galerkin generalizzato e illustrato nelle precedenti sezioni, si può anche utilizzare un *sottospazio più ricco* dello spazio V_h standard. L'idea poi è quella di scegliere sia la soluzione approssimata che la funzione test nello spazio arricchito, ovvero di rimanere nell'ambito di un metodo classico alla Galerkin.

Facendo riferimento al consueto problema di diffusione-trasporto-reazione della forma 12.1, introduciamo lo spazio finito dimensionale

$$V_h^b = V_h \oplus B,$$

dove $V_h = X_h^r \cap H_0^1(\Omega)$ è il solito spazio e B è uno *spazio* finito dimensionale di *funzioni a bolla*, ovvero

$$B = \{v_B \in H_0^1(\Omega) : \forall K \in \mathcal{T}_h,\ v_B|_K = c_K\, b_K,\ b_K|_{\partial K} = 0\, \text{e}\, c_K \in \mathbb{R}\}.$$

Su ogni elemento K viene quindi aggiunto il termine correttivo b_K per il quale sono possibili scelte differenti. Volendo utilizzare solamente la griglia $\mathcal{T}_h$ di partenza associata allo spazio V_h, una scelta standard porta a definire $b_K = \lambda_1 \lambda_2 \lambda_3$ dove le λ_i, per $i = 1, \ldots, 3$, sono le coordinate baricentriche, ovvero polinomi lineari, definiti su K, ciascuno dei quali si annulla su uno dei lati del triangolo e assume il valore 1 in corrispondenza del vertice opposto a tale lato. La funzione b_K coincide in questo caso con la cosiddetta *bolla cubica* che vale 0 sul bordo di K e assume valori positivi al suo interno (si veda la Fig. 12.11 (a sinistra)). La costante c risulta essere così il solo grado di libertà associato al triangolo K (coinciderà, ad esempio, con il massimo valore assunto da b_K su K o con il valore da essa assunto nel baricentro). Esse si possono ottenere per trasformazione delle coordinate baricentriche definite sul triangolo di riferimento $\widehat{K}$, $\lambda_i = F_K(\widehat{\lambda}_i)$ (si veda la Fig. 12.10).

Osservazione 12.6 Allo scopo di introdurre sul dominio Ω una *sottogriglia di calcolo* (ottenuta come raffinamento opportuno della mesh $\mathcal{T}_h$), si possono adottare definizioni più complesse per la funzione bolla b_K. Ad esempio, b_K potrebbe essere una funzione lineare a pezzi definita sempre sull'elemento K e che assume ancora valore 0 sul bordo del triangolo (come la funzione di base degli elementi finiti lineari, associata ad un qualche punto interno a K) (si veda la Fig. 12.11 (a destra)) [EG04].   ●

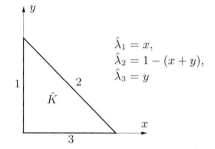

$$\hat{\lambda}_1 = x,$$
$$\hat{\lambda}_2 = 1 - (x + y),$$
$$\hat{\lambda}_3 = y$$

Figura 12.10. Coordinate baricentriche sul triangolo di riferimento

Possiamo a questo punto introdurre l'approssimazione di Galerkin sullo spazio V_h^b del problema in esame, che assumerà la forma

$$\text{trovare } u_h^b \in V_h^b : \quad a(u_h^b, v_h^b) = (f, v_h^b) \quad \forall v_h^b \in V_h^b, \tag{12.88}$$

essendo $a(\cdot, \cdot)$ la forma bilineare associata all'operatore differenziale L.
Scomponiamo sia u_h^b sia v_h^b come somma di una funzione di V_h e di una di B, ovvero

$$u_h^b = u_h + u_b, \qquad v_h^b = v_h + v_b.$$

In ogni elemento K, $u_b|_K = c_{b,K} b_K$, per una opportuna costante (incognita) $c_{b,K}$.
Ci proponiamo di riscrivere la (12.88) come uno schema di Galerkin stabilizzato in V_h, eliminando la funzione u_b. Osserviamo che una base per lo spazio B è data dalle funzioni v_b^K, $\forall K \in \tau_h$, tali che

$$v_b^K = \begin{cases} b_K & \text{in } K, \\ 0 & \text{altrove.} \end{cases}$$

Se ora in (12.88) scegliamo $v_h^b = 0 + v_b^K$ otteniamo

$$a(u_h + u_b, v_b) = a_K(u_h + c_{b,K} b_K, b_K),$$

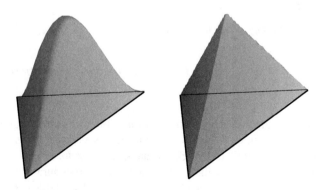

Figura 12.11. Un esempio di bolla cubica (a sinistra) e lineare (a destra)

avendo indicato con $a_K(\cdot,\cdot)$ la restrizione della forma bilineare $a(\cdot,\cdot)$ all'elemento K. La (12.88) può dunque essere riscritta come

$$a_K(u_h, b_K) + c_{b,K} a_K(b_K, b_K) = (f, b_K)_{L^2(K)}. \tag{12.89}$$

Sfruttando il fatto che b_K si annulla sul bordo di K, possiamo integrare per parti il primo termine della (12.89), ottenendo $a_K(u_h, b_K) = (Lu_h, b_K)_{L^2(K)}$, ovvero ricavare il valore incognito della costante $c_{b,K}$,

$$c_{b,K} = \frac{(f - Lu_h, b_K)_{L^2(K)}}{a_K(b_K, b_K)}.$$

Scegliamo ora come funzione test v_h^b in (12.88) quella identificata da una arbitraria funzione $v_h \in V_h$ e da $v_b = 0$, ottenendo così

$$a(u_h, v_h) + \sum_{K \in \mathcal{T}_h} c_{b,K} a_K(b_K, v_h) = (f, v_h)_{L^2(\Omega)}. \tag{12.90}$$

Riscriviamo opportunamente il termine $a_K(b_K, v_h)$. Integrando per parti e sfruttando le definizioni di parte simmetrica e antisimmetrica dell'operatore differenziale L (si veda la Sez. 12.8.5), abbiamo

$$
\begin{aligned}
a_K(b_K, v_h) &= \int_K \mu \nabla b_K \cdot \nabla v_h \, dK + \int_K \mathbf{b} \cdot \nabla b_K \, v_h \, dK + \int_K \sigma b_K v_h \, dK \\
&= -\int_K \mu \, b_K \Delta v_h \, dK + \int_{\partial K} \mu \, b_K \nabla v_h \cdot \mathbf{n} \, d\gamma - \int_K b_K \nabla v_h \cdot \mathbf{b} \, dK \\
&\quad + \int_{\partial K} \mathbf{b} \cdot \mathbf{n} \, v_h b_K \, d\gamma + \int_K \sigma b_K v_h \, dK = (b_K, (L_S - L_{SS})v_h)_{L^2(K)}.
\end{aligned}
$$

Abbiamo sfruttato la proprietà che la funzione a bolla b_K si annulla sul bordo dell'elemento K ed inoltre che $\operatorname{div} \mathbf{b} = 0$. In maniera del tutto analoga possiamo riscrivere il denominatore della costante $c_{b,K}$ nel modo seguente

$$a_K(b_K, b_K) = (L_S b_K, b_K)_{L^2(K)}.$$

Tornando alla (12.90), abbiamo dunque

$$a(u_h, v_h) + a_B(u_h, f; v_h) = (f, v_h) \quad \forall \, v_h \in V_h,$$

dove

$$a_B(u_h, f; v_h) = \sum_{K \in \mathcal{T}_h} \frac{(Lu_h - f, b_K)_{L^2(K)}(L_{SS}v_h - L_S v_h, b_K)_{L^2(K)}}{(L_S b_K, b_K)_{L^2(K)}}.$$

Abbiamo pertanto trovato uno schema di Galerkin stabilizzato, che si può porre nella forma fortemente consistente (12.59). Nel caso in cui $\mathbf{b}$ sia costante, possiamo identificarlo con una sorta di metodo di Douglas-Wang generalizzato.

Scegliendo opportunamente la bolla b_K e seguendo una procedura analoga a quella sopra descritta è possibile definire anche dei metodi SUPG e GLS generalizzati (si veda [BFHR97]).

12.9 Il metodo DG per le equazioni di diffusione-trasporto

Il metodo di Galerkin discontinuo introdotto nel Cap. 11 per il problema di Poisson può essere facilmente generalizzato al caso delle equazioni di diffusione-trasporto. Vediamo in particolare come formulare un metodo DG per il problema di diffusione, trasporto e reazione in forma conservativa (12.13): trovare $u_\delta \in W_\delta^0$ t.c.

$$
\sum_{m=1}^{M} (\mu \nabla u_\delta, \nabla v_\delta)_{\Omega_m} - \sum_{e \in \mathcal{E}_\delta} \int_e [v_\delta] \cdot \{\!\{\mu \nabla u_\delta\}\!\} - \tau \sum_{e \in \mathcal{E}_\delta} \int_e [u_\delta]\{\!\{\mu \nabla v_\delta\}\!\}
$$

$$
+ \sum_{e \in \mathcal{E}_\delta} \int_e \gamma |e|^{-1} [u_\delta] \cdot [v_\delta] - \sum_{m=1}^{M} (\mathbf{b} u_\delta, \nabla v_\delta)_{\Omega_m} + \sum_{e \in \mathcal{E}_\delta} \int_e \{\!\{\mathbf{b} u_\delta\}\!\}_\mathbf{b} \cdot [v_\delta] \quad (12.91)
$$

$$
+ \sum_{m=1}^{M} (\sigma u_\delta, v_\delta)_{\Omega_m} = \sum_{m=1}^{M} (f, v_\delta)_{\Omega_m} ,
$$

dove abbiamo usato le stesse notazioni della Sez. 11.1 ed inoltre abbiamo posto

$$
\{\!\{\mathbf{b} u_\delta\}\!\}_\mathbf{b} = \begin{cases} \mathbf{b} u_\delta^+ & \text{se } \mathbf{b} \cdot \mathbf{n}^+ > 0 \\ \mathbf{b} u_\delta^- & \text{se } \mathbf{b} \cdot \mathbf{n}^+ < 0 \\ \mathbf{b}\{u_\delta\} & \text{se } \mathbf{b} \cdot \mathbf{n}^+ = 0 . \end{cases} \quad (12.92)
$$

Si noti che, se $\mathbf{b} \cdot \mathbf{n}^+ = 0$, allora $\{\!\{\mathbf{b} u_\delta\}\!\}_\mathbf{b} \cdot [v_\delta] = 0$.

Nel caso l'equazione di diffusione, trasporto e reazione sia scritta in forma non conservativa come in (12.1), essendo $\mathbf{b} \cdot \nabla u = \text{div}(\mathbf{b} u) - \text{div}(\mathbf{b})u$, per trattare questo caso è sufficiente modificare la formulazione (12.91) sostituendo il termine

$$
\sum_{m=1}^{M} (\sigma u_\delta, v_\delta)_{\Omega_m} \quad \text{con} \quad \sum_{m=1}^{M} (\eta u_\delta, v_\delta)_{\Omega_m}
$$

dove $\eta(\mathbf{x}) = \sigma(\mathbf{x}) - \text{div}(\mathbf{b}(\mathbf{x}))$ per ogni $\mathbf{x} \in \Omega$, assumendo che esista una costante positiva η_0 tale che $\eta(\mathbf{x}) \geq \eta_0 > 0$ per quasi ogni $\mathbf{x} \in \Omega$.

Il metodo DG può essere facilmente localizzato ad ogni singolo sottodominio Ω_m (elemento finito o elemento spettrale). In effetti, non dovendo essere continue, le funzioni test possono essere scelte in modo che siano nulle al di fuori di uno specifico elemento Ω_m $(m = 1, \dots, M)$. In tal modo la sommatoria in (12.91) (o (11.8)) si riduce ad un singolo indice m, e quella sui lati ai soli lati del bordo di Ω_m. Questo fatto mette in luce anche un'altra caratteristica del metodo DG: quella di prestarsi bene a raffinamenti locali, elemento per elemento, di griglia ("di tipo h") o polinomiali ("di tipo p", indicando con p il grado locale del polinomio, quello sino ad ora indicato con r nel caso degli elementi finiti, con N nel caso dei metodi agli elementi spettrali). Va inoltre osservato che, come vedremo nei capitoli 13,14,15, nei problemi di tipo iperbolico le soluzioni possono essere discontinue (nel caso di discontinuità del dato iniziale e/o di quelli al bordo o, più in generale, nel caso di problemi non lineari). In tal caso appare naturale approssimarle con funzioni polinomiali di tipo discontinuo. Per ulteriori approfondimenti sui metodi di tipo DG per problemi di diffusione e trasporto si veda, ad esempio, [Coc99, HSS02, BMS04, BHS06, AM09].

Osserviamo infine che la precedente descrizione si generalizza ad un problema in cui l'operatore spaziale viene scritto come la divergenza di un flusso dipendente da ∇u, $\mathrm{div}(\phi(\nabla u))$. A questo fine è sufficiente sostituire ∇u in tutte le formule precedenti con l'espressione di detto flusso.

Per l'analisi dei risultati numerici ottenuti con il metodo DG (12.91) rinviamo alla Sez. 12.11.

12.10 Metodi mortar per le equazioni di diffusione-trasporto

I metodi mortar introdotti nel Capitolo 11 per il problema di Poisson possono essere applicati alla discretizzazione delle equazioni (12.1) o di quelle in forma conservativa (12.13). La discretizzazione del dominio e la scelta degli spazi *master* e *slave* è realizzata come è stato descritto nel Capitolo 11 per il problema di Poisson.

Le forme bilineari $a_i(u_\delta^{(i)}, v_\delta^{(i)})$ che compaiono nell'equazione (11.20) e nel sistema (11.31) prendono la forma

$$a_i(u_\delta^{(i)}, v_\delta^{(i)}) = \int_{\Omega_i} \mu \nabla u_\delta^{(i)} \cdot \nabla v_\delta^{(i)} + \int_{\Omega_i} v_\delta^{(i)} \mathbf{b} \cdot \nabla u_\delta^{(i)} + \int_{\Omega_i} \sigma u_\delta^{(i)} v_\delta^{(i)}$$

nel caso del problema (12.1), e

$$a_i(u_\delta^{(i)}, v_\delta^{(i)}) = \int_{\Omega_i} \mu \nabla u_\delta^{(i)} \cdot \nabla v_\delta^{(i)} - \int_{\Omega_i} u_\delta^{(i)} \mathbf{b} \cdot \nabla v_\delta^{(i)} + \int_{\Omega_i} \sigma u_\delta^{(i)} v_\delta^{(i)} + \int_{\partial \Omega_i} \mathbf{b} \cdot \mathbf{n} u_\delta^{(i)} v_\delta^{(i)}$$
(12.93)

nel caso del problema in forma conservativa (12.13), ove il termine di trasporto è stato integrato per parti.

Dobbiamo tuttavia osservare che quando $|\mathbf{b}(\mathbf{x})| \gg \mu$ la soluzione della formulazione mortar vista nel capitolo precedente non necessariamente dà luogo a stime ottimali dell'errore del tipo (11.21) e (11.22), ovvero stime in cui l'errore globale è la somma di errori locali senza alcun vincolo di compatibilità fra le discretizzazioni nei sottodomini che condividono la stessa interfaccia. Più precisamente, nonostante si adottino tecniche di stabilizzazione come GLS o SUPG viste nelle sezioni precedenti, si possono creare delle instabilità dovute alla nonconformità all'interfaccia. Vediamo perché.

Partiamo dal problema di diffusione-trasporto-reazione in forma conservativa (12.13), scriviamo la formulazione debole mortar (come in (11.20)) con $a_i(u_\delta^{(i)}, v_\delta^{(i)})$ definite in (12.93), quindi introduciamo la stabilizzazione GLS sostituendo le forme bilineari con quelle stabilizzate (l'indice (1) in $a_{i,\delta}^{(1)}$ denota la scelta $\rho = 1$ nella stabilizzazione secondo il formalismo delle sezioni precedenti)

$$a_{i,\delta}^{(1)}(u_\delta^{(i)}, v_\delta^{(i)}) = a_i(u_\delta^{(i)}, v_\delta^{(i)}) + \left(L u_\delta^{(i)}, \tau_k L v_\delta^{(i)} \right)_{L^2(\Omega_i)}$$
(12.94)

e ponendo

$$a_\delta^{(1)}(u_\delta, v_\delta) = \sum_{i=1}^{2} a_{i,\delta}^{(1)}(u_\delta^{(i)}, v_\delta^{(i)}).$$

(Analoga stabilizzazione viene ovviamente fatta sui termini noti.)
Sfruttando le classiche regole di integrazione, abbiamo

$$\int_{\Omega_i} \mathrm{div}(\mathbf{b}u_\delta^{(i)})u_\delta^{(i)} = \frac{1}{2}\int_{\Omega_i}\mathrm{div}(\mathbf{b}u_\delta^{(i)})u_\delta^{(i)} - \frac{1}{2}\int_{\Omega_i}u_\delta^{(i)}\mathbf{b}\cdot\nabla u_\delta^{(i)} + \frac{1}{2}\int_{\partial\Omega_i}\mathbf{b}\cdot\mathbf{n}_i(u_\delta^{(i)})^2$$

$$= \frac{1}{2}\int_{\Omega_i}(\mathrm{div}\mathbf{b})(u_\delta^{(i)})^2 + \frac{1}{2}\int_{\Gamma}\mathbf{b}\cdot\mathbf{n}_i(u_\delta^{(i)})^2$$

dove $\mathbf{n}_i$ denota la normale uscente da Ω_i e l'ultimo integrale di bordo si è ridotto alla sola integrazione sull'interfaccia grazie alle condizioni di Dirichlet omogenee. Di conseguenza abbiamo

$$a_{i,\delta}^{(1)}(u_\delta^{(i)}, u_\delta^{(i)}) = \mu\|\nabla u_\delta^{(i)}\|_{L^2(\Omega_i)}^2 + \|\sqrt{\sigma + \frac{1}{2}\mathrm{div}\mathbf{b}}\, u_\delta^{(i)}\|_{L^2(\Omega_i)}^2$$

$$+ \left(Lu_\delta^{(i)}, \tau_k Lu_\delta^{(i)}\right)_{L^2(\Omega_i)} + \frac{1}{2}\int_{\Gamma}\mathbf{b}\cdot\mathbf{n}_i(u_\delta^{(i)})^2$$

e

$$a_\delta^{(1)}(u_\delta, u_\delta) = \mu\|\nabla u_\delta\|_{L^2(\Omega)}^2 + \|\sqrt{\sigma + \frac{1}{2}\mathrm{div}\mathbf{b}}\, u_\delta\|_{L^2(\Omega)}^2$$

$$\left(Lu_\delta^{(i)}, \tau_k Lu_\delta^{(i)}\right)_{L^2(\Omega_i)} + \frac{1}{2}\int_{\Gamma}\mathbf{b}\cdot\mathbf{n}_\Gamma((u_\delta^{(1)})^2 - (u_\delta^{(2)})^2)$$

avendo posto $\mathbf{n}_\Gamma = \mathbf{n}_1 = -\mathbf{n}_2$ sull'interfaccia.

L'integrale $\frac{1}{2}\int_{\Gamma}\mathbf{b}\cdot\mathbf{n}_\Gamma((u_\delta^{(1)})^2 - (u_\delta^{(2)})^2)$ non è quindi controllato dalla stabilizzazione e $a_\delta^{(1)}$ può non risultare coerciva rispetto alla norma $\|\cdot\|_{GLS}$ o rispetto a un'altra norma discreta. Per ovviare a questo problema in [AAH+98] è stato proposto di aggiungere alla forma bilineare $a_\delta^{(1)}$ un ulteriore termine di stabilizzazione su Γ nello stile DG del tipo

$$\tilde{a}_\Gamma(u_\delta, v_\delta) = \int_{\Gamma}(\mathbf{b}\cdot\mathbf{n}_1)^-(u_\delta^{(2)} - u_\delta^{(1)})v_\delta^{(1)} + \int_{\Gamma}(\mathbf{b}\cdot\mathbf{n}_2)^-(u_\delta^{(1)} - u_\delta^{(2)})v_\delta^{(2)}$$

dove x^- denota la parte negativa del numero x (cioè $x^- = (|x| - x)/2$). Spezzando gli integrali su Γ in due contributi a seconda del valore nullo o positivo di $(\mathbf{b}\cdot\mathbf{n}_i)^-$ ed operando semplici passaggi algebrici, si ottiene

$$\tilde{a}_\Gamma(u_\delta, u_\delta) = \frac{1}{2}\int_{\Gamma}|\mathbf{b}\cdot\mathbf{n}_\Gamma|(u_\delta^{(1)} - u_\delta^{(2)})^2$$

cosicché la forma $a_\delta^{(1)}(u_\delta, u_\delta) + \tilde{a}_\Gamma(u_\delta, u_\delta)$ risulta coerciva rispetto alla norma GLS (12.77).

12.11 Alcuni test numerici per problemi di diffusione-trasporto

Mostriamo ora delle soluzioni numeriche ottenute con il metodo degli elementi finiti lineari ($r = 1$) per il seguente problema di diffusione-trasporto bidimensionale

$$\begin{cases} -\mu\Delta u + \mathbf{b} \cdot \nabla u = f & \text{in } \Omega = (0,1) \times (0,1), \\ u = g & \text{su } \partial\Omega, \end{cases} \qquad (12.95)$$

dove $\mathbf{b} = (1,1)^T$. Per iniziare consideriamo i seguenti dati costanti: $f \equiv 1$ e $g \equiv 0$. Osserviamo che la soluzione è caratterizzata da uno strato limite in corrispondenza dei lati $x = 1$ e $y = 1$. Sono stati considerati due diversi valori per la viscosità: $\mu = 10^{-3}$ e $\mu = 10^{-5}$. Confrontiamo le soluzioni ottenute rispettivamente con il metodo standard di Galerkin e con il metodo GLS (usando la scelta (12.61) per τ_K) per entrambi i problemi, facendo due scelte differenti per il passo uniforme di discretizzazione h: $1/20$ e $1/80$, rispettivamente. Le combinazioni incrociate dei due valori di μ ed h danno luogo a quattro valori distinti per il numero di Péclet locale $\mathbb{Pe}$. Come si può osservare percorrendo le Fig. 12.12–12.15 (si faccia attenzione alle diverse scale verticali), per numeri di Péclet crescenti la soluzione fornita dal metodo di Galerkin standard manifesta oscillazioni sempre più marcate che arrivano a dominare completamente la soluzione numerica (si veda la Fig. 12.15). Il metodo GLS è invece in grado di fornire una soluzione numerica accettabile anche per valori estremamente elevati di $\mathbb{Pe}$ (pur in presenza di un *over-shoot* in corrispondenza del punto $(1,1)$).

Scegliamo ora la forzante f e il dato al contorno g in modo che

$$u(x,y) = x + y(1 - x) + \frac{e^{-1/\mu} - e^{-(1-x)(1-y)/\mu}}{1 - e^{-1/\mu}}$$

sia la soluzione esatta (si veda, ad esempio, [HSS02]). Osserviamo che il numero di Péclet globale associato al problema (12.95) è dato da $\mathbb{Pe}_{gl} = (\sqrt{2}\mu)^{-1}$. Per valori

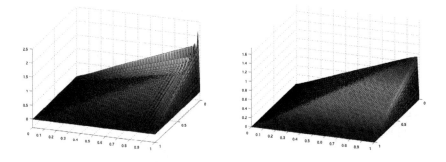

Figura 12.12. Approssimazione del problema (12.95) per $\mu = 10^{-3}$, $h = 1/80$, con il metodo di Galerkin standard (a sinistra) e GLS (a destra). Il numero di Péclet locale corrispondente è $\mathbb{Pe} = 8.84$

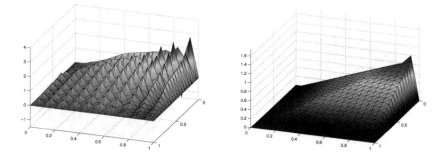

Figura 12.13. Approssimazione del problema (12.95) per $\mu = 10^{-3}$, $h = 1/20$, con il metodo di Galerkin standard (a sinistra) e GLS (a destra). Il numero di Péclet locale corrispondente è $\mathbb{Pe} = 35.35$

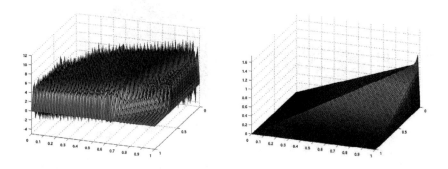

Figura 12.14. Approssimazione del problema (12.95) per $\mu = 10^{-5}$, $h = 1/80$, con il metodo di Galerkin standard (a sinistra) e GLS (a destra). Il numero di Péclet locale corrispondente è $\mathbb{Pe} = 883.88$

piccoli della viscosità μ, questo problema esibisce uno strato limite in corrispondenza dei lati $x = 1$ e $y = 1$. Di seguito, sono stati considerati due diversi valori per la viscosità: $\mu = 10^{-1}$ e $\mu = 10^{-9}$, i cui grafici della soluzione esatta sono riportati in Fig. 12.16. Per la discretizzazione numerica abbiamo sempre considerato elementi finiti lineari ($r = 1$). Confrontiamo ora le relative soluzioni numeriche ottenute rispettivamente con il metodo di Galerkin standard, con il metodo SUPG, con il metodo DG (12.91) ($\tau = 1$, $\gamma = 10r^2$) e con la variante DG-N, si veda (11.8), in cui le condizioni al contorno sono state imposte con la tecnica di penalizzazione di Nitsche [Nit71]. Nelle Figg. 12.17 e 12.18 riportiamo le soluzioni approssimate calcolate su una griglia di triangoli non strutturata di passo $h \approx 1/8$. Gli analoghi risultati ottenuti su una griglia più fine di passo $h \approx 1/16$ sono riportati nelle Figg. 12.19 e 12.20. Le Figg. 12.17-12.19 mostrano che, in caso in cui il numero di Péclet globale sia piccolo, i quattro metodi considerati forniscono delle soluzioni numeriche molto simili. Vice-

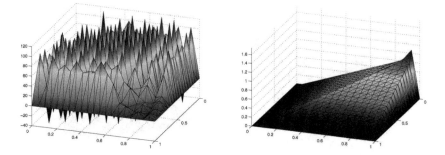

Figura 12.15. Approssimazione del problema (12.95) per $\mu = 10^{-5}$, $h = 1/20$, con il metodo di Galerkin standard (a sinistra) e GLS (a destra). Il numero di Péclet locale corrispondente è $\mathbb{Pe} = 3535.5$

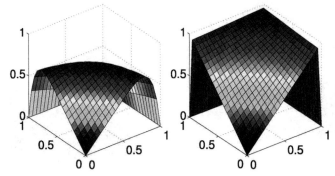

Figura 12.16. Soluzione esatta del problema (12.95) corrispondente alle scelte $\mu = 10^{-1}$ (sinistra) e $\mu = 10^{-9}$ (destra). Si osservi che per valori piccoli della viscosità μ la soluzione esatta esibisce uno strato limite in corrispondenza dei lati $x = 1$ e $y = 1$

versa, le Figg. 12.18-12.20 (si faccia attenzione alle diverse scale verticali) mostrano che per numeri di Péclet grandi, la soluzione fornita dal metodo di Galerkin standard manifesta oscillazioni sempre più marcate che arrivano a dominare completamente la soluzione numerica. Il metodo SUPG è invece in grado di fornire una soluzione numerica accettabile anche in questo caso, pur in presenza di *over-shoot* in corrispondenza del punto $(1,1)$. Il metodo DG presenta delle oscillazioni in corrispondenza degli elementi che hanno un lato o un vertice sul bordo di *outflow*, dovute alla imposizione essenziale della condizione al contorno. Infine, si noti come la scelta del metodo DG-N fa sí che la soluzione numerica non presenti né oscillazioni né fenomeni di *over-shoot*. Ciò è dovuto alla imposizione debole della condizione al bordo con la tecnica di Nitsche. Tuttavia, con tale approccio diventa impossibile approssimare la soluzione nello strato limite.

Consideriamo infine un problema di puro trasporto, ovvero il semplice problema modello $\mathbf{b} \cdot \nabla u = f$ in $\Omega = (0,1)^2$ con $u = g$ su Γ^-. Si suppone di scegliere $\mathbf{b} = (1,1)$, il termine noto f e il dato g in modo che la soluzione esatta sia

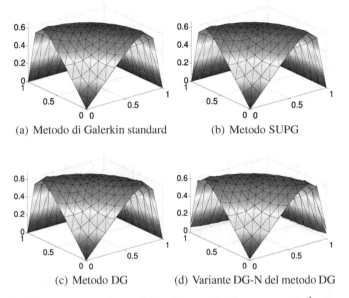

(a) Metodo di Galerkin standard   (b) Metodo SUPG

(c) Metodo DG   (d) Variante DG-N del metodo DG

Figura 12.17. Soluzione approssimata del problema (12.95) per $\mu = 10^{-1}$ ottenuta rispettivamente con il metodo di Galerkin standard, con il metodo SUPG, con il metodo DG (12.91) ($\tau = 1$, $\gamma = 10r^2$) e con la sua variante DG-N in cui le condizioni al contorno sono state imposte in forma debole. Griglia triangolare non stutturata di passo $h \approx 1/8$ ed elementi finiti lineari ($r = 1$)

$u(x,y) = 1 + \sin(\pi(x+1)(y+1)^2/8)$. Risolviamo tale problema con il metodo di Galerkin discontinuo ed elementi di grado $1, 2, 3$ e 4 su una sequenza di griglie triangolari uniformi di passo h. È possibile dimostrare (si veda, ad esempio, [BMS04]) che il metodo di Galerkin discontinuo fornisce una stima dell'errore ottimale in un'opportuna norma dell'energia. Più precisamente: nel caso si utilizzino polinomi discontinui a tratti di ordine $r \geq 0$, si ha

$$\|u - u_h\| = \left(\|u - u_h\|_{L^2(\Omega)}^2 + \sum_{e \in \mathcal{E}_h} \|s_e^{1/2}[u - u_h]\|_{0,e}^2 \right)^{1/2} \leq Ch^{r+1/2}\|u\|_{H^{r+1}(\Omega)},$$

(12.96)

dove s_e è un'opportuna funzione di stabilizzazione definita come $\alpha|\mathbf{b} \cdot \mathbf{n_e}|$, con α una costante positiva indipendente da h ed e, $\mathcal{E}_h$ è l'insieme di tutti i lati della triangolazione e C è una costante positiva. Nel grafico riportato in Fig. 12.21 sono mostrati (in scala logaritmica) gli errori calcolati nella norma dell'energia (12.96): come si può osservare dall'andamento delle rette riportate in figura l'errore tende a zero con un ordine pari a $h^{r+1/2}$, come previsto in (12.96). In Fig. 12.22 vengono mostrate le soluzioni calcolate con elementi finiti lineari su una griglia di passo $h = 1/4$ (a sinistra) e $h = 1/8$ (a destra).

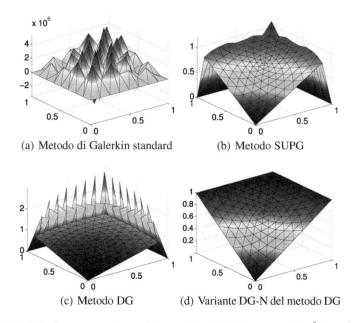

(a) Metodo di Galerkin standard   (b) Metodo SUPG

(c) Metodo DG   (d) Variante DG-N del metodo DG

Figura 12.18. Soluzione approssimata del problema (12.95) per $\mu = 10^{-9}$ ottenuta rispetti-vamente con il metodo di Galerkin standard, con il metodo SUPG, con il metodo DG (12.91) ($\tau = 1$, $\gamma = 10r^2$) e con la sua variante DG-N in cui le condizioni al contorno sono state imposte in forma debole. Griglia triangolare non stutturata di passo $h \approx 1/8$ ed elementi finiti lineari ($r = 1$)

12.12 Un esempio di adattività *goal-oriented*

Consideriamo infine un esempio in cui si effettui una procedura adattiva finalizzata al-la minimizzazione di un opportuno funzionale dell'errore, come visto nella Sez. 4.6.5. Come anticipato nell'Osservazione 4.10, l'analisi a posteriori della Sez. 4.6.5 per il controllo di un opportuno funzionale dell'errore può essere estesa a problemi diffe-renziali di varia natura previa un'opportuna ridefinizione del residuo locale (4.94) e del salto generalizzato (4.90). L'adattazione di griglia risulta infatti particolarmen-te utile in presenza di problemi di diffusione-trasporto a trasporto dominante, quando un'accurata disposizione dei triangoli della mesh in corrispondenza, ad esempio, degli eventuali strati limite (interni o di bordo) può ridurre sensibilmente il costo computa-zionale.

Consideriamo il problema (12.1) con $\mu = 10^{-3}$, $\mathbf{b} = (y, -x)^T$, σ ed f identicamente nulli, e Ω coincidente con il dominio a forma di L dato da $(0, 4)^2 \backslash (0, 2)^2$ (riportato in Fig. 12.23). Supponiamo di assegnare una condizione di Neumann omogenea sui lati $\{x = 4\}$ e $\{y = 0\}$, una condizione di Dirichlet non omogenea ($u = 1$) su $\{x = 0\}$ e una condizione di Dirichlet omogenea sulle restanti parti del bordo. La soluzione u di (12.1) risulta così caratterizzata da due strati limite interni di forma circolare. Al fine di validare la sensibilità della griglia adattata rispetto alla scelta fatta per il funzionale

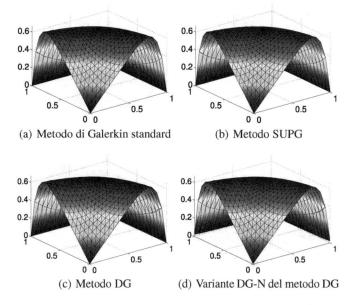

(a) Metodo di Galerkin standard   (b) Metodo SUPG

(c) Metodo DG   (d) Variante DG-N del metodo DG

Figura 12.19. Soluzione approssimata del problema (12.95) per $\mu = 10^{-1}$ ottenuta rispettivamente con il metodo di Galerkin standard, con il metodo SUPG, con il metodo DG (12.91) ($\tau = 1$, $\gamma = 10r^2$) e con la sua variante DG-N in cui le condizioni al contorno sono state imposte in forma debole. Griglia triangolare non stutturata di passo $h \approx 1/16$ ed elementi finiti lineari ($r = 1$)

J, consideriamo le due seguenti scelte:

$$J(v) = J_1(v) = \int_{\Gamma_1} \mathbf{b} \cdot \mathbf{n}\, v\, ds, \qquad \text{con} \qquad \Gamma_1 = \{x = 4\} \cup \{y = 0\},$$

per il controllo del flusso normale uscente attraverso i lati $\{x = 4\}$ e $\{y = 0\}$, e

$$J(v) = J_2(v) = \int_{\Gamma_2} \mathbf{b} \cdot \mathbf{n}\, v\, ds, \qquad \text{con} \qquad \Gamma_2 = \{x = 4\},$$

nel caso in cui si sia interessati a controllare ancora il flusso ma attraverso il solo lato $\{x = 4\}$. Partendo da una comune griglia iniziale quasi uniforme di 1024 elementi, mostriamo in Fig. 12.23 le griglie (anisotrope) ottenute per la scelta $J = J_1$ (a sinistra) e $J = J_2$ (a destra), rispettivamente alla quarta e alla seconda iterazione del procedimento adattivo. Come si può osservare, mentre entrambi gli strati limite sono responsabili del flusso attraverso Γ_1, con conseguente infittimento della griglia in corrispondenza dei due strati limite, il solo strato limite superiore è "riconosciuto" come portatore di informazioni al flusso lungo Γ_2. Si noti infine la natura fortemente anisotropa delle mesh in figura, ovvero non solo l'infittimento bensì anche la corretta

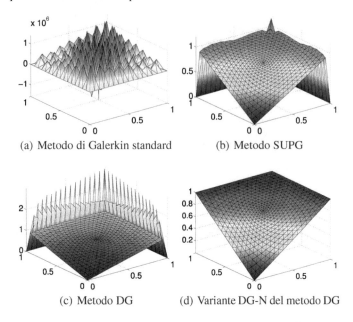

(a) Metodo di Galerkin standard   (b) Metodo SUPG

(c) Metodo DG   (d) Variante DG-N del metodo DG

Figura 12.20. Soluzione approssimata del problema (12.95) per $\mu = 10^{-9}$ ottenuta rispettivamente con il metodo di Galerkin standard, con il metodo SUPG, con il metodo DG (12.91) ($\tau = 1$, $\gamma = 10r^2$) e con la sua variante DG-N in cui le condizioni al contorno sono state imposte in forma debole. Griglia triangolare non stutturata di passo $h \approx 1/16$ ed elementi finiti lineari ($r = 1$)

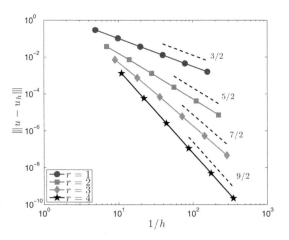

Figura 12.21. Andamento rispetto alla radice del numero di gradi di libertà dell'errore di approssimazione nella norma per elementi finiti grado $1 - 4$

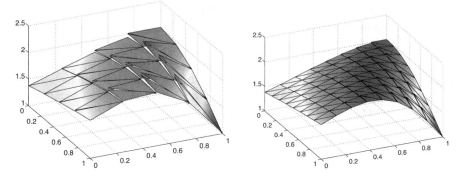

Figura 12.22. Soluzioni calcolate con elementi finiti lineari su una griglia uniforme di passo $h = 1/4$ (a sinistra) e $h = 1/8$ (a destra)

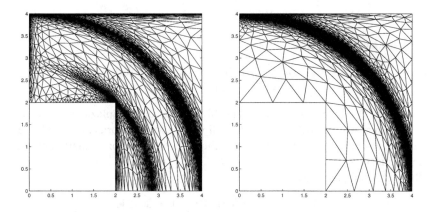

Figura 12.23. Quarta griglia adattata per il funzionale J_1 (a sinistra); seconda griglia adattata per il funzionale J_2 (a destra)

orientazione dei triangoli della griglia in modo da seguire le caratteristiche direzionali (gli strati limite) della soluzione (per ulteriori dettagli si rimanda a [FMP04]).

12.13 Esercizi

1. Si scomponga nelle sue parti simmetrica e antisimmetrica l'operatore di diffusione-trasporto-reazione monodimensionale

$$Lu = -\mu u'' + bu' + \sigma u.$$

2. Si scomponga nelle sue parti simmetrica e antisimmetrica l'operatore di diffusione-trasporto scritto in forma non di divergenza

$$Lu = -\mu \Delta u + \mathbf{b} \cdot \nabla u.$$

3. Si dimostri che gli elementi finiti lineari, quadratici e cubici monodimensionali conducono, sull'intervallo di riferimento $[0, 1]$, alle seguenti matrici condensate, ottenute tramite la tecnica del *mass-lumping*:

$$r = 1 \ \mathrm{M}_L = \widehat{\mathrm{M}} = \frac{1}{2}\mathrm{diag}(1\ 1),$$

$$r = 2 \ \mathrm{M}_L = \widehat{\mathrm{M}} = \frac{1}{6}\mathrm{diag}(1\ 4\ 1),$$

$$r = 3 \begin{cases} \mathrm{M}_L = \dfrac{1}{8}\mathrm{diag}(1\ 3\ 3\ 1), \\[2mm] \widehat{\mathrm{M}} = \dfrac{1}{1552}\mathrm{diag}(128\ 648\ 648\ 128) = \mathrm{diag}\left(\dfrac{8}{97}, \dfrac{81}{194}, \dfrac{81}{194}, \dfrac{8}{97}\right). \end{cases}$$

4. Si consideri il problema

$$\begin{cases} -\epsilon u''(x) + bu'(x) = 1, & 0 < x < 1, \\ u(0) = \alpha, & u(1) = \beta, \end{cases}$$

dove $\epsilon > 0$ e $\alpha, \beta, b \in \mathbb{R}$ sono dati. Si trovi la sua formulazione ad elementi finiti con viscosità artificiale *upwind*. Si discutano le proprietà di stabilità e di convergenza e le si confrontino con quelle della formulazione Galerkin-elementi finiti lineari.

5. Si consideri il problema

$$\begin{cases} -\epsilon u''(x) + u'(x) = 1, & 0 < x < 1, \\ u(0) = 0, & u'(1) = 1, \end{cases}$$

con $\epsilon > 0$ dato. Se ne scriva la formulazione debole e la sua approssimazione di tipo Galerkin con elementi finiti. Si verifichi che lo schema è stabile e si giustifichi tale risultato.

6. Si consideri il problema

$$\begin{cases} -\mathrm{div}(\mu \nabla u) + \mathrm{div}(\boldsymbol{\beta} u) + \sigma u = f & \text{in } \Omega, \\[2mm] -\boldsymbol{\gamma} \cdot \mathbf{n} + \mu \nabla u \cdot \mathbf{n} = 0 & \text{su } \Gamma_N, \\[2mm] u = 0 & \text{su } \Gamma_D, \end{cases}$$

dove Ω è un aperto di $\mathbb{R}^2$ di frontiera $\Gamma = \Gamma_D \cup \Gamma_N$, $\Gamma_D \cap \Gamma_N = \emptyset$, $\mathbf{n}$ è la normale uscente a Γ, $\mu = \mu(\mathbf{x}) > \mu_0 > 0$, $\sigma = \sigma(\mathbf{x}) > 0$, $f = f(\mathbf{x})$ sono funzioni date, $\boldsymbol{\beta} = \boldsymbol{\beta}(\mathbf{x})$, $\boldsymbol{\gamma} = \boldsymbol{\gamma}(\mathbf{x})$ sono funzioni vettoriali assegnate.
Lo si approssimi con il metodo di Galerkin-elementi finiti lineari. Si trovi sotto quali ipotesi sui coefficienti μ, σ e $\boldsymbol{\beta}$ il metodo risulta inaccurato e si propongano nei vari casi gli opportuni rimedi.

7. Si consideri il problema di diffusione-trasporto monodimensionale

$$\begin{cases} -(\mu u' - \psi'u)' = 1,\, 0 < x < 1, \\ u(0) = u(1) = 0, \end{cases} \tag{12.97}$$

dove μ è una costante positiva e ψ una funzione assegnata.

a) Si studino esistenza ed unicità della soluzione debole del problema (12.97) introducendo opportune ipotesi sulla funzione ψ e se ne proponga un'approssimazione numerica stabile agli elementi finiti.

b) Si consideri il cambio di variabile $u = \rho e^{\psi/\mu}$, essendo ρ una funzione incognita ausiliaria. Si studino esistenza ed unicità della soluzione debole del problema (12.97) nella nuova incognita ρ e se ne fornisca l'approssimazione numerica con il metodo degli elementi finiti.

c) Si confrontino i due approcci seguiti in (a) e (b), sia dal punto di vista astratto che da quello numerico.

8. Si consideri il problema di diffusione-trasporto-reazione

$$\begin{cases} -\Delta u + \mathrm{div}(\mathbf{b}u) + u = 0 \,\text{in}\, \Omega \subset \mathbb{R}^2, \\ u = \varphi \quad \text{su}\, \Gamma_D, \quad \dfrac{\partial u}{\partial n} = 0 \quad \text{su}\, \Gamma_N, \end{cases}$$

dove Ω è un aperto limitato, $\partial\Omega = \Gamma_D \cup \Gamma_N$, $\Gamma_D \neq \emptyset$.

Si provino esistenza ed unicità della soluzione facendo opportune ipotesi di regolarità sui dati $\mathbf{b} = (b_1(\mathbf{x}), b_2(\mathbf{x}))^T$ $(\mathbf{x} \in \Omega)$ e $\varphi = \varphi(\mathbf{x})$ $(\mathbf{x} \in \Gamma_D)$.

Nel caso in cui $|\mathbf{b}| \gg 1$, si approssimi lo stesso problema con il metodo di diffusione artificiale-elementi finiti e con il metodo SUPG-elementi finiti, discutendone vantaggi e svantaggi rispetto al metodo di Galerkin-elementi finiti.

9. Si consideri il problema

$$-\sum_{i,j=1}^{2} \frac{\partial^2 u}{\partial x_i \partial x_j} + \beta \frac{\partial^2 u}{\partial x_1^2} + \gamma \frac{\partial^2 u}{\partial x_1 \partial x_2} + \delta \frac{\partial^2 u}{\partial x_2^2} + \eta \frac{\partial u}{\partial x_1} = f \quad \text{in}\, \Omega,$$

con $u = 0$ su $\partial\Omega$, dove β, γ, δ, η sono coefficienti assegnati e f è una funzione assegnata di $\mathbf{x} = (x_1, x_2) \in \Omega$.

a) Si trovino le condizioni sui dati che assicurano l'esistenza e l'unicità di una soluzione debole.

b) Si indichi un'approssimazione con il metodo di Galerkin-elementi finiti e se ne analizzi la convergenza.

c) Sotto quali condizioni sui dati il problema di Galerkin è simmetrico? Quali metodi conviene utilizzare per la risoluzione del problema algebrico associato?

Capitolo 13
Differenze finite per equazioni iperboliche

In questo capitolo ci occuperemo di problemi evolutivi di tipo iperbolico. Per la loro derivazione e per un'analisi approfondita si veda, ad esempio, [Sal08], Cap. 4. Noi ci limiteremo a considerarne l'approssimazione numerica con il metodo delle differenze finite, storicamente il primo ad essere utilizzato per questo tipo di equazioni. Per introdurre in modo semplice i concetti di base della teoria, buona parte della nostra presentazione riguarderà problemi dipendenti da una sola variabile spaziale.

13.1 Un problema di trasporto scalare

Consideriamo il seguente problema iperbolico scalare

$$\begin{cases} \dfrac{\partial u}{\partial t} + a \dfrac{\partial u}{\partial x} = 0, \ x \in \mathbb{R}, t > 0, \\ u(x,0) = u_0(x), \ x \in \mathbb{R}, \end{cases} \tag{13.1}$$

dove $a \in \mathbb{R} \setminus \{0\}$. La soluzione di tale problema è un'onda viaggiante con velocità a data da

$$u(x,t) = u_0(x - at), \ t \geq 0.$$

Consideriamo le curve $x(t)$ nel piano (x,t), soluzioni delle seguenti equazioni differenziali ordinarie

$$\begin{cases} \dfrac{dx}{dt} = a, \quad t > 0, \\ x(0) = x_0, \end{cases}$$

al variare di $x_0 \in \mathbb{R}$.
Tali curve sono dette *linee caratteristiche* (o spesso semplicemente caratteristiche) e lungo di esse la soluzione rimane costante in quanto

$$\frac{du}{dt} = \frac{\partial u}{\partial t} + \frac{\partial u}{\partial x}\frac{dx}{dt} = 0.$$

© Springer-Verlag Italia 2016
A. Quarteroni, *Modellistica Numerica per Problemi Differenziali*, 6a edizione,
UNITEXT - La Matematica per il 3+2 100, DOI 10.1007/978-88-470-5782-1_13

Nel caso del problema più generale

$$\begin{cases} \dfrac{\partial u}{\partial t} + a\dfrac{\partial u}{\partial x} + a_0 u = f, & x \in \mathbb{R}, t > 0, \\[2mm] u(x,0) = u_0(x), & x \in \mathbb{R}, \end{cases} \qquad (13.2)$$

dove a, a_0, f sono funzioni assegnate delle variabili (x,t), le linee caratteristiche $x(t)$ sono le soluzioni del problema di Cauchy

$$\begin{cases} \dfrac{dx}{dt} = a(x,t), \, t > 0, \\[2mm] x(0) = x_0. \end{cases}$$

In tal caso, le soluzioni di (13.2) soddisfano la seguente relazione

$$\frac{d}{dt}u(x(t),t) = f(x(t),t) - a_0(x(t),t)u(x(t),t).$$

È quindi possibile ricavare la soluzione u risolvendo un'equazione differenziale ordinaria su ogni curva caratteristica (questo approccio porta al cosiddetto *metodo delle caratteristiche*).

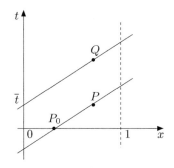

Figura 13.1. Esempi di linee caratteristiche (delle rette in questo caso) uscenti dai punti P e Q

Consideriamo ora il problema (13.1) in un intervallo limitato. Ad esempio supponiamo $x \in [0,1]$ e $a > 0$. Poiché u è costante sulle caratteristiche, dalla Fig. 13.1 si deduce che il valore della soluzione nel punto P coincide con il valore di u_0 nel piede P_0 della caratteristica uscente da P. La caratteristica uscente dal punto Q, invece, interseca la retta $x = 0$ per $t > 0$. Il punto $x = 0$ è, quindi, di *inflow* ed in esso è necessario assegnare il valore di u. Si noti che se fosse $a < 0$, il punto di *inflow* sarebbe $x = 1$.

Facendo riferimento al problema (13.1) è opportuno osservare che se u_0 fosse una funzione discontinua nel punto x_0, allora tale discontinuità si propagherebbe lungo la caratteristica uscente da x_0 (questo processo può essere formalizzato rigorosamente dal punto di vista matematico, introducendo il concetto di *soluzione debole* per i problemi iperbolici).

Per regolarizzare le discontinuità si potrebbe approssimare il dato iniziale u_0 con una successione di funzioni regolari $u_0^\varepsilon(x), \varepsilon > 0$. Questo procedimento è efficace, però, solo se il problema iperbolico è lineare. Le soluzioni di problemi iperbolici non lineari, possono infatti sviluppare discontinuità anche per dati iniziali regolari (come si vedrà nel Cap. 15). In questo caso, la strategia (cui si ispirano anche i metodi numerici) è quella di regolarizzare l'equazione differenziale stessa piuttosto che il dato iniziale. In tale prospettiva, si può considerare la seguente equazione parabolica di diffusione e trasporto

$$\frac{\partial u^\varepsilon}{\partial t} + a\frac{\partial u^\varepsilon}{\partial x} = \varepsilon\frac{\partial^2 u^\varepsilon}{\partial x^2}, \, x \in \mathbb{R}, \, t > 0,$$

per piccoli valori di $\varepsilon > 0$. Se si pone $u^\varepsilon(x,0) = u_0(x)$, si può dimostrare che

$$\lim_{\varepsilon \to 0^+} u^\varepsilon(x,t) = u_0(x - at), \, t > 0, \, x \in \mathbb{R}.$$

13.1.1 Una stima a priori

Ritorniamo ora a considerare il problema di trasporto-reazione (13.2) su un intervallo limitato

$$\begin{cases} \dfrac{\partial u}{\partial t} + a\dfrac{\partial u}{\partial x} + a_0 u = f, \, x \in (\alpha, \beta), \, t > 0, \\[2mm] u(x,0) = u_0(x), \qquad x \in [\alpha, \beta], \\[2mm] u(\alpha, t) = \varphi(t), \qquad t > 0, \end{cases} \tag{13.3}$$

dove $a(x)$, $f(x,t)$ e $\varphi(t)$ sono funzioni assegnate; si è fatta l'ipotesi che $a(x) > 0$, così che $x = \alpha$ è il punto di *inflow* (ove imporre la condizione al contorno), mentre $x = \beta$ è quello di *outflow*.

Moltiplicando la prima equazione di (13.3) per u, integrando rispetto a x e usando la formula di integrazione per parti, per ogni $t > 0$ si ottiene

$$\frac{1}{2}\frac{d}{dt}\int_\alpha^\beta u^2 \, dx + \int_\alpha^\beta (a_0 - \frac{1}{2}a_x)u^2 \, dx + \frac{1}{2}(au^2)(\beta) - \frac{1}{2}(au^2)(\alpha) = \int_\alpha^\beta fu \, dx.$$

Supponendo che esista $\mu_0 \geq 0$ t.c.

$$a_0 - \tfrac{1}{2}a_x \geq \mu_0 \, \forall x \in [\alpha, \beta],$$

si trova

$$\frac{1}{2}\frac{d}{dt}\|u(t)\|_{\mathrm{L}^2(\alpha,\beta)}^2 + \mu_0\|u(t)\|_{\mathrm{L}^2(\alpha,\beta)}^2 + \frac{1}{2}(au^2)(\beta) \leq \int_\alpha^\beta fu \, dx + \frac{1}{2}a(\alpha)\varphi^2(t).$$

Se f e φ sono identicamente nulle, allora

$$\|u(t)\|_{L^2(\alpha,\beta)} \le \|u_0\|_{L^2(\alpha,\beta)} \ \forall t > 0.$$

Nel caso del problema più generale (13.2), se supponiamo $\mu_0 > 0$, grazie alle disuguaglianze di Cauchy-Schwarz e di Young si ha

$$\int_\alpha^\beta fu \, dx \le \|f\|_{L^2(\alpha,\beta)} \|u\|_{L^2(\alpha,\beta)} \le \frac{\mu_0}{2}\|u\|_{L^2(\alpha,\beta)}^2 + \frac{1}{2\mu_0}\|f\|_{L^2(\alpha,\beta)}^2.$$

Integrando rispetto al tempo, si perviene alla seguente stima a priori

$$\|u(t)\|_{L^2(\alpha,\beta)}^2 + \mu_0 \int_0^t \|u(s)\|_{L^2(\alpha,\beta)}^2 \, ds + a(\beta)\int_0^t u^2(\beta,s)\, ds$$

$$\le \|u_0\|_{L^2(\alpha,\beta)}^2 + a(\alpha)\int_0^t \varphi^2(s)\, ds + \frac{1}{\mu_0}\int_0^t \|f\|_{L^2(\alpha,\beta)}^2 \, ds.$$

Una stima alternativa che non richiede la differenziabilità di $a(x)$ ma usa l'ipotesi che $a_0 \le a(x) \le a_1$ per due opportune costanti positive a_0 e a_1 può essere ottenuta moltiplicando l'equazione per a^{-1},

$$a^{-1}\frac{\partial u}{\partial t} + \frac{\partial u}{\partial x} = a^{-1}f.$$

Moltiplicando ora per u e integrando tra α e β si ottiene, dopo semplici passaggi,

$$\frac{1}{2}\frac{d}{dt}\int_\alpha^\beta a^{-1}(x)u^2(x,t)\, dx + \frac{1}{2}u^2(\beta,t) = \int_\alpha^\beta a^{-1}(x)f(x,t)u(x,t)dx + \frac{1}{2}\varphi^2(t).$$

Se $f = 0$ si ottiene immediatamente

$$\|u(t)\|_a^2 + \int_0^t u^2(\beta,s)ds = \|u_0\|_a^2 + \int_0^t \varphi^2(s)ds, \ t > 0.$$

Abbiamo definito

$$\|v\|_a = \left(\int_\alpha^\beta a^{-1}(x)v^2(x)dx\right)^{\frac{1}{2}}.$$

Grazie alla limitatezza inferiore e superiore di a^{-1}, quest'ultima è una norma equivalente a quella di $L^2(\alpha,\beta)$. Se invece $f \neq 0$ si può procedere come segue

$$\|u(t)\|_a^2 + \int_0^t u^2(\beta,s)\, ds \le \|u_0\|_a^2 + \int_0^t \varphi^2(s)\, ds + \int_0^t \|f\|_a^2 \, ds + \int_0^t \|u(s)\|_a^2 ds,$$

avendo usato la disuguaglianza di Cauchy-Schwarz. Applicando ora il Lemma di Gronwall si ottiene, per ogni $t > 0$,

$$\|u(t)\|_a^2 + \int_0^t u^2(\beta, s)\, ds \leq e^t \left(\|u_0\|_a^2 + \int_0^t \varphi^2(s)ds + \int_0^t \|f\|_a^2\, ds \right). \qquad (13.4)$$

13.2 Sistemi di equazioni iperboliche lineari

Consideriamo un sistema lineare della forma

$$\begin{aligned} \frac{\partial \mathbf{u}}{\partial t} + \mathrm{A}\frac{\partial \mathbf{u}}{\partial x} &= \mathbf{0}, \qquad & x \in \mathbb{R},\ t > 0, \\ \mathbf{u}(0, x) &= \mathbf{u}_0(x), \qquad & x \in \mathbb{R}, \end{aligned} \qquad (13.5)$$

dove $\mathbf{u} : [0, \infty) \times \mathbb{R} \to \mathbb{R}^p$, $\mathrm{A} : \mathbb{R} \to \mathbb{R}^{p \times p}$ è una matrice assegnata, e $\mathbf{u}_0 : \mathbb{R} \to \mathbb{R}^p$ è il dato iniziale.

Consideriamo dapprima il caso in cui i coefficienti di A siano costanti (ovvero indipendenti sia da x sia da t). Il sistema (13.5) è *iperbolico* se A è diagonalizzabile ed ha autovalori reali. In tal caso esiste $\mathrm{T} : \mathbb{R} \to \mathbb{R}^{p \times p}$ non singolare tale che

$$\mathrm{A} = \mathrm{T}\varLambda\mathrm{T}^{-1},$$

essendo $\varLambda = \mathrm{diag}(\lambda_1, ..., \lambda_p)$, con $\lambda_i \in \mathbb{R}$ per $i = 1, \ldots, p$, la matrice diagonale degli autovalori di A mentre $\mathrm{T} = [\boldsymbol{\omega}^1, \boldsymbol{\omega}^2, \ldots, \boldsymbol{\omega}^p]$ è la matrice i cui vettori colonna sono gli autovettori destri di A, cioè

$$\mathrm{A}\boldsymbol{\omega}^k = \lambda_k \boldsymbol{\omega}^k,\ k = 1, \ldots, p.$$

Tramite questa trasformazione di similitudine, è possibile riscrivere il sistema (13.5) nella forma

$$\frac{\partial \mathbf{w}}{\partial t} + \varLambda\frac{\partial \mathbf{w}}{\partial x} = \mathbf{0}, \qquad (13.6)$$

dove $\mathbf{w} = \mathrm{T}^{-1}\mathbf{u}$ sono dette *variabili caratteristiche*. In questo modo, si ottengono p equazioni indipendenti della forma

$$\frac{\partial w_k}{\partial t} + \lambda_k \frac{\partial w_k}{\partial x} = 0,\ k = 1, \ldots, p,$$

del tutto analoghe a quella del problema (13.2) (pur di supporre a_0 e f nulle). La soluzione w_k è dunque costante lungo ogni *curva caratteristica*, soluzione del problema di Cauchy

$$\begin{cases} \dfrac{dx}{dt} = \lambda_k, \quad t > 0, \\[2mm] x(0) = x_0. \end{cases} \qquad (13.7)$$

Essendo λ_k costanti, le curve caratteristiche sono le rette $x(t) = x_0 + \lambda_k t$ e le soluzioni sono nella forma $w_k(x,t) = \psi_k(x - \lambda_k t)$, dove ψ_k è una funzione di una sola variabile. Il suo valore è determinato dalle condizioni iniziali e dalle eventuali condizioni al bordo. Nel caso del problema (13.5), si ha che $\psi_k(x) = w_k(x,0)$, quindi, la soluzione $\mathbf{u} = \mathbf{Tw}$ sarà della forma

$$\mathbf{u}(x,t) = \sum_{k=1}^{p} w_k(x - \lambda_k t, 0)\boldsymbol{\omega}^k.$$

Come si vede, essa è composta da p onde viaggianti non interagenti.

Poiché in un sistema strettamente iperbolico p linee caratteristiche distinte escono da ogni punto $(\overline{x}, \overline{t})$ del piano (x,t), $u(\overline{x}, \overline{t})$ dipenderà solo dal dato iniziale nei punti $\overline{x} - \lambda_k \overline{t}$, per $k = 1, \ldots, p$. Per questa ragione, l'insieme dei p punti che formano i piedi delle caratteristiche uscenti dal punto $(\overline{x}, \overline{t})$, cioè

$$D(\overline{x}, \overline{t}) = \{x \in \mathbb{R} \mid x = \overline{x} - \lambda_k \overline{t}, \ k = 1, ..., p\}, \qquad (13.8)$$

viene chiamato *dominio di dipendenza* della soluzione $\mathbf{u}$ nel punto $(\overline{x}, \overline{t})$.

Nel caso si consideri un intervallo limitato (α, β) anziché l'intera retta reale, il segno di λ_k, $k = 1, \ldots, p$, individua il punto di *inflow* per ognuna delle variabili caratteristiche. La funzione ψ_k nel caso di un problema posto su un intervallo limitato sarà determinata non solo dalle condizioni iniziali, ma anche dalle condizioni al bordo fornite all'*inflow* di ciascuna variabile caratteristica. Considerato un punto $(\overline{x}, \overline{t})$ con $\overline{x} \in (\alpha, \beta)$ e $\overline{t} > 0$, se $\overline{x} - \lambda_k \overline{t} \in (\alpha, \beta)$ allora $w_k(\overline{x}, \overline{t})$ è determinato dalla condizione iniziale, in particolare si ha $w_k(\overline{x}, \overline{t}) = w_k(\overline{x} - \lambda_k \overline{t}, 0)$. Se invece $\overline{x} - \lambda_k \overline{t} \notin (\alpha, \beta)$ allora il valore di $w_k(\overline{x}, \overline{t})$ dipenderà dalla condizione al bordo (si veda la Fig. 13.2):

$$\text{se } \lambda_k > 0, \ w_k(\overline{x}, \overline{t}) = w_k(\alpha, \overline{t} - \frac{\overline{x} - \alpha}{\lambda_k}),$$

$$\text{se } \lambda_k < 0, \ w_k(\overline{x}, \overline{t}) = w_k(\beta, \overline{t} - \frac{\overline{x} - \beta}{\lambda_k}).$$

Conseguentemente, il numero di autovalori positivi determina il numero di condizioni al bordo da assegnare in $x = \alpha$, mentre in $x = \beta$ andranno assegnate tante condizioni quanti sono gli autovalori negativi.

Nel caso in cui i coefficienti della matrice A in (13.5) siano funzioni di x e t, indichiamo rispettivamente con

$$L = \begin{bmatrix} \mathbf{l}_1^T \\ \vdots \\ \mathbf{l}_p^T \end{bmatrix} \qquad \text{e} \qquad R = [\mathbf{r}_1 \ldots \mathbf{r}_p],$$

le matrici degli autovettori sinistri e destri di A, i cui elementi soddisfano le relazioni

$$A\mathbf{r}_k = \lambda_k \mathbf{r}_k, \qquad \mathbf{l}_k^T A = \lambda_k \mathbf{l}_k^T,$$

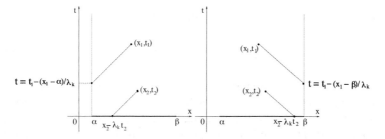

Figura 13.2. Il valore di w_k in un punto del piano (x, t) dipende o dalla condizione al bordo o dalla condizione iniziale, a seconda del valore di $x - \lambda_k t$. A sinistra e a destra viene rispettivamente riportato il caso di λ_k positivo o negativo

ovvero

$$AR = R\Lambda, \qquad LA = \Lambda L.$$

Senza perdita di generalità possiamo supporre che $LR = I$. Supponiamo ora che esista una funzione vettoriale $\mathbf{w}$ soddisfacente le relazioni

$$\frac{\partial \mathbf{w}}{\partial \mathbf{u}} = R^{-1}, \qquad \text{ovvero} \qquad \frac{\partial \mathbf{u}_k}{\partial \mathbf{w}} = \mathbf{r}_k, \qquad k = 1, \ldots, p.$$

Procedendo come fatto in precedenza, otteniamo

$$R^{-1} \frac{\partial \mathbf{u}}{\partial t} + \Lambda R^{-1} \frac{\partial \mathbf{u}}{\partial x} = \mathbf{0}$$

e dunque di nuovo il sistema diagonale (13.6). Introducendo di nuovo le curve caratteristiche (13.7) (ora non saranno più delle rette in quanto gli autovalori λ_k variano al variare di x e t), $\mathbf{w}$ è costante lungo di esse. Le componenti di $\mathbf{w}$ si chiameranno pertanto di nuovo variabili caratteristiche. Essendo $R^{-1} = L$ (grazie alla relazione di normalizzazione) otteniamo

$$\frac{\partial w_k}{\partial \mathbf{u}} \cdot \mathbf{r}_m = \mathbf{l}_k \cdot \mathbf{r}_m = \delta_{km}, \qquad k, m = 1, \ldots, p.$$

Le funzioni w_k, $k = 1, \ldots, p$ sono dette *invarianti di Riemann* del sistema iperbolico.

13.2.1 L'equazione delle onde

Consideriamo la seguente equazione iperbolica del secondo ordine

$$\frac{\partial^2 u}{\partial t^2} - \gamma^2 \frac{\partial^2 u}{\partial x^2} = f, \, x \in (\alpha, \beta), \, t > 0. \tag{13.9}$$

Siano

$$u(x, 0) = u_0(x) \text{ e } \frac{\partial u}{\partial t}(x, 0) = v_0(x), \, x \in (\alpha, \beta),$$

i dati iniziali e supponiamo, inoltre, che u sia identicamente nulla al bordo

$$u(\alpha, t) = 0 \text{ e } u(\beta, t) = 0,\, t > 0. \tag{13.10}$$

In questo caso, u può rappresentare lo spostamento verticale di una corda elastica vibrante di lunghezza pari a $\beta - \alpha$, fissata agli estremi, e γ è un coefficiente dipendente dalla massa specifica della corda e dalla sua tensione. La corda è sottoposta ad una densità di forza verticale f. Le funzioni $u_0(x)$ e $v_0(x)$ descrivono, rispettivamente, lo spostamento iniziale e la velocità iniziale della corda.

Come già notato nel Cap. 1, se si sostituisce $\frac{\partial^2 u}{\partial t^2}$ con t^2, $\frac{\partial^2 u}{\partial x^2}$ con x^2 e f con k (costante), l'equazione delle onde diventa

$$t^2 - \gamma^2 x^2 = k,$$

ovvero un'iperbole nel piano (x, t).

Indichiamo per semplicità di notazioni con u_t la derivata $\frac{\partial u}{\partial t}$, u_x la derivata $\frac{\partial u}{\partial x}$ e usiamo notazioni analoghe per le derivate seconde.

Supponiamo ora che f sia nulla. Dall'equazione (13.9) si può dedurre che in questo caso l'energia cinetica del sistema si conserva, cioè (si veda l'Esercizio 1)

$$\|u_t(t)\|^2_{L^2(\alpha,\beta)} + \gamma^2 \|u_x(t)\|^2_{L^2(\alpha,\beta)} = \|v_0\|^2_{L^2(\alpha,\beta)} + \gamma^2 \|u_{0x}\|^2_{L^2(\alpha,\beta)}. \tag{13.11}$$

Con il cambio di variabili

$$\omega_1 = u_x,\, \omega_2 = u_t,$$

l'equazione delle onde (13.9) si trasforma nel seguente sistema del prim'ordine

$$\frac{\partial \boldsymbol{\omega}}{\partial t} + \mathrm{A}\frac{\partial \boldsymbol{\omega}}{\partial x} = \mathbf{f},\, x \in (\alpha, \beta),\, t > 0, \tag{13.12}$$

dove

$$\boldsymbol{\omega} = \begin{bmatrix} \omega_1 \\ \omega_2 \end{bmatrix}, \, \mathrm{A} = \begin{bmatrix} 0 & -1 \\ -\gamma^2 & 0 \end{bmatrix}, \quad \mathbf{f} = \begin{bmatrix} 0 \\ f \end{bmatrix},$$

le cui condizioni iniziali sono $\omega_1(x, 0) = u_0'(x)$ e $\omega_2(x, 0) = v_0(x)$.

Poiché gli autovalori di A sono i due numeri reali distinti $\pm\gamma$ (le velocità di propagazione dell'onda), il sistema (13.12) è iperbolico.

Si noti che, anche in questo caso, a dati iniziali regolari corrispondono soluzioni regolari, mentre discontinuità nei dati iniziali si propagheranno lungo le due linee caratteristiche $\dfrac{dx}{dt} = \pm\gamma$.

13.3 Il metodo delle differenze finite

Considereremo ora per semplicità il caso del problema (13.1). Per risolverlo numericamente si possono utilizzare discretizzazioni spazio-temporali basate sul metodo delle differenze finite. In tal caso il semipiano $\{t > 0\}$ viene discretizzato scegliendo un passo temporale Δt, un passo di discretizzazione spaziale h e definendo i punti di griglia (x_j, t^n) nel seguente modo

$$x_j = jh, \qquad j \in \mathbb{Z}, \qquad t^n = n\Delta t, \qquad n \in \mathbb{N}.$$

Sia

$$\lambda = \Delta t/h$$

e definiamo $x_{j+1/2} = x_j + h/2$.

Cerchiamo soluzioni discrete u_j^n che approssimano $u(x_j, t^n)$ per ogni j e n.

I problemi ai valori iniziali iperbolici sono spesso discretizzati in tempo con metodi espliciti. Questo, naturalmente, impone delle restrizioni sui valori di λ, restrizioni che i metodi impliciti di solito non hanno. Un qualsiasi metodo esplicito alle differenze finite per il problema (13.1) può essere scritto nella forma

$$u_j^{n+1} = u_j^n - \lambda(H_{j+1/2}^n - H_{j-1/2}^n), \tag{13.13}$$

dove $H_{j+1/2}^n = H(u_j^n, u_{j+1}^n)$ per un'opportuna funzione $H(\cdot, \cdot)$ detta *flusso numerico*. Lo schema numerico (13.13) nasce, essenzialmente, dalla seguente considerazione. Supponiamo che a sia costante e scriviamo l'equazione (13.1) in forma conservativa

$$\frac{\partial u}{\partial t} + \frac{\partial(au)}{\partial x} = 0,$$

essendo au il *flusso* associato all'equazione. Integrando in spazio si ottiene

$$\int_{x_{j-1/2}}^{x_{j+1/2}} \frac{\partial u}{\partial t}\, dx + [au]_{x_{j-1/2}}^{x_{j+1/2}} = 0, \quad j \in \mathbb{Z}$$

ovvero

$$\frac{\partial}{\partial t} U_j + \frac{(au)(x_{j+\frac{1}{2}}) - (au)(x_{j-\frac{1}{2}})}{h} = 0, \text{ dove } U_j = h^{-1} \int_{x_{j-\frac{1}{2}}}^{x_{j+\frac{1}{2}}} u(x)\, dx.$$

La (13.13) può ora interpretarsi come un'approssimazione in cui si discretizzi la derivata temporale con la differenza finita di Eulero in avanti, U_j sia sostituita da u_j e $H_{j+1/2}$ sia una opportuna approssimazione del flusso $(au)(x_{j+\frac{1}{2}})$.

13.3.1 Discretizzazione dell'equazione scalare

Nell'ambito dei metodi espliciti, i metodi numerici si differenziano a seconda di come viene scelto il flusso numerico H. In particolare, citiamo i metodi seguenti:

- **Eulero in avanti/centrato (EA/C)**

$$u_j^{n+1} = u_j^n - \frac{\lambda}{2}a(u_{j+1}^n - u_{j-1}^n),$$ (13.14)

che è della forma (13.13) con

$$H_{j+1/2} = \frac{1}{2}a(u_{j+1} + u_j).$$ (13.15)

- **Lax-Friedrichs (LF)**

$$u_j^{n+1} = \frac{1}{2}(u_{j+1}^n + u_{j-1}^n) - \frac{\lambda}{2}a(u_{j+1}^n - u_{j-1}^n),$$ (13.16)

anch'esso della forma (13.13) con

$$H_{j+1/2} = \frac{1}{2}[a(u_{j+1} + u_j) - \lambda^{-1}(u_{j+1} - u_j)].$$ (13.17)

- **Lax-Wendroff (LW)**

$$u_j^{n+1} = u_j^n - \frac{\lambda}{2}a(u_{j+1}^n - u_{j-1}^n) + \frac{\lambda^2}{2}a^2(u_{j+1}^n - 2u_j^n + u_{j-1}^n),$$ (13.18)

che si può riscrivere nella forma (13.13) pur di prendere

$$H_{j+1/2} = \frac{1}{2}[a(u_{j+1} + u_j) - \lambda a^2(u_{j+1} - u_j)].$$ (13.19)

- **Upwind (o Eulero in avanti/ decentrato) (U)**

$$u_j^{n+1} = u_j^n - \frac{\lambda}{2}a(u_{j+1}^n - u_{j-1}^n) + \frac{\lambda}{2}|a|(u_{j+1}^n - 2u_j^n + u_{j-1}^n),$$ (13.20)

corrispondente alla forma (13.13) pur di scegliere

$$H_{j+1/2} = \frac{1}{2}[a(u_{j+1} + u_j) - |a|(u_{j+1} - u_j)].$$ (13.21)

Il metodo LF rappresenta una modifica del metodo EA/C consistente nel sostituire il valore nodale u_j^n in (13.14) con la media dei valori nodali precedente u_{j-1}^n e successivo u_{j+1}^n.

Il metodo LW si può derivare applicando dapprima lo sviluppo di Taylor rispetto alla variabile temporale

$$u^{n+1} = u^n + (\partial_t u)^n \Delta t + (\partial_{tt} u)^n \frac{\Delta t^2}{2} + \mathcal{O}(\Delta t^3),$$

ove $(\partial_t u)^n$ indica la derivata parziale di u al tempo t^n. Indi, usando l'equazione (13.1), si sostituisce $\partial_t u$ con $-a\partial_x u$, e $\partial_{tt} u$ con $a^2\partial_{xx}u$. Trascurando il resto $\mathcal{O}(\Delta t^3)$ ed approssimando le derivate spaziali con differenze finite centrate, si perviene alla (13.18). Infine il metodo U si ottiene discretizzando il termine convettivo $a\partial_x u$ dell'equazione con la differenza finita *upwind*, come visto nel Cap. 12, Sez. 12.6.

Tutti gli schemi precedentemente introdotti sono espliciti. Un esempio di metodo implicito è il seguente:

- **Eulero all'indietro/centrato (EI/C)**

$$u_j^{n+1} + \frac{\lambda}{2}a(u_{j+1}^{n+1} - u_{j-1}^{n+1}) = u_j^n. \tag{13.22}$$

Naturalmente, anche gli schemi impliciti si possono scrivere in una forma generale simile alla (13.13) in cui H^n sia sostituito da H^{n+1}. Nel caso specifico, il flusso numerico sarà ancora definito dalla (13.15).

Il vantaggio della formulazione (13.13) è che essa può essere estesa facilmente al caso di problemi iperbolici più generali. Esamineremo, in particolare, il caso dei sistemi lineari nel Cap. 13.3.2. L'estensione al caso di equazioni iperboliche non lineari verrà invece considerato nella Sez. 15.2.

Infine, indichiamo i seguenti schemi per l'approssimazione dell'equazione delle onde (13.9), sempre nel caso $f = 0$:

- **Leap-Frog**

$$u_j^{n+1} - 2u_j^n + u_j^{n-1} = (\gamma\lambda)^2(u_{j+1}^n - 2u_j^n + u_{j-1}^n). \tag{13.23}$$

- **Newmark**

$$u_j^{n+1} - 2u_j^n + u_j^{n-1} = \frac{(\gamma\lambda)^2}{4}\left(w_j^{n-1} + 2w_j^n + w_j^{n+1}\right), \tag{13.24}$$

dove $w_j^n = u_{j+1}^n - 2u_j^n + u_{j-1}^n$.

13.3.2 Discretizzazione di sistemi iperbolici lineari

Consideriamo il sistema lineare (13.5). Generalizzando la (13.13), uno schema numerico di approssimazione alle differenze finite può essere scritto nella forma

$$\mathbf{u}_j^{n+1} = \mathbf{u}_j^n - \lambda(\mathbf{H}_{j+1/2}^n - \mathbf{H}_{j-1/2}^n),$$

dove $\mathbf{u}_j^n$ è il vettore approssimante $\mathbf{u}(x_j, t^n)$ e $\mathbf{H}_{j+1/2}$ è, ora, un *flusso numerico vettoriale*. La sua espressione formale si può derivare facilmente, generalizzando il caso scalare e sostituendo, a, a^2, $|a|$ rispettivamente con A, A^2, $|$A$|$, nelle (13.15), (13.17), (13.19), (13.21), essendo

$$|\mathrm{A}| = \mathrm{T}|\Lambda|\mathrm{T}^{-1},$$

dove $|\Lambda| = \mathrm{diag}(|\lambda_1|, ..., |\lambda_p|)$ e T è la matrice degli autovettori di A.

Ad esempio, trasformando il sistema (13.5) in p equazioni di trasporto indipendenti e approssimando ognuna di esse con uno schema *upwind* per equazioni scalari, si ottiene il seguente schema numerico *upwind* per il sistema di partenza

$$\mathbf{u}_j^{n+1} = \mathbf{u}_j^n - \frac{\lambda}{2}A(\mathbf{u}_{j+1}^n - \mathbf{u}_{j-1}^n) + \frac{\lambda}{2}|A|(\mathbf{u}_{j+1}^n - 2\mathbf{u}_j^n + \mathbf{u}_{j-1}^n).$$

Il flusso numerico di tale schema è

$$\mathbf{H}_{j+\frac{1}{2}} = \frac{1}{2}[A(\mathbf{u}_{j+1} + \mathbf{u}_j) - |A|(\mathbf{u}_{j+1} - \mathbf{u}_j)].$$

Il metodo di Lax-Wendroff diventa

$$\mathbf{u}_j^{n+1} = \mathbf{u}_j^n - \frac{1}{2}\lambda A(\mathbf{u}_{j+1}^n - \mathbf{u}_{j-1}^n) + \frac{1}{2}\lambda^2 A^2(\mathbf{u}_{j+1}^n - 2\mathbf{u}_j^n + \mathbf{u}_{j-1}^n)$$

ed il suo flusso numerico è

$$\mathbf{H}_{j+\frac{1}{2}} = \frac{1}{2}[A(\mathbf{u}_{j+1} + \mathbf{u}_j) - \lambda A^2(\mathbf{u}_{j+1} - \mathbf{u}_j)].$$

13.3.3 Trattamento del bordo

Nel caso si voglia discretizzare l'equazione iperbolica (13.3) su un intervallo limitato, si dovrà ovviamente utilizzare il nodo di *inflow* $x = \alpha$ per imporre la condizione al bordo, diciamo $u_0^{n+1} = \varphi(t^{n+1})$, mentre in tutti gli altri nodi x_j, $1 \le j \le m$ (compreso quello di *outflow* $x_m = \beta$) si scriverà lo schema alle differenze finite.

Va tuttavia osservato che gli schemi che fanno uso di una discretizzazione centrata della derivata spaziale richiedono un particolare trattamento in x_m. In effetti essi richiederebbero l'uso del valore u_{m+1}, che non è disponibile essendo relativo al punto di coordinate $\beta + h$ che giace al di fuori dell'intervallo di integrazione. Il problema può essere risolto in vari modi. Una possibilità è utilizzare unicamente per l'ultimo nodo una discretizzazione decentrata di tipo *upwind*, che non richiede la conoscenza del dato in x_{m+1}, che tuttavia è solo del primo ordine. Alternativamente, il valore u_m^{n+1} può essere ottenuto tramite estrapolazione dai valori disponibili nei nodi interni. Per esempio, una estrapolazione lungo le linee caratteristiche applicata ad uno schema per cui $\lambda a \le 1$ fornisce $u_m^{n+1} = u_{m-1}^n \lambda a + u_m^n(1 - \lambda a)$.

Un'ulteriore possibilità consiste nell'applicare anche al nodo di *outflow* x_m lo schema alle differenze finite centrate ed utilizzare, ove compaia u_{m+1}^n, una sua approssimazione basata sulla estrapolazione costante ($u_{m+1}^n = u_m^n$), o lineare ($u_{m+1}^n = 2u_m^n - u_{m-1}^n$).

La questione diviene più problematica nel caso dei sistemi iperbolici, ove si deve ricorrere al concetto di equazioni di compatibilità. Per approfondire questi aspetti ed analizzare le possibili instabilità derivanti dal trattamento numerico al bordo, il lettore può riferirsi a [Str89], [QV94, Cap. 14] e [LeV07].

13.4 Analisi dei metodi alle differenze finite

Analizziamo le proprietà di consistenza, stabilità, convergenza e accuratezza dei metodi alle differenze finite precedentemente introdotti.

13.4.1 Consistenza e convergenza

Per un dato schema numerico, l'errore di troncamento locale è l'errore che si genera pretendendo che la soluzione esatta verifichi lo schema numerico stesso.

Ad esempio, nel caso dello schema (13.14), indicata con u la soluzione del problema esatto (13.1), possiamo definire l'errore di troncamento nel punto (x_j, t^n) come segue

$$\tau_j^n = \frac{u(x_j, t^{n+1}) - u(x_j, t^n)}{\Delta t} + a \frac{u(x_{j+1}, t^n) - u(x_{j-1}, t^n)}{2h}.$$

Se l'*errore di troncamento*

$$\tau(\Delta t, h) = \max_{j,n} |\tau_j^n|$$

tende a zero quando Δt e h tendono a zero, indipendentemente, allora lo schema numerico si dirà *consistente*.

Si dirà inoltre che uno schema numerico è *accurato all'ordine p in tempo* e *all'ordine q in spazio* (per opportuni interi p e q), se per una soluzione sufficientemente regolare del problema esatto, si ha

$$\tau(\Delta t, h) = \mathcal{O}(\Delta t^p + h^q).$$

Utilizzando gli sviluppi di Taylor in modo opportuno, si può allora vedere che l'errore di troncamento dei metodi precedentemente introdotti si comporta come segue:

- **Eulero (in avanti o all'indietro) /centrato**: $\mathcal{O}(\Delta t + h^2)$;
- **Upwind**: $\mathcal{O}(\Delta t + h)$;
- **Lax-Friedrichs** : $\mathcal{O}(\frac{h^2}{\Delta t} + \Delta t + h^2)$;
- **Lax-Wendroff** : $\mathcal{O}(\Delta t^2 + h^2 + h^2 \Delta t)$.

Diremo infine che uno schema è *convergente* (nella norma del massimo) se

$$\lim_{\Delta t, h \to 0} (\max_{j,n} |u(x_j, t^n) - u_j^n|) = 0.$$

Naturalmente si possono anche considerare norme più deboli, come quelle $\| \cdot \|_{\Delta,1}$ e $\| \cdot \|_{\Delta,2}$ che introdurremo in (13.26).

13.4.2 Stabilità

Diremo che un metodo numerico per un problema iperbolico lineare è *stabile* se per ogni tempo T esiste una costante $C_T > 0$ (eventualmente dipendente da T) tale che per ogni $h > 0$, esiste $\delta_0 > 0$ possibilmente dipendente da h t.c. per ogni $0 < \Delta t < \delta_0$ si abbia

$$\|\mathbf{u}^n\|_\Delta \le C_T \|\mathbf{u}^0\|_\Delta, \tag{13.25}$$

per ogni n tale che $n\Delta t \le T$, e per ogni dato iniziale $\mathbf{u}_0$. Si noti che C_T non deve dipendere da Δt e h. Spesso (sempre nel caso di metodi espliciti) la stabilità si avrà solo se il passo temporale è sufficientemente piccolo rispetto a quello spaziale, ovvero per $\delta_0 = \delta_0(h)$.

La notazione $\| \cdot \|_\Delta$ indica una norma discreta opportuna, ad esempio

$$\|\mathbf{v}\|_{\Delta,p} = \left(h \sum_{j=-\infty}^{\infty} |v_j|^p \right)^{\frac{1}{p}} \quad \text{per } p = 1, 2, \quad \|\mathbf{v}\|_{\Delta,\infty} = \sup_j |v_j|. \tag{13.26}$$

Si noti come $\|\mathbf{v}\|_{\Delta,p}$ rappresenti un'approssimazione della norma $L^p(\mathbb{R})$.

Lo schema implicito di Eulero all'indietro/centrato (13.22) è stabile nella norma $\| \cdot \|_{\Delta,2}$ per una qualunque scelta dei parametri Δt e h (si veda l'Esercizio 2).

Uno schema è detto *fortemente stabile* rispetto alla norma $\| \cdot \|_\Delta$ se

$$\|\mathbf{u}^n\|_\Delta \le \|\mathbf{u}^{n-1}\|_\Delta, \; n \ge 1, \tag{13.27}$$

il che implica che la (13.25) sia verificata con $C_T = 1$.

Osservazione 13.1 Spesso nel contesto di problemi iperbolici si cercano soluzioni per tempi lunghi (cioè per $T \gg 1$). In questi casi è normalmente richiesta la forte stabilità dello schema, in quanto essa garantisce che la soluzione numerica sia limitata per ogni valore di T. •

Come vedremo, condizione necessaria affinché uno schema numerico esplicito della forma (13.13) sia stabile, è che il passo di discretizzazione temporale e quello spaziale siano legati tra loro dalla seguente relazione

$$|a\lambda| \le 1, \text{ ovvero } \Delta t \le \frac{h}{|a|} \tag{13.28}$$

che viene detta *condizione CFL* (da Courant, Friedrichs e Lewy). Il numero $a\lambda$ viene comunemente chiamato *numero di CFL*; si tratta di una quantità adimensionale (essendo a una velocità).

L'interpretazione geometrica della condizione di stabilità CFL è la seguente. In uno schema alle differenze finite, il valore di u_j^{n+1} dipende, in generale, dai valori u_{j+i}^n di $\mathbf{u}^n$ nei tre punti x_{j+i}, $i = -1, 0, 1$. Procedendo all'indietro si desume che la soluzione u_j^{n+1} dipenderà solo dai dati iniziali nei punti x_{j+i}, per $i = -(n+1), ..., (n+1)$ (si veda la Fig. 13.3).

L'insieme $D_{\Delta t}(x_j, t^n)$ rappresenta il *dominio di dipendenza numerico* di u_j^n. Pertanto,

$$D_{\Delta t}(x_j, t^n) \subset \{x \in \mathbb{R} : \; |x - x_j| \le nh = \frac{t^n}{\lambda}\}.$$

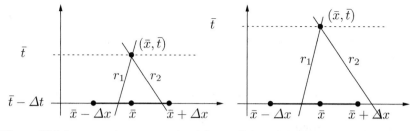

Figura 13.3. Interpretazione geometrica della condizione CFL per un sistema con $p = 2$, dove $r_i = \overline{x} - \lambda_i(t - \overline{t})$ $i = 1, 2$. La condizione CFL è soddisfatta nel caso di sinistra, è violata nel caso di destra

Conseguentemente, per ogni punto fissato $(\overline{x}, \overline{t})$ si ha

$$D_{\Delta t}(\overline{x}, \overline{t}) \subset \{x \in \mathbb{R} : |x - \overline{x}| \le \frac{\overline{t}}{\lambda}\}.$$

In particolare, prendendo il limite per $\Delta t \to 0$, e fissando λ, il dominio di dipendenza numerico diventa

$$D_0(\overline{x}, \overline{t}) = \{x \in \mathbb{R} : |x - \overline{x}| \le \frac{\overline{t}}{\lambda}\}.$$

La condizione (13.28) è allora equivalente all'inclusione

$$D(\overline{x}, \overline{t}) \subset D_0(\overline{x}, \overline{t}), \tag{13.29}$$

dove $D(\overline{x}, \overline{t})$ è il dominio di dipendenza della soluzione esatta definito nella (13.8). Si noti che nel caso scalare, $p = 1$ e $\lambda_1 = a$.

Osservazione 13.2 La condizione CFL stabilisce, in particolare, che non esistono schemi alle differenze finite espliciti, incondizionatamente stabili e consistenti per problemi ai valori iniziali iperbolici. Infatti, se fosse violata la condizione CFL, esisterebbe almeno un punto x^* nel dominio di dipendenza non appartenente al dominio di dipendenza numerico. Cambiando il dato iniziale in x^* muterebbe allora solo la soluzione esatta e non quella numerica. Questo implica una non-convergenza del metodo e quindi anche la sua instabilità dato che, per un metodo consistente, il Teorema di equivalenza di Lax-Richtmyer afferma che la stabilità è condizione necessaria e sufficiente per la sua convergenza.   •

Osservazione 13.3 Nel caso in cui $a = a(x, t)$ non sia più costante nella (13.1), la condizione CFL diventa

$$\Delta t \le \frac{h}{\sup\limits_{x \in \mathbb{R},\, t > 0} |a(x, t)|},$$

e se anche il passo di discretizzazione spaziale viene fatto variare si ha

$$\Delta t \le \min_k \frac{h_k}{\sup\limits_{x \in (x_k, x_{k+1}),\, t > 0} |a(x, t)|},$$

essendo $h_k = x_{k+1} - x_k$.

Facendo riferimento al sistema iperbolico (13.5), la condizione di stabilità CFL, del tutto analoga alla (13.28), sarà

$$\left| \lambda_k \frac{\Delta t}{h} \right| \leq 1, \, k = 1, \ldots, p, \qquad \text{o, equivalentemente,} \qquad \Delta t \leq \frac{h}{\max_k |\lambda_k|},$$

dove $\{\lambda_k, \, k = 1 \ldots, p\}$ sono gli autovalori di A.

Anche questa condizione può scriversi nella forma (13.29). Essa esprime la richiesta che ogni retta della forma $x = \overline{x} - \lambda_k(\overline{t} - t)$, $k = 1, \ldots, p$, deve intersecare la retta orizzontale $t = \overline{t} - \Delta t$ in punti $x^{(k)}$ che stanno all'interno del dominio di dipendenza numerico.

Teorema 13.1 *Se la condizione CFL (13.28) è soddisfatta, gli schemi upwind, di Lax-Friedrichs e Lax-Wendroff sono fortemente stabili nella norma* $\| \cdot \|_{\Delta,1}$.

Dimostrazione. Per dimostrare la stabilità dello schema *upwind* (13.20) lo riscriviamo nella forma seguente (avendo supposto $a > 0$)

$$u_j^{n+1} = u_j^n - \lambda a(u_j^n - u_{j-1}^n).$$

Allora

$$\|\mathbf{u}^{n+1}\|_{\Delta,1} \leq h \sum_j |(1 - \lambda a)u_j^n| + h \sum_j |\lambda a u_{j-1}^n|.$$

Nell'ipotesi (13.28) entrambi i valori λa e $1 - \lambda a$ sono non negativi. Pertanto

$$\|\mathbf{u}^{n+1}\|_{\Delta,1} \leq h(1 - \lambda a) \sum_j |u_j^n| + h \lambda a \sum_j |u_{j-1}^n| = \|\mathbf{u}^n\|_{\Delta,1},$$

ovvero vale la disuguaglianza (13.25) con $C_T = 1$. Lo schema è dunque fortemente stabile rispetto alla norma $\| \cdot \|_\Delta = \| \cdot \|_{\Delta,1}$.

Per lo schema di Lax-Friedrichs (13.16)

$$u_j^{n+1} = \frac{1}{2}(1 - \lambda a)u_{j+1}^n + \frac{1}{2}(1 + \lambda a)u_{j-1}^n,$$

grazie alla condizione (13.28) si ottiene

$$\|\mathbf{u}^{n+1}\|_{\Delta,1} \leq \frac{1}{2}h \left[\sum_j |(1 - \lambda a)u_{j+1}^n| + \sum_j |(1 + \lambda a)u_{j-1}^n| \right]$$

$$\leq \frac{1}{2}(1 - \lambda a)\|\mathbf{u}^n\|_{\Delta,1} + \frac{1}{2}(1 + \lambda a)\|\mathbf{u}^n\|_{\Delta,1} = \|\mathbf{u}^n\|_{\Delta,1}.$$

Per lo schema di Lax-Wendroff la dimostrazione è analoga (si veda ad esempio [QV94, Cap. 14] o [Str89]).   ◇

Si può infine dimostrare che, se la condizione CFL è verificata, lo schema *upwind* soddisfa

$$\|\mathbf{u}^n\|_{\Delta,\infty} \leq \|\mathbf{u}^0\|_{\Delta,\infty} \quad \forall n \geq 0, \tag{13.30}$$

ovvero è fortemente stabile nella norma $\|\cdot\|_{\Delta,\infty}$. La relazione (13.30) è detta *principio di massimo discreto* (si veda l'Esercizio 4).

Teorema 13.2 *Lo schema di Eulero all'indietro EI/C è fortemente stabile nella norma $\|\cdot\|_{\Delta,2}$, senza alcuna restrizione su Δt. Quello di Eulero in avanti EA/C, invece, non è mai fortemente stabile. Tuttavia esso è stabile con costante $C_T = e^{T/2}$ pur di assumere che Δt soddisfi la seguente condizione (più restrittiva della condizione CFL)*

$$\Delta t \leq \left(\frac{h}{a}\right)^2. \tag{13.31}$$

Dimostrazione. Osserviamo che

$$(B - A)B = \frac{1}{2}(B^2 - A^2 + (B - A)^2) \quad \forall A, B \in \mathbb{R}. \tag{13.32}$$

Infatti

$$(B - A)B = (B - A)^2 + (B - A)A = \frac{1}{2}((B - A)^2 + (B - A)(B + A)).$$

Moltiplicando la (13.22) per u_j^{n+1} si trova

$$(u_j^{n+1})^2 + (u_j^{n+1} - u_j^n)^2 = (u_j^n)^2 - \lambda a(u_{j+1}^{n+1} - u_{j-1}^{n+1})u_j^{n+1}.$$

Osservando che

$$\sum_{j \in \mathbb{Z}}(u_{j+1}^{n+1} - u_{j-1}^{n+1})u_j^{n+1} = 0 \tag{13.33}$$

(essendo una somma telescopica), si ottiene subito che $\|\mathbf{u}^{n+1}\|_{\Delta,2}^2 \leq \|\mathbf{u}^n\|_{\Delta,2}^2$, che è il risultato cercato per lo schema EI/C.

Passiamo ora allo schema EA/C e moltiplichiamo la (13.14) per u_j^n. Osservando che

$$(B - A)A = \frac{1}{2}(B^2 - A^2 - (B - A)^2) \quad \forall A, B \in \mathbb{R}, \tag{13.34}$$

troviamo

$$(u_j^{n+1})^2 = (u_j^n)^2 + (u_j^{n+1} - u_j^n)^2 - \lambda a(u_{j+1}^n - u_{j-1}^n)u_j^n.$$

D'altro canto sempre dalla (13.14) otteniamo che

$$u_j^{n+1} - u_j^n = -\frac{\lambda a}{2}(u_{j+1}^n - u_{j-1}^n)$$

e dunque

$$(u_j^{n+1})^2 = (u_j^n)^2 + \left(\frac{\lambda a}{2}\right)^2 (u_{j+1}^n - u_{j-1}^n)^2 - \lambda a(u_{j+1}^n - u_{j-1}^n)u_j^n.$$

Sommando ora su j ed osservando che l'ultimo addendo dà luogo ad una somma telescopica (e pertanto non fornisce alcun contributo) si ottiene, dopo aver moltiplicato per h,

$$\|\mathbf{u}^{n+1}\|_{\Delta,2}^2 = \|\mathbf{u}^n\|_{\Delta,2}^2 + \left(\frac{\lambda a}{2}\right)^2 h \sum_{j\in\mathbb{Z}} (u_{j+1}^n - u_{j-1}^n)^2,$$

da cui si evince che per nessun valore di Δt il metodo è fortemente stabile. Tuttavia, essendo

$$(u_{j+1}^n - u_{j-1}^n)^2 \le 2\left[(u_{j+1}^n)^2 + (u_{j-1}^n)^2\right],$$

troviamo che, sotto l'ipotesi (13.31),

$$\|\mathbf{u}^{n+1}\|_{\Delta,2}^2 \le (1 + \lambda^2 a^2)\|\mathbf{u}^n\|_{\Delta,2}^2 \le (1 + \Delta t)\|\mathbf{u}^n\|_{\Delta,2}^2.$$

Procedendo ricorsivamente si trova

$$\|\mathbf{u}^n\|_{\Delta,2}^2 \le (1 + \Delta t)^n \|\mathbf{u}^0\|_{\Delta,2}^2 \le e^T \|\mathbf{u}^0\|_{\Delta,2}^2,$$

dove si è utilizzata la disuguaglianza

$$(1 + \Delta t)^n \le e^{n\Delta t} \le e^T \quad \forall n \text{ t.c. } t^n \le T.$$

Si conclude che

$$\|\mathbf{u}^n\|_{\Delta,2} \le e^{T/2}\|\mathbf{u}^0\|_{\Delta,2},$$

che è il risultato di stabilità cercato per lo schema EA/C.   ◇

13.4.3 Analisi di von Neumann e coefficienti di amplificazione

La stabilità di uno schema nella norma $\|\cdot\|_{\Delta,2}$ si può studiare anche con l'analisi di von Neumann. A tal fine, facciamo l'ipotesi che la funzione $u_0(x)$ sia 2π-periodica e dunque si possa scrivere in serie di Fourier come segue

$$u_0(x) = \sum_{k=-\infty}^{\infty} \alpha_k e^{ikx}, \qquad (13.35)$$

dove

$$\alpha_k = \frac{1}{2\pi} \int_0^{2\pi} u_0(x)\, e^{-ikx}\, dx$$

è il k-esimo coefficiente di Fourier. Pertanto,

$$u_j^0 = u_0(x_j) = \sum_{k=-\infty}^{\infty} \alpha_k e^{ikjh}, \quad j = 0, \pm 1, \pm 2, \cdots$$

Si può verificare che applicando uno qualunque degli schemi alle differenze visti nella Sez. 13.3.1 si perviene alla seguente relazione

$$u_j^n = \sum_{k=-\infty}^{\infty} \alpha_k e^{ikjh} \gamma_k^n, \ j = 0, \pm 1, \pm 2, \ldots, n \geq 1. \tag{13.36}$$

Il numero $\gamma_k \in \mathbb{C}$ è detto *coefficiente d'amplificazione* della k-esima frequenza (o armonica), e caratterizza lo schema in esame. Ad esempio, nel caso del metodo di Eulero in avanti centrato (EA/C) si trova

$$u_j^1 = \sum_{k=-\infty}^{\infty} \alpha_k e^{ikjh} \left(1 - \frac{a\Delta t}{2h} (e^{ikh} - e^{-ikh}) \right)$$

$$= \sum_{k=-\infty}^{\infty} \alpha_k e^{ikjh} \left(1 - \frac{a\Delta t}{h} i \sin(kh) \right).$$

Pertanto,

$$\gamma_k = 1 - \frac{a\Delta t}{h} i \sin(kh) \qquad \text{e dunque} \qquad |\gamma_k| = \left\{ 1 + \left(\frac{a\Delta t}{h} \sin(kh) \right)^2 \right\}^{\frac{1}{2}}.$$

Poiché esistono valori di k per i quali $|\gamma_k| > 1$, per nessun valore di Δt e h lo schema è fortemente stabile.

Procedendo in modo analogo per gli altri schemi si trovano i coefficienti riportati nella Tabella 13.1.

Vedremo ora come l'analisi di von Neumann permetta di studiare la stabilità di uno schema numerico rispetto alla norma $\|\cdot\|_{\Delta,2}$ e di indagarne le proprietà di dissipazione e di dispersione.

Tabella 13.1. Coefficiente d'amplificazione per i differenti schemi numerici presentati nella Sez. 13.3.1. Si ricorda che $\lambda = \Delta t / h$

Schema	γ_k
Eulero in avanti/Centrato	$1 - ia\lambda \sin(kh)$
Eulero all'indietro/Centrato	$(1 + ia\lambda \sin(kh))^{-1}$
Upwind	$1 - |a|\lambda(1 - e^{-ikh})$
Lax-Friedrichs	$\cos kh - ia\lambda \sin(kh)$
Lax-Wendroff	$1 - ia\lambda \sin(kh) - a^2\lambda^2(1 - \cos(kh))$

Dimostriamo a tal fine il seguente risultato:

Teorema 13.3 *Se esiste un numero $\beta \geq 0$ e un intero positivo m tale per cui, per scelte opportune di Δt e h, si abbia $|\gamma_k| \leq (1 + \beta \Delta t)^{\frac{1}{m}}$ per ogni k, allora lo schema è stabile rispetto alla norma $\| \cdot \|_{\Delta,2}$ con costante di stabilità $C_T = e^{\beta T/m}$. In particolare, se si può prendere $\beta = 0$ (e quindi $|\gamma_k| \leq 1 \ \forall k$) allora lo schema è fortemente stabile rispetto alla stessa norma.*

Dimostrazione. Supporremo che il problema (13.1) sia posto sull'intervallo $[0, 2\pi]$. In tale intervallo, consideriamo $N + 1$ nodi equidistanziati,

$$x_j = jh \ j = 0, \ldots, N, \text{ con } h = \frac{2\pi}{N},$$

(con N un intero positivo pari) in cui soddisfare lo schema numerico (13.13). Supporremo inoltre per semplicità che il dato iniziale u_0 sia periodico. Poiché lo schema numerico dipende solo dai valori di u_0 nei nodi x_j, possiamo sostituire u_0 con il polinomio di Fourier di ordine $N/2$,

$$\tilde{u}_0(x) = \sum_{k=-\frac{N}{2}}^{\frac{N}{2}-1} \alpha_k e^{ikx} \tag{13.37}$$

che lo interpola nei nodi. Si noti che $\tilde{u}_0$ è una funzione periodica di periodicità 2π. Si avrà, grazie alla (13.36),

$$u_j^0 = u_0(x_j) = \sum_{k=-\frac{N}{2}}^{\frac{N}{2}-1} \alpha_k e^{ikjh}, \quad u_j^n = \sum_{k=-\frac{N}{2}}^{\frac{N}{2}-1} \alpha_k \gamma_k^n e^{ikjh}.$$

Osserviamo che

$$\|\mathbf{u}^n\|_{\Delta,2}^2 = h \sum_{j=0}^{N-1} \sum_{k,m=-\frac{N}{2}}^{\frac{N}{2}-1} \alpha_k \overline{\alpha}_m (\gamma_k \overline{\gamma}_m)^n e^{i(k-m)jh}.$$

Essendo

$$h \sum_{j=0}^{N-1} e^{i(k-m)jh} = 2\pi \delta_{km}, \quad -\frac{N}{2} \leq k, m \leq \frac{N}{2} - 1,$$

(si veda, per esempio, [QSS08]) si trova

$$\|\mathbf{u}^n\|_{\Delta,2}^2 = 2\pi \sum_{k=-\frac{N}{2}}^{\frac{N}{2}-1} |\alpha_k|^2 |\gamma_k|^{2n}.$$

Grazie all'ipotesi abbiamo

$$\|\mathbf{u}^n\|_{\Delta,2}^2 \leq (1 + \beta\Delta t)^{\frac{2n}{m}} 2\pi \sum_{k=-\frac{N}{2}}^{\frac{N}{2}-1} |\alpha_k|^2 = (1 + \beta\Delta t)^{\frac{2n}{m}} \|\mathbf{u}^0\|_{\Delta,2}^2 \quad \forall n \geq 0.$$

Poiché $1 + \beta\Delta t \leq e^{\beta\Delta t}$, si deduce che

$$\|\mathbf{u}^n\|_{\Delta,2} \leq e^{\frac{\beta\Delta t n}{m}} \|\mathbf{u}^0\|_{\Delta,2} = e^{\frac{\beta T}{m}} \|\mathbf{u}^0\|_{\Delta,2} \quad \forall n \text{ t.c.} \quad n\Delta t \leq T.$$

Ciò prova il Teorema.   ◇

Osservazione 13.4 Nel caso si richieda la stabilità forte, la condizione $|\gamma_k| \leq 1$ indicata nel Teorema 13.3 è anche necessaria.   ●

Nel caso dello schema *upwind* (13.20), essendo

$$|\gamma_k|^2 = [1 - |a|\lambda(1 - \cos kh)]^2 + a^2\lambda^2 \sin^2 kh, \quad k \in \mathbb{Z},$$

si ottiene

$$\forall k, \ |\gamma_k| \leq 1 \ \text{se} \ \Delta t \leq \frac{h}{|a|}, \tag{13.38}$$

cioè si trova che la condizione CFL garantisce la stabilità forte in norma $\|\cdot\|_{\Delta,2}$.

Procedendo in modo analogo, si può verificare che anche per lo schema di Lax-Friedrichs vale la (13.38).

Lo schema di Eulero all'indietro centrato EI/C è invece incondizionatamente fortemente stabile nella norma $\|\cdot\|_{\Delta,2}$, essendo $|\gamma_k| \leq 1$ per ogni k e per ogni possibile scelta di Δt e h, come già ottenuto per altra via nel Teorema 13.2.

Nel caso del metodo di Eulero in avanti centrato EA/C si ha

$$|\gamma_k|^2 = 1 + \frac{a^2\Delta t^2}{h^2} \sin^2(kh) \leq 1 + \frac{a^2\Delta t^2}{h^2}, \quad k \in \mathbb{Z}.$$

Se $\beta > 0$ è una costante tale che

$$\Delta t \leq \beta\frac{h^2}{a^2} \tag{13.39}$$

allora $|\gamma_k| \leq (1 + \beta\Delta t)^{1/2}$. Pertanto applicando il Teorema 13.3 (con $m = 2$) si deduce che il metodo EA/C è stabile, seppure con una condizione più restrittiva della condizione CFL, come già ottenuto per altra via nel Teorema 13.2.

Si può trovare una condizione di stabilità forte per il metodo di Eulero in avanti centrato nel caso si consideri l'equazione di trasporto e reazione

$$\frac{\partial u}{\partial t} + a\frac{\partial u}{\partial x} + a_0 u = 0, \tag{13.40}$$

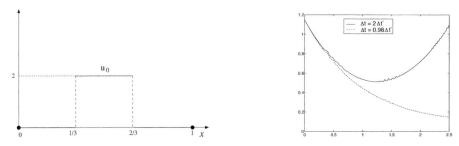

Figura 13.4. La figura a destra mostra l'andamento di $\|\mathbf{u}^n\|_{\Delta,2}$, dove $\mathbf{u}^n$ è la soluzione dell'equazione (13.40) (con $a = a_0 = 1$) ottenuta con il metodo EA/C, per due valori di Δt, uno inferiore e l'altro superiore al valore critico Δt^*. A sinistra, il dato iniziale utilizzato

con $a_0 > 0$. In tal caso si ha infatti per ogni $k \in \mathbb{Z}$

$$|\gamma_k|^2 = 1 - 2a_0\Delta t + \Delta t^2 a_0^2 + \lambda^2 \sin^2(kh) \leq 1 - 2a_0\Delta t + \Delta t^2 a_0^2 + \left(\frac{a\Delta t}{h}\right)^2$$

e quindi lo schema risulta essere fortemente stabile sotto la condizione

$$\Delta t < \frac{2a_0}{a_0^2 + h^{-2}a^2}. \qquad (13.41)$$

Esempio 13.1 Al fine di verificare numericamente la condizione di stabilità (13.41), abbiamo considerato l'equazione (13.40) nell'intervallo $(0, 1)$ con condizioni al bordo periodiche. Si è scelto $a = a_0 = 1$ e il dato iniziale u_0 uguale a 2 nell'intervallo $(1/3, 2/3)$ e 0 altrove. Essendo il dato iniziale un'onda quadra, il suo sviluppo di Fourier presenta tutti i coefficienti α_k non nulli. In Fig. 13.4 a destra si riporta $\|\mathbf{u}^n\|_{\Delta,2}$ nell'intervallo di tempo $(0, 2.5)$ per due valori di Δt, uno superiore e l'altro inferiore al valore critico $\Delta t^* = 2/(1 + h^{-2})$, fornito dalla (13.41). Si noti che per $\Delta t < \Delta t^*$ la norma è decrescente, mentre, in caso contrario, dopo una decrescita iniziale essa cresce in modo esponenziale. La Fig. 13.5 mostra invece il risultato per $a_0 = 0$ ottenuto con EA/C utilizzando lo stesso dato iniziale. Nella figura a sinistra si mostra l'andamento di $\|\mathbf{u}^n\|_{\Delta,2}$ per diversi valori di h e utilizzando $\Delta t = 10h^2$, cioè variando il passo temporale seguendo la restrizione fornita dalla disuguaglianza (13.39), prendendo $\beta = 0$. Si può notare come la norma della soluzione rimanga limitata per valori di h decrescenti. A destra nella stessa figura si illustra il risultato ottenuto per gli stessi valori di h prendendo come condizione $\Delta t = 0.1h$, che corrisponde a un numero di CFL costante e pari a 0.1. In questo caso la norma discreta della soluzione numerica "esplode" al decrescere di h, come atteso. ∎

13.4.4 Dissipazione e dispersione

L'analisi dei coefficienti di amplificazione, oltre a consentirci di indagare la stabilità di uno schema numerico, è utile anche a studiarne le proprietà di dissipazione e dispersione.

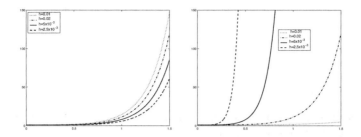

Figura 13.5. Andamento di $\|\mathbf{u}^n\|_{\Delta,2}$ dove $\mathbf{u}^n$ è la soluzione ottenuta con il metodo EA/C, nel caso $a_0 = 0$ e per diversi valori di h. A sinistra il caso in cui Δt soddisfa la condizione di stabilità (13.39). A destra i risultati ottenuti mantenendo il numero di CFL costante e pari a 0.1, violando la condizione (13.39)

Per capire di cosa si tratti, consideriamo la soluzione esatta del problema (13.1); per essa abbiamo la seguente relazione

$$u(x, t^n) = u_0(x - an\Delta t), \quad n \geq 0, \quad x \in \mathbb{R},$$

essendo $t^n = n\Delta t$. In particolare, utilizzando la (13.35) otteniamo

$$u(x_j, t^n) = \sum_{k=-\infty}^{\infty} \alpha_k e^{ikjh}(g_k)^n \quad \text{con} \quad g_k = e^{-iak\Delta t}. \tag{13.42}$$

Confrontando (13.42) con (13.36) si può notare come il coefficiente di amplificazione γ_k (generato dallo specifico schema numerico) sia il corrispondente di g_k. Osserviamo che $|g_k| = 1$ per ogni $k \in \mathbb{Z}$, mentre deve essere $|\gamma_k| \leq 1$ al fine di garantire la stabilità forte dello schema. Pertanto, γ_k è un coefficiente *dissipativo*. Più piccolo sarà $|\gamma_k|$, maggiore sarà la riduzione dell'ampiezza α_k e, di conseguenza, maggiore sarà la dissipazione dello schema numerico.

Il rapporto $\epsilon_a(k) = \frac{|\gamma_k|}{|g_k|}$ è chiamato *errore di amplificazione* (o *di dissipazione*) della k-esima armonica associato allo schema numerico (e nel nostro caso esso coincide con il coefficiente d'amplificazione). Posto

$$\phi_k = kh,$$

essendo $k\Delta t = \lambda \phi_k$ si ottiene

$$g_k = e^{-ia\lambda\phi_k}. \tag{13.43}$$

Il numero reale ϕ_k, qui espresso in radianti, è detto *angolo di fase* relativo alla k-esima armonica. Riscrivendo γ_k nel modo seguente

$$\gamma_k = |\gamma_k| e^{-i\omega\Delta t} = |\gamma_k| e^{-i\frac{\omega}{k}\lambda\phi_k},$$

e confrontando tale relazione con (13.43), possiamo dedurre che il rapporto $\frac{\omega}{k}$ rappresenta la *velocità di propagazione* della soluzione numerica, relativamente alla k-esima armonica. Il rapporto

$$\epsilon_d(k) = \frac{\omega}{ka} = \frac{\omega h}{\phi_k a}$$

tra tale velocità e la velocità di propagazione a della soluzione esatta è detto *errore di dispersione* ϵ_d relativamente alla k-esima armonica.

L'errore di amplificazione (o dissipazione) e quello di dispersione per gli schemi numerici fin qui analizzati variano in funzione dell'angolo di fase ϕ_k e del numero di CFL $a\lambda$, come riportato nella Fig. 13.6. Per ragioni di simmetria si è considerato l'intervallo $0 \le \phi_k \le \pi$ e si sono usati in ascissa i gradi al posto dei radianti per indicare ϕ_k. Si noti come lo schema di Eulero in avanti/centrato presenti, per tutti i CFL considerati, una curva del fattore di amplificazione con valori eccedenti l'unità, in accordo con il fatto che tale schema non è mai fortemente stabile.

Esempio 13.2 Nella Fig. 13.7 si confrontano i risultati numerici ottenuti risolvendo l'equazione (13.1) con $a = 1$ e dato iniziale u_0 costituito da un pacchetto di due onde sinusoidali di eguale lunghezza d'onda l centrate nell'origine ($x = 0$). Nelle immagini a sinistra $l = 10h$, mentre in quelle di destra abbiamo $l = 4h$. Essendo $k = \frac{2\pi}{l}$, si ha $\phi_k = \frac{2\pi}{l}h$ e dunque i valori dell'angolo di fase del pacchetto d'onde sono a sinistra $\phi_k = \pi/10$ ed a destra $\phi_k = \pi/4$. La soluzione numerica è stata calcolata per il valore 0.75 del numero di CFL, utilizzando i diversi schemi (stabili) precedentemente illustrati. Si può notare come l'effetto dissipativo sia molto forte alle alte frequenze ($\phi_k = \pi/4$) ed in particolare per i metodi del prim'ordine (*upwind*, Eulero all'indietro/centrato e Lax-Friedrichs).

Per poter apprezzare gli effetti di dispersione, la soluzione per $\phi_k = \pi/4$ dopo 8 passi temporali è riportata in Fig. 13.8. Si può notare come il metodo di Lax-Wendroff sia il meno dissipativo. Inoltre, osservando attentamente la posizione delle creste d'onda numeriche rispetto a quelle della soluzione esatta, si può verificare che il metodo di Lax-Friedrichs presenta un errore di dispersione positivo, infatti l'onda numerica risulta anticipare quella esatta. Anche il metodo *upwind* è poco dispersivo per un numero di CFL pari a 0.75, mentre è evidente la dispersione dei metodi di Lax-Friedrichs e di Eulero all'indietro (anche dopo solo 8 passi temporali!). ■

13.5 Equazioni equivalenti

Ad ogni schema numerico possiamo associare una famiglia di equazioni differenziali, dette equazioni equivalenti.

13.5.1 Il caso dello schema upwind

Concentriamoci dapprima sullo schema *upwind*. Supponiamo esista una funzione regolare $v(x, t)$ che soddisfi l'equazione alle differenze (13.20) in ogni punto $(x, t) \in$

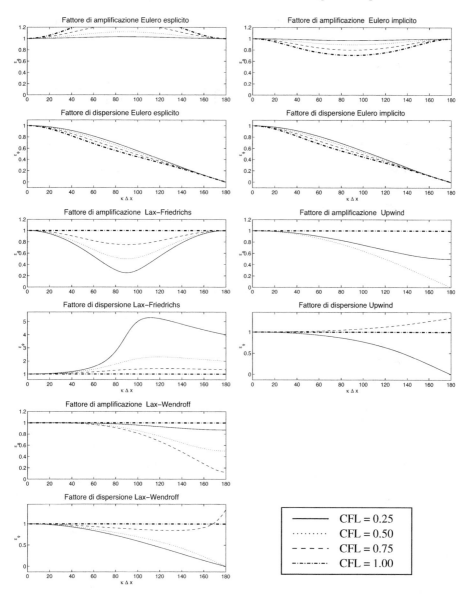

Figura 13.6. Errori di amplificazione e dispersione per differenti schemi numerici in funzione dell'angolo di fase $\phi_k = kh$ e per diversi valori del numero di CFL

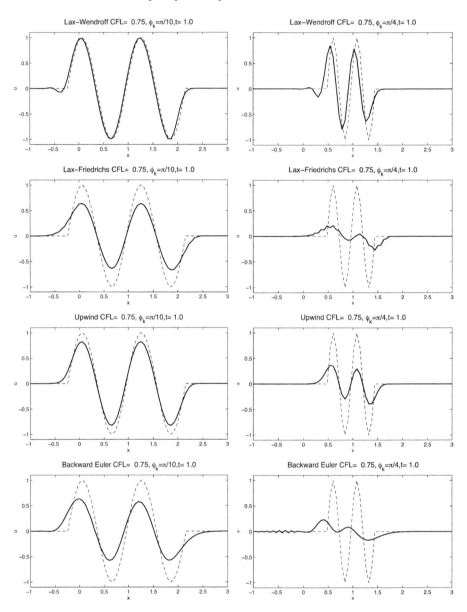

Figura 13.7. Soluzione numerica del trasporto convettivo di un pacchetto d'onde sinusoidali di diversa lunghezza d'onda ($l = 10h$ a sinistra, $l = 4h$ a destra) ottenuta con differenti schemi numerici (la dicitura '*Backward Euler*' sta per 'Eulero all'indietro/centrato'). In linea continua la soluzione numerica per $t = 1$, in linea tratteggiata la soluzione esatta allo stesso istante temporale

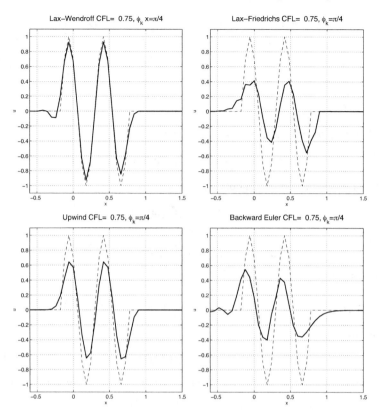

Figura 13.8. Soluzione numerica del trasporto convettivo di un pacchetto d'onde sinusoidali. In linea continua è riportata la soluzione dopo 8 passi temporali. In linea tratteggiata la corrispondente soluzione esatta (la dicitura '*Backward Euler*' sta per 'Eulero all'indietro/centrato')

$\mathbb{R} \times \mathbb{R}^+$ (e non solo nei nodi di griglia (x_j, t^n)!). Possiamo allora scrivere (nel caso in cui $a > 0$)

$$\frac{v(x, t + \Delta t) - v(x, t)}{\Delta t} + a \frac{v(x, t) - v(x - h, t)}{h} = 0. \tag{13.44}$$

Usando gli sviluppi di Taylor rispetto a x e rispetto a t relativamente al punto (x, t) possiamo scrivere, nell'ipotesi che v sia di classe C^4 rispetto a x e a t,

$$\frac{v(x, t + \Delta t) - v(x, t)}{\Delta t} = v_t + \frac{\Delta t}{2} v_{tt} + \frac{\Delta t^2}{6} v_{ttt} + \mathcal{O}(\Delta t^3),$$

$$a \frac{v(x, t) - v(x - h, t)}{h} = a v_x - \frac{ah}{2} v_{xx} + \frac{ah^2}{6} v_{xxx} + \mathcal{O}(h^3),$$

dove le derivate a secondo membro sono tutte valutate nel punto (x, t). Grazie alla (13.44) deduciamo che, in ogni punto (x, t), la funzione v soddisfa la relazione

$$v_t + av_x = R^U + \mathcal{O}(\Delta t^3 + h^3), \tag{13.45}$$

con

$$R^U = \frac{1}{2}(ah\,v_{xx} - \Delta t\,v_{tt}) - \frac{1}{6}(ah^2 v_{xxx} + \Delta t^2 v_{ttt}).$$

Derivando formalmente tale equazione rispetto a t, troviamo

$$v_{tt} + av_{xt} = R^U_t + \mathcal{O}(\Delta t^3 + h^3).$$

Derivandola invece rispetto a x, abbiamo

$$v_{xt} + av_{xx} = R^U_x + \mathcal{O}(\Delta t^3 + h^3). \tag{13.46}$$

Pertanto,

$$v_{tt} = a^2 v_{xx} + R^U_t - aR^U_x + \mathcal{O}(\Delta t^3 + h^3) \tag{13.47}$$

il che ci consente di ottenere dalla (13.45)

$$v_t + av_x = \mu v_{xx} - \frac{1}{6}(ah^2 v_{xxx} + \Delta t^2 v_{ttt}) - \frac{\Delta t}{2}(R^U_t - aR^U_x) + \mathcal{O}(\Delta t^3 + h^3), \tag{13.48}$$

avendo posto

$$\mu = \frac{1}{2}ah(1 - (a\lambda)). \tag{13.49}$$

Derivando formalmente la (13.47) rispetto a t, quindi la (13.46) rispetto a x, troviamo

$$
\begin{aligned}
v_{ttt} &= a^2 v_{xxt} + R^U_{tt} - aR^U_{xt} + \mathcal{O}(\Delta t^3 + h^3) \\
&= -a^3 v_{xxx} + a^2 R^U_{xx} + R^U_{tt} - aR^U_{xt} + \mathcal{O}(\Delta t^3 + h^3).
\end{aligned} \tag{13.50}
$$

Abbiamo inoltre che

$$
\begin{aligned}
R^U_t &= \frac{1}{2}ah\,v_{xxt} - \frac{\Delta t}{2}v_{ttt} - \frac{ah^2}{6}v_{xxxt} - \frac{\Delta t^2}{6}v_{tttt}, \\
R^U_x &= \frac{1}{2}ah\,v_{xxx} - \frac{\Delta t}{2}v_{ttx} - \frac{ah^2}{6}v_{xxxx} - \frac{\Delta t^2}{6}v_{tttx}.
\end{aligned} \tag{13.51}
$$

Usando le relazioni (13.50) e (13.51) nella (13.48) otteniamo

$$
\begin{aligned}
v_t + av_x = {}&\mu v_{xx} - \frac{ah^2}{6}\left(1 - \frac{a^2\Delta t^2}{h^2} - \frac{3a\Delta t}{2h}\right)v_{xxx} \\
&+ \frac{\Delta t}{4}\underbrace{\left(\Delta t\,v_{ttt} - ah\,v_{xxt} - a\Delta t\,v_{ttx}\right)}_{(A)} \\
&+ \frac{\Delta t}{12}(\Delta t^2 v_{tttt} - a\Delta t^2 v_{tttx} + ah^2 v_{xxxt} - a^2 h^2 v_{xxxx}) \\
&- \frac{a^2\Delta t^2}{6}R^U_{xx} - \frac{\Delta t^2}{6}R^U_{tt} + a\frac{\Delta t^2}{6}R^U_{xt} + \mathcal{O}(\Delta t^3 + h^3).
\end{aligned} \tag{13.52}
$$

Interessiamoci ora delle derivate terze di v contenute nel termine (A). Grazie alla (13.50), alla (13.46) e alla (13.47), troviamo, rispettivamente:

$$v_{ttt} = -a^3 v_{xxx} + r_1,$$

$$v_{xxt} = -a\, v_{xxx} + r_2,$$

$$v_{ttx} = a^2 v_{xxx} + r_3,$$

essendo r_1, r_2 ed r_3 termini che contengono derivate di v di ordine non inferiore al quarto, nonché termini di ordine $\mathcal{O}(\Delta t^3 + h^3)$. (Si osservi che dalla definizione di R^U discende che le sue derivate di ordine due si esprimono attraverso derivate di v di ordine non inferiore al quarto.) Raccogliendo i coefficienti che moltiplicano v_{xxx}, deduciamo pertanto dalla (13.52) che

$$v_t + a v_x = \mu v_{xx} + \nu v_{xxx} + R_4(v) + \mathcal{O}(\Delta t^3 + h^3), \qquad (13.53)$$

essendo

$$\nu = -\frac{ah^2}{6}(1 - 3a\lambda + 2(a\lambda)^2), \qquad (13.54)$$

ed avendo indicato con $R_4(v)$ l'insieme dei termini contenenti le derivate di v di ordine non inferiore al quarto.

Possiamo concludere che la funzione v soddisfa l'equazione

$$v_t + a v_x = 0 \qquad (13.55)$$

se si trascurano i termini contenenti derivate di ordine superiore al primo, l'equazione

$$v_t + a v_x = \mu v_{xx} \qquad (13.56)$$

se si trascurano i termini contenenti derivate di ordine superiore al secondo, e l'equazione

$$v_t + a v_x = \mu v_{xx} + \nu v_{xxx} \qquad (13.57)$$

se si trascurano le derivate di ordine superiore al terzo, essendo μ e ν definiti in (13.49) e (13.54). Le (13.55), (13.56) e (13.57) si chiamano *equazioni equivalenti* (al primo, secondo e terz'ordine, rispettivamente) relative allo schema *upwind*.

13.5.2 Il caso dei metodi di Lax-Friedrichs e Lax-Wendroff

Procedendo in modo analogo si possono derivare le equazioni equivalenti di un qualunque schema numerico. Ad esempio, nel caso dello schema di Lax-Friedrichs, indicata con v un'ipotetica funzione che verifichi l'equazione (13.16) in ogni punto (x, t), osservato che

$$\frac{1}{2}\big(v(x + h, t) + v(x - h, t)\big) = v + \frac{h^2}{2}v_{xx} + \mathcal{O}(h^4),$$

$$\frac{1}{2}\big(v(x + h, t) - v(x - h, t)\big) = h\, v_x + \frac{h^3}{6}v_{xxx} + \mathcal{O}(h^4),$$

otteniamo

$$v_t + av_x = R^{LF} + \mathcal{O}\Big(\frac{h^4}{\Delta t} + \Delta t^3\Big), \tag{13.58}$$

questa volta essendo

$$R^{LF} = \frac{h^2}{2\Delta t}(v_{xx} - \lambda^2 v_{tt}) - \frac{a\,h^2}{6}(v_{xxx} + \frac{\lambda^2}{a}v_{ttt}).$$

Procedendo come fatto in precedenza, calcoli tediosi consentono di dedurre dalla (13.58) le equazioni equivalenti (13.55)-(13.57), in questo caso essendo

$$\mu = \frac{h^2}{2\Delta t}(1 - (a\lambda)^2), \quad \nu = \frac{ah^2}{3}(1 - (a\lambda)^2).$$

Nel caso dello schema di *Lax-Wendroff* le equazioni equivalenti sono caratterizzate dai seguenti parametri

$$\mu = 0, \qquad \nu = \frac{ah^2}{6}((a\lambda)^2 - 1).$$

13.5.3 Sul significato dei coefficienti nelle equazioni equivalenti

In generale, nelle equazioni equivalenti, il termine μv_{xx} rappresenta una *dissipazione*, mentre νv_{xxx} una *dispersione*. Possiamo darne una dimostrazione euristica esaminando la soluzione del problema

$$\begin{cases} v_t + av_x = \mu v_{xx} + \nu v_{xxx}, \ x \in \mathbb{R}, \ t > 0, \\ v(x,0) = e^{ikx}, \qquad\qquad k \in \mathbb{Z}. \end{cases} \tag{13.59}$$

Applicando la trasformata di Fourier si trova, se $\mu = \nu = 0$,

$$v(x,t) = e^{ik(x-at)},$$

mentre per μ e ν numeri reali arbitrari (con $\mu > 0$) si ha

$$v(x,t) = e^{-\mu k^2 t}e^{ik[x-(a+\nu k^2)t]}.$$

Confrontando queste due relazioni si vede che il modulo della soluzione viene abbattuto tanto maggiormente quanto più μ è grande. Tale effetto è tanto più rilevante quanto più la frequenza k è grande (fenomeno già rilevato, con argomentazioni in parte differenti, nella precedente sezione).

Il termine μv_{xx} nella (13.59) ha pertanto un effetto dissipativo sulla soluzione. Confrontando ancora fra loro le due espressioni precedenti, si vede che la presenza del termine ν modifica la velocità di propagazione della soluzione, aumentandola nel caso $\nu > 0$, diminuendola se $\nu < 0$. Anche in questo caso l'effetto è più rilevante ad alte frequenze. Quindi, il termine di derivata terza νv_{xxx} introduce un effetto dispersivo.

In generale, nell'equazione equivalente, derivate spaziali di ordine pari rappresentano termini diffusivi, mentre derivate di ordine dispari rappresentano termini dispersivi. Per gli schemi del prim'ordine (come l'*upwind*) l'effetto dispersivo è spesso poco visibile, in quanto mascherato da quello dissipativo. Prendendo Δt e h dello stesso ordine, dalla (13.56) e (13.57) si evince che $\nu \ll \mu$ per $h \to 0$, essendo $\nu = O(h^2)$ e $\mu = O(h)$. In particolare, se il numero di CFL vale $\frac{1}{2}$ l'equazione equivalente al terzo ordine del metodo *upwind* presenta dispersione nulla, in accordo con i risultati numerici visti nella sezione precedente.

L'effetto dispersivo è invece evidente per lo schema di Lax-Friedrichs, così come per lo schema di Lax-Wendroff che, essendo del second'ordine, non presenta un termine dissipativo del tipo μv_{xx}. Tuttavia, essendo stabile, esso non può non essere dissipativo. In effetti l'equazione equivalente del quart'ordine per lo schema di Lax-Wendroff è

$$v_t + a v_x = \frac{ah^2}{6}[(a\lambda)^2 - 1]v_{xxx} - \frac{ah^3}{6}a\lambda[1 - (a\lambda)^2]v_{xxxx},$$

dove l'ultimo termine è dissipativo se $|a\lambda| < 1$, come si può facilmente verificare applicando la trasformata di Fourier. Si ritrova dunque, anche per il metodo di Lax-Wendroff, la condizione CFL.

13.5.4 Equazioni equivalenti e analisi dell'errore

La tecnica utilizzata per ottenere le equazioni equivalenti presenta una stretta analogia con la cosiddetta *analisi all'indietro* che si incontra nella risoluzione numerica di sistemi lineari, dove la soluzione calcolata (non esatta) viene interpretata come soluzione esatta di un sistema lineare perturbato (si veda [QSS08, Cap. 3]). In effetti, il sistema perturbato gioca un ruolo analogo a quello dell'equazione equivalente.

Osserviamo inoltre che l'analisi dell'errore di una schema numerico si può dedurre dalla conoscenza dell'equazione equivalente ad esso associata. In effetti, indicando genericamente con $r = \mu v_{xx} + \nu v_{xxx}$ il termine a destra della equazione equivalente, per confronto con la (13.1) otteniamo l'equazione dell'errore

$$e_t + a e_x = r,$$

dove $e = v - u$. Moltiplicando tale equazione per e e integrando in spazio e in tempo (fra 0 e t) otteniamo

$$\|e(t)\|_{L^2(\mathbb{R})} \le C(t) \left(\|e(0)\|_{L^2(\mathbb{R})} + \sqrt{\int_0^t \|r(s)\|_{L^2(\mathbb{R})}^2 ds} \right), \quad t > 0$$

avendo usato la stima a priori (13.4). Possiamo supporre $e(0) = 0$ ed osservare quindi che $\|e(t)\|_{L^2(\mathbb{R})}$ tende a zero (per h e Δt tendenti a zero) all'ordine 1 per lo schema *upwind* o di Lax-Friedrichs, e all'ordine 2 per Lax-Wendroff (avendo supposto v regolare quanto basta).

13.6 Esercizi

1. Si verifichi che la soluzione del problema (13.9)-(13.10) (con $f = 0$) soddisfa l'identità (13.11).
   [*Soluzione:* Moltiplicando la (13.9) per u_t ed integrando in spazio si ottiene

$$0 = \int_\alpha^\beta u_{tt} u_t \, dx - \int_\alpha^\beta \gamma^2 u_{xx} u_t \, dx = \frac{1}{2} \int_\alpha^\beta [(u_t)^2]_t \, dx + \int_\alpha^\beta \gamma^2 u_x u_{xt} \, dx - [\gamma^2 u_x u_t]_\alpha^\beta.$$

(13.60)

Essendo

$$\int_\alpha^\beta u_{tt} u_t \, dx = \frac{1}{2} \int_\alpha^\beta [(u_t)^2]_t \, dx \quad \text{e} \quad \int_\alpha^\beta \gamma^2 u_x u_{xt} \, dx = \frac{1}{2} \int_\alpha^\beta \gamma^2 [(u_x)^2]_t \, dx,$$

integrando in tempo la (13.60), si ha

$$\int_\alpha^\beta u_t^2(t) \, dx + \int_\alpha^\beta \gamma^2 u_x^2(t) \, dx - \int_\alpha^\beta v_0^2 \, dx - \int_\alpha^\beta \gamma^2 u_{0x}^2 \, dx = 0. \qquad (13.61)$$

Da quest'ultima relazione segue subito (13.11).]

2. Verificare che la soluzione fornita dallo schema (13.22) di Eulero all'indietro/centrato è incondizionatamente stabile; più precisamente

$$\|\mathbf{u}\|_{\Delta,2} \le \|\mathbf{u}^0\|_{\Delta,2} \quad \forall \Delta t, \, h > 0.$$

[*Soluzione:* Si noti che, grazie alla (13.32),

$$(u_j^{n+1} - u_j^n) u_j^{n+1} \ge \frac{1}{2} \left(|u_j^{n+1}|^2 - |u_j^n|^2 \right) \quad \forall j, \, n.$$

Allora, moltiplicando la (13.22) per u_j^{n+1}, sommando sull'indice j e usando la (13.33) si trova

$$\sum_j |u_j^{n+1}|^2 \le \sum_j |u^n|^2 \quad \forall n \ge 0,$$

da cui segue il risultato.]

3. Si dimostri la (13.30).
   [*Soluzione:* Osserviamo che, nel caso in cui $a > 0$, lo schema *upwind* si può riscrivere nella forma

$$u_j^{n+1} = (1 - a\lambda) u_j^n + a\lambda u_{j-1}^n.$$

Nell'ipotesi (13.28) entrambi i coefficienti $a\lambda$ e $1 - a\lambda$ sono non negativi, pertanto

$$\min(u_j^n, u_{j-1}^n) \le u_j^{n+1} \le \max(u_j^n, u_{j-1}^n).$$

Allora

$$\inf_{l\in\mathbb{Z}}\{u_l^0\} \leq u_j^n \leq \sup_{l\in\mathbb{Z}}\{u_l^0\} \quad \forall j \in \mathbb{Z}, \ \forall n \geq 0,$$

da cui segue la (13.30).]

4. Si studi l'accuratezza dello schema di Lax-Friedrichs (13.16) per la soluzione del problema (13.1).

5. Si studi l'accuratezza dello schema di Lax-Wendroff (13.18) per la soluzione del problema (13.1).

Capitolo 14
Elementi finiti e metodi spettrali per equazioni iperboliche

In questo capitolo illustreremo come applicare metodi di tipo Galerkin, in particolare il metodo degli elementi finiti e i metodi spettrali, per la discretizzazione spaziale e/o temporale di equazioni iperboliche scalari. Tratteremo sia il caso di elementi continui sia quello di elementi discontinui.

Consideriamo il problema di trasporto (13.3) e per semplicità poniamo $(\alpha, \beta) = (0, 1)$, $\varphi = 0$ e supponiamo che a sia una costante positiva ed a_0 una costante non negativa. Procediamo con una discretizzazione spaziale con elementi finiti continui. Cerchiamo pertanto una semidiscretizzazione della seguente forma:

$\forall t > 0$, trovare $u_h = u_h(t) \in V_h$ t.c.

$$\left(\frac{\partial u_h}{\partial t}, v_h \right) + a \left(\frac{\partial u_h}{\partial x}, v_h \right) + a_0 (u_h, v_h) = (f, v_h) \quad \forall v_h \in V_h, \tag{14.1}$$

essendo u_h^0 l'approssimazione del dato iniziale e $(\cdot, \cdot)$ il prodotto scalare in $L^2(0, 1)$. Come d'abitudine, indicheremo poi con u_h^n, $n \geq 0$, l'approssimazione al tempo $t^n = n\Delta t$. Abbiamo posto

$$V_h = \{ v_h \in X_h^r : v_h(0) = 0 \}, \quad r \geq 1.$$

Lo spazio X_h^r è definito come in (4.14), pur di sostituire (a, b) con $(0, 1)$.

14.1 Discretizzazione temporale

Per la discretizzazione temporale del problema (14.1) useremo schemi alle differenze finite come quelli introdotti nel capitolo precedente.

14.1.1 Gli schemi di Eulero in avanti e all'indietro

Nel caso si utilizzi lo schema di Eulero in avanti il problema discreto diventa:

$\forall n \geq 0$, trovare $u_h^{n+1} \in V_h$ t.c.

$$\frac{1}{\Delta t} (u_h^{n+1} - u_h^n, v_h) + a \left(\frac{\partial u_h^n}{\partial x}, v_h \right) + a_0 (u_h^n, v_h) = (f^n, v_h) \quad \forall v_h \in V_h. \tag{14.2}$$

© Springer-Verlag Italia 2016

A. Quarteroni, *Modellistica Numerica per Problemi Differenziali*, 6a edizione, UNITEXT - La Matematica per il 3+2 100, DOI 10.1007/978-88-470-5782-1_14

Nel caso del metodo di Eulero all'indietro, anziché (14.2) avremo

$$\frac{1}{\Delta t}\left(u_h^{n+1} - u_h^n, v_h\right) + a\left(\frac{\partial u_h^{n+1}}{\partial x}, v_h\right) + a_0\left(u_h^{n+1}, v_h\right) = \left(f^{n+1}, v_h\right) \forall v_h \in V_h.$$

(14.3)

Teorema 14.1 *Lo schema di Eulero all'indietro è fortemente stabile senza alcuna restrizione su Δt. Quello di Eulero in avanti, invece, lo è solo per $a_0 > 0$, pur di supporre che*

$$\Delta t \leq \frac{2a_0}{(aCh^{-1} + a_0)^2}$$

(14.4)

per una opportuna costante $C = C(r)$.

Dimostrazione. Scegliendo $v_h = u_h^n$ in (14.2), si ottiene (nel caso in cui $f = 0$)

$$\left(u_h^{n+1} - u_h^n, u_h^n\right) + \Delta t a\left(\frac{\partial u_h^n}{\partial x}, u_h^n\right) + \Delta t a_0 \|u_h^n\|_{L^2(0,1)}^2 = 0.$$

Per il primo addendo usiamo l'identità

$$(v - w, w) = \frac{1}{2}\left(\|v\|_{L^2(0,1)}^2 - \|w\|_{L^2(0,1)}^2 - \|v - w\|_{L^2(0,1)}^2\right)$$

(14.5)

che generalizza la (13.34) $\forall v, w \in L^2(0, 1)$. Per il secondo addendo integrando per parti ed utilizzando le condizioni al bordo si trova

$$\left(\frac{\partial u_h^n}{\partial x}, u_h^n\right) = \frac{1}{2}(u_h^n(1))^2.$$

Si ottiene quindi

$$\|u_h^{n+1}\|_{L^2(0,1)}^2 + a\Delta t(u_h^n(1))^2 + 2a_0\Delta t\|u_h^n\|_{L^2(0,1)}^2$$
$$= \|u_h^n\|_{L^2(0,1)}^2 + \|u_h^{n+1} - u_h^n\|_{L^2(0,1)}^2.$$

(14.6)

Cerchiamo ora una stima per il termine $\|u_h^{n+1} - u_h^n\|_{L^2(0,1)}^2$. A tale scopo, ponendo nella (14.2) $v_h = u_h^{n+1} - u_h^n$, otteniamo

$$\|u_h^{n+1} - u_h^n\|_{L^2(0,1)}^2 \leq \Delta t a \left|\left(\frac{\partial u_h^n}{\partial x}, u_h^{n+1} - u_h^n\right)\right| + \Delta t a_0 \left|\left(u_h^n, u_h^{n+1} - u_h^n\right)\right|$$

$$\leq \Delta t \left[a\left\|\frac{\partial u_h^n}{\partial x}\right\|_{L^2(0,1)} + a_0\|u_h^n\|_{L^2(0,1)}\right]\|u_h^{n+1} - u_h^n\|_{L^2(0,1)}.$$

Utilizzando ora la disuguaglianza inversa (12.42) (particolarizzata all'intervallo $(0, 1)$), otteniamo

$$\|u_h^{n+1} - u_h^n\|_{L^2(0,1)} \leq \Delta t \left(aC_I h^{-1} + a_0\right)\|u_h^n\|_{L^2(0,1)}.$$

In definitiva, (14.6) diviene

$$\|u_h^{n+1}\|_{L^2(0,1)}^2 + a\Delta t(u_h^n(1))^2$$
$$+\Delta t\left[2a_0 - \Delta t(aC_I h^{-1} + a_0)^2\right]\|u_h^n\|_{L^2(0,1)}^2 \leq \|u_h^n\|_{L^2(0,1)}^2. \tag{14.7}$$

Se la (14.4) è soddisfatta, allora $\|u_h^{n+1}\|_{L^2(0,1)} \leq \|u_h^n\|_{L^2(0,1)}$ e si ha dunque una stabilità forte in norma $L^2(0,1)$.

Nel caso in cui $a_0 = 0$ la condizione di stabilità ricavata perde di significato. Tuttavia se supponiamo che

$$\Delta t \leq \frac{Kh^2}{a^2 C_I^2},$$

per una qualche costante $K > 0$, allora si può applicare il Lemma di Gronwall (nella sua forma discreta) alla (14.7) e si trova che il metodo è stabile con una costante di stabilità che in questo caso dipende dal tempo finale T. Precisamente,

$$\|u_h^n\|_{L^2(0,1)} \leq \exp(Kt^n)\|u_h^0\|_{L^2(0,1)} \leq \exp(KT)\|u_h^0\|_{L^2(0,1)}.$$

Nel caso del metodo di Eulero all'indietro (14.3), scegliamo invece $v_h = u_h^{n+1}$. Usando ora la relazione

$$(v - w, v) = \frac{1}{2}\left(\|v\|_{L^2(0,1)}^2 - \|w\|_{L^2(0,1)}^2 + \|v - w\|_{L^2(0,1)}^2\right) \tag{14.8}$$

che generalizza la (13.32) $\forall v, w \in L^2(0,1)$, si trova,

$$(1 + 2a_0\Delta t)\|u_h^{n+1}\|_{L^2(0,1)}^2 + a\Delta t(u_h^{n+1}(1))^2 \leq \|u_h^n\|_{L^2(0,1)}^2. \tag{14.9}$$

Pertanto si ha stabilità forte in $L^2(0,1)$, incondizionata (ovvero per ogni Δt) e per ogni $a_0 \geq 0$. ◇

14.1.2 Gli schemi upwind, di Lax-Friedrichs e Lax-Wendroff

La generalizzazione al caso degli elementi finiti degli schemi alle differenze finite di Lax-Friedrichs (LF), di Lax-Wendroff (LW) e *upwind* (U) si può fare in diversi modi.

Iniziamo con l'osservare che le (13.16), (13.18) e (13.20) si possono riscrivere nella seguente forma comune

$$\frac{u_j^{n+1} - u_j^n}{\Delta t} + a\frac{u_{j+1}^n - u_{j-1}^n}{2h} - \mu\frac{u_{j+1}^n - 2u_j^n + u_{j-1}^n}{h^2} = 0, \tag{14.10}$$

dove il secondo termine è la discretizzazione con differenze finite centrate del termine convettivo $au_x(t^n)$, mentre il terzo è un termine di diffusione numerica e corrisponde alla discretizzazione con differenze finite di $-\mu u_{xx}(t^n)$. Il coefficiente μ di viscosità numerica è dato da

$$\mu = \begin{cases} h^2/2\Delta t & \text{(LF)}, \\ a^2\Delta t/2 & \text{(LW)}, \\ ah/2 & \text{(U)}. \end{cases} \tag{14.11}$$

La (14.10) suggerisce la seguente versione agli elementi finiti per l'approssimazione del problema (13.3): $\forall n \geq 0$, trovare $u_h^{n+1} \in V_h$ tale che

$$
\frac{1}{\Delta t} \left(u_h^{n+1} - u_h^n, v_h \right) + a \left(\frac{\partial u_h^n}{\partial x}, v_h \right) + a_0 \left(u_h^n, v_h \right)
$$

$$
+ \mu \left(\frac{\partial u_h^n}{\partial x}, \frac{\partial v_h}{\partial x} \right) - \mu \gamma \frac{\partial u_h^n}{\partial x}(1) v_h(1) = (f^n, v_h) \quad \forall v_h \in V_h, \tag{14.12}
$$

dove $\gamma = 1, 0$ a seconda che si voglia o meno tener conto del contributo di bordo nell'integrazione per parti effettuata nel termine di viscosità numerica.

Per l'analisi di stabilità, nel caso $\gamma = 0$, $a_0 = 0$, $a > 0$, si ponga $v_h = u_h^{n+1} - u_h^n$, in modo da ottenere, grazie alla disuguaglianza (4.51)

$$
\| u_h^{n+1} - u_h^n \|_{L^2(0,1)} \leq \Delta t (a + \mu C_I h^{-1}) \| \frac{\partial u_h^n}{\partial x} \|_{L^2(0,1)}.
$$

Posto ora $v_h = u_h^n$ si ottiene, grazie alla (14.5),

$$
\| u_h^{n+1} \|_{L^2(0,1)}^2 - \| u_h^n \|_{L^2(0,1)}^2 + a \Delta t (u_h^n(1))^2 + 2 \Delta t \mu \| \frac{\partial u_h^n}{\partial x} \|_{L^2(0,1)}^2
$$

$$
= \| u_h^{n+1} - u_h^n \|_{L^2(0,1)}^2 \leq \Delta t^2 (a + \mu C_I h^{-1})^2 \| \frac{\partial u_h^n}{\partial x} \|_{L^2(0,1)}^2.
$$

Una condizione sufficiente per la stabilità forte (ovvero per ottenere una stima come (13.27), rispetto alla norma $\| \cdot \|_{L^2(0,1)}$) è pertanto

$$
\Delta t \leq \frac{2\mu}{(a + \mu C_I h^{-1})^2}.
$$

Grazie alla (14.11), nel caso del metodo *upwind* ciò equivale a

$$
\Delta t \leq \frac{h}{a} \left(\frac{1}{1 + C_I/2} \right)^2.
$$

Essendo $C_I \leq 2\sqrt{3}$, nel caso di elementi finiti lineari, si desume che

$$
\frac{a \Delta t}{h} \leq \left(\frac{1}{1 + \sqrt{3}} \right)^2.
$$

L'analisi di stabilità appena sviluppata è basata sul *metodo dell'energia* e, in questo caso, conduce a risultati non ottimali. Una migliore indicazione si può ottenere ricorrendo all'analisi di von Neumann. A tale fine osserviamo che, nel caso di elementi finiti lineari e spaziatura h costante, la (14.12) con $f = 0$ si può riscrivere, per ogni nodo interno x_j, nel modo seguente

$$
\frac{1}{6}(u_{j+1}^{n+1} + 4u_j^{n+1} + u_{j-1}^{n+1}) + \frac{\lambda a}{2}(u_{j+1}^n - u_{j-1}^n) + \frac{a_0}{6}(u_{j+1}^n + 4u_j^n + u_{j-1}^n)
$$

$$
- \mu \Delta t \frac{u_{j+1}^n - 2u_j^n + u_{j-1}^n}{h^2} = \frac{1}{6}(u_{j+1}^n + 4u_j^n + u_{j-1}^n). \tag{14.13}
$$

Confrontando tale relazione con la (14.10), si può notare come la differenza risieda solo nel termine che proviene dalla derivata temporale e dal termine di ordine zero, ed è dovuto alla presenza della matrice di massa nel caso degli elementi finiti. D'altra parte si è già visto nella Sez. 12.5 che si può applicare la tecnica del *mass-lumping* per approssimare la matrice di massa con una matrice diagonale. Così facendo lo schema (14.13) si riduce effettivamente a (14.10) (si veda l'Esercizio 1).

Osservazione 14.1 Si noti che le relazioni fornite si riferiscono ai nodi interni. Il modo di trattare le condizioni di bordo con il metodo agli elementi finiti dà in generale luogo a relazioni diverse da quelle che si ottengono con il metodo alle differenze finite.   •

Queste considerazioni ci permettono di estendere tutti gli schemi visti nella Sez. 13.3.1 a schemi analoghi, generati da discretizzazioni in spazio con elementi finiti lineari continui. A tale scopo, basterà infatti sostituire il termine $u_j^{n+1} - u_j^n$ con

$$\frac{1}{6}[(u_{j-1}^{n+1} - u_{j-1}^n) + 4(u_j^{n+1} - u_j^n) + (u_{j+1}^{n+1} - u_{j+1}^n)].$$

Così facendo, lo schema generale (13.13) viene sostituito da

$$\frac{1}{6}(u_{j-1}^{n+1} + 4u_j^{n+1} + u_{j+1}^{n+1}) = \frac{1}{6}(u_{j-1}^n + 4u_j^n + u_{j-1}^n) - \lambda(H_{j+1/2}^{n*} - H_{j-1/2}^{n*}), \quad (14.14)$$

dove

$$H_{j+1/2}^{n*} = \begin{cases} H_{j+1/2}^n & \text{per un avanzamento temporale esplicito,} \\ H_{j+1/2}^{n+1} & \text{per un avanzamento temporale implicito.} \end{cases}$$

Si noti che, anche se si adottasse un flusso numerico corrispondente ad un avanzamento temporale esplicito, lo schema risultante darebbe luogo ad un sistema non più diagonale (in effetti diventa un sistema tridiagonale) a causa della presenza del termine di massa. Potrebbe quindi sembrare che l'uso di uno schema esplicito agli elementi finiti sia non conveniente rispetto ad uno schema analogo alle differenze finite. Tuttavia, tali schemi hanno delle caratteristiche interessanti.

In particolare, consideriamone i coefficienti d'amplificazione e di dispersione, utilizzando l'analisi di von Neumann illustrata nella Sez. 13.4.3. A tale scopo supponiamo che l'equazione differenziale sia definita su tutto $\mathbb{R}$, o, alternativamente, consideriamo un intervallo limitato, ma imponiamo condizioni al contorno periodiche, in modo da poter assumere che la relazione (14.14) sia valida per tutti i valori dell'indice j. Semplici calcoli ci portano a scrivere la seguente relazione tra il coefficiente d'amplificazione γ_k di uno schema alle differenze finite (vedi Tabella 13.1) e il coefficiente d'amplificazione γ_k^{FEM} del corrispondente schema ad elementi finiti

$$\gamma_k^{\text{FEM}} = \frac{3\gamma_k - 1 + \cos(\phi_k)}{2 + \cos(\phi_k)}, \quad (14.15)$$

dove con ϕ_k si è ancora indicato l'angolo di fase relativo alla k-esima armonica (si veda la Sez. 13.4.3).

Possiamo quindi calcolare gli errori di amplificazione e di dispersione, che sono riportati in Fig. 14.1. Confrontandoli con gli analoghi errori relativi ai corrispondenti schemi alle differenze finite (riportati in Fig. 13.6) si possono fare le seguenti osservazioni. Lo schema di Eulero in avanti è ancora incondizionatamente instabile (nel senso della stabilità forte). Lo schema *upwind* (FEM) è fortemente stabile se il numero di CFL è inferiore a $\frac{1}{3}$ (dunque un risultato meno restrittivo di quanto trovato con il metodo dell'energia), mentre il metodo di Lax-Friedrichs (FEM) *non soddisfa mai* la condizione $\gamma_k^{FEM} \leq 1$ (in questo caso in accordo con il risultato che si troverebbe utilizzando il metodo dell'energia).

Più in generale, si può affermare che nel caso di schemi con trattamento temporale esplicito la versione "agli elementi finiti" richiede condizioni di stabilità più restrittive di quella corrispondente alle differenze finite. In particolare per lo schema Lax-Wendroff ad elementi finiti, che indicheremo con LW (FEM), il numero di CFL deve essere ora inferiore a $\frac{1}{\sqrt{3}}$, anziché a 1 come nel caso delle differenze finite. Tuttavia, lo schema LW (FEM) (per i valori di CFL per cui è stabile), risulta essere leggermente meno diffusivo e dispersivo dell'equivalente schema alle differenze finite per un ampio spettro di valori dell'angolo di fase $\phi_k = kh$. Lo schema di Eulero implicito resta incondizionatamente stabile anche nella versione FEM (coerentemente con quanto ottenuto usando il metodo dell'energia nella Sez. 14.1.1).

Esempio 14.1 Le precedenti conclusioni sono state verificate sperimentalmente nell'esempio che segue. Abbiamo ripetuto il caso della Fig. 13.7 a destra, dove ora abbiamo considerato un valore di CFL pari a 0.5. Le soluzioni numeriche ottenute con il metodo di Lax-Wendroff classico (LW) e con LW (FEM) per $t = 2$ sono riportate in Fig. 14.2. Si può notare come lo schema LW (FEM) fornisca una soluzione più accurata e soprattutto più in fase con la soluzione esatta. Questo dato è confermato dal valore della norma $\| \cdot \|_{\Delta,2}$ dell'errore nei due casi. Si ha infatti, indicando con u la soluzione esatta e con u_{LW} e $u_{LW(FEM)}$ quella ottenuta con i due schemi numerici,

$$\|u_{LW} - u\|_{\Delta,2} = 0.78, \quad \|u_{LW(FEM)} - u\|_{\Delta,2} = 0.49.$$

Altri test eseguiti utilizzando condizioni al contorno non periodiche evidenziano come i risultati di stabilità rimangano validi.   ■

14.2 Gli schemi Taylor-Galerkin

Illustriamo ora una classe di schemi agli elementi finiti che prendono il nome di schemi "Taylor-Galerkin". Essi sono derivati in maniera analoga allo schema di Lax-Wendroff, ed infatti vedremo che la versione LW (FEM) fa parte di tale classe.

Per semplicità ci riferiremo al problema di puro trasporto (13.1). Il metodo Taylor-Galerkin consiste nel combinare la formula di Taylor troncata al prim'ordine

$$u(x, t^{n+1}) = u(x, t^n) + \Delta t \frac{\partial u}{\partial t}(x, t^n) + \int_{t^n}^{t^{n+1}} (t - t^n) \frac{\partial^2 u}{\partial t^2}(x, t) \, dt \qquad (14.16)$$

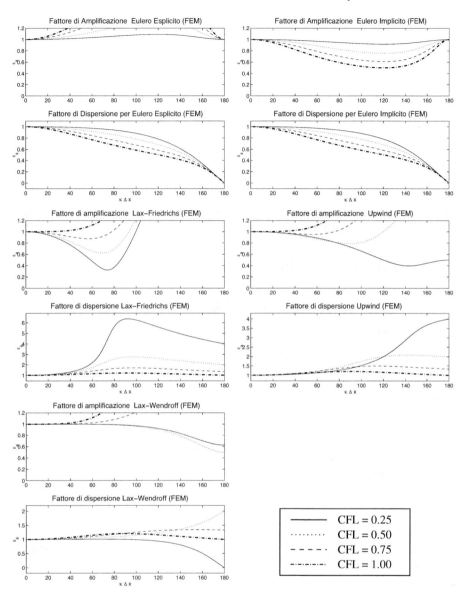

Figura 14.1. Errori di amplificazione e dispersione per differenti schemi numerici agli elementi finiti ottenuti dallo schema generale (14.14)

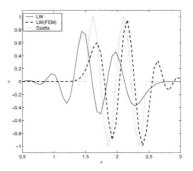

Figura 14.2. Confronto della soluzione ottenuta con lo schema Lax-Wendroff alle differenze finite (LW) e la versione agli elementi finiti (LW (FEM)) ($\phi_k = \pi/4, t = 2$)

con l'equazione (13.1), grazie alla quale otteniamo

$$\frac{\partial u}{\partial t} = -a\frac{\partial u}{\partial x}$$

e, per derivazione formale,

$$\frac{\partial^2 u}{\partial t^2} = \frac{\partial}{\partial t}(-a\frac{\partial u}{\partial x}) = -a\frac{\partial}{\partial x}\frac{\partial u}{\partial t} = a^2\frac{\partial^2 u}{\partial x^2}.$$

Dalla (14.16) si ottiene allora

$$u(x, t^{n+1}) = u(x, t^n) - a\Delta t\frac{\partial u}{\partial x}(x, t^n) + a^2 \int_{t^n}^{t^{n+1}} (t - t^n)\frac{\partial^2 u}{\partial x^2}(x, t)\, dt. \quad (14.17)$$

Approssimiamo l'integrale nel modo seguente

$$\int_{t^n}^{t^{n+1}} (t - t^n)\frac{\partial^2 u}{\partial x^2}(x, t)\, dt \approx \frac{\Delta t^2}{2} \left[\theta\frac{\partial^2 u}{\partial x^2}(x, t^n) + (1 - \theta)\frac{\partial^2 u}{\partial x^2}(x, t^{n+1})\right],$$
$$(14.18)$$

ottenuto valutando il primo fattore in $t = t^n + \frac{\Delta t}{2}$ e il secondo attraverso una combinazione lineare con parametro $\theta \in [0, 1]$ dei suoi valori in $t = t^n$ e $t = t^{n+1}$. Indichiamo con $u^n(x)$ la funzione approssimante $u(x, t^n)$.

Consideriamo due situazioni notevoli. Se $\theta = 1$, lo schema semi-discretizzato risultante è esplicito in tempo e si scrive

$$u^{n+1} = u^n - a\Delta t\frac{\partial u^n}{\partial x} + \frac{a^2\Delta t^2}{2}\frac{\partial^2 u^n}{\partial x^2}.$$

Se si ora discretizza in spazio con differenze finite o elementi finiti si ritrovano gli schemi LW e LW (FEM) precedentemente esaminati.
Se invece si prende $\theta = \frac{2}{3}$, l'errore di approssimazione in (14.18) diventa $O(\Delta t^4)$ (supponendo che u abbia la regolarità richiesta). Di fatto tale scelta corrisponde ad

approssimare $\frac{\partial^2 u}{\partial x^2}$ tra t^n e t^{n+1} con la sua interpolante lineare. Lo schema semidiscretizzato risultante si scrive

$$\left[1 - \frac{a^2 \Delta t^2}{6} \frac{\partial^2}{\partial x^2}\right] u^{n+1} = u^n - a\Delta t \frac{\partial u^n}{\partial x} + \frac{a^2 \Delta t^2}{3} \frac{\partial^2 u^n}{\partial x^2} \qquad (14.19)$$

e l'errore di troncamento dello schema semi-discretizzato in tempo (14.19) è $\mathcal{O}(\Delta t^3)$.

A questo punto una discretizzazione in spazio usando il metodo agli elementi finiti conduce al seguente schema, detto di Taylor-Galerkin (TG):

per $n = 0, 1, \ldots$ trovare $u_h^{n+1} \in V_h$ t.c.

$$A(u_h^{n+1}, v_h) = (u_h^n, v_h) - a\Delta t \left(\frac{\partial u_h^n}{\partial x}, v_h\right) - \frac{a^2 \Delta t^2}{3}\left(\frac{\partial u_h^n}{\partial x}, \frac{\partial v_h}{\partial x}\right)$$

$$+\gamma \frac{a^2 \Delta t^2}{3} \frac{\partial u_h^n}{\partial x}(1) v_h(1) \quad \forall v_h \in V_h, \qquad (14.20)$$

dove

$$A(u_h^{n+1}, v_h) = \left(u_h^{n+1}, v_h\right) + \frac{a^2 \Delta t^2}{6}\left(\frac{\partial u_h^{n+1}}{\partial x}, \frac{\partial v_h}{\partial x}\right) - \gamma \frac{a^2 \Delta t^2}{6} \frac{\partial u_h^{n+1}}{\partial x}(1) v_h(1),$$

e $\gamma = 1,0$ a seconda che si voglia o meno tenere conto del contributo di bordo nell'integrazione per parti del termine di derivata seconda.

Esso dà luogo ad un sistema lineare la cui matrice è

$$A = M + \frac{a^2 (\Delta t)^2}{6} K,$$

essendo M la matrice di massa e K la matrice di rigidezza (*stiffness*), che tiene eventualmente conto anche del contributo di bordo (se $\gamma = 1$).

Nel caso di elementi finiti lineari, l'analisi di von Neumann porta al seguente fattore di amplificazione per lo schema (14.20)

$$\gamma_k = \frac{2 + \cos(kh) - 2a^2\lambda^2(1 - \cos(kh)) + 3ia\lambda\sin(kh)}{2 + \cos(kh) + a^2\lambda^2(1 - \cos(kh))}. \qquad (14.21)$$

Si può mostrare che lo schema è fortemente stabile in norma $\|\cdot\|_{\Delta,2}$ sotto la condizione CFL (13.28). Ha quindi una condizione di stabilità *meno restrittiva* dello schema Lax-Wendroff (FEM).

La Fig. 14.3 mostra l'andamento dell'errore di amplificazione e dispersione per lo schema (14.20), in funzione dell'angolo di fase, analogamente a quanto visto per altri schemi nella Sez. 13.4.4.

Nel caso di elementi finiti lineari l'errore di troncamento dello schema TG risulta essere $\mathcal{O}(\Delta t^3) + \mathcal{O}(h^2) + \mathcal{O}(h^2\Delta t)$.

Esempio 14.2 Per confrontare l'accuratezza degli schemi presentati nelle ultime due sezioni abbiamo considerato il problema

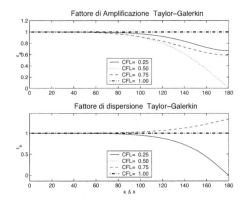

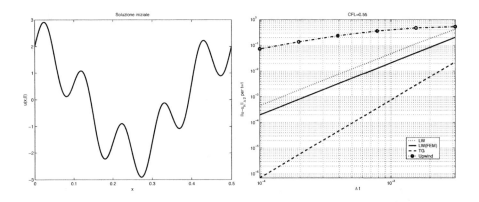

Figura 14.3. Errore di amplificazione (sopra) e dispersione (sotto) dello schema Taylor-Galerkin (14.20), in funzione dell'angolo di fase $\phi_k = kh$ e per diversi valori del numero di CFL

$$\begin{cases} \dfrac{\partial u}{\partial t} + \dfrac{\partial u}{\partial x} = 0, & x \in (0, 0.5), t > 0, \\[2mm] u(x, 0) = u_0(x), & x \in (0, 0.5), \end{cases}$$

con condizioni al contorno periodiche, $u(0, t) = u(0.5, t)$, per $t > 0$. Il dato iniziale è $u_0(x) = 2\cos(4\pi x) + \sin(20\pi x)$, ed è illustrato in Fig. 14.4, a sinistra. Esso sovrappone due armoniche, una a bassa frequenza e l'altra ad alta frequenza.

Figura 14.4. Condizione iniziale u_0 per la simulazione dell'Esempio 14.2 (a sinistra) ed errore $\|u - u_h\|_{\Delta,2}$ per $t = 1$ al variare di Δt a CFL fissato per diversi schemi numerici (a destra)

Si sono considerati gli schemi TG, Lax-Wendroff (FEM), Lax-Wendroff (alle differenze finite) ed *upwind*. In Fig. 14.4 (a destra) si mostra l'errore in norma discreta $\|u - u_h\|_{\Delta,2}$ ottenuto al tempo $t = 1$ per differenti valori di Δt ed a numero di CFL fissato ed eguale a 0.55. Si può notare la migliore convergenza dello schema Taylor-Galerkin, mentre le due versioni dello schema Lax-Wendroff mostrano lo stesso ordine di convergenza, ma con un errore inferiore per la versione ad elementi finiti rispetto a quella alle differenze finite. Lo schema *upwind* è meno accurato sia in termini assoluti che in relazione all'ordine di convergenza. Inoltre, si può verificare che a CFL fissato l'errore dello schema *upwind* è $\mathcal{O}(\Delta t)$, quello di entrambi le varianti dello schema Lax-Wendroff $\mathcal{O}(\Delta t^2)$, mentre quello dello schema Taylor-Galerkin è $\mathcal{O}(\Delta t^3)$. ∎

Nelle Figg. 14.5 e 14.6 riportiamo le approssimazioni numeriche ed i relativi errori nella norma del massimo per il problema di trasporto

$$
\begin{cases}
\dfrac{\partial u}{\partial t} - \dfrac{\partial u}{\partial x} = 0, & x \in (0, 2\pi),\ t > 0 \\[2mm]
u(x, 0) = \sin\left(\pi \cos(x)\right), & x \in (0, 2\pi)
\end{cases}
$$

e condizioni al bordo periodiche. Tali approssimazioni sono ottenute con differenze finite di ordine 2 e 4 (ufd2, ufd4), differenze finite compatte di ordine 4 e 6 (ucp4, ucp6) (si veda [QSS08]) e con il metodo spettrale di Fourier (ugal). Per confronto si riporta anche la soluzione esatta $u(x, t) = \sin\left(\pi \cos(x + t)\right)$ (uex).

14.3 Il caso multidimensionale

Passiamo ora al caso multidimensionale e consideriamo il problema iperbolico di trasporto-reazione del primo ordine, lineare, scalare, nel dominio $\Omega \subset \mathbb{R}^d$, $d = 2, 3$:

$$
\begin{cases}
\dfrac{\partial u}{\partial t} + \mathbf{a} \cdot \nabla u + a_0 u = f, & \mathbf{x} \in \Omega,\ t > 0, \\[2mm]
u = \varphi, & \mathbf{x} \in \partial\Omega^{in},\ t > 0, \\[2mm]
u|_{t=0} = u_0, & \mathbf{x} \in \Omega,
\end{cases}
\tag{14.22}
$$

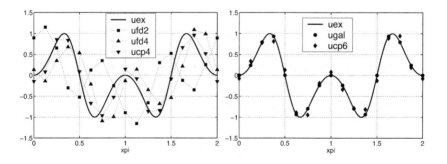

Figura 14.5. Approssimazione della soluzione di un problema di propagazione di onde con diversi metodi alle differenze finite (di ordine 2, 4), compatte (di ordine 4 e 6) e con il metodo spettrale di Fourier (da [CHQZ06])

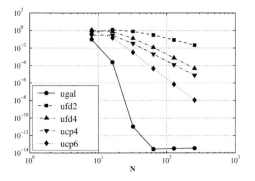

Figura 14.6. Andamento dell'errore nella norma del massimo per i diversi metodi numerici riportati in Fig. 14.5 (da [CHQZ06])

dove $\mathbf{a} = \mathbf{a}(\mathbf{x})$, $a_0 = a_0(\mathbf{x}, t)$ (eventualmente nullo), $f = f(\mathbf{x}, t)$, $\varphi = \varphi(\mathbf{x}, t)$ e $u_0 = u_0(\mathbf{x})$ sono funzioni assegnate. La frontiera di *inflow* $\partial \Omega^{in}$ è definita da

$$\partial \Omega^{in} = \{\mathbf{x} \in \partial \Omega : \ \mathbf{a}(\mathbf{x}) \cdot \mathbf{n}(\mathbf{x}) < 0\}, \tag{14.23}$$

essendo $\mathbf{n}$ la normale esterna a $\partial \Omega$.

Per semplicità, abbiamo supposto che $\mathbf{a}$ non dipenda da t; in questo modo la frontiera di *inflow* $\partial \Omega^{in}$ non cambia al variare del tempo.

14.3.1 Semi-discretizzazione: trattamento forte e trattamento debole delle condizioni al bordo

Per ottenere un'approssimazione semi-discreta del problema (14.22), analoga a quella (14.1) nel caso monodimensionale, definiamo gli spazi

$$V_h = X_h^r, \qquad V_h^{in} = \{v_h \in V_h : \ v_{h|\partial \Omega^{in}} = 0\},$$

dove r è un intero ≥ 1 e X_h^r è stato introdotto in (4.38).

Indichiamo con $u_{0,h}$ e φ_h due opportune approssimazioni agli elementi finiti di u_0 e φ, e consideriamo il problema: per ogni $t > 0$ trovare $u_h(t) \in V_h$ t.c.

$$\int_\Omega \frac{\partial u_h(t)}{\partial t} v_h \, d\Omega + \int_\Omega \mathbf{a} \cdot \nabla u_h(t) v_h \, d\Omega + \int_\Omega a_0(t) u_h(t) v_h \, d\Omega$$

$$= \int_\Omega f(t) v_h \, d\Omega \qquad \forall \, v_h \in V_h^{in}, \tag{14.24}$$

$$u_h(t) = \varphi_h(t) \quad \text{su } \partial \Omega^{in},$$

con $u_h(0) = u_{0,h} \in V_h$.

Per ottenere una stima di stabilità, assumiamo per semplicità che φ, e quindi φ_h, sia identicamente nulla. In questo caso $u_h(t) \in V_h^{in}$, e prendendo, per ogni t, $v_h = u_h(t)$, si ottiene la seguente disuguaglianza

$$
\|u_h(t)\|_{L^2(\Omega)}^2 + \int_0^t \mu_0 \|u_h(\tau)\|_{L^2(\Omega)}^2 \, d\tau + \int_0^t \int_{\partial\Omega\backslash\partial\Omega^{in}} \mathbf{a}\cdot\mathbf{n}\, u_h^2(\tau)\, d\gamma\, d\tau
$$
$$
\leq \|u_{0,h}\|_{L^2(\Omega)}^2 + \int_0^t \frac{1}{\mu_0}\|f(\tau)\|_{L^2(\Omega)}^2 d\tau \,,
$$
(14.25)

dove si è supposto che $\exists \mu_0 > 0$ t.c., per ogni $t > 0$ e per ogni $\mathbf{x}$ in Ω,

$$
0 < \mu_0 \leq \mu(\mathbf{x},t) = a_0(\mathbf{x},t) - \frac{1}{2}\mathrm{div}\mathbf{a}(\mathbf{x}). \tag{14.26}
$$

Nel caso in cui non sia verificata questa ipotesi (ad esempio se $\mathbf{a}$ è un campo costante e $a_0 = 0$), allora utilizzando il Lemma 2.2 (di Gronwall) si ottiene

$$
\|u_h(t)\|_{L^2(\Omega)}^2 + \int_0^t \int_{\partial\Omega\backslash\partial\Omega^{in}} \mathbf{a}\cdot\mathbf{n}\, u_h^2(\tau)d\gamma\, d\tau
$$
$$
\leq \left(\|u_{0,h}\|_{L^2(\Omega)}^2 + \int_0^t \|f(\tau)\|_{L^2(\Omega)}^2 \, d\tau \right) \exp \int_0^t [1 + 2\mu^*(\tau)]\, d\tau,
$$
(14.27)

dove $\mu^*(t) = \max_{\mathbf{x}\in\bar{\Omega}}|\mu(\mathbf{x},\mathbf{t})|$.

Per quanto riguarda l'analisi della convergenza, supponendo per semplicità che $f = 0$ e $\varphi = 0$, se $u_0 \in H^{r+1}(\Omega)$ abbiamo

$$
\max_{t\in[0,T]}\|u(t) - u_h(t)\|_{L^2(\Omega)} + \left(\int_0^T \int_{\partial\Omega} |\mathbf{a}\cdot\mathbf{n}|\, |u(t) - u_h(t)|^2 \, d\gamma\, dt \right)^{1/2}
$$
$$
\leq Ch^r\|u_0\|_{H^{r+1}(\Omega)}.
$$

Per le dimostrazioni rinviamo a [QV94, Cap. 14], a [Joh87] ed alle referenze ivi citate. Nel problema (14.24) la condizione al contorno è stata imposta in modo *forte* (o essenziale). Una possibilità alternativa è invece il trattamento *debole* (o naturale) che deriva dalla integrazione per parti del termine di trasporto nella prima equazione in (14.24), dove ora si consideri $v_h \in V_h$ (cioè non si richieda più che la funzione test si annulli sul bordo di *inflow*). Si ottiene

$$
\int_\Omega \frac{\partial u_h(t)}{\partial t} v_h \, d\Omega - \int_\Omega \mathrm{div}(\mathbf{a}\, v_h))u_h(t) \, d\Omega +
$$
$$
\int_\Omega a_0 u_h(t)v_h \, d\Omega + \int_{\partial\Omega} \mathbf{a}\cdot\mathbf{n}\, u_h(t)v_h \, d\gamma = \int_\Omega f(t)v_h \, d\Omega.
$$

La condizione al bordo viene imposta sostituendo φ_h a u_h nella parte di bordo di *inflow*, ottenendo

$$
\int_\Omega \frac{\partial u_h(t)}{\partial t} v_h \, d\Omega - \int_\Omega \mathrm{div}(\mathbf{a} v_h) u_h(t) \, d\Omega +
$$

$$
\int_\Omega a_0 u_h(t) v_h \, d\Omega + \int_{\partial\Omega \setminus \partial\Omega^{in}} \mathbf{a} \cdot \mathbf{n} \, u_h(t) v_h \, d\gamma \tag{14.28}
$$

$$
= \int_\Omega f(t) v_h \, d\Omega - \int_{\partial\Omega^{in}} \mathbf{a} \cdot \mathbf{n} \, \varphi_h(t) v_h \, d\gamma \quad \forall v_h \in V_h \, .
$$

La soluzione u_h così trovata soddisfa la condizione al bordo solo in modo approssimato.

Un'ulteriore possibilità consiste nel controintegrare per parti la (14.28), pervenendo così alla seguente formulazione: per ogni $t > 0$, trovare $u_h(t) \in V_h$ t.c.

$$
\int_\Omega \frac{\partial u_h(t)}{\partial t} v_h \, d\Omega + \int_\Omega \mathbf{a} \cdot \nabla u_h(t) v_h \, d\Omega +
$$

$$
\int_\Omega a_0 u_h(t) v_h \, d\Omega + \int_{\partial\Omega^{in}} v_h(\varphi_h(t) - u_h(t)) \mathbf{a} \cdot \mathbf{n} \, d\gamma \tag{14.29}
$$

$$
= \int_\Omega f(t) v_h \, d\Omega \quad \forall v_h \in V_h \, .
$$

Osserviamo che le formulazioni (14.28) e (14.29) sono equivalenti: cambia solo il modo in cui vengono messi in evidenza i termini di bordo. In particolare, l'integrale di bordo nella formulazione (14.29) può essere interpretato come un termine di penalizzazione con cui valutiamo quanto u_h differisce dal dato φ_h sul bordo. Supponendo ancora vera l'ipotesi (14.26), scelto $v_h = u_h(t)$ in (14.29), integrando per parti il termine convettivo ed utilizzando le disuguaglianze di Cauchy-Schwarz e di Young si perviene alla seguente stima di stabilità

$$
\|u_h(t)\|_{\mathrm{L}^2(\Omega)}^2 + \int_0^t \mu_0 \|u_h(\tau)\|_{\mathrm{L}^2(\Omega)}^2 \, d\tau + \int_0^t \int_{\partial\Omega \setminus \partial\Omega^{in}} \mathbf{a} \cdot \mathbf{n} \, u_h^2(\tau) \, d\gamma \, d\tau
$$

$$
\leq \|u_{0,h}\|_{\mathrm{L}^2(\Omega)}^2 + \int_0^t \int_{\partial\Omega^{in}} |\mathbf{a} \cdot \mathbf{n}| \varphi_h^2(\tau) d\gamma \, d\tau + \int_0^t \frac{1}{\mu_0} \|f(\tau)\|_{\mathrm{L}^2(\Omega)}^2 d\tau . \tag{14.30}
$$

In assenza dell'ipotesi (14.26), la disuguaglianza (14.30) si modificherebbe in modo analogo a quanto visto in precedenza, grazie al Lemma di Gronwall.

Osservazione 14.2 Nel caso in cui il problema (14.22) sia completato da una condizione al bordo del tipo $\mathbf{a} \cdot \mathbf{n} u = \psi$, si potrebbe utilizzare ancora un'imposizione debole delle condizioni al bordo mediante l'aggiunta di un opportuno termine di penalizzazione che, in tale caso, assumerebbe la forma

$$\int_{\partial\Omega^{in}} (\psi_h(t) - \mathbf{a} \cdot \mathbf{n}\, u_h(t))v_h \; d\gamma,$$

essendo ψ_h un'opportuna approssimazione agli elementi finiti del dato ψ.   ●

In alternativa all'imposizione forte e debole delle condizioni al bordo, ovvero alle formulazioni (14.24) e (14.29), si potrebbe adottare un approccio alla Petrov-Galerkin imponendo in modo forte la condizione $u_h(t) = \varphi_h(t)$ sul bordo di *inflow* $\partial\Omega^{in}$ e chiedendo $v_h = 0$ su quello di *outflow* $\partial\Omega^{out}$. La formulazione discreta a cui si perverrebbe in questo caso risulta essere la seguente:
posto $V_h^{out} = \{v_h \in V_h : v_{h|\partial\Omega^{out}} = 0\}$, per ogni $t > 0$, trovare $u_h(t) \in V_h = X_h^r$
t.c.

$$\begin{cases} \displaystyle\int_\Omega \frac{\partial u_h(t)}{\partial t}\, v_h \; d\Omega + \int_\Omega (\mathbf{a} \cdot \nabla u_h(t))\, v_h \; d\Omega + \int_\Omega a_0(t)\, u_h(t)\, v_h \; d\Omega \\[3mm] \hspace{5cm} = \displaystyle\int_\Omega f(t)\, v_h \; d\Omega \quad \forall v_h \in V_h^{out}, \\[3mm] u_h(t) = \varphi_h(t) \quad \text{su } \partial\Omega^{in}. \end{cases}$$

Ricordiamo che per una formulazione alla Petrov-Galerkin l'analisi di buona posizione basata sul Lemma di Lax-Milgram non risulta più valida, come già visto nel caso di un'approssimazione di tipo spettrale.

Se invece la condizione di *inflow* venisse imposta in modo debole avremmo la seguente formulazione:
per ogni $t > 0$, trovare $u_h(t) \in V_h = X_h^r$ t.c., per ogni $v_h \in V_h^{out}$,

$$\int_\Omega \frac{\partial u_h(t)}{\partial t}\, v_h \; d\Omega - \int_\Omega \text{div}(\mathbf{a}\, v_h)\, u_h(t) \; d\Omega + \int_\Omega a_0(t)\, u_h(t)\, v_h \; d\Omega$$

$$= \int_\Omega f(t)\, v_h \; d\Omega - \int_{\partial\Omega^{in}} \mathbf{a} \cdot \mathbf{n}\, \varphi_h(t)\, v_h \; d\gamma.$$

Per ulteriori dettagli, il lettore può consultare [QV94, Cap. 14].

14.3.2 Discretizzazione temporale

A titolo di esempio limitiamoci a considerare lo schema (14.24). Utilizzando lo schema di *Eulero all'indietro* per la discretizzazione temporale, si perviene al problema seguente:

$\forall n \geq 0$ trovare $u_h^{n+1} \in V_h$ t.c.

$$
\frac{1}{\Delta t} \int_{\Omega} (u_h^{n+1} - u_h^n) v_h \, d\Omega + \int_{\Omega} \mathbf{a} \cdot \nabla u_h^{n+1} v_h \, d\Omega + \int_{\Omega} a_0^{n+1} u_h^{n+1} v_h \, d\Omega
$$

$$
= \int_{\Omega} f^{n+1} v_h \, d\Omega \quad \forall v_h \in V_h^{in},
$$

$$
u_h^{n+1} = \varphi_h^{n+1} \text{ su } \partial \Omega^{in},
$$

essendo $u_h^0 = u_{0,h} \in V_h$ un'opportuna approssimazione del dato iniziale u_0.

Limitiamoci al caso omogeneo, in cui $f = 0$ e $\varphi_h = 0$ (in tal caso $u_h^n \in V_h^{in}$ per tutti gli $n \geq 0$). Posto $v_h = u_h^{n+1}$ ed usando l'identità (14.8) e la (14.26), si ottiene, per ogni $n \geq 0$

$$
\frac{1}{2\Delta t} \left(\|u_h^{n+1}\|_{L^2(\Omega)}^2 - \|u_h^n\|_{L^2(\Omega)}^2 \right) + \frac{1}{2} \int_{\partial \Omega \setminus \partial \Omega^{in}} \mathbf{a} \cdot \mathbf{n} (u_h^{n+1})^2 \, d\gamma
$$

$$
+ \mu_0 \|u_h^{n+1}\|_{L^2(\Omega)}^2 \leq 0.
$$

Per ogni $m \geq 1$, sommando su n da 0 a $m - 1$ si ottiene

$$
\|u_h^m\|_{L^2(\Omega)}^2 + 2\Delta t \left(\mu_0 \sum_{n=1}^{m} \|u_h^n\|_{L^2(\Omega)}^2 + \frac{1}{2} \sum_{n=1}^{m} \int_{\partial \Omega \setminus \partial \Omega^{in}} \mathbf{a} \cdot \mathbf{n} (u_h^n)^2 \, d\gamma \right)
$$

$$
\leq \|u_{0,h}\|_{L^2(\Omega)}^2.
$$

In particolare, essendo $\mathbf{a} \cdot \mathbf{n} \geq 0$ su $\partial \Omega \setminus \partial \Omega^{in}$ si conclude che

$$
\|u_h^m\|_{L^2(\Omega)} \leq \|u_{0,h}\|_{L^2(\Omega)} \quad \forall m \geq 0.
$$

Come ci si aspettava, questo metodo è fortemente stabile, senza alcuna condizione su Δt e h. Consideriamo adesso la discretizzazione in tempo con il metodo di *Eulero in avanti*:

$$
\frac{1}{\Delta t} \int_{\Omega} (u_h^{n+1} - u_h^n) v_h \, d\Omega + \int_{\Omega} \mathbf{a} \cdot \nabla u_h^n v_h \, d\Omega + \int_{\Omega} a_0^n u_h^n v_h \, d\Omega =
$$

$$
= \int_{\Omega} f^n v_h \, d\Omega \quad \forall v_h \in V_h^{in}, \tag{14.31}
$$

$$
u_h^{n+1} = \varphi_h^{n+1} \text{ su } \partial \Omega^{in}.
$$

Supponiamo nuovamente che $f = 0$, $\varphi = 0$ e che sia soddisfatta la condizione (14.26). Si suppone inoltre che $\|\mathbf{a}\|_{L^\infty(\Omega)} < \infty$ e che, per ogni $t > 0$, $\|a_0\|_{L^\infty(\Omega)} < \infty$.

Ponendo $v_h = u_h^n$, sfruttando l'identità (14.5) ed integrando per parti il termine convettivo, si ottiene

$$\frac{1}{2\Delta t}\left(\|u_h^{n+1}\|_{L^2(\Omega)}^2 - \|u_h^n\|_{L^2(\Omega)}^2 - \|u_h^{n+1} - u_h^n\|_{L^2(\Omega)}^2\right) +$$

$$\frac{1}{2}\int_{\partial\Omega\setminus\partial\Omega^{in}}\mathbf{a}\cdot\mathbf{n}(u_h^n)^2\,d\gamma + (-\frac{1}{2}\operatorname{div}(\mathbf{a}) + a_0^n, (u_h^n)^2) = 0$$

e dunque, dopo alcuni passaggi

$$\|u_h^{n+1}\|_{L^2(\Omega)}^2 + \Delta t\int_{\partial\Omega\setminus\partial\Omega^{in}}\mathbf{a}\cdot\mathbf{n}(u_h^n)^2\,d\gamma + 2\Delta t\mu_0\|u_h^n\|_{L^2(\Omega)}^2$$

$$\leq \|u_h^n\|_{L^2(\Omega)}^2 + \|u_h^{n+1} - u_h^n\|_{L^2(\Omega)}^2. \qquad (14.32)$$

Occorre ora controllare il termine $\|u_h^{n+1} - u_h^n\|_{L^2(\Omega)}^2$. A tale scopo poniamo $v_h = u_h^{n+1} - u_h^n$ in (14.31). Si ottiene

$$\|u_h^{n+1} - u_h^n\|_{L^2(\Omega)}^2 = -\Delta t(\mathbf{a}\nabla u_h^n, u_h^{n+1} - u_h^n) - \Delta t(a_0^n u_h^n, u_h^{n+1} - u_h^n)$$

$$\leq \Delta t\|\mathbf{a}\|_{L^\infty(\Omega)}|(\nabla u_h^n, u_h^{n+1} - u_h^n)| + \Delta t\|a_0^n\|_{L^\infty(\Omega)}|(u_h^n, u_h^{n+1} - u_h^n)|$$

$$\leq \Delta t\|\mathbf{a}\|_{L^\infty(\Omega)}\|\nabla u_h^n\|_{L^2(\Omega)}\|u_h^{n+1} - u_h^n\|_{L^2(\Omega)}$$

$$+\Delta t\|a_0^n\|_{L^\infty(\Omega)}\|u_h^n\|_{L^2(\Omega)}\|u_h^{n+1} - u_h^n\|_{L^2(\Omega)}.$$

Utilizzando la disuguaglianza inversa (4.51), si ottiene

$$\|u_h^{n+1} - u_h^n\|_{L^2(\Omega)}^2 \leq \Delta t(C_I h^{-1}\|\mathbf{a}\|_{L^\infty(\Omega)}$$

$$+\|a_0^n\|_{L^\infty(\Omega)})\|u_h^n\|_{L^2(\Omega)}\|u_h^{n+1} - u_h^n\|_{L^2(\Omega)},$$

quindi

$$\|u_h^{n+1} - u_h^n\|_{L^2(\Omega)} \leq \Delta t\left(C_I h^{-1}\|\mathbf{a}\|_{L^\infty(\Omega)} + \|a_0^n\|_{L^\infty(\Omega)}\right)\|u_h^n\|_{L^2(\Omega)}.$$

Utilizzando tale risultato per maggiorare l'ultimo termine in (14.32), si ha

$$\|u_h^{n+1}\|_{L^2(\Omega)}^2 + \Delta t\int_{\partial\Omega\setminus\partial\Omega^{in}}\mathbf{a}\cdot\mathbf{n}(u_h^n)^2\,d\Omega$$

$$+\Delta t\left[2\mu_0 - \Delta t\left(C_I h^{-1}\|\mathbf{a}\|_{L^\infty(\Omega)} + \|a_0^n\|_{L^\infty(\Omega)}\right)^2\right]\|u_h^n\|_{L^2(\Omega)}^2$$

$$\leq \|u_h^n\|_{L^2(\Omega)}^2.$$

L'integrale su $\partial\Omega\setminus\partial\Omega^{in}$ è positivo per le ipotesi fatte sulle condizioni al contorno, quindi, se

$$\Delta t \leq \frac{2\mu_0}{\left(C_I h^{-1}\|\mathbf{a}\|_{L^\infty(\Omega)} + \|a_0^n\|_{L^\infty(\Omega)}\right)^2} \qquad (14.33)$$

si ha $\|u_h^{n+1}\|_{L^2(\Omega)} \leq \|u_h^n\|_{L^2(\Omega)}$, ovvero lo schema è fortemente stabile. Si ha quindi una stabilità condizionata, la condizione (14.33) essendo di tipo parabolico, in analogia a quella (13.41) trovata per il caso di discretizzazioni alle differenze finite.

Osservazione 14.3 Si osservi che nel caso in cui a sia costante e $a_0 = 0$ si ha che $\mu_0 = 0$ e la condizione di stabilità (14.33) non può essere soddisfatta da nessun Δt positivo. Il risultato (14.33) non è dunque in contraddizione con quanto già precedentemente trovato per lo schema di Eulero in avanti.   •

14.4 Elementi finiti discontinui

Un approccio alternativo a quello adottato sino ad ora è basato sull'utilizzo del metodo di *Galerkin discontinuo* (con acronimo DG, *Discontinuous Galerkin*, in inglese), già incontrato nel Cap. 11 e nella Sez. 12.9. Questa scelta è motivata dal fatto che, come abbiamo già osservato, le soluzioni di problemi iperbolici (anche lineari) possono presentare delle discontinuità.

Per una data triangolazione $\mathcal{T}_h$ di Ω, lo spazio degli elementi finiti discontinui è

$$W_h = Y_h^r = \{v_h \in L^2(\Omega) \mid v_{h|K} \in \mathbb{P}_r, \ \forall K \in \mathcal{T}_h\}, \tag{14.34}$$

ovvero lo spazio delle funzioni polinomiali a tratti di grado minore o uguale a r, con $r \geq 0$, non necessariamente continue alle interfacce degli elementi.

14.4.1 Il caso unidimensionale

Nel caso del problema monodimensionale (13.3), il problema di Galerkin discontinuo assume la forma seguente: $\forall t > 0$, trovare $u_h = u_h(t) \in W_h$ t.c.

$$\int_\alpha^\beta \frac{\partial u_h(t)}{\partial t} v_h \, dx + \tag{14.35}$$

$$\sum_{i=0}^{m-1} \Big[\int_{x_i}^{x_{i+1}} \Big(a\frac{\partial u_h(t)}{\partial x} + a_0 u_h(t) \Big) v_h \, dx + a(x_i)(u_h^+(t) - U_h^-(t))(x_i)v_h^+(x_i) \Big]$$

$$= \int_\alpha^\beta f(t)v_h \, dx \quad \forall v_h \in W_h,$$

ove si è supposto (per comodità) che $a(x)$ sia una funzione continua. Abbiamo posto

$$U_h^-(t)(x_i) = \begin{cases} u_h^-(t)(x_i), \ i = 1, \dots, m-1, \\ \varphi_h(t)(x_0), \end{cases} \tag{14.36}$$

dove $\{x_i, \ i = 0, \cdots, m\}$ sono i nodi, $x_0 = \alpha$, $x_m = \beta$, h è la massima distanza fra due nodi consecutivi, $v_h^+(x_i)$ denota il limite destro di v_h in x_i, $v_h^-(x_i)$ il limite sinistro. Per semplicità di notazione la dipendenza di u_h e f da t sarà spesso sottointesa quando ciò non si presterà ad ambiguità.

Deriviamo ora una stima di stabilità per la soluzione u_h della formulazione (14.35), supponendo, per semplicità, che il termine forzante f sia identicamente nullo. Scelta dunque $v_h = u_h$ in (14.35), abbiamo (posto $\Omega = (\alpha, \beta)$)

$$
\frac{1}{2} \frac{d}{dt} \|u_h\|_{L^2(\Omega)}^2 + \sum_{i=0}^{m-1} \left[\int_{x_i}^{x_{i+1}} \left(\frac{a}{2} \frac{\partial}{\partial x} (u_h)^2 + a_0 u_h^2 \right) dx \right.
$$
$$
\left. + a(x_i)(u_h^+ - U_h^-)(x_i) u_h^+(x_i) \right] = 0.
$$

Ora, integrando per parti il termine convettivo, abbiamo

$$
\frac{1}{2} \frac{d}{dt} \|u_h\|_{L^2(\Omega)}^2 + \sum_{i=0}^{m-1} \int_{x_i}^{x_{i+1}} \left(a_0 - \frac{\partial}{\partial x} \left(\frac{a}{2} \right) \right) u_h^2 \, dx
$$
$$
+ \sum_{i=0}^{m-1} \left[\frac{a}{2}(x_{i+1}) \left(u_h^-(x_{i+1}) \right)^2 + \frac{a}{2}(x_i) \left(u_h^+(x_i) \right)^2 - a(x_i) U_h^-(x_i) u_h^+(x_i) \right] = 0.
$$

$$(14.37)$$

Isolando il contributo associato al nodo x_0 e sfruttando la definizione (14.36), possiamo riscrivere la seconda sommatoria dell'equazione precedente come

$$
\sum_{i=0}^{m-1} \left[\frac{a}{2}(x_{i+1}) \left(u_h^-(x_{i+1}) \right)^2 + \frac{a}{2}(x_i) \left(u_h^+(x_i) \right)^2 - a(x_i) U_h^-(x_i) u_h^+(x_i) \right]
$$
$$
= \frac{a}{2}(x_0) \left(u_h^+(x_0) \right)^2 - a(x_0) \varphi_h(x_0) u_h^+(x_0) + \frac{a}{2}(x_m) \left(u_h^-(x_m) \right)^2
$$
$$
+ \sum_{i=1}^{m-1} \left[\frac{a}{2}(x_i) \left(\left(u_h^-(x_i) \right)^2 + \left(u_h^+(x_i) \right)^2 \right) - a(x_i) u_h^-(x_i) u_h^+(x_i) \right]
$$
$$
= \frac{a}{2}(x_0) \left(u_h^+(x_0) \right)^2 - a(x_0) \varphi_h(x_0) u_h^+(\alpha)
$$
$$
+ \frac{a}{2}(x_m) \left(u_h^-(x_m) \right)^2 + \sum_{i=1}^{m-1} \frac{a}{2}(x_i) \left[u_h(x_i) \right]^2,
$$

$$(14.38)$$

avendo indicato con $[u_h(x_i)] = u_h^+(x_i) - u_h^-(x_i)$ il salto della funzione u_h in corrispondenza del nodo x_i. Supponiamo ora, in analogia a quanto fatto nel caso multidimensionale (si veda (14.26)), che

$$
\exists \gamma \geq 0 \text{ t.c. } a_0 - \frac{\partial}{\partial x} \left(\frac{a}{2} \right) \geq \gamma. \qquad (14.39)
$$

Tornando alla (14.37) ed utilizzando la relazione (14.38) e le disuguaglianze di Cauchy-Schwarz e di Young, abbiamo

$$
\frac{1}{2}\frac{d}{dt}\|u_h\|_{L^2(\Omega)}^2 + \gamma\|u_h\|_{L^2(\Omega)}^2 + \sum_{i=1}^{m-1}\frac{a}{2}(x_i)\left[u_h(x_i)\right]^2 + \frac{a}{2}(x_0)\,(u_h^+(x_0))^2 +
$$

$$
\frac{a}{2}(x_m)\,(u_h^-(x_m))^2 = a(x_0)\,\varphi_h(x_0)\,u_h^+(x_0) \le \frac{a}{2}(x_0)\,\varphi_h^2(x_0) + \frac{a}{2}(x_0)\,(u_h^+(x_0))^2,
$$

ovvero, integrando anche rispetto al tempo, $\forall t > 0$,

$$
\|u_h(t)\|_{L^2(\Omega)}^2 + 2\gamma\int_0^t \|u_h(t)\|_{L^2(\Omega)}^2 \, dt + \sum_{i=1}^{m-1} a(x_i)\int_0^t \left[u_h(x_i,t)\right]^2 \, dt
$$

$$
+ a(x_m)\,(u_h^-(x_m))^2 \le \|u_{0,h}\|_{L^2(\Omega)}^2 + a(x_0)\int_0^t \varphi_h^2(x_0,t)\, dt. \tag{14.40}
$$

Tale stima rappresenta dunque il risultato di stabilità desiderato.

Osserviamo che, nel caso in cui venga rimossa la richiesta di avere un termine forzante identicamente nullo, si può replicare l'analisi precedente servendosi opportunamente del lemma di Gronwall per trattare il contributo di f. Ciò condurrebbe ad una stima analoga alla (14.40), tuttavia stavolta il termine di destra della disuguaglianza diventerebbe

$$
e^t\left(\|u_{0,h}\|_{L^2(\Omega)}^2 + a(x_0)\int_0^t \varphi_h^2(x_0,t)\, dt + \int_0^t (f(\tau))^2\, d\tau\right). \tag{14.41}
$$

Nel caso poi in cui la costante γ nella disuguaglianza (14.39) sia strettamente positiva, si potrebbe evitare l'uso del lemma di Gronwall, pervenendo ad una stima come la (14.40) in cui a primo membro 2γ viene sostituito da γ, mentre il secondo membro assume la forma (14.41) senza tuttavia la presenza dell'esponenziale e^t.

Per quanto riguarda gli aspetti algoritmici, si osservi che, per via della discontinuità delle funzioni test, (14.35) si può riscrivere in modo equivalente come

$$
\int_{x_i}^{x_{i+1}} \left(\frac{\partial u_h}{\partial t} + a\frac{\partial u_h}{\partial x} + a_0 u_h\right) v_h dx + a(u_h^+ - U_h^-)(x_i)v_h^+(x_i)
$$

$$
= \int_{x_i}^{x_{i+1}} f v_h dx \quad \forall v_h \in \mathbb{P}_r(I_i) \quad \forall i = 0,\dots,m-1, \tag{14.42}
$$

essendo $I_i = [x_i, x_{i+1}]$. In altri termini, l'approssimazione con elementi finiti discontinui dà luogo a relazioni "indipendenti" elemento per elemento; l'unico punto di collegamento fra un elemento e i suoi vicini è espresso dal termine di salto $(u_h^+ - U_h^-)$ che può anche essere interpretato come l'attribuzione del dato al bordo sulla frontiera di *inflow* dell'elemento in esame.

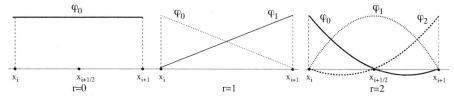

Figura 14.7. Le basi di Lagrange per $r = 0$, $r = 1$ e $r = 2$

Abbiamo dunque un insieme di problemi di dimensione ridotta da risolvere in ogni elemento, precisamente $r + 1$ equazioni per ogni intervallino $[x_i, x_{i+1}]$. Scriviamole nella forma compatta

$$M_h \dot{\mathbf{u}}_h(t) + L_h \mathbf{u}_h(t) = \mathbf{f}_h(t) \qquad \forall t > 0, \quad \mathbf{u}_h(0) = \mathbf{u}_{0,h}, \tag{14.43}$$

essendo M_h la matrice di massa, L_h la matrice associata alla forma bilineare e alla relazione di salto, $\mathbf{f}_h$ il termine noto:

$$(M_h)_{pq} = \int_{x_i}^{x_{i+1}} \varphi_p \varphi_q \, dx, \quad (L_h)_{pq} = \int_{x_i}^{x_{i+1}} (a\varphi_{q,x} + a_0\varphi_q)\, \varphi_p \, dx + (a\varphi_q \varphi_p)(x_i),$$

$$(\mathbf{f}_h)_p = \int_{x_i}^{x_{i+1}} f\varphi_p \, dx + aU_h^-(x_i)\varphi_p(x_i), \quad q, p = 0, \dots, r.$$

Abbiamo indicato con $\{\varphi_q, \; q = 0, \dots, r\}$ una base per $\mathbb{P}_r([x_i, x_{i+1}])$ e con $\mathbf{u}_h(t)$ i coefficienti di $u_h(x,t)|_{[x_i, x_{i+1}]}$ nello sviluppo rispetto alla base $\{\varphi_q\}$. Se si prende la base di Lagrange si avranno, ad esempio, le funzioni indicate in Fig. 14.7 (per il caso $r = 0$, $r = 1$ e $r = 2$) e i valori di $\{\mathbf{u}_h(t)\}$ sono i valori assunti da $u_h(t)$ nei nodi ($x_{i+1/2}$ per $r = 0$, x_i e x_{i+1} per $r = 1$, x_i, $x_{i+1/2}$ e x_{i+1} per $r = 2$). Si osservi che tutte le funzioni precedenti sono identicamente nulle al di fuori dell'intervallo $[x_i, x_{i+1}]$. Si noti che nel caso di elementi finiti discontinui è perfettamente lecito usare polinomi di grado $r = 0$, in tal caso il termine di trasporto $a\dfrac{\partial u_h}{\partial x}$ fornirà contributo nullo su ciascun elemento.

Può essere interessante, al fine di diagonalizzare la matrice di massa, utilizzare come base per $\mathbb{P}_r([x_i, x_{i+1}])$ i polinomi di Legendre $\varphi_q(x) = L_q(2(x - x_i)/h_i)$, essendo $h_i = x_{i+1} - x_i$ e $\{L_q, \; q = 0, 1, \dots\}$ i polinomi ortogonali di Legendre definiti sull'intervallo $[-1, 1]$, che abbiamo introdotto nella Sez. 10.2.2. In tal modo si ottiene infatti $(M_h)_{pq} = \dfrac{h_i}{2p + 1}\delta_{pq}$. Ovviamente in tal caso i valori incogniti $\{\mathbf{u}_h(t)\}$ non si potranno più interpretare come valori nodali di $u_h(t)$, ma piuttosto come i coefficienti di Legendre dello sviluppo di $u_h(t)$ rispetto alla nuova base.

La diagonalizzazione della matrice di massa risulta particolarmente interessante quando si usino schemi di avanzamento in tempo espliciti (quali ad esempio gli schemi

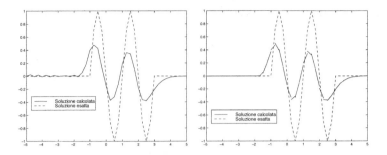

Figura 14.8. Soluzione al tempo $t = 1$ del problema (14.44) con $\phi_k = \pi/2$, $h = 0.25$, ottenuta con elementi finiti lineari continui (a sinistra) e discontinui (a destra) e discretizzazione temporale di Eulero all'indietro

di Runge-Kutta del secondo e terzo ordine, che verranno introdotti nel Cap. 15). In tal caso, infatti, su ogni intervallino avremo un problema completamente esplicito.

A titolo di esempio, nel seguito vengono presentati dei risultati numerici ottenuti per il problema

$$\begin{cases} \dfrac{\partial u}{\partial t} + \dfrac{\partial u}{\partial x} = 0, \, x \in (-5, 5), \ t > 0, \\ u(-5, t) = 0, \quad t > 0, \end{cases} \tag{14.44}$$

con la condizione iniziale seguente

$$u(x, 0) = \begin{cases} \sin(\pi x) \text{ per } x \in (-2, 2), \\ 0 \qquad \text{altrimenti.} \end{cases} \tag{14.45}$$

Il problema è stato discretizzato utilizzando elementi finiti lineari in spazio, sia continui che discontinui. Per la discretizzazione temporale è stato utilizzato lo schema di Eulero all'indietro in entrambi i casi. È stato scelto $h = 0.25$ ed un passo temporale $\Delta t = h$; per tale valore di h il numero di fase associato all'onda sinusoidale è $\phi_k = \pi/2$.

In Fig. 14.8 è riportata la soluzione numerica al tempo $t = 1$ insieme alla relativa soluzione esatta. Si può notare la forte diffusione numerica dello schema che tuttavia presenta delle piccole oscillazioni nella parte posteriore nel caso di elementi continui. Si può altresì osservare che la soluzione numerica ottenuta con elementi discontinui presenta effettivamente delle discontinuità mentre non ha più l'andamento oscillante nella parte posteriore.

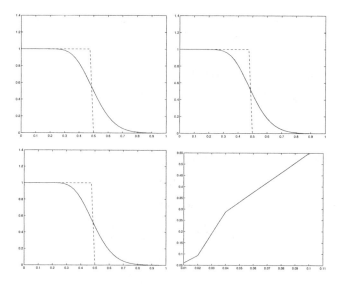

Figura 14.9. Soluzione del problema (14.46) per $t = 0.5$ con $h = 0.025$ ottenuta con elementi finiti lineari continui e trattamento forte (in alto a sinistra) e debole (in alto a destra) della condizione al bordo di Dirichlet, mentre nel caso in basso a sinistra si sono utilizzati elementi discontinui in spazio. Infine, in basso a destra si mostra l'andamento di $|u_h(0) - u(0)|$ in funzione di h per $t = 0.1$, nel caso di trattamento debole della condizione di Dirichlet

Consideriamo ora il seguente problema

$$\begin{cases} \dfrac{\partial u}{\partial t} + \dfrac{\partial u}{\partial x} = 0, \, x \in (0, 1), \ t > 0, \\ u(0, t) = 1, \quad t > 0, \\ u(x, 0) = 0, \quad x \in [0, 1], \end{cases} \tag{14.46}$$

che rappresenta il trasporto di una discontinuità entrante nel dominio. Abbiamo considerato elementi finiti lineari continui, con trattamento sia forte sia debole della condizione al contorno, ed elementi finiti lineari discontinui. Anche questa volta è stato utilizzato il metodo di Eulero all'indietro per la discretizzazione temporale. Il passo della griglia è $h = 0.025$ ed è stato scelto $\Delta t = h$.

I risultati al tempo $t = 0.5$ sono rappresentati in Fig. 14.9. Si può notare come il dato di Dirichlet sia ben rappresentato anche dagli schemi con trattamento debole al bordo. A tal proposito, per il caso di elementi finiti continui con trattamento debole al bordo, abbiamo calcolato l'andamento di $|u_h(0) - u(0)|$ per $t = 0.1$ per vari valori di h, essendo Δt costante. Si può notare una riduzione di tipo lineare rispetto ad h.

14.4.2 Il caso multidimensionale

Consideriamo ora il caso del problema multidimensionale (14.22). Sia W_h lo spazio dei polinomi di grado 2 su ogni elemento $K \in \mathcal{T}_h$, discontinui fra un elemento e l'altro, introdotto in (14.34). La semi-discretizzazione del problema (14.22) con elementi finiti discontinui diventa: per ogni $t > 0$ trovare $u_h(t) \in W_h$ t.c.

$$
\int_\Omega \frac{\partial u_h(t)}{\partial t} v_h d\Omega + \sum_{K \in \mathcal{T}_h} \left[a_K(u_h(t), v_h) - \int_{\partial K^{in}} \mathbf{a} \cdot \mathbf{n}_K \, [u_h(t)] v_h^+ d\gamma \right] =
$$
$$
\int_\Omega f(t) v_h d\Omega \qquad \forall v_h \in W_h, \tag{14.47}
$$

con $u_h(0) = u_{0,h}$, dove $\mathbf{n}_K$ indica la normale esterna a ∂K, e

$$
\partial K^{in} = \{ \mathbf{x} \in \partial K : \ \mathbf{a}(\mathbf{x}) \cdot \mathbf{n}_K(\mathbf{x}) < 0 \}.
$$

La forma bilineare a_K è definita nel modo seguente

$$
a_K(u, v) = \int_K \left(\mathbf{a} \cdot \nabla u \, v + a_0 u \, v \right) d\mathbf{x},
$$

mentre

$$
[u_h(\mathbf{x})] = \begin{cases} u_h^+(\mathbf{x}) - u_h^-(\mathbf{x}), \ \mathbf{x} \notin \partial \Omega^{in}, \\ u_h^+(\mathbf{x}) - \varphi_h(\mathbf{x}), \ \mathbf{x} \in \partial \Omega^{in}, \end{cases}
$$

con

$$
u_h^\pm(\mathbf{x}) = \lim_{s \to 0^\pm} u_h(\mathbf{x} + s\mathbf{a}), \quad \mathbf{x} \in \partial K.
$$

Per ogni $t > 0$, la stima di stabilità che si ottiene per il problema (14.47) è (grazie all'ipotesi (14.26))

$$
\|u_h(t)\|^2_{L^2(\Omega)} + \int_0^t \left(\mu_0 \|u_h(\tau)\|^2_{L^2(\Omega)} + \sum_{K \in \mathcal{T}_h} \int_{\partial K^{in}} |\mathbf{a} \cdot \mathbf{n}_K| \, [u_h(\tau)]^2 \right) d\tau
$$
$$
\leq C \left[\|u_{0,h}\|^2_{L^2(\Omega)} + \int_0^t \left(\|f(\tau)\|^2_{L^2(\Omega)} + |\varphi_h|^2_{\mathbf{a}, \partial \Omega^{in}} \right) d\tau \right],
$$

essendo $\partial \Omega_{in}$ la frontiera di *inflow* (14.23) e avendo introdotto, per ogni sottoinsieme Γ di $\partial \Omega$ di misura non nulla, la seminorma

$$
|v|_{\mathbf{a}, \Gamma} = \left(\int_\Gamma |\mathbf{a} \cdot \mathbf{n}| v^2 \, d\gamma \right)^{1/2}.
$$

Supponendo per semplicità che $f = 0$, $\varphi = 0$ e che $u_0 \in H^{r+1}(\Omega)$, si può dimostrare la seguente stima a priori dell'errore

$$
\max_{t \in [0,T]} \|u(t) - u_h(t)\|_{L^2(\Omega)} + \left(\int_0^T \sum_{K \in \mathcal{T}_h} \int_{\partial K^{in}} |\mathbf{a} \cdot \mathbf{n}_K| \, [u(t) - u_h(t)]^2 \, dt \right)^{\frac{1}{2}} \tag{14.48}
$$
$$
\leq C h^{r+1/2} \|u_0\|_{H^{r+1}(\Omega)}.
$$

Per le dimostrazioni rinviamo a [QV94, Cap. 14], a [Joh87] ed alle referenze ivi citate.

Altre formulazioni sono possibili, basate su varie forme di stabilizzazione. Consideriamo un problema di trasporto e reazione come (14.22) ma scritto in forma conservativa

$$\frac{\partial u}{\partial t} + \text{div}(\mathbf{a}u) + a_0 u = f, \quad \mathbf{x} \in \Omega, \ t > 0. \tag{14.49}$$

Posto ora

$$a_K(u_h, v_h) = \int\limits_K \left(-u_h(\mathbf{a} \cdot \nabla v_h) + a_0 u_h \, v_h \right) d\mathbf{x},$$

consideriamo la seguente approssimazione basata sul metodo DG, si vedano le Sez. 11.1 e 12.9: per ogni $t > 0$, trovare $u_h(t) \in W_h$ t.c.

$$\int\limits_\Omega \frac{\partial u_h(t)}{\partial t} v_h \, d\Omega + \sum_{K \in \mathcal{T}_h} a_K(u_h(t), v_h) + \sum_{e \not\subset \partial \Omega^{in}} \int\limits_e \{\!\{\mathbf{a} \, u_h(t)\}\!\} [v_h] \, d\gamma$$

$$+ \sum_{e \not\subset \partial \Omega} \int\limits_e c_e(\gamma) [u_h(t)] [v_h] \, d\gamma = \tag{14.50}$$

$$\int\limits_\Omega f(t) v_h \, d\Omega - \sum_{e \subset \partial \Omega^{in}} \int\limits_e (\mathbf{a} \cdot \mathbf{n}) \, \varphi(t) \, v_h \, d\gamma \quad \forall v_h \in W_h .$$

Le notazioni sono analoghe a quelle usate in Sez. 11.1: con e si denota un qualunque lato degli elementi della triangolazione $\mathcal{T}_h$ condiviso da due triangoli, diciamo K_1 e K_2. Per ogni funzione scalare ψ, regolare su ogni elemento della triangolazione, con $\psi^i = \psi|_{K_i}$, si sono definiti le medie e i salti su e come segue:

$$\{\psi\} = \frac{1}{2} (\psi^1 + \psi^2), \qquad [\psi] = \psi^1 \mathbf{n}_1 + \psi^2 \mathbf{n}_2, \tag{14.51}$$

essendo $\mathbf{n}_i$ la normale esterna all'elemento K_i. Se invece $\boldsymbol{\sigma}$ è una funzione vettoriale, allora

$$\{\!\{\boldsymbol{\sigma}\}\!\} = \frac{1}{2} (\boldsymbol{\sigma}^1 + \boldsymbol{\sigma}^2), \qquad [\boldsymbol{\sigma}] = \boldsymbol{\sigma}^1 \cdot \mathbf{n}_1 + \boldsymbol{\sigma}^2 \cdot \mathbf{n}_2,$$

su e. Si noti che il salto $[\psi]$ di una funzione scalare ψ attraverso e è un vettore parallelo alla normale a e, mentre il salto $[\boldsymbol{\sigma}]$ di una funzione vettoriale $\boldsymbol{\sigma}$ è una quantità scalare. Queste definizioni non dipendono dall'ordinamento degli elementi.

Se e è un lato appartenente alla frontiera $\partial \Omega$, allora

$$[\psi] = \psi \, \mathbf{n}, \qquad \{\!\{\boldsymbol{\sigma}\}\!\} = \boldsymbol{\sigma}.$$

Per quanto riguarda $c_e(\gamma)$, si tratta di una funzione non negativa che, tipicamente, verrà scelta come costante su ogni lato. Scegliendo, ad esempio, $c_e = |\mathbf{a} \cdot \mathbf{n}|/2$ su ogni lato interno, $c_e = -\mathbf{a} \cdot \mathbf{n}/2$ su $\partial \Omega^{in}$, $c_e = \mathbf{a} \cdot \mathbf{n}/2$ su $\partial \Omega^{out}$, la formulazione (14.50) si riduce alla formulazione *upwind* standard

$$
\int_{\Omega} \frac{\partial u_h(t)}{\partial t} v_h \, d\Omega + \sum_{K \in \mathcal{T}_h} a_K(u_h(t), v_h) + \sum_{e \not\subset \partial \Omega^{in}} \int_e \{\!\{\mathbf{a}\, u_h(t)\}\!\}_{\mathbf{a}} [v_h] \, d\gamma
$$
$$
= \int_{\Omega} f(t) v_h \, d\Omega - \sum_{e \subset \partial \Omega^{in}} \int_e (\mathbf{a} \cdot \mathbf{n}) \, \varphi(t) \, v_h \, d\gamma \qquad \forall v_h \in W_h. \tag{14.52}
$$

Ora $\{\!\{\mathbf{a}\, u_h\}\!\}_{\mathbf{a}}$ denota il valore *upwind* di $\mathbf{a}\, u_h$, ovvero coincide con $\mathbf{a}\, u_h^1$ se $\mathbf{a} \cdot \mathbf{n}_1 > 0$, con $\mathbf{a}\, u_h^2$ se $\mathbf{a} \cdot \mathbf{n}_1 < 0$, ed infine con $\mathbf{a}\{u_h\}$ se $\mathbf{a} \cdot \mathbf{n}_1 = 0$, come in (12.92). Infine, se $\mathbf{a}$ è costante (o a divergenza nulla), $\mathrm{div}(\mathbf{a} u_h) = \mathbf{a} \cdot \nabla u_h$ e (14.52) coincide con (14.47). La formulazione (14.50) è detta di Galerkin discontinuo con *stabilizzazione di salto*. Essa è stabile se $c_e \geq \theta_0 |\mathbf{a} \cdot \mathbf{n}_e|$ per ogni lato interno e, ed inoltre convergente con ordine ottimale. In effetti, nel caso del problema stazionario si dimostra che

$$
\|u - u_h\|_{\mathrm{L}^2(\Omega)}^2 + \sum_{e \in \mathcal{T}_h} \|\sqrt{c_e} \, [u - u_h]\|_{\mathrm{L}^2(e)}^2 \leq C \, h^{2r+1} \, \|u\|_{\mathrm{H}^{r+1}(\Omega)}^2.
$$

Per la dimostrazione e per altre formulazioni con stabilizzazione di salto, anche per problemi di diffusione e trasporto, rinviamo il lettore a [BMS04].

14.5 Approssimazione con metodi spettrali

In questa sezione faremo un breve cenno all'approssimazione di problemi iperbolici con metodi spettrali. Ci limiteremo per semplicità al caso di problemi monodimensionali. Tratteremo dapprima l'approssimazione G-NI in un singolo intervallo, poi l'approssimazione SEM relativa ad una decomposizione in sotto-intervalli in cui si usino polinomi discontinui quando si passi da un intervallo ai suoi vicini. Ciò fornisce una generalizzazione degli elementi finiti discontinui, nel caso in cui si considerino polinomi di grado elevato in ogni elemento, e gli integrali su ogni elemento siano approssimati con la formula di integrazione numerica GLL (10.18).

14.5.1 Il metodo G-NI in un singolo intervallo

Consideriamo il problema iperbolico di trasporto-reazione del primo ordine (13.3) e supponiamo che $(\alpha, \beta) = (-1, 1)$. Approssimiamo in spazio con un metodo spettrale di collocazione, con imposizione forte delle condizioni al contorno. Indicati con $\{x_0 = -1, x_1, \ldots, x_N = 1\}$ i nodi GLL introdotti nella Sez. 10.2.3, il problema semi-discretizzato è:
per ogni $t > 0$, trovare $u_N(t) \in \mathbb{Q}_N$ (lo spazio dei polinomi (10.1)) t.c.

$$
\begin{cases}
\left(\dfrac{\partial u_N}{\partial t} + a\,\dfrac{\partial u_N}{\partial x} + a_0\, u_N\right)(x_j, t) = f(x_j, t), & j = 1, \ldots, N, \\[2mm]
u_N(-1, t) = \varphi(t), \\[2mm]
u_N(x_j, 0) = u_0(x_j), & j = 0, \ldots, N.
\end{cases} \tag{14.53}
$$

Servendosi del prodotto scalare discreto GLL definito in (10.25), l'approssimazione G-NI del problema (14.53), diventa: per ogni $t > 0$, trovare $u_N(t) \in \mathbb{Q}_N$ t.c.

$$
\begin{cases}
\left(\dfrac{\partial u_N(t)}{\partial t}, v_N\right)_N + \left(a\,\dfrac{\partial u_N(t)}{\partial x}, v_N\right)_N + \left(a_0\,u_N(t), v_N\right)_N = \left(f(t), v_N\right)_N \\
\hspace{8cm} \forall v_N \in \mathbb{Q}_N^-, \\
u_N(-1, t) = \varphi(t), \\
u_N(x, 0) = u_{0,N},
\end{cases}
$$

(14.54)

dove $u_{0,N} \in \mathbb{Q}_N$, ed avendo posto $\mathbb{Q}_N^- = \{v_N \in \mathbb{Q}_N : v_N(-1) = 0\}$.

Dunque, all'*inflow*, la soluzione u_N soddisfa la condizione imposta, per ogni tempo $t > 0$, mentre le funzioni test si annullano.

Le soluzioni dei problemi (14.53) e (14.54) in realtà coincidono se $u_{0,N}$ in (14.54) è scelto come l'interpolato $\Pi_N^{GLL} u_0$ (si veda (10.14)). Per dimostrarlo, è sufficiente scegliere in (14.54) v_N coincidente con il polinomio caratteristico ψ_j (definito in (10.12), (10.13)) associato al nodo GLL x_j, per ogni $j = 1, \ldots, N$.

Deriviamo ora una stima di stabilità per la formulazione (14.54) nella norma (10.51) indotta dal prodotto scalare discreto (10.25). Scegliamo, per semplicità, un dato all'*inflow* omogeneo, ovvero $\varphi(t) = 0$, per ogni t, ed a e a_0 costanti. Scelto, per ogni $t > 0$, $v_N = u_N(t)$, abbiamo

$$
\frac{1}{2}\frac{\partial}{\partial t}\|u_N(t)\|_N^2 + \frac{a}{2}\int_{-1}^{1}\frac{\partial u_N^2(t)}{\partial x}\,dx + a_0\|u_N(t)\|_N^2 = \left(f(t), u_N(t)\right)_N.
$$

Riscrivendo opportunamente il termine convettivo, integrando rispetto al tempo ed utilizzando la disuguaglianza di Young, abbiamo

$$
\|u_N(t)\|_N^2 + a\int_0^t \left(u_N(1, \tau)\right)^2 d\tau + 2a_0\int_0^t \|u_N(\tau)\|_N^2\,d\tau
$$

$$
= \|u_{0,N}\|_N^2 + 2\int_0^t \left(f(\tau), u_N(\tau)\right)_N d\tau
$$

$$
\leq \|u_{0,N}\|_N^2 + a_0\int_0^t \|u_N(\tau)\|_N^2\,d\tau + \frac{1}{a_0}\int_0^t \|f(\tau)\|_N^2\,d\tau,
$$

ovvero

$$
\|u_N(t)\|_N^2 + a\int_0^t \left(u_N(1, \tau)\right)^2 d\tau + a_0\int_0^t \|u_N(\tau)\|_N^2\,d\tau
$$

$$
\leq \|u_{0,N}\|_N^2 + \frac{1}{a_0}\int_0^t \|f(\tau)\|_N^2\,d\tau.
$$

(14.55)

Ora, per la norma $\|u_{0,N}\|_N^2$ vale la maggiorazione

$$\|u_{0,N}\|_N^2 \leq \|u_{0,N}\|_{L^\infty(-1,1)}^2 \left(\sum_{i=0}^N \alpha_i\right) = 2\,\|u_{0,N}\|_{L^\infty(-1,1)}^2,$$

e maggiorazione analoga vale per $\|f(\tau)\|_N^2$ purché f sia una funzione continua. Dunque, tornando alla (14.55) ed utilizzando per norme a primo membro la disuguaglianza (10.52), si ha

$$\|u_N(t)\|_{L^2(-1,1)}^2 + a\int_0^t \big(u_N(1,\tau)\big)^2 d\tau + a_0\int_0^t \|u_N(\tau)\|_{L^2(-1,1)}^2 \, d\tau$$

$$\leq 2\,\|u_{0,N}\|_{L^\infty(-1,1)}^2 + \frac{2}{a_0}\int_0^t \|f(\tau)\|_{L^2(-1,1)}^2 \, d\tau.$$

La reinterpretazione del metodo G-NI come metodo di collocazione risulta meno immediata nel caso in cui il campo convettivo a non sia costante e si parta da una formulazione conservativa dell'equazione differenziale in (14.53), ovvero il secondo termine sia sostituito da $\partial(au)/\partial x$. In tal caso si può ancora mostrare che l'approssimazione G-NI equivale all'approssimazione di collocazione in cui il termine convettivo sia approssimato da $\partial\big(\Pi_N^{GLL}(au_N)\big)/\partial x$, ovvero dalla derivata di interpolazione (10.40).

Anche nel caso di un'approssimazione G-NI si può ricorrere ad un'imposizione debole delle condizioni al bordo. Tale approccio risulta più flessibile rispetto a quello sopra considerato e più adatto in vista di un'applicazione del metodo spettrale a problemi multidimensionali o a sistemi di equazioni. Come visto nella sezione precedente, punto di partenza per l'imposizione debole delle condizioni al bordo è un'opportuna integrazione per parti del termine di trasporto. Riferendoci al problema monodimensionale (14.53), si ha infatti (se a è costante)

$$\int_{-1}^1 a\,\frac{\partial u(t)}{\partial x}\,v\,dx = -\int_{-1}^1 a\,u(t)\frac{\partial v}{\partial x}\,dx + \big[a\,u(t)\,v\big]_{-1}^1$$

$$= -\int_{-1}^1 a\,u(t)\frac{\partial v}{\partial x}\,dx + a\,u(1,t)\,v(1) - a\,\varphi(t)\,v(-1).$$

In virtù di tale uguaglianza, è immediato formulare l'approssimazione G-NI con imposizione debole delle condizioni al bordo per il problema (14.53): per ogni $t > 0$, trovare $u_N(t) \in \mathbb{Q}_N$ t.c.

$$\left(\frac{\partial u_N(t)}{\partial t}, v_N\right)_N - \left(a\,u_N(t), \frac{\partial v_N}{\partial x}\right)_N + \big(a_0\,u_N(t), v_N\big)_N$$

$$+ a\,u_N(1,t)\,v_N(1) = \big(f(t), v_N\big)_N + a\,\varphi(t)\,v_N(-1) \quad \forall v_N \in \mathbb{Q}_N, \tag{14.56}$$

con $u_N(x, 0) = u_{0,N}(x)$. Osserviamo che sia la soluzione u_N che la funzione test v_N sono libere al bordo.

Una formulazione equivalente alla (14.56) si ottiene contro-integrando opportunamente per parti il termine convettivo:

per ogni $t > 0$, trovare $u_N(t) \in \mathbb{Q}_N$ t.c.

$$
\left(\frac{\partial u_N(t)}{\partial t}, v_N \right)_N + \left(a\, \frac{\partial u_N(t)}{\partial x}, v_N \right)_N + \left(a_0\, u_N(t), v_N \right)_N \tag{14.57}
$$
$$
+ a \left(u_N(-1, t) - \varphi(t) \right) v_N(-1) = (f, v_N)_N \quad \forall v_N \in \mathbb{Q}_N.
$$

È ora possibile reinterpretare tale formulazione debole come un opportuno metodo di collocazione. A tal fine è sufficiente scegliere in (14.57) la funzione test v_N coincidente con i polinomi caratteristici (10.12), (10.13) associati ai nodi GLL. Considerando dapprima i nodi interni e di *outflow*, ovvero scelta $v_N = \psi_i$, con $i = 1, \ldots, N$, abbiamo

$$
\left(\frac{\partial u_N}{\partial t} + a\, \frac{\partial u_N}{\partial x} + a_0\, u_N \right)(x_i, t) = f(x_i, t), \tag{14.58}
$$

avendo già semplificato il peso α_i comune a tutti i termini dell'uguaglianza. D'altro canto, scelta $v_N = \psi_0$, otteniamo, in corrispondenza del nodo di *inflow*, la relazione

$$
\left(\frac{\partial u_N}{\partial t} + a\, \frac{\partial u_N}{\partial x} + a_0\, u_N \right)(-1, t)
$$
$$
+ \frac{1}{\alpha_0} a \left(u_N(-1, t) - \varphi(t) \right) = f(-1, t), \tag{14.59}
$$

essendo $\alpha_0 = 2/(N^2 + N)$ il peso GLL associato al nodo -1. Dalle equazioni (14.58) e (14.59) segue dunque che una riscrittura in termini di collocazione è possibile in corrispondenza di tutti i nodi GLL tranne che per quello di *inflow*, per il quale invece si trova la relazione

$$
a \left(u_N(-1, t) - \varphi(t) \right) = \alpha_0 \left(f - \frac{\partial u_N}{\partial t} - a\, \frac{\partial u_N}{\partial x} - a_0\, u_N \right)(-1, t), \tag{14.60}
$$

ovvero la condizione al bordo del problema differenziale (14.53) a meno del residuo associato all'approssimazione u_N. Tale condizione è dunque soddisfatta esattamente solo al limite, per $N \longrightarrow \infty$, ovvero in modo naturale o debole.

In accordo con quanto notato precedentemente, la formulazione (14.57) si complicherebbe inevitabilmente nel caso, ad esempio, di un campo convettivo a non costante. Infatti, non si potrebbe concludere direttamente che

$$
- \left(a\, u_N(t), \frac{\partial v_N}{\partial x} \right)_N = \left(a\, \frac{\partial u_N(t)}{\partial x}, v_N \right)_N - a\, u_N(1, t)\, v_N(1) + a\, \varphi(t)\, v_N(-1),
$$

poiché, in questo caso, il prodotto $a\, u_N(t)\, \dfrac{\partial v_N}{\partial x}$ non identifica più necessariamente un polinomio di grado $2N - 1$. Si rende dunque necessario passare attraverso l'operatore d'interpolazione Π_N^{GLL}, introdotto nella Sez. 10.2.3, prima di effettuare la contro-integrazione per parti. Limitandoci al termine di trasporto si ha dunque

$$
- \left(a\,u_N(t), \frac{\partial v_N}{\partial x} \right)_N = - \left(\Pi_N^{GLL}\big(a\,u_N(t)\big), \frac{\partial v_N}{\partial x} \right)_N =
$$

$$
- \left(\Pi_N^{GLL}\big(a\,u_N(t)\big), \frac{\partial v_N}{\partial x} \right)
$$

$$
= \left(\frac{\partial}{\partial x}\Pi_N^{GLL}\big(a\,u_N(t)\big), v_N \right) - \big[(a\,u_N(t))\,v_N \big]_{-1}^{1}.
$$

La formulazione debole (14.57) dunque diventa:
per ogni $t > 0$, trovare $u_N(t) \in \mathbb{Q}_N$ t.c.

$$
\left(\frac{\partial u_N(t)}{\partial t}, v_N \right)_N + \left(\frac{\partial}{\partial x}\Pi_N^{GLL}\big(a\,u_N(t)\big), v_N \right) + \big(a_0\,u_N(t), v_N \big)_N
$$
$$
+ a(-1)\big(u_N(-1,t) - \varphi(t)\big)v_N(-1) = \big(f(t), v_N \big)_N \quad \forall v_N \in \mathbb{Q}_N,
$$

(14.61)

con $u_N(x,0) = u_{0,N}(x)$. Anche la reinterpretazione, in termini di collocazione, della formulazione (14.57), rappresentata dalle relazioni (14.58) e (14.60), andrà debitamente modificata con l'introduzione dell'operatore d'interpolazione Π_N^{GLL} (ovvero sostituendo la derivata esatta con la derivata di interpolazione). Precisamente otteniamo

$$
\left(\frac{\partial u_N}{\partial t} + \frac{\partial}{\partial x}\Pi_N^{GLL}\big(a\,u_N\big) + a_0\,u_N \right)(x_i, t) = f(x_i, t),
$$

per $i = 1, \dots, N$, e

$$
a(-1)\big(u_N(-1,t) - \varphi(t)\big) = \alpha_0 \left(f - \frac{\partial u_N}{\partial t} - \frac{\partial}{\partial x}\Pi_N^{GLL}\big(a\,u_N\big) - a_0\,u_N \right)(-1,t),
$$

in corrispondenza del nodo di *inflow* $x = -1$.

14.5.2 Il metodo DG-SEM-NI

In questa sezione introdurremo un'approssimazione basata su una partizione in sottointervalli, in ognuno dei quali si usi il metodo G-NI. I polinomi saranno inoltre discontinui tra un intervallo e l'altro. Questo spiega l'acronimo DG (*discontinuous Galerkin*), SEM (*spectral element method*), NI (*numerical integration*).

Riconsideriamo il problema (14.53) sul generico intervallo (α, β). Su quest'ultimo introduciamo una partizione in M sottointervalli $\Omega_m = (\overline{x}_{m-1}, \overline{x}_m)$ con $m = 1, \dots, M$. Sia

$$
W_{N,M} = \{ v \in L^2(\alpha, \beta) \;:\; v|_{\Omega_m} \in \mathbb{Q}_N, \; \forall m = 1, \dots, M \}
$$

lo spazio dei polinomi definiti a tratti di grado $N(\ge 1)$ su ogni sotto-intervallo. Osserviamo che la continuità non è necessariamente garantita in corrispondenza dei punti

$\{\overline{x}_i\}$. Possiamo così formulare la seguente approssimazione del problema (14.53): per ogni $t > 0$, trovare $u_{N,M}(t) \in W_{N,M}$ t.c.

$$
\sum_{m=1}^{M} \left[\left(\frac{\partial u_{N,M}}{\partial t}, v_{N,M} \right)_{N,\Omega_m} + \left(a\,\frac{\partial u_{N,M}}{\partial x}, v_{N,M} \right)_{N,\Omega_m} + \left(a_0\, u_{N,M}, v_{N,M} \right)_{N,\Omega_m} \right.
$$

$$
\left. + a(\overline{x}_{m-1}) \left(u_{N,M}^+ - U_{N,M}^- \right)(\overline{x}_{m-1})\, v_{N,M}^+(\overline{x}_{m-1}) \right] = \sum_{m=1}^{M} \left(f, v_{N,M} \right)_{N,\Omega_m}
$$

$$(14.62)$$

per ogni $v_{N,M} \in W_{N,M}$, essendo

$$
U_{N,M}^-(\overline{x}_i) = \begin{cases} u_{N,M}^-(\overline{x}_i), & i = 1, \dots, M-1, \\ \varphi(\overline{x}_0), & \text{per } i = 0, \end{cases} \tag{14.63}
$$

e dove $(\cdot, \cdot)_{N,\Omega_m}$ denota l'approssimazione tramite la formula GLL (10.25) del prodotto scalare L^2 ristretto all'elemento Ω_m. Per semplificare le notazioni abbiamo sottinteso la dipendenza da t di $u_{N,M}$ e f. Data la natura discontinua della formulazione, possiamo rileggere l'equazione (14.62) su ognuno degli M sotto-intervalli, scegliendo la funzione test $v_{N,M}$ tale che $v_{N,M}\big|_{[\alpha,\beta]\setminus\Omega_m} = 0$. Così facendo otteniamo infatti

$$
\left(\frac{\partial u_{N,M}}{\partial t}, v_{N,M} \right)_{N,\Omega_m} + \left(a\,\frac{\partial u_{N,M}}{\partial x}, v_{N,M} \right)_{N,\Omega_m} + \left(a_0\, u_{N,M}, v_{N,M} \right)_{N,\Omega_m}
$$

$$
+ a(\overline{x}_{m-1}) \left(u_{N,M}^+ - U_{N,M}^- \right)(\overline{x}_{m-1})\, v_{N,M}^+(\overline{x}_{m-1}) = \left(f, v_{N,M} \right)_{N,\Omega_m},
$$

con $m = 1, \dots, M$, e dove la quantità $U_{N,M}^-(\overline{x}_i)$ risulta definita ancora secondo la (14.63). Osserviamo che, per $m = 1$, il termine

$$
a(\overline{x}_0) \left(u_{N,M}^+ - \varphi \right)(\overline{x}_0)\, v_{N,M}^+(\overline{x}_0)
$$

fornisce l'imposizione in forma debole della condizione al bordo di *inflow*. D'altro canto,

$$
a(\overline{x}_{m-1}) \left(u_{N,M}^+ - U_{N,M}^- \right)(\overline{x}_{m-1})\, v_{N,M}^+(\overline{x}_{m-1}),
$$

per $m = 2, \dots, M$, può essere interpretato come un termine di penalizzazione che fornisce un'imposizione debole della continuità della soluzione $u_{N,M}$ in corrispondenza degli estremi $\overline{x}_i$, $i = 1, \dots, M-1$. Tali termini sarebbero ovviamente assenti se si utilizzassero polinomi a tratti continui negli estremi $\overline{x}_i$.

Vogliamo ora interpretare la formulazione (14.62) come un opportuno metodo di collocazione. A tal fine, introduciamo, su ciascun sotto-intervallo Ω_m, gli $N + 1$ nodi GLL $x_j^{(m)}$, con $j = 0, \dots, N$, e indichiamo con $\alpha_j^{(m)}$ i corrispondenti pesi (si veda (10.69)). Identifichiamo ora la funzione test $v_{N,M}$ in (14.62) con il polinomio caratteristico di Lagrange $\psi_j^{(m)} \in \mathbb{P}^N(\Omega_m)$ associato al nodo $x_j^{(m)}$ ed esteso a zero fuori dal dominio Ω_m. Data la presenza del termine di salto, avremo una riscrittura non univoca per l'equazione (14.62). Incominciamo a considerare i polinomi caratteristici associati ai nodi $x_j^{(m)}$, con $j = 1, \ldots, N-1$, e $m = 1, \ldots, M$. In tal caso non avremo contributo alcuno del termine di penalizzazione

$$\left[\frac{\partial u_{N,M}}{\partial t} + a\,\frac{\partial u_{N,M}}{\partial x} + a_0\,u_{N,M}\right](x_j^{(m)}) = f(x_j^{(m)}).$$

Per questa scelta di nodi ritroviamo così esattamente la collocazione del problema differenziale (14.53). Nel caso invece in cui la funzione $\psi_j^{(m)}$ sia associata ad un nodo della partizione $\{\overline{x}_i\}$, ovvero $j = 0$, con $m = 1, \ldots, M$ abbiamo

$$\alpha_0^{(m)}\left[\frac{\partial u_{N,M}}{\partial t} + a\,\frac{\partial u_{N,M}}{\partial x} + a_0\,u_{N,M}\right](x_0^{(m)})$$
$$+ a(x_0^{(m)})\left(u_{N,M}^+ - U_{N,M}^-\right)(x_0^{(m)}) = \alpha_0^{(m)}\,f(x_0^{(m)}), \tag{14.64}$$

ricordando che $U_{N,M}^-(x_0^{(1)}) = \varphi(\overline{x}_0)$. Implicitamente abbiamo adottato la convenzione che il sotto-intervallo Ω_m non includa $\overline{x}_m$, in quanto la natura discontinua del metodo adottato ci porterebbe a processare ogni nodo $\overline{x}_i$, con $i = 1, \ldots, M-1$, due volte. L'equazione (14.64) può essere riscritta come

$$\left[\frac{\partial u_{N,M}}{\partial t} + a\,\frac{\partial u_{N,M}}{\partial x} + a_0\,u_{N,M} - f\right](x_0^{(m)}) = -\frac{a(x_0^{(m)})}{\alpha_0^{(m)}}\left(u_{N,M}^+ - U_{N,M}^-\right)(x_0^{(m)}).$$

Osserviamo che mentre il termine di sinistra rappresenta il residuo dell'equazione in corrispondenza del nodo $x_0^{(m)}$, quello di destra coincide con il residuo dell'imposizione debole della continuità di $u_{N,M}$ in $x_0^{(m)}$.

14.6 Trattamento numerico delle condizioni al bordo per sistemi iperbolici

Pur avendo visto diverse strategie per imporre le condizioni al bordo di *inflow* per l'equazione di trasporto scalare, quando si considerano sistemi iperbolici, il trattamento numerico delle condizioni al bordo richiede ulteriore attenzione. Illustreremo questo problema su un sistema lineare a coefficienti costanti in una dimensione,

$$\begin{cases} \dfrac{\partial \mathbf{u}}{\partial t} + A\,\dfrac{\partial \mathbf{u}}{\partial x} = \mathbf{0}, \;\; -1 < x < 1, \;\; t > 0, \\[2mm] \mathbf{u}(x,0) = \mathbf{u}_0(x), \;\; -1 < x < 1, \end{cases} \tag{14.65}$$

completato con opportune condizioni al bordo, preso da [CHQZ07]. Scegliamo, nel seguito, il caso di un sistema costituito da due equazioni iperboliche, identificando in (14.65) $\mathbf{u}$ con il vettore $(u, v)^T$ e A con la matrice

$$A = \begin{bmatrix} -1/2 & -1 \\ -1 & -1/2 \end{bmatrix},$$

i cui autovalori sono $-3/2$ e $1/2$. Fatta la scelta

$$u(x,0) = \sin(2x) + \cos(2x), \quad v(x,0) = \sin(2x) - \cos(2x)$$

per le condizioni iniziali e

$$u(-1,t) = \sin(-2 + 3t) + \cos(-2 - t) = \varphi(t),$$

$$v(1,t) = \sin(2 + 3t) + \cos(2 - t) = \psi(t) \tag{14.66}$$

per le condizioni al bordo, otteniamo un problema (14.65) ben posto.
Consideriamo ora la matrice degli autovettori (destri)

$$W = \begin{bmatrix} 1/2 & 1/2 \\ 1/2 & -1/2 \end{bmatrix},$$

la cui inversa risulta essere

$$W^{-1} = \begin{bmatrix} 1 & 1 \\ 1 & -1 \end{bmatrix}.$$

Sfruttando la relazione

$$\Lambda = W^{-1}AW = \begin{bmatrix} -3/2 & 0 \\ 0 & 1/2 \end{bmatrix},$$

possiamo riscrivere l'equazione differenziale in (14.65) in termini delle variabili
caratteristiche

$$\mathbf{z} = W^{-1}\mathbf{u} = \begin{bmatrix} u + v \\ u - v \end{bmatrix} = \begin{bmatrix} z_1 \\ z_2 \end{bmatrix}, \tag{14.67}$$

come

$$\frac{\partial \mathbf{z}}{\partial t} + \Lambda \frac{\partial \mathbf{z}}{\partial x} = \mathbf{0}. \tag{14.68}$$

La variabile caratteristica z_1 si propaga verso sinistra con velocità $3/2$, mentre z_2 si
propaga verso destra con velocità $1/2$. Questo suggerisce di assegnare una condizione
per z_1 in $x = 1$ e una per z_2 in corrispondenza di $x = -1$. Teoricamente possiamo
ricostruire i valori al bordo di z_1 e z_2 utilizzando le condizioni al bordo per u e v.
Dalla relazione (14.67), si ha infatti

$$\mathbf{u} = W\mathbf{z} = \begin{bmatrix} 1/2 & 1/2 \\ 1/2 & -1/2 \end{bmatrix} \begin{bmatrix} z_1 \\ z_2 \end{bmatrix} = \begin{bmatrix} 1/2\,(z_1 + z_2) \\ 1/2\,(z_1 - z_2) \end{bmatrix},$$

ovvero, sfruttando i valori al bordo (14.66) assegnati per u e v,

$$\frac{1}{2}\,(z_1 + z_2)(-1,t) = \varphi(t), \quad \frac{1}{2}\,(z_1 - z_2)(1,t) = \psi(t). \tag{14.69}$$

Il sistema (14.68) risulta dunque solo apparentemente disaccoppiato in quanto, in realtà, le variabili z_1 e z_2 vengono accoppiate dalle condizioni al bordo (14.69).

Si delinea dunque il problema di come trattare, da un punto di vista numerico, le condizioni al contorno per il problema (14.65). Può risultare infatti già difficoltosa la discretizzazione del corrispondente problema scalare (per a costante > 0)

$$
\begin{cases}
\dfrac{\partial z}{\partial t} + a\,\dfrac{\partial z}{\partial x} = 0, \ -1 < x < 1, \ t > 0, \\[2mm]
z(-1, t) = \phi(t), \ t > 0, \\[2mm]
z(x, 0) = z_0(x), \ -1 < x < 1,
\end{cases}
\tag{14.70}
$$

se non si utilizza uno schema di discretizzazione appropriato. Illustreremo il procedimento per un metodo di approssimazione spettrale. In effetti per metodi ad alta accuratezza (con funzioni di base a supporto nell'intero intervallo $(-1, 1)$) è ancora più fondamentale di quanto non lo sia per un metodo agli elementi finiti o alle differenze finite trattare correttamente le condizioni al bordo, in quanto errori al bordo verrebbero propagati all'interno con velocità infinita. Introdotta la partizione $x_0 = -1 < x_1 < \ldots < x_{N-1} < x_N = 1$ dell'intervallo $[-1, 1]$, se si decide di utilizzare, ad esempio, uno schema a differenze finite si incontrano problemi essenzialmente nel derivare il valore di z in corrispondenza del nodo x_N. Infatti, se da un lato lo schema *upwind* ci fornisce un'approssimazione al primo ordine per tale valore, uno schema con ordine di convergenza più elevato, come quello a differenze finite centrate, non è in grado di fornirci tale approssimazione a meno di introdurre un nodo supplementare fuori dall'intervallo di definizione $(-1, 1)$.

Una discretizzazione spettrale, per contro, non presenta alcuna criticità nell'imposizione della condizione al bordo per un problema scalare. Per esempio, lo schema di collocazione corrispondente al problema (14.70) può essere scritto anche sul bordo di *outflow*:

$\forall n \geq 0$, trovare $z_N^n \in \mathbb{Q}_N$ t.c.

$$
\begin{cases}
\dfrac{z_N^{n+1}(x_i) - z_N^n(x_i)}{\Delta t} + a\,\dfrac{\partial z_N^n}{\partial x}(x_i) = 0, \ i = 1, \ldots, N, \\[2mm]
z_N^{n+1}(x_0) = \phi(t^{n+1}).
\end{cases}
$$

Ad ogni nodo, sia esso interno o di bordo, risulta associata una sola equazione. Passando al sistema (14.65), invece, mentre ad ogni nodo interno x_i, con $i = 1, \ldots, N-1$, son associate due incognite e due equazioni, in corrispondenza dei nodi di bordo x_0 e x_N abbiamo ancora due incognite ma una sola equazione. Dovranno essere dunque fornite condizioni aggiuntive per tali punti: in generale, andranno aggiunte in corrispondenza dell'estremo $x = -1$ tante condizioni quanti sono gli autovalori positivi di A, mentre per $x = 1$ andranno fornite tante condizioni addizionali quanti sono quelli negativi.

Cerchiamo una soluzione a tale problema ispirandoci al metodo di Galerkin spettrale. Supponiamo di applicare al sistema (14.65) un metodo di collocazione: vogliamo dunque trovare $\mathbf{u}_N = (u_{N,1}, u_{N,2})^T \in (\mathbb{Q}_N)^2$ t.c.

$$\frac{\partial \mathbf{u}_N}{\partial t}(x_i) + A\,\frac{\partial \mathbf{u}_N}{\partial x}(x_i) = \mathbf{0}, \quad i = 1, \ldots, N-1, \tag{14.71}$$

e con

$$u_{N,1}(x_0, t) = \varphi(t), \quad u_{N,2}(x_N, t) = \psi(t). \tag{14.72}$$

L'idea più semplice per ricavare le due equazioni mancanti per $u_{N,1}$ e $u_{N,2}$ in corrispondenza di x_N e x_0, rispettivamente, è quella di sfruttare l'equazione vettoriale (14.71) assieme ai valori noti $\varphi(t)$ e $\psi(t)$ in (14.72). La soluzione calcolata in tal modo risulta tuttavia instabile.

Cerchiamo un approccio alternativo. L'idea è di aggiungere alle $2(N-1)$ relazioni di collocazione (14.71) e alle condizioni al bordo "fisiche" (14.72), le equazioni delle caratteristiche uscenti in corrispondenza dei punti x_0 e x_N. Più nel dettaglio, la caratteristica uscente dal dominio nel punto $x_0 = -1$ è quella associata all'autovalore negativo della matrice A, e ha equazione

$$\frac{\partial z_1}{\partial t}(x_0) - \frac{3}{2}\,\frac{\partial z_1}{\partial x}(x_0) = 0, \tag{14.73}$$

mentre quella associata al punto $x_N = 1$ è individuata dall'autovalore positivo $1/2$ ed è data da

$$\frac{\partial z_2}{\partial t}(x_N) + \frac{1}{2}\,\frac{\partial z_2}{\partial x}(x_N) = 0. \tag{14.74}$$

La scelta della caratteristica uscente è motivata dal fatto che questa è portatrice di informazioni *dall'interno* del dominio al corrispondente punto di *outflow*, punto in cui ha senso dunque imporre l'equazione differenziale.

Le equazioni (14.73) e (14.74) ci permettono di avere un sistema di $2N+2$ equazioni nelle $2N+2$ incognite $u_{N,1}(x_i, t) = u_N(x_i, t)$, $u_{N,2}(x_i, t) = v_N(x_i, t)$, $i = 0, \ldots, N$.

Per completezza, possiamo riscrivere le equazioni caratteristiche (14.73) e (14.74) in termini delle incognite u_N e v_N, come

$$\frac{\partial(u_N + v_N)}{\partial t}(x_0) - \frac{3}{2}\,\frac{\partial(u_N + v_N)}{\partial x}(x_0) = 0$$

e

$$\frac{\partial(u_N - v_N)}{\partial t}(x_N) + \frac{1}{2}\,\frac{\partial(u_N - v_N)}{\partial x}(x_N) = 0,$$

rispettivamente, ovvero in termini matriciali come

$$\left[\, W_{11}^{-1} \;\; W_{12}^{-1} \,\right] \left[\frac{\partial \mathbf{u}_N}{\partial t}(x_0) + A\,\frac{\partial \mathbf{u}_N}{\partial x}(x_0)\right] = 0,$$

$$\left[\, W_{21}^{-1} \;\; W_{22}^{-1} \,\right] \left[\frac{\partial \mathbf{u}_N}{\partial t}(x_N) + A\,\frac{\partial \mathbf{u}_N}{\partial x}(x_N)\right] = 0. \tag{14.75}$$

Tali equazioni aggiuntive sono dette di *compatibilità*: esse rappresentano una combinazione lineare delle equazioni differenziali del problema in corrispondenza dei punti di bordo con coefficienti dati dalle componenti della matrice W^{-1}.

Osservazione 14.4 Come osservato in precedenza i metodi spettrali (di collocazione, di Galerkin, o G-NI) rappresentano un "buon terreno" su cui testare possibili soluzioni a problemi numerici quali appunto l'assegnazione di condizioni supplementari per sistemi iperbolici, per via della natura globale di tali metodi che propagano immediatamente e su tutto il dominio ogni possibile perturbazione numerica che venga introdotta al bordo. ●

14.6.1 Trattamento debole delle condizioni al bordo

Vogliamo generalizzare ora l'approccio basato sulle equazioni di compatibilità passando da relazioni puntuali, quali appunto le (14.75), a relazioni integrali, in linea con un'approssimazione numerica di tipo, ad esempio, elementi finiti o G-NI.

Consideriamo di nuovo il sistema a coefficienti costanti (14.65) e le notazioni usate nella Sez. 14.6. Sia A una matrice reale, simmetrica e non singolare di ordine d, Λ la matrice diagonale reale degli autovalori di A e W la matrice quadrata le cui colonne sono gli autovettori (destri) di A. Supponiamo che W sia ortogonale il che ci garantisce che $\Lambda = W^T A W$. Le variabili caratteristiche, definite come $\mathbf{z} = W^T \mathbf{u}$, soddisfano il sistema diagonale (14.68). Introduciamo lo splitting $\Lambda = \text{diag}(\Lambda^+, \Lambda^-)$ della matrice degli autovalori raggruppando, rispettivamente, gli autovalori positivi (Λ^+) e quelli negativi (Λ^-). Tali sottomatrici risultano entrambe diagonali, Λ^+ definita positiva di ordine p, Λ^- definita negativa di ordine $n = d - p$.

Analogamente possiamo riscrivere $\mathbf{z}$ come $\mathbf{z} = (\mathbf{z}^+, \mathbf{z}^-)^T$, avendo indicato con $\mathbf{z}^+$ ($\mathbf{z}^-$, rispettivamente) le variabili caratteristiche costanti lungo le caratteristiche con pendenza positiva (negativa), ovvero che si muovono verso destra (sinistra). In corrispondenza dell'estremo di destra $x = 1$, $\mathbf{z}^+$ è associato alle variabili caratteristiche uscenti mentre $\mathbf{z}^-$ a quelle entranti. Chiaramente i ruoli si scambiano in corrispondenza dell'estremo di sinistra $x = -1$.

Un caso semplice si presenta se assegnamo i valori delle caratteristiche entranti in corrispondenza di entrambi gli estremi del dominio, ovvero p condizioni in $x = -1$ ed n condizioni in corrispondenza di $x = 1$. In questo caso (14.68) rappresenta, a tutti gli effetti, un sistema disaccoppiato. Solitamente, tuttavia, vengono assegnate, in corrispondenza di entrambi i punti di bordo, combinazioni lineari $B\mathbf{u} = \mathbf{g}$ delle variabili fisiche, ovvero, rileggendole in termini delle variabili $\mathbf{z}$, combinazioni lineari $C\mathbf{z} = \mathbf{g}$ delle variabili caratteristiche, con $C = BW$. Nessuna delle caratteristiche uscenti verrà, in linea di massima, individuata da queste combinazioni in quanto i valori risultanti saranno in generale incompatibili con quelli propagati dal sistema iperbolico all'interno del dominio. Al contrario, le condizioni al bordo dovrebbero permettere di determinare le variabili caratteristiche entranti in funzione di quelle uscenti e dei dati. Per la precisione, supponiamo che siano assegnate le condizioni al bordo

$$B_L \mathbf{u}(-1, t) = \mathbf{g}_L(t), \quad B_R \mathbf{u}(1, t) = \mathbf{g}_R(t), \quad t > 0, \tag{14.76}$$

dove $\mathbf{g}_L$ e $\mathbf{g}_R$ sono vettori assegnati e B_L, B_R opportune matrici. Concentriamoci sull'estremo di sinistra, $x = -1$. Poiché, in corrispondenza di tale punto, si hanno p caratteristiche entranti, B_L avrà dimensione $p \times d$. Ponendo $C_L = B_L W$ ed utilizzando lo splitting $\mathbf{z} = (\mathbf{z}^+, \mathbf{z}^-)^T$ introdotto per $\mathbf{z}$ ed il corrispondente splitting

$W = (W^+, W^-)^T$ per la matrice degli autovettori, si ha

$$C_L \mathbf{z}(-1,t) = C_L^+ \mathbf{z}^+(-1,t) + C_L^- \mathbf{z}^-(-1,t) = \mathbf{g}_L(t),$$

dove $C_L^+ = B_L W^+$ è una matrice $p \times p$ mentre $C_L^- = B_L W^-$ ha dimensione $p \times n$. Facciamo la richiesta che la matrice C_L^+ sia non singolare. La caratteristica entrante in corrispondenza dell'estremo $x = -1$ è data da

$$\mathbf{z}^+(-1,t) = S_L \mathbf{z}^-(-1,t) + \mathbf{z}_L(t), \tag{14.77}$$

essendo $S_L = -(C_L^+)^{-1} C_L^-$ una matrice $p \times n$ e $\mathbf{z}_L(t) = (C_L^+)^{-1} \mathbf{g}_L(t)$. In maniera del tutto analoga possiamo assegnare, in corrispondenza dell'estremo di destra $x = 1$, la variabile caratteristica entrante come

$$\mathbf{z}^-(1,t) = S_R \mathbf{z}^+(1,t) + \mathbf{z}_R(t), \tag{14.78}$$

essendo S_R una matrice $n \times p$.

Le matrici S_L ed S_R sono dette *matrici di riflessione*.

Il sistema iperbolico (14.65) verrà dunque completato dalle condizioni al bordo (14.76) o, equivalentemente, dalle condizioni (14.77)-(14.78), oltre che, ovviamente, da un'opportuna condizione iniziale $\mathbf{u}(x,0) = \mathbf{u}_0(x)$, per $-1 \leq x \leq 1$.

Cerchiamo di capire a quali vantaggi può portare una tale scelta per le condizioni al bordo. Partiamo dalla formulazione debole del problema (14.65), integrando per parti il termine contenente la derivata spaziale

$$\int_{-1}^{1} \mathbf{v}^T \frac{\partial \mathbf{u}}{\partial t} \, dx - \int_{-1}^{1} \left(\frac{\partial \mathbf{v}}{\partial x} \right)^T A\mathbf{u} \, dx + \left[\mathbf{v}^T A\mathbf{u} \right]_{-1}^{1} = 0,$$

per ogni $t > 0$, essendo $\mathbf{v}$ una funzione test arbitraria, differenziabile. Per riscrivere il termine di bordo $\left[\mathbf{v}^T A\mathbf{u} \right]_{-1}^{1}$ con una formulazione equivalente alla forma (14.76), introduciamo la variabile caratteristica $W^T \mathbf{v} = \mathbf{y} = (\mathbf{y}^+, \mathbf{y}^-)^T$ associata alla funzione test $\mathbf{v}$. Allora

$$\mathbf{v}^T A\mathbf{u} = \mathbf{y}^T \Lambda \mathbf{z} = (\mathbf{y}^+)^T \Lambda^+ \mathbf{z}^+ + (\mathbf{y}^-)^T \Lambda^- \mathbf{z}^-.$$

Utilizzando le relazioni (14.77)-(14.78), ne segue che

$$\int_{-1}^{1} \mathbf{v}^T \frac{\partial \mathbf{u}}{\partial t} \, dx - \int_{-1}^{1} \left(\frac{\partial \mathbf{v}}{\partial x} \right)^T A\mathbf{u} \, dx$$

$$- (\mathbf{y}^+)^T(-1,t)\Lambda^+ S_L \mathbf{z}^-(-1,t) - (\mathbf{y}^-)^T(-1,t)\Lambda^- \mathbf{z}^-(-1,t) \tag{14.79}$$

$$+ (\mathbf{y}^+)^T(1,t)\Lambda^+ \mathbf{z}^+(1,t) + (\mathbf{y}^-)^T(1,t)\Lambda^- S_R \mathbf{z}^+(1,t)$$

$$= (\mathbf{y}^+)^T(-1,t)\Lambda^+ \mathbf{z}_L(t) - (\mathbf{y}^-)^T(1,t)\Lambda^- \mathbf{z}_R(t).$$

Osserviamo che nel termine noto di tale formulazione intervengono le condizioni al bordo (14.77)-(14.78), che vengono così incorporate dal sistema senza che vi sia bisogno di pretendere nulla sul comportamento al bordo delle funzioni **u** e **v**. Inoltre, integrando ancora per parti, è possibile ottenere una formulazione equivalente alla (14.79) in cui le condizioni al bordo vengono imposte in modo debole

$$
\int_{-1}^{1} \mathbf{v}^T \frac{\partial \mathbf{u}}{\partial t}\, dx + \int_{-1}^{1} \mathbf{v}^T A\, \frac{\partial \mathbf{u}}{\partial x}\, dx
$$

$$
+ (\mathbf{y}^+)^T(-1,t)\Lambda^+\big(\mathbf{z}^+(-1,t) - S_L \mathbf{z}^-(-1,t)\big) \qquad (14.80)
$$

$$
- (\mathbf{y}^-)^T(1,t)\Lambda^-\big(\mathbf{z}^-(1,t) - S_R \mathbf{z}^+(1,t)\big)
$$

$$
= (\mathbf{y}^+)^T(-1,t)\Lambda^+ \mathbf{z}_L(t) - (\mathbf{y}^-)^T(1,t)\Lambda^- \mathbf{z}_R(t).
$$

Infine ricordiamo che solitamente sulle matrici di riflessione S_L e S_R viene fatta la seguente ipotesi, detta di dissipazione

$$
\|S_L\|\, \|S_R\| < 1, \qquad (14.81)
$$

sufficiente a garantire la stabilità dello schema precedente rispetto alla norma L^2. La norma di matrice in (14.81) va intesa come la norma euclidea di una matrice rettangolare, ovvero la radice quadrata del massimo autovalore di $S^T S$.

La formulazione (14.79) (o (14.80)) si presta ora ad essere approssimata con una delle tecniche "alla Galerkin" viste sino ad ora: con il metodo di Galerkin-elementi finiti, con il metodo di Galerkin spettrale, con il metodo spettrale con integrazione numerica Gaussiana in un singolo dominio (G-NI) o in versione *spectral element*, sia nel caso di elementi spettrali continui (SEM-NI) o discontinui (DG-SEM-NI).

14.7 Esercizi

1. Verificare che la discretizzazione con elementi finiti lineari continui (14.13) coincide con quella alle differenze finite (13.22) nel caso in cui si renda diagonale la matrice di massa con la tecnica del *mass-lumping*.
   [*Soluzione*: si usi la proprietà (12.34) di partizione dell'unità come fatto nella Sez. 12.5.]
2. Si dimostrino le disuguaglianze di stabilità fornite nella Sez. (14.4) per la semidiscretizzazione basata su elementi finiti discontinui.
3. Si verifichi la relazione (14.13).
4. Si discretizzi con il metodo degli elementi spettrali continui, SEM-NI, e discontinui, DG-SEM-NI, il sistema (14.79).

Capitolo 15
Cenni a problemi iperbolici non lineari

In questo capitolo introduciamo alcuni esempi di problemi iperbolici non lineari. Accenneremo ad alcune proprietà caratteristiche di tali problemi, la più rilevante essendo quella di poter generare soluzioni discontinue anche nel caso di dati iniziali e al contorno continui. L'approssimazione numerica di questi problemi è un compito tutt'altro che facile. In questo Capitolo ci limiteremo semplicemente ad accennare a come si possono applicare gli schemi alle differenze finite e agli elementi finiti discontinui nel caso di equazioni monodimensionali.

Per una trattazione più esauriente consigliamo di riferirsi a [LeV07], [GR96], [Bre00], [Tor99], [Kro97].

15.1 Equazioni scalari

Consideriamo la seguente equazione

$$\frac{\partial u}{\partial t} + \frac{\partial}{\partial x} F(u) = 0, \quad x \in \mathbb{R}, \quad t > 0, \tag{15.1}$$

dove F è una funzione non lineare di u detta *flusso* di u in quanto su ogni intervallo (α, β) di $\mathbb{R}$ essa soddisfa la seguente relazione

$$\frac{d}{dt} \int_\alpha^\beta u(x,t)dx = F(u(t,\alpha)) - F(u(t,\beta)).$$

Per tale ragione la (15.1) esprime una *legge di conservazione*. Un esempio classico è costituito dall'equazione di Burgers, già considerata nell'esempio 1.3, in cui $F(u) = u^2/2$. Tale equazione in forma non conservativa si può scrivere (fintanto che la soluzione rimane regolare)

$$\frac{\partial u}{\partial t} + u \frac{\partial u}{\partial x} = 0. \tag{15.2}$$

L'equazione delle linee caratteristiche per la (15.2) è $x'(t) = u$, ma essendo u costante sulle caratteristiche, si ottiene $x'(t) = costante$, cioè le caratteristiche sono

© Springer-Verlag Italia 2016
A. Quarteroni, *Modellistica Numerica per Problemi Differenziali*, 6a edizione,
UNITEXT - La Matematica per il 3+2 100, DOI 10.1007/978-88-470-5782-1_15

delle rette. Esse sono definite nel piano (x, t) dalla mappa $t \to (x + tu_0(x), t)$, e la soluzione è definita implicitamente da $u(x + tu_0(x)) = u_0(x)$, $\forall t < t_c$, essendo t_c un valore critico del tempo in cui per la prima volta tali caratteristiche si intersecano. Ad esempio, se $u_0 = (1 + x^2)^{-1}$, $t_c = 8/\sqrt{27}$.

In effetti, se $u_0'(x)$ è negativa in qualche punto, posto

$$t_c = -\frac{1}{\min \ u_0'(x)}$$

per $t > t_c$ non può esistere alcuna soluzione classica (ovvero di classe C^1), in quanto

$$\lim_{t \to t_c^-} \left(\inf_{x \in \mathbb{R}} \frac{\partial u}{\partial x}(x, t) \right) = -\infty.$$

Consideriamo la Fig. 15.1: si nota come per $t = t_c$ la soluzione presenti una discontinuità.

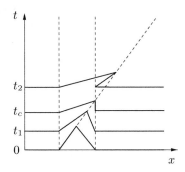

Figura 15.1. Sviluppo della singolarità

Per ovviare a questa perdita di unicità si introduce il concetto di *soluzione debole* per le equazioni iperboliche: diciamo che u è una soluzione debole di (15.1) se soddisfa la relazione differenziale (15.1) in tutti i punti $x \in \mathbb{R}$ ad eccezione di quelli in cui è discontinua. In questi ultimi non si pretende più che valga la (15.1) (non avrebbe alcun senso derivare una funzione discontinua), ma si esige che sia verificata la seguente condizione di *Rankine-Hugoniot*

$$F(u_r) - F(u_l) = \sigma(u_r - u_l), \tag{15.3}$$

ove u_r e u_l indicano, rispettivamente, il limite destro e sinistro di u nel punto di discontinuità, e σ è la velocità di propagazione della discontinuità. La condizione (15.3) esprime dunque il fatto che il salto dei flussi è proporzionale al salto della soluzione.

Le soluzioni deboli non sono necessariamente uniche: tra di esse quella fisicamente corretta è la cosiddetta *soluzione entropica*. Come vedremo alla fine di questa sezione, nel caso dell'equazione di Burgers la soluzione entropica si ottiene come limite, per $\varepsilon \to 0$, della soluzione $u^\varepsilon(x,t)$ dell'equazione avente un termine di perturbazione viscoso

$$\frac{\partial u^\varepsilon}{\partial t} + \frac{\partial}{\partial x} F(u^\varepsilon) = \varepsilon \frac{\partial^2 u^\varepsilon}{\partial x^2} \ , \ x \in \mathbb{R}, \ t > 0,$$

con $u^\varepsilon(x,0) = u_0(x)$.

In generale, possiamo dire che:

- *se $F(u)$ è differenziabile, una discontinuità che si propaga con velocità σ data dalla (15.3), soddisfa la condizione di entropia se*

$$F'(u_l) \ge \sigma \ge F'(u_r);$$

- *se $F(u)$ non è differenziabile, una discontinuità che si propaga con velocità σ data dalla (15.3) soddisfa la condizione di entropia se*

$$\frac{F(u) - F(u_l)}{u - u_l} \ge \sigma \ge \frac{F(u) - F(u_r)}{u - u_r},$$

per ogni u compresa tra u_l e u_r.

Esempio 15.1 Consideriamo l'equazione di Burgers con la condizione iniziale seguente

$$u_0(x) = \begin{cases} u_l & \text{se } x < 0, \\ u_r & \text{se } x > 0, \end{cases}$$

dove u_r ed u_l sono due costanti. Se $u_l > u_r$, allora esiste una sola soluzione debole (che è anche entropica)

$$u(x,t) = \begin{cases} u_l, & x < \sigma t, \\ u_r, & x > \sigma t, \end{cases} \tag{15.4}$$

dove $\sigma = (u_l + u_r)/2$ è la velocità di propagazione della discontinuità (detta anche *shock*). In questo caso le caratteristiche "entrano" nello shock (si veda la Fig. 15.2).

Nel caso $u_l < u_r$ ci sono infinite soluzioni deboli: una ha ancora la forma (15.4), ma in questo caso le caratteristiche *escono* dalla discontinuità (si veda la Fig. 15.3). Tale soluzione è instabile, ovvero piccole perturbazioni sui dati cambiano in modo sostanziale la soluzione stessa. Un'altra

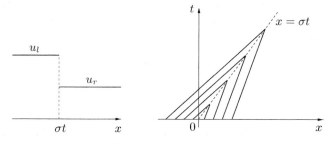

Figura 15.2. Soluzione entropica per l'equazione di Burgers

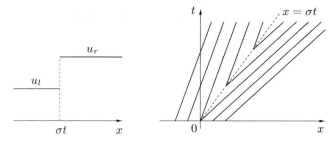

Figura 15.3. Soluzione non entropica per l'equazione di Burgers

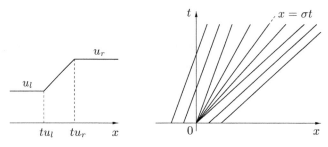

Figura 15.4. Onda di rarefazione

soluzione debole è

$$u(x,t) = \begin{cases} u_l & \text{se } x < u_l t, \\ \dfrac{x}{t} & \text{se } u_l t \le x \le u_r t, \\ u_r & \text{se } x > u_r t. \end{cases}$$

Tale soluzione, che descrive un'onda di rarefazione, a differenza della precedente, è entropica (si veda la Fig. 15.4). ∎

Si dice che un problema iperbolico (15.1) possiede una *funzione entropia* se esistono una funzione strettamente convessa $\eta = \eta(u)$ ed una funzione $\Psi = \Psi(u)$ tali che

$$\Psi'(u) = \eta'(u)F'(u), \tag{15.5}$$

dove l'apice indica la derivata rispetto all'argomento u. La funzione η è detta *entropia* e Ψ è detta *flusso d'entropia*. Si ricorda che una funzione η si dice convessa se per ogni u e w distinti e $\theta \in (0,1)$ si ha

$$\eta(u + \theta(w - u)) < (1 - \theta)\eta(u) + \theta\eta(w).$$

Se η possiede derivata seconda continua, ciò è equivalente a richiedere che $\eta'' > 0$.

Osservazione 15.1 Quella qui presentata è una definizione "matematica" di entropia. Nel caso in cui (15.1) governi un fenomeno fisico, è spesso possibile definire una "entropia termodinamica". Quest'ultima risulta essere effettivamente anche una entropia del problema differenziale nel senso precedentemente descritto. •

La forma quasi-lineare di (15.1) è data da

$$\frac{\partial u}{\partial t} + F'(u)\frac{\partial u}{\partial x} = 0. \tag{15.6}$$

Se u è sufficientemente regolare, moltiplicando (15.6) per $\eta'(u)$ si verifica facilmente che η e Ψ soddisfano una *legge di conservazione* del tipo

$$\frac{\partial \eta}{\partial t}(u) + \frac{\partial \Psi}{\partial x}(u) = 0. \tag{15.7}$$

Per una equazione scalare è in genere possibile trovare diverse coppie di funzioni η e Ψ che soddisfino le condizioni date.

Le operazioni effettuate per derivare (15.7) sono valide solo se u è regolare, in particolare se non vi sono discontinuità nella soluzione. Si possono però trovare le condizioni che la variabile entropia deve soddisfare in corrispondenza di una discontinuità nella soluzione di (15.1) quando tale equazione rappresenti il limite per $\epsilon \to 0^+$ della seguente equazione modificata (detta *equazione di viscosità*)

$$\frac{\partial u}{\partial t} + \frac{\partial F}{\partial x}(u) = \epsilon \frac{\partial^2 u}{\partial x^2}. \tag{15.8}$$

La soluzione di (15.8) è regolare per ogni $\epsilon > 0$, ed effettuando le stesse manipolazioni usate precedentemente si può scrivere

$$\frac{\partial \eta}{\partial t}(u) + \frac{\partial \Psi}{\partial x}(u) = \epsilon \eta'(u)\frac{\partial^2 u}{\partial x^2} = \epsilon \frac{\partial}{\partial x}\left[\eta'(u)\frac{\partial u}{\partial x}\right] - \epsilon \eta''(u)\left(\frac{\partial u}{\partial x}\right)^2.$$

Integrando ora su un generico rettangolo $[x_1, x_2] \times [t_1, t_2]$ si ottiene

$$\int_{t_1}^{t_2}\int_{x_1}^{x_2}\left[\frac{\partial \eta}{\partial t}(u) + \frac{\partial \Psi(u)}{\partial x}\right]dxdt = \epsilon\int_{t_1}^{t_2}\left[\eta'(u(x_2,t))\frac{\partial u}{\partial x}(x_2,t)\right.$$
$$\left. - \eta'(u(x_1,t))\frac{\partial u}{\partial x}(x_1,t)\right]dt - \epsilon\int_{t_1}^{t_2}\int_{x_1}^{x_2}\eta''(u)\left(\frac{\partial u}{\partial x}\right)^2 dxdt = R_1(\epsilon) + R_2(\epsilon),$$

dove abbiamo posto

$$R_1(\epsilon) = \epsilon\int_{t_1}^{t_2}\left[\eta'(u(x_2,t))\frac{\partial u}{\partial x}(x_2,t) - \eta'(u(x_1,t))\frac{\partial u}{\partial x}(x_1,t)\right]dt,$$

$$R_2(\epsilon) = -\epsilon\int_{t_1}^{t_2}\int_{x_1}^{x_2}\eta''(u)\left(\frac{\partial u}{\partial x}\right)^2 dxdt.$$

Abbiamo

$$\lim_{\epsilon \to 0^+} R_1(\epsilon) = 0,$$

mentre se la soluzione per $\epsilon \to 0^+$ del problema modificato presenta una discontinuità lungo una curva nel piano (x, t) si ha

$$\lim_{\epsilon \to 0^+} R_2(\epsilon) \neq 0,$$

dato che l'integrale contenente il termine $\left(\frac{\partial u}{\partial x}\right)^2$ è, in generale, illimitato.
D'altra parte $R_2(\epsilon) \leq 0$ per ogni $\epsilon > 0$, essendo $\partial^2\eta/\partial u^2 > 0$, dunque la soluzione debole al limite per $\epsilon \to 0^+$ soddisfa

$$\int_{t_1}^{t_2} \int_{x_1}^{x_2} \left[\frac{\partial\eta}{\partial t}(u) + \frac{\partial\Psi}{\partial x}(u)\right] dxdt \leq 0 \quad \forall x_1, x_2, t_1, t_2. \tag{15.9}$$

In altre parole

$$\frac{\partial\eta}{\partial t}(u) + \frac{\partial\Psi}{\partial x}(u) \leq 0, \quad x \in \mathbb{R}, \quad t > 0$$

in senso debole.

Vi è ovviamente una relazione tra quanto appena visto e la nozione di soluzione entropica. Se l'equazione differenziale ammette una funzione entropia η, allora una soluzione debole è una soluzione entropica se e solo se η soddisfa (15.9), ovvero, le soluzioni entropiche sono soluzioni-limite del problema modificato (15.8) per $\epsilon \to 0^+$.

15.2 Approssimazione alle differenze finite

Ritorniamo a considerare l'equazione iperbolica non lineare (15.1), con la condizione iniziale $u(x,0) = u_0(x)$, $x \in \mathbb{R}$. Indichiamo con $a(u) = F'(u)$ la velocità caratteristica.

Anche per questo problema possiamo usare uno schema esplicito alle differenze finite della forma (13.13). L'interpretazione di $H_{j+1/2}^n = H(u_j^n, u_{j+1}^n)$ è la seguente

$$H_{j+1/2}^n \simeq \frac{1}{\Delta t} \int_{t^n}^{t^{n+1}} F(u(x_{j+1/2}, t))dt,$$

ovvero $H_{j+1/2}^n$ approssima il flusso medio attraverso $x_{j+1/2}$ nell'intervallo di tempo $[t^n, t^{n+1}]$. Per avere consistenza, il flusso numerico $H(\cdot, \cdot)$ deve verificare

$$H(\overline{u}, \overline{u}) = F(\overline{u}), \tag{15.10}$$

nel caso in cui $\overline{u}$ sia una costante. Sotto l'ipotesi (15.10), grazie ad un classico risultato di Lax e Wendroff, le funzioni u tali che

$$u(x_j, t^n) = \lim_{\Delta t, h \to 0} u_j^n ,$$

sono soluzioni deboli del problema di partenza. Sfortunatamente, però, non è assicurato che le soluzioni ottenute in questa maniera soddisfino la condizione d'entropia (ovvero non è detto che le soluzioni deboli siano anche soluzioni entropiche).

Al fine di "recuperare" le soluzioni entropiche, gli schemi numerici devono introdurre un'adeguata diffusione numerica, come suggerito dall'analisi della Sez. 15.1.

Riscriviamo a tal fine (13.13) nella forma

$$u_j^{n+1} = G(u_{j-1}^n, u_j^n, u_{j+1}^n) \qquad (15.11)$$

e introduciamo alcune definizioni. Lo schema numerico (15.11) è detto:

- *monotono* se G è una funzione monotona crescente di ognuno dei suoi argomenti;
- *limitato* se esiste $C > 0$ tale che $\sup_{j,n} |u_j^n| \le C$;
- *stabile* se $\forall\, h > 0$, $\exists\, \delta_0 > 0$ (possibilmente dipendente da h) t.c., per ogni $0 < \Delta t < \delta_0$, se $\mathbf{u}^n$ e $\mathbf{v}^n$ sono le soluzioni alle differenze finite, ottenute a partire da due dati iniziali $\mathbf{u}^0$ e $\mathbf{v}^0$, allora

$$\|\mathbf{u}^n - \mathbf{v}^n\|_\Delta \le C_T \|\mathbf{u}^0 - \mathbf{v}^0\|_\Delta \, , \qquad (15.12)$$

per ogni $n \ge 0$ t.c. $n\Delta t \le T$ e per ogni scelta dei dati iniziali $\mathbf{u}^0$ e $\mathbf{v}^0$. La costante $C_T > 0$ è indipendente da Δt e h, e $\|\cdot\|_\Delta$ è una opportuna norma discreta, come quelle introdotte in (13.26). Si noti che per problemi lineari questa definizione è equivalente alla (13.25). Si parlerà di stabilità forte quando in (15.12) si può prendere $C_T = 1$ per ogni $T > 0$.

A titolo di esempio, ponendo per semplicità di notazione $F_j = F(u_j)$, lo schema di Lax-Friedrichs per il problema (15.1) si realizza attraverso lo schema generale (13.13) in cui si prenda

$$H_{j+1/2} = \frac{1}{2}\left[F_{j+1} + F_j - \frac{1}{\lambda}(u_{j+1} - u_j)\right] \, .$$

Questo metodo è consistente, stabile e monotono purché valga la seguente condizione (analoga alla condizione CFL già vista nel caso lineare)

$$\left|F'(u_j^n)\right|\frac{\Delta t}{h} \le 1 \quad \forall j \in \mathbb{Z}\,, \quad \forall n \in \mathbb{N}. \qquad (15.13)$$

Un classico risultato di N.N. Kuznetsov stabilisce che schemi monotoni del tipo (15.11) sono limitati, stabili, convergenti alla soluzione entropica ed hanno un'accuratezza al massimo del primo ordine sia rispetto al tempo che allo spazio, ovvero esiste una costante $C > 0$ t.c.

$$\max_{j,n}|u_j^n - u(x_j, t^n)| \le C(\Delta t + h).$$

Essi sono in genere troppo dissipativi e non generano soluzioni accurate a meno che non si usino griglie molto raffinate.

Schemi di ordine più elevato (i cosiddetti *high order shock capturing schemes*) sono stati sviluppati usando tecniche che permettono di calibrare la dissipazione numerica in funzione della regolarità locale della soluzione, al fine di risolvere correttamente le discontinuità (assicurando la convergenza a soluzioni entropiche ed evitando oscillazioni spurie) utilizzando globalmente una dissipazione numerica minima. Questa problematica è complessa e non può essere affrontata con eccessivo desiderio di sintesi. Per approfondimenti rinviamo ai testi [LeV02b], [LeV07], [GR96] e [Hir88].

15.3 Approssimazione con elementi finiti discontinui

Per la discretizzazione del problema (15.1) consideriamo ora l'approssimazione spaziale basata su elementi finiti discontinui. Usando le stesse notazioni introdotte nella Sez. 14.4, cerchiamo per ogni $t > 0$ $u_h(t) \in W_h$ tale che si abbia $\forall j = 0, \ldots, m - 1$ e $\forall v_h \in \mathbb{P}_r(I_j)$,

$$
\int_{I_j} \frac{\partial u_h}{\partial t} v_h \, dx - \int_{I_j} F(u_h) \frac{\partial v_h}{\partial x} dx + H_{j+1}(u_h) v_h^-(x_{j+1}) - H_j(u_h) v_h^+(x_j) = 0,
$$

$$(15.14)$$

essendo $I_j = [x_j, x_{j+1}]$. Il dato iniziale u_h^0 è fornito dalle relazioni

$$
\int_{I_j} u_h^0 v_h dx = \int_{I_j} u_0 v_h dx, \quad j = 0, \ldots, m - 1.
$$

La funzione H_j denota ora il flusso non lineare nel nodo x_j e dipende dai valori di u_h in x_j, ovvero

$$
H_j(u_h(t)) = H(u_h^-(x_j, t), u_h^+(x_j, t)), \tag{15.15}
$$

per un opportuno flusso numerico $H(\cdot, \cdot)$. Se $j = 0$ si dovrà porre $u_h^-(x_0, t) = \phi(t)$, che è il dato al bordo nell'estremo di sinistra (ammesso naturalmente che questo sia il punto di *inflow*).

Osserviamo che esistono varie possibilità di scelta per la funzione H. La prima richiesta è che il flusso numerico H sia consistente con il flusso F, ovvero soddisfi la proprietà (15.10) per ogni valore costante $\overline{u}$. Inoltre, vogliamo che tali scelte diano luogo in (15.14) a schemi che siano perturbazioni di schemi *monotoni*. Questi ultimi, infatti, come già accennato nella sezione precedente, pur essendo solo del primo ordine, sono stabili e convergono alla soluzione entropica. Precisamente, pretendiamo che (15.14) sia uno schema monotono quando $r = 0$. In tal caso detto $u_h^{(j)}$ il *valore costante* di u_h su I_j, la (15.14) diventa

$$
h_j \frac{\partial}{\partial t} u_h^{(j)}(t) + H(u_h^{(j)}(t), u_h^{(j+1)}(t)) - H(u_h^{(j-1)}(t), u_h^{(j)}(t)) = 0, \tag{15.16}
$$

con dato iniziale $u_h^{0,(j)} = h_j^{-1} \int_{x_j}^{x_{j+1}} u_0 \, dx$ nell'intervallo I_j, $j = 0, \ldots, m - 1$, avendo indicato con $h_j = x_{j+1} - x_j$ l'ampiezza di I_j.

Affinché lo schema (15.16) sia monotono, il flusso H deve essere monotono, il che equivale a dire che $H(v, w)$ è:

-   una funzione Lipschitziana dei suoi due argomenti;
-   una funzione non decrescente in v e non crescente in w. Simbolicamente, $H(\uparrow, \downarrow)$;
-   consistente con il flusso F, ovvero $H(\overline{u}, \overline{u}) = F(\overline{u})$, per ogni costante $\overline{u}$.

Alcuni celebri esempi di flusso monotono sono i seguenti:

1. *Flusso di Godunov*

$$H(v,w) = \begin{cases} \min_{v \le u \le w} F(u) & \text{se } v \le w, \\ \max_{w \le u \le v} F(u) & \text{se } v > w; \end{cases}$$

2. *Flusso di Engquist-Osher*

$$H(v,w) = \int\limits_0^v \max(F'(u),0)du + \int\limits_0^w \min(F'(u),0)du + F(0);$$

3. *Flusso di Lax-Friedrichs*

$$H(v,w) = \frac{1}{2}[F(v) + F(w) - \delta(w - v)], \quad \delta = \max_{\inf_x u_0(x) \le u \le \sup_x u_0(x)} |F'(u)|.$$

Il flusso di Godunov è quello che dà luogo alla minor quantità di dissipazione numerica, quello di Lax-Friedrichs è il meno costoso da valutare. Tuttavia l'esperienza numerica suggerisce che se il grado r aumenta, la scelta del flusso H non ha conseguenze significative sulla qualità dell'approssimazione.

Nel caso lineare, in cui $F(u) = au$, tutti i flussi precedenti coincidono e sono uguali al flusso *upwind*

$$H(v,w) = a\frac{v + w}{2} - \frac{|a|}{2}(w - v). \tag{15.17}$$

In tal caso osserviamo che lo schema (15.14) coincide esattamente con quello introdotto in (14.42) allorché $a > 0$. Infatti, posto $a_0 = 0$ e $f = 0$ in (14.42) e integrando per parti si ottiene, per ogni $j = 1, \ldots, m - 1$

$$\int_{I_j} \frac{\partial u_h}{\partial t} v_h \, dx - \int_{I_j} (au_h)\frac{\partial v_h}{\partial x} \, dx \\ +(au_h)^-(x_{j+1})v_h^-(x_{j+1}) - (au_h)^-(x_j)v_h^+(x_j) = 0, \tag{15.18}$$

ovvero la (15.14), tenendo conto che nel caso in esame $au_h = F(u_h)$ e $\forall j = 1, \ldots, m - 1$

$$(au_h)^-(x_j) = a\frac{u_h^-(x_j) + u_h^+(x_j)}{2} - \frac{a}{2}(u_h^+(x_j) - u_h^-(x_j)) = H_j(u_h).$$

La verifica nel caso $j = 0$ è ovvia.

In tal caso, indicato con $[u_h]_j = u_h^+(x_j) - u_h^-(x_j)$, si ha il seguente risultato di stabilità

$$\|u_h(t)\|_{L^2(\alpha,\beta)}^2 + \theta(u_h(t)) \le \|u_h^0\|_{L^2(\alpha,\beta)}^2$$

avendo posto

$$\theta(u_h(t)) = |a|\int\limits_0^t \sum_{j=1}^{m-1} [u_h(t)]_j^2 dt.$$

Si noti come anche i salti siano controllati dal dato iniziale. L'analisi di convergenza fornisce il seguente risultato (nell'ipotesi che $u_0 \in \mathrm{H}^{r+1}(\alpha, \beta)$)

$$\|u(t) - u_h(t)\|_{\mathrm{L}^2(\alpha,\beta)} \leq Ch^{r+1/2}|u_0|_{\mathrm{H}^{r+1}(\alpha,\beta)}, \tag{15.19}$$

dunque un ordine di convergenza ($= r + 1/2$) più grande di quello ($= r$) che si avrebbe usando elementi finiti continui, come già riscontrato nel caso lineare (si veda la (14.48)). Nel caso non lineare e per $r = 0$, definendo la seminorma

$$|v|_{TV(\alpha,\beta)} = \sum_{j=0}^{m-1} |v_{j+1} - v_j|, \quad v \in W_h,$$

e prendendo il flusso numerico di Engquist-Osher nella (15.16), si ha il seguente risultato (dovuto a N.N. Kuznestov)

$$\|u(t) - u_h(t)\|_{\mathrm{L}^1(\alpha,\beta)} \leq \|u_0 - u_h^0\|_{\mathrm{L}^1(\alpha,\beta)} + C|u_0|_{TV(\alpha,\beta)}\sqrt{th}.$$

Inoltre, $|u_h(t)|_{TV(\alpha,\beta)} \leq |u_h^0|_{TV(\alpha,\beta)} \leq |u_0|_{TV(\alpha,\beta)}$.

Per la discretizzazione temporale, scriviamo dapprima lo schema (15.14) nella forma algebrica

$$\mathrm{M}_h \frac{d}{dt} \mathbf{u}_h(t) = L_h(\mathbf{u}_h(t), t), \quad t \in (0, T),$$

$$\mathbf{u}_h(0) = \mathbf{u}_h^0,$$

essendo $\mathbf{u}_h(t)$ il vettore dei gradi di libertà, $L_h(\mathbf{u}_h(t), t)$ il vettore risultante della discretizzazione del termine di flusso $-\frac{\partial F}{\partial x}$ e M_h la matrice di massa. M_h è una matrice diagonale a blocchi il cui j-esimo blocco è la matrice di massa relativa all'elemento I_j (come già osservato quest'ultima è diagonale se si ricorre ad una base di polinomi di Legendre).

Per la discretizzazione temporale, oltre agli schemi di Eulero precedentemente considerati possiamo ricorrere al seguente metodo di Runge-Kutta del 2° ordine:

$$\mathrm{M}_h(\mathbf{u}_h^* - \mathbf{u}_h^n) = \Delta t L_h(\mathbf{u}_h^n, t^n),$$

$$\mathrm{M}_h(\mathbf{u}_h^{**} - \mathbf{u}_h^*) = \Delta t L_h(\mathbf{u}_h^*, t^{n+1}),$$

$$\mathbf{u}_h^{n+1} = \tfrac{1}{2}(\mathbf{u}_h^n + \mathbf{u}_h^{**}).$$

Nel caso del problema lineare (in cui $F(u) = au$), usando $r = 1$ questo schema è stabile nella norma $\| \cdot \|_{\mathrm{L}^2(\alpha,\beta)}$ purché sia soddisfatta la condizione

$$\Delta t \leq \frac{1}{3} \frac{h}{|a|}.$$

Per r arbitrario, l'evidenza numerica mostra che bisogna utilizzare uno schema di ordine $2r + 1$, in tal caso si ha stabilità sotto la condizione

$$\Delta t \leq \frac{1}{2r + 1} \frac{h}{|a|}.$$

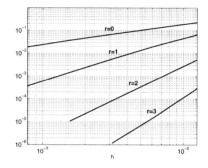

Figura 15.5. Errore $\|u - u_h\|_{L^2(0,1)}$ ottenuto risolvendo un problema di trasporto lineare con dato iniziale regolare usando elementi finiti discontinui di grado r rispettivamente pari a 0, 1, 2 e 3. L'errore è stato calcolato al tempo $t = 0.01$. Lo schema di avanzamento in tempo è quello di Runge-Kutta del terz'ordine con $\Delta t = 5 \times 10^{-4}$

Riportiamo lo schema di Runge-Kutta del 3° ordine, da usare preferibilmente quando $r = 1$

$$M_h(\mathbf{u}_h^* - \mathbf{u}_h^n) = \Delta t L_h(\mathbf{u}_h^n, t^n),$$

$$M_h(\mathbf{u}_h^{**} - (\tfrac{3}{4}\mathbf{u}_h^n + \tfrac{1}{4}\mathbf{u}_h^*)) = \tfrac{1}{4}\Delta t L_h(\mathbf{u}_h^*, t^{n+1}), \qquad (15.20)$$

$$M_h(u_h^{n+1} - (\tfrac{1}{3}\mathbf{u}_h^n + \tfrac{2}{3}\mathbf{u}_h^{**})) = \tfrac{2}{3}\Delta t L_h(\mathbf{u}_h^{**}, t^{n+1/2}).$$

Esempio 15.2 Consideriamo ancora il problema dell'Esempio 14.2, che risolviamo con il metodo degli elementi finiti discontinui, utilizzando lo schema di Runge-Kutta del terz'ordine per l'avanzamento temporale. L'obiettivo è di verificare sperimentalmente la (15.19). A tal scopo abbiamo usato un passo temporale molto piccolo, $\Delta t = 5 \times 10^{-4}$, e 5 valori decrescenti del passo h ottenuti dividendo ripetutamente per 2 il valore iniziale $h = 12.5 \times 10^{-3}$. Si è confrontato l'errore in norma $L^2(0,1)$ al tempo $t = 0.01$ per elementi di grado r pari a 0, 1, 2 e 3. Il risultato è riportato in scala logaritmica in Fig. 15.5. Esso è in buon accordo con la teoria secondo la quale l'errore tende a zero come $h^{r+1/2}$. In effetti, per $r = 1$ in questo caso particolare la convergenza è più rapida di quanto predetto dalla teoria: i dati numerici forniscono un ordine di convergenza molto vicino a 2. Nel caso di $r > 1$ non sono stati riportati i risultati per i valori più piccoli di h in quanto per tali valori (e per il Δt scelto) il problema è numericamente instabile.   ∎

Esempio 15.3 Consideriamo lo stesso problema di trasporto lineare dell'esempio precedente, usando ora come dato iniziale l'onda quadra illustrata a sinistra nella Fig. 15.6. Essendo il dato iniziale discontinuo l'utilizzo di elementi di grado elevato non migliora l'ordine di convergenza, che risulta essere, per tutti i valori di r considerati, molto vicino al valore teorico di $1/2$. In Fig. 15.7 si mostrano le oscillazioni nella vicinanza della discontinuità della soluzione caso $r = 2$, responsabili del degrado della convergenza, mentre la soluzione per $r = 0$ non mostra alcuna oscillazione.   ∎

Nel caso del problema non lineare utilizzando lo schema di Runge-Kutta del 2° ordine con $r = 0$ sotto la condizione (15.13) si ottiene

$$|u_h^n|_{TV(\alpha,\beta)} \leq |u_0|_{TV(\alpha,\beta)},$$

ovvero la stabilità forte nella norma $|\cdot|_{TV(\alpha,\beta)}$.

Quando non si faccia ricorso a schemi monotoni, è molto più difficile ottenere la stabilità forte. In questo caso ci si può limitare a garantire che la variazione totale delle *medie locali* sia uniformemente limitata. (Si veda [Coc98].)

Esempio 15.4 Questo esempio vuole illustrare una caratteristica tipica dei problemi non lineari, cioè come si possano sviluppare discontinuità nella soluzione anche a partire da un dato iniziale regolare. A tale scopo consideriamo l'equazione di Burgers (15.2) nell'intervallo $(0, 1)$, con dato iniziale (si veda la Fig. 15.8)

$$u_0(x) = \begin{cases} 1, & 0 \leq x \leq \frac{5}{12}, \\ 54(2x - \frac{5}{6})^3 - 27(2x - \frac{5}{6})^2 + 1, & \frac{5}{12} < x < \frac{7}{12}, \\ 0, & \frac{7}{12} \leq x \leq 1. \end{cases}$$

Si può verificare facilmente che u_0, illustrata in Fig. 15.8, è di classe $C^1(0, 1)$.

Si è quindi considerata la soluzione numerica ottenuta con il metodo Galerkin discontinuo, utilizzando lo schema di Runge-Kutta del terz'ordine con un passo temporale $\Delta t = 10^{-3}$ e $h = 0.01$, per $r = 0$, $r = 1$ e $r = 2$. La Fig. 15.9 mostra la soluzione al tempo $t = 0.5$ ottenuta con tali schemi. Si può notare come si sia sviluppata una discontinuità che lo schema numerico risolve senza oscillazioni nel caso $r = 0$, mentre per ordini più elevati si hanno delle oscillazioni nelle vicinanze della discontinuità stessa. ∎

Per eliminare le oscillazioni nelle vicinanze della discontinuità della soluzione si può usare la tecnica dei limitatori di flusso (*flux limiters*), la cui descrizione esula dagli scopi di questo libro. Rimandiamo al proposito il lettore alla bibliografia già citata. Ci

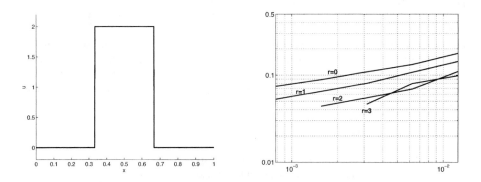

Figura 15.6. Errore $\|u - u_h\|_{L^2(0,1)}$ ottenuto risolvendo un problema di trasporto lineare con dato iniziale illustrato nella figura a sinistra. Si sono usati elementi finiti discontinui di grado r rispettivamente pari a 0, 1, 2 e 3. L'errore è stato calcolato al tempo $t = 0.01$. Lo schema di avanzamento in tempo è quello di Runge-Kutta del terz'ordine con $\Delta t = 5 \times 10^{-4}$

limitiamo a dire che lo schema di Runge-Kutta del terz'ordine (15.20) si modifica
come segue:

$$\mathbf{u}_h^* = \Lambda_h \left(\mathbf{u}_h^n + \Delta t \mathrm{M}_h^{-1} L_h(\mathbf{u}_h^n, t^n) \right),$$

$$\mathbf{u}_h^{**} = \Lambda_h \left(\tfrac{3}{4} \mathbf{u}_h^n + \tfrac{1}{4} \mathbf{u}_h^* + \tfrac{1}{4} \Delta t \mathrm{M}_h^{-1} L_h(\mathbf{u}_h^*, t^{n+1}) \right),$$

$$\mathbf{u}_h^{n+1} = \Lambda_h \left(\tfrac{1}{3} \mathbf{u}_h^n + \tfrac{2}{3} \mathbf{u}_h^{**} + \tfrac{2}{3} \Delta t \mathrm{M}_h^{-1} L_h(\mathbf{u}_h^{**}, t^{n+1/2}) \right),$$

essendo Λ_h il limitatore di flusso, che è funzione anche delle variazioni della soluzione calcolata, cioè della differenza di valori tra due nodi adiacenti. Esso è pari al-
l'operatore identità laddove la soluzione è regolare, mentre ne limita le variazioni se
queste provocano l'insorgenza di oscillazioni ad alta frequenza nella soluzione numerica. Chiaramente Λ_h va costruito in modo opportuno, in particolare deve mantenere
le proprietà di consistenza e conservazione dello schema e scostarsi il meno possibile
dall'operatore identità per non far degradare l'accuratezza.

A titolo esemplificativo riportiamo in Fig. 15.10 il risultato ottenuto con elementi
finiti discontinui lineari ($r = 1$) per lo stesso caso test di Fig. 15.9 applicando la
tecnica dei limitatori di flusso. La soluzione numerica ottenuta risulta più regolare,
anche se leggermente più diffusiva di quella di Fig. 15.9.

Esempio 15.5 Consideriamo ora un secondo problema, dove il dato iniziale è quello di Fig.
15.11, ottenuto riflettendo specularmente rispetto alla retta $x = 0.5$ il dato del caso test precedente. Mantenendo invariati tutti gli altri parametri della simulazione numerica esaminiamo
di nuovo la soluzione a $t = 0.5$. Essa è illustrata in Fig. 15.12. In questo caso la soluzione
rimane continua, in quanto per questa condizione iniziale, le linee caratteristiche (che nel caso della equazione di Burgers sono delle rette nel piano (x, t) di pendenza pari a $\arctan u^{-1}$)
non si incrociano mai. L'ingrandimento permette di apprezzare in modo qualitativo la migliore
accuratezza della soluzione ottenuta per $r = 2$ rispetto a quella ottenuta per $r = 1$.   ■

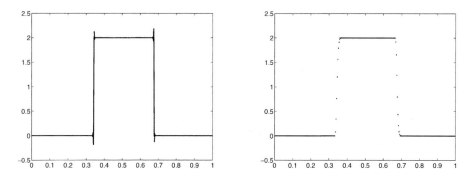

Figura 15.7. Soluzione al tempo $t = 0.01$ e per $h = 3.125 \times 10^{-3}$ per il caso test di Fig. 15.6.
A sinistra il caso $r = 3$: si noti la presenza di oscillazioni nelle vicinanze delle discontinuità,
mentre altrove la soluzione è accurata. A destra si mostra la soluzione ottenuta usando la stessa
discretizzazione spaziale e temporale per $r = 0$

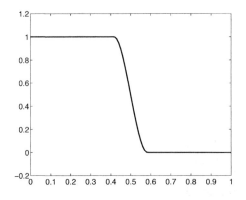

Figura 15.8. Soluzione iniziale u_0 per il primo caso test del problema di Burgers

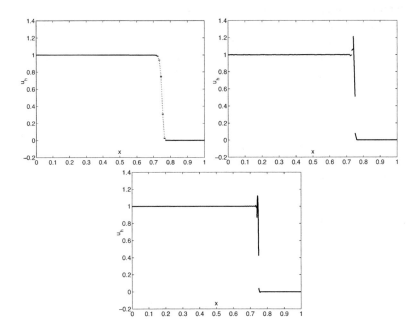

Figura 15.9. Soluzione al tempo $t = 0.5$ per il primo caso test del problema di Burgers. Confronto tra la soluzione numerica per $r = 0$ (in alto a sinistra), $r = 1$ (in alto a destra) e $r = 2$ (in basso). Per il caso $r = 0$ la soluzione discreta, costante a tratti, è stata evidenziata collegando con una linea punteggiata i valori in corrispondenza al punto medio di ogni elemento

15.4 Sistemi iperbolici non-lineari

Accenniamo infine al caso dei sistemi di equazioni iperboliche non lineari. Un esempio classico è fornito dalle equazioni di Eulero che si ottengono dalle seguenti

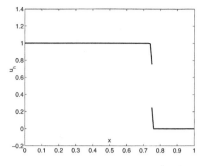

Figura 15.10. Soluzione al tempo $t = 0.5$ per il primo caso test del problema di Burgers. Soluzione ottenuta per $r = 1$ applicando la tecnica dei limitatori di flusso per regolarizzare la soluzione numerica nelle vicinanze della discontinuità

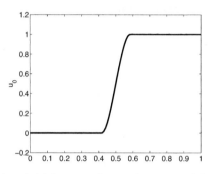

Figura 15.11. Soluzione iniziale u_0 per il secondo caso test del problema di Burgers

equazioni di Navier-Stokes (per fluidi comprimibili) in $\mathbb{R}^d$, $d = 1, 2, 3$,

$$\frac{\partial \rho}{\partial t} + \sum_{j=1}^{d} \frac{\partial(\rho u_j)}{\partial x_j} = 0,$$

$$\frac{\partial(\rho u_i)}{\partial t} + \sum_{j=1}^{d} \left[\frac{\partial(\rho u_i u_j + \delta_{ij} p)}{\partial x_j} - \frac{\partial \tau_{ij}}{\partial x_j} \right] = 0, \quad i = 1, \ldots, d \qquad (15.21)$$

$$\frac{\partial \rho e}{\partial t} + \sum_{j=1}^{d} \left[\frac{\partial(\rho h u_j)}{\partial x_j} - \frac{\partial(\sum_{i=1}^{d} u_i \tau_{ij} + q_j)}{\partial x_j} \right] = 0.$$

Le variabili hanno il seguente significato: $\mathbf{u} = (u_1, \ldots, u_d)^T$ è il vettore delle velocità, ρ la densità, p la pressione, $e_i + \frac{1}{2}|\mathbf{u}|^2$ l'energia totale per unità di massa, pari alla somma dell'energia interna e_i e dell'energia cinetica del fluido, $h = e + p/\rho$ l'entalpia totale per unità di massa, $\mathbf{q}$ il flusso termico e infine

$$\tau_{ij} = \mu \left[\left(\frac{\partial u_j}{\partial x_i} + \frac{\partial u_i}{\partial x_j} \right) - \frac{2}{3} \delta_{ij} \mathrm{div} \mathbf{u} \right], \qquad i, j = 1, \ldots, d$$

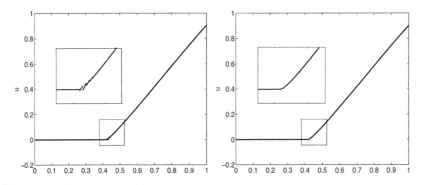

Figura 15.12. Soluzione al tempo $t = 0.5$ per il secondo caso test del problema di Burgers. Confronto tra la soluzione ottenuta per $r = 1$ (a sinistra) e quella per $r = 2$ (a destra). Nel riquadro è illustrato un ingrandimento della soluzione numerica che permette di apprezzare qualitativamente la migliore accuratezza ottenuta per $r = 2$

il tensore degli sforzi (essendo μ la viscosità molecolare del fluido).

Le equazioni del sistema precedente descrivono la conservazione della massa, del momento e dell'energia, rispettivamente.

Per completare il sistema è necessario assegnare una legge che leghi e alle variabili $\rho, p, \mathbf{u}$, del tipo

$$e = \Phi(\rho, p, \mathbf{u}).$$

Tale legge viene normalmente derivata dalle equazioni di stato del fluido in esame. In particolare le equazioni di stato del gas ideale

$$p = \rho R T, \qquad e_i = C_v T,$$

dove $R = C_p - C_v$ è la costante del gas e T la temperatura, forniscono

$$e = \frac{p}{\rho(\gamma - 1)} + \frac{1}{2}|\mathbf{u}|^2,$$

dove $\gamma = C_p/C_v$ è il rapporto tra i calori specifici a pressione ed a volume costante, rispettivamente. Il flusso termico $\mathbf{q}$ viene usualmente legato al gradiente di temperatura tramite la legge di Fick

$$\mathbf{q} = -\kappa \nabla T = -\frac{\kappa}{C_v} \nabla(e - \frac{1}{2}|\mathbf{u}|^2),$$

essendo κ la conducibilità termica del fluido in esame.

Se $\mu = 0$ e $\kappa = 0$, si ottengono le equazioni di Eulero per fluidi non viscosi. Il lettore interessato può trovarle in testi specializzati di fluidodinamica oppure nella teoria dei sistemi iperbolici non lineari, quali per esempio [Hir88] o [GR96]. Tali equazioni possono essere scritte in forma compatta nel seguente modo

$$\frac{\partial \mathbf{w}}{\partial t} + \operatorname{Div} F(\mathbf{w}) = \mathbf{0}, \tag{15.22}$$

essendo $\mathbf{w} = (\rho, \rho\mathbf{u}, \rho e)^T$ il vettore delle cosiddette *variabili conservate*. La matrice dei flussi $F(\mathbf{w})$, funzione non lineare di $\mathbf{w}$, si può ottenere dalle (15.21). Ad esempio, se $d = 2$, abbiamo

$$
F(\mathbf{w}) = \begin{bmatrix} \rho u_1 & \rho u_2 \\ \rho u_1^2 + p & \rho u_1 u_2 \\ \rho u_1 u_2 & \rho u_2^2 + p \\ \rho h u_1 & \rho h u_2 \end{bmatrix}.
$$

Infine si è indicato con Div l'operatore di divergenza di un tensore: se $\boldsymbol{\tau}$ è un tensore di componenti (τ_{ij}), la sua divergenza è un vettore di componenti

$$
(\mathrm{Div}(\boldsymbol{\tau}))_k = \sum_{j=1}^{d} \frac{\partial}{\partial x_j}(\tau_{kj}), \quad k = 1, ..., d. \tag{15.23}
$$

La (15.22) è detta *forma conservativa delle equazioni di Eulero*. Infatti integrandola su una qualsiasi regione $\Omega \subset \mathbb{R}^d$ ed usando il teorema di Gauss si ottiene

$$
\frac{d}{dt} \int_{\Omega} \mathbf{w}\, d\Omega + \int_{\partial\Omega} F(\mathbf{w}) \cdot \mathbf{n}\, d\gamma = 0.
$$

Ciò si interpreta dicendo che *la variazione nel tempo di $\mathbf{w}$ in Ω è bilanciata dalla variazione dei flussi attraverso la frontiera di Ω*. La (15.22) è pertanto una legge di conservazione.

Le equazioni di Navier-Stokes possono essere scritte anch'esse in forma conservativa come segue

$$
\frac{\partial \mathbf{w}}{\partial t} + \mathrm{Div}\, F(\mathbf{w}) = \mathrm{Div}\, G(\mathbf{w}),
$$

dove $G(\mathbf{w})$ sono i cosiddetti *flussi viscosi*. Sempre nel caso $d = 2$ essi sono dati da

$$
G(\mathbf{w}) = \begin{bmatrix} 0 & 0 \\ \tau_{11} & \tau_{12} \\ \tau_{21} & \tau_{22} \\ \rho h u_1 + \mathbf{u} \cdot \boldsymbol{\tau}_1 + q_1 & \rho h u_2 + \mathbf{u} \cdot \boldsymbol{\tau}_2 + q_2 \end{bmatrix}
$$

dove $\boldsymbol{\tau}_1 = (\tau_{11}, \tau_{21})^T$ e $\boldsymbol{\tau}_2 = (\tau_{12}, \tau_{22})^T$.

Riscriviamo ora il sistema (15.22) nella forma

$$
\frac{\partial \mathbf{w}}{\partial t} + \sum_{i=1}^{d} \frac{\partial F_i(\mathbf{w})}{\partial \mathbf{w}} \frac{\partial \mathbf{w}}{\partial x_i} = 0. \tag{15.24}
$$

Essa è un caso particolare di problema della forma seguente

$$
\frac{\partial \mathbf{w}}{\partial t} + \sum_{i=1}^{d} A_i(\mathbf{w}) \frac{\partial \mathbf{w}}{\partial x_i} = \mathbf{0}, \tag{15.25}
$$

detta *forma quasi-lineare*. Se la matrice $A^\alpha(\mathbf{w}) = \sum_{i=1}^d \alpha_i A_i(\mathbf{w})$ è diagonalizzabile per tutti i valori reali di $\{\alpha_1, \ldots, \alpha_d\}$ ed i suoi autovalori sono reali e distinti, allora il sistema (15.25) è strettamente iperbolico.

Esempio 15.6 Un semplice esempio di problema strettamente iperbolico è fornito dal cosiddetto *sistema p*:

$$\frac{\partial v}{\partial t} - \frac{\partial u}{\partial x} = 0,$$

$$\frac{\partial u}{\partial t} + \frac{\partial}{\partial x} p(v) = 0.$$

Se $p'(v) < 0$, i due autovalori della matrice jacobiana

$$A(\mathbf{w}) = \begin{pmatrix} 0 & -1 \\ p'(v) & 0 \end{pmatrix}$$

sono

$$\lambda_1(v) = -\sqrt{-p'(v)} < 0 < \lambda_2(v) = +\sqrt{-p'(v)}.$$

∎

Esempio 15.7 Per il sistema di Eulero monodimensionale (ovvero con $d = 1$) si ha: $\mathbf{w} = (\rho, \rho u, e)^T$ e $F(\mathbf{w}) = (\rho u, \rho u^2 + p, u(e + p))^T$. Gli autovalori della matrice $A_1(\mathbf{w})$ del sistema sono $u - c, u, u + c$ dove $c = \sqrt{\gamma \frac{p}{\rho}}$ è la velocità del suono. Essendo $u, c \in \mathbb{R}$, gli autovalori sono reali e distinti e quindi il sistema di Eulero monodimensionale è strettamente iperbolico. ∎

Si possono estendere al caso dei sistemi le considerazioni fatte sulle discontinuità della soluzione nel caso scalare, introducendo anche qui il concetto di soluzione debole. In particolare, anche in questo caso, si ha un'unica soluzione debole entropica. La condizione di entropia può essere estesa nel caso di sistemi, usando per esempio quella proposta da Lax. Osserviamo che nel caso del sistema monodimensionale (15.22) le condizioni di salto di Rankine-Hugoniot si scrivono nella forma

$$F(\mathbf{w}_+) - F(\mathbf{w}_-) = \sigma(\mathbf{w}_+ - \mathbf{w}_-),$$

essendo $\mathbf{w}_\pm$ i due stati costanti che rappresentano i valori delle incognite attraverso la discontinuità e σ rappresenta ancora la velocità con cui si propaga la discontinuità. Usando il teorema fondamentale del calcolo, tale relazione si scrive nella forma

$$\sigma(\mathbf{w}_+ - \mathbf{w}_-) = \int_0^1 DF(\theta\mathbf{w}_+ + (1-\theta)\mathbf{w}_-) \cdot (\mathbf{w}_+ - \mathbf{w}_-) d\theta$$
$$= A(\mathbf{w}_-, \mathbf{w}_+) \cdot (\mathbf{w}_+ - \mathbf{w}_-), \tag{15.26}$$

dove la matrice

$$A(\mathbf{w}_-, \mathbf{w}_+) = \int_0^1 DF(\theta\mathbf{w}_+ + (1-\theta)\mathbf{w}_-) d\theta$$

rappresenta il valor medio dello Jacobiano di F (indicato con DF) lungo il segmento che congiunge $\mathbf{w}_-$ con $\mathbf{w}_+$. La relazione (15.26) mostra che, in ogni punto di salto, la differenza tra gli stati destro e sinistro $\mathbf{w}_+ - \mathbf{w}_-$ è un autovettore della matrice $A(\mathbf{w}_-, \mathbf{w}_+)$, mentre la velocità del salto σ coincide con il corrispondente autovalore $\lambda = \lambda(\mathbf{w}_-, \mathbf{w}_+)$. Chiamando $\lambda_i(\mathbf{w})$ l'i−esimo autovalore della matrice

$$A(\mathbf{w}) = DF(\mathbf{w}),$$

la *condizione di ammissibilità* di Lax richiede che

$$\lambda_i(\mathbf{w}_+) \leq \sigma \leq \lambda_i(\mathbf{w}_-) \quad \text{per ogni } i.$$

Intuitivamente, ciò significa che per uno shock della i−esima famiglia, la velocità a cui esso viaggia deve essere maggiore della velocità $\lambda_i(\mathbf{w}_+)$ delle onde immediatamente di fronte allo shock e minore della velocità $\lambda_i(\mathbf{w}_-)$ delle onde dietro lo shock.

Nel caso di sistemi iperbolici di m equazioni ($m > 1$), l'entropia η e il flusso associato Ψ sono ancora delle funzioni scalari e la relazione (15.5) diventa

$$\nabla\Psi(\mathbf{u}) = \frac{d\mathbf{F}}{d\mathbf{u}}(\mathbf{u}) \cdot \nabla\eta(\mathbf{u}), \tag{15.27}$$

che rappresenta un sistema di m equazioni e 2 incognite (η e Ψ). Se $m > 2$ tale sistema può non avere soluzioni.

Osservazione 15.2 Nel caso delle equazioni di Eulero, la funzione entropia esiste anche nel caso $m = 3$. •

Capitolo 16
Le equazioni di Navier-Stokes

Le equazioni di Navier-Stokes descrivono il moto di un fluido con densità ρ costante in un dominio $\Omega \subset \mathbb{R}^d$ (con $d = 2, 3$). Esse si scrivono nella seguente forma

$$\begin{cases} \dfrac{\partial \mathbf{u}}{\partial t} - \operatorname{div}\left[\nu \left(\nabla \mathbf{u} + \nabla \mathbf{u}^T\right)\right] + (\mathbf{u} \cdot \nabla)\mathbf{u} + \nabla p = \mathbf{f}, \, \mathbf{x} \in \Omega, \, t > 0, \\ \operatorname{div}\mathbf{u} = 0, \qquad\qquad\qquad\qquad\qquad\qquad\quad \mathbf{x} \in \Omega, \, t > 0, \end{cases} \quad (16.1)$$

essendo $\mathbf{u}$ la velocità del fluido, p la pressione divisa per la densità (che in questo capitolo chiameremo semplicemente "pressione"), $\nu = \frac{\mu}{\rho}$ la viscosità cinematica, μ la viscosità dinamica e $\mathbf{f}$ è un termine forzante per unità di massa che si suppone appartenere allo spazio $\mathrm{L}^2(\mathbb{R}^+; [\mathrm{L}^2(\Omega)]^d)$ (si veda la Sez. 5.2). La prima equazione del sistema è l'equazione di bilancio della quantità di moto, la seconda è l'equazione di conservazione della massa, detta anche equazione di continuità. Il termine $(\mathbf{u} \cdot \nabla)\mathbf{u}$ descrive il processo di trasporto convettivo, mentre $-\operatorname{div}\left[\nu(\nabla \mathbf{u} + \nabla \mathbf{u}^T)\right]$ descrive il processo di diffusione molecolare. Il sistema (16.1) può essere ottenuto dalle analoghe equazioni per fluidi comprimibili introdotte nel Cap. 15 supponendo ρ costante, utilizzando l'equazione di continuità (che ora è divenuta semplicemente $\operatorname{div}\mathbf{u} = 0$) per semplificare i vari termini e quindi dividendo le equazioni per ρ. Si noti come, a differenza del caso comprimibile, non appaia in (16.2) una equazione per l'energia. Infatti, anche se in principio è possibile scrivere una tale equazione anche per i fluidi incomprimibili, essa può essere completamente risolta una volta calcolato il campo di velocità tramite il sistema (16.1).

Nel caso in cui ν è costante, usando l'equazione di continuità, otteniamo

$$\operatorname{div}\left[\nu(\nabla \mathbf{u} + \nabla \mathbf{u}^T)\right] = \nu \left(\Delta \mathbf{u} + \nabla \operatorname{div}\mathbf{u}\right) = \nu \Delta \mathbf{u}$$

e il sistema (16.1) si può scrivere nella forma più compatta

$$\begin{cases} \dfrac{\partial \mathbf{u}}{\partial t} - \nu \Delta \mathbf{u} + (\mathbf{u} \cdot \nabla)\mathbf{u} + \nabla p = \mathbf{f}, \, \mathbf{x} \in \Omega, \, t > 0, \\ \operatorname{div}\mathbf{u} = 0, \qquad\qquad\qquad\qquad\quad \mathbf{x} \in \Omega, \, t > 0, \end{cases} \quad (16.2)$$

che è quella che considereremo nel resto del capitolo.

© Springer-Verlag Italia 2016

A. Quarteroni, *Modellistica Numerica per Problemi Differenziali*, 6a edizione, UNITEXT - La Matematica per il 3+2 100, DOI 10.1007/978-88-470-5782-1_16

Le equazioni (16.2) sono spesso chiamate equazioni di Navier-Stokes incomprimibili. Più in generale, sono detti fluidi incomprimibili quelli che soddisfano la *condizione di incomprimibilità* div$\mathbf{u} = 0$. Il moto di fluidi a densità costante soddisfa necessariamente tale condizione, tuttavia si possono avere flussi incomprimibili a densità variabile (per esempio i cosiddetti flussi stratificati), che sono governati da un diverso sistema di equazioni, dove la densità ρ appare esplicitamente. Affronteremo questo caso nella Sez. 16.9.

Affinché il problema (16.2) sia ben posto è necessario assegnare delle condizioni iniziali

$$\mathbf{u}(\mathbf{x}, 0) = \mathbf{u}_0(\mathbf{x}) \quad \forall \mathbf{x} \in \Omega, \tag{16.3}$$

unitamente a delle condizioni al contorno, per esempio, $\forall t > 0$,

$$\begin{cases} \mathbf{u}(\mathbf{x}, t) = \boldsymbol{\varphi}(\mathbf{x}, t) & \forall \mathbf{x} \in \Gamma_D, \\ \left(\nu \dfrac{\partial \mathbf{u}}{\partial \mathbf{n}} - p\mathbf{n} \right)(\mathbf{x}, t) = \boldsymbol{\psi}(\mathbf{x}, t) & \forall \mathbf{x} \in \Gamma_N, \end{cases} \tag{16.4}$$

dove $\mathbf{u}_0$, $\boldsymbol{\varphi}$ e $\boldsymbol{\psi}$ sono funzioni vettoriali assegnate, mentre Γ_D e Γ_N sono porzioni della frontiera $\partial\Omega$ di Ω tali che $\Gamma_D \cup \Gamma_N = \partial\Omega$, $\overset{\circ}{\Gamma}_D \cap \overset{\circ}{\Gamma}_N = \emptyset$ e $\mathbf{n}$ è il versore normale uscente a $\partial\Omega$. Nel caso si utilizzino le equazioni nella forma (16.1), la seconda equazione in (16.4) deve essere sostituita da

$$\left[\nu \left(\nabla\mathbf{u} + \nabla\mathbf{u}^T \right) \cdot \mathbf{n} - p\mathbf{n} \right](\mathbf{x}, t) = \boldsymbol{\psi}(\mathbf{x}, t) \quad \forall \mathbf{x} \in \Gamma_N.$$

Se indichiamo con u_i, $i = 1, \ldots, d$ le componenti del vettore $\mathbf{u}$ rispetto ad un sistema di riferimento cartesiano e con f_i quelle del vettore $\mathbf{f}$, il sistema (16.2) può essere riscritto in funzione delle singole componenti come

$$\begin{cases} \dfrac{\partial u_i}{\partial t} - \nu \Delta u_i + \sum_{j=1}^{d} u_j \dfrac{\partial u_i}{\partial x_j} + \dfrac{\partial p}{\partial x_i} = f_i, & i = 1, \ldots, d, \\ \sum_{j=1}^{d} \dfrac{\partial u_j}{\partial x_j} = 0. \end{cases}$$

Nel caso bidimensionale, le equazioni di Navier-Stokes con le condizioni al contorno indicate danno luogo a problemi ben posti in senso classico, ovvero hanno soluzioni dotate di derivate continue, e non sviluppano singolarità in tempo se il dato iniziale è regolare. Le cose cambiano nel caso tridimensionale, in cui esistenza ed unicità di soluzioni in senso classico sono state dimostrate solo per tempi piccoli. Nella sezione seguente introdurremo la formulazione debole del problema di Navier-Stokes: in questo caso è possibile dimostrare un risultato di esistenza globale (per ogni intervallo temporale). Resta tuttavia aperto il problema dell'unicità (legato peraltro al problema della regolarità), indubbiamente il problema centrale della teoria delle equazioni di Navier-Stokes.

Osservazione 16.1 Abbiamo scritto le equazioni di Navier-Stokes in termini delle cosiddette *variabili primitive* $\mathbf{u}$ e p. Altre variabili possono tuttavia essere utilizzate. Per esempio nel caso bidimensionale si adottano spesso la vorticità ω e la funzione corrente ψ, che sono legate alla velocità dalle relazioni

$$\omega = \mathrm{rot}\,\mathbf{u} = \frac{\partial u_2}{\partial x_1} - \frac{\partial u_1}{\partial x_2}, \quad \mathbf{u} = \begin{bmatrix} \dfrac{\partial \psi}{\partial x_2} \\ -\dfrac{\partial \psi}{\partial x_1} \end{bmatrix}.$$

Le diverse formulazioni sono equivalenti dal punto di vista matematico, pur dando origine a metodi di approssimazione fra loro differenti. Per ulteriori dettagli si veda ad esempio [Qua93].   •

16.1 Formulazione debole delle equazioni di Navier-Stokes

Al fine di ottenere una formulazione debole del problema (16.2)-(16.4), procediamo formalmente e moltiplichiamo la prima delle (16.2) per una funzione test $\mathbf{v}$, appartenente ad un opportuno spazio V da specificare, ed integriamola su Ω:

$$\int_\Omega \frac{\partial \mathbf{u}}{\partial t} \cdot \mathbf{v}\, d\Omega - \int_\Omega \nu \Delta \mathbf{u} \cdot \mathbf{v}\, d\Omega + \int_\Omega [(\mathbf{u} \cdot \nabla)\mathbf{u}] \cdot \mathbf{v}\, d\Omega + \int_\Omega \nabla p \cdot \mathbf{v} d\Omega = \int_\Omega \mathbf{f} \cdot \mathbf{v} d\Omega.$$

Utilizzando la formula di Green si trova

$$-\int_\Omega \nu \Delta \mathbf{u} \cdot \mathbf{v}\, d\Omega = \int_\Omega \nu \nabla \mathbf{u} \cdot \nabla \mathbf{v}\, d\Omega - \int_{\partial\Omega} \nu \frac{\partial \mathbf{u}}{\partial \mathbf{n}} \cdot \mathbf{v}\, d\gamma,$$

$$\int_\Omega \nabla p \cdot \mathbf{v}\, d\Omega = -\int_\Omega p\, \mathrm{div}\mathbf{v}\, d\Omega + \int_{\partial\Omega} p\mathbf{v} \cdot \mathbf{n}\, d\gamma.$$

Sostituendo queste relazioni nella prima delle (16.2), si trova

$$\int_\Omega \frac{\partial \mathbf{u}}{\partial t} \cdot \mathbf{v}\, d\Omega + \int_\Omega \nu \nabla \mathbf{u} \cdot \nabla \mathbf{v}\, d\Omega + \int_\Omega [(\mathbf{u} \cdot \nabla)\mathbf{u}] \cdot \mathbf{v}\, d\Omega - \int_\Omega p\, \mathrm{div}\mathbf{v}\, d\Omega$$
$$= \int_\Omega \mathbf{f} \cdot \mathbf{v}\, d\Omega + \int_{\partial\Omega} \left(\nu \frac{\partial \mathbf{u}}{\partial \mathbf{n}} - p\mathbf{n} \right) \cdot \mathbf{v}\, d\gamma \qquad \forall \mathbf{v} \in V. \tag{16.5}$$

Analogamente possiamo moltiplicare la seconda delle (16.2) per una funzione test q, appartenente allo spazio Q (da specificare) a cui appartiene anche l'incognita p; integrando su Ω si ottiene

$$\int_\Omega q\, \mathrm{div}\mathbf{u}\, d\Omega = 0 \quad \forall q \in Q. \tag{16.6}$$

Come d'abitudine sceglieremo V in modo che le funzioni test si annullino sulla porzione del bordo dove la soluzione è nota, ovvero

$$V = [\mathrm{H}^1_{\Gamma_D}(\Omega)]^d = \{\mathbf{v} \in [\mathrm{H}^1(\Omega)]^d : \mathbf{v}|_{\Gamma_D} = \mathbf{0}\}. \qquad (16.7)$$

Esso coinciderà con $[\mathrm{H}^1_0(\Omega)]^d$ se $\Gamma_D = \partial\Omega$. Supponiamo che $\Gamma_N \neq \emptyset$. Allora possiamo scegliere $Q = \mathrm{L}^2(\Omega)$. Cercheremo inoltre, per ogni $t > 0$, $\mathbf{u}(t) \in [\mathrm{H}^1(\Omega)]^d$, con $\mathbf{u}(t) = \boldsymbol{\varphi}(t)$ su Γ_D, $\mathbf{u}(0) = \mathbf{u}_0$ e $p(t) \in Q$.

Con tale scelta di spazi si osservi innanzitutto che

$$\int_{\partial\Omega} (\nu \frac{\partial\mathbf{u}}{\partial\mathbf{n}} - p\mathbf{n}) \cdot \mathbf{v}d\gamma = \int_{\Gamma_N} \boldsymbol{\psi} \cdot \mathbf{v}d\gamma \quad \forall \mathbf{v} \in V.$$

Inoltre, tutti i termini lineari sono ben definiti. Precisamente, usando la notazione vettoriale $\mathbf{H}^k(\Omega) = [\mathrm{H}^k(\Omega)]^d$, $\mathbf{L}^p(\Omega) = [\mathrm{L}^p(\Omega)]^d$, $k \geq 1$, $1 \leq p < \infty$, abbiamo:

$$\left| \nu \int_{\Omega} \nabla\mathbf{u} \cdot \nabla\mathbf{v}d\Omega \right| \leq \nu|\mathbf{u}|_{\mathbf{H}^1(\Omega)}|\mathbf{v}|_{\mathbf{H}^1(\Omega)},$$

$$\left| \int_{\Omega} p\,\mathrm{div}\mathbf{v}d\Omega \right| \leq \|p\|_{\mathrm{L}^2(\Omega)}|\mathbf{v}|_{\mathbf{H}^1(\Omega)},$$

$$\left| \int_{\Omega} q\nabla\mathbf{u}d\Omega \right| \leq \|q\|_{\mathrm{L}^2(\Omega)}|\mathbf{u}|_{\mathbf{H}^1(\Omega)}.$$

Per ogni funzione $\mathbf{v} \in \mathbf{H}^1(\Omega)$, indichiamo con

$$\|\mathbf{v}\|_{\mathbf{H}^1(\Omega)} = \Big(\sum_{k=1}^{d} \|v_k\|^2_{\mathrm{H}^1(\Omega)}\Big)^{1/2}$$

la sua norma e con

$$|\mathbf{v}|_{\mathbf{H}^1(\Omega)} = \Big(\sum_{k=1}^{d} |v_k|^2_{\mathrm{H}^1(\Omega)}\Big)^{1/2}$$

la sua seminorma. Grazie alla disuguaglianza di Poincaré, $|\mathbf{v}|_{\mathbf{H}^1(\Omega)}$ è equivalente alla norma $\|\mathbf{v}\|_{\mathbf{H}^1(\Omega)}$ per ogni funzione di V.

Significato analogo avrà la notazione $\|\mathbf{v}\|_{\mathbf{L}^p(\Omega)}$, $1 \leq p < \infty$. Useremo gli stessi simboli anche nel caso di funzioni tensoriali.

Per quanto concerne il termine non lineare, iniziamo con l'osservare che vale il seguente risultato (si veda la (2.18) e [AF03]): se $d \leq 3$, $\exists C > 0$ t.c.

$$\forall \mathbf{v} \in \mathbf{H}^1(\Omega) \text{ allora } \mathbf{v} \in \mathbf{L}^4(\Omega) \text{ ed inoltre } \|\mathbf{v}\|_{\mathbf{L}^4(\Omega)} \leq C\|\mathbf{v}\|_{\mathbf{H}^1(\Omega)}.$$

Usando inoltre la seguente disuguaglianza di Hölder a tre fattori

$$\left| \int_{\Omega} fgh\,d\Omega \right| \leq \|f\|_{\mathrm{L}^p(\Omega)}\|g\|_{\mathrm{L}^q(\Omega)}\|h\|_{\mathrm{L}^r(\Omega)},$$

valida per $p, q, r > 1$ tali che $p^{-1} + q^{-1} + r^{-1} = 1$, troviamo

$$\left| \int_{\Omega} [(\mathbf{u} \cdot \nabla)\mathbf{u}] \cdot \mathbf{v} \, d\Omega \right| \leq \|\nabla\mathbf{u}\|_{\mathbf{L}^2(\Omega)} \|\mathbf{u}\|_{\mathbf{L}^4(\Omega)} \|\mathbf{v}\|_{\mathbf{L}^4(\Omega)} \leq C^2 \|\mathbf{u}\|^2_{\mathbf{H}^1(\Omega)} \|\mathbf{v}\|_{\mathbf{H}^1(\Omega)}.$$

Dunque l'integrale esiste finito dato che le singole norme sono limitate.

Per quanto riguarda l'unicità della soluzione, torniamo a considerare le equazioni di Navier-Stokes nella forma forte (16.2) (analoghe considerazioni varrebbero anche per le equazioni scritte nella forma (16.5), (16.6)). Se $\Gamma_D = \partial\Omega$, ovvero se si considerano solo condizioni di Dirichlet, si può notare che la pressione compare sempre sotto segno di derivata; questo vuol dire che se $(\mathbf{u}, p)$ è soluzione delle (16.2), lo è anche $(\mathbf{u}, p + c)$, dove c è una qualsiasi costante, dato che $\nabla(p + c) = \nabla p$. Per evitare tale indeterminazione possiamo fissare il valore di p in un punto $\mathbf{x}_0$ del dominio di risoluzione, ossia porre

$$p(\mathbf{x}_0) = p_0,$$

oppure, alternativamente, imporre che il valore medio della pressione sia nullo

$$(p, 1) = \int_{\Omega} p \, d\Omega = 0.$$

La prima condizione è in generale non consistente con il problema: infatti, se $p \in L^2(\Omega)$ essa non è necessariamente continua e non ha quindi senso riferirsi a valori puntuali di p. (Sarà però possibile farlo per la formulazione numerica.) La seconda è invece consistente con la formulazione; prenderemo perciò

$$Q = L^2_0(\Omega) = \{p \in L^2(\Omega) : (p, 1) = 0\}.$$

Vogliamo anche osservare che nel caso in cui $\Gamma_D = \partial\Omega$, il dato al bordo $\boldsymbol{\varphi}$ dovrà essere compatibile con il vincolo di incomprimibilità, ovvero

$$\int_{\partial\Omega} \boldsymbol{\varphi} \cdot \mathbf{n} \, d\gamma = \int_{\Omega} \operatorname{div}\mathbf{u} \, d\Omega = 0.$$

Nel caso invece in cui la frontiera Γ_N non sia vuota, ovvero si considerino anche condizioni al bordo di tipo Neumann (o miste), non si avranno, a priori, problemi di indeterminazione della pressione. In tal caso si prenderà $Q = L^2(\Omega)$. In definitiva, da ora in poi sarà sottointeso che

$$Q = L^2(\Omega) \quad \text{se} \quad \Gamma_N \neq \emptyset, \quad Q = L^2_0(\Omega) \quad \text{se} \quad \Gamma_N = \emptyset. \tag{16.8}$$

La formulazione debole delle equazioni (16.2), (16.3), (16.4) è pertanto:

trovare $\mathbf{u} \in L^2(\mathbb{R}^+; [H^1(\Omega)]^d) \cap C^0(\mathbb{R}^+; [L^2(\Omega)]^d)$, $p \in L^2(\mathbb{R}^+; Q)$ t.c.

$$
\begin{cases}
\displaystyle\int_\Omega \frac{\partial \mathbf{u}}{\partial t} \cdot \mathbf{v} \, d\Omega + \nu \int_\Omega \nabla\mathbf{u} \cdot \nabla\mathbf{v} \, d\Omega + \int_\Omega [(\mathbf{u} \cdot \nabla)\mathbf{u}] \cdot \mathbf{v} \, d\Omega - \int_\Omega p \operatorname{div}\mathbf{v} \, d\Omega \\
\qquad\qquad\qquad = \displaystyle\int_\Omega \mathbf{f} \cdot \mathbf{v} \, d\Omega + \int_{\Gamma_N} \boldsymbol{\psi} \cdot \mathbf{v} d\gamma \quad \forall \mathbf{v} \in V, \\
\displaystyle\int_\Omega q \operatorname{div}\mathbf{u} d\Omega = 0 \quad \forall q \in Q,
\end{cases}
$$

(16.9)

con $\mathbf{u}|_{\Gamma_D} = \boldsymbol{\varphi}_D$ e $\mathbf{u}|_{t=0} = \mathbf{u}_0$. Si è scelto V come in (16.7) e $Q = L^2(\Omega)$ se $\Gamma_N \neq \emptyset$, $Q = L_0^2(\Omega)$ se $\Gamma_N = \emptyset$.

Come già osservato tale problema ha esistenza di soluzioni sia per $d = 2$ che per $d = 3$, mentre l'unicità si dimostra solo per $d = 2$, nell'ipotesi di dati sufficientemente piccoli. Per un'approfondita analisi matematica di questi aspetti il lettore può fare riferimento a [Sal08].

Definiamo ora il *numero di Reynolds* come

$$
Re = \frac{|\mathbf{U}|L}{\nu},
$$

dove L è una lunghezza caratteristica del dominio Ω (ad esempio la lunghezza del canale entro cui si studia il moto di un fluido) ed $\mathbf{U}$ una velocità caratteristica del fluido. Il numero di Reynolds è una misura di quanto il trasporto domina sulla componente diffusiva del fenomeno. Se $Re \ll 1$ il termine convettivo $(\mathbf{u} \cdot \nabla)\mathbf{u}$ può essere omesso e le equazioni di Navier-Stokes si riducono alle equazioni di Stokes, che verranno analizzate nel seguito di questo capitolo. Quando Re è invece elevato si possono porre problemi relativamente all'esistenza e alla stabilità di soluzioni stazionarie, l'esistenza di attrattori strani, la transizione verso il moto turbolento. Quando si sviluppano oscillazioni della velocità su scale temporali e spaziali molto piccole, difficilmente possono essere risolte numericamente. Si ricorre quindi sovente a *modelli di turbolenza*, che permettono di descrivere in modo approssimato tale fenomeno tramite relazioni algebriche o differenziali. Tale argomento esula dallo scopo di queste note. Il lettore interessato può consultare [Wil98] per una descrizione fisica del fenomeno della turbolenza, [MP94] per una analisi di uno dei modelli di turbolenza più utilizzati (il cosiddetto modello $\kappa - \epsilon$), mentre [Sag06] e [BIL06] forniscono un'analisi di alcuni modelli avanzati di tipo *Large Eddy*, più costosi computazionalmente, ma in principio capaci di fornire una descrizione più fedele del fenomeno fisico della turbolenza. Vogliamo, infine, accennare alle equazioni di Eulero, introdotte in (15.21), che vengono utilizzate (sia per fluidi comprimibili che per fluidi incomprimibili) quando il fluido può essere modellato come *non viscoso*; formalmente, il corrispondente numero di Reynolds è infinito.

Le equazioni di Navier-Stokes possono essere riscritte in *forma ridotta* eliminando la pressione e riconducendosi ad un'equazione nella sola incognita $\mathbf{u}$. A tal fine introduciamo i seguenti sottospazi di $[\mathrm{H}^1(\Omega)]^d$,

$$V_{\mathrm{div}} = \{\mathbf{v} \in \left[\mathrm{H}^1(\Omega)\right]^d : \mathrm{div}\mathbf{v} = 0\}, \quad V_{\mathrm{div}}^0 = \{\mathbf{v} \in V_{\mathrm{div}} : \mathbf{v} = \mathbf{0} \text{ su } \Gamma_{\mathrm{D}}\}.$$

Se richiediamo che la funzione test $\mathbf{v}$ appartenga a V_{div}, nell'equazione del momento in (16.9) il termine contenente la pressione si annulla, ottenendo così un'equazione per la sola velocità. Sostituiamo dunque a (16.9) il seguente problema ridotto: trovare $\mathbf{u} \in \mathrm{L}^2(\mathbb{R}^+; V_{\mathrm{div}}) \cap C^0(\mathbb{R}^+; [\mathrm{L}^2(\Omega)]^d)$ t.c.

$$\int_\Omega \frac{\partial \mathbf{u}}{\partial t} \cdot \mathbf{v}\, d\Omega + \nu \int_\Omega \nabla\mathbf{u} \cdot \nabla\mathbf{v}\, d\Omega + \int_\Omega [(\mathbf{u} \cdot \nabla)\mathbf{u}] \cdot \mathbf{v}\, d\Omega$$
$$= \int_\Omega \mathbf{f} \cdot \mathbf{v}\, d\Omega + \int_{\Gamma_N} \boldsymbol{\psi} \cdot \mathbf{v}\, d\gamma \quad \forall \mathbf{v} \in V_{\mathrm{div}}^0, \tag{16.10}$$

con $\mathbf{u}|_{\Gamma_D} = \boldsymbol{\varphi}_D$ e $\mathbf{u}|_{t=0} = \mathbf{u}_0$.

Se $\mathbf{u}$ è soluzione di (16.9) allora lo è anche di (16.10). Inoltre, vale il seguente Teorema per la cui dimostrazione si rimanda ad esempio a [QV94]:

Teorema 16.1 *Sia $\Omega \subset \mathbb{R}^d$ con frontiera $\partial\Omega$ lipschitziana. Sia $\mathbf{u}$ la soluzione del problema (16.10). Allora esiste un'unica funzione $p \in L^2(\mathbb{R}^+; Q)$ tale che $(\mathbf{u}, p)$ è soluzione di (16.9).*

Questo significa che se si è in grado di risolvere il problema ridotto nella sola incognita $\mathbf{u}$, c'è poi un unico modo per ricostruire la pressione p soluzione del problema completo di Navier-Stokes (16.9). Facciamo notare come la (16.10) abbia una natura parabolica, contenendo un termine di diffusione ed uno, non lineare, di trasporto. La sua analisi, pertanto, si può condurre utilizzando tecniche simili a quelle riportate nel Cap. 5. (Si veda [Sal08].)

In pratica tale approccio può non essere conveniente dal punto di vista numerico, in quanto, usando il metodo di Galerkin, occorrerebbe costruire uno spazio $V_{\mathrm{div},h}$ a dimensione finita di funzioni a *divergenza nulla*, operazione in generale non agevole. A tale riguardo si veda [BF91], [BBF13] e [CHQZ06]. Inoltre, il risultato del Teorema 16.1 non è costruttivo in quanto non indica un procedimento per ricostruire p. Per tale ragione si preferisce di solito approssimare direttamente il problema completo (16.9).

16.2 Le equazioni di Stokes e la loro approssimazione

Ci occuperemo in questa sezione della risoluzione numerica del seguente *problema di Stokes generalizzato*, con condizione al bordo di Dirichlet omogenea

$$\begin{cases} \alpha\mathbf{u} - \nu\Delta\mathbf{u} + \nabla p = \mathbf{f} & \text{in } \Omega, \\ \text{div}\mathbf{u} = 0 & \text{in } \Omega, \\ \mathbf{u} = \mathbf{0} & \text{su } \partial\Omega, \end{cases} \tag{16.11}$$

dove $\alpha \geq 0$. Esso descrive il moto di un fluido incomprimibile, viscoso, dove il termine quadratico di trasporto è stato trascurato. Si è visto che questa approssimazione risulta valida quando $Re \ll 1$. Tuttavia ci si può imbattere nel problema (16.11) anche nella fase di discretizzazione temporale con metodi impliciti delle equazioni complete di Navier-Stokes, come vedremo nella Sez. 16.7. Dal punto di vista matematico le equazioni di Navier-Stokes si possono considerare una *perturbazione compatta* del sistema di Stokes, differendo da quest'ultimo "solo" per la presenza del termine convettivo che è di ordine inferiore a quello diffusivo (tale termine peraltro assume un'importanza determinante per quanto attiene al comportamento fisico del sistema quando Re è grande, come già osservato in precedenza).

La formulazione debole di (16.11) assume la forma seguente: trovare $\mathbf{u} \in V$ e $p \in Q$ t.c.

$$\begin{cases} \displaystyle\int_\Omega (\alpha\mathbf{u} \cdot \mathbf{v} + \nu\nabla\mathbf{u} \cdot \nabla\mathbf{v})\, d\Omega - \int_\Omega p\,\text{div}\mathbf{v}\, d\Omega = \int_\Omega \mathbf{f} \cdot \mathbf{v}\, d\Omega \; \forall \mathbf{v} \in V, \\ \displaystyle\int_\Omega q\,\text{div}\mathbf{u}\, d\Omega = 0 \hspace{4.5cm} \forall q \in Q, \end{cases} \tag{16.12}$$

dove $V = [\mathrm{H}_0^1(\Omega)]^d$ e $Q = \mathrm{L}_0^2(\Omega)$.

Definiamo ora le forme bilineari $a : V \times V \mapsto \mathbb{R}$ e $b : V \times Q \mapsto \mathbb{R}$ come segue:

$$a(\mathbf{u}, \mathbf{v}) = \int_\Omega (\alpha\mathbf{u} \cdot \mathbf{v} + \nu\nabla\mathbf{u} \cdot \nabla\mathbf{v})\, d\Omega,$$

$$b(\mathbf{u}, q) = -\int_\Omega q\,\text{div}\mathbf{u}\, d\Omega. \tag{16.13}$$

Con tali notazioni il problema (16.12) diventa: trovare $(\mathbf{u}, p) \in V \times Q$ t.c.

$$\begin{cases} a(\mathbf{u}, \mathbf{v}) + b(\mathbf{v}, p) = (\mathbf{f}, \mathbf{v}) \; \forall \mathbf{v} \in V, \\ b(\mathbf{u}, q) = 0 \hspace{2.5cm} \forall q \in Q, \end{cases} \tag{16.14}$$

dove $(\mathbf{f}, \mathbf{v}) = \sum_{i=1}^d \int_\Omega f_i v_i\, d\Omega$.

Nel caso si considerino condizioni al bordo non omogenee, come indicato in (16.4), la formulazione debole diviene: trovare $(\overset{\circ}{\mathbf{u}}, p) \in V \times Q$ t.c.

$$\begin{cases} a(\overset{\circ}{\mathbf{u}}, \mathbf{v}) + b(\mathbf{v}, p) = \mathbf{F}(\mathbf{v}) \ \forall \mathbf{v} \in V, \\ b(\overset{\circ}{\mathbf{u}}, q) = G(q) \qquad\quad \forall q \in Q, \end{cases} \tag{16.15}$$

dove V e Q sono gli spazi introdotti in (16.7) e (16.8), rispettivamente. Indicato con $\mathbf{R}\varphi \in [\mathrm{H}^1(\Omega)]^d$ un rilevamento del dato φ, abbiamo posto $\overset{\circ}{\mathbf{u}} = \mathbf{u} - \mathbf{R}\varphi$, mentre i nuovi termini noti hanno la seguente espressione

$$\mathbf{F}(\mathbf{v}) = (\mathbf{f}, \mathbf{v}) + \int_{\Gamma_N} \psi\mathbf{v}\, d\gamma - a(\mathbf{R}\varphi, \mathbf{v}), \qquad G(q) = -b(\mathbf{R}\varphi, q). \tag{16.16}$$

Vale il seguente risultato:

Teorema 16.2 *La coppia $(\mathbf{u}, p)$ è soluzione del problema di Stokes (16.14) se, e solo se, essa è un punto-sella del funzionale lagrangiano*

$$\mathcal{L}(\mathbf{v}, q) = \frac{1}{2}a(\mathbf{v}, \mathbf{v}) + b(\mathbf{v}, q) - (\mathbf{f}, \mathbf{v}),$$

ovvero se

$$\mathcal{L}(\mathbf{u}, p) = \min_{\mathbf{v} \in V} \max_{q \in Q} \mathcal{L}(\mathbf{v}, q).$$

La pressione q assume dunque il ruolo di moltiplicatore di Lagrange associato al vincolo di solenoidalità. Il problema di Stokes (16.11) è ancora un problema nelle due incognite $\mathbf{u}$ e p. È possibile però, analogamente a quanto già visto nella Sez. 16.1 per le equazioni di Navier-Stokes, eliminare l'incognita scalare p. Si trova così la seguente formulazione debole:

$$\text{trovare } \mathbf{u} \in V_{\mathrm{div}}^0 \text{ t.c. } a(\mathbf{u}, \mathbf{v}) = (\mathbf{f}, \mathbf{v}) \ \forall \mathbf{v} \in V_{\mathrm{div}}^0. \tag{16.17}$$

In tal modo, il problema diviene un problema ellittico nella sola incognita $\mathbf{u}$. Per dimostrarne esistenza ed unicità di soluzione, basta applicare il Lemma 3.1 di Lax-Milgram. In effetti, V_{div}^0 è uno spazio di Hilbert rispetto alla norma $\|\nabla\mathbf{v}\|_{\mathrm{L}^2(\Omega)}$ (ciò discende dal fatto che l'operatore di divergenza è continuo da V in $\mathrm{L}^2(\Omega)$, dunque V_{div}^0 è un sottospazio chiuso dello spazio V). Inoltre, $a(\cdot, \cdot)$ è continua e coerciva in V_{div}^0, e $\mathbf{f} \in V_{\mathrm{div}}'$. Usando le disuguaglianze di Cauchy-Schwarz e Poincaré possiamo derivare le seguenti stime (ponendo $\mathbf{v} = \mathbf{u}$ in (16.17)):

$$\frac{\alpha}{2}\|\mathbf{u}\|^2_{L^2(\Omega)} + \nu\|\nabla\mathbf{u}\|^2_{L^2(\Omega)} \leq \frac{1}{2\alpha}\|\mathbf{f}\|^2_{L^2(\Omega)}, \quad \text{se } \alpha \neq 0,$$

$$\|\nabla\mathbf{u}\|_{L^2(\Omega)} \leq \frac{C_\Omega}{\nu}\|f\|_{L^2(\Omega)}, \quad \text{se } \alpha = 0,$$

essendo C_Ω la costante della disuguaglianza di Poincaré (2.13). Il problema, tuttavia, è che dalla (16.17) è "sparita" la pressione. Osserviamo però che dalla stessa (16.17) deduciamo che il vettore $\mathbf{w} = \alpha\mathbf{u} - \nu\Delta\mathbf{u} - \mathbf{f}$, considerato come elemento di $H^{-1}(\Omega)$, si annulla su V^0_{div}, ovvero ${}_{H^{-1}(\Omega)}\langle\mathbf{w}, \mathbf{v}\rangle_{H^1(\Omega)} = 0$ per ogni $\mathbf{v} \in V^0_{\text{div}}$. In tale circostanza si può dimostrare, applicando opportunamente il Teorema 16.7 che enunceremo più avanti (si veda, ad esempio, [QV94]), che esiste un'unica funzione $p \in Q$ tale che $\mathbf{w} = \nabla p$, ovvero p soddisfa la prima equazione di (16.11) nel senso delle distribuzioni. La coppia $(\mathbf{u}, p)$ è dunque l'unica soluzione del problema debole (16.14).

L'approssimazione di Galerkin del problema (16.14) ha la forma seguente: trovare $(\mathbf{u}_h, p_h) \in V_h \times Q_h$ t.c.

$$\begin{cases} a(\mathbf{u}_h, \mathbf{v}_h) + b(\mathbf{v}_h, p_h) = (\mathbf{f}, \mathbf{v}_h) \; \forall\mathbf{v}_h \in V_h, \\ b(\mathbf{u}_h, q_h) = 0 \qquad\qquad\qquad \forall q_h \in Q_h, \end{cases} \tag{16.18}$$

ove $\{V_h \subset V\}$ e $\{Q_h \subset Q\}$ rappresentano due famiglie di sottospazi di dimensione finita dipendenti dal parametro di discretizzazione h. Nel caso si consideri invece il problema (16.15)-(16.16) corrispondente ai dati non omogenei (16.4), la formulazione precedente deve essere modificata prendendo al secondo membro della prima equazione $\mathbf{F}(\mathbf{v}_h)$ e della seconda equazione $G(q_h)$, ottenibili da (16.16) pur di sostituire $R\varphi$ con l'interpolante di φ nei nodi di Γ_D (e che vale zero negli altri nodi), e ψ con il suo interpolante nei nodi di Γ_N. La formulazione algebrica del problema (16.18) verrà discussa nella Sez. 16.4.

Il seguente celebre teorema, dovuto a F. Brezzi [Bre74], garantisce l'esistenza e l'unicità della soluzione per il problema (16.18):

Teorema 16.3 *Il problema* (16.18) *ammette una e una sola soluzione se valgono le seguenti condizioni:*

1. *La forma bilineare $a(\cdot, \cdot)$ è:*
   a) coerciva, ossia $\exists\alpha > 0$ (eventualmente dipendente da h) tale che

$$a(\mathbf{v}_h, \mathbf{v}_h) \geq \alpha\|\mathbf{v}_h\|^2_V \; \forall\mathbf{v}_h \in V^*_h,$$

ove $V^*_h = \{\mathbf{v}_h \in V_h : b(\mathbf{v}_h, q_h) = 0 \; \forall q_h \in Q_h\};$

b) *continua, ossia* $\exists \gamma > 0$ *tale che*

$$|a(\mathbf{v}_h, \mathbf{u}_h)| \le \gamma \|\mathbf{v}_h\|_V \|\mathbf{u}_h\|_V \quad \forall \mathbf{v}_h, \mathbf{u}_h \in V_h.$$

2. *La forma bilineare* $b(\cdot, \cdot)$ *è continua, ossia* $\exists \delta > 0$ *tale che*

$$|b(\mathbf{v}_h, q_h)| \le \delta \|\mathbf{v}_h\|_V \|q_h\|_Q \quad \forall \mathbf{v}_h \in V_h, q_h \in Q_h.$$

3. *Infine, esiste una costante positiva* β *(eventualmente dipendente da* h*) tale che*

$$\forall q_h \in Q_h, \ \exists \mathbf{v}_h \in V_h : \ b(\mathbf{v}_h, q_h) \ge \beta \|\mathbf{v}_h\|_{\mathbf{H}^1(\Omega)} \|q_h\|_{\mathrm{L}^2(\Omega)}. \quad (16.19)$$

Sotto le ipotesi precedenti valgono inoltre le seguenti stime a priori sulla soluzione numerica:

$$\|\mathbf{u}_h\|_V \le \frac{1}{\alpha} \|\mathbf{f}\|_{V'},$$

$$\|p_h\|_Q \le \frac{1}{\beta} \left(1 + \frac{\gamma}{\alpha}\right) \|\mathbf{f}\|_{V'},$$

dove V' *denota lo spazio duale di* V. *Inoltre, valgono i seguenti risultati di convergenza:*

$$\|\mathbf{u} - \mathbf{u}_h\|_V \le \left(1 + \frac{\delta}{\beta}\right)\left(1 + \frac{\gamma}{\alpha}\right) \inf_{\mathbf{v}_h \in V_h} \|\mathbf{u} - \mathbf{v}_h\|_V + \frac{\delta}{\alpha} \inf_{q_h \in Q_h} \|p - q_h\|_Q,$$

$$\|p - p_h\|_Q \le \frac{\gamma}{\beta}\left(1 + \frac{\gamma}{\alpha}\right) \inf_{\mathbf{v}_h \in V_h} \|\mathbf{u} - \mathbf{v}_h\|_V$$

$$+ \left(1 + \frac{\delta}{\beta} + \frac{\delta\gamma}{\alpha\beta}\right) \inf_{q_h \in Q_h} \|p - q_h\|_Q.$$

Osserviamo che la condizione (16.19) equivale ad assumere che esista una costante positiva β tale che

$$\inf_{q_h \in Q_h, q_h \neq 0} \sup_{\mathbf{v}_h \in V_h, \mathbf{v}_h \neq \mathbf{0}} \frac{b(\mathbf{v}_h, q_h)}{\|\mathbf{v}_h\|_{\mathbf{H}^1(\Omega)} \|q_h\|_{\mathrm{L}^2(\Omega)}} \ge \beta, \quad (16.20)$$

ed è per questo nota anche come *condizione inf-sup*.

La dimostrazione di questo teorema richiede l'uso di risultati non elementari di analisi funzionale. La presenteremo nella Sez. 16.3 per un problema di punto-sella che si riscontra in ambiti assai più generali delle equazioni di Stokes. In questa prospettiva il Teorema 16.3 può essere considerato come un caso particolare dei Teoremi 16.5 e 16.6. Il lettore non interessato (o meno sensibile) agli aspetti teorici può saltare senza danni apparenti direttamente alla Sez. 16.4.

16.3 Problemi di punto-sella

Obiettivo di questa sezione è lo studio dei problemi (16.14) e (16.18) e la dimostrazione di un risultato di convergenza della soluzione del problema (16.18) a quella del problema (16.14). A tal fine, caleremo tali formulazioni in una cornice più astratta che ci permetterà così di applicare la teoria proposta in [Bre74], [Bab71], [BBF13].

16.3.1 Formulazione del problema

Siano X ed M due spazi di Hilbert muniti, rispettivamente, delle norme $\|\cdot\|_X$ e $\|\cdot\|_M$. Indicati con X' ed M' i corrispondenti spazi duali (ovvero gli spazi dei funzionali lineari e continui definiti, rispettivamente, su X ed M), introduciamo le forme bilineari $a(\cdot,\cdot): X \times X \longrightarrow \mathbb{R}$ e $b(\cdot,\cdot): X \times M \longrightarrow \mathbb{R}$ che supponiamo continue, ovvero tali che esistano $\gamma, \delta > 0$

$$|a(w,v)| \leq \gamma \|w\|_X \|v\|_X, \qquad |b(w,\mu)| \leq \delta \|w\|_X \|\mu\|_M, \qquad (16.21)$$

per ogni $w, v \in X$ e $\mu \in M$.

Consideriamo ora il seguente problema vincolato: trovare $(u, \eta) \in X \times M$ t.c.

$$\begin{cases} a(u,v) + b(v,\eta) = \langle l, v \rangle \ \forall v \in X, \\ b(u,\mu) = \langle \sigma, \mu \rangle \qquad \forall \mu \in M, \end{cases} \qquad (16.22)$$

essendo $l \in X'$ e $\sigma \in M'$ due funzionali assegnati, mentre $\langle \cdot, \cdot \rangle$ denota la dualità tra X e X' o quella tra M e M'.

La formulazione (16.22) è sufficientemente generale da includere la formulazione (16.14) del problema di Stokes, quella di un generico problema vincolato rispetto alla forma bilineare $a(\cdot,\cdot)$ (η rappresenta il vincolo), o ancora la formulazione a cui si perviene quando si usano elementi finiti di tipo misto per problemi ai valori al bordo come, ad esempio, quelli dell'elasticità lineare (si veda, ad esempio, [BF91], [QV94]).

È utile riscrivere il problema (16.22) in forma operatoriale. A tal fine, associamo alle forme bilineari $a(\cdot,\cdot)$ e $b(\cdot,\cdot)$ gli operatori $A \in \mathcal{L}(X, X')$ e $B \in \mathcal{L}(X, M')$ definiti rispettivamente attraverso le relazioni:

$$\langle Aw, v \rangle = a(w,v) \ \forall w, v \in X,$$

$$\langle Bv, \mu \rangle = b(v,\mu) \ \forall v \in X, \ \mu \in M,$$

dove la dualità è fra X' e X nella prima relazione, fra M' e M nella seconda; in accordo con le notazioni usate nella Sez. 4.5.3, con $\mathcal{L}(V, W)$ indichiamo lo spazio dei funzionali lineari e continui da V a W.

Sia ora $B^T \in \mathcal{L}(M, X')$ l'operatore aggiunto di B definito come

$$\langle B^T \mu, v \rangle = \langle Bv, \mu \rangle = b(v,\mu) \quad \forall v \in X, \ \mu \in M. \qquad (16.23)$$

La prima dualità è fra X' e X, la seconda fra M' e M. (Questo operatore, indicato con il simbolo B' nella Sez. 2.6, si veda la definizione generale (2.19), viene qui denotato B^T per uniformarci alla notazione usata classicamente nell'ambito dei problemi di punto-sella.) Possiamo allora riscrivere (16.22) come: trovare $(u, \eta) \in X \times M$ t.c.

$$\begin{cases} Au + B^T \eta = l \text{ in } X', \\ Bu = \sigma \qquad \text{ in } M'. \end{cases} \qquad (16.24)$$

16.3.2 Analisi del problema

Al fine di analizzare il problema (16.24), definiamo la varietà affine

$$X^\sigma = \{v \in X \ : \ b(v, \mu) = \langle \sigma, \mu \rangle \ \forall \mu \in M\}. \qquad (16.25)$$

Osserviamo che lo spazio X^0 identifica il nucleo di B, ovvero

$$X^0 = \{v \in X \ : \ b(v, \mu) = 0 \ \forall \mu \in M\} = \ker(B)$$

e che questo spazio è un sottospazio chiuso di X. Possiamo così associare al problema (16.22) il seguente problema ridotto

$$\text{trovare} \quad u \in X^\sigma \quad \text{t.c.} \quad a(u, v) = \langle l, v \rangle \quad \forall v \in X^0. \qquad (16.26)$$

È evidente che, se (u, η) è una soluzione di (16.22), allora u è soluzione anche di (16.26). Introdurremo nel seguito delle condizioni opportune in grado di garantire anche l'implicazione inversa e che la soluzione di (16.26) esista unica, costruendo, in tal modo, una soluzione per (16.22).

Avremo bisogno di un risultato di equivalenza che coinvolge la forma bilineare $b(\cdot, \cdot)$ e l'operatore B. Indichiamo con X^0_{polar} l'insieme polare di X^0, cioè

$$X^0_{polar} = \{g \in X' \ : \ \langle g, v \rangle = 0 \ \forall v \in X^0\}.$$

Poiché $X^0 = \ker(B)$, possiamo anche scrivere che $X^0_{polar} = (\ker(B))_{polar}$. Lo spazio X è somma diretta di X^0 e del suo ortogonale $(X^0)^\perp$,

$$X = X^0 \oplus (X^0)^\perp.$$

Una rappresentazione schematica di questi spazi è data in Fig. 16.1. Poiché in generale $\ker(B)$ non è vuoto, non possiamo dire che B sia un isomorfismo tra X e M'. Si vuol dunque introdurre una condizione equivalente ad affermare che B è un isomorfismo tra $(X^0)^\perp$ ed M' (e, analogamente, B^T un isomorfismo tra M e X^0_{polar}).

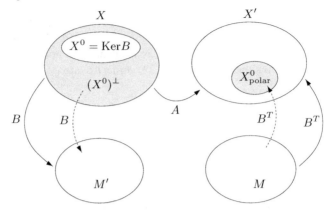

Figura 16.1. Gli spazi X ed M, i duali X' ed M', i sottospazi X^0, $(X^0)^\perp$ e X^0_{polar}, gli operatori A, B e B^T. Le linee tratteggiate indicano isomorfismi

Lemma 16.1 *Le seguenti proprietà sono fra loro equivalenti:*

a. *esiste una costante $\beta^* > 0$ tale che valga la seguente condizione di compatibilità*

$$\forall \mu \in M \;\; \exists v \in X, \;\; v \neq 0 : \; b(v,\mu) \geq \beta^* \|v\|_X \|\mu\|_M; \qquad (16.27)$$

b. *l'operatore B^T è un isomorfismo tra M e X^0_{polar} e vale la proprietà*

$$\|B^T\mu\|_{X'} = \sup_{v \in V, v \neq 0} \frac{\langle B^T\mu, v \rangle}{\|v\|_X} \geq \beta^* \|\mu\|_M \quad \forall \mu \in M; \qquad (16.28)$$

c. *l'operatore B è un isomorfismo tra $(X^0)^\perp$ ed M' e vale la proprietà*

$$\|Bv\|_{M'} = \sup_{\mu \in M, \mu \neq 0} \frac{\langle Bv, \mu \rangle}{\|\mu\|_M} \geq \beta^* \|v\|_X \quad \forall v \in (X^0)^\perp. \qquad (16.29)$$

Dimostrazione. Dimostriamo innanzitutto che a. e b. sono equivalenti. Dalla definizione (16.23) di B^T è evidente che le disuguaglianze (16.27) e (16.28) coincidono. Resta quindi da verificare che B^T è un isomorfismo tra M e X^0_{polar}. Dalla relazione (16.28) segue che B^T è un operatore iniettivo da M nella sua immagine $\mathcal{R}(B^T)$, con inverso continuo. Ne segue che $\mathcal{R}(B^T)$ è un sottospazio chiuso di X'.

Rimane da verificare che $\mathcal{R}(B^T) = X^0_{polar}$. Utilizzando il seguente risultato, noto come *teorema dell'immagine chiusa* (si veda, ad esempio, [Yos74]),

$$\mathcal{R}(B^T) = (\ker(B))_{polar},$$

otteniamo che $\mathcal{R}(B^T) = X^0_{polar}$, che è quanto desiderato.

Proviamo ora che b. e c. sono equivalenti. Verifichiamo innanzitutto che X^0_{polar} può essere identificato con il duale dello spazio $(X^0)^\perp$. Infatti, ad ogni $g \in ((X^0)^\perp)'$, possiamo associare un funzionale $\hat{g} \in X'$ che soddisfa la relazione

$$\langle \hat{g}, v \rangle = \langle g, P^\perp v \rangle \quad \forall v \in X,$$

dove $P^\perp$ denota la proiezione ortogonale di X sullo spazio $(X^0)^\perp$, ovvero

$$\forall v \in X, \quad P^\perp v \in (X^0)^\perp : (P^\perp v - v, w)_X = 0 \quad \forall w \in (X^0)^\perp.$$

Chiaramente $\hat{g} \in X^0_{polar}$ e si può verificare che $g \longrightarrow \hat{g}$ è un'isometria tra $((X^0)^\perp)'$ e X^0_{polar}. Di conseguenza, B^T è un isomorfismo tra M e $((X^0)^\perp)'$ soddisfacente la relazione

$$\|(B^T)^{-1}\|_{\mathcal{L}(X^0_{polar}, M)} \le \frac{1}{\beta^*}$$

se e solo se B è un isomorfismo tra $(X^0)^\perp$ e M' che soddisfa la relazione

$$\|B^{-1}\|_{\mathcal{L}(M', (X^0)^\perp)} \le \frac{1}{\beta^*}.$$

Questo completa la dimostrazione. ◇

Possiamo a questo punto fornire un risultato di esistenza, unicità e dipendenza continua dai dati per la soluzione del problema (16.22).

Teorema 16.4 *Supponiamo che la forma bilineare $a(\cdot, \cdot)$ soddisfi la (16.21) e che sia coerciva sullo spazio X^0, cioè esista una costante $\alpha > 0$ tale che*

$$a(v, v) \ge \alpha \|v\|_X^2 \quad \forall v \in X^0. \tag{16.30}$$

Supponiamo inoltre che la forma bilineare $b(\cdot, \cdot)$ soddisfi la (16.21) e la condizione di compatibilità (16.27).
Allora, per ogni $l \in X'$ e $\sigma \in M'$, esiste un'unica soluzione u del problema (16.26) ed un'unica funzione $\eta \in M$ tale che (u, η) sia l'unica soluzione del problema (16.22).
Inoltre la mappa $(l, \sigma) \longrightarrow (u, \eta)$ è un isomorfismo fra $X' \times M'$ e $X \times M$ e valgono le seguenti stime a priori:

$$\|u\|_X \le \frac{1}{\alpha} \left[\|l\|_{X'} + \frac{\alpha + \gamma}{\beta^*} \|\sigma\|_{M'} \right], \tag{16.31}$$

$$\|\eta\|_M \le \frac{1}{\beta^*} \left[\left(1 + \frac{\gamma}{\alpha} \right) \|l\|_{X'} + \frac{\gamma(\alpha + \gamma)}{\alpha\beta^*} \|\sigma\|_{M'} \right], \tag{16.32}$$

essendo α, β^* e γ definite, rispettivamente, dalla (16.30), (16.27) e (16.21) e dove $\|\cdot\|_{X'}$ e $\|\cdot\|_{M'}$ denotano le norme degli spazi duali definite come in (16.28) e (16.29).

Dimostrazione. L'unicità della soluzione del problema (16.26) è una diretta conseguenza dell'ipotesi di coercività (16.30). Dimostriamone ora l'esistenza. Avendo supposto soddisfatta la relazione (16.27), possiamo affermare, in virtù dell'equivalenza dimostrata nel Lemma 16.1, ed in particolare di quanto affermato al punto c., che esiste un'unica funzione $u^\sigma \in (X^0)^\perp$ tale che $Bu^\sigma = \sigma$, ed inoltre

$$\|u^\sigma\|_X \le \frac{1}{\beta_*}\|\sigma\|_{M'}. \tag{16.33}$$

Il problema (16.26) può così esser riformulato:

trovare $\widetilde{u} \in X^0$ t.c. $a(\widetilde{u}, v) = \langle l, v \rangle - a(u^\sigma, v)$ $\forall v \in X^0$, $\qquad$ (16.34)

essendo la soluzione u del problema (16.26) identificata dalla relazione $u = \widetilde{u} + u^\sigma$. L'esistenza e l'unicità della soluzione $\widetilde{u}$ del problema (16.34) è a questo punto assicurata dal Lemma di Lax-Milgram, insieme alla stima a priori

$$\|\widetilde{u}\|_X \le \frac{1}{\alpha}\left(\|l\|_{X'} + \gamma\|u^\sigma\|_X\right),$$

ovvero, grazie alla (16.33),

$$\|\widetilde{u}\|_X \le \frac{1}{\alpha}\left(\|l\|_{X'} + \frac{\gamma}{\beta_*}\|\sigma\|_{M'}\right). \tag{16.35}$$

L'unicità della soluzione u del problema (16.22) è dunque una diretta conseguenza dell'unicità delle funzioni $\widetilde{u} \in X^0$ ed $u^\sigma \in (X^0)^\perp$, mentre la stima di stabilità (16.31) segue dalla (16.35) combinata ancora con la (16.33).

Occupiamoci ora della componente η della soluzione. Torniamo dunque al problema (16.22). Poiché la formulazione (16.34) può essere riscritta nella forma

$$\langle Au - l, v \rangle = 0 \quad \forall v \in X^0,$$

ne segue che $(Au - l) \in X^0_{polar}$. Possiamo così sfruttare il punto b. del Lemma 16.1 ed affermare che esiste un'unica funzione $\eta \in M$ tale che $Au - l = -B^T\eta$, cioè tale che (u, η) sia una soluzione del problema (16.22) soddisfacente la stima

$$\|\eta\|_M \le \frac{1}{\beta_*}\|Au - l\|_{X'}. \tag{16.36}$$

Abbiamo inoltre già osservato che ogni soluzione (u, η) di (16.22) fornisce una soluzione u del problema (16.26): da ciò segue immediatamente l'unicità della soluzione per il problema (16.22). Infine la stima a priori (16.32) discende dalla (16.36), osservando che

$$\|\eta\|_M \le \frac{1}{\beta_*}\left[\|A\|_{\mathcal{L}(X,X')}\|u\|_X + \|l\|_{X'}\right]$$

ed utilizzando la stima a priori (16.31) già dimostrata per la funzione u. $\qquad\qquad \diamond$

16.3.3 Approssimazione con il metodo di Galerkin ed analisi di stabilità e convergenza

Introduciamo ora l'approssimazione di Galerkin del problema astratto (16.22). Indichiamo con X_h ed M_h due sottospazi di dimensione finita degli spazi X ed M, rispettivamente. Essi possono essere spazi di elementi finiti, oppure spazi polinomiali (su un singolo dominio o su partizioni in sotto-elementi) quali quelli che si usano nei metodi spettrali o in quelli agli elementi spettrali.

Siamo interessati a trovare una soluzione per il seguente problema:
dati $l \in X'$ e $\sigma \in M'$, trovare $(u_h, \eta_h) \in X_h \times M_h$ tali che

$$\begin{cases} a(u_h, v_h) + b(v_h, \eta_h) = \langle l, v_h \rangle \ \forall v_h \in X_h, \\ b(u_h, \mu_h) = \langle \sigma, \mu_h \rangle \qquad \forall \mu_h \in M_h. \end{cases} \quad (16.37)$$

Analogamente a quanto fatto nel caso del problema continuo, possiamo definire lo spazio

$$X_h^\sigma = \{ v_h \in X_h \ : \ b(v_h, \mu_h) = \langle \sigma, \mu_h \rangle \ \forall \mu_h \in M_h \} \quad (16.38)$$

che ci permette di introdurre la seguente versione finito-dimensionale della formulazione ridotta (16.26)

$$\text{trovare} \quad u_h \in X_h^\sigma \quad \text{t.c.} \quad a(u_h, v_h) = \langle l, v_h \rangle \quad \forall v_h \in X_h^0. \quad (16.39)$$

Lo spazio (16.38) non è necessariamente un sottospazio di X^σ essendo, in generale, M_h un sottospazio proprio di M. Inoltre è evidente che ogni soluzione (u_h, η_h) del problema (16.37) fornisce una soluzione u_h del problema ridotto (16.39). Quello che ci proponiamo di fare nel seguito di questa sezione è di fornire condizioni opportune in grado di garantire l'implicazione inversa insieme ad un risultato di stabilità e di convergenza per la soluzione (u_h, η_h) del problema (16.37).

Partiamo dal risultato di stabilità, fornendo la controparte discreta del Teorema 16.4.

Teorema 16.5 (Esistenza, unicità, stabilità) *Supponiamo che la forma bilineare $a(\cdot, \cdot)$ soddisfi la (16.21) e che sia coerciva sullo spazio X_h^0, cioè esista una costante $\alpha_h > 0$ tale che*

$$a(v_h, v_h) \geq \alpha_h \|v_h\|_X^2 \quad \forall v_h \in X_h^0. \quad (16.40)$$

Supponiamo inoltre che la forma bilineare $b(\cdot, \cdot)$ soddisfi la (16.21) e la seguente condizione di compatibilità nel discreto: esiste una costante $\beta_h > 0$ tale che

$$\forall \mu_h \in M_h \ \exists v_h \in X_h, \ v_h \neq 0 \ : \ b(v_h, \mu_h) \geq \beta_h \|v_h\|_X \|\mu_h\|_M. \quad (16.41)$$

Allora, per ogni $l \in X'$ *e* $\sigma \in M'$, *esiste un'unica soluzione* (u_h, η_h) *del problema* (16.37) *che soddisfa le seguenti stime di stabilità:*

$$\|u_h\|_X \leq \frac{1}{\alpha_h} \left[\|l\|_{X'} + \frac{\alpha_h + \gamma}{\beta_h} \|\sigma\|_{M'} \right], \tag{16.42}$$

$$\|\eta_h\|_M \leq \frac{1}{\beta_h} \left[\left(1 + \frac{\gamma}{\alpha_h}\right) \|l\|_{X'} + \frac{\gamma(\alpha_h + \gamma)}{\alpha_h \beta_h} \|\sigma\|_{M'} \right]. \tag{16.43}$$

Dimostrazione. Si ottiene ripercorrendo la dimostrazione del Teorema 16.4 considerando X_h al posto di X, M_h al posto di M ed osservando semplicemente che

$$\|l\|_{X_h'} \leq \|l\|_{X'}, \quad \|\sigma\|_{M_h'} \leq \|\sigma\|_{M'}.$$

◇

Osserviamo che la relazione di coercività (16.30) non necessariamente garantisce la (16.40) in quanto $X_h^0 \not\subset X^0$, così come la condizione di compatibilità (16.27) non implica, in generale, la (16.41), essendo X_h un sottospazio proprio di X. Inoltre, nel caso in cui entrambe le costanti α_h e β_h in (16.40) e (16.41) risultino indipendenti da h, le disuguaglianze (16.42) e (16.43) ci forniscono il risultato di stabilità desiderato. La condizione (16.41) è la ben nota condizione *inf-sup* o condizione *LBB* (si veda [BF91]). Ricordiamo che la (16.19) (o (16.20)) ne costituisce un caso particolare.

Passiamo ora all'analisi di convergenza formulata nel seguente

Teorema 16.6 (Convergenza) *Supponiamo siano verificate le ipotesi dei Teoremi 16.4 e 16.5. Allora le soluzioni* (u, η) *e* (u_h, η_h) *dei problemi* (16.22) *e* (16.37), *rispettivamente, soddisfano le seguenti stime dell'errore:*

$$\|u - u_h\|_X \leq \left(1 + \frac{\gamma}{\alpha_h}\right) \inf_{v_h^* \in X_h^\sigma} \|u - v_h^*\|_X + \frac{\delta}{\alpha_h} \inf_{\mu_h \in M_h} \|\eta - \mu_h\|_M, \tag{16.44}$$

$$\|\eta - \eta_h\|_M \leq \frac{\gamma}{\beta_h} \left(1 + \frac{\gamma}{\alpha_h}\right) \inf_{v_h^* \in X_h^\sigma} \|u - v_h^*\|_X$$
$$+ \left(1 + \frac{\delta}{\beta_h} + \frac{\gamma\delta}{\alpha_h \beta_h}\right) \inf_{\mu_h \in M_h} \|\eta - \mu_h\|_M, \tag{16.45}$$

essendo γ, δ, α_h *e* β_h *definite, rispettivamente, dalle relazioni* (16.21), (16.40) *e* (16.41). *Inoltre vale la seguente stima*

$$\inf_{v_h^* \in X_h^\sigma} \|u - v_h^*\|_X \leq \left(1 + \frac{\delta}{\beta_h}\right) \inf_{v_h \in X_h} \|u - v_h\|_X. \tag{16.46}$$

Dimostrazione. Consideriamo $v_h \in X_h$, $v_h^* \in X_h^\sigma$ e $\mu_h \in M_h$. Sottraendo (16.37)$_1$ da (16.22)$_1$ ed aggiungendo e togliendo le quantità $a(v_h^*, v_h)$ e $b(v_h, \mu_h)$ abbiamo

$$a(u_h - v_h^*, v_h) + b(v_h, \eta_h - \mu_h) = a(u - v_h^*, v_h) + b(v_h, \eta - \mu_h).$$

Scegliamo ora $v_h = u_h - v_h^* \in X_h^0$. Grazie alla definizione dello spazio X_h^0 e sfruttando la coercività (16.40) e le relazioni di continuità (16.21), arriviamo alla maggiorazione

$$\|u_h - v_h^*\|_X \leq \frac{1}{\alpha_h}\left(\gamma\,\|u - v_h^*\|_X + \delta\,\|\eta - \mu_h\|_M\right)$$

da cui segue immediatamente la stima (16.44), grazie al fatto che

$$\|u - u_h\|_X \leq \|u - v_h^*\|_X + \|u_h - v_h^*\|_X.$$

Proviamo ora la stima (16.45). Grazie alla condizione di compatibilità (16.41), per ogni $\mu_h \in M_h$, possiamo scrivere che

$$\|\eta_h - \mu_h\|_M \leq \frac{1}{\beta_h}\sup_{v_h \in X_h,\, v_h \neq 0} \frac{b(v_h, \eta_h - \mu_h)}{\|v_h\|_X}. \tag{16.47}$$

D'altro canto, sottraendo, membro a membro, la $(16.37)_1$ dalla $(16.22)_1$, ed aggiungendo e togliendo la quantità $b(v_h, \mu_h)$, ricaviamo che

$$b(v_h, \eta_h - \mu_h) = a(u - u_h, v_h) + b(v_h, \eta - \mu_h).$$

Utilizzando tale uguaglianza in (16.47) e le relazioni di continuità (16.21), ne segue

$$\|\eta_h - \mu_h\|_M \leq \frac{1}{\beta_h}\left(\gamma\,\|u - u_h\|_X + \delta\|\eta - \mu_h\|_M\right),$$

ovvero il risultato desiderato, sfruttata opportunamente la stima dell'errore (16.44) precedentemente derivata per la variabile u.

Dimostriamo infine la (16.46). Per ogni $v_h \in X_h$, grazie alla (16.41) e al Lemma 16.1 (applicato ora nei sottospazi di dimensione finita), esiste un'unica funzione $z_h \in (X_h^0)^\perp$ tale che

$$b(z_h, \mu_h) = b(u - v_h, \mu_h) \quad \forall \mu_h \in M_h$$

e inoltre

$$\|z_h\|_X \leq \frac{\delta}{\beta_h}\|u - v_h\|_X.$$

Posto $v_h^* = z_h + v_h$, ne segue che $v_h^* \in X_h^\sigma$, essendo $b(u, \mu_h) = \langle \sigma, \mu_h \rangle$ per ogni $\mu_h \in M_h$. Inoltre

$$\|u - v_h^*\|_X \leq \|u - v_h\|_X + \|z_h\|_X \leq \left(1 + \frac{\delta}{\beta_h}\right)\|u - v_h\|_X,$$

da cui segue la stima (16.46).   ◇

Osserviamo che le stime (16.44) e (16.45) garantiscono la convergenza ottimale a patto che le relazioni (16.40) e (16.41) valgano con costanti α_h e β_h limitate inferiormente da due costanti α e β indipendenti da h. Osserviamo inoltre che la stima dell'errore (16.44) vale anche se le condizioni di compatibilità (16.27) e (16.41) non son soddisfatte.

Osservazione 16.2 (Modi spuri di pressione) La condizione di compatibilità (16.41) è fondamentale per garantire l'unicità della soluzione η_h. Per verificarlo, osserviamo innanzitutto che da tale relazione segue che

$$\text{se}\quad \exists\, \mu_h \in M_h \quad \text{t.c.}\quad b(v_h, \mu_h) = 0 \quad \forall v_h \in X_h, \quad \text{allora}\quad \mu_h = 0.$$

Supponiamo dunque che la condizione (16.41) non sia soddisfatta: allora

$$\exists\, \mu_h^* \in M_h,\ \mu_h^* \neq 0,\quad \text{t.c.}\quad b(v_h, \mu_h^*) = 0 \quad \forall v_h \in X_h. \tag{16.48}$$

Di conseguenza, se (u_h, η_h) è una soluzione del problema (16.37), allora anche $(u_h, \eta_h + \tau\mu_h^*)$, per ogni $\tau \in \mathbb{R}$, è una soluzione dello stesso problema.

L'elemento μ_h^* è detto *modo spurio* e, più in particolare, modo spurio *di pressione* quando ci si riferisca al problema di Stokes (16.18) in cui le funzioni μ_h rappresentano delle pressioni discrete.

Poiché il problema discreto (16.37) non è in grado di tenerne conto, ciò porta alla generazione di instabilità numeriche.   •

16.4 Formulazione algebrica del problema di Stokes

Vediamo ora la struttura del sistema lineare associato all'approssimazione di Galerkin (16.18) del problema di Stokes (o, più in generale, di un problema di punto-sella discreto della forma (16.37)). Indichiamo con

$$\{\varphi_j \in V_h\},\ \{\phi_k \in Q_h\},$$

le funzioni di base per gli spazi V_h e Q_h, rispettivamente. Sviluppiamo le incognite $\mathbf{u}_h$ e p_h rispetto a tali basi ottenendo

$$\mathbf{u}_h(\mathbf{x}) = \sum_{j=1}^{N} u_j \varphi_j(\mathbf{x}),\ p_h(\mathbf{x}) = \sum_{k=1}^{M} p_k \phi_k(\mathbf{x}), \tag{16.49}$$

dove $N = \dim V_h$, $M = \dim Q_h$. Scegliendo come funzioni test nelle (16.18) le stesse funzioni di base, si ottiene il seguente sistema lineare a blocchi

$$\begin{cases} A\mathbf{U} + B^T\mathbf{P} = \mathbf{F}, \\ B\mathbf{U} = \mathbf{0}, \end{cases} \tag{16.50}$$

dove $A \in \mathbb{R}^{N\times N}$ e $B \in \mathbb{R}^{M\times N}$ sono le matrici relative rispettivamente alle forme bilineari $a(\cdot, \cdot)$ e $b(\cdot, \cdot)$, con elementi dati da

$$A = [a_{ij}] = [a(\varphi_j, \varphi_i)], \qquad B = [b_{km}] = [b(\varphi_m, \phi_k)],$$

mentre $\mathbf{U}$ e $\mathbf{P}$ sono i vettori delle incognite,

$$\mathbf{U} = [u_j],\ \mathbf{P} = [p_j].$$

Poniamo

$$S = \begin{bmatrix} A & B^T \\ B & 0 \end{bmatrix}. \tag{16.51}$$

Questa matrice $(N + M) \times (N + M)$ è *simmetrica a blocchi* (essendo A simmetrica) e *non definita*, in quanto ha autovalori reali, ma di segno variabile, alcuni positivi altri negativi. Naturalmente, condizione necessaria e sufficiente affinché il problema algebrico (16.50) ammetta un'unica soluzione è che non ve ne siano di nulli, ovvero che il determinante di S sia diverso da 0. Vediamo come questa proprietà discenda dalla condizione *inf-sup* (16.20).

La matrice A è invertibile perché associata alla forma bilineare coerciva $a(\cdot, \cdot)$. Quindi, dalla prima delle (16.50), si può formalmente ricavare **U** come

$$\mathbf{U} = A^{-1}(\mathbf{F} - B^T\mathbf{P}). \tag{16.52}$$

Sostituendo la (16.52) nella seconda equazione delle (16.50) si ottiene

$$R\mathbf{P} = BA^{-1}\mathbf{F}, \quad \text{ove} \quad R = BA^{-1}B^T. \tag{16.53}$$

Abbiamo, di fatto, eseguito una eliminazione gaussiana a blocchi sul sistema (16.51).

Si ottiene così un sistema nella sola incognita **P** (la pressione), il quale ammette una ed una sola soluzione nel caso in cui la matrice R sia non singolare. Si può facilmente dimostrare che, essendo A non singolare e definita positiva, chiedere che R sia non singolare corrisponde a chiedere che il nucleo della matrice B^T sia composto dal solo vettore nullo. A questo punto, se esiste unico il vettore **P**, per la non singolarità della matrice A esiste unico il vettore **U** soddisfacente la (16.52).

Concludendo, il sistema (16.50) ammette un'unica soluzione $(\mathbf{U}, \mathbf{P})$ se e solo se

$$\ker B^T = \{\mathbf{0}\}, \tag{16.54}$$

essendo $\ker B^T = \{\mathbf{x} \in \mathbb{R}^M : B^T\mathbf{x} = \mathbf{0}\}$.

Questa condizione algebrica è peraltro equivalente alla condizione *inf-sup* (16.20) (si veda l'Esercizio 1).

Osservazione 16.3 La condizione (16.54) equivale a richiedere che B^T (e dunque B) sia a *rango pieno*, ovvero che $\text{rank}(B^T) = \min(N, M)$, essendo $\text{rank}(B^T)$ il max numero di vettori riga (o, equivalentemente, colonna) linearmente indipendenti di B^T. Ricordiamo infatti che $\text{rank}(B^T) + \dim \ker(B^T) = M$.   •

Riprendiamo l'Osservazione 16.2 fatta per il problema generale di punto-sella, e supponiamo che la condizione *inf-sup* (16.20) non sia soddisfatta. In tal caso la (16.48) diventa

$$\exists q_h^* \in Q_h : \quad b(\mathbf{v}_h, q_h^*) = 0 \qquad \forall \mathbf{v}_h \in V_h. \tag{16.55}$$

Di conseguenza, se $(\mathbf{u}_h, p_h)$ è una soluzione del problema di Stokes (16.18), anche $(\mathbf{u}_h, p_h + q_h^*)$ lo sarà, in quanto

$$a(\mathbf{u}_h, \mathbf{v}_h) + b(\mathbf{v}_h, p_h + q_h^*) = a(\mathbf{u}_h, \mathbf{v}_h) + b(\mathbf{v}_h, p_h) + b(\mathbf{v}_h, q_h^*)$$
$$= a(\mathbf{u}_h, \mathbf{v}_h) + b(\mathbf{v}_h, p_h) = (\mathbf{f}, \mathbf{v}_h) \qquad \forall \mathbf{v}_h \in V_h.$$

Le funzioni q_h^* che non verificano la condizione *inf-sup* sono "trasparenti" allo schema di Galerkin (16.18) e per questo, come già osservato in precedenza, vengono dette *modi spuri di pressione* o *pressioni parassite*. La loro presenza impedisce alla pressione di essere unica. Per questa ragione, gli spazi di elementi finiti che non soddisfano la (16.20) vengono detti *instabili* o anche *incompatibili*.

Due sono le strategie generalmente seguite per ottenere elementi stabili, spesso anche detti *elementi compatibili*:

- scegliere V_h e Q_h in modo che sia verificata la condizione *inf-sup*;
- stabilizzare il problema (a priori o a posteriori), eliminando i modi spuri.

Analizziamo il primo tipo di strategia e consideriamo dapprima il caso di approssimazioni agli elementi finiti.

Per caratterizzare gli spazi Q_h e V_h è sufficiente indicare i gradi di libertà per la velocità e per la pressione sui singoli elementi della triangolazione. Cominciamo con l'osservare che la formulazione debole considerata non richiede che la pressione sia necessariamente continua. Consideriamo dunque dapprima il caso di *pressioni discontinue*.

Essendo le equazioni di Stokes del prim'ordine in p e del secondo ordine in $\mathbf{u}$, in generale è sensato utilizzare polinomi di grado $k \geq 1$ per lo spazio V_h e di grado $k - 1$ per lo spazio Q_h. In particolare, supponiamo di impiegare elementi finiti $\mathbb{P}_1$ per le componenti della velocità e di tipo $\mathbb{P}_0$ per la pressione (si veda la Fig. 16.2 nella quale, ed in quelle che seguiranno, con il simbolo $\square$ si sono indicati i gradi di libertà per la pressione e con il simbolo $\bullet$ quelli per la velocità). Si può verificare che tale scelta, pur apparendo assai naturale, non soddisfa la condizione *inf-sup* (16.20) (si vedano gli Esercizi 3 e 5).

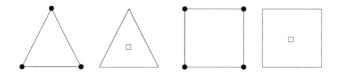

Figura 16.2. Caso di pressione discontinua: scelte non soddisfacenti la condizione *inf-sup*

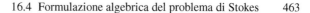

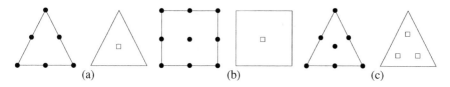

(a)   (b)   (c)

Figura 16.3. Caso di pressione discontinua: scelte soddisfacenti la condizione *inf-sup* con elementi triangolari, (a), e quadrilateri, (b). Anche la coppia (c), detta di Crouzeix-Raviart, soddisfa la condizione *inf-sup*

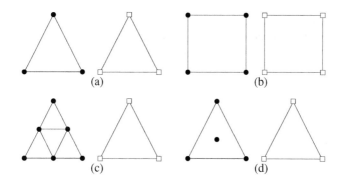

(a)   (b)

(c)   (d)

Figura 16.4. Caso di pressione continua: le coppie (a) e (b) non soddisfano la condizione *inf-sup*. Gli elementi usati per la velocità nella coppia (c) sono noti come elementi finiti $\mathbb{P}_1$-*iso*$\mathbb{P}_2$, mentre quelli usati nella coppia (d) sono conosciuti come *mini-element*

Al fine di trovare una coppia che soddisfi la condizione *inf-sup* osserviamo che più ampio sarà lo spazio V_h, più alta sarà la "probabilità" che la condizione (16.20) sia soddisfatta. In altri termini lo spazio V_h deve essere sufficientemente "ricco" rispetto allo spazio Q_h.

In Fig. 16.3 sono rappresentate scelte di spazi soddisfacenti la condizione *inf-sup*, sempre nel caso di pressione discontinua e velocità continua. Quella in (a) è composta dagli elementi $\mathbb{P}_2 - \mathbb{P}_0$, quella in (b) da $\mathbb{Q}_2 - \mathbb{P}_0$, quella in (c), detta di Crouzeix-Raviart, dagli elementi discontinui di grado 1 per la pressione e di grado 2 più una bolla cubica per la velocità.

In Fig. 16.4(a), (b) sono rappresentate scelte non soddisfacenti la condizione *inf-sup* per il caso di pressioni continue. Si tratta di elementi finiti di grado 1 sia per le velocità che per le pressioni. Più in generale, elementi finiti continui dello stesso grado $k \geq 1$ per velocità e pressioni sono instabili. In (c) e (d) sono rappresentati invece elementi stabili. In particolare, le pressioni sono continue e di grado 1. Nel caso (c) le velocità sono continue e di grado 1 su ciascuno dei 4 sottotriangoli indicati in figura. Nel caso (d) invece, le velocità sono la somma di polinomi di grado 1 e di una funzione di tipo bolla. Rinviamo a [BF91] per la dimostrazione dei risultati qui menzionati nonché per l'analisi della stima di convergenza.

Nel caso si usino approssimazioni con metodi spettrali, è possibile vedere che l'uso dello stesso grado polinomiale per velocità e pressione viola la condizione *inf-*

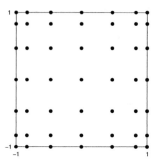

Figura 16.5. Gli $(N + 1)^2$ nodi di Gauss-Lobatto, gradi di libertà per le componenti della velocità (qui $N = 6$)

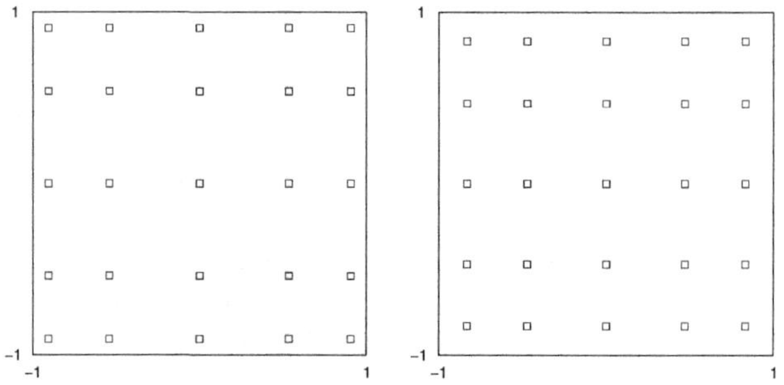

Figura 16.6. Gli $(N - 1)^2$ nodi interni di Gauss-Legendre-Lobatto (a sinistra) e gli $(N - 1)^2$ nodi di Gauss-Legendre (a destra), nel caso $N = 6$

sup. Una scelta di sottospazi compatibili è quella dei polinomi di grado N (≥ 2) per le componenti della velocità e di grado $N - 2$ per la pressione. Ciò dà luogo alla cosiddetta approssimazione $\mathbb{Q}_N - \mathbb{Q}_{N-2}$. I gradi di libertà per le componenti della velocità sono rappresentati dai valori negli $(N + 1)^2$ nodi GLL di Gauss-Legendre-Lobatto, introdotti in Sez. 10.2.3 (si veda la Fig. 16.5).

Per quanto riguarda la pressione, due sono le scelte possibili: usare il sotto-insieme degli $(N - 1)^2$ nodi interni di GLL (Fig. 16.6, a sinistra), oppure usare gli $(N - 1)^2$ nodi di Gauss-Legendre, GL, introdotti in Sez. 10.2.2 (Fig. 16.6, a destra). Naturalmente, con queste scelte si può realizzare un metodo spettrale di Galerkin, di collocazione G-NI, o infine ad elementi spettrali SEM-NI con integrazione numerica (si veda [CHQZ07]).

16.5 Un esempio di problema stabilizzato

Come abbiamo visto, elementi finiti (o metodi spettrali) che utilizzino lo stesso grado polinomiale per la pressione e per la velocità non verificano la condizione inf-sup e sono, pertanto, instabili. È tuttavia possibile stabilizzarli, ricorrendo a tecniche che si ispirano a quelle di tipo SUPG o GLS, già incontrate nel Cap. 12 nell'ambito dell'approssimazione numerica di problemi di diffusione-trasporto.

Per una descrizione più completa rinviamo il lettore a [BF91], [BBF13] e a [QV94]. Ci limitiamo qui a mostrare come applicare una tecnica di stabilizzazione di tipo GLS alle equazioni (16.18) nel caso in cui si usino elementi finiti lineari sia per la pressione che per le componenti della velocità, ovvero

$$V_h = [\overset{\circ}{X}{}^1_h]^2, \, Q_h = \{q_h \in X^1_h : \, \int_\Omega q_h \, d\Omega = 0\}.$$

Questa scelta è motivata dall'esigenza di ridurre al massimo il numero globale di incognite, esigenza che diventa stringente nel caso di problemi tridimensionali. Poniamo dunque $W_h = V_h \times Q_h$ e consideriamo anziché (16.18), il seguente problema (ci limiteremo al caso $\alpha = 0$): trovare $(\mathbf{u}_h, p_h) \in W_h$ t.c.

$$A_h(\mathbf{u}_h, p_h; \mathbf{v}_h, q_h) = (\mathbf{f}_h, \mathbf{v}_h) \quad \forall (\mathbf{v}_h, q_h) \in W_h, \tag{16.56}$$

avendo posto

$$A_h : W_h \times W_h \to \mathbb{R},$$

$$A_h(\mathbf{u}_h, p_h; \mathbf{v}_h, q_h) = a(\mathbf{u}_h, \mathbf{v}_h) + b(\mathbf{v}_h, p_h) - b(\mathbf{u}_h, q_h)$$

$$+\delta \sum_{K \in \mathcal{T}_h} h_K^2 \int_K (-\nu \Delta \mathbf{u}_h + \nabla p_h - \mathbf{f})(-\nu \Delta \mathbf{v}_h + \nabla q_h) \, dK,$$

ed essendo δ un parametro positivo da scegliere opportunamente.

Si tratta di un'approssimazione fortemente consistente del problema (16.11), essendo il termine aggiuntivo nullo quando calcolato sulla soluzione esatta, in quanto, per la (16.12), $-\nu \Delta \mathbf{u} + \nabla p - \mathbf{f} = \mathbf{0}$. Osserviamo inoltre che, in questo caso specifico, trattandosi di elementi finiti lineari, $\Delta \mathbf{u}_{h|K} = \Delta \mathbf{v}_{h|K} = \mathbf{0} \, \forall K \in \mathcal{T}_h$.

Quanto alla stabilità, osserviamo che

$$A_h(\mathbf{u}_h, p_h; \mathbf{u}_h, p_h) = \nu \|\nabla \mathbf{u}_h\|^2_{\mathbf{L}^2(\Omega)} + \delta \sum_{k \in \mathcal{T}_h} h_K^2 \|\nabla p_h\|^2_{\mathbf{L}^2(K)}. \tag{16.57}$$

Pertanto, il nucleo della forma A_h si riduce al solo vettore nullo ed il problema (16.56) ammette una ed una sola soluzione. Quest'ultima verifica la disuguaglianza

$$\nu \|\nabla \mathbf{u}_h\|^2_{\mathbf{L}^2(\Omega)} + \delta \sum_{K \in \mathcal{T}_h} h_K^2 \|\nabla p_h\|^2_{\mathbf{L}^2(K)} \le C \|\mathbf{f}\|^2_{\mathbf{L}^2(\Omega)}, \tag{16.58}$$

essendo C una costante positiva che dipende da ν ma non da h (si veda l'Esercizio 8).

Applicando il Lemma di Strang (Lemma 10.1) si può ora verificare che il problema di Galerkin generalizzato (16.56) fornisce la seguente approssimazione per la soluzione del problema (16.11)

$$\|\mathbf{u} - \mathbf{u}_h\|_{\mathbf{H}^1(\Omega)} + \left(\delta \sum_{K \in \mathcal{T}_h} h_K^2 \|\nabla p - \nabla p_h\|_{\mathbf{L}^2(K)}^2 \right)^{1/2} \leq Ch.$$

Utilizzando nuovamente le notazioni della Sez. 16.2, si può verificare che il problema (16.56) ammette la seguente forma matriciale

$$\begin{bmatrix} A & B^T \\ B & -C \end{bmatrix} \begin{bmatrix} \mathbf{U} \\ \mathbf{P} \end{bmatrix} = \begin{bmatrix} \mathbf{F} \\ \mathbf{G} \end{bmatrix}. \tag{16.59}$$

Tale sistema differisce da quello non stabilizzato (16.50) per la presenza del blocco non nullo di posizione (2,2), proveniente dal termine di stabilizzazione. Precisamente,

$$C = (c_{km}) \ , \ c_{km} = \delta \sum_{K \in \mathcal{T}_h} h_K^2 \int_K \nabla \phi_m \cdot \nabla \phi_k \, dK, \qquad k, m = 1, \dots, M,$$

mentre il termine noto $\mathbf{G}$ ha componenti

$$g_k = -\delta \sum_{K \in \mathcal{T}_h} h_K^2 \int_K \mathbf{f} \cdot \nabla \phi_k \, dK, \qquad k = 1, \dots, M.$$

Il sistema ridotto alla sola incognita di pressione diventa

$$R\mathbf{P} = BA^{-1}\mathbf{F} - \mathbf{G},$$

dove ora, a differenza della (16.53), si ha $R = BA^{-1}B^T + C$. Essendo C una matrice definita positiva, la matrice R è non singolare.

16.6 Un esempio numerico

Risolviamo le equazioni di Navier-Stokes nel caso stazionario sul dominio $\Omega = (0, 1) \times (0, 1)$ con le seguenti condizioni al contorno di tipo Dirichlet:

$$\begin{aligned} \mathbf{u} &= \mathbf{0} && \text{per } \mathbf{x} \in \partial\Omega \backslash \Gamma, \\ \mathbf{u} &= (1, 0)^T && \text{per } \mathbf{x} \in \Gamma, \end{aligned} \tag{16.60}$$

dove $\Gamma = \{\mathbf{x} = (x_1, x_2)^T \in \partial\Omega : x_2 = 1\}$. Questo problema è noto come flusso in cavità con parete superiore scorrevole. Utilizziamo elementi finiti su griglie di rettangoli di tipo $\mathbb{Q}_1 - \mathbb{Q}_1$ non stabilizzati, oppure stabilizzati con il metodo GLS. In Fig.

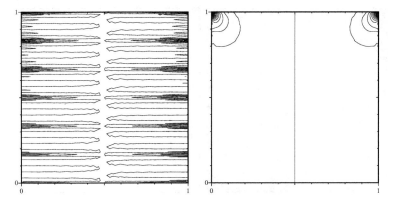

Figura 16.7. A destra, isolinee di pressione per il caso test del flusso in cavità risolto con elementi finiti stabilizzati. Quella verticale è associata al valore nullo della pressione. A sinistra si riportano invece le isolinee della pressione parassita calcolata sullo stesso caso test senza ricorrere alla stabilizzazione

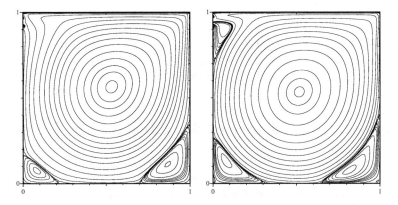

Figura 16.8. Le *streamlines* ottenute nel caso del problema del flusso in cavità per $Re = 1000$ a sinistra, $Re = 5000$ a destra

16.7, a sinistra, vengono riportati i soli modi spuri di pressione che si generano qualora si usino gli elementi $\mathbb{Q}_1 - \mathbb{Q}_1$ non stabilizzati. Nella stessa figura a destra riportiamo invece le isolinee della pressione ottenuta con la stessa coppia stabilizzata; come si vede non c'è più traccia di oscillazioni spurie. Infine, in Fig. 16.8 riportiamo le linee di flusso (le cosiddette *streamlines*) ottenute per $Re = 1000$ e $Re = 5000$. Grazie alla stabilizzazione si ottengono soluzioni accurate anche al crescere del numero di Reynolds, essendo rimosse sia l'instabilità legata alle soluzioni parassite, sia l'inaccuratezza del metodo di Galerkin quando i termini di trasporto dominano su quelli di diffusione.

Per lo stesso problema consideriamo il metodo spettrale G-NI in cui sia la pressione sia le due componenti della velocità sono cercate nello spazio $\mathbb{Q}_N$ (con $N = 32$).

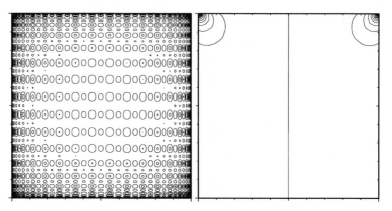

Figura 16.9. Isolinee di pressione ottenute con un'approssimazione spettrale, a sinistra, e con il metodo G-NI stabilizzato con stabilizzazione GLS, a destra. In entrambi i casi si usano polinomi di grado $N = 32$ per la pressione e per le due componenti della velocità. L'isolinea verticale è associata al valore nullo della pressione. Il problema è quello del flusso in cavità risolto in precedenza con il metodo degli elementi finiti

Tale approssimazione non è stabile in quanto la condizione *inf-sup* non è verificata. Nella Fig. 16.9 si riportano a sinistra le isolinee dei modi spuri di pressione, a destra le isolinee della pressione ottenuta per il metodo G-NI, stabilizzato con la tecnica GLS.

16.7 Discretizzazione in tempo delle equazioni di Navier-Stokes

Torniamo ora ad occuparci delle equazioni di Navier-Stokes (16.2) ed analizziamo alcuni possibili schemi di discretizzazione temporale.

Supporremo d'ora in avanti, per comodità di notazione, che $\Gamma_D = \partial\Omega$ e $\boldsymbol{\varphi} = \mathbf{0}$ in (16.4), cosicché $V = [\mathrm{H}_0^1(\Omega)]^d$. La discretizzazione in spazio delle equazioni di Navier-Stokes dà allora luogo al seguente problema:

per ogni $t > 0$, trovare $(\mathbf{u}_h(t), p_h(t)) \in V_h \times Q_h$ t.c.

$$
\begin{cases}
\left(\dfrac{\partial \mathbf{u}_h(t)}{\partial t}, \mathbf{v}_h\right) + a(\mathbf{u}_h(t), \mathbf{v}_h) + c(\mathbf{u}_h(t), \mathbf{u}_h(t), \mathbf{v}_h) + b(\mathbf{v}_h, p_h(t)) = \\
\qquad\qquad (\mathbf{f}_h(t), \mathbf{v}_h) \ \forall \mathbf{v}_h \in V_h, \\
b(\mathbf{u}_h(t), q_h) = 0 \quad \forall q_h \in Q_h,
\end{cases}
\tag{16.61}
$$

dove $\{V_h \subset V\}$ e $\{Q_h \subset Q\}$ sono, come di consueto, due famiglie di sottospazi di dimensione finita. La forma trilineare $c(\cdot, \cdot, \cdot)$, definita da

$$
c(\mathbf{w}, \mathbf{z}, \mathbf{v}) = \int_\Omega [(\mathbf{w} \cdot \nabla)\mathbf{z}] \cdot \mathbf{v} \, d\Omega \ \forall \mathbf{w}, \mathbf{z}, \mathbf{v} \in V,
$$

è associata al termine convettivo non lineare, mentre $a(\cdot, \cdot)$ e $b(\cdot, \cdot)$ sono le stesse che in (16.13) (ponendo tuttavia $\alpha = 0$).

Il problema (16.61) è un sistema di equazioni differenziali algebriche. Utilizzando notazioni già impiegate nelle precedenti sezioni, esso ha la forma

$$\begin{cases} M\dfrac{d\mathbf{u}(t)}{dt} + A\mathbf{u}(t) + C(\mathbf{u}(t))\mathbf{u}(t) + B^T\mathbf{p}(t) = \mathbf{f}(t), \\ B\mathbf{u}(t) = \mathbf{0}, \end{cases} \tag{16.62}$$

con $\mathbf{u}(0) = \mathbf{u}_0$. $C(\mathbf{u}(t))$ è una matrice dipendente da $\mathbf{u}(t)$, il cui elemento generico è $c_{mi}(t) = c(\mathbf{u}(t), \boldsymbol{\varphi}_i, \boldsymbol{\varphi}_m)$. Per discretizzare in tempo tale sistema utilizziamo a titolo di esempio il θ-metodo, presentato nella Sez. 5.1. Se si pone

$$\mathbf{u}_\theta^{n+1} = \theta\mathbf{u}^{n+1} + (1-\theta)\mathbf{u}^n,$$

$$\mathbf{p}_\theta^{n+1} = \theta\mathbf{p}^{n+1} + (1-\theta)\mathbf{p}^n,$$

$$\mathbf{f}_\theta^{n+1} = \theta\mathbf{f}(t^{n+1}) + (1-\theta)\mathbf{f}(t^n),$$

si perviene al seguente sistema di equazioni algebriche

$$\begin{cases} M\dfrac{\mathbf{u}^{n+1} - \mathbf{u}^n}{\Delta t} + A\mathbf{u}_\theta^{n+1} + C_\theta(\mathbf{u}^{n+1,n})\mathbf{u}^{n+1,n} + B^T\mathbf{p}_\theta^{n+1} = \mathbf{f}_\theta^{n+1}, \\ B\mathbf{u}^{n+1} = \mathbf{0}. \end{cases} \tag{16.63}$$

dove si è posto:

$$C_\theta(\mathbf{u}^{n+1,n})\mathbf{u}^{n+1,n} = \theta C(\mathbf{u}^{n+1})\mathbf{u}^{n+1} + (1-\theta)C(\mathbf{u}^n)\mathbf{u}^n.$$

La sua risoluzione risulta in generale molto costosa (salvo nel caso in cui $\theta = 0$, corrispondente al metodo di Eulero in avanti). Una possibile alternativa è quella di utilizzare uno schema nel quale la parte lineare del problema viene trattata in maniera implicita, mentre quella non lineare in maniera esplicita (giungendo così ad un problema *semi-implicito*). Se $\theta \geq 1/2$, lo schema risulta incondizionatamente stabile, mentre va soggetto a condizioni su Δt (in funzione di h e di ν) negli altri casi. Commentiamo in dettaglio le varie opzioni qui di seguito. Nelle Sez. 16.7.2 e 16.7.3 considereremo invece alcuni schemi di discretizzazione temporale alternativi ai precedenti.

16.7.1 Metodi alle differenze finite

Consideriamo dapprima una discretizzazione temporale *esplicita* per la prima equazione delle (16.62), ad esempio quella corrispondente a $\theta = 0$ in (16.63). Supponendo note le quantità al tempo t^n, si otterrà

$$\begin{cases} M\mathbf{u}^{n+1} = H(\mathbf{u}^n, \mathbf{p}^n, \mathbf{f}^n), \\ B\mathbf{u}^{n+1} = \mathbf{0}, \end{cases}$$

essendo M la *matrice di massa* di elementi

$$m_{ij} = \int_\Omega \varphi_i \varphi_j \, d\Omega.$$

Tale sistema è sovradeterminato nella velocità $\mathbf{u}^{n+1}$, mentre non consente di ottenere la pressione $\mathbf{p}^{n+1}$. Sostituendo $\mathbf{p}^n$ con $\mathbf{p}^{n+1}$ nella equazione del momento si otterrebbe il sistema lineare

$$\begin{cases} \dfrac{1}{\Delta t}M\mathbf{u}^{n+1} + B^T\mathbf{p}^{n+1} = \mathbf{G}, \\ B\mathbf{u}^{n+1} = \mathbf{0}, \end{cases} \qquad (16.64)$$

dove $\mathbf{G}$ è un vettore opportuno. Esso corrisponde a una discretizzazione *semi-esplicita* di (16.61). Essendo M definita positiva e simmetrica, il sistema ridotto $BM^{-1}B^T\mathbf{p}^{n+1} = BM^{-1}\mathbf{G}$ è non singolare se la condizione (16.54) è soddisfatta. La velocità $\mathbf{u}^{n+1}$ si ricava poi dalla prima delle (16.64). Tale metodo risulta stabile se è soddisfatta una condizione del tipo

$$\Delta t \le C \min(h^2/\nu, h/(\max_{\mathbf{x} \in \Omega}|\mathbf{u}^n|)).$$

Consideriamo ora una discretizzazione temporale *implicita* del problema (16.61) (ad esempio basata sul metodo di Eulero all'indietro, corrispondente alla scelta $\theta = 1$ in (16.63)). Come precedentemente osservato tale metodo è incondizionatamente stabile. In tal caso si trova un sistema algebrico non lineare, corrispondente alla discretizzazione ad elementi finiti del problema di Navier-Stokes stazionario

$$\begin{cases} -\nu\Delta\mathbf{z} + (\mathbf{z}\cdot\nabla)\mathbf{z} + \nabla p + \dfrac{\mathbf{z}}{\Delta t} = \tilde{\mathbf{f}}, \\ \operatorname{div}\mathbf{z} = 0. \end{cases}$$

Un tale sistema non lineare di equazioni può essere risolto ad esempio con una tecnica di tipo Newton accoppiata ad un metodo di Krylov (come il GMRES o il metodo BiCGStab) per la risoluzione del sistema lineare che si ottiene ad ogni passo di iterazione di Newton (si veda ad esempio [Saa96] o [QV94, Cap. 2]). In questo modo si hanno globalmente tre cicli iterativi annidati:

- iterazione temporale: $t^n \to t^{n+1}$,
- iterazione di Newton: $\mathbf{x}_k^{n+1} \to \mathbf{x}_{k+1}^{n+1}$,
- iterazione di Krylov: $[\mathbf{x}_k^{n+1}]_j \to [\mathbf{x}_k^{n+1}]_{j+1}$,

avendo indicato per semplicità con $\mathbf{x}^n$ la coppia $(\mathbf{u}^n, \mathbf{p}^n)$. Si ottiene così una successione $[\mathbf{x}_k^{n+1}]_j$ per la quale

$$\lim_{k\to\infty}\lim_{j\to\infty}[\mathbf{x}_k^{n+1}]_j = \begin{bmatrix} \mathbf{u}^{n+1} \\ \mathbf{p}^{n+1} \end{bmatrix}.$$

Operiamo ora la discretizzazione temporale utilizzando un metodo *semi-implicito*, ossia trattiamo in implicito la parte lineare e in esplicito il termine convettivo non lineare. Otteniamo pertanto il sistema lineare

$$\begin{cases} \dfrac{1}{\Delta t}\mathrm{M}\mathbf{u}^{n+1} + \mathrm{A}\mathbf{u}^{n+1} + \mathrm{B}^T\mathbf{p}^{n+1} = \mathbf{G}, \\[2mm] \mathrm{B}\mathbf{u}^{n+1} = \mathbf{0}, \end{cases} \qquad (16.65)$$

dove $\mathbf{G}$ è un vettore opportuno, ovvero un sistema del tipo (16.50). La condizione di stabilità in questo caso è del tipo

$$\Delta t \le C\frac{h}{\max\limits_{\mathbf{x}\in\Omega}|\mathbf{u}^n|}. \qquad (16.66)$$

16.7.2 Metodi alle caratteristiche (o Lagrangiani)

Per questi metodi si definisce innanzitutto la cosiddetta *derivata materiale*

$$\frac{D\mathbf{u}}{Dt} = \frac{\partial\mathbf{u}}{\partial t} + (\mathbf{u}\cdot\nabla)\mathbf{u},$$

indi la si approssima, ad esempio, con la formula di Eulero all'indietro

$$\frac{D\mathbf{u}}{Dt}(\mathbf{x}) \approx \frac{\mathbf{u}^{n+1}(\mathbf{x}) - \mathbf{u}^n(\mathbf{x}_p)}{\Delta t},$$

essendo $\mathbf{x}_p$ il *piede* (al tempo t^n) della caratteristica uscente da $\mathbf{x}$ al tempo t^{n+1}. Si deve quindi risolvere un sistema di equazioni differenziali ordinarie per seguire a ritroso la linea caratteristica $\mathbf{X}$ spiccata dal punto $\mathbf{x}$ stesso

$$\begin{cases} \dfrac{d\mathbf{X}}{dt}(t; s, \mathbf{x}) = \mathbf{u}(t, \mathbf{X}(t; s, \mathbf{x})), \quad t \in (t^n, t^{n+1}), \\[2mm] \mathbf{X}(s; s, \mathbf{x}) = \mathbf{x}, \end{cases}$$

con $s = t^{n+1}$.

La difficoltà si è dunque trasferita nella ricostruzione delle linee caratteristiche. La prima esigenza è quella di approssimare adeguatamente il campo di velocità $\mathbf{u}$ per $t \in (t^n, t^{n+1})$, in quanto $\mathbf{u}^{n+1}$ è ancora incognita. A tale scopo, il metodo più semplice consiste nell'utilizzare uno schema di Eulero in avanti per la discretizzazione della derivata materiale. La seconda difficoltà è legata al fatto che la caratteristica può attraversare più elementi della griglia di calcolo. Occorre quindi avere un algoritmo efficiente per individuare l'elemento di griglia dove cade il piede della caratteristica e che sappia dunque tenere conto della possibilità che la caratteristica termini sul bordo del dominio computazionale. Per ogni t^{n+1} l'equazione del momento si riscrive

$$\frac{\mathbf{u}^{n+1}(\mathbf{x}) - \mathbf{u}^n(\mathbf{x}_p)}{\Delta t} - \nu\Delta\mathbf{u}^{n+1}(\mathbf{x}) + \nabla p^{n+1}(\mathbf{x}) = \mathbf{f}^{n+1}(\mathbf{x}),$$

dove $\mathbf{x}$ è un generico punto di Ω e $\mathbf{x}_p$ il piede della caratteristica uscente da $\mathbf{x}$ al tempo t^{n+1}.

16.7.3 Metodi a passi frazionari

Incominciamo facendo una digressione per un generico problema evolutivo della forma

$$\frac{\partial w}{\partial t} + Lw = f,$$

dove L è un operatore differenziabile che supponiamo possa essere scomposto nella somma di due operatori L_1 e L_2, ovvero

$$Lv = L_1 v + L_2 v.$$

I metodi a passi frazionari realizzano l'avanzamento temporale da t^n a t^{n+1} in due (o più) passi: dapprima viene risolto il problema considerando solo L_1, quindi si corregge la soluzione ottenuta considerando solo l'operatore L_2. Per tale ragione questi metodi si chiamano anche *operator splitting*.

Separando i due operatori L_1 e L_2 si spera di ridurre un problema complesso a due problemi più semplici, confinando in ognuno di essi gli effetti e le problematiche ad essi associati (non linearità, diffusione, trasporto, ...). In tal senso, gli operatori L_1 e L_2 possono essere scelti in base a considerazioni fisiche operate sulla base del problema che si sta risolvendo. In effetti, anche la risoluzione delle equazioni di Navier-Stokes con il metodo alle caratteristiche potrebbe essere interpretata come un metodo a passi frazionari nel quale il primo passo è proprio quello lagrangiano.

Uno schema possibile, semplice, ma non ottimale, è il seguente *splitting* di Yanenko:

1. si calcola $\tilde{w}$ soluzione di

$$\frac{\tilde{w} - w^n}{\Delta t} + L_1 \tilde{w} = 0;$$

2. si calcola w^{n+1} come

$$\frac{w^{n+1} - \tilde{w}}{\Delta t} + L_2 w^{n+1} = f^n.$$

Eliminando $\tilde{w}$, otteniamo il seguente problema per la variabile w^{n+1}

$$\frac{w^{n+1} - w^n}{\Delta t} + Lw^{n+1} = f^n + \Delta t L_1(f^n - L_2 w^{n+1}).$$

Se L_1 e L_2 sono entrambi operatori ellittici esso è incondizionatamente stabile rispetto a Δt.

Applichiamo questa strategia alle equazioni di Navier-Stokes (16.2), scegliendo come L_1 l'operatore $L_1(\mathbf{w}) = -\nu \Delta \mathbf{w} + (\mathbf{w} \cdot \nabla)\mathbf{w}$ ed essendo L_2 la parte che resta per completare il sistema di Navier-Stokes. In tal modo abbiamo separato le due principali difficoltà derivanti rispettivamente dalla non-linearità e dalla richiesta di incomprimibilità.

Lo schema a passi frazionari che si ottiene è il seguente:

1. si risolve la seguente equazione di diffusione(-trasporto) per la velocità $\tilde{\mathbf{u}}^{n+1}$

$$
\begin{cases}
\dfrac{\tilde{\mathbf{u}}^{n+1} - \mathbf{u}^n}{\Delta t} - \nu \Delta \tilde{\mathbf{u}}^{n+1} + (\mathbf{u}^* \cdot \nabla)\mathbf{u}^{**} = \mathbf{f}^{n+1} & \text{in } \Omega, \\
\tilde{\mathbf{u}}^{n+1} = \mathbf{0} & \text{su } \partial\Omega;
\end{cases}
\tag{16.67}
$$

2. si risolve in seguito il problema accoppiato nelle incognite $\mathbf{u}^{n+1}$ e p^{n+1}

$$
\begin{cases}
\dfrac{\mathbf{u}^{n+1} - \tilde{\mathbf{u}}^{n+1}}{\Delta t} + \nabla p^{n+1} = \mathbf{0} & \text{in } \Omega, \\
\operatorname{div} \mathbf{u}^{n+1} = 0 & \text{in } \Omega, \\
\mathbf{u}^{n+1} \cdot \mathbf{n} = 0 & \text{su } \partial\Omega,
\end{cases}
\tag{16.68}
$$

dove $\mathbf{u}^*$ e $\mathbf{u}^{**}$ possono essere $\tilde{\mathbf{u}}^{n+1}$ o $\mathbf{u}^n$ a seconda che il primo passo tratti i termini convettivi in modo esplicito, implicito o semi-implicito. In questo modo si calcola al primo passo una velocità intermedia $\tilde{\mathbf{u}}^{n+1}$ che poi si corregge al secondo passo dello schema in modo da soddisfare il vincolo di incomprimibilità. Se la risoluzione del primo passo può essere condotta con successo con le tecniche presentate per problemi di diffusione-trasporto, più difficoltosa appare la risoluzione del secondo passo. Nel tentativo di semplificare le cose, applichiamo l'operatore di divergenza alla prima equazione del secondo passo. Troviamo

$$
\operatorname{div} \frac{\mathbf{u}^{n+1}}{\Delta t} - \operatorname{div} \frac{\tilde{\mathbf{u}}^{n+1}}{\Delta t} + \Delta p^{n+1} = 0,
$$

ovvero un problema ellittico con condizioni al contorno di Neumann

$$
\begin{cases}
-\Delta p^{n+1} = -\operatorname{div} \dfrac{\tilde{\mathbf{u}}^{n+1}}{\Delta t} & \text{in } \Omega, \\
\dfrac{\partial p^{n+1}}{\partial n} = 0 & \text{su } \partial\Omega.
\end{cases}
\tag{16.69}
$$

La condizione di Neumann discende dalla condizione $\mathbf{u}^{n+1} \cdot \mathbf{n} = 0$ su $\partial\Omega$ (si veda la (16.68)). Dalla risoluzione di (16.69) si ricava p^{n+1} e quindi la velocità $\mathbf{u}^{n+1}$ utilizzando la prima delle equazioni nella (16.68),

$$
\mathbf{u}^{n+1} = \tilde{\mathbf{u}}^{n+1} - \Delta t \nabla p^{n+1} \quad \text{in } \Omega,
\tag{16.70}
$$

la quale fornisce, in modo esplicito, la correzione da operare sulla velocità. Riassumendo, si risolve dapprima il problema vettoriale ellittico (16.67) nell'incognita $\tilde{\mathbf{u}}^{n+1}$ (velocità intermedia), indi il problema scalare ellittico (16.69) nell'incognita p^{n+1}, infine si ottiene la nuova velocità $\mathbf{u}^{n+1}$ attraverso la relazione esplicita (16.70).
Vediamo ora le principali caratteristiche di tale metodo.

Consideriamo il primo passo di avanzamento e supponiamo di porre $\mathbf{u}^* = \mathbf{u}^{**} = \mathbf{u}^n$, ottenendo (dopo la discretizzazione spaziale) un sistema lineare della forma

$$\left(\frac{1}{\Delta t}M + A\right) \tilde{\mathbf{u}}^{n+1} = \tilde{\mathbf{f}}^{n+1}.$$

Tale problema è scomponibile nelle singole componenti spaziali (l'accoppiamento essendo venuto meno grazie al trattamento esplicito dei termini convettivi) ed è quindi riconducibile alla risoluzione di d problemi ellittici scalari, uno per ogni componente della velocità.

Il limite principale di tale metodo risiede nel fatto che il trattamento esplicito dei termini convettivi comporta una condizione di stabilità della stessa forma di (16.66). Usando invece un metodo di avanzamento in tempo implicito, ponendo $\mathbf{u}^* = \mathbf{u}^{**} = \tilde{\mathbf{u}}^{n+1}$, si ottiene un metodo incondizionatamente stabile, ma composto da un'equazione di diffusione-trasporto non-lineare accoppiata nelle componenti spaziali, un problema pertanto più difficile da risolvere di quello ottenuto in precedenza. Ancora una volta, tale problema potrà essere risolto con un metodo iterativo di tipo Newton combinato con un metodo di Krylov.

Consideriamo ora il secondo passo del metodo. In esso si impongono delle condizioni del tipo $\mathbf{u}^{n+1} \cdot \mathbf{n} = 0$ su $\partial\Omega$, ossia si impone una condizione al contorno solo sulla componente normale della velocità, perdendo così il controllo della componente tangenziale. Ciò dà luogo ad un errore, detto *errore di splitting*: si trovano velocità a divergenza nulla, ma che risentono in prossimità del bordo di perturbazioni causate dal mancato soddisfacimento della condizione di Dirichlet per la componente tangenziale della velocità, e che originano degli strati limite sulla pressione di ampiezza $\sqrt{\nu \, \Delta t}$.

Il metodo appena descritto, dovuto a Chorin e Temam, viene anche chiamato *metodo di proiezione*. Il motivo è da ricercarsi nel seguente Teorema di scomposizione di Helmholtz-Weyl.

Teorema 16.7 *Sia $\Omega \subset \mathbb{R}^d$, $d = 2, 3$, un dominio con frontiera Lipschitziana. Allora per ogni $\mathbf{v} \in [L^2(\Omega)]^d$, esistono uniche due funzioni $\mathbf{w}, \mathbf{z}$,*

$$\mathbf{w} \in H^0_{\text{div}} = \{\mathbf{v} \in \left[L^2(\Omega)\right]^d : \text{div}\mathbf{v} = 0 \text{ in } \Omega, \ \mathbf{v} \cdot \mathbf{n} = 0 \text{ su } \partial\Omega\},$$

$$\mathbf{z} \in [L^2(\Omega)]^d, \quad rot\mathbf{z} = \mathbf{0} \quad (quindi \ \mathbf{z} = \nabla\psi, \ \psi \in H^1(\Omega))$$

tali che

$$\mathbf{v} = \mathbf{w} + \mathbf{z}.$$

Questo risultato assicura che una generica funzione $\mathbf{v} \in [L^2(\Omega)]^d$ può essere rappresentata in modo univoco come somma di un campo solenoidale (ossia a divergenza nulla) e di un campo irrotazionale (cioè dato dal gradiente di un'opportuna funzione). In effetti, dopo il primo passo (16.67) in cui si genera $\tilde{\mathbf{u}}^{n+1}$ a partire da $\mathbf{u}^n$ risolvendo l'equazione del momento, nel secondo passo si recupera un campo solenoidale $\mathbf{u}^{n+1}$

in (16.70), con $\mathbf{u}^{n+1} \cdot \mathbf{n} = 0$ su $\partial\Omega$, proiezione di $\tilde{\mathbf{u}}^{n+1}$, applicando il teorema di decomposizione con le identificazioni: $\mathbf{v} = \tilde{\mathbf{u}}^{n+1}$, $\mathbf{w} = \mathbf{u}^{n+1}$, $\psi = +\Delta t p^{n+1}$.

Si chiama metodo di proiezione in quanto

$$\int_\Omega \mathbf{u}^{n+1} \cdot \boldsymbol{\psi} \, d\Omega = \int_\Omega \tilde{\mathbf{u}}^{n+1} \cdot \boldsymbol{\psi} \, d\Omega \ \forall \boldsymbol{\psi} \in \mathrm{H}^0_{\mathrm{div}},$$

ossia $\mathbf{u}^{n+1}$ è la proiezione rispetto al prodotto scalare di $\mathrm{L}^2(\Omega)$ di $\tilde{\mathbf{u}}^{n+1}$ sullo spazio $\mathrm{H}^0_{\mathrm{div}}$.

Osservazione 16.4 Ci sono molte varianti del classico metodo di proiezione qui presentato miranti ad eliminare (o ridurre) l'errore di splitting sulla pressione. Per maggiori dettagli si veda [QV94], [Qua93], [Pro97], [CHQZ07], [KS05] e [GMS06]. $\bullet$

Esempio 16.1 Nella Fig. 16.10 riportiamo le isolinee del modulo della velocità relative alla risoluzione del problema di Navier-Stokes in un dominio bidimensionale $\Omega = (0, 17) \times (0, 10)$ con 5 cilindri (in sezione). È stata assegnata una condizione di Dirichlet non omogenea ($\mathbf{u} = [atan(20(5 - |5 - y|)), 0]^T$) all'inflow, una condizione di Dirichlet omogenea sui lati orizzontali e sul bordo dei cilindri, mentre all'outflow è stata posta a zero la componente normale del tensore degli sforzi. La soluzione è ottenuta utilizzando, per la discretizzazione in spazio, elementi spettrali stabilizzati (114 elementi spettrali, con polinomi di grado 7 per la velocità e la pressione, su ciascun elemento) e uno schema implicito BDF2 per la discretizzazione in tempo (si veda Sez. 8.5 e anche [QSS08]). $\blacksquare$

16.8 Risoluzione del sistema di Stokes e metodi di fattorizzazione algebrica

Un approccio alternativo ai precedenti è basato sulle fattorizzazioni inesatte (o incomplete) della matrice del sistema di Stokes (16.50) o di quello che si ottiene dopo l'adozione di avanzamenti temporali semi-impliciti, come ad esempio (16.65), delle equazioni di Navier-Stokes tempo-dipendenti.

Supporremo dunque di avere a che fare con un sistema algebrico della forma

$$\begin{bmatrix} \mathrm{C} & \mathrm{B}^T \\ \mathrm{B} & 0 \end{bmatrix} \begin{bmatrix} \mathbf{U} \\ \mathbf{P} \end{bmatrix} = \begin{bmatrix} \mathbf{F} \\ \mathbf{0} \end{bmatrix} \tag{16.71}$$

dove C coincide con la matrice A nel caso del sistema (16.50), con $\frac{1}{\Delta t}\mathrm{M} + \mathrm{A}$ nel caso del sistema (16.65), mentre più in generale potrebbe essere data da $\frac{\alpha}{\Delta t}\mathrm{M} + \mathrm{A} + \delta\mathrm{D}$, essendo D la matrice associata al gradiente, nel caso si applichi una linearizzazione o uno schema semi-implicito del termine convettivo, nel qual caso i coefficienti α e δ dipenderanno dagli schemi temporali e di linearizzazione scelti.

Possiamo ancora associare a (16.71) il complemento di Schur

$$\mathrm{R}\mathbf{P} = \mathrm{B}\mathrm{C}^{-1}\mathbf{F}, \quad \mathrm{con}\, \mathrm{R} = \mathrm{B}\mathrm{C}^{-1}\mathrm{B}^T, \tag{16.72}$$

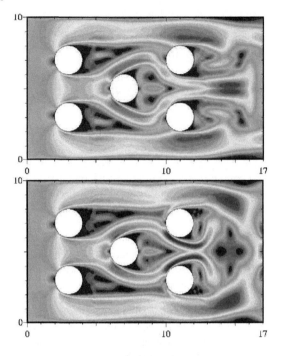

Figura 16.10. Isolinee del modulo della velocità per il caso test dell'Esempio 16.1 associate agli istanti $t = 10.5$ (sopra) e $t = 11.4$ (sotto)

che si riduce a (16.53) nel caso si parta dal sistema di Stokes (16.50) anziché da (16.71). Iniziamo con l'osservare che il numero di condizionamento della matrice R dipende dalla costante β della condizione *inf-sup*. Più precisamente, nel caso del problema stazionario (16.11), si hanno le relazioni

$$\beta = \sqrt{\lambda_{\min}}, \qquad \delta \geq \sqrt{\lambda_{\max}}$$

dove $\lambda_{\min}$ e $\lambda_{\max}$ sono gli autovalori di R, mentre δ è la costante di continuità della forma bilineare $b(\cdot, \cdot)$ (si veda [QV94], Sez. 9.2.1). Pertanto, $\mathrm{cond}(\mathrm{R}) \leq \delta^2/\beta^2$. Nel caso evolutivo si perviene ad un sistema di tipo (16.71); in tal caso il condizionamento dipende anche da Δt nonché da come si è discretizzato il termine convettivo.

Un possibile approccio per la risoluzione di (16.53) consiste nel risolvere il complemento di Schur (16.72) con un metodo iterativo, ad esempio, il gradiente coniugato se C = A, oppure il GMRES o il Bi-CGStab nel caso in cui siano presenti anche termini del prim'ordine, ovvero $\delta \neq 0$. In tal caso è cruciale scegliere un buon precondizionatore. Una discussione al proposito è fatta in [QV94] per quanto concerne approssimazioni spaziali agli elementi finiti, e in [CHQZ07] per discretizzazioni con metodi spettrali. Qui ci limiteremo ad osservare che, detta S la matrice a blocchi del sistema (16.71), essa si può fattorizzare nel prodotto di due matrici triangolari a blocchi, ovvero

$$S = \begin{bmatrix} I & 0 \\ BC^{-1} & I \end{bmatrix} \begin{bmatrix} C & B^T \\ 0 & -R \end{bmatrix}$$

e che le due matrici

$$P_D = \begin{bmatrix} C & 0 \\ 0 & -R \end{bmatrix} \quad o \quad P_T = \begin{bmatrix} C & B^T \\ 0 & -R \end{bmatrix}$$

forniscono due precondizionatori ottimali di S, uno diagonale a blocchi, l'altro triangolare a blocchi. Entrambi sono tuttavia piuttosto onerosi per via della presenza del termine diagonale R, il complemento di Schur, che contiene a sua volta l'inversa di C. In alternativa si possono usare le loro approssimazioni

$$\widehat{P}_D = \begin{bmatrix} \widehat{C} & 0 \\ 0 & -\widehat{R} \end{bmatrix} \quad o \quad \widehat{P}_T = \begin{bmatrix} \widehat{C} & B^T \\ 0 & -\widehat{R} \end{bmatrix}$$

dove $\widehat{C}$ e $\widehat{R}$ siano due approssimazioni "di basso costo" di C ed R, rispettivamente (ad esempio, costruite a partire da precondizionatori ottimali della matrice di rigidezza). Per una rassegna di precondizionatori di R e di S (nel caso del sistema di Stokes), si veda [BGL05].
Una diversa fattorizzazione di S,

$$S = \begin{bmatrix} C & 0 \\ B & -R \end{bmatrix} \begin{bmatrix} I & C^{-1}B^T \\ 0 & I \end{bmatrix} = LU \tag{16.73}$$

è invece alla base del cosiddetto precondizionatore *SIMPLE* proposto da Patankar [Pat80], ed ottenuto sostituendo il fattore U con quello approssimato in cui C^{-1} venga sostituita da una matrice diagonale D^{-1} (con D, ad esempio, data dalla diagonale di C). Molte varianti sono possibili, si veda ad esempio [Wes01].
Un approccio alternativo consiste nell'approssimare a priori sia L sia U in (16.73), ottenendo la fattorizzazione inesatta

$$\widehat{S} = \widehat{L}\widehat{U} = \begin{bmatrix} C & 0 \\ B & -B\mathcal{L}B^T \end{bmatrix} \begin{bmatrix} I & \mathcal{U}B^T \\ 0 & I \end{bmatrix} \tag{16.74}$$

essendo $\mathcal{L}$ ed $\mathcal{U}$ due possibili approssimazioni di C^{-1}. Basandosi su questa approssimazione (o fattorizzazione LU-inesatta di S) proposta da J.B. Perot [Per93] nell'ambito dei volumi finiti, ed in seguito generalizzata da A. Veneziani (si veda [Ven98], [QSV00], [SV05]) per approssimazioni di Galerkin di problemi di punto-sella, la risoluzione del sistema

$$\widehat{S} \begin{bmatrix} \widehat{\mathbf{u}} \\ \widehat{\mathbf{p}} \end{bmatrix} = \begin{bmatrix} \mathbf{F} \\ \mathbf{0} \end{bmatrix}$$

dà luogo ai seguenti passi:

$$\text{passo L} : \begin{cases} C\widetilde{\mathbf{u}} = \mathbf{F} & \text{(velocità intermedia)} \\ -B\mathcal{L}B^T\widehat{\mathbf{p}} = -B\widetilde{\mathbf{u}} & \text{(pressione)} \end{cases}$$

$$\text{passo U} : \quad \widehat{\mathbf{u}} = \widetilde{\mathbf{u}} - \mathcal{U}B^T\widehat{\mathbf{p}} \quad \text{(velocità finale)}.$$

In [QSV00] sono state esplorate le seguenti due possibilità:

$$\mathcal{L} = \mathcal{U} = \left(\frac{\alpha}{\Delta t}M\right)^{-1} \quad , \tag{16.75}$$

$$\mathcal{L} = \left(\frac{\alpha}{\Delta t}M\right)^{-1} \quad \text{e} \quad \mathcal{U} = C^{-1}. \tag{16.76}$$

La prima (16.75) è anche chiamata *approssimazione di Chorin-Temam algebrica* in quanto in tal caso i passi L e U sopra descritti riproducono in versione algebrica il metodo a passi frazionari di Chorin e Temam (si veda la Sez. 16.7.3). La scelta (16.76) è detta *approssimazione di Yosida* in quanto si può ricondurre ad un processo di regolarizzazione "alla Yosida" del complemento di Schur ([Ven98]).

Il vantaggio di questa strategia rispetto ai metodi a passi frazionari descritti in precedenza è la loro trasparenza rispetto al problema delle condizioni al bordo. Queste ultime sono già implicitamente tenute in conto dalla formulazione algebrica (16.71) e non devono essere imposte nel corso dei singoli passi L e U.

Diverse generalizzazioni della tecnica di fattorizzazione inesatta (16.74) sono state in seguito proposte, consistenti in diverse scelte delle componenti $\mathcal{L}$ e $\mathcal{U}$ che garantiscono un ordine temporale più elevato (≥ 2) nel caso si considerino a monte discretizzazioni temporali di ordine superiore ad 1 delle equazioni di Navier-Stokes. Rinviamo il lettore interessato a [GSV06, SV05, Ger08].

Riportiamo in Fig. 16.11 il comportamento dell'errore corrispondente alla discretizzazione delle equazioni evolutive di Navier-Stokes sul dominio $\Omega = (0,1)^2$ con il metodo SEM usando 4×4 elementi (quadrati di lato $H = 0.25$) e polinomi di grado $N = 8$ per le componenti della velocità e $N = 6$ per le componenti della pressione. La soluzione esatta è $\mathbf{u}(x,y,t) = (\sin(x)\sin(y+t), \cos(x)\cos(y+t))^T$, $p(x,y,t) = \cos(x)\sin(y+t)$. La discretizzazione temporale è ottenuta con le differenze finite implicite all'indietro BDF di ordine 2 (BDF2), 3 (BDF3), 4 (BDF4) (si veda [QSS08]), completate da una fattorizzazione algebrica di tipo Yosida di ordine rispettivamente 2, 3, 4. Indicando con $(\mathbf{u}_N^n, p_N^n)$ la soluzione numerica all'istante t^n, gli errori su velocità e pressione

$$E_{\mathbf{u}} = \left(\Delta t \sum_{n=0}^{N_T} \|\mathbf{u}(t^n) - \mathbf{u}_N^n\|_{H^1(\Omega)}^2\right)^{1/2} \quad \text{e } E_p = \left(\Delta t \sum_{n=0}^{N_T} \|p(t^n) - p_N^n\|_{L^2(\Omega)}^2\right)^{1/2}$$

sono infinitesimi (in Δt) di ordine 2, 3, e 4, rispettivamente, per le velocità, mentre sono di ordine 3/2, 5/2 e 7/2, rispettivamente, per le pressioni.

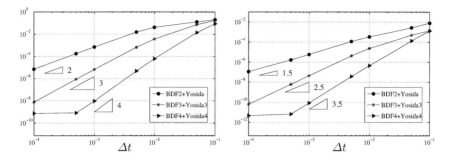

Figura 16.11. A sinistra errore $E_{\mathbf{u}}$ sulla velocità; a destra errore E_p sulla pressione

16.9 Problemi di fluidi a superficie libera

I fluidi a superficie libera si manifestano in diverse situazioni e in molteplici forme; ogni qual volta due fluidi immiscibili vengono a contatto, si crea una superficie libera. I fluidi possono formare getti [LR98], bolle [HB76],[TF88], gocce, onde [Max76] e pellicole. Fluidi di questo genere trovano riscontro in una vasta gamma di applicazioni, quali onde in fiumi, laghi e oceani [Bla02],[Qu02] e loro interazioni con imbarcazioni e rive [Wya00],[KMI$^+$83], iniezione, modellazione ed estrusione di polimeri e metalli liquidi [Cab03], reattori chimici a colonna o bioreattori, ecc. A seconda delle scale spaziali e temporali e del tipo di liquidi coinvolti, fenomeni quali il trasferimento di calore, la tensione superficiale, gli effetti viscosi e la loro nonlinearità, l'interazione fluido-struttura, la transizione da flusso laminare a turbolento, la comprimibilità e le reazioni chimiche, possono o meno avere un'influenza importante sul comportamento del fluido in esame.

Nella presente sezione ci concentreremo su flussi laminari di fluidi viscosi ma Newtoniani, soggetti a tensione superficiale; il fluido potrà quindi essere descritto dalle equazioni di Navier-Stokes. Gli altri aspetti sopra menzionati verranno trascurati, in modo da concentrarci sulle specificità dovute alla presenza della superficie libera.

Per descrivere questo tipo di fluidi, si possono distinguere due famiglie di metodi:

- *metodi a tracciamento del fronte.* Essi considerano la superficie libera come il confine di un dominio mobile, su cui vengono specificate opportune condizioni al contorno. All'interno del dominio viene applicato un modello convenzionale di fluido, con attenzione tuttavia al fatto che il dominio non è fisso, bensì in movimento. Il fluido dall'altra parte del confine (ad esempio l'aria) viene usualmente trascurato, oppure il suo effetto viene modellato in modo semplificato, senza essere simulato direttamente (vedi, ad es., [MP97]);
- *metodi di cattura del fronte.* Essi considerano due fluidi in un dominio spaziale a confini fissi, separati da una superficie libera. Essi possono equivalentemente essere considerati come un unico fluido le cui proprietà, quali densità e viscosità, variano globalmente come costanti a tratti. La superficie libera sarà la superficie di discontinuità (si veda, ad es., [HW65],[HN81]).

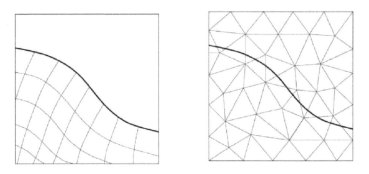

Figura 16.12. Topologie di griglia tipiche in due dimensioni per il metodo di tracciamento del fronte (a sinistra) e per il metodo di cattura del fronte (a destra). La linea più spessa rappresenta la superficie libera

In questa sezione applicheremo i metodi di cattura del fronte. Più precisamente, deriveremo un modello matematico per il caso generale di un fluido con densità e viscosità variabile, che risulterà quindi appropriato per modellare il flusso di due fluidi con superficie libera.

16.9.1 Equazioni di Navier-Stokes con densità e viscosità variabili

Denotiamo con ∂_ξ l'operatore di derivata parziale rispetto alla variabile ξ. Consideriamo il caso generale di un fluido viscoso incomprimibile in cui densità ρ e viscosità dinamica μ varino rispetto allo spazio e al tempo. Entro un fissato dominio spaziale $\Omega \subset \mathbb{R}^d$, l'evoluzione della velocità $\mathbf{u} = \mathbf{u}(\mathbf{x}, t)$ e della pressione $p = p(\mathbf{x}, t)$ del fluido sono modellate dalle equazioni di Navier-Stokes incomprimibili:

$$\rho \partial_t \mathbf{u} + \rho(\mathbf{u} \cdot \boldsymbol{\nabla})\mathbf{u} - \operatorname{div}\left(2\mu \mathbf{D}(\mathbf{u})\right) + \boldsymbol{\nabla} p = \mathbf{f}, \quad \mathbf{x} \in \Omega,\ t > 0, \tag{16.77}$$

$$\operatorname{div} \mathbf{u} = 0, \quad \mathbf{x} \in \Omega,\ t > 0, \tag{16.78}$$

in cui $\mathbf{D}(\mathbf{v}) = \frac{1}{2}(\nabla \mathbf{v} + \nabla \mathbf{v}^T)$ $(\mathbf{D}(\mathbf{v}))_{ij} = \frac{1}{2}\left(\partial_{x_j}(\mathbf{v})_i + \partial_{x_i}(\mathbf{v})_j\right)$, $i, j = 1 \ldots d$, è il *gradiente simmetrico* di $\mathbf{v}$, chiamato anche *tensore del tasso di deformazione*, e $\mathbf{f}$ denota una forza di volume, ad esempio la forza gravitazionale, ∂_t indica la derivata parziale rispetto a t.

Si noti che nel caso in cui ρ sia costante riotteniamo la forma (16.1) Si noti inoltre che l'incomprimibilità non è in contrasto con la densità variabile, in quanto l'incomprimibilità indica che una porzione elementare di fluido non cambia volume, e quindi densità, mentre la densità variabile corrisponde al fatto che diverse porzioni elementari di fluido possono avere densità differenti.

Gli ultimi due addendi del termine sinistro dell'equazione (16.77) possono essere riscritti come $-\operatorname{div}\mathbf{T}(\mathbf{u}, p)$, dove

$$\mathbf{T}(\mathbf{u}, p) = 2\mu \mathbf{D}(\mathbf{u}) - \mathbf{I}p$$

è il *tensore degli sforzi* e **I** è il tensore identità $d \times d$. La divergenza di un tensore è stata definita in (15.23). Per una dettagliata derivazione, motivazione e giustificazione di questo modello si veda [LL59].

La densità ρ e la viscosità μ possono variare in spazio e tempo; è quindi necessario un modello separato per la loro evoluzione. Usualmente, il bilancio di massa conduce all'equazione

$$d_t \rho = \partial_t \rho + \mathbf{u} \cdot \boldsymbol{\nabla} \rho = 0, \quad \mathbf{x} \in \Omega, \, t > 0, \tag{16.79}$$

$$\rho|_{t=0} = \rho_0, \quad \mathbf{x} \in \Omega,$$

dove d_t indica la derivata totale (o lagrangiana, o materiale). Nei casi in cui la viscosità μ può essere espressa in funzione della densità, ovvero $\mu = \mu(\rho)$, questa relazione, assieme alla (16.79), costituisce il modello di evoluzione per ρ e μ.

Modelli adatti al caso speciale di un flusso di due fluidi sono descritti in Sez. 16.9.3. Come già ricordato, il modello di fluido deve essere completato con opportune condizioni iniziali e al contorno.

16.9.2 Condizioni al contorno

Generalizziamo ora la discussione delle condizioni al contorno al caso della formulazione (16.77), (16.78) delle equazioni di Navier-Stokes. Come fatto all'inizio di questo capitolo, suddividiamo il contorno $\partial \Omega$ del dominio Ω in un numero finito di componenti. Affinché il problema di Navier-Stokes sia ben posto, su ogni componente devono essere specificate appropriate condizioni al contorno. Varie tipologie di condizioni sono possibili, si veda ad esempio [QV94] e i riferimenti ivi contenuti; nel proseguio ci limiteremo solo ai casi di seguito definiti.

Le condizioni al contorno di Dirichlet prescrivono un campo di velocità

$$\mathbf{u} = \boldsymbol{\varphi} \quad \text{su} \quad \Gamma_D \subset \partial \Omega. \tag{16.80}$$

Usualmente vengono impiegate per imporre un profilo di velocità $\boldsymbol{\varphi}$ all'*inflow*, oppure per modellare una parete solida che si muove con velocità $\boldsymbol{\varphi}$. In quest'ultimo caso, vengono dette *condizioni di non-scorrimento*, poiché impongono che il fluido non scorra sulla parete, bensí vi rimanga solidale.

Si noti che quando vengono specificate condizioni al contorno di Dirichlet sull'intero contorno $\partial \Omega$, la pressione non è univocamente definita. In questo caso, se $(\mathbf{u}, p)$ è soluzione di (16.77), (16.78) e (16.80), allora anche $(\mathbf{u}, p + c)$, $c \in \mathbb{R}$, è soluzione dello stesso insieme di equazioni. Integrando parzialmente l'equazione (16.78), si ha allora che $\mathbf{g}_D$ deve soddisfare la condizione di compatibilità

$$\int_{\partial \Omega} \boldsymbol{\varphi} \cdot \mathbf{n} \, ds = 0,$$

altrimenti il problema non ammette alcuna soluzione.

Le condizioni al contorno di Neumann prescrivono una forza per unità di area quale componente normale del tensore degli sforzi

$$\mathbf{T}(\mathbf{u}, p)\mathbf{n} = 2\mu \mathbf{D}(\mathbf{u})\mathbf{n} - p\,\mathbf{n} = \boldsymbol{\psi} \quad \text{su } \Gamma_N \subset \partial \Omega, \tag{16.81}$$

in cui **n** è la normale unitaria esterna su Γ_N. Le condizioni di Neumann vengono utilizzate per modellare una data forza ψ per unità di superficie sul contorno, spesso con $\psi = 0$ per quel che viene chiamato un *free outflow*. Per gradienti della velocità evanescenti, la forza ψ_N corrisponde alla pressione sul contorno. Si veda anche [HRT96] per maggiorni dettagli sull'interpretazione e le implicazioni di questo tipo di condizioni al contorno.

Le condizioni al contorno miste combinano condizioni al contorno di Dirichlet nella direzione normale **n** con condizioni al contorno di Neumann nelle direzioni tangenziali τ:

$$\mathbf{u} \cdot \mathbf{n} = \boldsymbol{\varphi} \cdot \mathbf{n} \quad \text{su } \Gamma_D,$$
$$(\mathbf{T}(\mathbf{u}, p)\mathbf{n}) \cdot \boldsymbol{\tau} = (2\mu\mathbf{D}(\mathbf{u})\mathbf{n}) \cdot \boldsymbol{\tau} = 0 \quad \text{su } \Gamma_N, \qquad \forall \boldsymbol{\tau} : \boldsymbol{\tau} \cdot \mathbf{n} = 0.$$

La scelta $\boldsymbol{\varphi} = \mathbf{0}$ esprime una simmetria della soluzione lungo Γ_D, ma anche lo scorrimento libero su Γ_D senza penetrazione. In questo caso parliamo di *condizioni al contorno di scorrimento libero*.

In alcuni casi è desiderabile una transizione continua da condizioni al contorno di scorrimento a condizioni di non-scorrimento. Questa situazione può essere realizzata imponendo condizioni al contorno di Dirichlet nella direzione normale, come nel caso delle condizioni al contorno di libero scorrimento, e sostituendo le condizioni nella direzione tangenziale con condizioni al contorno di Robin, ovvero una combinazione lineare di condizioni al contorno di Dirichlet e di Neumann:

$$\mathbf{u} \cdot \mathbf{n} = \boldsymbol{\varphi} \cdot \mathbf{n} \quad \text{su } \Gamma_D,$$
$$(\omega C_\tau \mathbf{u} + (1 - \omega)(\mathbf{T}(\mathbf{u}, p)\mathbf{n})) \cdot \boldsymbol{\tau} =$$
$$(\omega C_\tau \mathbf{u} + (1 - \omega)(2\mu\mathbf{D}(\mathbf{u})\mathbf{n})) \cdot \boldsymbol{\tau} = \omega C_\tau \mathbf{g}_D \cdot \boldsymbol{\tau} \quad \text{su } \Gamma_N, \qquad \forall \boldsymbol{\tau} : \boldsymbol{\tau} \cdot \mathbf{n} = 0.$$

Il parametro $\omega \in [0, 1]$ determina il regime. Per $\omega = 0$ abbiamo condizioni al contorno di libero scorrimento, mentre per $\omega = 1$ abbiamo condizioni di non-scorrimento. In pratica, ω può essere una funzione continua di spazio e tempo, con valori in $[0, 1]$, e permettere così una transizione continua fra i due casi. Questo vale per $\boldsymbol{\varphi} = \mathbf{0}$, ma le condizioni al contorno di transizione comprendono anche il caso generale di Dirichlet per $\boldsymbol{\varphi} \neq \mathbf{0}$ e $\omega = 1$. Il peso C_τ può essere visto come un fattore di conversione fra le velocità e la forza per unità di area. Questa tipologia di condizioni al contorno viene studiata in maggior dettaglio in [Joe05].

16.9.3 Applicazioni ai fluidi a superficie libera

Un fluido a superficie libera può essere descritto dal modello di fluido (16.77)-(16.78). In questo modello, la superficie libera è un'interfaccia denotata da $\Gamma(t)$, che divide il dominio Ω in due sottodomini aperti $\Omega^+(t)$ e $\Omega^-(t)$. La posizione iniziale dell'interfaccia è nota, $\Gamma(0) = \Gamma_0$, e l'interfaccia si muove con la velocità del fluido **u**. In ogni sottodominio abbiamo densità e viscosità costanti, denotate da ρ^+, ρ^-, μ^+ e μ^-. Richiediamo che $\rho^\pm > 0$ e $\mu^\pm > 0$.

Densità e viscosità sono quindi definite globalmente come:

$$\rho(\mathbf{x},t) = \begin{cases} \rho^-, \ \mathbf{x} \in \Omega^-(t) \\ \rho^+, \ \mathbf{x} \in \Omega^+(t), \end{cases} \qquad \mu(\mathbf{x},t) = \begin{cases} \mu^-, \ \mathbf{x} \in \Omega^-(t) \\ \mu^+, \ \mathbf{x} \in \Omega^+(t). \end{cases}$$

Per modellare gli effetti di portanza, bisogna introdurre la forza gravitazionale nel termine a destra, che prende la forma $\mathbf{f} = \rho\mathbf{g}$, dove $\mathbf{g}$ è il vettore dell'accelerazione di gravità.

Poiché la viscosità è discontinua lungo l'interfaccia, l'equazione (16.77) vale in senso forte solo in $\Omega^+ \cup \Omega^-$. I due sottodomini devono quindi essere accoppiati mediante appropriate condizioni di interfaccia (si veda, ad es., [Smo01]).

Indichiamo con $\mathbf{n}_\Gamma$ la normale unitaria all'interfaccia che punta da Ω^- in Ω^+ e con κ la curvatura dell'interfaccia, definita come

$$\kappa = \sum_{i=1}^{d-1} \frac{1}{R_{\tau_i}}, \qquad (16.82)$$

in cui R_{τ_i} sono i raggi di curvatura lungo i vettori principali τ_i che descrivono lo spazio tangenziale all'interfaccia Γ. Il segno di R_{τ_i} è tale che $R_{\tau_i}\mathbf{n}_\Gamma$ punti da Γ verso il centro del cerchio che approssima localmente Γ. Il salto di una quantità v attraverso l'interfaccia viene indicato da $[v]_\Gamma$ e definito come

$$[v]_\Gamma(\mathbf{x},t) = \lim_{\epsilon \to 0^+} \left(v(\mathbf{x} + \epsilon\mathbf{n}_\Gamma, t) - v(\mathbf{x} - \epsilon\mathbf{n}_\Gamma, t) \right)$$

$$= v|_{\Omega^+(t)}(\mathbf{x},t) - v|_{\Omega^-(t)}(\mathbf{x},t) \qquad \forall \mathbf{x} \in \Gamma(t).$$

Le condizioni di interfaccia diventano quindi

$$[\mathbf{u}]_\Gamma = \mathbf{0}, \qquad (16.83)$$

$$[\mathbf{T}(\mathbf{u},p)\mathbf{n}_\Gamma]_\Gamma = [2\mu\mathbf{D}(\mathbf{u})\mathbf{n}_\Gamma - p\,\mathbf{n}_\Gamma]_\Gamma = \sigma\kappa\mathbf{n}_\Gamma. \qquad (16.84)$$

L'equazione (16.83) viene detta *condizione di interfaccia cinematica* ed esprime il fatto che tutte le componenti della velocità sono continue. In effetti, la componente normale deve essere continua in quanto non vi è flusso attraverso l'interfaccia, mentre le componenti tangenziali devono essere continue perché entrambi i fluidi sono assunti viscosi ($\mu^+ > 0$ e $\mu^- > 0$).

L'equazione (16.84) viene detta *condizione di interfaccia dinamica* ed esprime il fatto che lo sforzo normale cambia di un valore pari alla forza di tensione superficiale. Questa forza è proporzionale alla curvatura dell'interfaccia e punta in direzione della normale all'interfaccia. Il coefficiente di tensione superficiale σ dipende dall'accoppiamento dei fluidi e, in generale, anche dalla temperatura; noi lo assumeremo costante, in quanto trascuriamo tutti gli effetti dovuti al flusso di calore.

Si noti che l'evoluzione dell'interfaccia deve essere compatibile con l'equazione di conservazione della massa (16.79). Dal punto di vista matematico, questa equazione deve essere considerata in senso debole, ossia nel senso delle distribuzioni, dal momento che la densità è discontinua attraverso l'interfaccia e le sue derivate possono quindi essere interpretate solo in senso debole. Assieme alle equazioni (16.77) e

(16.78), questa equazione costituisce il modello fisico che descrive un flusso composto da due fluidi.

Poiché questa forma dell'equazione di conservazione della massa è spesso poco conveniente per le simulazioni numeriche, bisogna introdurre altri modelli equivalenti che descrivano l'evoluzione dell'interfaccia $\Gamma(t)$; una rassegna è presentata nella Sez. 16.10.

16.10 Modelli per l'evoluzione dell'interfaccia

Diamo qui una breve rassegna dei differenti approcci per descrivere l'evoluzione di un'interfaccia $\Gamma(t)$ in un dominio fisso Ω.

16.10.1 Rappresentazione dell'interfaccia con metodi espliciti

Un'interfaccia può essere rappresentata esplicitamente attraverso un insieme di punti di segnatura (*marker points*), oppure da segmenti di linea in 2D o porzioni di superficie in 3D che vengono trasportati dal campo di velocità del fluido.

Nel caso dei punti, introdotto in [HW65], la connettività dell'interfaccia fra i punti stessi non è nota e, quando necessario, deve essere ricostruita. Per semplificare questo compito, vengono utilizzati *marker* addizionali vicini all'interfaccia, a indicare Ω^+ o Ω^-. Il trasporto dei *marker* è semplice e la connettività può facilmente cambiare. Rimane comunque complicato ricostruire l'interfaccia a partire dalla distribuzione dei *marker*; solitamente è necessario ridistribuire i *marker*, per introdurne di nuovi o eliminarne alcuni fra gli esistenti.

Diversi *marker* possono essere collegati fra loro al fine di definire una linea (o una superficie), sia retta (piana) che curva, ad esempio mediante *nurbs*. In questo modo, un insieme di oggetti geometrici siffatti può definire la superficie. La sua evoluzione temporale è modellata dall'evoluzione degli oggetti che la costituiscono, e quindi in ultima analisi dai *marker* che la definiscono. La connettività dell'interfaccia viene così conservata, e questo risolve la difficoltà tipica dei metodi che usano esclusivamente i *marker*. Tuttavia ciò genera una nuova difficoltà: i cambi topologici dell'interfaccia, possibili dal punto di vista fisico (si pensi a un'onda che si frange), non sono ricompresi in questa descrizione. Vi è quindi bisogno di procedure elaborate per individuare e trattare correttamente le rotture dell'interfaccia.

16.10.2 Rappresentazione dell'interfaccia con metodi impliciti

Nei metodi di cattura del fronte, l'interfaccia viene rappresentata implicitamente con il valore di una funzione scalare $\phi : \Omega \times (0, T) \to \mathbb{R}$ che registra per ogni punto $\mathbf{x}$ a quale sottoinsieme tale punto appartiene: $\Omega^+(t)$ o $\Omega^-(t)$. Un'equazione di trasporto risolta per ϕ descrive quindi l'evoluzione dell'interfaccia. Attraverso questo metodo, tutti i modelli di interfaccia impliciti condividono il vantaggio che i cambi di topologia dell'interfaccia sono possibili in modo naturale nel modello, e quindi si realizzano senza bisogno di interventi speciali.

I metodi *Volume of Fluid* (VOF). Essi sono stati introdotti da Hirt e Nichols [HN81]. Qui ϕ è una funzione costante a tratti

$$\phi(\mathbf{x}, t) = \begin{cases} 1, \mathbf{x} \in \Omega^+(t) \\ 0, \mathbf{x} \in \Omega^-(t) \end{cases}$$

e l'interfaccia $\Gamma(t)$ si colloca quindi alla discontinuità della funzione ϕ. In questo modo, densità e viscosità sono definite semplicemente come

$$\rho = \rho^- + (\rho^+ - \rho^-)\phi, \tag{16.85}$$
$$\mu = \mu^- + (\mu^+ - \mu^-)\phi.$$

L'equazione di trasporto viene usualmente discretizzata con metodi ai volumi finiti, approssimando ϕ con un valore costante in ciascuna cella della griglia. A causa degli errori di discretizzazione e degli schemi di trasporto diffusivi, l'approssimazione di ϕ assumerà valori compresi fra 0 e 1, che, grazie all'equazione (16.85) possono essere interpretati (e spesso lo sono) come la frazione di volume del fluido che occupa Ω^+. Questo spiega la denominazione *Volume of Fluid*. Frazioni di volume fra 0 e 1 rappresentano una miscela dei due fluidi. Poiché i fluidi sono considerati immiscibili, questo è un comportamento non desiderato, in particolar modo perchè gli effetti del mescolamento potrebbero non restare confinati vicino all'interfaccia, bensì espandersi nell'intero dominio Ω. In questo modo, l'interfaccia, inizialmente supposta netta, verrebbe a diffondersi sempre più. Esistono diverse tecniche per limitare questo problema; sono state sviluppate procedure elaborate per la ricostruzione delle normali e della curvatura di un'interfaccia diffusa. I metodi *Volume of Fluid* si avvantaggiano del fatto che l'applicazione di una discretizzazione conservativa dell'equazione di trasporto assicura la conservazione della massa del fluido, in quanto la relazione (16.85) fra ϕ e ρ è lineare.

I metodi *Level Set*. Per evitare i problemi connessi ai metodi *Volume of Fluid*, Dervieux e Thomasset [DT80] hanno proposto di definire l'interfaccia come la curva di livello zero di una funzione continua di *pseudo densità* e di applicare questo metodo a problemi di flusso. Il loro approccio è stato successivamente studiato più sistematicamente in [OS88] e in successivi lavori, nei quali venne coniato il termine *metodo Level Set*. La prima applicazione a problemi di flusso si ha grazie a Mulder, Osher e Sethian [MOS92]. In contrasto con l'approccio *Volume of Fluid*, questi metodi permettono di mantenere l'interfaccia netta, in quanto ϕ è definita come una funzione *continua* tale che

$$\phi(\mathbf{x}, t) > 0 \quad \forall \mathbf{x} \in \Omega^+(t),$$
$$\phi(\mathbf{x}, t) < 0 \quad \forall \mathbf{x} \in \Omega^-(t),$$
$$\phi(\mathbf{x}, t) = 0 \quad \forall \mathbf{x} \in \Gamma(t).$$

La funzione ϕ è detta *funzione level set*, in quanto l'interfaccia $\Gamma(t)$ è il suo *level set* zero, con la sua isolinea o isosuperficie associata al valore zero

$$\Gamma(t) = \{\mathbf{x} \in \Omega : \phi(\mathbf{x}, t) = 0\}. \tag{16.86}$$

Densità e viscosità possono ora essere espresse in funzione di ϕ come:

$$\rho = \rho^- + (\rho^+ - \rho^-)H(\phi), \tag{16.87}$$

$$\mu = \mu^- + (\mu^+ - \mu^-)H(\phi), \tag{16.88}$$

dove $H(\cdot)$ è la funzione di Heaviside

$$H(\xi) = \begin{cases} 0, \xi < 0 \\ 1, \xi > 0. \end{cases}$$

Per costruzione, in un modello *Level Set* l'interfaccia resta definita in modo preciso, pertanto due fluidi immiscibili non si mescolano. Inoltre, la determinazione delle normali e della curvatura dell'interfaccia è più facile e più naturale. In cambio, essendo la relazione (16.87) non lineare, l'applicazione di una discretizzazione conservativa dell'equazione di trasporto per ϕ non assicura la conservazione della massa del fluido dopo la discretizzazione. Tuttavia, la conservazione della massa è garantita al limite via raffinamento di griglia.

Più in dettaglio, l'evoluzione della superficie libera è descritta da un'equazione di trasporto per la funzione *Level Set*:

$$\partial_t \phi + \mathbf{u} \cdot \boldsymbol{\nabla}\phi = 0, \quad \mathbf{x} \in \Omega, \, t \in (0, T), \tag{16.89}$$

$$\phi = \phi_0, \quad \mathbf{x} \in \Omega, \, t \in (0, T),$$

$$\phi = \phi_{in}, \quad \mathbf{x} \in \partial\Sigma_{in}, \, t \in (0, T),$$

in cui Σ_{in} è il bordo di *inflow*

$$\Sigma_{in} = \{(\mathbf{x}, t) \in \partial\Omega \times (0, T) : \mathbf{u}(\mathbf{x}, t) \cdot \mathbf{n} < 0\}.$$

Le equazioni dei fluidi (16.77)-(16.78) e l'equazione *Level Set* (16.89) sono quindi accoppiate. L'equazione (16.89) può essere ricavata come segue [MOS92]: sia $\bar{\mathbf{x}}(t)$ il percorso di un punto sull'interfaccia $\Gamma(t)$; questo punto si muove con il fluido, quindi $d_t\bar{\mathbf{x}}(t) = \mathbf{u}(\bar{\mathbf{x}}(t), t)$. Essendo la funzione ϕ costantemente zero sull'interfaccia in moto, deve risultare

$$\phi(\bar{\mathbf{x}}(t), t) = 0 \, .$$

Derivando rispetto al tempo e applicando la regola di derivazione di funzioni composte, si ha

$$\partial_t \phi + \boldsymbol{\nabla}\phi \cdot \mathbf{u} = 0 \quad \text{su } \Gamma(t) \quad \forall t \in (0, T). \tag{16.90}$$

Se invece consideriamo il percorso di un punto in $\Omega^\pm$, possiamo chiedere $\phi(\bar{\mathbf{x}}(t), t) = \pm c$, $c > 0$, in modo da assicurarci che il segno di $\phi(\bar{\mathbf{x}}, t)$ non cambi e che, conseguentemente, $\bar{\mathbf{x}}(t) \in \Omega^\pm(t)$ per ogni $t > 0$. In questo modo, l'equazione (16.90) si generalizza all'intero dominio Ω, il che ci porta all'equazione (16.89).

Possiamo ora verificare che la conservazione della massa è soddisfatta. Utilizzando la (16.87) otteniamo formalmente

$$\partial_t\rho + \mathbf{u} \cdot \boldsymbol{\nabla}\rho = (\rho^+ - \rho^-)(\partial_t H(\phi) + \mathbf{u} \cdot \boldsymbol{\nabla}H(\phi))$$
$$= (\rho^+ - \rho^-)\delta(\phi)(\partial_t\phi + \mathbf{u} \cdot \boldsymbol{\nabla}\phi) \tag{16.91}$$

in cui $\delta(\cdot)$ denota la funzione delta di Dirac. Grazie all'equazione (16.89), il terzo fattore in (16.91) risulta zero. Vale quindi l'equazione (16.79) e la conservazione della massa viene soddisfatta.

Grandezze relative all'interfaccia. Nel problema del flusso di due fluidi sono di particolare interesse la normale all'interfaccia e la sua curvatura, in quanto la tensione superficiale è proporzionale alla curvatura e agisce nella direzione normale.

Forniamo qui una derivazione intuitiva di queste quantità in funzione di ϕ, senza entrare nei dettagli della geometria differenziale. Si veda, ad es., [Spi99] per una derivazione dettagliata e rigorosa.

La normale unitaria $\mathbf{n}_\Gamma$ è ortogonale a tutte le direzioni tangenti $\boldsymbol{\tau}$. Queste ultime, a loro volta, sono caratterizzate dal fatto che le derivate direzionali di ϕ lungo di esse devono essere nulle, ovvero

$$0 = \partial_{\boldsymbol{\tau}}\phi = \boldsymbol{\nabla}\phi \cdot \boldsymbol{\tau} \quad \text{su } \Gamma.$$

Come conseguenza possiamo definire la normale unitaria come

$$\mathbf{n}_\Gamma = \frac{\boldsymbol{\nabla}\phi}{|\boldsymbol{\nabla}\phi|}. \tag{16.92}$$

Si noti che con questa definizione, $\mathbf{n}_\Gamma$ punta da Ω^- verso Ω^+. Inoltre, poiché ϕ è definita non solo sull'interfaccia ma anche nell'intero dominio, anche l'espressione per la normale si generalizza in modo naturale all'intero dominio.

Per ricavare l'espressione della curvatura, dobbiamo considerare le direzioni principali tangenziali $\boldsymbol{\tau}_i$, $i = 1 \ldots d-1$, caratterizzate dal fatto che la derivata direzionale di $\mathbf{n}_\Gamma$ lungo $\boldsymbol{\tau}_i$ ha essa stessa direzione $\boldsymbol{\tau}_i$, ovvero

$$\partial_{\boldsymbol{\tau}_i}\mathbf{n}_\Gamma = \boldsymbol{\nabla}\mathbf{n}_\Gamma\,\boldsymbol{\tau}_i = -\kappa_i\boldsymbol{\tau}_i, \quad \kappa_i \in \mathbb{R}, \quad i = 1 \ldots d-1. \tag{16.93}$$

Più grande è $|\kappa_i|$, maggiore sarà la curvatura della superficie in questa direzione. Per tale ragione i coefficienti κ_i sono denominati *curvature principali*. Con semplici calcoli si ricava che $\kappa_i = (R_{\boldsymbol{\tau}_i})^{-1}$, dove i valori $R_{\boldsymbol{\tau}_i}$ sono i raggi dei cerchi (o dei cilindri) approssimanti l'interfaccia, come nell'equazione (16.82).

Si nota dall'equazione (16.93) che i $d-1$ valori $-\kappa_i$ sono autovalori del tensore $\boldsymbol{\nabla}\mathbf{n}_\Gamma$ di dimensioni $d \times d$. Dalla definizione (16.92) si ha che $\mathbf{n}_\Gamma$ è essenzialmente un campo gradiente, regolare vicino all'interfaccia. Il tensore di rango due $\boldsymbol{\nabla}\mathbf{n}_\Gamma$ risulta pertanto un tensore di derivate seconde di una funzione regolare, e quindi è simmetrico, dunque possiede un ulteriore autovalore reale il cui autovettore associato deve essere $\mathbf{n}_\Gamma$, essendo gli autovettori di un tensore simmetrico ortogonali. Tale autovalore è nullo, in quanto

$$(\nabla \mathbf{n}_\Gamma \, \mathbf{n}_\Gamma)_i = \sum_{j=1}^{d} (\partial_{x_i} n_j) n_j = \sum_{j=1}^{d} \frac{1}{2} \partial_{x_i} (n_j^2) = \frac{1}{2} \partial_{x_i} |\mathbf{n}_\Gamma|^2 = 0,$$

essendo $|\mathbf{n}_\Gamma| = 1$ per costruzione (16.92).

Partendo dall'equazione (16.82), per la curvatura otteniamo

$$\kappa = \sum_{i=1}^{d-1} \frac{1}{R_{\tau_i}} = \sum_{i=1}^{d-1} \kappa_i = -\mathrm{tr}(\nabla \mathbf{n}_\Gamma) = -\mathrm{div}\mathbf{n}_\Gamma = \mathrm{div}\left(\frac{\nabla \phi}{|\nabla \phi|} \right).$$

Condizioni iniziali. Pur conoscendo la posizione Γ_0 dell'interfaccia a $t = 0$, la funzione *level set* associata ϕ_0 non è univocamente definita. Questo grado di libertà può essere usato per semplificare ulteriormente i successivi passaggi. Si noti che ripidi gradienti di ϕ rendono più difficoltosa la soluzione numerica dell'equazione (16.89) (si veda, ad es., [QV94]), mentre gradienti poco accentuati diminuiscono la stabilità numerica nel determinare Γ a partire da ϕ. Risulta quindi un buon compromesso introdurre l'ulteriore vincolo $|\nabla \phi| = 1$. Una funzione che soddisfa questo vincolo è la funzione distanza

$$\mathrm{dist}(\mathbf{x}; \Gamma) = \min_{\mathbf{y} \in \Gamma} |\mathbf{x} - \mathbf{y}|,$$

che in ogni punto $\mathbf{x}$ assume il valore della minore distanza euclidea da $\mathbf{x}$ a Γ. Moltiplicando questa funzione per -1 su Ω^-, otteniamo la *funzione distanza con segno*

$$\mathrm{sdist}(\mathbf{x}; \Gamma) = \begin{cases} \mathrm{dist}(\mathbf{x}; \Gamma), & \mathbf{x} \in \Omega^+ \\ 0, & \mathbf{x} \in \Gamma \\ -\mathrm{dist}(\mathbf{x}; \Gamma), & \mathbf{x} \in \Omega^-. \end{cases}$$

È uso, e buona norma, scegliere $\phi_0(\mathbf{x}) = \mathrm{sdist}(\mathbf{x}; \Gamma_0)$ per rappresentare l'interfaccia iniziale Γ_0.

È interessante notare che se $|\nabla \phi| = 1$, le espressioni della normale all'interfaccia e della curvatura si semplificano ulteriormente, diventando

$$\mathbf{n}_\Gamma = \nabla \phi \quad \mathrm{e} \quad \kappa = -\mathrm{div}\nabla \phi = -\Delta \phi.$$

Ri-inizializzazione. Purtroppo, la proprietà di normalizzazione $|\nabla \phi| = 1$ non è preservata per via del trasporto di ϕ con la velocità del fluido $\mathbf{u}$. Per rimediare, una possibile strategia consiste nel determinare un campo di velocità di trasporto che imprima all'interfaccia lo stesso movimento indotto dal campo di velocità del fluido e mantenga allo stesso tempo la proprietà di normalizzazione. In effetti, un siffatto campo di velocità esiste, e si conoscono algoritmi efficienti per determinarlo (si veda, ad es., [AS99]). Esso è noto come *velocità di estensione*, in quanto viene costruito estendendo all'intero dominio la velocità definita sull'interfaccia.

Alternativamente, possiamo sempre usare la velocità del fluido $\mathbf{u}$ per trasportare la funzione *level set* ϕ, e intervenire quando $|\nabla \phi|$ si discosta troppo da 1. L'azione da intraprendere in questo caso viene detta *ri-inizializzazione*, in quanto la procedura è in parte simile a quella di inizializzazione con la condizione iniziale. Supponiamo di ri-inizializzare al tempo $t = t_r$, si procede come segue:

1. dato $\phi(\cdot, t_r)$, trovare $\Gamma(t_r) = \{\mathbf{x} : \phi(\mathbf{x}, t_r) = 0\}$;
2. sostituire $\phi(\cdot, t_r)$ con sdist$(\cdot, \Gamma(t_r))$.

È interessante notare come il problema di trovare la velocità di estensione sia strettamente correlato al problema di ri-inizializzare ϕ per una funzione distanza con segno. Si possono utilizzare gli stessi algoritmi, e ci si può aspettare lo stesso costo computazionale. Tuttavia, due differenze concettuali favoriscono l'approccio della ri-inizializzazione: in primo luogo, le velocità di estensione devono essere calcolate ad ogni passo temporale, mentre la ri-inizializzazione può essere applicata solo quando necessario. In secondo luogo, le velocità di estensione approssimate conserveranno solo approssimativamente la proprietà di normalizzazione della distanza, e potrebbe rendersi comunque necessaria una ri-inizializzazione.

In [Win07] si possono trovare i dettagli algoritmici sulla costruzione efficiente di un'approssimazione della funzione distanza con segno, con particolare riguardo al caso tridimensionale.

16.11 Approssimazione a volumi finiti

L'approccio a volumi finiti descritto nel Cap. 9 è largamente utilizzato per la risoluzione di problemi descritti da equazioni differenziali, con applicazioni in diversi campi della fisica e dell'ingegneria. In particolare, i codici commerciali più utilizzati in campo fluidodinamico adottano schemi a volumi finiti per la soluzione delle equazioni di Navier-Stokes accoppiate a modelli di turbolenza, transizione, combustione, trasporto e reazione di specie chimiche.

Quando applicate alle equazioni di Navier-Stokes incomprimibili, la natura di punto sella del problema rende la scelta dei volumi di controllo critica. La scelta più naturale, con i nodi di velocità e pressione coincidenti, può generare modi spuri di pressione. Il motivo è analogo a quanto già analizzato in precedenza: gli spazi discreti che soggiacciono implicitamente alla scelta dei volumi di controllo devono soddisfare una condizione di compatibilità se vogliamo che il problema sia ben posto.

Per questa ragione è d'uso adottare volumi di controllo, e conseguentemente nodi, differenti per velocità e pressione. Un esempio è illustrato in Fig. 16.13, dove si mostra una possibile scelta dei nodi per le componenti della velocità e di quelli per la pressione (sulla griglia sfalsata) nonché i corrispondenti volumi di controllo. I volumi di controllo relativi alla velocità vengono usati per la discretizzazione delle equazioni della quantità di moto, mentre quelli di pressione per l'equazione di continuità. Si rammenta che quest'ultima non contiene il termine di derivata temporale. Alternativamente, si possono adottare tecniche di stabilizzazione che permettono di collocare i nodi di velocità e pressione nella stessa griglia. Il lettore interessato può consultare, per maggiori dettagli, le monografie [FP02], [Kro97], [Pat80] e [VM96].

In Fig. 16.14 è riprodotta un'immagine relativa al flusso incomprimibile attorno a 5 cilindri (si tratta dello stesso problema descritto nell'esempio 16.1) con un numero di Reynolds di 200. L'immagine mostra il campo di vorticità ottenuto risolvendo le equazioni di Navier-Stokes con una discretizzazione a volumi finiti di tipo

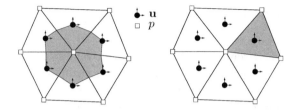

Figura 16.13. Una griglia sfalsata per la velocità e la pressione. A sinistra sono tratteggiati i volumi di controllo per l'equazione di continuità, a destra quelli usati per le equazioni del momento

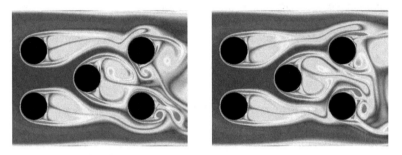

Figura 16.14. Campo di vorticità di un flusso incomprimibile con numero di Reynolds uguale a 200 intorno a 5 cilindri agli istanti temporali $t = 100$ (a sinistra) e $t = 102$ (a destra)

cell-centered. La griglia di calcolo utilizzata contiene 103932 elementi ed il passo temporale è $\Delta t = 0.001$.

È inoltre qui riportata, sempre a titolo di esempio, una simulazione del flusso idrodinamico attorno ad una barca a vela da competizione in navigazione di bolina, finalizzata allo studio dell'efficienza delle appendici (bulbo, chiglia e alette) (si veda la Fig. 16.15 a sinistra). La griglia di calcolo utilizzata in questo caso è di tipo *ibrido*, con elementi superficiali di forma triangolare e quadrangolare, ed elementi di volume di forma tetraedrica, esaedrica, prismatica e piramidale (si veda la Fig. 16.15 a destra).

Il flusso idrodinamico intorno allo scafo è stato simulato risolvendo le equazioni di Navier–Stokes per fluidi a superficie libera (si veda la Sez. 16.9) accoppiate ad un modello di turbolenza $k - \epsilon$ [MP94], tramite un approccio di tipo RANS (*Reynolds Averaged Navier–Stokes*). Le incognite del problema sono i valori delle variabili (velocità, pressione e quantità turbolente) al centro dei volumi di controllo, che in questo caso corrispondono agli elementi di volume della griglia.

Le equazioni di Navier–Stokes sono risolte utilizzando uno schema a passi frazionari come descritto in Sez. 16.7.3. Come precedentemente ricordato in questa sezione, la scelta di collocare pressione e velocità negli stessi punti rende necessario adottare una opportuna stabilizzazione delle equazioni [RC83]. Per il calcolo della superficie libera si sono usati sia il metodo *Volume of Fluid* sia quello basato sulla tecnica *Level Set*, descritti nella Sez. 16.10.2, quest'ultimo essendo più costoso dal punto di vista computazionale ma in generale meno dissipativo.

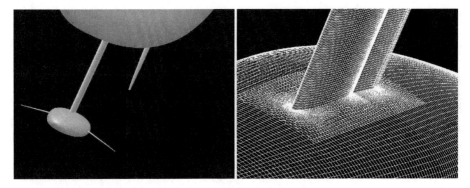

Figura 16.15. Geometria dello scafo e delle appendici (a sinistra) e dettaglio della griglia superficiale all'intersezione chiglia-bulbo (a destra)

Simulazioni di questo tipo possono richiedere griglie di dimensioni molto elevate, nei casi in cui si vogliano riprodurre fenomeni fluidodinamici complessi come il flusso turbolento su geometrie composite o la presenza di regioni di separazione di flusso. La griglia utilizzata in questo caso è composta da 5 milioni di celle e dà origine ad un sistema algebrico con 30 milioni di incognite. Problemi di questa taglia vengono in genere risolti ricorrendo a tecniche di calcolo parallelo basate su schemi di decomposizione di domini che vedremo nel Cap. 18 in modo da poter distribuire il calcolo su più processori.

L'analisi delle distribuzioni di pressione e di sforzi tangenziali a parete, nonché la visualizzazione del flusso tridimensionale attraverso l'utilizzo di linee di flusso (si vedano le Figg. 16.16 e 16.17) risultano molto utili nella fase del progetto idrodinamico finalizzato all'ottimizzazione delle prestazioni dell'imbarcazione (si veda ad esempio [PQ05],[PQ07], [LPQR11]).

Figura 16.16. Distribuzione superficiale di pressione (a sinistra) e linee di corrente attorno alle appendici dello scafo (a destra)

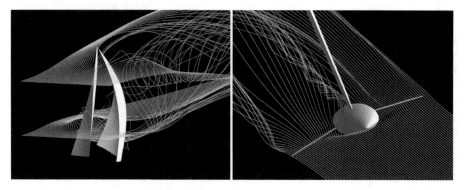

Figura 16.17. Linee di corrente attorno alle vele in navigazione di poppa (a sinistra) e linee di corrente attorno alle appendici dello scafo (a destra)

16.12 Esercizi

1. Si verifichi che la condizione (16.54) è equivalente alla condizione *inf-sup* (16.20).
   [*Soluzione*: la (16.54) è violata se e solo se $\exists \mathbf{p}^* \neq \mathbf{0}$ con $\mathbf{p}^* \in \mathbb{R}^M$ tale che $B^T \mathbf{p}^* = \mathbf{0}$ o, equivalentemente, se $\exists p_h^* \in \mathbb{Q}_h$ tale che $b(\varphi_n, p_h^*) = 0 \ \forall n = 1, \dots, N$. Ciò equivale ad avere $b(\mathbf{v}_h, p_h^*) = 0 \ \forall \mathbf{v}_h \in V_h$, proprietà che a sua volta equivale a violare la condizione (16.20).]

2. Si dimostri che una condizione necessaria affinché la (16.54) sia soddisfatta è che $2N \geq M$.
   [*Soluzione*: si ha che $N = \text{rango}(B) + \dim(\ker B)$, mentre $M = \text{rango}(B^T) + \dim(\ker B^T) = \text{rango}(B^T) = \text{rango}(B)$. Di conseguenza, abbiamo che $N - M = \dim(\ker B) \geq 0$ e dunque una condizione necessaria per avere un'unica soluzione è $N \geq M$.]

3. Si dimostri che la coppia di elementi finiti $\mathbb{P}_1 - \mathbb{P}_0$ per velocità e pressione non soddisfa la condizione *inf-sup*.
   [*Soluzione*: eseguiamo la dimostrazione in due dimensioni spaziali. Si consideri per semplicità una triangolazione uniforme come quella indicata in Fig. 16.18, a sinistra, in $2n^2$ triangoli, $n \geq 2$. Il numero di gradi di libertà per la pressione è $M = 2n^2 - 1$ (un valore per ogni triangolo meno uno, avendo imposto il vincolo di media nulla), mentre quello per la velocità è $N = 2(n-1)^2$ (corrispondente a due componenti per ogni vertice interno, supponendo che ai nodi di bordo siano assegnate condizioni di Dirichlet). La condizione necessaria $N \geq M$ dell'Esercizio 2 è pertanto violata in questo caso.]

4. Si dimostri che la coppia di elementi finiti quadrangolari $\mathbb{Q}_1 - \mathbb{Q}_0$ con velocità bi-lineare e pressione costante su ciascun elemento non soddisfa la condizione *inf-sup*.

[*Soluzione*: poniamoci in due dimensioni e cominciamo con l'osservare che se la griglia è formata da $n \times n$ elementi (si veda la Fig. 16.18 a destra), ci saranno $(n-1)^2$ nodi interni e quindi $N = 2(n-1)^2$ gradi di libertà per le velocità e $M = n^2 - 1$ gradi di libertà per le pressioni. La condizione necessaria è perciò soddisfatta purché $n \geq 3$. Bisogna procedere perciò ad una verifica diretta del fatto che la condizione *inf-sup* non sia soddisfatta. Supponiamo la griglia uniforme di passo h ed indichiamo con $q_{i\pm1/2,j\pm1/2}$ una quantità q valutata nei punti $(x_{i\pm1/2}, y_{j\pm1/2}) = (x_i \pm h/2, y_i \pm h/2)$. Sia K_{ij} l'elemento ij-esimo della griglia di calcolo. Con qualche manipolazione algebrica si trova

$$\int_\Omega q_h \mathrm{div}\mathbf{u}_h \, d\Omega = \frac{h}{2} \sum_{i,j=1}^{n-1} u_{ij}(q_{i-1/2,j-1/2} + q_{i-1/2,j+1/2}$$

$$-q_{i+1/2,j-1/2} - q_{i+1/2,j+1/2})$$

$$+v_{ij}(q_{i-1/2,j-1/2} - q_{i-1/2,j+1/2} + q_{i+1/2,j-1/2} - q_{i+1/2,j+1/2}).$$

Appare allora evidente che la pressione p^* che vale 1 sugli elementi neri e -1 sugli elementi bianchi della Fig. 16.18, a destra, è una pressione spuria.]

5. Per il problema di Stokes si consideri il problema di Dirichlet omogeneo sul quadrato $(0,1)^2$ e si utilizzi una griglia uniforme formata da elementi quadrati. Verificare quindi direttamente l'esistenza di (almeno) un modo di pressione spurio.

6. Si consideri il problema di Stokes stazionario non-omogeneo:

$$\begin{cases} -\nu\Delta\mathbf{u} + \nabla p = \mathbf{f} & \text{in } \Omega \subset \mathbb{R}^2, \\ \mathrm{div}\mathbf{u} = 0 & \text{in } \Omega, \\ \mathbf{u} = \mathbf{g} & \text{su } \Gamma = \partial\Omega, \end{cases}$$

dove $\mathbf{g}$ è una funzione data. Si mostri che il problema ammette soluzione solo se $\int_\Gamma \mathbf{g} \cdot \mathbf{n} = 0$ e si trovi la sua formulazione debole. Mostrare che il termine a destra dell'equazione di conservazione della quantità di moto (prima equazione del sistema) definisce un elemento di V', spazio duale di V.

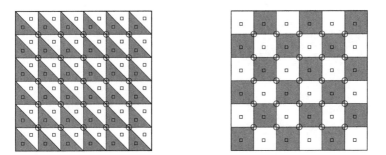

Figura 16.18. Griglia uniforme per una discretizzazione con elementi $\mathbb{P}_1 - \mathbb{P}_0$ (a sinistra) e $\mathbb{Q}_1 - \mathbb{Q}_0$ (a destra) con modi spuri di pressione

7. Ripetere le medesime considerazione dell'esercizio precedente per il problema di Navier-Stokes non omogeneo:

$$\begin{cases} (\mathbf{u} \cdot \nabla)\mathbf{u} - \nu \Delta \mathbf{u} + \nabla p = \mathbf{f} & \text{in } \Omega \subset \mathbb{R}^2, \\ \text{div}\mathbf{u} = 0 & \text{in } \Omega, \\ \mathbf{u} = \mathbf{g} & \text{su } \Gamma = \partial\Omega. \end{cases}$$

8. Si dimostri la stima a priori (16.58).

[*Soluzione*: si ponga $\mathbf{v}_h = \mathbf{u}_h$ e $q_h = p_h$ nella (16.56). Indi si applichino le disuguaglianze di Cauchy-Schwarz e di Young al termine noto, nonché la disuguaglianza di Poincaré.]

Capitolo 17
Introduzione al controllo ottimale
per equazioni a derivate parziali

In questo capitolo vengono presentati i concetti di base della teoria del controllo ottimale per equazioni differenziali alle derivate parziali, quindi vengono affrontati gli aspetti legati alla loro risoluzione numerica. Presenteremo dapprima l'impostazione classica basata sulla teoria sviluppata da J.L. Lions in [Lio71] e [Lio72]; particolare attenzione è dedicata a problemi retti da problemi ai limiti lineari ellittici. Indi considereremo la metodologia basata sul formalismo della Lagrangiana (si vedano ad esempio [BKR00] e [Jam88]). Mostreremo poi due diverse strategie per risolvere numericamente i problemi di controllo ottimale mediante il metodo di Galerkin-Elementi Finiti.

Per approfondimenti sugli aspetti teorici del controllo ottimale presentati in questo capitolo si può fare riferimento a [Lio71], [AWB71], [ATF87], [Ago03], [BKR00], [Gun03], [Jam88], [BS12], [IK08], [Tro10], [HPUU09]; per i richiami di analisi funzionale si veda il Cap. 2 ed inoltre [Ada75], [BG87], [Bre86], [Rud91], [Sal08] e [TL58].

17.1 Definizione del problema di controllo ottimale

In generale, possiamo schematizzare un problema di controllo attraverso il paradigma illustrato in Fig. 17.1. Il sistema può essere espresso da un problema algebrico, differenziale alle derivate ordinarie o differenziale alle derivate parziali. La soluzione, che indicheremo genericamente con y, dipende da una variabile u che rappresenta il controllo che si può esercitare in input del sistema.

Obiettivo di un problema di controllo è determinare u affinché una certa variabile in output, indicata genericamente con z (funzione di u attraverso la y), detta osservata, assuma un "valore" desiderato z_d (l'osservazione).

Il problema si dirà *controllabile* se è possibile trovare u tale che la variabile osservata z raggiunga *esattamente* il valore desiderato z_d. Naturalmente non tutti i sistemi sono controllabili. Si pensi a titolo di esempio al semplice caso in cui il problema di stato sia un sistema algebrico della forma $Ay = b$, dove A è una matrice $n \times n$ non singolare assegnata e b un vettore di $\mathbb{R}^n$ assegnato. Supponiamo che l'osservazione sia

A. Quarteroni, *Modellistica Numerica per Problemi Differenziali*, 6a edizione, UNITEXT - La Matematica per il 3+2 100, DOI 10.1007/978-88-470-5782-1_17

Figura 17.1. Gli elementi essenziali di un problema di controllo

rappresentata da una componente della soluzione, diciamo la prima, e che il controllo sia una delle componenti del termine noto, diciamo l'ultima. La questione pertanto è "Determinare $u \in \mathbb{R}$ t.c. la soluzione del sistema lineare $A\mathbf{y} = \mathbf{b} + [0,...,0,u]^T$ verifichi $y_1 = y_1^*$", essendo y_1^* un valore desiderato. È evidente che tale problema non avrà soluzione, in generale.

Per questa ragione spesso si preferisce sostituire il problema della controllabilità con un problema di *ottimizzazione*: non si pretende che la variabile da osservare z sia esattamente uguale alla variabile desiderata z_d, ma che la differenza tra z e z_d (in senso opportuno) sia "minima". Dunque, controllo e ottimizzazione sono due concetti intimamente legati, come vedremo nel seguito.

Come precedentemente osservato, noi ci limiteremo al caso di sistemi rappresentati da problemi alle derivate parziali di tipo ellittico. A tal fine, iniziamo con l'introdurre gli enti matematici che entrano in gioco nella teoria:

- la *funzione di controllo u*, appartenente a uno spazio funzionale $\mathcal{U}_{ad}$, detto spazio dei *controlli ammissibili*, scelto opportunamente a seconda del ruolo che il controllo occupa all'interno delle equazioni (controllo sul dominio o sul bordo) e degli eventuali vincoli imposti su u. Si osservi che $\mathcal{U}_{ad} \subseteq \mathcal{U}$, essendo $\mathcal{U}$ lo spazio funzionale più adeguato a descrivere il ruolo che la funzione di controllo u assume nelle equazioni. Se $\mathcal{U}_{ad} = \mathcal{U}$ il problema di controllo si dirà *non vincolato*; se invece $\mathcal{U}_{ad} \subset \mathcal{U}$ stiamo trattando un problema *vincolato*;
- lo *stato* del sistema $y(u) \in \mathcal{V}$ (un opportuno spazio funzionale), dipendente dal valore assunto dal controllo u, che soddisfa l'*equazione di stato* del tipo

$$Ay(u) = f, \tag{17.1}$$

dove $A : \mathcal{V} \mapsto \mathcal{V}'$ è un operatore differenziale (lineare o non). Tale problema descrive il sistema fisico soggetto al controllo, da corredarsi con opportune condizioni al contorno; l'operatore A rappresenta il problema e ne definisce la tipologia;
- la *funzione di osservazione*, indicata con $z(u)$ a sua volta dipendente, tramite y e un opportuno operatore C, dal controllo u:

$$z(u) = Cy(u).$$

Tale funzione, che appartiene allo spazio delle *funzioni osservate $\mathcal{Z}$*, va confrontata con la funzione di osservazione desiderata che indicheremo con z_d e che rappresenta l'obiettivo da raggiungere.

Ottimizzare il sistema (17.1) significa trovare la funzione u tale che la funzione di osservazione $z(u)$ sia "la più vicina possibile" alla funzione desiderata z_d, attraverso un processo di minimizzazione, come descriviamo nel seguito;

- un *funzionale costo* $J(u)$, definito sullo spazio $\mathcal{U}_{ad}$

$$u \in \mathcal{U}_{ad} \mapsto J(u) \in \mathbb{R} \qquad \text{con } J(u) \geq 0.$$

In generale, J dipenderà da u (anche) attraverso $z(u)$.

Il problema di controllo ottimale può essere sintetizzato in uno dei due seguenti modi:

i) trovare $u \in \mathcal{U}_{ad}$ tale che

$$J(u) = \inf J(v) \qquad \forall v \in \mathcal{U}_{ad}; \tag{17.2}$$

ii) trovare $u \in \mathcal{U}_{ad}$ tale che valga la seguente disequazione

$$J(u) \leq J(v) \qquad \forall v \in \mathcal{U}_{ad}. \tag{17.3}$$

La funzione u che soddisfa (17.2) (o (17.3)) si chiama *controllo ottimale* (o controllo ottimo) del sistema (17.1).

Prima di fornire condizioni necessarie e sufficienti a garantire l'esistenza e l'unicità della soluzione del problema di controllo, nonché osservare più in dettaglio la struttura e le proprietà delle equazioni che governano il problema, vediamo un semplice esempio in dimensione finita.

17.2 Un problema di controllo per sistemi lineari

Supponiamo che A sia una matrice invertibile di dimensione $n \times n$ e B una matrice di dimensione $n \times q$. Sia inoltre $\mathbf{f}$ un vettore di $\mathbb{R}^n$, $\mathbf{u}$ il vettore di $\mathbb{R}^q$ che rappresenta il controllo, $\mathbf{y} = \mathbf{y}(u) \in \mathbb{R}^n$ il vettore che rappresenta lo stato, ed è soluzione del sistema lineare

$$A\mathbf{y} = \mathbf{f} + B\mathbf{u}. \tag{17.4}$$

Il controllo $\mathbf{u}$ andrà scelto in modo da minimizzare il seguente funzionale

$$J(\mathbf{u}) = \|\mathbf{z}(\mathbf{u}) - \mathbf{z}_d\|_{\mathbb{R}^m}^2 + \|\mathbf{u}\|_N^2 , \tag{17.5}$$

dove $\mathbf{z}_d$ è un vettore dato di $\mathbb{R}^m$ (il cosiddetto obiettivo), $\mathbf{z}(\mathbf{u}) = C\mathbf{y}(\mathbf{u})$ è il vettore che rappresenta l'osservazione, ove C è una matrice data di dimensione $m \times n$, e $\|\mathbf{u}\|_N = (N\mathbf{u}, \mathbf{u})_{\mathbb{R}^q}^{1/2}$ è la *norma N* del vettore $\mathbf{u}$, essendo N una matrice data di dimensione $q \times q$ simmetrica e definita positiva.

Interpretando il termine $\|\mathbf{u}\|_N^2$ come energia associata al controllo, il problema è dunque quello di scegliere il controllo in modo tale che l'osservazione sia vicino all'obbiettivo e la sua energia non sia troppo grande.

Osserviamo che

$$J(\mathbf{u}) = (CA^{-1}(\mathbf{f} + B\mathbf{u}) - \mathbf{z}_d , \, CA^{-1}(\mathbf{f} + B\mathbf{u}) - \mathbf{z}_d)_{\mathbb{R}^m} + (N\mathbf{u}, \mathbf{u})_{R^q} . \tag{17.6}$$

Si tratta dunque di una funzione quadratica di $\mathbf{u}$ che ha un minimo globale su $\mathbb{R}^q$. Quest'ultimo è caratterizzato dalla condizione

$$J'(\mathbf{u})\mathbf{h} = 0 \qquad \forall \mathbf{h} \in \mathbb{R}^q \tag{17.7}$$

dove $J'(\mathbf{u})\mathbf{h}$ è la derivata direzionale nella direzione $\mathbf{h}$ calcolata nel "punto" $\mathbf{u}$, ovvero

$$J'(\mathbf{u})\mathbf{h} = \lim_{t \to 0} \frac{J(\mathbf{u} + t\mathbf{h}) - J(\mathbf{u})}{t}.$$

(Si veda la Definizione 2.6, Sez. 2.2, della derivata di Fréchet.)
Osservando che

$$A\mathbf{y}'(\mathbf{u})\mathbf{h} = B\mathbf{h} \quad e \quad \mathbf{z}'(\mathbf{u})\mathbf{h} = C\mathbf{y}'(\mathbf{u})\mathbf{h}$$

per ogni $\mathbf{u}$ e $\mathbf{h}$, dalla (17.6) troviamo

$$J'(\mathbf{u})\mathbf{h} = 2[(\mathbf{z}'(\mathbf{u})\mathbf{h}, \mathbf{z}(\mathbf{u}) - \mathbf{z}_d)_{\mathbb{R}^m} + (N\mathbf{u}, \mathbf{h})_{\mathbb{R}^q}] \tag{17.8}$$

$$= 2[(CA^{-1}B\mathbf{h}, C\mathbf{y}(\mathbf{u}) - \mathbf{z}_d)_{\mathbb{R}^m} + (N\mathbf{u}, \mathbf{h})_{\mathbb{R}^q}]. \tag{17.9}$$

Introduciamo la soluzione $\mathbf{p} = \mathbf{p}(\mathbf{u}) \in \mathbb{R}^n$ del sistema seguente, detto *stato aggiunto* del sistema di partenza (17.4):

$$A^T\mathbf{p}(\mathbf{u}) = C^T(C\mathbf{y}(\mathbf{u}) - \mathbf{z}_d). \tag{17.10}$$

Allora dalla (17.8) deduciamo che

$$J'(\mathbf{u})\mathbf{h} = 2[(B\mathbf{h}, \mathbf{p}(\mathbf{u}))_{\mathbb{R}^n} + (N\mathbf{u}, \mathbf{h})_{\mathbb{R}^q}]$$

ovvero che

$$J'(\mathbf{u}) = 2[B^T\mathbf{p}(\mathbf{u}) + N\mathbf{u}]. \tag{17.11}$$

Poiché il minimo di J si trova in corrispondenza del suo punto $\mathbf{u}$ per il quale $J'(\mathbf{u}) = \mathbf{0}$, possiamo concludere che il sistema a tre campi

$$\begin{cases} A\mathbf{y} = f + B\mathbf{u}, \\ A^T\mathbf{p} = C^T(C\mathbf{y} - \mathbf{z}_d), \\ B^T\mathbf{p} + N\mathbf{u} = \mathbf{0}, \end{cases} \tag{17.12}$$

ammette un'unica soluzione $(\mathbf{u}, \mathbf{y}, \mathbf{p}) \in \mathbb{R}^q \times \mathbb{R}^n \times \mathbb{R}^n$ e $\mathbf{u}$ è l'unico controllo ottimale.

Nella prossima sezione introdurremo degli esempi di problemi di controllo per equazioni alle derivate parziali di tipo ellittico.

17.3 Alcuni esempi di problemi di controllo ottimale per il problema di Laplace

Si consideri il caso in cui l'operatore ellittico A sia il Laplaciano; si può dunque definire la seguente famiglia di problemi:

- *Controllo distribuito.* Dato il problema *di stato*

$$\begin{cases} -\Delta y = f + u & \text{in } \Omega, \\ y = 0 & \text{su } \Gamma = \partial\Omega, \end{cases} \tag{17.13}$$

dove Ω è un aperto in $\mathbb{R}^n$, $y \in \mathcal{V} = H_0^1(\Omega)$ è la variabile di stato, $f \in L^2(\Omega)$ è il termine sorgente e $u \in \mathcal{U}_{ad} = L^2(\Omega)$ è la funzione di controllo, si possono considerare due tipi di funzionali da minimizzare:

– *sul dominio*, per esempio

$$J(u) = \int_\Omega (y(u) - z_d)^2 d\Omega; \qquad (17.14)$$

– *sul bordo*, per esempio (nel caso $y(u)$ sia sufficientemente regolare)

$$J(u) = \int_\Gamma \left(\frac{\partial y(u)}{\partial n} - z_{d_\Gamma}\right)^2 d\Gamma,$$

essendo **n** la normale uscente dal bordo del dominio.
Le funzioni z_d e z_{d_Γ} sono dette funzioni di *osservazione*.

• *Controllo sulla frontiera.* Dato il problema *di stato*

$$\begin{cases} -\Delta y = f & \text{in } \Omega, \\[2mm] y = u & \text{su } \Gamma_D, \\[2mm] \frac{\partial y}{\partial n} = 0 & \text{su } \Gamma_N, \end{cases} \qquad (17.15)$$

con $\Gamma_D \cup \Gamma_N = \partial\Omega$ e $\overset{\circ}{\Gamma}_D \cap \overset{\circ}{\Gamma}_N = \emptyset$, con *controllo* $u \in H^{\frac{1}{2}}(\Gamma_D)$ definito *sul bordo* di Dirichlet, si possono considerare due tipi di funzionale costo:
– *sul dominio*, come in (17.14);
– *sul bordo*

$$J(u) = \int_{\Gamma_N} (y(u) - z_{d_{\Gamma_N}})^2 d\Gamma_N.$$

Anche $z_{d_{\Gamma_N}}$ è una funzione di osservazione.

17.4 Alcuni risultati per minimi di funzionali

In questa sezione ricordiamo alcuni risultati di esistenza e unicità per minimi di funzionali, con particolare attenzione a quelli più strettamente utili alla teoria del controllo; per approfondimenti si vedano ad esempio [Lio71], [BG87], [Bre86] e [TL58].
Si consideri uno spazio di Hilbert $\mathcal{U}$ (dotato di prodotto scalare $(\cdot, \cdot)$), su cui è definita una forma bilineare π del tipo

$$u, v \mapsto \pi(u, v) \qquad \forall u, v \in \mathcal{U}. \qquad (17.16)$$

Si assuma che tale forma sia simmetrica, continua e coerciva. Indicheremo con $\|w\| = \sqrt{(w, w)}$ la norma in $\mathcal{U}$ indotta dal prodotto scalare. Si consideri ora un funzionale

$$v \mapsto F(v) \qquad \forall v \in \mathcal{U}, \qquad (17.17)$$

che si supporrà lineare e continuo. Si consideri uno spazio di funzioni $\mathcal{U}_{ad}$ contenuto in $\mathcal{U}$, che diremo spazio delle funzioni ammissibili, e un funzionale costo

$$J(v) = \pi(v, v) - 2F(v) \qquad \forall v \in \mathcal{U}_{ad}. \qquad (17.18)$$

Ricordiamo i seguenti risultati, per la cui dimostrazione rinviamo a [Lio71, Thm 1.1].

Teorema 17.1 *Sia* $\pi(\cdot, \cdot)$ *una forma bilineare continua, coerciva e simmetrica su* $\mathcal{U}$. *Allora esiste ed è unico* $u \in \mathcal{U}_{ad}$ *tale che*

$$J(u) = \inf J(v) \qquad \forall v \in \mathcal{U}_{ad}. \tag{17.19}$$

Tale elemento si chiama controllo ottimale *(o controllo ottimo).*

Teorema 17.2 *Nelle ipotesi del teorema precedente:*

(i) *Il controllo ottimale* $u \in \mathcal{U}_{ad}$ *soddisfa la seguente disequazione variazionale*

$$\pi(u, v - u) \geq F(v - u) \qquad \forall v \in \mathcal{U}_{ad}. \tag{17.20}$$

(ii) *Nel caso particolare in cui* $\mathcal{U}_{ad} \equiv \mathcal{U}$ *(ovvero si consideri un problema di ottimizzazione* non *vincolata) e* $\pi(u, v)$ *è una forma bilineare continua e coerciva (ma non necessariamente simmetrica), allora, grazie al Lemma di Lax–Milgram 3.1,* u *soddisfa la seguente* equazione di Eulero *associata a (17.19)*

$$\pi(u, w) = F(w) \qquad \forall w \in \mathcal{U}. \tag{17.21}$$

(iii) *Nel caso particolare in cui* $\mathcal{U}_{ad}$ *sia un cono chiuso e convesso con vertice nell'origine* 0^a *la soluzione* u *verifica*

$$\pi(u, v) \geq F(v) \qquad \forall v \in \mathcal{U}_{ad} \quad e \quad \pi(u, u) = F(u). \tag{17.22}$$

(iv) *Nel caso in cui* J *non sia necessariamente quadratico, ma si supponga che la funzione* $v \mapsto F(v)$ *sia strettamente convessa e differenziabile e soddisfi la condizione:* $J(v) \to \infty$ *con* $||v|| \to \infty \; \forall v \in \mathcal{U}_{ad}$, *allora l'unico elemento* $u \in \mathcal{U}_{ad}$ *che soddisfa la condizione (17.19) è caratterizzato dalla seguente disequazione variazionale*

$$J'(u)[v - u] \geq 0 \qquad \forall v \in \mathcal{U}_{ad} \tag{17.23}$$

o, equivalentemente,

$$J'(v)[v - u] \geq 0 \qquad \forall u \in \mathcal{U}_{ad}. \tag{17.24}$$

(J' *indica la derivata di Fréchet di* J, *si veda la Definizione 2.6 , Sez. 2.2.)*

[a] Uno spazio metrico lineare W si dice *cono convesso chiuso con vertice nell'origine* 0 se: (1) $0 \in W$, (2) $\forall x \in W \Rightarrow kx \in W \quad \forall k \geq 0$, (3) $\forall x, y \in W \Rightarrow x + y \in W$, (4) W chiuso.

Dimostrazione. Dimostriamo dapprima la (17.20). In effetti, se u è l'elemento mini-mizzante di (17.19), per ogni $v \in \mathcal{U}_{ad}$ ed ogni $0 < \vartheta < 1$, $J(u) \leq J((1-\vartheta)u + \vartheta v)$, pertanto $\frac{1}{\vartheta}[J(u + \vartheta(v-u)) - J(u)] \geq 0$. La disequazione rimane valida al limite, per $\vartheta \to 0$ (purché tale limite esista), pertanto

$$J'(u)[v-u] \geq 0 \qquad \forall v \in \mathcal{U}_{ad}. \tag{17.25}$$

Essendo J definito dalla (17.18), la (17.20) segue dalla disequazione (17.25).
Vale anche il viceversa (pertanto (17.19) e (17.20) sono equivalenti). Infatti, se u sod-disfa (17.20), e dunque (17.25), essendo la funzione $v \mapsto J(v)$ convessa, per ogni $0 < \vartheta < 1$ si ha

$$J(v) - J(w) \geq \frac{1}{\vartheta}[J((1-\vartheta)w + v) - J(w)] \qquad \forall v, w.$$

Passando al limite per $\vartheta \to 0$ si ottiene

$$J(v) - J(w) \geq J'(w)[v-w].$$

Posto $w = u$ si ottiene, grazie alla (17.25), che $J(v) \geq J(u)$, ovvero la (17.19).
   Per dimostrare la (17.21) basta scegliere in (17.20) $v = u \pm w \in \mathcal{U}$.
   Dimostriamo ora la (17.22). La prima disequazione si ottiene sostituendo v con $v + u$ in (17.20). Ponendo ora $v = 0$ in (17.20) otteniamo $\pi(u,u) \leq F(u)$ che combinata con la prima delle (17.22) fornisce la seconda equazione delle (17.22). Il viceversa (che (17.22) implichi (17.20)) è evidente.
   Per la dimostrazione di (17.23) e (17.24) si veda [Lio71, Thm 1.4].   ◇

Osservazione 17.1 Se $J(v) \in C^1 \; \forall v \in \mathcal{U}$, allora per ogni elemento minimiz-zante $u \in \mathcal{U}$ (se esiste) si ha $J'(u) = 0$. Se inoltre valgono le ipotesi del Teo-rema 17.2 (punto (iv)), allora esiste almeno un elemento minimizzante $u \in \mathcal{U}$.
                                                                                    ●

Riassumendo abbiamo ottenuto che la soluzione $u \in \mathcal{U}_{ad}$ del problema di minimizza-zione soddisfa le seguenti condizioni, tra loro equivalenti:

i) $J(u) = \inf J(v)$ $\forall v \in \mathcal{U}_{ad}$,
ii) $J(u) \leq J(v)$ $\forall v \in \mathcal{U}_{ad}$,
iii) $J'(u)[v-u] \geq 0$ $\forall v \in \mathcal{U}_{ad}$,
iv) $J'(v)[v-u] \geq 0$ $\forall u \in \mathcal{U}_{ad}$.

Prima di concludere, consideriamo "in astratto" il problema di trovare $u \in \mathcal{U}_{ad}$ sod-disfacente la disequazione variazionale (17.20) (se $\pi(\cdot, \cdot)$ non è simmetrica questo problema non corrisponde ad un problema di calcolo delle variazioni, ovvero ad un problema di minimo).

Teorema 17.3 *Se esiste una costante $c > 0$ tale che*

$$\pi(v_1 - v_2, v_1 - v_2) \geq c\|v_1 - v_2\|^2 \qquad \forall v_1, v_2 \in \mathcal{U}_{ad}, \qquad (17.26)$$

allora esiste un'unica funzione $u \in \mathcal{U}_{ad}$ soddisfacente (17.20).

Per la dimostrazione si veda [Lio71, Thm 2.1].

17.5 La teoria del controllo ottimale per problemi ellittici

In questa sezione riportiamo alcuni risultati di esistenza e unicità della soluzione del problema del controllo ottimale retto da equazioni alle derivate parziali di tipo *lineare ellittico*. Per semplicità ci limiteremo a trattare il caso di un problema di *controllo distribuito* (si veda ad esempio la Sez. 17.3); analoghi risultati valgono per problemi con controllo al bordo [Lio71].

Siano $\mathcal{V}$ e $\mathcal{H}$ due spazi di Hilbert, $\mathcal{V}'$ il duale di $\mathcal{V}$, $\mathcal{H}'$ quello di $\mathcal{H}$, con V denso in $\mathcal{H}$. Ricordiamo che in tale caso vale la proprietà (2.10) della Sez. 2.1. Siano inoltre:

- $a(u, v)$: una forma bilineare, continua su $\mathcal{V}$ e coerciva (ma non necessariamente simmetrica);
- $F(v) = {}_{V'}\langle f, v \rangle_V$, con $f \in \mathcal{V}'$, un funzionale lineare e limitato su $\mathcal{V}$. Se $f \in \mathcal{H}$ allora $F(v) = {}_{V'}\langle f, v \rangle_V \equiv (f, v)_{\mathcal{H}}$ (il prodotto scalare su $\mathcal{H}$).

Nelle ipotesi precedenti il lemma di Lax–Milgram assicura che esiste una unica soluzione $y \in \mathcal{V}$ del problema

$$a(y, \psi) = (f, \psi) \qquad \forall \psi \in \mathcal{V}. \qquad (17.27)$$

Definito l'operatore A

$$A \in \mathcal{L}(\mathcal{V}, \mathcal{V}') : {}_{V'}\langle A\varphi, \psi \rangle_V = a(\varphi, \psi) \qquad \forall \varphi, \psi \in \mathcal{V},$$

il problema (17.27) diventa (in forma operatoriale)

$$Ay = f \qquad \text{in } \mathcal{V}'. \qquad (17.28)$$

L'equazione precedente va completata con l'aggiunta del termine di controllo, che assumeremo come controllo distribuito.

Siano $\mathcal{U}$ lo spazio di Hilbert delle funzioni di controllo e B un operatore appartenente allo spazio $\mathcal{L}(\mathcal{U}, \mathcal{V}')$. Per ogni controllo u l'*equazione di stato* del sistema è: $y = y(u) \in \mathcal{V}$ t.c.

$$Ay(u) = f + Bu, \qquad (17.29)$$

o, in forma debole,

$$y \in \mathcal{V} : a(y, \varphi) = (f, \varphi) + b(u, \varphi) \qquad \forall \varphi \in \mathcal{V}, \qquad (17.30)$$

essendo $b(\cdot,\cdot)$ la forma bilineare associata all'operatore B, ovvero

$$b(u,\varphi) = {}_{V'}\langle Bu, \varphi \rangle_V \qquad \forall u \in \mathcal{U}, \ \forall \varphi \in \mathcal{V}. \tag{17.31}$$

Indichiamo con $\mathcal{Z}$ lo spazio di Hilbert delle funzioni di osservazione e introduciamo l'operatore $C \in \mathcal{L}(\mathcal{V}, \mathcal{Z})$ e l'*equazione di osservazione*

$$z(u) = Cy(u). \tag{17.32}$$

Infine definiamo il *funzionale costo*

$$J(u) = J(y(u)) = \| Cy(u) - z_d \|^2_{\mathcal{Z}} + (Nu, u)_{\mathcal{U}}, \tag{17.33}$$

dove $N \in \mathcal{L}(\mathcal{U}, \mathcal{U})$ è una forma simmetrica definita positiva tale che

$$(Nu, u)_{\mathcal{U}} \geq \nu \|u\|^2_{\mathcal{U}} \qquad \forall u \in \mathcal{U}, \tag{17.34}$$

con $\nu > 0$, e $z_d \in \mathcal{Z}$ è la funzione di osservazione desiderata (l'obiettivo del problema di controllo).
Il problema di controllo ottimale consiste nel trovare $u \in \mathcal{U}_{ad} \subseteq \mathcal{U}$ t.c.

$$J(u) = \inf J(v) \qquad \forall v \in \mathcal{U}_{ad}. \tag{17.35}$$

Osservazione 17.2 Quando si minimizza (17.33), si minimizza di fatto un bilancio tra due addendi. Il primo richiede che l'osservata $z(u)$ sia vicina al valore desiderato z_d. Il secondo penalizza l'uso di un controllo u "troppo costoso". In termini euristici, si sta cercando di condurre $z(u)$ verso z_d con uno sforzo ridotto.
Si osservi che la teoria vale anche per il caso in cui la forma N sia nulla, anche se in questo caso si dimostra solo l'esistenza del controllo ottimale, ma non la sua unicità.
●

Si vogliono ora applicare i risultati dei teoremi enunciati nella Sez. 17.4; a questo scopo, osservando che la mappa $u \mapsto y(u)$ da $\mathcal{U}$ in $\mathcal{V}$ è affine, riscriviamo la (17.33) nel seguente modo

$$J(u) = \|C[y(u) - y(0)] + Cy(0) - z_d\|^2_{\mathcal{Z}} + (Nu, u)_{\mathcal{U}}. \tag{17.36}$$

Definiamo ora la forma bilineare $\pi(u,v)$ continua in $\mathcal{U}$ e il funzionale $F(v)$ (con $u, v \in \mathcal{U}$), rispettivamente, come:

$$\pi(u,v) = (C[y(u) - y(0)], \ C[y(v) - y(0)])_{\mathcal{Z}} + (Nu, v)_{\mathcal{U}},$$

$$F(v) = (z_d - Cy(0), \ C[y(v) - y(0)])_{\mathcal{Z}}.$$

Grazie a queste definizioni si ottiene

$$J(v) = \pi(v,v) - 2F(v) + \|z_d - Cy(0)\|^2_{\mathcal{Z}}.$$

Essendo $\|Cy(u) - y(0)\|^2_{\mathcal{Z}} \geq 0$, grazie alla (17.34) si ottiene

$$\pi(v,v) \geq \nu \|v\|^2_{\mathcal{U}} \qquad \forall v \in \mathcal{U}.$$

Abbiamo dunque ricondotto il problema alla forma vista nella Sez. 17.4: pertanto il Teorema 17.1 garantisce l'esistenza e unicità del controllo $u \in \mathcal{U}_{ad}$.

A questo punto dobbiamo studiare la struttura delle equazioni utili alla *risoluzione* del problema di controllo. Essendo (grazie al Teorema 17.1) A un isomorfismo tra $\mathcal{V}$ e $\mathcal{V}'$ (si veda la Definizione 2.4), abbiamo

$$y(u) = A^{-1}(f + Bu),$$

da cui $y'(u) \cdot \psi = A^{-1}B\psi$ e pertanto

$$y'(u) \cdot (v - u) = A^{-1}B(v - u) = y(v) - y(u).$$

Allora, dovendo il controllo ottimale soddisfare la (17.23), dividendo per 2 la (17.23) si ottiene, grazie a (17.36)

$$(Cy(u) - z_d, \, C[y(v) - y(u)])_{\mathcal{Z}} + (Nu, v - u)_{\mathcal{U}} \geq 0 \qquad \forall v \in \mathcal{U}_{ad}. \qquad (17.37)$$

Sia ora $C' \in \mathcal{L}(\mathcal{Z}', \mathcal{V}')$ l'operatore aggiunto dell'operatore $C \in \mathcal{L}(\mathcal{V}, \mathcal{Z})$ (si veda (2.19))

$$_{\mathcal{Z}}\langle Cy, v\rangle_{\mathcal{Z}'} = _{\mathcal{V}}\langle y, C'v\rangle_{\mathcal{V}'} \qquad \forall y \in \mathcal{V}, \, \forall v \in \mathcal{Z}'.$$

Allora la (17.37) diventa

$$_{\mathcal{V}'}\langle C'\Lambda(Cy(u) - z_d), \, y(v) - y(u)\rangle_{\mathcal{V}} + (Nu, v - u)_{\mathcal{U}} \geq 0 \qquad \forall v \in \mathcal{U}_{ad},$$

dove Λ $(=\Lambda_{\mathcal{Z}})$ indica qui l'isomorfismo canonico di Riesz di $\mathcal{Z}$ in $\mathcal{Z}'$ (si veda la (2.5)). Usando il Teorema 2.1 di rappresentazione di Riesz la precedente disequazione diventa

$$(C'\Lambda(Cy(u) - z_d), \, y(v) - y(u))_{\mathcal{H}} + (Nu, v - u)_{\mathcal{U}} \geq 0 \qquad \forall v \in \mathcal{U}_{ad}. \qquad (17.38)$$

Introduciamo ora l'operatore aggiunto di A, $A^* \in \mathcal{L}(\mathcal{V}, \mathcal{V}')$ (si veda la definizione (2.21)). Esso è un isomorfismo da $\mathcal{V}$ in $\mathcal{V}'$ e soddisfa l'equazione (si veda la (3.42))

$$a(\psi, \phi) = (A^*\phi, \psi)_{\mathcal{V}} = (\phi, A\psi)_{\mathcal{V}} \qquad \forall \phi, \psi \in \mathcal{V}.$$

Definiamo *stato aggiunto* (o *variabile aggiunta*) $p(u) \in \mathcal{V}$ la soluzione dell'*equazione aggiunta*

$$A^*p(u) = C'\Lambda[Cy(u) - z_d], \qquad (17.39)$$

con $u \in \mathcal{U}$; definiamo inoltre l'operatore aggiunto di B, $B' \in \mathcal{L}(\mathcal{V}, \mathcal{U}')$ (si veda (2.19)). Osserviamo che, grazie a (17.39),

$$_{\mathcal{V}'}\langle C'\Lambda(Cy(u) - z_d), \, y(v) - y(u)\rangle_{\mathcal{V}} =$$

$$(C'\Lambda(Cy(u) - z_d), y(v) - y(u))_{\mathcal{H}} = (A^*p(u), y(v) - y(u))_{\mathcal{V}} =$$

$$\text{(grazie alla definizione di } A^*) = (p(u), A(y(v) - y(u)))_{\mathcal{V}} =$$

$$\text{(grazie alla (17.29))} = (p(u), B(v - u))_{\mathcal{V}} = _{\mathcal{U}'}\langle B'p(u), v - u\rangle_{\mathcal{U}}.$$

Introducendo l'isomorfismo canonico $\Lambda_{\mathcal{U}}$ di Riesz di $\mathcal{U}$ in $\mathcal{U}'$ (si veda di nuovo la (2.5)), si ha che la (17.38) può essere scritta come

$$(\Lambda_{\mathcal{U}}^{-1}B'p(u) + Nu, v - u)_{\mathcal{U}} \geq 0 \qquad \forall v \in \mathcal{U}_{ad}. \tag{17.40}$$

Nel caso in cui $\mathcal{U}_{ad} = \mathcal{U}$ (controllo non vincolato), questa condizione diventa

$$B'p(u) + \Lambda_{\mathcal{U}}Nu = 0, \tag{17.41}$$

come si deduce pur di prendere in (17.40) $v = u - (\Lambda_{\mathcal{U}}^{-1})B'p(u) + Nu)$. Il risultato finale è riportato nel seguente teorema ([Lio71, Thm 1.4]).

Teorema 17.4 *Condizione necessaria e sufficiente per l'esistenza del controllo ottimale* $u \in \mathcal{U}_{ad}$ *è che valgano le seguenti equazioni e disequazioni (si vedano (17.29),(17.39),(17.40)):*

$$\begin{cases} y = y(u) \in \mathcal{V}, \ \ Ay(u) = f + Bu, \\[2mm] p = p(u) \in \mathcal{V}, \ \ A^*p(u) = C'\Lambda[Cy(u) - z_d], \\[2mm] u \in \mathcal{U}_{ad}, \qquad (\Lambda_{\mathcal{U}}^{-1}B'p(u) + Nu, v - u)_{\mathcal{U}} \geq 0 \qquad \forall v \in \mathcal{U}_{ad}, \end{cases} \tag{17.42}$$

oppure, in forma debole:

$$\begin{cases} y = y(u) \in \mathcal{V}, \ \ a(y(u), \varphi) = (f, \varphi) + b(u, \varphi) \qquad \forall \varphi \in \mathcal{V}, \\[2mm] p = p(u) \in \mathcal{V}, \ \ a(\psi, p(u)) = (Cy(u) - z_d, C\psi) \qquad \forall \psi \in \mathcal{V}, \\[2mm] u \in \mathcal{U}_{ad}, \qquad (\Lambda_{\mathcal{U}}^{-1}B'p(u) + Nu, v - u)_{\mathcal{U}} \geq 0 \qquad \forall v \in \mathcal{U}_{ad}. \end{cases} \tag{17.43}$$

Se la forma N è simmetrica e definita positiva, allora il controllo u è anche unico; se invece N = 0 e $\mathcal{U}_{ad}$ *è limitato, allora esiste almeno una soluzione ed inoltre la famiglia di controlli ottimi forma un sottoinsieme chiuso e convesso* $\mathcal{X}$ *di* $\mathcal{U}_{ad}$.

La terza condizione di (17.42) può essere espressa nel seguente modo

$$(\Lambda_{\mathcal{U}}^{-1}B'p(u) + Nu, u)_{\mathcal{U}} = \inf_{v \in \mathcal{U}_{ad}} (\Lambda_{\mathcal{U}}^{-1}B'p(u) + Nu, v)_{\mathcal{U}}. \tag{17.44}$$

Infine,

$$\frac{1}{2}J'(u) = B'p(u) + \Lambda_{\mathcal{U}}Nu. \tag{17.45}$$

Osservazione 17.3 A meno del termine dipendente dalla forma N, J' si ottiene dalla variabile aggiunta p tramite l'operatore B'. Tale risultato sarà alla base dei *metodi numerici* utili al conseguimento del controllo ottimale, previa discretizzazione delle equazioni. Se $\mathcal{U}_{ad} = \mathcal{U}$ il controllo ottimo soddisfa pertanto

$$Nu = -\Lambda_{\mathcal{U}}^{-1} B' p(u) \,. \tag{17.46}$$

•

17.6 Alcuni esempi di problemi di controllo ottimale

17.6.1 Un problema di Dirichlet con controllo distribuito

Riprendiamo l'esempio del problema di controllo distribuito (17.13) e consideriamo il seguente funzionale da minimizzare

$$J(v) = \frac{1}{2} \int_{\Omega} (y(v) - z_d)^2 \, dx + \frac{1}{2}(Nv, v), \tag{17.47}$$

dove, ad esempio, si potrebbe prendere $N = \nu I$, $\nu > 0$. In questo caso $V = H_0^1(\Omega)$, $\mathcal{H} = L^2(\Omega)$, $\mathcal{U} = \mathcal{H}$ (dunque $(Nv, v) = (Nv, v)_{\mathcal{U}}$) pertanto $\Lambda_{\mathcal{U}}$ è l'operatore identità. Inoltre, B è l'operatore identità, C è l'operatore di iniezione di V in $\mathcal{H}$, $\mathcal{Z} = \mathcal{H}$ e dunque Λ è l'operatore identità. Infine $a(u, v) = \int_{\Omega} \nabla u \cdot \nabla v \, dx$. Grazie al Teorema 17.4 otteniamo

$$\begin{cases} y(u) \in H_0^1(\Omega) : Ay(u) = f + u \quad \text{in } \Omega, \\[2mm] p(u) \in H_0^1(\Omega) : A^* p(u) = y(u) - z_d \quad \text{in } \Omega, \\[2mm] u \in \mathcal{U}_{ad} \qquad : \int_{\Omega} (p(u) + Nu)(v - u) \, dx \geq 0 \qquad \forall v \in \mathcal{U}_{ad}. \end{cases} \tag{17.48}$$

Nel caso (non vincolato) in cui $\mathcal{U}_{ad} = \mathcal{U}$ ($= L^2(\Omega)$), l'ultima disequazione implica

$$p(u) + Nu = 0,$$

(basta prendere $v = u - (p(u) + Nu)$).

Le prime due equazioni di (17.48) forniscono allora un sistema per le variabili y e p

$$\begin{cases} Ay + N^{-1}p = f \quad \text{in } \Omega, \qquad y = 0 \quad \text{su } \partial\Omega, \\[2mm] A^* p - y = -z_d \quad \text{in } \Omega, \qquad p = 0 \quad \text{su } \partial\Omega, \end{cases}$$

la cui soluzione fornisce il controllo ottimale: $u = -N^{-1}p$.

In questo problema, se Ω è regolare, per la proprietà di regolarità ellittica sia y che p sono funzioni di $H^2(\Omega)$. Poiché N^{-1} trasforma $H^2(\Omega)$ in se stesso, anche $u \in H^2(\Omega)$. Non sempre, tuttavia, il controllo ottimale è una funzione regolare.

Più in generale, se $\mathcal{U}_{ad} = \mathcal{U}$, la condizione (17.40) si riduce a

$$\Lambda_{\mathcal{U}}^{-1} B' p(u) + Nu = 0.$$

Eliminando u il sistema (17.42) diventa pertanto

$$\begin{cases} Ay + BN^{-1}\Lambda_{\mathcal{U}}^{-1} B'p = f, \\ A^*p - C'Cy = -C'z_d, \end{cases}$$

e il controllo ottimale si ottiene allora risolvendo l'equazione (17.46).

17.6.2 Un problema di Neumann con controllo distribuito

Consideriamo ora il problema

$$\begin{cases} Ay(u) = f + u \quad \text{in } \Omega, \\ \dfrac{\partial y(u)}{\partial n_A} = g \qquad \text{su } \partial\Omega, \end{cases} \tag{17.49}$$

dove A è un operatore ellittico e $\dfrac{\partial}{\partial n_A}$ è la derivata conormale associata ad A (per la sua definizione si veda la (3.35)) $f \in L^2(\Omega)$ e $g \in H^{-1/2}(\partial\Omega)$. Il funzionale da minimizzare è lo stesso introdotto in (17.47). In questo caso $\mathcal{V} = H^1(\Omega), \mathcal{H} = L^2(\Omega), \mathcal{U} = \mathcal{H}, B$ è l'identità, C è la mappa di iniezione di $\mathcal{V}$ in $\mathcal{H}$,

$$a(v, w) = {}_{\mathcal{V}'}\langle Av, w\rangle_{\mathcal{V}}, \qquad F(v) = \int_{\Omega} fv \, dx + \int_{\partial\Omega} gv \, d\gamma.$$

Se $Av = -\Delta v + \beta v$, allora

$$a(v, w) = \int_{\Omega} \nabla v \cdot \nabla w \, dx + \int_{\Omega} \beta vw \, dx.$$

La forma variazionale del problema di stato (17.49) è

$$y(u) \in H^1(\Omega) \; : \; a(y(u), v) = F(v) \qquad \forall v \in H^1(\Omega). \tag{17.50}$$

Il problema aggiunto è un problema di Neumann della forma

$$\begin{cases} A^*p(u) = y(u) - z_d \quad \text{in } \Omega, \\ \dfrac{\partial p(u)}{\partial n_{A^*}} = 0 \qquad\qquad \text{su } \partial\Omega. \end{cases} \tag{17.51}$$

Il controllo ottimale si ottiene risolvendo il sistema formato da (17.49), (17.51) e

$$u \in \mathcal{U}_{ad} \; : \; \int_{\Omega} (p(u) + Nu)(v - u) \, dx \geq 0 \qquad \forall v \in \mathcal{U}_{ad}. \tag{17.52}$$

17.6.3 Un problema di Neumann con controllo di frontiera

Consideriamo il problema

$$
\begin{cases}
Ay(u) = f & \text{in } \Omega, \\[2mm]
\dfrac{\partial y(u)}{\partial n_A} = g + u & \text{su } \partial\Omega,
\end{cases}
\tag{17.53}
$$

con lo stesso operatore introdotto nell'esempio precedente e lo stesso funzionale costo (17.47). In questo caso,

$$
\mathcal{V} = H^1(\Omega), \qquad \mathcal{H} = L^2(\Omega), \qquad \mathcal{U} = H^{-1/2}(\partial\Omega).
$$

Per ogni $u \in \mathcal{U}$, $Bu \in \mathcal{V}'$ è dato da $_{\mathcal{V}'}\langle Bu, \psi\rangle_{\mathcal{V}} = \int_{\partial\Omega} u\psi \, d\gamma$, C è la mappa di iniezione di $\mathcal{V}$ in $\mathcal{H}$. La forma debole di (17.53) è

$$
y(u) \in \mathcal{H}^1(\Omega) \; : \; a(y(u), v) = \int_\Omega fv \, dx + \int_{\partial\Omega} (g+u)v \, d\gamma \qquad \forall v \in \mathcal{H}^1(\Omega).
$$

Il problema aggiunto è ancora dato da (17.51), mentre la disequazione del controllo ottimale è la terza di (17.42). L'interpretazione di questa disequazione non è banale. Scegliendo come prodotto scalare in $\mathcal{U}$

$$
(u,v)_{\mathcal{U}} = \int_{\partial\Omega} (-\Delta_{\partial\Omega})^{-1/4} u \, (-\Delta_{\partial\Omega})^{-1/4} v \, d\gamma = \int_{\partial\Omega} (-\Delta_{\partial\Omega})^{-1/2} u \, v \, d\gamma,
$$

essendo $-\Delta_{\partial\Omega}$ l'operatore di Laplace–Beltrami (si veda ad esempio [QV94]), si dimostra che la terza disequazione di (17.42) equivale a

$$
\int_{\partial\Omega} (p(u)_{|\partial\Omega} + (-\Delta_{\partial\Omega})^{-1/2} Nu)(v - u) \, d\gamma \geq 0 \qquad \forall v \in \mathcal{U}_{ad};
$$

si veda [Lio71, Sect 2.4].

Nelle Tabelle 17.1 e 17.2 è riportato un riepilogo di possibili problemi di controllo ottimale di tipo Dirichlet e Neumann.

17.7 Test numerici

In questa sezione anticipiamo alcuni test numerici per la soluzione di problemi di controllo ottimo in 1D simili a quelli riportati nelle Tabelle 17.1 e 17.2. Rinviamo alla Sez. 17.13 per la presentazione delle possibili tecniche numeriche da utilizzare per l'approssimazione delle soluzioni y, p e u.

Per tutte le simulazioni numeriche consideriamo il dominio $\Omega = (0,1)$, un semplice operatore di diffusione-reazione

$$
Ay = -\mu y'' + \gamma y,
$$

Tabella 17.1. Riepilogo di possibili problemi di controllo di tipo Dirichlet

Condizioni di Dirichlet	Osservazione Distribuita	Osservazione al Bordo
Controllo Distribuito	$\begin{cases} Ay = f + u & \text{in } \Omega \\ A^*p = y - z_d & \text{in } \Omega \\ y = 0, \ p = 0 & \text{su } \partial\Omega \end{cases}$	$\begin{cases} Ay = f + u & \text{in } \Omega \\ A^*p = 0 & \text{in } \Omega \\ y = 0, \ p = y - z_d & \text{su } \partial\Omega \end{cases}$
Controllo al Bordo	$\begin{cases} Ay = f & \text{in } \Omega \\ A^*p = y - z_d & \text{in } \Omega \\ y = u, \ p = 0 & \text{su } \partial\Omega \end{cases}$	$\begin{cases} Ay = f & \text{in } \Omega \\ A^*p = 0 & \text{in } \Omega \\ y = u, \ p = y - z_d & \text{su } \partial\Omega \end{cases}$

Tabella 17.2. Riepilogo di possibili problemi di controllo di tipo Neumann

Condizioni di Neumann	Osservazione Distribuita	Osservazione al Bordo
Controllo Distribuito	$\begin{cases} Ay = f + u & \text{in } \Omega \\ A^*p = y - z_d & \text{in } \Omega \\ \dfrac{\partial y}{\partial n_A} = g & \text{su } \partial\Omega \\ \dfrac{\partial p}{\partial n_{A^*}} = 0 & \text{su } \partial\Omega \end{cases}$	$\begin{cases} Ay = f + u & \text{in } \Omega \\ A^*p = 0 & \text{in } \Omega \\ \dfrac{\partial y}{\partial n_A} = g & \text{su } \partial\Omega \\ \dfrac{\partial p}{\partial n_{A^*}} = y - z_d & \text{su } \partial\Omega \end{cases}$
Controllo al Bordo	$\begin{cases} Ay = f & \text{in } \Omega \\ A^*p = y - z_d & \text{in } \Omega \\ \dfrac{\partial y}{\partial n_A} = g + u & \text{su } \partial\Omega \\ \dfrac{\partial p}{\partial n_{A^*}} = 0 & \text{su } \partial\Omega \end{cases}$	$\begin{cases} Ay = f & \text{in } \Omega \\ A^*p = 0 & \text{in } \Omega \\ \dfrac{\partial y}{\partial n_A} = g + u & \text{su } \partial\Omega \\ \dfrac{\partial p}{\partial n_{A^*}} = y - z_d & \text{su } \partial\Omega \end{cases}$

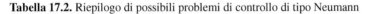

e lo stesso funzionale costo considerato nelle Tabelle, con un coefficiente di regolarizzazione $\nu = 10^{-2}$ (a meno che non sia diversamente specificato). Discretizziamo sia il problema di stato sia quello aggiunto per mezzo di elementi finiti lineari a tratti, con passo $h = 10^{-2}$; per risolvere il problema di minimizzazione utilizziamo il metodo del gradiente coniugato con un parametro di accelerazione τ^k inizializzato con $\tau^0 = \overline{\tau}$ e poi, se necessario per la convergenza, ridotto di 2 ad ogni passo successivo. Questo soddisfa la regola di Armijo (si veda la Sez. 17.9). La tolleranza per il metodo iterativo *tol* è fissata a 10^{-3}, con il seguente criterio di arresto: $\|J'(u^k)\| < tol\|J'(u^0)\|$.

- Caso D1 (Tavola 17.1 in alto a sinistra): controllo distribuito e osservazione

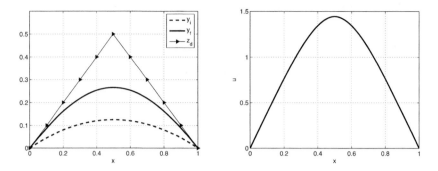

Figura 17.2. Caso D1. Variabili di stato, iniziale e all'ottimo, e la funzione desiderata (sinistra); funzione di controllo ottimo (destra)

Tabella 17.3. Caso D1. Numero di iterazioni e valore del funzionale costo in corrispondenza a differenti valori di ν

$$\left| \begin{array}{c|c|c} \nu & it & J \\ 10^{-2} & 11 & 0.0202 \end{array} \right| \begin{array}{c|c|c} \nu & it & J \\ 10^{-3} & 71 & 0.0047 \end{array} \left| \begin{array}{c|c|c} \nu & it & J \\ 10^{-4} & 349 & 0.0011 \end{array} \right|$$

distribuita, con condizioni al contorno di Dirichlet. Consideriamo i seguenti dati:

$$\mu = 1, \quad \gamma = 0, \quad f = 1, \quad u^0 = 0, \quad z_d = \begin{cases} x & x \le 0.5 \\ 1 - x & x > 0.5 \end{cases}, \quad \overline{\tau} = 10.$$

Il valore del funzionale costo per u^0 è $J^0 = 0.0396$, dopo 11 iterazioni otteniamo il funzionale costo ottimale $J = 0.0202$. In Fig. 17.2 a sinistra riportiamo la variabile di stato per la u iniziale e di controllo ottimo e la funzione desiderata z_d, a destra la funzione di controllo ottimo.

Come mostrato in Tabella 17.3, il numero di iterazioni aumenta al decrescere di ν. Nella stessa Tabella riportiamo anche, a scopo comparativo, i valori del funzionale costo J che corrispondono al valore ottimo di u per valori differenti di ν.

In Fig. 17.3 riportiamo lo stato ottimo (a sinistra) e le funzioni di controllo (a destra) ottenute per differenti valori di ν.

- Caso D2 (Tabella 17.1 in alto a destra): controllo distribuito e osservazione al bordo, con condizioni al bordo di Dirichlet. Assumiamo $\mu = 1$, $\gamma = 0$, $f = 1$, $u^0 = 0$, mentre la funzione obiettivo z_d è t.c. $z_d(0) = -1$ e $z_d(1) = -4$; infine, $\overline{\tau} = 0.1$. Al passo iniziale abbiamo $J = 12.5401$ mentre dopo 89 iterazioni $J = 0.04305$; possiamo osservare come la derivata normale della variabile di stato sia "vicina" al valore desiderato $z_d = \left[\mu \frac{\partial y}{\partial n}(0), \mu \frac{\partial y}{\partial n}(1) \right] = [-1.0511, -3.8695]$. In Fig. 17.4 riportiamo lo stato iniziale e quello ottimo (a sinistra) e la funzione di controllo ottimo corrispondente (a destra).

- Caso D3 (Tabella 17.1 in basso a sinistra): controllo al bordo e osservazione distribuita, con condizioni al contorno di Dirichlet. Consideriamo i valori $\mu = 1, \gamma = 0$,

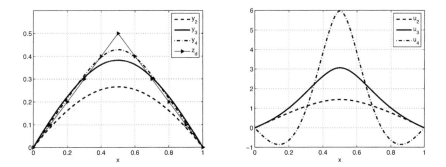

Figura 17.3. Caso D1. Variabili di stato ottimo y_2 (per $\nu = 1e - 2$), y_3 (per $\nu = 1e - 3$), y_4 (per $\nu = 1e - 4$) e funzione desiderata z_d (a sinistra); controllo ottimo u_2 (per $\nu = 1e - 2$), u_3 (per $\nu = 1e - 3$), u_4 (per $\nu = 1e - 4$) (a destra)

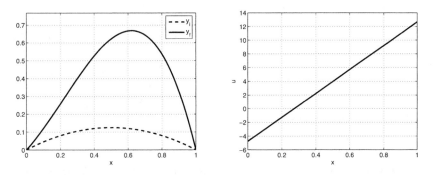

Figura 17.4. Caso D2. Variabili iniziale e di stato ottimo (a sinistra); variabile di controllo ottimo (a destra)

$f = 1$, il controllo iniziale u^0 t.c. $u^0(0) = u^0(1) = 0$, $z_d = -1 - 3x$ e $\bar{\tau} = 0.1$. Il valore del funzionale costo iniziale è $J = 0.4204$, dopo 55 iterazioni abbiamo $J = 0.0364$ e il controllo ottimo sul bordo è $[u(0), u(1)] = [0.6638, 0.5541]$. In Fig. 17.5, a sinistra, riportiamo le variabili di stato iniziale e finale e la funzione osservazione desiderata.

- Caso D4 (Tabella 17.1 in basso a destra): controllo e osservazione al bordo, con condizioni al bordo di Dirichlet. Assumiamo $\mu = 1$, $\gamma = 0$, $f = 1$, il controllo iniziale u^0 t.c. $u^0(0) = u^0(1) = 0$, mentre la funzione obiettivo z_d è t.c. $z_d(0) = -1$ e $z_d(1) = -4$; infine, $\bar{\tau} = 0.1$. Per $it = 0$ il valore del funzionale costo è $J = 12.5401$, dopo solo 4 iterazioni $J = 8.0513$ e il controllo ottimo al bordo è $[u(0), u(1)] = [0.7481, -0.7481]$. In Fig. 17.5, a destra, riportiamo la variabile di stato.

- Caso N1 (Tabella 17.2 in alto a sinistra): controllo distribuito e osservazione distribuita, con condizioni al bordo di Neumann. Consideriamo $\mu = 1$, $\gamma = 1$, $f = 0$, $g = -1$, $u^0 = 0$, $z_d = 1$, $\bar{\tau} = 0.1$. All'iterazione iniziale abbiamo $J = 9.0053$,

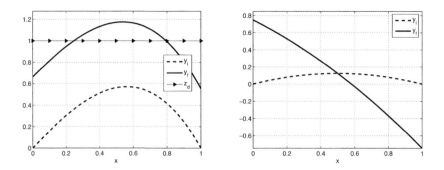

Figura 17.5. A sinistra, Caso D3. Variabili di stato iniziale e ottimale e funzione osservazione desiderata. A destra, Caso D4. Variabili di stato iniziale e ottimale

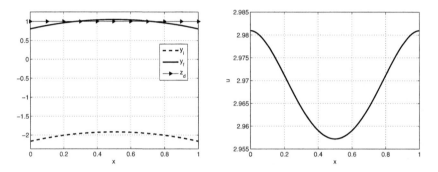

Figura 17.6. Caso N1. Variabili di stato iniziale e ottimale, e funzione desiderata (a sinistra); variabile di controllo ottimo (a destra)

dopo 18 iterazioni il valore del funzionale costo è $J = 0.0944$. In Fig. 17.6 riportiamo la variabile di stato per il problema di Neumann (a sinistra) e il controllo ottimo finale (a destra).

- Caso N2 (Tabella 17.2 in alto a destra): controllo distribuito e osservazione al bordo, con condizioni al bordo di Neumann. Consideriamo $\mu = 1$, $\gamma = 1$ $f = 0$, la funzione g t.c. $g(0) = -1$ e $g(1) = -4$, $u^0 = 0$, mentre la funzione desiderata z_d è t.c. $z_d(0) = z_d(1) = 1$; infine, $\overline{\tau} = 0.1$. Per $it = 0$, $J = 83.1329$, dopo 153 iterazioni $J = 0.6280$, lo stato ottimo sul bordo è $[y(0), y(1)] = [1.1613, 0.7750]$. In Fig. 17.7 riportiamo la variabile di stato (a sinistra) e la variabile di controllo ottimo (a destra).

- Caso N3 (Tabella 17.2 in basso a sinistra): controllo al bordo e osservazione distribuita, con condizioni al bordo di Neumann. Assumiamo $\mu = 1$, $\gamma = 1$, $f = 0$, il controllo iniziale u^0 t.c. $u^0(0) = u^0(1) = 0$, $z_d = -1 - 3x$, $\overline{\tau} = 0.1$. Il valore iniziale del funzionale costo è $J = 9.0053$, dopo 9 iterazioni abbiamo $J = 0.0461$, e il controllo ottimo è $[u(0), u(1)] = [1.4910, 1.4910]$. In Fig. 17.8, a sinistra, riportiamo la variabile di stato per il controllo iniziale e quella relativa al controllo

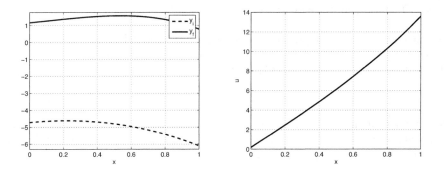

Figura 17.7. Caso N2. Variabili iniziale e di stato ottimo (sinistra); variabile di controllo ottimo (destra)

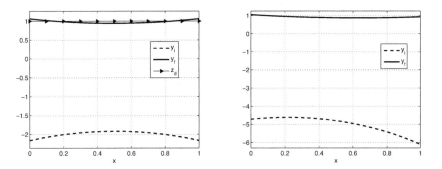

Figura 17.8. A sinistra, Caso N3. Variabili iniziale e di stato ottimo e funzione osservazione desiderata. A destra , Caso N4. Variabili iniziale e di stato ottimo.

ottimo u, assieme alla funzione osservazione desiderata.

- Caso N4 (Tabella 17.2 in basso a destra): controllo e osservazione al bordo, con condizioni al bordo di Neumann. Consideriamo $\mu = 1$, $\gamma = 1$, $f = 0$, g t.c. $g(0) = -1$ e $g(1) = -4$, il controllo iniziale u^0 t.c. $u^0(0) = u^0(1) = 0$, mentre la funzione desiderata z_d è t.c. $z_d(0) = z_d(1) = 1$; infine, $\bar{\tau} = 0.1$. Al passo iniziale $J = 83.1329$, dopo 37 iterazioni $J = 0.2196$, il controllo ottimo è $[u(0), u(1)] = [1.5817, 4.3299]$ e lo stato sul bordo è $[y(0), y(1)] = [1.0445, 0.9282]$. In Fig. 17.8, a destra, riportiamo le variabili iniziali e di stato ottimo.

17.8 Formulazione di problemi di controllo mediante lagrangiana

In questa sezione si forniscono le basi per un approccio alla risoluzione dei problemi di controllo mediante la tecnica dei moltiplicatori di Lagrange; in particolare con il formalismo della *Lagrangiana* risulta più immediatamente evidente il ruolo della variabile aggiunta all'interno dei problemi di controllo ottimale.

17.8.1 Ottimizzazione vincolata per funzioni in $\mathbb{R}^n$

Consideriamo un caso semplice di ottimizzazione vincolata: date $f, g \in C^1(X)$, essendo X un aperto di $\mathbb{R}^n$, si vogliono trovare gli estremi della funzione f sottoposta al vincolo di appartenenza dei punti estremi all'insieme

$$E_0 = \{\mathbf{x} \in \mathbb{R}^n \ : \ g(\mathbf{x}) = 0\}.$$

Per semplicità di trattazione si è scelto il caso in cui il vincolo g sia una funzione scalare; per maggiori approfondimenti a riguardo si veda ad esempio [PS91]. Si considerino le seguenti definizioni di punto *regolare* e punto *critico vincolato*:

Definizione 17.1 *Un punto* $\mathbf{x}_0$ *è detto* punto regolare *di* E_0 *se*

$$g(\mathbf{x}_0) = 0 \quad e \quad \nabla g(\mathbf{x}_0) \neq \mathbf{0}.$$

Definizione 17.2 *Dati* f, g *e* E_0 *precedentemente definiti, si dice che* $\mathbf{x}_0 \in X$ *è un* punto critico condizionato al vincolo $g(\mathbf{x}) = 0$ *(o, in breve, un* punto critico vincolato*) se:*

i)   il punto $\mathbf{x}_0$ *è regolare per* E_0;
ii) la derivata di f *in direzione tangente al vincolo* g *è nulla in* $\mathbf{x}_0$.

Sulla base di queste definizioni vale il seguente risultato:

Teorema 17.5 *Un punto regolare* $\mathbf{x}_0$ *di* E_0 *è un punto critico vincolato se e solo se esiste* $\lambda_0 \in \mathbb{R}$ *tale che valga*

$$\nabla f(\mathbf{x}_0) = \lambda_0 \nabla g(\mathbf{x}_0).$$

Introduciamo la funzione $\mathcal{L} : X \times \mathbb{R} \mapsto \mathbb{R}$, detta *Lagrangiana*

$$\mathcal{L}(\mathbf{x}, \lambda) = f(\mathbf{x}) - \lambda g(\mathbf{x}).$$

Dal Teorema 17.5, deduciamo che $\mathbf{x}_0$ è un punto critico vincolato se e solo se $(\mathbf{x}_0, \lambda_0)$ è un punto critico libero per la funzione $\mathcal{L}$. Il numero λ_0 si dice *moltiplicatore di Lagrange* e si ricava, insieme a $\mathbf{x}_0$, dalla risoluzione del sistema

$$\nabla \mathcal{L}(\mathbf{x}, \lambda) = \mathbf{0},$$

ovvero

$$\begin{cases} \mathcal{L}_{\mathbf{x}} = \nabla f - \lambda \nabla g = \mathbf{0}, \\ \mathcal{L}_\lambda = -g = 0. \end{cases}$$

17.8.2 L'approccio mediante Lagrangiana

In questa sezione si vuole estendere la teoria degli estremi vincolati richiamata in Sez. 17.8.1 ai problemi di controllo ottimale. L'approccio della Lagrangiana è diffuso anche in questo ambito (si veda ad esempio [BKR00]) come alternativo all'approccio "*alla Lions*"; esso è convenientemente utilizzato per integrare le tecniche di adattività di griglia basate su stime a posteriori dell'errore con i problemi di controllo ottimale (si vedano [BKR00] e [Ded04]). L'approccio mediante moltiplicatori di Lagrange è diffusamente impiegato anche in problemi di ottimizzazione di forma, dove il controllo è costituito dalla forma del dominio su cui sono definite le equazioni che descrivono il modello fisico. La funzione u del problema di controllo ottimale diventa cioè una funzione, definita sul bordo (o parte di esso) che descrive lo scostamento della forma ottimale da quella originale su cui è definito il problema. A questo proposito si vedano ad esempio le referenze [Jam88], [MP01], [JS91].

L'impiego del formalismo della Lagrangiana nella Sez. 17.8.1 consente di determinare i punti di estremo **x** di una certa funzione f sottoposta al vincolo espresso dalla funzione g. Nel problema di controllo si vuole trovare una *funzione* $u \in \mathcal{U}$ soddisfacente il problema di minimo (17.35), essendo $y(u)$ la soluzione dell'equazione di stato (17.29). Al solito, A è un operatore differenziale ellittico applicato alla variabile di stato e B un operatore che introduce il controllo nell'equazione di stato.

Tale problema può essere visto come un problema di estremo vincolato, osservando la corrispondenza dei ruoli giocati tra il funzionale costo J e la funzione f (di Sez. 17.8.1), tra l'equazione di stato e il vincolo $g = 0$ e infine tra il controllo u e il punto di estremo **x**.

La soluzione del problema di controllo ottimale può così essere ricondotta a ricercare i "punti" critici liberi del *funzionale Lagrangiano* definito nel modo seguente

$$\mathcal{L}(y, p, u) = J(u) + \langle\, p,\, f + Bu - Ay(u)\, \rangle, \qquad (17.54)$$

dove p è il *moltiplicatore di Lagrange* e il simbolo $\langle \cdot, \cdot \rangle$ denota la dualità tra $\mathcal{V}$ e $\mathcal{V}'$. Si osservi che, in quest'ambito, i punti critici liberi sono da intendersi come le funzioni y, u e p in corrispondenza dell'ottimo. Il problema diventa dunque

$$\text{trovare } (y, p, u) \ : \ \nabla\mathcal{L}(y, p, u) = 0, \qquad (17.55)$$

ovvero

$$\begin{cases} \mathcal{L}_y = 0, \\[2mm] \mathcal{L}_p = 0, \\[2mm] \mathcal{L}_u = 0. \end{cases} \qquad (17.56)$$

Si è usata la notazione abbreviata $\mathcal{L}_y$ per indicare la derivata di Gâteaux di $\mathcal{L}$ rispetto a y (introdotta nella Definizione 2.7 della Sez. 2.2). Analogo significato hanno le notazioni $\mathcal{L}_p$ e $\mathcal{L}_u$.

Si consideri ora come esempio un'equazione di stato ellittica con operatori A e B *lineari* e la si riscriva nella forma debole (17.30); dati $u \in \mathcal{U}$ ed $f \in \mathcal{H}$, si trovi

$$y = y(u) \in \mathcal{V} \ : \ a(y, \varphi) = (f, \varphi) + b(u, \varphi) \qquad \forall \varphi \in \mathcal{V}. \qquad (17.57)$$

Ricordiamo che la forma bilineare $a(\cdot, \cdot)$ è associata all'operatore lineare ellittico A, la forma bilineare $b(\cdot, \cdot)$ all'operatore B; quest'ultima introduce nella forma debole il termine di controllo. Il funzionale costo da minimizzare può essere così espresso

$$J(y(u)) = \frac{1}{2}\|Cy(u) - z_d\|^2 + \frac{1}{2}n(u, u), \tag{17.58}$$

dove C è l'operatore che porta la variabile di stato nello spazio $\mathcal{Z}$ delle funzioni osservate, z_d è la funzione osservazione e $n(\cdot, \cdot)$ rappresenta la forma simmetrica associata a N. Si osservi che non sono state introdotte ipotesi sulla scelta delle condizioni al contorno, sul tipo di problema di controllo (distribuito o sul bordo) e sull'osservazione del sistema; questo al fine di poter considerare delle espressioni generali per le equazioni. In forma debole, la (17.54) diventa

$$\mathcal{L}(y, p, u) = J(u) + b(u, p) + (f, p) - a(y, p),$$

e, come nella (17.55), si ha

trovare $(y, p, u) \in \mathcal{V} \times \mathcal{V} \times \mathcal{U} : \nabla\mathcal{L}(y, p, u)[(\varphi, \phi, \psi)] = 0 \quad \forall (\varphi, \phi, \psi) \in \mathcal{V} \times \mathcal{V} \times \mathcal{U}.$

Usando la definizione di derivata di Gâteaux si ottiene

$$\begin{cases} \mathcal{L}_y[\varphi] = (Cy - z_d, C\varphi) - a(\varphi, p) = 0 & \forall \varphi \in \mathcal{V}, \\[2mm] \mathcal{L}_p[\phi] = (f, \phi) + b(u, \phi) - a(y, \phi) = 0 & \forall \phi \in \mathcal{V}, \\[2mm] \mathcal{L}_u[\psi] = b(\psi, p) + n(u, \psi) = 0 & \forall \psi \in \mathcal{U}, \end{cases} \tag{17.59}$$

che riarrangiata diventa

$$\begin{cases} p \in \mathcal{V} : a(\varphi, p) = (Cy - z_d, C\varphi) & \forall \varphi \in \mathcal{V}, \\[2mm] y \in \mathcal{V} : a(y, \phi) = b(u, \phi) + (f, \phi) & \forall \phi \in \mathcal{V}, \\[2mm] u \in \mathcal{U} : n(u, \psi) + b(\psi, p) = 0 & \forall \psi \in \mathcal{U}. \end{cases} \tag{17.60}$$

Si osservi che al termine $\mathcal{L}_p$ corrisponde l'equazione di stato in forma debole, a $\mathcal{L}_y$ l'equazione per il moltiplicatore di Lagrange (identificabile come la *equazione aggiunta*) e a $\mathcal{L}_u$ l'equazione che esprime il vincolo di raggiungimento dell'ottimo. La variabile aggiunta, vista come moltiplicatore di Lagrange, consente di affermare che essa è legata alla *sensitività* del funzionale costo J alle variazioni della funzione di osservazione, e quindi, in ultima analisi, della funzione di controllo u. Risulta molto conveniente esprimere la derivata di Gâteaux della Lagrangiana, $\mathcal{L}_u$, in funzione della derivata del funzionale costo, $J'(u)$, (17.60), secondo quanto indicato nella Sez. 2.2. La corrispondenza è garantita dal Teorema di Rappresentazione di Riesz, Teorema 2.1. In effetti, essendo il funzionale $\mathcal{L}_u[\psi]$ lineare e limitato e ψ appartenente allo spazio di Hilbert $\mathcal{U}$, caso per caso, si può ricavare J', ovvero, dalla terza di (17.59)

$$\mathcal{L}_u[\psi] = (J'(u), \psi)_{\mathcal{U}}.$$

Un aspetto rilevante da considerare è il modo in cui vengono ricavate le equazioni aggiunte. Nella teoria di Lions l'equazione aggiunta è basata sull'impiego degli operatori aggiunti (si veda l'Eq. (17.39)), mentre nell'approccio alla Lagrangiana si ricava mediante derivazione di $\mathcal{L}$ rispetto alla variabile di stato, dove la variabile aggiunta corrisponde, all'ottimo, al moltiplicatore di Lagrange. Il metodo alla Lions e l'approccio della Lagrangiana non conducono in generale alla stessa definizione del problema aggiunto, tuttavia uno può risultare più o meno conveniente dell'altro, in relazione a un dato problema di controllo, quando questo viene risolto in modo numerico. Per una corretta risoluzione del problema dell'ottimo è dunque fondamentale essere coerenti con la teoria che si sta considerando.

Un altro aspetto molto importante consiste nel ricavare le condizioni al contorno per il problema aggiunto; anche in questo contesto gli approcci di Lions e della Lagrangiana possono condurre a condizioni al contorno diverse.

17.9 Risoluzione del problema di controllo: il metodo iterativo

In questa sezione viene illustrato un *metodo iterativo* per la ricerca dell'ottimo del problema (17.29). Una volta definito tale metodo, si rende necessario operare una scelta sul tipo di approssimazione numerica da adottare per la risoluzione delle EDP.

Sia che si consideri un approccio alla sua risoluzione alla Lions, piuttosto che mediante Lagrangiana, in corrispondenza dell'ottimo devono essere soddisfatte le tre equazioni del sistema (17.42) o (17.59), e cioè:

i)   l'equazione di stato;
ii) l'equazione aggiunta;
iii) l'equazione che esprime il raggiungimento dell'ottimo.

Si ricordi in particolare che quest'ultima equazione è legata alla variazione del funzionale costo, in maniera esplicita nell'approccio alla Lions, tramite il Teorema di Rappresentazione di Riesz con il formalismo della Lagrangiana. Nel caso di equazioni lineari ellittiche esaminato in precedenza, si ottiene infatti:

- $\frac{1}{2}J'(u) = B'p(u) + \Lambda_{\mathcal{U}}N(u)$;
- $\mathcal{L}_u[\psi] = n(u, \psi) + b(\psi, p)$ $\forall \psi \in \mathcal{U}$.

Si noti che in seguito la derivata del funzionale costo J' indicherà anche quella ricavata dal differenziale debole della $\mathcal{L}_u[\psi]$. La valutazione di J' in un dato punto del dominio di controllo (Ω, Γ, o un loro sottoinsieme) fornisce un'indicazione della sensitività del funzionale costo J, in quel punto, alle variazioni del controllo u; in altri termini si può dire che una variazione infinitesimale del controllo δu, attorno ad un certo valore del controllo u, genera, a meno di infinitesimi di ordine superiore, un δJ proporzionale a $J'(u)$. Questa valutazione suggerisce di usare il seguente algoritmo iterativo di *discesa più ripida*. Detta u^k la funzione di controllo al passo k, la funzione al passo successivo, $k + 1$, può essere ottenuta nel modo seguente

$$u^{k+1} = u^k - \tau^k J'(u^k), \tag{17.61}$$

dove J' rappresenta la *direzione di discesa*, e τ^k un *parametro di accelerazione* (che sceglieremo più tardi). La scelta (17.61) non è necessariamente la più efficiente, ma è pedagogicamente utile a far comprendere il ruolo giocato da J' e quindi dalla variabile aggiunta p. Un metodo per la ricerca dell'ottimo può dunque essere schematizzato con il seguente algoritmo iterativo:

1. si ricavano le espressioni dell'equazione aggiunta e della derivata J', mediante uno dei due metodi alla Lions o basato sulla Lagrangiana;
2. si fornisce un valore iniziale u^0 del *controllo u*;
3. sulla base di questa informazione si risolve l'*equazione di stato* in y;
4. nota la variabile di stato e la funzione di osservazione z_d si ricava il valore del *funzionale costo J*;
5. si risolve l'*equazione aggiunta* in p, note y e z_d;
6. si ricava, nota la variabile aggiunta, la funzione J';
7. si applica un criterio di convergenza all'ottimo nell'ambito di una data *tolleranza*; se tale criterio viene soddisfatto si salta al punto 10;
8. si ricavano i parametri per la convergenza del metodo iterativo (ad esempio τ^k);
9. si ricava il *controllo* al passo successivo, per esempio mediante la (17.61), e si torna al punto 3;
10. si esegue un *post-processing* sull'ottimo ottenuto (visualizzazione delle soluzioni y, p, del controllo u, ecc.).

Nello schema di Fig. 17.9 è rappresentato il diagramma di flusso che illustra la procedura sopra indicata.

Osservazione 17.4 Un criterio d'arresto può essere quello di fissare una tolleranza *Tol* sulla distanza, in un'opportuna norma, tra la z osservata e la z_d desiderata

$$||z^k - z_d||_{\mathcal{Z}} \leq Tol.$$

In generale però non è detto che in un processo iterativo convergente ciò comporti $J(u^k) \to 0$ per $k \to \infty$, ovvero la distanza tra la funzione osservata e quella desiderata può portare a un valore non nullo di J. In questo caso si rende necessario l'impiego di un criterio di arresto basato sulla valutazione della norma della derivata del funzionale costo

$$||J'(u^k)||_{\mathcal{U}} \leq Tol.$$

Tale approccio è del tutto generale. Il valore della tolleranza viene scelto sufficientemente piccolo in relazione al valore iniziale di $||J'||$ e al "livello di vicinanza all'ottimo reale" che si vuole ottenere. ●

Osservazione 17.5 La variabile aggiunta è definita su tutto il dominio di calcolo. Per la valutazione di $J'(u)$ sarà necessario operare una *restrizione* della variabile aggiunta p sulla parte di dominio, o contorno, su cui prende valori u. ●

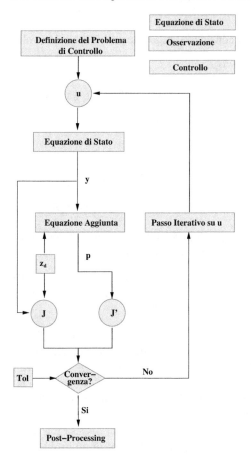

Figura 17.9. Schema di un possibile metodo iterativo per la risoluzione di un problema di controllo

L'impiego del metodo di discesa ripida comporta la valutazione di un appropriato valore del parametro di accelerazione τ^k. La scelta di τ^k deve essere in grado di garantire la convergenza monotona del funzionale costo al minimo, deve cioè valere ad ogni passo dell'algoritmo iterativo

$$J(u^k - \tau^k J'(u^k)) < J(u^k).$$

Nel caso si conosca il valore finito del funzionale costo in corrispondenza dell'ottimo J_*

$$J_* = \inf_{u \in \mathcal{U}} J(u) \geq 0,$$

allora si può prendere il parametro di accelerazione, come (si veda ad esempio [Ago03] e [Vas81])

$$\tau^k = \frac{(J(u^k) - J_*)}{||J'(u^k)||^2}. \tag{17.62}$$

A titolo di esempio, si consideri il seguente problema di controllo

$$\begin{cases} Ay = f + Bu, \\ \inf J(u), \quad \text{dove } J(u) = \alpha||u||_{\mathcal{U}}^2 + ||Cy - z_d||_{\mathcal{Z}}^2 \quad \alpha \geq 0. \end{cases}$$

Il metodo iterativo precedente diventa

$$\begin{cases} Ay^k = f + Bu^k, \\ A^*p^k = C'(Cy^k - z_d), \\ u^{k+1} = u^k - \tau^k(\alpha u^k + B'p^k). \end{cases}$$

Se $Ker(B'A^{*-1}C') = \{0\}$ il problema è *risolubile* ed inoltre $J(u) \to 0$ per $\alpha \to 0$. Pertanto, se $\alpha \simeq 0^+$ si può assumere che $J_* \simeq 0$, e pertanto, grazie a (17.62),

$$\tau^k = \frac{J(u^k)}{||J'(u^k)||^2} = \frac{\alpha||u^k||_{\mathcal{U}}^2 + ||Cy^k - z_d||_{\mathcal{Z}}^2}{2||\alpha u^k + B^*p^k||^2}. \tag{17.63}$$

Supponiamo ora di considerare il problema di controllo *discretizzato* (per esempio con il metodo di Galerkin–elementi finiti). Invece di cercare il minimo di $J(u)$, con $J : \mathcal{U} \mapsto \mathbb{R}$, si cerca quello di $J(\mathbf{u})$, con $J : \mathbb{R}^n \mapsto \mathbb{R}$, dove $\mathbf{u} \in \mathbb{R}^n$ è il vettore corrispondente alla discretizzazione del controllo ottimale $u \in \mathcal{U}$. Nel seguito di questa sezione faremo riferimento alla ricerca del minimo di J associato al problema di controllo discretizzato.

Come precedentemente osservato, il metodo di discesa più ripida (17.61) è solo uno tra i possibili metodi iterativi per la risoluzione di un problema di controllo ottimale. In effetti, giova ricordare che il metodo di discesa più ripida è un caso particolare di un *metodo di tipo gradiente*

$$\mathbf{u}^{k+1} = \mathbf{u}^k + \tau^k\mathbf{d}^k, \tag{17.64}$$

dove $\mathbf{d}^k$ rappresenta la direzione di discesa, cioè tale per cui

$$\mathbf{d}^{k^T} \cdot J'(\mathbf{u}^k) < 0 \quad \text{se } \nabla J(\mathbf{u}^k) \neq \mathbf{0}.$$

A seconda delle possibili scelte di $\mathbf{d}^k$ otteniamo i seguenti casi particolari:

- *metodo di Newton*, per cui

$$\mathbf{d}^k = -H(\mathbf{u}^k)^{-1}\nabla J(\mathbf{u}^k),$$

dove $H(\mathbf{u}^k)$ è la matrice Hessiana di $J(\mathbf{u})$ calcolata per $\mathbf{u} = \mathbf{u}^k$;

- *metodi quasi–Newton*, per cui

$$\mathbf{d}^k = -B_k^{-1}\nabla J(\mathbf{u}^k),$$

dove B_k è un'approssimazione di $H(\mathbf{u}^k)$;

- *metodo del gradiente coniugato*, per il quale

$$\mathbf{d}^k = -\nabla J(\mathbf{u}^k) + \beta_k \mathbf{d}^{k-1},$$

essendo β_k uno scalare da scegliere in modo che $\mathbf{d}^{k^T} \cdot \mathbf{d}^{k-1} = 0$.

Per definire completamente un metodo di discesa è necessario definire, oltre a $\mathbf{d}^k$, il parametro τ^k (in maniera analoga a quanto visto per il metodo di discesa più ripida), in modo tale che, oltre a garantire il soddisfacimento della condizione

$$J(\mathbf{u}^k + \tau^k \mathbf{d}^k) < J(\mathbf{u}^k), \tag{17.65}$$

sia possibile raggiungere la convergenza il più rapidamente possibile. A questo proposito, un metodo per il calcolo di τ^k consiste nel risolvere il seguente problema di minimizzazione in una dimensione

$$\text{trovare } \tau^k \; : \; \phi(\tau^k) = J(\mathbf{u}^k + \tau^k \mathbf{d}^k) \text{ minimo};$$

ciò garantisce la validità del seguente risultato di ortogonalità

$$\mathbf{d}^{k^T} \cdot \nabla J(\mathbf{u}^k) = 0.$$

Spesso per il calcolo di τ^k si ricorre a metodi approssimati. Il problema è introdurre un criterio per decidere come aggiornare la soluzione ed ottenere un metodo globalmente convergente, e quindi un modo per calcolare τ^k, fissata una direzione di discesa $\mathbf{d}^k$. A tal fine, un procedimento euristico è il seguente: stabilito un valore di tentativo del passo τ^k, possibilmente grande, si continua a dimezzare tale valore sino a quando la (17.65) non risulti verificata. Questo modo di procedere, pur essendo ragionevole, può però condurre a risultati del tutto scorretti.

Si tratta dunque di introdurre criteri più severi della (17.65) nella scelta dei valori possibili per τ^k, cercando di evitare una velocità di decrescita troppo bassa e l'uso di passi troppo piccoli. La prima difficoltà si può superare richiedendo che

$$J(\mathbf{u}^k) - J(\mathbf{u}^k + \tau^k \mathbf{d}^k) \geq -\sigma \tau^k \mathbf{d}^{k^T} \cdot \nabla J(\mathbf{u}^k), \tag{17.66}$$

con $\sigma \in (0, 1/2)$. Ciò equivale a richiedere che la velocità media di decrescita lungo $\mathbf{d}^k$ di J sia in $\mathbf{u}^{k+1}$ almeno pari ad una frazione assegnata della velocità di decrescita iniziale in $\mathbf{u}^k$. Il rischio di generare passi troppo piccoli viene superato richiedendo che la velocità di decrescita in $\mathbf{u}^{k+1}$ non sia inferiore ad una frazione assegnata della velocità di decrescita in $\mathbf{u}^k$

$$|\mathbf{d}^{k^T} \cdot \nabla J(\mathbf{u}^k + \tau^k \mathbf{d}^k)| \leq \beta |\mathbf{d}^{k^T} \cdot \nabla J(\mathbf{u}^k)|, \tag{17.67}$$

con $\beta \in (\sigma, 1)$, in modo da garantire che valga anche la (17.66). In pratica si scelgono $\sigma \in [10^{-5}, 10^{-1}]$ e $\beta \in [10^{-1}, 1/2]$. Compatibilmente con il rispetto delle condizioni (17.66) e (17.67), sono possibili diverse scelte di τ^k. Tra le più usate, ricordiamo le *formule di Armijo* (si veda [MP01]): fissati $\sigma \in (0, 1/2)$, $\beta \in (0, 1)$ e $\bar{\tau} > 0$, si prende $\tau^k = \beta^{m_k} \bar{\tau}$, essendo m_k il primo intero non negativo per il quale sia verificata la (17.66). Infine, si può addirittura pensare di scegliere $\tau^k = \bar{\tau}$ per ogni k, scelta evidentemente conveniente soprattutto quando J sia una funzione costosa da valutare. Per approfondimenti si vedano [KPTZ00], [MP01] e [Roz02].

17.10 Esempi numerici

In questa sezione illustriamo due esempi di problemi di controllo derivati da applicazioni della vita reale. Entrambi i problemi vengono analizzati tramite l'approccio lagrangiano delineato nella Sez. 17.8.2; per semplicità la funzione di controllo ottimo è un valore scalare.

17.10.1 Dissipazione di calore da un'aletta termica (*thermal fin*)

Le alette termiche vengono utilizzate per dissipare il calore prodotto da alcuni apparecchi, allo scopo di mantenerne la temperatura al di sotto di limiti prefissati. Un tipico utilizzo si ha nei componenti elettronici come i transistor; quando sono attivi e sotto tensione, questi possono infatti andare incontro a malfunzionamenti con aumento di frequenza quando la temperatura di lavoro aumenta. Questo è una delle principali preoccupazioni quando si progetta il dissipatore, che viene spesso utilizzato in combinazione con una ventola in grado di aumentare considerevolmente la dissipazione termica grazie alla convezione forzata, limitando così la temperatura dell'apparato. Per approfondimenti segnaliamo al lettore [Ç07]; per un altro esempio nel campo dei problemi parametrizzati si veda [OP07].

Nel nostro esempio, vogliamo regolare l'intesità della convezione forzata associata alla ventola per mantenere la temperatura del transistor il più possibile vicina ad un valore desiderato. La variabile di controllo è rappresentata dal coefficiente della convezione forzata, mentre l'osservazione è la temperatura sul contorno dell'aletta termica che è in contatto con il transistor.

Consideriamo il seguente problema di stato, la cui soluzione y (in gradi Kelvin $[K]$) rappresentala temperatura dell'aletta termica:

$$\begin{cases} -\nabla \cdot (k\nabla y) = 0 & \text{in } \Omega, \\ -k\dfrac{\partial y}{\partial n} = -q & \text{su } \Gamma_N, \\ -k\dfrac{\partial y}{\partial n} = (h + U)(y - y_\infty) & \text{su } \Gamma_R = \partial\Omega \backslash \Gamma_N, \end{cases} \qquad (17.68)$$

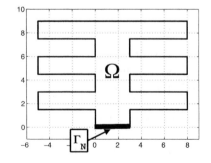

Figura 17.10. Aletta termica: dominio computazionale; unità di misura in mm

dove il dominio Ω e il suo contorno sono riportati in Fig. 17.10. Il coefficiente k ($[W/(mm\ K)]$) rappresenta la conduttività termica (in questo caso si considera alluminio), mentre h e U (le nostre variabili di controllo) sono rispettivamente i coefficienti di convezione naturale e forzata ($[W/(mm^2\ K)]$). Si noti che quando la ventola è attiva, il valore di U è maggiore di zero; se $U = 0$ la dissipazione di calore è dovuto alla sola convezione naturale. La temperatura y_∞ corrisponde alla temperatura dell'aria a grande distanza dal dissipatore, mentre q ($[W/mm^2]$) rappresenta il calore per unità di superficie emesso dal transistor che entra nell'aletta termica attraverso il bordo Γ_N.

La forma debole del problema (17.68) per un dato $U \in \mathcal{U} = \mathbb{R}$ è

$$\text{trovare } y \in \mathcal{V} \ : \ a(y, \varphi; U) = b(U, \varphi) \qquad \forall \varphi \in \mathcal{V}, \qquad (17.69)$$

essendo $\mathcal{V} = H^1(\Omega)$, $a(\varphi, \psi; \phi) = \int_\Omega k\nabla\varphi \cdot \nabla\psi \, d\Omega + \int_{\Gamma_R}(h + \phi)\varphi\psi \, d\gamma$ e $b(\phi, \psi) = \int_{\Gamma_R}(h + \phi)y_\infty\psi \, d\gamma + \int_{\Gamma_N} q\psi \, d\gamma$. L'esistenza e l'unicità della soluzione del problema di Robin-Neumann (17.69) è assicurata dal lemma di Peetre–Tartar (si veda l'Osservazione 3.6).

Il problema di controllo ottimale consiste nel trovare il valore del coefficiente di convezione forzata U t.c. il seguente funzionale di costo $J(y, U)$ sia minimo, essendo $y \in \mathcal{V}$ la soluzione di (17.69):

$$J(y, U) = \nu_1 \int_{\Gamma_N} (y - z_d)^2 \, d\gamma + \nu_2 U^2. \qquad (17.70)$$

Questo guida la temperatura del transistor verso il valore desiderato z_d e il coefficiente di convezione forzata vicino a zero in dipendenza dal valore del coefficiente $\nu_2 > 0$; in particolare, assumiamo che $\nu_1 = 1/\int_{\Gamma_N} z_d^2 \, d\gamma$ e $\nu_2 = \nu_2^0/h^2$, per un appropriato ν_2^0.

Introduciamo il funzionale lagrangiano $\mathcal{L}(y, p, U) = J(y, U) + b(p; U) - a(y, p; U)$. Tramite la differenziazione di $\mathcal{L}$ otteniamo la seguente equazione aggiunta per un dato $U \in \mathbb{R}$ e la corrispondente $y = y(U) \in \mathcal{V}$:

$$\text{trovare } p \in \mathcal{V} \ : \ a(\psi, p; U) = c(y, \psi) \qquad \forall \psi \in \mathcal{V}, \qquad (17.71)$$

dove $c(\varphi, \psi) = 2\nu_1 \int_{\Gamma_N}(\varphi - z_d)\psi \, d\gamma$. In modo simile, dalla condizione di ottimalità ricaviamo che

$$J'(U) = 2\nu_2 U - \int_{\Gamma_R}(y(U) - y_\infty)p(U) \, d\gamma. \qquad (17.72)$$

Si assuma ora $k = 2.20 \ W/(mm\ K)$, $h = 15.0 \cdot 10^{-6} \ W/(mm^2\ K)$, $y_\infty = 298.15 \ K$ ($= 25\ °C$), $z_d = 353.15 \ K$ ($= 80\ °C$) e $\nu_2^0 = 10^{-3}$. Il problema viene approssimato con il metodo ad elementi finiti con funzioni di base quadratiche a tratti su una griglia di triangoli con 1608 elementi e 934 incognite. Per l'ottimizzazione viene usato il metodo iterativo del gradiente con $\tau^k = \tau = 10^{-9}$ (si veda (17.61)), con test d'arresto $|J'(U^k)|/|J'(U^0)| < tol = 10^{-6}$. Al passo iniziale consideriamo la convezione naturale per la dissipazione del calore, quindi $U = 0.0$, a cui corrisponde un funzionale costo $J = 0.0377$. L'ottimo è raggiunto dopo 132

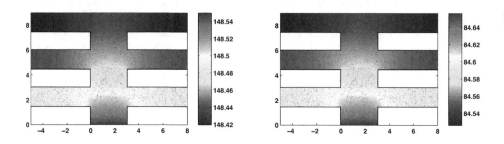

Figura 17.11. Aletta termica: soluzione di stato (temperatura $[°C]$), al passo iniziale (convezione naturale) (a sinistra) e all'ottimo (a destra)

iterazioni con un valore $J = 0.00132$ ottenuto in corrispondenza del valore ottimo $U = 16.1 \cdot 10^{-6} \ W/(mm^2 \ K)$. Idealmente, la ventola dovrebbe essere progettata in modo da garantire questo valore del coefficiente di convezione forzata. In Fig. 17.11 viene mostrata la soluzione di stato al passo iniziale e all'ottimo; si osservi che la temperatura su Γ_N non è uguale a z_d, essendo il coefficiente $\nu_2^0 \neq 0$.

17.10.2 Inquinamento termico in un fiume

Le attività industriali sono spesso correlate a fenomeni di inquinamento che devono essere tenuti nel giusto conto quando si progetta un nuovo impianto o se ne pianifica l'operatività. Un esempio è l'inquinamento termico, che può modificare un fiume o un canale utilizzati per il raffreddamento dei liquidi caldi prodotti dagli impianti industriali, alterando i processi vitali della flora e della fauna.

In questo caso, l'obiettivo è quello di regolare l'emissione di calore in un ramo del fiume in modo da mantenere la temperatura dell'acqua vicina ad un valore desiderato, senza modificare sostanzialmente il tasso ideale di emissione di calore dell'impianto.

Introduciamo il seguente problema di stato, la cui soluzione y rappresenta la temperatura nel canale e nei rami del fiume in questione:

$$\begin{cases} \nabla \cdot (-k\nabla y + \mathbf{V}y) = f\chi_1 + U\chi_2 & \text{in } \Omega, \\ y = 0 & \text{su } \Gamma_{IN}, \\ (-k\nabla y + \mathbf{V}y) \cdot \mathbf{n} = 0 & \text{su } \Gamma_N. \end{cases} \qquad (17.73)$$

Il dominio Ω e il bordo Γ_{IN} sono indicati in Fig. 17.12, mentre $\Gamma_N = \partial\Omega \backslash \Gamma_{IN}$ (si noti che il confine di outflow Γ_{OUT} mostrato in Fig. 17.12 è parte di Γ_N); χ_1, χ_2 e χ_{OBS} rappresentano le funzioni caratteristiche dei sottodomini Ω_1, Ω_2 e Ω_{OBS}, rispettivamente. Per questo caso test consideriamo quantità adimensionali: k è il coefficiente di diffusione termica, che tiene in conto anche dei contributi alla diffusione dati dai fenomeni di turbolenza, mentre $\mathbf{V}$ è il campo di trasporto che descrive il moto dell'acqua nel dominio Ω (discuteremo più avanti il modo in cui determinarlo). Il termine di sorgente $f \in \mathbb{R}$ e il controllo $U \in \mathcal{U} = \mathbb{R}$ rappresentano i tassi di emissione di calore dai due impianti industriali; f è dato, mentre U deve essere determinato sulla base della soluzione del problema di controllo ottimo. In particolare, vogliamo minimizzare il seguente funzionale costo

$$J(y, U) = \int_{\Omega_{OBS}} (y - z_d)^2 \, d\Omega + \nu(U - U_d)^2, \qquad (17.74)$$

dove z_d è la temperatura desiderata in Ω_{OBS}, U_d è il tasso ideale di emissione di calore e $\nu > 0$ è scelto appropriatamente.

Il problema di controllo ottimale viene costruito secondo l'approccio lagrangiano. A questo scopo, (17.73) è riscritto in forma debole, per un dato U, nel modo seguente

$$\text{trovare } y \in \mathcal{V} \; : \; a(y, \varphi) = b(U, \varphi) \qquad \forall \varphi \in \mathcal{V}, \qquad (17.75)$$

dove $\mathcal{V} = H^1_{\Gamma_{IN}}(\Omega)$, $a(\varphi, \psi) = \int_\Omega k\nabla\varphi \cdot \nabla\psi \, d\Omega$ e $b(U, \psi) = f \int_{\Omega_1} \psi \, d\Omega + U \int_{\Omega_2} \psi \, d\Omega$. L'esistenza e unicità della soluzione del problema (17.75) si dimostrano procedendo come indicato in Sez. 3.4.

Il funzionale lagrangiano è $\mathcal{L}(y, p, U) = J(y, U) + b(U, p) - a(y, p)$. Per differenziazione di $\mathcal{L}$ rispetto a $y \in \mathcal{V}$ otteniamo l'equazione aggiunta

$$\text{trovare } p \in \mathcal{V} \; : \; a(\psi, p) = c(y, \psi) \qquad \forall \psi \in \mathcal{V}, \qquad (17.76)$$

dove $c(\varphi, \psi) = 2 \int_{\Omega_{OBS}} (\varphi - z_d)\psi \, d\Omega$. In maniera simile, deduciamo la seguente derivata del funzionale costo

$$J'(U) = 2\nu(U - U_d) + \int_{\Omega_2} p(U) \, d\Omega. \qquad (17.77)$$

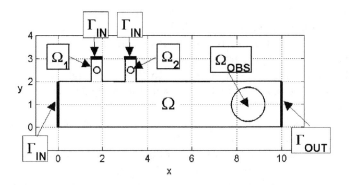

Figura 17.12. Inquinamento in un fiume: dominio computazionale

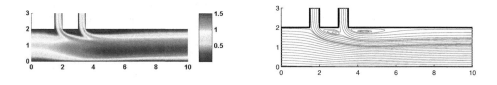

Figura 17.13. Inquinamento in un fiume: intensità del campo di trasporto **V**, modulo (a sinistra) e linee di flusso (a destra)

Figura 17.14. Inquinamento in un fiume: soluzione di stato (temperatura), al passo iniziale $(U = U_d)$ (a sinistra) e all'ottimo (a destra)

Assumiamo ora $k = 0.01$, $f = 10.0$, $z_d = 0$ e $U_d = f$. Il campo di trasporto **V** è ricavato risolvendo le equazioni di Navier–Stokes (si veda il Cap.16) nel dominio Ω, con le seguenti condizioni al contorno: su Γ_{IN} viene imposto un profilo parabolico per la velocità, con un valore massimo uguale a 1; su Γ_{OUT} vengono assunte condizioni di sforzo nullo nella direzione normale, con condizione di scorrimento $\mathbf{V} \cdot \mathbf{n} = 0$; infine, condizioni *no-slip* vengono imposte su $\partial\Omega \setminus (\Gamma_{IN} \cup \Gamma_{OUT})$. Le notazioni sono quelle indicate in Fig. 17.12. Il numero di Reynolds è uguale a $\mathbb{R}e = 500$. Il problema di Navier–Stokes viene approssimato numericamente tramite coppie di elementi finiti di tipo Taylor–Hood $\mathbb{P}^2$–$\mathbb{P}^1$ (si veda Sez. 16.4) su una griglia composta da 32248 triangoli e 15989 nodi. In Fig. 17.13 riportiamo l'intensità del campo di trasporto **V** e le corrispondenti linee di flusso.

Il problema di controllo ottimo viene risolto per mezzo del metodo a elementi finiti con funzioni di base $\mathbb{P}^2$ su una griglia di triangoli con 32812 elementi e 16771 incognite, usando il metodo del gradiente per l'ottimizzazione del funzionale; poniamo $\tau^k = \tau = 5$ (si veda (17.61)) e il criterio di arresto è $|J'(U^k)|/|J'(U^0)| < tol = 10^{-6}$. Il campo di trasporto **V** ottenuto risolvendo le equazioni di Navier–Stokes viene interpolato su questa nuova griglia. Al passo iniziale, assumiamo $U = U_d$, ottenendo così un funzionale costo $J = 1.884$. La soluzione ottima è ottenuta dopo 15 iterazioni e il corrispondente funzionale costo assume valore $J = 1.817$, ottenuto per un tasso ottimale di emissione di calore di $U = 6.685$. In pratica, il calore dell'impianto in Ω_2 dovrebbe essere ridotto in modo da mantenere bassa la temperatura in Ω_{OBS}. In Fig. 17.14 mostriamo la soluzione di stato y (temperatura) prima e dopo l'ottimizzazione.

17.11 Alcune considerazioni su osservabilità e controllabilità

Possiamo abbozzare alcune conclusioni in merito al comportamento dei metodi iterativi in rapporto a cosa si decide di osservare (quale variable z, su quale parte del dominio) e come si decide di operare il controllo (quale variabile u usare, a quale parte del dominio associarla). In breve, sul rapporto tra *osservabilità* e *controllabilità*. Le considerazioni che seguono sono di carattere euristico, ovvero dedotte dall'esperienza. In generale, non sono suffragate da una teoria generale, valida per ogni tipo di problema di controllo e ogni possibile strategia di risoluzione numerica (ovvero scelta del metodo iterativo e del metodo di approssimazione numerica scelto per l'equazione di stato e quella aggiunta).

- *Dove si osserva.* I problemi di controllo ottimale basati su una *osservazione distribuita* nel dominio dei vari parametri godono in genere di una velocità di convergenza maggiore rispetto ai problemi che effettuano solo un'*osservazione sul bordo*.
- *Dove si controlla.* Il processo di ottimizzazione si mostra più robusto se anche il termine di controllo risulta essere distribuito nel dominio e, quindi, compare come termine sorgente o come coefficiente nelle equazioni di stato. Più precisamente, a parità di altri parametri, la convergenza risulta più veloce e la storia di convergenza meno sensibile alla scelta dei vari parametri che intervengono nel problema, tra cui il già citato parametro di accelerazione o quello che amplifica o riduce il peso dell'osservazione sul sistema.
- *Cosa si osserva.* Anche la scelta della variabile che si osserva influenza il comportamento del processo iterativo. In effetti, osservare la soluzione è meglio che osservare, per esempio, il gradiente della soluzione o una derivata di ordine superiore al primo, come avviene ad esempio quando si studiano problemi di flussi a potenziale e si osserva il campo di moto, oppure quando si considerano problemi con flussi viscosi e si osservano gli sforzi oppure la vorticità stessa.
- *Come si osserva e controlla.* Anche quanto si osserva e quanto si riesce a controllare assume un ruolo non del tutto trascurabile: da questo dipende se il problema è ben posto o meno. Per poter intervenire e controllare un sistema si deve garantire sempre una buona osservabilità e una buona controllabilità: questo permette di avere un algoritmo con una buona velocità di convergenza e con una storia di convergenza indipendente dai vari parametri in gioco.
- *Ottimizzazione di forma.* I problemi di ottimizzazione di forma sono una classe particolare di problemi di controllo ottimale: infatti, in questo contesto, il temi-

ne di controllo non è solo *sul* bordo ma risulta essere *il* bordo stesso. Di tutti i problemi di controllo, questo è sicuramente il più complesso e delicato in quanto, nella fase di risoluzione numerica, esso comporta la modifica della griglia di calcolo ad ogni iterazione, e possono intervenire problemi di consistenza che si risolvono imponendo opportuni vincoli geometrici che scartino tutte le eventuali configurazioni non ammissibili. Inoltre su problemi particolarmente complessi è necessaria una procedura di stabilizzazione e regolarizzazione dei risultati per evitare forme che presentino oscillazioni. Questo tipo di problema rimane più sensibile alla variazione dei vari parametri che caratterizzano lo studio del problema stesso.

- *Problema aggiunto e problema di stato.* Nell'approccio alla Lions la formulazione del problema aggiunto mediante operatore aggiunto (per avere la stima del gradiente del funzionale costo) genera un problema con una struttura simile a quella del problema di stato con risparmi in termini di costi di implementazione rispetto ad esempio agli approcci basati sulla differenziazione automatica del funzionale costo. Per problemi di ottimizzazione di forma il problema aggiunto comporta anche un risparmio computazionale rispetto al metodo basato sull'analisi di sensitività della forma in quanto i costi computazionali sono indipendenti dal numero (proibitivo) di parametri che si utilizzano per la definizione della forma stessa (i punti di controllo). Si veda in proposito [SK02].

17.12 Due paradigmi di risoluzione: "discretizzare-poi-ottimizzare" oppure "ottimizzare–poi–discretizzare"

In questa sezione discutiamo alcuni concetti inerenti due diversi paradigmi di risoluzione dei problemi di controllo ottimale: "Discretizzare–poi–Ottimizzare", oppure "Ottimizzare–poi–Discretizzare". Per approfondimenti si vedano, ad esempio, [EFC03] e [Gun03].

L'interazione delle varie componenti di un sistema complesso costituisce un aspetto saliente in problemi di controllo ottimale. Per problemi di controllo ispirati dalla vita reale dobbiamo per prima cosa scegliere un modello appropriato che descriva il sistema in questione e, in secondo luogo, fare una scelta delle proprietà del controllo. Alla fine è però necessario introdurre algoritmi di discretizzazione numerica per risolvere numericamente il problema di controllo, introducendo di fatto un *problema di controllo ottimale discreto*.

Consideriamo un semplice esempio al fine di illustrare alcune difficoltà aggiuntive, in qualche modo inattese, che la discretizzazione può introdurre nel processo di controllo. Consideriamo nuovamente l'equazione di stato (17.1). Per fissare le idee, assumeremo che il nostro problema di controllo sia il seguente:

"trovare $u \in \mathcal{U}_{ad}$ t.c.

$$J(u) \le J(v) \qquad \forall v \in \mathcal{U}_{ad}, \tag{17.78}$$

dove J è un funzionale costo assegnato".

Ci sono almeno due possibili strategie per risolvere numericamente (17.78).

1) **"Discretizzare–poi–Ottimizzare"**
Per prima cosa discretizziamo lo spazio $\mathcal{U}_{ad}$ e l'equazione di stato (17.1), da cui otteniamo rispettivamente lo spazio discreto $\mathcal{U}_{ad,h}$ e la nuova equazione di stato (discreta)

$$A_h y_h(u_h) = f_h. \tag{17.79}$$

Abbiamo indicato con h la dimensione degli elementi della griglia; quando $h \to 0$ supporremo che si abbia la convergenza del problema discreto a quello continuo. Se $\mathcal{U}_{ad,h}$ e (17.79) sono introdotti in maniera corretta, ci aspettiamo di ottenere uno "stato discreto" $y_h(v_h)$ per ogni "controllo discreto ammissibile" $v_h \in \mathcal{U}_{ad,h}$. A questo punto, cerchiamo un controllo ottimale nel discreto, ovvero un controllo $u_h \in \mathcal{U}_{ad,h}$ tale che

$$J(u_h) \le J(v_h) \qquad \forall v_h \in U_{ad,h}, \tag{17.80}$$

ovvero, più precisamente,

$$J(y_h(u_h)) \le J(y_h(v_h)) \qquad \forall v_h \in U_{ad,h}. \tag{17.81}$$

Ciò corrisponde al seguente schema:

$$\text{MODELLO} \longrightarrow \text{DISCRETIZZAZIONE} \longrightarrow \text{CONTROLLO},$$

altrimenti detto "*discretizzare–poi–ottimizzare*": partendo dal problema di controllo continuo, per prima cosa discretizziamo l'equazione di stato e, successivamente, calcoliamo il controllo ottimale del modello discretizzato.

2) **"Ottimizzare–poi–Discretizzare"**
Alternativamente possiamo procedere nel modo seguente. Per il problema di controllo (17.1), (17.78) caratterizziamo la soluzione ottimale e il controllo in termini del *sistema di ottimalità*. Ciò consiste, in pratica, nello scrivere le equazioni di Eulero–Lagrange associate al problema di minimizzazione in considerazione (si veda il Teorema 14.4, oppure il sistema (17.60)):

$$\begin{aligned} Ay(u) &= f, \\ A^* p &= g(u, y), \end{aligned} \tag{17.82}$$

più un'equazione addizionale che lega le variabili y, p e u. Per semplificare l'esposizione indicheremo l'ultima equazione come:

$$Q(y, p, u) = 0. \tag{17.83}$$

Ora potremmo discretizzare e risolvere numericamente il sistema (17.82), (17.83). Ciò corrisponde al seguente approccio:

$$\text{MODELLO} \longrightarrow \text{CONTROLLO} \longrightarrow \text{DISCRETIZZAZIONE},$$

detto anche "*ottimizzare–poi–discretizzare*". In questo secondo approccio, abbiamo, rispetto al primo, scambiato i passi di controllo e discretizzazione del problema: prima si formula il problema di controllo continuo e, solo dopo, si procede alla discretizzazione numerica delle relative equazioni.

Non sempre i due approcci conducono agli stessi risultati. Per esempio, in [JI99] si mostra che, con un'approssimazione agli elementi finiti, il primo approccio può fornire risultati errati in problemi di vibrazioni. Ciò è dovuto alla mancanza di accuratezza della soluzione degli elementi finiti per il calcolo delle soluzioni ad alta frequenza delle equazioni delle onde (si veda [Zie00]).

D'altra parte, è stato osservato che, per la soluzione di molti *problemi di progetto ottimale* (*optimal design*), la prima strategia è quella da preferire; si vedano ad esempio [MP01] e [Pir84].

Certamente la scelta del metodo dipende fortemente dalla natura del modello in considerazione. In questo senso, i problemi di controllo ottimale per EDP ellittiche e paraboliche sono più facilmente trattabili, a causa della loro natura dissipativa, di quelli per EDP iperboliche; per un'ampia trattazione di questo argomento rinviamo a [Zua03]. Ci si attende tuttavia che in futuro molti progressi verranno compiuti in questo ambito.

17.13 Approssimazione numerica di un problema di controllo ottimale per equazioni di diffusione–trasporto

In questa sezione, tratta da [QRDQ06], discutiamo un esempio di un problema di controllo ottimale applicato a equazioni di diffusione–trasporto; in particolare consideriamo due diversi approcci di risoluzione del problema di controllo ottimale, mediante l'impiego del metodo del funzionale Lagrangiano: "discretizzare–poi–ottimizzare" e "ottimizzare–poi–discretizzare". A tal proposito si vedano le Sez. 17.8 e 17.12.

Consideriamo un problema di diffusione–trasporto lineare in un dominio bidimensionale Ω

$$\begin{cases} L(y) = -\nabla \cdot (\nu \nabla y) + \mathbf{V} \cdot \nabla y = u & \text{in } \Omega, \\ y = 0 & \text{su } \Gamma_D, \\ \nu \dfrac{\partial y}{\partial n} = 0 & \text{su } \Gamma_N, \end{cases} \qquad (17.84)$$

Γ_D e Γ_N sono due tratti disgiunti del contorno del dominio $\partial\Omega$ tali che $\Gamma_D \cup \Gamma_N = \partial\Omega$, $u \in L^2(\Omega)$ è la variabile di controllo, mentre ν e $\mathbf{V}$ sono funzioni date. Consideriamo condizioni al contorno omogenee di Dirichlet sul bordo di ingresso del campo di trasporto $\Gamma_D = \{\mathbf{x} \in \partial\Omega : \mathbf{V}(\mathbf{x}) \cdot \mathbf{n}(\mathbf{x}) < 0\}$, essendo $\mathbf{n}(\mathbf{x})$ il versore uscente e normale al contorno, e condizioni di Neumann sul bordo di uscita del campo di trasporto $\Gamma_N = \partial\Omega \setminus \Gamma_D$. Supporremo che l'osservazione sia ristretta ad un sottodominio $D \subseteq \Omega$ e il problema di controllo ottimale si scriva

$$\text{trovare } u \quad : \quad J(y, u) = J(u) = \frac{1}{2} \int_D (g(y(u)) - z_d)^2 \, dD \quad \text{minimo,} \qquad (17.85)$$

dove la funzione $g \in C^\infty(\Omega)$ "porta" la variabile y nello spazio di osservazione e z_d è la funzione di osservazione desiderata. Adottando l'approccio del funzionale Lagrangiano di Sez. 17.8 e assumendo

$$\mathcal{V} = H^1_{\Gamma_D} = \{v \in H^1(\Omega) : v_{|\Gamma_D} = 0\} \text{ e } \mathcal{U} = L^2(\Omega),$$

il funzionale Lagrangiano diventa

$$\mathcal{L}(y, p, u) = J(u) + F(p; u) - a(y, p), \tag{17.86}$$

dove:

$$a(w, \varphi) = \int_\Omega \nu \nabla w \cdot \nabla \varphi \, d\Omega + \int_\Omega \mathbf{V} \cdot \nabla w \, \varphi \, d\Omega, \tag{17.87}$$

$$F(\varphi; u) = \int_\Omega u \varphi \, d\Omega. \tag{17.88}$$

Differenziando $\mathcal{L}$ rispetto alla variabile di stato y, otteniamo l'equazione aggiunta in forma debole

$$\text{trovare } p \in \mathcal{V} \; : \; a^{ad}(p, \phi) = F^{ad}(\phi; w) \qquad \forall \phi \in \mathcal{V}, \tag{17.89}$$

dove:

$$a^{ad}(p, \phi) = \int_\Omega \nu \nabla p \cdot \nabla \phi \, d\Omega + \int_\Omega \mathbf{V} \cdot \nabla \phi \, p \, d\Omega, \tag{17.90}$$

$$F^{ad}(\phi; y) = \int_D (g \, y - z_d) \, g \, \phi \, dD. \tag{17.91}$$

Essa corrisponde a

$$\begin{cases} L^{ad}(p) = -\nabla \cdot (\nu \nabla p + \mathbf{V} p) = \chi_D g \, (g \, y - z_d) & \text{in } \Omega, \\ p = 0 & \text{su } \Gamma_D, \\ \nu \dfrac{\partial p}{\partial n} + \mathbf{V} \cdot \mathbf{n} \, p = 0 & \text{su } \Gamma_N, \end{cases} \tag{17.92}$$

essendo χ_D la funzione caratteristica nella regione D. Differenziando $\mathcal{L}$ rispetto alla funzione di controllo u, otteniamo l'equazione che esprime il vincolo di raggiungimento dell'ottimo

$$\int_\Omega \psi \, p \, d\Omega = 0 \qquad \forall \psi \in L^2(\Omega), \tag{17.93}$$

a partire dalla quale definiamo la sensitività del funzionale costo $J'(u)$ rispetto alla variabile di controllo, che in questa sezione indichiamo come δu. In questo caso otteniamo $\delta u = p(u) = p$. Infine, differenziando $\mathcal{L}$ rispetto alla variabile aggiunta p, otteniamo, come al solito, l'equazione di stato in forma debole

$$\text{trovare } y \in \mathcal{V} \; : \; a(y, \varphi) = F(\varphi; u) \qquad \forall \varphi \in \mathcal{V}. \tag{17.94}$$

17.13.1 Gli approcci: "ottimizzare–poi–discretizzare" e "discretizzare–poi–ottimizzare"

Da un punto di vista numerico, l'algoritmo iterativo di ottimizzazione presentato in Sez. 17.9 richiede, ad ogni passo, l'approssimazione numerica delle equazioni di stato e aggiunta. Tale approssimazione può essere realizzata, ad esempio, considerando il sottospazio degli elementi finiti lineari $V_h \subset V$ e il metodo GLS (Galerkin–Least–Squares), introdotto in Sez. 12.8.6, ottenendo, rispettivamente, le equazioni di stato e aggiunta stabilizzate:

$$\text{trovare } y_h \in V_h \; : \quad a(y_h, \varphi_h) + \overline{s}_h(y_h, \varphi_h) = F(\varphi_h; u_h) \qquad \forall \varphi_h \in V_h, \quad (17.95)$$

$$\overline{s}_h(y_h, \varphi_h) = \sum_{K \in \mathcal{T}_h} \delta_K \int_K R(y_h; u_h) \, L(\varphi_h) \, dK, \quad (17.96)$$

$$\text{trovare } p_h \in V_h \; : \quad a^{ad}(p_h, \phi_h) + \overline{s}_h^{ad}(p_h, \phi_h) = F^{ad}(\phi_h; y_h) \qquad \forall \phi_h \in V_h, \quad (17.97)$$

$$\overline{s}_h^{ad}(p_h, \phi_h) = \sum_{K \in \mathcal{T}_h} \delta_K \int_K R^{ad}(p_h; y_h) \, L^{ad}(\phi_h) \, dK, \quad (17.98)$$

dove δ_K è un parametro di stabilizzazione, $R(y; u) = L(y) - u$, $R^{ad}(p; y) = L^{ad}(p) - G(y)$, con $G(y) = \chi_D g \, (g \, y - z_d)$. Questo è il paradigma "ottimizzare–poi–discretizzare"; si vedano la Sez. 17.12 e, ad esempio, [Bec01], [SC01], [Gun03].

Nel paradigma "discretizzare–poi–ottimizzare" che seguiremo nel seguito, prima discretizziamo e stabilizziamo l'equazione di stato, per esempio nuovamente con il metodo GLS (Eq.(17.95) e (17.96)), poi definiamo il funzionale Lagrangiano discreto

$$\mathcal{L}_h(y_h, p_h, u_h) = J(y_h, u_h) + F(p_h; u_h) - a(y_h, p_h) - \overline{s}_h(y_h, p_h), \quad (17.99)$$

da cui, differenziando rispetto a y_h, otteniamo l'equazione aggiunta discreta (17.97), anche se con il seguente termine di stabilizzazione

$$\overline{\overline{s}}_h^{ad}(p_h, \phi_h) = \sum_{K \in \mathcal{T}_h} \delta_K \int_K L(\phi_h) \, L(p_h) \, dK. \quad (17.100)$$

Inoltre, differenziando $\mathcal{L}_h$ rispetto a u_h e applicando il Teorema di rappresentazione di Riesz (Teorema 2.1), essendo $u_h \in \mathcal{X}_h$, otteniamo

$$\delta u_h = p_h + \sum_{K \in \mathcal{T}_h} \delta_K \int_K L(p_h) \, dK.$$

In particolare, consideriamo una stabilizzazione sul funzionale Lagrangiano [DQ05] che diventa

$$\mathcal{L}_h^s(y_h, p_h, u_h) = \mathcal{L}(y_h, p_h, u_h) + S_h(y_h, p_h, u_h), \quad (17.101)$$

con

$$S_h(y, p, u) = \sum_{K \in \mathcal{T}_h} \delta_K \int_K R(y; u) \, R^{ad}(p; y) \, dK. \quad (17.102)$$

Questo approccio è a tutti gli effetti un caso particolare del paradigma "ottimizzare–poi–discretizzare", una volta identificato il termine $\bar{s}_h(w_h, p_h)$ con $-S_h(w_h, p_h, u_h)$. Differenziando $\mathcal{L}_h^s$ otteniamo le equazioni di stato e aggiunta (stabilizzate) che possono nuovamente essere riscritte, rispettivamente, nelle formulazioni (17.95) e (17.97), dopo aver posto:

$$\bar{s}_h(y_h, \varphi_h) = s_h(y_h, \varphi_h; u_h) = -\sum_{K \in \mathcal{T}_h} \int_K \delta_K R(y_h; u_h) \, L^{ad}(\varphi_h) \, dK, \quad (17.103)$$

$$s_h^{ad}(p_h, \phi_h; y_h) =$$
$$-\sum_{K \in \mathcal{T}_h} \int_K \delta_K \left(R^{ad}(p_h; y_h) \, L(\phi_h) - R(y_h; u_h) \, G'(\phi_h) \right) \, dK, \quad (17.104)$$

essendo $G'(\varphi) = \chi_D g^2 \varphi$. Infine, la sensitività del funzionale costo è

$$\delta u_h(p_h, y_h) = p_h - \sum_{K \in \mathcal{T}_h} \delta_K \, R^{ad}(p_h; y_h). \quad (17.105)$$

17.13.2 Stima a posteriori dell'errore

Al fine di ottenere un'appropriata stima a posteriori dell'errore per il problema di controllo ottimale, scegliamo di identificare l'errore associato al problema di controllo, come errore sul funzionale costo, in maniera analoga a quanto fatto in [BKR00]. Inoltre, proponiamo di separare in due contributi l'errore, che indentificheremo come *errore di iterazione* ed *errore di discretizzazione*. In particolare, per l'errore di discretizzazione definiremo una stima a posteriori facendo uso di principi di dualità [BKR00], che adotteremo per l'adattività di griglia.

Errore di iterazione ed errore di discretizzazione

Ad ogni passo iterativo j della procedura di ottimizzazione consideriamo il seguente errore

$$\varepsilon^{(j)} = J(y^*, u^*) - J(y_h^j, u_h^j), \quad (17.106)$$

dove l'apice $*$ indentifica le variabili all'ottimo, mentre y_h^j indica la variabile di stato discreta al passo j (in maniera analoga si definiscono le variabili y_h^j e u_h^j). Definiamo *errore di discretizzazione* $\varepsilon_D^{(j)}$ [DQ05] la componente dell'errore complessivo $\varepsilon^{(j)}$ legata all'approssimazione numerica al passo j; chiamiamo invece *errore di iterazione* $\varepsilon_{IT}^{(j)}$ [DQ05] la componente di $\varepsilon^{(j)}$ che esprime la differenza tra il funzionale costo calcolato sulle variabili continue al passo j e il funzionale costo all'ottimo $J^* = J(y^*, u^*)$. Concludendo, l'errore complessivo $\varepsilon^{(j)}$ si può scrivere, partendo dall'Eq.(17.106), come

$$\varepsilon^{(j)} = \left(J(y^*, u^*) - J(y^j, u^j) \right) + \left(J(y^j, u^j) - J(y_h^j, u_h^j) \right) = \varepsilon_{IT}^{(j)} + \varepsilon_D^{(j)}. \quad (17.107)$$

Nel seguito definiremo una stima a posteriori dell'errore solo per $\varepsilon_D^{(j)}$, ovvero la parte di $\varepsilon^{(j)}$ che può essere ridotta mediante raffinamento di griglia. Dato che $\nabla \mathcal{L}(\mathbf{x})$ è lineare in $\mathbf{x}$, l'errore di iterazione $\varepsilon_{IT}^{(j)}$ diventa $\varepsilon_{IT}^{(j)} = \frac{1}{2} (\, \delta u(p^j, u^j) \, , \, u^* - u^j \,)$, che, nel caso del nostro problema di controllo per equazioni di diffusione–trasporto, può essere scritto come ([DQ05])

$$\varepsilon_{IT}^{(j)} = -\frac{1}{2}\tau \|p^j\|_{L^2(\Omega)}^2 - \frac{1}{2}\tau \sum_{r=j+1}^{\infty} (\, p^j, p^r \,)_{L^2(\Omega)}. \tag{17.108}$$

Dal momento che l'errore di iterazione non può essere completamente valutato per mezzo di questa espressione, approssimiamo $\varepsilon_{IT}^{(j)}$ come

$$|\varepsilon_{IT}^{(j)}| \approx \frac{1}{2}\tau \|p^j\|_{L^2(\Omega)}^2,$$

o, più semplicemente

$$|\varepsilon_{IT}^{(j)}| \approx \|p^j\|_{L^2(\Omega)}^2,$$

che porta al solito criterio

$$|\varepsilon_{IT}^{(j)}| \approx \|\delta u(p^j)\|_{L^2(\Omega)}. \tag{17.109}$$

Osserviamo che, nella pratica, l'errore di iterazione $\varepsilon_{IT}^{(j)}$ viene valutato nelle variabili discrete, ovvero come $|\varepsilon_{IT}^{(j)}| \approx \|\delta u_h(p_h^j)\|$. Supponiamo che ad un certo passo iterativo j venga raffinata la griglia, per esempio mediante adattività, e indichiamo con $\mathbf{x}_h$ le variabili calcolate con la vecchia griglia $\mathcal{T}_h$, mentre con $\mathbf{x}^*$ le variabili calcolate con la nuova griglia adattata $\mathcal{T}^*$. Allora, in generale, al passo j l'errore di discretizzazione associato a $\mathcal{T}^*$ è inferiore a quello associato a $\mathcal{T}_h$. Non è detto tuttavia che l'errore di discretizzazione $\varepsilon_{IT}^{(j)}$ valutato in $\mathbf{x}^*$ sia inferiore all'errore di iterazione valutato in $\mathbf{x}_h$.

Stima a posteriori dell'errore e strategia adattiva

Definiamo ora la stima a posteriori per l'errore di discretizzazione $\varepsilon_D^{(j)}$, basandoci sul seguente teorema ([DQ05]).

Teorema 17.6 *Per un problema di controllo lineare con Lagrangiana stabilizzata $\mathcal{L}_h^s$ (Eq.(17.101) e Eq.(17.102)), l'errore di discretizzazione al passo j dell'algoritmo iterativo di ottimizzazione si può scrivere come*

$$\varepsilon_D^{(j)} = \frac{1}{2}(\, \delta u(p^j, u^j), u^j - u_h^j \,) + \frac{1}{2}\nabla \mathcal{L}_h^s(\mathbf{x}_h^j) \cdot (\mathbf{x}^j - \mathbf{x}_h^j) + \Lambda_h(\mathbf{x}_h^j), \tag{17.110}$$

dove $\mathbf{x}_h^j = (y_h^j, p_h^j, u_h^j)$ è l'approssimazione di Galerkin–elementi finiti lineari e $\Lambda_h(\mathbf{x}_h^j) = S_h(\mathbf{x}_h^j) + s_h(y_h^j, p_h^j; u_h^j)$, essendo $s_h(w_h^j, p_h^j; u_h^j)$ il termine di stabilizzazione (17.103).

Applicando la (17.110) al nostro problema di controllo per le equazioni di diffusione–trasporto ed evidenziando i contributi sui singoli elementi della griglia $K \in \mathcal{T}_h$ ([BKR00]), otteniamo la seguente stima

$$|\varepsilon_D^{(j)}| \le \eta_D^{(j)} = \frac{1}{2} \sum_{K \in \mathcal{T}_h} \{ (\omega_K^p \rho_K^y + \omega_K^y \rho_K^p + \omega_K^u \rho_K^u) + \lambda_K \} , \qquad (17.111)$$

dove:

$$\rho_K^y = \|R(y_h^j; u_h^j)\|_{L^2(K)} + h_K^{-\frac{1}{2}} \|r(y_h^j)\|_{L^2(\partial K)}$$

$$\omega_K^p = \|(p^j - p_h^j) - \delta_K L^{ad}(p^j - p_h^j) + \delta_K G'(y^j - y_h^j)\|_{L^2(K)} + h_K^{\frac{1}{2}} \|p^j - p_h^j\|_{L^2(\partial K)},$$

$$\rho_K^p = \|R^{ad}(p_h^j; y_h^j)\|_{L^2(K)} + h_K^{-\frac{1}{2}} \|r^{ad}(p_h^j)\|_{L^2(\partial K)},$$

$$\omega_K^y = \|(y^j - y_h^j) - \delta_K L(y^j - y_h^j)\|_{L^2(K)} + h_K^{\frac{1}{2}} \|y^j - y_h^j\|_{L^2(\partial K)},$$

$$\rho_K^u = \|\delta u_h(p_h^j, y_h^j) + \delta u(p^j)\|_{L^2(K)} = \|p^j + p_h^j - \delta_K R^{ad}(p_h^j; y_h^j)\|_{L^2(K)},$$

$$\omega_K^u = \|u^j - u_h^j\|_{L^2(K)},$$

$$\lambda_K = 2\delta_K \|R(y_h^j; u_h^j)\|_{L^2(K)} \|G(y_h^j)\|_{L^2(K)},$$

$$r(y_h^j) = \begin{cases} -\dfrac{1}{2} \left[\nu \dfrac{\partial y_h^j}{\partial n} \right] & \text{su } \partial K \backslash \partial \Omega, \\[3mm] -\nu \dfrac{\partial y_h^j}{\partial n} & \text{su } \partial K \subset \Gamma_N, \end{cases}$$

$$r^{ad}(p_h^j) = \begin{cases} -\dfrac{1}{2} \left[\nu \dfrac{\partial p_h^j}{\partial n} + \mathbf{V} \cdot \mathbf{n}\, p_h^j \right] & \text{su } \partial K \backslash \partial \Omega, \\[3mm] -\left(\nu \dfrac{\partial p_h^j}{\partial n} + \mathbf{V} \cdot \mathbf{n}\, p_h^j \right) & \text{su } \partial K \subset \Gamma_N; \end{cases}$$

$$(17.112)$$

∂K rappresenta il bordo degli elementi $K \in \mathcal{T}_h$, mentre $[\cdot]$ indica il salto della quantità indicata tra le parentesi attraverso ∂K.

Per utilizzare la stima (17.111) è necessario valutare y^j, p^j e u^j. A tale scopo, sostituiamo y^j e p^j con le rispettive ricostruzioni quadratiche, che indicheremo $(y_h^j)^q$ e $(p_h^j)^q$, mentre u^j con $(u_h^j)^q = u_h^j - \tau(\delta u_h((p_h^j)^q, (y_h^j)^q) - \delta u_h(p_h^j, y_h^j))$, secondo il metodo iterativo di discesa più ripida con $\tau^j = \tau$. Consideriamo la seguente strategia adattiva integrata nell'algoritmo iterativo di ottimizzazione:

1. usiamo il metodo di ottimizzazione iterativo fino a raggiungimento della tolleranza Tol_{IT} sull'errore di iterazione, utilizzando una griglia lasca;
2. adattiamo la griglia, bilanciando l'errore sugli elementi della griglia $K \in \mathcal{T}_h$, secondo la stima (17.111), fino a convergenza alla tolleranza dell'errore di discretizzazione Tol_D;
3. rivalutiamo le variabili e $\varepsilon_{IT}^{(j)}$ sulla nuova griglia adattata: se $\varepsilon_{IT}^{(j)} \ge Tol_{IT}$, ritorniamo al punto 1 e ripetiamo la procedura, mentre se $\varepsilon_{IT}^{(j)} < Tol_{IT}$, arrestiamo l'algoritmo.

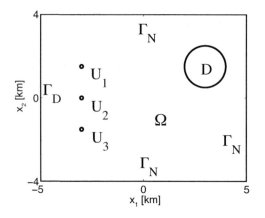

Figura 17.15. Dominio per il problema di controllo della diffusione di un inquinante

17.13.3 Un problema test: controllo delle emissioni di inquinanti

Applichiamo la stima a posteriori dell'errore di discretizzazione $\eta_D^{(j)}$ (17.111) e la strategia descritta in Sez. 17.13.2 ad un caso test numerico, con applicazione ad un problema di controllo delle emissioni inquinanti in atmosfera. Vorremmo poter regolare le emissioni di camini industriali al fine di mantenere la concentrazione di un determinato inquinante al disotto di una certa soglia in una determinata area di osservazione, per esempio una città. A questo scopo consideriamo un semplice modello di diffusione–trasporto [DQ05], che rappresenta un modello *quasi–3D*: la concentrazione dell'inquinante y alla quota di emissione H è descritta dall'equazione di diffusione–trasporto (17.84), mentre la concentrazione al suolo è ottenuta mediante una funzione di proiezione $g(x_1, x_2)$. I valori assunti dal coefficiente di diffusione $\nu(x_1, x_2)$ e dalla funzione $g(x_1, x_2)$ dipendono dalla distanza dalla fonte inquinante e dalla specifica classe di stabilità atmosferica (per esempio stabile, neutra o instabile). In particolare, consideriamo il caso di condizioni atmosferiche neutre e, riferendoci al dominio riportato in Fig.17.15, assumiamo $\mathbf{V} = \left(\cos(\frac{\pi}{30}), \sin(\frac{\pi}{30})\right)$, essendo $V = 2.5 \ m/s$. Inoltre assumiamo che la portata massima di emissione dai camini sia $u_{max} = 800 \ g/s$ alla quota di emissione $H = 100 \ m$, per cui la concentrazione di inquinante (per esempio consideriamo SO_2) nella zona di osservazione è più alta del livello desiderato $z_d = 100 \ \mu g/m^3$. In (17.84) abbiamo considerato il caso di un controllo u distribuito su tutto il dominio Ω, mentre ora trattiamo il caso particolare per cui $u = \sum_{i=1}^{N} u_i \chi_i$, dove χ_i è la funzione caratteristica del sottodominio U_i in cui è collocato il camino i–esimo. Infine, scegliamo

$$g(x_1, x_2) = 2e^{-\frac{1}{2}\left(\frac{H}{\sigma_{x_3}(x_1, x_2)}\right)},$$

dove $\sigma_{x_3} = 0.04r(1 + 2 \cdot 10^{-4}r)^{-1/2}$ è un coefficiente di dispersione per atmosfera mentre r è la distanza dalla sorgente in metri.

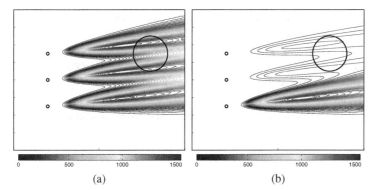

Figura 17.16. Concentrazione di inquinante $[\mu g/m^3]$ al suolo prima (a) e dopo (b) la regolazione delle emissioni

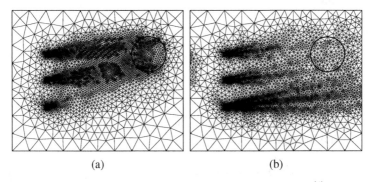

Figura 17.17. Griglie adattate (circa 14000 elementi) ottenute mediante $\eta_D^{(j)}$ Eq.(17.111) (a) e $(\eta_E^{wpu})^{(j)}$ (b) (analoga griglia per $(\eta_E)^{(j)}$)

In Fig.17.16a riportiamo la concentrazione di inquinate al suolo corrispondente alla portata massima di emissione dai tre camini; in Fig.17.16b è rappresentata la concentrazione al suolo alla fine della procedura di ottimizzazione; osserviamo che i ratei di emissione "ottimali" diventano $u_1 = 0.0837 \cdot u_{max}$, $u_2 = 0.0908 \cdot u_{max}$ e $u_3 = 1.00 \cdot u_{max}$. In Fig.17.17 riportiamo un confronto tra griglie adattate; in Fig.17.17a è presentata la griglia ottenuta mediante la precedente stima a posteriori di $\eta_D^{(j)}$, mentre in Fig.17.17b quelle ottenute mediante le seguenti stime [DQ05] (che portano a risultati analoghi):

1. la stima in *norma dell'energia* $(\eta_E)^{(j)} = \sum_{K \in \mathcal{T}_h} h_K \, \rho_K^y$;
2. l'indicatore $(\eta_E^{ypu})^{(j)} = \sum_{K \in \mathcal{T}_h} h_K \left\{ (\rho_K^y)^2 + (\rho_K^p)^2 + (\rho_K^u)^2 \right\}^{\frac{1}{2}}$.

Per la definizione dei simboli si veda l'equazione (17.112); i risultati sono confrontati con quelli ottenuti con una griglia molto fine di 80000 elementi. L'adattività guidata dall'indicatore dell'errore $\eta_D^{(j)}$ tende a collocare elementi di griglia in quelle aree che sono più rilevanti per il problema di controllo ottimale. Questo fatto è confermato confrontando gli errori sul funzionale costo ed altre quantità rilevanti, per le griglie ottenute con diversi indicatori dell'errore, ma con lo stesso numero di elementi. Ad esempio, l'indicatore $\eta_D^{(j)}$ garantisce un errore sul funzionale costo di circa il 20% contro il 55% ottenuto con gli indicatori $(\eta_E)^{(j)}$ e $(\eta_E^{wpu})^{(j)}$ con griglie con circa 4000 elementi, e del 6% contro il 15% con circa 14000 elementi. L'adattività guidata dall'indicatore dell'errore $\eta_D^{(j)}$ consente grandi risparmi, a pari errore, in termini di numero di elementi di griglia, ovvero una risoluzione efficiente del problema di controllo.

17.14 Esercizi

1. Si consideri il problema di controllo ottimo con controllo al bordo

$$
\begin{cases}
-\nabla \cdot (\alpha \nabla y) + \beta \cdot \nabla y + \gamma y = f & \text{in } \Omega = (0,1)^2, \\
\dfrac{\partial y}{\partial n} = u & \text{su } \partial \Omega,
\end{cases} \tag{17.113}
$$

dove $u \in L^2(\Omega)$ è la funzione di controllo e $f \in L^2(\Omega)$ una funzione assegnata. Si consideri il funzionale costo

$$
J(u) = \frac{1}{2} \|\eta \, y - z_d\|^2_{L^2(\Omega)} + \nu \|u\|^2_{L^2(\partial\Omega)}, \tag{17.114}
$$

con $\eta \in L^\infty(\Omega)$.
Si diano le equazioni (equazione di stato, equazione aggiunta e equazione di ottimo) del problema di controllo ottimo (17.113)-(17.114) basate sull'approccio lagrangiano e quelle basate sull'approccio alla Lions.

2. Si consideri il problema di controllo ottimo

$$
\begin{cases}
-\nabla \cdot (\alpha \nabla y) + \beta \cdot \nabla y + \gamma y = f + c\,u & \text{in } \Omega = (0,1)^2, \\
\dfrac{\partial y}{\partial n} = g & \text{su } \partial \Omega,
\end{cases} \tag{17.115}
$$

dove $u \in L^2(\Omega)$ è un controllo distribuito, c una costante data, $f \in L^2(\Omega)$ e $g \in H^{-1/2}(\partial\Omega)$ due funzioni date. Si consideri il funzionale costo

$$
J(u) = \frac{1}{2} \|\eta \, y - z_d\|^2_{L^2(\Omega)} + \nu \|u\|^2_{L^2(\Omega)}, \tag{17.116}
$$

con $\eta \in L^\infty(\Omega)$.
Si dia la formulazione del problema di controllo ottimo (17.115)-(17.116) secondo l'approccio lagrangiano, e poi secondo la formulazione alla Lions.

Capitolo 18
Il metodo di decomposizione dei domini

In questo capitolo faremo un'introduzione elementare del metodo di decomposizione dei domini (DD, per brevità). Nella sua versione più comune, questo metodo si può usare nell'ambito di un qualunque metodo di discretizzazione (come, ad esempio, quello agli elementi finiti, ai volumi finiti, alle differenze finite o agli elementi spettrali) per renderne più efficace la risoluzione algebrica su piattaforme di calcolo parallelo. Il metodo DD consente di riformulare un problema ai limiti assegnato su una partizione in sotto-domini del dominio di calcolo. Come tale ben si presta anche alla risoluzione di problemi *eterogenei* (o di multifisica), governati da equazioni differenziali di tipo diverso in diverse sotto-regioni del dominio computazionale.

Sia Ω un dominio di dimensione $d = 2, 3$, con frontiera Lipschitziana $\partial\Omega$ e su di esso si consideri un problema differenziale come, ad esempio, quelli incontrati nei capitoli 3 e 12:

$$\begin{cases} Lu = f \ \text{ in } \Omega, \\ u = \varphi \quad \text{su } \Gamma_D, \\ \dfrac{\partial u}{\partial n} = \psi \ \text{su } \Gamma_N. \end{cases} \qquad (18.1)$$

L è un operatore ellittico su Ω (ad esempio, il Laplaciano o l'operatore di diffusione e trasporto), mentre φ, ψ sono due funzioni assegnate su Γ_D e Γ_N, rispettivamente, con $\Gamma_D \cup \Gamma_N = \partial\Omega$, $\overset{\circ}{\Gamma}_D \cap \overset{\circ}{\Gamma}_N = \emptyset$.

L'idea alla base dei metodi DD è quella di suddividere il dominio globale Ω in due o più sotto-domini su cui risolvere dei problemi discretizzati di dimensione minore rispetto a quello iniziale, utilizzando possibilmente degli algoritmi paralleli. In particolare, esistono due modi differenti con cui fare una decomposizione del dominio Ω, a seconda che si usino sotto-domini con o senza sovrapposizione (si veda la Fig. 18.1). Tale scelta individuerà metodi differenti per la risoluzione del problema assegnato.

© Springer-Verlag Italia 2016

A. Quarteroni, *Modellistica Numerica per Problemi Differenziali*, 6a edizione,

UNITEXT - La Matematica per il 3+2 100, DOI 10.1007/978-88-470-5782-1_18

Figura 18.1. Esempi di partizione del dominio Ω con e senza sovrapposizione

Come lettura di riferimento per le tecniche di decomposizione di domini, rimandiamo, ad esempio, a [QV99, TW05, BGS96, MQ89].

18.1 Alcuni classici metodi iterativi basati su DD

Introduciamo in questa sezione quattro diversi schemi iterativi partendo dal problema modello (18.1), operate per comodità le scelte $\varphi = 0$ e $\Gamma_N = \emptyset$: trovare $u : \Omega \to \mathbb{R}$ tale che

$$\begin{cases} Lu = f \text{ in } \Omega, \\ u = 0 \quad \text{su } \partial\Omega, \end{cases} \tag{18.2}$$

L essendo un generico operatore ellittico del second'ordine. La sua formulazione debole è

$$\text{trovare } u \in V = H_0^1(\Omega) \ : \ a(u,v) = (f,v) \quad \forall v \in V, \tag{18.3}$$

essendo $a(\cdot, \cdot)$ la forma bilineare associata a L e $(\cdot, \cdot)$ il prodotto scalare di $L^2(\Omega)$.

18.1.1 Il metodo di Schwarz

Consideriamo una decomposizione del dominio Ω in due sotto-domini Ω_1 e Ω_2 tali che $\overline{\Omega} = \overline{\Omega}_1 \cup \overline{\Omega}_2$, $\Omega_1 \cap \Omega_2 = \Gamma_{12} \neq \emptyset$ (si veda la Fig. 18.1) e sia $\Gamma_i = \partial\Omega_i \setminus (\partial\Omega \cap \partial\Omega_i)$.
Consideriamo il seguente metodo iterativo: dato $u_2^{(0)}$ su Γ_1, si risolvano i seguenti problemi per $k \geq 1$:

$$\begin{cases} Lu_1^{(k)} = f \quad \text{in } \Omega_1, \\ u_1^{(k)} = u_2^{(k-1)} \text{ su } \Gamma_1, \\ u_1^{(k)} = 0 \qquad \text{su } \partial\Omega_1 \setminus \Gamma_1, \end{cases} \tag{18.4}$$

$$\begin{cases} Lu_2^{(k)} = f \qquad \text{in } \Omega_2, \\ u_2^{(k)} = \begin{cases} u_1^{(k)} \\ u_1^{(k-1)} \end{cases} \text{su } \Gamma_2, \\ u_2^{(k)} = 0 \qquad \text{su } \partial\Omega_2 \setminus \Gamma_2. \end{cases} \tag{18.5}$$

Nel caso in cui in (18.5) si scelga $u_1^{(k)}$ su Γ_2 il metodo è detto di *Schwarz moltiplicativo*, mentre quello in cui si scelga $u_1^{(k-1)}$ si dice di *Schwarz additivo*. Ne capiremo la ragione più avanti, nella Sez. 18.6. Abbiamo così due problemi ellittici con condizioni al bordo di Dirichlet per i due sotto-domini Ω_1 e Ω_2, e vogliamo che le due successioni $\{u_1^{(k)}\}$ e $\{u_2^{(k)}\}$ tendano alle rispettive restrizioni della soluzione u del problema (18.2), ovvero

$$\lim_{k\to\infty} u_1^{(k)} = u_{|\Omega_1} \quad \text{e} \quad \lim_{k\to\infty} u_2^{(k)} = u_{|\Omega_2}.$$

Si può dimostrare che il metodo di Schwarz applicato al problema (18.2) converge sempre alla soluzione del problema di partenza, con una velocità che aumenta all'aumentare della misura $|\Gamma_{12}|$ di Γ_{12}. Mostriamo questo risultato in un semplice caso monodimensionale.

Esempio 18.1 Sia $\Omega = (a,b)$ e siano $\gamma_1, \gamma_2 \in (a,b)$ tali che $a < \gamma_2 < \gamma_1 < b$ (si veda la Fig. 18.2). I due problemi (18.4) e (18.5) diventano

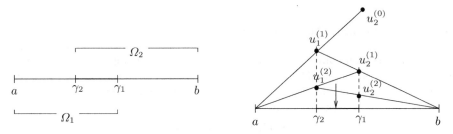

Figura 18.2. Esempio di decomposizione con sovrapposizione in dimensione 1 (a sinistra). Alcune iterazioni del metodo di Schwarz moltiplicativo per il problema (18.8) (a destra)

$$\begin{cases} Lu_1^{(k)} = f, & a < x < \gamma_1, \\ u_1^{(k)} = u_2^{(k-1)}, & x = \gamma_1, \\ u_1^{(k)} = 0, & x = a, \end{cases} \tag{18.6}$$

$$\begin{cases} Lu_2^{(k)} = f, & \gamma_2 < x < b, \\ u_2^{(k)} = u_1^{(k)}, & x = \gamma_2, \\ u_2^{(k)} = 0, & x = b. \end{cases} \tag{18.7}$$

Per dimostrare la convergenza di tale schema, consideriamo il problema semplificato

$$\begin{cases} -u''(x) = 0, & a < x < b, \\ u(a) = u(b) = 0, \end{cases} \tag{18.8}$$

ovvero il problema modello (18.2) con $L = -d^2/dx^2$ e $f = 0$, la cui soluzione è evidentemente $u = 0$ in (a,b). Ciò non è restrittivo in quanto l'errore $u - u_1^{(k)}$, $u - u_2^{(k)}$ ad ogni passo verifica un problema come (18.6)-(18.7) con termine forzante nullo.

Sia $k = 1$; dal momento che $(u_1^{(1)})'' = 0$, $u_1^{(1)}(x)$ è una funzione lineare e, in particolare, coincide con la retta che assume il valore zero in $x = a$ e $u_2^{(0)}$ in $x = \gamma_1$. Conoscendo dunque il valore di $u_1^{(1)}$ in γ_2 si può risolvere il problema (18.7) che, a sua volta, è caratterizzato da una soluzione lineare. Si procede poi in modo analogo. Mostriamo in Fig. 18.2 alcune iterazioni: si vede chiaramente che il metodo converge e che la velocità di convergenza si riduce al ridursi della lunghezza dell'intervallo (γ_2, γ_1).   ∎

Osserviamo che il metodo iterativo di Schwarz (18.4)-(18.5) richiede, ad ogni passo, la risoluzione di due sotto-problemi con condizioni al bordo dello stesso tipo di quelle del problema di partenza: infatti si parte da un problema con condizioni di Dirichlet omogenee in Ω e si risolvono due problemi con condizioni al bordo ancora di Dirichlet su Ω_1 e Ω_2.

Se il problema differenziale (18.2) fosse stato completato invece da una condizione di Neumann su tutto il bordo $\partial\Omega$, ci si sarebbe ricondotti alla risoluzione di un problema misto (di tipo Dirichlet-Neumann) su ciascuno dei sotto-domini Ω_1 e Ω_2.

18.1.2 Il metodo di Dirichlet-Neumann

Decomponiamo ora il dominio Ω in due sotto-domini senza sovrapposizione (si veda la Fig. 18.1): siano dunque Ω_1, $\Omega_2 \subset \Omega$, tali che $\overline{\Omega}_1 \cup \overline{\Omega}_2 = \overline{\Omega}$, $\overline{\Omega}_1 \cap \overline{\Omega}_2 = \Gamma$ e $\Omega_1 \cap \Omega_2 = \emptyset$. Nel seguito indicheremo con $\mathbf{n}_i$ la normale esterna al dominio Ω_i e utilizzeremo la seguente convenzione: $\mathbf{n} = \mathbf{n}_1 = -\mathbf{n}_2$.

Si può dimostrare il seguente risultato (si veda [QV99]):

Teorema 18.1 (d'equivalenza) *La soluzione u del problema (18.2) è tale che $u_{|\Omega_i} = u_i$ per $i = 1, 2$, dove u_i è la soluzione del problema*

$$\begin{cases} Lu_i = f & in \ \Omega_i, \\ u_i = 0 & su \ \partial\Omega_i \setminus \Gamma, \end{cases} \qquad (18.9)$$

con condizioni di interfaccia

$$u_1 = u_2 \qquad (18.10)$$

e

$$\frac{\partial u_1}{\partial n_L} = \frac{\partial u_2}{\partial n_L} \qquad (18.11)$$

su Γ, avendo indicato con $\partial/\partial n_L$ la derivata conormale (si veda (3.35)).

Grazie a questo risultato, si può scomporre il problema (18.2) attribuendo alle condizioni di accoppiamento (18.10)-(18.11) il ruolo di "condizioni al bordo" sull'interfaccia Γ per i due sottoproblemi. In particolare si può costruire il seguente metodo iterativo, detto di *Dirichlet-Neumann*:

assegnato $u_2^{(0)}$ su Γ, si risolvano per $k \geq 1$ i problemi

$$\begin{cases} Lu_1^{(k)} = f & \text{in } \Omega_1, \\ u_1^{(k)} = u_2^{(k-1)} & \text{su } \Gamma, \\ u_1^{(k)} = 0 & \text{su } \partial\Omega_1 \setminus \Gamma, \end{cases} \tag{18.12}$$

$$\begin{cases} Lu_2^{(k)} = f & \text{in } \Omega_2, \\ \dfrac{\partial u_2^{(k)}}{\partial n_L} = \dfrac{\partial u_1^{(k)}}{\partial n_L} & \text{su } \Gamma, \\ u_2^{(k)} = 0 & \text{su } \partial\Omega_2 \setminus \Gamma. \end{cases} \tag{18.13}$$

Si è utilizzata la (18.10) come condizione di Dirichlet su Γ per il sotto-problema associato a Ω_1 e la (18.11) come condizione di Neumann su Γ per il problema assegnato su Ω_2.

Si noti che, a differenza del metodo di Schwarz, il metodo di Dirichlet-Neumann introduce un problema di Neumann sul secondo sotto-dominio Ω_2. La soluzione del problema di partenza è dunque ottenuta risolvendo, successivamente, un problema di Dirichlet e un problema misto sui due sotto-domini. Inoltre il Teorema di equivalenza 18.1 garantisce che, quando le successioni $\{u_1^{(k)}\}$ e $\{u_2^{(k)}\}$ convergono, allora convergono sempre alla soluzione esatta del problema (18.2). Il metodo di Dirichlet-Neumann è dunque *consistente*. Tuttavia la convergenza di tale metodo non è sempre garantita. Andiamo a verificarlo con l'aiuto di un semplice esempio.

Esempio 18.2 Sia $\Omega = (a,b)$, $\gamma \in (a,b)$, $L = -d^2/dx^2$ e $f = 0$. Si hanno dunque i due seguenti sotto-problemi:

$$\begin{cases} -(u_1^{(k)})'' = 0, & a < x < \gamma, \\ u_1^{(k)} = u_2^{(k-1)}, & x = \gamma, \\ u_1^{(k)} = 0, & x = a, \end{cases} \tag{18.14}$$

$$\begin{cases} -(u_2^{(k)})'' = 0, & \gamma < x < b, \\ (u_2^{(k)})' = (u_1^{(k)})', & x = \gamma, \\ u_2^{(k)} = 0, & x = b. \end{cases} \tag{18.15}$$

Procedendo come nell'Esempio 18.1, si può dimostrare che le successioni ottenute convergono solamente se $\gamma > (a+b)/2$, come mostrato graficamente in Fig. 18.3. ∎

In generale, per i problemi di dimensione generica $d > 1$, si deve avere che la misura del sotto-dominio Ω_1 sia più grande di quella del dominio Ω_2 al fine di garantire la convergenza del metodo (18.12)-(18.13). Tuttavia questo rappresenta un vincolo molto forte e difficile da soddisfare, soprattutto nel momento in cui si debbano utilizzare parecchi sotto-domini.

Tale limitazione viene superata introducendo una variante del metodo iterativo Dirichlet-Neumann, rimpiazzando la condizione di Dirichlet (18.12)$_2$ nel primo sotto-problema

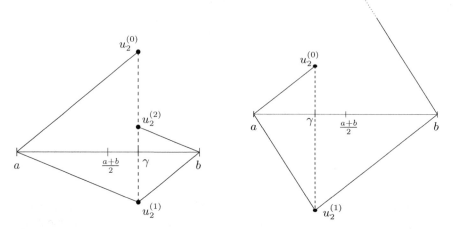

Figura 18.3. Esempio di iterazioni convergenti (a sinistra), e divergenti (a destra) per il metodo di Dirichlet-Neumann in 1D

con la seguente

$$u_1^{(k)} = \theta u_2^{(k-1)} + (1 - \theta)u_1^{(k-1)} \quad \text{su } \Gamma, \tag{18.16}$$

introducendo cioè un *rilassamento* che dipende da un parametro positivo θ. Si osservi che in questo modo è sempre possibile ridurre l'errore fra un'iterata e la successiva. Nel caso rappresentato in Fig. 18.3 si può facilmente dimostrare che, se si sceglie

$$\theta_{opt} = -\frac{u_1^{(k-1)}}{u_2^{(k-1)} - u_1^{(k-1)}}, \tag{18.17}$$

il metodo converge in una sola iterazione (il che non è sorprendente).

Più in generale si può dimostrare che, in dimensione $d \geq 1$, esiste un intervallo $(0, \theta_{max})$, $\theta_{max} < 1$, in cui scegliere il parametro θ in modo da garantire la convergenza del metodo di Dirichlet-Neumann.

18.1.3 Il metodo di Neumann-Neumann

Si consideri ancora una partizione del dominio Ω senza sovrapposizione e indichiamo con λ il valore (incognito) della soluzione u in corrispondenza dell'interfaccia Γ. Introduciamo lo schema iterativo seguente: dato $\lambda^{(0)}$ su Γ, si risolvano i seguenti problemi per $k \geq 0$ e $i = 1, 2$:

$$\begin{cases} Lu_i^{(k+1)} = f & \text{in } \Omega_i, \\ u_i^{(k+1)} = \lambda^{(k)} & \text{su } \Gamma, \\ u_i^{(k+1)} = 0 & \text{su } \partial\Omega_i \setminus \Gamma, \end{cases} \tag{18.18}$$

$$\begin{cases} L\psi_i^{(k+1)} = 0 & \text{in } \Omega_i, \\ \dfrac{\partial \psi_i^{(k+1)}}{\partial n_L} = \dfrac{\partial u_1^{(k+1)}}{\partial n_L} - \dfrac{\partial u_2^{(k+1)}}{\partial n_L} & \text{su } \Gamma, \\ \psi_i^{(k+1)} = 0 & \text{su } \partial\Omega_i \setminus \Gamma, \end{cases} \qquad (18.19)$$

con

$$\lambda^{(k+1)} = \lambda^{(k)} - \theta \left(\sigma_1 \psi_{1|\Gamma}^{(k+1)} - \sigma_2 \psi_{2|\Gamma}^{(k+1)} \right), \qquad (18.20)$$

essendo θ un parametro d'accelerazione positivo, σ_1 e σ_2 due coefficienti positivi. Questo metodo iterativo è detto di *Neumann-Neumann*. Si osservi che nella fase (18.18) ci si preoccupa di raccordare su Γ solo le funzioni $u_1^{(k+1)}$ e $u_2^{(k+1)}$ ma non le loro derivate conormali. Quest'ultimo requisito viene soddisfatto nella fase (18.19), (18.20) attraverso le funzioni di correzione $\psi_1^{(k+1)}$ e $\psi_2^{(k+1)}$.

18.1.4 Il metodo di Robin-Robin

Consideriamo infine il seguente metodo iterativo, detto di *Robin-Robin*. Per ogni $k \geq 0$ risolviamo i seguenti problemi:

$$\begin{cases} Lu_1^{(k+1)} = f & \text{in } \Omega_1, \\ u_1^{(k+1)} = 0 & \text{su } \partial\Omega_1 \cap \partial\Omega, \\ \dfrac{\partial u_1^{(k+1)}}{\partial n_L} + \gamma_1 u_1^{(k+1)} = \dfrac{\partial u_2^{(k)}}{\partial n_L} + \gamma_1 u_2^{(k)} & \text{su } \Gamma, \end{cases} \qquad (18.21)$$

quindi

$$\begin{cases} Lu_2^{(k+1)} = f & \text{in } \Omega_2, \\ u_2^{(k+1)} = 0 & \text{su } \partial\Omega_2 \cap \partial\Omega, \\ \dfrac{\partial u_2^{(k+1)}}{\partial n_L} + \gamma_2 u_2^{(k+1)} = \dfrac{\partial u_1^{(k+1)}}{\partial n_L} + \gamma_2 u_1^{(k+1)} & \text{su } \Gamma, \end{cases} \qquad (18.22)$$

dove u_0 è assegnato e γ_1, γ_2 sono parametri di accelerazione non negativi che soddisfano $\gamma_1 + \gamma_2 > 0$. Avendo a cuore la parallelizzazione, in (18.22) possiamo considerare $u_1^{(k)}$ in luogo di $u_1^{(k+1)}$, pur di assegnare in tal caso un valore iniziale anche per u_1^0.

18.2 Formulazione multi-dominio del problema di Poisson ed equazioni di interfaccia

In questa sezione scegliamo per semplicità $L = -\triangle$ e consideriamo il problema di Poisson con condizioni al bordo di Dirichlet omogenee (3.14).

Nel caso di un dominio partizionato in due sotto-domini disgiunti considerato nella Sez. 18.1.2, il Teorema di equivalenza 18.1 ci permette di riscrivere questo problema nella seguente *formulazione multi-dominio*, in cui $u_i = u|_{\Omega_i}$, $i = 1, 2$:

$$\begin{cases} -\triangle u_1 = f & \text{in } \Omega_1, \\ u_1 = 0 & \text{su } \partial\Omega_1 \setminus \Gamma, \\ -\triangle u_2 = f & \text{in } \Omega_2, \\ u_2 = 0 & \text{su } \partial\Omega_2 \setminus \Gamma, \\ u_1 = u_2 & \text{su } \Gamma, \\ \dfrac{\partial u_1}{\partial n} = \dfrac{\partial u_2}{\partial n} & \text{su } \Gamma. \end{cases} \tag{18.23}$$

18.2.1 L'operatore di Steklov-Poincaré

Indichiamo ora con λ il valore incognito della soluzione u del problema (3.14) sull'interfaccia Γ, cioè $\lambda = u|_\Gamma$. Se si conoscesse a priori il valore di λ su Γ, si potrebbero risolvere (indipendentemente) i due problemi seguenti con condizioni al bordo di Dirichlet su Γ $(i = 1, 2)$:

$$\begin{cases} -\triangle w_i = f & \text{in } \Omega_i , \\ w_i = 0 & \text{su } \partial\Omega_i \setminus \Gamma, \\ w_i = \lambda & \text{su } \Gamma. \end{cases} \tag{18.24}$$

Al fine di ottenere il valore di λ su Γ, scomponiamo le funzioni w_i nel seguente modo

$$w_i = w_i^* + u_i^0,$$

dove a loro volta w_i^* e u_i^0 sono le soluzioni dei due problemi $(i = 1, 2)$:

$$\begin{cases} -\triangle w_i^* = f & \text{in } \Omega_i , \\ w_i^* = 0 & \text{su } \partial\Omega_i \cap \partial\Omega, \\ w_i^* = 0 & \text{su } \Gamma, \end{cases} \tag{18.25}$$

e

$$\begin{cases} -\triangle u_i^0 = 0 & \text{in } \Omega_i , \\ u_i^0 = 0 & \text{su } \partial\Omega_i \cap \partial\Omega, \\ u_i^0 = \lambda & \text{su } \Gamma, \end{cases} \tag{18.26}$$

rispettivamente. Osserviamo che le funzioni w_i^* dipendono solamente dal dato f, u_i^0 soltanto dal valore λ su Γ, pertanto possiamo scrivere $w_i^* = G_i f$ e $u_i^0 = H_i \lambda$. Entrambi gli operatori G_i e H_i sono lineari; H_i è detto operatore d'estensione armonica di λ sul dominio Ω_i.

Ora, confrontando formalmente il problema (18.23) con (18.24), si osserva che l'uguaglianza

$$u_i = w_i^* + u_i^0 \,, \quad i = 1, 2 \,,$$

vale se e solamente se le funzioni w_i soddisfano la condizione (18.23)$_6$ sulle derivate normali su Γ, ovvero se e solamente se

$$\frac{\partial w_1}{\partial n} = \frac{\partial w_2}{\partial n} \quad \text{su } \Gamma.$$

Utilizzando le notazioni introdotte sopra, possiamo riscrivere quest'ultima condizione come

$$\frac{\partial}{\partial n}(G_1 f + H_1 \lambda) = \frac{\partial}{\partial n}(G_2 f + H_2 \lambda)$$

e quindi

$$\left(\frac{\partial H_1}{\partial n} - \frac{\partial H_2}{\partial n}\right) \lambda = \left(\frac{\partial G_2}{\partial n} - \frac{\partial G_1}{\partial n}\right) f \quad \text{su } \Gamma.$$

Abbiamo ottenuto in tal modo un'equazione sull'interfaccia Γ per l'incognita λ, nota come *equazione di Steklov-Poincaré*. In forma compatta possiamo riscriverla come

$$S\lambda = \chi \quad \text{su } \Gamma. \tag{18.27}$$

S è l'operatore pseudo-differenziale di *Steklov-Poincaré* definito formalmente come

$$S\mu = \frac{\partial}{\partial n}H_1\mu - \frac{\partial}{\partial n}H_2\mu = \sum_{i=1}^{2} \frac{\partial}{\partial n_i}H_i\mu = \sum_{i=1}^{2} S_i\mu, \tag{18.28}$$

mentre χ è un funzionale lineare dipendente dai dati del problema

$$\chi = \frac{\partial}{\partial n}G_2 f - \frac{\partial}{\partial n}G_1 f = -\sum_{i=1}^{2} \frac{\partial}{\partial n_i}G_i f. \tag{18.29}$$

Ricordiamo che $\mathbf{n}_i$ è la normale esterna al sotto-dominio Ω_i, per $i = 1, 2$. L'operatore

$$S_i : \mu \to S_i\mu = \frac{\partial}{\partial n_i}\left(H_i\mu\right)\Big|_{\Gamma}, \quad i = 1, 2, \tag{18.30}$$

è detto operatore locale di Steklov-Poincaré. Osserviamo che S (ed ognuno degli S_i) opera tra lo spazio delle tracce

$$\Lambda = \{\mu \mid \exists v \in V \,:\, \mu = v|_\Gamma\} \tag{18.31}$$

(ovvero $H_{00}^{1/2}(\Gamma)$, si veda [QV99]), e il suo duale Λ', mentre $\chi \in \Lambda'$.

Esempio 18.3 Consideriamo un semplice caso monodimensionale per fornire un esempio elementare di operatore S. Sia $\Omega = (a, b) \subset \mathbb{R}$ come illustrato in Fig. 18.4 e $Lu = -u''$. Se suddividiamo Ω in due sotto-domini senza sovrapposione, l'interfaccia Γ si riduce ad un punto solo $\gamma \in (a, b)$, e l'operatore di Steklov-Poincaré S diventa

$$S\lambda = \left(\frac{dH_1}{dx} - \frac{dH_2}{dx}\right) \lambda = \left(\frac{1}{l_1} + \frac{1}{l_2}\right) \lambda,$$

con $l_1 = \gamma - a$ e $l_2 = b - \gamma$.   ∎

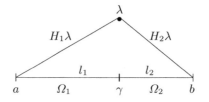

Figura 18.4. Estensioni armoniche in una dimensione

18.2.2 Equivalenza tra il metodo di Dirichlet-Neumann e il metodo di Richardson

Il metodo di Dirichlet-Neumann introdotto nella Sez. 18.1.2 può essere reinterpretato come un metodo iterativo di Richardson (precondizionato) per risolvere l'equazione d'interfaccia di Steklov-Poincaré. Per verificarlo, consideriamo ancora per semplicità un dominio Ω suddiviso in due sotto-domini Ω_1 e Ω_2 senza sovrapposizione con interfaccia Γ. Riscriviamo il metodo di Dirichlet-Neumann (18.12), (18.13), (18.16) nel caso dell'operatore di Laplace $L = -\Delta$: dato λ^0, si risolva, per $k \geq 1$,

$$\begin{cases} -\triangle u_1^{(k)} = f_1 \ \text{in} \ \Omega_1, \\ u_1^{(k)} = \lambda^{(k-1)} \ \text{su} \ \Gamma, \\ u_1^{(k)} = 0 \qquad \text{su} \ \partial\Omega_1 \setminus \Gamma, \end{cases} \tag{18.32}$$

$$\begin{cases} -\triangle u_2^{(k)} = f_2 \ \text{in} \ \Omega_2, \\ \dfrac{\partial u_2^{(k)}}{\partial n_2} = \dfrac{\partial u_1^{(k)}}{\partial n_2} \ \text{su} \ \Gamma, \\ u_2^{(k)} = 0 \qquad \text{su} \ \partial\Omega_2 \setminus \Gamma, \end{cases} \tag{18.33}$$

$$\lambda^{(k)} = \theta u_2^{(k)}\big|_\Gamma + (1 - \theta)\lambda^{(k-1)}. \tag{18.34}$$

Si ha il risultato seguente:

Teorema 18.2 *Il metodo di Dirichlet-Neumann (18.32)-(18.34) è equivalente al metodo di Richardson precondizionato*

$$P_{DN}(\lambda^{(k)} - \lambda^{(k-1)}) = \theta(\chi - S\lambda^{(k-1)}). \tag{18.35}$$

L'operatore di precondizionamento è $P_{DN} = S_2 = \partial(H_2\mu)/\partial n_2$.

Dimostrazione. La soluzione $u_1^{(k)}$ di (18.32) può essere scritta come

$$u_1^{(k)} = H_1\lambda^{(k-1)} + G_1 f_1. \tag{18.36}$$

Poiché $G_2 f_2$ soddisfa il problema differenziale

$$\begin{cases} -\triangle(G_2 f_2) = f_2 \text{ in } \Omega_2, \\ G_2 f_2 = 0 \qquad \text{su } \partial\Omega_2, \end{cases}$$

grazie a (18.33) si trova che la funzione $u_2^{(k)} - G_2 f_2$ è soluzione del problema differenziale

$$\begin{cases} -\triangle(u_2^{(k)} - G_2 f_2) = 0 & \text{in } \Omega_2, \\ \dfrac{\partial}{\partial n_2}(u_2^{(k)} - G_2 f_2) = -\dfrac{\partial u_1^{(k)}}{\partial n} + \dfrac{\partial}{\partial n}(G_2 f_2) & \text{su } \Gamma, \\ u_2^{(k)} - G_2 f_2 = 0 & \text{su } \partial\Omega_2 \setminus \Gamma. \end{cases} \qquad (18.37)$$

In particolare $u_2^{(k)}{}_{|\Gamma} = (u_2^{(k)} - G_2 f_2)_{|\Gamma}$. Ora ricordiamo che l'operatore S_i (18.30) ci permette di passare da un dato di Dirichlet ad un dato di Neumann su Γ, il suo inverso S_i^{-1}, partendo da un dato di Neumann, ci fornisce invece un dato di Dirichlet su Γ. Altrimenti detto, $S_2^{-1}\eta = w_{2|\Gamma}$ se w_2 è la soluzione del seguente problema

$$\begin{cases} -\triangle w_2 = 0 \text{ in } \Omega_2, \\ \dfrac{\partial w_2}{\partial n} = \eta & \text{su } \Gamma, \\ w_2 = 0 & \text{su } \partial\Omega_2 \setminus \Gamma. \end{cases} \qquad (18.38)$$

Allora, se si pone

$$\eta = -\frac{\partial u_1^{(k)}}{\partial n} + \frac{\partial}{\partial n}(G_2 f_2),$$

e se si confronta la (18.37) con la (18.38), si può concludere che

$$u_2^{(k)}{}_{|\Gamma} = (u_2^{(k)} - G_2 f_2)_{|\Gamma} = S_2^{-1}\left(-\frac{\partial u_1^{(k)}}{\partial n} + \frac{\partial}{\partial n}(G_2 f_2) \right).$$

Ma, grazie alla (18.36), si ottiene

$$u_2^{(k)}{}_{|\Gamma} = S_2^{-1}\left(-\frac{\partial}{\partial n}(H_1 \lambda^{(k-1)}) - \frac{\partial}{\partial n}(G_1 f_1) + \frac{\partial}{\partial n}(G_2 f_2) \right)$$

$$= S_2^{-1}(-S_1 \lambda^{(k-1)} + \chi),$$

grazie alla definizione (18.29) di χ. Utilizzando la (18.34), possiamo dunque scrivere

$$\lambda^{(k)} = \theta\left[S_2^{-1}(-S_1 \lambda^{(k-1)} + \chi) \right] + (1-\theta)\lambda^{(k-1)},$$

ovvero

$$\lambda^{(k)} - \lambda^{(k-1)} = \theta\left[S_2^{-1}(-S_1 \lambda^{(k-1)} + \chi) - \lambda^{(k-1)} \right].$$

Ma $-S_1 = S_2 - S$, dunque otteniamo

$$\lambda^{(k)} - \lambda^{(k-1)} = \theta \left[S_2^{-1}((S_2 - S)\lambda^{(k-1)} + \chi) - \lambda^{(k-1)} \right]$$

$$= \theta S_2^{-1}(\chi - S\lambda^{(k-1)}),$$

ovvero la relazione (18.35).   ◇

Seguendo un procedimento analogo alla dimostrazione del Teorema 18.2, anche il metodo di Neumann-Neumann (18.18) - (18.20) può essere interpretato come uno schema di Richardson precondizionato, ovvero

$$P_{NN}(\lambda^{(k)} - \lambda^{(k-1)}) = \theta(\chi - S\lambda^{(k-1)}),$$

questa volta il precondizionatore essendo $P_{NN} = (\sigma_1 S_1^{-1} + \sigma_2 S_2^{-1})^{-1}$.
Consideriamo infine il metodo di Robin-Robin (18.21) - (18.22). Indichiamo con $\mu_i^{(k)} \in \Lambda$ l'approssimazione al passo k della traccia di $u_i^{(k)}$ sull'interfaccia Γ, $i = 1, 2$. Allora, si può mostrare che (18.21) - (18.22) è equivalente al seguente metodo delle direzioni alternate (ADI):

$$(\gamma_1 i_\Lambda + S_1)\mu_1^{(k)} = \chi + (\gamma_1 i_\Lambda + S_2)\mu_2^{(k-1)},$$

$$(\gamma_2 i_\Lambda + S_2)\mu_2^{(k)} = \chi + (\gamma_2 i_\Lambda + S_1)\mu_1^{(k-1)},$$

dove $i_\Lambda : \Lambda \to \Lambda'$ qui denota l'operatore di identificazione fra uno spazio di Hilbert e il suo duale (si veda (2.5), facendo attenzione al cambio di notazioni!).
Se, per un'opportuna scelta dei parametri γ_1 e γ_2, il metodo converge a due funzioni limite μ_1 e μ_2, allora $\mu_1 = \mu_2 = \lambda$ essendo λ, come al solito, la soluzione dell'equazione di Steklov-Poincaré (18.27).

18.3 Approssimazione con elementi finiti del problema di Poisson e formulazione per sotto-domini

Naturalmente quanto visto fino ad ora si può considerare come propedeutico alla risoluzione numerica dei problemi ai limiti. Più precisamente, vediamo ora come le idee formulate nelle precedenti sezioni possano coniugarsi con un metodo di discretizzazione ad elementi finiti. Ciò tuttavia non è limitativo. Riferiamo ad esempio a [CHQZ07] per la generalizzazione al caso di approssimazioni basate su metodi spettrali o agli elementi spettrali.
Consideriamo il problema di Poisson (3.14), la sua formulazione debole (3.18) e la sua approssimazione (4.40) con il metodo di Galerkin agli elementi finiti relativamente ad una triangolazione $\mathcal{T}_h$. Ricordiamo che $V_h = \overset{\circ}{X}_h^r = \left\{ v_h \in X_h^r : v_h|_{\partial\Omega} = 0 \right\}$ è lo spazio degli elementi finiti di grado r che si annullano su $\partial\Omega$, con base $\{\varphi_j\}_{j=1}^{N_h}$ (si veda la Sez. 4.5.1). Introduciamo la partizione seguente dei nodi del dominio Ω: siano $\{x_j^{(1)}, \ 1 \le j \le N_1\}$ i nodi ubicati dentro il sotto-dominio Ω_1, $\{x_j^{(2)}, \ 1 \le j \le N_2\}$

quelli in Ω_2 e, infine, $\{x_j^{(\Gamma)}, \ 1 \leq j \leq N_\Gamma\}$ quelli posizionati sull'interfaccia Γ.
Ripartiamo in modo analogo anche le funzioni di base: indicheremo dunque con $\varphi_j^{(1)}$
le funzioni di base associate ai nodi $x_j^{(1)}$, con $\varphi_j^{(2)}$ quelle associate ai nodi $x_j^{(2)}$, e con
$\varphi_j^{(\Gamma)}$ quelle relative ai nodi $x_j^{(\Gamma)}$ di interfaccia. Ciò significa che

$$\varphi_j^{(\alpha)}(x_j^{(\beta)}) = \begin{cases} \delta_{ij}, & 1 \leq i,j \leq N_\alpha, \text{ se } \alpha = \beta, \\ 0 & \text{se } \alpha \neq \beta, \end{cases}$$

con $\alpha, \beta = 1, 2, \Gamma$, essendo δ_{ij} il simbolo di Kronecker.
Scelto ora in (4.40) v_h coincidente con una funzione test, possiamo dare la seguente
formulazione equivalente della (4.40): trovare $u_h \in V_h$ t.c.

$$\begin{cases} a(u_h, \varphi_i^{(1)}) = F(\varphi_i^{(1)}) \ \forall i = 1, \ldots, N_1 , \\ a(u_h, \varphi_j^{(2)}) = F(\varphi_j^{(2)}) \ \forall j = 1, \ldots, N_2 , \\ a(u_h, \varphi_k^{(\Gamma)}) = F(\varphi_k^{(\Gamma)}) \ \forall k = 1, \ldots, N_\Gamma , \end{cases} \quad (18.39)$$

avendo posto $F(v) = \int_\Omega fv \, d\Omega$. Sia ora

$$a_i(v, w) = \int_{\Omega_i} \nabla v \cdot \nabla w \, d\Omega \qquad \forall v, w \in V, \ i = 1, 2$$

la restrizione della forma bilineare $a(.,.)$ al sotto-dominio Ω_i e $V_{i,h} = \{v \in H^1(\Omega_i) \mid v = 0 \text{ su } \partial\Omega_i \setminus \Gamma\}$ ($i = 1, 2$). Analogamente poniamo $F_i(v) = \int_{\Omega_i} fv \, d\Omega$
ed indichiamo infine con $u_h^{(i)} = u_{h|\Omega_i}$ la restrizione di u_h al sotto-dominio Ω_i, con
$i = 1, 2$. Il problema (18.39) può essere riscritto nella forma equivalente: trovare
$u_h^{(1)} \in V_{1,h}$, $u_h^{(2)} \in V_{2,h}$ t.c.

$$\begin{cases} a_1(u_h^{(1)}, \varphi_i^{(1)}) = F_1(\varphi_i^{(1)}) & \forall i = 1, \ldots, N_1, \\ a_2(u_h^{(2)}, \varphi_j^{(2)}) = F_2(\varphi_j^{(2)}) & \forall j = 1, \ldots, N_2 \\ a_1(u_h^{(1)}, \varphi_k^{(\Gamma)}|_{\Omega_1}) + a_2(u_h^{(2)}, \varphi_k^{(\Gamma)}|_{\Omega_2}) \\ = F_1(\varphi_k^{(\Gamma)}|_{\Omega_1}) + F_2(\varphi_k^{(\Gamma)}|_{\Omega_2}) & \forall k = 1, \ldots, N_\Gamma. \end{cases} \quad (18.40)$$

Si osservi che la condizione $(18.23)_5$ di continuità della soluzione all'interfaccia è
automaticamente verificata grazie alla continuità delle funzioni $u_h^{(i)}$. Osserviamo inoltre che le equazioni $(18.40)_1$-$(18.40)_3$ corrispondono alla discretizzazione ad elementi finiti delle $(18.23)_1$-$(18.23)_6$, rispettivamente. In particolare, la terza delle (18.40)
traduce nel discreto la condizione $(18.23)_6$ di continuità delle derivate normali sull'interfaccia Γ.
Rappresentiamo la funzione u_h come una somma rispetto alla base dello spazio V_h

$$u_h(x) = \sum_{j=1}^{N_1} u_h(x_j^{(1)})\varphi_j^{(1)}(x) + \sum_{j=1}^{N_2} u_h(x_j^{(2)})\varphi_j^{(2)}(x)$$

$$+ \sum_{j=1}^{N_\Gamma} u_h(x_j^{(\Gamma)})\varphi_j^{(\Gamma)}(x). \quad (18.41)$$

I valori nodali $u_h(x_j^{(\alpha)})$, $j = 1, \ldots, N_\alpha$ e $\alpha = 1, 2, \Gamma$, sono i coefficienti della combinazione lineare, e verranno indicati d'ora in avanti con la notazione semplificata $u_j^{(\alpha)}$. Utilizzando la relazione (18.41), possiamo riscrivere il problema (18.40) nel seguente modo:

$$
\begin{cases}
\displaystyle\sum_{j=1}^{N_1} u_j^{(1)} a_1(\varphi_j^{(1)}, \varphi_i^{(1)}) + \sum_{j=1}^{N_\Gamma} u_j^{(\Gamma)} a_1(\varphi_j^{(\Gamma)}, \varphi_i^{(1)}) = F_1(\varphi_i^{(1)}) \ \forall i = 1, \ldots, N_1, \\[2mm]
\displaystyle\sum_{j=1}^{N_2} u_j^{(2)} a_2(\varphi_j^{(2)}, \varphi_i^{(2)}) + \sum_{j=1}^{N_\Gamma} u_j^{(\Gamma)} a_2(\varphi_j^{(\Gamma)}, \varphi_i^{(2)}) = F_2(\varphi_i^{(2)}) \ \forall i = 1, \ldots, N_2, \\[2mm]
\displaystyle\sum_{j=1}^{N_\Gamma} u_j^{(\Gamma)} \left[a_1(\varphi_j^{(\Gamma)}, \varphi_i^{(\Gamma)}) + a_2(\varphi_j^{(\Gamma)}, \varphi_i^{(\Gamma)}) \right] \\[2mm]
\qquad + \displaystyle\sum_{j=1}^{N_1} u_j^{(1)} a_1(\varphi_j^{(1)}, \varphi_i^{(\Gamma)}) + \sum_{j=1}^{N_2} u_j^{(2)} a_2(\varphi_j^{(2)}, \varphi_i^{(\Gamma)}) \\[2mm]
\qquad = F_1(\varphi_i^{(\Gamma)}|_{\Omega_1}) + F_2(\varphi_i^{(\Gamma)}|_{\Omega_2}) \hspace{2cm} \forall i = 1, \ldots, N_\Gamma.
\end{cases}
\tag{18.42}
$$

Introduciamo le seguenti matrici e vettori:

$$
\begin{aligned}
(A_{11})_{ij} &= a_1(\varphi_j^{(1)}, \varphi_i^{(1)}), & (A_{1\Gamma})_{ij} &= a_1(\varphi_j^{(\Gamma)}, \varphi_i^{(1)}), \\
(A_{22})_{ij} &= a_2(\varphi_j^{(2)}, \varphi_i^{(2)}), & (A_{2\Gamma})_{ij} &= a_2(\varphi_j^{(\Gamma)}, \varphi_i^{(2)}), \\
(A_{\Gamma\Gamma}^1)_{ij} &= a_1(\varphi_j^{(\Gamma)}, \varphi_i^{(\Gamma)}), & (A_{\Gamma\Gamma}^2)_{ij} &= a_2(\varphi_j^{(\Gamma)}, \varphi_i^{(\Gamma)}), \\
(A_{\Gamma 1})_{ij} &= a_1(\varphi_j^{(1)}, \varphi_i^{(\Gamma)}), & (A_{\Gamma 2})_{ij} &= a_2(\varphi_j^{(2)}, \varphi_i^{(\Gamma)}), \\
(\mathbf{f}_1)_i &= F_1(\varphi_i^{(1)}), & (\mathbf{f}_2)_i &= F_2(\varphi_i^{(2)}), \\
(\mathbf{f}_1^\Gamma)_i &= F_1(\varphi_i^{(\Gamma)}), & (\mathbf{f}_2^\Gamma)_i &= F_2(\varphi_i^{(\Gamma)}, \varphi_i^{(1)}).
\end{aligned}
$$

Poniamo infine

$$
\mathbf{u} = (\mathbf{u}_1, \mathbf{u}_2, \boldsymbol{\lambda})^T, \,\text{con}\quad \mathbf{u}_1 = \left(u_j^{(1)}\right), \ \mathbf{u}_2 = \left(u_j^{(2)}\right) \ \text{e} \ \boldsymbol{\lambda} = \left(u_j^{(\Gamma)}\right). \tag{18.43}
$$

Il problema (18.42) può essere scritto in forma algebrica nel seguente modo

$$
\begin{cases}
A_{11}\mathbf{u}_1 + A_{1\Gamma}\boldsymbol{\lambda} = \mathbf{f}_1, \\
A_{22}\mathbf{u}_2 + A_{2\Gamma}\boldsymbol{\lambda} = \mathbf{f}_2, \\
A_{\Gamma 1}\mathbf{u}_1 + A_{\Gamma 2}\mathbf{u}_2 + \left(A_{\Gamma\Gamma}^{(1)} + A_{\Gamma\Gamma}^{(2)}\right)\boldsymbol{\lambda} = \mathbf{f}_1^\Gamma + \mathbf{f}_2^\Gamma,
\end{cases}
\tag{18.44}
$$

o, in forma matriciale, come

$$
A\mathbf{u} = \mathbf{f}, \ \text{ovvero} \quad
\begin{bmatrix}
A_{11} & 0 & A_{1\Gamma} \\
0 & A_{22} & A_{2\Gamma} \\
A_{\Gamma 1} & A_{\Gamma 2} & A_{\Gamma\Gamma}
\end{bmatrix}
\begin{bmatrix}
\mathbf{u}_1 \\
\mathbf{u}_2 \\
\boldsymbol{\lambda}
\end{bmatrix}
=
\begin{bmatrix}
\mathbf{f}_1 \\
\mathbf{f}_2 \\
\mathbf{f}_\Gamma
\end{bmatrix},
\tag{18.45}
$$

avendo posto $A_{\Gamma\Gamma} = \left(A_{\Gamma\Gamma}^{(1)} + A_{\Gamma\Gamma}^{(2)}\right)$ e $\mathbf{f}_\Gamma = \mathbf{f}_1^\Gamma + \mathbf{f}_2^\Gamma$. La (18.45) altro non è che la riscrittura "a blocchi" del sistema algebrico (4.45), i blocchi essendo individuati dalla partizione del vettore delle incognite evidenziata in (18.43).

18.3.1 Il complemento di Schur

Consideriamo ora l'equazione all'interfaccia di Steklov-Poincaré (18.27). Vogliamo trovare la sua corrispondente nell'ambito dell'approssimazione ad elementi finiti. Poiché λ rappresenta il valore incognito di u su Γ, essa avrà come corrispondente, in dimensione finita, il vettore $\boldsymbol{\lambda}$ dei valori di u_h sull'interfaccia.

Applicando il metodo di eliminazione gaussiana al sistema (18.45), possiamo pervenire ad un sistema algebrico per la sola incognita $\boldsymbol{\lambda}$.

Le matrici A_{11} e A_{22} sono invertibili in quanto associate a due problemi di Dirichlet omogenei per l'equazione di Laplace, pertanto

$$\mathbf{u}_1 = A_{11}^{-1}\left(\mathbf{f}_1 - A_{1\Gamma}\boldsymbol{\lambda}\right) \quad \text{e} \quad \mathbf{u}_2 = A_{22}^{-1}\left(\mathbf{f}_2 - A_{2\Gamma}\boldsymbol{\lambda}\right). \tag{18.46}$$

Dalla terza equazione in (18.44), otteniamo

$$\left[\left(A_{\Gamma\Gamma}^{(1)} - A_{\Gamma 1}A_{11}^{-1}A_{1\Gamma}\right) + \left(A_{\Gamma\Gamma}^{(2)} - A_{\Gamma 2}A_{22}^{-1}A_{2\Gamma}\right)\right]\boldsymbol{\lambda} =$$
$$\mathbf{f}_\Gamma - A_{\Gamma 1}A_{11}^{-1}\mathbf{f}_1 - A_{\Gamma 2}A_{22}^{-1}\mathbf{f}_2. \tag{18.47}$$

Introducendo le seguenti definizioni:

$$\Sigma = \Sigma_1 + \Sigma_2, \qquad \Sigma_i = A_{\Gamma\Gamma}^{(i)} - A_{\Gamma i}A_{ii}^{-1}A_{i\Gamma}, \qquad i = 1, 2, \tag{18.48}$$

e

$$\boldsymbol{\chi}_\Gamma = \mathbf{f}_\Gamma - A_{\Gamma 1}A_{11}^{-1}\mathbf{f}_1 - A_{\Gamma 2}A_{22}^{-1}\mathbf{f}_2, \tag{18.49}$$

la (18.47) diventa

$$\Sigma\boldsymbol{\lambda} = \boldsymbol{\chi}_\Gamma. \tag{18.50}$$

Poiché Σ e $\boldsymbol{\chi}_\Gamma$ sono approssimazioni di S e χ, rispettivamente, la (18.50) può considerarsi come l'approssimazione ad elementi finiti per l'equazione di Steklov-Poincaré (18.27). La matrice Σ è il cosiddetto *complemento di Schur* della matrice A rispetto alle incognite vettoriali $\mathbf{u}_1$ e $\mathbf{u}_2$, mentre le matrici Σ_i sono i complementi di Schur relativi ai sotto-domini Ω_i ($i = 1, 2$).

Una volta risolto il sistema (18.50) rispetto all'incognita $\boldsymbol{\lambda}$, in virtù delle (18.46), possiamo calcolare $\mathbf{u}_1$ e $\mathbf{u}_2$. Tale calcolo equivale a risolvere numericamente due problemi di Poisson in corrispondenza dei due sotto-domini Ω_1 e Ω_2, con condizione al bordo di Dirichlet $u_h^{(i)}\big|_\Gamma = \lambda_h$ ($i = 1, 2$), sull'interfaccia Γ.

Per quanto concerne le proprietà del complemento di Schur Σ rispetto alla matrice A, si può dimostrare il risultato seguente:

Lemma 18.1 *La matrice Σ soddisfa le proprietà seguenti:*

1. *se A è una matrice singolare, allora Σ è singolare;*
2. *se A (rispettivamente, A_{ii}) è simmetrica, allora Σ (rispettivamente, Σ_i) è simmetrica;*
3. *se A è definita positiva, allora Σ è definita positiva.*

Ricordiamo che il numero di condizionamento di A è dato da $K_2(A) \simeq C\,h^{-2}$ (si veda la (4.49)). Quanto alla matrice Σ, si può invece dimostrare che

$$K_2(\Sigma) \simeq C\,h^{-1}. \tag{18.51}$$

Nel caso specifico preso in considerazione, la matrice A (e dunque la matrice Σ, grazie al Lemma 18.1) è una matrice simmetrica e definita positiva. È possibile dunque utilizzare il metodo del gradiente coniugato per risolvere il sistema (18.50), previa opportuno precondizionamento. Ad ogni passo, il calcolo del residuo richiederà la risoluzione con il metodo degli elementi finiti di due problemi di Dirichlet indipendenti sui sotto-domini Ω_i.

18.3.2 L'operatore di Steklov-Poincaré discreto

Ci proponiamo di trovare l'operatore discreto associato al complemento di Schur. A tal fine consideriamo, oltre allo spazio $V_{i,h}$ introdotto in precedenza, lo spazio $V_{i,h}^0$ generato dalle funzioni $\{\varphi_j^{(i)}\}$ associate ai soli nodi interni al dominio Ω_i, e lo spazio Λ_h generato dall'insieme $\{\varphi_j^{(\Gamma)}\big|_\Gamma\}$. Osserviamo che $\Lambda_h = \{\mu_h \mid \exists v_h \in V_h : v_h\big|_\Gamma = \mu_h\}$ rappresenta un sottospazio di elementi finiti dello spazio di tracce Λ definito in (18.31).

Consideriamo adesso il seguente problema: trovare $H_{i,h}\eta_h \in V_{i,h}$, con $H_{i,h}\eta_h = \eta_h$ su Γ, t.c.

$$\int_{\Omega_i} \nabla(H_{i,h}\eta_h) \cdot \nabla v_h \, d\Omega_i = 0 \qquad \forall v_h \in V_{i,h}^0; \tag{18.52}$$

$H_{i,h}\eta_h$ rappresenta un'approssimazione ad elementi finiti dell'estensione armonica $H_i\eta_h$, e l'operatore $H_{i,h} : \eta_h \to H_{i,h}\eta_h$ un'approssimazione dell'operatore H_i. Riscriviamo la soluzione $H_{i,h}\eta_h$ come combinazione lineare delle funzioni di base

$$H_{i,h}\eta_h = \sum_{j=1}^{N_i} u_j^{(i)} \varphi_j^{(i)} + \sum_{k=1}^{N_\Gamma} \eta_k \varphi_k^{(\Gamma)}\big|_{\Omega_i},$$

arrivando così a riscrivere la (18.52) sotto forma matriciale come

$$A_{ii}\mathbf{u}^{(i)} = -A_{i\Gamma}\boldsymbol{\eta}. \tag{18.53}$$

Vale il seguente risultato, detto *teorema d'estensione uniforme nel caso discreto*:

Teorema 18.3 *Esistono due costanti $\hat{C}_1, \hat{C}_2 > 0$, independenti da h, tali che*

$$\hat{C}_1 \|\eta_h\|_\Lambda \leq \|H_{i,h}\eta_h\|_{H^1(\Omega_i)} \leq \hat{C}_2 \|\eta_h\|_\Lambda \ , \quad i = 1, 2, \quad \forall \eta_h \in \Lambda_h. \quad (18.54)$$

Come conseguenza esistono due costanti $K_1, K_2 > 0$, independenti da h, tali che

$$K_1 \|H_{1,h}\eta_h\|_{H^1(\Omega_1)} \leq \|H_{2,h}\eta_h\|_{H^1(\Omega_2)} \leq K_2 \|H_{1,h}\eta_h\|_{H^1(\Omega_1)} \quad \forall \eta_h \in \Lambda_h. \quad (18.55)$$

Per la dimostrazione rimandiamo a [QV99].

Definiamo ora, per $i = 1, 2$, l'operatore locale di Steklov-Poincaré discreto $S_{i,h}$: $\Lambda_h \to \Lambda_h'$, come segue

$$\langle S_{i,h}\eta_h, \mu_h \rangle = \int_{\Omega_i} \nabla(H_{i,h}\eta_h) \cdot \nabla(H_{i,h}\mu_h) \quad \forall \eta_h, \mu_h \in \Lambda_h, \quad (18.56)$$

indi poniamo $S_h = S_{1,h} + S_{2,h}$.

Lemma 18.2 *L'operatore locale di Steklov-Poincaré discreto può essere espresso in funzione del complemento di Schur locale come*

$$\langle S_{i,h}\eta_h, \mu_h \rangle = \boldsymbol{\mu}^T \Sigma_i \boldsymbol{\eta} \quad \forall \eta_h, \mu_h \in \Lambda_h \ , \quad (18.57)$$

dove

$$\eta_h = \sum_{k=1}^{N_\Gamma} \eta_k \varphi_k^{(\Gamma)} \big|_\Gamma, \quad \mu_h = \sum_{k=1}^{N_\Gamma} \mu_k \varphi_k^{(\Gamma)} \big|_\Gamma$$

e

$$\boldsymbol{\eta} = (\eta_1, \dots, \eta_{N_\Gamma})^T, \quad \boldsymbol{\mu} = (\mu_1, \dots, \mu_{N_\Gamma})^T.$$

Pertanto, l'operatore globale di Steklov-Poincaré discreto $S_h = S_{1,h} + S_{2,h}$ verifica la relazione

$$\langle S_h \eta_h, \mu_h \rangle = \boldsymbol{\mu}^T \Sigma \boldsymbol{\eta} \quad \forall \eta_h, \mu_h \in \Lambda_h. \quad (18.58)$$

Dimostrazione. Per $i = 1, 2$ abbiamo

$$\langle S_{i,h}\eta_h, \mu_h \rangle = a_i(H_{i,h}\eta_h, H_{i,h}\mu_h)$$

$$= a_i\left(\sum_{j=1}^{N_\Gamma} u_j \varphi_j^{(i)} + \sum_{k=1}^{N_\Gamma} \eta_k \varphi_k^{(\Gamma)} \big|_{\Omega_i}, \sum_{l=1}^{N_\Gamma} w_l \varphi_l^{(i)} + \sum_{m=1}^{N_\Gamma} \mu_m \varphi_m^{(\Gamma)} \big|_{\Omega_i} \right)$$

$$= \sum_{j,l=1}^{N_\Gamma} w_l a_i(\varphi_j^{(i)}, \varphi_l^{(i)}) u_j + \sum_{j,m=1}^{N_\Gamma} \mu_m a_i(\varphi_j^{(i)}, \varphi_m^{(\Gamma)}{}_{|\Omega_i}) u_j$$

$$+ \sum_{k,l=1}^{N_\Gamma} w_l a_i(\varphi_k^{(\Gamma)}{}_{|\Omega_i}, \varphi_l^{(i)}) \eta_k + \sum_{k,m=1}^{N_\Gamma} \mu_m a_i(\varphi_k^{(\Gamma)}{}_{|\Omega_i}, \varphi_m^{(\Gamma)}{}_{|\Omega_i}) \eta_k$$

$$= \mathbf{w}^T A_{ii} \mathbf{u} + \boldsymbol{\mu}^T A_{\Gamma i} \mathbf{u} + \mathbf{w}^T A_{i\Gamma} \boldsymbol{\eta} + \boldsymbol{\mu}^T A_{\Gamma\Gamma}^{(i)} \boldsymbol{\eta}.$$

Grazie alla (18.53) si ottiene

$$\langle S_{i,h} \eta_h, \mu_h \rangle = -\mathbf{w}^T A_{i\Gamma} \boldsymbol{\eta} - \boldsymbol{\mu}^T A_{\Gamma i} A_{ii}^{-1} A_{i\Gamma} \boldsymbol{\eta} + \mathbf{w}^T A_{i\Gamma} \boldsymbol{\eta} + \boldsymbol{\mu}^T A_{\Gamma\Gamma}^{(i)} \boldsymbol{\eta}$$

$$= \boldsymbol{\mu}^T \left(A_{\Gamma\Gamma}^{(i)} - A_{\Gamma i} A_{ii}^{-1} A_{i\Gamma} \right) \boldsymbol{\eta}$$

$$= \boldsymbol{\mu}^T \Sigma_i \boldsymbol{\eta}.$$

$\diamond$

Grazie al Teorema 18.3 ed alla caratterizzazione (18.56), deduciamo che esistono due costanti $\hat{K}_1$, $\hat{K}_2 > 0$, indipendenti da h, tali che

$$\hat{K}_1 \langle S_{1,h} \mu_h, \mu_h \rangle \leq \langle S_{2,h} \mu_h, \mu_h \rangle \leq \hat{K}_2 \langle S_{1,h} \mu_h, \mu_h \rangle \qquad \forall \mu_h \in \Lambda_h. \qquad (18.59)$$

Grazie alla (18.57), possiamo concludere che esistono due costanti $\tilde{K}_1$, $\tilde{K}_2 > 0$, indipendenti da h, tali che

$$\tilde{K}_1 \left(\boldsymbol{\mu}^T \Sigma_1 \boldsymbol{\mu} \right) \leq \boldsymbol{\mu}^T \Sigma_2 \boldsymbol{\mu} \leq \tilde{K}_2 \left(\boldsymbol{\mu}^T \Sigma_1 \boldsymbol{\mu} \right) \qquad \forall \boldsymbol{\mu} \in \mathbb{R}^{N_\Gamma}. \qquad (18.60)$$

In altri termini, le matrici Σ_1 e Σ_2 sono spettralmente equivalenti, ovvero il loro numero di condizionamento spettrale ha lo stesso comportamento asintotico rispetto a h. Pertanto sia Σ_1 che Σ_2 forniscono un precondizionatore ottimale del complemento di Schur Σ, ovvero esiste una costante C, indipendente da h, t.c.

$$K_2(\Sigma_i^{-1} \Sigma) \leq C, \quad i = 1, 2. \qquad (18.61)$$

Come si vedrà nella Sez. 18.3.3, questa proprietà permette di dimostrare che la versione discreta del metodo di Dirichlet-Neumann converge con una velocità indipendente da h. Stesso risultato vale per il metodo di Neumann-Neumann.

18.3.3 Equivalenza tra il metodo di Dirichlet-Neumann e il metodo di Richardson precondizionato: il caso algebrico

Dimostriamo ora il risultato di equivalenza del Teorema 18.2 nel caso algebrico. L'approssimazione con elementi finiti del problema di Dirichlet (18.32) si scrive in forma matriciale come

$$A_{11} \mathbf{u}_1^{(k)} = \mathbf{f}_1 - A_{1\Gamma} \boldsymbol{\lambda}^{(k-1)}, \qquad (18.62)$$

mentre quella del problema di Neumann (18.33) dà luogo al sistema

$$
\begin{bmatrix} A_{22} & A_{2\Gamma} \\ A_{\Gamma 2} & A_{\Gamma\Gamma}^{(2)} \end{bmatrix} \begin{bmatrix} \mathbf{u}_2^{(k)} \\ \boldsymbol{\lambda}^{(k-1/2)} \end{bmatrix} = \begin{bmatrix} \mathbf{f}_2 \\ \mathbf{f}_\Gamma - A_{\Gamma 1}\mathbf{u}_1^{(k)} - A_{\Gamma\Gamma}^{(1)}\boldsymbol{\lambda}^{(k-1)} \end{bmatrix}. \tag{18.63}
$$

A sua volta, la (18.34) diventa

$$
\boldsymbol{\lambda}^{(k)} = \theta\boldsymbol{\lambda}^{(k-1/2)} + (1-\theta)\boldsymbol{\lambda}^{(k-1)}. \tag{18.64}
$$

Eliminando $\mathbf{u}_2^{(k)}$ dalla (18.63) otteniamo

$$
\left(A_{\Gamma\Gamma}^{(2)} - A_{\Gamma 2}A_{22}^{-1}A_{2\Gamma} \right) \boldsymbol{\lambda}^{(k-1/2)} = \mathbf{f}_\Gamma - A_{\Gamma 1}\mathbf{u}_1^{(k)} - A_{\Gamma\Gamma}^{(1)}\boldsymbol{\lambda}^{(k-1)} - A_{\Gamma 2}A_{22}^{-1}\mathbf{f}_2.
$$

Grazie alla definizione (18.48) di Σ_2 ed alla (18.62), si ha

$$
\Sigma_2\boldsymbol{\lambda}^{(k-1/2)} = \mathbf{f}_\Gamma - A_{\Gamma 1}A_{11}^{-1}\mathbf{f}_1 - A_{\Gamma 2}A_{22}^{-1}\mathbf{f}_2 - \left(A_{\Gamma\Gamma}^{(1)} - A_{\Gamma 1}A_{11}^{-1}A_{1\Gamma} \right)\boldsymbol{\lambda}^{(k-1)},
$$

ovvero, usando la definizione (18.48) di Σ_1 e la (18.49),

$$
\boldsymbol{\lambda}^{(k-1/2)} = \Sigma_2^{-1}\left(\chi_\Gamma - \Sigma_1\boldsymbol{\lambda}^{(k-1)} \right).
$$

Ora, in virtù della (18.64), ricaviamo

$$
\boldsymbol{\lambda}^{(k)} = \theta\Sigma_2^{-1}\left(\chi_\Gamma - \Sigma_1\boldsymbol{\lambda}^{(k-1)} \right) + (1-\theta)\boldsymbol{\lambda}^{(k-1)},
$$

cioè, poiché $-\Sigma_1 = -\Sigma + \Sigma_2$,

$$
\boldsymbol{\lambda}^{(k)} = \theta\Sigma_2^{-1}\left(\chi_\Gamma - \Sigma\boldsymbol{\lambda}^{(k-1)} + \Sigma_2\boldsymbol{\lambda}^{(k-1)} \right) + (1-\theta)\boldsymbol{\lambda}^{(k-1)}
$$

e quindi

$$
\Sigma_2(\boldsymbol{\lambda}^{(k)} - \boldsymbol{\lambda}^{(k-1)}) = \theta(\chi_\Gamma - \Sigma\boldsymbol{\lambda}^{(k-1)}).
$$

Quest'ultima relazione altro non è che un'iterazione di Richardson sul sistema (18.50) usando come precondizionatore il complemento di Schur locale Σ_2.

Osservazione 18.1 Il precondizionatore del metodo di Dirichlet-Neumann è sempre il complemento di Schur locale associato al sotto-dominio su cui si risolve il problema di Neumann. Qualora si risolvesse il problema di Dirichlet su Ω_2 e quello di Neumann su Ω_1, il precondizionatore per il metodo di Richardson sarebbe Σ_1 anziché Σ_2.   •

Osservazione 18.2 Per quel che concerne la versione discreta del metodo di Neumann-Neumann introdotto nella Sez. 18.1.3, si può dimostrare un risultato dello stesso tipo di quello appena dimostrato per il metodo di Dirichlet-Neumann. Precisamente, questo metodo è equivalente al metodo di Richardson per il sistema (18.50) con un precondizionatore il cui inverso è dato da $P_h^{-1} = \sigma_1\Sigma_1^{-1} + \sigma_2\Sigma_2^{-1}$, essendo σ_1 e σ_2 i coefficienti usati nella relazione di interfaccia (discreta) corrispondente alla (18.20). Si può inoltre dimostrare che esiste una costante $C > 0$, indipendente da h, tale che

$$K_2((\sigma_1 \Sigma_1^{-1} + \sigma_2 \Sigma_2^{-1})\Sigma) \leq C .$$

Procedendo in modo analogo si verifica che la versione discreta del metodo di Robin-Robin (18.21)-(18.22) equivale anch'essa ad iterare con il metodo di Richardson sul sistema (18.50), usando tuttavia questa volta come precondizionatore la matrice $(\gamma_1 + \gamma_2)^{-1}(\gamma_1 I + \Sigma_1)(\gamma_2 I + \Sigma_2)$. •

Ricordiamo che una matrice P_h fornisce un precondizionatore ottimale per Σ se il numero di condizionamento di $P_h^{-1}\Sigma$ è uniformemente limitato rispetto alla dimensione N della matrice Σ (e quindi da h nel caso in cui Σ derivi da un'approssimazione agli elementi finiti).

Possiamo allora concludere che, per la risoluzione del sistema $\Sigma\boldsymbol{\lambda} = \boldsymbol{\chi}_\Gamma$, si può ricorrere ai seguenti precondizionatori, tutti ottimali:

$$P_h = \begin{cases} \Sigma_2 & \text{per il metodo di Dirichlet-Neumann,} \\ \Sigma_1 & \text{per il metodo di Neumann-Dirichlet,} \\ (\sigma_1 \Sigma_1^{-1} + \sigma_2 \Sigma_2^{-1})^{-1} & \text{per il metodo di Neumann-Neumann,} \\ (\gamma_1 + \gamma_2)^{-1}(\gamma_1 I + \Sigma_1)(\gamma_2 I + \Sigma_2) & \text{per il metodo di Robin-Robin.} \end{cases}$$
$$(18.65)$$

Anticipiamo il fatto che nel caso si usino partizioni del dominio computazionale Ω con molti sotto-domini, tale risultato non risulta più essere valido.

Ora, dalla teoria della convergenza del metodo iterativo di Richardson, sappiamo che, nel caso in cui sia Σ che P_h siano simmetriche e definite positive, la velocità di convergenza ottimale è data da

$$\rho = \frac{K_2(P_h^{-1}\Sigma) - 1}{K_2(P_h^{-1}\Sigma) + 1},$$

nel senso che $\|\boldsymbol{\lambda}^n - \boldsymbol{\lambda}\|_\Sigma \leq \rho^n \|\boldsymbol{\lambda}^0 - \boldsymbol{\lambda}\|_\Sigma$, $n \geq 0$, essendo $\|\boldsymbol{v}\|_\Sigma = (\boldsymbol{v}^T \Sigma \boldsymbol{v})^{1/2}$. Pertanto tale velocità è indipendente da h.

18.4 Generalizzazione al caso di più sotto-domini

Vogliamo ora generalizzare i risultati ottenuti nelle sezioni precedenti al caso in cui il dominio Ω sia suddiviso in un numero $M > 2$ arbitrario di sotto-domini (vedremo svariati esempi nel seguito).

Indichiamo con Ω_i, con $i = 1, \ldots, M$, dei sotto-domini senza sovrapposizione tali che $\cup \overline{\Omega}_i = \overline{\Omega}$, $\Gamma_i = \partial \Omega_i \setminus \partial \Omega$ e $\Gamma = \cup \Gamma_i$.

Nel caso del problema di Poisson (3.14), la formulazione multidomini (18.23) si può generalizzare nel modo seguente

$$
\begin{cases}
-\triangle u_i = f & \text{in } \Omega_i, \\
u_i = u_k & \text{su } \Gamma_{ik}, \ \forall k \in \mathcal{A}(i), \\
\dfrac{\partial u_i}{\partial n_i} = \dfrac{\partial u_k}{\partial n_i} & \text{su } \Gamma_{ik}, \ \forall k \in \mathcal{A}(i), \\
u_i = 0 & \text{su } \partial \Omega_i \cap \partial \Omega,
\end{cases}
\tag{18.66}
$$

essendo $i = 1, \ldots, M$, $\Gamma_{ik} = \partial \Omega_i \cap \partial \Omega_k \neq \emptyset$, $\mathcal{A}(i)$ l'insieme degli indici k t.c. Ω_k è adiacente a Ω_i, e dove $\mathbf{n}_i$ indica la normale esterna al sotto-dominio Ω_i.

A livello discreto, possiamo supporre di aver approssimato il problema (3.14) con il metodo agli elementi finiti. Seguendo le idee presentate nella Sez. 18.3 ed indicando con $\mathbf{u} = (\mathbf{u}_I, \mathbf{u}_\Gamma)^T$ il vettore delle incognite scomposto in quelle relative ai nodi interni $(\mathbf{u}_I)$ e a quelli sull'interfaccia Γ $(\mathbf{u}_\Gamma)$, si può pervenire alla formulazione algebrica

$$
\begin{bmatrix} A_{II} & A_{I\Gamma} \\ A_{\Gamma I} & A_{\Gamma\Gamma} \end{bmatrix} \begin{bmatrix} \mathbf{u}_I \\ \mathbf{u}_\Gamma \end{bmatrix} = \begin{bmatrix} \mathbf{f}_I \\ \mathbf{f}_\Gamma \end{bmatrix},
\tag{18.67}
$$

essendo $A_{\Gamma I} = A_{I\Gamma}^T$. Osserviamo che A_{II} è una matrice diagonale a blocchi

$$
A_{II} = \begin{bmatrix} A_{\Omega_1, \Omega_1} & 0 & \ldots & 0 \\ 0 & \ddots & & \vdots \\ \vdots & & \ddots & 0 \\ 0 & \ldots & 0 & A_{\Omega_M, \Omega_M} \end{bmatrix},
\tag{18.68}
$$

mentre $A_{I\Gamma}$ è una matrice a banda, essendoci solo intersezioni fra interfacce Γ_i appartenenti allo stesso sotto-dominio. Le notazioni sono le seguenti:

$$
(A_{\Omega_i, \Omega_i})_{lj} = a_i(\varphi_j, \varphi_l), \ 1 \leq l, j \leq N_i,
$$

$$
(A_{\Gamma\Gamma}^{(i)})_{sr} = a_i(\psi_r, \psi_s), \ \ 1 \leq r, s \leq N_{\Gamma_i},
$$

$$
(A_{\Omega_i, \Gamma})_{lr} = a_i(\psi_r, \varphi_l), \ 1 \leq r \leq N_{\Gamma_i} \quad 1 \leq l \leq N_i,
$$

essendo N_i il numero di nodi interni di Ω_i, N_{Γ_i} quello dei nodi sull'interfaccia Γ_i, φ_j e ψ_r le funzioni di base associate ai nodi interni e di interfaccia, rispettivamente.

Osserviamo che su ciascun sotto-dominio Ω_i la matrice

$$
A_i = \begin{bmatrix} A_{\Omega_i, \Omega_i} & A_{\Omega_i, \Gamma} \\ A_{\Gamma, \Omega_i} & A_{\Gamma\Gamma}^{(i)} \end{bmatrix}
\tag{18.69}
$$

è quella che si otterrebbe risolvendo un problema di Neumann locale in Ω_i.

La matrice A_{II} è non singolare, e dunque dalla (18.67) possiamo ricavare

$$\mathbf{u}_I = A_{II}^{-1}(\mathbf{f}_I - A_{I\Gamma}\mathbf{u}_\Gamma). \tag{18.70}$$

Eliminando l'incognita $\mathbf{u}_I$ del sistema (18.67), si ha

$$A_{\Gamma\Gamma}\mathbf{u}_\Gamma = \mathbf{f}_\Gamma - A_{\Gamma I}A_{II}^{-1}(\mathbf{f}_I - A_{I\Gamma}\mathbf{u}_\Gamma),$$

ovvero

$$\left(A_{\Gamma\Gamma} - A_{\Gamma I}A_{II}^{-1}A_{I\Gamma}\right)\mathbf{u}_\Gamma = \mathbf{f}_\Gamma - A_{\Gamma I}A_{II}^{-1}\mathbf{f}_I. \tag{18.71}$$

Ora ponendo

$$\Sigma = A_{\Gamma\Gamma} - A_{\Gamma I}A_{II}^{-1}A_{I\Gamma} \quad \text{e} \quad \chi_\Gamma = \mathbf{f}_\Gamma - A_{\Gamma I}A_{II}^{-1}\mathbf{f}_I,$$

ed introducendo $\boldsymbol{\lambda} = \mathbf{u}_\Gamma$, la (18.71) diviene

$$\Sigma\boldsymbol{\lambda} = \chi_\Gamma. \tag{18.72}$$

Σ è il complemento di Schur della matrice (18.67) ottenuto rispetto alle incognite di interfaccia. Il sistema (18.72) può dunque considerarsi l'approssimazione agli elementi finiti del problema all'interfaccia di Steklov-Poincaré nel caso di M sotto-domini.

Notiamo che, definiti i complementi di Schur locali,

$$\Sigma_i = A_{\Gamma\Gamma}^{(i)} - A_{\Gamma,\Omega_i}A_{\Omega_i,\Omega_i}^{-1}A_{\Omega_i,\Gamma}, \quad i = 1, \dots M,$$

si ha

$$\Sigma = \Sigma_1 + \dots + \Sigma_M.$$

Un algoritmo generale per risolvere il problema di Poisson su Ω potrà dunque essere così formulato:

1. calcolare la soluzione di (18.72) per ottenere il valore di $\boldsymbol{\lambda}$ sull'interfaccia Γ;
2. risolvere (18.70) e, poiché A_{II} è una matrice diagonale a blocchi, ciò comporta la risoluzione (in parallelo) di M problemi indipendenti di dimensione ridotta su ciascun sotto-dominio, ovvero $A_{\Omega_i,\Omega_i}\mathbf{u}_I^i = \mathbf{g}^i$, $i = 1, \dots, M$.

Si può dimostrare che vale la seguente stima per il numero di condizionamento di Σ: esiste una costante $C > 0$, indipendente da h e H_{min}, H_{max}, tale che

$$K_2(\Sigma) \le C\frac{H}{hH_{min}^2}, \tag{18.73}$$

essendo H_{max} il diametro massimo dei sotto-domini e H_{min} quello minimo.

18.4.1 Alcuni risultati numerici

Consideriamo il problema di Poisson (3.14) sul dominio $\Omega = (0,1)^2$ la cui formulazione ad elementi finiti è data dalla (4.40).

Decomponiamo il dominio Ω in M regioni quadrate Ω_i, di dimensione caratteristica H, tali che $\cup_{i=1}^{M} \overline{\Omega_i} = \overline{\Omega}$. Un esempio di tale decomposizione basata su 4 sotto-domini è riportato in Fig. 18.5 (sulla sinistra).

In Tabella 18.1 riportiamo i valori numerici di $K_2(\Sigma)$ relativi al problema in esame; esso cresce linearmente con $1/h$ e con $1/H$, come indicato dalla formula (18.73). In Fig. 18.5 (sulla destra) riportiamo il *pattern* della matrice Σ associata alle scelte $h = 1/8$ e $H = 1/2$. La matrice ha una struttura a blocchi, che tiene conto delle interfacce Γ_1, Γ_2, Γ_3 e Γ_4, più il contributo dovuto al punto di intersezione Γ_c delle quattro interfacce. Si osservi che Σ è *densa*. Per questo motivo, quando si utilizzano metodi iterativi per risolvere il sistema (18.72), non è conveniente, dal punto di vista dell'occupazione di memoria, calcolare in modo esplicito gli elementi di Σ. Al contrario, usando l'**Algoritmo 18.1** è possibile calcolare il prodotto $\Sigma \mathbf{x}_\Gamma$, per ogni vettore $\mathbf{x}_\Gamma$. Abbiamo indicato con $R_{\Gamma_i} : \Gamma \to \Gamma_i = \partial\Omega_i \setminus \partial\Omega$ un opportuno operatore di restrizione, mentre $\mathbf{x} \leftarrow \mathbf{y}$ indica l'operazione $\mathbf{x} = \mathbf{x} + \mathbf{y}$.

Tabella 18.1. Numero di condizionamento del complemento di Schur Σ

$K_2(\Sigma)$	$H = 1/2$	$H = 1/4$	$H = 1/8$
$h=1/8$	9.77	14.83	25.27
$h=1/16$	21.49	35.25	58.60
$h=1/32$	44.09	75.10	137.73
$h=1/64$	91.98	155.19	290.43

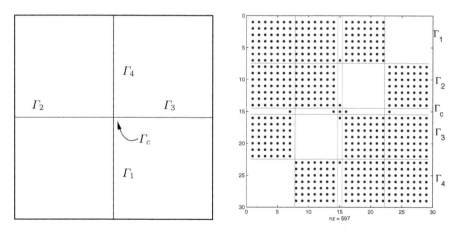

Figura 18.5. Esempio di decomposizione del dominio $\Omega = (0,1)^2$ in quattro sotto-domini quadrati (a sinistra). Pattern di sparsità del complemento di Schur Σ (sulla destra) associato alla decomposizione di domini riportata sulla sinistra

Algoritmo 18.1 (applicazione del complemento di Schur)

Dato $\mathbf{x}_\Gamma$, calcolare $\mathbf{y}_\Gamma = \Sigma\mathbf{x}_\Gamma$ nel modo seguente:

a. Porre $\mathbf{y}_\Gamma = \mathbf{0}$

b. For $i = 1,\dots,M$ Do in parallelo:

c. $\mathbf{x}_i = R_{\Gamma_i}\mathbf{x}_\Gamma$

d. $\mathbf{z}_i = A_{\Omega_i,\Gamma_i}\mathbf{x}_i$

e. $\mathbf{z}_i \leftarrow A_{\Omega_i,\Omega_i}^{-1}\mathbf{z}_i$

f.   sommare nel vettore locale $\mathbf{y}_{\Gamma_i} \leftarrow A_{\Gamma_i,\Gamma_i}\mathbf{x}_i - A_{\Gamma_i,\Omega_i}\mathbf{z}_i$

g.   sommare nel vettore globale $\mathbf{y}_\Gamma \leftarrow R_{\Gamma_i}^T\mathbf{y}_{\Gamma_i}$

h. EndFor

Si osservi che tale algoritmo è completamente parallelo, non essendo richiesta alcuna comunicazione tra i vari sotto-domini.

Prima di utilizzare per la prima volta il complemento di Schur, è necessario avviare una fase di startup descritta nell'**Algoritmo 18.2**. Questo è un calcolo *off-line*.

Algoritmo 18.2 (fase di startup per la risoluzione del sistema associato al complemento di Schur)

Dato $\mathbf{x}_\Gamma$, calcolare $\mathbf{y}_\Gamma = \Sigma\mathbf{x}_\Gamma$ nel modo seguente:

a. For $i = 1,\dots,M$ Do in parallelo:

b.   Costruire la matrice A_i

c.   Riordinare A_i come

$$A_i = \begin{pmatrix} A_{\Omega_i,\Omega_i} & A_{\Omega_i,\Gamma_i} \\ A_{\Gamma_i,\Omega_i} & A_{\Gamma_i,\Gamma_i} \end{pmatrix}$$

ed estrarre le sotto-matrici A_{Ω_i,Ω_i}, A_{Ω_i,Γ_i}, A_{Γ_i,Ω_i} e A_{Γ_i,Γ_i}

d.   Calcolare una fattorizzazione (di tipo LU o Cholesky) di A_{Ω_i,Ω_i}

e. EndFor

18.5 Precondizionatori nel caso di più sotto-domini

Prima di introdurre precondizionatori del complemento di Schur nel caso in cui il dominio Ω sia partizionato in più sotto-domini, ricordiamo la seguente definizione:

Definizione 18.1 *Si definisce* scalabile *un precondizionatore di Σ che permette di ottenere una matrice precondizionata $P_h^{-1}\Sigma$ con un numero di condizionamento indipendente dal numero di sotto-domini.*

I metodi iterativi con precondizionatori scalabili consentono di ottenere velocità di convergenza indipendenti dal numero dei sotto-domini. Tale proprietà è senza dubbio auspicabile nel momento in cui si ricorra ad un calcolo parallelo su molti processori.

Definiamo un *operatore di restrizione* R_i che associa ad un vettore $\mathbf{v}_h$ del dominio globale Ω la sua restrizione al sotto-dominio Ω_i

$$R_i : \mathbf{v}_{h|\Omega} \to \mathbf{v}^i_{h|\Omega_i \cup \Gamma_i}.$$

Sia inoltre R_i^T

$$R_i^T : \mathbf{v}^i_{h|\Omega_i \cup \Gamma_i} \to \mathbf{v}_{h|\Omega}$$

l'*operatore di estensione (o prolungamento)* a zero di $\mathbf{v}^i_h$. In forma algebrica R_i può essere rappresentato da una matrice che coincide con la matrice identità in corrispondenza del sotto-dominio Ω_i a cui essa è associata:

$$R_i = \begin{bmatrix} 0 \dots 0 & 1 & & & 0 \dots 0 \\ \vdots \ddots \vdots & & \ddots & & \vdots \ddots \vdots \\ 0 \dots 0 & & & 1 & 0 \dots 0 \end{bmatrix}.$$
$$\underbrace{\qquad\qquad\qquad}_{\Omega_i}$$

Un possibile precondizionatore per Σ è

$$P_h = \sum_{i=1}^{M} R_{\Gamma_i}^T \Sigma_i R_{\Gamma_i}.$$

Esso agisce sui vettori i cui valori sono associati ai soli nodi della griglia che "vivono" sull'unione delle interfacce.

Più in generale, l'idea seguita per costruire un precondizionatore è di combinare opportunamente i contributi dovuti ai precondizionatori locali, ovvero che si possono costruire sui singoli sotto-domini, con uno globale ottenuto a partire da una griglia più grossolana (*coarse*) di Ω, ad esempio quella i cui elementi sono i sotto-domini stessi di Ω. Possiamo formalizzare questa idea attraverso la seguente definizione

$$(P_h)^{-1} = \sum_{i=1}^{M} R_{\Gamma_i}^T P_{i,h}^{-1} R_{\Gamma_i} + R_{\Gamma}^T P_H^{-1} R_{\Gamma}.$$

Abbiamo indicato con H la massima ampiezza dei diametri H_i dei sotto-domini Ω_i, mentre R_Γ e P_H si riferiscono a operatori che agiscono sulla scala globale (la griglia *coarse*). Esistono diverse scelte possibili per il precondizionatore locale $P_{i,h}$ di Σ_i che daranno luogo ad andamenti differenti per quel che concerne la convergenza dell'algoritmo adottato per risolvere il problema. Descriviamo di seguito i più classici. Per la descrizione di altri precondizionatori (quali ad esempio FETI, FETI-DP, BDDC) rinviamo ad esempio a [TW05], [Qua14].

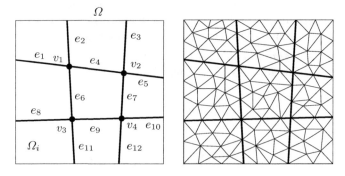

Figura 18.6. A sinistra, esempio di decomposizione in più sotto-domini. A destra, esempio di griglia fine (quella dei triangoli) e griglia *coarse* (quella dei 9 quadrilateri) su Ω

18.5.1 Il precondizionatore di Jacobi

Sia $\{e_1, \ldots, e_m\}$ l'insieme dei lati e $\{v_1, \ldots, v_n\}$ l'insieme dei vertici di una partizione del dominio Ω (si veda per un esempio la Fig. 18.6).
Per la matrice Σ possiamo fornire la seguente rappresentazione a blocchi

$$\Sigma = \begin{bmatrix} \Sigma_{ee} & \Sigma_{ev} \\ \Sigma_{ev}^T & \Sigma_{vv} \end{bmatrix},$$

essendo

$$\Sigma_{ee} = \begin{bmatrix} \Sigma_{e_1 e_1} & \cdots & \Sigma_{e_1 e_m} \\ \vdots & \ddots & \vdots \\ \Sigma_{e_m e_1} & \cdots & \Sigma_{e_m e_m} \end{bmatrix}, \quad \Sigma_{ev} = \begin{bmatrix} \Sigma_{e_1 v_1} & \cdots & \Sigma_{e_1 v_n} \\ \vdots & \ddots & \vdots \\ \Sigma_{e_m v_1} & \cdots & \Sigma_{e_m v_n} \end{bmatrix}$$

e

$$\Sigma_{vv} = \begin{bmatrix} \Sigma_{v_1 v_1} & 0 & \cdots & 0 \\ 0 & \ddots & & \vdots \\ \vdots & & \ddots & 0 \\ 0 & \cdots & 0 & \Sigma_{v_n v_n} \end{bmatrix}.$$

Il *precondizionatore di Jacobi* del complemento di Schur Σ è una matrice diagonale a blocchi definita da

$$P_h^J = \begin{bmatrix} \hat{\Sigma}_{ee} & 0 \\ 0 & \Sigma_{vv} \end{bmatrix}$$

dove $\hat{\Sigma}_{ee}$ coincide con la stessa Σ_{ee} oppure è una sua opportuna approssimazione. Esso tiene conto in alcun modo delle interazioni tra le funzioni di base associate ai lati e quelle associate ai vertici. Anche la matrice $\hat{\Sigma}_{ee}$ è diagonale a blocchi essendo data da

$$\hat{\Sigma}_{ee} = \begin{bmatrix} \hat{\Sigma}_{e_1 e_1} & 0 & \cdots & 0 \\ 0 & \ddots & & \vdots \\ \vdots & & \ddots & 0 \\ 0 & \cdots & 0 & \hat{\Sigma}_{e_m e_m} \end{bmatrix}.$$

$\hat{\Sigma}_{e_k e_k}$ coincide con $\Sigma_{e_k e_k}$ o con una sua opportuna approssimazione.

Il precondizionatore P_h^J può essere anche espresso in funzione degli operatori di restrizione e di prolungamento nel seguente modo

$$\left(P_h^J\right)^{-1} = \sum_{k=1}^{m} R_{e_k}^T \hat{\Sigma}_{e_k e_k}^{-1} R_{e_k} + R_v^T \Sigma_{vv}^{-1} R_v , \qquad (18.74)$$

dove R_{e_k} e R_v sono gli operatori di restrizione sui lati e sui vertici, rispettivamente.

Si può dimostrare il risultato seguente sul numero di condizionamento: esiste una costante $C > 0$, indipendente da h e H, tale che

$$K_2\left((P_h^J)^{-1}\Sigma\right) \leq C H^{-2} \left(1 + \log \frac{H}{h}\right)^2 .$$

Se si usasse il metodo del gradiente coniugato per risolvere il sistema di Schur (18.72) con precondizionatore P_h^J, il numero di iterazioni necessarie per la convergenza (nei limiti di tolleranza stabilita) sarebbe proporzionale a H^{-1}. La presenza di H indica che questo precondizionatore non è scalabile.

Osserviamo inoltre che la presenza del termine $\log(H/h)$ introduce un legame (seppur labile) tra la dimensione di ciascun sotto-dominio e quella degli elementi della griglia computazionale $\mathcal{T}_h$. Ciò genera una propagazione dell'informazione tra i vari sotto-domini caratterizzata da una velocità finita anziché infinita.

18.5.2 Il precondizionatore di Bramble-Pasciak-Schatz

Per accelerare la velocità di propagazione delle informazioni all'interno del dominio Ω, bisogna ricorrere ad un accoppiamento globale. Dopo aver partizionato Ω in sotto-domini, si può considerare questa stessa decomposizione come una griglia lasca (*coarse*) $\mathcal{T}_H$ del dominio. In Fig. 18.6, per esempio, la griglia $\mathcal{T}_H$ è composta da 9 elementi e 4 nodi interni. Ad essa si può associare una matrice di rigidezza A_H di dimensione 4×4 che garantisce un accoppiamento globale all'interno del dominio Ω. Possiamo inoltre introdurre un operatore di restrizione $R_H : \Gamma_h \to \Gamma_H$, definito sui nodi delle interfacce Γ_h a valori sui nodi interni della griglia grossolana. Il suo trasposto R_H^T è sempre l'operatore di estensione.

La matrice P_h^{BPS}, la cui inversa è definita da

$$(P_h^{BPS})^{-1} = \sum_{k=1}^{m} R_{e_k}^T \hat{\Sigma}_{e_k e_k}^{-1} R_{e_k} + R_H^T A_H^{-1} R_H , \qquad (18.75)$$

è il cosiddetto precondizionatore di Bramble-Pasciak-Schatz. A differenza di quello di Jacobi (18.74), nel secondo addendo non compare più una matrice legata ai vertici (che non fornisce alcun accoppiamento interno, dal momento che ciascun vertice comunica soltanto con se stesso rendendo Σ_{vv} diagonale), bensì la matrice di rigidezza globale A_H. Valgono i seguenti risultati:

$$K_2\left((P_h^{BPS})^{-1}\Sigma\right) \leq C\left(1 + \log\frac{H}{h}\right)^2 \quad \text{in 2D},$$

$$K_2\left((P_h^{BPS})^{-1}\Sigma\right) \leq C\frac{H}{h} \quad \text{in 3D}.$$

Come si può osservare non compare più il fattore H^{-2}. Il numero di iterazioni del gradiente coniugato precondizionato con P_h^{BPS} è proporzionale a $\log(H/h)$ in 2D, a $(H/h)^{1/2}$ in 3D.

18.5.3 Il precondizionatore di Neumann-Neumann

Il precondizionatore di Bramble-Pasciak-Schatz introduce un miglioramento sul numero di condizionamento della matrice associata al problema di Schur precondizionato, tuttavia nel caso 3D si ha ancora una dipendenza lineare da H/h. Si consideri allora il precondizionatore, detto di Neumann-Neumann, il cui inverso è

$$(P_h^{NN})^{-1} = \sum_{i=1}^{M} R_{\Gamma_i}^T D_i \Sigma_i^{-1} D_i R_{\Gamma_i}; \tag{18.76}$$

R_{Γ_i} designa ancora l'operatore di restrizione di Γ ai valori sulle interfacce locali Γ_i,

$$D_i = \begin{bmatrix} d_1 & & \\ & \ddots & \\ & & d_n \end{bmatrix}$$

è una matrice diagonale di pesi positivi $d_j > 0$, per $j = 1, \ldots, n$, essendo n il numero di nodi su Γ_i; per la precisione, d_j coincide con l'inverso del numero di sotto-domini che condividono lo stesso nodo j-esimo. Ad esempio, se si considerano i quattro nodi interni in Fig. 18.6, si avrà $d_j = 1/4$, per $j = 1, \ldots, 4$.
Per il precondizionatore (18.76) vale la seguente stima: esiste una costante $C > 0$, indipendente da h e H, tale che

$$K_2\left((P_h^{NN})^{-1}\Sigma\right) \leq CH^{-2}\left(1 + \log\frac{H}{h}\right)^2.$$

La presenza di D_i e R_{Γ_i} in (18.76) comporta solo l'effettuazione di prodotti tra matrici. D'altro canto, l'applicazione di Σ_i^{-1} ad un vettore noto si può ricondurre a quella delle inverse locali A_i^{-1}. In effetti, sia $\mathbf{q}$ un vettore le cui componenti sono i valori nodali sull'interfaccia locale Γ_i; allora

$$\Sigma_i^{-1}\mathbf{q} = [0, I]A_i^{-1}[0, I]^T\mathbf{q}.$$

In particolare, $[0, I]^T \mathbf{q} = [0, \mathbf{q}]^T$, e il prodotto matrice vettore

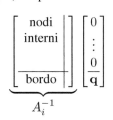

$$\underbrace{\begin{bmatrix} \boxed{\begin{array}{c} \text{nodi} \\ \text{interni} \end{array}} \\ \hline \boxed{\text{bordo}} \end{bmatrix}}_{A_i^{-1}} \begin{bmatrix} 0 \\ \vdots \\ 0 \\ \mathbf{q} \end{bmatrix}$$

corrisponde alla risoluzione sul sotto-dominio Ω_i del problema di Neumann

$$\begin{cases} -\triangle w_i = 0 \text{ in } \Omega_i, \\ \dfrac{\partial w_i}{\partial n} = q \quad \text{su } \Gamma_i. \end{cases} \tag{18.77}$$

Algoritmo 18.3 (precondizionatore Neumann-Neumann)
Dato il vettore $\mathbf{r}_\Gamma$, calcolare $\mathbf{z}_\Gamma = (P_h^{NN})^{-1}\mathbf{r}_\Gamma$ nel modo seguente:

a. Porre $\mathbf{z}_\Gamma = \mathbf{0}$

b. For $i = 1,\dots,M$ Do in parallelo:

c.   restringere il residuo su Ω_i: $\mathbf{r}_i = R_{\Gamma_i}\mathbf{r}_\Gamma$

d. $\mathbf{z}_i = [0, I]A_i^{-1}[0, \mathbf{r}_i]^T$

e.   Aggiungere nel residuo globale: $\mathbf{z}_\Gamma \leftarrow R_{\Gamma_i}^T \mathbf{z}_i$

f. EndFor

Anche in questo caso è richiesta una fase di startup: questa consiste semplicemente nel preparare il codice per la risoluzione del sistema lineare con matrice dei coefficienti A_i. Si osservi che, nel caso del nostro problema modello (3.14), la matrice A_i è singolare se Ω_i è un dominio interno, ovvero se $\partial\Omega_i \setminus \partial\Omega = \emptyset$. Una delle seguenti strategie deve essere dunque adottata:

1. calcolare la fattorizzazione LU di $A_i + \epsilon I$, con $\epsilon > 0$ opportunamente piccolo ed assegnato;
2. calcolare la fattorizzazione LU di $A_i + \dfrac{1}{H^2}M_i$, dove M_i è la matrice di massa

$$(M_i)_{k,j} = \int_{\Omega_i} \varphi_k\varphi_j \, d\Omega_i;$$

3. calcolare la decomposizione ai valori singolari di A_i;

4. utilizzare un solutore iterativo per calcolare $A_i^{-1}\mathbf{r}_i$, per un certo $\mathbf{r}_i$.

Per i nostri risultati numerici abbiamo adottato il terzo approccio. La storia di convergenza per il metodo del gradiente coniugato precondizionato con la matrice P_h^{NN} in corrispondenza della scelta $h = 1/32$ è riportata in Fig. 18.7. In Tabella 18.2 riportiamo infine i valori del numero di condizionamento per la matrice precondizionata $(P_h^{NN})^{-1}\Sigma$ in corrispondenza di scelte differenti per H.

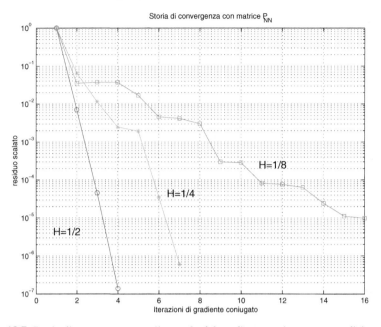

Figura 18.7. Storia di convergenza per il metodo del gradiente coniugato precondizionato con la matrice P_h^{NN} e per $h = 1/32$

Osserviamo che il precondizionatore di Neumann-Neumann non è scalabile. Al fine di introdurre un meccanismo di griglia *coarse*, il precondizionatore definito dalla (18.76) si può modificare come segue (si veda [TW05, Sect. 6.2.1])

$$\left(P_h^{BNN}\right)^{-1} \Sigma = P_0 + (I - P_0) \left(\left(P_h^{NN}\right)^{-1} \Sigma\right) (I - P_0) \tag{18.78}$$

dove si è indicato, per semplicità di notazione, $P_0 = \overline{R}_0^T \Sigma_0^{-1} \overline{R}_0 \Sigma$, $\Sigma_0 = \overline{R}_0 \Sigma \overline{R}_0^T$, e $\overline{R}_0$ indica la restrizione da Σ sullo scheletro della griglia *coarse*.
La matrice P_h^{BNN} costituisce il cosiddetto *precondizionatore di Neumann-Neumann con bilanciamento*.

Tabella 18.2. Numero di condizionamento per la matrice precondizionata $\left(P_h^{NN}\right)^{-1} \Sigma$

$K_2((P_h^{NN})^{-1}\Sigma)$	$H = 1/2$	$H = 1/4$	$H = 1/8$	$H = 1/16$
$h = 1/16$	2.55	15.20	47.60	-
$h = 1/32$	3.45	20.67	76.46	194.65
$h = 1/64$	4.53	26.25	105.38	316.54
$h = 1/128$	5.79	31.95	134.02	438.02

Sia in 2D che in 3D esiste una costante $C > 0$, indipendente da h e H, t.c.

$$K_2\left((P_h^{BNN})^{-1}\Sigma\right) \le C\left(1 + \log\frac{H}{h}\right)^2.$$

Si è dunque migliorato il numero di condizionamento rispetto al precondizionatore di Bramble-Pasciak-Schatz per il quale, nel caso 3D, si aveva ancora dipendenza da H. Il precondizionatore di Neumann-Neumann con bilanciamento garantisce la scalabilità ottimale a meno di una dipendenza logaritmica da H e h.

Il precondizionatore di Neumann-Neumann con bilanciamento aggiunge una matrice *coarse* A_H alle correzioni locali introdotte dal precondizionatore di Neumann-Neumann. La matrice A_H viene costruita utilizzando l'Algoritmo 18.4:

Algoritmo 18.4 (costruzione della matrice *coarse* per P_h^{BNN})

a. Costruire l'operatore di restrizione $\bar{R}_0$ che restituisce, per ogni sotto-dominio, la somma pesata dei valori in tutti i nodi sul bordo di quel sotto-dominio.
   I pesi sono determinati dall'inverso del numero di sotto-domini che contengono ogni nodo i

b. Costruire la matrice $\Sigma_0 = \bar{R}_0\Sigma\bar{R}_0^T$

Il passo a. di tale Algoritmo è computazionalmente molto economico. Al contrario il passo b. richiede molti (ad esempio, ℓ) prodotti matrice-vettore con il complemento di Schur Σ. Poiché Σ non è costruita esplicitamente, ciò significa dover risolvere $\ell \times M$ problemi di Dirichlet per generare la matrice A_H. Osserviamo inoltre che l'operatore di restrizione introdotto al passo a. definisce uno spazio *coarse* le cui funzioni di base sono costanti a tratti su ciascun Γ_i. Per questo motivo, il precondizionatore di Neumann-Neumann con bilanciamento è spesso una scelta obbligata quando la griglia di discretizzazione, la decomposizione in sotto-domini, o entrambe, siano non strutturate (si veda, ad esempio, la Fig. 18.8). Un algoritmo che implementa il precondizionatore P_h^{BNN} nell'ambito del metodo del gradiente coniugato per la risoluzione del problema di interfaccia (18.72) è presentato in [TW05, Sect. 6.2.2].

Tabella 18.3. Numero di condizionamento di $(P_h^{BNN})^{-1}\Sigma$ al variare di H

$K_2((P_h^{BNN})^{-1}\Sigma)$	$H = 1/2$	$H = 1/4$	$H = 1/8$	$H = 1/16$
$h = 1/16$	1.67	1.48	1.27	-
$h = 1/32$	2.17	2.03	1.47	1.29
$h = 1/64$	2.78	2.76	2.08	1.55
$h = 1/128$	3.51	3.67	2.81	2.07

Confrontando i risultati numerici ottenuti per il complemento di Schur e il precondizionatore di Neumann-Neumann, con e senza bilanciamento, possiamo trarre le seguenti conclusioni:

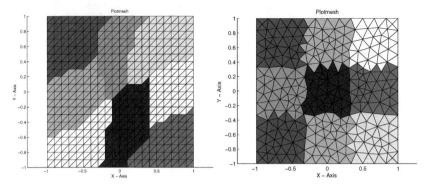

Figura 18.8. Esempio di decomposizione non strutturata in 8 sotto-domini, per una griglia strutturata (a sinistra) e non strutturata (a destra)

- anche se meglio condizionata rispetto ad A, Σ è mal-condizionata, e perciò è comunque necessario ricorrere ad un opportuno precondizionatore;
- il precondizionatore di Neumann-Neumann può essere applicato in modo soddisfacente solo quando si usi un numero relativamente piccolo di sotto-domini;
- il precondizionatore di Neumann-Neumann con bilanciamento è quasi ottimale e scalabile e dunque consigliabile nel caso in cui il numero dei sotto-domini sia grande.

18.6 I metodi iterativi di Schwarz

Il metodo di Schwarz, nella forma originaria descritta in Sez. 18.1.1, è stato proposto da H. Schwarz [Sch69] come schema iterativo per dimostrare l'esistenza della soluzione delle equazioni ellittiche definite su domini la cui forma non si presta ad un uso diretto della serie di Fourier. Due esempi elementari sono riportati in Fig. 18.9. Sebbene venga ancora utilizzato come metodo di soluzione per tali equazioni su domini di forma generica, oggi esso è più comunemente impiegato come precondizionatore di tipo DD per schemi iterativi quali il gradiente coniugato o i metodi di Krylov nella risoluzione dei sistemi algebrici derivanti dalla discretizzazione di problemi differenziali alle derivate parziali, quale ad esempio (18.2).

Riprendiamo per il momento l'idea generale già esposta nella Sez. 18.1.1. Una caratteristica distintiva del metodo di Schwarz è che esso si basa su di una suddivisione del dominio computazionale in sotto-domini con sovrapposizione. Indichiamo ancora con $\{\Omega_m\}$ tali sotto-domini. Per incominciare, nella prossima sezione mostreremo come formulare il metodo di Schwarz direttamente come metodo iterativo per la risoluzione del sistema algebrico associato alla discretizzazione del problema (18.2) con il metodo degli elementi finiti.

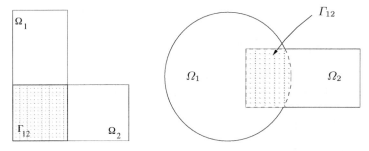

Figura 18.9. Esempio di due domini a cui si può applicare il metodo di Schwarz nella sua forma classica

18.6.1 Forma algebrica dei metodi di Schwarz per una discretizzazione ad elementi finiti

Si consideri la solita triangolazione $\mathcal{T}_h$ di un dominio Ω in elementi finiti. Supponiamo inoltre che il dominio Ω sia decomposto in due sotto-domini, Ω_1 ed Ω_2, con sovrapposizione come mostrato in Fig. 18.1 (a sinistra).

Indichiamo con N_h il numero totale dei nodi della triangolazione interni a Ω e, come fatto in Sez. 18.3, con N_1 e N_2, rispettivamente, i nodi interni a Ω_1 e Ω_2. Osserviamo che $N_h \leq N_1 + N_2$ e che l'uguaglianza vale soltanto se la sovrapposizione si riduce ad una singola striscia di elementi. In effetti, indicato con $I = \{1, \ldots, N_h\}$ l'insieme degli indici dei nodi di Ω, con I_1 e I_2 quelli associati, rispettivamente, ad Ω_1 ed Ω_2, si ha che $I = I_1 \cup I_2$, mentre $I_1 \cap I_2 \neq \emptyset$ a meno che la sovrapposizione non si riduca ad una singola striscia di elementi.

Ordiniamo i nodi nei tre blocchi in modo tale che il primo blocco corrisponda ai nodi di $\Omega_1 \setminus \Omega_2$, il secondo a $\Omega_1 \cap \Omega_2$, e il terzo a $\Omega_2 \setminus \Omega_1$. La matrice di rigidezza A dell'approssimazione ad elementi finiti contiene due sotto-matrici, A_1 ed A_2, che corrispondono, rispettivamente, alle matrici di rigidezza locali associate ai problemi di Dirichlet in Ω_1 e Ω_2 (si veda la Fig. 18.10). Esse sono legate ad A dalle seguenti

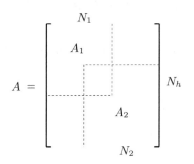

Figura 18.10. Le sotto-matrici A_1 ed A_2 della matrice di rigidezza A

espressioni

$$A_1 = R_1 A R_1^T \in \mathbb{R}^{N_1 \times N_1} \quad \text{e} \quad A_2 = R_2 A R_2^T \in \mathbb{R}^{N_2 \times N_2}, \tag{18.79}$$

essendo R_i ed R_i^T, con $i = 1, 2$, operatori di restrizione e di prolungamento, rispettivamente, la cui rappresentazione matriciale è data da

$$R_1^T = \begin{bmatrix} \begin{matrix} 1 \dots 0 \\ \vdots \ddots \vdots \\ 0 \dots 1 \end{matrix} \\ \mathbf{0} \end{bmatrix} \in \mathbb{R}^{N_h \times N_1}, \qquad R_2^T = \begin{bmatrix} \mathbf{0} \\ \begin{matrix} 1 \dots 0 \\ \vdots \ddots \vdots \\ 0 \dots 1 \end{matrix} \end{bmatrix} \in \mathbb{R}^{N_h \times N_2}. \tag{18.80}$$

Se $\mathbf{v}$ è un vettore di $\mathbb{R}^{N_h}$, allora $R_1 \mathbf{v}$ è un vettore di $\mathbb{R}^{N_1}$ le cui componenti coincidono con le prime N_1 componenti di $\mathbf{v}$. Se $\mathbf{v}$ è invece un vettore di $\mathbb{R}^{N_1}$, allora $R_1^T \mathbf{v}$ è un vettore di dimensione N_h le cui ultime $N_h - N_1$ componenti sono nulle.

Sfruttando tali definizioni, possiamo rappresentare un'iterazione del metodo di Schwarz moltiplicativo applicato al sistema $A\mathbf{u} = \mathbf{f}$ nel seguente modo:

$$\mathbf{u}^{(k+1/2)} = \mathbf{u}^{(k)} + R_1^T A_1^{-1} R_1 (\mathbf{f} - A\mathbf{u}^{(k)}), \tag{18.81}$$

$$\mathbf{u}^{(k+1)} = \mathbf{u}^{(k+1/2)} + R_2^T A_2^{-1} R_2 (\mathbf{f} - A\mathbf{u}^{(k+1/2)}). \tag{18.82}$$

Equivalentemente, posto

$$P_i = R_i^T A_i^{-1} R_i A \ , \quad i = 1, 2, \tag{18.83}$$

abbiamo

$$\mathbf{u}^{(k+1/2)} = (I - P_1)\mathbf{u}^{(k)} + P_1 \mathbf{u},$$

$$\mathbf{u}^{(k+1)} = (I - P_2)\mathbf{u}^{(k+1/2)} + P_2 \mathbf{u} = (I - P_2)(I - P_1)\mathbf{u}^{(k)} + (P_1 + P_2 - P_2 P_1)\mathbf{u}.$$

In modo analogo, un'iterazione del metodo di Schwarz additivo diventa

$$\mathbf{u}^{(k+1)} = \mathbf{u}^{(k)} + (R_1^T A_1^{-1} R_1 + R_2^T A_2^{-1} R_2)(\mathbf{f} - A\mathbf{u}^{(k)}), \tag{18.84}$$

ovvero

$$\mathbf{u}^{(k+1)} = (I - P_1 - P_2)\mathbf{u}^{(k)} + (P_1 + P_2)\mathbf{u}. \tag{18.85}$$

Se ora introduciamo le matrici

$$Q_i = R_i^T A_i^{-1} R_i = P_i A^{-1}, \ i = 1, 2,$$

allora dalle (18.81) e (18.82) deriviamo che

$$\mathbf{u}^{(k+1)} = \mathbf{u}^{(k)} + Q_1(\mathbf{f} - A\mathbf{u}^{(k)}) + Q_2[\mathbf{f} - A(\mathbf{u}^{(k)} + Q_1(\mathbf{f} - A\mathbf{u}^{(k)}))]$$

$$= \mathbf{u}^{(k)} + (Q_1 + Q_2 - Q_2 A Q_1)(\mathbf{f} - A\mathbf{u}^{(k)})$$

per il metodo di Schwarz moltiplicativo, mentre, per il caso additivo, ricaviamo dalla (18.84) che

$$\mathbf{u}^{(k+1)} = \mathbf{u}^{(k)} + (Q_1 + Q_2)(\mathbf{f} - A\mathbf{u}^{(k)}). \tag{18.86}$$

Quest'ultima formula può essere facilmente estesa al caso di una decomposizione di Ω in $M \geq 2$ sotto-domini $\{\Omega_i\}$ con sovrapposizione (si veda per un esempio la Fig. 18.11). In tal caso si ha

$$\mathbf{u}^{(k+1)} = \mathbf{u}^{(k)} + \Big(\sum_{i=1}^{M} Q_i \Big)(\mathbf{f} - A\mathbf{u}^{(k)}). \tag{18.87}$$

18.6.2 Il metodo di Schwarz come precondizionatore

Indicato con

$$P_{as} = \Big(\sum_{i=1}^{M} Q_i \Big)^{-1}, \tag{18.88}$$

segue dalla (18.87) che un'iterazione del metodo di Schwarz additivo corrisponde ad un'iterazione dello schema di Richardson precondizionato applicato alla risoluzione del sistema lineare $A\mathbf{u} = \mathbf{f}$ (si veda Sez. 7.2). Per questo motivo, la matrice P_{as} è detta *precondizionatore di Schwarz additivo*.

Analogamente, se introduciamo la matrice precondizionata

$$Q_a = P_{as}^{-1} A = \sum_{i=1}^{M} P_i,$$

un'iterazione del metodo di Schwarz additivo corrisponde ad un'iterazione dello schema di Richardson applicato al sistema $Q_a \mathbf{u} = \mathbf{g}_a$, con $\mathbf{g}_a = P_{as}^{-1} \mathbf{f}$.

Lemma 18.3 *Le matrici P_i definite in (18.83) sono simmetriche e non negative rispetto al prodotto scalare indotto da A,*

$$(\mathbf{w}, \mathbf{v})_A = (A\mathbf{w}, \mathbf{v}) \qquad \forall \mathbf{w}, \mathbf{v} \in \mathbb{R}^{N_h}.$$

Dimostrazione. Abbiamo, per $i = 1, 2$,

$$(P_i\mathbf{w}, \mathbf{v})_A = (AP_i\mathbf{w}, \mathbf{v}) = (R_i^T A_i^{-1} R_i A\mathbf{w}, A\mathbf{v}) = (A\mathbf{w}, R_i^T A_i^{-1} R_i A\mathbf{v})$$

$$= (\mathbf{w}, P_i\mathbf{v})_A, \quad \forall \mathbf{v}, \mathbf{w} \in \mathbb{R}^{N_h}.$$

Inoltre, $\forall \mathbf{v} \in \mathbb{R}^{N_h}$,

$$(P_i\mathbf{v}, \mathbf{v})_A = (AP_i\mathbf{v}, \mathbf{v}) = (R_i^T A_i^{-1} R_i A\mathbf{v}, A\mathbf{v}) = (A_i^{-1} R_i A\mathbf{v}, R_i A\mathbf{v}) \geq 0.$$

$\diamond$

Lemma 18.4 *La matrice precondizionata* Q_a *del metodo di Schwarz additivo è simmetrica e definita positiva rispetto al prodotto scalare indotto da A.*

Dimostrazione. Dimostriamo dapprima la simmetria: per ogni $\mathbf{u}, \mathbf{v} \in \mathbb{R}^{N_h}$, in virtù della simmetria di A e P_i, otteniamo

$$(Q_a\mathbf{u}, \mathbf{v})_A = (AQ_a\mathbf{u}, \mathbf{v}) = (Q_a\mathbf{u}, A\mathbf{v}) = \sum_i (P_i\mathbf{u}, A\mathbf{v})$$

$$= \sum_i (P_i\mathbf{u}, \mathbf{v})_A = \sum_i (\mathbf{u}, P_i\mathbf{v})_A = (\mathbf{u}, Q_a\mathbf{v})_A.$$

Per la positività, scegliendo nelle precedenti identità $\mathbf{u} = \mathbf{v}$, otteniamo

$$(Q_a\mathbf{v}, \mathbf{v})_A = \sum_i (P_i\mathbf{v}, \mathbf{v})_A = \sum_i (R_i^T A_i^{-1} R_i A\mathbf{v}, A\mathbf{v}) = \sum_i (A_i^{-1}\mathbf{q}_i, \mathbf{q}_i) \geq 0$$

con $\mathbf{q}_i = R_i A\mathbf{v}$. Segue che $(Q_a\mathbf{v}, \mathbf{v})_A = 0$ se e solo se $\mathbf{q}_i = \mathbf{0}$, per ogni i, ovvero se e solo se $A\mathbf{v} = \mathbf{0}$; poiché A è definita positiva, ciò si verifica se e solo se $\mathbf{v} = \mathbf{0}$.   ◇

Si può dunque ottenere un metodo iterativo più efficiente per risolvere il sistema lineare $A\mathbf{u} = \mathbf{f}$ utilizzando il metodo del gradiente coniugato (anzichè quello di Richardson) precondizionato con il precondizionatore di Schwarz additivo P_{as}. Tale precondizionatore non è tuttavia scalabile poiché il numero di condizionamento della matrice precondizionata Q_a cresce al ridursi della misura dei sotto-domini. Infatti,

$$K_2(P_{as}^{-1}A) \leq C \frac{1}{\delta H}, \tag{18.89}$$

essendo C una costante indipendente da h, H e δ, ed essendo, come al solito, $H = \max_{i=1,\dots,M}\{\mathrm{diam}(\Omega_i)\}$, mentre δ esprime una misura caratteristica dell'ampiezza della sovrapposizione fra sottodomini (come vedremo oltre). Ciò è dovuto al fatto che lo scambio di informazione avviene soltanto tra sotto-domini vicini, in quanto l'applicazione di $(P_{as})^{-1}$ coinvolge soltanto risolutori locali. Tale limite può essere superato introducendo anche in questo contesto un problema globale *coarse* definito sull'intero dominio Ω e in grado di garantire una comunicazione globale tra tutti i sotto-domini. Questa correzione ci porterà a considerare nella Sez. 18.6.3 una strategia generale di tipo multi-livello.

Vediamo ora alcuni aspetti algoritmici. Introduciamo M sotto-domini $\{\Omega_i\}_{i=1}^M$ tali che $\cup_{i=1}^M \overline{\Omega}_i = \overline{\Omega}$, e supponiamo che gli Ω_i condividano una sovrapposizione di ampiezza almeno pari a $\delta = \xi h$, con $\xi \in \mathbb{N}$. In particolare, $\xi = 1$ corrisponde alla *sovrapposizione minimale*, cioè al caso in cui essa si riduca ad una sola striscia di elementi. Allo scopo può essere usato il seguente algoritmo.

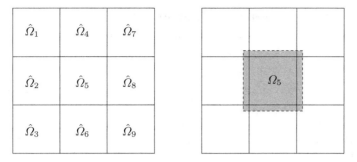

Figura 18.11. Partizione di una regione rettangolare Ω in 9 regioni senza sovrapposizione $\hat{\Omega}_i$ (sulla sinistra), e un esempio di sotto-dominio esteso Ω_5 (sulla destra)

Algoritmo 18.5 (definizione di sotto-domini con sovrapposizione)

a. Costruire una triangolazione $\mathcal{T}_h$ del dominio computazionale Ω

b. Suddividere la griglia $\mathcal{T}_h$ in M sotto-domini $\{\hat{\Omega}_i\}_{i=1}^M$ senza sovrapposizione tali che $\cup_{i=1}^M \overline{\hat{\Omega}_i} = \overline{\Omega}$

c. Estendere ogni sotto-dominio $\hat{\Omega}_i$ aggiungendo tutte le strisce di elementi di Ω entro una certa distanza δ da $\hat{\Omega}_i$. Sono così individuati i domini Ω_i

Riferiamo alla Fig. 18.11 per una rappresentazione di una regione bidimensionale rettangolare suddivisa in 9 regioni $\hat{\Omega}_i$ senza sovrapposizione (sulla sinistra) ed un esempio di sotto-dominio esteso (sulla destra).

Per applicare il precondizionatore di Schwarz (18.88), procediamo come indicato nell'**Algoritmo 18.5**. Ricordiamo che N_i indica il numero dei nodi contenuti in Ω_i, R_i^T e R_i sono le matrici di prolungamento e restrizione, rispettivamente, introdotte in (18.80) e A_i le matrici locali introdotte in (18.79). Riportiamo in Fig. 18.12 un esempio di *pattern* di sparsità per la matrice R_i.

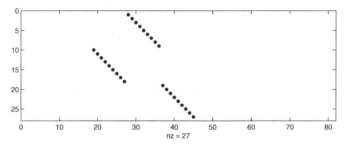

Figura 18.12. Esempio di pattern di sparsità della matrice R_i per una partizione del dominio in 4 sotto-domini

Algoritmo 18.6 (fase di startup per applicare P_{as})

a. Su ogni sotto-dominio Ω_i, costruire R_i ed R_i^T

b. Costruire la matrice A corrispondente alla discretizzazione ad elementi finiti sulla griglia $\mathcal{T}_h$

c. Su ogni Ω_i, costruire le sotto-matrici locali $A_i = R_i A R_i^T$

d. Su ogni Ω_i, predisporre il codice alla risoluzione di un sistema lineare con matrice associata A_i. Per esempio, si può calcolare la fattorizzazione LU (esatta o incompleta) di A_i

Alcuni commenti generali sull'**Algoritmo 18.5** e l'**Algoritmo 18.6** sono d'obbligo:

- i passi a. e b. dell'algoritmo 18.5 possono essere effettuati in ordine inverso, ovvero si può prima suddividere il dominio computazionale (utilizzando, ad esempio, informazioni tratte dal problema fisico in esame), e poi triangolare;
- a seconda della struttura generale del codice, si potrebbe pensare di unire i passi b. e c. dell'algoritmo 18.6 al fine di ottimizzare sia le risorse di memoria che i tempi di CPU;
- nel passo d. dell'algoritmo 18.6, la fattorizzazione esatta potrebbe essere rimpiazzata da una fattorizzazione incompleta.

In altre situazioni si potrebbero scambiare i passi b. e c., ovvero costruire prima le matrici locali A_i (ad opera dei singoli processori) e poi assemblarle per ottenere la matrice globale A.

In effetti, il fattore cruciale per un uso efficiente di un sistema a processori paralleli o di una rete di computer è quello di mantenere la località dei dati, in quanto nella maggior parte delle architetture di calcolo parallelo il tempo necessario a muovere i dati è di gran lunga maggiore del tempo impiegato a svolgere i calcoli.

Altri codici (ad es. AztecOO, Trilinos, IFPACK) partono invece dalla matrice globale distribuita per righe e ricavano poi le A_i senza prodotti matrice-matrice ma semplicemente usando gli indici di colonna. In MATLAB sembra tuttavia più sensato costruire prima A, poi le R_i, e poi calcolare le $R_i A R_i^T$.

In Tabella 18.4 analizziamo il caso di una sovrapposizione minimale ($\delta = h$) considerando diversi valori per il numero M di sotto-domini. Per quel che riguarda la decomposizione di domini, consideriamo dei quadrati Ω_i, con sovrapposizione, ciascuno di area H^2. Si noti che la stima teorica (18.89) è qui verificata sperimentalmente.

Tabella 18.4. Numero di condizionamento di $P_{as}^{-1}A$ al variare di h e H

$K_2(P_{as}^{-1}A)$	$H = 1/2$	$H = 1/4$	$H = 1/8$	$H = 1/16$
$h = 1/16$	15.95	27.09	52.08	-
$h = 1/32$	31.69	54.52	104.85	207.67
$h = 1/64$	63.98	109.22	210.07	416.09
$h = 1/128$	127.99	218.48	420.04	832.57

18.6.3 Metodi di Schwarz a due livelli

Come anticipato in Sez. 18.6.2, il limite principale del metodo di Schwarz è di propagare l'informazione soltanto tra i sotto-domini adiacenti. Per ovviarvi, come già precedentemente fatto per il metodo di Neumann-Neumann, si può introdurre un termine di scambio di informazioni globale all'interno del dominio Ω. L'idea è sempre quella di considerare i sotto-domini Ω_i come dei macro-elementi su Ω costituenti una griglia *coarse* $\mathcal{T}_H$ a cui si può associare la matrice A_H. Si può dunque introdurre l'operatore Q_H associato alla soluzione ad elementi finiti globale

$$Q_H = R_H^T A_H^{-1} R_H,$$

dove R_H denota l'operatore di restrizione sulla griglia *coarse*. Posto per convenienza $Q_0 = Q_H$, possiamo allora definire una nuova matrice di precondizionamento P_{cas} t.c.

$$P_{cas}^{-1} = \sum_{i=0}^{M} Q_i \qquad (18.90)$$

per la quale è possibile dimostrare il risultato seguente: esiste una costante $C > 0$, indipendente da h ed H, tale che

$$K_2(P_{cas}^{-1} A) \leq C \left(1 + \frac{H}{\delta}\right).$$

Se il ricoprimento è "generoso", ovvero se δ è una frazione di H, il precondizionatore P_{cas} è scalabile, pertanto il metodo iterativo del gradiente coniugato per la risoluzione del sistema degli elementi finiti, precondizionato con P_{cas} converge con una velocità indipendente da h e dal numero di sotto-domini. Inoltre, per via della struttura additiva (18.90), il passo di precondizionamento è completamente parallelizzabile in quanto comporta la risoluzione di M sistemi indipendenti, uno per ogni matrice locale A_i.

L'uso di P_{cas} richiede le stesse operazioni necessarie per l'utilizzo di P_{as}, più quelle previste nel seguente algoritmo.

Algoritmo 18.7 (fase di startup per l'uso di P_{cas})

a. Eseguire l'**Algoritmo 18.6**

b. Definire una triangolazione grossolana (*coarse*) $\mathcal{T}_H$ i cui elementi sono dell'ordine di H, e porre $n_0 = \dim(V_0)$. Supponiamo che $\mathcal{T}_h$ sia annidata in $\mathcal{T}_H$ (si veda, per esempio, la Fig. 18.13) a destra

c. Costruire la matrice di restrizione $R_0 \in \mathbb{R}^{n_0 \times N_h}$. I suoi elementi sono dati da

$$R_0(i,j) = \Phi_i(\mathbf{x}_j),$$

dove Φ_i è la funzione di base associata al nodo i della griglia coarse mentre con $\mathbf{x}_j$ indichiamo le coordinate del nodo j sulla griglia fine

d. Costruire la matrice *coarse* A_H. Ciò può esser fatto
discretizzando il problema variazionale originale su $\mathcal{T}_H$,
ovvero calcolando A_H come

$$A_H(i,j) = a(\Phi_j, \Phi_i) = \int_\Omega \sum_{\ell=1}^{d} \frac{\partial \Phi_i}{\partial x_\ell} \frac{\partial \Phi_j}{\partial x_\ell},$$

oppure come

$$A_H = R_H A R_H^T.$$

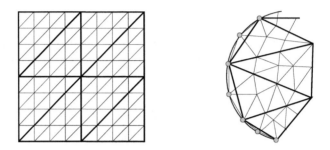

Figura 18.13. A sinistra, esempio di griglia *coarse* per un dominio 2D basata su una mesh strutturata. I triangoli della griglia fine sono in linea sottile mentre le linee spesse identificano i triangoli associati alla mesh *coarse* A destra, esempio di griglia *coarse* per un dominio 2D basata su una mesh non strutturata. I triangoli della griglia fine sono in linea sottile mentre le linee spesse identificano i triangoli associati alla mesh *coarse*

Se il dominio computazionale ha una forma "semplice" (come nel caso del problema che stiamo considerando), viene solitamente costruita prima la griglia grossolana $\mathcal{T}_H$ e poi, raffinandola un certo numero di volte, si genera la griglia fine $\mathcal{T}_h$. In presenza invece di domini caratterizzati da una forma complessa o di griglie fini $\mathcal{T}_h$ non uniformi, la generazione della griglia *coarse* costituisce l'aspetto più problematico degli algoritmi a due livelli. Una possibilità è di costruire prima una griglia fine $\mathcal{T}_h$ e poi, deraffinandola opportunamente, si genera la griglia grossolana $\mathcal{T}_H$. Operativamente ciò significa che i nodi di $\mathcal{T}_H$ sono un sotto-insieme dei nodi di $\mathcal{T}_h$. Gli elementi costituenti $\mathcal{T}_H$ verranno quindi costruiti a partire da tale insieme di nodi, operazione questa abbastanza semplice nel caso bi-dimensionale, meno banale nel caso 3D.
Come alternativa si potrebbero generare le due griglie $\mathcal{T}_h$ e $\mathcal{T}_H$ indipendentemente una dall'altra e poi costruire gli operatori R_H ed R_H^T (si osservi che, in tal caso, le due griglie potrebbero non essere annidate).

L'implementazione finale di P_{cas} può dunque essere realizzata nel seguente modo:

Algoritmo 18.8 (applicazione di P_{cas})
Dato un vettore $\mathbf{r}$, calcolare $\mathbf{z} = P_{cas}^{-1}\mathbf{r}$ nel modo seguente:

a. Porre $\mathbf{z} = \mathbf{0}$

b. For $i = 1,\dots,M$ Do in parallelo:

Tabella 18.5. Numero di condizionamento di $P_{cas}^{-1}A$ al variare di h e H

$K_2(P_{cas}^{-1}A)$	$H=1/4$	$H=1/8$	$H=1/16$	$H=1/32$
$h=1/32$	7.03	4.94	-	-
$h=1/64$	12.73	7.59	4.98	-
$h=1/128$	23.62	13.17	7.66	4.99
$h=1/256$	45.33	24.34	13.28	-

c. restringere il residuo su Ω_i: $\mathbf{r}_i = R_i\mathbf{r}$

d. calcolare $\mathbf{z}_i$: $A_i\mathbf{z}_i = \mathbf{r}_i$

e. sommare nel residuo globale: $\mathbf{z} \leftarrow R_i^T\mathbf{z}_i$

f. EndFor

g. Calcolare il contributo coarse grid $\mathbf{z}_H$: $A_H\mathbf{z}_H = R_H\mathbf{r}$

h. Sommare nel residuo globale: $\mathbf{z} \leftarrow R_H^T\mathbf{z}_H$

In Tabella 18.5 riportiamo il numero di condizionamento di $P_{cas}^{-1}A$. La sovrapposizione è identificata da $\delta = h$. Osserviamo che il numero di condizionamento è pressoché costante per valori fissati del rapporto H/δ.

È possibile definire lo spazio *coarse* in modo alternativo a quanto fatto fino ad ora. Supponiamo che gli elementi identificanti l'operatore di restrizione siano dati da

$$\hat{R}_H(i,j) = \begin{cases} 1 & \text{se il nodo } j \in \Omega_i, \\ 0 & \text{altrimenti.} \end{cases}$$

Poniamo $\hat{A}_H = \hat{R}_H A \hat{R}_H^T$. Questa procedura è detta di *aggregazione*, poiché gli elementi di $\hat{A}_H$ sono costruiti semplicemente sommando gli elementi di A. Tale procedimento non richiede l'introduzione di una griglia *coarse*. Il precondizionatore risultante è dato da

$$P_{aggre}^{-1} = \hat{R}_H^T \hat{A}_H^{-1} \hat{R}_H + P_{as}.$$

Si può dimostrare che

$$K_2(P_{aggre}^{-1}A) \le C\left(1 + \frac{H}{\delta}\right).$$

Riportiamo in Tabella 18.6 alcuni risultati numerici associati a tale precondizionatore.

Tabella 18.6. Numero di condizionamento di $P_{aggre}^{-1}A$ al variare di h e H

$P_{aggre}^{-1}A$	$H=1/4$	$H=1/8$	$H=1/16$
$h=1/16$	13.37	8.87	-
$h=1/32$	26.93	17.71	9.82
$h=1/64$	54.33	35.21	19.70
$h=1/128$	109.39	70.22	39.07

In base ai risultati presentati e alle proprietà teoriche enunciate, possiamo concludere che:

- per decomposizioni in un ridotto numero di sotto-domini, il precondizionatore additivo di Schwarz P_{as} fornisce risultati soddisfacenti;

- quando il numero M di sotto-domini è grande, è fondamentale utilizzare metodi a due livelli basati sull'uso di una griglia *coarse*, oppure, in alternativa, tecniche di aggregazione nel caso in cui la costruzione di quest'ultima risulti difficile o computazionalmente onerosa.

18.7 Un risultato astratto di convergenza

L'analisi dei precondizionatori per sistemi derivanti da decomposizione di domini con o senza *overlap* è basata sulla seguente teoria astratta, dovuta a P.L. Lions, J. Bramble, M. Dryja, O. Wildlund.

Sia V_h uno spazio di Hilbert finito-dimensionale. Nelle nostre applicazioni, V_h è uno spazio di elementi finiti oppure di elementi spettrali. Sia V_h decomposto nella somma di $m + 1$ sottospazi come segue:

$$V_h = V_0 + V_1 + \cdots + V_M.$$

Sia $F \in V'$ e a $: V \times V \to \mathbb{R}$ sia una forma coerciva, bilineare, simmetrica e continua. Consideriamo il problema

$$\text{trovare } u_h \in V_h : a(u_h, v_h) = F(v_h) \quad \forall v_h \in V_h.$$

Sia $P_i : V_h \to V_i$ l'operatore di proiezione definito da

$$b_i(P_i u_h, v_h) = a(u_h, v_h) \quad \forall v_h \in V_i \, ,$$

essendo $b_i : V_i \times V_i \to \mathbb{R}$ una forma bilineare (locale) simmetrica, continua e coerciva su ogni sottospazio V_i. Assumiamo che valgano le seguenti proprietà:

a. **stabilità della decomposizione in sottospazi:**
$\exists C_0 > 0$ t.c. ogni $u_h \in V_h$ ammette una decomposizione $u_h = \sum_{i=0}^{M} u_i$ con $u_i \in V_i$ e

$$\sum_{i=0}^{M} b_i(u_i, u_i) \leq C_0^2 a(u_h, u_h);$$

b. **disuguaglianza di Cauchy-Schwarz rafforzata:**
$\exists \epsilon_{ij} \in [0, 1], \, i, j = 0, \ldots, M$ t.c.

$$a(u_i, u_i) \leq \epsilon_{ij} \sqrt{a(u_i, u_i)} \sqrt{a(u_j, u_j)} \quad \forall u_i \in V_i, u_j \in V_j;$$

c. **stabilità locale:**
$\exists \omega \geq 1$ t.c. $\forall i = 0, \ldots, M$

$$a(u_i, u_i) \leq \omega b_i(u_i, u_i) \quad \forall u_i \in Range(P_i) \subset V_i.$$

Allora, $\forall u_h \in V_h$,

$$C_0^{-2} a(u_h, u_h) \leq a(P_{as} u_h, u_h) \leq \omega(\rho(E) + 1) a(u_h, u_h)$$

dove $\rho(E)$ è il raggio spettrale della matrice $E = (\epsilon_{ij})$, e $P_{as} = P_0 + \cdots + P_M$ è il precondizionatore a decomposizione di domini.
Per la dimostrazione si veda, ad es., [TW05].

18.8 Condizioni all'interfaccia per altri problemi differenziali

Grazie al Teorema 18.1 in Sez. 18.1.2 abbiamo visto come un problema ai limiti ellittico (18.2) si possa riformulare nella sua versione DD grazie alle condizioni di interfaccia (18.10) e (18.11). Tale riformulazione è peraltro alla base dei metodi DD che fanno uso di partizioni in sotto-domini senza sovrapposizione. Si pensi ai metodi iterativi di Dirichlet-Neumann, Neumann-Neumann, Robin-Robin e, più in generale, a tutti i metodi che si esprimono attraverso algoritmi iterativi precondizionati dell'equazione di Steklov-Poincaré (18.27) e, nel discreto, del sistema del complemento di Schur (18.50).
Introduciamo in questa sezione la formulazione DD con relative condizioni di interfaccia di alcuni problemi interessanti per le applicazioni. La Tabella 18.7 riassume le condizioni da imporsi sull'interfaccia Γ per alcuni tra i più diffusi problemi differenziali. Per maggiori dettagli, analisi e generalizzazioni rinviamo a [QV99]. Qui ci limitiamo a fornire qualche spiegazione supplementare riguardo ai problemi di trasporto e di Stokes.

Problemi di trasporto. Consideriamo il problema

$$Lu = \nabla \cdot (\mathbf{b}u) + a_0 u = f \qquad \text{in } \Omega, \tag{18.91}$$

completato su $\partial \Omega$ da condizioni al bordo opportune. Introduciamo una partizione dell'interfaccia Γ (si veda la Fig. 18.14): $\Gamma = \Gamma_{in} \cup \Gamma_{out}$, dove

$$\Gamma_{in} = \{x \in \Gamma \mid \mathbf{b}(x) \cdot \mathbf{n}(x) > 0 \} \quad \text{e} \quad \Gamma_{out} = \Gamma \setminus \Gamma_{in}.$$

Esempio 18.4 Il metodo di Dirichlet-Neumann per il problema in esame si potrebbe generalizzare come segue: assegnate due funzioni $u_1^{(0)}, u_2^{(0)}$ su $\Gamma, \forall k \geq 0$:

$$\begin{cases} Lu_1^{(k+1)} = f & \text{in } \Omega_1, \\ (\mathbf{b} \cdot \mathbf{n}) u_1^{(k+1)} = (\mathbf{b} \cdot \mathbf{n}) u_2^{(k)} & \text{su } \Gamma_{out}, \end{cases}$$

$$\begin{cases} Lu_2^{(k+1)} = f & \text{in } \Omega_2, \\ (\mathbf{b} \cdot \mathbf{n}) u_2^{(k+1)} = \theta(\mathbf{b} \cdot \mathbf{n}) u_1^{(k+1)} + (1 - \theta)(\mathbf{b} \cdot \mathbf{n}) u_2^{(k)} & \text{su } \Gamma_{in}. \end{cases}$$

∎

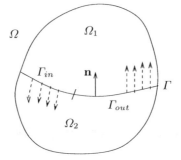

Figura 18.14. Decomposizione del dominio e dell'interfaccia per il problema di trasporto (18.91)

Il problema di Stokes. Ricordiamo che per il problema di Stokes (16.11) ci sono due incognite: la velocità e la pressione del fluido. Tuttavia all'interfaccia si impone la continuità della velocità e non quella della pressione, essendo quest'ultima una funzione "solo" di L^2. Sull'interfaccia Γ va invece imposta in modo debole la continuità del tensore di Cauchy

$$\nu\frac{\partial \mathbf{u}}{\partial n} - p\mathbf{n}.$$

Esempio 18.5 Se si usa un metodo di tipo Dirichlet-Neumann si è ricondotti alla risoluzione dei due seguenti problemi (per abbreviare indichiamo con S l'operatore di Stokes):

$$\begin{cases} S(\mathbf{u}_2^{(k+1)}, p_2^{(k+1)}) = \mathbf{f} & \text{in } \Omega_2, \\[2mm] \nu\dfrac{\partial \mathbf{u}_2^{(k+1)}}{\partial n} - p_2^{(k+1)} = \nu\dfrac{\partial \mathbf{u}_1^{(k)}}{\partial n} - p_1^{(k)} & \text{su } \Gamma, \\[2mm] \mathbf{u}_2^{(k+1)} = \mathbf{0} & \text{su } \partial\Omega_2 \setminus \Gamma, \end{cases} \qquad (18.92)$$

$$\begin{cases} S(\mathbf{u}_1^{(k+1)}, p_1^{(k+1)}) = \mathbf{f} & \text{in } \Omega_1, \\[2mm] \mathbf{u}_1^{(k+1)} = \theta\mathbf{u}_2^{(k+1)} + (1-\theta)\mathbf{u}_1^{(k)} & \text{su } \Gamma, \\[2mm] \mathbf{u}_1^{(k+1)} = \mathbf{0} & \text{su } \partial\Omega_1 \setminus \Gamma. \end{cases} \qquad (18.93)$$

Osserviamo che, se si considera come condizione al bordo per la velocità $\mathbf{u} = \mathbf{0}$, la pressione p non è univocamente determinata, ovvero è definita a meno di una costante additiva. Bisogna dunque fissare tale costante, imponendo, ad esempio, che $\int_\Omega p = 0$.

Per rispettare tale vincolo procediamo come segue. Quando si risolve il problema di Neumann (18.92) sul sotto-dominio Ω_2, la velocità $\mathbf{u}_2^{(k+1)}$ e la pressione $p_2^{(k+1)}$ sono determinate univocamente. Successivamente si risolve il problema di Dirichlet (18.93) su Ω_1, ma, poiché la pressione è definita a meno di una costante additiva, si deve aggiungere la condizione

$$\int_{\Omega_1} p_1^{(k+1)} \, d\Omega_1 = -\int_{\Omega_2} p_2^{(k+1)} \, d\Omega_2.$$

Ora è evidente che quando le successioni $\{\mathbf{u}_1^{(k)}\}$, $\{\mathbf{u}_2^{(k)}\}$, $p_1^{(k)}$ e $p_2^{(k)}$ convergono, la condizione sulla media nulla per la pressione è automaticamente verificata. ∎

Esempio 18.6 Se si usa il metodo iterativo di Schwarz per il problema di Stokes, ad ogni passo si devono risolvere i seguenti problemi (consideriamo, per semplicità, la suddivisione con sovrapposizione di Fig. 18.1, a sinistra):

$$\begin{cases} \mathcal{S}(\mathbf{u}_1^{(k+1)}, p_1^{(k+1)}) = \mathbf{f} & \text{in } \Omega_1, \\ \mathbf{u}_1^{(k+1)} = \mathbf{u}_2^{(k)} & \text{su } \Gamma_1, \\ \mathbf{u}_1^{(k+1)} = 0 & \text{su } \partial\Omega_1 \setminus \Gamma_1, \end{cases} \tag{18.94}$$

$$\begin{cases} \mathcal{S}(\mathbf{u}_2^{(k+1)}, p_2^{(k+1)}) = \mathbf{f} & \text{in } \Omega_2, \\ \mathbf{u}_2^{(k+1)} = \mathbf{u}_1^{(k+1)} & \text{su } \Gamma_2, \\ \mathbf{u}_2^{(k+1)} = 0 & \text{su } \partial\Omega_2 \setminus \Gamma_2. \end{cases} \tag{18.95}$$

Nessuna condizione di continuità è ora richiesta per la pressione.

La velocità del fluido deve avere divergenza nulla in Ω. Quando si risolve (18.94), si ha $\text{div}\,\mathbf{u}_1^{(k+1)} = 0$ in Ω_1 e, grazie alla formula di Green, ne segue che

$$\int_{\partial\Omega_1} \mathbf{u}_1^{(k+1)} \cdot \mathbf{n}\, d\gamma = 0.$$

Questa relazione ne impone implicitamente una per $\mathbf{u}_2^{(k)}$ in $(18.94)_2$; infatti

$$0 = \int_{\partial\Omega_1} \mathbf{u}_1^{(k+1)} \cdot \mathbf{n}\, d\gamma = \int_{\Gamma_1} \mathbf{u}_1^{(k+1)} \cdot \mathbf{n}\, d\gamma = \int_{\Gamma_1} \mathbf{u}_2^{(k)} \cdot \mathbf{n}\, d\gamma. \tag{18.96}$$

Alla prima iterazione si può scegliere $\mathbf{u}_2^{(k)}$ in modo tale che la condizione di compatibilità (18.96) sia soddisfatta, ma successivamente si perde del tutto il controllo su tale quantità. Inoltre, per lo stesso motivo, la risoluzione di (18.95) forza la condizione di compatibilità

$$\int_{\Gamma_2} \mathbf{u}_1^{(k+1)} \cdot \mathbf{n}\, d\gamma = 0. \tag{18.97}$$

Fortunatamente, il metodo di Schwarz garantisce automaticamente tale condizione. Sia infatti $\Gamma_{12} = \Omega_1 \cap \Omega_2$; ora in Γ_{12} si ha $\text{div}\,\mathbf{u}_1^{(k+1)} = 0$, ma su $\Gamma_{12} \setminus (\Gamma_1 \cup \Gamma_2)$ $\mathbf{u}_1^{(k+1)}$ è nulla in virtù delle condizioni al bordo. Allora ne segue che

$$0 = \int_{\partial\Gamma_{12}} \mathbf{u}_1^{(k+1)} \cdot \mathbf{n}\, d\gamma = \int_{\Gamma_1} \mathbf{u}_1^{(k+1)} \cdot \mathbf{n}\, d\gamma + \int_{\Gamma_2} \mathbf{u}_1^{(k+1)} \cdot \mathbf{n}\, d\gamma.$$

Essendo nullo il primo integrale del termine di destra a causa della (18.96), anche il secondo dovrà esserlo, pertanto la (18.97) è verificata. ∎

Tabella 18.7. Condizioni di interfaccia per diversi tipi di operatori differenziali

Operatore	Problema	Continuità (D)	Continuità (N)
Laplace	$-\triangle u = f$	u	$\dfrac{\partial u}{\partial n}$
Elasticità	$-\nabla \cdot (\sigma(\mathbf{u})) = \mathbf{f}$ con $\sigma_{kj} = \hat{\mu}(D_k u_j + D_j u_k) + \hat{\lambda}\mathrm{div}\mathbf{u}\delta_{kj}$, **u** spostamento della membrana nel piano	**u**	$\sigma(\mathbf{u}) \cdot \mathbf{n}$
Diffusione-trasporto	$-\sum_{kj} D_k(A_{kj}D_j u) + \mathrm{div}(\mathbf{b}u) + a_0 u = f$	u	$\dfrac{\partial u}{\partial n_L} = \sum_k a_{kj}D_j u \cdot n_k$
Trasporto	$\mathrm{div}(\mathbf{b}u) + a_0 u = f$		$\mathbf{b}\cdot\mathbf{n}\,u$
Stokes (fluidi viscosi incomprimibili)	$-\mathrm{div}\mathsf{T}(\mathbf{u},p) + (\mathbf{u}^* \cdot \nabla)\mathbf{u} = \mathbf{f}$ $\mathrm{div}\mathbf{u} = 0$ con $\mathsf{T}_{kj} = \nu(D_k u_j + D_j u_k) - p\delta_{kj},$ $\mathbf{u}^* = \begin{cases} 0 & \text{(Stokes)} \\ \mathbf{u}_\infty & \text{(Oseen)} \\ \mathbf{u} & \text{(Navier-Stokes)} \end{cases}$	**u**	$\mathsf{T}(\mathbf{u},p) \cdot \mathbf{n}$
Stokes (fluidi viscosi comprimibili)	$\alpha\mathbf{u} - \mathrm{div}\hat{\mathsf{T}}(\mathbf{u},\sigma) = \mathbf{f}$ $\alpha\sigma + \mathrm{div}\mathbf{u} = g$ con $\hat{\mathsf{T}}_{kj} = \nu(D_k u_j + D_j u_k),$ $-\beta\sigma\delta_{kj} + \left(g - \frac{2\nu}{d}\right)\mathrm{div}\mathbf{u}\delta_{kj},$ $\rho = $ densità del fluido $= \log\sigma$	**u**	$\hat{\mathsf{T}}(\mathbf{u},\sigma) \cdot \mathbf{n}$
Stokes (fluidi non viscosi comprimibili)	$\alpha\mathbf{u} + \beta\nabla\sigma = \mathbf{f}$ $\alpha\sigma + \mathrm{div}\mathbf{u} = 0$	$\mathbf{u}\cdot\mathbf{n}$	σ
Maxwell (regime armonico)	$\mathrm{rot}\left(\dfrac{1}{\mu}\mathrm{rot}\mathbf{E}\right)$ $-\alpha^2\varepsilon\mathbf{E} + i\alpha\sigma\mathbf{E} = \mathbf{f}$	$\mathbf{n}\times\mathbf{E}$	$\mathbf{n}\times\left(\dfrac{1}{\mu}\mathrm{rot}\mathbf{E}\right)$

18.9 Esercizi

1. Si consideri il problema mono-dimensionale di convezione-trasporto-reazione

$$\begin{cases} -(\alpha\, u_x)_x + \big(\beta\, u\big)_x + \gamma u = f & \text{in } \Omega = (a,b) \\ u(a) = 0, \quad \alpha\, u_x(b) - \beta\, u(b) = g, \end{cases} \tag{18.98}$$

con α e $\gamma \in \mathrm{L}^\infty(a,b)$, $\beta \in \mathrm{W}^{1,\infty}(a,b)$ e $f \in L^2(a,b)$.

a) Si scriva il metodo iterativo di Schwarz additivo e quindi quello moltiplicativo, sui due intervalli con *overlap* $\Omega_1 = (a, \gamma_2)$ e $\Omega_2 = (\gamma_1, b)$, con $a < \gamma_1 < \gamma_2 < b$.

b) Si interpretino questi metodi come opportuni algoritmi di Richardson per risolvere il problema differenziale dato.

c) Nel caso si approssimi (18.98) con il metodo a elementi finiti, si scriva il corrispondente precondizionatore di tipo Schwarz additivo, con e senza la componente *coarse-grid*. Si fornisca quindi, in entrambi i casi, una stima del numero di condizionamento della matrice precondizionata.

2. Si consideri il problema mono-dimensionale di diffusione-trasporto-reazione

$$\begin{cases} -(\alpha\, u_x)_x + (\beta\, u)_x + \delta u = f & \text{in } \Omega = (a, b) \\ \alpha\, u_x(a) - \beta\, u(a) = g, \quad u_x(b) = 0, \end{cases} \tag{18.99}$$

con α e $\gamma \in L^\infty(a, b)$, $\alpha(x) \geq \alpha_0 > 0$, $\beta \in W^{1,\infty}(a, b)$, $f \in L^2(a, b)$, essendo g un numero reale dato.

a) Si considerino due sottodomini disgiunti di Ω, $\Omega_1 = (a, \gamma)$ e $\Omega_2 = (\gamma, b)$, con $a < \gamma < b$. Si formuli il problema (18.99) usando l'operatore di Steklov-Poincaré, sia nella forma differenziale che in quella variazionale. Si analizzino le proprietà di questo operatore partendo da quelle della forma bilineare associata al problema (18.99).

b) Si applichi il metodo di Dirichlet-Neumann al problema (18.99) usando la stessa partizione di dominio introdotta al punto a).

c) Nel caso di un'approssimazione a elementi finiti, si derivi l'espressione del precondizionatore di Dirichlet-Neumann della matrice del complemento di Schur.

3. Si consideri il problema di Poisson mono-dimensionale

$$\begin{cases} -u_{xx}(x) = f(x) & \text{in } \Omega = (0, 1) \\ u(0) = 0, \quad u_x(1) = 0, \end{cases} \tag{18.100}$$

con $f \in L^2(\Omega)$.

a) Se $\mathcal{T}_h$ indica una partizione dell'intervallo Ω con passo h, si scriva l'approssimazione Galerkin-elementi finiti del problema (18.100).

b) Si consideri ora una partizione di Ω nei sottointervalli $\Omega_1 = (0, \gamma)$ e $\Omega_2 = (\gamma, 1)$, essendo $0 < \gamma < 1$ un nodo della partizione $\mathcal{T}_h$ (si veda Fig. 18.15). Si scriva la forma algebrica a blocchi della matrice di rigidezza del metodo di Galerkin-elementi finiti relativa a questa partizione in sottodomini.

Figura 18.15. Partizione in sottodomini $\mathcal{T}_h$ dell'intervallo $(0, 1)$

c) Si derivi l'equazione discreta di interfaccia di Steklov-Poincaré che corrisponde alla formulazione DD al punto b). Qual é la dimensione del complemento di Schur?

d) Si considerino ora due sottodomini con *overlap* $\Omega_1 = (0, \gamma_2)$ e $\Omega_2 = (\gamma_1, 1)$, con $0 < \gamma_1 < \gamma_2 < 1$, con sovrapposizione ridotta a un singolo elemento finito della partizione $\mathcal{T}_h$ (si veda Fig. 18.16). Si dia la formulazione algebrica del metodo iterativo di Schwarz additivo.

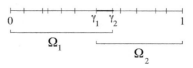

Figura 18.16. Decomposizione con *overlap* dell'intervallo $(0, 1)$

e) Si fornisca l'espressione generale del precondizionatore a due livelli di Schwarz additivo, considerando come matrice *coarse* A_H quella associata a due soli elementi, come mostrato in Fig. 18.17.

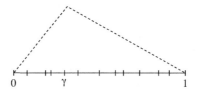

Figura 18.17. Partizione *coarse-grid* costruita con due macro elementi per la costruzione della matrice A_H e con funzione lagrangiana caratteristica associata al nodo γ

4. Si consideri il problema di diffusione-trasporto-reazione

$$\begin{cases} Lu = -\nabla \cdot (\alpha \, \nabla u) + \nabla \cdot (\beta u) + \gamma u = f & \text{in } \Omega = (0, 2) \times (0, 1), \\ u = 0 & \text{su } \Gamma_D, \\ \alpha \dfrac{\partial u}{\partial n} + \delta u = 0 & \text{su } \Gamma_R, \end{cases} \quad (18.101)$$

con $\alpha = \alpha(\mathbf{x})$, $\beta = \beta(\mathbf{x})$, $\gamma = \gamma(\mathbf{x})$, $\delta = \delta(\mathbf{x})$ e $f = f(\mathbf{x})$ funzioni date, e $\partial\Omega = \overline{\Gamma}_D \cup \overline{\Gamma}_R$, con $\overset{\circ}{\Gamma}_D \cap \overset{\circ}{\Gamma}_R = \emptyset$.

Consideriamo la partizione di Ω in (18.101) in due sottodomini disgiunti $\Omega_1 = (0, 1) \times (0, 1)$ e $\Omega_2 = (1, 2) \times (0, 1)$.

a) Si formuli il problema (18.101) in termini dell'operatore di Steklov-Poincaré, sia nella forma differenziale che in quella variazionale.

b) Si applichi il metodo Dirichlet-Neumann al problema (18.101) usando la stessa decomposizione introdotta in prcedenza.

c) Si provi l'equivalenza fra il metodo di Dirichlet-Neumann del punto b) e un opportuno operatore di Richardson precondizionato, dopo aver fissato $\alpha = 1$, $\beta = 0$, $\gamma = 1$ e $\Gamma_R = \emptyset$ in (18.101). Si faccia lo stesso per il metodo di Neumann-Neumann.

5. Si consideri il problema bidimensionale di diffusione-trasporto-reazione

$$\begin{cases} Lu = -\nabla \cdot (\mu \, \nabla u) + \boldsymbol{b} \cdot \nabla u + \sigma u = f \text{ in } \Omega = (a, c) \times (d, e), \\ u = 0 \qquad\qquad\qquad\qquad\qquad\qquad \text{su } \partial\Omega. \end{cases} \tag{18.102}$$

Si consideri una decomposizione di Ω realizzata con i domini con *overlap* $\Omega_3 = (a, f) \times (d, e)$ e $\Omega_4 = (g, c) \times (d, e)$, con $g < f$. Su questa decomposizione si scriva per il problema (18.102) il metodo di Schwarz in entrambe le versioni moltiplicativa e additiva. Si interpretino quindi questi metodi come opportuni algoritmi iterativi precondizionati di Richardson. Infine, si commentino le proprietà di convergenza di questi metodi.

Capitolo 19
Metodi a basi ridotte per l'approssimazione di equazioni a derivate parziali parametrizzate

I metodi a basi ridotte (*reduced basis*, RB in inglese) si applicano a equazioni a derivate parziali (EDP) dipendenti da parametri. Tali metodi sono un esempio di tecniche di riduzione computazionale che consentono di ottenere in modo rapido e accurato la soluzione di tali equazioni, o la valutazione di un output espresso da una specifica funzione della soluzione.

L'esigenza di risolvere problemi differenziali parametrizzati, possibilmente in un tempo di calcolo molto rapido, emerge in svariati contesti applicativi, in particolare quando si è interessati a caratterizzare la risposta di un sistema in numerosi scenari o condizioni di esercizio. Ne sono esempi il calcolo della portanza di un profilo alare al variare dell'angolo di incidenza rispetto al flusso d'aria oppure, nel caso di un fluido governato dalle equazioni di Navier-Stokes (si veda il Cap. 16), il calcolo del campo di velocità in funzione del numero di Reynolds, etc. Un altro ambito in cui si abbia l'esigenza di risolvere EDP in tempi molto rapidi è quello dei problemi di controllo ottimale (si veda il Cap. 17) in cui le funzioni di controllo sono descritte mediante un insieme di parametri. In tutti questi casi, il vettore di *parametri di input* può caratterizzare la configurazione geometrica del dominio dove viene definito il problema, oppure alcune proprietà fisiche del problema stesso, o ancora condizioni al bordo e termini sorgenti. Possibili *output di interesse* sono la temperatura media o massima in un problema di trasferimento del calore, la portata attraverso una sezione del dominio, una caduta di pressione in un condotto nel caso di un problema fluidodinamico, o ancora un funzionale costo da minimizzare per raggiungere un determinato obiettivo nell'ambito del controllo ottimo. Infine, le variabili di stato che rivestono il ruolo di soluzioni delle EDP in esame – e connettono i parametri di input agli output di interesse – sono rappresentate dalla temperatura o dalla concentrazione nel caso di problemi di diffusione, trasporto e reazione, dalla velocità e dalla pressione di un fluido, dallo spostamento di una struttura, etc.

Lo scopo di una approssimazione RB è rappresentare le caratteristiche essenziali del comportamento della soluzione di un problema, e/o di un output di interesse, mediante la soluzione di un problema ridotto, le cui dimensioni sono notevolmente

© Springer-Verlag Italia 2016

A. Quarteroni, *Modellistica Numerica per Problemi Differenziali*, 6a edizione, UNITEXT - La Matematica per il 3+2 100, DOI 10.1007/978-88-470-5782-1_19

inferiori a quelle di un problema discretizzato con un classico metodo di Galerkin-elementi finiti, o con un metodo spettrale, o con un metodo ai volumi finiti. Nel corso del capitolo indicheremo come approssimazione di tipo *high-fidelity* (o *full-order*) una qualsiasi discretizzazione che conduce a un sistema di grandi dimensioni da risolvere per raggiungere una determinata accuratezza, come nel caso delle tre tecniche sopra menzionate. Sono dunque due i requisiti fondamentali di una approssimazione RB: *(i)* migliorare sensibilmente la performance computazionale rispetto a un metodo high-fidelity e *(ii)* mantenere l'errore di approssimazione tra la soluzione del problema ridotto e quella del problema high-fidelity, entro una tolleranza desiderata. In particolare, lo scopo è approssimare la soluzione di una EDP usando un numero molto ristretto di gradi di libertà (non più di un centinaio, nei casi più complessi) invece del grande numero (a volte svariati milioni) richiesto da un'approssimazione high-fidelity. L'idea che costituisce il nucleo delle tecniche di riduzione computazionale (come i metodi a basi ridotte) è infatti l'assunzione, spesso verificata nella realtà, che il comportamento di un sistema anche complesso possa essere ben descritto da un numero esiguo di modi dominanti.

La strategia è quella di risolvere il problema high-fidelity solo per poche istanze dei parametri di input durante una fase *Offline* computazionalmente onerosa, allo scopo di costruire un insieme di soluzioni di base (ovvero una *base ridotta*), di dimensione molto minore rispetto al numero di gradi di libertà del problema high-fidelity. Tali funzioni corrisponderanno alle soluzioni numeriche del problema high-fidelity per valori specifici (accuratamente selezionati) dei parametri. Dopodiché, per ogni nuovo vettore dei parametri di input, si cercherà la soluzione corrispondente attraverso una opportuna combinazione lineare delle funzioni della base ridotta. I coefficienti incogniti di tale combinazione si otterranno durante la fase *Online* grazie alla soluzione di un problema ridotto generato mediante una proiezione di Galerkin sullo spazio ridotto: la sua soluzione richiede quindi l'inversione di una matrice di piccola dimensione.

Sottolineiamo fin d'ora come i metodi RB non rimpiazzino i metodi high-fidelity descritti nei capitoli precedenti, ma siano costruiti al di sopra di questi. La soluzione ridotta non approssima quindi direttamente la soluzione esatta del problema, quanto piuttosto la sua approssimazione high-fidelity.

In particolare, considereremo in questo capitolo il caso di problemi ellittici coercivi con dipendenza affine dai parametri, e la valutazione di output che siano funzioni lineari della soluzione. Questa classe di problemi – relativamente semplice ma comunque rilevante per molte importanti applicazioni, come ad esempio i fenomeni di diffusione e trasporto, o l'elasticità lineare – risulta un mezzo molto conveniente per mostrare le principali caratteristiche dei metodi a basi ridotte e la stima a posteriori degli errori. Queste tecniche sono state estese, ed applicate, a classi di problemi molto più generali, come ad esempio le equazioni paraboliche e i problemi non lineari: abbattere i costi computazionali in quest'ultimo ambito, ad esempio, risulta ancora più essenziale, e i metodi descritti in questo capitolo stanno anche alla base delle tecniche di riduzione sviluppate per questo tipo di problemi.

Da ultimo, sottolineiamo anche come, sebbene la crescente potenza di calcolo renda oggi possibile risolvere problemi di grandi dimensioni in tempi relativamente brevi, la riduzione computazionale sia un fattore ancora determinante ogniqualvolta sia richiesto di effettuare simulazioni in tempo reale e/o per un ampio numero di combinazioni dei parametri di input. Casi tipici sono, ad esempio, la visualizzazione *real-time*, l'analisi di sensitività della soluzione di una EDP rispetto ai parametri, o ancora, come già ricordato, problemi di ottimizzazione dove i vincoli sono costituiti da una EDP (come nel caso dei problemi di controllo ottimo, descritti nel Cap. 17). Per approfondimenti sugli aspetti teorici relativi ai metodi a basi ridotte si può fare riferimento a [QMN16]; si veda tale monografia anche per ulteriori esempi di applicazione di tali metodi a problemi non lineari, problemi in ambito fluidodinamico e problemi di controllo ottimale. Si vedano anche [QRM11, HRS16] per un'introduzione ai metodi RB nel caso di equazioni paraboliche e per altre applicazioni di tale metodo.

19.1 EDP parametrizzate: il caso ellittico coercivo

Prima di introdurre le caratteristiche principali dei metodi a basi ridotte, forniamo una descrizione della classe di problemi di cui ci occuperemo nell'intero capitolo. Indichiamo con $\mathcal{D} \subset \mathbb{R}^p$, per un intero $p \geq 1$, un insieme di parametri di *input* che possono descrivere proprietà fisiche del sistema, condizioni al contorno, termini sorgenti, o la geometria del dominio computazionale. I problemi che prenderemo in esame possono essere scritti in forma astratta come segue:

dato $\boldsymbol{\mu} \in \mathcal{D}$, valutare l'output di interesse $s(\boldsymbol{\mu}) = J(u(\boldsymbol{\mu}))$ dove $u(\boldsymbol{\mu}) \in V = V(\Omega)$ è la soluzione della seguente EDP parametrizzata

$$L(\boldsymbol{\mu})u(\boldsymbol{\mu}) = F(\boldsymbol{\mu}); \qquad (19.1)$$

$\Omega \subset \mathbb{R}^d, d = 1, 2, 3$ indica un dominio regolare, V un opportuno spazio di Hilbert, V' il suo duale, $L(\boldsymbol{\mu}) : V \to V'$ un operatore differenziale del second'ordine e $F(\boldsymbol{\mu}) \in V'$. La formulazione debole del problema (19.1) risulta data da: trovare $u(\boldsymbol{\mu}) \in V = V(\Omega)$ t.c.

$$a(u(\boldsymbol{\mu}), v; \boldsymbol{\mu}) = f(v; \boldsymbol{\mu}) \quad \forall v \in V, \qquad (19.2)$$

dove la forma bilineare[1] é ottenuta a partire da $L(\boldsymbol{\mu})$,

$$a(u, v; \boldsymbol{\mu}) = {}_{V'}\langle L(\boldsymbol{\mu})u, v \rangle_V \quad \forall u, v \in V, \qquad (19.3)$$

mentre

$$f(v; \boldsymbol{\mu}) = {}_{V'}\langle F(\boldsymbol{\mu}), v \rangle_V \qquad (19.4)$$

è una forma lineare e continua. Assumiamo che, per ogni $\boldsymbol{\mu} \in \mathcal{D}$, $a(\cdot, \cdot; \boldsymbol{\mu})$ sia continua e coerciva, cioè $\exists \, \bar{\gamma}, \alpha_0 > 0$:

$$\gamma(\boldsymbol{\mu}) = \sup_{u \in V} \sup_{v \in V} \frac{a(u, v; \boldsymbol{\mu})}{\|u\|_V \|v\|_V} < \bar{\gamma} < +\infty, \quad \alpha(\boldsymbol{\mu}) = \inf_{u \in V} \frac{a(u, u; \boldsymbol{\mu})}{\|u\|_V^2} \geq \alpha_0. \quad (19.5)$$

---

[1] Per essere rigorosi, dovremmo introdurre l'isomorfismo canonico di Riesz $R : V' \to V$ mediante il quale possiamo identificare V e il suo duale, in modo che, dato un terzo spazio di Hilbert H t.c. $V \hookrightarrow H$ e $H' \hookrightarrow V'$, si ha ${}_{V'}\langle L(\boldsymbol{\mu})u, v \rangle_V = (R\, L(\boldsymbol{\mu})u, v)_H$; si veda la Sez. 2.1. Per semplicità, ometteremo nel resto del capitolo di indicare tale isomorfismo.

Se l'assunzione di coercività non è soddisfatta, la stabilità viene garantita nel senso più generale della condizione *inf-sup*; si veda ad esempio [QMN16, Cap. 2] per ulteriori dettagli. J (il funzionale output) è una forma lineare e continua su V. Sotto queste ipotesi standard su a ed f, (19.2) ammette un'unica soluzione, grazie al Lemma di Lax-Milgram (si veda il lemma 3.1). Considereremo nel seguito esclusivamente equazioni del second'ordine, per cui $V = H^1_{\Gamma_D}(\Omega)$ – si veda la (3.27).

Inoltre, nel caso in cui a sia simmetrica e $J = f$, il problema viene definito *compliant* [RHP08]; per la generalizzazione al caso non compliant, dove a può essere una forma non simmetrica e J può essere dato da un qualsiasi funzionale lineare e continuo su V, si vedano ad esempio [RHP08, QRM11].

Introduciamo infine un'ulteriore ipotesi, cruciale per garantire l'efficienza computazionale di un metodo a basi ridotte: richiediamo che la dipendenza parametrica della forma bilineare a e della forma lineare f siano affini rispetto a $\boldsymbol{\mu}$, ovvero che valga:

$$a(w, v; \boldsymbol{\mu}) = \sum_{q=1}^{Q_a} \Theta^q_a(\boldsymbol{\mu})\, a^q(w, v) \quad \forall v, w \in V, \boldsymbol{\mu} \in \mathcal{D} , \tag{19.6}$$

$$f(v; \boldsymbol{\mu}) = \sum_{q=1}^{Q_f} \Theta^q_f(\boldsymbol{\mu})\, f^q(w) \quad \forall w \in V, \boldsymbol{\mu} \in \mathcal{D} , \tag{19.7}$$

dove $\Theta^q_a : \mathcal{D} \to \mathbb{R}, q = 1, \ldots, Q_a$ e $\Theta^q_f : \mathcal{D} \to \mathbb{R}, q = 1, \ldots, Q_f$, sono funzioni della sola $\boldsymbol{\mu}$, mentre $a^q : V \times V \to \mathbb{R}, f^q : V \to \mathbb{R}$ sono forme bilineari/lineari indipendenti da $\boldsymbol{\mu}$. Come principio generale, tutte le quantità indipendenti da $\boldsymbol{\mu}$ verranno calcolate Offline, rendendo quindi la valutazione Online molto meno onerosa.

Sottolineiamo anche che, nel caso in cui a sia simmetrica, possiamo definire la norma dell'*energia* per ogni elemento di V (e il corrispondente prodotto scalare) come segue:

$$\|w\|_{\boldsymbol{\mu}} = (w, w)^{1/2}_{\boldsymbol{\mu}} \quad \forall\, w \in V , \tag{19.8}$$

$$(w, v)_{\boldsymbol{\mu}} = a(w, v; \boldsymbol{\mu}) \quad \forall\, w, v \in V . \tag{19.9}$$

Quindi, per un generico $\overline{\boldsymbol{\mu}} \in \mathcal{D}$ e τ reale, non negativo,

$$(w, v)_V = (w, v)_{\overline{\boldsymbol{\mu}}} + \tau(w, v)_{L^2(\Omega)} \quad \forall\, w, v \in V , \tag{19.10}$$

$$\|w\|_V = (w, w)^{1/2}_V \qquad\qquad \forall\, w \in V , \tag{19.11}$$

forniscono un prodotto scalare e una norma in V, rispettivamente. Il ruolo di questo prodotto scalare risulterà chiaro nella Sez.19.5.

Sebbene la valutazione input/output abbia costituito una delle ragioni dello sviluppo dei metodi RB, in questo capitolo ci concentreremo sulla valutazione dell'intera soluzione $u(\boldsymbol{\mu})$; per ulteriori dettagli sulla valutazione di output, si veda ad esempio [PRV$^+$02, RHP08].

19.1.1 Un esempio preliminare

Introduciamo ora un semplice esempio di problema parametrizzato che rientra nella classe di problemi trattata in questo capitolo, limitandoci al caso di parametri fisici; problemi più complessi, che includano sia parametri fisici che geometrici, richiedono una trattazione più approdondita, per la quale rimandiamo il lettore interessato a [QMN16].

Consideriamo il processo di diffusione, trasporto e reazione di una sostanza all'interno di un dominio $\Omega \subset \mathbb{R}^2$, sul bordo del quale imponiamo per semplicità condizioni di Dirichlet omogenee; la concentrazione u di tale sostanza soddisfa il seguente problema

$$\begin{cases} -\mathrm{div}(\mathbb{K}\nabla u) + \mathbf{b} \cdot \nabla u + au = f & \text{in } \Omega, \\ u = 0 & \text{su } \partial\Omega, \end{cases} \tag{19.12}$$

dove:

- $\mathbb{K} \in \mathbb{R}^{2\times 2}$ è una matrice simmetrica e definita positiva, che caratterizza le proprietà di diffusività della sostanza;
- $\mathbf{b}$ è un campo di trasporto dato t.c. $\mathrm{div}\mathbf{b} = 0$;
- $a > 0$ è un coefficiente (positivo) di reazione.

L'analisi di tali problemi è stata ampiamente sviluppata nel Cap. 12, al quale rimandiamo per maggiori dettagli. In questo caso, siamo interessati a risolvere il problema (19.12) per diversi valori dei coefficienti di diffusività, del campo di trasporto e del coefficiente di reazione. Un semplice esempio di coefficienti parametrizzati è dato da:

$$\mathbb{K} = \begin{pmatrix} \mu_1 & 0 \\ 0 & \mu_2 \end{pmatrix}, \qquad \mathbf{b} = \begin{pmatrix} \cos\mu_3 \\ \sin\mu_3 \end{pmatrix}, \qquad a = \mu_4, \qquad f = 1 + \mu_5$$

allo scopo di descrivere una diffusività variabile (possibilmente anisotropa, se $\mu_1 \neq \mu_2$), un campo di trasporto di modulo costante ma direzione variabile (e inclinato di un angolo μ_3 rispetto all'orizzontale) e, più in generale, differenti regimi in cui, a seconda del valore dei parametri μ_1, μ_2 e μ_4, il trasporto e/o la reazione possano essere dominanti rispetto alla diffusione. Allo stesso modo, possiamo rappresentare mediante il parametro μ_5, una diversa entità del termine sorgente. Poniamo ad esempio

$$\mu_1, \mu_2 \in (0.05, 1), \qquad \mu_3 \in (0, 2\pi), \qquad \mu_4 \in (0, 10), \qquad \mu_5 \in (0, 10)$$

in modo tale che il problema (19.12) abbia senso per ogni scelta di $\boldsymbol{\mu} \in \mathcal{D} = (0.01, 1)^2 \times (0, 2\pi) \times (0, 10)^2$. Un semplice output di interesse è costituito dalla media della concentrazione sul dominio, data da

$$s(\boldsymbol{\mu}) = \int_\Omega u(\boldsymbol{\mu}) \, d\Omega.$$

Possiamo quindi riscrivere il problema (19.12) nella forma debole (19.2) definendo $V = H_0^1(\Omega)$,

$$
a(w, v; \boldsymbol{\mu}) = \mu_1 \int_\Omega \frac{\partial w}{\partial x_1} \frac{\partial v}{\partial x_1} d\Omega + \mu_2 \int_\Omega \frac{\partial w}{\partial x_2} \frac{\partial v}{\partial x_2} d\Omega
$$
$$
+ \cos(\mu_3) \int_\Omega \frac{\partial w}{\partial x_1} v d\Omega + \sin(\mu_3) \int_\Omega \frac{\partial w}{\partial x_2} v d\Omega + \mu_4 \int_\Omega wv d\Omega
\tag{19.13}
$$

e

$$
f(v; \boldsymbol{\mu}) = (1 + \mu_5) \int_\Omega v d\Omega .
\tag{19.14}
$$

Possiamo notare facilmente che tale problema risulta coercivo per ogni scelta di $\boldsymbol{\mu} \in \mathcal{D}$, essendo $-1/2 \mathrm{div}\mathbf{b} + a = \mu_4 > 0$; il problema è inoltre simmetrico nel caso in cui $\mathbf{b} = (0, 0)^T$, e *compliant* se in più assumiamo che $f = 1$. Nel caso in esame, un vettore di $p = 5$ parametri descrive le proprietà fisiche di interesse; sia a che f sono affini rispetto a μ, ovvero, soddisfano la proprietà di dipendenza parametrica affine (19.6)–(19.7): in questo caso abbiamo $Q_a = 5$, $Q_f = 1$,

$$
\Theta_a^1(\boldsymbol{\mu}) = \mu_1, \; \Theta_a^2(\boldsymbol{\mu}) = \mu_2, \; \Theta_a^3(\boldsymbol{\mu}) = \cos(\mu_3), \; \Theta_a^4(\boldsymbol{\mu}) = \sin(\mu_3), \; \Theta_a^5(\boldsymbol{\mu}) = \mu_4,
$$

$$
\Theta_f^1(\boldsymbol{\mu}) = 1 + \mu_5,
$$

e

$$
a^1(w, v) = \int_\Omega \frac{\partial w}{\partial x_1} \frac{\partial v}{\partial x_1} d\Omega, \quad a^2(w, v) = \int_\Omega \frac{\partial w}{\partial x_2} \frac{\partial v}{\partial x_2} d\Omega,
$$
$$
a^3(w, v) = \int_\Omega \frac{\partial w}{\partial x_1} v d\Omega, \quad a^4(w, v) = \int_\Omega \frac{\partial w}{\partial x_2} v d\Omega, \quad a^5(w, v) = \int_\Omega wv d\Omega,
$$
$$
f^1(v) = \int_\Omega v d\Omega .
$$

La soluzione di questo problema verrà discussa nella Sez. 19.9.

19.2 Principali componenti di un metodo a basi ridotte

Come già precedentemente indicato, il termine *modello di ordine ridotto* (*reduced order model*, ROM in inglese, abbreviato in *modello ridotto* d'ora in avanti) per una EDP parametrizzata (come ad esempio (19.2)) indica una qualsiasi tecnica che, in funzione del problema in esame, miri a ridurre la dimensione del sistema algebrico derivante dalla discretizzazione di tale EDP.

I metodi a basi ridotte (RB) sono un caso particolare di modello ridotto, in cui la soluzione è ottenuta mediante una proiezione del problema high-fidelity su un sotto-spazio di piccola dimensione; tale sottospazio è generato da un insieme di funzioni di base globali e dipendenti dal problema in esame, piuttosto che in uno spazio generato da un numero molto più grande di funzioni di base (sia locali, come nel caso in cui il problema high-fidelity sia un metodo a elementi finiti, che globali, come nel caso in cui sia un metodo spettrale).

Allo scopo di evidenziare le componenti essenziali di un metodo RB, in questa sezione ricorriamo alla forma forte (19.1) del problema differenziale; sottolineiamo inoltre che i metodi che presentiamo in questo capitolo possono essere costruiti a partire da una qualsiasi tecnica di discretizzazione numerica descritta nei capitoli precedenti, e non necessariamente su quelle che si basano sulla forma debole del problema.

Lo scopo di un metodo a basi ridotte per EDP parametrizzate è dunque calcolare, in modo computazionalmente molto efficiente, una approssimazione di piccola dimensione della soluzione della EDP. Le tecniche più comuni per costruire uno spazio a basi ridotte nel caso di EDP parametrizzate, come la *proper orthogonal decomposition* (POD) o l'algoritmo *greedy*, permettono poi di determinare la soluzione ridotta mediante una *proiezione* su opportuni sottospazi di piccola dimensione[2]. Le componenti essenziali di un modello ridotto possono essere descritte come segue:

- *tecnica di discretizzazione high-fidelity*: come osservato in precedenza, non intendiamo rimpiazzare, mediante un modello ridotto, una tecnica di discretizzazione high-fidelity (ottenuta ad esempio con un qualsiasi metodo di Galerkin).
  Nel caso del problema (19.1), l'approssimazione high-fidelity può essere espressa nel seguente modo compatto: dato $\boldsymbol{\mu} \in \mathcal{D}$, valutare $s_h(\boldsymbol{\mu}) = f(u_h(\boldsymbol{\mu}))$ dove $u_h(\boldsymbol{\mu}) \in V^{N_h}$ è t.c.

$$L_h(\boldsymbol{\mu})u_h(\boldsymbol{\mu}) = F_h(\boldsymbol{\mu}). \tag{19.15}$$

Nella formula precedente, $V^{N_h} \subset V$ indica uno spazio finito dimensionale di dimensione molto grande, N_h, $L_h(\boldsymbol{\mu})$ un opportuno operatore discreto e $F_h(\boldsymbol{\mu})$ un dato termine noto. Ricordiamo che, nel caso di un problema compliant, $J = f$.

Ad esempio, assumiamo che la discretizzazione high-fidelity sia basata sulla seguente approssimazione di Galerkin del problema (19.2): trovare $u_h(\boldsymbol{\mu}) \in V^{N_h}$ t.c.

$$a(u_h(\boldsymbol{\mu}), v_h; \boldsymbol{\mu}) = f(v_h; \boldsymbol{\mu}) \quad \forall v_h \in V^{N_h}. \tag{19.16}$$

Inoltre, introduciamo l'operatore di immersione $Q_h : V^{N_h} \to V$, e il suo aggiunto $Q'_h : V' \to (V^{N_h})'$ tra i corrispondenti spazi duali. Il problema di Galerkin (19.15) diventa

$$Q'_h(L(\boldsymbol{\mu})Q_h u_h(\boldsymbol{\mu}) - F(\boldsymbol{\mu})) = 0, \tag{19.17}$$

ovvero corrisponde a (19.15) a patto di definire

$$L_h(\boldsymbol{\mu}) = Q'_h L(\boldsymbol{\mu})Q_h, \qquad F_h(\boldsymbol{\mu}) = Q_h F(\boldsymbol{\mu}). \tag{19.18}$$

Si osservi che $(L_h(\boldsymbol{\mu}))^{-1} = \Pi_h(L(\boldsymbol{\mu}))^{-1}\Pi'_h$, dove $\Pi_h : V \to V^{N_h}$ è l'operatore di proiezione L^2 e $\Pi'_h : V' \to (V^{N_h})'$ il suo aggiunto, dato dall'immersione di

---

[2] Sottolineiamo come la tecnica POD sia stata originariamente introdotta allo scopo di accelerare la soluzione di problemi tempo-dipendenti, ad esempio in ambito turbolento, e non per problemi parametrizzati (in altri termini, nelle prime applicazioni il tempo era considerato come l'unico parametro).

V^{N_h} in V. Dalle assunzioni fatte in precedenza su a, f e V^{N_h}, discende che la soluzione del problema (19.16) esiste ed è unica. In particolare, assumiamo che

$$\|u(\boldsymbol{\mu}) - u_h(\boldsymbol{\mu})\|_V \leq \mathcal{E}(h) \qquad \forall \, \boldsymbol{\mu} \in \mathcal{D}, \tag{19.19}$$

dove $\mathcal{E}(h)$ indica una stima dell'errore di discretizzazione high-fidelity, che può essere reso piccolo a piacere a patto di scegliere opportuni spazi discreti. Inoltre, definiamo le costanti di coercività e continuità (relative al sottospazio V^{N_h}) come

$$\alpha^{N_h}(\boldsymbol{\mu}) = \inf_{w \in V^{N_h}} \frac{a(w, w; \boldsymbol{\mu})}{\|w\|_V^2} \,, \qquad \gamma^{N_h}(\boldsymbol{\mu}) = \sup_{w \in V^{N_h}} \sup_{v \in V^{N_h}} \frac{a(w, v; \boldsymbol{\mu})}{\|w\|_V \|v\|_V} \,, \tag{19.20}$$

rispettivamente. Grazie a (19.5), dalla continuità e coercività di a discende che

$$\alpha^{N_h}(\boldsymbol{\mu}) \geq \alpha(\boldsymbol{\mu}), \qquad \gamma^{N_h}(\boldsymbol{\mu}) \leq \gamma(\boldsymbol{\mu}) \qquad \forall \boldsymbol{\mu} \in \mathcal{D}.$$

- *Proiezione (di Galerkin)*: un metodo RB si basa sulla *(i)* selezione di una base ridotta, ottenuta a partire da un insieme di soluzioni del problema high-fidelity $\{u_h(\boldsymbol{\mu}^i)\}_{i=1}^N$ (chiamate *snapshots*) e sul calcolo di una approssimazione ridotta $u_N(\boldsymbol{\mu})$ espressa mediante una combinazione lineare di tali funzioni di base, i cui coefficienti sono determinati mediante una proiezione sullo spazio RB

$$V_N = \mathrm{span}\{u_h(\boldsymbol{\mu}^i) \,, \; i = 1, \ldots, N\},$$

dove $N = \dim(V_N) \ll N_h$. Il problema ridotto può dunque essere espresso come segue: dato $\boldsymbol{\mu} \in \mathcal{D}$, valutare $s_N(\boldsymbol{\mu}) = f(u_N(\boldsymbol{\mu}))$, dove $u_N(\boldsymbol{\mu}) \in V_N$ risolve

$$a(u_N(\boldsymbol{\mu}), v_N; \boldsymbol{\mu}) = f(v_N; \boldsymbol{\mu}) \qquad \forall \, v_N \in V_N. \tag{19.21}$$

Più piccola è la dimensione N, più efficiente risulta la soluzione del problema ridotto. Sottolineiamo come la soluzione RB e l'output RB siano un'approssimazione, per un dato N_h, della soluzione high-fidelity $u_h(\boldsymbol{\mu})$ e dell'output $s_h(\boldsymbol{\mu})$ (dunque, solo indirettamente, di $u(\boldsymbol{\mu})$ e $s(\boldsymbol{\mu})$).

Come in precedenza, possiamo interpretare (19.21) in forma operatoriale come

$$L_N(\boldsymbol{\mu}) u_N(\boldsymbol{\mu}) = F_N(\boldsymbol{\mu}). \tag{19.22}$$

Infatti, introducendo l'operatore di immersione $Q_N : V_N \to V^{N_h}$, e il suo aggiunto $Q_N' : (V^{N_h})' \to V_N'$ tra i corrispondenti spazi duali, siccome

$$Q_N'(L_h(\boldsymbol{\mu}) Q_N u_N(\boldsymbol{\mu}) - F_h(\boldsymbol{\mu})) = 0, \tag{19.23}$$

possiamo ottenere (19.22) a partire da (19.23) identificando

$$L_N(\boldsymbol{\mu}) = Q_N' L_h(\boldsymbol{\mu}) Q_N, \qquad F_N(\boldsymbol{\mu}) = Q_N F_h(\boldsymbol{\mu}). \tag{19.24}$$

In questo caso si ha che $(L_N(\boldsymbol{\mu}))^{-1} = \Pi_N (L_h(\boldsymbol{\mu}))^{-1} \Pi_N'$, dove $\Pi_N : V^{N_h} \to V_N$ è l'operatore di proiezione L^2 e $\Pi_N' : (V^{N_h})' \to V_N'$ è dato dall'immersione di V_N in V^{N_h}.

- *Procedura Offline/Online*: sotto opportune assunzioni (si veda la Sez. 19.3.3) la generazione del *database* di snapshots può essere effettuata Offline una sola volta, e può essere completamente disaccoppiata da ogni nuova richiesta di calcolo input-output relativa a un valore di μ, da effettuare Online. Chiaramente, durante la fase Online, lo scopo è quello di risolvere il problema ridotto per istanze dei parametri $\mu \in \mathcal{D}$ non selezionate durante la fase Offline. Inoltre, osserviamo come la costruzione Offline debba essere *ammortizzata* durante la fase di valutazione in modo da rendere l'intera procedura efficiente da un punto di vista computazionale; sebbene ciò dipenda fortemente dal problema in esame, in numerosi contesti il punto di *break-even* viene raggiunto con un numero di valutazioni Online dell'ordine di $\mathcal{O}(10^2)$.

- *Stima dell'errore*: è possibile infine corredare un metodo a basi ridotte di stime a posteriori $\Delta_N(\mu)$ dell'errore, accurate e poco costose da valutare, in modo tale da maggiorare l'errore con

$$\|u_h(\mu) - u_N(\mu)\|_V \leq \Delta_N(\mu) \qquad \forall \mu \in \mathcal{D}, \ N = 1, \ldots, N_{max}; \quad (19.25)$$

analogamente, è possibile derivare l'espressione di stimatori $\Delta_N^s(\mu)$ per l'errore sull'output, tali che

$$|s_h(\mu) - s_N(\mu)| \leq \Delta_N^s(\mu).$$

Questi stimatori possono essere usati non solo per verificare l'accuratezza dell'approssimazione RB, ma anche per campionare lo spazio parametrico in modo opportuno durante la fase di costruzione della base ridotta, come vedremo nella Sez. 19.5.1. La costruzione di stimatori a posteriori degli errori nel caso di problemi ellittici coercivi verrà dettagliata nella Sez. 19.7.

Combinando la (19.19) e la (19.25) otteniamo infine, per ogni $\mu \in \mathcal{D}$, la seguente maggiorazione dell'errore tra la soluzione del problema infinito-dimensionale e la soluzione ridotta,

$$\|u(\mu) - u_N(\mu)\|_V \leq \|u(\mu) - u_h(\mu)\|_V + \|u_h(\mu) - u_N(\mu)\|_V \leq \mathcal{E}(h) + \Delta_N(\mu).$$

19.3 Il metodo a basi ridotte

Forniamo in questa sezione ulteriori dettagli sulla generazione del problema ridotto, rimandando la descrizione delle più importanti strategie per la generazione dello spazio a basi ridotte alla Sez. 19.5. Come già osservato, una approssimazione a basi ridotte (RB) è tipicamente ottenuta mediante una proiezione di Galerkin (oppure di Petrov-Galerkin) su uno spazio N-dimensionale V_N che approssimi la varietà

$$\mathcal{M}_h = \{u_h(\mu) \in V^{N_h} \ : \ \mu \in \mathcal{D}\} \quad (19.26)$$

costituita dall'insieme delle soluzioni del problema high-fidelity al variare dei parametri di input nel dominio parametrico $\mathcal{D}$. Assumiamo che tale varietà sia sufficientemente regolare: nel caso di un singolo parametro, essa può essere descritta, da un

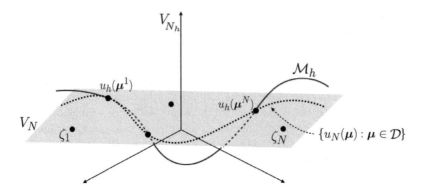

Figura 19.1. Rappresentazione grafica degli *snapshots* $u_h(\mu^n), 1 \le n \le N$, sulla varietà parametrica $\mathcal{M}_h$, indicata con una curva nera spessa (caso di $p = 1$ parametri). Lo spazio a basi ridotte $V_N = \text{span}\{\zeta_1, \ldots, \zeta_N\} = \text{span}\{u_h(\mu^1), \ldots, u_h(\mu^N)\}$ è rappresentato con un iperpiano, mentre le soluzioni RB $u_N(\mu) \in V_N$, $\mu \in \mathcal{D}$ sono rappresentate dalla curva sottile tratteggiata

punto di vista intuitivo, come una curva uni-dimensionale nello spazio V^{N_h} su cui si trovano tutte le possibili soluzioni del problema high-fidelity; gli snapshots possono essere rappresentati in questo caso particolare da punti situati lungo la varietà; si veda la Fig. 19.1.

Se infatti la varietà ha dimensione piccola ed è regolare (un punto su cui torneremo nel seguito), è ragionevole aspettarsi che ogni suo punto – ogni soluzione $u_h(\mu)$ per un certo μ in $\mathcal{D}$ – sia ben approssimato in termini di un numero relativamente piccolo di snapshots. Ad ogni modo, dobbiamo assicurare che non solo la selezione degli snapshots sia ottimale (si veda la Sez. 19.5 a tal proposito), ma anche che possiamo *(i)* determinare una buona combinazione degli snapshots selezionati per ottenere la soluzione RB, *(ii)* rappresentare lo spazio RB mediante un'opportuna base e *(iii)* calcolare i coefficienti dello sviluppo sulla base ridotta in modo estremamente efficiente. Le sezioni seguenti forniranno una risposta a queste tre fondamentali questioni.

19.3.1 Spazi a basi ridotte

Concentriamo la nostra attenzione su spazi ridotti generati a partire da[3] soluzioni "snapshot" del problema high-fidelity, e descriviamo in dettaglio la costruzione degli spazi RB nel caso di un problema ellittico, anche da un punto di vista algebrico. Dato un intero positivo $N_{\max}$, definiamo una successione di spazi RB (gerarchici o annidati) V_N^{RB}, $1 \le N \le N_{max}$, tale che ogni V_N^{RB} sia un sottospazio N-dimensionale di V^{N_h}, ovvero

$$V_1^{RB} \subset V_2^{RB} \subset \cdots V_{N_{\max}}^{RB} \subset V^{N_h} . \tag{19.27}$$

---

[3] Questa opzione risulta, a tutti gli effetti, la modalità più comune di costruire sottospazi ridotti, denominati in alcuni lavori *spazi RB Lagrangiani*. Altre tecniche sono quelle basate su spazi RB di Taylor [Por85] o di Hermite [IR98].

Come vedremo, la proprietà (19.27) risulta molto importante per garantire l'efficienza (in termini di memoria) della risultante approssimazione a basi ridotte. Allo scopo di definire tale successione, introduciamo innanzitutto, per un dato $N \in \{1, \ldots, N_{max}\}$, un campione

$$S_N = \{\boldsymbol{\mu}^1, \ldots, \boldsymbol{\mu}^N\} \tag{19.28}$$

di elementi $\boldsymbol{\mu}^n \in \mathcal{D}$, $1 \leq n \leq N$, da selezionare opportunamente (ad esempio, mediante l'algoritmo *greedy* che verrà descritto nella Sez. 19.5.1). In corrispondenza di tali elementi, otteniamo gli *snapshots* $u_h(\boldsymbol{\mu}^n) \in V^{N_h}$. Gli spazi RB associati sono dunque dati da

$$V_N^{RB} = \text{span}\{u_h(\boldsymbol{\mu}^n), \ 1 \leq n \leq N\}. \tag{19.29}$$

Nel resto della sezione l'apice ^{RB} verrà spesso omesso per esigenze di notazione. Osserviamo che, per costruzione, gli spazi V_N soddisfano (19.27) e i campioni (19.28) sono annidati, nel senso che $S_1 = \{\boldsymbol{\mu}^1\} \subset S_2 = \{\boldsymbol{\mu}^1, \boldsymbol{\mu}^2\} \subset \cdots \subset S_{N_{max}}$.

19.3.2 Proiezione di Galerkin

Per il caso dei problemi in esame, possiamo costruire il problema ridotto effettuando una proiezione di Galerkin: dato $\boldsymbol{\mu} \in \mathcal{D}$, cerchiamo $u_N(\boldsymbol{\mu}) \in V_N \subset V^{N_h}$ t.c.

$$a(u_N(\boldsymbol{\mu}), v_N; \boldsymbol{\mu}) = f(v_N; \boldsymbol{\mu}) \quad \forall v_N \in V_N \tag{19.30}$$

ed, eventualmente, valutiamo $s_N(\boldsymbol{\mu}) = J(u_N(\boldsymbol{\mu}))$. D'ora in avanti, ci riferiremo al problema (19.30) come all'approssimazione di Galerkin-basi ridotte (G-RB) del problema (19.2). Confrontando (19.16) con (19.30), otteniamo immediatamente la proprietà

$$a(u_h(\boldsymbol{\mu}) - u_N(\boldsymbol{\mu}), v_N; \boldsymbol{\mu}) = 0 \quad \forall v_N \in V_N, \tag{19.31}$$

vale a dire l'ortogonalità di Galerkin per il problema ridotto (si veda il Cap. 4).

Inoltre, da (19.31) e dal lemma di Céa – si veda la Sez. 4.2 – otteniamo il classico risultato di ottimalità in norma energia (19.9)

$$\|u_h(\boldsymbol{\mu}) - u_N(\boldsymbol{\mu})\|_{\boldsymbol{\mu}} \leq \inf_{w \in V_N} \|u_h(\boldsymbol{\mu}) - w\|_{\boldsymbol{\mu}}. \tag{19.32}$$

In altre parole, nella norma energia il metodo di Galerkin seleziona automaticamente la *miglior* combinazione di snapshots. Riguardo all'output, nel caso di un problema compliant risulta inoltre che

$$s_h(\boldsymbol{\mu}) - s_N(\boldsymbol{\mu}) = \|u_h(\boldsymbol{\mu}) - u_N(\boldsymbol{\mu})\|_{\boldsymbol{\mu}}^2, \tag{19.33}$$

ovvero l'errore di approssimazione dell'output converge come il quadrato dell'errore di approssimazione della soluzione, quest'ultimo valutato in norma energia. Infatti, usando ancora l'assunzione di *compliance* del problema, possiamo scrivere

$$\begin{aligned}
s_h(\boldsymbol{\mu}) - s_N(\boldsymbol{\mu}) &= a(u_h(\boldsymbol{\mu}), u_h(\boldsymbol{\mu}); \boldsymbol{\mu}) - a(u_N(\boldsymbol{\mu}), u_N(\boldsymbol{\mu}); \boldsymbol{\mu}) \\
&= a(u_h(\boldsymbol{\mu}), u_h(\boldsymbol{\mu}) - u_N(\boldsymbol{\mu}); \boldsymbol{\mu}) + a(u_h(\boldsymbol{\mu}), u_N(\boldsymbol{\mu}); \boldsymbol{\mu}) - a(u_N(\boldsymbol{\mu}), u_N(\boldsymbol{\mu}); \boldsymbol{\mu}) \\
&= a(u_h(\boldsymbol{\mu}) - u_N(\boldsymbol{\mu}), u_h(\boldsymbol{\mu}) - u_N(\boldsymbol{\mu}); \boldsymbol{\mu}) + a(u_h(\boldsymbol{\mu}) - u_N(\boldsymbol{\mu}), u_N(\boldsymbol{\mu}); \boldsymbol{\mu}),
\end{aligned}$$

dove il secondo termine nell'ultima riga si annulla grazie alla (19.31). Sebbene questo risultato dipenda in modo sostanziale dall'assunzione di *compliance*, una generalizzazione al caso non-compliant è possibile a patto di introdurre un secondo problema (problema aggiunto) da risolvere; si veda a tale proposito [RHP08, QRM11].

Sottolineiamo come, scegliendo la norma V definita nella (19.11) al posto di (19.32), otterremmo

$$\|u_h(\boldsymbol{\mu}) - u_N(\boldsymbol{\mu})\|_V \leq \left(\frac{\bar{\gamma}}{\alpha_0}\right)^{1/2} \inf_{w \in V_N} \|u_h(\boldsymbol{\mu}) - w\|_V, \qquad (19.34)$$

essendo $\bar{\gamma}$ e α_0 le costanti di uniforme continuità e coercività definite nella (19.5).

Consideriamo ora le equazioni discrete associate all'approssimazione di Galerkin (19.30). Occorre innanzitutto scegliere un'opportuna base dello spazio ridotto; osserviamo come una cattiva scelta della base possa condurre, anche per dimensioni N molto basse, a sistemi decisamente malcondizionati, e come gli snapshot di (19.29) diventino sempre più collineari all'aumentare di N, per costruzione, qualora lo spazio V_N dia luogo a errori che tendono rapidamente a zero. Per evitare di avere un sistema ridotto malcondizionato (e generare un insieme di snapshots linearmente indipendenti) applichiamo la tecnica di ortonormalizzazione di Gram-Schmidt [Mey00, TI97] rispetto al prodotto scalare $(\cdot, \cdot)_V$ agli snapshots $u_h(\boldsymbol{\mu}^n)$, $1 \leq n \leq N_{\max}$, in modo da ottenere funzioni di base ζ_n, $1 \leq n \leq N_{\max}$ mutuamente ortonormali: $(\zeta_n, \zeta_m)_V = \delta_{nm}$, $1 \leq n, m \leq N_{\max}$, dove δ_{nm} è il simbolo delta di Kronecker.

Scegliamo dunque l'insieme $\{\zeta_n\}_{n=1,\dots,N}$ come base dello spazio V_N, per ogni $1 \leq N \leq N_{\max}$. Si noti che, per costruzione, le funzioni di base non risultano più snapshots del problema high-fidelity, sebbene lo spazio da esse generato non cambi, ovvero

$$V_N = \text{span}\{\zeta_1, \dots, \zeta_N\} = \text{span}\{u_h(\boldsymbol{\mu}^1), \dots, u_h(\boldsymbol{\mu}^N)\}.$$

Inserendo l'espressione

$$u_N(\boldsymbol{\mu}) = \sum_{m=1}^{N} u_N^{(m)}(\boldsymbol{\mu})\zeta_m \qquad (19.35)$$

nell'equazione (19.30) e scegliendo come funzione test $v_N = \zeta_n$, otteniamo il sistema algebrico RB seguente

$$\sum_{m=1}^{N} a(\zeta_m, \zeta_n; \boldsymbol{\mu})\, u_N^{(m)}(\boldsymbol{\mu}) = f(\zeta_n; \boldsymbol{\mu}), \quad 1 \leq n \leq N, \qquad (19.36)$$

le cui incognite sono i coefficienti RB $u_N^{(m)}(\boldsymbol{\mu})$, $1 \leq m, n \leq N$. In secondo luogo, nel caso di un problema compliant, possiamo valutare l'output RB come

$$s_N(\boldsymbol{\mu}) = \sum_{m=1}^{N} u_N^{(m)}(\boldsymbol{\mu}) f(\zeta_m; \boldsymbol{\mu}). \qquad (19.37)$$

Mediante la definizione di quoziente di Rayleigh – si veda la (4.50) – è possibile mostrare che il numero di condizionamento della matrice di stiffness RB, le cui componenti sono date da $a(\zeta_m, \zeta_n; \boldsymbol{\mu})$, $1 \leq n, m \leq N$, è limitato dall'alto da $\gamma(\boldsymbol{\mu})/\alpha(\boldsymbol{\mu})$, indipendentemente da N e da N_h, grazie all'ortonormalità delle funzioni di base $\{\zeta_n\}$ e alla (19.5); si veda, ad esempio, [QMN16] per ulteriori dettagli.

19.3.3 Procedura Offline-Online

Il sistema (19.36) risulta nominalmente di dimensioni molto piccole, tuttavia esso coinvolge quantità associate allo spazio high-fidelity N_h-dimensionale, come ad esempio le funzioni di base ζ_n, $1 \leq n \leq N$. Se dovessimo sfruttare tali quantità per assemblare la matrice di stiffness RB *per ogni valore di* $\boldsymbol{\mu}$, il costo della singola valutazione input-output $\boldsymbol{\mu} \to s_N(\boldsymbol{\mu})$ rimarrebbe eccessivamente alto. Fortunatamente, l'assunzione di *dipendenza parametrica affine* permette di accelerare notevolmente il calcolo. Per semplicità, considereremo d'ora in poi il caso in cui f non dipenda dal parametro $\boldsymbol{\mu}$.

In particolare, grazie alla (19.6), il sistema (19.36) può essere espresso come segue,

$$\left(\sum_{q=1}^{Q_a} \Theta_a^q(\boldsymbol{\mu}) \, \mathbb{A}_N^q \right) \mathbf{u}_N(\boldsymbol{\mu}) = \mathbf{f}_N \tag{19.38}$$

e, analogamente, possiamo riscrivere (19.37) come

$$s_N(\boldsymbol{\mu}) = \mathbf{f}_N \cdot \mathbf{u}_N(\boldsymbol{\mu}), \tag{19.39}$$

dove $(\mathbf{u}_N(\boldsymbol{\mu}))_m = u_N^{(m)}(\boldsymbol{\mu})$, $(\mathbb{A}_N^q)_{mn} = a^q(\zeta_n, \zeta_m)$, $(\mathbf{f}_N)_n = f(\zeta_n)$, per $1 \leq m, n \leq N$. Il calcolo richiede dunque una costosa fase Offline, $\boldsymbol{\mu}$-indipendente, da eseguire una sola volta, e una fase Online molto efficiente, da eseguire per ogni valore selezionato di $\boldsymbol{\mu} \in \mathcal{D}$:

- nella fase Offline, calcoliamo innanzitutto gli snapshots $u_h(\boldsymbol{\mu}^n)$, e quindi le funzioni di base ζ_n mediante ortonormalizzazione di Gram-Schmidt, $1 \leq n \leq N_{\max}$; quindi, assembliamo e memorizziamo le strutture

$$f(\zeta_n), \quad 1 \leq n \leq N_{\max} , \tag{19.40}$$

$$a^q(\zeta_n, \zeta_m), \quad 1 \leq n, m \leq N_{\max}, \; 1 \leq q \leq Q_a . \tag{19.41}$$

Il costo delle operazioni Offline dipende dunque da $N_{\max}$, Q_a, e N_h;

- nella fase Online, sfruttiamo le strutture definite in (19.41) per formare

$$\sum_{q=1}^{Q_a} \Theta_a^q(\boldsymbol{\mu}) a^q(\zeta_n, \zeta_m), \quad 1 \leq n, m \leq N ; \tag{19.42}$$

risolviamo il risultante sistema lineare $N \times N$ (19.38) per calcolare i pesi $u_N^{(m)}(\boldsymbol{\mu})$, $1 \leq m \leq N$; infine, sfruttiamo (19.40) per la valutazione dell'output (19.37). Il costo delle operazioni Online risulta quindi $O(Q_a N^2)$ per quanto riguarda il calcolo della somma (19.42), $O(N^3)$ per la soluzione del sistema (19.38) – si osservi che la matrice di stiffness RB è piena – e infine $O(N)$ per la valutazione del prodotto scalare (19.37). Il costo di *storage* delle strutture necessarie durante la fase Online (necessario ad archiviare le strutture durante la fase Offline) è pari a $O(Q_a N_{\max}^2) + O(N_{\max})$ operazioni, grazie alla condizione (19.27): per ogni dato valore di N, risulta infatti possibile estrarre la matrice RB di dimensioni $N \times N$ (rispettivamente, il vettore di dimensione N) come sotto-matrice principale (rispettivamente, sotto-vettore principale) della corrispondente matrice di dimensione $N_{\max} \times N_{\max}$ (rispettivamente, vettore di dimensione $N_{\max}$).

Il costo Online (in termini di numero di operazioni e storage) per calcolare $u_N(\boldsymbol{\mu})$ e valutare $s_N(\boldsymbol{\mu})$ risulta dunque indipendente da N_h, implicando una duplice conseguenza: innanzitutto, *se* la dimensione N è piccola, otterremo una risposta molto rapida; inoltre, possiamo scegliere N_h sufficientemente grande per far sì che l'errore $\|u(\boldsymbol{\mu}) - u_h(\boldsymbol{\mu})\|_V$ sia molto piccolo, senza influenzare il costo Online.

19.4 Interpretazione algebrica e geometrica del problema RB

Accenniamo ora al legame che intercorre tra l'approssimazione di Galerkin-basi ridotte (G-RB) (19.30) e l'approssimazione di Galerkin-high fidelity (19.16) sia da un punto di vista algebrico che geometrico. Il lettore interessato può trovare maggiori dettagli nel Cap. 4 di [QMN16].

Indichiamo con $\mathbf{u}_h(\boldsymbol{\mu}) \in \mathbb{R}^{N_h}$ e $\mathbf{u}_N(\boldsymbol{\mu}) \in \mathbb{R}^N$ i vettori dei gradi di libertà associati alle funzioni $u_h(\boldsymbol{\mu}) \in V^{N_h}$ e $u_N(\boldsymbol{\mu}) \in V_N$, rispettivamente, che sono date da

$$\mathbf{u}_h(\boldsymbol{\mu}) = (u_h^{(1)}(\boldsymbol{\mu}), \dots, u_h^{(N_h)}(\boldsymbol{\mu}))^T, \qquad \mathbf{u}_N(\boldsymbol{\mu}) = (u_N^{(1)}(\boldsymbol{\mu}), \dots, u_N^{(N)}(\boldsymbol{\mu}))^T.$$

Indichiamo con $\{\tilde{\varphi}^r\}_{r=1}^{N_h}$ la base nodale di Lagrange di V^{N_h}, pertanto $\tilde{\varphi}^r(\mathbf{x}_s) = \delta_{rs}$, dove $\{w_r\}_{r=1}^{N_h}$ indica un insieme di pesi tali che $\sum_{r=1}^{N_h} w_r = |\Omega|$ e $\{\mathbf{x}_r\}_{r=1}^{N_h}$ rappresenta l'insieme di nodi della discretizzazione, $r, s = 1, \dots, N_h$. Tale base risulta essere ortogonale rispetto al prodotto scalare *discreto*

$$(u_h, v_h)_h = \sum_{r=1}^{N_h} w_r u_h(\mathbf{x}_r) v_h(\mathbf{x}_r);$$

sottolineiamo come altre scelte di prodotti scalari siano possibili.

Risulta utile normalizzare queste funzioni di base definendo

$$\varphi^r = \frac{1}{\sqrt{w_r}} \tilde{\varphi}^r, \quad (\varphi^r, \varphi^s)_h = \delta_{rs}, \qquad r, s = 1, \dots, N_h. \tag{19.43}$$

Grazie all'ortonormalità delle funzioni di base, abbiamo che $v_h^{(r)} = (v_h, \varphi^r)_h$, $r = 1, \dots, N_h$. Inoltre, grazie alla corrispondenza biunivoca tra gli spazi $\mathbb{R}^{N_h}$ e V^{N_h} stabilita in (4.7), otteniamo che

$$(\mathbf{u}_h, \mathbf{v}_h)_2 = (u_h, v_h)_h \quad \forall \, \mathbf{u}_h, \mathbf{v}_h \in \mathbb{R}^{N_h} \quad (\text{equivalentemente}, \forall \, u_h, v_h \in V^{N_h}). \tag{19.44}$$

Infatti:

$$
\begin{aligned}
(u_h, v_h)_h &= \left(\sum_{r=1}^{N_h} u_h^{(r)} \varphi^r, \sum_{s=1}^{N_h} v_h^{(s)} \varphi^s \right)_h \\
&= \sum_{r,s=1}^{N_h} u_h^{(r)} v_h^{(s)} (\varphi^r, \varphi^s)_h = \sum_{r,s=1}^{N_h} u_h^{(r)} v_h^{(r)} = (\mathbf{u}_h, \mathbf{v}_h)_2 .
\end{aligned}
$$

19.4.1 Interpretazione algebrica del problema (G-RB)

Descriviamo innanzitutto il legame algebrico tra il problema (G-RB) (19.30) e l'approssimazione di Galerkin-high-fidelity (19.16), che ha importanti conseguenze sugli aspetti computazionali legati a un metodo RB.

In forma matriciale, il problema (G-RB) (19.36) può essere scritto come

$$
\mathbb{A}_N(\boldsymbol{\mu}) \mathbf{u}_N(\boldsymbol{\mu}) = \mathbf{f}_N , \tag{19.45}
$$

dove $\mathbf{f}_N = (f_N^{(1)}, \dots, f_N^{(N)})^T$, $f_N^{(k)} = f(\zeta_k)$, $(\mathbb{A}_N(\boldsymbol{\mu}))_{km} = a(\zeta_m, \zeta_k; \boldsymbol{\mu})$, con $k, m = 1, \dots, N$. D'altra parte, il problema di Galerkin-high-fidelity (19.16) in forma matriciale è dato da

$$
\mathbb{A}_h(\boldsymbol{\mu}) \mathbf{u}_h(\boldsymbol{\mu}) = \mathbf{f}_h , \tag{19.46}
$$

con $\mathbf{f}_h = (f_h^{(1)}, \dots, f_h^{(N_h)})^T$, essendo $f_h^{(r)} = f(\varphi^r)$ se l'integrale è calcolato esattamente, oppure $f_h^{(r)} = (f, \varphi^r)_h$ se l'integrale è calcolato mediante una formula di quadratura, mentre $(\mathbb{A}_h(\boldsymbol{\mu}))_{rs} = a(\varphi^s, \varphi^r; \boldsymbol{\mu})$, per $r, s = 1, \dots, N_h$. Per questioni di notazione, ometteremo la dipendenza da $\boldsymbol{\mu}$ nel resto della sezione.

Sia inoltre $\mathbb{V} \in \mathbb{R}^{N_h \times N}$ la *matrice di trasformazione* (o di base), le cui componenti sono date da

$$
(\mathbb{V})_{rk} = (\zeta_k, \varphi^r)_h , \qquad r = 1, \dots, N_h , \; k = 1, \dots, N. \tag{19.47}
$$

Grazie a questa definizione, è possibile ricavare facilmente le seguenti identità:

$$
\mathbf{f}_N = \mathbb{V}^T \mathbf{f}_h , \qquad \mathbb{A}_N = \mathbb{V}^T \mathbb{A}_h \mathbb{V} , \tag{19.48}
$$

che rappresentano la controparte algebrica delle identità operatoriali (19.24) (si veda la Fig. 19.2). Infatti,

$$
\begin{aligned}
(\mathbb{V}^T \mathbb{A}_h \mathbb{V})_{km} &= \sum_{r,s=1}^{N_h} (\mathbb{V})_{kr}^T (\mathbb{A}_h)_{rs} (\mathbb{V})_{sm} = \sum_{r,s=1}^{N_h} (\zeta_k, \varphi^r)_h \, a(\varphi^s, \varphi^r)(\zeta_m, \varphi^s)_h \\
&= a \left(\sum_{s=1}^{N_h} (\zeta_m, \varphi^s)_h \varphi^s, \sum_{r=1}^{N_h} (\zeta_k, \varphi^r)_h \varphi^r \right) = a(\zeta_m, \zeta_k) = (\mathbb{A}_N)_{km}
\end{aligned}
$$

e, allo stesso modo,

$$(\mathbb{V}^T \mathbf{f}_h)^{(k)} = \sum_{r=1}^{N_h} (\mathbb{V})_{kr}^T (\mathbf{f}_h)^{(r)} = \sum_{r=1}^{N_h} (\zeta_k, \varphi^r)_h f(\varphi^r)$$

$$= f\left(\sum_{r=1}^{N_h} (\zeta_k, \varphi^r)_h \varphi^r \right) = f(\zeta_k) = (\mathbf{f}_N)_k. \qquad (19.49)$$

Grazie a (19.48), ogni matrice di "stiffness" independente da $\boldsymbol{\mu}$, data da $\mathbb{A}_N^q$, può essere assemblata una volta che la corrispondente matrice di "stiffness" high-fidelity $\mathbb{A}_h^q$ è stata calcolata.

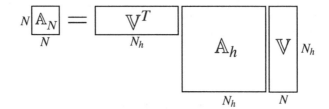

Figura 19.2. Rappresentazione schematica dell'assemblaggio della matrice di "stiffness" RB

La rappresentazione vettoriale dell'errore tra la soluzione del problema (G-RB) e l'approssimazione di Galerkin-high-fidelity risulta

$$\mathbf{e}_h = \mathbf{u}_h - \mathbb{V}\mathbf{u}_N. \qquad (19.50)$$

Allo stesso modo, la rappresentazione vettoriale del residuo del problema high-fidelity, valutato sulla soluzione (G-RB), assume la forma

$$\mathbf{r}_h(\mathbf{u}_N) = \mathbf{f}_h - \mathbb{A}_h \mathbb{V}\mathbf{u}_N. \qquad (19.51)$$

Il seguente lemma fornisce la principale connessione algebrica tra il problema (G-RB) e l'approssimazione di Galerkin-high-fidelity:

Lemma 19.1 *Valgono le seguenti relazioni algebriche:*

$$\mathbb{A}_h \mathbf{e}_h = \mathbf{r}_h(\mathbf{u}_N), \qquad (19.52)$$

$$\mathbb{V}^T \mathbb{A}_h \mathbf{u}_h = \mathbf{f}_N, \qquad (19.53)$$

$$\mathbb{V}^T \mathbf{r}_h(\mathbf{u}_N) = \mathbf{0}, \qquad (19.54)$$

dove $\mathbf{e}_h$ *e* $\mathbf{r}_h(\mathbf{u}_N)$ *sono definiti da (19.50) e (19.51), rispettivamente.*

Dimostrazione. L'equazione (19.52) segue direttamente da (19.50) e (19.46). Moltiplicando a sinistra (19.46) per $\mathbb{V}^T$, otteniamo inoltre (19.53), grazie a (19.48). Infine, (19.54) segue da (19.51) usando le identità (19.48) e il problema (19.45).   ◇

Si noti che la condizione (19.52) è la controparte algebrica della proprietà di ortogonalità di Galerkin (19.31) valida per il problema (G-RB). In sintesi, data la matrice di base $\mathbb{V}$, il problema di Galerkin-basi ridotte (G-RB) (19.45) può essere ottenuto formalmente come segue:

Problema di Galerkin-basi ridotte (G-RB)

1. si consideri il problema di Galerkin-high-fidelity (19.46);
2. si ponga $\mathbf{u}_h = \mathbb{V}\mathbf{u}_N + \mathbf{e}_h$, dove $\mathbf{u}_N \in \mathbb{R}^N$ è da determinare e l'errore $\mathbf{e}_h$ è la differenza tra $\mathbf{u}_h$ e $\mathbb{V}\mathbf{u}_N$;
3. moltiplicando a sinistra (19.46) per $\mathbb{V}^T$ si ottiene $\mathbb{A}_N \mathbf{u}_N - \mathbf{f}_N = -\mathbb{V}^T \mathbb{A}_h \mathbf{e}_h$, vale a dire

$$\mathbb{A}_N \mathbf{u}_N - \mathbf{f}_N = -\mathbb{V}^T \mathbf{r}_h(\mathbf{u}_N);$$

4. si richieda infine che $\mathbf{u}_N$ soddisfi $\mathbb{V}^T \mathbf{r}_h(\mathbf{u}_N) = \mathbf{0}$ o, in modo equivalente,

$$\mathbb{A}_N \mathbf{u}_N = \mathbf{f}_N.$$

Se $\mathbb{A}_h$ è simmetrica e definita positiva, la soluzione del problema G-RB soddisfa la seguente proprietà di minimo per il residuo,

$$\mathbf{u}_N = \arg \min_{\tilde{\mathbf{u}}_N \in \mathbb{R}^N} \|\mathbf{r}_h(\tilde{\mathbf{u}}_N)\|^2_{\mathbb{A}_h^{-1}}. \tag{19.55}$$

Infatti, indicando con $\mathbb{K}^{1/2}$ la radice quadrata di una matrice $\mathbb{K}$ (simmetrica e definita positiva), si ha che

$$\|\mathbf{r}_h(\tilde{\mathbf{u}}_N)\|^2_{\mathbb{A}_h^{-1}} = (\mathbf{f}_h - \mathbb{A}_h \mathbb{V}\mathbf{u}_N, \mathbf{f}_h - \mathbb{A}_h \mathbb{V}\mathbf{u}_N)_{\mathbb{A}_h^{-1}} =$$
$$= (\mathbb{A}_h^{-1/2}\mathbf{f}_h - \mathbb{A}_h^{1/2}\mathbb{V}\mathbf{u}_N, \mathbb{A}_h^{-1/2}\mathbf{f}_h - \mathbb{A}_h^{1/2}\mathbb{V}\mathbf{u}_N).$$

Quest'ultima può essere vista come la soluzione (nel senso dei minimi quadrati) del sistema $\mathbb{A}_h^{1/2}\mathbb{V}\mathbf{u}_N = \mathbb{A}_h^{-1/2}\mathbf{f}_h$, le cui *equazioni normali* corrispondenti[4] sono

$$\mathbb{V}^T \mathbb{A}_h^{1/2} \mathbb{A}_h^{1/2} \mathbb{V}\mathbf{u}_N = \mathbb{V}^T \mathbb{A}_h^{1/2} \mathbb{A}_h^{-1/2}\mathbf{f}_h = \mathbb{V}^T \mathbf{f}_h.$$

Si noti che quest'ultima equazione coincide con il problema (G-RB) (19.45).

19.4.2 Interpretazione geometrica del problema (G-RB)

Per caratterizzare geometricamente la soluzione $\mathbf{u}_N$ del problema (G-RB), così come l'errore $\mathbf{e}_h = \mathbf{u}_h - \mathbb{V}\mathbf{u}_N$ tra la soluzione del problema (G-RB) e l'approssimazio-

---

[4] Ricordiamo che, dati $\mathbf{c} \in \mathbb{R}^{N_h}$ e $\mathbb{B} \in \mathbb{R}^{N_h \times N}$, il sistema sovradeterminato $\mathbb{B}\tilde{\mathbf{u}} = \mathbf{b}$ può essere risolto nel senso dei minimi quadrati, cercando $\mathbf{u} = \arg\min_{\tilde{\mathbf{u}} \in \mathbb{R}^N} \|\mathbf{c} - \mathbb{B}\tilde{\mathbf{u}}\|^2_2$. A patto che le N colonne di $\mathbb{B}$ siano linearmente indipendenti, la soluzione è unica, e può essere ottenuta tramite le seguenti equazioni normali

$$(\mathbb{B}^T \mathbb{B})\mathbf{u} = \mathbb{B}^T \mathbf{c}.$$

ne di Galerkin-high-fidelity, sfruttiamo il fatto che la matrice di base $\mathbb{V}$ definita da (19.47) identifica una proiezione ortogonale sul sottospazio $\mathbf{V}_N = \text{span}\{\mathbf{v}_1, \ldots, \mathbf{v}_N\}$ di $\mathbb{R}^{N_h}$, generato dalle colonne di $\mathbb{V}$. Abbiamo $\dim(\mathbf{V}_N) = N$ grazie al fatto che le colonne di $\mathbb{V}$ sono linearmente indipendenti. Se assumiamo che le funzioni di base $\{\zeta_k\}_{k=1,\ldots,N}$ siano ortonormali rispetto al prodotto scalare $(\cdot, \cdot)_h$, ovvero

$$(\zeta_k, \zeta_m)_h = \sum_{j=1}^{N_h} w_j \zeta_k(x_j) \zeta_m(x_j) = \delta_{km}, \qquad (19.56)$$

allora

$$\mathbb{V}^T \mathbb{V} \in \mathbb{R}^{N \times N}, \qquad \mathbb{V}^T \mathbb{V} = \mathbb{I}_N \qquad (19.57)$$

dove $\mathbb{I}_N$ indica la matrice identità di dimensione N. Di conseguenza, otteniamo che

$$(\mathbb{V}^T \mathbb{V})_{mk} = (\zeta_m, \zeta_k)_h \qquad \forall k, m = 1, \ldots, N. \qquad (19.58)$$

Lemma 19.2 *Valgono i seguenti risultati:*

1. *la matrice $\boldsymbol{\Pi} = \mathbb{V}\mathbb{V}^T \in \mathbb{R}^{N_h \times N_h}$ è una matrice di proiezione da $\mathbb{R}^{N_h}$ sul sottospazio $\mathbf{V}_N$;*
2. *la matrice $\mathbb{I}_{N_h} - \boldsymbol{\Pi} = \mathbb{I}_{N_h} - \mathbb{V}\mathbb{V}^T \in \mathbb{R}^{N_h \times N_h}$ è una matrice di proiezione da $\mathbb{R}^{N_h}$ sul sottospazio $\mathbf{V}_N^\perp$, essendo quest'ultimo il sottospazio di $\mathbb{R}^{N_h}$ ortogonale a $\mathbf{V}_N$;*
3. *il residuo $\mathbf{r}_h(\mathbf{u}_N)$ soddisfa*

$$\boldsymbol{\Pi} \mathbf{r}_h(\mathbf{u}_N) = \mathbf{0}, \qquad (19.59)$$

vale a dire, $\mathbf{r}_h(\mathbf{u}_N)$ appartiene allo spazio ortogonale $\mathbf{V}_N^\perp$.

Dimostrazione. La proprietà 1 è una conseguenza diretta della proprietà di ortonormalità (19.57): risulta infatti che

$$\forall \mathbf{w}_N \in \mathbf{V}_N \; \exists \, \mathbf{v}_N \in \mathbb{R}^N \text{ t.c. } \mathbf{w}_N = \mathbb{V}\mathbf{v}_N.$$

Quindi, $\forall \mathbf{v}_h \in \mathbb{R}^{N_h}, \forall \mathbf{w}_N \in \mathbf{V}_N$,

$$(\boldsymbol{\Pi}\mathbf{v}_h, \mathbf{w}_N)_2 = (\boldsymbol{\Pi}\mathbf{v}_h, \mathbb{V}\mathbf{v}_N)_2 = (\mathbb{V}^T\mathbf{v}_h, \mathbb{V}^T\mathbb{V}\mathbf{v}_N)_2 = (\mathbf{v}_h, \mathbb{V}\mathbf{v}_N)_2 = (\mathbf{v}_h, \mathbf{w}_N)_2.$$

La proprietà 2 discende dalla proprietà 1. Infine, (19.59) segue da (19.54).   ◇

Avendo supposto che la base sia ortonormale, l'errore $\mathbf{e}_h = \mathbf{u}_h - \mathbb{V}\mathbf{u}_N$ può essere decomposto nella somma di due termini ortogonali (si veda la Fig. 19.3):

$$\begin{aligned} \mathbf{e}_h = \mathbf{u}_h - \mathbb{V}\mathbf{u}_N &= (\mathbf{u}_h - \boldsymbol{\Pi}\mathbf{u}_h) + (\boldsymbol{\Pi}\mathbf{u}_h - \mathbb{V}\mathbf{u}_N) \\ &= (\mathbb{I}_{N_h} - \boldsymbol{\Pi})\mathbf{u}_h + \mathbb{V}(\mathbb{V}^T\mathbf{u}_h - \mathbf{u}_N) = \mathbf{e}_{\mathbf{V}_N^\perp} + \mathbf{e}_{\mathbf{V}_N}. \end{aligned}$$

Il primo termine, ortogonale a $\mathbf{V}_N$, tiene conto del fatto che la soluzione high-fidelity non appartiene necessariamente al sottospazio $\mathbf{V}_N$, mentre il secondo, parallelo a

$\mathbb{V}_N$, indica che un problema differente da quello originale viene risolto. Vale infatti il seguente risultato (si veda l'Esercizio 1 per la dimostrazione)

Proposizione 19.1 *La rappresentazione high-fidelity di* $\mathbf{u}_N \in \mathbb{R}^N$, *definita da* $\tilde{\mathbf{u}}_h(\boldsymbol{\mu}) = \mathbb{V}\mathbf{u}_N(\boldsymbol{\mu}) \in \mathbb{R}^{N_h}$, *risolve il problema high-fidelity "equivalente"*

$$\mathbb{V}\mathbb{V}^T \mathbb{A}_h(\boldsymbol{\mu})\mathbb{V}\mathbb{V}^T \tilde{\mathbf{u}}_h = \mathbb{V}\mathbb{V}^T \mathbf{f}_h(\boldsymbol{\mu}). \tag{19.60}$$

La matrice $\mathbb{V}\mathbb{V}^T \mathbb{A}_h(\boldsymbol{\mu})\mathbb{V}\mathbb{V}^T$ *ha rango* N *e la sua pseudo-inversa di Moore-Penrose risulta data da*

$$(\mathbb{V}\mathbb{V}^T \mathbb{A}_h(\boldsymbol{\mu})\mathbb{V}\mathbb{V}^T)^{\dagger} = \mathbb{V}\mathbb{A}_N^{-1}(\boldsymbol{\mu})\mathbb{V}^T. \tag{19.61}$$

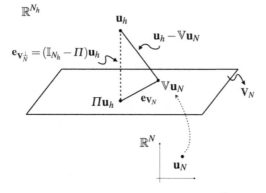

Figura 19.3. Rappresentazione grafica del sottospazio $\mathbf{V}_N$ di $\mathbb{R}^{N_h}$ e dei vettori $\mathbf{u}_N \in \mathbb{R}^N$, $\mathbb{V}\mathbf{u}_N \in \mathbf{V}_N$ e $\mathbf{u}_h \in \mathbb{R}^{N_h}$

Da un punto di vista pratico, l'ortonormalizzazione può essere effettuata rispetto a un prodotto scalare differente da $(\,\cdot\,,\,\cdot\,)_h$, che indichiamo con $(\,\cdot\,,\,\cdot\,)_N$, tale che

$$(\zeta_k, \zeta_m)_N = \delta_{km} \qquad \forall k, m = 1, \dots, N.$$

In questo caso, invece della (19.58) otteniamo

$$\delta_{km} = (\zeta_k, \zeta_m)_N = \sum_{r=1}^{N_h}\sum_{s=1}^{N_h}(\mathbb{V}_{rk}\varphi^r, \mathbb{V}_{sm}\varphi^s)_N = \sum_{r=1}^{N_h}\sum_{s=1}^{N_h}\mathbb{V}_{ms}\mathbb{M}_{sr}\mathbb{V}_{rk},$$

dove abbiamo usato la (19.47) e definito la matrice di massa per $(\,\cdot\,,\,\cdot\,)_N$ come

$$\mathbb{M}_{sr} = (\varphi^r, \varphi^s)_N, \qquad 1 \le r, s \le N.$$

Di conseguenza, invece della (19.57), otteniamo la seguente relazione di ortonormalità,

$$\mathbb{Y}^T\mathbb{Y} = \mathbb{V}^T\mathbb{M}\mathbb{V} = \mathbb{I}_N,$$

dove $\mathbb{Y}^T = \mathbb{V}^T\mathbb{M}^{1/2}$, $\mathbb{Y} = \mathbb{M}^{1/2}\mathbb{V}$. Allo stesso modo, la matrice di proiezione diviene $\Pi = \mathbb{Y}\mathbb{Y}^T$. I risultati forniti dal Lemma 19.2 continuano a valere, a patto di sostituire la matrice $\mathbb{V}$ con $\mathbb{Y}$ e il sottospazio $\mathbf{V}_N$ con $\mathbf{Y}_N = \mathbb{Y}\mathbf{V}_N$.

19.4.3 Formulazioni alternative: problemi Least-Squares e di Petrov-Galerkin

La proiezione di Galerkin, che conduce al problema (G-RB) discusso fino a questo punto, è la strategia più comune per costruire un modello ridotto, dal momento che fornisce, a meno di costanti, la miglior approssimazione della soluzione high-fidelity rispetto alla norma energia. Nel caso del problema (G-RB), lo spazio in cui cerchiamo la soluzione e lo spazio delle funzioni test coincidono; da un punto di vista algebrico, ciò è riflesso dalle identità (19.48), in cui la matrice per cui pre- e post- moltiplichiamo la matrice di stiffness high-fidelity risulta la stessa. Nel caso più generale in cui sce-gliessimo lo spazio delle soluzioni e quello delle funzioni test in maniera differente, otterremmo una formulazione di Petrov-Galerkin. In questa sezione forniamo alcuni dettagli su questo approccio.

Il metodo least squares-RB

Un approccio alternativo al metodo di Galerkin-basi ridotte è dato dal metodo *least squares*-RB, (LS-RB) – spesso denominato anche metodo *minimum residual*-RB – la cui soluzione soddisfa

$$\mathbf{u}_N = \arg \min_{\tilde{\mathbf{u}}_N \in \mathbb{R}^N} \|\mathbf{r}_h(\tilde{\mathbf{u}}_N)\|_2^2. \tag{19.62}$$

Si osservi che il criterio di minimizzazione (19.62) si può applicare per ogni matrice $\mathbb{A}_h$, mentre quello relativo al metodo (G-RB) e dato da (19.55), richiede che $\mathbb{A}_h$ sia simmetrica e definita positiva. La soluzione $\mathbf{u}_N$ del problema (19.62) risolve il seguente sistema di *equazioni normali*

$$(\mathbb{A}_h \mathbb{V})^T \mathbb{A}_h \mathbb{V} \mathbf{u}_N = (\mathbb{A}_h \mathbb{V})^T \mathbf{f}_h,$$

vale a dire

$$(\mathbb{A}_h \mathbb{V})^T \mathbf{r}_h(\mathbf{u}_N) = \mathbf{0}. \tag{19.63}$$

Per una data matrice $\mathbb{V}$, il metodo *least squares*-RB può dunque essere ottenuto come segue:

Problema least squares-basi ridotte (LS-RB)

1. si consideri il problema di Galerkin-high-fidelity (19.46);
2. si ponga $\mathbf{u}_h = \mathbb{V}\mathbf{u}_N + \mathbf{e}_h$, dove $\mathbf{u}_N \in \mathbb{R}^N$ è da determinare e l'errore $\mathbf{e}_h$ è la differenza tra $\mathbf{u}_h$ e $\mathbb{V}\mathbf{u}_N$;
3. moltiplicando a sinistra (19.46) per $(\mathbb{A}_h \mathbb{V})^T$ si ottiene

$$(\mathbb{A}_h \mathbb{V})^T \mathbb{A}_h \mathbb{V} \mathbf{u}_N = (\mathbb{A}_h \mathbb{V})^T \mathbf{f}_h - (\mathbb{A}_h \mathbb{V})^T \mathbf{r}_h(\mathbf{u}_N);$$

4. si richieda infine che $\mathbf{u}_N$ soddisfi $(\mathbb{A}_h \mathbb{V})^T \mathbf{r}_h(\mathbf{u}_N) = \mathbf{0}$ o, in modo equivalente,

$$(\mathbb{A}_h \mathbb{V})^T \mathbb{A}_h \mathbb{V} \mathbf{u}_N = (\mathbb{A}_h \mathbb{V})^T \mathbf{f}_h. \tag{19.64}$$

Si noti che è possibile riscrivere la (19.64) nella forma (19.45) a patto di porre

$$\mathbf{f}_N = (\mathbb{A}_h \mathbb{V})^T \mathbf{f}_h, \qquad \mathbb{A}_N = (\mathbb{A}_h \mathbb{V})^T \mathbb{A}_h \mathbb{V}.$$

Osserviamo infine come nel caso del problema (LS-RB) le funzioni di base dello spazio test dipendano da μ a causa della dipendenza parametrica di $a(\cdot, \cdot; \mu)$.

Il metodo di Petrov-Galerkin-RB

Il problema (19.64) può essere visto come un caso particolare del seguente metodo di Petrov-Galerkin: trovare $u_N(\mu) \in V_N$ t.c.

$$a(u_N(\mu), w_N; \mu) = f(w_N; \mu) \quad \forall w_N \in W_N, \tag{19.65}$$

dove $W_N \subset V^{N_h}$ è un sottospazio di dimensione N, diverso da V_N. Se indichiamo con $\{\eta_k, k = 1, \ldots, N\}$ una base di W_N, e con $\mathbb{W} \in \mathbb{R}^{N_h \times N}$ la matrice le cui componenti sono date da

$$(\mathbb{W})_{rk} = (\eta_k, \varphi^r)_h, \qquad r = 1, \ldots, N_h, \ k = 1, \ldots, N,$$

possiamo esprimere anche (19.65) nella forma algebrica (19.45); in questo caso, tuttavia, al posto della (19.48) valgono le seguenti relazioni di corrisponenza

$$\mathbf{f}_N = \mathbb{W}^T \mathbf{f}_h, \qquad \mathbb{A}_N = \mathbb{W}^T \mathbb{A}_h \mathbb{V}. \tag{19.66}$$

Date dunque due matrici $\mathbb{V}$ e $\mathbb{W}$, il metodo di Petrov-Galerkin RB (PG-RB) può essere ottenuto come segue:

Problema di Petrov-Galerkin-basi ridotte (PG-RB)

1. si consideri il problema di Galerkin-high-fidelity (19.46);

2. si ponga $\mathbf{u}_h = \mathbb{V} \mathbf{u}_N + \mathbf{e}_h$, dove $\mathbf{u}_N \in \mathbb{R}^N$ è da determinare e l'errore $\mathbf{e}_h$ è la differenza tra $\mathbf{u}_h$ e $\mathbb{V} \mathbf{u}_N$;

3. moltiplicando a sinistra (19.46) per $\mathbb{W}^T$ si ottiene

$$\mathbb{W}^T \mathbb{A}_h \mathbb{V} \mathbf{u}_N = \mathbb{W}^T \mathbf{f}_h - \mathbb{W}^T \mathbf{r}_h(\mathbf{u}_N);$$

4. si richieda infine che $\mathbf{u}_N$ soddisfi $\mathbb{W}^T \mathbf{r}_h(\mathbf{u}_N) = \mathbf{0}$, vale a dire, in modo equivalente,

$$\mathbb{W}^T \mathbb{A}_h \mathbb{V} \mathbf{u}_N = \mathbb{W}^T \mathbf{f}_h. \tag{19.67}$$

Come abbiamo già anticipato, il problema (LS-RB) definito dalla (19.64) risulta un caso particolare i problema (PG-RB) (19.67), corrispondente alla scelta $\mathbb{W} = \mathbb{A}_h \mathbb{V}$. Infatti, possiamo mostrare (si veda l'Esercizio 2) la seguente

Proposizione 19.2 *La formulazione (LS-RB) corrisponde al seguente problema in forma variazionale: trovare* $u_N(\mu) \in V_N$ *t.c.*

$$\begin{cases} a(u_N(\mu), y_h^\mu(v_N); \mu) = (f, y_h^\mu(v_N); \mu) & \forall v_N \in V_N \\ \text{dove } y_h^\mu(v_N) \in V_h \text{ è la soluzione del } \quad \text{problema seguente}: \\ (y_h^\mu(v_N), z_h)_h = a(v_N, z_h; \mu) & \forall z_h \in V^{N_h}. \end{cases} \tag{19.68}$$

Il metodo (LS-RB) è dunque equivalente al metodo di Petrov-Galerkin (19.65) a patto che lo spazio delle funzioni test

$$W_N = \mathrm{span}\{\eta_k^\mu \,,\; k = 1, \ldots, N\} \subset V^{N_h}$$

sia definito considerando $\eta_k^\mu = \eta_k^\mu(\zeta_k)$ come la soluzione del seguente problema

$$(\eta_k^\mu, z_h)_h = a(\zeta_k, z_h; \boldsymbol{\mu}) \quad \forall\, z_h \in V^{N_h}. \tag{19.69}$$

Osservazione 19.1 La scelta (19.69) è ottimale nel senso che l'errore ottenuto in corrispondenza del problem (PG-RB) risulta pari all'errore di miglior approssimazione – ovvero il rapporto tra la costante di continuità e la costante di coercività è pari a 1 – a patto di dotare lo spazio V_N delle soluzioni di un'opportuna norma energia; il lettore interessato può trovare ulteriori dettagli ad esempio in [DG11] e in [QMN16].

19.5 Costruzione degli spazi ridotti

Descriviamo ora due tecniche per campionare lo spazio parametrico e calcolare gli snapshots mediante i quali formare la base ridotta. Illustriamo dapprima l'algoritmo *greedy*, originariamente introdotto in [PRV+02, VPRP03], e basato sull'idea di selezionare, a ogni passo, l'elemento che rappresenta un ottimo locale rispetto a un opportuno indicatore dell'errore. Successivamente, illustriamo una procedura alternativa, la cosiddetta *proper orthogonal decomposition* (POD).

19.5.1 Algoritmo greedy

Da un punto di vista astratto, un algoritmo greedy è una procedura generale che permette di approssimare ogni elemento di un insieme compatto K di uno spazio di Hilbert V mediante un sottospazio di dimensione data $N \geq 1$ di elementi di K opportunamente scelti. Cerchiamo quindi degli elementi $\{x_1, \ldots, x_N\}$ in K tali che ogni $x \in K$ sia ben approssimato da elementi del sottospazio $K_N = \mathrm{span}\{x_1, \ldots, x_N\}$. L'algoritmo greedy può essere descritto come segue:

$$x_1 = \arg\max_{x \in K} \|x\|_V;$$
dati $x_1, \ldots, x_{N-1}$
$$\text{porre } K_{N-1} = \mathrm{span}\{x_1, \ldots, x_{N-1}\};$$
$$\text{determinare } x_N = \arg\max_{x \in K} d(x, K_{N-1});$$
$$\text{iterare finché } \arg\max_{x \in K} \|x - \Pi_{K_{N_{\max}}} x\|_V < \varepsilon_{\mathrm{tol}}^*.$$

$\varepsilon_{\mathrm{tol}}^*$ è una tolleranza fissata, mentre $d(x, K_N)$ indica la distanza tra un elemento $x \in K$ e il sottospazio K_N, definita da

$$d(x; K_N) = \inf_{x_N \in K_N} \|x - x_N\|_V. \tag{19.70}$$

Siccome V è uno spazio di Hilbert, si ha che

$$d(x; K_N) = \|x - \Pi_{K_N} x\|_V \tag{19.71}$$

dove $\Pi_{K_{N-1}}$ è l'operatore di proiezione su K_{N-1} rispetto al prodotto scalare $(\cdot, \cdot)_V$; x_N indica dunque l'elemento di K che massimizza l'errore di proiezione su K_{N-1}.

A ogni passo, gli elementi forniti dal precedente algoritmo vengono poi ortonormalizzati mediante la seguente procedura di Gram-Schmidt: definiamo

$$\zeta_1 = \frac{x_1}{\|x_1\|_V}, \qquad \zeta_N = \frac{x_N - \Pi_{K_{N-1}} x_N}{\|x_N - \Pi_{K_{N-1}} x_N\|_V}, \qquad N = 2, \ldots, N_{\max}$$

e assumiamo che la procedura termini quando $N = N_{\max}$. In particolare, per ogni $x \in V$,

$$\Pi_{K_N} x = \sum_{n=1}^{N} \pi_{K_N}^n(x) \zeta_n, \quad \text{con} \quad \pi_{K_N}^n(x) = (x, \zeta_n)_V.$$

Siamo interessati al caso in cui $K = \mathcal{M}_h$ è la manifold delle soluzioni (19.26); in questo caso, l'algoritmo greedy assume la forma seguente:

$$\boldsymbol{\mu}_1 = \arg \max_{\boldsymbol{\mu} \in \mathcal{D}} \|u_h(\boldsymbol{\mu})\|_V;$$

dati $\boldsymbol{\mu}^1, \ldots, \boldsymbol{\mu}^{N-1}$,

porre $V_{N-1} = \text{span}\{u_h(\boldsymbol{\mu}^1), \ldots, u_h(\boldsymbol{\mu}^{N-1})\}$;   (19.72)

determinare $\boldsymbol{\mu}_N = \arg \max_{\boldsymbol{\mu} \in \mathcal{D}} d(u_h(\boldsymbol{\mu}), V_{N-1})$;

iterare finché $\arg \max_{\boldsymbol{\mu} \in \mathcal{D}} d(u_h(\boldsymbol{\mu}), V_{N_{\max}}) < \varepsilon_{\text{tol}}^*$.

Dal momento che la distanza tra $u_h(\boldsymbol{\mu})$ e V_{N-1} è data da

$$d(u_h(\boldsymbol{\mu}), V_{N-1}) = \|u_h(\boldsymbol{\mu}) - \Pi_{V_{N-1}} u_h(\boldsymbol{\mu})\|_V, \tag{19.73}$$

al passo N-esimo lo snapshot $u_h(\boldsymbol{\mu}^N)$ che viene selezionato risulta l'elemento della varietà che è peggio approssimato dalla sua proiezione ortogonale su V_{N-1}. Ciò tuttavia risulta decisamente costoso a causa della valutazione della distanza $d(u_h(\boldsymbol{\mu}), V_N)$ per ogni $\boldsymbol{\mu} \in \mathcal{D}$. Una variante più efficiente si ottiene sostituendo tale distanza con $\|u_h(\boldsymbol{\mu}) - u_N(\boldsymbol{\mu})\|_V$, che può essere vista come una norma equivalente, poiché

$$\frac{\alpha_0}{\bar{\gamma}} \|u_h(\boldsymbol{\mu}) - u_N(\boldsymbol{\mu})\|_V \leq d(u_h(\boldsymbol{\mu}), V_N) \leq \|u_h(\boldsymbol{\mu}) - u_N(\boldsymbol{\mu})\|_V,$$

avendo assunto che valga la condizione (19.5) (si veda l'Esercizio 4):

$$\boldsymbol{\mu}_1 = \arg \max_{\boldsymbol{\mu} \in \mathcal{D}} \|u_h(\boldsymbol{\mu})\|_V;$$

dati $\boldsymbol{\mu}^1, \ldots, \boldsymbol{\mu}^{N-1}$,

porre $V_{N-1} = \text{span}\{u_h(\boldsymbol{\mu}^1), \ldots, u_h(\boldsymbol{\mu}^{N-1})\}$;   (19.74)

determinare $\boldsymbol{\mu}_N = \arg \max_{\boldsymbol{\mu} \in \mathcal{D}} \|u_h(\boldsymbol{\mu}) - u_N(\boldsymbol{\mu})\|_V$;

iterare finché $\arg \max_{\boldsymbol{\mu} \in \mathcal{D}} \|u_h(\boldsymbol{\mu}) - u_{N_{\max}}(\boldsymbol{\mu})\|_V < \varepsilon_{\text{tol}}^*$, dove $u_N(\boldsymbol{\mu}) = \Pi^{\mu}_{N-1}u_h(\boldsymbol{\mu})$ e $\Pi^{\mu}_{N-1} : V^{N_h} \to V_{N-1}$ indica la proiezione di Galerkin su V_{N-1}:

$$a(\Pi^{\mu}_{N-1}u_h, v_h; \boldsymbol{\mu}) = a(u_h, v_h; \boldsymbol{\mu}) \qquad \forall v \in V_{N-1}.$$

Si noti che, grazie alla (19.16) e alla (19.21), $\Pi^{\mu}_N u_h(\boldsymbol{\mu}) = u_N(\boldsymbol{\mu})$ per ogni $\boldsymbol{\mu} \in \mathcal{D}$. Gli elementi dell'insieme $\{u_h(\boldsymbol{\mu}^1), \dots, u_h(\boldsymbol{\mu}^N)\}$ generato mediante l'algoritmo precedente vengono poi ortonormalizzati rispetto al prodotto scalare $(\cdot, \cdot)_V$, fornendo una base ortonormale $\{\zeta_1 \dots, \zeta_N\}$ di V_N.

Durante l'ortonormalizzazione di Gram-Schmidt non è possibile usare l'operatore di proiezione di Galerkin Π^{μ}_N, dal momento che esso dipende da $\boldsymbol{\mu}$; invece, si considera il proiettore ortogonale $\Pi_N : V^{N_h} \to V_N$ rispetto al prodotto scalare $(\cdot, \cdot)_V$ corrispondente a uno specifico valore di $\bar{\boldsymbol{\mu}}$, si veda la (19.10). L'ortonormalizzazione fornisce dunque:

$$\zeta_1 = \frac{u_h(\boldsymbol{\mu}^1)}{\|u_h(\boldsymbol{\mu}^1)\|_V}, \qquad \zeta_N = \frac{u_h(\boldsymbol{\mu}^N) - \Pi_{N-1}u_h(\boldsymbol{\mu}^N)}{\|u_h(\boldsymbol{\mu}^N) - \Pi_{N-1}u_h(\boldsymbol{\mu}^N)\|_V}, \qquad N = 2, \dots, N_{\max}.$$

In particolare,

$$\Pi_N u_h(\boldsymbol{\mu}) = \sum_{n=1}^N \pi^n_N(\boldsymbol{\mu})\zeta_n, \quad \text{con} \quad \pi^n_N(\boldsymbol{\mu}) = (u_h(\boldsymbol{\mu}), \zeta_n)_V.$$

Tuttavia, se eseguito in base a queste specifiche, l'algoritmo greedy (19.74) risulterebbe ancora impraticabile da un punto di vista computazionale: a ogni passo, la selezione dello snapshot ottimale richiederebbe la soluzione di un problema di ottimizzazione, nel quale la valutazione dell'errore di approssimazione $\|u_h(\boldsymbol{\mu}) - u_N(\boldsymbol{\mu})\|_V$ comporta la valutazione della soluzione high-fidelity $u_h(\boldsymbol{\mu})$ per ogni $\boldsymbol{\mu}$, portando a un costo decisamente elevato.

Nella pratica, questo costo viene notevolmente ridotto sostituendo la ricerca del massimo su $\mathcal{D}$ con il massimo su un campione molto grande[5] $\varXi_{\text{train}} \subset \mathcal{D}$, di cardinalità $|\varXi_{\text{train}}| = n_{\text{train}}$, che serve a selezionare lo spazio ridotto – o, ad "allenare" l'approssimazione RB, da cui la notazione $\varXi_{\text{train}}$. Ciò nonostante, la soluzione di numerosi problemi high-fidelity è ancora richiesta a questo livello.

[5] A seconda della dimensione dello spazio parametrico, è possibile usare diverse tecniche per la generazione di tale campione. Tecniche di tipo tensoriale (o *full factorial*) sono adatte nel caso di pochi parametri (tipicamente, $p \leq 3$), mentre tecniche come il campionamento casuale (Monte Carlo) o di tipo *latin hypercube* [Coc07, Loh10], o ancora le griglie sparse, sono da preferire non appena la dimensione dello spazio parametrico aumenta ($p \geq 4$). Distinguiamo solitamente tra il campione *test* $\varXi$, che serve a verificare la qualità dell'approssimazione RB Online e le relative stime a posteriori, e il campione *train* $\varXi_{\text{train}}$, che serve a *generare* l'approssimazione RB: la scelta di quest'ultimo ha importanti implicazioni computazionali in entrambe le fasi Offline e Online.

Un'ulteriore semplificazione consiste nel sostituire l'errore di approssimazione con uno stimatore a posteriori dell'errore $\Delta_{N-1}(\boldsymbol{\mu})$ t.c.

$$\|u_h(\boldsymbol{\mu}) - u_N(\boldsymbol{\mu})\|_V \leq \Delta_N(\boldsymbol{\mu}) \qquad \forall \boldsymbol{\mu} \in \mathcal{D} \tag{19.75}$$

che sia facilmente calcolabile. L'algoritmo greedy-RB risulta dunque il seguente:

$$
\begin{aligned}
&S_1 = \{\boldsymbol{\mu}^1\}; \\
&\text{calcolare } u_h(\boldsymbol{\mu}^1); \\
&V_1 = \text{span}\{u_h(\boldsymbol{\mu}^1)\}; \\
&\text{for } N = 2, \ldots \\
&\quad \boldsymbol{\mu}^N = \arg\max_{\boldsymbol{\mu} \in \Xi_{\text{train}}} \Delta_{N-1}(\boldsymbol{\mu}); \\
&\quad \varepsilon_{N-1} = \Delta_{N-1}(\boldsymbol{\mu}^N); \\
&\quad if \varepsilon_{N-1} \leq \varepsilon_{\text{tol}}^* \\
&\quad\quad N_{\max} = N - 1; \\
&\quad \text{end}; \\
&\quad \text{calcolare } u_h(\boldsymbol{\mu}^N); \\
&\quad S_N = S_{N-1} \cup \{\boldsymbol{\mu}^N\}; \\
&\quad V_N = V_{N-1} \cup \text{span}\{u_h(\boldsymbol{\mu}^N)\}; \\
&\text{end}.
\end{aligned}
\tag{19.76}
$$

In altri termini, all' N-esima iterazione dell'algoritmo, tra tutti i possibili candidati $u_h(\boldsymbol{\mu})$, $\boldsymbol{\mu} \in \Xi_{\text{train}}$, aggiungiamo all'insieme di snapshots già selezionati l'elemento che la stima a posteriori (19.75) indica essere peggio approssimato dalla soluzione del problema RB associato allo spazio V_{N-1}.

Una simile procedura può essere implementata anche rispetto alla norma energia [RHP08]; ciò risulta particolarmente di rilievo nel caso compliant, per il quale l'errore di approssimazione della soluzione in norma energia è direttamente legato all'errore di approssimazione dell'output (si veda la Sez. 19.3.2).

19.5.2 Proper Orthogonal Decomposition (POD)

Una tecnica alternativa all'algoritmo greedy per la costruzione degli spazi ridotti nel caso di problemi parametrizzati è fornita dalla *proper orthogonal decomposition* (POD). Tale tecnica risulta molto popolare anche in statistica multivariata, dove prende il nome di *analisi delle componenti principali*, e nella teoria dei processi stocastici, con il nome di *decomposizione di Karhunen-Loève*, si vedano ad esempio [LMK10, GWZ14]. Le prime applicazioni della POD nell'ambito del calcolo scientifico risalgono ai primi anni '90 e riguardano la simulazione di flussi turbolenti [Aub91, BHL93]; il lettore interessato può trovare ulteriori dettagli ad esempio in [HLB98].

Una tecnica come la POD[6] riduce la dimensionalità di un sistema trasformando le variabili di partenza in un nuovo insieme di variabili non correlate tra loro (chiama-

---

[6] Si veda ad esempio [Pin08, Vol11] per un'introduzione generale all'uso di tali tecniche per la riduzione di sistemi dinamici; la POD è stata infatti originariamente sviluppata – e continua

te *modi* POD, o componenti principali), tali che i primi modi descrivano una buona porzione dell'energia contenuta nelle variabili originarie.

Da un punto di vista algebrico, la tecnica POD si basa sull'utilizzo della decomposizione in valori singolari (SVD), che richiamiamo brevemente. Consideriamo un insieme di n_{train} vettori *snapshots* $\{\mathbf{u}_1, \ldots, \mathbf{u}_{n_{\text{train}}}\}$ appartenenti a $\mathbb{R}^{N_h}$ e formiamo la matrice di snapshots $\mathbb{U} \in \mathbb{R}^{N_h \times n_{\text{train}}}$

$$\mathbb{U} = [\mathbf{u}_1 \ \mathbf{u}_2 \ \ldots \ \mathbf{u}_{n_{\text{train}}}],$$

con $n_{\text{train}} = |\Xi_{\text{train}}| \ll N_h$,

$$\mathbf{u}_j = (u_j^{(1)}, \ldots, u_j^{(N_h)}) \in \mathbb{R}^{N_h}, \quad u_j^{(r)} = u_h(x_r; \boldsymbol{\mu}^j) \Leftrightarrow u_h(x; \boldsymbol{\mu}^j) = \sum_{r=1}^{N_h} u_j^{(r)} \varphi^r(\mathbf{x}).$$

$$(19.77)$$

La decomposizione in valori singolari di $\mathbb{U}$ risulta data da

$$\mathbb{V}^T \mathbb{U} \mathbb{Z} = \begin{pmatrix} \Sigma & 0 \\ 0 & 0 \end{pmatrix},$$

dove $\mathbb{V} = [\boldsymbol{\zeta}_1 \ \boldsymbol{\zeta}_2 \ \ldots \ \boldsymbol{\zeta}_{N^h}] \in \mathbb{R}^{N_h \times N_h}$ e $\mathbb{Z} = [\boldsymbol{\psi}_1 \ \boldsymbol{\psi}_2 \ \ldots \ \boldsymbol{\psi}_{n_{\text{train}}}] \in \mathbb{R}^{n_{\text{train}} \times n_{\text{train}}}$ sono matrici ortogonali e $\Sigma = \text{diag}(\sigma_1, \ldots, \sigma_r)$, essendo $\sigma_1 \geq \sigma_2 \geq \ldots \geq \sigma_r$. L'intero $r \leq n_{\text{train}}$ indica il rango di $\mathbb{U}$, che risulta strettamente minore di n_{train} se gli snapshots sono linearmente indipendenti. Possiamo dunque scrivere

$$\mathbb{U} \boldsymbol{\psi}_i = \sigma_i \boldsymbol{\zeta}_i \quad \text{e} \quad \mathbb{U}^T \boldsymbol{\zeta}_i = \sigma_i \boldsymbol{\psi}_i, \qquad i = 1, \ldots, r$$

o, in maniera equivalente,

$$\mathbb{U}^T \mathbb{U} \boldsymbol{\psi}_i = \sigma_i^2 \boldsymbol{\psi}_i \quad \text{e} \quad \mathbb{U} \mathbb{U}^T \boldsymbol{\zeta}_i = \sigma_i^2 \boldsymbol{\zeta}_i, \qquad i = 1, \ldots, r; \qquad (19.78)$$

$\sigma_i^2, i = 1, \ldots, r$ sono dunque gli autovalori non nulli della *matrice di correlazione* $\mathbb{C} = \mathbb{U}^T \mathbb{U}$,

$$\mathbb{C}_{ij} = \mathbf{u}_i^T \mathbf{u}_j, \qquad 1 \leq i, j \leq n_{\text{train}},$$

elencati in ordine crescente. Per ogni $N \leq n_{\text{train}}$, la base POD di dimensione N è definita come l'insieme dei primi N vettori singolari sinistri $\boldsymbol{\zeta}_1, \ldots, \boldsymbol{\zeta}_N$ di $\mathbb{U}$ o, alternativamente, come l'insieme di vettori

$$\boldsymbol{\zeta}_j = \frac{1}{\sigma_j} \mathbb{U} \boldsymbol{\psi}_j, \qquad 1 \leq j \leq N \qquad (19.79)$$

ottenuti dai primi N autovettori $\boldsymbol{\psi}_1, \ldots, \boldsymbol{\psi}_N$ della matrice di correlazione $\mathbb{C}$.

a essere massicciamente impiegata – per ridurre la complessità di questa classe di problemi. Due ulteriori tecniche piuttosto simili alla POD per la generazione di spazi ridotti sono la *tassellazione di Voronoi* (o *Centroidal Voronoi Tessellation*, si vedano il Cap. 9, [BGL06a, BGL06b]) e la *Proper Generalized Decomposition* [CAC10, CLC11, Nou10].

Per costruzione, la base POD è ortonormale. Inoltre, se $\{\mathbf{z}_1, \ldots, \mathbf{z}_N\}$ indica un insieme arbitrario di N vettori ortonormali in $\mathbb{R}^{N_h}$ e $\Pi_{Z_N} \mathbf{w}$ è la proiezione del vettore $\mathbf{w} \in \mathbb{R}^{N_h}$ su $Z_N = \mathrm{span}\{\mathbf{z}_1, \ldots, \mathbf{z}_N\}$, vale a dire

$$\Pi_{Z_N} \mathbf{u} = \sum_{n=1}^{N} \pi_{Z_N}^n(\mathbf{u})\mathbf{z}_n, \quad \text{con} \quad \pi_{Z_N}^n(\mathbf{u}) = \mathbf{u}^T \mathbf{z}_n,$$

la base POD (19.79) generata dall'insieme di snapshots $\mathbf{u}_1, \ldots, \mathbf{u}_{n_{\text{train}}}$ può essere caratterizzata come la soluzione del seguente problema di minimo:

$$\begin{cases} \min \left\{ E(\mathbf{z}_1, \ldots, \mathbf{z}_N), \ \mathbf{z}_i \in \mathbb{R}^{N_h}, \ \mathbf{z}_i^T \mathbf{z}_j = \delta_{ij} \ \forall 1 \le i, j \le N \right\} \\ \text{con } E(\mathbf{z}_1, \ldots, \mathbf{z}_N) = \sum_{i=1}^{n_{\text{train}}} \| \mathbf{u}_i - \Pi_{Z_N} \mathbf{u}_i \|_2^2. \end{cases} \quad (19.80)$$

In altri termini, la base POD minimizza, tra tutti i possibili insiemi di N vettori ortonormali $\{\mathbf{z}_1, \ldots, \mathbf{z}_N\}$ in $\mathbb{R}^{N_h}$, la somma dei quadrati degli errori $E(\mathbf{z}_1, \ldots, \mathbf{z}_N)$ tra ogni snapshot $\mathbf{u}_i$ e la sua proiezione $\Pi_{Z_N} \mathbf{u}_i$ sul sottospazio Z_N. La quantità $E(\mathbf{z}_1, \ldots, \mathbf{z}_N)$ viene spesso indicata come *energia* POD.

La costruzione della tecnica POD appena presentata è basata sul cosiddetto *metodo degli snapshots*, introdotto da Sirovich [Sir87]. Se definita come in (19.80), la connessione tra la POD e la SVD della matrice di correlazione discende richiedendo che la base POD $\{\boldsymbol{\zeta}_1, \ldots, \boldsymbol{\zeta}_N\}$ soddisfi un sistema di condizioni necessarie di ottimalità al prim'ordine (si veda l'Esercizio 3). È possibile mostrare che

$$E(\boldsymbol{\zeta}_1, \ldots, \boldsymbol{\zeta}_N) = \sum_{i=N+1}^{r} \sigma_i^2; \quad (19.81)$$

tale relazione esprime il fatto che l'errore commesso dalla base POD di dimensione N nell'approssimare l'insieme di snapshots è pari alla somma dei quadrati dei valori singolari corrispondenti agli $r - N$ modi non selezionati nella base. Si può pertanto definire $N_{\max}$ in modo tale da richiedere che $E(\boldsymbol{\zeta}_1, \ldots, \boldsymbol{\zeta}_N) \le \epsilon_{\text{tol}}^*$ per una determinata tolleranza ϵ_{tol}^*. A tal fine, è sufficiente scegliere $N_{\max}$ come il più piccolo valore di N t.c.

$$I(N) = \sum_{i=1}^{N} \sigma_i^2 \bigg/ \sum_{i=1}^{r} \sigma_i^2 \ge 1 - \delta, \quad (19.82)$$

ovvero tale che l'energia contenuta negli ultimi $r - N_{\max}$ modi sia pari a $\delta > 0$, piccola quanto richiesto; $I(N)$ viene perciò detto anche *contenuto di informazione relativo* della base POD. Un elemento chiave è dato dal fatto che, sebbene δ abbia solitamente un valore molto piccolo, ovvero $\delta = 10^{-\beta}$ con $\beta = 3, 4, \ldots$, in molti casi $N_{\max}$ risulta relativamente piccolo (e in particolare molto più piccolo di r). Ciò accade perché, molto spesso, i valori singolari della matrice di snapshots decrescono molto velocemente (ad esempio con un tasso esponenziale).

Quanto visto a livello algebrico può essere facilmente riscritto in termini funzionali. Come abbiamo già osservato – si veda la (19.77) – la matrice di snapshots è ottenuta a partire da un insieme $\{u_h(\boldsymbol{\mu}^1), \ldots, u_h(\boldsymbol{\mu}^{n_{\text{train}}})\}$ di soluzioni high-fidelity appartenenti allo spazio V^{N_h}. In questo caso il problema di minimo (19.80) può essere riformulato, in termini equivalenti, nel seguente modo: trovare la base POD $\{\zeta_1, \ldots, \zeta_N\}$, con $\zeta_i \in V^{N_h}$, $i = 1, \ldots, N$, t.c.

$$
\begin{cases}
\min\left\{ E(z_1, \ldots, z_N), \, z_i \in V^{N_h}, \, (z_i, z_j)_{L^2(\Omega)} = \delta_{ij} \, \forall 1 \leq i, j \leq N \right\} \\[2mm]
\quad \text{con } E(z_1, \ldots, z_N) = \sum_{i=1}^{n_{\text{train}}} \| u_h(\boldsymbol{\mu}^i) - \Pi_z u_h(\boldsymbol{\mu}^i) \|^2_{L^2(\Omega)}
\end{cases}
\tag{19.83}
$$

dove $\Pi_Z : V^{N_h} \to Z_N$ è la proiezione ortogonale su $Z_N = \text{span}\{z_1, \ldots, z_N\}$ rispetto al prodotto scalare di $L^2(\Omega)$. Per risolvere il problema (19.83) possiamo procedere come segue:

- formiamo la matrice di correlazione (avente rango r ($\leq n_{\text{train}}$))

$$
\mathbb{C}_{ij} = (u_h(\boldsymbol{\mu}^i), u_h(\boldsymbol{\mu}^j))_{L^2(\Omega)}, \qquad 1 \leq i, j \leq n_{\text{train}};
$$

- risolviamo il problema agli autovalori $n_{\text{train}} \times n_{\text{train}}$: per $i = 1, \ldots, r$,

$$
\mathbb{C}\boldsymbol{\psi}_i = \sigma_i^2 \boldsymbol{\psi}_i, \qquad \boldsymbol{\psi}_i^T \boldsymbol{\psi}_j = \delta_{ij}, \quad 1 \leq i, j \leq r;
$$

- poniamo infine

$$
\zeta_i = \sum_{j=1}^{n_{\text{train}}} \frac{1}{\sigma_i} \psi_i^{(j)} u_h(\boldsymbol{\mu}^j), \qquad 1 \leq i \leq N,
\tag{19.84}
$$

essendo $\psi_i^{(j)}$ la j-esima componente dell'autovettore $\boldsymbol{\psi}_i$ e $\sigma_i \geq \sigma_{i-1} > 0$.

Possiamo fattorizzare la matrice di correlazione come $\mathbb{C} = \mathbb{U}^T \tilde{\mathbb{M}} \mathbb{U}$, dove $\mathbb{U}$ è la matrice degli snapshots, mentre

$$
(\tilde{\mathbb{M}})_{ij} = (\varphi^i, \varphi^j)_{L^2(\Omega)}, \qquad 1 \leq i, j \leq N_h
$$

è la matrice di massa $\tilde{\mathbb{M}}$ riferita allo spazio high-fidelity. Ciò permette di sfruttare, anche in questo caso, la SVD per calcolare le funzioni di base POD. Introducendo la fattorizzazione di Cholesky $\tilde{\mathbb{M}} = \mathbb{H}^T \mathbb{H}$, dove $\mathbb{H} \in \mathbb{R}^{N_h \times N_h}$ è il fattore triangolare superiore di Cholesky di $\tilde{\mathbb{M}}$, si ha che $\tilde{\mathbb{U}} = \mathbb{H}\mathbb{U}$, da cui $\mathbb{C} = \mathbb{U}^T \tilde{\mathbb{M}} \mathbb{U} = \tilde{\mathbb{U}}^T \tilde{\mathbb{U}}$; $\boldsymbol{\psi}_i$, $i = 1, \ldots, N$ sono dunque i primi N vettori singolari di $\tilde{\mathbb{U}}$.

Concludiamo la sezione osservando che, in molti contesti, un approccio di tipo POD per la costruzione di uno spazio ridotto può risultare più costoso, da un punto di vista computazionale, rispetto all'algoritmo greedy. Quest'ultimo richiede infatti di calcolare solo N – tipicamente, poche – soluzioni del problema high-fidelity, una per ogni iterazione dell'algoritmo, mentre la POD richiede il calcolo di n_{train} – possibilmente, molte – soluzioni high-fidelity per determinare la matrice degli snapshots, oltre alla soluzione di un problema agli autovalori per la matrice di correlazione $\mathbb{C} \in \mathbb{R}^{N_h \times N_h}$. Tuttavia, la POD risulta una tecnica molto più generale, e applicabile anche ai (numerosi) problemi in cui non sia possibile derivare una stima a posteriori dell'errore, oppure determinarne le strutture necessarie alla sua valutazione in modo computazionalmente efficiente. Per poter garantire un campionamento efficiente dello spazio dei parametri, infatti, l'algoritmo greedy non può prescindere dalla valutazione, in tempi molto rapidi e per un grande numero di valori di μ, di tale stima a posteriori.

Osserviamo infine come la (19.82) fornisca un'utile informazione sul contenuto di energia trascurato dai modi POD selezionati per formare la base ridotta, ovvero un'indicazione (in norma L^2 anziché in norma V), dell'errore di approssimazione. Risulta tuttavia possibile implementare la POD tenendo conto della norma V anche nella costruzione delle funzioni di base, si veda [QMN16, Cap. 6].

19.6 Analisi a priori dell'errore

Per rispondere alla questione: con quanta accuratezza si può approssimare la varietà $\mathcal{M}_h$, uniformemente rispetto a μ, tramite un sottospazio finito-dimensionale di dimensione fissata, è conveniente introdurre la nozione di *Kolmogorov n-width* [Pin85, Mel00].

Sia K un insieme compatto in uno spazio di Hilbert X e consideriamo un generico sottospazio n-dimensionale $X_n \subset X$; definendo la distanza $d(x, X_n)$ tra un elemento $x \in X$ e X_n in modo simile a quanto fatto in (19.70), un qualsiasi elemento $\hat{x}_n \in X_n$ che realizzi l'estremo inferiore, ossia tale che

$$\|x - \hat{x}_n\|_X = d(x, X_n), \tag{19.85}$$

viene detto *miglior approssimazione* di x in X_n. Una questione molto naturale è se il sottospazio n-dimensionale sia adatto ad approssimare *tutti* gli elementi $x \in K$. Più precisamente, possiamo quantificare la distanza tra il sottospazio X_n e K come

$$d(K; X_n) = \sup_{x \in K} d(x; X_n), \tag{19.86}$$

vale a dire come l'elemento $x \in K$ che ha maggiore distanza da X_n; $d(K; X_n)$ viene anche indicata come *deviazione* tra X_n e K. Il miglior sottospazio n-dimensionale di X per approssimare K è quello che minimizza la deviazione (19.86) al variare di tutti i possibili sottospazi n-dimensionali di X, vale a dire

$$d_n(K; X) = \inf_{\substack{X_n \subset X \\ dim(X_n)=n}} d(K; X_n) = \inf_{\substack{X_n \subset X \\ dim(V_n)=n}} \sup_{x \in K} \inf_{x_n \in X_n} \|x - x_n\|_X. \tag{19.87}$$

Il numero $d_n(K; X)$ è detto *Kolmogorov n-width* di K; introdotto per la prima volta da Kolmogorov [Kol36], esso rappresenta la miglior accuratezza che è possibile raggiungere, in norma X, quando tutti gli elementi di K sono approssimati da elementi appartenenti a un sottospazio lineare n-dimensionale $X_n \subset X$. Un sottospazio $\hat{X}_n$ di dimensione al più n tale che

$$d(K; \hat{X}_n) = d_n(K; X)$$

è chiamato *sottospazio n-dimensionale ottimale* per $d_n(K; X)$.

Sostituendo X con V_h e K con $\mathcal{M}_h$, è possibile definire la Kolmogorov n-width della varietà $\mathcal{M}_h$ come

$$d_n(\mathcal{M}_h; V_h) = \inf_{\substack{V_n \subset V_h \\ dim(V_n)=n}} d(\mathcal{M}_h; V_n) = \inf_{\substack{V_n \subset V_h \\ dim(V_n)=n}} \sup_{\boldsymbol{\mu} \in \mathcal{P}} \inf_{v_n \in V_n} \|u_h(\boldsymbol{\mu}) - v_n\|_V.$$

(19.88)

Siccome V_h è uno spazio di Hilbert, esiste un operatore di proiezione ortogonale $\Pi_{V_n} : V \to V_n$ tale che

$$\|v - \Pi_{V_n} v\|_V = \min_{v_n \in V_n} \|v - v_n\|_V \qquad \forall v \in V_h.$$

Per $n = N$, (19.88) corrisponde al miglior errore ottenibile qualora si approssimi la varietà $\mathcal{M}_h$ con elementi dello spazio RB V_N. In questo senso, la Kolmogorov n-width è un indicatore importante per decidere se un dato problema parametrizzato risulti riducibile oppure no. Tuttavia, la valutazione di tale quantità, per un dato problema parametrizzato, è decisamente complicata da un punto di vista teorico; in alcuni casi è possibile mostrare che $d_N(\mathcal{M}_h; V_h)$ decade esponenzialmente con la dimensione N dello spazio RB, ad esempio quando la dipendenza di $u_h(\boldsymbol{\mu})$ da $\boldsymbol{\mu}$ risulta analitica; si veda ad esempio [QMN16, Cap. 5].

Il tasso di convergenza dell'errore di approssimazione RB rispetto alla dimensione N dello spazio ridotto può essere messo in relazione con la Kolmogorov N-width nel caso in cui tale spazio sia stato costruito con un algoritmo greedy. Scopo dell'analisi a priori in questo contesto è infatti ricavare una maggiorazione per $d(\mathcal{M}_h; V_N)$, mediante un confronto con la Kolmogorov N-width. Quest'ultima infatti minimizza, tra tutti i possibili sottospazi N-dimensionali, l'errore di proiezione per l'intero insieme $\mathcal{M}_h$. Se dunque, al crescere di N, $d(\mathcal{M}_h; V_N)$ decadesse con un tasso comparabile a $d_N(\mathcal{M}_h; V_h)$, l'algoritmo greedy fornirebbe (asintoticamente) la miglior accuratezza che è possibile raggiungere mediante sottospazi N-dimensionali.

Nel seguito assumiamo che la forma bilineare $a(\cdot, \cdot; \boldsymbol{\mu})$ sia continua, simmetrica e coerciva per ogni $\boldsymbol{\mu} \in \mathcal{D}$ e tale da soddisfare la (19.5). In generale, il sottospazio ottimale rispetto alla Kolmogorov N-width non è generato da elementi dell'insieme $\mathcal{M}_h$ da approssimare, ovvero possiamo avere che $d_N(\mathcal{M}_h; V_h) \ll d(\mathcal{M}_h; V_N)$. Il seguente risultato, dimostrato in [BMP$^+$12], fornisce una stima per $d(\mathcal{M}_h; V_N)$ rispetto a $d_N(\mathcal{M}_h; V_h)$.

Teorema 19.1 *Se V_N è generato mediante l'algoritmo greedy* (19.72)*, esiste $C > 0$ indipendente da N e da $\boldsymbol{\mu}$ tale che*

$$d(\mathcal{M}_h; V_N) = \sup_{\boldsymbol{\mu} \in \mathcal{D}} \|u_h(\boldsymbol{\mu}) - \Pi_{V_N} u_h(\boldsymbol{\mu})\|_V \leq C(N+1)\delta_0^{N+1} d_N(\mathcal{M}_h; V_h)$$

(19.89)

con $\delta_0 = 2$.

Grazie alla stima a priori (19.34), da (19.89) otteniamo che

$$\sup_{\boldsymbol{\mu} \in \mathcal{D}} \|u_h(\boldsymbol{\mu}) - u_N(\boldsymbol{\mu})\|_V \leq C\sqrt{\bar{\gamma}/\alpha_0}(N+1)\,\delta_0^{N+1} d_N(\mathcal{M}_h; V_h).$$

Quindi, se la N-width converge con un tasso esponenziale, allora lo fa anche l'errore della miglior approssimazione in V_N, come stabilito dal seguente risultato [BMP$^+$12].

Corollario 19.1 *Se la Kolmogorov N-width di $\mathcal{M}_h$ è tale che*

$$d_N(\mathcal{M}_h; V_h) \le ce^{-\delta N} \quad con \quad \delta > \log \delta_0, \qquad (19.90)$$

allora il metodo RB costruito usando l'algoritmo greedy (19.72) converge esponenzialmente (rispetto a N), ovvero esiste $\eta > 0$ tale che

$$\|u_h(\boldsymbol{\mu}) - u_N(\boldsymbol{\mu})\|_V \le Ce^{-\eta N} \quad \forall \boldsymbol{\mu} \in \mathcal{D}.$$

Lo stesso risultato vale considerando l'algoritmo (19.74), a patto che $\delta > \log \delta_0$, con $\delta_0 = 1 + \left(\frac{\bar{\gamma}}{\alpha_0}\right)^{1/2}$; analogamente, il risultato resta valido se nell'algoritmo greedy (19.74) si sostituisce $\|u_h(\boldsymbol{\mu}) - u_N(\boldsymbol{\mu})\|_V$ con lo stimatore a posteriori $\Delta_N(\boldsymbol{\mu})$, a patto di considerare $\delta_0 = 1 + \left(\frac{\bar{\gamma}}{\alpha_0}\right)^{3/2}$.

Sebbene interessante da un punto di vista teorico, il risultato contenuto nella (19.89) è utile solo se $d_N(\mathcal{M}_h; V_h)$ tende a zero più velocemente di $N^{-1}\delta_0^{-N}$, con $\delta_0 \ge 2$. Questo risultato è stato ulteriormente migliorato in [BCD$^+$11], dove è mostrato che per l'algoritmo greedy nella forma (19.72)

$$d(\mathcal{M}_h; V_N) \le \frac{2}{\sqrt{3}} 2^N d_N(\mathcal{M}_h; V_h).$$

Inoltre, se esistono $C, c > 0$ tali che $d_N(\mathcal{M}_h; V_h) \le Ce^{-cN^\beta}$, allora, per ogni $\rho \in (0, 1]$ esistono $\widetilde{C}, \widetilde{c} > 0$ indipendenti da N t.c.

$$\sup_{\boldsymbol{\mu} \in \mathcal{D}} \|u_h(\boldsymbol{\mu}) - u_N(\boldsymbol{\mu})\|_V \le C\sqrt{\bar{\gamma}/\alpha_0} \, d(\mathcal{M}_h; V_N) \le \widetilde{C}\sqrt{\bar{\gamma}/\alpha_0} \, e^{-\widetilde{c}N^{\beta/(\beta+1)}}.$$

$$(19.91)$$

Nel caso di una convergenza algebrica, ovvero se $d_N(\mathcal{M}_h; V_h) \le MN^{-\beta}$ per un certo valore di $M, \beta > 0$, esiste $C = C(\rho, \beta)$ indipendente da N t.c.

$$\sup_{\boldsymbol{\mu} \in \mathcal{D}} \|u_h(\boldsymbol{\mu}) - u_N(\boldsymbol{\mu})\|_V \le C\sqrt{\bar{\gamma}/\alpha_0} \, d(\mathcal{M}_h; V_N) \le C\sqrt{\bar{\gamma}/\alpha_0} \, MN^{-\beta}. \quad (19.92)$$

Dunque, a patto che la Kolmogorov N-width di $\mathcal{M}_h$ – una proprietà *intrinseca* del problema – decada esponenzialmente rispetto a N, l'algoritmo greedy è in grado di fornire (circa) lo stesso decadimento dell'errore tra $u_h(\boldsymbol{\mu})$ e $\Pi_{V_N} u_h(\boldsymbol{\mu})$, e dunque dell'errore tra $u_h(\boldsymbol{\mu})$ e $u_N(\boldsymbol{\mu})$, grazie all'ottimalità della proiezione di Galerkin.

Altri risultati di convergenza per l'algoritmo greedy, che estenodono quelli presentati in [MPT02a, MPT02b], si possono trovare ad esempio in [CD15]; si vedano invece [LMQR13] e [QMN16] per una verifica numerica dei risultati presentati in questa sezione.

Per concludere, si ricordi che una convergenza di tipo esponenziale è una caratteristica peculiare dei metodi spettrali (si veda il Cap. 10). Il metodo a basi ridotte condivide in effetti alcuni aspetti con i metodi spettrali: in modo simile a questi ultimi, si avvale di funzioni di base con supporto globale (che sono dipendenti dal problema nel caso di un metodo RB, mentre sono polinomi ortogonali globali nel caso puramente spettrale).

19.7 Stima a posteriori dell'errore

Disporre di stime a posteriori per l'errore sulla soluzione del problema (ed eventualmente sugli output di interesse) è cruciale per garantire sia l'affidabilità che l'efficienza di un'approssimazione a basi ridotte. Per quanto riguarda l'*efficienza*, una stima a posteriori dell'errore permette di minimizzare la dimensione N dello spazio da generare durante la costruzione dello spazio RB mediante un algoritmo greedy. L'impiego di uno stimatore dell'errore permette inoltre, nel caso di tale algoritmo, di impiegare training samples $\Xi_{\text{train}} \subset \mathcal{D}$ più grandi e dunque esplorare in modo più efficace lo spazio parametrico mantenendo tuttavia contenuto il costo della fase Offline. Per quanto riguarda invece l'*affidabilità*, una stima a posteriori dell'errore permette di fornire, durante la fase Online, una quantificazione dell'errore di approssimazione per ogni nuovo valore del parametro μ.

Per poter garantire efficienza e affidabilità dell'approssimazione, uno stimatore dell'errore deve essere *rigoroso* – valido cioè per ogni N e ogni $\mu \in \mathcal{D}$ – ed *efficiente*: una stima eccessivamente lasca o conservativa potrebbe portare a un'approssimazione inefficiente (N troppo grande), così come a risultati subottimali. Ancora più importante risulta però l'*efficienza computazionale* dello stimatore: sia per poter essere impiegato nella costruzione dello spazio RB, che per fornire una stima dell'errore nella fase Online in tempi molto contenuti, la sua valutazione deve potersi basare su strutture la cui dimensione dipenda solo dalla dimensione N (e non da N_h). Ancora una volta, l'assunzione di dipendenza affine dai parametri gioca un ruolo cruciale nel rendere possibile queste operazioni.

19.7.1 Una relazione tra l'errore e il residuo

Per derivare le stime dell'errore a posteriori occorre innanzitutto stabilire una relazione tra l'errore stesso e il residuo. Indicando con $e_h(\mu) = u_h(\mu) - u_N(\mu) \in V_h$ l'errore tra la soluzione high-fidelity e l'approssimazione RB, dalla (19.16) e dalla (19.30) otteniamo la seguente equazione dell'errore,

$$a(e_h(\mu), v) = r(v; \mu) \qquad \forall v \in V_h, \tag{19.93}$$

avendo posto

$$r(v; \mu) = \langle r(\mu), v \rangle = f(v; \mu) - a(u_N(\mu), v; \mu) \quad \forall v \in V_h. \tag{19.94}$$

Si noti che $r(\mu) \in V_h'$ è il residuo del problema high-fidelity calcolato in corrispondenza dell'approssimazione RB, che abbiamo introdotto da un punto di vista discreto nella (19.51). In base al Teorema 2.1, $r(\mu)$ non è altro che l'elemento di Riesz associato a $r(\cdot; \mu)$; di conseguenza, la (19.93) è la controparte funzionale della (19.52).

Quindi, grazie alla continuità di $a(\cdot, \cdot; \boldsymbol{\mu})$ si ottiene

$$|r(v; \boldsymbol{\mu})| \leq \gamma^{N_h}(\boldsymbol{\mu})\|e_h(\boldsymbol{\mu})\|_V \|v\|_V \qquad \forall v \in V_h.$$

Grazie a questa stima, e alla definizione della norma duale, si ha che

$$\|r(\cdot; \boldsymbol{\mu})\|_{V_h'} \leq \gamma^{N_h}(\boldsymbol{\mu})\|e_h(\boldsymbol{\mu})\|_V.$$

Posto $v = e_h(\boldsymbol{\mu})$ in (19.93) e usando la coercività di $a(\cdot, \cdot; \boldsymbol{\mu})$, espressa dalla (19.20), otteniamo

$$\alpha^{N_h}(\boldsymbol{\mu})\|e_h(\boldsymbol{\mu})\|_V \leq \|r(\cdot; \boldsymbol{\mu})\|_{V_h'}.$$

In conclusione

$$\frac{1}{\gamma^{N_h}(\boldsymbol{\mu})}\|r(\cdot; \boldsymbol{\mu})\|_{V_h'} \leq \|e_h(\boldsymbol{\mu})\|_V \leq \frac{1}{\alpha^{N_h}(\boldsymbol{\mu})}\|r(\cdot; \boldsymbol{\mu})\|_{V_h'} \qquad (19.95)$$

ovvero la norma dell'errore è limitata sia dal basso che dall'alto dalla norma duale del residuo. Siccome $r(\cdot; \boldsymbol{\mu})$ coinvolge soltanto le strutture high-fidelity e la soluzione RB calcolata $u_N(\boldsymbol{\mu})$, ma non $u_h(\boldsymbol{\mu})$, la sua norma può essere usata come stima dell'errore a posteriori.

19.7.2 Stimatore dell'errore

Grazie alla (19.95), la quantità

$$\Delta_N(\boldsymbol{\mu}) = \frac{\|r(\cdot; \boldsymbol{\mu})\|_{V_h'}}{\alpha^{N_h}(\boldsymbol{\mu})} \qquad (19.96)$$

può giocare il ruolo di *stimatore dell'errore*. L'*indice di efficacia* ad esso associato è dato da

$$\eta_N(\boldsymbol{\mu}) = \frac{\Delta_N(\boldsymbol{\mu})}{\|e_h(\boldsymbol{\mu})\|_V}.$$

Quest'ultimo è una misura della qualità dello stimatore introdotto; affinché tale stimatore sia accurato, richiediamo che $\eta_N(\boldsymbol{\mu})$ sia il più vicino possibile a 1. Grazie alla (19.95), si ha che

$$1 \leq \eta_N(\boldsymbol{\mu}) \leq \frac{\gamma^{N_h}(\boldsymbol{\mu})}{\alpha^{N_h}(\boldsymbol{\mu})} \qquad \forall \boldsymbol{\mu} \in \mathcal{D}. \qquad (19.97)$$

Siccome $\alpha^{N_h}(\boldsymbol{\mu})$ e $\gamma^{N_h}(\boldsymbol{\mu})$ sono il minimo e il massimo autovalore (generalizzato) della matrice $\mathbb{A}_h(\boldsymbol{\mu})$, il rapporto $\kappa_h(\boldsymbol{\mu}) = \gamma^{N_h}(\boldsymbol{\mu})/\alpha^{N_h}(\boldsymbol{\mu})$ esercita in pratica il ruolo di numero di condizionamento del problema high-fidelity, ovvero misura la sensitività della soluzione di quest'ultimo rispetto a piccole perturbazioni.

Il maggiorante $\kappa_h(\boldsymbol{\mu})$ dell'indice di efficacia risulta inoltre indipendente da N. Allo stesso tempo, tuttavia, possiamo avere grandi valori dell'indice di efficacia (indipendentemente dall'approssimazione RB) quando il problema high-fidelity è mal condizionato.

Osservazione 19.2   È possibile ricavare un risultato analogo per la stima a posteriori dell'errore su un output lineare della soluzione, nel caso di un problema *compliant*; si veda l'Esercizio 5. Per la generalizzazione al caso di output *non-compliant* si vedano ad esempio [QRM11, RHP08].

19.7.3 Calcolo della costante di coercività discreta

Da un punto di vista algebrico, la costante di coercitività discreta (o *fattore di stabilità*)

$$\alpha^{N_h}(\boldsymbol{\mu}) = \inf_{v_h \in V_h} \frac{a(v_h, v_h; \boldsymbol{\mu})}{\|v_h\|_V^2} \tag{19.98}$$

si ottiene risolvendo un opportuno problema agli autovalori. Indicando con $\mathbb{X}_h$ la matrice simmetrica e definita positiva associata al prodotto scalare in V, ovvero

$$(\mathbb{X}_h)_{ij} = (\varphi^i, \varphi^j)_V, \tag{19.99}$$

otteniamo, grazie alla (4.7),

$$\|v_h\|_V^2 = \mathbf{v}^T \mathbb{X}_h \mathbf{v} \qquad \forall v_h \in V_h \tag{19.100}$$

e dunque possiamo riscrivere equivalentemente la (19.98) come

$$\alpha^{N_h}(\boldsymbol{\mu}) = \inf_{\mathbf{v} \in \mathbb{R}^{N_h}} \frac{\mathbf{v}^T \mathbb{A}_h(\boldsymbol{\mu}) \mathbf{v}}{\mathbf{v}^T \mathbb{X}_h \mathbf{v}}.$$

Di conseguenza, possiamo esprimere $\alpha^{N_h}(\boldsymbol{\mu})$ come il minimo di un quoziente di Rayleigh (generalizzato). Siccome, per ogni $\mathbf{v} \in \mathbb{R}^{N_h}$, $\mathbf{v}^T \mathbb{A}_h(\boldsymbol{\mu}) \mathbf{v} = \mathbf{v}^T \mathbb{A}_h^S(\boldsymbol{\mu}) \mathbf{v}$, dove $\mathbb{A}_h^S(\boldsymbol{\mu}) = \frac{1}{2}(\mathbb{A}_h(\boldsymbol{\mu}) + \mathbb{A}_h^T(\boldsymbol{\mu}))$ indica la parte simmetrica di $\mathbb{A}_h(\boldsymbol{\mu})$, abbiamo che $\alpha^{N_h} = \alpha^{N_h}(\boldsymbol{\mu})$ è il più piccolo autovalore λ tale che $(\lambda, \mathbf{v}) \in \mathbb{R}_+ \times \mathbb{R}^{N_h}$, $\mathbf{v} \neq \mathbf{0}$, soddisfano

$$\mathbb{A}_h^S \mathbf{v} = \lambda \mathbb{X}_h \mathbf{v}. \tag{19.101}$$

Moltiplicando a sinistra per $\mathbb{X}_h^{-1/2}$ ed effettuando il cambio di variabile $\mathbf{w} = \mathbb{X}_h^{1/2} \mathbf{v}$, otteniamo infine

$$\alpha^{N_h}(\boldsymbol{\mu}) = \lambda_{\min}(\mathbb{X}_h^{-1/2} \mathbb{A}_h^S(\boldsymbol{\mu}) \mathbb{X}_h^{-1/2}). \tag{19.102}$$

19.8 Valutazione efficiente della stima dell'errore

Pr una valutazione efficiente dello stimatore (19.96) iniziamo a riscrivere l'errore in forma algebrica

$$\mathbf{e}_h(\boldsymbol{\mu}) = \mathbf{u}_h(\boldsymbol{\mu}) - \mathbb{V} \mathbf{u}_N(\boldsymbol{\mu}),$$

ed altrettanto facciamo per il residuo (discreto) – controparte di (19.94) – definito in (19.51),

$$\mathbf{r}_h(\mathbf{u}_N; \boldsymbol{\mu}) = \mathbf{f}_h(\boldsymbol{\mu}) - \mathbb{A}_h(\boldsymbol{\mu}) \mathbb{V} \mathbf{u}_N(\boldsymbol{\mu}).$$

Dal momento che $\mathbb{A}_h(\boldsymbol{\mu})\mathbf{u}_h(\boldsymbol{\mu}) = \mathbf{f}_h(\boldsymbol{\mu})$, otteniamo la seguente rappresentazione algebrica dell'errore

$$\mathbb{A}_h(\boldsymbol{\mu})\mathbf{e}_h(\boldsymbol{\mu}) = \mathbf{r}_h(\mathbf{u}_N; \boldsymbol{\mu}), \tag{19.103}$$

in modo simile alla (19.52). Poiché la matrice $\mathbb{A}_h(\boldsymbol{\mu})$ è non singolare,

$$\mathbf{e}_h(\boldsymbol{\mu}) = \mathbb{A}_h^{-1}(\boldsymbol{\mu})\mathbf{r}_h(\mathbf{u}_N; \boldsymbol{\mu}); \tag{19.104}$$

prendendo dunque la norma-2 di entrambi i membri, otteniamo la seguente maggiorazione per la norma-2 dell'errore

$$\|\mathbf{e}_h(\boldsymbol{\mu})\|_2 \leq \|\mathbb{A}_h^{-1}(\boldsymbol{\mu})\|_2 \|\mathbf{r}_h(\mathbf{u}_N; \boldsymbol{\mu})\|_2 = \frac{1}{\sigma_{\min}(\mathbb{A}_h(\boldsymbol{\mu}))} \|\mathbf{r}_h(\mathbf{u}_N; \boldsymbol{\mu})\|_2,$$

dove $\sigma_{\min}(\mathbb{A}_h(\boldsymbol{\mu}))$ indica il più piccolo valore singolare[7] di $\mathbb{A}_h(\boldsymbol{\mu})$. In modo simile, possiamo ottenere una stima dell'errore nella norma V. Moltiplichiamo innanzitutto (19.104) per $\mathbb{X}_h^{1/2}$ e sfruttiamo il fatto che $\mathbb{I} = \mathbb{X}_h^{1/2}\mathbb{X}_h^{-1/2}$ per ottenere

$$\mathbb{X}_h^{1/2}\mathbf{e}_h(\boldsymbol{\mu}) = \mathbb{X}_h^{1/2}\mathbb{A}_h^{-1}(\boldsymbol{\mu})\mathbb{X}_h^{1/2} \, \mathbb{X}_h^{-1/2}\mathbf{r}_h(\mathbf{u}_N; \boldsymbol{\mu}).$$

Possiamo quindi procedere come nel caso precedente e ottenere

$$\|\mathbf{e}_h(\boldsymbol{\mu})\|_{\mathbb{X}_h} \leq \|\mathbb{X}_h^{1/2}\mathbb{A}_h^{-1}(\boldsymbol{\mu})\mathbb{X}_h^{1/2}\|_2 \, \|\mathbf{r}_h(\mathbf{u}_N; \boldsymbol{\mu})\|_{\mathbb{X}_h^{-1}},$$

ovvero

$$\|\mathbf{e}_h(\boldsymbol{\mu})\|_{\mathbb{X}_h} \leq \frac{1}{\sigma_{\min}(\mathbb{X}_h^{-1/2}\mathbb{A}_h(\boldsymbol{\mu})\mathbb{X}_h^{-1/2})} \|\mathbf{r}_h(\mathbf{u}_N; \boldsymbol{\mu})\|_{\mathbb{X}_h^{-1}}. \tag{19.105}$$

Nel caso in cui $\mathbb{A}_h(\boldsymbol{\mu})$ sia simmetrica e definita positiva, si ha che

$$\sigma_{\min}(\mathbb{X}_h^{-1/2}\mathbb{A}_h(\boldsymbol{\mu})\mathbb{X}_h^{-1/2}) = \lambda_{\min}(\mathbb{X}_h^{-1/2}\mathbb{A}_h(\boldsymbol{\mu})\mathbb{X}_h^{-1/2}) = \alpha^{N_h}(\boldsymbol{\mu}).$$

Il termine a destra nella (19.105) fornisce l'espressione algebrica dello stimatore $\Delta_N(\boldsymbol{\mu})$ definito nella (19.96). Sottolineiamo come la definizione (19.96) dipenda soltanto dalla base di V_N, e non dal fatto che venga impiegato un metodo di Galerkin-RB piuttosto che un metodo least squares-RB.

---

[7] Ricordiamo che, per una generica matrice $\mathbb{A} \in \mathbb{R}^{m \times n}$, $m \geq n$, di rango n, $\|\mathbb{A}^{-1}\|_2 = 1/\sigma_n(\mathbb{A})$, avendo ordinato i valori singolari di $\mathbb{A}$ in ordine decrescente, $\sigma_1(\mathbb{A}) \geq \sigma_2(\mathbb{A}) \ldots \geq \sigma_n(\mathbb{A})$. Nel caso in cui $\mathbb{A} \in \mathbb{R}^{n \times n}$ sia una matrice simmetrica, si ha che

$$\sigma_i(\mathbb{A}) = |\lambda_i(\mathbb{A})|,$$

essendo $\lambda_1(\mathbb{A}) \geq \lambda_2(\mathbb{A}) \geq \ldots \geq \lambda_n(\mathbb{A})$ gli autovalori di $\mathbb{A}$.

19.8.1 Calcolo della norma del residuo

Per impiegare in modo efficiente lo stimatore derivato nella sezione precedente sfruttiamo ancora una volta uno splitting offline-online. Dalla definizione del prodotto scalare $\mathbb{X}_h$, si ha che

$$\|\mathbf{r}_h(\mathbf{u}_N;\boldsymbol{\mu})\|^2_{\mathbb{X}_h^{-1}} = \mathbf{f}_h(\boldsymbol{\mu})^T\mathbb{X}_h^{-1}\mathbf{f}_h(\boldsymbol{\mu}) - 2\mathbf{f}_h(\boldsymbol{\mu})^T\mathbb{X}_h^{-1}\mathbb{A}_h(\boldsymbol{\mu})\mathbb{V}\mathbf{u}_N(\boldsymbol{\mu})$$

$$+ \mathbf{u}_N^T(\boldsymbol{\mu})\mathbb{V}^T\mathbb{A}_h^T(\boldsymbol{\mu})\mathbb{X}_h^{-1}\mathbb{A}_h(\boldsymbol{\mu})\mathbb{V}\mathbf{u}_N(\boldsymbol{\mu}).$$

Supponendo che sia $\mathbb{A}_h$ che $\mathbf{f}_h$ dipendano in maniera affine da $\boldsymbol{\mu}$, da (19.6)–(19.7) abbiamo che

$$\mathbb{A}_h(\boldsymbol{\mu}) = \sum_{q=1}^{Q_a} \Theta_a^q(\boldsymbol{\mu})\,\mathbb{A}_h^q, \qquad \mathbf{f}_h(\boldsymbol{\mu}) = \sum_{q=1}^{Q_f} \Theta_f^q(\boldsymbol{\mu})\,\mathbf{f}_h^q, \qquad (19.106)$$

dove

$$(\mathbb{A}_h^q)_{rs} = a_q(\varphi^s,\varphi^r), \qquad (\mathbf{f}_h^q)^{(r)} = f_q(\varphi^r), \qquad 1 \le r,s \le N_h.$$

Pertanto

$$\|\mathbf{r}_h(\mathbf{u}_N;\boldsymbol{\mu})\|^2_{\mathbb{X}_h^{-1}} = \sum_{q_1,q_2=1}^{Q_f} \Theta_{q_1}^f(\boldsymbol{\mu})\Theta_{q_2}^f(\boldsymbol{\mu}) \underbrace{\mathbf{f}_h^{q_1\,T}\mathbb{X}_h^{-1}\mathbf{f}_h^{q_2}}_{C_{q_1,q_2}}$$

$$- 2\sum_{q_1=1}^{Q_a}\sum_{q_2=1}^{Q_f} \Theta_{q_2}^f(\boldsymbol{\mu})\Theta_{q_1}^a(\boldsymbol{\mu})\, \mathbf{u}_N(\boldsymbol{\mu})^T \underbrace{\mathbb{V}^T\mathbb{A}_h^{q_1\,T}\mathbb{X}_h^{-1}\mathbf{f}_h^{q_2}}_{\mathbf{d}_{q_1,q_2}}$$

$$+ \sum_{q_1,q_2=1}^{Q_a} \Theta_{q_1}^a(\boldsymbol{\mu})\Theta_{q_2}^a(\boldsymbol{\mu})\, \mathbf{u}_N(\boldsymbol{\mu})^T \underbrace{\mathbb{V}^T\mathbb{A}_h^{q_1\,T}\mathbb{X}_h^{-1}\mathbb{A}_h^{q_2}\mathbb{V}}_{\mathbb{E}_{q_1,q_2}}\,\mathbf{u}_N(\boldsymbol{\mu}).$$

$$(19.107)$$

Le quantità $C_{q_1,q_2} \in \mathbb{R}$, $\mathbf{d}_{q_1,q_2} \in \mathbb{R}^N$ e $\mathbb{E}_{q_1,q_2} \in \mathbb{R}^{N\times N}$, tutte indipendenti da $\boldsymbol{\mu}$, possono essere pre-calcolate e memorizzate durante la fase Offline; per ogni nuovo valore di $\boldsymbol{\mu}$, solo le quantità dipendenti da $\boldsymbol{\mu}$ necessitano quindi di essere valutate Online.

19.8.2 Valutazione del fattore di stabilità

Per ogni $\boldsymbol{\mu} \in \mathcal{P}$, il calcolo del fattore di stabilità

$$\alpha^{N_h}(\boldsymbol{\mu}) = \sigma_{\min}(\mathbb{X}_h^{-1/2}\mathbb{A}_h(\boldsymbol{\mu})\mathbb{X}_h^{-1/2}) \qquad (19.108)$$

necessita della soluzione del problema agli autovalori generalizzato (19.101); ciò richiederebbe tuttavia $O(N_h^\alpha)$ operazioni (per un $\alpha \in [1,3]$ che dipende dall'algoritmo utilizzato) ovvero un costo del tutto insostenibile durante la fase Online. Per ovviare a questo fatto, e rendere il calcolo del fattore di stabilità indipendente da N_h, sono state sviluppate alcune strategie che dunque rendono possibile valutare lo stimatore dell'errore in modo molto efficiente.

Una prima strategia prende il nome di *successive constraint method* (SCM): si tratta di una tecnica, basata sulla decomposizione affine della matrice $\mathbb{A}_h$, che permette di calcolare un limite inferiore $\alpha_h^{\mathrm{LB}} : \mathcal{D} \to \mathbb{R}$ tale che

$$0 < \alpha_h^{\mathrm{LB}}(\boldsymbol{\mu}) \le \alpha^{N_h}(\boldsymbol{\mu}) \qquad \forall \boldsymbol{\mu} \in \mathcal{D} \tag{19.109}$$

e la cui valutazione Online richiede solo la soluzione di un problema di programmazione lineare con complessità indipendente da N_h; si veda ad esempio [HRSP07] per maggiori dettagli. Tale algoritmo, tuttavia, richiede un notevole sforzo computazionale durante la fase Offline anche nel caso di semplici problemi per i quali il numero di parametri p è piccolo; inoltre, esso richiede imprescindibilmente l'assunzione di dipendenza affine dai parametri.

Per questi motivi è stata sviluppata una tecnica alternativa improntata soprattutto all'efficienza computazionale, che permette di calcolare, al variare di $\boldsymbol{\mu} \in \mathcal{D}$, un'approssimazione della costante di coercività $\alpha^{N_h}(\boldsymbol{\mu})$ (e non solo una sua minorazione, seppur accurata), combinando un'interpolazione con basi radiali e un opportuno criterio per garantire la positività dell'approssimazione; si veda ad esempio [MN15].

19.9 Un esempio numerico

Presentiamo in quest'ultima sezione alcuni risultati numerici ottenuti applicando le tecniche descritte nel corso del capitolo al problema introdotto nella Sez. 19.1.1. In particolare, siamo interessati a risolvere il problema di diffusione, trasporto e reazione (19.12) al variare di $p = 5$ parametri che influenzano i coefficienti fisici dell'operatore e il termine sorgente. Come vedremo, un numero molto contenuto di funzioni di base permette di approssimare la soluzione high-fidelity del problema, per ogni valore di $\boldsymbol{\mu} \in \mathcal{D}$, con una precisione molto accurata.

Il problema risulta affine e dunque tutte le tecniche presentate nel capitolo possono essere applicate in modo diretto; in particolare, l'algoritmo greedy può avvalersi di una stima dell'errore a posteriori la cui valutazione è estremamente efficiente grazie allo splitting Offline-Online presentato nella sezione precedente. Consideriamo poi la costruzione dello spazio RB mediante le due tecniche descritte, l'algoritmo greedy e la POD. In entrambi i casi, partiamo da un problema high-fidelity ottenuto discretizzando (19.12) con elementi finiti lineari per una assegnata triangolazione; la dimensione dello spazio high-fidelity risulta $N_h = 13\,236$.

Nel caso dell'algoritmo greedy, consideriamo un training sample di dimensione $n_{\mathrm{train}} = 1000$, costruito mediante la tecnica del *latin hypercube sampling*, e una tolleranza $\varepsilon_{\mathrm{tol}}^* = 10^{-4}$ sull'errore relativo $\max_{\boldsymbol{\mu} \in \Xi_{train}}(\Delta_N(\boldsymbol{\mu})/\|u_N(\boldsymbol{\mu})\|_V)$. L'algoritmo greedy (19.76) seleziona uno spazio di dimensione massima $N_{\mathrm{max}} = 69$; la convergenza dell'algoritmo (in termini di errore relativo) è mostrata in Fig. 19.4, a sinistra. L'esecuzione dell'algoritmo greedy richiede circa tre minuti (i calcoli riportati in questa sezione sono effettuati su un processore Intel Core i5 con 2,8 GHz di clock-speed).

Per quanto riguarda invece la POD, costruiamo lo spazio RB a partire da $n_{\text{train}} = 500$ snapshots, ottenuti risolvendo il problema high-fidelity in corrispondenza di altrettante combinazioni di valori dei parametri, selezionati anche in questo caso mediante la tecnica del *latin hypercube sampling*. In questo caso, con una tolleranza sul contenuto di informazione relativo (19.82) pari a $\delta = 10^{-4}$, si ottiene uno spazio di dimensione massima $N_{\max} = 33$; analogamente, scegliendo $\delta = 10^{-5}$, si avrebbe uno spazio di dimensione $N_{\max} = 54$. Il tempo per costruire lo spazio RB in questo caso è nettamente dominato dal calcolo degli snapshots; nel caso in esame, la fase offline richiede circa un minuto. La convergenza dei valori singolari della matrice degli snapshots $\mathbb{U}$ è riportata in Fig. 19.4, a destra. Si noti che la dimensione dello spazio RB risulta diversa nei due casi a parità di tolleranza essendo differente il criterio di selezione delle basi.

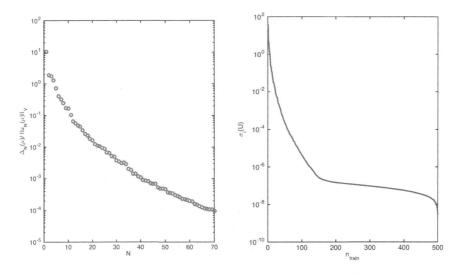

Figura 19.4. A sinistra: convergenza dell'algoritmo greedy, in termini di andamento dell'errore relativo $\max_{\boldsymbol{\mu} \in \Xi_{\text{train}}} \Delta_N(\boldsymbol{\mu}) / \|u_N(\boldsymbol{\mu})\|_V$, $N = 1, \ldots, N_{\max}$. A destra: andamento dei valori singolari della matrice degli snapshots $\mathbb{U}$

Per il caso in esame, il tempo di calcolo risulta maggiore nel caso dell'algoritmo greedy, essenzialmente a causa della costruzione delle strutture richieste per il calcolo efficiente della stima a posteriori – tale quantità va infatti calcolata, a ogni passo dell'algoritmo, per ogni $\boldsymbol{\mu} \in \Xi_{\text{train}}$, con $n_{\text{train}} = |\Xi_{\text{train}}| = 1000$. La valutazione efficiente della norma duale del residuo richiede infatti il calcolo delle strutture $C_{1,1}$, $\mathbf{d}_{q_1,1}$, $\mathbb{E}_{q_1,q_2}$, per ogni $q_1, q_2 = 1, \ldots, 5$, che vanno aggiornate a ogni passo dell'algoritmo greedy; analogamente, le matrici $\mathbb{A}_N^q = \mathbb{V}^T \mathbb{A}_h^q \mathbb{V}$, $q = 1, \ldots, 5$, e il vettore $\mathbf{f}_N^1 = \mathbb{V}^T \mathbf{f}_h^1$, necessari a costruire il problema RB, vanno aggiornate a ogni passo, a differenza di quanto accade invece nel caso della POD, dove possono essere calcolate soltanto al termine della procedura, dopo aver risolto il problema agli autovalori per determinare la matrice di base $\mathbb{V}$.

Anche per il calcolo delle soluzioni del problema high-fidelity si sfrutta l'affinità degli operatori: in questo modo $Q_a = 5$ matrici di dimensione $N_h \times N_h$ vengono assemblate una sola volta, e la matrice di stiffness $\mathbb{A}_h(\mu)$ per ogni nuovo valore di μ viene ottenuta valutando le corrispondenti funzioni $\Theta_a^1(\mu), \ldots, \Theta_a^5(\mu)$ e calcolando la somma in (19.106). Allo stesso modo, il termine noto viene assemblato una sola volta, e moltiplicato per $\Theta_f^1(\mu)$. Il tempo di calcolo relativo alla fase Offline, soprattutto nel caso della POD, sarebbe nettamente maggiore nel caso in cui non si sfruttasse la dipendenza affine dai parametri in questa fase.

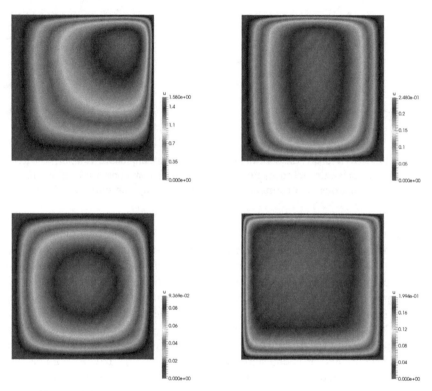

Figura 19.5. Soluzione del problema per diversi valori dei parametri

Alcune soluzioni del problema sono rappresentate in Fig. 19.5; si noti come uno spazio RB di dimensione relativamente piccola (nel caso dell'algoritmo greedy, formato da $N = 69$ funzioni di base) permetta di approssimare soluzioni corrispondenti a regimi molto diversi tra loro: in alto a sinistra si ha il caso di trasporto dominante, con $\mu_1 = \mu_2 = 0.05 \ll 1$, in direzione $\mu_3 = \pi/4$ e assenza di reazione ($\mu_4 = 0$), in alto a destra quello di diffusione anisotropa, con $\mu_2 = 1 \gg \mu_1 = 0.05$ e trasporto in direzione $\mu_3 = \pi/2$; in basso a sinistra si ha il caso di diffusione isotropa, con intensità $\mu_1 = \mu_2 = 1$ pari al trasporto e assenza di reazione, mentre in basso a destra quello di una reazione dominante, $\mu_4 = 10 \gg \mu_1 = \mu_2 = 0.05$ (e trasporto in direzione $\mu_3 = 3\pi/4$).

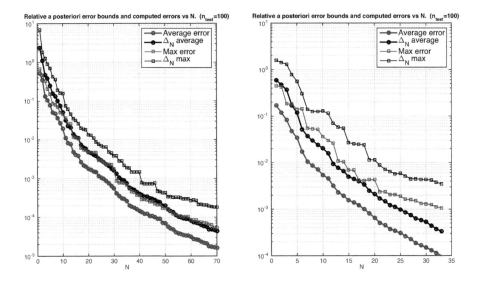

Figura 19.6. Errori relativi (media e valore massimo su un campione $\varXi_{\text{test}}$ di $n_{\text{test}} = |\varXi_{\text{test}}| = 100$ valori dei parametri, selezionati in modo casuale) e stima a posteriori dell'errore nel caso di una approssimazione RB costruita con l'algoritmo greedy (sinistra) o con la tecnica POD (destra)

Per quanto riguarda invece l'analisi a posteriori dell'errore, mostriamo in Fig. 19.6 l'andamento degli errori relativi ottenuti in corrispondenza di un campione $\varXi_{\text{test}}$ di $n_{\text{test}} = |\varXi_{\text{test}}| = 100$ valori dei parametri, selezionati in modo casuale, nel caso di un'approssimazione RB ottenuta selezionando uno spazio ridotto mediante l'algoritmo greedy (si veda la figura a sinistra) o la tecnica POD (figura a destra). Si noti come, a parità di tolleranza sul criterio di arresto nella scelta della dimensione dello spazio RB, non si ottenga la stessa accuratezza nei due casi; a parità di dimensione dello spazio ridotto, l'errore massimo ottenuto sul campione $\varXi_{\text{test}}$ risulta, seppur di poco, maggiore nel caso dello spazio costruito con la POD. In entrambi i casi, lo stimatore a posteriori dell'errore risulta molto accurato, essendo il suo indice di efficacia minore di 10.

Infine, riportiamo in Tabella 19.1 tutte le informazioni relative all'approssimazione RB costruita. In particolare, lo speedup in termini di tempo di calcolo tra soluzione del problema high-fidelity e soluzione del problema ridotto risulta di circa 65 (senza tener conto dell'assemblaggio della matrice di stiffness high-fidelity); il punto di *break even*, definito come il numero minimo di problemi da valutare durante la fase Online per giustificare il costo Offline, risulta pari a 166 nel caso di uno spazio costruito con la POD; un'approssimazione RB risulta dunque vantaggiosa, anche per un semplice problema come quello illustrato in questa sezione, qualora si sia interessati a valutare la soluzione di un numero piuttosto alto di problemi, come nel caso di un problema di ottimizzazione o controllo, oppure a caratterizzare un sistema in un numero piuttosto elevato di scenari differenti.

Tabella 19.1. Dettagli numerici per l'esempio presentato. Gli spazi RB sono stati costruiti mediante un algoritmo greedy o con la tecnica POD; per entrambi, la tolleranza è stata scelta pari a $\varepsilon_{tol}^* = \delta = 10^{-4}$. Nel primo caso $n_{\text{train}} = 1000$, nel secondo $n_{\text{train}} = 500$. Indichiamo con $t_{RB}^{offline}$ il tempo (in secondi) impiegato per la costruzione Offline, con t_{RB}^{online} il tempo di una soluzione RB durante la fase Online, e con t_{FE} il tempo di una soluzione high-fidelity, senza tener conto dell'assemblaggio delle sue strutture

Numero di parametri p	5	Costruzione RB (greedy) $t_{RB}^{offline}$ (s)	180.49 s
Componenti affini $a(\cdot, \cdot; \boldsymbol{\mu})$ Q_a	5	Costruzione RB (POD) $t_{RB}^{offline}$ (s)	56.99 s
Componenti affini $f(\cdot; \boldsymbol{\mu})$ Q_f	1	Valutazione RB t_{RB}^{online} (s)	0.0053 s
Dim. spazio high-fidelity N_h	13 236	Valutazione high-fidelity t_{FE} (s)	0.3435 s
Dim. spazio RB (greedy) N_{max}	21	Speedup computazionale $\mathcal{S}$	65
Dim. spazio RB (POD) N_{max}	30	Punto di break-even $\mathcal{Q}_{BE}$	166

In conclusione, sottolineiamo come i metodi a basi ridotte, e più in generale le tecniche di ROM o di riduzione computazionale, siano un'area di ricerca decisamente attiva e in pieno fermento. In questo capitolo ne abbiamo fornito una sintetica introduzione, descrivendo gli ingredienti essenziali per implementare un metodo RB, nel caso di problemi ellittici coercivi affini. Negli ultimi anni i metodi a basi ridotte sono stati applicati a numerose altre classi di problemi, quali ad esempio i problemi non affini [BMNP04, GMNP07, MNPP09, CS10], i problemi non lineari [AZF12, CFCA13] e quelli tempo-dipendenti, nel caso parabolico [GP05, HO08]. Ulteriori applicazioni hanno riguardato la fluidodinamica, con i problemi di Stokes [RV07, RHM13] e Navier-Stokes [VP05, QR07, Man14], che richiedono uno speciale trattamento nella costruzione degli spazi a causa del vincolo di incomprimibilità della velocità, o ancora problemi di elasticità lineare [MQR08], e problemi di controllo ottimale [NRMQ13, KG14, Ded10]. Il lettore interessato a classi di problemi più ampie rispetto a quella trattata in questo capitolo può consultare ad esempio [QMN16, HRS16, QR14].

19.10 Esercizi

1. Dimostrare la Proposizione 19.1; si ricordi che $\mathbb{B}^\dagger$ è la pseudo-inversa di Moore-Penrose di $\mathbb{B}$ se e solo se valgono le seguenti proprietà:

$$\mathbb{B}\mathbb{B}^\dagger\mathbb{B} = \mathbb{B}, \quad \mathbb{B}^\dagger\mathbb{B}\mathbb{B}^\dagger = \mathbb{B}^\dagger, \quad (\mathbb{B}\mathbb{B}^\dagger)^T = \mathbb{B}\mathbb{B}^\dagger, \quad (\mathbb{B}^\dagger\mathbb{B})^T = \mathbb{B}^\dagger\mathbb{B}.$$

2. Dimostrare la Proposizione 19.2; si può procedere con i seguenti passi (per semplicità, la dipendenza da $\boldsymbol{\mu}$ viene omessa):

(i) riscrivere la (19.64) come

$$(\mathbb{A}_h \mathbb{V} \mathbf{u}_N, \mathbb{A}_h \mathbb{V} \mathbf{v}_N)_2 = (\mathbf{f}_h, \mathbb{A}_h \mathbb{V} \mathbf{v}_N)_2 \qquad \forall \mathbf{v}_N \in \mathbb{R}^N;$$

(ii) usando la corrispondenza biunivoca (4.7) e osservando che $(\mathbb{V} \mathbf{v}_N)_p = (v_N, \varphi^p)_h$, mostrare che

$$(\mathbb{A}_h \mathbb{V} \mathbf{u}_N, \mathbf{z}_h)_2 = a(u_N, z_h) \qquad \forall \mathbf{z}_h \in \mathbb{R}^{N_h};$$

(iii) definire $\mathbf{y}_h = \mathbf{y}_h(\mathbf{v}_N) = \mathbb{A}_h \mathbb{V} \mathbf{v}_N \in \mathbb{R}^{N_h}$ e, usando (ii), provare che

$$a(u_N, y_h(\mathbf{v}_N)) = (f, y_h(\mathbf{v}_N))_h \qquad \forall \mathbf{v}_N \in \mathbb{R}^N, \tag{19.110}$$

dove

$$(y_h(\mathbf{v}_N), z_h)_h = a(v_N, z_h) \qquad \forall z_h \in V^{N_h}; \tag{19.111}$$

(iv) dedurre infine la (19.68) da (19.110)-(19.111).

3. Introducendo il seguente funzionale Lagrangiano

$$L(\mathbf{z}_1, \ldots, \mathbf{z}_N, \tilde{\lambda}_{11}, \ldots, \tilde{\lambda}_{ij}, \ldots, \tilde{\lambda}_{NN}) = E(\mathbf{z}_1, \ldots, \mathbf{z}_N) + \sum_{i,j=1}^{N} \tilde{\lambda}_{ij}(\mathbf{z}_i^T \mathbf{z}_j - \delta_{ij})$$

e scrivendone le condizioni necessarie di ottimalità, mostrare che la soluzione del problema (19.80) soddisfa (19.78) e, in particolare,

$$\mathbb{U}^T \mathbb{U} \boldsymbol{\psi}_i = \sigma_i^2 \boldsymbol{\psi}_i, \quad i = 1, \ldots, r.$$

Inoltre, indicando con $\lambda_i = \tilde{\lambda}_{ii}$, mostrare che

$$\lambda_i = \sigma_i^2 = \sum_{j=1}^{n_{\text{train}}} (\mathbf{u}_j^T \zeta_i)^2.$$

Infine, mostrare che

$$\sum_{i=1}^{n_{\text{train}}} \left\| \mathbf{u}_i - \sum_{j=1}^{k} (\mathbf{u}_i^T \zeta_j) \zeta_j \right\|_2^2 = \sum_{i=1}^{n_{\text{train}}} \sum_{j=N+1}^{r} (\mathbf{u}_i^T \zeta_j)^2 = \sum_{i=N+1}^{r} \lambda_i,$$

e dunque che vale la (19.81).

4. Mostrare che, nel caso di una forma $a(\cdot, \cdot; \boldsymbol{\mu})$ coerciva, si ha che

$$\frac{\alpha_0}{\bar{\gamma}} \| u_h(\boldsymbol{\mu}) - u_N(\boldsymbol{\mu}) \|_V \leq d(u_h(\boldsymbol{\mu}), V_N) \leq \| u_h(\boldsymbol{\mu}) - u_N(\boldsymbol{\mu}) \|_V.$$

5. Assumiamo di voler valutare un output lineare della soluzione $s(\boldsymbol{\mu}) = J(u(\boldsymbol{\mu}))$, $J \in V'$, nel caso particolare in cui $J = f$, e che $a(\cdot, \cdot; \boldsymbol{\mu}) : V \times V \to \mathbb{R}$ sia una forma bilineare simmetrica, continua e coerciva per ogni $\boldsymbol{\mu} \in \mathcal{P}$. Mostrare che in questo caso

$$z_h(\boldsymbol{\mu}) - z_N(\boldsymbol{\mu}) = \| u_h(\boldsymbol{\mu}) - u_N(\boldsymbol{\mu}) \|_{\boldsymbol{\mu}}^2, \tag{19.112}$$

essendo $z_h(\boldsymbol{\mu}) = l(u_h(\boldsymbol{\mu}))$, $z_N(\boldsymbol{\mu}) = l(u_N(\boldsymbol{\mu}))$.

Suggerimento: usando l'assunzione di compliance, scrivere $z_h(\boldsymbol{\mu}) - z_N(\boldsymbol{\mu}) = a(u_h(\boldsymbol{\mu}) - u_N(\boldsymbol{\mu}), u_h(\boldsymbol{\mu}) - u_N(\boldsymbol{\mu}); \boldsymbol{\mu}) + a(u_h(\boldsymbol{\mu}) - u_N(\boldsymbol{\mu}), u_N(\boldsymbol{\mu}); \boldsymbol{\mu})$ e sfruttare poi la (19.31).

Riferimenti bibliografici

[AAH+98]   Achdou Y., Abdoulaev G., Hontand J., Kuznetsov Y., Pironneau O., and Prud'hom-
           me C. (1998) Nonmatching grids for fluids. In *Domain decomposition methods,
           10 (Boulder, CO, 1997)*, volume 218 of *Contemp. Math.*, pages 3–22. Amer. Math.
           Soc., Providence, RI.

[ABCM02]   Arnold D. N., Brezzi F., Cockburn B., and Marini L. D. (2001/02) Unified analysis
           of discontinuous Galerkin methods for elliptic problems. *SIAM J. Numer. Anal.*
           39(5): 1749–1779.

[ABM09]   Antonietti P. F., Brezzi F., and Marini L. D. (2009) Bubble stabilization of di-
           scontinuous Galerkin methods. *Comput. Methods Appl. Mech. Engrg.* 198(21-26):
           1651–1659.

[Ada75]   Adams R. A. (1975) *Sobolev Spaces*. Academic Press, New York.

[AF03]   Adams R. A. and Fournier J. J. F. (2003) *Sobolev Spaces*   Second Edition.
           Academic Press, New York.

[AFG+00]   Almeida R. C., Feijóo R. A., Galeão A. C., Padra C., and Silva R. S. (2000)
           Adaptive finite element computational fluid dynamics using an anisotropic error
           estimator. *Comput. Methods Appl. Mech. Engrg.* 182: 379–400.

[Ago03]   Agoshkov V. (2003) *Optimal Control Methods and Adjoint Equations in Mathe-
           matical Physics Problems*. Institute of Numerical Mathematics, Russian Academy
           of Science, Moscow.

[Aki94]   Akin J. E. (1994) *Finite Elements for Analysis and Design*. Academic Press,
           London.

[AM09]   Ayuso B. and Marini L. D. (2009) Discontinuous Galerkin methods for advection-
           diffusion-reaction problems. *SIAM J. Numer. Anal.* 47(2): 1391–1420.

[AMW99]   Achdou Y., Maday Y., and Widlund O. (1999) Iterative substructuring preconditio-
           ners for mortar element methods in two dimensions. *SIAM J. Numer. Anal.* 36(2):
           551–580 (electronic).

[AO00]   Ainsworth M. and Oden J. T. (2000) *A posteriori error estimation in finite element
           analysis*. Pure and Applied Mathematics. John Wiley and Sons, New York.

[Ape99]   Apel T. (1999) *Anisotropic Finite Elements: Local Estimates and Applications*.
           Book Series: Advances in Numerical Mathematics. Teubner, Stuttgart.

[Arn82]   Arnold D. N. (1982) An interior penalty finite element method with discontinuous
           elements. *SIAM J. Numer. Anal.* 19(4): 742–760.

[AS55]   Allen D. N. G. and Southwell R. V. (1955) Relaxation methods applied to determi-
           ne the motion, in two dimensions, of a viscous fluid past a fixed cylinder. *Quart.
           J. Mech. Appl. Math.* 8: 129–145.

ⓒ Springer-Verlag Italia 2016
A. Quarteroni, *Modellistica Numerica per Problemi Differenziali*, 6a edizione,
UNITEXT - La Matematica per il 3+2 100, DOI 10.1007/978-88-470-5782-1

[AS99]   Adalsteinsson D. and Sethian J. A. (1999) The fast construction of extension velocities in level set methods. *J. Comput. Phys.* 148(1): 2–22.

[ATF87]   Alekseev V., Tikhominov V., and Fomin S. (1987) *Optimal Control.* Consultants Bureau, New York.

[Aub67]   Aubin J. P. (1967) Behavior of the error of the approximate solutions of boundary value problems for linear elliptic operators by Galerkin's and finite difference methods. *Ann. Scuola Norm. Sup. Pisa* 21: 599–637.

[Aub91]   Aubry N. (1991) On the hidden beauty of the proper orthogonal decomposition. *Theor. Comp. Fluid. Dyn.* 2: 339–352.

[AWB71]   Aziz A., Wingate J., and Balas M. (1971) *Control Theory of Systems Governed by Partial Differential Equations.* Academic Press.

[AZF12]   Amsallem D., Zahr M., and Farhat C. (2012) Nonlinear model order reduction based on local reduced-order bases. *Int. J. Numer. Methods Engr.* 92(10): 891–916.

[AZT]   www.cs.sandia.gov/CRF/aztec1.html.

[Bab71]   Babuška I. (1971) Error bounds for the finite element method. *Numer. Math.* 16: 322–333.

[BCD+11]   Binev P., Cohen A., Dahmen W., DeVore R., Petrova G., and Wojtaszczyk P. (2011) Convergence rates for greedy algorithms in reduced basis methods. *SIAM J. Math. Anal.* 43(3): 1457–1472.

[BBF13]   Boffi D., Brezzi F. and Fortin M. (2013) *Mixed Finite Element Methods and Applications,* Springer Verlag, Berlin Heidelberg.

[BDR92]   Babuška I., Durán R., and Rodríguez R. (1992) Analysis of the efficiency of an a posteriori error estimator for linear triangular finite elements. *SIAM J. Numer. Anal.* 29(4): 947–964.

[BE92]   Bern M. and Eppstein D. (1992) Mesh generation and optimal triangulation. In Du D.-Z. and Hwang F. (eds) *Computing in Euclidean Geometry.* World Scientific, Singapore.

[Bec01]   Becker R. (2001) Mesh adaptation for stationary flow control. *J. Math. Fluid Mech.* 3: 317–341.

[Bel99]   Belgacem F. B. (1999) The mortar finite element method with Lagrange multipliers. *Numer. Math.* 84(2): 173–197.

[BEMS07]   Burman E., Ern A., Mozolevski I., and Stamm B. (2007) The symmetric discontinuous Galerkin method does not need stabilization in 1D for polynomial orders $p \geq 2$. *C. R. Math. Acad. Sci. Paris* 345(10): 599–602.

[BF91]   Brezzi F. and Fortin M. (1991) *Mixed and Hybrid Finite Element Methods.* Springer-Verlag, New York.

[BFHR97]   Brezzi F., Franca L. P., Hughes T. J. R., and Russo A. (1997) $b = \int g$. *Comput. Methods Appl. Mech. Engrg.* 145: 329–339.

[BG87]   Brezzi F. and Gilardi G. (1987) *Functional Analysis and Functional Spaces.* McGraw Hill, New York.

[BG98]   Bernardi C. and Girault V. (1998) A local regularisation operator for triangular and quadrilateral finite elements. *SIAM J. Numer. Anal.* 35(5): 1893–1916.

[BGL05]   Benzi M., Golub G. H., and Liesen J. (2005) Numerical solution of saddle-point problems. *Acta Numer.* 14: 1–137.

[BGL06a]   Burkardt J., Gunzburger M., and Lee H. (2006) Centroidal voronoi tessellation-based reduced-order modeling of complex systems. *SIAM J. Sci. Comput.* 28(2): 459–484.

[BGL06b]   Burkardt J., Gunzburger M., and Lee H. (2006) POD and CVT-based reduced-order modeling of Navier-Stokes flows. *Comput. Meth. Appl. Mech. Engrg.* 196(1-3): 337–355.

[BGS96]   Bjòrstad P., Gropp P., and Smith B. (1996) *Domain Decomposition, Parallel Mul-tilevel Methods for Elliptic Partial Differential Equations*. Univ. Cambridge Press, Cambridge.

[BHL93]   Berkooz G., Holmes P., and Lumley J. (1993) The proper orthogonal decom-position in the analysis of turbulent flows. *Annu. Rev. Fluid Mech.* 25(1): 539–575.

[BHS06]   Buffa A., Hughes T. J. R., and Sangalli G. (2006) Analysis of a multiscale discon-tinuous Galerkin method for convection-diffusion problems. *SIAM J. Numer. Anal.* 44(4): 1420–1440.

[BIL06]   Berselli L. C., Iliescu T., and Layton W. J. (2006) *Mathematics of Large Eddy Simulation of Turbulent Flows*. Springer, Berlin Heidelberg.

[BKR00]   Becker R., Kapp H., and Rannacher R. (2000) Adaptive finite element methods for optimal control of partial differential equations: Basic concepts. *SIAM, J. Control Opt.* 39(1): 113–132.

[Bla02]   Blanckaert K. (2002) *Flow and turbulence in sharp open-channel bends.* PhD thesis, École Polytechnique Fédérale de Lausanne.

[BLM14]   Beirao da Veiga L., Lipnikov K. and Manzini G. (2014) *The mimetic finite difference method for elliptic problems*, MS&A Series, volume 11, Springer.

[BM92]   Bernardi C. and Maday Y. (1992) *Approximations Spectrales de Problèmes aux Limites Elliptiques*. Springer-Verlag, Berlin Heidelberg.

[BM94]   Belgacem F. B. and Maday Y. (1994) A spectral element methodology tuned to parallel implementations. *Comput. Methods Appl. Mech. Engrg.* 116(1-4): 59–67. ICOSAHOM'92 (Montpellier, 1992).

[BM06]   Brezzi F. and Marini L. D. (2006) Bubble stabilization of discontinuous Galerkin methods. In *Advances in numerical mathematics, Proceedings International Con-ference on the occasion of the 60th birthday of Y.A. Kuznetsov, September 16-17, 2005*, pages 25–36. Institute of Numerical Mathematics of the Russian Academy of Sciences, Moscow.

[BMMP06]   Bottasso C. L., Maisano G., Micheletti S., and Perotto S. (2006) On some new recovery based a posteriori error estimators. *Comput. Methods Appl. Mech. Engrg.* 195(37–40): 4794–4815.

[BMNP04]   Barrault M., Maday Y., Nguyen N. C., and Patera A. T. (2004) An 'empirical in-terpolation' method: application to efficient reduced-basis discretization of partial differential equations. *C. R. Math. Acad. Sci. Paris* 339(9): 667–672.

[BMP+12]   Buffa A., Maday Y., Patera A. T., Prud'homme C., and Turinici G. (2012) A priori convergence of the greedy algorithm for the parametrized reduced basis method. *ESAIM Math. Model. Numer. Anal.* 46(3): 595–603.

[BMP94]   Bernardi C., Maday Y., and Patera A. (1994) A new nonconforming approach to domain decomposition: the mortar element method. In *Nonlinear partial differen-tial equations and their applications. Collège de France Seminar, Vol. XI (Paris, 1989–1991)*, volume 299 of *Pitman Res. Notes Math. Ser.*, pages 13–51. Longman Sci. Tech., Harlow.

[BMS04]   Brezzi F., Marini L. D., and Süli E. (2004) Discontinuous Galerkin methods for first-order hyperbolic problems. *Math. Models Methods Appl. Sci.* 14(12): 1893–1903.

[BR03]   Bangerth W. and Rannacher R. (2003) *Adaptive Finite Element Methods for Solving Differential Equations*. Birkhäuser.

[Bre15]   Brezzi F. (2015) The great beauty of VEMs, Proceedings *ICM* 1: 214-235 (2014).

[Bre74]   Brezzi F. (1974) On the existence, uniqueness and approximation of saddle-point problems arising from Lagrange multipliers. *R.A.I.R.O. Anal. Numér.* 8: 129–151.

[Bre86]   Brezis H. (1986) *Analisi Funzionale*. Liguori, Napoli.

[Bre00]   Bressan A. (2000) *Hyperbolic Systems of Conservation Laws: The One-dimensional Cauchy Problem*. Oxford Lecture Series in Mathematics and its Applications. The Clarendon Press Oxford University Press, New York.

[BRM⁺97]   Bassi F., Rebay S., Mariotti G., Pedinotti S., and Savini M. (1997) A high-order accurate discontinuous finite element method for inviscid and viscous turbomachinery flows. In Decuypere R. and Dibelius G. (eds) *Proceedings of the 2nd European Conference on Turbomachinery Fluid Dynamics and Thermodynamics*, pages 99–108. Technologisch Instituut, Antwerpen, Belgium.

[BS94]   Brenner S. C. and Scott L. R. (1994) *The Mathematical Theory of Finite Element Methods*. Springer-Verlag, New York.

[BS08]   Burman E. and Stamm B. (2008) Symmetric and non-symmetric discontinuous Galerkin methods stabilized using bubble enrichment. *C. R. Math. Acad. Sci. Paris* 346(1-2): 103–106.

[BS12]   Borzí A. and Schultz V. (2012) *Computational Optimization of Systems Governed by Partial Differential Equations*. SIAM, Philadelphia.

[Cab03]   Caboussat A. (2003) *Analysis and numerical simulation of free surface flows*. PhD thesis, École Polytechnique Fédérale de Lausanne.

[CAC10]   Chinesta F., Ammar A., and Cueto E. (2010) Recent advances and new challenges in the use of the proper generalized decomposition for solving multidimensional models. *Arch. Comput. Methods Engrg* 17: 327–350.

[CD15]   Cohen A. and DeVore R. (2015) Approximation of high-dimensional parametric PDEs. *Acta Numerica* 24: 1–159.

[Ç07]   Çengel Y. (2007) *Introduction to Thermodynamics and heat transfer*. McGraw–Hill, New York.

[CLC11]   Chinesta F., Ladeveze P., and Cueto E. (2011) A short review on model order reduction based on proper generalized decomposition. *Arch. Comput. Methods Engrg.* 18: 395–404.

[CFCA13]   Carlberg K., Farhat C., Cortial J., and Amsallem D. (2013) The GNAT method for nonlinear model reduction: Effective implementation and application to computational fluid dynamics and turbulent flows. *J. Comput. Phys.* 242: 623 – 647.

[CHQZ06]   Canuto C., Hussaini M., Quarteroni A., and Zang T. A. (2006) *Spectral Methods. Fundamentals in Single Domains*. Springer-Verlag, Berlin Heidelberg.

[CHQZ07]   Canuto C., Hussaini M. Y., Quarteroni A., and Zang T. A. (2007) *Spectral Methods. Evolution to Complex Geometries and Application to Fluid Dynamics*. Springer-Verlag, Berlin Heidelberg.

[Cia78]   Ciarlet P. G. (1978) *The Finite Element Method for Elliptic Problems*. North-Holland, Amsterdam.

[CJRT01]   Cohen G., Joly P., Roberts J. E., and Tordjman N. (2001) Higher order triangular finite elements with mass lumping for the wave equation. *SIAM J. Numer. Anal.* 38(6): 2047–2078.

[Clé75]   Clément P. (1975) Approximation by finite element functions using local regularization. *RAIRO, Anal. Numér 2* pages 77–84.

[Coc07]   Cochran W. G. (2007) *Sampling techniques*. John Wiley & Sons, Chichester.

[Coc98]   Cockburn B. (1998) An introduction to the discontinuous Galerkin method for convection-dominated problems. In Quarteroni A. (ed) *Advanced Numerical Approximation of Nonlinear Hyperbolic Equations*, volume 1697 of *LNM*, pages 151–268. Springer-Verlag, Berlin Heidelberg.

[Coc99]   Cockburn B. (1999) Discontinuous Galerkin methods for convection-dominated problems. In *High-order methods for computational physics*, volume 9 of *Lect. Notes Comput. Sci. Eng.*, pages 69–224. Springer, Berlin.

[Col76]   Colombo S. (1976) *Les Équations aux Dérivées Partielles en Physique et en Mécanique des Milieux Continus*. Masson, Paris.

[Com95]   Comincioli V. (1995) *Analisi Numerica. Metodi Modelli Applicazioni*. McGraw-Hill, Milano.

[CP00]   Cremonesi P. and Psaila G. (2000) *Introduzione ragionata al C/C++*. Progetto Leonardo, Esculapio, Bologna.

[CS10]   Chaturantabut S. and Sorensen D. C. (2010) Nonlinear model reduction via discrete empirical interpolation. *SIAM J. Sci. Comput.* 32(5): 2737–2764.

[CZ87]   C.Zienkiewicz O. and Zhu J. Z. (1987) A simple error estimator and adaptive procedure for practical engineering analysis. *Int. J. Numer. Meth. Engng.* 24: 337–357.

[Ded04]   Dedé L. (2004) *Controllo Ottimale e Adattività per Equazioni alle Derivate Parziali e Applicazioni*. Tesi di Laurea, Politecnico di Milano.

[Ded10]   Dedé L. (2010) Reduced basis method and a posteriori error estimation for parametrized linear-quadratic optimal control problems. *SIAM J. Sci. Comput.* 32(2): 997–1019.

[DG11]   Demkowicz L. and Gopalakrishnan J. (2011) A class of discontinuous Petrov–Galerkin methods. II. optimal test functions. *Numer. Methods Partial Differential Equations* 27(1): 70–105.

[DQ05]   Dedè L. and Quarteroni A. (2005) Optimal control and numerical adaptivity for advection–diffusion equations. *Math. Model. Numer. Anal.* 39(5): 1019–1040.

[DSW04]   Dawson C., Sun S., and Wheeler M. F. (2004) Compatible algorithms for coupled flow and transport. *Comput. Methods Appl. Mech. Engrg.* 193(23-26): 2565–2580.

[DT80]   Dervieux A. and Thomasset F. (1980) *Approximation Methods for Navier–Stokes Problems*, volume 771 of *Lecture Notes in Mathematics*, chapter A finite element method for the simulation of Rayleigh-Taylor instability, pages 145–158. Springer-Verlag, Berlin.

[Dub91]   Dubiner M. (1991) Spectral methods on triangles and other domains. *J. Sci. Comput.* 6: 345–390.

[DV02]   Darmofal D. L. and Venditti D. A. (2002) Grid adaptation for functional outputs: application to two-dimensional inviscid flows. *J. Comput. Phys.* 176: 40–69.

[DV08]   DiPietro D. A. and Veneziani A. (2008) Expression templates implementation of continuous and discontinuous Galerkin methods. *Computing and Visualization in Science* 12: 421-436.

[EFC03]   Fernández-Cara E. Z. (2003) Control theory: History, mathematical achievements and perspectives. *Bol. Soc. Esp. Mat. Apl.* 26: 79–140.

[EG04]   Ern A. and Guermond J. L. (2004) *Theory and Practice of Finite Elements*, volume 159 of *Applied Mathematics Sciences*. Springer-Verlag, New York.

[EJ88]   Eriksson E. and Johnson C. (1988) An adaptive method for linear elliptic problems. *Math. Comp.* 50: 361–383.

[EGH00]   Eynard R., Gallouët T. and Herbin R. (2000) Finite Volume Methods. In Ciarlet P.G., Lions J.L. (eds.) *Handbook of Numerical Analysis*, volume 7, 713–1018.

[FMP04]   Formaggia L., Micheletti S., and Perotto S. (2004) Anisotropic mesh adaptation in computational fluid dynamics: application to the advection-diffusion-reaction and the stokes problems. *Appl. Numer. Math.* 51(4): 511–533.

[FP01]   Formaggia L. and Perotto S. (2001) New anisotropic a priori error estimates. *Numer. Math.* 89: 641–667.

[FP02]   Ferziger J. H. and Peric M. (2002) *Computational Methods for Fluid Dynamics.* Springer, Berlino, III edition.

[FSV05]   Formaggia L., Saleri F., and Veneziani A. (2005) *Applicazioni ed esercizi di modellistica numerica per problemi differenziali.* Springer Italia, Milano.

[Fun92]   Funaro D. (1992) *Polynomial Approximation of Differential Equations.* Springer-Verlag, Berlin Heidelberg.

[Fun97]   Funaro D. (1997) *Spectral Elements for Transport-Dominated Equations.* Springer-Verlag, Berlin Heidelberg.

[Fur97]   Furnish G. (May/June 1997) Disambiguated glommable expression templates. *Computers in Physics* 11(3): 263–269.

[GaAML04]   Galeão A., Almeida R., Malta S., and Loula A. (2004) Finite element analysis of connection dominated reaction-diffusion problems. *Applied Numerical Mathematics* 48: 205–222.

[GB98]   George P. L. and Borouchaki H. (1998) *Delaunay Triangulation and Meshing.* Editions Hermes, Paris.

[Ger08]   Gervasio P. (2008) Convergence analysis of high order algebraic fractional step schemes for timedependent stokes equations. *SIAM J. Numer. Anal.* 46: 1682-1703.

[GMNP07]   Grepl M. A., Maday Y., Nguyen N. C., and Patera A. T. (2007) Efficient reduced-basis treatment of nonaffine and nonlinear partial differential equations. *ESAIM Math. Modelling Numer. Anal.* 41(3): 575–605.

[GMS06]   Guermond J. L. , Minev P. and Shen J. (2006), An overview of projection methods for incomprensible flows. *Comput. Meth. Applied. Mech. Engnrng*195: 6011-6045.

[GP05]   Grepl M. A. and Patera A. T. (2005) A posteriori error bounds for reduced-basis approximations of parametrized parabolic partial differential equations. *ESAIM Math. Modelling Numer. Anal.* 39(1): 157–181.

[GR96]   Godlewski E. and Raviart P. A. (1996) *Hyperbolic Systems of Conservations Laws*, volume 118. Springer-Verlag, New York.

[Gri11]   Grisvard P. (2011) *Elliptic Problems in Nonsmooth Domains.* SIAM.

[GRS07]   Grossmann C., Ross H., and Stynes M. (2007) *Numerical treatment of Partial Differential Equations.* Springer, Heidelberg, Heidelberg.

[GS05]   Georgoulis E. H. and Süli E. (2005) Optimal error estimates for the hp-version interior penalty discontinuous Galerkin finite element method. *IMA J. Numer. Anal.* 25(1): 205–220.

[GSV06]   Gervasio P., Saleri F., and Veneziani A. (2006) Algebraic fractional-step schemes with spectral methods for the incompressible Navier-Stokes equations. *J. Comput. Phys.* 214(1): 347–365.

[Gun03]   Gunzburger M. (2003) *Perspectives in Flow Control and Optimization. Advances in Design and Control.* SIAM, Philadelphia.

[GWZ14]   Gunzburger M. D., Webster C. G., and Zhang G. (2014) Stochastic finite element methods for partial differential equations with random input data. *Acta Numerica* 23: 521–650.

[HB76]   Hnat J. and Buckmaster J. (1976) Spherical cap bubbles and skirt formation. *Phys. Fluids* 19: 162–194.

[Hir88]   Hirsh C. (1988) *Numerical Computation of Internal and External Flows*, volume 1. John Wiley and Sons, Chichester.

[HLB98]   Holmes P., Lumley J., and Berkooz G. (1998) *Turbulence, coherent structures, dynamical systems and symmetry.* Cambridge Univ. Press.

[HN81]   Hirt C. W. and Nichols B. D. (1981) Volume of fluid (VOF) method for the dynamics of free boundaries. *J. Comp. Phys.* 39: 201–225.

[HO08]   Haasdonk B. and Ohlberger M. (2008) Reduced basis method for finite volume approximations of parametrized linear evolution equations. *ESAIM Math. Modelling Numer. Anal.* 42: 277–302.

[HPUU09]   Hinze M., Pinnau R., Ulbrich M. and Ulbrich S. (2009) *Optimization with PDE Constraints*. Springer.

[HR11]   Huang W. and Russell R. (2011) *Adaptive Moving Mesh Methods*. Springer.

[HRS16]   Hesthaven J., Rozza G., and Stamm B. (2016) *Certified Reduced Basis Methods for Parametrized Partial Differential Equations*. SpringerBriefs in Mathematics. Springer.

[HRSP07]   Huynh D. B. P., Rozza G., Sen S. and Patera A. T. (2007) A successive constraint linear optimization method for lower bounds of parametric coercivity and inf-sup stability constants. *C. R. Acad. Sci. Paris, Analyse Numérique* 345(8): 473-478.

[HRT96]   Heywood J. G., Rannacher R., and Turek S. (1996) Artificial boundaries and flux and pressure conditions for the incompressible Navier-Stokes equations. *Internat. J. Numer. Methods Fluids* 22(5): 325–352.

[HSS02]   Houston P., Schwab C., and Süli E. (2002) Discontinuous hp-finite element methods for advection-diffusion-reaction problems. *SIAM J. Numer. Anal.* 39(6): 2133–2163 (electronic).

[Hug00]   Hughes T. J. R. (2000) *The Finite Element Method. Linear Static and Dynamic Finite Element Analysis*. Dover Publishers, New York.

[HVZ97]   Hamacher V. C., Vranesic Z. G., and Zaky S. G. (1997) *Introduzione all'architettura dei calcolatori*. Mc Graw Hill Italia, Milano.

[HW65]   Harlow F. H. and Welch J. E. (1965) Numerical calculation of time-dependent viscous incompressible flow of fluid with free surface. *Physics of Fluids* 8(12): 2182–2189.

[HW08]   Hesthaven J. S. and Warburton T. (2008) *Nodal discontinuous Galerkin methods*, volume 54 of *Texts in Applied Mathematics*. Springer, New York. Algorithms, analysis, and applications.

[IK08]   Ito K. and Kunisch K. (2008) *On the Lagrange Multiplier Approach to Variational Problems and Applications*. SIAM, Philadelphia.

[IR98]   Ito K. and Ravindran S. S. (1998) A reduced-order method for simulation and control of fluid flows. *Journal of Computational Physics* 143(2): 403–425.

[Jam88]   Jamenson A. (1988) Optimum aerodynamic design using cfd and control theory. *AIAA Paper 95-1729-CP* pages 233–260.

[JI99]   J.A. Infante E. Z. (1999) Boundary observability for the space semi–discretizations of the 1–d wave equation. *M2AN Math. Model. Numer. Anal.* 33(2): 407–438.

[JK07]   John V. and Knobloch P. (2007) On spurious oscillations at layers diminishing (SOLD) methods for convection-diffusion equations. I. A review. *Comput. Methods Appl. Mech. Engrg.* 196(17-20): 2197–2215.

[Joe05]   Joerg M. (2005) Numerical investigations of wall boundary conditions for two-fluid flows. Master's thesis, École Polytechnique Fédérale de Lausanne.

[Joh82]   John F. (1982) *Partial Differential Equations*. Springer-Verlag, New York, IV edition.

[Joh87]   Johnson C. (1987) *Numerical Solution of Partial Differential Equations by the Finite Element Method*. Cambridge University Press, Cambridge.

[JS91]   J. Sokolowski J. Z. (1991) *Introduction to Shape Optimization (Shape Sensitivity Analysis)*. Springer-Verlag, New York.

[KA00]   Knabner P. and Angermann L. (2000) *Numerical Methods for Elliptic and Parabolic Partial Differential Equations*, volume 44 of *TAM*. Springer-Verlag, New York.

[KF89]   Kolmogorov A. and Fomin S. (1989) *Elements of the Theory of Functions and Functional Analysis*. V.M. Tikhominov, Nauka - Moscow.

[KG14]   Kärcher M. and Grepl M. A. (2014) A certified reduced basis method for parametrized elliptic optimal control problems. *ESAIM Control Optim. Calc. Var.* 20(2): 416–441.

[KMI$^+$83]   Kajitani H., Miyata H., Ikehata M., Tanaka H., Adachi H., Namimatzu M., and Ogiwara S. (1983) Summary of the cooperative experiment on Wigley parabolic model in Japan. In *Proc. of the 2nd DTNSRDC Workshop on Ship Wave Resistance Computations (Bethesda, USA)*, pages 5–35.

[Kol36]   Kolmogorov A. N. (1936) Ber die beste annäherung von funktionen einer gegebenen funktionenklasse. *Ann. of Math.* 37: 107–110.

[KPTZ00]   Kawohl B., Pironneau O., Tartar L., and Zolesio J. (2000) *Optimal Shape Design*. Springer Verlag, Berlin.

[Kro97]   Kroener D. (1997) *Numerical Schemes for Conservation Laws*. Wiley-Teubner, Chichester.

[KS05]   Karniadakis G. E. and Sherwin S. J. (2005) *Spectral/hp Element Methods for Computational Fluid Dynamics*. Oxford University Press, New York, II edition.

[LeV02a]   LeVeque R. J. (2002) *Finite Volume Methods for Hyperbolic Problems*. Cambridge Texts in Applied Mathematics.

[LeV02b]   LeVeque R. J. (2002) *Numerical Methods for Conservation Laws*. Birkhäuser Verlag, Basel, II edition.

[LeV07]   LeVeque R. J. (2007) *Finite Difference Methods for Ordinary and Partial Differential Equations: Steady-State and Time-Dependent Problems*. SIAM, Philadelphia.

[Lio71]   Lions J. (1971) *Optimal Control of Systems Governed by Partial Differential Equations*. Springer-Verlag, New York.

[Lio72]   Lions J. (1972) *Some Aspects of the Optimal Control of Distribuited Parameter Systems*. SIAM, Philadelphia.

[LL59]   Landau L. D. and Lifshitz E. M. (1959) *Fluid mechanics*. Translated from the Russian by J. B. Sykes and W. H. Reid. Course of Theoretical Physics, Vol. 6. Pergamon Press, London.

[LL00]   Lippman S. B. and Lajoie J. (2000) *C++ Corso di Programmazione*. Addison Wesley Longman Italia, Milano, III edition.

[LM68]   Lions J. L. and Magenes E. (1968) *Quelques Méthodes des Résolution des Problémes aux Limites non Linéaires*. Dunod, Paris.

[LMK10]   Le Maître O. and Knio O. (2010) *Spectral Methods for Uncertainty Quantification With Applications to Computational Fluid Dynamics*. Computational Science and Engineering. Springer Science+Business Media B.V.

[LMQR13]   Lassila T., Manzoni A., Quarteroni A., and Rozza G. (2013) Generalized reduced basis methods and n-width estimates for the approximation of the solution manifold of parametric PDEs. In Brezzi F., Colli Franzone P., Gianazza U., and Gilardi G. (eds) *Analysis and Numerics of Partial Differential Equations*, volume 4 of *Springer INdAM Series*, pages 307–329. Springer Milan.

[Loh10]   Lohr S. L. (2010) *Sampling: Design and Analysis*. Cengage Learning, Boston, second edition.

[LPQR11]   Lombardi M., Parolini N., Quarteroni A. and Rozza G. (2011) Numerical simulation of sailing boats: dynamics, FSI, and shape optimization. In *Variational Analysis and Aerospace Engineering: Mathematical Chellenges for Aerospace Design*, G. Buttazzo and A. Frediani (eds.), Springer, 2012, 339-378.

[LR98]   Lin S. P. and Reitz R. D. (1998) Drop and spray formation from a liquid jet. *Annu. Rev. Fluid Mech.* 30: 85–105.

[LW94]   Li X. D. and Wiberg N. E. (1994) A posteriori error estimate by element patch post-processing, adaptive analysis in energy and L_2 norms. *Comp. Struct.* 53: 907–919.

[Man14]   Manzoni A. (2014) An efficient computational framework for reduced basis approximation and a posteriori error estimation of parametrized Navier-Stokes flows. *ESAIM Math. Modelling Numer. Anal.* 48: 1199–1226.

[Mar95]   Marchuk G. I. (1995) *Adjoint Equations and Analysis of Complex Systems*. Kluwer Academic Publishers, Dordrecht.

[Max76]   Maxworthy T. (1976) Experiments on collisions between solitary waves. *Journal of Fluid Mechanics* 76: 177–185.

[Mel00]   Melenk J. (2000) On n-widths for elliptic problems. *J. Math. Anal. Appl.* 247: 272–289.

[Mey00]   Meyer C. D. (2000) *Matrix Analysis and Applied Linear Algebra*. SIAM.

[MN15]   Manzoni A. and Negri F. (2015) Heuristic strategies for the approximation of stability factors in quadratically nonlinear parametrized PDEs. *Adv. Comput. Math.* 41: 1255–1288.

[MNPP09]   Maday Y., Nguyen N. C., Patera A. T., and Pau G. S. H. (2009) A general multipurpose interpolation procedure: the magic points. *Commun. Pure Appl. Anal.* 8(1): 383–404.

[MOS92]   Mulder W., Osher S., and Sethian J. (1992) Computing interface motion in compressible gas dynamics. *Journal of Computational Physics* 100(2): 209–228.

[MP94]   Mohammadi B. and Pironneau O. (1994) *Analysis of the K-Epsilon Turbulence Model*. John Wiley & Sons.

[MP97]   Muzaferija S. and Peric M. (1997) Computation of free-surface flows using finite volume method and moving grids. *Numer. Heat Trans., Part B* 32: 369–384.

[MP01]   Mohammadi B. and Pironneau O. (2001) *Applied Shape Optimization for Fluids*. Clarendon Press, Oxford.

[MPT02a]   Maday Y., Patera A. T., and Turinici G. (2002) Global *a priori* convergence theory for reduced-basis approximation of single-parameter symmetric coercive elliptic partial differential equations. *C. R. Acad. Sci. Paris, Série I* 335(3): 289–294.

[MPT02b]   Maday Y., Patera A., and Turinici G. (2002) *A Priori* convergence theory for reduced-basis approximations of single-parameter elliptic partial differential equations. *Journal of Scientific Computing* 17(1-4): 437–446.

[MQ89]   Marini L. and Quarteroni A. (1989) A relaxation procedure for domain decomposition methods using finite elements. *Numer. Math.* 55: 575–598.

[MQR08]   Milani R., Quarteroni A., and Rozza G. (2008) Reduced basis method for linear elasticity problems with many parameters. *Comput. Methods Appl. Mech. Engrg.* 197: 4812–4829.

[Nit68]   Nitsche J. A. (1968) Ein kriterium für die quasi-optimalitat des Ritzchen Verfahrens. *Numer. Math.* 11: 346–348.

[Nit71]   Nitsche J. (1971) Über ein Variationsprinzip zur Lösung von Dirichlet-Problemen bei Verwendung von Teilräumen, die keinen Randbedingungen unterworfen sind. *Abh. Math. Sem. Univ. Hamburg* 36: 9–15. Collection of articles dedicated to Lothar Collatz on his sixtieth birthday.

[Nou10]   Nouy A. (2010) Proper generalized decompositions and separated representations for the numerical solution of high dimensional stochastic problems. *Arch. Comput. Methods Engrg.* 17: 403–434.

[NRMQ13] Negri F., Rozza G., Manzoni A., and Quarteroni A. (2013) Reduced basis method for parametrized elliptic optimal control problems. *SIAM J. Sci. Comput.* 35(5): A2316–A2340.

[NZ04]   Naga A. and Zhang Z. (2004) A posteriori error estimates based on the polynomial preserving recovery. *SIAM J. Numer. Anal.* 42: 1780–1800.

[OBB98]   Oden J. T., Babuška I., and Baumann C. E. (1998) A discontinuous hp finite element method for diffusion problems. *J. Comput. Phys.* 146(2): 491–519.

[OP07]   Oliveira I. and Patera A. (2007) Reduced-basis techniques for rapid reliable optimization of systems described by affinely parametrized coercive elliptic partial differential equations. *Optimization and Engineering* 8(1): 43–65.

[OS88]   Osher S. and Sethian J. A. (1988) Fronts propagating with curvature-dependent speed: algorithms based on Hamilton-Jacobi formulations. *J. Comput. Phys.* 79(1): 12–49.

[Pat80]   Patankar S. V. (1980) *Numerical Heat Transfer and Fluid Flow.* Hemisphere, Washington.

[Per93]   Perot J. B. (1993) An analysis of the fractional step method. *J. Comput. Phys.* 108(1): 51–58.

[Pet]   www.mcs.anl.gov/petsc/.

[Pin08]   Pinnau R. (2008) Model reduction via proper orthogonal decomposition. In Schilders W. and van der Vorst H. (eds) *Model Order Reduction: Theory, Research Aspects and Applications*, pages 96–109. Springer.

[Pin85]   Pinkus A. (1985) n-*Widths in Approximation Theory.* Springer-Verlag, Ergebnisse.

[Pir84]   Pironneau O. (1984) *Optimal Shape Design for Elliptic Systems.* Springer-Verlag, New York.

[Por85]   Porsching T. A. (1985) Estimation of the error in the reduced basis method solution of nonlinear equations. *Mathematics of Computation* 45(172): 487–496.

[PQ05]   Parolini N. and Quarteroni A. (2005) Mathematical models and numerical simulations for the America's cup. *Comput. Methods Appl. Mech. Engrg.* 194(9–11): 1001–1026.

[PQ07]   Parolini N. and Quarteroni A. (2007) Modelling and numerical simulation for yacht engineering. In *Proceedings of the 26th Symposium on Naval Hydrodynamics.* Strategic Analysis, Inc., Arlington, VA, USA.

[Pro94]   Prouse G. (1994) *Equazioni Differenziali alle Derivate Parziali.* Masson, Milano.

[Pro97]   Prohl A. (1997) *Projection and Quasi-Compressibility Methods for Solving the Incompressible Navier-Stokes Equations.* Advances in Numerical Mathematics. B.G. Teubner, Stuttgart.

[Pru06]   Prud'homme C. (2006) A domain specific embedded language in c++ for automatic differentiation, projection, integration and variational formulations. *Scientific Programming* 14(2): 81–110.

[PRV$^+$02] Prud'homme C., Rovas D., Veroy K., Maday Y., Patera A., and Turinici G. (2002) Reliable real-time solution of parametrized partial differential equations: Reduced-basis output bounds methods. *Journal of Fluids Engineering* 124(1): 70–80.

[PS91]   Pagani C. D. and Salsa S. (1991) *Analisi Matematica*, volume II. Masson, Milano.

[PS03]   Perugia I. and Schötzau D. (2003) The hp-local discontinuous Galerkin method for low-frequency time-harmonic Maxwell equations. *Math. Comp.* 72(243): 1179–1214.

[PWY90]   Pawlak T. P., Wheeler M. J., and Yunus S. M. (1990) Application of the
           Zienkiewicz-Zhu error estimator for plate and shell analysis. *Int. J. Numer.
           Methods Eng.* 29: 1281–1298.

[Qua14]   Quarteroni A. (2014) *Numerical Models for Differential Problems*,   2nd Ed.,
           MS&A Series, volume 8, Springer.

[QMN16]   Quarteroni A., Manzoni A., and Negri F. (2016) *Reduced Basis Methods for Partial
           Differential Equations. An Introduction*, UNITEXT – La Matematica per il 3 + 2
           Series, volume 92, Springer.

[QR07]   Quarteroni A. and Rozza G. (2007) Numerical solution of parametrized Navier-
           Stokes equations by reduced basis method. *Num. Meth. PDEs* 23: 923–948.

[QRDQ06]   Quarteroni A., Rozza G., Dedé L., and Quaini A. (2006) Numerical approxima-
           tion of a control problem for advection–diffusion processes. System modeling and
           optimization. *IFIP Int. Fed. Inf. Process.* 199: 261–273.

[QRM11]   Quarteroni A., Rozza G., and Manzoni A. (2011) Certified reduced basis approxi-
           mation for parametrized partial differential equations in industrial applications. *J.
           Math. Ind.* 1(3).

[QR14]   Quarteroni A. and Rozza G. E. (2014) *Reduced Order Methods for Modeling and
           Computational Reduction*. Modeling, Simulation and Applications. MS&A, Vol.
           9, Springer-Verlag Italia, Milano.

[QSS08]   Quarteroni A., Sacco R., and Saleri F. (2008) *Matematica Numerica*. Springer-
           Verlag, Milano, III edition.

[QSV00]   Quarteroni A., Saleri F., and Veneziani A. (2000) Factorization methods for the nu-
           merical approximation of Navier-Stokes equations. *Comput. Methods Appl. Mech.
           Engrg.* 188(1-3): 505–526.

[Qu02]   Qu Z. (2002) *Unsteady open-channel flow over a mobile bed*. PhD thesis, École
           Polytechnique Fédérale de Lausanne.

[Qua93]   Quartapelle L. (1993) *Numerical Solution of the Incompressible Navier-Stokes
           Equations*. Birkhäuser Verlag, Basel.

[QV94]   Quarteroni A. and Valli A. (1994) *Numerical Approximation of Partial Differential
           Equations*. Springer, Berlin Heidelberg.

[QV99]   Quarteroni A. and Valli A. (1999) *Domain Decomposition Methods for Partial
           Differential Equations*. Oxford Science Publications, Oxford.

[Ran99]   Rannacher R. (1999) Error control in finite element computations. An introduc-
           tion to error estimation and mesh-size adaptation. In *Error control and adapti-
           vity in scientific computing (Antalya, 1998)*, pages 247–278. Kluwer Acad. Publ.,
           Dordrecht.

[RC83]   Rhie C. M. and Chow W. L. (1983) Numerical study of the turbulent flow past an
           airfoil with trailing edge separation. *AIAA Journal* 21(11): 1525–1532.

[RHM13]   Rozza G., Huynh D. B. P., and Manzoni A. (2013) Reduced basis approximation
           and a posteriori error estimation for Stokes flows in parametrized geometries: roles
           of the inf-sup stability constants. *Numer. Math.* 125(1): 115–152.

[RHP08]   Rozza G., Huynh D. B. P., and Patera A. T. (2008) Reduced basis approxima-
           tion and a posteriori error estimation for affinely parametrized elliptic coercive
           partial differential equations: Application to transport and continuum mechanics.
           Archives Computational Methods in Engineering 15(3): 229–275.

[Riv08]   Rivière B. (2008) *Discontinuous Galerkin methods for solving elliptic and pa-
           rabolic equations*, volume 35 of *Frontiers in Applied Mathematics*.   Society
           for Industrial and Applied Mathematics (SIAM), Philadelphia, PA. Theory and
           implementation.

[Rod94]   Rodríguez R. (1994) Some remarks on Zienkiewicz-Zhu estimator. *Numer. Methods Part. Diff. Eq.* 10: 625–635.

[Roz02]   Rozza G. (2002) *Controllo Ottimale e Ottimizzazione di Forma in Fluidodinamica Computazionale.* Tesi di Laurea, Politecnico di Milano.

[RR04]   Renardy M. and Rogers R. C. (2004) *An Introduction to Partial Differential Equations.* Springer-Verlag, New York, II edition.

[RST96]   Ross H. G., Stynes M., and Tobiska L. (1996) *Numerical Methods for Singularly Perturbed Differential Equations. Convection-Diffusion and Flow Problems.* Springer-Verlag, Berlin Heidelberg.

[Rud91]   Rudin W. (1991) *Analyse Rèelle et Complexe.* Masson, Paris.

[RV07]   Rozza G. and Veroy K. (2007) On the stability of reduced basis methods for Stokes equations in parametrized domains. *Comput. Meth. Appl. Mech. Engrg.* 196(7): 1244–1260.

[RWG99]   Rivière B., Wheeler M. F., and Girault V. (1999) Improved energy estimates for interior penalty, constrained and discontinuous Galerkin methods for elliptic problems. I. *Comput. Geosci.* 3(3-4): 337–360 (2000).

[RWG01]   Rivière B., Wheeler M. F., and Girault V. (2001) A priori error estimates for finite element methods based on discontinuous approximation spaces for elliptic problems. *SIAM J. Numer. Anal.* 39(3): 902–931.

[Saa96]   Saad Y. (1996) *Iterative Methods for Sparse Linear Systems.* PWS Publishing Company, Boston.

[Sag06]   Sagaut P. (2006) *Large Eddy Simulation for Incompressible Flows: an Introduction.* Springer-Verlag, Berlin Heidelberg, III edition.

[Sal08]   Salsa S. (2008) *Equazioni a Derivate Parziali. Metodi, Modelli e Applicazioni.* Springer-Verlag Italia, Milano.

[SC01]   S.S. Collis M. H. (2001) Analysis of the streamline upwind/petrov galerkin method applied to the solution of optimal control problems. *CAAM report* TR02-01.

[Sch69]   Schwarz H. (1869) Über einige abbildungsdufgaben. *J. Reine Agew. Math.* 70: 105–120.

[Sch98]   Schwab C. (1998) *p and hp- Finite Element Methods.* Oxford Science Publication, Oxford.

[SF73]   Strang G. and Fix G. J. (1973) *An Analysis of the Finite Element Method.* Wellesley-Cambridge Press, Wellesley, MA.

[She]   Shewchuk J. R.www.cs.cmu.edu/ quake/triangle.html.

[Sir87]   Sirovich L. (1987) Turbulence and the dynamics of coherent structures, part i: Coherent structures. *Quart. Appl. Math.* 45(3): 561–571.

[SK02]   S. Kim J.J. Alonso A. J. (2002) Design optimization of hight-lift configurations using a viscous continuos adjoint method. *AIAA paper, 40th AIAA Aerospace Sciences Meeting and Exibit, Jan 14-17 2002* 0844.

[Smo01]   Smolianski A. (2001) *Numerical Modeling of Two-Fluid Interfacial Flows.* PhD thesis, University of Jyväskylä.

[Spi99]   Spivak M. (1999) *A comprehensive introduction to differential geometry. Vol. II.* Publish or Perish Inc., Houston, Tex., III edition.

[Ste98]   Stenberg R. (1998) Mortaring by a method of J. A. Nitsche. In *Computational mechanics (Buenos Aires, 1998)*, pages CD–ROM file. Centro Internac. Métodos Numér. Ing., Barcelona.

[Str71]   Stroud A. H. (1971) *Approximate calculation of multiple integrals.* Prentice-Hall, Inc., Englewood Cliffs, N.J.

[Str89]   Strickwerda J. C. (1989) *Finite Difference Schemes and Partial Differential Equations.* Wadworth & Brooks/Cole, Pacific Grove.

[Str00]   Strostroup B. (2000) *C++ Linguaggio, Libreria Standard, Principi di Programmazione*. Addison Welsey Longman Italia, Milano, III edition.

[SV05]   Saleri F. and Veneziani A. (2005) Pressure correction algebraic splitting methods for the incompressible Navier-Stokes equations. *SIAM J. Numer. Anal.* 43(1): 174–194.

[SW10]   Stamm B. and Wihler T. P. (2010) hp-optimal discontinuous Galerkin methods for linear elliptic problems. *Math. Comp.* 79(272): 2117–2133.

[TF88]   Tsuchiya K. and Fan L.-S. (1988) Near-wake structure of a single gas bubble in a two-dimensional liquid-solid fluidized bed: vortex shedding and wake size variation. *Chem. Engrg. Sci.* 43(5): 1167–1181.

[TI97]   Trefethen L. and III D. B. (1997) *Numerical Linear Algebra*. SIAM.

[TL58]   Taylor A. and Lay D. (1958) *Introduction to Functional Analysis*. J.Wiley & Sons, New York.

[Tor99]   Toro E. (1999) *Riemann Solvers and Numerical Methods for Fluid Dynamics*. Springer-Verlag.

[Tri]   `software.sandia.gov/trilinos/`.

[Tro10]   Tröltzch F. (2010), *Optimal Control of Partial Differential Equations: Theory, Methods and Applications*. AMS, Providence.

[TSW99]   Thompson J. F., Soni B. K., and Weatherill N. P. (eds) (1999) *Handook of Grid Generation*. CRC Press.

[TW05]   Toselli A. and Widlund O. (2005) *Domain Decomposition Methods - Algorithms and Theory*. Springer-Verlag, Berlin Heidelberg.

[TWM85]   Thompson J. F., Warsi Z. U. A., and Mastin C. W. (1985) *Numerical Grid Generation, Foundations and Applications*. North Holland.

[UMF]   `www.cise.ufl.edu/research/sparse/umfpack/`.

[Vas81]   Vasiliev F. (1981) *Methods for Solving the Extremum Problems*. Nauka, Moscow.

[vdV03]   van der Vorst H. A. (2003) *Iterative Krylov Methods for Large Linear Systems*. Cambridge University Press, Cambridge.

[Vel95]   Veldhuizen T. (1995) Expression templates. *C++ Report Magazine* 7(5): 26–31. see also the web page `http://osl.iu.edu/ tveldhui` .

[Ven98]   Veneziani A. (1998) *Mathematical and Numerical Modeling of Blood Flow Problems*. PhD thesis, Universitá degli Studi di Milano.

[Ver96]   Verführth R. (1996) *A Review of a Posteriori Error Estimation and Adaptive Mesh Refinement Techniques*. Wiley-Teubner, New York.

[VM96]   Versteeg H. and Malalasekra W. (1996) *An Introduction to Computational Fluid Dynamics: the Finite Volume Method Approach*. Prentice Hall.

[Vol11]   Volkwein S. (2011) Model reduction using proper orthogonal decomposition. Lecture Notes, University of Konstanz.

[VP05]   Veroy K. and Patera A. (2005) Certified real-time solution of the parametrized steady incompressible Navier-Stokes equations: rigorous reduced-basis a posteriori error bounds. *Int. J. Numer. Meth. Fluids* 47(8-9): 773–788.

[VPRP03]   Veroy K., Prud'homme C., Rovas D. V., and Patera A. T. (2003) *A Posteriori* error bounds for reduced-basis approximation of parametrized noncoercive and nonlinear elliptic partial differential equations. In *Proceedings of the 16th AIAA Computational Fluid Dynamics Conference*. Paper 2003-3847.

[Wes01]   Wesseling P. (2001) *Principles of Computational Fluid Dynamics*. Springer-Verlag, Berlin Heidelberg New York.

[Whe78]   Wheeler M. F. (1978) An elliptic collocation-finite element method with interior penalties. *SIAM J. Numer. Anal.* 15(1): 152–161.

[Wil98]   Wilcox D. C. (1998) *Turbulence Modeling in CFD*. DCW Industries, La Cañada, CA, II edition.

[Win07]   Winkelmann C. (2007) *Interior penalty finite element approximation of Navier-Stokes equations and application to free surface flows*.   PhD thesis, École Polytechnique Fédérale de Lausanne.

[Woh01]   Wohlmuth B. (2001) *Discretization Methods and Iterative Solvers Based on Domain Decomposition*. Springer.

[Wya00]   Wyatt D. C. (2000) Development and assessment of a nonlinear wave prediction methodology for surface vessels. *Journal of Ship Research* 44(2): 96-107.

[Yos74]   Yosida K. (1974) *Functional Analysis*. Springer-Verlag, Berlin Heidelberg.

[Zie00]   Zienkiewicz O. (2000) Achievements and some unsolved problems of the finite element method. *Int. J. Numer. Meth. Eng.* 47: 9–28.

[ZT00]   Zienkiewicz O. C. and Taylor R. L. (2000) *The Finite Element Method, Vol. 1, The Basis*. Butterworth-Heinemann, Oxford, V edition.

[Zua03]   Zuazua E. (2003) Propagation, observation, control and numerical approximation of waves. *Bol. Soc. Esp. Mat. Apl.* 25: 55–126.

[ZZ92]   Zienkiewicz O. C. and Zhu J. Z. (1992) The superconvergent patch recovery and a posteriori error estimates. I: The recovery technique. *Int. J. Numer. Meth. Engng.* 33: 1331–1364.

Indice analitico

© Springer-Verlag Italia 2016
A. Quarteroni, *Modellistica Numerica per Problemi Differenziali*, 6a edizione,
UNITEXT - La Matematica per il 3+2 100, DOI 10.1007/978-88-470-5782-1

Finito di stampare nel mese di aprile 2016